Références sciences

Réussir en physique dans le supérieur

Les outils mathématiques indispensables

Cours détaillé
Points de méthode
Exercices et sujets d'examens corrigés
Applications en physique

Delphine Delbarre
Marie Warembourg

ellipses

Collection Références sciences

dirigée par Paul de Laboulaye
paul.delaboulaye@editions-ellipses.fr

Retrouvez tous les livres de la collection et des extraits sur www.editions-ellipses.fr

ISBN 9782340-065468

8/10 rue la Quintinie 75015 Paris

www.editions-ellipses.fr

Introduction

La physique est une science expérimentale qui nécessite le support d'un modèle, notion centrale de la discipline. La modélisation est une compétence essentielle développée dès la classe de seconde. Pour modéliser, il est indispensable d'utiliser les mathématiques. Elles sont un outil puissant que l'étudiant doit maîtriser mais sont aussi parfois contraignantes lorsqu'il s'agit d'en extraire une solution.

Ce livre a pour but d'aider les étudiants à acquérir les outils mathématiques indispensables en sciences physiques, ainsi que de les accompagner tout au long de leur formation scientifique.

Il est destiné en premier lieu aux élèves des classes préparatoires scientifiques aux grandes écoles ou en filières scientifiques universitaires. Cet ouvrage a été rédigé pour couvrir l'intégralité du nouveau programme de la filière PC-PC*, il peut convenir en grande partie aux filières : MPI-MPI*, MP-MP*, PSI-PSI*, PT-PT*, BCPST, ou encore à la préparation aux concours d'enseignement (CAPES, Agrégation). Nous proposons, à ce titre, avant le sommaire, un tableau récapitulatif répertoriant par filières les problèmes pouvant être abordés.

Dans la première partie, douze chapitres de mathématiques couvrent l'ensemble des capacités exigibles des programmes de physique post-baccalauréat établis par l'Education nationale. Chacun comporte un cours détaillé, des points de méthode, des exercices corrigés et des applications en physique. L'étudiant pourra choisir de traiter des exercices selon leur niveau de difficultés.

☆ ☆ ☆ – Niveau facile
★ ☆ ☆ – Niveau moyen
★ ★ ☆ – Niveau difficile
★ ★ ★ – Niveau très difficile

Consacrée à la physique, la seconde partie comporte six chapitres thématiques : électromagnétisme, mécanique, mécanique des fluides, optique, physique des ondes, thermodynamique et phénomènes de diffusion. De difficultés croissantes, les sujets préparent aux concours de tout niveau, tels que : CCINP, Centrale-Supélec, Mines-Ponts, X-ENS... Ils sont accompagnés de corrigés fortement détaillés.

Travailler les mathématiques est l'assurance d'acquérir une bonne maîtrise de ces outils et de se préparer efficacement aux concours.

Belle réussite dans vos études supérieures !

Delphine Delbarre

Remerciements

Ce livre est le fruit de plusieurs années de travail dans le but de mieux accompagner les étudiants et de les amener à la réussite.

Je tiens à remercier ma collègue Marie Warembourg qui a répondu favorablement quand je lui ai proposé de participer à ce projet sans imaginer l'ampleur de la tâche. Grâce à elle, nous pouvons proposer un ouvrage complet alliant mathématiques et physique.

Je remercie mes étudiants de PC du lycée Sainte-Marie Beaucamps-Ligny qui ont testé exercices et problèmes lors de la préparation de leurs concours.

Je remercie mon mari, David Delbarre, agrégé de sciences physiques et enseignant en classes préparatoires, pour tous ses conseils constructifs, pour m'avoir soutenue dans ce projet et pour sa relecture attentive.

Je remercie ma fille Marie de m'avoir initiée à Adobe Illustrator. Je remercie également ma fille Aurélie pour tous ses mots d'encouragement. Par leur patience et leur soutien, elles m'ont permis d'aller jusqu'au bout de mon projet. Merci beaucoup !

Delphine Delbarre

Je remercie Catherine Slowik et Gilles Warembourg pour leurs conseils, leurs remarques judicieuses et la relecture minitieuse de l'ouvrage.

Marie Warembourg

Nous remercions également les Editions Ellipses et particulièrement Paul de Laboulaye qui nous a fait confiance.

Enfin, merci à vous, étudiants, pour votre bienveillance concernant les quelques coquilles qui pourraient encore subsister dans ce livre malgré une relecture soignée.

Répartition par filière

Première partie - Outils mathématiques

	PCSI PC	MPSI MP	MP2I MPI	PSI	PTSI PT	BCPST	Licence Master
1. Vecteurs, coordonnées	X	X	X	X	X	X	L1
2. Outils vectoriels	X	X	X	X	X	X	L2/L3
3. Trigonométrie	X	X	X	X	X	X	L1
4. Dérivées	X	X	X	X	X	X	L1
5. Développements limités	X	X	X	X	X	X	L1
6. Plusieurs variables	X	X	X	X	X	X	L1
7. Intégrales	X	X	X	X	X	X	L1
8. Nombres complexes	X	X	X	X	X	X	L1
9. Eq. différentielles	X	X	X	X	X	X	L1
10. Fonctions, graphiques	X	X	X	X	X	X	L1
11. Suites numériques	X	X	X	X	X	X	L2/L3
12. Séries de Fourier	X	X	X	X	X		L2/L3

Seconde partie - Sujets de concours

13. Electromagnétisme	PC	MP	MPI	PSI	PT	BCPST	Licence	Master
13.1 e3a-Polytech	X	X	X	X	X		L2	
13.2 CCINP	X	X	X	X	X		L2	
13.3 Centrale-Supélec	X	X			X		L2	
13.4 Mines-Ponts	X	X			X		L2	
13.5 Centrale-Supélec	X	X	X		X		L3	

14. Mécanique	PC	MP	MPI	PSI	PT	BCPST	Licence	Master
14.1 Mines d'Albi	X	X	X	X	X	X	L2	
14.2 e3a-Polytech	X	X	X	X	X		L2	
14.3 Concours National	X	X			X		L2	
14.4 Centrale-Supélec	X	X			X		L2	
14.5 Centrale-Supélec	X	X	X		X		L3	

15. Mécanique des fluides	PC	MP	MPI	PSI	PT	BCPST	Licence	Master
15.1 CCINP	X	X			X	X	L3	
15.2 CCINP	X	X			X	X	L3	
15.3 Centrale-Supélec	X	X			X	X	L3	
15.4 Centrale-Supélec	X	X			X	X	L3	
15.5 Agrégation	X	X			X	X	L3	

16. Optique	PC	MP	MPI	PSI	PT	BCPST	Licence	Master
16.1 e3a-Polytech	X	X	X	X		X	L1	
16.2 e3a-Polytech	X							M2
16.3 CCINP	X	X	X		X		L2/L3	
16.4 CCINP							L3	
16.5 CCINP	X	X	X		X		L2/L3	

17. Physique des ondes	PC	MP	MPI	PSI	PT	BCPST	Licence	Master
17.1 e3a-Polytech	X						L3	
17.2 e3a-Polytech	X			X			L3	
17.3 Mines-Ponts	X			X			L3	
17.4 Mines-Ponts	X	X	X					M1
17.5 Mines-Ponts	X	X	X					M1

18. Thermodynamique et diffusion	PC	MP	MPI	PSI	PT	BCPST	Licence	Master
18.1 e3a-Polytech	X		X			X		
18.2 e3a-Polytech	X			X			L3	
18.3 CCINP	X		X	X	X	X	L1	
18.4 CCINP	X		X	X	X	X	L1	
18.5 Centrale-Supélec	X			X			L3	

Table des matières

Première partie - Mathématiques et applications en physique

Première Partie

Mathématiques
Applications en physique

Chapitre 1

Calculs vectoriels et systèmes de coordonnées

1.1 Mathématiques

Dans ce chapitre on se placera dans un espace E.
On note $\mathcal{B} = (\vec{\imath}, \vec{\jmath}, \vec{k}\,)$ une base de E.
On note $\mathcal{R}$ un repère de E déterminé par un point quelconque O, appelé origine du repère et les vecteurs $\vec{\imath}, \vec{\jmath}, \vec{k}$.

Définitions
Une repère *orthogonal* est un système de 3 droites orthogonales non coplanaires qui se coupent en un point : l'origine du repère.
Pour que le repère soit *orthonormé*, on choisit les vecteurs $\vec{\imath}$, $\vec{\jmath}$ et $\vec{k}$ sur chaque droite, de même longueur. Cette longueur sera l'unité de longueur du repère.

1.1.1 Rappel sur les vecteurs

Un vecteur non nul est caractérisé par sa norme, sa direction et son sens.
Un vecteur nul est un vecteur de norme nulle.
On notera $\vec{u}$ et $\vec{v}$ deux vecteurs de E et a et b deux réels.

- **Règles de calcul**

$$\begin{aligned} a\,(\vec{u} + \vec{v}\,) &= a\,\vec{u} + a\,\vec{v} \\ a\,(b\,\vec{u}\,) &= ab\,\vec{u} \\ (a+b)\,\vec{u} &= a\,\vec{u} + b\,\vec{u} \end{aligned}$$

- **Coordonnées d'un vecteur**
  $\vec{u}$ se décompose de manière unique dans la base $\mathcal{B}$ par $\vec{u} = u_i\,\vec{\imath} + u_j\,\vec{\jmath} + u_k\,\vec{k}$ avec u_i, u_j et u_k trois réels. Ce sont les coordonnées du vecteurs $\vec{u}$.

On notera que $\vec{u} = \begin{pmatrix} u_i \\ u_j \\ u_k \end{pmatrix}$.

Les coordonnées du point M dans le repère $\mathcal{R}$ tel que $\vec{u} = \overrightarrow{\mathrm{OM}}$ sont (u_i, u_j, u_k).

Si deux points A et B ont pour coordonnées (a_i, a_j, a_k) et (b_i, b_j, b_k) alors

$$\overrightarrow{\mathrm{AB}} = \begin{pmatrix} b_i - a_i \\ b_j - a_j \\ b_k - a_k \end{pmatrix}$$

- **Calcul de la norme d'un vecteur**

  Si le repère $\mathcal{R}$ est orthonormé, on peut calculer la norme de $\vec{u}$ à l'aide de la formule suivante :

$$\|\vec{u}\| = \sqrt{u_i^2 + u_j^2 + u_k^2}$$

- **Vecteurs colinéaires**

  Deux vecteurs $\vec{u}$ et $\vec{v}$ sont colinéaires lorsqu'il existe un réel k tel que $\vec{u} = k\vec{v}$.

Définition : vecteurs colinéaires

$\vec{u}$ et $\vec{v}$ sont colinéaires

si et seulement si

$\exists\,(a, b) \in \mathbb{R}^2 - \{(0,0)\}$ tel que $a\,\vec{u} + b\,\vec{v} = \vec{0}$

Propriétés

- Deux vecteurs colinéaires ont la même direction.
- Tous les vecteurs sont colinéaires au vecteur nul.

Avec des coordonnées

Leurs coordonnées dans un même repère sont proportionnelles.

Soient $\vec{u} = \begin{pmatrix} 2 \\ 0 \\ 4 \end{pmatrix}$ et $\vec{v} = \begin{pmatrix} -1 \\ 0 \\ -2 \end{pmatrix}$. Les vecteurs $\vec{u}$ et $\vec{v}$ sont ils colinéaires ?

On remarque que $\begin{pmatrix} 2 \\ 0 \\ 4 \end{pmatrix} = -2 \begin{pmatrix} -1 \\ 0 \\ -2 \end{pmatrix}$. Leurs coordonnées sont proportionnelles donc les vecteurs sont colinéaires.

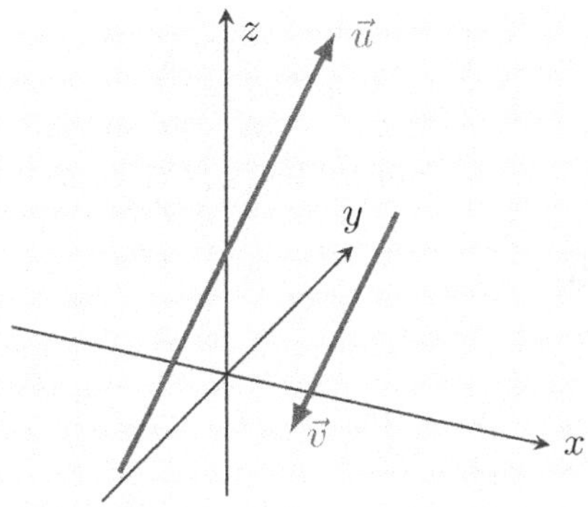

FIGURE 1.1

- **Vecteurs coplanaires**
  Trois vecteurs sont coplanaires si l'un d'eux peut s'écrire comme combinaison linéaire des deux autres.

> **Définition : vecteurs coplanaires**
>
> $\vec{u}, \vec{v}$ et $\vec{w}$ sont coplanaires
>
> si et seulement si
>
> $\exists\,(a,b,c) \in \mathbb{R}^3 - \{(0,0,0)\}$ tel que $a\,\vec{u} + b\,\vec{v} + c\,\vec{w} = \vec{0}$

Cas particuliers
Si l'un des trois vecteurs est le vecteur nul, les vecteurs sont coplanaires.

Soient $\vec{u} = \begin{pmatrix} 2 \\ 2 \\ 4 \end{pmatrix}$, $\vec{v} = \begin{pmatrix} 1 \\ 2 \\ 2 \end{pmatrix}$ **et** $\vec{w} = \begin{pmatrix} -1 \\ 0 \\ -2 \end{pmatrix}$**. Les vecteurs $\vec{u}$, $\vec{v}$ et $\vec{w}$ sont ils coplanaires ?**

Cherchons a, b et c trois réels tels que $a\,\vec{u} + b\,\vec{v} + c\,\vec{w} = \vec{0}$.

$$a\begin{pmatrix} 2 \\ 2 \\ 4 \end{pmatrix} + b\begin{pmatrix} 1 \\ 2 \\ 2 \end{pmatrix} + c\begin{pmatrix} -1 \\ 0 \\ -2 \end{pmatrix} = \vec{0} \Leftrightarrow \begin{cases} 2a + b - c & = 0 \quad (L_1) \\ 2a + 2b & = 0 \quad (L_2) \\ 4a + 2b - 2c & = 0 \quad (L_3) = 2\,(L_1) \end{cases}$$

$$\Leftrightarrow \begin{cases} 2a + b - c & = 0 \\ 2a + 2b & = 0 \end{cases}$$

$$\Leftrightarrow \begin{cases} b &= -a \\ c &= a \end{cases}$$

Il y a donc des solutions pour a, b et c non nulles. Les vecteurs sont donc coplanaires.
Par exemple $\vec{u} - \vec{v} + \vec{w} = \vec{0}$.

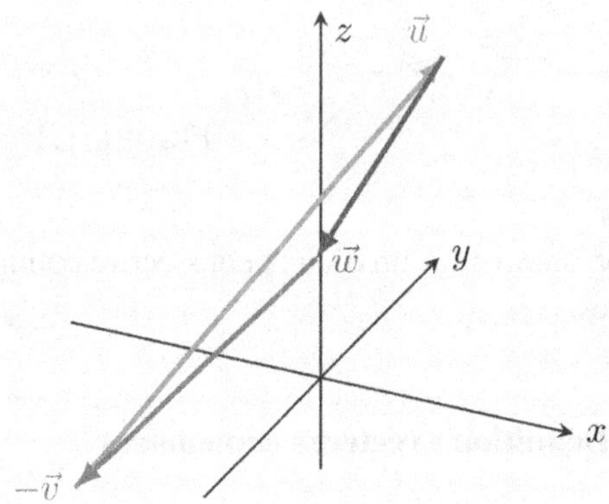

FIGURE 1.2

1.1.2 Changement de repères

Considérons deux repères de l'espace :
Le repère $\mathcal{R}$ défini par son origine O et les vecteurs $\vec{\imath}$, $\vec{\jmath}$ et $\vec{k}$.
Le repère $\mathcal{R}'$ défini par son origine O$'$ et les vecteurs $\vec{\imath}'$, $\vec{\jmath}'$ et $\vec{k}'$.

On note (i'_i, i'_j, i'_k) , (j'_i, j'_j, j'_k) et (k'_i, k'_j, k'_k) les coordonnées des vecteurs $\vec{\imath}'$, $\vec{\jmath}'$ et $\vec{k}'$ dans le repère $\mathcal{R}$ et $(\mathrm{O}'_i, \mathrm{O}'_j, \mathrm{O}'_k)$ les coordonnées de O$'$ dans le repère $\mathcal{R}$.

Soit M un point de coordonnées $(\mathrm{M}_i, \mathrm{M}_j, \mathrm{M}_k)$ dans $\mathcal{R}$. Cherchons ses coordonnées $(\underline{\mathrm{M}_i}, \underline{\mathrm{M}_j}, \underline{\mathrm{M}_k})$ dans $\mathcal{R}'$.
On a :

$$\overrightarrow{\mathrm{O'M}} = \underline{\mathrm{M}_i}\,\vec{\imath}' + \underline{\mathrm{M}_j}\,\vec{\jmath}' + \underline{\mathrm{M}_k}\,\vec{k}'$$

Ainsi, on obtient le système suivant :

$$\begin{cases} \mathrm{M}_i - \mathrm{O}'_i = & \underline{\mathrm{M}_i}\, i'_i + \underline{\mathrm{M}_j}\, j'_i + \underline{\mathrm{M}_k}\, k'_i \\ \mathrm{M}_j - \mathrm{O}'_j = & \underline{\mathrm{M}_i}\, i'_j + \underline{\mathrm{M}_j}\, j'_j + \underline{\mathrm{M}_k}\, k'_j \\ \mathrm{M}_k - \mathrm{O}'_k = & \underline{\mathrm{M}_i}\, i'_k + \underline{\mathrm{M}_j}\, j'_k + \underline{\mathrm{M}_k}\, k'_k \end{cases}$$

La résolution du système permet d'obtenir les coordonnées de M dans le repère $\mathcal{R}'$.

1.1.3 Produits scalaires

Nous aborderons dans ce chapitre différentes approches du produit scalaire ainsi que ses propriétés.

- **Définition**
  Le produit scalaire de deux vecteurs $\vec{u}$ et $\vec{v}$ se note $\vec{u} \cdot \vec{v}$ et est défini par :

$$\vec{u} \cdot \vec{v} = \begin{cases} \|\vec{u}\| \times \|\vec{v}\| \times \cos(\vec{u}, \vec{v}) \text{ si les vecteurs ne sont pas nuls} \\ 0 \text{ si l'un des deux vecteurs est nul} \end{cases}$$

- **Calcul du produit scalaire en utilisant des coordonnées**
  On considère $\vec{u}$ et $\vec{v}$ deux vecteurs de coordonnées (u_i, u_j, u_k) et (v_i, v_j, v_k).

$$\boxed{\vec{u} \cdot \vec{v} = u_i \cdot v_i + u_j \cdot v_j + u_k \cdot v_k}$$

- **Calcul du produit scalaire en utilisant des projections**

  On peut calculer le produit scalaire $\overrightarrow{OA} \cdot \overrightarrow{OB}$ en utilisant le projeté orthogonal H de B sur (OA).
  On a ainsi : $\overrightarrow{OA} \cdot \overrightarrow{OB} = \overrightarrow{OA} \cdot \overrightarrow{OH}$

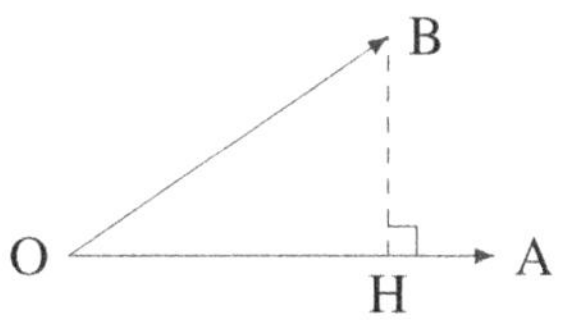

FIGURE 1.3

  On a donc :
  * Si $\overrightarrow{OA}$ et $\overrightarrow{OB}$ sont de même sens alors $\overrightarrow{OA} \cdot \overrightarrow{OB} = \text{OA} \times \text{OH}$
  * Si $\overrightarrow{OA}$ et $\overrightarrow{OB}$ sont de sens contraires alors $\overrightarrow{OA} \cdot \overrightarrow{OB} = -\text{OA} \times \text{OH}$

- **Propriétés**
  Pour tout vecteur $\vec{u}$, $\vec{v}$ et $\vec{w}$, on a :

$$\vec{u} \cdot \vec{u} = \|\vec{u}\|^2$$

$$\vec{u} \cdot \vec{v} = \vec{v} \cdot \vec{u}$$

$$\vec{u} \cdot (\vec{v} + \vec{w}) = \vec{u} \cdot \vec{v} + \vec{u} \cdot \vec{w}$$

- **Application**
  On utilise principalement le produit scalaire pour monter que deux vecteurs sont orthogonaux.

On dit que deux vecteurs sont orthogonaux, noté $\vec{u} \perp \vec{v}$, si l'une de ces propositions est vérifiée :

$$\begin{cases} \text{l'un des vecteurs est nul} \\ (\vec{u}, \vec{v}) = \dfrac{\pi}{2}\ [2\pi] \\ (\vec{u}, \vec{v}) = -\dfrac{\pi}{2}\ [2\pi] \end{cases}$$

$\vec{u}$ et $\vec{v}$ sont orthogonaux $\Leftrightarrow \vec{u} \cdot \vec{v} = 0$

- **Définition**
  Un repère $(\mathrm{O}, \vec{\imath}, \vec{\jmath}, \vec{k})$ orthogonal est un repère tel que $\vec{\imath}$, $\vec{\jmath}$ et $\vec{k}$ sont orthogonaux entre eux.
  Si de plus, $\|\vec{\imath}\| = \|\vec{\jmath}\| = \|\vec{k}\| = 1$, on dit que le repère est orthonormé.

- **Application : détermination de l'équation cartésienne d'un cercle**
  On considère un cercle C de centre O (a, b) et de rayon R.

On note [AB] un diamètre de ce cercle.
Pour tout point M (x, y) du cercle, on sait que les vecteurs $\overrightarrow{\mathrm{AM}}$ et $\overrightarrow{\mathrm{BM}}$ sont orthogonaux.
On a donc : $\overrightarrow{\mathrm{AM}} \cdot \overrightarrow{\mathrm{BM}} = 0$.
Ainsi en utilisant les coordonnées des vecteurs $\overrightarrow{\mathrm{AM}}$ et $\overrightarrow{\mathrm{BM}}$ on trouve l'équation cartésienne d'un cercle.
On prend arbitrairement A $(a - R, b)$ et B $(a + R, b)$.

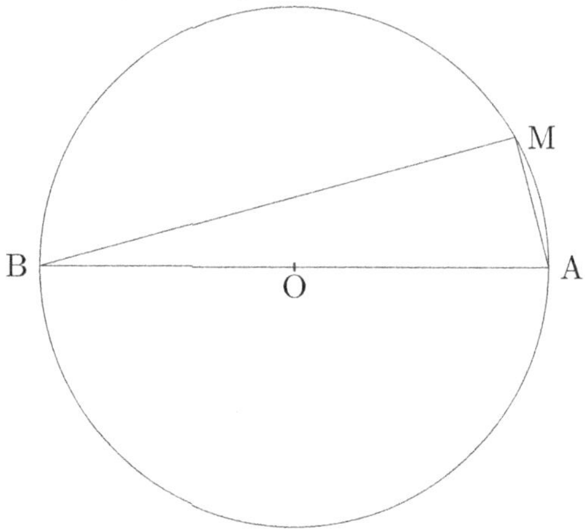

FIGURE 1.4

On a alors

$$\overrightarrow{\mathrm{AM}} \cdot \overrightarrow{\mathrm{BM}} = (x - a + R)(x - a - R) + (y - b)^2 = 0$$

$$(x - a)^2 + (y - b)^2 = R^2$$

L'équation cartésienne d'un cercle de centre (a, b) et de rayon R s'écrit :

$$(x - a)^2 + (y - b)^2 = R^2$$

1.1.4 Produits vectoriels

On se placera dans ce chapitre dans un repère $(O, \vec{\imath}, \vec{\jmath}, \vec{k})$ orthonormé direct.
C'est à dire qu'un observateur placé le long de $\vec{k}$, les pieds en O, regardant dans la direction $\vec{\imath}$ a $\vec{\jmath}$ à sa gauche.

- **Définition**
  Le produit vectoriel de deux vecteurs $\vec{u}$ et $\vec{v}$ que l'on note $\vec{u} \wedge \vec{v}$ est défini par :

  * Si $\vec{u}$ et $\vec{v}$ sont colinéaires alors $\vec{u} \wedge \vec{v} = \vec{0}$.

  * Si $\vec{u}$ et $\vec{v}$ ne sont pas colinéaires alors :

$$\vec{u} \wedge \vec{v} \text{ est un vecteur qui vérifie } \begin{cases} \vec{u} \wedge \vec{v} \text{ est orthogonal à } \vec{u} \text{ et à } \vec{v} \\ (\vec{u}, \vec{v}, \vec{u} \wedge \vec{v}) \text{ est une base directe} \\ \|\vec{u} \wedge \vec{v}\| = \|\vec{u}\| \times \|\vec{v}\| \times \sin(\widehat{\vec{u}, \vec{v}}) \end{cases}$$

- **Calcul du produit vectoriel en utilisant les coordonnées**
  On rappelle que l'on travaille avec une base orthonormée directe.
  On considère $\vec{u}$ et $\vec{v}$ deux vecteurs de coordonnées (u_i, u_j, u_k) et (v_i, v_j, v_k).

$$\vec{u} \wedge \vec{v} = (u_j \cdot v_k - u_k \cdot v_j)\,\vec{\imath} + (u_k \cdot v_i - u_i \cdot v_k)\,\vec{\jmath} + (u_i \cdot v_j - u_j \cdot v_i)\,\vec{k}$$

- **Propriétés**
  Pour tout vecteur $\vec{u}$, $\vec{v}$ et $\vec{w}$ et tout réel a et b,

$$\vec{u} \wedge \vec{v} = -\vec{v} \wedge \vec{u}$$

$$(a\,\vec{v} + b\,\vec{w}) \wedge \vec{u} = a\,\vec{v} \wedge \vec{u} + b\,\vec{w} \wedge \vec{u}$$

$$\vec{u} \wedge (a\,\vec{v} + b\,\vec{w}) = a\,\vec{u} \wedge \vec{v} + b\,\vec{u} \wedge \vec{w}$$

- **Application**
  On utilise principalement le produit vectoriel pour monter que deux vecteurs sont colinéaires.

$$\vec{u} \text{ et } \vec{v} \text{ sont colinéaires } \Leftrightarrow \vec{u} \wedge \vec{v} = \vec{0}$$

Remarque : le vecteur nul est le seul vecteur colinéaire à tous les autres.

1.1.5 Produits mixtes

On se placera dans ce chapitre dans un repère $(\mathrm{O}, \vec{\imath}, \vec{\jmath}, \vec{k}\,)$.

- **Définition**
  Le produit mixte de 3 vecteurs $\vec{u}$, $\vec{v}$ et $\vec{w}$ est le nombre réel $[\vec{u}, \vec{v}, \vec{w}\,]$ défini par :
  $$[\vec{u}, \vec{v}, \vec{w}\,] = \vec{u} \cdot (\vec{v} \wedge \vec{w}\,)$$

- **Calcul du produit mixte en utilisant des coordonnées**
  On considère $\vec{u}$, $\vec{v}$ et $\vec{w}$ trois vecteurs de coordonnées (u_i, u_j, u_k), (v_i, v_j, v_k) et (w_i, w_j, w_k).

  $$[\vec{u}, \vec{v}, \vec{w}\,] = \begin{vmatrix} u_i & v_i & w_i \\ u_j & v_j & w_j \\ u_k & v_k & w_k \end{vmatrix}$$

  De manière générale, le déterminant d'une matrice 3×3, s'écrit :

  $$\begin{vmatrix} a & b & c \\ d & e & f \\ g & h & i \end{vmatrix} = aei + dhc + bfg - (gec + dbi + ahf)$$

- **Application**
  On utilise principalement le produit mixte pour montrer que trois vecteurs sont coplanaires.

  $$\vec{u}, \vec{v} \text{ et } \vec{w} \text{ sont coplanaires } \Leftrightarrow [\vec{u}, \vec{v}, \vec{w}\,] = 0$$

  Remarque : En particulier le produit mixte est nul si deux des trois vecteurs sont colinéaires.

1.1.6 Barycentre

Définitions

- **Points pondérés**
  On appelle point pondéré tout couple (A, a) avec A un point et a un réel.

- **Barycentre de deux points**
  Soient A et B deux points de l'espace et a et b deux réels dont la somme n'est pas nulle.
  On appelle barycentre des points pondérés (A, a) et (B, b) l'unique point G tel que $a\,\overrightarrow{\mathrm{GA}} + b\,\overrightarrow{\mathrm{GB}} = \vec{0}$.

On peut aussi utiliser la formule suivante :

$$\overrightarrow{\mathrm{AG}} = \frac{b}{a+b}\,\overrightarrow{\mathrm{AB}}$$

Le barycentre de deux points non confondus appartient à la droite définie par ces deux points.

- **Isobarycentre de deux points**
  On appelle isobarycentre de deux points le barycentre de ces deux points pondérés par un même coefficient non nul.
  L'isobarycentre de A et B est le milieu du segment [AB].

- **Barycentre de trois points**
  Soient A,B et C trois points de l'espace et a, b et c, trois réels dont la somme n'est pas nulle.
  On appelle barycentre des points pondérés (A, a) , (B, b) et (C, c) l'unique point G tel que $a\,\overrightarrow{\mathrm{GA}} + b\,\overrightarrow{\mathrm{GB}} + c\,\overrightarrow{\mathrm{GC}} = \vec{0}$.
  On peut aussi utiliser la formule suivante :

$$\overrightarrow{\mathrm{AG}} = \frac{b}{a+b+c}\,\overrightarrow{\mathrm{AB}} + \frac{c}{a+b+c}\,\overrightarrow{\mathrm{AC}}$$

  Le barycentre de trois points non alignés appartient au plan défini par ces trois points.

1.1.7 Droites et plans de l'espace

1. Droites de l'espace

- **Caractérisation d'une droite**
  Soit A un point de l'espace et $\vec{u}$ un vecteur non nul de l'espace.
  La droite passant par A est de vecteur directeur $\vec{u}$ est l'ensemble des points M tels que $\overrightarrow{\mathrm{AM}} = k\,\vec{u}$ avec k réel.

- **Représentation paramétrique d'une droite**
  Dans le repère $\mathcal{R}$, la droite passant par A de coordonnées (a_i, a_j, a_k) et de vecteur directeur $\vec{u}$ de coordonnées (u_i, u_j, u_k) est l'ensemble des points M de coordonnées (x, y, z) tels que :

$$\begin{cases} x = a_i + u_i t \\ y = a_j + u_j t \\ z = a_k + u_k t \qquad \text{avec } t \text{ réel.} \end{cases}$$

2. Plans de l'espace

- **Caractérisation d'un plan**
  Soit A un point de l'espace, $\vec{u}$ et $\vec{v}$ deux vecteurs non nuls et non colinéaires de l'espace.
  Le plan passant par A et de vecteurs directeurs $\vec{u}$ et $\vec{v}$ est l'ensemble des points M tels que $\overrightarrow{\mathrm{AM}} = k\,\vec{u} + k'\,\vec{v}$ avec k et k' réels.

- **Représentation paramétrique d'un plan**
  Dans le repère $\mathcal{R}$, le plan passant par A de coordonnées (a_i, a_j, a_k) et de vecteurs directeurs $\vec{u}$ et $\vec{v}$ de coordonnées (u_i, u_j, u_k) et (v_i, v_j, v_k) est l'ensemble des points M de coordonnées (x, y, z) tels que :

$$\begin{cases} x = a_i + u_i t + v_i t' \\ y = a_j + u_j t + v_j t' \\ z = a_k + u_k t + v_k t' \end{cases} \qquad \text{avec } t \text{ et } t' \text{ réels.}$$

- **Equation caractéristique d'un plan**
  On considère le plan $\mathcal{P}$ passant par A et de vecteurs directeurs $\vec{u}$ et $\vec{v}$.
  Les coordonnées (x, y, z) des points M du plan vérifient $ax + by + cz + d = 0$ avec a, b, c et d quatre réels. Le vecteur de coordonnées (a, b, c) est alors un vecteur normal au plan.

Donner une équation du plan passant par les points A $(0, 2, 5)$**,** B $(1, 1, 1)$ **et** C $(1, -2, 0)$**.**

On cherchera une équation de la forme $ax + by + cz + d = 0$ avec a, b, c et d quatre réels.

1. *Méthode avec résolution de système*
   On sait que les points A, B et C appartiennent au plan, on pourra donc résoudre le système :

$$\begin{cases} 0 = 2b + 5c + d \\ 0 = a + b + c + d \\ 0 = a - 2b + d \end{cases}$$

   Ce qui revient à :

$$\begin{cases} 0 = a + b + c + d \\ 0 = 2b + 5c + d \\ 0 = 3b + c \end{cases} \quad \text{soit} \quad \begin{cases} a = -11b \\ d = 13b \\ c = -3b \end{cases}$$

   Ainsi, en prenant $b = 1$, on trouve $-11x + y - 3z + 13 = 0$.

2. *Méthode utilisant un vecteur normal au plan*
Cherchons les coordonnées d'un vecteur $\vec{n}$ normal au plan.
$\overrightarrow{AB} \wedge \overrightarrow{AC} = \vec{n} \Leftrightarrow \begin{pmatrix} 1 \\ -1 \\ -4 \end{pmatrix} \wedge \begin{pmatrix} 1 \\ -4 \\ -5 \end{pmatrix} = \begin{pmatrix} -11 \\ 1 \\ -3 \end{pmatrix}$
On cherchera une équation de la forme : $-11x + y - 3z = -d$.
En remplaçant x, y et z par les coordonnées de A, B ou C, on trouve $d = 13$.
On trouve donc $-11x + y - 3z = -13$.

1.1.8 Système de coordonnées cartésiennes

1. Repère local cartésien

On note $(\mathrm{O}, \vec{e}_x, \vec{e}_y, \vec{e}_z)$ le repère local cartésien orthonormé direct d'origine O (figure 1.5) tel que :

$$\vec{e}_x \cdot \vec{e}_y = \vec{e}_x \cdot \vec{e}_z = \vec{e}_y \cdot \vec{e}_z = 0$$

$$\|\vec{e}_x\| = \|\vec{e}_y\| = \|\vec{e}_z\| = 1$$

$$\vec{e}_x \wedge \vec{e}_y = \vec{e}_z \quad , \quad \vec{e}_y \wedge \vec{e}_z = \vec{e}_x \quad , \quad \vec{e}_z \wedge \vec{e}_x = \vec{e}_y$$

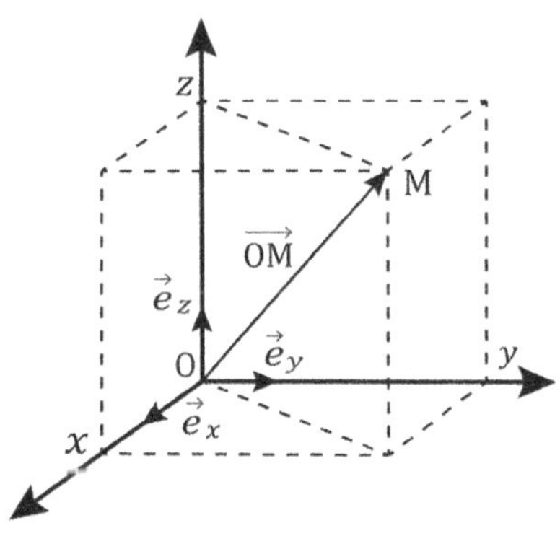

FIGURE 1.5 – Repère local cartésien

2. Coordonnées cartésiennes

On note (x, y, z) les coordonnées cartésiennes d'un point M de l'espace dans la base orthonormée directe $(\vec{e}_x, \vec{e}_y, \vec{e}_z)$ (figure 1.5).

Le vecteur $\boxed{\overrightarrow{\mathrm{OM}} = x\,\vec{e}_x + y\,\vec{e}_y + z\,\vec{e}_z}$ est appelé « vecteur position ».

Remarque

On peut aussi adopter la notation vecteur colonne et noter : $\overrightarrow{\mathrm{OM}} = \begin{pmatrix} x \\ y \\ z \end{pmatrix}$

Remarque : Dans le système de coordonnées cartésiennes, les projections des composantes sont égales aux coordonnées.

Les vecteurs unitaires de cette base locale cartésienne peuvent être définis à partir de l'expression du vecteur position :

$$\begin{cases} \vec{e}_x = \dfrac{\partial\overrightarrow{\mathrm{OM}}}{\partial x} \\ \vec{e}_y = \dfrac{\partial\overrightarrow{\mathrm{OM}}}{\partial y} \\ \vec{e}_z = \dfrac{\partial\overrightarrow{\mathrm{OM}}}{\partial z} \end{cases}$$

Pour comprendre cette notation, il faut se référer au chapitre 6 - Fonctions de plusieurs variables.

3. Vecteur déplacement élémentaire

Soit un déplacement d'un point M de coordonnées (x, y, z) à un point M' voisin de M de coordonnées $(x + \mathrm{d}x, y + \mathrm{d}y, z + \mathrm{d}z)$ (figure 1.6). On peut caractériser ce déplacement élémentaire par le vecteur $\mathrm{d}\overrightarrow{\mathrm{OM}}$ ou $\overrightarrow{\mathrm{d}\ell}$ qui correspond aux variations élémentaires de ses trois coordonnées.

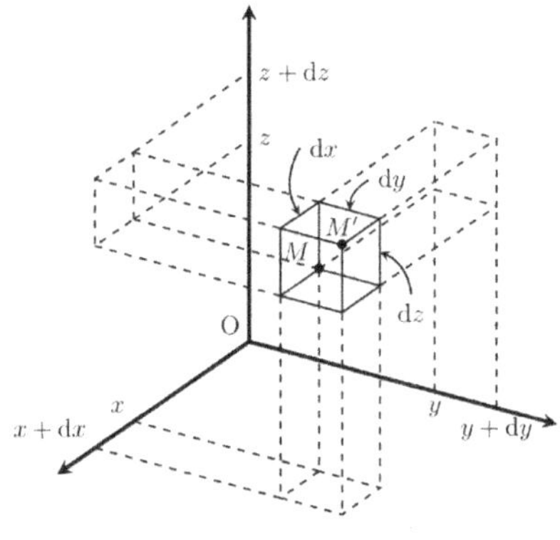

FIGURE 1.6

$$\mathrm{d}\overrightarrow{\mathrm{OM}} = \overrightarrow{\mathrm{OM}'} - \overrightarrow{\mathrm{OM}} = \begin{pmatrix} x + \mathrm{d}x \\ y + \mathrm{d}y \\ z + \mathrm{d}z \end{pmatrix} - \begin{pmatrix} x \\ y \\ z \end{pmatrix} = \begin{pmatrix} \mathrm{d}x \\ \mathrm{d}y \\ \mathrm{d}z \end{pmatrix}$$

$$\boxed{\mathrm{d}\overrightarrow{\mathrm{OM}} = \mathrm{d}x\,\vec{e}_x + \mathrm{d}y\,\vec{e}_y + \mathrm{d}z\,\vec{e}_z}$$

ou

$$\boxed{\overrightarrow{\mathrm{d}\ell} = \mathrm{d}\ell_x\,\vec{e}_x + \mathrm{d}\ell_y\,\vec{e}_y + \mathrm{d}\ell_z\,\vec{e}_z}$$

Par identification, on a : $\mathrm{d}x = \mathrm{d}\ell_x$, $\mathrm{d}y = \mathrm{d}\ell_y$, $\mathrm{d}z = \mathrm{d}\ell_z$.

Remarque
La longueur du vecteur déplacement élémentaire se calcule aisément. On a :

$$||\mathrm{d}\overrightarrow{\mathrm{OM}}|| = \mathrm{d}\ell = \sqrt{\mathrm{d}x^2 + \mathrm{d}y^2 + \mathrm{d}z^2}$$

4. Vecteur surface élémentaire

Soit une base orthonormée $(\vec{e}_1, \vec{e}_2, \vec{e}_3)$. Une surface élémentaire $\overrightarrow{\mathrm{d}S_3}$ obtenue à partir des déplacements élémentaires $\overrightarrow{\mathrm{d}\ell_1}$ et $\overrightarrow{\mathrm{d}\ell_2}$ est définie par :

$$\overrightarrow{\mathrm{d}S_1} = \overrightarrow{\mathrm{d}\ell_2} \wedge \overrightarrow{\mathrm{d}\ell_3} = \mathrm{d}S_1\,\vec{n}$$

où $\vec{n}$ est le vecteur normal à la surface orientée (l'aire $\mathrm{d}S_1$ étant positive).
Par permutation circulaire, on a :

$$\overrightarrow{\mathrm{d}S_2} = \overrightarrow{\mathrm{d}\ell_3} \wedge \overrightarrow{\mathrm{d}\ell_1}$$

$$\overrightarrow{\mathrm{d}S_3} = \overrightarrow{\mathrm{d}\ell_1} \wedge \overrightarrow{\mathrm{d}\ell_2}$$

Par exemple, pour les cas simples en coordonnées cartésiennes (figure 1.7), on a :

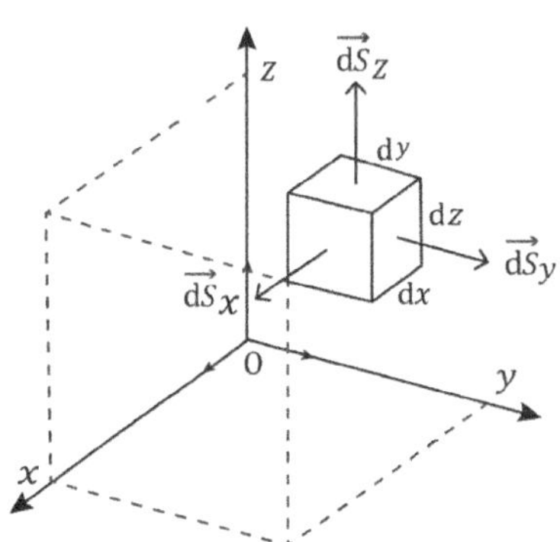

FIGURE 1.7

$$\begin{cases} \overrightarrow{\mathrm{d}S_x} = \overrightarrow{\mathrm{d}\ell_y} \wedge \overrightarrow{\mathrm{d}\ell_z} \\ \overrightarrow{\mathrm{d}S_y} = \overrightarrow{\mathrm{d}\ell_z} \wedge \overrightarrow{\mathrm{d}\ell_x} \\ \overrightarrow{\mathrm{d}S_z} = \overrightarrow{\mathrm{d}\ell_x} \wedge \overrightarrow{\mathrm{d}\ell_y} \end{cases} \Leftrightarrow \begin{cases} \mathrm{d}S_x\,\vec{e}_x = \mathrm{d}y\,\vec{e}_y \wedge \mathrm{d}z\,\vec{e}_z \\ \mathrm{d}S_y\,\vec{e}_y = \mathrm{d}z\,\vec{e}_z \wedge \mathrm{d}x\,\vec{e}_x \\ \mathrm{d}S_z\,\vec{e}_z = \mathrm{d}x\,\vec{e}_x \wedge \mathrm{d}y\,\vec{e}_y \end{cases}$$

L'aire élémentaire s'obtient par le produit de deux déplacements élémentaires :

$$\boxed{\begin{array}{l} \mathrm{d}S_x = \mathrm{d}y\,\mathrm{d}z \\ \mathrm{d}S_y = \mathrm{d}z\,\mathrm{d}x \\ \mathrm{d}S_z = \mathrm{d}x\,\mathrm{d}y \end{array}}$$

5. **Volume élémentaire**

Les variations élémentaires des coordonnées du point M définissent un volume élémentaire dont l'expression est le produit des trois déplacements élémentaires.

$$\boxed{\mathrm{d}\tau = \mathrm{d}x\,\mathrm{d}y\,\mathrm{d}z}$$

1.1.9 Système de coordonnées polaires

1. **Définition**

Les coordonnées polaires sont, en mathématiques, un système de coordonnées à deux dimensions, dans lequel chaque point du plan M est entièrement déterminé par une coordonnée radiale r (ou longueur s'exprimant en mètre) et une coordonnée angulaire θ (ou angle exprimé en radian) notée $\mathrm{M}\,(r, \theta)$.

2. **Repère local polaire**

On note $(\mathrm{M}, \vec{e}_r, \vec{e}_\theta)$ la base locale polaire d'origine M telle que (figure 1.8) :

$$\vec{e}_r \cdot \vec{e}_\theta = 0$$

$$\|\vec{e}_r\| = \|\vec{e}_\theta\| = 1$$

Par définition :

* $\vec{e}_r$ est un vecteur unitaire radial d'origine M dirigé de O vers M.
* θ est l'angle polaire $(0 < \theta < 2\pi)$.
* $\vec{e}_\theta$ est un vecteur unitaire orthogonal à (OM) d'origine M dirigé dans le sens trigonométrique.

Si le point M est en mouvement circulaire, les vecteurs $\vec{e}_r$ et $\vec{e}_\theta$ changent de direction. La base est mobile dans le repère (O, x, y).

Remarque : Ne pas confondre les coordonnées polaires (r, θ) du point M avec les composantes $(r, 0)$ du vecteur $\overrightarrow{\mathrm{OM}}$.

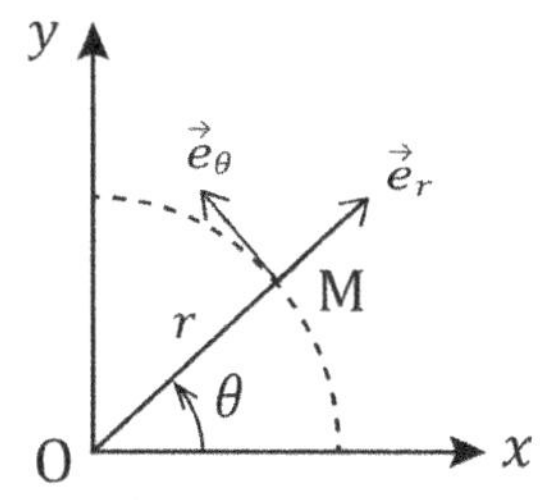

FIGURE 1.8 – Repère local polaire

3. **Relation entre coordonnées polaires et coordonnées cartésiennes**
On note :

$$\overrightarrow{\mathrm{OM}} = \|\overrightarrow{\mathrm{OM}}\|\,\vec{e}_r = r\,\vec{e}_r = x\,\vec{e}_x + y\,\vec{e}_y$$

$$\mathrm{OM} = r = \sqrt{x^2 + y^2}$$

$$\begin{cases} x = r\cos\theta \\ y = r\sin\theta \\ \vec{e}_r = \cos\theta\,\vec{e}_x + \sin\theta\,\vec{e}_y = \dfrac{\partial\overrightarrow{\mathrm{OM}}}{\partial r} \\ \vec{e}_\theta = -\sin\theta\,\vec{e}_x + \cos\theta\,\vec{e}_y = \dfrac{1}{r}\dfrac{\partial\overrightarrow{\mathrm{OM}}}{\partial\theta} \end{cases}$$

Les vecteurs de la base cartésienne peuvent s'écrire en fonction des vecteurs de cette base locale polaire :

$$\begin{cases} \vec{e}_x = \cos\theta\,\vec{e}_r - \sin\theta\,\vec{e}_\theta \\ \vec{e}_y = \sin\theta\,\vec{e}_r + \cos\theta\,\vec{e}_\theta \end{cases}$$

Remarque : Soit l'étude d'un problème est faite en coordonnées cartésiennes soit en coordonnées polaires (de préférence si le mouvement est circulaire) mais surtout ne pas mélanger les deux systèmes de coordonnées dans les expressions mathématiques.

1.1.10 Système de coordonnées cylindriques

1. **Repère local cylindrique**
On note $(\mathrm{M}, \vec{e}_r, \vec{e}_\theta, \vec{e}_z)$ le repère local cylindrique orthonormé direct d'origine M tel que (figure 1.9) :

$$\vec{e}_r \cdot \vec{e}_\theta = \vec{e}_r \cdot \vec{e}_z = \vec{e}_\theta \cdot \vec{e}_z = 0$$

$$\|\vec{e}_r\| = \|\vec{e}_\theta\| = \|\vec{e}_z\| = 1$$

$$\vec{e}_r \wedge \vec{e}_\theta = \vec{e}_z \quad , \quad \vec{e}_\theta \wedge \vec{e}_z = \vec{e}_r \quad , \quad \vec{e}_z \wedge \vec{e}_r = \vec{e}_\theta$$

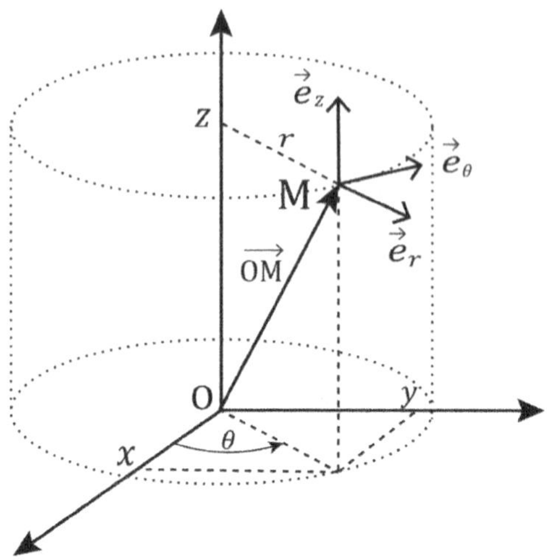

FIGURE 1.9 – Repère local cylindrique

Par définition :

* $\vec{e}_r$ est le vecteur unitaire radial.
* $\vec{e}_\theta$ est le vecteur unitaire orthoradial, il est obtenu en tournant de $\dfrac{\pi}{2}$ à partir de $\vec{e}_r$ dans le sens des θ croissants.
* $\vec{e}_z$ est le vecteur unitaire axial ($\vec{e}_z = \vec{e}_r \wedge \vec{e}_\theta$).

2. Coordonnées cylindriques

On note (r, θ, z) les coordonnées cylindriques d'un point M de l'espace dans la base orthonormée directe $(\vec{e}_r, \vec{e}_\theta, \vec{e}_z)$ (voir figure 1.9) où :

* r est la distance à l'axe z ($r \geqslant 0$).
* θ est l'angle polaire ($0 < \theta < 2\pi$).
* z est la côte.

On définit les coordonnées polaires cylindriques (r, θ) à z constant.
Le vecteur position est noté :

$$\boxed{\overrightarrow{OM} = r\,\vec{e}_r + z\,\vec{e}_z}$$

(l'angle θ est caché dans la définition de $\vec{e}_r$).

Remarque : On constate que la base cylindrique est construite à partir de la base cylindro-polaire à laquelle s'ajoute le vecteur unitaire $\vec{e}_z$ telle que la base $(\vec{e}_r, \vec{e}_\theta, \vec{e}_z)$ est directe.

3. Relation entre coordonnées cylindriques et coordonnées cartésiennes

On note :

$$\overrightarrow{\mathrm{OM}} = r\,\vec{e}_r + z\,\vec{e}_z = x\,\vec{e}_x + y\,\vec{e}_y + z\,\vec{e}_z$$

$$\mathrm{OM} = \sqrt{r^2 + z^2} = \sqrt{x^2 + y^2 + z^2}$$

$$\begin{cases} x = r\cos\theta \\ y = r\sin\theta \\ z \\ \vec{e}_r = \cos\theta\,\vec{e}_x + \sin\theta\,\vec{e}_y = \dfrac{\partial\overrightarrow{\mathrm{OM}}}{\partial r} \\ \vec{e}_\theta = -\sin\theta\,\vec{e}_x + \cos\theta\,\vec{e}_y = \dfrac{1}{r}\dfrac{\partial\overrightarrow{\mathrm{OM}}}{\partial\theta} \\ \vec{e}_z = \dfrac{\partial\overrightarrow{\mathrm{OM}}}{\partial z} \end{cases}$$

Les vecteurs de la base cartésienne peuvent s'écrire en fonction des vecteurs de cette base locale cylindrique :

$$\begin{cases} \vec{e}_x = \cos\theta\,\vec{e}_r - \sin\theta\,\vec{e}_\theta \\ \vec{e}_y = \sin\theta\,\vec{e}_r + \cos\theta\,\vec{e}_\theta \\ \vec{e}_z \end{cases}$$

4. Vecteur déplacement élémentaire

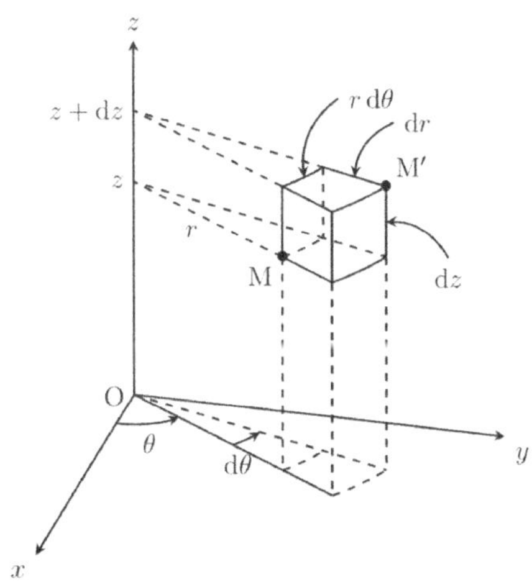

FIGURE 1.10

Soit un déplacement d'un point M de coordonnées (r, θ, z) à un point M′ voisin de M de coordonnées $(r + \mathrm{d}r, \theta + \mathrm{d}\theta, z + \mathrm{d}z)$ (figure 1.10).

On peut caractériser ce déplacement élémentaire par le vecteur $\mathrm{d}\overrightarrow{\mathrm{OM}}$ ou $\overrightarrow{\mathrm{d}\ell}$ dont l'expression s'obtient en faisant la composition des déplacements élémentaires dus à chaque paramètre variant seul. On a :

* si r varie seul, $\overrightarrow{\mathrm{d}\ell_r} = \mathrm{d}r\, \vec{e}_r$.
* si θ varie seul, $\overrightarrow{\mathrm{d}\ell_\theta} = r\, \mathrm{d}\theta\, \vec{e}_\theta$ (arc de cercle élémentaire de rayon $\rho = r$).
* si z varie seul, $\overrightarrow{\mathrm{d}\ell_z} = \mathrm{d}z\, \vec{e}_z$.

$$\boxed{\mathrm{d}\overrightarrow{\mathrm{OM}} = \overrightarrow{\mathrm{d}\ell} = \mathrm{d}r\, \vec{e}_r + r\, \mathrm{d}\theta\, \vec{e}_\theta + \mathrm{d}z\, \vec{e}_z}$$

Remarque : La longueur du vecteur déplacement élémentaire se calcule aisément :

$$\|\mathrm{d}\overrightarrow{\mathrm{OM}}\| = \mathrm{d}\ell = \sqrt{\mathrm{d}r^2 + (r\, \mathrm{d}\theta)^2 + \mathrm{d}z^2}$$

5. Vecteur surface élémentaire

Soit une base orthonormée $(\vec{e}_1, \vec{e}_2, \vec{e}_3)$. Une surface élémentaire $\overrightarrow{\mathrm{d}S_3}$ obtenue à partir des déplacements élémentaires $\overrightarrow{\mathrm{d}\ell_1}$ et $\overrightarrow{\mathrm{d}\ell_2}$ est définie par :

$$\overrightarrow{\mathrm{d}S_1} = \overrightarrow{\mathrm{d}\ell_2} \wedge \overrightarrow{\mathrm{d}\ell_3} = \mathrm{d}S_1\, \vec{n}$$

où $\vec{n}$ est le vecteur normal à la surface orientée (l'aire $\mathrm{d}S_1$ étant positive).
Par permutation circulaire, on a :

$$\overrightarrow{\mathrm{d}S_2} = \overrightarrow{\mathrm{d}\ell_3} \wedge \overrightarrow{\mathrm{d}\ell_1}$$

$$\overrightarrow{\mathrm{d}S_3} = \overrightarrow{\mathrm{d}\ell_1} \wedge \overrightarrow{\mathrm{d}\ell_2}$$

Par exemple, pour les cas simples en coordonnées cylindriques (figure 1.11), on a :

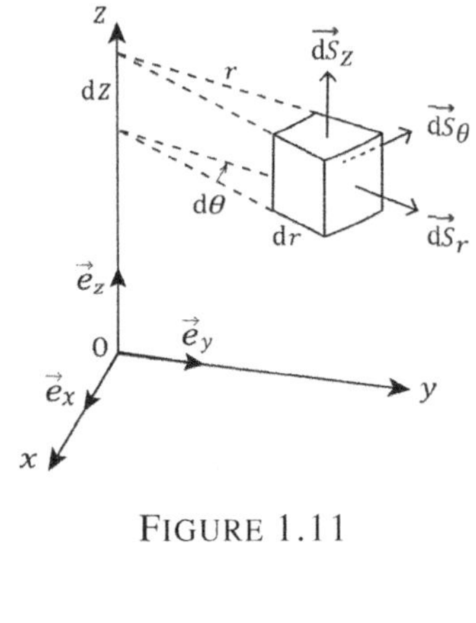

FIGURE 1.11

$$\left\{\begin{array}{l}\overrightarrow{\mathrm{d}S}_r=\overrightarrow{\mathrm{d}\ell}_\theta\wedge\overrightarrow{\mathrm{d}\ell}_z\\ \\ \overrightarrow{\mathrm{d}S}_\theta=\overrightarrow{\mathrm{d}\ell}_z\wedge\overrightarrow{\mathrm{d}\ell}_r\\ \\ \overrightarrow{\mathrm{d}S}_z=\overrightarrow{\mathrm{d}\ell}_r\wedge\overrightarrow{\mathrm{d}\ell}_\theta\end{array}\right. \Leftrightarrow \left\{\begin{array}{l}\mathrm{d}S_r\,\vec{e}_r=r\,\mathrm{d}\theta\,\vec{e}_\theta\wedge\mathrm{d}z\,\vec{e}_z\\ \\ \mathrm{d}S_\theta\,\vec{e}_\theta=\mathrm{d}z\,\vec{e}_z\wedge\mathrm{d}r\,\vec{e}_r\\ \\ \mathrm{d}S_z\,\vec{e}_z=\mathrm{d}r\,\vec{e}_r\wedge r\,\mathrm{d}\theta\,\vec{e}_\theta\end{array}\right.$$

L'aire élémentaire s'obtient par le produit de deux déplacements élémentaires :

$$\boxed{\begin{array}{l}\mathrm{d}S_r=r\,\mathrm{d}\theta\,\mathrm{d}z\\ \mathrm{d}S_\theta=\mathrm{d}r\,\mathrm{d}z\\ \mathrm{d}S_z=r\,\mathrm{d}r\,\mathrm{d}\theta\end{array}}$$

6. Volume élémentaire

Les variations élémentaires des coordonnées du point M définissent un volume élémentaire dont l'expression est le produit des trois déplacements élémentaires.

$$\boxed{d\tau=r\,\mathrm{d}r\,\mathrm{d}\theta\,\mathrm{d}z}$$

1.1.11 Système de coordonnées sphériques

1. Repère local sphérique

On note $(\mathrm{M},\vec{e}_r,\vec{e}_\theta,\vec{e}_\varphi)$ la base locale sphérique orthonormée directe d'origine M telle que (figure 1.12) :

$$\vec{e}_r\cdot\vec{e}_\theta=\vec{e}_r\cdot\vec{e}_\varphi=\vec{e}_\theta\cdot\vec{e}_\varphi=0$$

$$\|\vec{e}_r\|=\|\vec{e}_\theta\|=\|\vec{e}_\varphi\|=1$$

$$\vec{e}_r\wedge\vec{e}_\theta=\vec{e}_\varphi \quad , \quad \vec{e}_\theta\wedge\vec{e}_\varphi=\vec{e}_r \quad , \quad \vec{e}_\varphi\wedge\vec{e}_r=\vec{e}_\theta$$

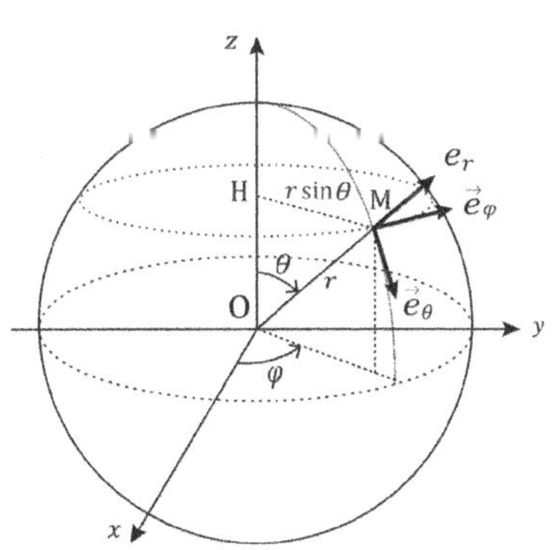

FIGURE 1.12 – Base locale sphérique

Par définition :

* $\vec{e}_r$ est le vecteur unitaire radial (suivant le rayon, dirigé de O vers M).
* $\vec{e}_\theta$ est le vecteur unitaire orthoradial tel que $\vec{e}_\theta \in$ plan $(\mathrm{O}z, (\mathrm{OM}))$ et $\vec{e}_\theta \perp \vec{e}_r$ pointé dans le sens des θ croissants.
* $\vec{e}_\varphi \in$ plan $(\mathrm{O}x, \mathrm{O}y)$ tel que $\vec{e}_\varphi = \vec{e}_r \wedge \vec{e}_\theta$.

Attention
Il ne faut pas confondre les vecteurs unitaires $(\vec{e}_r)_{\text{cylindrique}}$ et $(\vec{e}_r)_{\text{sphérique}}$. Le vecteur $(\vec{e}_r)_{\text{cylindrique}}$ correspond à la projection orthogonale du vecteur $(\vec{e}_r)_{\text{sphérique}}$ sur le plan $(\mathrm{O}, \vec{e}_x, \vec{e}_y)$. Dans un contexte sphérique, on écrira $(\vec{e}_r)_{\text{cylindrique}} = \vec{e}_\rho$.

Attention
Il ne faut pas confondre les vecteurs unitaires $(\vec{e}_\theta)_{\text{cylindrique}}$ et $(\vec{e}_\theta)_{\text{sphérique}}$. Le vecteur $(\vec{e}_\theta)_{\text{cylindrique}}$ correspond au vecteur orthoradial cylindrique dans la base cylindro-polaire. Dans un contexte sphérique, on écrira $(\vec{e}_\varphi)_{\text{sphérique}} = (\vec{e}_\theta)_{\text{cylindrique}}$.

2. Coordonnées sphériques

On note (r, θ, φ) les coordonnées sphériques d'un point M de l'espace dans la base orthonormée directe $(\vec{e}_r, \vec{e}_\theta, \vec{e}_\varphi)$ où :

* r est le rayon vecteur : $r = \|\overrightarrow{\mathrm{OM}}\|$ avec $r \geqslant 0$.
  Attention, r n'a pas la même définition dans le système de coordonnées cylindriques.
* θ est l'angle polaire ou colatitude : $\theta = \widehat{(\vec{e}_z, \overrightarrow{\mathrm{OM}})}$ avec $0 < \theta < \pi$ (angle que fait $\overrightarrow{\mathrm{OM}}$ avec l'axe $\mathrm{O}z$ ou angle complémentaire de la latitude).
* φ est la longitude ou azimut : $\varphi = \widehat{(\vec{e}_x, \overrightarrow{\mathrm{OH}})}$ où H est le projeté de M sur le plan $(\mathrm{O}xy)$ avec $0 < \varphi < 2\pi$ (angle que fait le plan défini par l'axe $\mathrm{O}z$ et $\overrightarrow{\mathrm{OM}}$ avec l'axe $\mathrm{O}x$).

On définit les coordonnées polaires sphériques (r, θ) à φ constant.

Le vecteur position est noté : $\boxed{\overrightarrow{\mathrm{OM}} = r\,\vec{e}_r}$

Remarque : Les angles θ et φ sont cachés dans la définition de $\vec{e}_r$).

3. Relation entre coordonnées sphériques et coordonnées cartésiennes

On note :

$$\overrightarrow{\mathrm{OM}} = \|\overrightarrow{\mathrm{OM}}\|\,\vec{e}_r = r\,\vec{e}_r = x\,\vec{e}_x + y\,\vec{e}_y + z\,\vec{e}_z$$

$$\mathrm{OM} = r = \sqrt{x^2 + y^2 + z^2}$$

$$\begin{cases} x = r\sin\theta\cos\varphi \\ y = r\sin\theta\sin\varphi \\ z = r\cos\theta \\ \vec{e}_r = \sin\theta\cos\varphi\,\vec{e}_x + \sin\theta\sin\varphi\,\vec{e}_y + \cos\theta\,\vec{e}_z = \dfrac{\partial\overrightarrow{\mathrm{OM}}}{\partial r} \\ \vec{e}_\theta = \cos\theta\cos\varphi\,\vec{e}_x + \cos\theta\sin\varphi\,\vec{e}_y - \sin\theta\,\vec{e}_z = \dfrac{1}{r}\dfrac{\partial\overrightarrow{\mathrm{OM}}}{\partial\theta} \\ \vec{e}_\varphi = -\sin\varphi\,\vec{e}_x + \cos\varphi\,\vec{e}_y = \dfrac{1}{r\sin\theta}\dfrac{\partial\overrightarrow{\mathrm{OM}}}{\partial\varphi} \end{cases}$$

Les vecteurs de la base cartésienne peuvent s'écrire en fonction des vecteurs de cette base locale sphérique :

$$\begin{cases} \vec{e}_x = \sin\theta\cos\varphi\,\vec{e}_r + \cos\theta\cos\varphi\,\vec{e}_\theta - \sin\varphi\,\vec{e}_\varphi \\ \vec{e}_y = \sin\theta\sin\varphi\,\vec{e}_r + \cos\theta\sin\varphi\,\vec{e}_\theta + \cos\varphi\,\vec{e}_\varphi \\ \vec{e}_z = \cos\theta\,\vec{e}_r - \sin\theta\,\vec{e}_\theta \end{cases}$$

4. Relation entre coordonnées sphériques et coordonnées cylindriques

Dans un contexte sphérique, on écrira $(\vec{e}_r)_{\text{cylindrique}} = \vec{e}_\rho$ et :

$$\overrightarrow{\mathrm{OM}} = \|\overrightarrow{\mathrm{OM}}\|\,\vec{e}_r = r\,\vec{e}_r = \rho\,\vec{e}_\rho + z\vec{e}_z$$

$$\begin{cases} \rho = r\sin\theta \\ z = r\cos\theta \end{cases} \Leftrightarrow \begin{cases} r = \sqrt{\rho^2 + z^2} \\ \tan\theta = \dfrac{\rho}{z} \end{cases}$$

5. Vecteur déplacement élémentaire

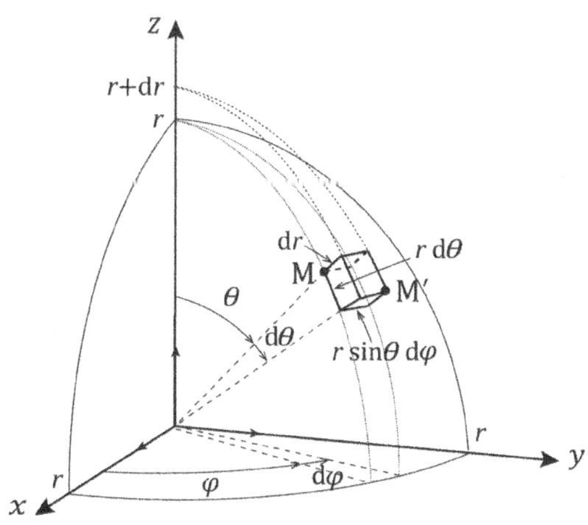

FIGURE 1.13

Soit un déplacement d'un point M de coordonnées (r, θ, φ) à un point M′ voisin de M de coordonnées $(r + \mathrm{d}r, \theta + \mathrm{d}\theta, \varphi + \mathrm{d}\varphi)$ (voir figure 1.13). On peut caractériser ce déplacement élémentaire par le vecteur $\mathrm{d}\overrightarrow{\mathrm{OM}}$ ou $\overrightarrow{\mathrm{d}\ell}$ dont l'expression s'obtient en faisant la composition des déplacements élémentaires dus à chaque paramètre variant seul.

On a :

* si r varie seul, $\overrightarrow{\mathrm{d}\ell_r} = \mathrm{d}r\,\vec{e}_r$
* si θ varie seul, $\overrightarrow{\mathrm{d}\ell_\theta} = r\,\mathrm{d}\theta\,\vec{e}_\theta$ (arc de cercle élémentaire de rayon r)
* si φ varie seul, $\overrightarrow{\mathrm{d}\ell_\varphi} = r\sin\theta\,\mathrm{d}\varphi\,\vec{e}_\varphi$ (arc de cercle élémentaire de rayon $r\sin\theta$)

$$\boxed{\mathrm{d}\overrightarrow{\mathrm{OM}} = \overrightarrow{\mathrm{d}\ell} = \mathrm{d}r\,\vec{e}_r + r\,\mathrm{d}\theta\,\vec{e}_\theta + r\sin\theta\,\mathrm{d}\varphi\,\vec{e}_\varphi}$$

Repérage terrestre

Sur Terre, on utilise couramment la longitude φ et la latitude λ en repérage sphérique telle que $\lambda = \dfrac{\pi}{2} - \theta$ et $\vec{e}_\lambda = -\vec{e}_\theta$. La base locale directe s'écrit $(\vec{e}_r, \vec{e}_\varphi, \vec{e}_\lambda)$.

Le déplacement élémentaire a alors pour expression :

$$\boxed{\mathrm{d}\overrightarrow{\mathrm{OM}} = \overrightarrow{\mathrm{d}\ell} = \mathrm{d}r\,\vec{e}_r + r\cos\lambda\,\mathrm{d}\varphi\,\vec{e}_\varphi + r\,\mathrm{d}\lambda\,\vec{e}_\lambda}$$

6. Vecteur surface élémentaire

Soit une base cartésienne orthonormée $(\vec{e}_1, \vec{e}_2, \vec{e}_3)$. Une surface élémentaire $\overrightarrow{\mathrm{d}S_3}$ obtenue à partir des déplacements élémentaires $\overrightarrow{\mathrm{d}\ell_1}$ et $\overrightarrow{\mathrm{d}\ell_2}$ est définie par :

$$\overrightarrow{\mathrm{d}S_1} = \overrightarrow{\mathrm{d}\ell_2} \wedge \overrightarrow{\mathrm{d}\ell_3} = \mathrm{d}S_1\,\vec{n}$$

où $\vec{n}$ est le vecteur normal à la surface orientée (l'aire $\mathrm{d}S_1$ étant positive).

Par permutation circulaire, on a :

$$\overrightarrow{\mathrm{d}S_2} = \overrightarrow{\mathrm{d}\ell_3} \wedge \overrightarrow{\mathrm{d}\ell_1}$$
$$\overrightarrow{\mathrm{d}S_3} = \overrightarrow{\mathrm{d}\ell_1} \wedge \overrightarrow{\mathrm{d}\ell_2}$$

Par exemple, pour les cas simples en coordonnées sphériques (figure 1.14) :

$$\left\{\begin{array}{l} \overrightarrow{\mathrm{d}S_r} = \overrightarrow{\mathrm{d}\ell_\theta} \wedge \overrightarrow{\mathrm{d}\ell_\varphi} \\[2ex] \overrightarrow{\mathrm{d}S_\theta} = \overrightarrow{\mathrm{d}\ell_\varphi} \wedge \overrightarrow{\mathrm{d}\ell_r} \\[2ex] \overrightarrow{\mathrm{d}S_\varphi} = \overrightarrow{\mathrm{d}\ell_r} \wedge \overrightarrow{\mathrm{d}\ell_\theta} \end{array}\right. \Leftrightarrow \left\{\begin{array}{l} \mathrm{d}S_r\,\vec{e}_r = r\,\mathrm{d}\theta\,\vec{e}_\theta \wedge r\sin\theta\,\mathrm{d}\varphi\,\vec{e}_\varphi \\[2ex] \mathrm{d}S_\theta\,\vec{e}_\theta = r\sin\theta\,\mathrm{d}\varphi\,\vec{e}_\varphi \wedge \mathrm{d}r\,\vec{e}_r \\[2ex] \mathrm{d}S_\varphi\,\vec{e}_\varphi = \mathrm{d}r\,\vec{e}_r \wedge r\,\mathrm{d}\theta\,\vec{e}_\theta \end{array}\right.$$

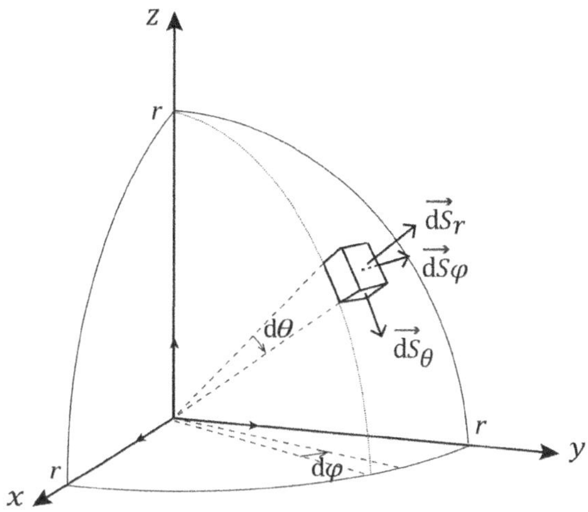

FIGURE 1.14

L'aire élémentaire s'obtient par le produit de deux déplacements élémentaires :

$$\boxed{\begin{array}{l} \mathrm{d}S_r = r^2 \sin\theta \, \mathrm{d}\theta \, \mathrm{d}\varphi \\ \mathrm{d}S_\theta = r \sin\theta \, \mathrm{d}r \, \mathrm{d}\varphi \\ \mathrm{d}S_\varphi = r \, \mathrm{d}r \, \mathrm{d}\theta \end{array}}$$

7. **Volume élémentaire**
   Les variations élémentaires des coordonnées du point M définissent un volume élémentaire dont l'expression est le produit des trois déplacements élémentaires.

$$\mathrm{d}\tau = \mathrm{d}r \, r \, \mathrm{d}\theta \, r \sin\theta \, \mathrm{d}\varphi$$

$$\boxed{\mathrm{d}\tau = r^2 \, \mathrm{d}r \, \sin\theta \, \mathrm{d}\theta \, \mathrm{d}\varphi}$$

1.1.12 Exercices

❑ Exercice 1 ★☆☆

Montrer que si $\vec{u} \wedge \vec{v} = \vec{0}$ alors les vecteurs $\vec{u}$ et $\vec{v}$ sont colinéaires.

Solution

On a $\|\vec{u} \wedge \vec{v}\| = \|\vec{0}\| = \|\vec{u}\| \times \|\vec{v}\| \times \sin(\widehat{\vec{u}, \vec{v}}) = 0$. On a donc deux possibilités.

1. Soit $\|\vec{u}\| = 0$ ou $\|\vec{v}\| = 0$ et donc l'un des deux vecteurs est le vecteur nul.
   Il est donc colinéaire à l'autre.
2. Soit $\sin(\widehat{\vec{u}, \vec{v}}) = 0$ et donc $(\widehat{\vec{u}, \vec{v}}) = 0\,[\pi]$. Les vecteurs sont donc colinéaires.

❑ Exercice 2 ★☆☆

On se place dans un repère $(\mathrm{O}, \vec{\imath}, \vec{\jmath}, \vec{k})$ orthonormé direct.
Compléter :

$a)\, \vec{\imath} \wedge \vec{\jmath} = \qquad b)\, \vec{k} \wedge \vec{\jmath} = \qquad c)\, \vec{\imath} \wedge \vec{\imath} = \qquad d)\, 2\vec{\imath} \wedge 5\vec{\jmath} = \qquad e)\, -\vec{\imath} \wedge \vec{k} =$

Solution

$a)\, \vec{\imath} \wedge \vec{\jmath} = \vec{k} \quad b)\, \vec{k} \wedge \vec{\jmath} = -\vec{\imath} \quad c)\, \vec{\imath} \wedge \vec{\imath} = \vec{0} \quad d)\, 2\vec{\imath} \wedge 5\vec{\jmath} = 10\vec{k} \quad e)\, -\vec{\imath} \wedge \vec{k} = \vec{\jmath}$

❑ Exercice 3 - DISTANCE D'UN POINT À UNE DROITE ★★☆

On se place dans un repère $(\mathrm{O}, \vec{\imath}, \vec{\jmath}, \vec{k})$ orthonormé direct.

On considère une droite $\mathcal{D}$ de vecteur directeur $\vec{u} = \begin{pmatrix} 1 \\ 0 \\ 3 \end{pmatrix}$ passant par $\mathrm{A}\,(1, 1, 2)$.

Calculer la distance de M à la droite $\mathcal{D}$ avec $\mathrm{M}\,(2, -1, 5)$.

Solution

- **Méthode utilisant un plan perpendiculaire à la droite $\mathcal{D}$**
  Cherchons l'équation du plan perpendiculaire $\mathcal{P}_t$ à $\mathcal{D}$ passant par M. Ce plan a pour équation $x + 3z + d = 0$ car $\vec{u} = \begin{pmatrix} 1 \\ 0 \\ 3 \end{pmatrix}$ est un vecteur normal à ce plan. De plus, ce plan $\mathcal{P}_t$ passe par M donc l'équation du plan $\mathcal{P}_t$ s'écrit :

$$x + 3z = 2 + 3 \times 5 = 17$$

  De plus une représentation paramétrique de la droite $\mathcal{D}$ est :

$$\begin{cases} x = 1 + t \\ y = 1 \\ z = 2 + 3t \qquad \text{avec } t \text{ réel.} \end{cases}$$

  L'intersection de $\mathcal{P}_t$ avec la droite $\mathcal{D}$, noté H, est telle que :

$$x + 3z = (1 + t) + 3\,(2 + 3t) = 17 \;\Rightarrow\; \text{soit } t = 1$$

  Le point H a donc pour coordonnées $(2, 1, 5)$. Il ne reste plus alors qu'à calculer la distance MH.

  Le vecteur $\overrightarrow{\mathrm{MH}}$ a pour coordonnées $= \begin{pmatrix} 0 \\ 2 \\ 0 \end{pmatrix}$. On trouve donc $\boxed{\mathrm{MH} = 2}$.

- **Méthode utilisant la formule de la distance d'un point à une droite**
  On note H le projeté orthogonal de M sur $\mathcal{D}$.
  Pour calculer la distance d'un point à une droite, on peut utiliser la formule :

$$||\overrightarrow{\mathrm{HM}}|| = \frac{||\overrightarrow{\mathrm{AM}} \wedge \vec{u}\,||}{||\vec{u}\,||}$$

On trouve que $\overrightarrow{\mathrm{AM}} = (1, -2, 3)$ et que $||\overrightarrow{\mathrm{AM}} \wedge \vec{u}\,|| = ||\,(-6, 0, -2)\,|| = \sqrt{40}$ et donc,

$$||\overrightarrow{\mathrm{HM}}|| = \frac{\sqrt{40}}{\sqrt{10}} \Rightarrow \boxed{\mathrm{HM} = 2}$$

Démonstration de la formule :
MH est la distance recherchée. On peut donc décomposer le vecteur $\overrightarrow{\mathrm{AM}}$ en :

$$\overrightarrow{\mathrm{AM}} = \overrightarrow{\mathrm{AH}} + \overrightarrow{\mathrm{HM}}$$

et on a,

$$\overrightarrow{\mathrm{AM}} \wedge \vec{u} = \overrightarrow{\mathrm{AH}} \wedge \vec{u} + \overrightarrow{\mathrm{HM}} \wedge \vec{u}$$

Les vecteurs $\vec{u}$ et $\overrightarrow{\mathrm{AH}}$ sont colinéraires. On a donc $\overrightarrow{\mathrm{AH}} \wedge \vec{u} = \vec{0}$ et,

$$\overrightarrow{\mathrm{AM}} \wedge \vec{u} = \overrightarrow{\mathrm{HM}} \wedge \vec{u}$$

Or $\vec{u}$ et $\overrightarrow{\mathrm{HM}}$ sont orthogonaux. Finalement, $||\overrightarrow{\mathrm{AM}} \wedge \vec{u}\,|| = ||\overrightarrow{\mathrm{HM}}|| \times ||\vec{u}\,|| = \mathrm{HM}$.

❑ **Exercice 4 - DISTANCE D'UN POINT À UN PLAN** ★★☆

On se place dans un repère $(\mathrm{O}, \vec{\imath}, \vec{\jmath}, \vec{k}\,)$ orthonormé direct.
On considère un plan $\mathcal{P}$ d'équation caractéristique $x + 2y - z = 1$.
Calculer la distance de M au plan $\mathcal{P}$ avec $\mathrm{M}\,(-7, 0, 4)$.

Solution

- **Méthode utilisant une droite perpendiculaire au plan $\mathcal{P}$**
  Cherchons les caractéristiques de la droite $\mathcal{D}'$ passant par M et perpendiculaire au plan $\mathcal{P}$. Cette droite a pour vecteur directeur $(1, 2, -1)$ et passe par M. La représentation paramétrique de $\mathcal{D}'$ s'écrit donc :

$$\begin{cases} x = -7 + t \\ y = 2t \\ z = 4 - t \qquad \text{avec } t \text{ réel.} \end{cases}$$

L'intersection de $\mathcal{P}$ avec la droite $\mathcal{D}'$, noté H, est telle que :

$$x + 2y - z = (-7 + t) + 2 \times (2t) - (4 - t) = 1 \Rightarrow \text{ soit } t = 2$$

Le point H a donc pour coordonnées $(-5, 4, 2)$. Il ne reste plus alors qu'à calculer la distance MH.
Le vecteur $\overrightarrow{\mathrm{MH}}$ a pour coordonnées $(2, 4, -2)$. On trouve donc,

$$\mathrm{MH} = \sqrt{2^2 + 4^2 + (-2)^2} \Rightarrow \boxed{\mathrm{MH} = 2\sqrt{6}}$$

- **Méthode utilisant la formule de la distance d'un point à un plan**
  On note H le projeté orthogonal de M (x_0, y_0, z_0) sur $\mathcal{P}$. Pour calculer la distance d'un point à un plan d'équation caractéristique $ax + by + cz + d = 0$, on peut utiliser la formule :

$$\begin{aligned} \|\overrightarrow{\mathrm{HM}}\| &= \frac{|ax_0 + by_0 + cz_0 + d|}{\sqrt{a^2 + b^2 + c^2}} \\ &= \frac{|1 \times (-7) + 2 \times (0) - 1 \times 4 - 1|}{\sqrt{1^2 + 2^2 + (-1)^2}} \Rightarrow \boxed{\mathrm{HM} = 2\sqrt{6}} \end{aligned}$$

❑ Exercice 5 ★★☆

On se place dans un repère $(O, \vec{\imath}, \vec{\jmath}, \vec{k})$ orthonormé direct.
On considère les vecteurs $\vec{u} = \begin{pmatrix} 2 \\ 0 \\ 3 \end{pmatrix}$ et $\vec{v} = \begin{pmatrix} -1 \\ 2 \\ 1 \end{pmatrix}$ et le point A $(1, 1, 2)$.

1. Calculer $\vec{u} \cdot \vec{v}$.
2. Calculer $\vec{u} \wedge \vec{v}$.
3. Donner une équation cartésienne du plan passant par A et de vecteurs directeurs $\vec{u}$ et $\vec{v}$.

Solution

1. $\vec{u} \cdot \vec{v} = 2 \times (-1) + 0 \times 2 + 3 \times 1 = 1$
2. $\vec{u} \wedge \vec{v} = \begin{pmatrix} -6 \\ -5 \\ 4 \end{pmatrix}$
3. On sait d'après la question précédente que le vecteur de coordonnées $\begin{pmatrix} -6 \\ -5 \\ 4 \end{pmatrix}$ est un vecteur normal au plan recherché, ainsi l'équation de ce plan peut s'écrire de la forme : $-6x - 5y + 4z + d = 0$.
   Le point A appartenant au plan, on trouve facilement que $d = 3$.
   Une équation du plan est donc $\boxed{-6x - 5y + 4z + 3 = 0}$

❑ Exercice 6 - Equation cartésienne d'un plan ★☆☆

> Donner une équation du plan passant par les points $A(1,2,4)$, $B(-1,7,1)$ et $C(9,-2,0)$

Solution

On cherchera une équation de la forme $ax + by + cz + d = 0$ avec a, b, c et d quatre réels.

En utilisant la méthode de résolution de système ou celle de la recherche d'un vecteur normal, on trouve :

$$\boxed{x + y + z = 7}$$

Démonstrations

1. *Méthode avec résolution de système*

   On sait que les points A, B et C appartiennent au plan, on pourra donc résoudre le système :
$$\begin{cases} 0 = a + 2b + 4c + d \\ 0 = -a + 7b + c + d \\ 0 = 9a - 2b + d \end{cases}$$
   Ce qui revient à :
$$\begin{cases} 0 = 5a - 26b - 3d & (L_1) - 4 \times (L_2) \\ 0 = -a + 7b + c + d \\ d = -9a + 2b \end{cases}$$
$$\text{soit} \quad \begin{cases} 0 = 5a - 26b - 3(-9a + 2b) \\ c = -a + 7b + d \\ d = -9a + 2b \end{cases} \quad \text{soit} \quad \begin{cases} a = b \\ c = a \\ d = -7a \end{cases}$$
   Ainsi en prenant $a = 1$, on trouve $\boxed{x + y + z = 7}$.

2. *Méthode utilisant un vecteur normal au plan*

   Cherchons les coordonnées d'un vecteur $\vec{n}$ normal au plan.
$$\overrightarrow{AB} \wedge \overrightarrow{AC} = \vec{n} \Leftrightarrow \begin{pmatrix} -2 \\ 5 \\ -3 \end{pmatrix} \wedge \begin{pmatrix} 8 \\ -4 \\ -4 \end{pmatrix} = \begin{pmatrix} -32 \\ -32 \\ -32 \end{pmatrix}$$
   On cherchera une équation de la forme : $-32x - 32y - 32z = -d$.

   En remplaçant x, y et z par les coordonnées de A, B ou C, on trouve $d = 224$.
   En divisant toute l'équation par -32, on trouve $\boxed{x + y + z = 7}$.

❑ Exercice 7 - PÉRIMÈTRE D'UN CERCLE ☆☆☆

Pour calculer une longueur, une surface ou un volume, il faut établir l'expression de la grandeur élémentaire utile puis l'intégrer sur les dimensions du problème. Avant de commencer la série d'exercices suivants, assurez-vous de connaître la notion d'intégrale (voir chapitre 7).

Soit un cercle de centre O, de rayon R, contenu dans un plan perpendiculaire à l'axe Oz.

1. Exprimer le vecteur déplacement élémentaire $\overrightarrow{\mathrm{d}\ell}(\mathrm{M}) = \mathrm{d}\ell_\theta\, \vec{e}_\theta$ en un point M du cercle dans la base polaire $(\vec{e}_r, \vec{e}_\theta)$ d'origine M.
2. Intégrer la longueur élémentaire $\mathrm{d}\ell_\theta$ sur le cercle complet et vérifier que le périmètre du cercle a pour expression $2\pi R$.

Solution

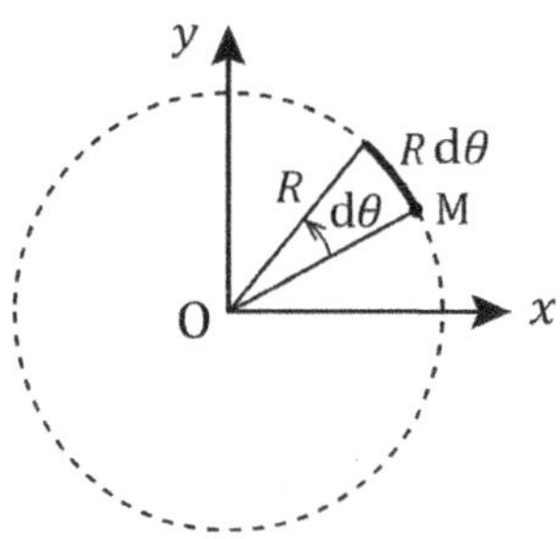

FIGURE 1.15

1. $\overrightarrow{\mathrm{d}\ell}(\mathrm{M}) = \mathrm{d}\ell_\theta\, \vec{e}_\theta = \boxed{R\,\mathrm{d}\theta\, \vec{e}_\theta}$
2. $L = \oint \mathrm{d}\ell_\theta = \oint R\,\mathrm{d}\theta = R \int_{\theta=0}^{2\pi} \mathrm{d}\theta = R\Big[\theta\Big]_0^{2\pi} = R\,(2\pi - 0) = \boxed{2\pi R}$

❑ Exercice 8 - SURFACE D'UN DISQUE ☆☆☆

Soit un disque de centre O, de rayon R, contenu dans un plan perpendiculaire à l'axe Oz.

1. **Méthode 1**

   a. Exprimer le vecteur surface élémentaire $\overrightarrow{\mathrm{d}S}(\mathrm{M}) = \mathrm{d}S_z\, \vec{e}_z$ en un point M du disque dans la base cylindrique $(\vec{e}_r, \vec{e}_\theta, \vec{e}_z)$ d'origine M.

   b. Intégrer la surface élémentaire $\mathrm{d}S_z$ sur toute la surface du disque et vérifier que l'aire a pour expression πR^2.

2. **Méthode 2**
a. Exprimer le vecteur surface élémentaire $\overrightarrow{\mathrm{d}S} = \mathrm{d}S_z\,\vec{e}_z$ d'une couronne circulaire de rayon $r < R$ et d'épaisseur $\mathrm{d}r$ dans la base cylindrique $(\vec{e}_r, \vec{e}_\theta, \vec{e}_z)$.
b. Intégrer la surface élémentaire $\mathrm{d}S$ sur toute la surface du disque et vérifier que ce dernier a pour expression πR^2.

Solution

1. **Méthode 1**

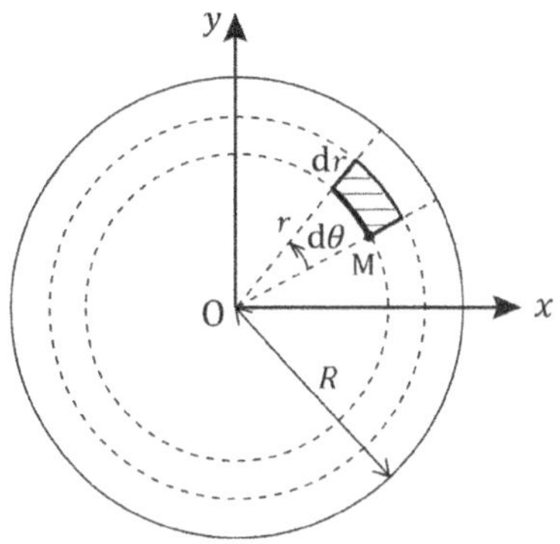

FIGURE 1.16

a. $\overrightarrow{\mathrm{d}S}(\mathrm{M}) = \mathrm{d}S_z\,\vec{e}_z = \overrightarrow{\mathrm{d}\ell}_r \wedge \overrightarrow{\mathrm{d}\ell}_\theta = \mathrm{d}r\,\vec{e}_r \wedge r\,\mathrm{d}\theta\,\vec{e}_\theta = \boxed{r\,\mathrm{d}r\,\mathrm{d}\theta\,\vec{e}_z}$

b. $S = \iint \mathrm{d}S_z = \iint r\,\mathrm{d}r\,\mathrm{d}\theta = \int_{r=0}^{R} r\,\mathrm{d}r \int_{\theta=0}^{2\pi} \mathrm{d}\theta = \left[\frac{r^2}{2}\right]_0^R \left[\theta\right]_0^{2\pi}$
$= \left(\frac{R^2}{2} - 0\right)(2\pi - 0) = \boxed{\pi R^2}$

2. **Méthode 2**

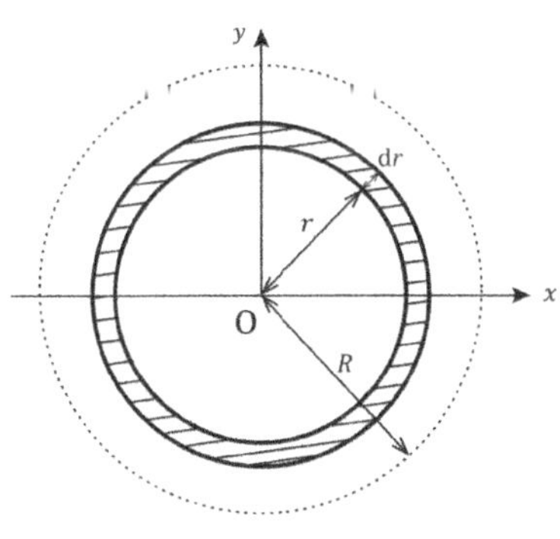

FIGURE 1.17

a. $\mathrm{d}S_z = \boxed{2\pi r\,\mathrm{d}r}$

b. $S = \displaystyle\int \mathrm{d}S_z = 2\pi \int_{r=0}^{R} r\,\mathrm{d}r = 2\pi \left[\frac{r^2}{2}\right]_0^R = 2\pi\left(\frac{R^2}{2} - 0\right) = \boxed{\pi R^2}$

❑ Exercice 9 - Surface latérale d'un cylindre ☆☆☆

Soit un cylindre d'axe $\mathrm{O}z$, de rayon R et de hauteur h.

1. Exprimer le vecteur surface élémentaire $\overrightarrow{\mathrm{d}S}(\mathrm{M}) = \mathrm{d}S_r\,\vec{e}_r$ en un point M de la surface latérale du cylindre dans la base cylindrique $(\vec{e}_r, \vec{e}_\theta, \vec{e}_z)$ d'origine M.
2. Intégrer la surface élémentaire $\mathrm{d}S_r$ sur toute la surface latérale du cylindre et vérifier que l'aire a pour expression $2\pi R h$.

Solution

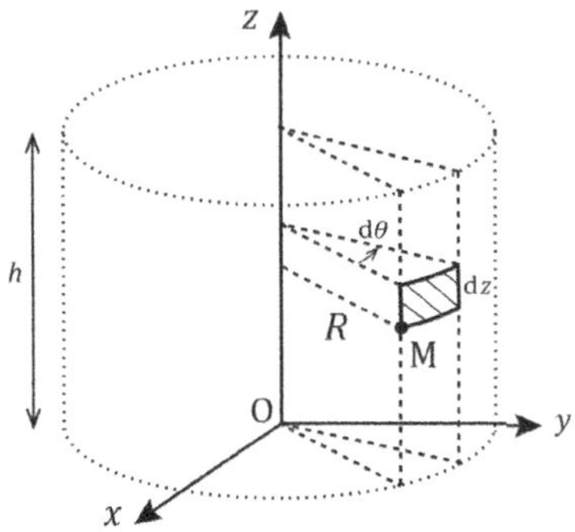

FIGURE 1.18

1. $\overrightarrow{\mathrm{d}S}(\mathrm{M}) = \mathrm{d}S_r\,\vec{e}_r = \overrightarrow{\mathrm{d}\ell_\theta} \wedge \overrightarrow{\mathrm{d}\ell_z} = R\,\mathrm{d}\theta\,\vec{e}_\theta \wedge \mathrm{d}z\,\vec{e}_z = \boxed{R\,\mathrm{d}\theta\,\mathrm{d}z\,\vec{e}_r}$

2. $S = \displaystyle\iint \mathrm{d}S_r = \iint R\,\mathrm{d}\theta\,\mathrm{d}z = R\int_{\theta=0}^{2\pi}\mathrm{d}\theta \int_{z=0}^{h}\mathrm{d}z = R\Big[\theta\Big]_0^{2\pi}\Big[z\Big]_0^h$
$= R\,(2\pi - 0)\,(h - 0) = \boxed{2\pi R h}$

❑ Exercice 10 - Volume d'un cylindre ☆☆☆

Soit un cylindre d'axe $\mathrm{O}z$, de rayon R et de hauteur h.

1. Exprimer le volume élémentaire $\mathrm{d}\tau(\mathrm{M})$ en un point M du cylindre dans la base cylindrique $(\vec{e}_r, \vec{e}_\theta, \vec{e}_z)$ d'origine M.

2. Intégrer le volume élémentaire $\mathrm{d}\tau$ sur tout le volume du cylindre et vérifier que ce dernier a pour expression $\pi R^2 h$.

Solution

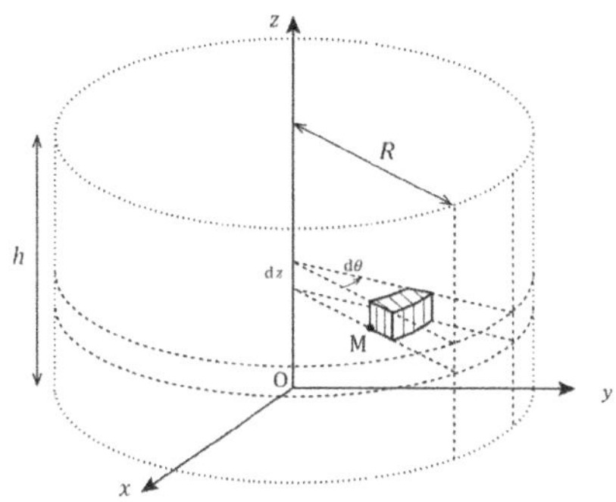

FIGURE 1.19

1. $\mathrm{d}\tau(\mathrm{M}) = \mathrm{d}\ell_r \times \mathrm{d}\ell_\theta \times \mathrm{d}\ell_z = \mathrm{d}r \times r\mathrm{d}\theta \times \mathrm{d}z = \boxed{r\mathrm{d}r\,\mathrm{d}\theta\,\mathrm{d}z}$

2. $V = \iiint \mathrm{d}\tau = \iiint r\mathrm{d}r\,\mathrm{d}\theta\,\mathrm{d}z = \int_{r=0}^{R} r\mathrm{d}r \int_{\theta=0}^{2\pi} \mathrm{d}\theta \int_{z=0}^{h} \mathrm{d}z$
$= \left[\frac{r^2}{2}\right]_0^R \left[\theta\right]_0^{2\pi} \left[z\right]_0^h = \left(\frac{R^2}{2} - 0\right)(2\pi - 0)(h - 0) = \boxed{\pi R^2 h}$

❑ Exercice 11 - SURFACE D'UNE BOULE ☆☆☆

Soit une sphère de centre O et de rayon R.

1. Exprimer le vecteur surface élémentaire $\overrightarrow{\mathrm{d}S}(\mathrm{M}) = \mathrm{d}S_r\,\vec{e}_r$ en un point M de la surface de la boule dans la base sphérique $(\vec{e}_r, \vec{e}_\theta, \vec{e}_\varphi)$ d'origine M.
2. Intégrer la surface élémentaire $\mathrm{d}S_r$ sur toute la surface de la boule et vérifier que l'aire a pour expression $4\pi R^2$.

Solution

1. $\overrightarrow{\mathrm{d}S}(\mathrm{M}) = \mathrm{d}S_r\,\vec{e}_r = \overrightarrow{\mathrm{d}\ell_\theta} \wedge \overrightarrow{\mathrm{d}\ell_\varphi} = R\,\mathrm{d}\theta\,\vec{e}_\theta \wedge R\sin\theta\,\mathrm{d}\varphi\,\vec{e}_\varphi = \boxed{R^2 \sin\theta\,\mathrm{d}\theta\,\mathrm{d}\varphi\,\vec{e}_r}$

2. $S = \iint \mathrm{d}S_r = R^2 \int_{\theta=0}^{\pi} \sin\theta\,\mathrm{d}\theta \int_{\varphi=0}^{2\pi} \mathrm{d}\varphi = R^2 \left[-\cos\theta\right]_0^{\pi} \left[\varphi\right]_0^{2\pi}$
$= R^2\,(-(-1) + 1)\,(2\pi - 0) = \boxed{4\pi R^2}$

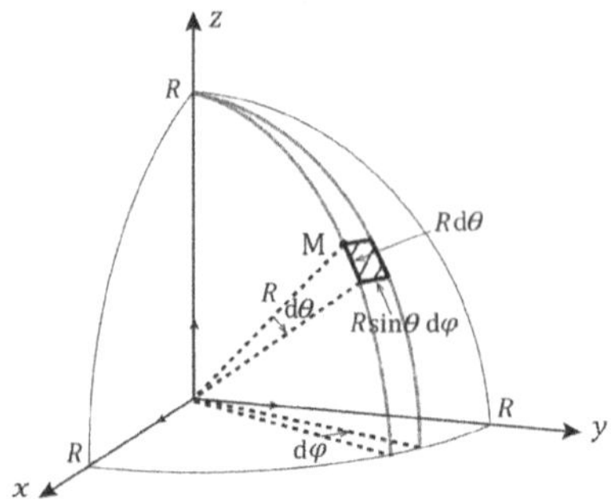

FIGURE 1.20

❑ Exercice 12 - VOLUME D'UNE BOULE ☆☆☆

Soit une boule de centre O et de rayon R.

1. **Méthode 1**

   a. Exprimer le volume élémentaire $\mathrm{d}\tau(\mathrm{M})$ en un point M de la boule dans la base sphérique $(\vec{e}_r, \vec{e}_\theta, \vec{e}_\varphi)$ d'origine M.

   b. Intégrer le volume élémentaire $\mathrm{d}\tau$ sur tout le volume de la boule et vérifier que ce dernier a pour expression $\dfrac{4}{3}\pi R^3$.

2. **Méthode 2**

   a. Exprimer le volume élémentaire $\mathrm{d}\tau(\mathrm{M})$ en un point M d'une couronne sphérique de rayon r et d'épaisseur $\mathrm{d}r$ dans la base sphérique $(\vec{e}_r, \vec{e}_\theta, \vec{e}_\varphi)$ d'origine M.

   b. Intégrer le volume élémentaire $\mathrm{d}\tau$ sur tout le volume de la boule et vérifier que ce dernier a pour expression $\dfrac{4}{3}\pi R^3$.

Solution

1. **Méthode 1** (voir figure 1.21)

   a. $\mathrm{d}\tau = \mathrm{d}\ell_r \times \mathrm{d}\ell_\theta \times \mathrm{d}\ell\varphi = \mathrm{d}r \times r\mathrm{d}\theta \times r\sin\theta\,\mathrm{d}\varphi = \boxed{r^2\,\mathrm{d}r\,\sin\theta\,\mathrm{d}\theta\,\mathrm{d}\varphi}$

   b. $V = \iiint \mathrm{d}\tau = \int_{r=0}^{R} r^2\,\mathrm{d}r \int_{\theta=0}^{\pi} \sin\theta\,\mathrm{d}\theta \int_{\varphi=0}^{2\pi} \mathrm{d}\varphi = \left[\dfrac{r^3}{3}\right]_0^R \left[-\cos\theta\right]_0^\pi \left[\varphi\right]_0^{2\pi}$

   $= \left(\dfrac{R^3}{3} - 0\right)(-(-1)+1)(2\pi - 0) = \boxed{\dfrac{4}{3}\pi R^3}$

2. **Méthode 2** (voir figure 1.22)

   a. $\mathrm{d}\tau = \boxed{4\pi r^2\,\mathrm{d}r}$

   b. $V = \int \mathrm{d}\tau = 4\pi \int_{r=0}^{R} r^2\,\mathrm{d}r = 4\pi \left[\dfrac{r^3}{3}\right]_0^R = 4\pi\left(\dfrac{R^3}{3} - 0\right) = \boxed{\dfrac{4}{3}\pi R^3}$

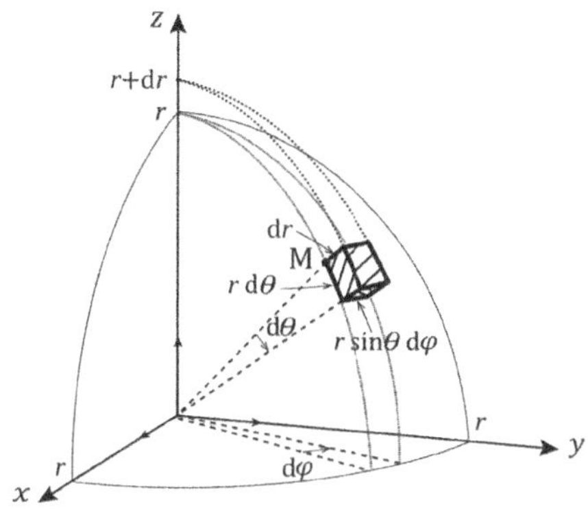

FIGURE 1.21

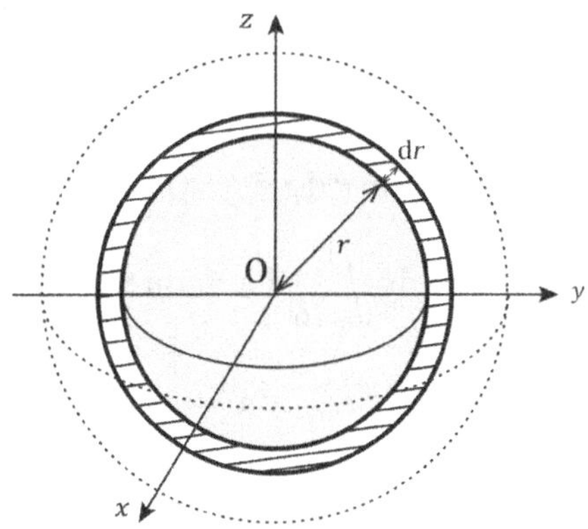

FIGURE 1.22

❑ Exercice 13 - SURFACE D'UN CÔNE ★☆☆

Soit un cône de hauteur H et de demi-angle au sommet θ.

1. Exprimer le vecteur surface élémentaire $\overrightarrow{\mathrm{d}S}(\mathrm{M}) = \mathrm{d}S_\theta\,\vec{e}_\theta$ en un point M de la surface du cône dans la base sphérique $(\vec{e}_r, \vec{e}_\theta, \vec{e}_\varphi)$ d'origine M. On définit le vecteur $\vec{e}_r$ à partir du sommet, dirigé sur la surface latérale vers la base du cône et le vecteur $\vec{e}_\theta$ perpendiculaire à la surface latérale dirigé vers l'extérieur du cône.
2. Intégrer la surface élémentaire $\mathrm{d}S_\theta$ sur toute la surface latérale du cône et vérifier que l'aire a pour expression $\pi\left(\dfrac{H}{\cos\theta}\right)^2 \sin\theta$.

Solution

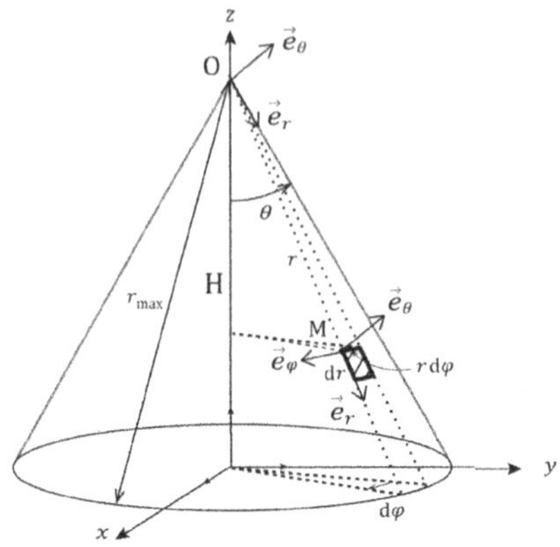

FIGURE 1.23

1. $\overrightarrow{dS}(M) = dS_\theta\,\vec{e}_\theta = dr\,\vec{e}_r \wedge r\sin\theta\,d\varphi\,\vec{e}_\varphi = \boxed{\sin\theta\,r\,dr\,d\varphi\,\vec{e}_\theta}$

2. $S = \iint dS_\theta = \sin\theta \int_{r=0}^{r_{max}} r\,dr \int_{\varphi=0}^{2\pi} d\varphi = \sin\theta \left[\frac{r^2}{2}\right]_0^{r_{max}} \left[\varphi\right]_0^{2\pi}$

$= \sin\theta\left(\frac{r_{max}^2}{2} - 0\right)(2\pi - 0) = \pi\,r_{max}^2\sin\theta = \boxed{\pi\left(\frac{H}{\cos\theta}\right)^2\sin\theta}$ car $\cos\theta = \frac{H}{r_{max}}$

1.2 Applications en physique

1.2.1 Electromagnétisme

❑ Exercice 1 - LIGNES DE CHAMP - EQUIPOTENTIELLES ★☆☆

Conseils - Pour aborder cet exercice, il est préférable de revoir préalablement les notions suivantes :

- Opérateurs différentiels vectoriels (gradient et circulation d'un champ vectoriel au chapitre 2)
- Fonctions de plusieurs variables (chapitre 6)

Définition : on appelle ligne de courant (ou ligne de champ) la courbe tangente au champ vectoriel en chacun de ses points. Elle est orientée dans le sens du champ.

Définition : une surface équipotentielle (isopotentielle ou iso-V) est définie par V = constante.

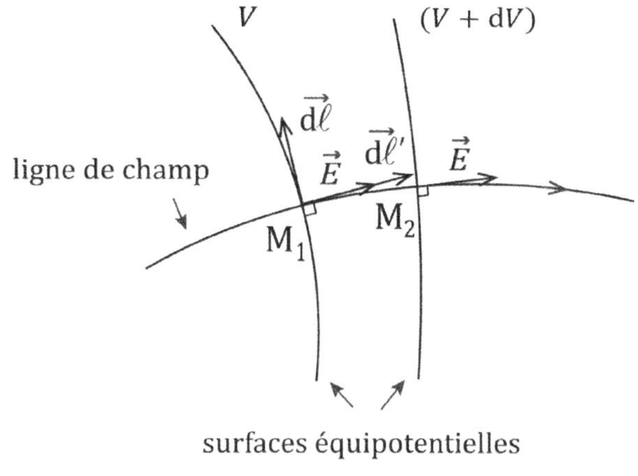

FIGURE 1.24

1. En utilisant les définitions de l'opérateur gradient en coordonnées cartésiennes (chapitre 2) et de la différentielle d'une fonction (chapitre 6), montrer que l'on peut écrire : $\overrightarrow{\text{grad}} X \cdot \overrightarrow{\mathrm{d}\ell} = \mathrm{d}X$
2. Soit un point M_1 se déplaçant sur la surface iso-V d'une distance élémentaire $\mathrm{d}\ell$ représentée par le vecteur $\overrightarrow{\mathrm{d}\ell}$ (voir figure 1.24).
En utilisant le résultat de la question 1, montrer que les lignes de champ $\vec{E}$ sont orthogonales aux surfaces équipotentielles.
3. Soit un point M_1 se déplaçant le long d'une ligne de courant d'une distance élémentaire $\mathrm{d}\ell'$ représentée par le vecteur $\overrightarrow{\mathrm{d}\ell'}$ dans le sens du champ $\vec{E}$ (voir figure 1.24).
En utilisant la définition de la circulation du champ électrique $\vec{E}$ (chapitre 2) appliquée depuis la surface de potentiel V jusque la surface de potentiel $(V + \mathrm{d}V)$, montrer que les lignes de champ sont orientées dans le sens des potentiels décroissants.

Solution

1.

$$\overrightarrow{\text{grad}} X \cdot \overrightarrow{\mathrm{d}\ell} = \begin{pmatrix} \dfrac{\partial X}{\partial x} \\ \dfrac{\partial X}{\partial y} \\ \dfrac{\partial X}{\partial z} \end{pmatrix} \cdot \begin{pmatrix} \mathrm{d}x \\ \mathrm{d}y \\ \mathrm{d}z \end{pmatrix}$$

$$\overrightarrow{\text{grad}} X \cdot \overrightarrow{\mathrm{d}\ell} = \frac{\partial X}{\partial x}\,\mathrm{d}x + \frac{\partial X}{\partial y}\,\mathrm{d}y + \frac{\partial X}{\partial z}\,\mathrm{d}z = \mathrm{d}X$$

2. Pour un point M_1 se déplaçant sur la surface équipotentielle, on a :

$$\mathrm{d}V = 0 = \overrightarrow{\mathrm{grad}}\, V \cdot \overrightarrow{\mathrm{d}\ell}$$

Or le champ électrique $\vec{E}$ est lié au potentiel V par l'expression $\vec{E} = -\overrightarrow{\mathrm{grad}}\, V$ (valable uniquement en électrostatique).

$$\mathrm{d}V = -\vec{E} \cdot \overrightarrow{\mathrm{d}\ell} = 0 = -\|\vec{E}\| \times \|\overrightarrow{\mathrm{d}\ell}\| \times \cos\left(\vec{E}, \overrightarrow{\mathrm{d}\ell}\right)$$

Un produit de facteurs est nul si l'un des facteurs est nul. Or ni $\|\vec{E}\|$, ni $\|\overrightarrow{\mathrm{d}\ell}\|$ sont nuls donc on a $\cos\left(\vec{E}, \overrightarrow{\mathrm{d}\ell}\right) = 0$. Ce qui signifie que les vecteurs $\vec{E}$ et $\overrightarrow{\mathrm{d}\ell}$ sont perpendiculaires.
Le champ $\vec{E}$ est donc toujours orthogonal aux surfaces équipotentielles.

3. En utilisant la définition de la circulation du champ $\vec{E}$, on a :

$$\int_{\mathrm{M}_1}^{\mathrm{M}_2} \vec{E} \cdot \overrightarrow{\mathrm{d}\ell'} = \int_{V}^{V+\mathrm{d}V} -\overrightarrow{\mathrm{grad}}\, V \cdot \overrightarrow{\mathrm{d}\ell'} = \int_{V}^{V+\mathrm{d}V} -\mathrm{d}V = -\mathrm{d}V$$

$$\begin{aligned}\int_{\mathrm{M}_1}^{\mathrm{M}_2} \vec{E} \cdot \overrightarrow{\mathrm{d}\ell'} &= \|\vec{E}\| \times \|\overrightarrow{\mathrm{M}_1\mathrm{M}_2}\| \times \cos\left(\vec{E}, \overrightarrow{\mathrm{M}_1\mathrm{M}_2}\right) \\ &= \|\vec{E}\| \times \|\overrightarrow{\mathrm{M}_1\mathrm{M}_2}\| \times \cos 0 > 0\end{aligned}$$

Si $-\mathrm{d}V > 0$ alors $\mathrm{d}V < 0$ et $(V + \mathrm{d}V) < V$.
Les lignes de champ sont donc orientées dans le sens des potentiels décroissants.

❑ Exercice 2 - Topographie des lignes de champ électrique ★☆☆

Définition : on appelle ligne de courant (ou ligne de champ) d'un champ vectoriel la courbe tangente au champ vectoriel en chacun de ses points. Elle est orientée dans le sens du champ.

Point méthode : soit un point M se déplaçant le long d'une ligne de courant selon un vecteur déplacement élémentaire $\overrightarrow{\mathrm{d}\ell}$ dans le sens du champ vectoriel $\vec{A}$ (voir figure 1.25). L'équation d'une ligne de courant est telle que :

$$\vec{A} \wedge \overrightarrow{\mathrm{d}\ell} = \vec{0}$$

car les vecteurs $\vec{A}$ et $\overrightarrow{\mathrm{d}\ell}$ sont colinéaires.

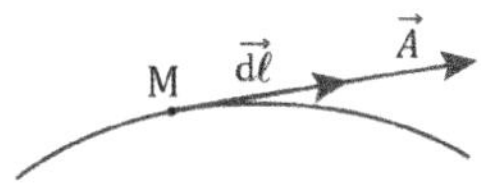

FIGURE 1.25

1. Soit une charge électrique ponctuelle de charge q. Elle crée en un point M de l'espace un champ électrique $\vec{E}(\mathrm{M})$ dont les composantes en coordonnées sphériques s'écrivent :

$$\vec{E}(M) = \frac{1}{4\pi\varepsilon_0}\frac{q}{r^2}\,\vec{e}_r$$

En appliquant le point méthode énoncé ci-dessus, établir l'équation des lignes de courant créées par la charge électrique.

2. Soit un fil rectiligne infini uniformément chargé de densité linéique de charge λ (voir figure 1.26).

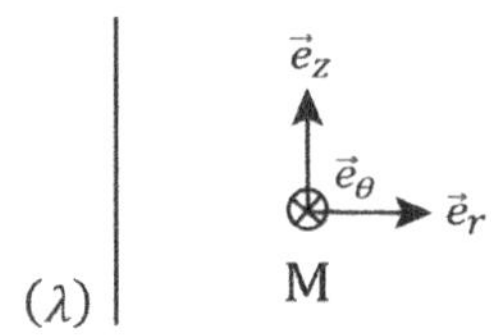

FIGURE 1.26

Il crée en un point M de l'espace un champ électrique $\vec{\mathrm{E}}(\mathrm{M})$ tel que :

$$\vec{\mathrm{E}}(\mathrm{M}) = \frac{\lambda}{2\pi\varepsilon_0 r}\,\vec{e}_r$$

Etablir l'équation des lignes de courant créées par le fil rectiligne.

3. Soit un condensateur plan constitué de deux plaques planes chargées de charges opposées $+Q$ et $-Q$, de surface S et distantes de d. On le modélise par deux plans infinis parallèles et uniformément chargés en surface, l'un portant une densité surfacique σ et l'autre $-\sigma$ (voir figure 1.27).

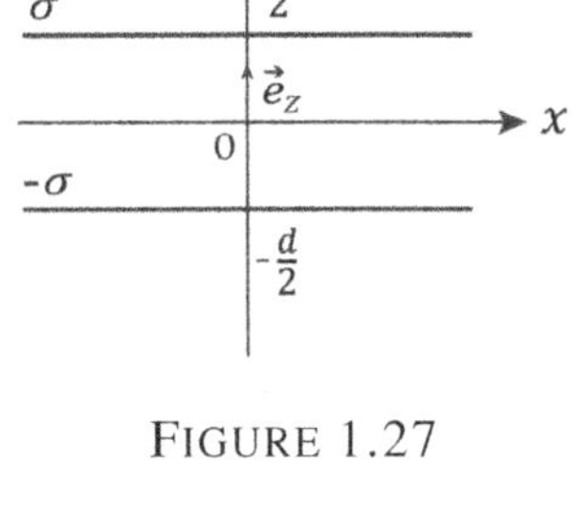

FIGURE 1.27

Entre les armatures du condensateur règne un champ électrique uniforme tel que :

$$\vec{E} = -\frac{\sigma}{\varepsilon_0}\vec{e}_z$$

Etablir l'équation des lignes de courant créées par le condensateur.

4. Soit un dipôle électrique de moment dipolaire $\vec{p}$ (voir figure 1.28). Dans l'approximation dipolaire, on considère $r \gg a$.

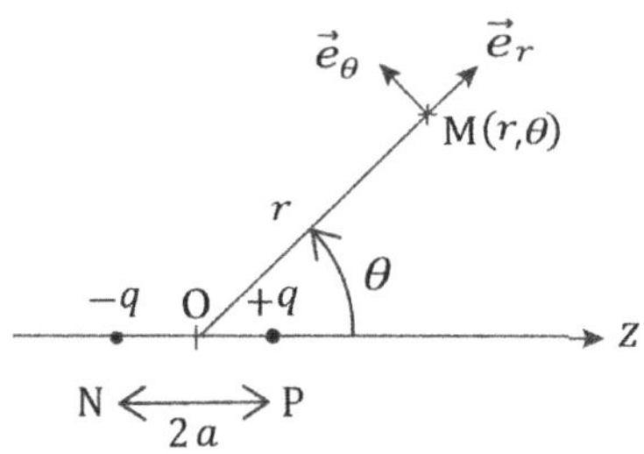

FIGURE 1.28

Le dipôle crée en un point M de l'espace un champ électrique $\vec{E}(\mathrm{M})$ dont les composantes en coordonnées sphériques s'écrivent :

$$\vec{E}(\mathrm{M}) = \frac{2p\cos\theta}{4\pi\varepsilon_0 r^3}\,\vec{e}_r + \frac{p\sin\theta}{4\pi\varepsilon_0 r^3}\,\vec{e}_\theta$$

Etablir l'équation des lignes de courant créées par le dipôle électrique.

Solution

1. ***Cas d'une charge électrique ponctuelle***

$$\vec{E}(\mathrm{M}) \wedge \overrightarrow{\mathrm{d}\ell} = \begin{pmatrix} E_r \\ E_\theta \\ E_\varphi \end{pmatrix} \wedge \begin{pmatrix} \mathrm{d}r \\ r\,\mathrm{d}\theta \\ r\sin\theta\,\mathrm{d}\varphi \end{pmatrix}$$

$$\vec{E}(\mathrm{M}) \wedge \overrightarrow{\mathrm{d}\ell} = \begin{pmatrix} E_r \\ 0 \\ 0 \end{pmatrix} \wedge \begin{pmatrix} \mathrm{d}r \\ r\,\mathrm{d}\theta \\ r\sin\theta\,\mathrm{d}\varphi \end{pmatrix} = \begin{pmatrix} 0 \\ -E_r\,r\sin\theta\,\mathrm{d}\varphi \\ E_r\,r\,\mathrm{d}\theta \end{pmatrix} = \begin{pmatrix} 0 \\ 0 \\ 0 \end{pmatrix}$$

La deuxième ligne du vecteur colonne obtenu nous donne :

$$-E_r\,r\sin\theta\,\mathrm{d}\varphi = 0 \;\Leftrightarrow\; \mathrm{d}\varphi = 0$$

Par intégration, on obtient :

$$\boxed{\varphi = \text{constante}}$$

La troisième ligne du vecteur colonne obtenu nous donne :

$$E_r\, r\, \mathrm{d}\theta = 0 \;\Leftrightarrow\; \mathrm{d}\theta = 0$$

Par intégration, on obtient :

$$\boxed{\theta = \text{constante}}$$

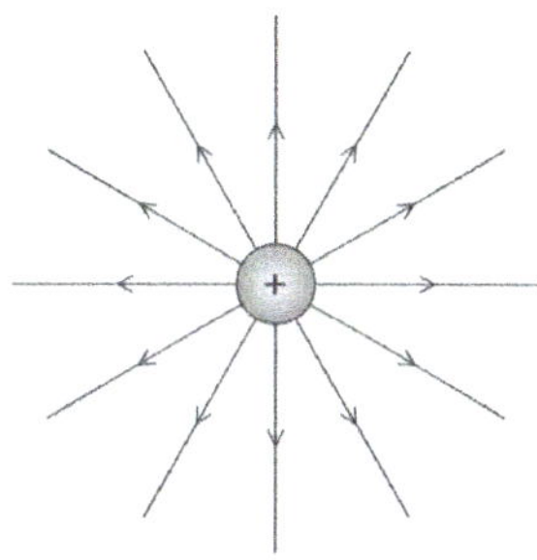

FIGURE 1.29

Les lignes de courant sont donc des lignes radiales.

Remarque : Les lignes de champ divergent pour une charge ponctuelle positive (figure 1.29) et convergent pour une charge ponctuelle négative.

2. ***Cas d'un fil rectiligne infini***

$$\vec{E}(\mathrm{M}) \wedge \overrightarrow{\mathrm{d}\ell} = \begin{pmatrix} E_r \\ E_\theta \\ E_z \end{pmatrix} \wedge \begin{pmatrix} \mathrm{d}r \\ r\,\mathrm{d}\theta \\ \mathrm{d}z \end{pmatrix}$$

$$\vec{E}(\mathrm{M}) \wedge \overrightarrow{\mathrm{d}\ell} = \begin{pmatrix} E_r \\ 0 \\ 0 \end{pmatrix} \wedge \begin{pmatrix} \mathrm{d}r \\ r\,\mathrm{d}\theta \\ \mathrm{d}z \end{pmatrix} = \begin{pmatrix} 0 \\ -E_r\,\mathrm{d}z \\ E_r\, r\,\mathrm{d}\theta \end{pmatrix} = \begin{pmatrix} 0 \\ 0 \\ 0 \end{pmatrix}$$

La deuxième ligne du vecteur colonne obtenu nous donne :

$$-E_r\,\mathrm{d}z = 0 \;\Leftrightarrow\; \mathrm{d}z = 0$$

Soit, $\boxed{z = \text{constante}}$

La troisième ligne du vecteur colonne obtenu nous donne :

$$E_r\, r\,\mathrm{d}\theta = 0 \;\Leftrightarrow\; \mathrm{d}\theta = 0$$

Soit, $\boxed{\theta = \text{constante}}$

A l'extérieur du fil, les lignes de courant sont donc des droites radiales contenues dans des plans perpendiculaires au fil $z = $ constante.

3. ***Cas d'un condensateur plan***

$$\vec{E} \wedge \overrightarrow{\mathrm{d}\ell} = \begin{pmatrix} E_x \\ E_y \\ E_z \end{pmatrix} \wedge \begin{pmatrix} \mathrm{d}x \\ \mathrm{d}y \\ \mathrm{d}z \end{pmatrix}$$

$$\vec{E} \wedge \overrightarrow{\mathrm{d}\ell} = \begin{pmatrix} 0 \\ 0 \\ E_z \end{pmatrix} \wedge \begin{pmatrix} \mathrm{d}x \\ \mathrm{d}y \\ \mathrm{d}z \end{pmatrix} = \begin{pmatrix} -E_z\,\mathrm{d}y \\ E_z\,\mathrm{d}x \\ 0 \end{pmatrix} = \begin{pmatrix} 0 \\ 0 \\ 0 \end{pmatrix}$$

La première ligne du vecteur colonne obtenu nous donne :

$$-E_z\,\mathrm{d}y = 0 \Leftrightarrow \mathrm{d}y = 0$$

Soit, $\boxed{y = \text{constante}}$

La deuxième ligne du vecteur colonne obtenu nous donne :

$$E_z\,\mathrm{d}x = 0 \Leftrightarrow \mathrm{d}x = 0$$

Soit, $\boxed{x = \text{constante}}$

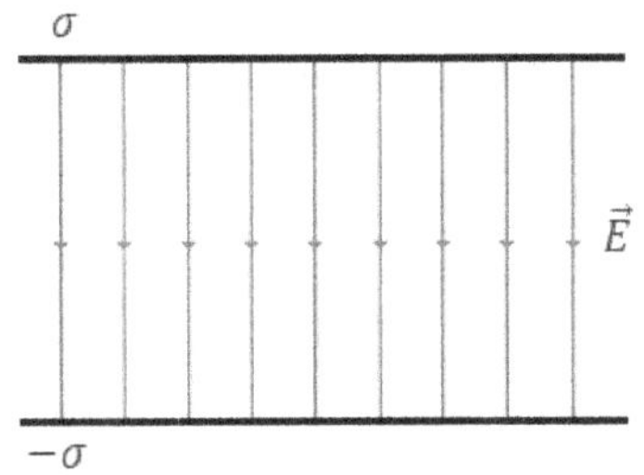

FIGURE 1.30

Entre les armatures, les lignes de courant sont des droites perpendiculaires aux armatures, ici parallèles à l'axe des z.

4. ***Cas d'un dipôle électrique***

$$\vec{E}(\mathrm{M}) \wedge \overrightarrow{\mathrm{d}\ell} = \begin{pmatrix} E_r \\ E_\theta \\ E_\varphi \end{pmatrix} \wedge \begin{pmatrix} \mathrm{d}r \\ r\,\mathrm{d}\theta \\ r\sin\theta\,\mathrm{d}\varphi \end{pmatrix}$$

$$\vec{E}(\mathrm{M}) \wedge \overrightarrow{\mathrm{d}\ell} = \begin{pmatrix} E_r \\ E_\theta \\ 0 \end{pmatrix} \wedge \begin{pmatrix} \mathrm{d}r \\ r\,\mathrm{d}\theta \\ r\sin\theta\,\mathrm{d}\varphi \end{pmatrix} = \begin{pmatrix} E_\theta\, r\sin\theta\,\mathrm{d}\varphi \\ -E_r\, r\sin\theta\,\mathrm{d}\varphi \\ E_r\, r\,\mathrm{d}\theta - E_\theta\,\mathrm{d}r \end{pmatrix} = \begin{pmatrix} 0 \\ 0 \\ 0 \end{pmatrix}$$

Les deux premières lignes du vecteur colonne obtenu nous indiquent que :

$$\mathrm{d}\varphi = 0$$

Soit, $$\boxed{\varphi = \text{constante}}$$
La troisième ligne du vecteur colonne obtenu nous donne :

$$\frac{\mathrm{d}r}{E_r} = \frac{r\,\mathrm{d}\theta}{E_\theta}$$

$$\frac{\mathrm{d}r}{\left(\frac{2p\cos\theta}{4\pi\varepsilon_0 r^3}\right)} = \frac{r\,\mathrm{d}\theta}{\left(\frac{p\sin\theta}{4\pi\varepsilon_0 r^3}\right)}$$

$$\frac{\mathrm{d}r}{r} = \frac{2\cos\theta\,\mathrm{d}\theta}{\sin\theta} = 2\,\frac{u'}{u}$$

avec $u = \sin\theta$ et $u' = \dfrac{\mathrm{d}u}{\mathrm{d}\theta}\,\mathrm{d}\theta = \cos\theta\,\mathrm{d}\theta$.
Par intégration, on obtient :

$$\ln r = 2\ln u + \text{constante} = 2\ln(\sin\theta) + \text{constante}$$

$$\ln r = 2\ln(\sin\theta) + \ln K$$

où K est une constante d'intégration qui définit la ligne de courant.

$$\ln r = \ln\big(K\sin^2\theta\big)$$

$$\boxed{r = K\sin^2\theta}$$

Remarque : cette équation n'est valable que dans l'approximation dipolaire, c'est-à-dire loin du dipôle, lorsque $r \gg a$.

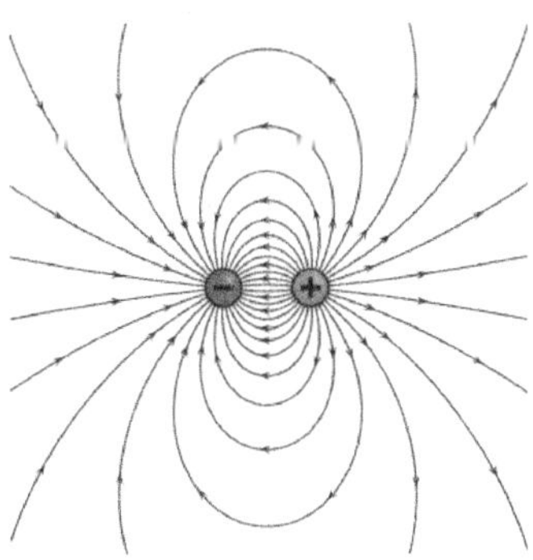

FIGURE 1.31

1.2.2 Mécanique

❑ **Exercice 3 - ETUDE D'UN ÉQUILIBRE** (Deug) ★☆☆

Conseils - Pour aborder cet extrait de sujet de concours, il est préférable de revoir préalablement les notions suivantes :

- Trigonométrie (chapitre 3)
- Résolution des équations du second degré (chapitre 9)

Soient 2 coins prismatiques (1) et (2) identiques de section triangulaire et de masse m, qui reposent sur un bâti (0) horizontal. On place sur les deux coins un bloc prismatique (3) de masse M (figure 1.32).
Le référentiel terrestre $\mathcal{R}$ est considéré comme galiléen ; il est raporté au repère $(\mathrm{O}, \vec{u}_x, \vec{u}_y, \vec{u}_z)$. Le référentiel $\mathcal{R}$ est associé au bâti (0).
On note f le coefficient de frottement aux contacts :
- entre les coins (1) et (2) et le sol (0).
- entre les coins (1) et (2) et le bloc prismatique (3).
On note $\vec{g} = -\,g\,\vec{u}_y$ l'accélération de la pesanteur.

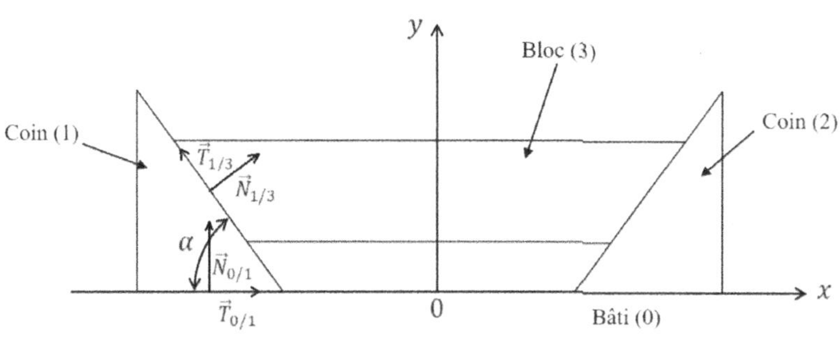

FIGURE 1.32

On note $\vec{R}_{0/1}$ l'action du sol (0) sur le coin (1) : $\vec{R}_{0/1} = \vec{N}_{0/1} + \vec{T}_{0/1}$ avec $\vec{N}_{0/1}$ la composante normale de $\vec{R}_{0/1}$ et $\vec{T}_{0/1}$ la composante tangentielle de $\vec{R}_{0/1}$.
On note $\vec{R}_{0/2}$ l'action du sol (0) sur le coin (2) : $\vec{R}_{0/2} = \vec{N}_{0/2} + \vec{T}_{0/2}$ avec $\vec{N}_{0/2}$ la composante normale de $\vec{R}_{0/2}$ et $\vec{T}_{0/2}$ la composante tangentielle de $\vec{R}_{0/2}$.
On note $\vec{R}_{1/3}$ l'action du coin (1) sur le bloc (3) : $\vec{R}_{1/3} = \vec{N}_{1/3} + \vec{T}_{1/3}$ avec $\vec{N}_{1/3}$ la composante normale de $\vec{R}_{1/3}$ et $\vec{T}_{1/3}$ la composante tangentielle de $\vec{R}_{1/3}$.
On suppose que tous les contacts sont à la limite du glissement. Pour chaque action $\vec{R}_i$ on a $\|\vec{T}_i\| = f\|\vec{N}_i\|$.
On suppose également qu'il n'y a aucun risque de basculement.

1. Etudier l'équilibre du système $\mathcal{S} = (1+2+3)$. Appliquer le principe fondamental de la statique. Projeter la relation vectorielle sur l'axe des y et déterminer une relation entre $N_{0/1}$, m et M.
2. Etudier l'équilibre du bloc (3) seul. Appliquer le principe fondamental de la statique. Projeter la relation vectorielle sur l'axe des y et déterminer une relation entre $N_{1/3}$, M, f et α.
3. Etudier l'équilibre du coin (1) seul. Appliquer le principe fondamental de la statique. Projeter la relation vectorielle sur l'axe des x et déterminer une relation entre $N_{0/1}$, $N_{1/3}$, f et α.
4. En vous servant des 3 relations trouvées précédemment, déterminer une équation du second degré liant f, M, m et α de la forme $f^2+af+b=0$. Expliciter les coefficients a et b.

On s'intéresse maintenant au cas où $M = 4m$ et $\alpha = \dfrac{\pi}{4}$.

5. Déterminer la valeur limite de f pour que le système reste en équilibre.

D'après examen Deug Méca II

Solution

1. *Système étudié* : système $\mathcal{S} = (1+2+3)$
Référentiel d'étude : référentiel $\mathcal{R}$ associé au bâti (0) supposé galiléen
Bilan des forces extérieures (voir figure 1.33) :

$$\begin{cases} \rightarrow \text{le poids du coin } (1)\text{, noté } \vec{P_1} = m\vec{g} \\ \rightarrow \text{le poids du coin } (2)\text{, noté } \vec{P_2} = m\vec{g} \\ \rightarrow \text{le poids du bloc } (3)\text{, noté } \vec{P_3} = M\vec{g} \\ \rightarrow \vec{R}_{0/1} = \vec{N}_{0/1} + \vec{T}_{0/1} \text{ l'action du sol } (0) \text{ sur le coin } (1) \\ \rightarrow \vec{R}_{0/2} = \vec{N}_{0/2} + \vec{T}_{0/2} \text{ l'action du sol } (0) \text{ sur le coin } (2) \end{cases}$$

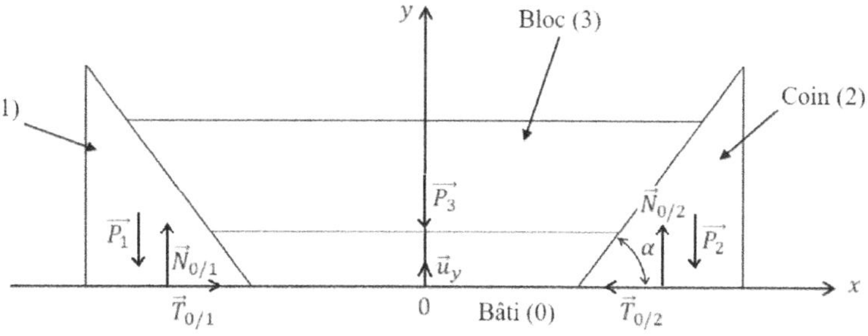

FIGURE 1.33

Remarque : les actions entre les éléments du système sont des forces intérieures. Elles ne sont donc pas comptabilisées dans le bilan des forces extérieures.
A l'équilibre, le principe fondamental de la statique s'écrit : $\sum \vec{F}_{\text{ext}} = \vec{0}$.

$$m\vec{g} + m\vec{g} + M\vec{g} + \vec{N}_{0/1} + \vec{T}_{0/1} + \vec{N}_{0/2} + \vec{T}_{0/2} = \vec{0}$$

On projette la relation vectorielle sur l'axe (Oy) en multipliant chaque vecteur scalairement par le vecteur unitaire $\vec{u}_y$.

$$\begin{aligned}
&m\vec{g}\cdot\vec{u}_y = m\|\vec{g}\| \times \|\vec{u}_y\| \times \cos(\vec{g},\vec{u}_y) = mg \times \cos\pi = -mg\\
&M\vec{g}\cdot\vec{u}_y = M\|\vec{g}\| \times \|\vec{u}_y\| \times \cos(\vec{g},\vec{u}_y) = Mg \times \cos\pi = -Mg\\
&\vec{N}_{0/1}\cdot\vec{u}_y = \|\vec{N}_{0/1}\| \times \|\vec{u}_y\| \times \cos(\vec{N}_{0/1},\vec{u}_y) = N_{0/1} \times \cos 0 = N_{0/1}\\
&\vec{N}_{0/2}\cdot\vec{u}_y = \|\vec{N}_{0/2}\| \times \|\vec{u}_y\| \times \cos(\vec{N}_{0/2},\vec{u}_y) = N_{0/2} \times \cos 0 = N_{0/2}\\
&\vec{T}_{0/1}\cdot\vec{u}_y = \|\vec{T}_{0/1}\| \times \|\vec{u}_y\| \times \cos(\vec{T}_{0/1},\vec{u}_y) = T_{0/1} \times \cos\frac{\pi}{2} = 0\\
&\vec{T}_{0/2}\cdot\vec{u}_y = \|\vec{T}_{0/2}\| \times \|\vec{u}_y\| \times \cos(\vec{T}_{0/2},\vec{u}_y) = T_{0/2} \times \cos\frac{\pi}{2} = 0
\end{aligned}$$

En faisant la somme de l'ensemble de ces projetés, on a :

$$-mg - mg - Mg + N_{0/1} + N_{0/2} = 0$$

Le système étant symétrique, on fait l'hypothèse que $N_{0/1} = N_{0/2}$.

$$\boxed{2N_{0/1} = (2m + M)\,g} \qquad \text{(I)}$$

2. *Système étudié* : bloc (3) seul
Référentiel d'étude : référentiel $\mathcal{R}$ associé au bâti (0) supposé galiléen
Bilan des forces extérieures (voir figure 1.34) :

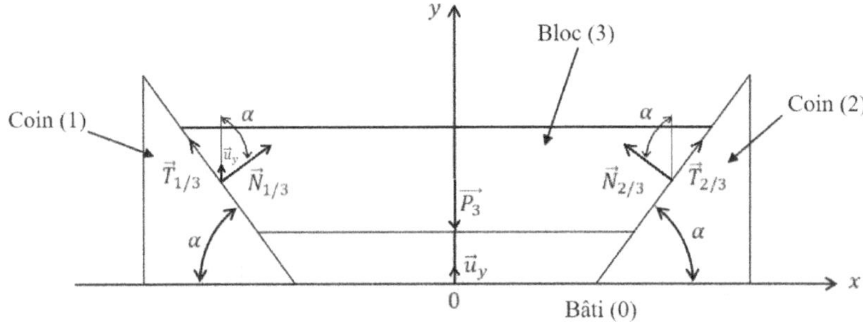

FIGURE 1.34

$$\begin{cases} \rightarrow \text{le poids du bloc } (3)\text{, noté } \vec{P}_3 = M\vec{g} \\ \rightarrow \vec{R}_{1/3} = \vec{N}_{1/3} + \vec{T}_{1/3} \text{ l'action du coin } (1) \text{ sur le bloc } (3) \\ \rightarrow \vec{R}_{2/3} = \vec{N}_{2/3} + \vec{T}_{2/3} \text{ l'action du coin } (2) \text{ sur le bloc } (3) \end{cases}$$

A l'équilibre, le principe fondamental de la statique s'écrit : $\sum \vec{F}_{\text{ext}} = \vec{0}$.

$$M\vec{g} + \vec{N}_{1/3} + \vec{T}_{1/3} + \vec{N}_{2/3} + \vec{T}_{2/3} = \vec{0}$$

On projette la relation vectorielle sur l'axe $(\mathrm{O}y)$ en multipliant chaque vecteur scalairement par le vecteur unitaire $\vec{u}_y$.

$$\begin{aligned} M\vec{g}\cdot\vec{u}_y &= M\|\vec{g}\| \times \|\vec{u}_y\| \times \cos(\vec{g},\vec{u}_y) = Mg \times \cos\pi = -Mg \\ \vec{N}_{1/3}\cdot\vec{u}_y &= \|\vec{N}_{1/3}\| \times \|\vec{u}_y\| \times \cos(\vec{N}_{1/3},\vec{u}_y) = N_{1/3} \times \cos\alpha \\ \vec{N}_{2/3}\cdot\vec{u}_y &= \|\vec{N}_{2/3}\| \times \|\vec{u}_y\| \times \cos(\vec{N}_{2/3},\vec{u}_y) = N_{2/3} \times \cos\alpha \\ \vec{T}_{1/3}\cdot\vec{u}_y &= \|\vec{T}_{1/3}\| \times \|\vec{u}_y\| \times \cos(\vec{T}_{1/3},\vec{u}_y) = T_{1/3} \times \cos\left(\frac{\pi}{2} - \alpha\right) \\ &= T_{1/3} \times \sin\alpha \\ \vec{T}_{2/3}\cdot\vec{u}_y &= \|\vec{T}_{2/3}\| \times \|\vec{u}_y\| \times \cos(\vec{T}_{2/3},\vec{u}_y) = T_{2/3} \times \cos\left(\frac{\pi}{2} - \alpha\right) \\ &= T_{2/3} \times \sin\alpha \end{aligned}$$

En faisant la somme de l'ensemble de ces projetés, on a :

$$-Mg + N_{1/3} \times \cos\alpha + N_{2/3} \times \cos\alpha + T_{1/3} \times \sin\alpha + T_{2/3} \times \sin\alpha = 0$$

Le système étant symétrique, on fait l'hypothèse que

$$N_{1/3} = N_{2/3} \qquad \text{et} \qquad T_{1/3} = T_{2/3}$$

L'énoncé indique que le système est à la limite de glissement donc on peut écrire : $T_{1/3} = fN_{1/3}$.

$$-Mg + 2N_{1/3}\left(\cos\alpha + f\sin\alpha\right)$$

$$\boxed{2N_{1/3}\left(\cos\alpha + f\sin\alpha\right) = Mg} \qquad \text{(II)}$$

3. *Système étudié* : coin (1) seul
Référentiel d'étude : référentiel $\mathcal{R}$ associé au bâti (0) supposé galiléen
Bilan des forces extérieures (voir figure 1.35) :

$$\begin{cases} \rightarrow \text{le poids du coin } (1)\text{, noté } \vec{P}_1 = m\vec{g} \\ \rightarrow \vec{R}_{0/1} = \vec{N}_{0/1} + \vec{T}_{0/1} \text{ l'action du sol } (0) \text{ sur le coin } (1) \\ \rightarrow \vec{R}_{3/1} = \vec{N}_{3/1} + \vec{T}_{3/1} \text{ l'action du bloc } (3) \text{ sur le coin } (1) \end{cases}$$

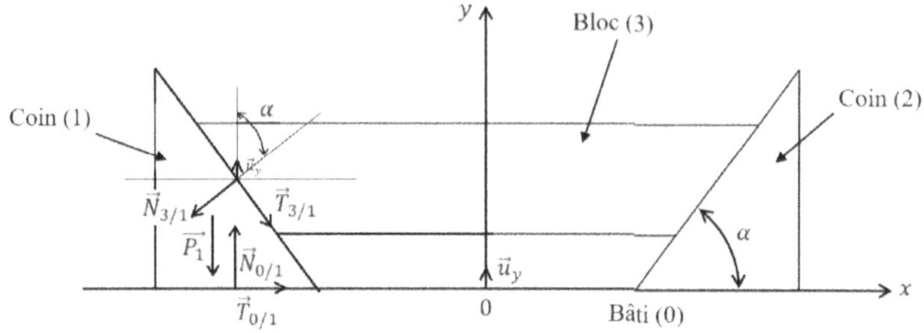

FIGURE 1.35

Remarque : par la loi des actions réciproques $\vec{R}_{3/1} = -\vec{R}_{1/3} = -\vec{N}_{1/3} - \vec{T}_{1/3}$
A l'équilibre, $\sum \vec{F}_{\text{ext}} = \vec{0}$.

$$m\vec{g} + \vec{N}_{0/1} + \vec{T}_{0/1} + \vec{N}_{3/1} + \vec{T}_{3/1} = \vec{0}$$

On projette la relation vectorielle sur l'axe (Ox) en multipliant chaque vecteur scalairement par le vecteur unitaire $\vec{u}_x$:

$$m\vec{g} \cdot \vec{u}_x = m\|\vec{g}\| \times \|\vec{u}_x\| \times \cos(\vec{g}, \vec{u}_x) = mg \times \cos\frac{\pi}{2} = 0$$
$$\vec{N}_{0/1} \cdot \vec{u}_x = \|\vec{N}_{0/1}\| \times \|\vec{u}_x\| \times \cos(\vec{N}_{0/1}, \vec{u}_x) = N_{0/1} \times \cos\frac{\pi}{2} = 0$$
$$\vec{T}_{0/1} \cdot \vec{u}_x = \|\vec{T}_{0/1}\| \times \|\vec{u}_x\| \times \cos(\vec{T}_{0/1}, \vec{u}_x) = T_{0/1} \times \cos 0 = T_{0/1}$$
$$\vec{N}_{3/1} \cdot \vec{u}_x = \|\vec{N}_{3/1}\| \times \|\vec{u}_x\| \times \cos(\vec{N}_{3/1}, \vec{u}_x) = N_{3/1} \times \cos\left(\frac{\pi}{2} + \alpha\right)$$
$$= N_{3/1}\,(-\sin\alpha)$$
$$\vec{T}_{3/1} \cdot \vec{u}_x = \|\vec{T}_{3/1}\| \times \|\vec{u}_x\| \times \cos(\vec{T}_{3/1}, \vec{u}_x) = T_{3/1} \times \cos\alpha$$

En faisant la somme de l'ensemble de ces projetés, on a :

$$0 + 0 + T_{0/1} - N_{3/1} \times \sin\alpha + T_{3/1} \times \cos\alpha = 0$$

Le système est à la limite de glissement, on a donc : $T_{3/1} = fN_{3/1}$.

$$T_{0/1} - N_{3/1} \times \sin\alpha + fN_{3/1} \times \cos\alpha = 0$$

$$fN_{0/1} = N_{3/1}\,(\sin\alpha - f\cos\alpha) = N_{1/3}\,(\sin\alpha - f\cos\alpha)$$

$$\boxed{N_{1/3}\,(\sin\alpha - f\cos\alpha) = fN_{0/1}} \qquad \text{(III)}$$

On isole $N_{0/1}$ de l'équation (I), puis $N_{1/3}$ de l'équation (II) que l'on reporte dans l'équation (III).

$$(\text{III}) \Rightarrow \frac{Mg}{2\,(\cos\alpha + f\sin\alpha)}\,(\sin\alpha - f\cos\alpha) = f\,\frac{(2m+M)\,g}{2}$$

On multiplie la relation par $2\,(\cos\alpha + f\sin\alpha)$ et on détermine l'équation du second degré vérifiée par f.

$$M\,(\sin\alpha - f\cos\alpha) = f\,(2m+M)\,(\cos\alpha + f\sin\alpha)$$

$$M\sin\alpha - Mf\cos\alpha = f\,(2m+M)\cos\alpha + f^2\,(2m+M)\sin\alpha$$

$$f^2\,(2m+M)\sin\alpha + f\,\Big((2m+M)\cos\alpha + M\cos\alpha\Big) - M\sin\alpha = 0$$

$$f^2 + \left(\frac{(2m+2M)\cos\alpha}{(2m+M)\sin\alpha}\right) f - \frac{M\sin\alpha}{(2m+M)\sin\alpha} = 0$$

Equation du type : $f^2 + af + b = 0$.
Par identification, on obtient :

$$\boxed{a = \frac{2\,(m+M)\cos\alpha}{(2m+M)\sin\alpha}} \quad \text{et} \quad \boxed{b = -\frac{M}{(2m+M)}}$$

4. Dans le cas où $M = 4m$ et $\alpha = \frac{\pi}{4}$, l'équation du second degré s'écrit :

$$f^2 + \left(\frac{(2m + 2\times 4m)\cos\frac{\pi}{4}}{(2m+4m)\sin\frac{\pi}{4}}\right) f - \frac{4m}{(2m+4m)} = 0$$

$$f^2 + \left(\frac{10m\cos\frac{\pi}{4}}{6m\sin\frac{\pi}{4}}\right) f - \frac{4m}{6m} = 0$$

Or $\cos\frac{\pi}{4} = \sin\frac{\pi}{4}$. Après simplification, on obtient :

$$f^2 + \frac{5}{3}f - \frac{2}{3} = 0$$

$$\boxed{3f^2 + 5f - 2 = 0}$$

Pour résoudre cette équation du second degré en f, on calcule le discriminant :

$$\Delta = (5)^2 - 4\,(3)\,(-2) = 25 + 24 = 49 = 7^2$$

Les racines sont donc :

$$f_1 = \frac{-5 - \sqrt{49}}{2\times 3} = \frac{-12}{6} = -2$$

$$f_2 = \frac{-5+\sqrt{49}}{2\times 3} = \frac{2}{6} = \frac{1}{3}$$

La valeur négative n'ayant pas de sens physique, on ne gardera que la valeur positive.

La valeur limite de f pour que le système reste en équilibre est $\boxed{f = \frac{1}{3}}$.

Remarque : le coefficient de frottement n'a pas d'unité. Sa valeur est généralement comprise entre $0,1$ et 1, elle dépend de la nature des solides en contact et de leur état de surface (Ex : coefficient de frottement entre deux morceaux de bois $f = 0,5$). Le résultat trouvé semble donc cohérent.

❑ Exercice 4 - RECHERCHE D'UN CENTRE D'INERTIE (CCINP) ☆☆☆

Un wagonnet destiné au transport de matière minérale comprend : une plateforme, une benne, deux essieux portant chacun deux roues. L'ensemble présente un plan de symétrie vertical noté xOy contenant les points O_0, O_1, O_2, G_0 et G ; l'axe Ox étant parallèle aux rails (voir figure 1.36 et figure 1.37).

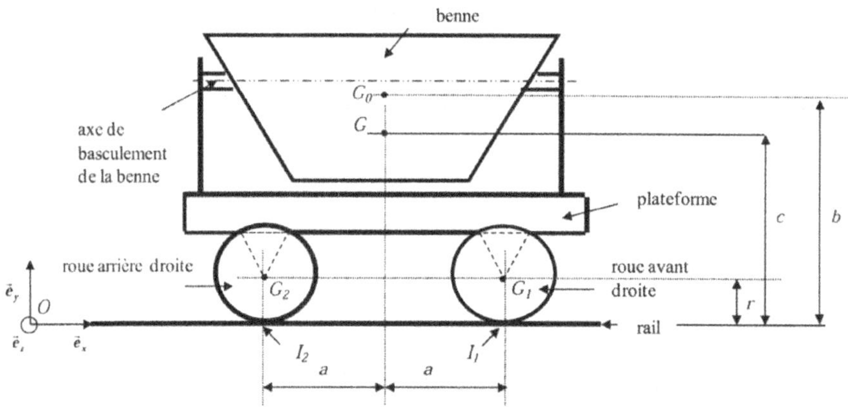

FIGURE 1.36

L'ensemble benne-plateforme-essieux est considéré comme un solide unique, indéformable, de masse M, de centre d'inertie G_0 dont la position est précisée par les longueurs a et b. Les quatres roues circulaires et identiques sont de masse m et de rayon r ; elles ont pour centres d'inertie respectifs les points G_1 et G_4 (pour les roues avant) et les points G_2 et G_3 (pour les roues arrière). Ces roues reposent sur deux rails parallèles, écartées de $2e$. Les points de contact roues-rails sont appelés I_1 et I_4 (pour les roues avant), I_2 et I_3 (pour les roues arrière). O_1 est le milieu du segment I_1I_4, O_2 est le milieu du segment I_2I_3, O_0 est le milieu du segment O_1O_2.

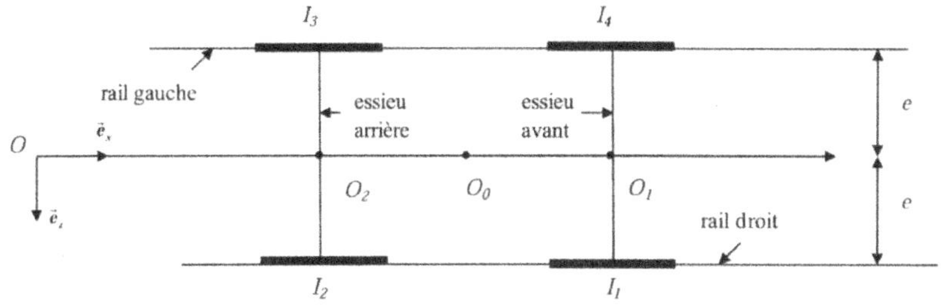

FIGURE 1.37

Soit un référentiel terrestre supposé galiléen auquel on associe un repère cartésien orthonormé direct $Oxyz$, de vecteurs unitaires associés $\vec{e}_x$, $\vec{e}_y$, $\vec{e}_z$, le plan xOy est vertical, il passe également par les points O_0, O_1, O_2, l'axe Ox étant parallèle aux rails. Par symétrie, le centre d'inertie G du wagonnet se situe dans le plan xOy, sa position est précisée par une abscisse X telle que $\overrightarrow{OG} = X\,\vec{e}_x + c\,\vec{e}_y$. Il est à remarquer que les points O_0, G et G_0 sont alignés.
Par définition, le barycentre d'un système composé de plusieurs sous-systèmes de masse respective m_i et de centre d'inertie G_i est tel que :

$$\sum_i m_i\,\overrightarrow{GG_i} = \vec{0}$$

Déterminer l'expression de **l'ordonnée** c du centre d'inertie G en fonction de m, M, b et r.

D'après Concours Commun INP

Solution
O_1 est le milieu du segment I_1I_4 (voir figure 1.37).
O_1 est donc le barycentre des deux roues avant de masse totale $2m$.
De même, O_2 est le milieu du segment I_2I_3 (voir voir figure 1.37).
O_2 est donc le barycentre des deux roues arrière de masse totale $2m$.
On a donc, d'après la définition du barycentre :

$$2m\,\overrightarrow{GO_1} + 2m\,\overrightarrow{GO_2} + M\,\overrightarrow{GG_0} = \vec{0}$$

D'après l'énoncé, $\overrightarrow{OG} = X\,\vec{e}_x + c\,\vec{e}_y$. Pour déterminer l'expression de **l'ordonnée** c du centre d'inertie G, il faut projeter la relation vectorielle sur l'axe Oy en multipliant chaque vecteur scalairement par le vecteur unitaire $\vec{e}_y$.

Remarque : pour déterminer l'expression de **l'abscisse** du centre d'inertie G, il faut projeter la relation vectorielle sur l'axe Ox en multipliant chaque vecteur scalairement par le vecteur unitaire $\vec{e}_x$.

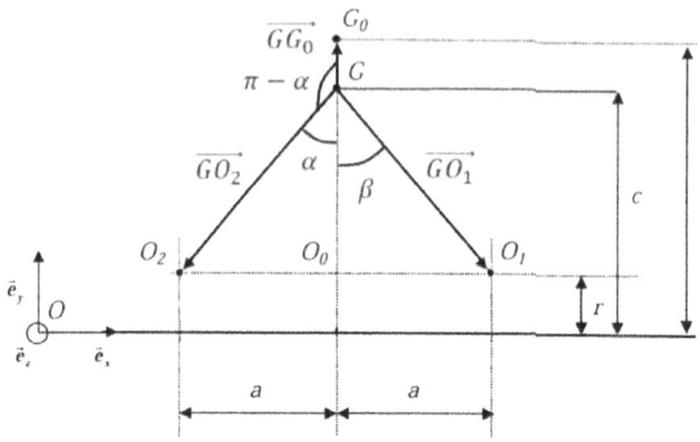

FIGURE 1.38

$$\begin{aligned}\overrightarrow{\mathrm{GO}_1}\cdot\vec{e}_y &= \|\overrightarrow{\mathrm{GO}_1}\|\times\|\vec{e}_y\|\times\cos(\widehat{\overrightarrow{\mathrm{GO}_1},\vec{e}_y})\\ &= \|\overrightarrow{\mathrm{GO}_1}\|\times 1\times\cos(\pi-\beta) = \|\overrightarrow{\mathrm{GO}_1}\|\times(-\cos\beta)\\ &= -\,\mathrm{GO}_0 = -(c-r)\end{aligned}$$

$$\boxed{\overrightarrow{\mathrm{GO}_1}\cdot\vec{e}_y = r-c}$$

De même,

$$\begin{aligned}\overrightarrow{\mathrm{GO}_2}\cdot\vec{e}_y &= \|\overrightarrow{\mathrm{GO}_2}\|\times\|\vec{e}_y\|\times\cos(\widehat{\overrightarrow{\mathrm{GO}_2},\vec{e}_y})\\ &= \|\overrightarrow{\mathrm{GO}_2}\|\times 1\times\cos(\pi-\alpha) = \|\overrightarrow{\mathrm{GO}_2}\|\times(-\cos\alpha)\\ &= -\,\mathrm{GO}_0 = -(c-r)\end{aligned}$$

$$\boxed{\overrightarrow{\mathrm{GO}_2}\cdot\vec{e}_y = r-c}$$

$$\begin{aligned}\overrightarrow{\mathrm{GG}_0}\cdot\vec{e}_y &= \|\overrightarrow{\mathrm{GG}_0}\|\times\|\vec{e}_y\|\times\cos(\widehat{\overrightarrow{\mathrm{GG}_0},\vec{e}_y})\\ &= \|\overrightarrow{\mathrm{GG}_0}\|\times 1\times\cos 0 = \mathrm{GG}_0\end{aligned}$$

$$\boxed{\overrightarrow{\mathrm{GG}_0}\cdot\vec{e}_y = b-c}$$

Par projection sur l'axe $\mathrm{O}y$, la relation $2m\,\overrightarrow{\mathrm{GO}_1}+2m\,\overrightarrow{\mathrm{GO}_2}+M\,\overrightarrow{\mathrm{GG}_0}=\vec{0}$ s'écrit :

$$2m\,(r-c)+2m\,(r-c)+M\,(b-c)=0$$

$$4mr-4mc+Mb-Mc=0$$

$$c\,(4m+M)=Mb+4mr$$

$$\boxed{c=\frac{Mb+4mr}{4m+M}}$$

❑ Exercice 5 - Forces d'inertie ★☆☆

Point méthode
En mécanique, on commence toujours par définir le système étudié, le référentiel d'étude et faire le bilan des forces qui s'exercent sur le système.
Lorsque le référentiel d'étude est **non** galiléen il convient d'ajouter au bilan des forces extérieures la force d'inertie d'entrainement $\vec{F}_{ie}$ et la force d'inertie complémentaire ou dite de Coriolis $\vec{F}_{ic}$:

$$\vec{F}_{ie} = -m\vec{a}_e = -m\left[\vec{a}(\mathrm{O}')_{\mathcal{R}} + \frac{\mathrm{d}\vec{\omega}_{\mathcal{R}'/\mathcal{R}}}{\mathrm{d}t} \wedge \overrightarrow{\mathrm{O'M}} + \vec{\omega}_{\mathcal{R}'/\mathcal{R}} \wedge \left(\vec{\omega}_{\mathcal{R}'/\mathcal{R}} \wedge \overrightarrow{\mathrm{O'M}}\right)\right]$$

$$\vec{F}_{ic} = -m\vec{a}_c = -m\left[2\,\vec{\omega}_{\mathcal{R}'/\mathcal{R}} \wedge \vec{v}(\mathrm{M})_{\mathcal{R}'}\right]$$

$\vec{\omega}_{\mathcal{R}'/\mathcal{R}}$ représente le vecteur rotation instantané du référentiel $\mathcal{R}'$ par rapport à $\mathcal{R}$.

$\mathcal{R} = (O, \vec{u}_x, \vec{u}_y, \vec{u}_z)$ étant un référentiel galiléen et $\mathcal{R}' = (\mathrm{O}', \vec{u}_{x'}, \vec{u}_{y'}, \vec{u}_{z'})$ étant un référentiel **non** galiléen.

Un tube cylindrique est lié rigidement au point A à une tige verticale $\mathrm{O}z$. On note (A, x, y, z) le rérentiel terrestre supposé galiléen noté $\mathcal{R}$.
L'angle (constant) entre l'axe $\mathrm{A}x_1$ du tube de vecteur unitaire $\vec{u}_{x_1}$ et $\mathrm{O}z$ est noté α. On note $\mathcal{R}_1$ le référentiel non galiléen lié au tube et $(\mathrm{A}, x_1, y_1, z_1)$ le repère associé.
Le tube comporte un ressort de raideur k, de longueur à vide ℓ_0, accroché au point A à une extrémité et à un point matériel M de masse m à l'autre extrémité.
Le point matériel glisse sans frottement à l'intérieur du tube.
Le système est mis en rotation autour de l'axe $\mathrm{O}z$ avec une vitesse angulaire ω telle que $\vec{\omega}_{\mathcal{R}_1/\mathcal{R}} = \omega\,\vec{u}_z$ (figure 1.39).

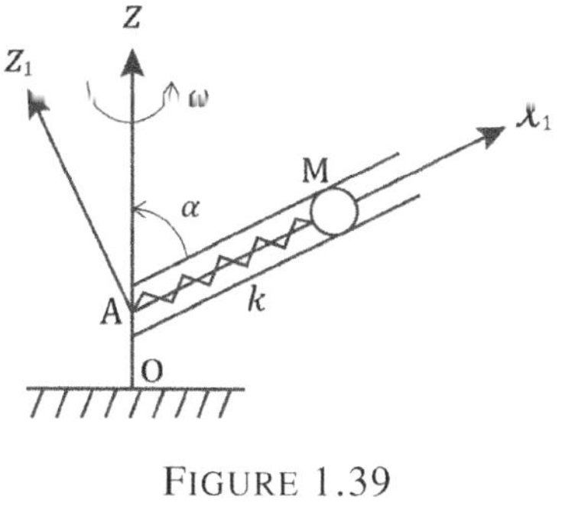

FIGURE 1.39

Calculer les forces d'inertie d'entrainement et de Coriolis appliquées en M dans le référentiel $\mathcal{R}_1$ non galiléen.

Solution

Cherchons dans un premier temps à exprimer l'accélération d'entrainement.

$$\vec{a}_e = \vec{a}(\mathrm{A})_{\mathcal{R}} + \frac{\mathrm{d}\vec{\omega}_{\mathcal{R}_1/\mathcal{R}}}{\mathrm{d}t} \wedge \overrightarrow{\mathrm{AM}} + \vec{\omega}_{\mathcal{R}_1/\mathcal{R}} \wedge \left[\vec{\omega}_{\mathcal{R}_1/\mathcal{R}} \wedge \overrightarrow{\mathrm{AM}}\right]$$

Le point A est immobile dans $\mathcal{R}$ donc $\vec{a}(\mathrm{A})_{\mathcal{R}} = \vec{0}$.

$$\vec{a}_e = \vec{0} + \frac{\mathrm{d}\omega}{\mathrm{d}t}\,\vec{u}_z \wedge x_1\,\vec{u}_{x_1} + \omega\,\vec{u}_z \wedge [\omega\,\vec{u}_z \wedge x_1\,\vec{u}_{x_1}]$$

$$\vec{a}_e = x_1\frac{\mathrm{d}\omega}{\mathrm{d}t}\,(\vec{u}_z \wedge \vec{u}_{x_1}) + x_1\omega^2\,(\vec{u}_z \wedge [\vec{u}_z \wedge \vec{u}_{x_1}])$$

L'étude s'effectue dans le référentiel $\mathcal{R}_1$ donc il convient de projeter le vecteur $\vec{u}_z$ dans la base $(\mathrm{A}, \vec{u}_{x_1}, \vec{u}_{y_1}, \vec{u}_{z_1})$ avant d'effectuer les produits vectoriels.

$$\vec{u}_z \cdot \vec{u}_{x_1} = \|\vec{u}_z\| \times \|\vec{u}_{x_1}\| \times \cos(\widehat{\vec{u}_z, \vec{u}_{x_1}}) = 1 \times 1 \times \cos\alpha = \cos\alpha$$

$$\vec{u}_z \cdot \vec{u}_{y_1} = \|\vec{u}_z\| \times \|\vec{u}_{y_1}\| \times \cos(\widehat{\vec{u}_z, \vec{u}_{y_1}}) = 1 \times 1 \times \cos\frac{\pi}{2} = 0$$

$$\vec{u}_z \cdot \vec{u}_{z_1} = \|\vec{u}_z\| \times \|\vec{u}_{z_1}\| \times \cos(\widehat{\vec{u}_z, \vec{u}_{z_1}}) = 1 \times 1 \times \cos\left(\frac{\pi}{2} - \alpha\right) = \sin\alpha$$

Dans le référentiel $\mathcal{R}_1$, le vecteur $\vec{u}_z$ s'écrit :

$$\vec{u}_z = \cos\alpha\,\vec{u}_{x_1} + \sin\alpha\,\vec{u}_{z_1}$$

Effectuons les produits vectoriels :

$$\vec{u}_z \wedge \vec{u}_{x_1} = \begin{pmatrix}\cos\alpha\\0\\\sin\alpha\end{pmatrix} \wedge \begin{pmatrix}1\\0\\0\end{pmatrix} = \begin{pmatrix}0\\\sin\alpha\\0\end{pmatrix}$$

Et $\vec{u}_z \wedge [\vec{u}_z \wedge \vec{u}_{x_1}] =$

$$\begin{pmatrix}\cos\alpha\\0\\\sin\alpha\end{pmatrix} \wedge \left[\begin{pmatrix}\cos\alpha\\0\\\sin\alpha\end{pmatrix} \wedge \begin{pmatrix}1\\0\\0\end{pmatrix}\right] = \begin{pmatrix}\cos\alpha\\0\\\sin\alpha\end{pmatrix} \wedge \begin{pmatrix}0\\\sin\alpha\\0\end{pmatrix} = \begin{pmatrix}-\sin^2\alpha\\0\\\cos\alpha\sin\alpha\end{pmatrix}$$

$$\vec{a}_e = x_1\frac{\mathrm{d}\omega}{\mathrm{d}t}\begin{pmatrix}0\\\sin\alpha\\0\end{pmatrix} + x_1\omega^2\begin{pmatrix}-\sin^2\alpha\\0\\\cos\alpha\sin\alpha\end{pmatrix}$$

Dans le référentiel $\mathcal{R}_1$, la force d'inertie d'entrainement a pour expression :

$$\boxed{\vec{F}_{ie} = -m\vec{a}_e = m \begin{pmatrix} -x_1\omega^2 \sin^2\alpha \\ x_1 \dfrac{\mathrm{d}\omega}{\mathrm{d}t} \sin\alpha \\ x_1\omega^2 \cos\alpha \sin\alpha \end{pmatrix}}$$

Cherchons maintenant à exprimer l'accélération de Coriolis.

$$\vec{a}_c = 2\,\vec{\omega}_{\mathcal{R}_1/\mathcal{R}} \wedge \vec{v}(\mathrm{M})_{\mathcal{R}_1} = 2\,\omega\,\vec{u}_z \wedge \frac{\mathrm{d}x_1}{\mathrm{d}t}\,\vec{u}_{x_1} = 2\,\omega\,\frac{\mathrm{d}x_1}{\mathrm{d}t}\left[\vec{u}_z \wedge \vec{u}_{x_1}\right]$$

On procède de la même manière que pour le vecteur accélération d'entrainement. Dans le référentiel $\mathcal{R}_1$, le vecteur $\vec{u}_z$ s'écrit :

$$\vec{u}_z = \cos\alpha\,\vec{u}_{x_1} + \sin\alpha\,\vec{u}_{z_1}$$

$$\vec{a}_c = 2\,\omega\frac{\mathrm{d}x_1}{\mathrm{d}t}\left[\begin{pmatrix}\cos\alpha \\ 0 \\ \sin\alpha\end{pmatrix} \wedge \begin{pmatrix}1 \\ 0 \\ 0\end{pmatrix}\right] = 2\,\omega\frac{\mathrm{d}x_1}{\mathrm{d}t}\begin{pmatrix}0 \\ \sin\alpha \\ 0\end{pmatrix}$$

Dans le référentiel $\mathcal{R}_1$, la force d'inertie de Coriolis a pour expression :

$$\boxed{\vec{F}_{ic} = -m\vec{a}_c = -m \begin{pmatrix} 0 \\ 2\,\omega\dfrac{\mathrm{d}x_1}{\mathrm{d}t}\sin\alpha \\ 0 \end{pmatrix}}$$

❑ Exercice 6 - MOMENT CINÉTIQUE, MOMENT D'INERTIE ★☆☆

On considère un axe (Δ) passant par O, de vecteur unitaire $\vec{u}_\Delta$ fixe dans le référentiel $\mathcal{R}$. Soit un point matériel M de masse m en rotation autour de l'axe (Δ) à la vitesse angulaire ω telle que $\vec{\omega} = \omega\,\vec{u}_\Delta$ (figure 1.40).

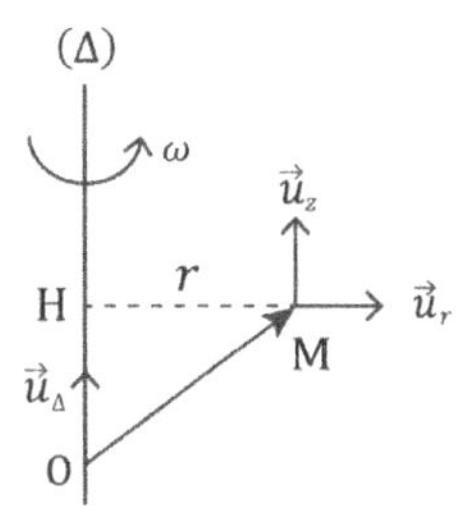

FIGURE 1.40

En coordonnées cylindriques, la base $(\vec{u}_r, \vec{u}_\theta, \vec{u}_z)$ est directe.

1. En exploitant la formule de Varignon $\vec{v}(\mathrm{M})_{\mathcal{R}} = \vec{\omega} \wedge \overrightarrow{\mathrm{OM}}$ (établie au chapitre 6 - Fonctions de plusieurs variables - Applications de mécanique - Exercice 4), montrer que le vecteur vitesse $\vec{v}(\mathrm{M})$ s'écrit $\vec{v}(\mathrm{M}) = \omega r\,\vec{u}_\theta$ dans la base cylindrique.
2. On note $\vec{L}_\mathrm{O}(\mathrm{M})_{\mathcal{R}} = \overrightarrow{\mathrm{OM}} \wedge m\vec{v}(\mathrm{M})_{\mathcal{R}}$ le moment cinétique du point M calculé par rapport au point O dans le référentiel $\mathcal{R}$.
   a. Dans la base cylindrique, calculer les coordonnées du moment cinétique $\vec{L}_\mathrm{O}(\mathrm{M})_{\mathcal{R}}$.
   b. On note $L_\Delta(\mathrm{M})$ le moment cinétique $\vec{L}_\mathrm{O}(\mathrm{M})_{\mathcal{R}}$ projeté sur l'axe (Δ).
   A l'aide d'un produit scalaire, montrer que $L_\Delta(\mathrm{M}) = m\omega r^2$.
   c. On note $L_\Delta(\mathrm{M}) = J_\Delta(\mathrm{M})\,\omega$ où $J_\Delta(\mathrm{M})$ est appelé moment d'inertie du point M par rapport à l'axe (Δ).
   En déduire l'expression de $J_\Delta(\mathrm{M})$.

Solution

1. Les vecteurs unitaires $\vec{u}_\Delta$ et $\vec{u}_z$ sont colinéaires.
   Travailler dans la base $(\vec{u}_r, \vec{u}_\theta, \vec{u}_z)$ revient à travailler dans la base $(\vec{u}_r, \vec{u}_\theta, \vec{u}_\Delta)$.

$$\vec{v}(\mathrm{M})_{\mathcal{R}} = \vec{\omega} \wedge \overrightarrow{\mathrm{OM}} = \begin{pmatrix} 0 \\ 0 \\ \omega \end{pmatrix} \wedge \begin{pmatrix} r \\ 0 \\ \mathrm{OH} \end{pmatrix} = \begin{pmatrix} 0 \\ \omega r \\ 0 \end{pmatrix}$$

$$\boxed{\vec{v}(\mathrm{M})_{\mathcal{R}} = \omega r\,\vec{u}_\theta}$$

2. a.

$$\vec{L}_\mathrm{O}(\mathrm{M})_{\mathcal{R}} = \overrightarrow{\mathrm{OM}} \wedge m\vec{v}(\mathrm{M})_{\mathcal{R}} = \left(\mathrm{OH}\,\vec{u}_\Delta + r\,\vec{u}_r\right) \wedge m\omega r\,\vec{u}_\theta$$

$$\vec{L}_\mathrm{O}(\mathrm{M})_{\mathcal{R}} = \begin{pmatrix} r \\ 0 \\ \mathrm{OH} \end{pmatrix} \wedge \begin{pmatrix} 0 \\ m\omega r \\ 0 \end{pmatrix}$$

$$\boxed{\vec{L}_\mathrm{O}(\mathrm{M})_{\mathcal{R}} = \begin{pmatrix} -m\omega r\,\mathrm{OH} \\ 0 \\ m\omega r^2 \end{pmatrix}}$$

   b. Pour projeter le moment cinétique sur l'axe (Δ), on multiplie scalairement $\vec{L}_\mathrm{O}(\mathrm{M})_{\mathcal{R}}$ par le vecteur unitaire $\vec{u}_\Delta$. On obtient :

$$L_\Delta(\mathrm{M}) = \vec{L}_\mathrm{O}(\mathrm{M})_{\mathcal{R}} \cdot \vec{u}_\Delta$$

$$L_\Delta(\mathrm{M}) = \begin{pmatrix} -m\omega r\mathrm{OH} \\ 0 \\ m\omega r^2 \end{pmatrix} \cdot \begin{pmatrix} 0 \\ 0 \\ 1 \end{pmatrix}$$

$$\boxed{L_\Delta(\mathrm{M}) = m\omega r^2}$$

c. Par identification, on a $\boxed{J_\Delta(\mathrm{M}) = mr^2}$.

Remarque : pour un solide S considéré comme un ensemble continu de points matériels M de masse élémentaire $\mathrm{d}m$, le moment cinétique s'écrit : $J_\Delta = \iiint r^2\,\mathrm{d}m$ où $r = \mathrm{HM}$ est la distance du point M à l'axe de rotation (Δ) (H désigne le projeté de M sur (Δ)). Des exemples de calculs de moment d'inertie sont donnés dans les applications du chapitre 7 (Intégrales).

❑ Exercice 7 - Moment de forces : véhicule à roues (CCINP) ★☆☆

On étudie un véhicule à roues et son conducteur. On suppose l'existence d'un référentiel galiléen auquel est associé un repère orthonormé direct $Oxyz$ et on note $\vec{e}_x$, $\vec{e}_y$, $\vec{e}_z$, les vecteurs unitaires des axes ; la direction Ox est supposée horizontale. L'accélération due à la pesanteur est notée $\vec{g} = -g\,\vec{e}_y$. L'ensemble moto + conducteur est de masse M, la position du barycentre G de cet ensemble est caractérisée par les distances d_1, d_2 et h (voir figure 1.41).

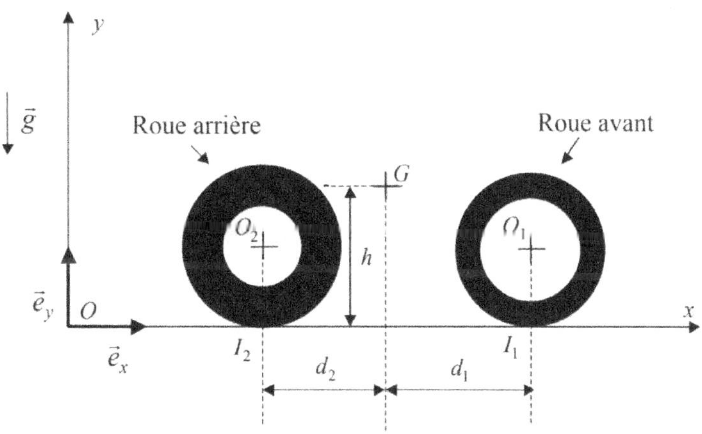

FIGURE 1.41 – Vue dans le plan vertical xOy

La roue avant, pneu inclus, de centre O_1, possède un rayon r_1. La roue arrière, pneu inclus, de centre O_2, possède un rayon r_2. Lorsque la moto se déplace, les deux roues en contact avec la chaussée supposée horizontale, les points de contact des roues avant et arrière sont notés I_1 et I_2. Les réactions du sol sur les roues sont respectivement $\vec{R}_1 = T_1\,\vec{e}_x + N_1\,\vec{e}_y$ et $\vec{R}_2 = T_2\,\vec{e}_x + N_2\,\vec{e}_y$. A un instant donné quelconque, la vitesse instantanée de l'ensemble est $\vec{v} = v\,\vec{e}_x$ avec $v > 0$.

1. Appliqué au barycentre G, calculer les moments des forces $\vec{R}_1$, $\vec{R}_2$ et $\vec{P}$ où $\vec{P}$ est le poids de l'ensemble moto + conducteur.
2. Appliqué au point O_1, calculer le moment de la force $\vec{R}_1$.
3. Appliqué au point O_2, calculer le moment de la force $\vec{R}_2$.

D'après Concours Commun INP

Solution

1. Dans la base orthonormée $(O, \vec{e}_x, \vec{e}_y, \vec{e}_z)$, on a :

$$\vec{\mathcal{M}}_G(\vec{R}_1) = \overrightarrow{GI_1} \wedge \vec{R}_1 = \begin{pmatrix} d_1 \\ -h \\ 0 \end{pmatrix} \wedge \begin{pmatrix} T_1 \\ N_1 \\ 0 \end{pmatrix} = \begin{pmatrix} 0 \\ 0 \\ d_1 N_1 + hT_1 \end{pmatrix}$$

$$\boxed{\vec{\mathcal{M}}_G(\vec{R}_1) = (d_1 N_1 + hT_1)\,\vec{e}_z}$$

Dans la base orthonormée $(O, \vec{e}_x, \vec{e}_y, \vec{e}_z)$, on a :

$$\vec{\mathcal{M}}_G(\vec{R}_2) = \overrightarrow{GI_2} \wedge \vec{R}_2 = \begin{pmatrix} -d_2 \\ -h \\ 0 \end{pmatrix} \wedge \begin{pmatrix} T_2 \\ N_2 \\ 0 \end{pmatrix} = \begin{pmatrix} 0 \\ 0 \\ -d_2 N_2 + hT_2 \end{pmatrix}$$

$$\boxed{\vec{\mathcal{M}}_G(\vec{R}_1) = (-d_2 N_2 + hT_2)\,\vec{e}_z}$$

Dans la base orthonormée $(O, \vec{e}_x, \vec{e}_y, \vec{e}_z)$, on a :

$$\vec{\mathcal{M}}_G(\vec{P}) = \overrightarrow{GG} \wedge M\vec{g} = \boxed{\vec{0}}$$

2. Dans la base orthonormée $(O, \vec{e}_x, \vec{e}_y, \vec{e}_z)$, on a :

$$\vec{\mathcal{M}}_{O_1}(\vec{R}_1) = \overrightarrow{O_1I_1} \wedge \vec{R}_1 = \begin{pmatrix} 0 \\ -r_1 \\ 0 \end{pmatrix} \wedge \begin{pmatrix} T_1 \\ N_1 \\ 0 \end{pmatrix} = \begin{pmatrix} 0 \\ 0 \\ r_1 T_1 \end{pmatrix}$$

Dans la base orthonormée $(O, \vec{e}_x, \vec{e}_y, \vec{e}_z)$, on a :

$$\boxed{\vec{\mathcal{M}}_{O_1}(\vec{R}_1) = r_1 T_1\,\vec{e}_z}$$

3. Dans la base orthonormée $(\mathrm{O}, \vec{e}_x, \vec{e}_y, \vec{e}_z)$, on a :

$$\vec{\mathcal{M}}_{\mathrm{O}_2}(\vec{R}_2) = \overrightarrow{\mathrm{O}_2\mathrm{I}_2} \wedge \vec{R}_2 = \begin{pmatrix} 0 \\ -r_2 \\ 0 \end{pmatrix} \wedge \begin{pmatrix} T_2 \\ N_2 \\ 0 \end{pmatrix} = \begin{pmatrix} 0 \\ 0 \\ r_2 T_2 \end{pmatrix}$$

$$\boxed{\vec{\mathcal{M}}_{\mathrm{O}_2}(\vec{R}_2) = r_2 T_2\, \vec{e}_z}$$

❑ Exercice 8 - MOMENT DE FORCES : RAIL SUSPENDU (CCMP) ★★☆

Dans cet exercice, les vecteurs sont surmontés d'un chapeau $\widehat{a}$ s'ils sont unitaires, d'une flèche $\vec{a}$ dans le cas contraire.
Une bille sphérique roule sur une piste de forme circulaire suspendue en un point O.
Le référentiel fixe orthonormé direct $\mathcal{R}_g = (\mathrm{O}, \widehat{i}, \widehat{j}, \widehat{k})$ où $\widehat{i}$ est vertical dirigé vers le bas est supposé galiléen (voir figure 1.42). On pourra également utiliser les vecteurs mobiles polaires unitaires $\widehat{r}$ et $\widehat{\alpha}$ représentés sur la figure 1.42. Le mouvement de la sphère est repéré par deux paramètres : l'angle α que fait $\overrightarrow{\mathrm{OC}}$ avec $\widehat{i}$ et l'angle de rotation θ autour de l'axe horizontal qui porte $\widehat{k}$. A chaque instant t, on appelle I le point de contact de la sphère avec le rail. On note A le point du rail situé sur son axe de symétrie. L'accélération de la pesanteur est $\vec{g} = g\,\widehat{i}$.

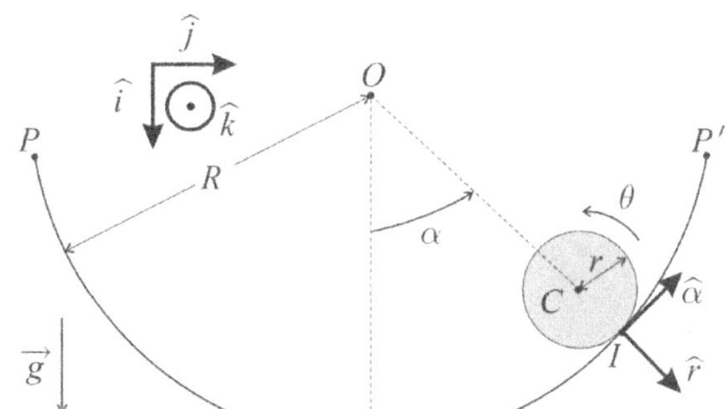

FIGURE 1.42 – Sphère mobile sur un rail fixe

Les points P et P′ sont attachés en O par des fils inextensibles de masse négligeable, ce qui permet au rail d'osciller autour de l'axe horizontal passant par O. La position du milieu A du rail est repérée par l'angle β représenté sur la figure 1.43. Le centre de masse G du rail se trouve a chaque instant sur la droite OA a une distance ℓ de O. On appelle respectivement N et T les composantes de la force de réaction du rail sur la sphère au point I selon $\widehat{r}$ et $\widehat{\alpha}$. La sphère roule sans glisser sur le rail, qui est en forme de quart de cercle, les grandeurs α et θ sont les mêmes que celles définies sur la figure 1.42.

1. En s'aidant de la figure 1.43, calculer au point O le moment du poids de la sphère. Faire de même pour le poids du rail.
2. En s'aidant de la figure 1.43, calculer au point C le moment du poids de la sphère. Faire de même pour chaque composante de la force de réaction du rail.
3. En s'aidant de la figure 1.43, calculer au point O le moment de l'action de la sphère sur le rail appliquée en I.

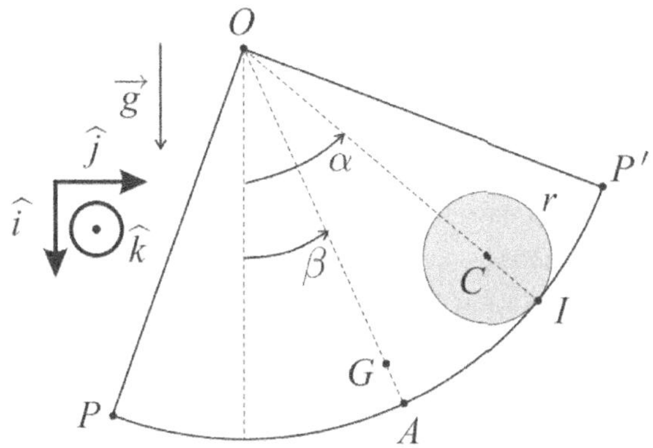

FIGURE 1.43 – Sphère mobile sur un rail suspendu
Les angles α et β sont mesurés par rapport à la verticale
et l'on note $\left|\overrightarrow{\mathrm{OG}}\right| = \ell$

D'après Concours Commun Mines-Ponts

Solution

1. Dans la base orthonormée $(\mathrm{O}, \widehat{i}, \widehat{j}, \widehat{k})$, on a :

$$\vec{\mathcal{M}}_{\mathrm{O}}(\vec{P}_{\text{sphère}}) = \overrightarrow{\mathrm{OC}} \wedge m\vec{g} = \begin{pmatrix} (R-r)\cos\alpha \\ (R-r)\sin\alpha \\ 0 \end{pmatrix} \wedge \begin{pmatrix} mg \\ 0 \\ 0 \end{pmatrix} = \begin{pmatrix} 0 \\ 0 \\ -(R-r)\sin\alpha \end{pmatrix}$$

$$\boxed{\vec{\mathcal{M}}_{\mathrm{O}}(\vec{P}_{\text{sphère}}) = -(R-r)\sin\alpha\,\widehat{k}}$$

Dans la base orthonormée $(\mathrm{O}, \widehat{i}, \widehat{j}, \widehat{k})$, on a :

$$\vec{\mathcal{M}}_{\mathrm{O}}(\vec{P}_{\text{rail}}) = \overrightarrow{\mathrm{OG}} \wedge M\vec{g} = \begin{pmatrix} \mathrm{OG}\cos\beta \\ \mathrm{OG}\sin\beta \\ 0 \end{pmatrix} \wedge \begin{pmatrix} Mg \\ 0 \\ 0 \end{pmatrix} = \begin{pmatrix} 0 \\ 0 \\ -Mg\,\mathrm{OG}\sin\beta \end{pmatrix}$$

$$\boxed{\vec{\mathcal{M}}_{\mathrm{O}}(\vec{P}_{\text{rail}}) = -Mg\ell\sin\beta\,\widehat{k}}$$

2.

$$\vec{\mathcal{M}}_{\mathrm{C}}(\vec{P}_{\text{sphère}}) = \overrightarrow{\mathrm{CC}} \wedge m\vec{g} = \boxed{\vec{0}}$$

Dans la base orthonormée $(\mathrm{O}, \widehat{r}, \widehat{\alpha}, \widehat{k})$, on a :

$$\vec{\mathcal{M}}_{\mathrm{C}}(\vec{N}) = \overrightarrow{\mathrm{CI}} \wedge N\,\hat{r} = r\,\hat{r} \wedge N\,\hat{r} = \boxed{\vec{0}}$$

Dans la base orthonormée $(\mathrm{O}, \hat{r}, \hat{\alpha}, \hat{k})$, on a :

$$\vec{\mathcal{M}}_{\mathrm{C}}(\vec{T}) = \overrightarrow{\mathrm{CI}} \wedge \vec{T} = \begin{pmatrix} r \\ 0 \\ 0 \end{pmatrix} \wedge \begin{pmatrix} 0 \\ T \\ 0 \end{pmatrix} = \begin{pmatrix} 0 \\ 0 \\ rT \end{pmatrix}$$

$$\boxed{\vec{\mathcal{M}}_{\mathrm{C}}(\vec{T}) = rT\,\widehat{k}}$$

3. Dans la base orthonormée $(\mathrm{O}, \widehat{\imath}, \widehat{\jmath}, \widehat{k})$,

$$\vec{\mathcal{M}}_{\mathrm{O}}(\text{action de la sphère sur le rail}) = \overrightarrow{\mathrm{OI}} \wedge (-N\,\widehat{r} - T\,\widehat{\alpha})$$

car par la loi des actions réciproques, on a :

$$\vec{F}_{\text{action de la sphère sur le rail}} = -\vec{F}_{\text{action du rail sur la sphère}}$$

$$\vec{\mathcal{M}}_{\mathrm{O}}(\text{action de la sphère sur le rail}) = \begin{pmatrix} R \\ 0 \\ 0 \end{pmatrix} \wedge \begin{pmatrix} -N \\ -T \\ 0 \end{pmatrix} = \begin{pmatrix} 0 \\ 0 \\ -RT \end{pmatrix}$$

$$\boxed{\vec{\mathcal{M}}_{\mathrm{O}}(\text{action de la sphère sur le rail}) = -RT\,\widehat{k}}$$

1.2.3 Mécanique des fluides

❑ Exercice 9 - EFFET DOPPLER (CCINP) ☆☆☆

Cet exercice traite de la mesure de la vitesse de circulation du sang par effet Doppler.

Lorsqu'un émetteur E se déplace à la vitesse $\vec{v}_E$ dans un référentiel $\mathcal{R}$ il émet une onde de fréquence f_E et de vitesse de propagation c. Un récepteur R en déplacement à la vitesse $\vec{v}_R$ dans le même référentiel $\mathcal{R}$ perçoit le signal à une fréquence f_R qui peut être différente de f_E (figure 1.44).

La relation entre f_R et f_E est :

$$f_R = f_E \times \frac{1 - \frac{\vec{u}_{ER}\cdot\vec{v}_R}{c}}{1 - \frac{\vec{u}_{ER}\cdot\vec{v}_R}{c}} \qquad (1)$$

avec $\vec{u}_{ER}$ le vecteur unitaire dirigé de E vers R.

FIGURE 1.44 – Effet Doppler

Considérons une sonde fixe associée au référentiel $\mathcal{R}$. Elle émet, dans ce référentiel, une onde ultrasonore de fréquence $f = 4\,\text{MHz}$ qui se propage dans le corps humain à la vitesse $c = 1,5 \times 10^3\,\text{m.s}^{-1}$. Le vecteur d'onde $\vec{k}$ donnant la direction et le sens de propagation de l'onde ultrasonore fait un angle θ avec le vecteur unitaire $\vec{u}_x$ (figure 1.45).

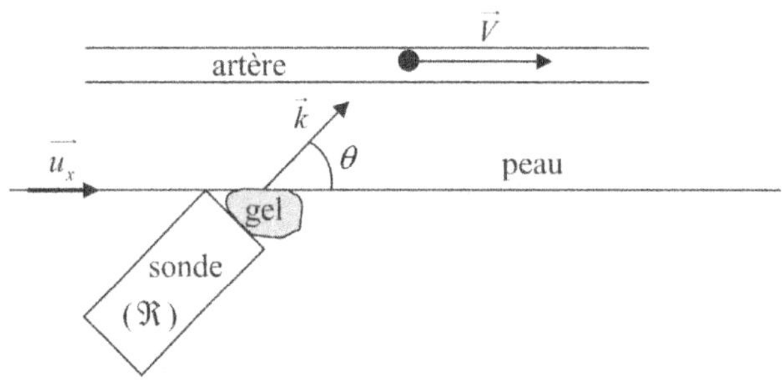

FIGURE 1.45 – Principe de la mesure de la circulation sanguine avec une sonde ultrasonore

Un globule rouge circule à la vitesse $\vec{V} = V\,\vec{u}_x$. Le globule perçoit alors une fréquence f'. Celui-ci est assimilé à une sphère de diamètre de 7 μm qui rétrodiffuse alors une partie de l'onde qu'il a reçue. La sonde ultrasonore réceptionne alors une onde retour réfléchie de fréquence f''.

1. Donner l'expression de la fréquence f' en fonction de f, V, c et θ.
2. Donner l'expression de la fréquence f'' en fonction de f', V, c et θ, puis en fonction de f, V, c et θ.

Remarque : En considérant $V \ll c$, il est possible de donner l'expression de V en fonction de f, f'', c et θ. Pour cela, se reporter au chapitre 5 - Développements limités - Applications en mécanique des fluides - Exercice 4.

D'après Concours Commun INP

Solution

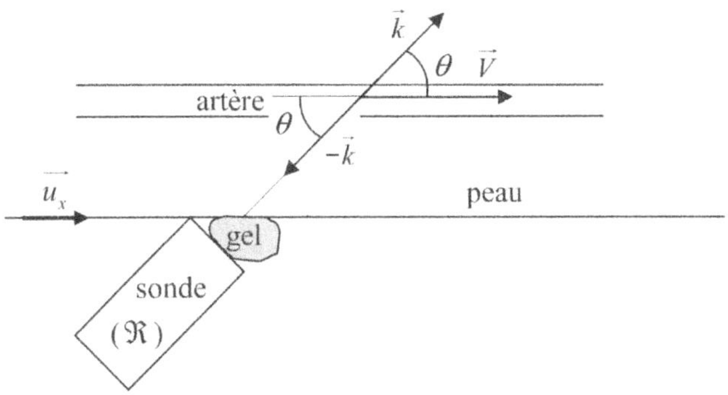

FIGURE 1.46

1. On identifie, sur la figure 1.46, les vecteurs $\vec{u}_{ER}$, $\vec{v}_R$ et $\vec{v}_E$:

$$\vec{u}_{ER} = \frac{\vec{k}}{\|\vec{k}\|}, \quad \vec{v}_R = \vec{V} \quad \text{et} \quad \vec{v}_E = \vec{0}$$

On applique la relation (1) : $f_R = f_E \times \dfrac{1 - \frac{\vec{u}_{ER}\cdot\vec{v}_R}{c}}{1 - \frac{\vec{u}_{ER}\cdot\vec{v}_R}{c}}$

avec $$\vec{u}_{ER} \cdot \vec{v}_R = \frac{\vec{k}}{\|\vec{k}\|} \cdot \vec{V} = 1 \times V \times \cos\theta = V\cos\theta$$

et $$\vec{u}_{ER} \cdot \vec{v}_E = 0$$

on a : $$f' = f\left(\frac{1 - \frac{V\cos\theta}{c}}{1-0}\right)$$

$$\boxed{f' = f\left(1 - \frac{V\cos\theta}{c}\right)}$$

2. On identifie, sur la figure 1.46, les vecteurs $\vec{u}_{ER}$, $\vec{v}_R$ et $\vec{v}_E$:

$$\vec{u}_{ER} = -\frac{\vec{k}}{\|\vec{k}\|}, \quad \vec{v}_R = \vec{0} \quad \text{et} \quad \vec{v}_E = \vec{V}$$

On applique à nouveau la relation (1) : $f_R = f_E \times \dfrac{1 - \frac{\vec{u}_{ER}\cdot\vec{v}_R}{c}}{1 - \frac{\vec{u}_{ER}\cdot\vec{v}_R}{c}}$

avec $$\vec{u}_{ER} \cdot \vec{v}_R = 0$$

et $$\vec{u}_{ER} \cdot \vec{v}_E = -\frac{\vec{k}}{\|\vec{k}\|} \cdot \vec{V} = -1 \times V \times \cos\theta = -V\cos\theta$$

on a : $$f'' = f'\left(\frac{1-0}{1-(\frac{-V\cos\theta}{c})}\right) = f'\left(\frac{1}{1+\frac{V\cos\theta}{c}}\right) = f'\left(\frac{c}{c+V\cos\theta}\right)$$

$$= f\left(1-\frac{V\cos\theta}{c}\right)\left(\frac{c}{c+V\cos\theta}\right)$$

$$\boxed{f'' = f\left(\frac{c-V\cos\theta}{c+V\cos\theta}\right)}$$

1.2.4 Optique ondulatoire

❑ **Exercice 10** - DIFFÉRENCE DE MARCHE : CAS DES TROUS D'YOUNG ★☆☆

Conseils - Pour aborder cet exercice, il est préférable de revoir préalablement la trigonométrie (chapitre 3)

Le dispositif des trous d'Young permet à deux faisceaux de lumière issus d'une même source d'interférer après être passés par deux trous distincts S_1 et S_2 appelés sources secondaires (soit par deux chemins différents). Le but de cet exercice est d'exprimer les distances parcourues par les faisceaux lumineux depuis les trous d'Young jusqu'à un point M de l'écran placé à une distance D telle que $D \gg a$ (figure 1.47).

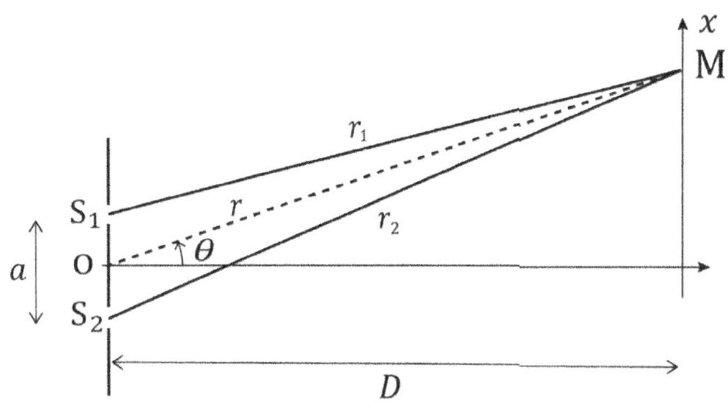

FIGURE 1.47

Par définition, on appelle différence de marche l'expression :

$$\delta(M) = (S_2M) - (S_1M) = n_{\text{air}} \times \left[S_2M - S_1M\right] = 1 \times \left[r_2 - r_1\right]$$

1. Etablir l'expression de $r_1^2 = \overrightarrow{\mathrm{S_1M}} \cdot \overrightarrow{\mathrm{S_1M}}$ en fonction de a, r et θ.
   En déduire l'expression de r_1.
2. Etablir l'expression de $r_2^2 = \overrightarrow{\mathrm{S_2M}} \cdot \overrightarrow{\mathrm{S_2M}}$ en fonction de a, r et θ.
   En déduire l'expression de r_2.
3. En déduire l'expression de la différence de marche δ.

Remarque : comme $\mathrm{OM} = r \gg a$, pour simplifier l'expression de la différence de marche $\delta(\mathrm{M})$ en fonction de a et θ, il faut effectuer un développement limité en $\left(\dfrac{a}{r}\right)$ à l'ordre 1 des expressions de r_1 et de r_2. Pour cela, se reporter au chapitre 5 - Développements limités - Applications en optique ondulatoire - Exercice 5.

Solution

1.

$$\begin{aligned}
r_1^2 &= \overrightarrow{\mathrm{S_1M}} \cdot \overrightarrow{\mathrm{S_1M}} = (\overrightarrow{\mathrm{S_1O}} + \overrightarrow{\mathrm{OM}}) \cdot (\overrightarrow{\mathrm{S_1O}} + \overrightarrow{\mathrm{OM}}) \\
&= \mathrm{S_1O}^2 + \mathrm{OM}^2 + 2\,\overrightarrow{\mathrm{S_1O}} \cdot \overrightarrow{\mathrm{OM}} \\
&= \mathrm{S_1O}^2 + \mathrm{OM}^2 + 2\,\|\overrightarrow{\mathrm{S_1O}}\| \times \|\overrightarrow{\mathrm{OM}}\| \times \cos(\widehat{\overrightarrow{\mathrm{S_1O}}, \overrightarrow{\mathrm{OM}}}) \\
&= \left(\frac{a}{2}\right)^2 + r^2 + 2\,\frac{a}{2}\,r\cos\left(\frac{\pi}{2} + \theta\right) \\
&= \left(\frac{a}{2}\right)^2 + r^2 + ar\,(-\sin\theta) \\
&= r^2\left[1 - \frac{a\sin\theta}{r} + \frac{a^2}{2r^2}\right]
\end{aligned}$$

$$\boxed{r_1 = r\left[1 - \frac{a\sin\theta}{r} + \frac{a^2}{2r^2}\right]^{1/2}}$$

2.

$$\begin{aligned}
r_2^2 &= \overrightarrow{\mathrm{S_2M}} \cdot \overrightarrow{\mathrm{S_2M}} = (\overrightarrow{\mathrm{S_2O}} + \overrightarrow{\mathrm{OM}}) \cdot (\overrightarrow{\mathrm{S_2O}} + \overrightarrow{\mathrm{OM}}) \\
&= \mathrm{S_2O}^2 + \mathrm{OM}^2 + 2\,\overrightarrow{\mathrm{S_2O}} \cdot \overrightarrow{\mathrm{OM}} \\
&= \mathrm{S_2O}^2 + \mathrm{OM}^2 + 2\,\|\overrightarrow{\mathrm{S_2O}}\| \times \|\overrightarrow{\mathrm{OM}}\| \times \cos(\widehat{\overrightarrow{\mathrm{S_2O}}, \overrightarrow{\mathrm{OM}}}) \\
&= \left(\frac{a}{2}\right)^2 + r^2 + 2\,\frac{a}{2}\,r\cos\left(\frac{\pi}{2} - \theta\right) \\
&= \left(\frac{a}{2}\right)^2 + r^2 + ar\sin\theta \\
&= r^2\left[1 + \frac{a\sin\theta}{r} + \frac{a^2}{2r^2}\right]
\end{aligned}$$

$$\boxed{r_2 = r\left[1 + \frac{a\sin\theta}{r} + \frac{a^2}{2r^2}\right]^{1/2}}$$

3.

$$\delta = r_2 - r_1$$

$$\boxed{\delta = r\left[1 + \frac{a\sin\theta}{r} + \frac{a^2}{2r^2}\right]^{1/2} - r\left[1 - \frac{a\sin\theta}{r} + \frac{a^2}{2r^2}\right]^{1/2}}$$

Chapitre 2

Opérateurs différentiels vectoriels

2.1 Mathématiques

Après une présentation des généralités sur les champs scalaires et vectoriels, nous passerons en revue les différents opérateurs vectoriels différentiels (gradient, divergent, rotationnel et laplacien).

2.1.1 Généralités sur les champs

Définitions

- Un champ est l'ensemble des valeurs que prend une grandeur physique (telle que pression, température, vitesse,...) en tout point de l'espace.
- Un champ peut être **scalaire** ou **vectoriel**.

Exemple de champ scalaire

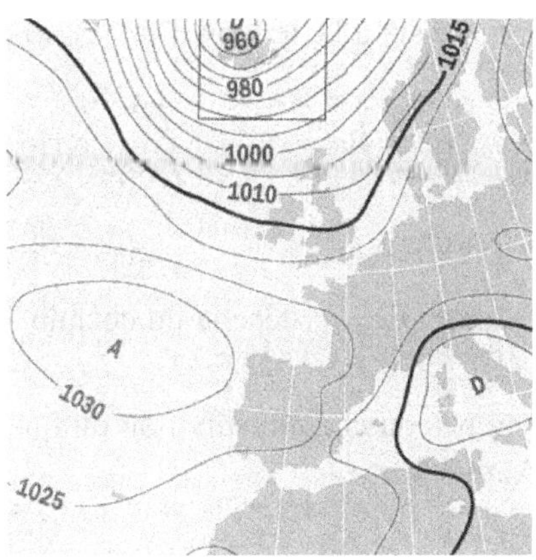

FIGURE 2.1 – Champ de pression

Exemple de champ vectoriel

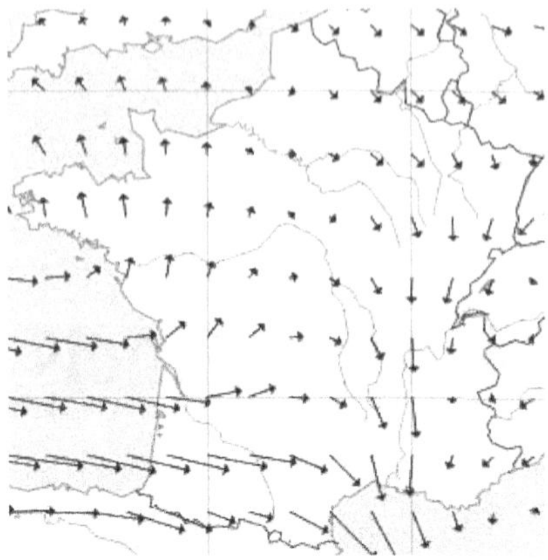

FIGURE 2.2 – Champ de vitesse

- Un champ qui ne dépend pas de la position du point M est dit **uniforme**.
- Un champ qui ne dépend pas du temps est dit **stationnaire**.

2.1.2 Grandeurs associées à un champ vectoriel $\vec{A}(\mathrm{M}, t)$

A. Circulation d'un champ vectoriel $\vec{A}(\mathrm{M}, t)$

1. Définition

On appelle circulation élémentaire $\mathrm{d}C$ d'un champ vectoriel $\vec{A}(\mathrm{M})$ lors d'un déplacement élémentaire du point M au point M′ noté $\overrightarrow{\mathrm{d}\ell} = \overrightarrow{\mathrm{MM}'}$, le produit scalaire :

$$\mathrm{d}C = \vec{A}(\mathrm{M}) \cdot \overrightarrow{\mathrm{d}\ell}$$

Pour un déplacement fini de A à B, le long d'une courbe orientée (Γ), on écrit :

$$C_{\mathrm{A}\to\mathrm{B}} = \int_{\mathrm{A},(\Gamma)}^{\mathrm{B}} \mathrm{d}C = \int_{\mathrm{A},(\Gamma)}^{\mathrm{B}} \vec{A}(\mathrm{M}) \cdot \overrightarrow{\mathrm{d}\ell}$$

2. Propriétés

- En général, la circulation $C_{\mathrm{A}\to\mathrm{B}}$ dépend du chemin suivi pour aller de A à B, donc de la courbe (Γ).
- Si $C_{\mathrm{A}\to\mathrm{B}}$ ne dépend pas du chemin suivi, on dit que le champ vectoriel est à circulation conservative.

Exemple : travail du poids $\vec{P}$ (figure 2.3)

$$W_{\mathrm{AB}}(\vec{P}) = \int_{\mathrm{A}}^{\mathrm{B}} \vec{P} \cdot \overrightarrow{\mathrm{d}\ell} = mg\,(z_{\mathrm{A}} - z_{\mathrm{B}})$$

Ce travail ne dépend que de l'altitude des points A et de B et donc ne dépend pas du chemin suivi.

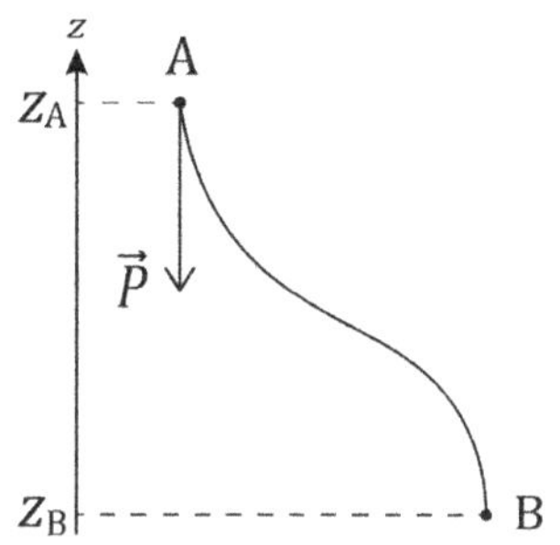

FIGURE 2.3

Exemple : circulation d'un champ électrostatique $\vec{E}$ (figure 2.4)

$$\int_{\mathrm{A}}^{\mathrm{B}} \vec{E} \cdot \overrightarrow{\mathrm{d}\ell} = \int_{\mathrm{A}}^{\mathrm{B}} (-\overrightarrow{\mathrm{grad}}\, V) \cdot \overrightarrow{\mathrm{d}\ell} = \int_{\mathrm{A}}^{\mathrm{B}} \mathrm{d}V = V_{\mathrm{A}} - V_{\mathrm{B}}$$

Ce travail ne dépend que des potentiels des points A et B et donc ne dépend pas du chemin suivi.

$\Rightarrow$ On dit que le champ $\vec{E}$ dérive d'un potentiel scalaire.

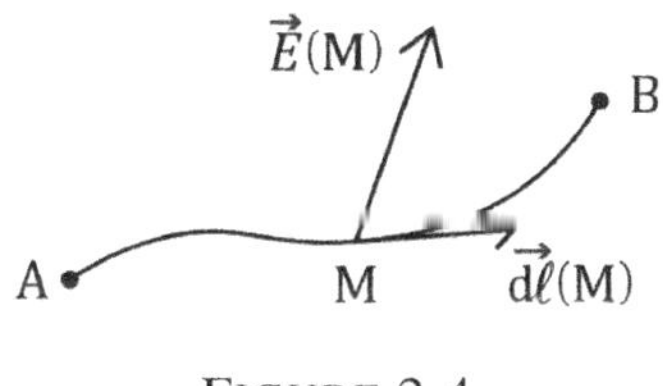

FIGURE 2.4

Exemple : travail d'une force de frottement $\vec{f}$

$$W_{\mathrm{AB}}(\vec{f}\,) = \int_{\mathrm{A}}^{\mathrm{B}} \mathrm{d}W = \int_{\mathrm{A}}^{\mathrm{B}} \vec{f} \cdot \overrightarrow{\mathrm{d}\ell}$$

Ce travail dépend du chemin suivi.

$\Rightarrow$ On dit que la force de frottement est une force **non** conservative.

- Le long d'un contour fermé (Γ) :

$$C_{\mathrm{A}\to\mathrm{B}} = \oint_{(\Gamma)} \mathrm{d}C$$

Si $\displaystyle\oint_{(\Gamma)} \mathrm{d}C = 0$ alors le champ vectoriel est à circulation conservative.

Exemple : champ électrostatique

$$\oint \vec{E} \cdot \overrightarrow{\mathrm{d}\ell} = V_{\mathrm{A}} - V_{\mathrm{A}} = 0$$

$\Rightarrow$ On dit que le champ $\vec{E}$ est un champ à circulation conservative.

Exemple : champ magnétique

$$\oint \vec{B} \cdot \overrightarrow{\mathrm{d}\ell} = \mu_0 \sum I_{\text{enlacés}} \neq 0$$

Il s'agit du théorème d'Ampère.
$\Rightarrow$ On dit que le champ $\vec{B}$ est un champ à circulation **non** conservative.

B. Flux d'un champ vectoriel à travers une surface

1. Définition 1

On appelle vecteur surface élémentaire $\overrightarrow{\mathrm{d}S}$ d'une surface $\mathcal{S}$ le vecteur de norme $\mathrm{d}S$ et de direction donnée par la normale à la surface $\vec{n}$ tel que $\overrightarrow{\mathrm{d}S} = \mathrm{d}S\,\vec{n}$.

Conventions d'orientation de $\overrightarrow{\mathrm{d}S}$

* Lorsque la surface $\mathcal{S}$ est fermée elle délimite alors un volume et l'on peut distinguer l'intérieur de l'extérieur. Par convention, $\overrightarrow{\mathrm{d}S}$ est orienté de l'intérieur vers l'extérieur de la surface $\mathcal{S}$ et se note $\overrightarrow{\mathrm{d}S}_{\text{ext}}$.

* Lorsque la surface $\mathcal{S}$ est ouverte et s'appuye sur un contour fermé $(\mathcal{C})$ orienté, $\overrightarrow{\mathrm{d}S}$ est orienté selon la règle de la main droite ou du tire-bouchon.

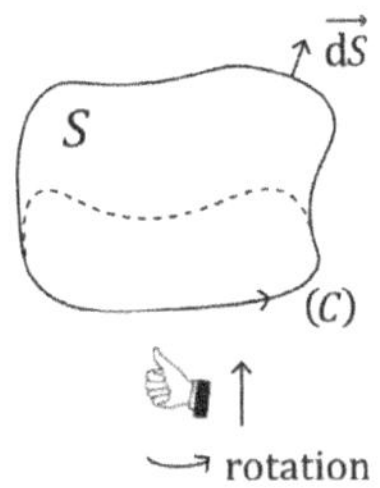

FIGURE 2.5

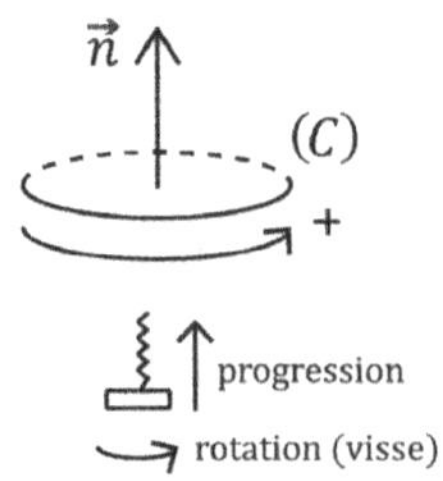

FIGURE 2.6

Règle de la main droite (figure 2.5) : les doigts enroulent le contour $(\mathcal{C})$ dans le sens orienté choisi (la paume de la main droite étant dirigée vers l'intérieur du contour), le pouce indique alors le sens de la normale .
Règle du tire-bouchon (figure 2.6) : en tournant le tire-bouchon dans le sens du contour $(\mathcal{C})$ orienté, celui-ci se visse et progresse dans le sens du vecteur surface $\overrightarrow{\mathrm{d}S}$.

2. **Définition 2**
On appelle flux élémentaire $\mathrm{d}\phi$ d'un champ vectoriel $\vec{A}(\mathrm{M})$ à travers une surface élémentaire $\overrightarrow{\mathrm{d}S}$ (orientée), le produit scalaire :
$$\mathrm{d}\phi = \vec{A}(\mathrm{M}) \cdot \overrightarrow{\mathrm{d}S}$$
Le flux à travers une surface $\mathcal{S}$ orientée s'écrit :
$$\phi = \int_{\mathcal{S}} \mathrm{d}\phi = \iint_{\mathcal{S}} \vec{A}(\mathrm{M}) \cdot \overrightarrow{\mathrm{d}S}$$
Si la surface $\mathcal{S}$ est fermée, on ajoute un cercle sur le symbole de la double intégrale et le flux sortant devient, par convention, algébrique. On note :
$$\phi_{\text{sortant}} = \oiint_{\mathcal{S}} \vec{A} \cdot \overrightarrow{\mathrm{d}S}_{\text{ext}}$$
Si $\phi_{\text{sortant}} > 0$, on dit que le flux est sortant.
Si $\phi_{\text{sortant}} < 0$, on dit que le flux est entrant.

3. **Propriété**
Un champ vectoriel $\vec{A}(\mathrm{M})$ est à flux conservatif si $\forall \mathcal{S}$ fermée,
$$\phi_{\text{sortant}} = \oiint_{\mathcal{S}} \vec{A}(\mathrm{M}) \cdot \overrightarrow{\mathrm{d}S}_{\text{ext}} = 0$$

Exemple : flux du champ magnétique $\vec{B}$
$$\oiint_{\mathcal{S}} \vec{B} \cdot \overrightarrow{\mathrm{d}S}_{\text{ext}} = 0$$
⇒ On dit que le champ $\vec{B}$ est à flux conservatif.
C'est toujours vrai !

Exemple : flux du champ électrostatique $\vec{E}$
$$\oiint_{\mathcal{S}} \vec{E} \cdot \overrightarrow{\mathrm{d}S}_{\text{ext}} = \frac{Q_{\text{int}}}{\varepsilon_0} \neq 0 \text{ (bien entendu si } Q_{\text{int}} \neq 0)$$
Ceci constitue le théorème de Gauss.
⇒ On dit que le champ $\vec{E}$ est à flux **non** conservatif.

4. Remarques

* Le flux d'un champ conservatif est le même pour toute surface s'appuyant sur un même contour fermé orienté $(\mathcal{C})$ (figure 2.7).

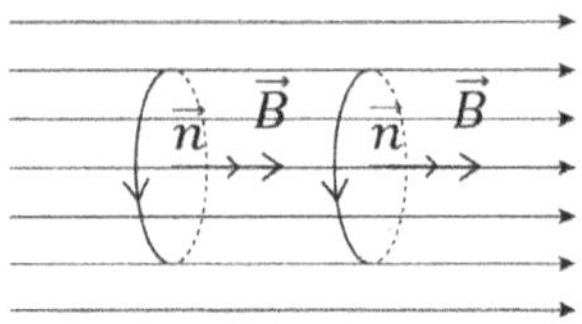

FIGURE 2.7

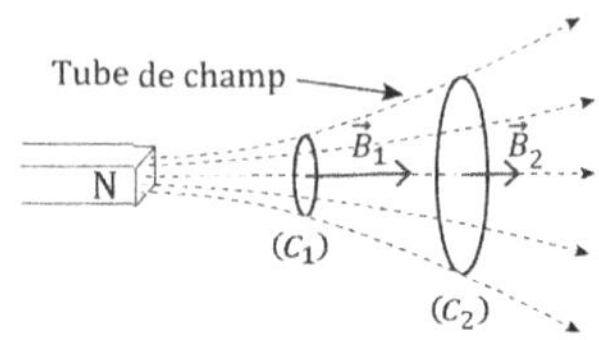

FIGURE 2.8

* Le flux d'un champ conservatif est constant à travers toute section d'un tube de champ. Le champ est donc moins intense quand le tube s'évase (figure 2.8). Exemple :

$$\phi_1 = \iint_{\mathcal{S}_1} \vec{B}_1 \cdot \overrightarrow{\mathrm{d}S}_1 = \phi_2 = \iint_{\mathcal{S}_2} \vec{B}_2 \cdot \overrightarrow{\mathrm{d}S}_2$$

Or $\mathcal{S}_2$ délimitée par $(\mathcal{C}_2)$ est plus grande que $\mathcal{S}_1$ délimitée par $(\mathcal{C}_1)$, ce qui implique que le champ $\vec{B}_2$ est moins intense que le champ $\vec{B}_1$.

2.1.3 Opérateur gradient noté $\overrightarrow{\mathrm{grad}}$

1. Définition

La variation d'un champ scalaire f entre deux points A et B est égale à la circulation de son gradient entre ces deux mêmes points.

$$\int_{f(\mathrm{A})}^{f(\mathrm{B})} \mathrm{d}f = \int_{\mathrm{A}}^{\mathrm{B}} \overrightarrow{\mathrm{grad}} f \cdot \overrightarrow{\mathrm{d}\ell} = f(\mathrm{B}) - f(\mathrm{A})$$

Exemple : potentiel électrostatique

$$\int_{V_\mathrm{A}}^{V_\mathrm{B}} \mathrm{d}V = \int_{\mathrm{A}}^{\mathrm{B}} \overrightarrow{\mathrm{grad}}\, V \cdot \overrightarrow{\mathrm{d}\ell} = V_\mathrm{B} - V_\mathrm{A}$$

2. Propriétés

- Le vecteur gradient d'un champ scalaire f est perpendiculaire aux surfaces de niveau ou surface équi-f.
  Propriété illustrée avec le potentiel V, exemple de champ scalaire (figure 2.9)
- Le vecteur gradient d'un champ scalaire f est orienté dans le sens des valeurs croissantes du champ scalaire f.
  Propriété illustrée avec le potentiel V, exemple de champ scalaire (figure 2.10)

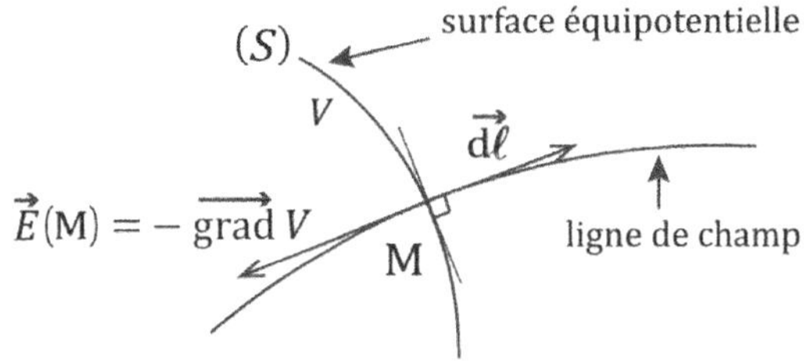

FIGURE 2.9

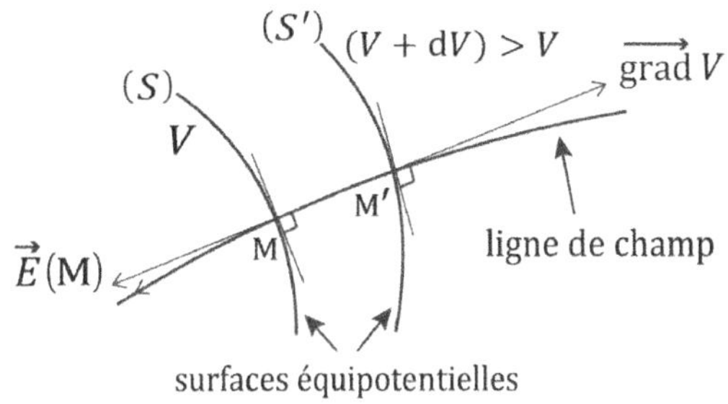

FIGURE 2.10

- La norme du vecteur gradient d'un champ scalaire f indique la « rapidité » avec laquelle le champ scalaire varie dans l'espace.
  Propriété illustrée avec le champ électrique $\vec{E}$ qui dérive d'un champ scalaire V : $\vec{E} = -\overrightarrow{grad}\,V$ (figure 2.11)

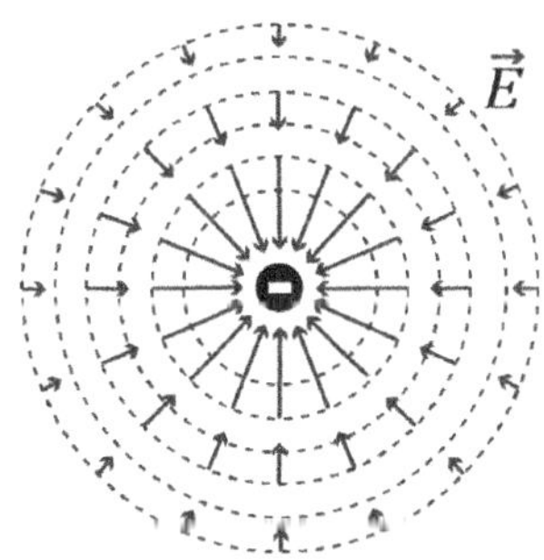

FIGURE 2.11

- Le vecteur gradient est indépendant du repère choisi.

3. **Théorème du gradient**
   Le théorème du gradient est un théorème de l'analyse vectorielle qui met en relation l'intégrale de volume du gradient d'un champ scalaire f et l'intégrale de surface du même champ.

$$\oiint f\,\overrightarrow{dS} = \iiint \overrightarrow{\text{grad}} f\,d\tau$$

4. Opérateur nabla $\vec{\nabla}$

L'opérateur nabla n'existe qu'en coordonnées cartésiennes (x, y, z) et s'écrit :

$$\vec{\nabla} = \begin{pmatrix} \dfrac{\partial}{\partial x} \\ \dfrac{\partial}{\partial y} \\ \dfrac{\partial}{\partial z} \end{pmatrix} = \frac{\partial}{\partial x}\,\vec{u}_x + \frac{\partial}{\partial y}\,\vec{u}_y + \frac{\partial}{\partial z}\,\vec{u}_z$$

$$\vec{\nabla} f = \overrightarrow{\text{grad}} f = \frac{\partial f}{\partial x}\,\vec{u}_x + \frac{\partial f}{\partial y}\,\vec{u}_y + \frac{\partial f}{\partial z}\,\vec{u}_z$$

Opérateur $(\vec{b} \cdot \overrightarrow{\text{grad}})\,\vec{a} = b_x \dfrac{\partial \vec{a}}{\partial x} + b_y \dfrac{\partial \vec{a}}{\partial y} + b_z \dfrac{\partial \vec{a}}{\partial z}$

$$(\vec{b} \cdot \overrightarrow{\text{grad}})\,\vec{a} = \left[\begin{pmatrix} b_x \\ b_y \\ b_z \end{pmatrix} \cdot \begin{pmatrix} \dfrac{\partial}{\partial x} \\ \dfrac{\partial}{\partial y} \\ \dfrac{\partial}{\partial z} \end{pmatrix} \right] \vec{a} = \begin{pmatrix} b_x \dfrac{\partial a_x}{\partial x} + b_y \dfrac{\partial a_x}{\partial y} + b_z \dfrac{\partial a_x}{\partial z} \\ b_x \dfrac{\partial a_y}{\partial x} + b_y \dfrac{\partial a_y}{\partial y} + b_z \dfrac{\partial a_y}{\partial z} \\ b_x \dfrac{\partial a_z}{\partial x} + b_y \dfrac{\partial a_z}{\partial y} + b_z \dfrac{\partial a_z}{\partial z} \end{pmatrix}$$

Exemple : dérivée particulaire du vecteur vitesse $\vec{v}$ d'une particule fluide

$$\frac{\mathrm{D}\vec{v}}{\mathrm{D}t} = (\vec{v} \cdot \overrightarrow{\text{grad}})\,\vec{v} + \frac{\partial \vec{v}}{\partial t}$$

Exemple : résultante des forces s'appliquant sur un dipôle électrostatique de moment dipolaire $\vec{p}$

$$\sum \vec{F} = (\vec{p} \cdot \overrightarrow{\text{grad}})\,\vec{E}$$

Exemple : résultante des forces s'appliquant sur un dipôle magnétique de moment magnétique $\vec{m}$

$$\sum \vec{F} = (\vec{m} \cdot \overrightarrow{\text{grad}})\,\vec{B}$$

5. Opérateur gradient en coordonnées cylindriques (r, θ, z)

$$\overrightarrow{\text{grad}} f = \frac{\partial f}{\partial r}\,\vec{u}_r + \frac{1}{r}\frac{\partial f}{\partial \theta}\,\vec{u}_\theta + \frac{\partial f}{\partial z}\,\vec{u}_z$$

6. Opérateur gradient en coordonnées sphériques (r, θ, φ)

$$\overrightarrow{\text{grad}} f = \frac{\partial f}{\partial r}\,\vec{u}_r + \frac{1}{r}\frac{\partial f}{\partial \theta}\,\vec{u}_\theta + \frac{1}{r \sin\theta}\frac{\partial f}{\partial \varphi}\,\vec{u}_\varphi$$

2.1.4 Opérateur divergence noté div

1. Définition

La divergence d'un champ de vecteurs s'identifie localement à son flux sortant par unité de volume.

$$\mathrm{div}\vec{A}(\mathrm{M}) = \frac{\mathrm{d}\phi_{\text{sortant}}(\mathrm{M})}{\mathrm{d}\tau}$$

2. Théorème de Green-Ostrogradski

Le flux d'un champ vectoriel $\vec{A}$ *sortant* d'une surface $\mathcal{S}$ fermée est égal à l'intégrale de sa divergence étendue au volume $\mathcal{V}$ délimité par $\mathcal{S}$.

$$\phi_{\text{sortant}} = \int \mathrm{d}\phi_{\text{sortant}} = \oiint_{\mathcal{S}} \vec{A} \cdot \overrightarrow{\mathrm{d}S}_{\text{ext}} = \iiint_{\mathcal{V}} \mathrm{div}\vec{A}\,\mathrm{d}\tau$$

3. Propriétés

- **Champ à divergence non nulle** $\mathrm{div}\vec{A} \neq 0$

  Si le flux élémentaire $\mathrm{d}\phi_{\text{sortant}}$ à travers une surface élémentaire fermée est non nul alors le champ $\vec{A}(\mathrm{M})$ diverge au point M si $\mathrm{d}\phi_{\text{sortant}} > 0$ et converge au point M si $\mathrm{d}\phi_{\text{sortant}} < 0$.

  Démonstration

  Si $\mathrm{d}\phi_{\text{sortant}} > 0$ alors $\vec{A} \cdot \overrightarrow{\mathrm{d}S}_{\text{ext}} > 0$. En utilisant le théorème de Green-Ostrogradski, on peut dire que $\mathrm{div}\vec{A} > 0$ et que le champ $\vec{A}$ diverge.

  Rappel : par convention, $\overrightarrow{\mathrm{d}S}_{\text{ext}}$ est orienté vers l'extérieur.

  Si $\mathrm{d}\phi_{\text{sortant}} < 0$ alors $\vec{A} \cdot \overrightarrow{\mathrm{d}S}_{\text{ext}} < 0$. En utilisant le théorème de Green-Ostrogradski, on peut dire que $\mathrm{div}\vec{A} < 0$ et que le champ $\vec{A}$ converge.

Exemple

$$\oiint_{\mathcal{S}} \vec{E} \cdot \overrightarrow{\mathrm{d}S}_{\text{ext}} = \frac{Q_{\text{int}}}{\varepsilon_0} = \frac{1}{\varepsilon_0} \iiint_{\mathcal{V}} \rho\,\mathrm{d}\tau \neq \vec{0} \quad \text{si} \quad Q_{\text{int}} \neq \vec{0}$$

D'après le théorème de Green-Ostrogradski,

$$\oiint_{\mathcal{S}} \vec{E} \cdot \overrightarrow{\mathrm{d}S}_{\text{ext}} = \iiint_{\mathcal{V}} \mathrm{div}\vec{E}\,\mathrm{d}\tau = \frac{1}{\varepsilon_0} \iiint_{\mathcal{V}} \rho\,\mathrm{d}\tau = \iiint_{\mathcal{V}} \frac{\rho\,\mathrm{d}\tau}{\varepsilon_0} \Leftrightarrow \mathrm{div}\vec{E} = \frac{\rho}{\varepsilon_0}$$

On obtient la forme locale de l'équation de Maxwell-Gauss : $\mathrm{div}\vec{E} = \dfrac{\rho}{\varepsilon_0}$.

- **Champ à divergence nulle** $\mathrm{div}\vec{A} = 0$

  Si $\vec{A}$ est un champ de vecteur uniforme, $\mathrm{div}\vec{A} = 0$.

  Si $\vec{A}$ est à flux conservatif, $\oiint_{\mathcal{S}} \vec{A} \cdot \overrightarrow{\mathrm{d}S}_{\text{ext}} = 0$ donc $\mathrm{div}\vec{A} = 0$.

Exemple

$$\oiint_{\mathcal{S}} \vec{B} \cdot \overrightarrow{\mathrm{d}S}_{\text{ext}} = 0 = \iiint_{\mathcal{V}} \mathrm{div}\vec{B}\, \mathrm{d}\tau \Leftrightarrow \mathrm{div}\vec{B} = 0$$

On obtient la forme locale de l'équation de Maxwell-Flux : $\mathrm{div}\vec{B} = 0$.
$\vec{B}$ est à divergence nulle. On dit que $\vec{B}$ est à flux conservatif.

4. Opérateur divergence en coordonnées cartésiennes (x, y, z)

$$\mathrm{div}\vec{A} = \vec{\nabla} \cdot \vec{A} = \begin{pmatrix} \dfrac{\partial}{\partial x} \\ \dfrac{\partial}{\partial y} \\ \dfrac{\partial}{\partial z} \end{pmatrix} \cdot \begin{pmatrix} A_x \\ A_y \\ A_z \end{pmatrix} = \frac{\partial A_x}{\partial x} + \frac{\partial A_y}{\partial y} + \frac{\partial A_z}{\partial z}$$

5. Opérateur divergence en coordonnées cylindriques (r, θ, z)

$$\mathrm{div}\vec{A} = \frac{1}{r}\frac{\partial(rA_r)}{\partial r} + \frac{1}{r}\frac{\partial A_\theta}{\partial \theta} + \frac{\partial A_z}{\partial z}$$

6. Opérateur divergence en coordonnées sphériques (r, θ, φ)

$$\mathrm{div}\vec{A} = \frac{1}{r^2}\frac{\partial(r^2 A_r)}{\partial r} + \frac{1}{r\sin\theta}\frac{\partial(A_\theta \sin\theta)}{\partial \theta} + \frac{1}{r\sin\theta}\frac{\partial A_\varphi}{\partial \varphi}$$

2.1.5 Opérateur rotationnel noté $\overrightarrow{\mathrm{rot}}$

1. Définition

Le rotationnel d'un champ de vecteur $\vec{A}(\mathrm{M})$ s'identifie localement à sa circulation élémentaire sur une courbe fermée orientée délimitant une surface unité.

$$\mathrm{d}C = \overrightarrow{\mathrm{rot}}\vec{A}(\mathrm{M}) \cdot \overrightarrow{\mathrm{d}S}_{\mathrm{M}}$$

2. Théorème de Stokes

La circulation d'un champ vectoriel $\vec{A}$ le long d'un contour (Γ) fermé orienté est égal au flux du rotationnel du champ vectoriel $\vec{A}$ à travers la surface $\mathcal{S}$ s'appuyant sur (Γ).

$$\oint_{(\Gamma)} \vec{A} \cdot \overrightarrow{\mathrm{d}\ell} = \iint_{\mathcal{S}} \overrightarrow{\mathrm{rot}}\vec{A}(\mathrm{M}) \cdot \overrightarrow{\mathrm{d}S}_{\mathrm{M}}$$

Conséquence

Un champ vectoriel $\vec{A}$ est à circulation conservative si et seulement si son rotationnel est nul.

Exemple : en électrostatique

$$\oint \vec{E} \cdot \overrightarrow{\mathrm{d}\ell} = 0 \Leftrightarrow \overrightarrow{\mathrm{rot}}\vec{E} = \vec{0}$$

Exemple : en magnétostatique

$$\oint \vec{B} \cdot \overrightarrow{\mathrm{d}\ell} = \mu_0 \sum I_{\text{enlacés}} \neq 0 \Leftrightarrow \overrightarrow{\mathrm{rot}}\vec{B} \neq \vec{0}$$

3. Propriétés

- Si $\overrightarrow{\mathrm{rot}}\vec{A} = \vec{0}$ on dit que le champ est irrotationnel ou que le champ dérive d'un potentiel scalaire f car $\overrightarrow{\mathrm{rot}}\,(\overrightarrow{\mathrm{grad}}f) = \vec{\nabla} \wedge (\vec{\nabla} \wedge f) = \vec{0}$.

Exemple : en électrostatique

$$\vec{E} = -\overrightarrow{\mathrm{grad}}\,V \Leftrightarrow \overrightarrow{\mathrm{rot}}\,\vec{E} = \overrightarrow{\mathrm{rot}}\,(-\overrightarrow{\mathrm{grad}}\,V) = \vec{0}$$

Cette condition est toujours réalisée pour un champ radial !

- Si $\overrightarrow{\mathrm{rot}}\vec{A} \neq \vec{0}$ on dit que le champ est rotationnel.
  $\mathrm{div}(\overrightarrow{\mathrm{rot}}\vec{A}) = \vec{\nabla} \cdot (\vec{\nabla} \wedge \vec{A}\,) = 0$

Exemple : en magnétostatique

$$\mathrm{div}\vec{B} = 0 \text{ car } \vec{B} \text{ est à flux conservatif}$$

Il existe alors un champ vectoriel $\vec{A}$ tel que $\vec{B} = \overrightarrow{\mathrm{rot}}\vec{A} \neq \vec{0}$.
On dit que $\vec{B}$ dérive d'un potentiel vecteur $\vec{A}$.

4. Opérateur rotationnel en coordonnées cartésiennes (x, y, z)

$$\overrightarrow{\mathrm{rot}}\vec{A} = \vec{\nabla} \wedge \vec{A} = \begin{pmatrix} \dfrac{\partial}{\partial x} \\ \dfrac{\partial}{\partial y} \\ \dfrac{\partial}{\partial z} \end{pmatrix} \wedge \begin{pmatrix} A_x \\ A_y \\ A_z \end{pmatrix} = \begin{pmatrix} \dfrac{\partial A_z}{\partial y} - \dfrac{\partial A_y}{\partial z} \\ \dfrac{\partial A_x}{\partial z} - \dfrac{\partial A_z}{\partial x} \\ \dfrac{\partial A_y}{\partial x} - \dfrac{\partial A_x}{\partial y} \end{pmatrix}$$

$$\overrightarrow{\mathrm{rot}}\vec{A} = \left(\frac{\partial A_z}{\partial y} - \frac{\partial A_y}{\partial z}\right)\vec{u}_x + \left(\frac{\partial A_x}{\partial z} - \frac{\partial A_z}{\partial x}\right)\vec{u}_y + \left(\frac{\partial A_y}{\partial x} - \frac{\partial A_x}{\partial y}\right)\vec{u}_z$$

5. Opérateur rotationnel en coordonnées cylindriques (r, θ, z)

$$\overrightarrow{\text{rot}}\vec{A} = \begin{pmatrix} \dfrac{1}{r}\dfrac{\partial A_z}{\partial \theta} - \dfrac{\partial A_\theta}{\partial z} \\[2ex] \dfrac{\partial A_r}{\partial z} - \dfrac{\partial A_z}{\partial r} \\[2ex] \dfrac{1}{r}\dfrac{\partial (rA_\theta)}{\partial r} - \dfrac{1}{r}\dfrac{\partial A_r}{\partial \theta} \end{pmatrix}$$

$$\overrightarrow{\text{rot}}\vec{A} = \left(\frac{1}{r}\frac{\partial A_z}{\partial \theta} - \frac{\partial A_\theta}{\partial z}\right)\vec{u}_r + \left(\frac{\partial A_r}{\partial z} - \frac{\partial A_z}{\partial r}\right)\vec{u}_\theta + \left(\frac{1}{r}\frac{\partial (rA_\theta)}{\partial r} - \frac{1}{r}\frac{\partial A_r}{\partial \theta}\right)\vec{u}_z$$

6. Opérateur rotationnel en coordonnées sphériques (r, θ, φ)

$$\overrightarrow{\text{rot}}\vec{A} = \begin{pmatrix} \dfrac{1}{r\sin\theta}\dfrac{\partial (A_\varphi \sin\theta)}{\partial \theta} - \dfrac{\partial A_\theta}{\partial \varphi} \\[2ex] \dfrac{1}{r\sin\theta}\dfrac{\partial A_r}{\partial \varphi} - \dfrac{1}{r}\dfrac{\partial (rA_\varphi)}{\partial r} \\[2ex] \dfrac{1}{r}\dfrac{\partial (rA_\theta)}{\partial r} - \dfrac{1}{r}\dfrac{\partial A_r}{\partial \theta} \end{pmatrix}$$

$$\begin{aligned}\overrightarrow{\text{rot}}\vec{A} = &\left(\frac{1}{r\sin\theta}\frac{\partial (A_\varphi \sin\theta)}{\partial \theta} - \frac{\partial A_\theta}{\partial \varphi}\right)\vec{u}_r + \frac{1}{r}\left(\frac{1}{\sin\theta}\frac{\partial A_r}{\partial \varphi} - \frac{\partial (rA_\varphi)}{\partial r}\right)\vec{u}_\theta \\ &+ \frac{1}{r}\left(\frac{\partial (rA_\theta)}{\partial r} - \frac{\partial A_r}{\partial \theta}\right)\vec{u}_\varphi\end{aligned}$$

2.1.6 Opérateur laplacien noté Δ

1. Laplacien d'un champ scalaire f noté Δf

$$\Delta f = \text{div}\,(\overrightarrow{\text{grad}} f) = \vec{\nabla} \cdot (\vec{\nabla} f) = (\vec{\nabla})^2 f$$

- **Laplacien scalaire en coordonnées cartésiennes** (x, y, z)

$$\Delta f = \begin{pmatrix} \dfrac{\partial}{\partial x} \\ \dfrac{\partial}{\partial y} \\ \dfrac{\partial}{\partial z} \end{pmatrix} \cdot \begin{pmatrix} \dfrac{\partial}{\partial x} \\ \dfrac{\partial}{\partial y} \\ \dfrac{\partial}{\partial z} \end{pmatrix} f = \frac{\partial^2 f}{\partial x^2} + \frac{\partial^2 f}{\partial y^2} + \frac{\partial^2 f}{\partial z^2}$$

Remarque : si $\Delta f = 0$, alors on parle d'équation de Laplace.

- **Laplacien scalaire en coordonnées cylindriques** (r, θ, z)

$$\Delta f = \frac{1}{r}\frac{\partial}{\partial r}\left(r\frac{\partial f}{\partial r}\right) + \frac{1}{r^2}\frac{\partial^2 f}{\partial \theta^2} + \frac{\partial^2 f}{\partial z^2}$$

- **Laplacien scalaire en coordonnées sphériques** (r, θ, φ)

$$\Delta f = \frac{1}{r}\frac{\partial^2 (rf)}{\partial r^2} + \frac{1}{r^2 \sin\theta}\frac{\partial}{\partial \theta}\left(\sin\theta\,\frac{\partial f}{\partial \theta}\right) + \frac{1}{r^2 \sin\theta}\frac{\partial^2 f}{\partial \varphi^2}$$

2. Laplacien d'un champ vectoriel $\vec{A}$ noté $\Delta \vec{A}$

$$\Delta \vec{A} = \overrightarrow{\text{grad}}\,(\text{div}\vec{A}\,) - \overrightarrow{\text{rot}}\,(\overrightarrow{\text{rot}}\vec{A}\,)$$

- **Laplacien vectoriel en coordonnées cartésiennes** (x, y, z)

$$\Delta \vec{A} = \Delta A_x\,\vec{u}_x + \Delta A_y\,\vec{u}_y + \Delta A_z\,\vec{u}_z$$

$$\Delta \vec{A} = \begin{pmatrix} \dfrac{\partial^2 A_x}{\partial x^2} + \dfrac{\partial^2 A_x}{\partial y^2} + \dfrac{\partial^2 A_x}{\partial z^2} \\ \\ \dfrac{\partial^2 A_y}{\partial x^2} + \dfrac{\partial^2 A_y}{\partial y^2} + \dfrac{\partial^2 A_y}{\partial z^2} \\ \\ \dfrac{\partial^2 A_z}{\partial x^2} + \dfrac{\partial^2 A_z}{\partial y^2} + \dfrac{\partial^2 A_z}{\partial z^2} \end{pmatrix}$$

Résumé :

Un opérateur transforme un champ en un autre champ.

① L'opérateur **gradient** noté $\overrightarrow{\text{grad}}$ transforme un champ scalaire en un champ vectoriel.
Exemples : $\overrightarrow{\text{grad}}\,V = -\vec{E}$ généralement noté $\vec{E} = -\,\overrightarrow{\text{grad}}\,V$;
$\overrightarrow{\text{grad}}\,\mathcal{E}_p = -\vec{F}$ généralement noté $\vec{F} = -\,\overrightarrow{\text{grad}}\,\mathcal{E}_p$

② L'opérateur **divergence** noté div transforme un champ vectoriel en un champ scalaire.
Exemple : $\text{div}\vec{E} = \dfrac{\rho}{\varepsilon_0}$ appelée équation locale de Gauss.

③ L'opérateur **rotationnel** noté $\overrightarrow{\mathrm{rot}}$ transforme un champ vectoriel en un autre champ vectoriel.
Exemple : $\overrightarrow{\mathrm{rot}}\vec{A} = -\vec{B}$ généralement noté $\vec{B} = -\overrightarrow{\mathrm{rot}}\vec{A}$ où $\vec{A}$ est appelé le potentiel vecteur du champ $\vec{B}$.

④ L'opérateur **laplacien** noté Δ transforme un champ scalaire en un champ scalaire et transforme un champ vectoriel en un champ vectoriel.

2.1.7 Combinaison d'opérateurs

Soient f un champ scalaire et $\vec{A}$ un champ vectoriel.

- $\mathrm{div}\,(\overrightarrow{\mathrm{grad}}f) = \vec{\nabla} \cdot (\vec{\nabla} f) = \Delta f$
- $\overrightarrow{\mathrm{rot}}\,(\overrightarrow{\mathrm{grad}}f) = \vec{\nabla} \wedge (\vec{\nabla} f) = \vec{0}$
- $\mathrm{div}\,(\overrightarrow{\mathrm{rot}}\vec{A}\,) = \vec{\nabla} \cdot (\vec{\nabla} \wedge \vec{A}\,) = 0$
- $\overrightarrow{\mathrm{grad}}\,(\mathrm{div}\vec{A}\,) = \vec{\nabla} \times (\vec{\nabla} \cdot \vec{A}\,)$
- $\overrightarrow{\mathrm{rot}}\,(\overrightarrow{\mathrm{rot}}\vec{A}) = \vec{\nabla} \wedge (\vec{\nabla} \wedge \vec{A}) = \vec{\nabla} \times (\vec{\nabla} \cdot \vec{A}) - (\vec{\nabla} \cdot \vec{\nabla})\vec{A} = \overrightarrow{\mathrm{grad}}\,(\mathrm{div}\vec{A}) - \Delta\vec{A}$

2.1.8 Action d'opérateurs sur des produits

Soient f un champ scalaire et $\vec{A}$ un champ vectoriel.

- $\mathrm{div}\,(f \times \vec{A}\,) = f \times \mathrm{div}\vec{A} + \vec{A} \cdot \overrightarrow{\mathrm{grad}}f$
- $\overrightarrow{\mathrm{grad}}\,(f \times g) = f \times \overrightarrow{\mathrm{grad}}\,g + g \times \overrightarrow{\mathrm{grad}}f$
- $\overrightarrow{\mathrm{rot}}\,(f \times \vec{A}\,) = f \times \overrightarrow{\mathrm{rot}}\vec{A} + \overrightarrow{\mathrm{grad}}f \wedge \vec{A}$
- $\mathrm{div}\,(\vec{A} \wedge \vec{B}\,) = \vec{B} \cdot \overrightarrow{\mathrm{rot}}\vec{A} - \vec{A} \cdot \overrightarrow{\mathrm{rot}}\vec{B}$
- $\overrightarrow{\mathrm{grad}}\,(\vec{A} \cdot \vec{B}\,) = (\vec{A} \cdot \overrightarrow{\mathrm{grad}})\vec{B} + (\vec{B} \cdot \overrightarrow{\mathrm{grad}})\vec{A} + \vec{A} \wedge \overrightarrow{\mathrm{rot}}\vec{B} + \vec{B} \wedge \overrightarrow{\mathrm{rot}}\vec{A}$
- $\overrightarrow{\mathrm{rot}}\,(\vec{A} \wedge \vec{B}\,) = \vec{A} \times \mathrm{div}\vec{B} - \vec{B} \times \mathrm{div}\vec{A} + (\vec{B} \cdot \overrightarrow{\mathrm{grad}})\vec{A} - (\vec{A} \cdot \overrightarrow{\mathrm{grad}})\vec{B}$
- $(\vec{v} \cdot \vec{\nabla})\,\vec{v} = \overrightarrow{\mathrm{grad}}\left(\frac{v^2}{2}\right) + \overrightarrow{\mathrm{rot}}\,\vec{v} \wedge \vec{v}$ (relation beaucoup utilisée en mécanique des fluides)

2.1.9 Dérivée temporelle

- **Théorème de Schwartz** : dans de nombreux cas on peut en général permuter deux dérivées (se reporter au chapitre 6 - Fonctions de plusieurs variables).

Exemple : permuter la dérivée temporelle avec des dérivées spatiales

$$\operatorname{div}\left(\frac{\partial \vec{A}}{\partial t}\right) = \frac{\partial}{\partial t}(\operatorname{div}\vec{A})$$

- Si le domaine d'intégration est invariant dans le temps, on peut permuter la dérivée temporelle avec le symbole « intégrale ».

Exemple

$$\iiint_{\mathcal{V}} \frac{\partial f}{\partial t}\,\mathrm{d}\tau = \frac{\mathrm{d}}{\mathrm{d}t}\iiint_{\mathcal{V}} f\,\mathrm{d}\tau$$

2.1.10 Cas des champs proportionnels à $\exp(\mathrm{i}\omega t - \mathrm{i}\vec{k}\cdot\vec{r}\,)$

Dans le cas des champs proportionnels à $\exp(\mathrm{i}\omega t - \mathrm{i}\vec{k}\cdot\vec{r})$ (notation utilisée en électromagnétisme) ou $\exp(\mathrm{i}\vec{k}\cdot\vec{r} - \mathrm{i}\omega t)$ (notation utilisée en optique ondulatoire), montrons que l'opérateur $\vec{\nabla}$ en coordonnées cartésiennes peut s'écrire respectivement $(-\mathrm{i}\vec{k}\,)$ ou $(\mathrm{i}\vec{k}\,)$.

Démonstration
En coordonnées cartésiennes, on note $\vec{k} = k_x\,\vec{u}_x + k_y\,\vec{u}_y + k_z\,\vec{u}_z$ le vecteur d'onde et $\vec{r} = x\,\vec{u}_x + y\,\vec{u}_y + z\,\vec{u}_z$ le vecteur position.
Le produit scalaire s'écrit alors $\vec{k}\cdot\vec{r} = k_x \times x + k_y \times y + k_z \times z$
Soit un champ électrique $\vec{E}$ tel que $\|\vec{E}\| = E_0\,\exp(\mathrm{i}\omega t - \mathrm{i}\vec{k}\cdot\vec{r}\,)$.

$$\begin{aligned}
\vec{\nabla}\|\vec{E}\| &= \overrightarrow{\text{grad}}\,\|\vec{E}\| \\
&= \overrightarrow{\text{grad}}\,(E_0\,\exp(\mathrm{i}\omega t - \mathrm{i}\vec{k}\cdot\vec{r}\,)) \\
&= \begin{pmatrix} \dfrac{\partial}{\partial x}(E_0\,\exp(\mathrm{i}\omega t - \mathrm{i}k_x x - \mathrm{i}k_y y - \mathrm{i}k_z z)) \\ \dfrac{\partial}{\partial y}(E_0\,\exp(\mathrm{i}\omega t - \mathrm{i}k_x x - \mathrm{i}k_y y - \mathrm{i}k_z z)) \\ \dfrac{\partial}{\partial z}(E_0\,\exp(\mathrm{i}\omega t - \mathrm{i}k_x x - \mathrm{i}k_y y - \mathrm{i}k_z z)) \end{pmatrix} \\
&= \begin{pmatrix} -\mathrm{i}k_x E_0\,\exp(\mathrm{i}\omega t - \mathrm{i}\vec{k}\cdot\vec{r}\,) \\ -\mathrm{i}k_y E_0\,\exp(\mathrm{i}\omega t - \mathrm{i}\vec{k}\cdot\vec{r}\,) \\ -\mathrm{i}k_z E_0\,\exp(\mathrm{i}\omega t - \mathrm{i}\vec{k}\cdot\vec{r}\,) \end{pmatrix} = -\mathrm{i}\vec{k}\,\|\vec{E}\|
\end{aligned}$$

Ce qu'il faut retenir

Dans le cas des champs proportionnels à $\exp(\mathrm{i}\omega t - \mathrm{i}\vec{k}\cdot\vec{r}\,)$:

$\Rightarrow \vec{\nabla} \leftrightarrow -\mathrm{i}\vec{k}$

$\Rightarrow \overrightarrow{\text{grad}}\,\|\vec{E}\| = -\mathrm{i}\vec{k}\,\|\vec{E}\|$

$\Rightarrow \text{div}\vec{E} = -\mathrm{i}\vec{k}\cdot\vec{E}$

$\Rightarrow \text{rot}\vec{E} = -\mathrm{i}\vec{k}\wedge\vec{E}$

$\Rightarrow \Delta\vec{E} = (-\mathrm{i}\vec{k}\,)^2\vec{E} = -k^2\vec{E}$

Dans le cas des champs proportionnels à $\exp(\mathrm{i}\vec{k}\cdot\vec{r} - \mathrm{i}\omega t)$:

$\Rightarrow \vec{\nabla} \leftrightarrow \mathrm{i}\vec{k}$

$\Rightarrow \overrightarrow{\text{grad}}\,\|\vec{E}\| = \mathrm{i}\vec{k}\,\|\vec{E}\|$

$\Rightarrow \text{div}\vec{E} = \mathrm{i}\vec{k}\cdot\vec{E}$

$\Rightarrow \text{rot}\vec{E} = \mathrm{i}\vec{k}\wedge\vec{E}$

$\Rightarrow \Delta\vec{E} = (\mathrm{i}\vec{k}\,)^2\vec{E} = -k^2\vec{E}$

2.1.11 Exercices

❑ **Exercice 1 - OPÉRATEUR GRADIENT** ☆☆☆

Déterminer les composantes du vecteur $\overrightarrow{\text{grad}}f(x,y,z)$ dans les cas suivants.

1. $f_1(x,y,z) = 2xyz$
2. $f_2(x,y,z) = \dfrac{1}{2}x^2 + z^2$
3. $f_3(x,y,z) = x\sin y\cos z$

Solution

1. En coordonnées cartésiennes,

$$\overrightarrow{\text{grad}}f_1(x,y,z) = \begin{pmatrix} \dfrac{\partial(2xyz)}{\partial x} \\ \dfrac{\partial(2xyz)}{\partial y} \\ \dfrac{\partial(2xyz)}{\partial z} \end{pmatrix} = \begin{pmatrix} 2yz\,\dfrac{\partial x}{\partial x} \\ 2xz\,\dfrac{\partial y}{\partial y} \\ 2xy\,\dfrac{\partial z}{\partial z} \end{pmatrix} = \begin{pmatrix} 2yz \\ 2xz \\ 2xy \end{pmatrix}$$

$$\boxed{\overrightarrow{\text{grad}}f_1(x,y,z) = 2yz\,\vec{e}_x + 2xz\,\vec{e}_y + 2xy\,\vec{e}_z}$$

2. En coordonnées cartésiennes,

$$\overrightarrow{\text{grad}} f_2(x,y,z) = \begin{pmatrix} \dfrac{\partial(\frac{1}{2}x^2+z^2)}{\partial x} \\ \dfrac{\partial(\frac{1}{2}x^2+z^2)}{\partial y} \\ \dfrac{\partial(\frac{1}{2}x^2+z^2)}{\partial z} \end{pmatrix} = \begin{pmatrix} \dfrac{1}{2}\dfrac{\partial x^2}{\partial x} + z^2\,\dfrac{\partial(1)}{\partial x} \\ \left(\dfrac{1}{2}x^2+z^2\right)\dfrac{\partial(1)}{\partial y} \\ \dfrac{1}{2}x^2\,\dfrac{\partial(1)}{\partial z} + \dfrac{\partial z^2}{\partial z} \end{pmatrix} = \begin{pmatrix} x \\ 0 \\ 2z \end{pmatrix}$$

$$\boxed{\overrightarrow{\text{grad}} f_2(x,y,z) = x\,\vec{e}_x + 2z\,\vec{e}_z}$$

3. En coordonnées cartésiennes,

$$\overrightarrow{\text{grad}} f_3(x,y,z) = \begin{pmatrix} \dfrac{\partial(x\sin y\cos z)}{\partial x} \\ \dfrac{\partial(x\sin y\cos z)}{\partial y} \\ \dfrac{\partial(x\sin y\cos z)}{\partial z} \end{pmatrix} = \begin{pmatrix} \sin y\cos z\,\dfrac{\partial x}{\partial x} \\ x\cos z\,\dfrac{\partial \sin y}{\partial y} \\ x\sin y\,\dfrac{\partial \cos z}{\partial z} \end{pmatrix}$$

$$\boxed{\overrightarrow{\text{grad}} f_3(x,y,z) = \sin y\cos z\,\vec{e}_x + x\cos y\cos z\,\vec{e}_y - x\sin y\sin z\,\vec{e}_z}$$

❑ Exercice 2 - Opérateurs divergence et rotationnel ★☆☆

Calculer $\text{div}\vec{A}(\text{M})$ puis $\overrightarrow{\text{rot}}\vec{A}(\text{M})$ où M est un point de l'espace de coordonnées (x,y,z) dans les cas suivants.

1. $\vec{A}_1 = \begin{pmatrix} xy \\ 2y^2z \\ x^2z \end{pmatrix}$

2. $\vec{A}_2 = \begin{pmatrix} x+2y \\ 2x-3y \\ 2z \end{pmatrix}$

3. $\vec{A}_3 = \begin{pmatrix} y\cos x \\ x^2+\sin z \\ 2xy+\text{e}^{2z} \end{pmatrix}$

Solution

1. En coordonnées cartésiennes,

$$\text{div}\vec{A}_1 = \begin{pmatrix} \dfrac{\partial}{\partial x} \\ \dfrac{\partial}{\partial y} \\ \dfrac{\partial}{\partial z} \end{pmatrix} \cdot \begin{pmatrix} xy \\ 2y^2 z \\ x^2 z \end{pmatrix}$$

$$= \frac{\partial(xy)}{\partial x} + \frac{\partial(2y^2 z)}{\partial y} + \frac{\partial(x^2 z)}{\partial z} = y\,\frac{\partial x}{\partial x} + 2z\,\frac{\partial y^2}{\partial y} + x^2\,\frac{\partial z}{\partial z}$$

$$= y + 2z\,2y + x^2 = \boxed{y + 4yz + x^2}$$

$$\overrightarrow{\text{rot}}\vec{A}_1 = \begin{pmatrix} \dfrac{\partial}{\partial x} \\ \dfrac{\partial}{\partial y} \\ \dfrac{\partial}{\partial z} \end{pmatrix} \wedge \begin{pmatrix} xy \\ 2y^2 z \\ x^2 z \end{pmatrix} = \begin{pmatrix} \dfrac{\partial(x^2 z)}{\partial y} - \dfrac{\partial(2y^2 z)}{\partial z} \\ \dfrac{\partial(xy)}{\partial z} - \dfrac{\partial(x^2 z)}{\partial x} \\ \dfrac{\partial(2y^2 z)}{\partial x} - \dfrac{\partial(xy)}{\partial y} \end{pmatrix} = \begin{pmatrix} x^2 z\,\dfrac{\partial 1}{\partial y} - 2y^2\,\dfrac{\partial z}{\partial z} \\ xy\,\dfrac{\partial 1}{\partial z} - z\,\dfrac{\partial x^2}{\partial x} \\ 2y^2 z\,\dfrac{\partial 1}{\partial x} - x\,\dfrac{\partial y}{\partial y} \end{pmatrix}$$

$$\boxed{\overrightarrow{\text{rot}}\vec{A}_1 = -2y^2\,\vec{e}_x - 2xz\,\vec{e}_y - x\,\vec{e}_z}$$

2. En coordonnées cartésiennes,

$$\text{div}\vec{A}_2 = \begin{pmatrix} \dfrac{\partial}{\partial x} \\ \dfrac{\partial}{\partial y} \\ \dfrac{\partial}{\partial z} \end{pmatrix} \cdot \begin{pmatrix} x + 2y \\ 2x - 3y \\ 2z \end{pmatrix}$$

$$= \frac{\partial(x+2y)}{\partial x} + \frac{\partial(2x-3y)}{\partial y} + \frac{\partial(2z)}{\partial z} = 1 - 3 + 2 = \boxed{0}$$

$$\overrightarrow{\text{rot}}\vec{A}_2 = \begin{pmatrix} \dfrac{\partial}{\partial x} \\ \dfrac{\partial}{\partial y} \\ \dfrac{\partial}{\partial z} \end{pmatrix} \wedge \begin{pmatrix} x + 2y \\ 2x - 3y \\ 2z \end{pmatrix} = \begin{pmatrix} \dfrac{\partial 2z}{\partial y} - \dfrac{\partial(2x-3y)}{\partial z} \\ \dfrac{\partial(x+2y)}{\partial z} - \dfrac{\partial 2z}{\partial x} \\ \dfrac{\partial(2x-3y)}{\partial x} - \dfrac{\partial(x+2y)}{\partial y} \end{pmatrix}$$

$$= \begin{pmatrix} 2z\,\dfrac{\partial 1}{\partial y} - (2x-3y)\,\dfrac{\partial 1}{\partial z} \\ (x+2y)\,\dfrac{\partial 1}{\partial z} - 2z\,\dfrac{\partial 1}{\partial x} \\ 2\,\dfrac{\partial x}{\partial x} - 3y\,\dfrac{\partial 1}{\partial x} - x\,\dfrac{\partial 1}{\partial y} - 2\,\dfrac{\partial y}{\partial y} \end{pmatrix} = \begin{pmatrix} 0 \\ 0 \\ 0 \end{pmatrix} = \boxed{\vec{0}}$$

3. En coordonnées cartésiennes,

$$\mathrm{div}\vec{A}_3 = \begin{pmatrix} \dfrac{\partial}{\partial x} \\ \dfrac{\partial}{\partial y} \\ \dfrac{\partial}{\partial z} \end{pmatrix} \cdot \begin{pmatrix} y\cos x \\ x^2+\sin z \\ 2xy+\mathrm{e}^{2z} \end{pmatrix}$$

$$= \frac{\partial y\cos x}{\partial x} + \frac{\partial\left(x^2+\sin z\right)}{\partial y} + \frac{\partial\left(2xy+\mathrm{e}^{2z}\right)}{\partial z}$$

$$= y\,\frac{\partial \cos x}{\partial x} + \left(x^2+\sin z\right)\frac{\partial(1)}{\partial y} + 2xy\,\frac{\partial(1)}{\partial z} + \frac{\partial\left(\mathrm{e}^{2z}\right)}{\partial z}$$

$$\boxed{\mathrm{div}\vec{A}_3 = -y\sin x + 2\,\mathrm{e}^{2z}}$$

$$\overrightarrow{\mathrm{rot}}\vec{A}_3 = \begin{pmatrix} \dfrac{\partial}{\partial x} \\ \dfrac{\partial}{\partial y} \\ \dfrac{\partial}{\partial z} \end{pmatrix} \wedge \begin{pmatrix} y\cos x \\ x^2+\sin z \\ 2xy+\mathrm{e}^{2z} \end{pmatrix} = \begin{pmatrix} \dfrac{\partial\left(2xy+\mathrm{e}^{2z}\right)}{\partial y} - \dfrac{\partial\left(x^2+\sin z\right)}{\partial z} \\ \dfrac{\partial(y\cos x)}{\partial z} - \dfrac{\partial\left(2xy+\mathrm{e}^{2z}\right)}{\partial x} \\ \dfrac{\partial\left(x^2+\sin z\right)}{\partial x} - \dfrac{\partial(y\cos x)}{\partial y} \end{pmatrix}$$

$$= \begin{pmatrix} 2x\,\dfrac{\partial y}{\partial y} + \mathrm{e}^{2z}\,\dfrac{\partial 1}{\partial y} - x^2\,\dfrac{\partial 1}{\partial z} - \dfrac{\partial \sin z}{\partial z} \\ y\cos x\,\dfrac{\partial 1}{\partial z} - 2y\,\dfrac{\partial x}{\partial x} - \mathrm{e}^{2z}\,\dfrac{\partial 1}{\partial x} \\ \dfrac{\partial x^2}{\partial x} + \sin z\,\dfrac{\partial 1}{\partial x} - \cos x\,\dfrac{\partial y}{\partial y} \end{pmatrix} = \begin{pmatrix} 2x+0-0-\cos z \\ 0-2y-0 \\ 2x+0-\cos x \end{pmatrix}$$

$$\boxed{\overrightarrow{\mathrm{rot}}\vec{A}_3 = (2x-\cos z)\,\vec{e}_x - 2y\,\vec{e}_y + (2x-\cos x)\,\vec{e}_z}$$

❑ Exercice 3 - POTENTIEL SCALAIRE ★☆☆

Pour chaque champ de vecteur $\vec{A}$ suivant, donner si cela est possible un potentiel scalaire dont il est le gradient.

1. $\vec{A}_1 = \begin{pmatrix} x+2y \\ 2x-3y \\ 2z \end{pmatrix}$

2. $\vec{A}_2 = \begin{pmatrix} y\cos x \\ x^2+\sin z \\ 2xy+\mathrm{e}^{2z} \end{pmatrix}$

3. $\vec{A}_3 = \begin{pmatrix} 4xyz+y\cos x \\ 2x^2z+\sin x \\ 2x^2y+z \end{pmatrix}$

Solution

Il faut calculer le rotationnel de chaque champ de vecteur $\vec{A}$.

Rappel : si $\overrightarrow{\mathrm{rot}}\vec{A} = \vec{0}$ alors on dit que le champ est irrotationnel ou que le champ dérive d'un potentiel scalaire f car $\overrightarrow{\mathrm{rot}}\,(\overrightarrow{\mathrm{grad}}f) = \vec{0}$.

1. $\overrightarrow{\mathrm{rot}}\vec{A}_1 = \vec{0}$ (voir l'exemple 2. de l'exercice précédent) donc il existe un potentiel scalaire f_1 tel que $\vec{A}_1 = \overrightarrow{\mathrm{grad}}f_1$.

$$\vec{A}_1 = \overrightarrow{\mathrm{grad}}f_1(x,y,z) \Leftrightarrow \begin{pmatrix} x+2y \\ \\ 2x-3y \\ \\ 2z \end{pmatrix} = \begin{pmatrix} \dfrac{\partial f_1(x,y,z)}{\partial x} \\ \dfrac{\partial f_1(x,y,z)}{\partial y} \\ \dfrac{\partial f_1(x,y,z)}{\partial z} \end{pmatrix}$$

D'après la définition de la différentielle (voir chapitre 6 - Fonctions de plusieurs variables), on a :

$$\mathrm{d}f_1(x,y,z) = \frac{\partial f_1(x,y,z)}{\partial x}\,\mathrm{d}x + \frac{\partial f_1(x,y,z)}{\partial y}\,\mathrm{d}y + \frac{\partial f_1(x,y,z)}{\partial z}\,\mathrm{d}z$$

Ici,

$$\mathrm{d}f_1(x,y,z) = (x+2y)\,\mathrm{d}x + (2x-3y)\,\mathrm{d}y + 2z\,\mathrm{d}z$$

- $\dfrac{\partial f_1}{\partial x} = x+2y \Rightarrow$ En intégrant par rapport à x, f_1 est de la forme :

$$f_1(x,y,z) = \frac{x^2}{2} + 2xy + C_1(y,z)$$

où $C_1(y,z)$ ne dépend pas de x.

- $\dfrac{\partial f_1}{\partial y} = 2x - 3y \Rightarrow$ En intégrant par rapport à y, f_1 est de la forme :

$$f_1(x,y,z) = 2xy - \frac{3y^2}{2} + C_2(x,z)$$

où $C_2(x,z)$ ne dépend pas de y.

- $\dfrac{\partial f_1}{\partial z} = 2z \Rightarrow$ En intégrant par rapport à z, f_1 est de la forme :

$$f_1(x,y,z) = \frac{z^2}{2} + C_3(x,y)$$

où $C_3(x,y)$ ne dépend pas de z.

En regroupant les 3 intégrales, la fonction f_1 s'écrit :

$$\boxed{f_1(x,y,z) = \frac{x^2}{2} + 2xy - \frac{3y^2}{2} + z^2}$$

avec $C_1(y,z) = -\dfrac{3y^2}{2} + z^2$, $C_2(x,z) = \dfrac{x^2}{2} + z^2$ et $C_3(x,y) = \dfrac{x^2}{2} + 2xy - \dfrac{3y^2}{2}$.

2. $\overrightarrow{\text{rot}}\vec{A}_2 \neq \vec{0}$ (voir l'exemple 3. de l'exercice précédent) donc il n'existe pas de potentiel scalaire f_2 tel que $\vec{A}_2 = \overrightarrow{\text{grad}} f_2$.
3. $\overrightarrow{\text{rot}}\vec{A}_3 = \vec{0}$ (faire le calcul pour le vérifier) donc il existe alors un potentiel scalaire f_3 tel que $\vec{A}_3 = \overrightarrow{\text{grad}} f_3$.

$$\vec{A}_3 = \overrightarrow{\text{grad}} f_3(x,y,z) \;\Leftrightarrow\; \begin{pmatrix} 4xyz + y\cos x \\ 2x^2z + \sin x \\ 2x^2y + z \end{pmatrix} = \begin{pmatrix} \dfrac{\partial f_3(x,y,z)}{\partial x} \\ \dfrac{\partial f_3(x,y,z)}{\partial y} \\ \dfrac{\partial f_3(x,y,z)}{\partial z} \end{pmatrix}$$

D'après la définition de la différentielle, on a :

$$\mathrm{d}f_3(x,y,z) = \frac{\partial f_3(x,y,z)}{\partial x}\,\mathrm{d}x + \frac{\partial f_3(x,y,z)}{\partial y}\,\mathrm{d}y + \frac{\partial f_3(x,y,z)}{\partial z}\,\mathrm{d}z$$

Ici,

$$\mathrm{d}f_3(x,y,z) = (4xyz + y\cos x)\,\mathrm{d}x + \big(2x^2z + \sin x\big)\,\mathrm{d}y + \big(2x^2y + z\big)\,\mathrm{d}z$$

- $\dfrac{\partial f_3}{\partial x} = 4xyz + y\cos x \Rightarrow$ En intégrant par rapport à x, f_3 est de la forme :

$$f_3(x,y,z) = 4\,\frac{x^2}{2}\,yz + y\sin x + C_1(y,z)$$

où $C_1(y,z)$ ne dépend pas de x.

- $\dfrac{\partial f_3}{\partial y} = 2x^2z + \sin x \Rightarrow$ En intégrant par rapport à y, f_3 est de la forme :

$$f_3(x,y,z) = 2x^2yz + y\sin x + C_2(x,z)$$

où $C_2(x,z)$ ne dépend pas de y.

- $\dfrac{\partial f_3}{\partial z} = 2x^2y + z \Rightarrow$ En intégrant par rapport à z, f_3 est de la forme :

$$f_3(x,y,z) = 2\,\frac{z^2}{2} + C_3(x,y)$$

où $C_3(x,y)$ ne dépend pas de z.

En regroupant les 3 intégrales, la fonction f_3 s'écrit :

$$\boxed{f_3(x,y,z) = 2x^2yz + y\sin x + z^2}$$

avec $C_1(y,z) = \dfrac{z^2}{2}$, $C_2(x,y) = \dfrac{z^2}{2}$ et $C_3 = 2x^2yz + y\sin x$.

❑ Exercice 4 - OPÉRATEUR LAPLACIEN ★★☆

Calculer le laplacien scalaire du champ $f(\mathrm{M})$ où M est un point de l'espace de coordonnées (x,y,z) dans les cas suivants.

1. $f_1(x,y,z) = 2x^2 + y^2 + \dfrac{1}{2}z^2$
2. $f_2(x,y,z) = \dfrac{1}{3}\left(x^3 + y^3 + z^3\right)$
3. $f_3(x,y,z) = \sin(2x) + \cos y + \mathrm{e}^{2z}$

Solution

On rappelle, qu'en coordonnées cartésiennes, le laplacien scalaire de f s'écrit :

$$\Delta f(x,y,z) = \frac{\partial^2 f}{\partial x^2} + \frac{\partial^2 f}{\partial y^2} + \frac{\partial^2 f}{\partial z^2} = \frac{\partial}{\partial x}\left(\frac{\partial f}{\partial x}\right) + \frac{\partial}{\partial y}\left(\frac{\partial f}{\partial y}\right) + \frac{\partial}{\partial z}\left(\frac{\partial f}{\partial z}\right)$$

1.

$$\begin{aligned}\Delta f_1 &= \frac{\partial}{\partial x}\left(\frac{\partial\left(2x^2+y^2+\frac{1}{2}z^2\right)}{\partial x}\right)+\frac{\partial}{\partial y}\left(\frac{\partial\left(2x^2+y^2+\frac{1}{2}z^2\right)}{\partial y}\right)\\ &\quad+\frac{\partial}{\partial z}\left(\frac{\partial\left(2x^2+y^2+\frac{1}{2}z^2\right)}{\partial z}\right)\\ &= \frac{\partial}{\partial x}\left(2\,\frac{\partial x^2}{\partial x}\right)+\frac{\partial}{\partial y}\left(\frac{\partial y^2}{\partial y}\right)+\frac{\partial}{\partial z}\left(\frac{1}{2}\frac{\partial z^2}{\partial z}\right)\\ &= \frac{\partial}{\partial x}(2\times 2x)+\frac{\partial}{\partial y}(2y)+\frac{\partial}{\partial z}\left(\frac{1}{2}\times 2z\right)\\ &= 4\,\frac{\partial x}{\partial x}+2\,\frac{\partial y}{\partial y}+\frac{\partial z}{\partial z}=4+2+1=\boxed{7}\end{aligned}$$

2.

$$\begin{aligned}\Delta f_2 &= \frac{\partial}{\partial x}\left(\frac{\partial\,\frac{1}{3}\left(x^3+y^3+z^3\right)}{\partial x}\right)+\frac{\partial}{\partial y}\left(\frac{\partial\,\frac{1}{3}\left(x^3+y^3+z^3\right)}{\partial y}\right)\\ &\quad+\frac{\partial}{\partial z}\left(\frac{\partial\,\frac{1}{3}\left(x^3+y^3+z^3\right)}{\partial z}\right)\\ &= \frac{\partial}{\partial x}\left(\frac{1}{3}\frac{\partial x^3}{\partial x}\right)+\frac{\partial}{\partial y}\left(\frac{1}{3}\frac{\partial y^3}{\partial y}\right)+\frac{\partial}{\partial z}\left(\frac{1}{3}\frac{\partial z^3}{\partial z}\right)\\ &= \frac{\partial}{\partial x}\left(\frac{1}{3}\times 3x^2\right)+\frac{\partial}{\partial y}\left(\frac{1}{3}\times 3y^2\right)+\frac{\partial}{\partial z}\left(\frac{1}{3}\times 3z^2\right)\\ &= \frac{\partial x^2}{\partial x}+\frac{\partial y^2}{\partial y}+\frac{\partial z^2}{\partial z}=\boxed{2x+2y+2z}\end{aligned}$$

3.

$$\begin{aligned}\Delta f_3 &= \frac{\partial}{\partial x}\left(\frac{\partial\left(\sin(2x)+\cos y+\mathrm{e}^{2z}\right)}{\partial x}\right)+\frac{\partial}{\partial y}\left(\frac{\partial\left(\sin(2x)+\cos y+\mathrm{e}^{2z}\right)}{\partial y}\right)\\ &\quad+\frac{\partial}{\partial z}\left(\frac{\partial\left(\sin(2x)+\cos y+\mathrm{e}^{2z}\right)}{\partial z}\right)\\ &= \frac{\partial}{\partial x}\frac{\partial\sin(2x)}{\partial x}+\frac{\partial}{\partial y}\left(\frac{\partial\cos y}{\partial y}\right)+\frac{\partial}{\partial z}\left(\frac{\partial\mathrm{e}^{2z}}{\partial z}\right)\\ &= \frac{\partial}{\partial x}(2\cos(2x))+\frac{\partial}{\partial y}(-\sin y)+\frac{\partial}{\partial z}\left(2\mathrm{e}^{2z}\right)\\ &= 2\left(-2\sin(2x)\right)-\cos y+2\left(2\mathrm{e}^{2z}\right)\\ &= \boxed{-4\sin(2x)-\cos y+4\mathrm{e}^{2z}}\end{aligned}$$

2.2 Applications en physique

2.2.1 Electromagnétisme

❑ **Exercice 1** - CHAMP VECTORIEL À DIVERGENCE POSITIVE, NÉGATIVE OU NULLE ? ☆☆☆

Conseils - Revoir la définition de l'opérateur divergence et ses propriétés avant d'aborder cet exercice d'application.

Trois champs vectoriels sont représentés ci-dessous (figure 2.12, figure 2.13 et figure 2.14). Pour chacun d'entre eux, dire si le champ vectoriel a une divergence positive, négative ou nulle au point M.

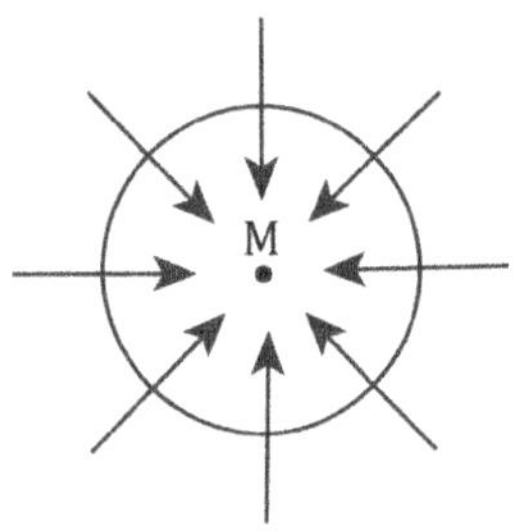

FIGURE 2.12
Champ convergent

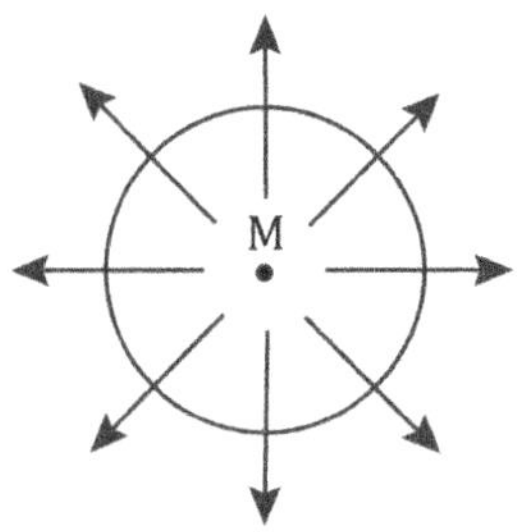

FIGURE 2.13
Champ divergent

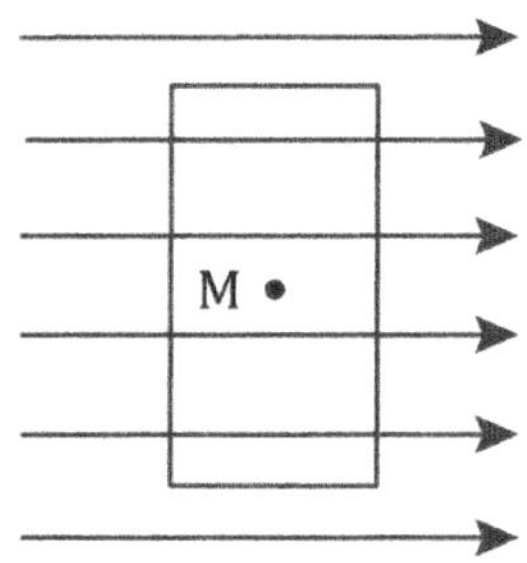

FIGURE 2.14
Champ uniforme

Solution
Notons $\vec{E}$ le champ vectoriel. En appliquant le théorème de la divergence

$$\mathrm{d}\phi_{\text{sortant}} = \mathrm{div}\vec{E}\,\mathrm{d}\tau$$

et le théorème de Green-Ostrogradski, exprimons le flux élémentaire $\mathrm{d}\phi_{\text{sortant}}$ de deux façons différentes.

1. ***figure 2.12***

   - D'après la définition du flux **sortant** à travers une surface fermée, on a :

   $$\mathrm{d}\phi_{\text{sortant}} = \vec{E}\cdot\overrightarrow{\mathrm{d}S}_{\text{ext}}$$

   Ici (figure 2.15), $\vec{E}$ et $\overrightarrow{\mathrm{d}S}_{\text{ext}}$ sont, en un point P de la surface fermée, de même direction mais de sens contraires donc $\mathrm{d}\phi_{\text{sortant}} < 0$.

   - D'après le théorème de Green-Ostrogradski $\oiint \vec{E}\cdot\overrightarrow{\mathrm{d}S}_{\text{ext}} = \iiint \mathrm{div}\vec{E}\,\mathrm{d}\tau$

$\Rightarrow \mathrm{d}\phi_{\text{sortant}} = \mathrm{div}\vec{E}\,\mathrm{d}\tau < 0$, soit $\mathrm{div}\vec{E} < 0$ car $\mathrm{d}\tau > 0$.

$\Rightarrow$ Le champ vectoriel est à divergence négative, le champ converge. C'est le cas par exemple d'une charge électrique négative placée au point M (figure 2.15).

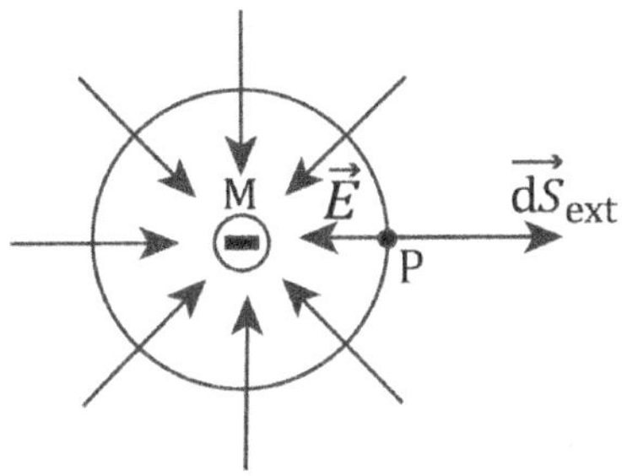

FIGURE 2.15

2. ***figure 2.13***

- D'après la définition du flux **sortant** à travers une surface fermée, on a :

$$\mathrm{d}\phi_{\text{sortant}} = \vec{E} \cdot \overrightarrow{\mathrm{d}S}_{\text{ext}}$$

Ici (figure 2.16), $\vec{E}$ et $\overrightarrow{\mathrm{d}S}_{\text{ext}}$ sont, en un point P de la surface fermée, de même direction et de même sens donc $\mathrm{d}\phi_{\text{sortant}} > 0$.

- D'après le théorème de Green-Ostrogradski $\oint\!\!\!\oint \vec{E} \cdot \overrightarrow{\mathrm{d}S}_{\text{ext}} = \iiint \mathrm{div}\vec{E}\,\mathrm{d}\tau$

$\Rightarrow \mathrm{d}\phi_{\text{sortant}} = \mathrm{div}\vec{E}\,\mathrm{d}\tau > 0$, soit $\mathrm{div}\vec{E} > 0$ car $\mathrm{d}\tau > 0$.
$\Rightarrow$ Le champ vectoriel est à divergence positive, le champ diverge. C'est le cas par exemple d'une charge électrique positive placée au point M (figure 2.16).

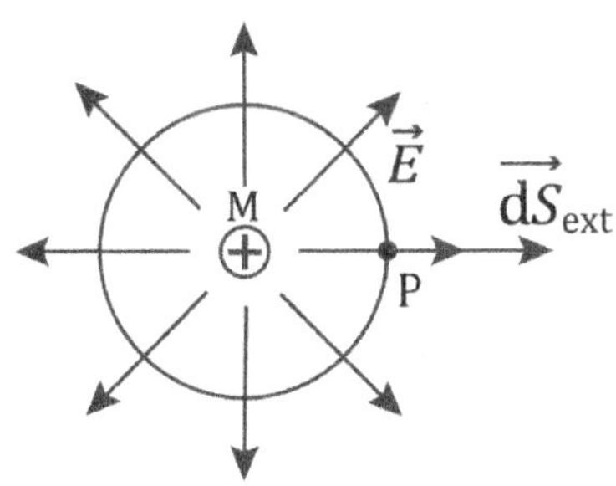

FIGURE 2.16

3. ***figure 2.14***

- D'après la définition du flux **sortant** à travers une surface fermée, on a :

$$\mathrm{d}\phi_{\text{sortant}} = \vec{E} \cdot \overrightarrow{\mathrm{d}S}_{\text{ext}}$$

- Pour les faces (2) et (4), $\mathrm{d}\phi_{\text{sortant}} = \vec{E} \cdot \overrightarrow{\mathrm{d}S}_{\text{ext}} = 0$ car $\vec{E}$ et $\overrightarrow{\mathrm{d}S}_{\text{ext}}$ sont perpendiculaires (voir figure 2.17).
- Pour la face (3), $\mathrm{d}\phi_{\text{sortant}} = \vec{E} \cdot \overrightarrow{\mathrm{d}S}_{\text{ext}} < 0$ car $\vec{E}$ et $\overrightarrow{\mathrm{d}S}_{\text{ext}}$ sont de sens contraires (voir figure 2.17).
- Pour la face (1), $\mathrm{d}\phi_{\text{sortant}} = \vec{E} \cdot \overrightarrow{\mathrm{d}S}_{\text{ext}} > 0$ car $\vec{E}$ et $\overrightarrow{\mathrm{d}S}_{\text{ext}}$ sont de même sens (voir figure 2.17).

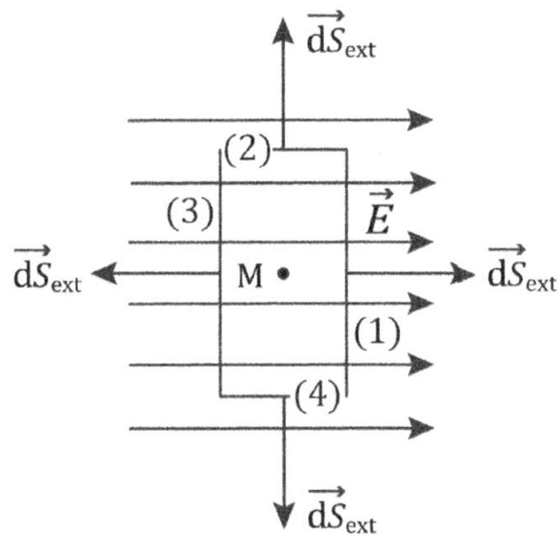

FIGURE 2.17

Les flux des faces (1) et (3) se compensent car le champ $\vec{E}$ est uniforme et les surfaces des faces (1) et (3) sont égales. En sommant les flux des 4 faces, on trouve un flux sortant total nul $\phi_{\text{sortant}} = \oiint \vec{E} \cdot \overrightarrow{\mathrm{d}S}_{\text{ext}} = 0$.

En utilisant le théorème de Green-Ostrogradski, $\phi_{\text{sortant}} = \iiint \mathrm{div}\vec{E}\,\mathrm{d}\tau = 0$ soit $\mathrm{div}\vec{E} = 0$ car $\mathrm{d}\tau \neq 0$.

$\Rightarrow$ Le champ $\vec{E}$ est à divergence nulle. Le champ $\vec{E}$ est à flux conservatif. C'est le cas par exemple d'un champ électrique ressenti entre deux plaques d'un condensateur plan.

❑ Exercice 2 - FORCE SUBIE PAR UN DIPÔLE ÉLECTROSTATIQUE (e3a) ☆☆☆

Une charge ponctuelle $+Q$ fixée en O crée un champ électrique dans tout l'espace. Le champ ressenti en un point M situé à une distance r du point O a pour expression :

$$\vec{E}(\mathrm{M}) = \frac{Q}{4\pi\varepsilon_0 r^2}\,\vec{u}_r$$

Un dipôle électrostatique de moment dipolaire $\vec{p}$ est placé dans ce champ **non uniforme** $\vec{E}(\mathrm{M})$.

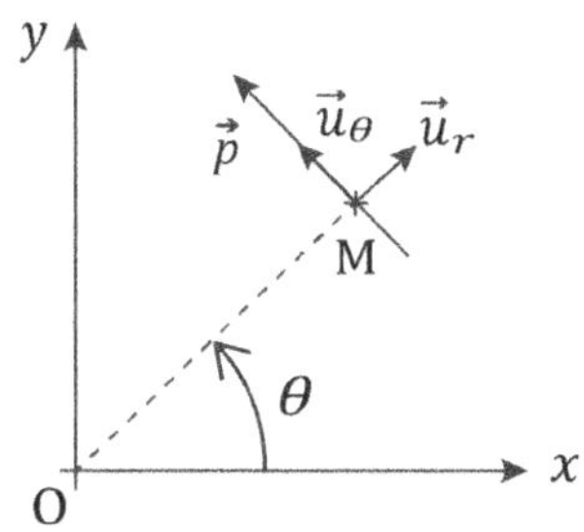

FIGURE 2.18

Ce dipôle subit une résultante des forces $\vec{F}$ d'expression : $\vec{F} = \left(\vec{p}\cdot\overrightarrow{\mathrm{grad}}\right)\vec{E}$

Donnée : en coordonnées sphériques

$$\overrightarrow{\mathrm{grad}}f = \left(\frac{\partial f}{\partial r}\right)\vec{u}_r + \left(\frac{1}{r}\frac{\partial f}{\partial \theta}\right)\vec{u}_\theta + \left(\frac{1}{r\sin\theta}\frac{\partial f}{\partial \varphi}\right)\vec{u}_\varphi$$

1. Calculer la force subie par le dipôle placé en M dans le cas où $\vec{p} = p_0\,\vec{u}_r$.
2. En déduire le mouvement du dipôle dans ce cas.

D'après concours e3a-Polytech

Solution

1. $$\vec{F} = \left(p_0\,\vec{u}_r\cdot\left[\left(\frac{\partial}{\partial r}\right)\vec{u}_r + \left(\frac{1}{r}\frac{\partial}{\partial\theta}\right)\vec{u}_\theta + \left(\frac{1}{r\sin\theta}\frac{\partial}{\partial\varphi}\right)\vec{u}_\varphi\right]\right)\vec{E}(\mathrm{M})$$
$$= \left(p_0\,\frac{\partial}{\partial r}\right)\vec{E}(\mathrm{M}) = p_0\,\frac{\partial\vec{E}(\mathrm{M})}{\partial r} = p_0\,\frac{\mathrm{d}\left(\frac{Q}{4\pi\varepsilon_0 r^2}\right)}{\mathrm{d}r}\,\vec{u}_r = p_0\,\frac{Q}{4\pi\varepsilon_0}\,(-2)\,\frac{1}{r^3}\,\vec{u}_r$$
$$= \boxed{p_0\left(\frac{-2Q}{4\pi\varepsilon_0 r^3}\right)\vec{u}_r}$$

2. Cette force $\vec{F}$ est dirigée selon $(-\vec{u}_r)$ donc le dipôle se déplace selon la direction radiale et se rapproche du point O.

❑ **Exercice 3 - MOLÉCULE DE DIOXYDE DE CARBONE** (CCINP) ★☆☆

Le dioxyde carbone (gaz carbonique) est un composé inorganique dont la formule chimique est CO_2. Cette molécule est constituée de deux atomes d'oxygène situés de part et d'autre d'un atome de carbone à la distance $a = 116,3 \times 10^{-12}$ m. Les liaisons sont polarisées de telle manière que les atomes d'oxygène portent chacun une charge $-q$ alors que l'atome de carbone possède une charge $+2q$.

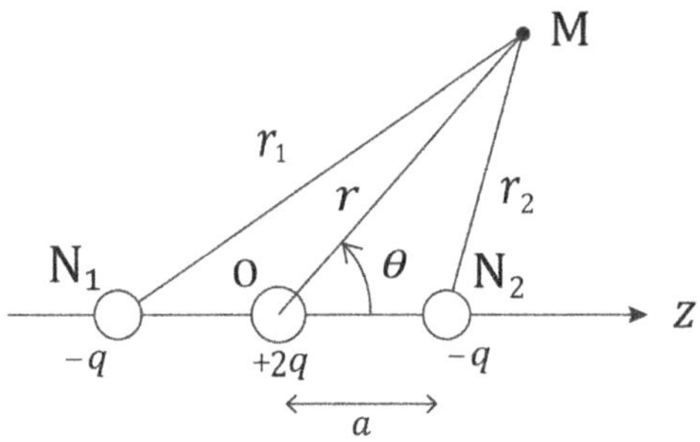

FIGURE 2.19

Donnée : en coordonnées sphériques

$$\overrightarrow{\mathrm{grad}} f = \left(\frac{\partial f}{\partial r}\right)\vec{e}_r + \left(\frac{1}{r}\frac{\partial f}{\partial \theta}\right)\vec{e}_\theta + \left(\frac{1}{r\sin\theta}\frac{\partial f}{\partial \varphi}\right)\vec{e}_\varphi$$

1. En supposant que ces charges sont ponctuelles, exprimer en un point M de l'espace le potentiel $V(\mathrm{M})$ de la molécule de CO_2 en fonction de q, r, r_1, r_2 et ε_0.
2. En faisant un développement limité au second ordre en $\frac{a}{r}$, on montre que ce potentiel s'écrit :

$$V(\mathrm{M}) = \frac{qa^2}{4\pi\varepsilon_0 r^3}\left(1 - 3\cos^2\theta\right)$$

   a. Déterminer, dans la base sphérique, les composantes du champ électrostatique $\vec{E}(\mathrm{M})$.

   b. Retrouver l'expression du potentiel pour $\theta = \pi/2$ à partir de la première question. On pourra utiliser un développement limité en $\frac{a}{r}$ au premier ordre (se référer au chapitre 5 - Développements limités).

D'après Concours Commun INP

Solution

1. En utilisant le théorème de superposition, on a :

$$V(\mathrm{M}) = V_{\mathrm{N_1}}(\mathrm{M}) + V_{\mathrm{N_2}}(\mathrm{M}) + V_{\mathrm{O}}(\mathrm{M}) = \frac{-q}{4\pi\varepsilon_0 r_1} + \frac{-q}{4\pi\varepsilon_0 r_2} + \frac{+2q}{4\pi\varepsilon_0 r}$$

$$\boxed{V(\mathrm{M}) = \frac{q}{4\pi\varepsilon_0}\left[\frac{2}{r} - \frac{1}{r_1} - \frac{1}{r_2}\right]}$$

2. a. **Par définition** (en électrostatique), $\vec{E} = -\overrightarrow{\mathrm{grad}}\, V$

$$\vec{E} = -\overrightarrow{\mathrm{grad}}\left[\frac{qa^2}{4\pi\varepsilon_0 r^3}\left(1 - 3\cos^2\theta\right)\right]$$

$$\begin{pmatrix} E_r \\ E_\theta \\ E_\varphi \end{pmatrix} = -\begin{pmatrix} \dfrac{\partial V}{\partial r} \\ \dfrac{1}{r}\dfrac{\partial V}{\partial \theta} \\ \dfrac{1}{r\sin\theta}\dfrac{\partial V}{\partial \varphi} \end{pmatrix} = \begin{pmatrix} -\dfrac{qa^2}{4\pi\varepsilon_0}\left(\dfrac{-3}{r^4}\right)\left(1 - 3\cos^2\theta\right) \\ -\dfrac{1}{r}\dfrac{qa^2}{4\pi\varepsilon_0 r^3}(-3 \times 2(-\sin\theta \times \cos\theta)) \\ 0 \end{pmatrix}$$

Avec $2\sin a \cos a = \sin(2a)$, on a :

$$\boxed{E_r = \frac{3qa^2}{4\pi\varepsilon_0 r^4}\left(1 - 3\cos^2\theta\right)} \quad ; \quad \boxed{E_\theta = \frac{-3qa^2\sin(2\theta)}{4\pi\varepsilon_0 r^4}} \quad ; \quad \boxed{E_\varphi = 0}$$

b. Si $\theta = \dfrac{\pi}{2}$ alors $r_1 = r_2 = \sqrt{a^2 + r^2}$ et,

$$V(\mathrm{M}) = \frac{q}{4\pi\varepsilon_0}\left[\frac{2}{r} - \frac{2}{\sqrt{r^2 + a^2}}\right] = \frac{2q}{4\pi\varepsilon_0 r}\left[1 - \left(1 + \left(\frac{a}{r}\right)^2\right)^{-\frac{1}{2}}\right]$$

Le développement en $\dfrac{a}{r}$ à l'ordre 1 permet d'obtenir :

$$V(\mathrm{M}) \sim \frac{2q}{4\pi\epsilon_0 r}\left[1 - \left(1 + \left(-\frac{1}{2}\right)\left(\frac{a}{r}\right)^2\right)\right]$$

$$\boxed{V(\mathrm{M}) = \frac{qa^2}{4\pi\epsilon_0 r^3}}$$

❑ Exercice 4 - Formes intégrales des équations de Maxwell ★☆☆

1. Equation de Maxwell-Gauss.
   a. Ecrire l'équation de Maxwell-Gauss.
   b. Rappeler le théorème de Green-Ostrogradski.
   c. Montrer à partir de l'équation de Maxwell-Gauss que le théorème de Gauss s'écrit :
   $$\oiint \vec{E} \cdot \mathrm{d}\vec{S} = \frac{Q_{\text{int}}}{\varepsilon_0}$$
   où Q_{int} est la charge électrique présente à l'intérieur de la surface de Gauss.
2. Equation de Maxwell-Flux.
   a. Ecrire l'équation de Maxwell-Flux.
   b. Rappeler le théorème de Green-Ostrogradski.
   c. Montrer à partir de l'équation de Maxwell-Flux que le champ magnétique $\vec{B}$ qui est à flux conservatif s'écrit :
   $$\oiint \vec{B} \cdot \overrightarrow{\mathrm{d}S} = 0$$
3. Equation de Maxwell-Faraday.
   a. Ecrire l'équation de Maxwell-Faraday.
   b. Rappeler le théorème de Stokes.
   c. Montrer à partir de l'équation de Maxwell-Faraday que la loi de Faraday s'écrit :
   $$\oint \vec{E} \cdot \overrightarrow{\mathrm{d}\ell} = -\frac{\partial \Phi_B}{\partial t}$$
   où Φ_B est le flux du vecteur champ magnétique à travers la surface délimitée par le contour fermé.
4. Equation de Maxwell-Ampère.
   a. Ecrire l'équation de Maxwell-Ampère.
   b. Rappeler le théorème de Stokes.
   c. Montrer à partir de l'équation de Maxwell-Ampère que le théorème d'Ampère généralisé s'écrit :
   $$\oint_C \vec{B} \cdot \overrightarrow{\mathrm{d}\ell} = \mu_0 \left(I + \iint_S \varepsilon_0 \frac{\partial \vec{E}}{\partial t} \cdot \overrightarrow{\mathrm{d}S} \right)$$
   d. En déduire, en régime stationnaire, le théorème d'Ampère.

Solution

1. Equation de Maxwell-Gauss.

   a. L'équation de Maxwell-Gauss s'écrit : $\mathrm{div}\vec{E} = \dfrac{\rho}{\varepsilon_0}$

   b. Le théorème de Green-Ostrogradski s'écrit : $\iiint \mathrm{div}\vec{E}\,\mathrm{d}\tau = \oiint \vec{E}\cdot\overrightarrow{\mathrm{d}S}$

   c.
$$\iiint \mathrm{div}\vec{E}\,\mathrm{d}\tau = \iiint \frac{\rho}{\varepsilon_0}\,\mathrm{d}\tau = \frac{Q_{\text{int}}}{\varepsilon_0}$$

   On obtient alors **le théorème de Gauss** :

$$\boxed{\oiint \vec{E}\cdot\overrightarrow{\mathrm{d}S} = \frac{Q_{\text{int}}}{\varepsilon_0}}$$

2. Equation de Maxwell-Flux.

   a. L'équation de Maxwell-Flux s'écrit : $\mathrm{div}\vec{B} = 0$

   b. Le théorème de Green-Ostrogradski s'écrit :

$$\iiint \mathrm{div}\vec{B}\,\mathrm{d}\tau = \oiint \vec{B}\cdot\overrightarrow{\mathrm{d}S}$$

   c.
$$\iiint \mathrm{div}\vec{B}\,\mathrm{d}\tau = \iiint 0\,\mathrm{d}\tau = 0$$

   On obtient alors l'expression de **la conservation du flux magnétique** :

$$\boxed{\oiint \vec{B}\cdot\overrightarrow{\mathrm{d}S} = 0}$$

3. Equation de Maxwell-Faraday.

   a. L'équation de Maxwell-Faraday s'écrit : $\overrightarrow{\mathrm{rot}}\,\vec{E} = -\dfrac{\partial\vec{B}}{\partial t}$

   b. Le théorème de Stokes s'écrit :

$$\iint \overrightarrow{\mathrm{rot}}\,\vec{E}\cdot\overrightarrow{\mathrm{d}S} = \oint \vec{E}\cdot\overrightarrow{\mathrm{d}\ell}$$

   c.
$$\iint \overrightarrow{\mathrm{rot}}\,\vec{E}\cdot\overrightarrow{\mathrm{d}S} = \iint -\frac{\partial\vec{B}}{\partial t}\cdot\overrightarrow{\mathrm{d}S} = -\frac{\partial}{\partial t}\iint \vec{B}\cdot\overrightarrow{\mathrm{d}S} = -\frac{\mathrm{d}\phi_B}{\mathrm{d}t}$$

   On obtient **la loi de l'induction de Faraday** :

$$\boxed{\oint \vec{E}\cdot\overrightarrow{\mathrm{d}\ell} = -\frac{\mathrm{d}\phi_B}{\mathrm{d}t}}$$

4. Equation de Maxwell-Ampère.

a. L'équation de Maxwell-Ampère s'écrit :

$$\overrightarrow{\text{rot}}\,\vec{B} = \mu_0\,\vec{j} + \varepsilon_0\mu_0\,\frac{\partial \vec{E}}{\partial t}$$

b. Le théorème de Stokes s'écrit :

$$\iint \overrightarrow{\text{rot}}\,\vec{B}\cdot\overrightarrow{\text{d}S} = \oint \vec{B}\cdot\overrightarrow{\text{d}\ell}$$

c.

$$\iint \overrightarrow{\text{rot}}\,\vec{B}\cdot\overrightarrow{\text{d}S} = \iint \mu_0\,\vec{j}\cdot\overrightarrow{\text{d}S} + \iint \varepsilon_0\mu_0\,\frac{\partial \vec{E}}{\partial t}\cdot\overrightarrow{\text{d}S}$$

Or,

$$\iint \vec{j}\cdot\overrightarrow{\text{d}S} = I$$

On obtient **le théorème d'Ampère généralisé** :

$$\boxed{\oint \vec{B}\cdot\overrightarrow{\text{d}\ell} = \mu_0\left(I + \iint \varepsilon_0\,\frac{\partial \vec{E}}{\partial t}\cdot\overrightarrow{\text{d}S}\right)}$$

d. En régime stationnaire $\dfrac{\partial \vec{E}}{\partial t} = \vec{0}$ et l'on obtient le théorème d'Ampère :

$$\boxed{\oint \vec{B}\cdot\overrightarrow{\text{d}\ell} = \mu_0 I = \mu_0 \sum I_{\text{enlacés}}}$$

❑ Exercice 5 - EQUATION DE PROPAGATION ☆☆☆

1. Enoncer les 4 équations de Maxwell dans le vide.
2. Calculer $\overrightarrow{\text{rot}}\,(\overrightarrow{\text{rot}}\vec{E}\,)$ et en déduire l'équation de propagation tridimensionnelle de d'Alembert pour le champ $\vec{E}$.
   En déduire l'expression de la célérité des ondes électomagnétiques dans le vide en fonction de μ_0 et ε_0.
3. Calculer $\overrightarrow{\text{rot}}\,(\overrightarrow{\text{rot}}\vec{B}\,)$ et en déduire l'équation de propagation tridimensionnelle de d'Alembert pour le champ $\vec{B}$.
   En déduire l'expression de la célérité des ondes électomagnétiques dans le vide en fonction de μ_0 et ε_0.

Solution

1. Maxwell-Gauss : $\text{div}\vec{E} = 0$
   Maxwell-Flux : $\text{div}\vec{B} = 0$
   Maxwell-Faraday : $\overrightarrow{\text{rot}}\vec{E} = -\dfrac{\partial \vec{B}}{\partial t}$
   Maxwell-Ampère : $\overrightarrow{\text{rot}}\vec{B} = \mu_0\varepsilon_0\dfrac{\partial \vec{E}}{\partial t}$
2. $\overrightarrow{\text{rot}}\,(\overrightarrow{\text{rot}}\vec{E}\,) = \overrightarrow{\text{rot}}\left(-\dfrac{\partial \vec{B}}{\partial t}\right) = -\dfrac{\partial}{\partial t}\,(\overrightarrow{\text{rot}}\vec{B}\,) = -\dfrac{\partial}{\partial t}\left(\mu_0\varepsilon_0\dfrac{\partial \vec{E}}{\partial t}\right) = -\mu_0\varepsilon_0\dfrac{\partial^2 \vec{E}}{\partial t^2}$

   Remarque : la dérivée temporelle et le rotationnel sont des opérateurs qui dépendent respectivement du temps et des coordonnées d'espace, on peut donc les permuter.

   D'après la combinaison d'opérateurs (voir le cours de mathématiques de ce chapitre), on peut écrire : $\overrightarrow{\text{rot}}\,(\overrightarrow{\text{rot}}\vec{E}\,) = \overrightarrow{\text{grad}}\,(\text{div}\vec{E}\,) - \Delta\vec{E} = -\Delta\vec{E}$ car d'après l'équation de Maxwell-Gauss $\text{div}\vec{E} = 0$.

   $$\overrightarrow{\text{rot}}\,(\overrightarrow{\text{rot}}\vec{E}\,) = -\mu_0\varepsilon_0\frac{\partial^2 \vec{E}}{\partial t^2} = -\Delta\vec{E} \Rightarrow \boxed{\Delta\vec{E} - \mu_0\varepsilon_0\frac{\partial^2 \vec{E}}{\partial t^2} = \vec{0}}$$

   On retrouve l'équation de d'Alembert pour le champ $\vec{E}$ du type :
   $\Delta\vec{E} - \dfrac{1}{c^2}\dfrac{\partial^2 \vec{E}}{\partial t^2} = \vec{0}$ avec $c = \dfrac{1}{\sqrt{\mu_0\varepsilon_0}}$.
3. $\overrightarrow{\text{rot}}\,(\overrightarrow{\text{rot}}\vec{B}\,) = \overrightarrow{\text{rot}}\left(\mu_0\varepsilon_0\dfrac{\partial \vec{E}}{\partial t}\right) = \mu_0\varepsilon_0\,\overrightarrow{\text{rot}}\left(\dfrac{\partial \vec{E}}{\partial t}\right) = \mu_0\varepsilon_0\dfrac{\partial}{\partial t}(\overrightarrow{\text{rot}}\vec{E}\,)$
   $= \mu_0\varepsilon_0\,\dfrac{\partial}{\partial t}\left(-\dfrac{\partial \vec{B}}{\partial t}\right) = -\mu_0\varepsilon_0\dfrac{\partial^2 \vec{B}}{\partial t^2}$
   D'après la combinaison d'opérateurs (voir le cours de mathématiques de ce chapitre), on peut écrire : $\overrightarrow{\text{rot}}\,(\overrightarrow{\text{rot}}\vec{B}\,) = \overrightarrow{\text{grad}}\,(\text{div}\vec{B}\,) - \Delta\vec{B} = -\Delta\vec{B}$ car d'après l'équation de Maxwell-Flux $\text{div}\,\vec{B} = 0$.

   $$\overrightarrow{\text{rot}}\,(\overrightarrow{\text{rot}}\vec{B}\,) = -\mu_0\varepsilon_0\frac{\partial^2 \vec{B}}{\partial t^2} = -\Delta\vec{B} \Rightarrow \boxed{\Delta\vec{B} - \mu_0\varepsilon_0\frac{\partial^2 \vec{B}}{\partial t^2} = \vec{0}}$$

   On retrouve l'équation de d'Alembert pour le champ $\vec{B}$ du type :
   $\Delta\vec{B} - \dfrac{1}{c^2}\dfrac{\partial^2 \vec{B}}{\partial t^2} = \vec{0}$ avec $c = \dfrac{1}{\sqrt{\mu_0\varepsilon_0}}$.

2.2.2 Mécanique des fluides

❑ **Exercice 6 - Ecoulement de fluide entre deux cylindres** ☆☆☆

Définitions

Un écoulement de fluide est dit **stationnaire** si $\dfrac{\partial v}{\partial t} = 0$.

Un écoulement de fluide est dit **incompressible** si $\operatorname{div} \vec{v} = 0$.

Un écoulement de fluide est dit **irrotationnel** si $\overrightarrow{\text{rot}}\, \vec{v} = \vec{0}$.

Il existe un potentiel des vitesses si l'écoulement est incompressible et irrotationnel.

Données

$$\text{div}\vec{A} = \frac{1}{r}\frac{\partial(rA_r)}{\partial r} + \frac{1}{r}\frac{\partial A_\theta}{\partial \theta} + \frac{\partial A_z}{\partial z}$$

$$\overrightarrow{\text{rot}}\,\vec{A} = \left(\frac{1}{r}\frac{\partial A_z}{\partial \theta} - \frac{\partial A_\theta}{\partial z}\right)\vec{u}_r + \left(\frac{\partial A_r}{\partial z} - \frac{\partial A_z}{\partial r}\right)\vec{u}_\theta + \left(\frac{1}{r}\frac{\partial(rA_\theta)}{\partial r} - \frac{1}{r}\frac{\partial A_r}{\partial \theta}\right)\vec{u}_z$$

Un écoulement entre deux cylindres concentriques de rayon R_1 et R_2 tournant autour de leur axe commun aux vitesses angulaires ω_1 et ω_2 peut être décrit par le champ des vitesses : $\vec{v} = \left(A\,r + \dfrac{B}{r}\right)\vec{u}_\theta = v_\theta\,\vec{u}_\theta$ (figure 2.20).

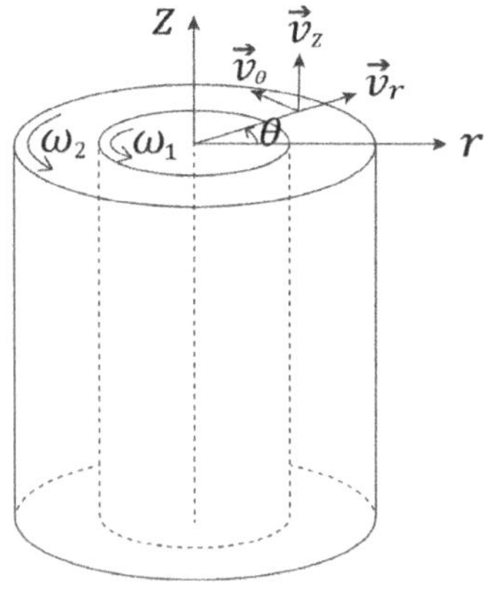

FIGURE 2.20

Ce champ des vitesses correspond-il à un écoulement

1. stationnaire ?
2. incompressible ?
3. irrotationnel ?
4. Existe-t-il un potentiel des vitesses ?

Solution

1.

$$\frac{\partial v}{\partial t} = \frac{\partial\left(A\,r + \frac{B}{r}\right)}{\partial t} = 0$$

L'écoulement de fluide entre les deux cylindres est donc indépendant du temps.

2.

$$\begin{aligned}\operatorname{div}\vec{v} &= \frac{1}{r}\frac{\partial(r\,v_r)}{\partial r} + \frac{1}{r}\frac{\partial v_\theta}{\partial \theta} + \frac{\partial v_z}{\partial z}\\ &= \frac{1}{r}\frac{\partial\left(A\,r + \frac{B}{r}\right)}{\partial \theta} = 0\end{aligned}$$

L'écoulement de fluide entre les deux cylindres est donc incompressible.

3.

$$\overrightarrow{\text{rot}}\,\vec{v} = \begin{pmatrix} \frac{1}{r}\frac{\partial v_z}{\partial \theta} - \frac{\partial v_\theta}{\partial z} \\ \frac{\partial v_r}{\partial z} - \frac{\partial v_z}{\partial r} \\ \frac{1}{r}\frac{\partial (r v_\theta)}{\partial r} - \frac{1}{r}\frac{\partial v_r}{\partial \theta} \end{pmatrix} = \begin{pmatrix} -\frac{\partial\left(A\,r + \frac{B}{r}\right)}{\partial z} \\ 0 \\ \frac{1}{r}\frac{\partial\left(r\left(A\,r + \frac{B}{r}\right)\right)}{\partial r} \end{pmatrix}$$

$$= \begin{pmatrix} 0 \\ 0 \\ \frac{1}{r}\frac{\partial\left(A\,r^2 + B\right)}{\partial r} \end{pmatrix} = \begin{pmatrix} 0 \\ 0 \\ \frac{1}{r}\,2\,r\,A \end{pmatrix}$$

$$\overrightarrow{\text{rot}}\,\vec{v} = 2A\,\vec{u}_z \neq \vec{0}$$

L'écoulement de fluide entre les deux cylindres est donc rotationnel.

4. Il ne peut pas exister un potentiel des vitesses car l'écoulement de fluide est rotationnel.

❑ Exercice 7 - Vecteur tourbillon ☆☆☆

Définition

En mécanique des fluides, on définit la dérivée particulaire d'un champ scalaire X, sous la forme :

$$\frac{\mathrm{D}X}{\mathrm{D}t} = \frac{\mathrm{d}X}{\mathrm{d}t} = \frac{\partial X}{\partial t} + \left(\vec{v} \cdot \overrightarrow{\mathrm{grad}}\right) X$$

et pour un champ vectoriel $\vec{X}$, on écrit :

$$\frac{\mathrm{D}\vec{X}}{\mathrm{D}t} = \frac{\mathrm{d}\vec{X}}{\mathrm{d}t} = \frac{\partial \vec{X}}{\partial t} + \left(\vec{v} \cdot \overrightarrow{\mathrm{grad}}\right) \vec{X}$$

Soit le champ des vitesses $\vec{v}$ tel que $\left(\vec{v} \cdot \overrightarrow{\mathrm{grad}}\right) \vec{v} = \overrightarrow{\mathrm{grad}} \left(\frac{v^2}{2}\right) + 2\,\vec{\Omega} \wedge \vec{v}$

où $\vec{\Omega}$ est appelé vecteur tourbillon.
A l'aide de l'expression :

$$\overrightarrow{\mathrm{grad}} \left(\vec{A} \cdot \vec{B}\right) = \left(\vec{A} \cdot \overrightarrow{\mathrm{grad}}\right) \vec{B} + \left(\vec{B} \cdot \overrightarrow{\mathrm{grad}}\right) \vec{A} + \vec{A} \wedge \overrightarrow{\mathrm{rot}}\, \vec{B} + \vec{B} \wedge \overrightarrow{\mathrm{rot}}\, \vec{A}$$

montrer que le vecteur tourbillon $\vec{\Omega}$ a pour expression $\vec{\Omega} = \frac{1}{2}\overrightarrow{\mathrm{rot}}\, \vec{v}$.

Solution

En remplaçant $\vec{A}$ et $\vec{B}$ par $\vec{v}$, on a :

$$\overrightarrow{\mathrm{grad}} \left(\vec{v} \cdot \vec{v}\right) = \left(\vec{v} \cdot \overrightarrow{\mathrm{grad}}\right) \vec{v} + \left(\vec{v} \cdot \overrightarrow{\mathrm{grad}}\right) \vec{v} + \vec{v} \wedge \overrightarrow{\mathrm{rot}}\, \vec{v} + \vec{v} \wedge \overrightarrow{\mathrm{rot}}\, \vec{v}$$

$$\overrightarrow{\mathrm{grad}} \left(v^2\right) = 2\left(\vec{v} \cdot \overrightarrow{\mathrm{grad}}\right) \vec{v} + 2\,\vec{v} \wedge \overrightarrow{\mathrm{rot}}\, \vec{v}$$

$$2\left(\vec{v} \cdot \overrightarrow{\mathrm{grad}}\right) \vec{v} = \overrightarrow{\mathrm{grad}} \left(v^2\right) - 2\,\vec{v} \wedge \overrightarrow{\mathrm{rot}}\, \vec{v}$$

$$\left(\vec{v} \cdot \overrightarrow{\mathrm{grad}}\right) \vec{v} = \overrightarrow{\mathrm{grad}} \left(\frac{v^2}{2}\right) + \overrightarrow{\mathrm{rot}}\, \vec{v} \wedge \vec{v}$$

Par identification :

$$\boxed{\vec{\Omega} = \frac{1}{2}\overrightarrow{\mathrm{rot}}\, \vec{v}}$$

❑ Exercice 8 - Circulation d'air dans l'atmosphère (CCINP) ☆☆☆

La circulation des masses d'air dans l'atmosphère terrestre est entre autre influencée par les différences de pression atmosphérique ainsi que par le mouvement de rotation de la terre sur elle-même.
Dans tout le problème, on prendra : $g = 9,81$ m.s^{-2}.
L'air sera assimilé ici à un fluide incompressible. La masse volumique de l'air sera notée ρ et on se placera dans des conditions isothermes.
Dans tout le problème, on prendra : $\rho = 1,225$ kg.m^{-3}.

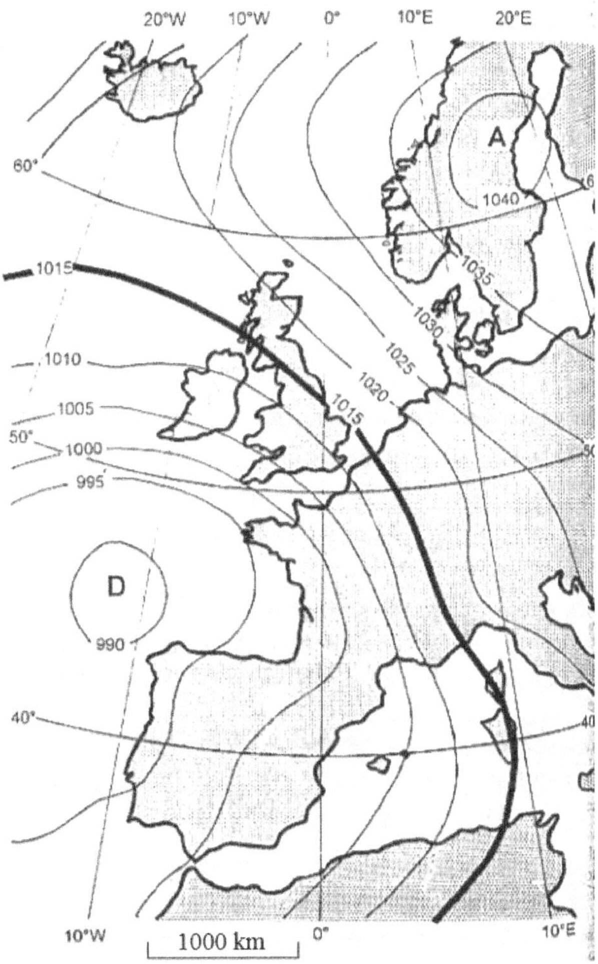

FIGURE 2.21
(Les valeurs de la pression sont données en hPa, hectoPascal)

1. Ecrire l'équation d'équilibre vertical de l'atmosphère en statique, c'est-à-dire sans circulation d'air. En ne considérant aucune variation de la masse volumique de l'air et de l'intensité du champ de pesanteur avec l'altitude, estimer la valeur du gradient vertical de pression en statique, que l'on notera $\left.\dfrac{\partial P}{\partial z}\right|_{\text{statique}}$.
2. En utilisant la carte météorologique représentée sur la figure 2.21, estimer la valeur du gradient de pression horizontal.
3. En utilisant les calculs précédents, montrer que par un raisonnement précis que les vents soufflent quasiment dans le plan horizontal $\left(\vec{U}_x, \vec{U}_y\right)$.

D'après Concours Commun INP

Solution

1. D'après la loi de l'hydrostatique : $\overrightarrow{\text{grad}}\, P = \rho\, \vec{g}$.

   Par projection sur un axe des z ascendant, cette loi s'écrit : $\boxed{\dfrac{\mathrm{d}P}{\mathrm{d}z} = -\rho g}$.

   Estimons la valeur du gradient vertical :

   $$\frac{\mathrm{d}P}{\mathrm{d}z} = -1,225 \times 9,81 = \boxed{-12,0 \text{ Pa.m}^{-1}}$$

   Remarque : si l'axe des z est descendant, on a : $\dfrac{\mathrm{d}P}{\mathrm{d}z} = +\rho g = +12,0 \text{ Pa.m}^{-1}$

2. Estimons la valeur du gradient horizontal :

   $$\frac{\mathrm{d}P}{\mathrm{d}\ell} = \frac{\Delta P}{\Delta \ell} = \frac{(1015 - 995)\, 10^2}{1000 \times 10^3} = \boxed{2 \times 10^{-3} \text{ Pa.m}^{-1}}$$

3. On appelle surface isobare une surface pour laquelle la pression atmosphérique est égale en tout point.

   Estimons l'angle α que fait la surface isobare avec l'horizontale.

   Verticalement, il y a une perte de $12,0$ Pa lorsque l'on descend d'une hauteur de 1 m. On peut aussi dire qu'il y a une perte de 1 Pa lorsque l'on descend de $\dfrac{1}{12,0} = 0,083$ m.

   Horizontalement, il y a une perte de 2×10^{-3} Pa lorsque l'on se déplace d'une distance de 1 m. On peut aussi dire qu'il y a un gain de 1 Pa lorsque l'on se déplace de $\dfrac{1}{2 \times 10^{-3}} = 500$ m.

   Les surfaces sont donc inclinées d'un angle α par rapport à l'horizontale tel que :

   $$\tan\alpha = \frac{0,083}{500} = \boxed{1,7 \times 10^{-4} \text{ rad} \simeq \alpha}$$

   Les surfaces isobares sont quasiment horizontales.

   On peut donc conclure que les vents soufflent quasiment dans le plan horizontal.

2.2.3 Physique des ondes

❑ **Exercice 9 - ONDES ACOUSTIQUES DANS LES FLUIDES** ★★☆

Par définition, une onde sonore est une petite perturbation d'un fluide au repos. Elle provoque de petites variations de vitesse notée v, de pression notée p, de déplacement notée ε et de masse volumique notée μ du milieu matériel dans lequel elle se propage.
Pour une onde acoustique, l'écoulement du fluide est irrotationnel.

Dans le cadre de l'approximation acoustique (approximation à l'ordre 1 pour v, p, ε et μ), la linéarisation de l'équation d'Euler permet d'écrire l'équation (1) :

$$\rho_0 \frac{\partial \vec{v}}{\partial t} = -\overrightarrow{\text{grad}}\, p \tag{1}$$

Dans le cadre de l'approximation acoustique, la linéarisation de l'équation locale de la conservation de la masse permet d'écrire l'équation (2) :

$$\rho_0 \operatorname{div} \vec{v} + \frac{\partial \mu}{\partial t} = 0 \tag{2}$$

Dans le cadre de l'approximation acoustique, une étude thermodynamique d'un fluide parfait évoluant à entropique constante permet d'obtenir l'équation (3) :

$$\frac{\partial \mu}{\partial t} = \rho_0 \chi_s \frac{\partial p}{\partial t} \tag{3}$$

où χ_s est le coefficient de compressibilité isentropique.

1. A partir des équations (2) et (3), montrer que $\operatorname{div} \vec{v} = -\chi_s \dfrac{\partial p}{\partial t}$ équation (4).
2. Les équations (1) et (4) couplent les champs de pression et de vitesse. Montrer qu'en dérivant l'équation (4) par rapport au temps et en utilisant le théorème de Schwartz, on aboutit à l'équation de propagation tridimensionnelle de d'Alembert pour le champ de pression. En déduire l'expression de la célérité des ondes sonores dans le fluide en fonction de ρ_0 et χ_s.
3. Calculer le gradient de l'équation (2) et, en utilisant subtilement les équations établies précédemment, en déduire l'équation de propagation tridimensionnelle de d'Alembert pour le champ de vitesse. En déduire l'expression de la célérité des ondes sonores dans le fluide en fonction de ρ_0 et χ_s.

Solution

1. D'après l'équation (2) $\operatorname{div}\vec{v} = -\dfrac{1}{\rho_0}\dfrac{\partial \mu}{\partial t}$. En substituant l'équation (3) dans l'équation précédente, on obtient l'équation (4) :

$$\operatorname{div}\vec{v} = -\chi_s \frac{\partial p}{\partial t} \tag{4}$$

2. Dérivons par rapport au temps l'équation (4).

$$\frac{\partial}{\partial t}(\operatorname{div}\vec{v}\,) = \frac{\partial}{\partial t}\left(-\chi_s \frac{\partial p}{\partial t}\right) = -\chi_s \frac{\partial^2 p}{\partial t^2}$$

En utilisant le théorème de Schwartz et l'équation (1), on peut écrire :

$$\frac{\partial}{\partial t}(\operatorname{div}\vec{v}\,) = \operatorname{div}\left(\frac{\partial \vec{v}}{\partial t}\right) = \operatorname{div}\left(-\frac{1}{\rho_0}\overrightarrow{\operatorname{grad}}\,p\right) = -\frac{1}{\rho_0}\operatorname{div}\left(\overrightarrow{\operatorname{grad}}\,p\right) = -\frac{1}{\rho_0}\Delta p$$

On obtient deux expressions pour $\dfrac{\partial}{\partial t}(\operatorname{div}\vec{v}\,)$. En les égalant, on obtient :

$$\frac{\partial}{\partial t}(\operatorname{div}\vec{v}\,) = -\chi_s \frac{\partial^2 p}{\partial t^2} = -\frac{1}{\rho_0}\Delta p \quad \Rightarrow \boxed{\Delta p - \rho_0 \chi_s \frac{\partial^2 p}{\partial t^2} = 0}$$

On retrouve l'équation de propagation tridimensionnelle de d'Alembert pour le champ de pression avec $c = \dfrac{1}{\sqrt{\rho_0 \chi_s}}$ la célérité des ondes sonores dans le fluide.

3. $$\overrightarrow{\operatorname{grad}}\,(2) \Rightarrow \overrightarrow{\operatorname{grad}}\left(\rho_0 \operatorname{div}\vec{v} + \frac{\partial \mu}{\partial t}\right) = \overrightarrow{\operatorname{grad}}\,0$$

$$\overrightarrow{\operatorname{grad}}\,(\rho_0 \operatorname{div}\vec{v}\,) + \overrightarrow{\operatorname{grad}}\left(\frac{\partial \mu}{\partial t}\right) = \vec{0}$$

En faisant appel à l'équation (3), on peut écrire :

$$\rho_0\,\overrightarrow{\operatorname{grad}}\,(\operatorname{div}\vec{v}\,) + \overrightarrow{\operatorname{grad}}\left(\rho_0 \chi_s \frac{\partial p}{\partial t}\right) = \vec{0}$$

$$\rho_0\left[\Delta\vec{v} + \overrightarrow{\operatorname{rot}}\,(\overrightarrow{\operatorname{rot}}\,\vec{v}\,)\right] + \rho_0 \chi_s \frac{\partial}{\partial t}(\overrightarrow{\operatorname{grad}}\,p) = \vec{0}$$

En faisant appel à l'équation (1) et puisque l'écoulement est irrotationnel, on a $(\overrightarrow{\operatorname{rot}}\,\vec{v} = \vec{0}\,)$:

$$\rho_0\,\Delta\vec{v} + \rho_0 \chi_s \frac{\partial}{\partial t}\left(-\rho_0 \frac{\partial \vec{v}}{\partial t}\right) = \vec{0} \quad \Rightarrow \boxed{\Delta\vec{v} - \rho_0 \chi_s \frac{\partial^2 \vec{v}}{\partial t^2} = \vec{0}}$$

On retrouve l'équation de propagation tridimensionnelle de d'Alembert pour le champ de vitesse avec $c = \dfrac{1}{\sqrt{\rho_0 \chi_s}}$ la célérité des ondes sonores dans le fluide.

2.2.4 Phénomènes de diffusion thermique et moléculaire

❑ Exercice 10 - EQUATION DE DIFFUSION ☆☆☆

1. A partir de la loi de Fick $\vec{j}_{\mathrm{N}}(\mathrm{M},t) = -D\,\overrightarrow{\mathrm{grad}}\,n^*(\mathrm{M},t)$ et de la loi de conservation des particules $\mathrm{div}\vec{j}_{\mathrm{N}}(\mathrm{M},t) + \dfrac{\partial n^*(\mathrm{M},t)}{\partial t} = 0$, établir l'équation de diffusion moléculaire d'expression :

$$\Delta n^*(\mathrm{M},t) - \frac{1}{D}\frac{\partial n^*(\mathrm{M},t)}{\partial t} = 0$$

où D est le coefficient de diffusion moléculaire.

2. A partir de la loi de Fourier $\vec{j}_{\mathrm{th}}(\mathrm{M},t) = -\lambda\,\overrightarrow{\mathrm{grad}}\,T(\mathrm{M},t)$ et du bilan d'énergie thermique $\mathrm{div}\vec{j}_{\mathrm{th}}(\mathrm{M},t) + \rho c_v\dfrac{\partial T(\mathrm{M},t)}{\partial t} = 0$, établir l'équation de diffusion thermique d'expression :

$$\Delta T(\mathrm{M},t) - \frac{1}{D_{\mathrm{th}}}\frac{\partial T(\mathrm{M},t)}{\partial t} = 0$$

où D_{th} est le coefficient de diffusion thermique.
En déduire l'expression de D_{th} en fonction des caractéristiques du milieu (masse volumique ρ, capacité massique à volume constant c_v et conductivité thermique λ).

Solution

1.

$$\mathrm{div}\left(-D\,\overrightarrow{\mathrm{grad}}\,n^*(\mathrm{M},t)\right) + \frac{\partial n^*(\mathrm{M},t)}{\partial t} = 0$$

$$-D\,\mathrm{div}\left(\overrightarrow{\mathrm{grad}}\,n^*(\mathrm{M},t)\right) + \frac{\partial n^*(\mathrm{M},t)}{\partial t} = 0$$

$$\boxed{\Delta n^*(\mathrm{M},t) - \frac{1}{D}\frac{\partial n^*(\mathrm{M},t)}{\partial t} = 0}$$

2.

$$\mathrm{div}\left(-\lambda\,\overrightarrow{\mathrm{grad}}\,T(\mathrm{M},t)\right) + \rho c_v\frac{\partial T(\mathrm{M},t)}{\partial t} = 0$$

$$-\lambda\,\mathrm{div}\left(\overrightarrow{\mathrm{grad}}\,T(\mathrm{M},t)\right) + \rho c_v\frac{\partial T(\mathrm{M},t)}{\partial t} = 0$$

$$\boxed{\Delta T(\mathrm{M},t) - \frac{\rho c_v}{\lambda}\frac{\partial T(\mathrm{M},t)}{\partial t} = 0}$$

$$\Delta T(\mathrm{M},t) - \frac{1}{D_{\mathrm{th}}}\frac{\partial T(\mathrm{M},t)}{\partial t} = 0 \quad \text{avec} \quad D_{\mathrm{th}} = \frac{\lambda}{\rho c_v}.$$

Chapitre 3

Trigonométrie

3.1 Mathématiques

Dans ce chapitre, nous passerons en revue les différentes fonctions trigonométriques ainsi que les formules trigonométriques usuelles.
En physique, ces notions sont beaucoup utilisées en mécanique, optique et électromagnétisme.

3.1.1 Trigonométrie dans un triangle rectangle

Pour calculer le cosinus, le sinus ou la tangente d'un angle aigu, on peut se placer dans un triangle rectangle.

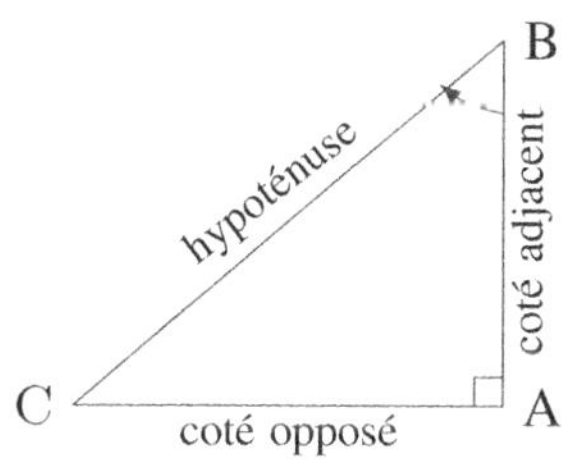

FIGURE 3.1 – Triangle rectangle en A

On peut alors utiliser les formules suivantes :

dans le triangle ABC rectangle en A (figure 3.1),

$$\cos\left(\widehat{\mathrm{ABC}}\right) = \frac{\mathrm{AB}}{\mathrm{BC}} = \frac{\text{longueur du coté adjacent à B}}{\text{longueur de l'hypoténuse}}$$

$$\sin\left(\widehat{\mathrm{ABC}}\right) = \frac{\mathrm{AC}}{\mathrm{BC}} = \frac{\text{longueur du coté opposé à B}}{\text{longueur de l'hypoténuse}}$$

$$\tan\left(\widehat{\mathrm{ABC}}\right) = \frac{\mathrm{AC}}{\mathrm{AB}} = \frac{\text{longueur du coté opposé à B}}{\text{longueur du coté adjacent à B}}$$

3.1.2 Cercle trigonométrique

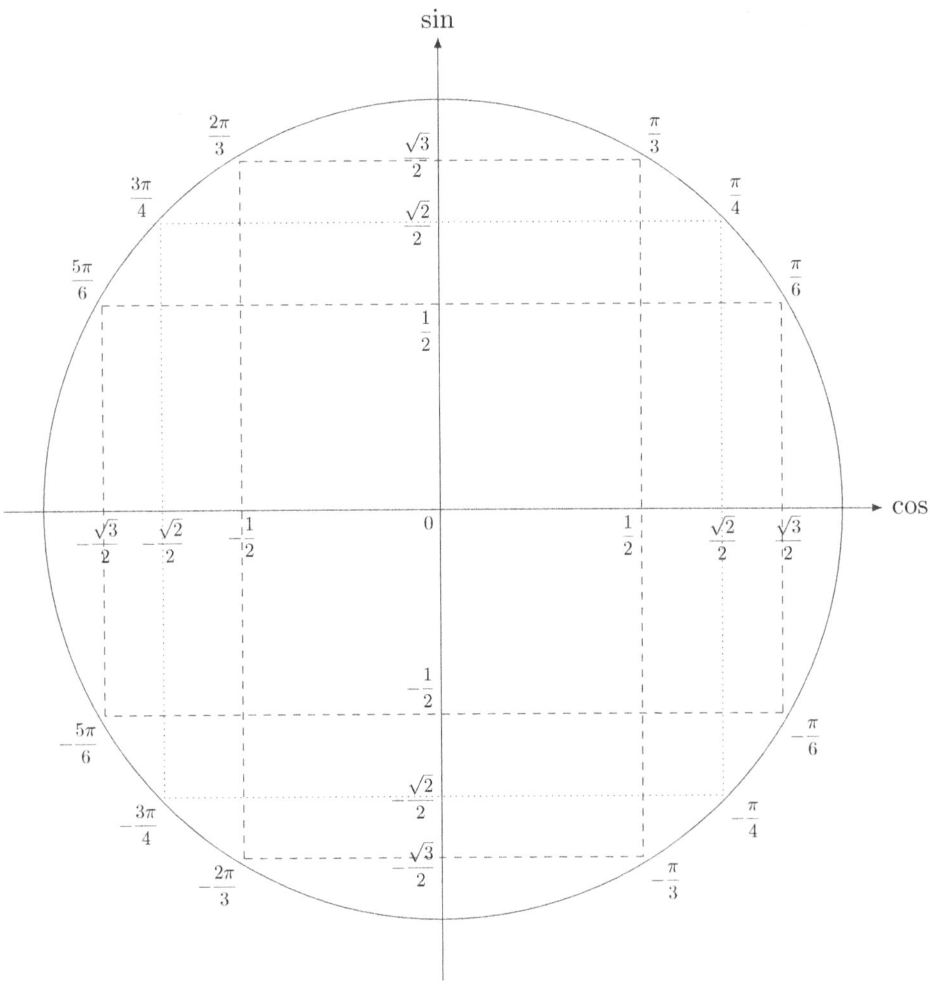

FIGURE 3.2 – Cercle trigonométrique

3.1.3 Fonction sinus

La fonction sinus, notée sin, est définie sur $\mathbb{R}$. Elle est impaire. C'est une fonction 2π-périodique.

Voici sa représentation graphique :

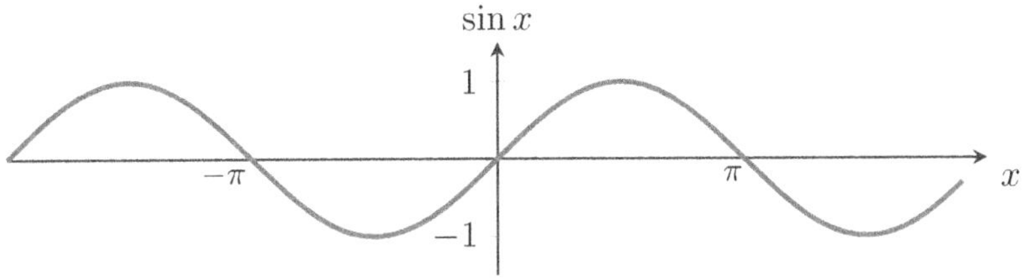

FIGURE 3.3 – Fonction sinus

Valeurs remarquables :

$$\begin{aligned} \sin 0 &= 0 \\ \sin\left(\frac{\pi}{6}\right) &= \frac{1}{2} \\ \sin\left(\frac{\pi}{4}\right) &= \frac{\sqrt{2}}{2} \\ \sin\left(\frac{\pi}{3}\right) &= \frac{\sqrt{3}}{2} \\ \sin\left(\frac{\pi}{2}\right) &= 1 \end{aligned}$$

Pour tout $x \in \mathbb{R}$,

$$\begin{aligned} \sin(x + 2\pi) &= +\sin x \\ \sin(x + \pi) &= -\sin x \\ \sin(\pi - x) &= +\sin x \\ \sin(-x) &= -\sin x \end{aligned}$$

Dérivabilité :
La fonction sinus est dérivable sur $\mathbb{R}$. Pour tout $x \in \mathbb{R}$, on a :

$$\sin' x = \cos x$$

Résolution de $\sin(2x) = \dfrac{\sqrt{2}}{2}$ **sur** $[-\pi, \pi]$

On a pour tout k entier relatif

$$2x = \frac{\pi}{4} + 2k\pi \quad \text{ou} \quad 2x = \frac{3\pi}{4} + 2k\pi$$

$$x = \frac{\pi}{8} + k\pi \quad \text{ou} \quad x = \frac{3\pi}{8} + k\pi$$

Sur l'intervalle $[-\pi, \pi]$, les solutions sont $-\dfrac{7\pi}{8}$, $-\dfrac{5\pi}{8}$, $\dfrac{\pi}{8}$ et $\dfrac{3\pi}{8}$.

3.1.4 Fonction cosinus

La fonction cosinus, notée $\cos$, est définie sur $\mathbb{R}$. Elle est paire. C'est une fonction 2π-périodique.

Voici sa représentation graphique :

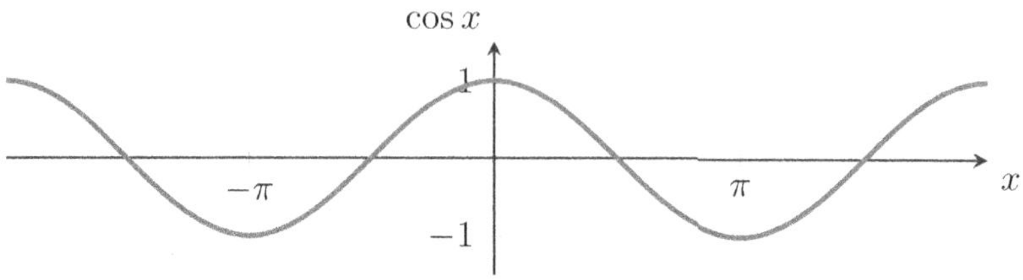

FIGURE 3.4 – Fonction cosinus

Valeurs remarquables :

$$\cos 0 = 1$$
$$\cos\left(\frac{\pi}{6}\right) = \frac{\sqrt{3}}{2}$$
$$\cos\left(\frac{\pi}{4}\right) = \frac{\sqrt{2}}{2}$$
$$\cos\left(\frac{\pi}{3}\right) = \frac{1}{2}$$
$$\cos\left(\frac{\pi}{2}\right) = 0$$

Pour tout $x \in \mathbb{R}$,

$$\cos(x + 2\pi) = +\cos x$$
$$\cos(x + \pi) = -\cos x$$
$$\cos(\pi - x) = -\cos x$$
$$\cos(-x) = +\cos x$$

Dérivabilité :
La fonction cosinus est dérivable sur $\mathbb{R}$. Pour tout $x \in \mathbb{R}$, on a :

$$\cos' x = -\sin x$$

Résolution de $\cos\left(x + \frac{\pi}{4}\right) = -1$ **sur** $[-\pi, \pi]$

On a pour tout k entier relatif :

$$x + \frac{\pi}{4} = \pi + 2k\pi$$

On a donc :

$$x = \frac{3\pi}{4} + 2k\pi$$

Sur l'intervalle $[-\pi, \pi]$, la seule solution est $x = \dfrac{3\pi}{4}$.

3.1.5 Fonction tangente

La fonction tangente, notée tan, est définie sur $\mathbb{R}-\left\{\frac{\pi}{2}+n\pi\right\}_{n\in\mathbb{Z}}$ par $\tan x = \frac{\sin x}{\cos x}$. Elle est impaire. C'est une fonction π-périodique.

Voici sa représentation graphique :

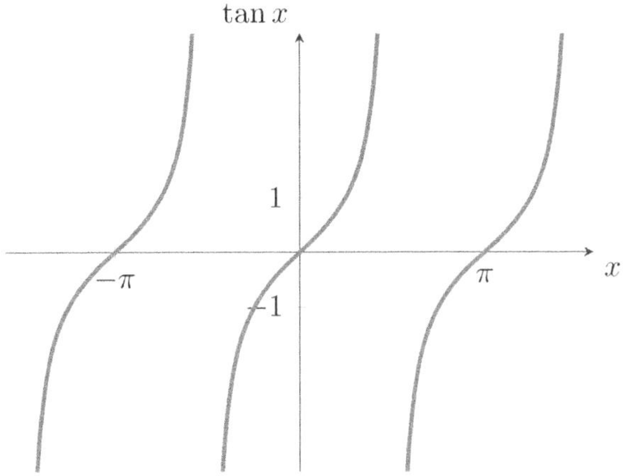

FIGURE 3.5 – Fonction tangente

Valeurs remarquables :

$$\tan 0 = 0$$
$$\tan\left(\frac{\pi}{4}\right) = 1$$

Pour tout $x \in \mathbb{R}$,

$$\tan(x+\pi) = \tan x$$
$$\tan(-x) = -\tan x$$

Dérivabilité :
La fonction tangente est dérivable sur $\left]-\frac{\pi}{2}+k\pi, \frac{\pi}{2}+k\pi\right[$ avec $k \in \mathbb{Z}$.
Pour tout $x \in \left]-\frac{\pi}{2}+k\pi, \frac{\pi}{2}+k\pi\right[$, on a :

$$\tan' x = \frac{1}{\cos^2 x} = 1 + \tan^2 x$$

3.1.6 Fonction cotangente

La fonction cotangente, notée cotan est définie sur $\mathbb{R} - \{n\pi\}_{n\in\mathbb{Z}}$ par $\text{cotan}\ x = \frac{1}{\tan x}$. Elle est impaire. C'est une fonction π-périodique.

Voici sa représentation graphique :

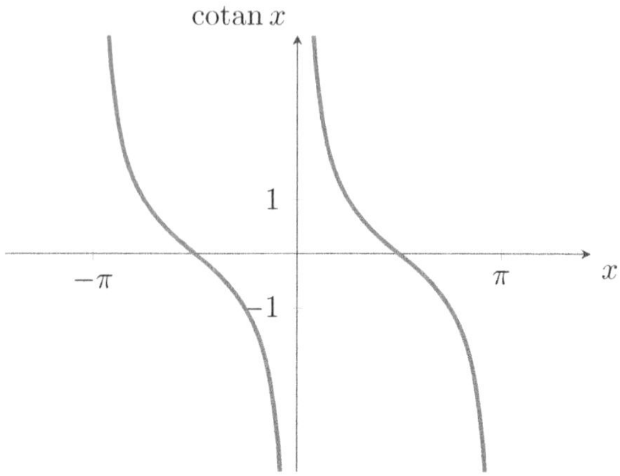

FIGURE 3.6 – Fonction cotangente

Valeurs remarquables :

$$\operatorname{cotan}\left(\frac{\pi}{4}\right) = 1$$
$$\operatorname{cotan}\left(\frac{\pi}{2}\right) = 0$$

Pour tout $x \in \mathbb{R}$,

$$\operatorname{cotan}(-x) = -\operatorname{cotan} x$$

Dérivabilité :
La fonction cotangente est dérivable sur $]k\pi, (k+1)\pi[$ avec $k \in \mathbb{Z}$.
Pour tout $x \in]k\pi, (k+1)\pi[$, on a :

$$\operatorname{cotan}' x = -\frac{1}{\sin^2 x} = -1 - \operatorname{cotan}^2 x$$

3.1.7 Fonction arcsinus

La fonction arcsinus, notée arcsin est définie sur $[-1, 1]$ à valeurs dans $\left[-\frac{\pi}{2}, \frac{\pi}{2}\right]$.
C'est la réciproque de la restriction de la fonction sinus de $\left[-\frac{\pi}{2}, \frac{\pi}{2}\right]$ dans $[-1, 1]$.
Elle est impaire.

Valeurs remarquables :

$$\arcsin 0 = 0$$
$$\arcsin 1 = \frac{\pi}{2}$$

Pour tout $x \in [-1, 1]$,

$$\sin(\arcsin x) = x$$

Voici sa représentation graphique :

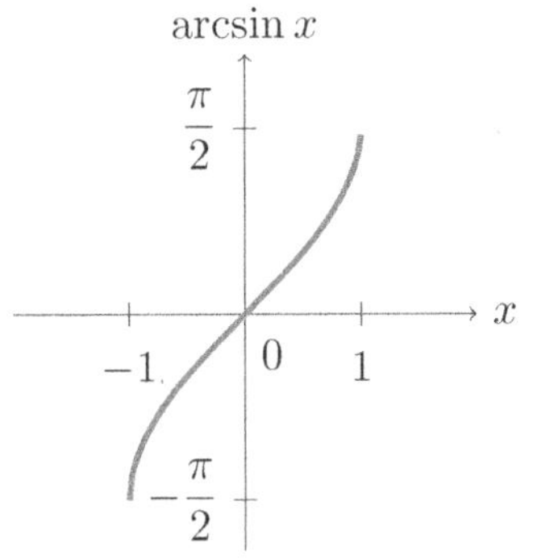

FIGURE 3.7 – Fonction arcsinus

Dérivabilité :
La fonction arcsinus est dérivable sur $]-1,1[$. Pour tout $x \in]-1,1[$, on a :

$$\arcsin' x = \frac{1}{\sqrt{1-x^2}}$$

3.1.8 Fonction arccosinus

La fonction arccosinus, notée arccos est définie sur $[-1,1]$ à valeurs dans $[0,\pi]$.
C'est la réciproque de la restriction de la fonction cosinus de $[0,\pi]$ dans $[-1,1]$.
Elle n'est ni paire ni impaire.

Voici sa représentation graphique :

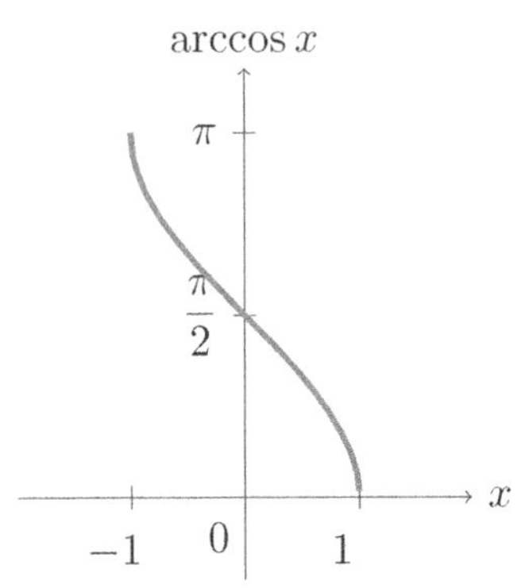

FIGURE 3.8 – Fonction arccosinus

Valeurs remarquables :

$$\arccos 0 = \frac{\pi}{2}$$
$$\arccos 1 = 0$$

Pour tout $x \in [-1, 1]$,

$$\cos(\arccos x) = x$$

Dérivabilité :
La fonction arccosinus est dérivable sur $]-1, 1[$. Pour tout x $\in \,]-1, 1[$ on a :

$$\arccos' x = -\frac{1}{\sqrt{1-x^2}}$$

3.1.9 Fonction arctangente

La fonction arctangente, notée $\arctan$ est définie sur $\mathbb{R}$ à valeurs dans $\left]-\frac{\pi}{2}, \frac{\pi}{2}\right[$. C'est la réciproque de la restriction de la fonction tangente de $\left]-\frac{\pi}{2}, \frac{\pi}{2}\right[$ dans $\mathbb{R}$.

Voici sa représentation graphique :

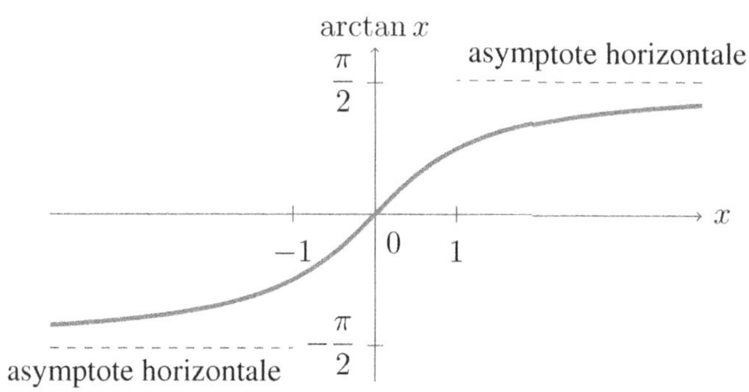

FIGURE 3.9 – Fonction arctangente

Valeurs remarquables :

$$\arctan 0 = 0$$
$$\arctan 1 = \frac{\pi}{4}$$

Pour tout $x \in \mathbb{R}$,

$$\tan(\arctan x) = x$$

Dérivabilité :
La fonction arctangente est dérivable sur $\mathbb{R}$. Pour tout $x \in \mathbb{R}$, on a :

$$\arctan' x = \frac{1}{1+x^2}$$

3.1.10 Fonction sinus hyperbolique

La fonction sinus hyperbolique, notée sh est définie sur $\mathbb{R}$ à valeurs dans $\mathbb{R}$. Elle est impaire et définie par :

$$\forall x \in \mathbb{R}, \quad \mathrm{sh}\, x = \frac{\mathrm{e}^x - \mathrm{e}^{-x}}{2}$$

Voici sa représentation graphique :

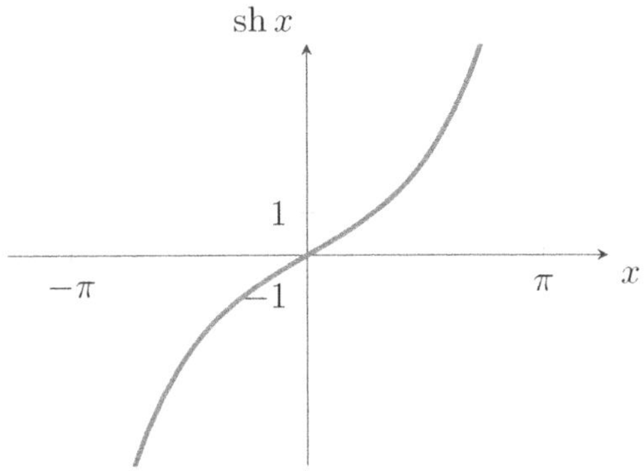

FIGURE 3.10 – Fonction sinus hyperbolique

Valeur remarquable :

$$\mathrm{sh}\, 0 = 0$$

Pour tout $x \in]-\pi, \pi[$,

$$\mathrm{sh}(-x) = -\,\mathrm{sh}\, x$$

Dérivabilité :
La fonction sinus hyperbolique est dérivable sur $\mathbb{R}$. Pour tout $x \in \mathbb{R}$, on a :

$$\mathrm{sh}'\, x = \mathrm{ch}\, x$$

3.1.11 Fonction cosinus hyperbolique

La fonction cosinus hyperbolique, notée ch est définie sur $\mathbb{R}$ à valeurs dans $\mathbb{R}$. Elle est impaire et définie par :

$$\forall x \in \mathbb{R}, \quad \mathrm{ch}\,(x) = \frac{\mathrm{e}^x + \mathrm{e}^{-x}}{2}$$

Valeur remarquable :

$$\mathrm{ch}\, 0 = 1$$

Pour tout $x \in]-\pi, \pi[$,

$$\mathrm{ch}(-x) = \mathrm{ch}\, x$$

Dérivabilité :
La fonction cosinus hyperbolique est dérivable sur $\mathbb{R}$. Pour tout $x \in \mathbb{R}$, on a :

$$\mathrm{ch}'\, x = \mathrm{sh}\, x$$

Voici sa représentation graphique :

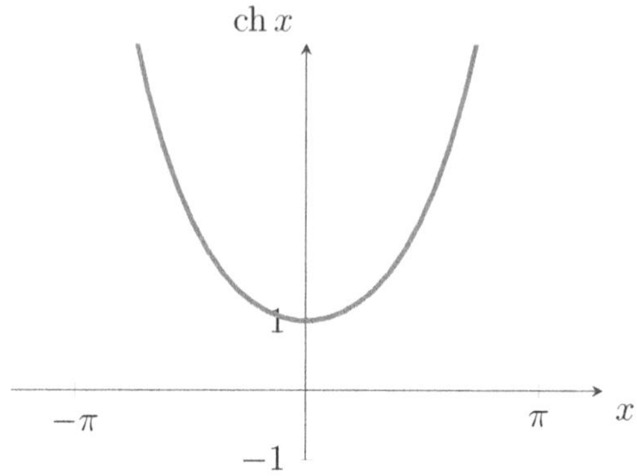

FIGURE 3.11 – Fonction cosinus hyperbolique

3.1.12 Formulaire

Les formules trigonométriques usuelles

* Les formules d'addition : pour tout (a, b) de $\mathbb{R}^2$

$$\begin{aligned}
\cos(a+b) &= \cos a \cos b - \sin a \sin b \\
\cos(a-b) &= \cos a \cos b + \sin a \sin b \\
\sin(a+b) &= \sin a \cos b + \sin b \cos a \\
\sin(a-b) &= \sin a \cos b - \sin b \cos a \\
\tan(a+b) &= \frac{\tan a + \tan b}{1 - \tan a \tan b} \\
\tan(a-b) &= \frac{\tan a - \tan b}{1 + \tan a \tan b}
\end{aligned}$$

* Les transformations de produits en sommes : pour tout (a, b) de $\mathbb{R}^2$

$$\begin{aligned}
\cos a \cos b &= \frac{1}{2}\Big[\cos(a-b) + \cos(a+b)\Big] \\
\sin a \sin b &= \frac{1}{2}\Big[\cos(a-b) - \cos(a+b)\Big] \\
\sin a \cos b &= \frac{1}{2}\Big[\sin(a+b) + \sin(a-b)\Big] \\
\cos a \sin b &= \frac{1}{2}\Big[\sin(a+b) - \sin(a-b)\Big]
\end{aligned}$$

* Les transformations de sommes en produits : pour tout (a, b) de $\mathbb{R}^2$

$$\cos a + \cos b = 2\cos\left(\frac{a+b}{2}\right)\cos\left(\frac{a-b}{2}\right)$$
$$\cos a - \cos b = -2\sin\left(\frac{a+b}{2}\right)\sin\left(\frac{a-b}{2}\right)$$
$$\sin a + \sin b = 2\sin\left(\frac{a+b}{2}\right)\cos\left(\frac{a-b}{2}\right)$$
$$\sin a - \sin b = 2\sin\left(\frac{a-b}{2}\right)\cos\left(\frac{a+b}{2}\right)$$

* Passage à l'angle moitié : pour tout a de $\mathbb{R}$

$$\cos 2a = \cos^2 a - \sin^2 a = 2\cos^2 a - 1 = 1 - 2\sin^2 a$$
$$\sin 2a = 2\sin a \cos a$$
$$\tan 2a = \frac{2\tan a}{1 - \tan^2 a}$$

On en déduit :

$$\cos^2 a = \frac{1 + \cos 2a}{2}$$
$$\sin^2 a = \frac{1 - \cos 2a}{2}$$
$$\frac{1}{\cos^2 a} = 1 + \tan^2 a$$
$$\frac{1}{\sin^2 a} = 1 + \text{cotan}^2 a$$

* Pour tout $x \in \mathbb{R}$, on a :

$$\cos^2 x + \sin^2 x = 1$$

* Pour tout x réel,

$$\sin\left(\frac{\pi}{2} + x\right) = \cos x$$

et

$$\cos\left(\frac{\pi}{2} + x\right) = -\sin x$$

* Pour tout x de $[-1, 1]$,

$$\arccos x = \frac{\pi}{2} - \arcsin x$$

Récapitulatif des dérivées des fonctions trigonométriques usuelles

Sur leur domaine de définition, les fonctions usuelles ont les dérivées suivantes :

* $\sin' x = \cos x$
* $\cos' x = -\sin x$
* $\tan' x = 1 + \tan^2 x = \dfrac{1}{\cos^2 x}$
* $\text{cotan}' x = -1 - \text{cotan}^2 x = -\dfrac{1}{\sin^2 x}$
* $\arctan' x = \dfrac{1}{1+x^2}$
* $\text{sh}' x = \text{ch}\, x$
* $\text{ch}' x = -\,\text{sh}\, x$

Sur l'intervalle $]-1, 1[$, on a les dérivées suivantes :

* $\arcsin' x = \dfrac{1}{\sqrt{1-x^2}}$
* $\arccos' x = -\dfrac{1}{\sqrt{1-x^2}}$

3.1.13 Exercices

❑ **Exercice 1 - VALEURS REMARQUABLES** ☆☆☆

$$a)\ \cos\left(\frac{3\pi}{4}\right) = \qquad b)\ \cos\left(\frac{-7\pi}{4}\right) =$$

$$c)\ \cos\left(\frac{-8\pi}{3}\right) = \qquad d)\ \sin\left(\frac{5\pi}{4}\right) =$$

$$e)\ \sin\left(\frac{7\pi}{6}\right) = \qquad f)\ \cos\left(\frac{-\pi}{4}\right) =$$

Solution

$$a)\ \cos\left(\frac{3\pi}{4}\right) = \frac{-\sqrt{2}}{2} \qquad b)\ \cos\left(\frac{-7\pi}{4}\right) = \frac{\sqrt{2}}{2}$$

$$c)\ \cos\left(\frac{-8\pi}{3}\right) = \frac{-1}{2} \qquad d)\ \sin\left(\frac{5\pi}{4}\right) = \frac{-\sqrt{2}}{2}$$

$$e)\ \sin\left(\frac{7\pi}{6}\right) = \frac{-1}{2} \qquad f)\ \cos\left(\frac{-\pi}{4}\right) = \frac{\sqrt{2}}{2}$$

❑ Exercice 2 ★☆☆

Soit la fonction numérique f définie sur $\mathbb{R}$ par $f(x) = 1 - 8\cos x - 4\cos(2x)$.

1. Vérifier que, pour tout réel x, $f(x) = -8\cos^2 x - 8\cos x + 5$.
2. En déduire la résolution de l'équation $f(x) = -11$ dans $\mathbb{R}$.

Solution

1. On a, pour tout réel x :

$$f(x) = 1 - 8\cos x - 4\cos(2x) = 1 - 8\cos x - 4\left(2\cos^2 x - 1\right)$$

soit $$\boxed{f(x) = -8\cos^2 x - 8\cos x + 5}$$

2. On peut résoudre :

$$-8\cos^2 x - 8\cos x + 16 = 0$$

Soit, en posant $X = \cos x$ et après simplification, on obtient :

$$X^2 + X - 2 = 0$$

Ce polynôme a pour racine 1 et -2. On résout donc $\cos x = 1$ et $\cos x = -2$.

* $\cos x = 1$ a pour solutions $x = 0\,[2\pi]$
* $\cos x = -2$ n'a pas de solution

Les solutions de l'équation sont donc $\boxed{x = 0\,[2\pi]}$.

❑ Exercice 3 ★☆☆

Calculer $\left(\dfrac{2\pi}{3} + \dfrac{\pi}{4}\right)$.

En déduire la valeur de $\cos\left(\dfrac{11\pi}{12}\right)$.

Solution

D'une part,

$$\cos\left(\frac{2\pi}{3} + \frac{\pi}{4}\right) = \cos\left(\frac{11\pi}{12}\right)$$

D'autre part,

$$\cos\left(\frac{2\pi}{3} + \frac{\pi}{4}\right) = \cos\left(\frac{2\pi}{3}\right)\cos\left(\frac{\pi}{4}\right) - \sin\left(\frac{2\pi}{3}\right)\sin\left(\frac{\pi}{4}\right) = -\left(\frac{\sqrt{2}+\sqrt{6}}{4}\right)$$

Donc

$$\boxed{\cos\left(\frac{11\pi}{12}\right) = -\left(\frac{\sqrt{2}+\sqrt{6}}{4}\right)}$$

❑ Exercice 4 - Equations à résoudre ★☆☆

Résoudre dans $\mathbb{R}$,

1. $\sin\left(2x + \frac{\pi}{4}\right) = \cos\left(\frac{\pi}{4}\right)$
2. $\sin\left(x + \frac{\pi}{4}\right) = \cos\left(\frac{\pi}{4} - x\right)$
3. $\sin\left(2x - \frac{\pi}{3}\right) = \cos\left(\frac{\pi}{2} + 3x\right)$

Solution

1. On peut résoudre $\sin\left(2x + \frac{\pi}{4}\right) = \sin\left(\frac{\pi}{4}\right)$ car $\cos\left(\frac{\pi}{4}\right) = \sin\left(\frac{\pi}{4}\right)$.
On a donc :
$$2x + \frac{\pi}{4} = \frac{\pi}{4}\,[2\pi] \quad \text{ou} \quad 2x + \frac{\pi}{4} = \frac{3\pi}{4}\,[2\pi]$$
$$\boxed{x = 0\,[\pi]} \quad \text{ou} \quad \boxed{x = \frac{\pi}{2}\,[\pi]}$$

2. On doit résoudre $\sin\left(x + \frac{\pi}{4}\right) = \cos\left(\frac{\pi}{4} - x\right)$.
On peut remarquer que :
$$\cos\left(\frac{\pi}{4} - x\right) = \cos\left(\frac{\pi}{2} - \left(\frac{\pi}{4} + x\right)\right) = \sin\left(\frac{\pi}{4} + x\right)$$
Ainsi $\boxed{\text{l'ensemble des solutions est } \mathbb{R}}$

3. On peut résoudre $\sin\left(2x - \frac{\pi}{3}\right) = \sin(-3x)$ car $\cos\left(\frac{\pi}{2} + X\right) = -\sin X$ et $-\sin X = \sin(-X)$.
On a donc :
$$2x - \frac{\pi}{3} = -3x\,[2\pi] \quad \text{ou} \quad 2x - \frac{\pi}{3} = \pi + 3x\,[2\pi]$$
$$\boxed{x = \frac{\pi}{15}\left[\frac{2\pi}{5}\right]} \quad \text{ou} \quad \boxed{x = -\frac{4\pi}{3}\,[2\pi]}$$

❑ Exercice 5 - Calcul de longueur ★☆☆

On considère un triangle ABC rectangle en A tel que $BC = 3$ et $\widehat{ABC} = \frac{\pi}{3}$.
Donner la mesure de AB.

Solution

La figure 3.12 n'est pas à l'échelle.

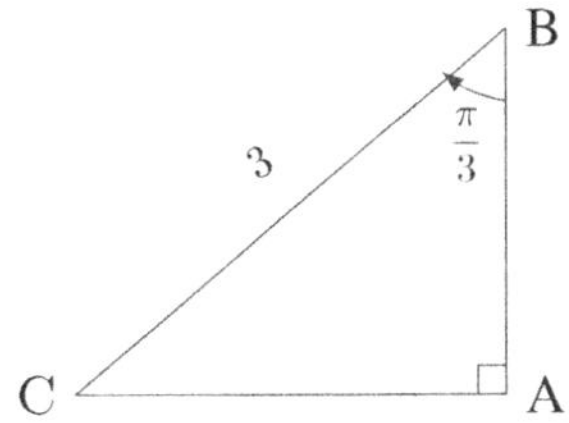

FIGURE 3.12

$$\cos\left(\widehat{ABC}\right) = \frac{AB}{BC} \Rightarrow AB = BC\cos\left(\widehat{ABC}\right)$$

$$AB = 3\cos\left(\frac{\pi}{3}\right) = 3 \times \frac{1}{2}$$

Ainsi,
$$\boxed{AB = \frac{3}{2}}$$

❑ Exercice 6 ★★☆

Résoudre dans $\mathbb{R}$,

1. $\arcsin(\sin x) = \dfrac{\pi}{7}$
2. $\arcsin(\cos x) = \dfrac{\pi}{6}$

Solution

1. Par définition, on trouve $\boxed{x = \dfrac{\pi}{7}\ [2\pi]}$.
2. On peut transformer l'expression : $\arcsin(\cos x) = \dfrac{\pi}{6}$ en

$$\arcsin\left(\sin\left(\frac{\pi}{2} + x\right)\right) = \frac{\pi}{6}$$

On a alors $\boxed{x = -\dfrac{\pi}{3}\ [2\pi]}$.

3.2 Applications en physique

3.2.1 Electromagnétisme

❑ **Exercice 1** - LAME À RETARD ENTRE DEUX POLARISEURS (CCINP) ★★☆

Pour aborder cet exercice, aucune connaissance préalable sur les lames à retard n'est exigée.

Une lame à retard est une lame mince à faces parallèles, d'épaisseur e, taillée dans un cristal uniaxe ayant des propriétés optiques anisotropes. Cette lame agit sur la polarisation d'une onde lumineuse. Sous incidence normale, la lame est caractérisée par deux indices de réfracion n_x si l'onde incidente est polarisée suivant Ox, et n_y si elle est polarisée suivant Oy. Les axes Ox et Oy sont appelés les axes neutres de la lame (figure 3.13).

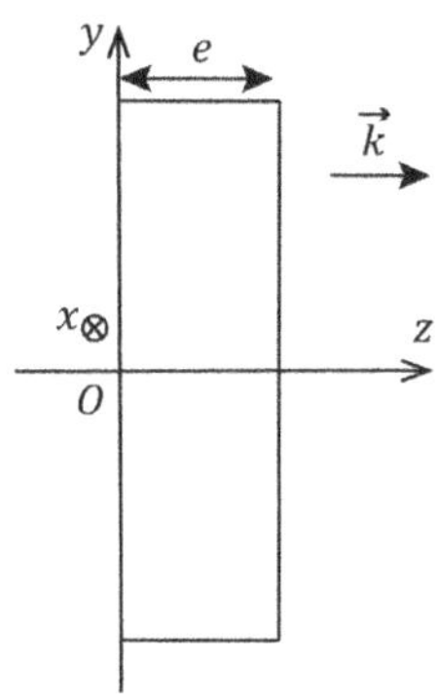

FIGURE 3.13 – Lame à faces parallèles

On considère une lame à retard à faces parallèles d'épaisseur e, caractérisée par $\Delta n = |n_x - n_y|$. Cette lame est placée entre un polariseur (P) et un analyseur (A). Les lignes neutres de la lame sont Ox et Oy. Les directions de transmission du polariseur et de l'analyseur font avec Ox les angles α et β respectivement.
Le système est placé dans un milieu assimilé au vide et éclairé, par une source de lumière blanche, en rayons parallèles et sous incidence normale. On néglige l'absorption due à la traversée de la lame et des polariseurs successifs.
A la sortie du polariseur, on note que le champ électrique associé à une vibration monochromatique de pulsation ω a pour expression :

$$\vec{E}_{\mathrm{P}} = \vec{E}_0 \cos(\omega t)$$

On ne tient pas compte du retard de phase dû à la propagation et on note λ la longueur d'onde dans le vide de la vivration lumineuse considérée.

Le champ électrique à la sortie de la lame peut être écrit sous la forme :

$$\vec{E}_{\mathrm{L}} = E_0 \cos\alpha \cos(\omega t)\, \vec{u}_x + E_0 \sin\alpha \cos(\omega t - \varphi)\, \vec{u}_y$$

où $\varphi = \dfrac{2\pi e}{\lambda}(n_y - n_x)$.

1. Déterminer l'expression du champ électrique à la sortie de l'analyseur (A).
2. Par définition, l'intensité lumineuse I est proportionnelle à la moyenne temporelle du champ électrique élevé au carré : $I = 2\langle E^2 \rangle$. Montrer que l'intensité de la lumière transmise par l'analyseur s'écrit sous la forme :

$$I = I_0 \left[\cos^2(\alpha+\beta) + \sin(2\alpha)\sin(2\beta)\cos^2\left(\frac{\varphi}{2}\right)\right]$$

   I_0 étant l'intensité transmise par le polariseur.
3. On suppose que le dispositif est éclairé en lumière blanche et on se place dans le cas où $\alpha = \dfrac{\pi}{4}$. Simplifier l'expression de l'intensité lumineuse transmise par l'analyseur (A).

D'après Concours Commun INP

Solution

1. A la sortie du polariseur (P), le champ $\vec{E}_{\mathrm{P}}$, projeté sur les axes Ox et Oy, a pour composantes :

$$\begin{cases} E_{0x} = E_0 \cos\alpha \cos(\omega t) \\ E_{0y} = E_0 \sin\alpha \cos(\omega t) \end{cases}$$

A la sortie de la lame, la composante du champ $\vec{E}_{\mathrm{L}}$ selon Oy a un retard de phase φ par rapport à la composante selon Ox. Le champ $\vec{E}_{\mathrm{L}}$ a donc pour composantes :

$$\begin{cases} E_x = E_0 \cos\alpha \cos(\omega t) \\ E_y = E_0 \sin\alpha \cos(\omega t - \varphi) \end{cases}$$

L'analyseur fait un angle β avec la direction Ox. Les composantes du champ $\vec{E}_{\mathrm{L}}$ sont projetées sur la direction de l'analyseur portant le vecteur unitaire $\vec{u}_{\mathrm{A}}$ tel que :

$$\vec{u}_{\mathrm{A}} = \cos\beta\, \vec{u}_x + \sin\beta\, \vec{u}_y$$

A la sortie de l'analyseur, le champ $\vec{E}_{\mathrm{A}}$ s'écrit :

$$\vec{E}_{\mathrm{A}} = (E_x \cos\beta + E_y \sin\beta)\, \vec{u}_{\mathrm{A}}$$

$$\boxed{\vec{E}_{\mathrm{A}} = \Big(E_0 \cos\alpha \cos\beta \cos(\omega t) + E_0 \sin\alpha \sin\beta \cos(\omega t - \varphi)\Big)(\cos\beta\, \vec{u}_x + \sin\beta\, \vec{u}_y)}$$

2. Par définition, l'intensité lumineuse a pour expression : $I = 2\langle E_{\mathrm{A}}^2\rangle$. Selon la direction de l'analyseur, c'est-à-dire selon $\vec{u}_{\mathrm{A}}$, on a :

$$\vec{E}_{\mathrm{A}} = (E_0\cos\alpha\cos\beta\cos(\omega t) + E_0\sin\alpha\sin\beta\cos(\omega t-\varphi))\,\vec{u}_A$$

Elevée au carré, l'expression de $||\vec{E}_{\mathrm{A}}||^2$ s'écrit :

$$\begin{aligned} E_{\mathrm{A}}^2 = {} & E_0^2\cos^2\alpha\cos^2\beta\cos^2(\omega t) + E_0^2\sin^2\alpha\sin^2\beta\cos^2(\omega t-\varphi) \\ & + 2E_0^2\cos\alpha\sin\alpha\cos\beta\sin\beta\cos(\omega t)\cos(\omega t-\varphi) \end{aligned}$$

Avec $\cos a\cos b = \dfrac{1}{2}(\cos(a-b)+\cos(a+b))$, on a :

$$\cos(\omega t)\cos(\omega t-\varphi) = \frac{1}{2}(\cos\varphi + \cos(2\omega t-\varphi))$$

$$\begin{aligned} I = 2\langle E_{\mathrm{A}}^2\rangle = {} & 2E_0^2\cos^2\alpha\cos^2\beta\langle\cos^2(\omega t)\rangle + 2E_0^2\sin^2\alpha\sin^2\beta\langle\cos^2(\omega t-\varphi)\rangle \\ & + 4E_0^2\cos\alpha\sin\alpha\cos\beta\sin\beta\left\langle\frac{1}{2}(\cos\varphi+\cos(2\omega t-\varphi))\right\rangle \end{aligned}$$

Or
$$\langle\cos^2(\omega t)\rangle = \frac{1}{2} = \langle\cos^2(\omega t-\varphi)\rangle$$
et

$$\left\langle\frac{1}{2}(\cos\varphi+\cos(2\omega t-\varphi))\right\rangle = \frac{1}{2}\Big(\langle\cos\varphi\rangle + \langle\cos(2\omega t-\varphi)\rangle\Big) = \frac{1}{2}(\cos\varphi+0)$$

$$I = E_0^2\left(\cos^2\alpha\cos^2\beta + \sin^2\alpha\sin^2\beta + 2\cos\alpha\sin\alpha\cos\beta\sin\beta\cos\varphi\right)$$

Avec
$$\begin{cases} 2\sin\alpha\cos\alpha = \sin(2\alpha) \\ 2\sin\beta\cos\beta = \sin(2\beta) \end{cases}$$

et
$$\cos^2\left(\frac{\varphi}{2}\right) = \frac{1+\cos\varphi}{2} \Leftrightarrow \cos\varphi = 2\cos^2\left(\frac{\varphi}{2}\right) - 1$$

on a :

$$\begin{aligned} I &= E_0^2\Big(\cos^2\alpha\cos^2\beta + \sin^2\alpha\sin^2\beta \\ &\qquad + 2\cos\alpha\sin\alpha\cos\beta\sin\beta\left(2\cos^2\left(\frac{\varphi}{2}\right)-1\right)\Big) \\ &= E_0^2\left((\cos\alpha\cos\beta - \sin\alpha\sin\beta)^2 + \sin(2\alpha)\sin(2\beta)\cos^2\left(\frac{\varphi}{2}\right)\right) \end{aligned}$$

Avec
$$\begin{cases} \cos\alpha\cos\beta = \dfrac{1}{2}(\cos(\alpha-\beta)+\cos(\alpha+\beta)) \\ \sin\alpha\sin\beta = \dfrac{1}{2}(\cos(\alpha-\beta)-\cos(\alpha+\beta)) \end{cases}$$

il en vient :

$$I = E_0^2\left(\cos^2(\alpha+\beta) + \sin(2\alpha)\sin(2\beta)\cos^2\left(\frac{\varphi}{2}\right)\right)$$

$$\boxed{I = I_0\left(\cos^2(\alpha+\beta) + \sin(2\alpha)\sin(2\beta)\cos^2\left(\frac{\varphi}{2}\right)\right)}$$

3. Dans le cas où $\alpha = \frac{\pi}{4}$, on a :

$$I = I_0\left(\cos^2\left(\frac{\pi}{4}+\beta\right) + \sin\left(2\times\frac{\pi}{4}\right)\sin(2\beta)\cos^2\left(\frac{\varphi}{2}\right)\right)$$

Or

$$\begin{aligned}\cos\left(\frac{\pi}{4}+\beta\right) &= \left(\cos\frac{\pi}{4}\cos\beta - \sin\frac{\pi}{4}\sin\beta\right)\\ &= \frac{\sqrt{2}}{2}(\cos\beta - \sin\beta)\end{aligned}$$

et $\sin\frac{\pi}{2} = 1$. Il en vient :

$$\begin{aligned}I &= I_0\left(\left(\frac{\sqrt{2}}{2}\right)^2(\cos\beta-\sin\beta)^2 + \sin(2\beta)\cos^2\left(\frac{\varphi}{2}\right)\right)\\ &= \frac{I_0}{2}\left(\cos^2\beta + \sin^2\beta - 2\cos\beta\sin\beta + 2\sin(2\beta)\cos^2\left(\frac{\varphi}{2}\right)\right)\end{aligned}$$

Avec

$$\begin{cases}\cos^2\beta + \sin^2\beta = 1\\ 2\cos\beta\sin\beta = \sin(2\beta)\end{cases}$$

on a :

$$I = \frac{I_0}{2}\left(1 - \sin(2\beta) + 2\sin(2\beta)\cos^2\left(\frac{\varphi}{2}\right)\right)$$

Or $\cos^2\left(\frac{\varphi}{2}\right) = \frac{1+\cos\varphi}{2}$. Il en vient :

$$I = \frac{I_0}{2}\left(1 - \sin(2\beta) + 2\sin(2\beta)\frac{1}{2}(1+\cos\varphi)\right)$$

$$\boxed{I = \frac{I_0}{2}(1 + \sin(2\beta)\cos\varphi)}$$

3.2.2 Optique ondulatoire

❑ **Exercice 2 - CONFIGURATION LAME D'AIR** (CCINP) ★☆☆

L'interféromètre de Michelson en configuration lame d'air est éclairé par une source S. On y repère deux miroirs M_1 et M_2 perpendiculaires et un ensemble séparatrice-compensatrice Sp incliné de 45° par rapport à chacun des miroirs.
Sur le schéma de la figure 3.14, on observe le trajet des rayons lumineux au travers du dispositif. Les franges sont localisées à l'infini, on parle de franges d'égale inclinaison. Une lentille convergente L de distance focale f est ajoutée et l'on observe les interférences dans le plan focal image de la lentille.

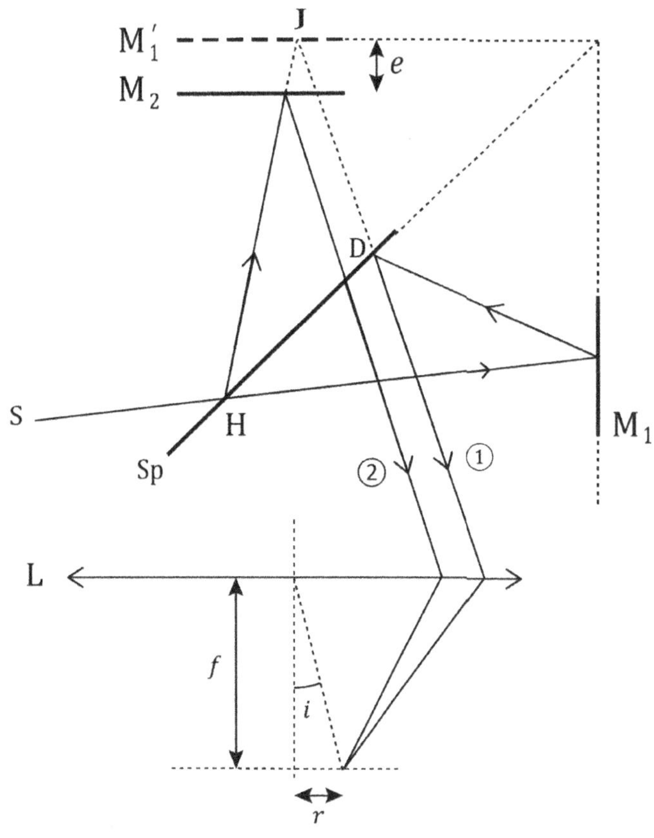

FIGURE 3.14 – Trajet des rayons lumineux dans l'interféromètre de Michelson

Sur le schéma de la figure 3.15, le miroir M'_1 est le symétrique de M_1 par rapport à Sp, il est donc parallèle à M_2. On parle de schéma équivalent. On observe le trajet des rayons lumineux au travers du schéma équivalent de l'interféromètre de Michelson.

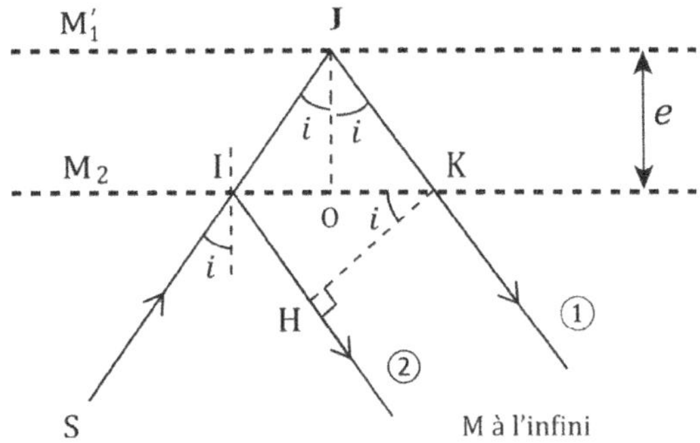

FIGURE 3.15 – Schéma équivalent de l'interféromètre de Michelson en lame d'air

La différence de marche se calcule comme la différence des chemins optiques ① et ②, que l'on peut noter :

$$\delta(\mathrm{M}) = (\mathrm{SM})_1 - (\mathrm{SM})_2$$

Montrer que la différence de marche s'écrit $\delta(\mathrm{M}) = 2\, n_{\text{air}} \cos i$.

D'après Concours Commun INP

Solution

Par définition, **le chemin optique** entre deux points A et B est égal à la distance que pourrait parcourir la lumière si elle se propageait dans le vide à la célérité c pendant le temps t_{AB} qui correspond à la durée de propagation dans le milieu d'indice n pour aller du point A au point B. On note :

$$(\mathrm{AB}) = n \times \mathrm{AB}$$

Pour une source S, **une surface d'onde** est l'ensemble des points M qui vérifient $\Delta\varphi_{\mathrm{SM}} = \varphi(\mathrm{M}) - \varphi(\mathrm{S}) =$ constante ou $(\mathrm{SM}) =$ constante.

Le théorème de Malus énonce que la surface d'onde est perpendiculaire au rayon lumineux en chacun de ses points.

D'après la figure 3.15, la définition de la différence de marche au point M s'écrit :

$$\delta(\mathrm{M}) = (\mathrm{SM})_1 - (\mathrm{SM})_2$$

$$\delta(\mathrm{M}) = [(\mathrm{SI}) + (\mathrm{IJ}) + (\mathrm{JK}) + (\mathrm{KM})] - [(\mathrm{SI}) + (\mathrm{IH}) + (\mathrm{HM})]$$

Or K et H appartiennent au même plan d'onde donc $(\mathrm{KM}) = (\mathrm{HM})$.

$$\delta(\mathrm{M}) = n_{\text{air}}\,[\,\mathrm{IJ} + \mathrm{JK} - \mathrm{IH}\,]$$

Dans le triangle (OIJ),

$$\cos i = \frac{\mathrm{JO}}{\mathrm{IJ}}$$

$$\mathrm{IJ} = \frac{\mathrm{JO}}{\cos i}$$

$$\boxed{\mathrm{IJ} = \frac{e}{\cos i}}$$

Par symétrie,

$$\boxed{\mathrm{JK} = \mathrm{IJ}}$$

Dans le triangle (OJK),

$$\tan i = \frac{\mathrm{OK}}{\mathrm{JO}}$$

$$\mathrm{OK} = \mathrm{JO}\tan i$$

$$\mathrm{IK} = 2\,\mathrm{OK} = 2\,\mathrm{JO}\tan i$$

$$\mathrm{IK} = 2\,e\tan i$$

Dans le triangle (IHK),

$$\sin i = \frac{\mathrm{IH}}{\mathrm{IK}}$$

$$\mathrm{IH} = \mathrm{IK}\sin i = 2\,\mathrm{JO}\tan i\sin i$$

$$\boxed{\mathrm{IH} = 2\,e\,\frac{\sin^2 i}{\cos i}}$$

L'expression de la différence de marche devient :

$$\delta(\mathrm{M}) = n_{\text{air}}\left[\frac{e}{\cos i} + \frac{e}{\cos i} - 2\,e\,\frac{\sin^2 i}{\cos i}\right]$$

$$\delta(\mathrm{M}) = n_{\text{air}}\,\frac{2\,e}{\cos i}\left[1 - \sin^2 i\right]$$

$$\delta(\mathrm{M}) = n_{\text{air}}\,\frac{2\,e}{\cos i}\left[\cos^2 i\right]$$

$$\boxed{\delta(\mathrm{M}) = 2\,n_{\text{air}}\cos i}$$

❑ Exercice 3 - Configuration coin d'air (CCMP) ★★☆

Le montage de la figure 3.14 de l'exercice précédent est modifié. Les miroirs M_1 et M_2 sont inclinés du même angle α (figure 3.16) et restent orthogonaux.

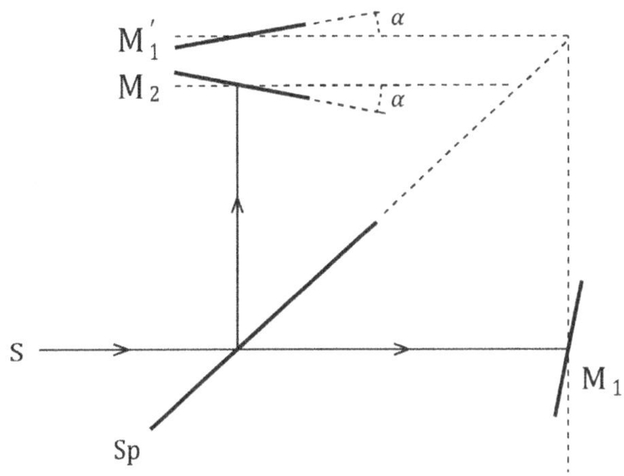

FIGURE 3.16 – Interféromètre de Michelson en coin d'air

On considère le modèle optique équivalent de l'interféromètre de Michelson et l'on représente la marche d'un rayon lumineux (figure 3.17).

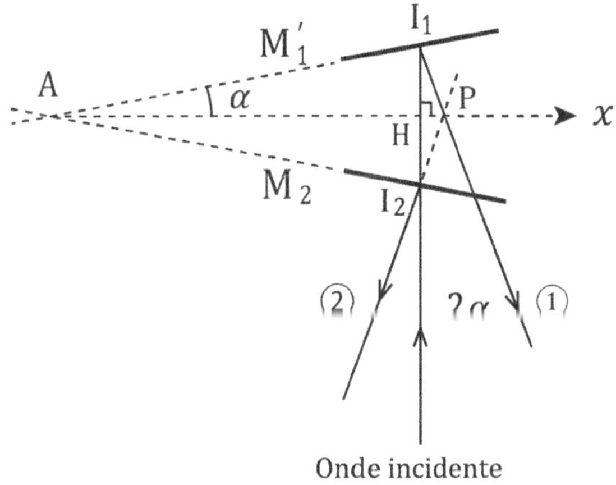

FIGURE 3.17 – Schéma équivalent de l'interféromètre de Michelson en coin d'air

Soit A un point de la droite définie par l'intersection de M_2 et de M'_1, image de M_1 par rapport à la séparatrice-compensatrice Sp (figure 3.17). Soit P un point du plan bissecteur de M_2 et de M'_1, tel que $\overrightarrow{AP} = x\,\vec{u}_x$.

1. Au point P, exprimer la différence de marche $\delta(x)$ entre les ondes réfléchies sous la forme $\delta(x) = x\, f(\tan\alpha)$ où f est une fonction à déterminer. On rappelle qu'on associe un chemin optique négatif à un trajet virtuel opposé au sens de propagation de la lumière. On pourra, éventuellement, avoir recours à l'identité $1 + \dfrac{1}{\cos(2\alpha)} = \dfrac{2}{1-\tan^2\alpha}$.
2. En déduire que la différence de marche peut aussi s'écrire : $\delta(x) = 2x\sin(2\alpha)$.

D'après Concours Commun Mines-Ponts

Solution

1. En P, La différence de marche se calcule comme la différence des chemins optiques ① et ②. On note :

$$\delta(\mathrm{P}) = (\mathrm{SP})_1 - (\mathrm{SP})_2$$

$$\delta(\mathrm{P}) = (\mathrm{SI}_2) + (\mathrm{I}_2\mathrm{I}_1) + (\mathrm{I}_1\mathrm{P}) - [(\mathrm{SI}_2) - (\mathrm{I}_2\mathrm{P})]$$

$$\boxed{\delta(\mathrm{P}) = n_{\text{air}}\,[\,\mathrm{I}_1\mathrm{I}_2 + \mathrm{I}_1\mathrm{P} + \mathrm{I}_2\mathrm{P}\,]}$$

Dans le triangle (AHI_1), $\tan\alpha = \dfrac{\mathrm{HI}_1}{\mathrm{AH}}$.

$$\mathrm{I}_1\mathrm{I}_2 = 2\,\mathrm{HI}_1 = 2\,\mathrm{AH}\tan\alpha$$

Dans le triangle $(\mathrm{HI}_1\mathrm{P})$, $\tan(2\alpha) = \dfrac{\mathrm{HP}}{\mathrm{HI}_1}$.

$$\begin{aligned} x &= \mathrm{AH} + \mathrm{HP} \\ &= \mathrm{AH} + \mathrm{HI}_1\tan(2\alpha) \\ &= \mathrm{AH} + \mathrm{AH}\tan\alpha\tan(2\alpha) \\ &= \mathrm{AH}\,[\,1 + \tan\alpha\tan(2\alpha)] \end{aligned}$$

Or $\tan(2\alpha) = \dfrac{\sin(2\alpha)}{\cos(2\alpha)} = \dfrac{2\sin\alpha\cos\alpha}{\cos^2\alpha - \sin^2\alpha} = \dfrac{2\sin\alpha\cos\alpha}{\cos^2\alpha\,(1-\tan^2\alpha)}$

$$\Rightarrow \tan(2\alpha) = \frac{2\tan\alpha}{1-\tan^2\alpha}$$

$$\begin{aligned} x &= \mathrm{AH}\left[1 + \tan\alpha\left(\frac{2\tan\alpha}{1-\tan^2\alpha}\right)\right] \\ &= \mathrm{AH}\left[\frac{1-\tan^2\alpha + 2\tan^2\alpha}{1-\tan^2\alpha}\right] = \mathrm{AH}\left[\frac{1+\tan^2\alpha}{1-\tan^2\alpha}\right] \end{aligned}$$

$$\Rightarrow \text{AH} = x\left[\frac{1-\tan^2\alpha}{1+\tan^2\alpha}\right]$$

$$\boxed{\text{I}_1\text{I}_2 = 2x\left[\frac{1-\tan^2\alpha}{1+\tan^2\alpha}\right]\tan\alpha}$$

Dans le triangle (HI_1P), $\cos(2\alpha) = \dfrac{HI_1}{I_1P}$.

$$\text{I}_1\text{P} = \frac{\text{HI}_1}{\cos(2\alpha)} = \frac{\text{AH}\tan\alpha}{\cos(2\alpha)}$$

$$\boxed{\text{I}_1\text{P} = x\left[\frac{1-\tan^2\alpha}{1+\tan^2\alpha}\right]\frac{\tan\alpha}{\cos(2\alpha)} = \text{I}_2\text{P}}$$

$$\begin{aligned}
\delta(\text{P}) &= 2x\left[\frac{1-\tan^2\alpha}{1+\tan^2\alpha}\right]\tan\alpha + 2x\left[\frac{1-\tan^2\alpha}{1+\tan^2\alpha}\right]\frac{\tan\alpha}{\cos(2\alpha)} \\
&= \left[2x\tan\alpha + 2x\frac{\tan\alpha}{\cos(2\alpha)}\right]\left[\frac{1-\tan^2\alpha}{1+\tan^2\alpha}\right] \\
&= 2x\tan\alpha\left[1+\frac{1}{\cos(2\alpha)}\right]\left[\frac{1-\tan^2\alpha}{1+\tan^2\alpha}\right]
\end{aligned}$$

Or $\left(1+\dfrac{1}{\cos(2\alpha)}\right) = \dfrac{\cos(2\alpha)+1}{\cos(2\alpha)} = \dfrac{2\cos^2\alpha}{\cos(2\alpha)} = \dfrac{2\cos^2\alpha}{\cos^2\alpha - \sin^2\alpha}$

$$\delta(\text{P}) = 2x\tan\alpha\left[\frac{2}{1-\tan^2\alpha}\right]\left[\frac{1-\tan^2\alpha}{1+\tan^2\alpha}\right]$$

$$\boxed{\delta(\text{P}) = \frac{4x\tan\alpha}{1+\tan^2\alpha}}$$

Cette différence de marche s'écrit sous la forme $\delta(x) = x\, f(\tan\alpha)$ où

$$\boxed{f(\tan\alpha) = \frac{4\tan\alpha}{1+\tan^2\alpha}}$$

2. En utilisant quelques formules de trigonométrie telles que $\tan\alpha = \dfrac{\sin\alpha}{\cos\alpha}$, $1+\tan^2\alpha = \dfrac{\cos^2\alpha+\sin^2\alpha}{\cos^2\alpha}$, $\cos^2\alpha+\sin^2\alpha = 1$ et $2\sin\alpha\cos\alpha = \sin(2\alpha)$ on a :

$$\delta(\text{P}) = 4x\left[\frac{\sin\alpha}{\cos\alpha}\right]\left[\frac{\cos^2\alpha}{\cos^2\alpha+\sin^2\alpha}\right] = 4x\sin\alpha\cos\alpha$$

$$\boxed{\delta(\text{P}) = 2x\sin(2\alpha)}$$

❑ Exercice 4 - Ajout d'une lame à faces parallèles (CCINP) ★★☆

On interpose une lame de verre à faces parallèles d'indice $n = 1,4$ et d'épaisseur e sur le trajet d'un rayon lumineux et perpendiculairement au rayon.

1. Exprimer la différence de marche supplémentaire, notée δ_L, introduite par la lame pour le rayon lumineux qui la traverse.
2. On suppose maintenant que la lame est inclinée d'un petit angle α par rapport à la verticale.

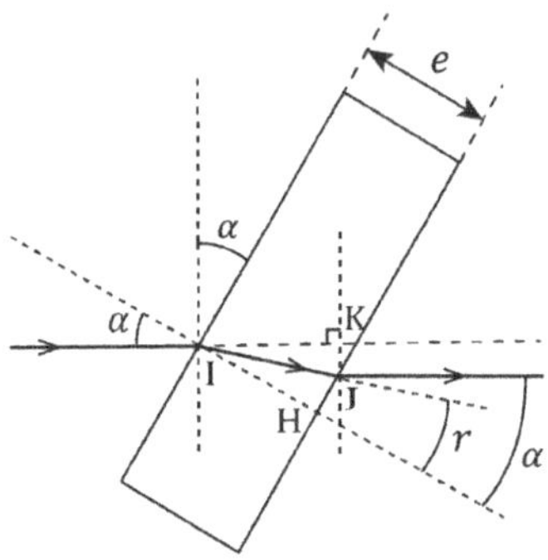

FIGURE 3.18

a. Montrer que la différence de marche introduite par la lame, notée δ'_L a pour expression

$$\delta'_L = \frac{e}{\cos r}\left[n - \cos(\alpha - r)\right]$$

b. Ecrire $\cos(\alpha - r)$ en fonction de $\cos\alpha$, $\sin\alpha$, $\cos r$ et $\sin r$.

c. En déduire que la différence de marche introduite par la lame inclinée peut s'écrire

$$\delta'_L = e\left[n\sqrt{1 - \left(\frac{\sin\alpha}{n}\right)^2} - \cos\alpha\right]$$

d. En se limitant à l'ordre 2 en α, développer les expressions de $\sin\alpha$ et $\cos\alpha$ (voir chapitre 5 - Développements limités)

e. En se limitant à l'ordre 2 en α, en déduire que

$$\delta'_L \approx e\left[(n-1) + \frac{\alpha^2}{2}\left(1 - \frac{1}{n}\right)\right]$$

f. Si le rayon incident est normal à la face d'entrée de la lame à faces parallèles, on a $\alpha = 0$. Vérifier que l'on retrouve bien l'expression précédente de δ_L.

D'après Concours Commun INP

Solution

1. Un rayon lumineux qui traverse une lame de verre sur une épaisseur e parcours un chemin optique égale à $n_{\text{verre}}\, e$.
   La lame de verre introduit donc une **différence** de marche supplémentaire égale à :

$$\delta_L = n_{\text{verre}}\, e - n_{\text{air}}\, e$$

   car sur cette épaisseur e, il faut tenir compte que le rayon lumineux ne traverse plus l'air.

$$\boxed{\delta_L = (n-1)\, e}$$

2. a.

$$\delta'_L = (\text{IJ}) - (\text{IK})$$

$$\delta'_L = n_{\text{verre}}\, \text{IJ} - n_{\text{air}}\, \text{IK} = n\, \text{IJ} - \text{IK}$$

   Dans le triangle (IJH), on a :

$$\cos r = \frac{\text{IH}}{\text{IJ}} = \frac{e}{\text{IJ}}$$

$$\boxed{\text{IJ} = \frac{e}{\cos r}}$$

   Dans le triangle (IJK), on a :

$$\cos(\alpha - r) = \frac{\text{IK}}{\text{IJ}}$$

$$\text{IK} = \text{IJ} \cos(\alpha - r)$$

$$\boxed{\text{IK} = \frac{e}{\cos r} \cos(\alpha - r)}$$

$$\delta'_L = n\, \text{IJ} - \text{IK}$$

$$\Rightarrow \boxed{\delta'_L = \frac{e}{\cos r}\left[n - \cos(\alpha - r)\right]}$$

   b.

$$\boxed{\cos(\alpha - r) = \cos\alpha \cos r + \sin\alpha \sin r}$$

   c.

$$\delta'_L = \frac{e}{\cos r}\left[n - \cos\alpha \cos r - \sin\alpha \sin r\right]$$

   Or d'après les lois de Descartes pour la réfraction, on écrit ici :

$$n_{\text{air}} \sin\alpha = n_{\text{verre}} \sin r$$

$$\begin{aligned}\delta'_L &= \frac{e}{\cos r}\left[n - \cos\alpha\cos r - n\sin^2 r\right] \\ &= \frac{e}{\cos r}\left[n\,(1-\sin^2 r) - \cos\alpha\cos r\right] \\ &= \frac{e}{\cos r}\left[n\cos^2 r - \cos\alpha\cos r\right] \\ &= e\left[n\cos r - \cos\alpha\right]\end{aligned}$$

Or,

$$\begin{aligned}\cos r &= \sqrt{1-\sin^2 r} \\ &= \sqrt{1-\left(\frac{\sin\alpha}{n}\right)^2}\end{aligned}$$

$$\Rightarrow \boxed{\delta'_L = e\left[n\sqrt{1-\left(\frac{\sin\alpha}{n}\right)^2} - \cos\alpha\right]}$$

d. En se limitant à l'ordre 2 en α, on a :

$$\sin\alpha \simeq \alpha$$

et

$$\cos\alpha \simeq 1 - \frac{\alpha^2}{2\,!}$$

e.

$$\delta'_L = e\left[n\sqrt{1-\frac{\alpha^2}{n^2}} - 1 + \frac{\alpha^2}{2}\right]$$

Or $\dfrac{\alpha^2}{n^2} \ll 1$. Par un développement limité à l'ordre 2 en α, on a :

$$\sqrt{1-\frac{\alpha^2}{n^2}} = \left(1-\frac{\alpha^2}{n^2}\right)^{\frac{1}{2}} \simeq 1 - \frac{1}{2}\frac{\alpha^2}{n^2}$$

$$\delta'_L \simeq e\left[n\left(1-\frac{1}{2}\frac{\alpha^2}{n^2}\right) - 1 + \frac{\alpha^2}{2}\right]$$

$$\boxed{\delta'_L \simeq e\left[(n-1) + \frac{\alpha^2}{2}\left(1-\frac{1}{n}\right)\right]}$$

f. Si $\alpha = 0$, on retrouve bien $\boxed{\delta'_L = e\,(n-1) = \delta_L}$

❑ Exercice 5 - Fine couche d'huile à la surface de l'eau (CCS) ★☆☆

Soit une fine couche d'huile d'épaisseur e surnageant à la surface de l'eau. Les indices de l'huile et de l'eau, ici supposés réels et constants, valent respectivement $n = 1,5$ et $n' = 1,33$.
On s'intéresse à la marche des rayons lumineux à travers ce dispositif (figure 3.19).

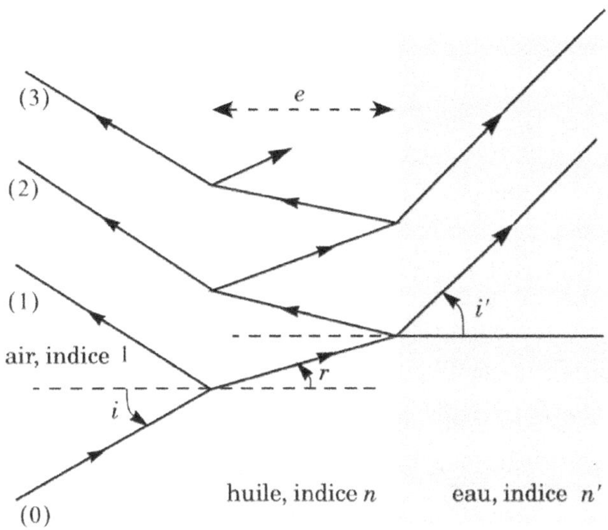

FIGURE 3.19

Etablir l'expression de la différence de marche δ entre les rayons (1) et (2) :

$$\delta = 2\,n\,e\sqrt{1 - \frac{\sin^2 i}{n^2}} + \frac{\lambda}{2}$$

D'après Concours Centrale-Supélec

Solution
La différence de marche se calcule comme la différence des chemins optiques des rayons (1) et (2).

$$\delta = (\mathrm{SM})_2 - (\mathrm{SM})_1$$

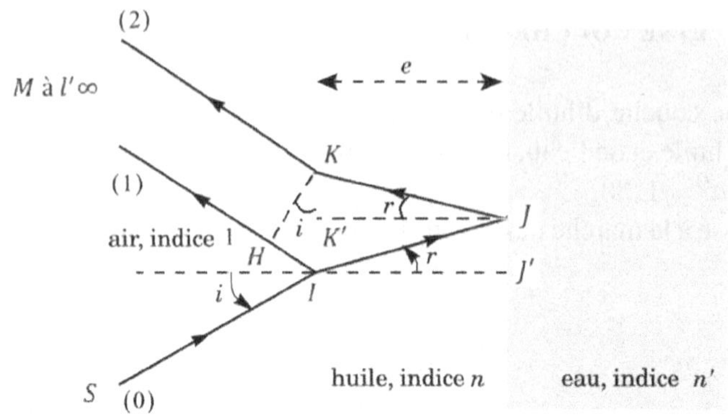

FIGURE 3.20

D'après la figure 3.20, on a :

$$\delta = (\mathrm{SI}) + (\mathrm{IJ}) + \frac{\lambda}{2} + (\mathrm{JK}) + (\mathrm{KM}) - [(\mathrm{SI}) + (\mathrm{IH}) + (\mathrm{HM})]$$

Le rayon (0) transmis partiellement dans l'huile se réfléchit en J sur l'eau qui est un milieu moins réfringent que l'huile ($n' < n$) et amène un déphasage de π radian ou une différence de marche supplémentaire de $\frac{\lambda}{2}$.
De plus K et H appartiennent à un même plan d'onde donc (KM) $=$ (HM) et par les lois de la réflexion (IJ) $=$ (JK).

$$\begin{aligned}\delta &= 2\,(\mathrm{IJ}) + \frac{\lambda}{2} - (\mathrm{IH}) \\ &= 2\,n_{\text{huile}}\,\mathrm{IJ} - n_{\text{air}}\,\mathrm{IH} + \frac{\lambda}{2}\end{aligned}$$

$$\boxed{\delta = 2\,n\,\mathrm{IJ} - \mathrm{IH} + \frac{\lambda}{2}}$$

Dans le triangle (IJJ'), $\cos r = \dfrac{e}{\mathrm{IJ}} \Rightarrow \mathrm{IJ} = \dfrac{e}{\cos r}$.

Dans le triangle (KK'J), $\tan r = \dfrac{\frac{\mathrm{IK}}{2}}{e} \Rightarrow \mathrm{IK} = 2\,e\tan r$.

Dans le triangle (IKH), $\sin i = \dfrac{\mathrm{IH}}{\mathrm{IK}} \Rightarrow \mathrm{IH} = \mathrm{IK}\sin i = 2\,e\tan r\sin i$.

$$\begin{aligned}\delta &= 2\,n\,\frac{e}{\cos r} - 2\,e\,\frac{\sin r}{\cos r}\sin i + \frac{\lambda}{2} \\ &= 2\,n\,\frac{e}{\cos r}\left[1 - \frac{\sin r\sin i}{n}\right] + \frac{\lambda}{2}\end{aligned}$$

Or, d'après les lois de la réfraction de Snell-Descartes, on a $n \sin r = \sin i$.

$$\begin{aligned}
\delta &= 2\,n\,\frac{e}{\cos r}\left[1-\sin^2 r\right]+\frac{\lambda}{2}\\
&= 2\,n\,\frac{e}{\cos r}\left[\cos^2 r\right]+\frac{\lambda}{2}\\
&= 2\,n\,e\cos r+\frac{\lambda}{2}\\
&= 2\,n\,e\sqrt{1-\sin^2 r}+\frac{\lambda}{2}
\end{aligned}$$

$$\boxed{\delta = 2\,n\,e\sqrt{1-\frac{\sin^2 i}{n^2}}+\frac{\lambda}{2}}$$

Chapitre 4

Dérivées

4.1 Mathématiques

Ce chapitre traite des techniques de calcul d'une dérivée, indispensables dans plusieurs domaines des mathématiques et de la physique. En particulier, les fonctions de plusieurs variables (chapitre 6) et les études de fonctions (chapitre 10) feront appel à ces notions.
Nous commencerons par rappeler des définitions. Puis l'accent sera mis sur les techniques de calculs dans le cas des fonctions plus complexes ou composées.
Les domaines de la physique qui utilisent ces notions sont principalement l'optique, la mécanique et la mécanique des fluides.

Définitions
Soit f une fonction définie sur un intervalle $[a, b]$.
On considère $c \in [a, b]$ et $h \neq 0$ tel que $(h + c) \in [a, b]$.

* On appelle taux de variation de f entre c et $(c + h)$ le réel $\dfrac{f(c+h) - f(c)}{h}$.
* On dit que f est dérivable en c si la limite du taux de variation de f entre c et $(c + h)$ existe et est fini, lorsque h tend vers 0.
* Cette limite est alors notée f' ou $\dfrac{\mathrm{d}f}{\mathrm{d}x}$ et est appelée dérivée de f en c.

Dérivée en un point c
Si f est dérivable en c alors $f'(c) = \lim\limits_{h \to 0} \dfrac{f(c+h) - f(c)}{h}$

Remarque
Soit f une fonction définie sur I et C sa représentation graphique dans un repère.
Soit $a \in$ I, si f est dérivable en a alors $f'(a)$ est le coefficient directeur de la tangente à la courbe représentative de f au point $(a, f(a))$.

Interprétation graphique
Au point $(a, f(a))$, la tangente à la courbe a pour coefficient directeur $f'(a)$.

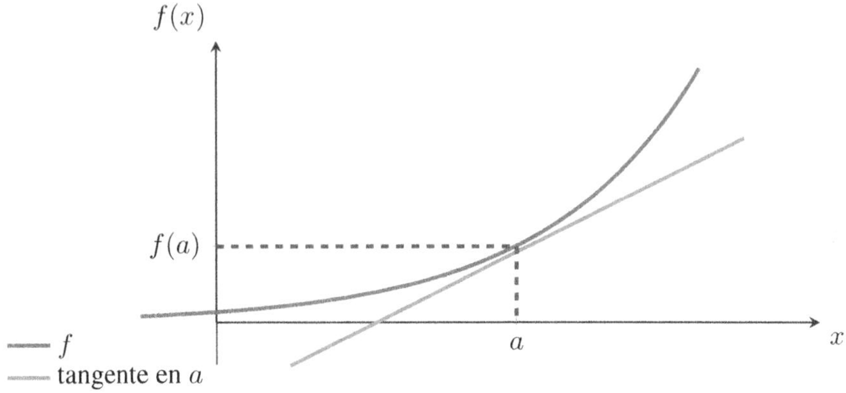

FIGURE 4.1 – Représentation de la tangente à la courbe en a

4.1.1 Dérivée des fonctions de référence

Fonction dérivée de la fonction carrée

On note f la fonction définie sur $\mathbb{R}$ par $f(x) = x^2$.
Pour tout x de $\mathbb{R}$,

$$\begin{aligned}\lim_{h\to 0} \frac{f(x+h)-f(x)}{h} &= \lim_{h\to 0} \frac{(x+h)^2 - x^2}{h} \\ &= \lim_{h\to 0} \frac{x^2+2xh+h^2-x^2}{h} \\ &= \lim_{h\to 0} (2x+h) = 2x\end{aligned}$$

On a donc $f'(x) = 2x$.

De la même façon, on trouve les dérivées des fonctions usuelles ci-dessous.

f définie sur I par	dérivée f' de f sur I	intervalle I
k réel	0	$\mathbb{R}$
x^n avec $n \in \mathbb{N}^*$	$n\,x^{n-1}$	$\mathbb{R}$
x^{-n} avec $n \in \mathbb{N}^* - \{1\}$	$-n\,x^{-n-1}$	$\mathbb{R}^*$

f définie sur I par	dérivée f' de f sur I	intervalle I
$\sqrt{x}$	$\dfrac{1}{2\sqrt{x}}$	$\mathbb{R}_+^*$
$\ln x$	$\dfrac{1}{x}$	$\mathbb{R}_+^*$
$\exp x$	$\exp x$	$\mathbb{R}$
$\sin x$	$\cos x$	$\mathbb{R}$
$\cos x$	$-\sin x$	$\mathbb{R}$
$\tan x$	$1+\tan^2 x$	$\left]\dfrac{-\pi}{2},\dfrac{\pi}{2}\right[$
$\arcsin x$	$\dfrac{1}{\sqrt{1-x^2}}$	$]-1,1[$
$\arccos x$	$\dfrac{-1}{\sqrt{1-x^2}}$	$]-1,1[$
$\arctan x$	$\dfrac{1}{1+x^2}$	$\mathbb{R}$
$\operatorname{sh} x$	$\operatorname{ch} x$	$\mathbb{R}$
$\operatorname{ch} x$	$\operatorname{sh} x$	$\mathbb{R}$
$\operatorname{th} x$	$1-\operatorname{th}^2 x$	$\mathbb{R}$

4.1.2 Opérations sur les fonctions dérivables

Dérivée de la somme de deux fonctions

Soient u et v deux fontions définies et dérivables sur un intervalle I et de dérivées respectives u' et v', alors $(u+v)$ est dérivable sur I et a pour dérivée $(u'+v')$.

Dérivée de la fonction f définie sur $\mathbb{R}$ par $f(x)=x^2+x^3$

f est dérivable en tant que somme de deux fonctions polynômes.
On note u la fonction définie sur $\mathbb{R}$ par $u(x)=x^2$ et v la fonction définie sur $\mathbb{R}$ par $v(x)=x^3$.

$$f'(x)=u'(x)+v'(x)=2x+3x^2$$

Dérivée du produit de deux fonctions

Soient u une fontion définie et dérivable sur un intervalle I et de dérivée u' et k un réel, alors ku est dérivable sur I et a pour dérivée ku'.

Soient u et v deux fonctions définies et dérivables sur un intervalle I et de dérivées respectives u' et v', alors $u\,v$ est dérivable sur I et a pour dérivée $\left(u'v + u\,v'\right)$.

Dérivée de la fonction f définie sur $\mathbb{R}$ par $f(x) = 5x^2$

f est dérivable en tant que fonction polynôme.
On note u la fonction définie sur $\mathbb{R}$ par $u(x) = x^2$.

$$f'(x) = 5u'(x) = 5 \times 2x = 10x$$

Dérivée de la fonction f définie sur $\mathbb{R}_+^*$ par $f(x) = x \ln x$

f est dérivable en tant que produit de deux fonctions dérivables.
On note u la fonction définie sur $\mathbb{R}_+^*$ par $u(x) = x$ et v la fonction définie sur $\mathbb{R}_+^*$ par $v(x) = \ln x$.

$$f'(x) = u'(x)\,v(x) + u(x)\,v'(x) = 1 \times \ln x + x\,\frac{1}{x} = \ln x + 1$$

Dérivée du quotient de deux fonctions

Soient u et v deux fonctions définies et dérivables sur un intervalle I et de dérivées respectives u' et v' avec v qui ne s'annule pas sur I, alors $\frac{u}{v}$ est dérivable sur I et a pour dérivée $\frac{u'v - u\,v'}{v^2}$.

Dérivée de la fonction f définie sur $\mathbb{R}$ par $f(x) = \frac{x}{\mathrm{e}^x}$

f est bien dérivable en tant que quotient de deux fonctions dérivables, la fonction au dénominateur ne s'annulant pas.
On note u la fonction définie sur $\mathbb{R}$ par $u(x) = x$ et v la fonction définie sur $\mathbb{R}$ par $v(x) = \mathrm{e}^x$.

$$f'(x) = \frac{u'(x)\,v(x) - u(x)\,v'(x)}{v^2(x)} = \frac{1 \times \mathrm{e}^x - x\,\mathrm{e}^x}{\mathrm{e}^{2x}} = \frac{1-x}{\mathrm{e}^x}$$

4.1.3 Dérivée de la fonction composée de deux fonctions

Soit u une fonction dérivable sur un intervalle I et v une fonction dérivable sur un intervalle contenant $u(\mathrm{I})$.
La fonction $f = v \circ u$ est dérivable sur I et a pour dérivée $f' = u' \cdot v' \circ u$.

Dérivée de f définie par $f(x) = \sqrt{x^2+1}$ sur $\mathbb{R}$

On note u la fonction définie sur $\mathbb{R}$ par $u(x) = x^2 + 1$ et v la fonction définie sur R_+^* par $v(x) = \sqrt{x}$.
Pour tout x de $\mathbb{R}$,

$$f'(x) = 2x\,\frac{1}{2\sqrt{x^2+1}} = \frac{x}{\sqrt{x^2+1}}$$

Exemples de dérivées composées

On considère une fonction u dérivable et une fonction v strictement positive dérivable également.

$f(x)$	$f'(x)$
$(u(x))^n$ avec $n \neq 0$	$n\,u'(x)\,(u(x))^{n-1}$
$\ln(v(x))$	$\dfrac{v'(x)}{v(x)}$
$\arctan(u(x))$	$\dfrac{u'(x)}{1+u^2(x)}$
$\mathrm{e}^{u(x)}$	$u'(x)\,\mathrm{e}^{u(x)}$
$\sin(u(x))$	$u'(x)\cos(u(x))$
$\cos(u(x))$	$-u'(x)\sin(u(x))$

Dérivée de f définie par $f(x) = \ln(x^2+2)$ sur $\mathbb{R}$

On note u la fonction définie sur $\mathbb{R}$ par $u(x) = x^2 + 2$.
Pour tout x de $\mathbb{R}$,

$$f'(x) = \frac{u'(x)}{u(x)} = \frac{2x}{x^2+2}$$

4.1.4 Tangente

Soit f une fonction définie sur un intervalle I et dérivable en un réel a de I.
L'équation réduite de la tangente T au point d'abscisse a de la courbe représentative de f notée C_f est :

$$y = f'(a)\,(x-a) + f(a)$$

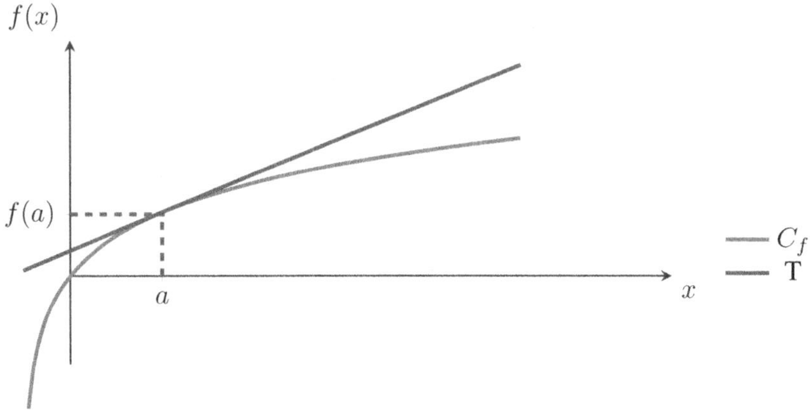

FIGURE 4.2

4.1.5 Coefficients binomiaux et formule de Leibniz

Coefficients binomiaux

Soit n un entier naturel et k un entier naturel inférieur ou égal à n, k parmi n est donné par la formule :

$$\binom{n}{k} = \frac{n\,!}{(n-k)\,!\,k\,!}$$

Formule de Liebniz

Soit f une fonction n fois dérivable, on note $f^{(n)}$ ou $\dfrac{\mathrm{d}^n f}{\mathrm{d}x^n}$ la dérivée n-ième de la fonction f.

Soient n un entier supérieur ou égal à 1 et f et g deux fonctions n fois dérivables en un point x, le produit fg est alors n fois dérivable au point x, et la dérivée d'ordre n est donnée par :

$$(fg)^{(n)}(x) = \sum_{k=0}^{n} \binom{n}{k}\, f^{(n-k)}(x)\; g^{(k)}(x)$$

4.1.6 Exercices

❑ Exercice 1

Donner la dérivée des fonctions suivantes ainsi que leur domaine de dérivabilité.

1. $f_1(x) = x^3 + x + 1$
2. $f_2(x) = x^2 + 4x$
3. $f_3(x) = \dfrac{1}{x-1}$
4. $f_4(x) = \dfrac{2x}{x-1}$
5. $f_5(x) = (3x+2)^6$
6. $f_6(x) = \big(5x^2+3\big)\big(x^3-1\big)$
7. $f_7(x) = (x+3)\big(x^3-1\big)$
8. $f_8(x) = \ln(x+1)$
9. $f_9(x) = \ln\big(3x^2-5x+2\big)$
10. $f_{10}(x) = \mathrm{e}^{2x+3}$
11. $f_{11}(x) = \mathrm{e}^{x^3-x+2}$
12. $f_{12}(x) = \mathrm{e}^{\frac{x+1}{x+2}}$
13. $f_{13}(x) = x\,\mathrm{e}^{2x}$
14. $f_{14}(x) = \arctan 2x$
15. $f_{15}(x) = \ln\left(\dfrac{x+1}{x-2}\right)$
16. $f_{16}(x) = \sqrt{x^2+2}$
17. $f_{17}(x) = \sqrt{x^2+5x+4}$
18. $f_{18}(x) = \sqrt{x+5}$
19. $f_{19}(x) = \cos\big(x^2+1\big)$
20. $f_{20}(x) = \sin(2x-1)$

Solution

1. La fonction f_1 est dérivable sur $\mathbb{R}$,

$$\boxed{f_1'(x) = 3x^2 + 1}$$

2. La fonction f_2 est dérivable sur $\mathbb{R}$,

$$\boxed{f_2'(x) = 2x + 4}$$

3. La fonction f_3 est dérivable sur $\mathbb{R} - \{1\}$,

$$\boxed{f_3'(x) = -\frac{1}{(x-1)^2}}$$

4. La fonction f_4 est dérivable sur $\mathbb{R} - \{1\}$,

$$f_4'(x) = \frac{2\,(x-1) - 2x}{(x-1)^2} = \boxed{-\frac{2}{(x-1)^2}}$$

5. La fonction f_5 est dérivable sur $\mathbb{R}$,
f_5 est de la forme $(u(x))^6$, la dérivée est donc $6\,u'(x)\,(u(x))^5$

$$f_5'(x) = 6 \times 3\,(3x+2)^5 = \boxed{18\,(3x+2)^5}$$

6. La fonction f_6 est dérivable sur $\mathbb{R}$,

$$f_6'(x) = 10x\left(x^3 - 1\right) + \left(5x^2 + 3\right)\left(3x^2\right) = \boxed{25x^4 + 9x^2 - 10x}$$

7. La fonction f_7 est dérivable sur $\mathbb{R}$,

$$f_7'(x) = 1\left(x^3 - 1\right) + 3x^2\,(x+3) = \boxed{4x^3 + 9x^2 - 1}$$

8. La fonction f_8 est dérivable sur $]-1, +\infty[$,

$$\boxed{f_8'(x) = \frac{1}{x+1}}$$

9. Les racines du polynôme $3x^2 - 5x + 2$ sont $\frac{2}{3}$ et 1.
La fonction f_9 est donc dérivable sur $\left]-\infty, \frac{2}{3}\right[\cup \,]1, +\infty[$,

$$\boxed{f_9'(x) = \frac{6x - 5}{3x^2 - 5x + 2}}$$

10. La fonction f_{10} est dérivable sur $\mathbb{R}$,

$$\boxed{f_{10}'(x) = 2\,\mathrm{e}^{2x+3}}$$

11. La fonction f_{11} est dérivable sur $\mathbb{R}$,

$$\boxed{f'_{11}(x) = \left(3x^2 - 1\right) \mathrm{e}^{x^3-x+2}}$$

12. La fonction f_{12} est dérivable sur $\mathbb{R} - \{-2\}$,

$$f'_{12}(x) = \frac{x+2-(x+1)}{(x+2)^2}\,\mathrm{e}^{\frac{x+1}{x+2}} = \boxed{\frac{1}{(x+2)^2}\,\mathrm{e}^{\frac{x+1}{x+2}}}$$

13. La fonction f_{13} est dérivable sur $\mathbb{R}$, f_{13} est de la forme $u\,v$, sa dérivée est donc $\left(u'v + u\,v'\right)$.

$$f'_{13}(x) = 1 \times \mathrm{e}^{2x} + x \times 2\,\mathrm{e}^{2x} = \boxed{(1+2x)\,\mathrm{e}^{2x}}$$

14. La fonction f_{14} est dérivable sur $\mathbb{R}$,

$$\boxed{f'_{14}(x) = \frac{2}{1+(2x)^2}}$$

15. La fonction f_{15} est dérivable sur $\mathbb{R} - \{2\}$,

$$f'_{15}(x) = \frac{-\frac{3}{(x-2)^2}}{\frac{x+1}{x-2}} = \boxed{-\frac{3}{(x-2)\,(x+1)}}$$

16. La fonction f_{16} est dérivable sur $\mathbb{R}$,

$$\boxed{f'_{16}(x) = \frac{2x}{2\sqrt{x^2+2}}}$$

17. Les racines du polynôme $x^2 + 5x + 4$ sont -4 et -1. La fonction f_{17} est donc dérivable sur $]-\infty, -4[\cup]-1, +\infty[$,

$$\boxed{f'_{17}(x) = \frac{2x+5}{2\sqrt{x^2+5x+4}}}$$

18. La fonction f_{18} est dérivable sur $]-5, +\infty[$,

$$\boxed{f'_{18}(x) = \frac{1}{2\sqrt{x+5}}}$$

19. La fonction f_{19} est dérivable sur $\mathbb{R}$,

$$\boxed{f'_{19}(x) = -2x\sin\left(x^2+1\right)}$$

20. La fonction f_{20} est dérivable sur $\mathbb{R}$,

$$\boxed{f'_{20}(x) = 2\cos(2x-1)}$$

❑ Exercice 2

Donner, dans chaque cas, l'équation de la tangente à la courbe C_f au point d'abscisse a.

1. $f(x) = \sqrt{x}$ et $a = 1$
2. $f(x) = x^2$ et $a = 1$
3. $f(x) = x\,e^x$ et $a = -1$
4. $f(x) = \ln(x+1)$ et $a = 2$

Solution

1. Pour $x \leq 0$, $f'(x) = \dfrac{1}{2\sqrt{x}}$.
   L'équation de la tangente au point d'abscisse $a = 1$ est $y = f'(1)(x-1) + f(1)$ soit
   $$\boxed{y = \frac{1}{2}x + \frac{1}{2}}$$
2. Pour $x \in \mathbb{R}$, $f'(x) = 2x$.
   L'équation de la tangente au point d'abscisse $a = 1$ est $y = f'(1)(x-1) + f(1)$ soit
   $$\boxed{y = 2x - 1}$$
3. Pour $x \in \mathbb{R}$, $f'(x) = (x+1)\,e^x$.
   L'équation de la tangente au point d'abscisse $a = -1$ est $y = f'(-1)(x+1) + f(-1)$ soit
   $$\boxed{y = -\frac{1}{e}}$$
4. Pour $x > -1$, $f'(x) = \dfrac{1}{x+1}$
   L'équation de la tangente au point d'abscisse $a = 2$ est $y = f'(2)(x-2) + f(2)$ soit
   $$\boxed{y = \frac{1}{3}x - \frac{2}{3} + \ln 3}$$

❑ Exercice 3

Calculer la dérivée n-ième de chaque fonction :

1. $f(x) = \dfrac{1}{x-1}$ défnie sur $\mathbb{R} - \{1\}$
2. $f(x) = x\,e^x$ défnie sur $\mathbb{R}$

Solution

1. Calculons les premières dérivées de f :
   Pour tout $x \in \mathbb{R} - \{1\}$, $f'(x) = -\dfrac{1}{(x-1)^2}$
   Pour tout $x \in \mathbb{R} - \{1\}$, $f^{(2)}(x) = \dfrac{2\,(x-1)}{(x-1)^4} = \dfrac{2}{(x-1)^3}$
   On peut montrer par récurrence que pour tout $n \in \mathbb{N}^*$, pour tout $x \in \mathbb{R} - \{1\}$,

$$\boxed{f^{(n)}(x) = \frac{(-1)^n\, n\,!}{(x-1)^{n+1}}}$$

2. Calculons les premières dérivées de f :
   Pour tout $x \in \mathbb{R}$, $f'(x) = \mathrm{e}^x + x\,\mathrm{e}^x = (1+x)\,\mathrm{e}^x$
   Pour tout $x \in \mathbb{R}$, $f^{(2)}(x) = \mathrm{e}^x + (x+1)\,\mathrm{e}^x = (2+x)\,\mathrm{e}^x$
   On peut montrer par récurrence que pour tout $n \in \mathbb{N}$, pour tout $x \in \mathbb{R}$,

$$\boxed{f^{(n)}(x) = (n+x)\,\mathrm{e}^x}$$

❑ Exercice 4

La fonction valeur absolue est-elle dérivable sur $\mathbb{R}$?

Solution

Notons f la fonction définie sur $\mathbb{R}$ par $f(x) = |x|$.
Etudions le taux de variation de f pour $x > 0$.

$$\lim_{h \to 0} \frac{f(x+h) - f(x)}{h} = \lim_{h \to 0} \frac{|x+h| - |x|}{h} = \lim_{h \to 0} \frac{x+h-x}{h} = 1$$

Etudions le taux de variation de f pour $x < 0$.

$$\lim_{h \to 0} \frac{f(x+h) - f(x)}{h} = \lim_{h \to 0} \frac{|x+h| - |x|}{h} = \lim_{h \to 0} \frac{-x-h-(-x)}{h} = -1$$

Etudions le taux de variation de f pour $x = 0$.

$$\lim_{h \to 0} \frac{f(h) - f(0)}{h} = \lim_{h \to 0} \frac{|h|}{h}$$

On a donc :

$$\lim_{h \to 0^+} \frac{f(h) - f(0)}{h} = 1 \quad \text{et} \quad \lim_{h \to 0^-} \frac{f(h) - f(0)}{h} = -1$$

Ainsi, $\dfrac{|h|}{h}$ n'a pas de limite donc la fonction n'est pas dérivable en 0.

4.2 Applications en physique

4.2.1 Mécanique des fluides

❑ **Exercice 1 - LANCE À INCENDIE** (CCMP) ★★☆

1. Pour quelle valeur de l'angle α, la fonction $\phi(\alpha) = \dfrac{1}{\sin\alpha} + \dfrac{1}{\cos\alpha}$ est-elle minimale ?
2. L'équation de la trajectoire parabolique d'un jet d'eau s'écrit :

$$z(x) = -\frac{g}{2v_0^2}\left(1 + \tan^2\alpha\right)x^2 + (\tan\alpha)\,x + z_0 \tag{1}$$

où l'extrémité du jet est inclinée d'un angle α par rapport à l'horizontale et se situe à la côte z_0 du sol.
Calculer la portée maximale x_{max} du jet en fonction de la vitesse initiale v_0 de l'eau, l'accélération de la pesanteur g et de z_0.

D'après Concours Commun Mines-Ponts

Solution

1. On dérive la fonction $\phi(\alpha)$ par rapport à α.

$$\frac{\mathrm{d}\phi(\alpha)}{\mathrm{d}\alpha} = \frac{\mathrm{d}(\sin\alpha)^{-1}}{\mathrm{d}\alpha} + \frac{\mathrm{d}(\cos\alpha)^{-1}}{\mathrm{d}\alpha}$$

$$\frac{\mathrm{d}\phi(\alpha)}{\mathrm{d}\alpha} = (-1)\cos\alpha\,(\sin\alpha)^{-1-1} + (-1)\,(-\sin\alpha)\,(\cos\alpha)^{-1-1}$$

$$\frac{\mathrm{d}\phi(\alpha)}{\mathrm{d}\alpha} = -\frac{\cos\alpha}{\sin^2\alpha} + \frac{\sin\alpha}{\cos^2\alpha}$$

Cette dérivée de $\phi(\alpha)$ s'annule pour une valeur de α_{m} telle que :

$$\frac{\mathrm{d}\phi(\alpha)}{\mathrm{d}\alpha} = 0 = -\frac{\cos\alpha_{\text{m}}}{\sin^2\alpha_{\text{m}}} + \frac{\sin\alpha_{\text{m}}}{\cos^2\alpha_{\text{m}}}$$

$$\cos^3\alpha_{\text{m}} = \sin^3\alpha_{\text{m}}$$

$$\frac{\sin^3\alpha_{\text{m}}}{\cos^3\alpha_{\text{m}}} = \tan^3\alpha_{\text{m}} = 1$$

$$\tan\alpha_{\text{m}} = \sqrt[3]{1} = 1$$

$$\alpha_{\text{m}} = \arctan 1 = \boxed{\frac{\pi}{4}}$$

2. La portée au sol dépend de l'angle α lorsque les autres paramètres v_0 et z_0 sont fixés. On dérive l'équation de la trajectoire par rapport à α. La portée est maximale lorsque cette dérivée s'annule.

$$\begin{aligned}
\frac{\mathrm{d}z}{\mathrm{d}\alpha} &= \frac{\mathrm{d}}{\mathrm{d}\alpha}\left(-\frac{g}{2v_0^2}\left(1+\tan^2\alpha\right)x^2 + (\tan\alpha)\,x + z_0\right) \\
&= -\frac{g}{2v_0^2}\frac{\mathrm{d}}{\mathrm{d}\alpha}\left(1+\tan^2\alpha\right)x^2 + \frac{\mathrm{d}(\tan\alpha)}{\mathrm{d}\alpha}\,x + 0 \\
&= -\frac{g}{2v_0^2}\left(0 + 2\tan\alpha\,\frac{\mathrm{d}(\tan\alpha)}{\mathrm{d}\alpha}\right)x^2 + \frac{\mathrm{d}(\tan\alpha)}{\mathrm{d}\alpha}\,x + 0 \\
&= -\frac{g}{v_0^2}\left(\tan\alpha\,\frac{\mathrm{d}(\tan\alpha)}{\mathrm{d}\alpha}\right)x^2 + \frac{\mathrm{d}(\tan\alpha)}{\mathrm{d}\alpha}\,x
\end{aligned}$$

Recherchons l'expression de $\dfrac{\mathrm{d}(\tan\alpha)}{\mathrm{d}\alpha}$.

$$\begin{aligned}
\frac{\mathrm{d}(\tan\alpha)}{\mathrm{d}\alpha} &= \frac{\mathrm{d}}{\mathrm{d}\alpha}\left(\frac{\sin\alpha}{\cos\alpha}\right) \\
&= \frac{\cos\alpha\cos\alpha - \sin\alpha\,(-\sin\alpha)}{\cos^2\alpha}
\end{aligned}$$

En appliquant la formule $\cos a\cos b + \sin a\sin b = \cos(a-b)$, il en vient :

$$\frac{\mathrm{d}(\tan\alpha)}{\mathrm{d}\alpha} = \frac{\cos(\alpha-\alpha)}{\cos^2\alpha} = \boxed{\frac{1}{\cos^2\alpha}}$$

$$\Rightarrow\quad \frac{\mathrm{d}z}{\mathrm{d}\alpha} = -\frac{g}{v_0^2}\left(\frac{1}{\cos^2\alpha}\tan\alpha\right)x^2 + \frac{1}{\cos^2\alpha}\,x$$

La portée est maximale lorsque $\dfrac{\mathrm{d}z}{\mathrm{d}\alpha} = 0$.

$$0 = -\frac{g}{v_0^2}\left(\frac{1}{\cos^2\alpha_{\max}}\tan\alpha_{\max}\right)x_{\max}^2 + \frac{1}{\cos^2\alpha_{\max}}\,x_{\max}$$

$$0 = \frac{x_{\max}}{\cos^2\alpha_{\max}}\left(-\frac{g}{v_0^2}\tan\alpha_{\max}\,x_{\max} + 1\right)$$

Or $\dfrac{x_{\max}}{\cos^2\alpha_{\max}} \neq 0$ on a donc $\left(-\dfrac{g}{v_0^2}\tan\alpha_{\max}\,x_{\max} + 1\right) = 0$.

Il en vient :

$$\boxed{\tan\alpha_{\max} = \frac{v_0^2}{g\,x_{\max}}}$$

On reporte cette expression dans l'équation de la trajectoire. La portée au sol est maximale lorsque $z(x_{\max}) = 0$.

$$z(x_{\max}) = -\frac{g}{2v_0^2}(1+\tan^2\alpha_{\max})x_{\max}^2 + \tan\alpha_{\max}\,x_{\max} + z_0 = 0$$

$$-\frac{g}{2v_0^2}\left(1+\left(\frac{v_0^2}{g\,x_{\max}}\right)^2\right)x_{\max}^2 + \frac{v_0^2}{g\,x_{\max}}\,x_{\max} + z_0 = 0$$

$$-\frac{g}{2v_0^2}\left(x_{\max}^2 + \frac{v_0^4}{g^2}\right) + \frac{v_0^2}{g} + z_0 = 0$$

$$x_{\max}^2\left(\frac{g}{2v_0^2}\right) = \frac{v_0^2}{g} + z_0 - \frac{g}{2v_0^2}\frac{v_0^4}{g^2} = \frac{1}{2}\frac{v_0^2}{g} + z_0$$

$$x_{\max}^2 = \left(\frac{1}{2}\frac{v_0^2}{g} + z_0\right)\left(\frac{2v_0^2}{g}\right) = \frac{v_0^4}{g^2} + \frac{2v_0^2}{g}\,z_0$$

$$\boxed{x_{\max} = \frac{v_0^2}{g}\sqrt{1+\frac{2v_0^2}{g}\,z_0}}$$

Autre méthode de résolution

On peut aussi poser $u = \tan\alpha$. L'équation de la trajectoire s'écrit alors :

$$z(x) = -\frac{g}{2v_0^2}\left(1+u^2\right)x^2 + u\,x + z_0$$

La portée maximale est atteinte pour $x = x_{\max}$ telle que $z(x_{\max}) = 0$.

$$0 = -\frac{g}{2v_0^2}(1+u^2)\,x_{\max}^2 + u\,x_{\max} + z_0 \tag{2}$$

On cherche la valeur de u pour laquelle la dérivée de cette équation par rapport à la variable u s'annule.

$$0 = \frac{\mathrm{d}}{\mathrm{d}u}\left(-\frac{g}{2v_0^2}(1+u^2)\,x_{\max}^2 + u\,x_{\max} + z_0\right)$$

$$0 = -\frac{g}{2v_0^2}\,2u\,x_{\max}^2 + x_{\max} = \left(-\frac{g}{v_0^2}\,u\,x_{\max} + 1\right)x_{\max}$$

Or $x_{\max} \neq 0$, on a donc :

$$-\frac{g}{v_0^2}\,u\,x_{\max} + 1 = 0 \;\Rightarrow\; \boxed{u = \frac{v_0^2}{g\,x_{\max}}}$$

En reportant cette expression dans l'équation (2), on obtient :

$$-\frac{g}{2v_0^2}\left(1+\left(\frac{v_0^2}{g\,x_{\text{max}}}\right)^2\right)x_{\text{max}}^2+\frac{v_0^2}{g\,x_{\text{max}}}\,x_{\text{max}}+z_0=0$$

En se reportant à la résolution faite par la première méthode, on obtient :

$$\boxed{x_{\text{max}}=\frac{v_0^2}{g}\sqrt{1+\frac{2v_0^2}{g}\,z_0}}$$

4.2.2 Optique ondulatoire

❑ **Exercice 2** - COMMENT OBTENIR L'EXPRESSION DE L'INTERFRANGE D'UNE FIGURE D'INTERFÉRENCES ? ☆☆☆

Point méthode
On appelle interfrange d'une figure d'interférences, notée i, la distance entre deux franges consécutives de même nature.
Les deux franges de même nature sont alors distantes d'une interfrange i et la soustraction des différences de marche des deux franges consécutives est égale à une longueur d'onde notée λ.
Le taux de variation de la différence de marche s'écrit :

$$\frac{\delta(x+\lambda)-\delta(x)}{(x+\lambda)-x}=\frac{\delta(x+\lambda)-\delta(x)}{\lambda}=\boxed{\frac{\mathrm{d}\delta(x)}{\mathrm{d}x}=\frac{\lambda}{i}}$$

Il suffit alors de dériver l'expression de la différence de marche $\delta(x)$ par rapport à la variable x et de la comparer au rapport $\frac{\lambda}{i}$.

Dans chacun des cas suivants, rechercher l'expression de l'interfrange i.

1. Dans le cas des trous d'Young, la différence de marche a pour expression :

$$\delta(x)=n_{\text{air}}\,\frac{ax}{D}$$

2. Dans le cas des trous d'Young avec l'ajout d'une lame à faces parallèles d'épaisseur e placée perpendiculairement sur le trajet d'un des deux faisceaux lumineux, la différence de marche a pour expression :

$$\delta(x)=n_{\text{air}}\,\frac{ax}{D}+(n_{\text{verre}}-n_{\text{air}})\,e$$

3. Dans le cas de l'interféromètre de Michelson en configuration coin d'air d'angle α, la différence de marche a pour expression :

$$\delta(x) = 2\, n_{\text{air}}\, \alpha\, x$$

Solution

1.

$$\frac{\mathrm{d}\delta(x)}{\mathrm{d}x} = \frac{\mathrm{d}\left(n_{\text{air}}\, \frac{ax}{D}\right)}{\mathrm{d}x} = n_{\text{air}}\, \frac{a}{D} = \frac{\lambda}{i}$$

$$\boxed{i = \frac{\lambda D}{n_{\text{air}}\, a}}$$

2.

$$\frac{\mathrm{d}\delta(x)}{\mathrm{d}x} = \frac{\mathrm{d}\left(n_{\text{air}}\, \frac{ax}{D} + (n_{\text{verre}} - n_{\text{air}})\, e\right)}{\mathrm{d}x} = n_{\text{air}}\, \frac{a}{D} = \frac{\lambda}{i}$$

$$\boxed{i = \frac{\lambda D}{n_{\text{air}}\, a}}$$

Remarque : la présence de la lame à faces parallèles ne modifie pas l'interfrange de la figure d'interférences obtenue mais va être à l'origine d'une translation des franges dans la direction de l'axe des x.

3.

$$\frac{\mathrm{d}\delta(x)}{\mathrm{d}x} = \frac{\mathrm{d}(2\, n_{\text{air}}\, \alpha\, x)}{\mathrm{d}x} = 2\, n_{\text{air}}\, \alpha = \frac{\lambda}{i}$$

$$\boxed{i = \frac{\lambda}{2\, n_{\text{air}}\, \alpha}}$$

Chapitre 5

Développements limités

5.1 Mathématiques

Ce chapitre est consacré aux calculs de développements limités, c'est-à-dire à l'approximation d'une fonction en un point ou en l'infini par une fonction polynôme.
En physique, les domaines qui les utilisent sont la mécanique, mécanique des fluides, optique ondulatoire et physique des ondes.
On considère dans ce chapitre que I est un intervalle de $\mathbb{R}$ et C la représentation graphique d'une fonction f.

5.1.1 Définition

Soit f une fonction de I dans $\mathbb{R}$, soit $a \in$ I et n un entier naturel. On dit que f admet un développement limité à l'ordre n en a si il existe des coefficients réels $a_0, \ldots, a_n$ et une fonction ε qui tend vers 0 quand x tend vers 0 tels que pour tout x de I :

$$f(x) = f(a) + a_1(x-a) + \cdots + a_p(x-a)^p + \cdots + a_n(x-a)^n + (x-a)^n\varepsilon(x-a)$$

Le polynôme $P(x) = \sum_{k=0}^{n} a_k(x-a)^k$ est la **partie polynomiale** du développement limité de f en a et $\varepsilon(x-a)$ qui tend vers 0 quand x tend vers a.
On peut aussi utiliser la notation $(x-a)^n\varepsilon(x-a) = o((x-a)^n)$

Propriété
Si f admet un développement limité en a d'ordre n alors celui ci est unique.

Remarque
Chercher le développement limité d'une fonction en a à l'ordre n revient à déterminer les coefficients a_0, a_1 , $\cdots$, a_n.

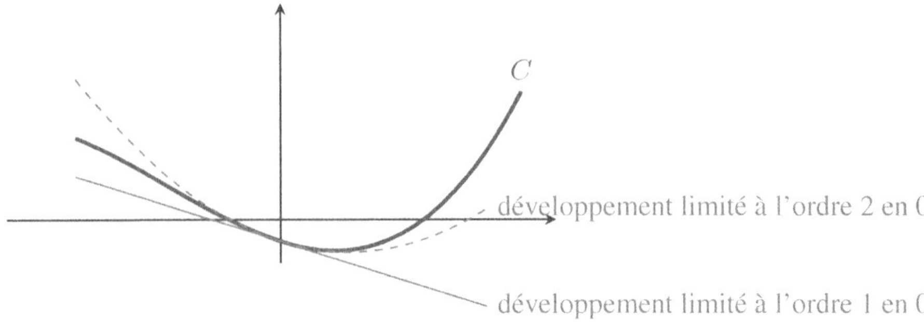

FIGURE 5.1 – Représentation des développements limités d'une fonction

5.1.2 Calculs du développement limité d'une fonction

1. **En utilisant la formule de Taylor-Young**

   La formule de Taylor-Young établit un lien entre les coefficients a_k et les dérivées successives de f.

Formule de Taylor-Young

Soit k un élément de $\mathbb{N}^*$, a un élément de I et f une application de I dans $\mathbb{R}$ admettant une dérivée d'ordre k en a. Alors il existe une fonction ε de I dans $\mathbb{R}$ telle que $\varepsilon(x-a)$ tend vers 0 quand x tend vers a pour tout x de $\mathrm{I}-\{a\}$:

$$f(x) = f(a) + \sum_{p=1}^{k} \frac{f^{(p)}(a)}{p\,!}(x-a)^p + (x-a)^k\,\varepsilon(x-a)$$

Développement limité de f en 0 à l'ordre 2 avec f définie sur $\mathbb{R}$ par $f(x) = x\,\mathrm{e}^{x+1}$

f est de classe C^∞ sur $\mathbb{R}$ et pour tout x réel on a :

$$f'(x) = (x+1)\,\mathrm{e}^{x+1}$$

$$f''(x) = (x+2)\,\mathrm{e}^{x+1}$$

On a donc $f(0) = 0$, $f'(0) = \mathrm{e}$ et $f''(x) = 2\mathrm{e}$.

D'après la formule de Taylor-Young à l'ordre 2 en 0, on a :

$$f(x) = f(0) + f'(0)\,x + \frac{f''(0)}{2\,!}\,x^2 + x^2\varepsilon(x)$$

Donc, le développement cherché s'écrit :

$$f(x) = x\,\mathrm{e} + \frac{2\mathrm{e}}{2\,!}\,x^2 + x^2\varepsilon(x)$$

avec ε une fonction qui tend vers 0 en 0.
Ainsi, $f(x) = \mathrm{e}x + \mathrm{e}x^2 + x^2\varepsilon(x)$ avec ε une fonction qui tend vers 0 en 0.

2. **En utilisant les développements limités usuels en 0**

On peut démontrer les développements suivants en 0 en utilisant la formule de Taylor.

$$\mathrm{e}^x = 1 + \frac{x}{1\,!} + \frac{x^2}{2\,!} + \ldots + \frac{x^n}{n\,!} + o(x^n)$$

$$(1+x)^\alpha = 1 + \alpha x + \frac{\alpha\,(\alpha-1)}{2\,!}\,x^2 + \ldots + \frac{\alpha\,(\alpha-1)\ldots(\alpha-n+1)}{n\,!}\,x^n + o(x^n)$$

$$\frac{1}{1+x} = 1 - x + x^2 + \ldots + (-1)^n\,x^n + o(x^n)$$

$$\frac{1}{1-x} = 1 + x + x^2 + \ldots + x^n + o(x^n)$$

$$\sqrt{1+x} = 1 + \frac{x}{2} - \frac{1}{8}\,x^2 + \ldots + (-1)^{n-1}\,\frac{1\times 1\times 3\times 5\ldots(2n-3)}{2^n\,n\,!}\,x^n + o(x^n)$$

$$\frac{1}{\sqrt{1+x}} = 1 - \frac{x}{2} + \frac{3}{8}\,x^2 + \cdots + (-1)^n\,\frac{1\times 3\times 5\ldots(2n-1)}{2^n\,n\,!}\,x^n + o(x^n)$$

$$\ln(1+x) = x - \frac{x^2}{2} + \frac{x^3}{3} + \ldots + (-1)^{n-1}\,\frac{x^n}{n} + o(x^n)$$

$$\ln(1-x) = -x - \frac{x^2}{2} - \frac{x^3}{3} + \cdots - \frac{x^n}{n} + o(x^n)$$

$$\tan x = x + \frac{x^3}{3} + \frac{2x^5}{15} + o(x^6)$$

$$\cos x = 1 - \frac{x^2}{2\,!} + \frac{x^4}{4\,!} + \ldots + (-1)^n\,\frac{x^{2n}}{(2n)\,!} + o(x^{2n+1})$$

$$\sin x = x - \frac{x^3}{3\,!} + \frac{x^5}{5\,!} + \ldots + (-1)^n\,\frac{x^{2n+1}}{(2n+1)\,!} + o(x^{2n+2})$$

$$\arctan x = x - \frac{x^3}{3} + \frac{x^5}{5} + \ldots + (-1)^n\,\frac{x^{2n+1}}{2n+1} + o(x^{2n+1})$$

$$\mathrm{ch}\,x = 1 + \frac{x^2}{2\,!} + \frac{x^4}{4\,!} + \ldots + \frac{x^{2n}}{(2n)\,!} + o(x^{2n+1})$$

$$\mathrm{sh}\,x = x + \frac{x^3}{3\,!} + \frac{x^5}{5\,!} + \ldots + \frac{x^{2n+1}}{(2n+1)\,!} + o(x^{2n+2})$$

- **Multiplication de deux développements limités**

  Si deux fonctions f et g admettent un développement limité au voisinage de 0 à l'ordre n de la forme

$$f(x) = P(x) + o(x^n) \quad \text{et} \quad g(x) = Q(x) + o(x^n)$$

  alors le produit $f \times g$ admet un développement limité à l'ordre n qui s'obtient en tronquant $P(x)Q(x)$ au degré n.

Développement limité de f en 0 à l'ordre 3 avec f définie sur $]-1;+\infty[$ **par** $f(x) = \cos x \ln(x+1)$

On rappelle que $\cos x = 1 - \dfrac{x^2}{2!} + o(x^3)$ et $\ln(x+1) = x - \dfrac{x^2}{2} + \dfrac{x^3}{3} + o(x^3)$
Donc,

$$\begin{aligned} f(x) &= \cos x \ln(x+1) \\ &= \left(1 - \frac{x^2}{2!} + o(x^3)\right)\left(x - \frac{x^2}{2} + \frac{x^3}{3} + o(x^3)\right) \end{aligned}$$

Le développement limité attendu étant à l'ordre 3, les termes x^4, x^5 et x^6 sont négligeables devant x^3 au voisinage de 0. Ils seront donc inclus dans le $o(x^3)$.
On a donc :

$$f(x) = x - \frac{x^2}{2} + \frac{x^3}{3} - \frac{x^3}{2} + o(x^3) = x - \frac{x^2}{2} - \frac{x^3}{6} + o(x^3)$$

- **Composition**

  Si deux fonctions f et g admettent un développement limité au voisinage de 0 à l'ordre n de la forme

$$f(x) = P(x) + o(x^n), \quad g(x) = Q(x) + o(x^n) \quad \text{et} \quad g(0) = 0$$

  alors $f \circ g$ admet un développement limité à l'ordre n qui s'obtient en tronquant $P(Q(x))$ au degré n.

Développement limité de f en 0 à l'ordre 3 avec f définie sur $\mathbb{R}$ par $f(x) = \ln(x^2+2)$

On rappelle que $\ln(1+u) = u - \dfrac{u^2}{2} + \dfrac{u^3}{3} + o(u^3)$ quand u tend vers 0.
On cherche a avoir une expression de la forme $\ln(1+u)$ avec u au voisinage de 0 quand x est au voisinage de 0.

On a :

$$f(x) = \ln(x^2+2) = \ln\left(2\left(1+\frac{x^2}{2}\right)\right)$$
$$= \ln 2 + \ln\left(1+\frac{x^2}{2}\right)$$

On peut poser $u = \frac{x^2}{2}$, u tend bien vers 0 quand x tend vers 0.
On a donc :

$$f(x) = \ln\, 2 + \frac{x^2}{2} + o(x^3)$$

Développement limité de f en 0 à l'ordre 2 avec f définie sur $\mathbb{R}$ par $f(x) = x\,\mathrm{e}^{x^2}$

On rappelle que $\mathrm{e}^u = 1 + u + \frac{u^2}{2} + o(u^2)$ quand u tend vers 0.
On remarque de x^2 tend bien vers 0 quand x tend vers 0.
On a donc $\mathrm{e}^u = 1 + u + \frac{u^2}{2} + o(u^2)$ quand u tend vers 0 soit
$\mathrm{e}^{x^2} = 1 + x^2 + \frac{x^4}{2} + o(x^4)$.
Ainsi,

$$f(x) = x + \underbrace{x^3 + \frac{x^5}{2} + o(x^5)}_{o(x^2)} = x + o(x^2)$$

Développement limité de f en 0 à l'ordre 2 avec f définie sur $\mathbb{R}$ par $f(x) = \frac{1}{\cos\, x}$

On rappelle que $\cos\, x = 1 - \frac{x^2}{2} + o(x^2)$ quand x tend vers 0 et que $\frac{1}{1-u} = 1 + u + u^2 + o(u^2)$ quand u tend vers 0.
On a donc $f(x) = \frac{1}{\cos\, x} = \frac{1}{1 - \underbrace{\frac{x^2}{2} + o(x^2)}_{u}}$ quand x tend vers 0.

Soit,

$$f(x) = 1 + \frac{x^2}{2} + o(x^2)$$

- **Intégration et dérivation**

  On considère une fonction de classe C^1 sur un intervalle I qui contient 0.

  Si f' admet un développement limité au voisinage de 0 à l'ordre n de la forme $f'(x) = P(x) + o(x^n)$ alors f admet un développement limité au voisinage de 0 à l'ordre $(n+1)$ de la forme $f(x) = f(0) + \int_0^x P(t)\,\mathrm{d}t + o(x^{n+1})$.

  La notation $\int_0^x P(t)\,\mathrm{d}t$ est définie au chapitre 7 - Intégrales (voir « lien entre primitive et intégrale »).

Développement limité de f en 0 à l'ordre 3 avec f définie sur $\mathbb{R}$ par $f(x) = \ln(1-x)$ en utilisant le développement de $\dfrac{1}{1-x}$

On rappelle que $\dfrac{1}{1-x} = 1 + x + x^2 + o(x^2)$ quand x tend vers 0 et que $f'(x) = \dfrac{-1}{1-x}$.

On a donc $f(x) = f(0) + \int_0^x -(1+t+t^2)\,\mathrm{d}t + o(x^3)$ quand x tend vers 0.

Soit,

$$f(x) = -x - \frac{x^2}{2} - \frac{x^3}{3} + o(x^3)$$

On considère une fonction de classe C^1 sur un intervalle I qui contient 0.

Si f et f' admettent des développements limités au voisinage de 0 à l'ordre $(n+1)$ et n de la forme $f(x) = P(x) + o(x^{n+1})$ alors le développement limité de f' au voisinage de 0 à l'ordre n est de la forme $f'(x) = P'(x) + o(x^n)$.

Développement limité de f en 0 à l'ordre 3 avec f définie sur $\mathbb{R}$ par $f(x) = \dfrac{1}{(1-x)^2}$ en utilisant le développement de $\dfrac{1}{1-x}$

On rappelle que $\dfrac{1}{1-x} = 1 + x + x^2 + x^3 + x^4 + o(x^4)$ quand x tend vers 0.

De plus, $\dfrac{1}{1-x}$ est dérivable en 0 et sa dérivée est $\dfrac{1}{(1-x)^2}$.

Ainsi,

$$f(x) = \left(\frac{1}{1-x}\right)' = 1 + 2x + 3x^2 + 4x^3 + o(x^3)$$

5.1.3 Exercices

❑ **Exercice 1 - DÉVELOPPEMENTS LIMITÉS SIMPLES** ★☆☆

Donner le développement limité en 0 à l'ordre 2 de chaque fonction f définie sur $\mathbb{R}$ par :

1. $f(x) = 2\tan x\,(1 + \sin\,x)$
2. $f(x) = \dfrac{1}{1-2x^2}$
3. $f(x) = \dfrac{1}{1+2x}$
4. $f(x) = \cos x \ln(1+x)$
5. $f(x) = \ln(\cos x)$
6. $f(x) = \mathrm{e}^{\sqrt{1+x}}$
7. $f(x) = \dfrac{1}{x^2+2}$
8. $f(x) = \dfrac{1}{(1-x)^2}$
9. $f(x) = \ln(2\cos\,x + \sin\,x)$

Solution

1. On part des développements limités à l'ordre 2 de $2\tan x$ et de $(1 + \sin x)$.
   - $2\tan x = 2x + o(x^2)$
   - $1 + \sin x = 1 + x + o(x^2)$

   On effectue le produit en tronquant le résultat à l'ordre 2.
   $$2\tan x\,(1+\sin x) = \left(2x + o(x^2)\right)\left(1 + x + o(x^2)\right) = \boxed{2x + 2x^2 + o(x^2)}$$

2. On utilise le développement en 0 de $\dfrac{1}{1-u} = 1 + u + u^2 + o(u^2)$ avec $u = 2x^2$ que l'on tronque à l'ordre 2.
   Remarque : u tend bien vers 0 quand x tend vers 0.
   $$f(x) = \frac{1}{1-2x^2} = 1 + 2x^2 + o(x^2) = \boxed{1 + 2x^2 + o(x^2)}$$

3. On utilise le développement en 0 de $\dfrac{1}{1-u} = 1 + u + u^2 + o(u^2)$ avec $u = -2x$ que l'on tronque à l'ordre 2.
   Remarque : u tend bien vers 0 quand x tend vers 0.
   $$f(x) = \frac{1}{1+2x} = 1 - 2x + (-2x)^2 + o(x^2) = \boxed{1 - 2x + 4x^2 + o(x^2)}$$

4. On part des développements limités à l'ordre 2 de $\cos x$ et de $\ln(1+x)$.

   - $\cos x = 1 - \dfrac{x^2}{2} + o(x^2)$
   - $\ln(1+x) = x - \dfrac{x^2}{2} + o(x^2)$

   On effectue le produit en tronquant le résultat à l'ordre 2.

$$f(x) = \cos x \ln(1+x) = \left(1 - \frac{x^2}{2} + o(x^2)\right)\left(x - \frac{x^2}{2} + o(x^2)\right)$$
$$= \boxed{x - \frac{x^2}{2} + o(x^2)}$$

5. Au voisinage de 0, $\cos x = 1 - \dfrac{x^2}{2} + o(x^2)$.

$$f(x) = \ln(\cos x) = \ln\left(1 - \frac{x^2}{2} + o(x^2)\right) = \boxed{-\frac{x^2}{2} + o(x^2)}$$

6. On part du développement limité de $\sqrt{1+x} = 1 + \dfrac{1}{2}x - \dfrac{1}{8}x^2 + o(x^2)$

   Ainsi, $f(x) = \mathrm{e}^{\sqrt{1+x}} = \mathrm{e}^{1+\frac{1}{2}x-\frac{1}{8}x^2+o(x^2)} = \mathrm{e}^1\,\mathrm{e}^{\frac{1}{2}x-\frac{1}{8}x^2+o(x^2)}$.

   Quand x tend vers 0, $u = \dfrac{1}{2}x - \dfrac{1}{8}x^2 + o(x^2)$ tend vers 0. On peut donc utiliser le développement de $\mathrm{e}^u = 1 + u + \dfrac{u^2}{2} + o(u^2)$ au voisinage de 0.

$$f(x) = \mathrm{e}^1\,\mathrm{e}^{\frac{1}{2}x-\frac{1}{8}x^2+o(x^2)} = \boxed{\mathrm{e} + \frac{\mathrm{e}}{2}x + o(x^2)}$$

7. $f(x) = \dfrac{1}{x^2+2} = \dfrac{1}{2}\left(\dfrac{1}{1+x^2/2}\right)$

   On utilise le développement en 0 de $\dfrac{1}{1+u} = 1 - u + u^2 + o(u^2)$ avec $u = \dfrac{x^2}{2}$ que l'on tronque à l'ordre 2.

   Remarque : u tend bien vers 0 quand x tend vers 0.

$$f(x) = \frac{1}{x^2+2} = \frac{1}{2}\left(1 - \frac{x^2}{2} + o(x^2)\right) = \boxed{\frac{1}{2} - \frac{x^2}{4} + o(x^2)}$$

8. $f(x) = \dfrac{1}{(1-x)^2} = \dfrac{1}{1-2x+x^2} = \dfrac{1}{1-(2x-x^2)}$

   On utilise le développement en 0 de $\dfrac{1}{1-u} = 1 + u + u^2 + o(u^2)$.

Quand x tend vers 0, $u = 2x - x^2 + o(x^2)$ tend vers 0.
Ainsi,

$$\begin{aligned} f(x) &= \frac{1}{(1-x)^2} \\ &= 1 + 2x - x^2 + o(x^2) + (2x - x^2 + o(x^2))^2 + o(x^2) \\ &= \boxed{1 + 2x + 3x^2 + o(x^2)} \end{aligned}$$

9. Au voisinage de 0,

$$2\cos x + \sin x = 2\left(1 - \frac{x^2}{2} + o(x^2)\right) + x + o(x^2) = 2 + x - x^2 + o(x^2)$$

Ainsi,

$$\begin{aligned} \ln(2\cos x + \sin x) &= \ln\big(2 + x - x^2 + o(x^2)\big) \\ &= \ln\left(2\left(1 + \frac{x}{2} - \frac{x^2}{2} + o(x^2)\right)\right) \\ &= \ln 2 + \ln\left(1 + \frac{x}{2} - \frac{x^2}{2} + o(x^2)\right) \end{aligned}$$

Quand u est au voisinage de 0, $\ln(1+u) = u - \dfrac{u^2}{2} + o(u^2)$.

Quand x tend vers 0, $u = \dfrac{x}{2} - \dfrac{x^2}{2} + o(x^2)$ tend vers 0.
Ainsi,

$$f(x) = \ln(2\cos x + \sin x) = \boxed{\ln 2 + \frac{x}{2} - \frac{5x^2}{8} + o(x^2)}$$

❑ Exercice 2 ★★☆

> Donner le développement limité en 0 à l'ordre 5 de la fonction f définie sur $\mathbb{R}$ par : $f(x) = \ln(1 + x^2 \sin x)$.

Solution

Le développement limité de $x^2 \sin x$ à l'ordre 5 est $x^2\left(x - \dfrac{x^3}{6} + \dfrac{x^5}{5\,!} + o(x^5)\right)$ soit

$$x^3 - \frac{x^5}{6} + \underbrace{\frac{x^7}{5\,!} + o(x^7)}_{o(x^5)}$$

On utilise le développement de $\ln(1+u) = u + o(u)$ à l'ordre 1 car les termes en u^2 donneront des termes de degré minimum x^6 avec $u = x^3 - \dfrac{x^5}{6} + o(x^5)$.

$$\boxed{f(x) = \ln(1 + x^2 \sin x) = x^3 - \frac{x^5}{6} + o(x^5)}$$

❑ Exercice 3

> Donner le développement limité en 0 à l'ordre 3 de la fonction f définie au voisinage de 0 par $f(x) = \sqrt{\cos x}$.

Solution

On utilise le développement de $\cos x = 1 - \dfrac{x^2}{2} + o(x^3)$ à l'ordre 3 avec x au voisinage de 0.

On sait que quand u tend vers 0, $\sqrt{1+u} = 1 + \dfrac{1}{2}u - \dfrac{1}{8}u^2 + o(u^2)$.

Ainsi,

$$\sqrt{\cos x} = \sqrt{1 - \frac{x^2}{2} + o(x^3)} = 1 + \frac{1}{2}\left(-\frac{x^2}{2} + o(x^3)\right) - \frac{1}{8}\left(-\frac{x^2}{2} + o(x^3)\right)^2 + o(x^3)$$

$$\boxed{f(x) = 1 - \frac{1}{4}x^2 + o(x^3)}$$

❑ Exercice 4 - APPLICATION AU CALCUL DE LIMITES

> Donner les limites en 0 en utilisant les développements limités.
>
> 1. $\displaystyle\lim_{x\to 0} \frac{x \sin x}{x^2}$
> 2. $\displaystyle\lim_{x\to 0} \frac{\ln(1+x)}{1-\cos x}$

Solution

1. On utilise le développement limité en 0 de $x \sin x$.

$$\frac{x \sin x}{x^2} = \frac{x\left(x + o(x^2)\right)}{x^2} = \frac{x^2 + o(x^2)}{x^2} = 1 + o(1)$$

On a donc :

$$\boxed{\lim_{x\to 0} \frac{x \sin x}{x^2} = 1}$$

2. Au voisinage de 0,

$$\frac{\ln(1+x)}{1-\cos x} = \frac{x - \frac{x^2}{2} + o(x^2)}{1 - (1 - \frac{x^2}{2} + o(x^2))} = \frac{x - \frac{x^2}{2} + o(x^2)}{\frac{x^2}{2} - o(x^2)} = \frac{1 - \frac{x}{2} + o(x)}{\frac{x}{2} - o(x)}$$

On a donc :

$$\boxed{\lim_{x\to 0^+} \frac{\ln(1+x)}{1-\cos x} = +\infty} \quad \text{et} \quad \boxed{\lim_{x\to 0^-} \frac{\ln(1+x)}{1-\cos x} = -\infty}$$

5.2 Applications en physique

Ecritures différentes de la formule de Taylor-Young

Pour la formule de Taylor-Young, on peut trouver différents types de notations. Celle-ci peut, par exemple, s'écrire sous la forme :

$$f(x) = f(a) + \sum_{p=1}^{k} \frac{f^{(p)}(a)}{p\,!}\,(x-a)^p + o((x-a)^k)$$

où la notation est illustrée figure 18.11, mais aussi

$$f(x+\mathrm{d}x) = f(x) + \sum_{p=1}^{k} \frac{(\mathrm{d}x)^p}{p\,!}\,f^{(p)}(x) + o(\mathrm{d}x^k)$$

où la notation est illustrée figure 5.3.

Remarque
Dans la formule, le terme $o(\mathrm{d}x^k)$ est négligeable devant les autres termes. En physique, on est souvent amené à le négliger. Dans ce cas, on notera :

$$f(x+\mathrm{d}x) \simeq f(x) + \sum_{p=1}^{k} \frac{(\mathrm{d}x)^p}{p\,!}\,f^{(p)}(x)$$

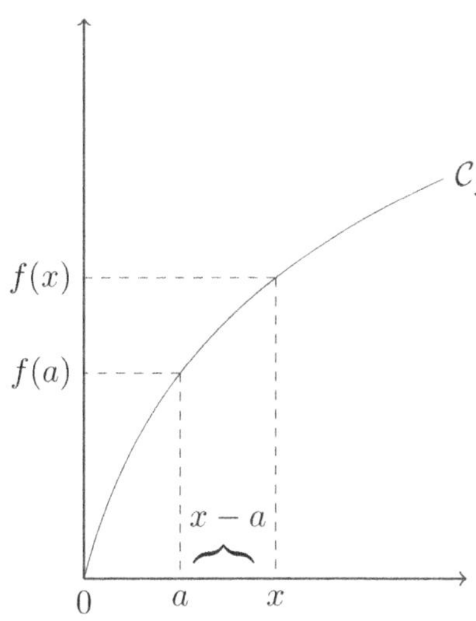

FIGURE 5.2

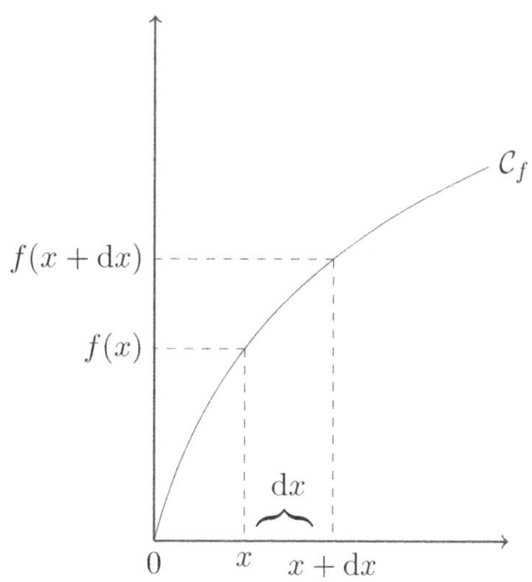

FIGURE 5.3

5.2.1 Mécanique

❑ **Exercice 1** - **PENDULE ACCROCHÉ DANS UN VÉHICULE** ☆☆☆

On accroche en un point O' au plafond d'un véhicule, animé d'un mouvement de translation rectiligne horizontal, un pendule simple de longueur ℓ et de masse m (figure 5.4). Dans le référentiel terrestre $\mathcal{R}$ supposé galiléen, le mouvement du véhicule est uniformément accéléré, d'accélération de module a constant.

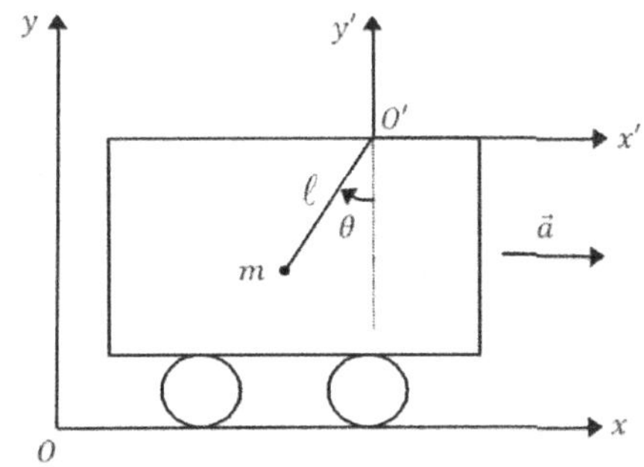

FIGURE 5.4

L'équation différentielle du mouvement du pendule dans le référentiel $\mathcal{R}'$ lié au véhicule s'écrit :

$$\ddot{\theta} + \frac{g}{\ell}\sin\theta - \frac{a}{\ell}\cos\theta = 0$$

1. En déduire la position d'équilibre du pendule que l'on notera θ_e.
2. On pose $\theta = \theta_e + \varepsilon$. Etablir l'équation différentielle à laquelle satisfait ε.
3. En déduire la période des petites oscillations autour de la position d'équilibre.

Solution

1. A l'équilibre, le pendule est dans une position stationnaire où $\ddot{\theta} = \dfrac{\mathrm{d}^2\theta}{\mathrm{d}t^2} = 0$. L'équation différentielle du pendule dans le référentiel $\mathcal{R}'$ lié au véhicule s'écrit :

$$\frac{g}{\ell}\sin\theta_e - \frac{a}{\ell}\cos\theta_e = 0$$

$$\frac{g}{\ell}\sin\theta_e = \frac{a}{\ell}\cos\theta_e$$

$$\tan\theta_e = \frac{a}{g} \Rightarrow \boxed{\theta_e = \arctan\left(\frac{a}{g}\right)}$$

2. $\theta = \theta_e + \varepsilon \Rightarrow \dot{\theta} = \dot{\varepsilon}$ et $\ddot{\theta} = \ddot{\varepsilon}$.

$$\ddot{\varepsilon} + \frac{g}{\ell}\sin(\theta_e + \varepsilon) - \frac{a}{\ell}\cos(\theta_e + \varepsilon) = 0$$

Au voisinage de θ_e, on effectue un développement limité des expressions de $\sin(\theta_e + \varepsilon)$ et $\cos(\theta_e + \varepsilon)$ à l'ordre 1 en ε.

$$\sin(\theta_e + \varepsilon) \simeq \sin\theta_e + \varepsilon \left.\frac{\mathrm{d}\sin\theta}{\mathrm{d}\theta}\right|_{\theta=\theta_e} = \sin\theta_e + \varepsilon\cos\theta_e$$

$$\cos(\theta_e + \varepsilon) \simeq \cos\theta_e + \varepsilon \left.\frac{\mathrm{d}\cos\theta}{\mathrm{d}\theta}\right|_{\theta=\theta_e} = \cos\theta_e + \varepsilon\,(-\sin\theta_e)$$

L'équation différentielle s'écrit :

$$\ddot{\varepsilon} + \frac{g}{\ell}\,(\sin\theta_e + \varepsilon\cos\theta_e) - \frac{a}{\ell}\,(\cos\theta_e - \varepsilon\sin\theta_e) = 0$$

$$\ddot{\varepsilon} + \left(\frac{g}{\ell}\cos\theta_e + \frac{a}{\ell}\sin\theta_e\right)\varepsilon + \left(\frac{g}{\ell}\sin\theta_e - \frac{a}{\ell}\cos\theta_e\right) = 0$$

D'après la question 1, l'équation différentielle se simplifie :

$$\ddot{\varepsilon} + \left(\frac{g}{\ell}\cos\theta_e + \frac{a}{\ell}\sin\theta_e\right)\varepsilon = 0$$

$$\ddot{\varepsilon} + \frac{g}{\ell}\cos\theta_e\left(1 + \frac{\frac{a}{\ell}}{\frac{g}{\ell}}\frac{\sin\theta_e}{\cos\theta_e}\right)\varepsilon = 0$$

$$\ddot{\varepsilon} + \frac{g}{\ell}\cos\theta_e\left(1 + \frac{a}{g}\tan\theta_e\right)\varepsilon = 0$$

Or $\frac{a}{g} = \tan\theta_e$, on a alors $\ddot{\varepsilon} + \frac{g}{\ell}\cos\theta_e\left(1 + \tan^2\theta_e\right)\varepsilon = 0$.

Or $\left[1 + \tan^2\theta_e\right] = \frac{1}{\cos^2\theta_e}$,

$$\boxed{\ddot{\varepsilon} + \frac{g}{\ell\cos\theta_e}\,\varepsilon = 0}$$

Cette équation différentielle est de la forme : $\ddot{\varepsilon} + \omega^2\varepsilon = 0$ avec $\omega^2 = \frac{g}{\ell\cos\theta_e}$.

3. La période des petites oscillations autour de la position d'équilibre a pour expression :

$$T = \frac{2\pi}{\omega} = \frac{2\pi}{\sqrt{\frac{g}{\ell\cos\theta_e}}} \Rightarrow \boxed{T = 2\pi\sqrt{\frac{\ell\cos\theta_e}{g}}}$$

❑ Exercice 2 - Energie potentielle d'une goutte d'eau ★☆☆

On considère une goutte d'eau cylindrique de rayon a et de hauteur e posée sur une plaque métallique plane parfaitement hydrophobe (figure 5.5).

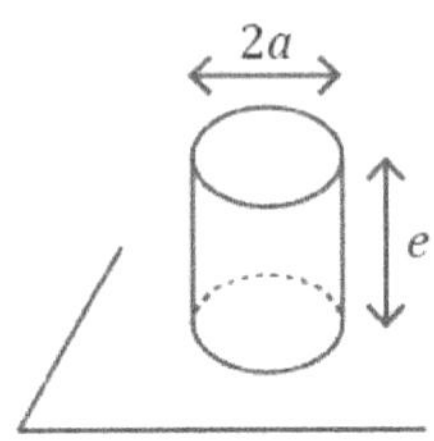

FIGURE 5.5 – Modèle cylindrique

On admet que toute la surface du cylindre (y compris sa base) est en contact avec l'air (ceci pour se rapprocher du modèle de la goutte d'eau sphérique qui est posée sur la surface en un seul point); cela revient à supposer qu'une mince couche d'air sépare la base du cylindre de la plaque. L'expérience montre que les interactions entre l'eau et l'air sont associés à une énergie potentielle de la forme $E_{p,t} = 2\pi A a^2 + \dfrac{2AV}{a}$ où A une constante positive appelée coefficient de tension superficielle et V le volume de la goutte.
Dans le champ de pesanteur, la goutte d'eau a une énergie potentielle de pesanteur de la forme $E_{p,g} = \dfrac{2\pi\mu_e g a_0^6}{a^3}$ où a_0 est la valeur de a pour laquelle $E_{p,t}$ passe par un minimum. Le volume de la goutte se note alors $V = 2\pi a_0^3$.
L'énergie potentielle totale de la goutte a pour expression :

$$E_p = E_{p,t} + E_{p,g} = 2\pi A a^2 + \frac{4\pi A a_0^3}{a} + \frac{2\pi\mu_e g a_0^6}{a^2}$$

Ce potentiel est minimal si $\dfrac{\mathrm{d}E_p}{\mathrm{d}a} = 0$ soit $4\pi A a - \dfrac{4\pi A a_0^3}{a^2} - \dfrac{4\pi\mu_e g a_0^6}{a^3} = 0$.
On note $a_1 = a_0\,(1+\varepsilon)$ la valeur qui rend minimale l'énergie potentielle totale de la goutte.
En supposant $\varepsilon \ll 1$ et en utilisant un développement limité en ε, déterminer à l'ordre 1 l'expression de ε en fonction de a_0, μ_e, g et A. Interpréter le signe ε.

D'après concours commun Mines-Ponts

Solution

L'énergie potentielle totale de la goutte est minimal pour $a = a_1$:

$$4\pi A a_1 - \frac{4\pi A a_0^3}{a_1^2} - \frac{4\pi\mu_e g a_0^6}{a_1^3} = 0$$

$$4\pi A a_0 (1+\varepsilon) - \frac{4\pi A a_0^3}{(a_0(1+\varepsilon))^2} - \frac{4\pi\mu_e g a_0^6}{(a_0(1+\varepsilon))^3} = 0$$

$$4\pi A a_0 (1+\varepsilon) - \frac{4\pi A a_0^3}{a_0^2}(1+\varepsilon)^{-2} - \frac{4\pi\mu_e g a_0^6}{a_0^3}(1+\varepsilon)^{-3} = 0$$

Pour $\varepsilon \ll 1$, le développement limité à l'ordre 1 en ε s'écrit : $(1+\varepsilon)^\alpha \simeq 1 + \alpha\varepsilon$.

$$4\pi A a_0 (1+\varepsilon) - 4\pi A a_0 (1-2\varepsilon) - 4\pi\mu_e g a_0^3 (1-3\varepsilon) = 0$$

$$4\pi A a_0 + 4\pi A a_0 \varepsilon - 4\pi A a_0 + 8\pi A a_0 \varepsilon - 4\pi\mu_e g a_0^3 + 12\pi\mu_e g a_0^3 \varepsilon = 0$$

$$4\pi A a_0 \varepsilon + 8\pi A a_0 \varepsilon - 4\pi\mu_e g a_0^3 + 12\pi\mu_e g a_0^3 \varepsilon = 0$$

$$\varepsilon\left(4\pi A a_0 + 8\pi A a_0 + 12\pi\mu_e g a_0^3\right) = 4\pi\mu_e g a_0^3$$

$$4\pi a_0 \varepsilon\left(A + 2A + 3\mu_e g a_0^2\right) = 4\pi\mu_e g a_0^3$$

$$\varepsilon\left(3A + 3\mu_e g a_0^2\right) = \mu_e g a_0^2$$

$$\boxed{\varepsilon = \frac{\mu_e g a_0^2}{3\left(A + \mu_e g a_0^2\right)}}$$

On constate que ε est de signe positif, on a alors $a_0 < a_1$. On peut dire que la pesanteur a augmenté le rayon du « cylindre » et donc a tendance à étaler la goutte.

❑ Exercice 3 - CHAMP DE MARÉE ★☆☆

Les marées sont dues aux champs de gravitation au niveau de la Terre des différents astres du système solaire, principalement la Lune et le Soleil. Dans la suite on ne considère que l'influence de la Lune. L'expression du champ de marée dû à la Lune est (L désignant le centre de la Lune) :

$$\overrightarrow{C_L}(\mathrm{M}) = -G m_L \left(\frac{\overrightarrow{\mathrm{LM}}}{\mathrm{LM}^3} - \frac{\overrightarrow{\mathrm{LT}}}{\mathrm{LT}^3}\right)$$

On cherche à simplifier cette expression en tenant compte du fait que, pour un point M à la surface de la terre, $\mathrm{TM} \ll \mathrm{TL}$ et en effectuant un développement limité au premier ordre en $\frac{\mathrm{TM}}{\mathrm{TL}}$. On posera $\mathrm{TM} = r$ et $\mathrm{TL} = d_L$, et on repèrera la position de M, dans le plan contenant L, T et M, en coordonnées polaires (voir figure 5.6).

1. Montrer que $\overrightarrow{\mathrm{LM}} = -d_L\,\vec{e}_z + r\,\vec{e}_r$.

   En déduire que, au premier ordre en $\frac{r}{d_L}$, on a $\frac{1}{\mathrm{LM}^3} = \frac{1}{d_L^3}\left(1 + \frac{3r\cos\theta}{d_L}\right)$.

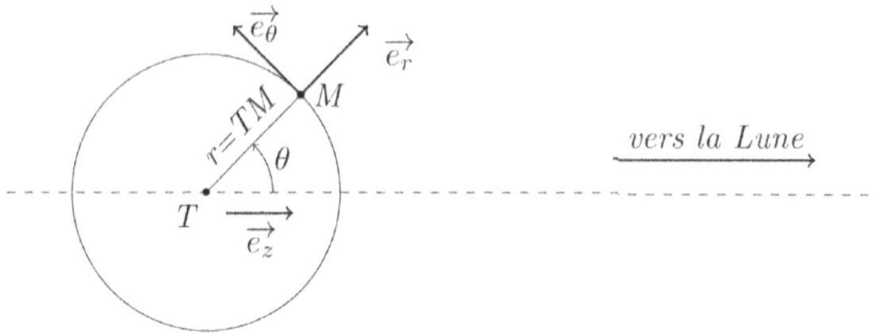

FIGURE 5.6

2. En déduire que, toujours au premier ordre en $\dfrac{r}{d_L}$:

$$\overrightarrow{C_L}(M) = \frac{G\,m_L\,r}{d_L^3}\,(3\cos\theta\,\vec{e}_z - \vec{e}_r)$$

On considère dans cette partie un modèle simple : la Terre est entièrement recouverte d'eau. On se place dans le cadre d'un modèle quasi-statique où la forme des océans à un instant donné obéit à la loi de l'hydrostatique. On ne considère que l'influence de la Lune. Dans ces conditions la surface de l'eau vérifie :

$$\frac{m_T}{r} + \frac{m_L}{d_L^3}\frac{r^2}{2}(3\cos^2\theta - 1) = \frac{m_T}{R_T}$$

La déformation h étant petite par rapport à R_T, on pose $r = R_T + h$ (où $\dfrac{h}{R_T} \ll 1$)

En effectuant les développements limités au premier ordre en $\dfrac{h}{R_T}$ adéquats, montrer que :

$$h\left(\frac{m_T}{R_T^2} - \frac{m_L R_T}{d_L^3}\,(3\cos^2\theta - 1)\right) \simeq \frac{m_L R_T^2}{2\,d_L^3}\,(3\cos^2\theta - 1)$$

D'après concours e3a-Polytech

Solution

1.

$$\overrightarrow{\mathrm{LM}} = \overrightarrow{\mathrm{LT}} + \overrightarrow{\mathrm{TM}}$$

$$\boxed{\overrightarrow{\mathrm{LM}} = -\,d_L\,\vec{e}_z + r\,\vec{e}_r}$$

$$\mathrm{LM}^2 = (-\,d_L\,\vec{e}_z + r\,\vec{e}_r)\cdot(-\,d_L\,\vec{e}_z + r\,\vec{e}_r)$$

$$\begin{aligned}\mathrm{LM}^2 &= d_L^2\,(\vec{e}_z\cdot\vec{e}_z) - 2d_L\,r\,(\vec{e}_z\cdot\vec{e}_r) + r^2\,(\vec{e}_r\cdot\vec{e}_r)\\ &= d_L^2 - 2\,d_L\,r\cos\theta + r^2\\ &= d_L^2\left(1-\frac{2r}{d_L}\cos\theta+\left(\frac{r}{d_L}\right)^2\right)\end{aligned}$$

$$\mathrm{LM}^3 = d_L^3\left(1-\frac{2r}{d_L}\cos\theta+\left(\frac{r}{d_L}\right)^2\right)^{\frac{3}{2}}$$

Or $\left(\frac{r}{d_L}\right)^2$ est d'ordre 2 en $\frac{r}{d_L}$ donc négligeable devant le terme d'ordre 1.

$$\frac{1}{\mathrm{LM}^3} = \frac{1}{d_L^3}\left(1-\frac{2r}{d_L}\cos\theta\right)^{-\frac{3}{2}}$$

$$\frac{1}{\mathrm{LM}^3} = \frac{1}{d_L^3}\left(1-\left(-\frac{3}{2}\right)\left(\frac{2r\cos\theta}{d_L}\right)\right)$$

$$\boxed{\frac{1}{\mathrm{LM}^3} = \frac{1}{d_L^3}\left(1+\frac{3r\cos\theta}{d_L}\right)}$$

2.

$$\overrightarrow{C_L}(\mathrm{M}) = -\,G\,m_L\left(\frac{\overrightarrow{\mathrm{LM}}}{\mathrm{LM}^3}-\frac{\overrightarrow{\mathrm{LT}}}{\mathrm{LT}^3}\right)$$

$$\overrightarrow{C_L}(\mathrm{M}) = -\,G\,m_L\left((-\,d_L\,\vec{e}_z+r\,\vec{e}_r)\,\frac{1}{d_L^3}\left(1+\frac{3r\cos\theta}{d_L}\right)-\frac{d_L}{d_L^3}\,(-\,\vec{e}_z)\right)$$

$$\overrightarrow{C_L}(\mathrm{M}) = -\frac{G\,m_L}{d_L^2}\left(\left(-\frac{d_L}{d_L}\,\vec{e}_z+\frac{r}{d_L}\,\vec{e}_r\right)\left(1+\frac{3r\cos\theta}{d_L}\right)+\frac{d_L}{d_L}\,\vec{e}_z\right)$$

$$\overrightarrow{C_L}(\mathrm{M}) = -\frac{G\,m_L}{d_L^2}\left(-\,\vec{e}_z-\frac{3r}{d_L}\cos\theta\,\vec{e}_z+\frac{r}{d_L}\,\vec{e}_r+\frac{3r^2}{d_L^2}\cos\theta\,\vec{e}_r+\vec{e}_z\right)$$

On néglige le terme d'ordre 2 et on simplifie l'équation.

$$\overrightarrow{C_L}(\mathrm{M}) = -\frac{G\,m_L}{d_L^2}\left(-\frac{3r}{d_L}\cos\theta\,\vec{e}_z+\frac{r}{d_L}\,\vec{e}_r\right)$$

$$\boxed{\overrightarrow{C_L}(\mathrm{M}) = \frac{G\,m_L\,r}{d_L^3}\,(3\cos\theta\,\vec{e}_z-\vec{e}_r)}$$

3.
$$\frac{m_T}{r}+\frac{m_L}{d_L^3}\frac{r^2}{2}\left(3\cos^2(\theta)-1\right)=\frac{m_T}{R_T}$$

On pose $r = R_T + h$ avec $\dfrac{h}{R_T} \ll 1$:

$$\frac{m_T}{R_T+h}+\frac{m_L}{d_L^3}\frac{(R_T+h)^2}{2}\left(3\cos^2\theta-1\right)=\frac{m_T}{R_T}$$

$$\frac{m_T}{R_T\left(1+\frac{h}{R_T}\right)}+\frac{m_L}{d_L^3}\frac{R_T^2\left(1+\frac{h}{R_T}\right)^2}{2}\left(3\cos^2\theta-1\right)=\frac{m_T}{R_T}$$

$$\frac{m_T}{R_T}\left(1+\frac{h}{R_T}\right)^{-1}+\frac{m_L}{2d_L^3}R_T^2\left(1+\frac{h}{R_T}\right)^2\left(3\cos^2\theta-1\right)=\frac{m_T}{R_T}$$

On effectue les développements limités au premier ordre en $\dfrac{h}{R_T}$:

$$\frac{m_T}{R_T}\left(1-\frac{h}{R_T}\right)+\frac{m_L}{2d_L^3}R_T^2\left(1+\frac{2h}{R_T}\right)\left(3\cos^2\theta-1\right)=\frac{m_T}{R_T}$$

$$-\frac{m_T h}{R_T^2}+\frac{m_L}{2d_L^3}R_T^2\left(3\cos^2\theta-1\right)+\frac{m_L}{2d_L^3}R_T^2\frac{2h}{R_T}\left(3\cos^2\theta-1\right)\simeq 0$$

$$\boxed{h\left(\frac{m_T}{R_T^2}-\frac{m_L R_T}{d_L^3}\left(3\cos^2\theta-1\right)\right)\simeq\frac{m_L R_T^2}{2d_L^3}\left(3\cos^2\theta-1\right)}$$

5.2.2 Mécanique des fluides

❑ Exercice 4 - EFFET DOPPLER ☆☆☆

Cet exercice est la suite de l'exercice « Effet Doppler » traité au chapitre 1 (Calculs vectoriels) dont les expressions des fréquences f' et f'' sont établies dans le chapitre 1 - Applications de mécanique des fluides - Exercice 9.

Considérons une sonde fixe associée à un référentiel $\mathfrak{R}$. Elle émet, dans ce référentiel, une onde ultrasonore de fréquence $f = 4\,\text{MHz}$ qui se propage dans le corps humain à la vitesse $c = 1,5 \times 10^3\,\text{m.s}^{-1}$. Le globule rouge est mobile et circule à la vitesse $\vec{V} = V\,\vec{u}_x$. Le vecteur d'onde $\vec{k}$ donne la direction et le sens de propagation de l'onde ultrasonore et fait un angle θ avec le vecteur unitaire $\vec{u}_x$ figure 5.7. Le globule perçoit alors une fréquence f'. Assimilée à une sphère de diamètre de 7 μm, il rétrodiffuse une partie de l'onde qu'il reçoit. La sonde ultrasonore, qui peut également fonctionner en réceptrice, réceptionne alors une onde de fréquence f''.

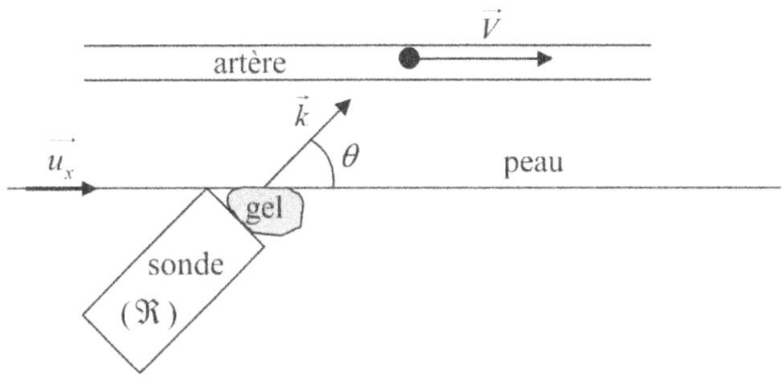

FIGURE 5.7 – Principe de la mesure de la circulation sanguine avec une sonde ultrasonore

La fréquence f'' de l'onde retour réceptionnée par la sonde ultrasonore a pour expression

$$f'' = f\left(\frac{c - V\cos\theta}{c + V\cos\theta}\right)$$

1. En considérant que $V \ll c$, effectuer un développement limité de f'' en $\frac{V}{c}$ à l'ordre 1.
2. En déduire l'expression de V en fonction de f, f'', c et θ.

D'après Concours Commun INP

Solution

1.

$$f'' = f\left(\frac{c - V\cos\theta}{c + V\cos\theta}\right) = f\left(\frac{1 - \frac{V}{c}\cos\theta}{1 + \frac{V}{c}\cos\theta}\right)$$

$$f'' = f\left(1 - \frac{V}{c}\cos\theta\right)\left(1 + \frac{V}{c}\cos\theta\right)^{-1}$$

On effectue alors le développement limité en $\frac{V}{c}$ à l'ordre 1.

$$f'' \simeq f\left(1 - \frac{V}{c}\cos\theta\right)\left(1 + (-1)\frac{V}{c}\cos\theta\right)$$

$$f'' \simeq f\left(1 - \frac{V}{c}\cos\theta\right)^2 = f\left(1 - 2\frac{V}{c}\cos\theta + \left(\frac{V}{c}\right)^2\right)$$

A l'ordre 1, on ne peut pas garder les termes d'ordre supérieur à 1 comme ici $\left(\frac{V}{c}\right)^2$ qui est d'ordre 2. On obtient donc :

$$\boxed{f'' \simeq f\left(1 - 2\frac{V}{c}\cos\theta\right)}$$

2.

$$cf'' \simeq f\left(c - 2V\cos\theta\right) = cf - 2V\cos\theta\, f$$

$$2V\cos\theta\, f \simeq cf - cf'' = c\left(f' - f''\right)$$

$$\boxed{V \simeq \frac{c}{2\cos\theta}\frac{f - f''}{f}}$$

5.2.3 Optique ondulatoire

❑ **Exercice 5** - CALCUL D'UNE DIFFÉRENCE DE MARCHE ★☆☆

Le dispositif des trous d'Young permet à deux faisceaux de lumière issus d'une même source d'interférer après être passés par deux trous S_1 et S_2 (soit par deux chemins différents). Le but de cet exercice est d'établir la différence de marche $\delta(M)$ qu'il y a entre les deux faisceaux, en un point M d'un écran placé à grande distance devant le dispositif optique telle que $OM \gg a$.
Par définition, $\delta(M) = (S_2M) - (S_1M) = n_{\text{air}}\left[S_2M - S_1M\right] = 1\left[r_2 - r_1\right]$.

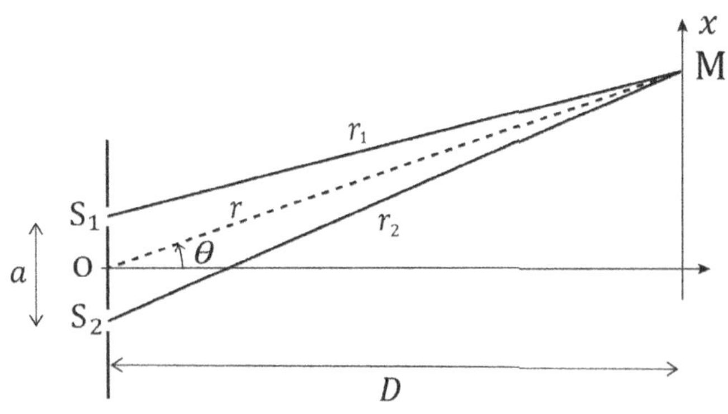

FIGURE 5.8

Les expressions de r_1^2 et de r_2^2 sont respectivement :

$$\begin{cases} r_1^2 = r^2\left[1 - \dfrac{a\sin\theta}{r} + \dfrac{a^2}{2r^2}\right] \\[2ex] r_2^2 = r^2\left[1 + \dfrac{a\sin\theta}{r} + \dfrac{a^2}{2r^2}\right] \end{cases}$$

1. Effectuer un développement limité en $\left(\dfrac{a}{r}\right)$ à l'ordre 1 des expressions de r_1 et de r_2 (on pourra poser $r_1 = \left(r_1^2\right)^{\frac{1}{2}}$).
2. En déduire l'expression de la différence de marche $\delta(\mathrm{M})$ en fonction de a et θ.

Remarque

Les expressions de r_1 et de r_2 ont été obtenues au chapitre 1 - Calculs vectoriels - Applications en optique ondulatoire - Exercice 10.

Ces expressions pourraient aussi être établies en utilisant le théorème d'Al-Kashi présenté au chapitre 3 - Trigonométrie - Cours de mathématiques.

Solution

1. On effectue un développement limité à l'ordre 1 en $\left(\dfrac{a}{r}\right)$:

$$r_1 = r\left[1 - \frac{a\sin\theta}{r} + \frac{a^2}{2r^2}\right]^{\frac{1}{2}}$$

$$r_1 \simeq r\left[1 - \frac{1}{2}\frac{a\sin\theta}{r} + \frac{1}{2}\frac{a^2}{2r^2}\right]$$

En ne gardant que les termes d'ordre 1 en $\left(\dfrac{a}{r}\right)$, on a :

$$\boxed{r_1 \simeq r\left[1 - \frac{1}{2}\frac{a\sin\theta}{r}\right]}$$

De même :

$$r_2 = r\left[1 + \frac{a\sin\theta}{r} + \frac{a^2}{2r^2}\right]^{\frac{1}{2}}$$

$$r_2 \simeq r\left[1 + \frac{1}{2}\frac{a\sin\theta}{r} + \frac{1}{2}\frac{a^2}{2r^2}\right]$$

En ne gardant que les termes d'ordre 1 en $\left(\dfrac{a}{r}\right)$, on a :

$$\boxed{r_2 \simeq r\left[1 + \frac{1}{2}\frac{a\sin\theta}{r}\right]}$$

2.

$$\delta(\mathrm{M}) = [r_2 - r_1] \simeq r\left[1 + \frac{1}{2}\frac{a\sin\theta}{r}\right] - r\left[1 - \frac{1}{2}\frac{a\sin\theta}{r}\right]$$

$$\boxed{\delta(\mathrm{M}) \simeq a\sin\theta}$$

Remarque

Pour des petits angles θ, $\sin\theta \simeq \theta \simeq \tan\theta = \dfrac{x_{\mathrm{M}}}{D}$.

La différence de marche peut donc aussi s'écrire : $\boxed{\delta(\mathrm{M}) \simeq \dfrac{a x_{\mathrm{M}}}{D}}$.

5.2.4 Physique des ondes

❑ **Exercice 6 - MODULATION DE PHASE** ★☆☆

Dans le cadre de la modulation d'amplitude, il est parfois souhaitable de moduler la phase du signal de la porteuse afin d'obtenir une tension sous la forme :

$$v_p(t) = U_0\cos[\,\omega_p t + m\cos(\omega_m t)]$$

où ω_p est appelée pulsation du signal de la porteuse, ω_m est la pulsation du signal modulant telle que $\omega_p \gg \omega_m$ et m est le taux de modulation tel que $m \ll 1$.

1. Par un développement de Taylor, montrer que le signal de porteuse modulé en phase peut s'écrire :

$$v_p(t) \simeq U_0\cos(\omega_p t) + f(t)\sin(\omega_p t)$$

où $f(t)$ sera exprimée en fonction de m, U_0, ω_m et t.

2. On se propose de retrouver le résultat précédent par un développement limité.
   - Développer l'expression de la tension $v_p(t)$ sachant que $\cos(a+b) = \cos a\cos b - \sin a\sin b$.
   - Pour $m \ll 1$, effectuer le développement limité de $v_p(t)$ en m à l'ordre 1 pour retrouver le résultat de la question 1.

D'après concours e3a-Polytech

Solution

1. D'après l'énoncé, $\omega_p \gg \omega_m$.
   Si $m \ll 1$ alors $m\cos(\omega_m t) \ll \omega_p t$ car $-1 < \cos(\omega_m t) < 1$.
   On pose $\varepsilon = m\cos(\omega_m t)$ avec $\varepsilon \ll \omega_p t$ et on effectue un développement de Taylor à l'ordre 1 en ε.

Comme

$$\cos(x+\varepsilon) \simeq \cos x + \varepsilon \, \frac{\mathrm{d} \cos x}{\mathrm{d}x} = \cos x + \varepsilon \, (-\sin x)$$

alors

$$\cos[\,\omega_p t + m\cos(\omega_m t)] \simeq \cos(\omega_p t) + m\cos(\omega_m t)\,(-\sin(\omega_p t))$$

$$\boxed{\cos[\,\omega_p t + m\cos(\omega_m t)] \simeq \cos(\omega_p t) - m\cos(\omega_m t)\sin(\omega_p t)}$$

Le signal peut s'écrire :

$$\begin{aligned} v_p(t) &\simeq U_0\,[\cos(\omega_p t) - m\cos(\omega_m t)\sin(\omega_p t)] \\ &\simeq U_0\cos(\omega_p t) - U_0\, m\cos(\omega_m t)\sin(\omega_p t) \\ &\simeq U_0\cos(\omega_p t) + f(t)\sin(\omega_p t) \end{aligned}$$

avec $\boxed{f(t) = -U_0\, m\cos(\omega_m t)}$

2. On utilise la relation $\cos(a+b) = \cos a\cos b - \sin a \sin b$.

$$\boxed{v_p \simeq U_0\cos(\omega_p t)\cos(m\cos(\omega_m t)) - U_0\sin(\omega_p t)\sin(m\cos(\omega_m t))}$$

Le taux de modulation m vérifie $m \ll 1$. On pose $\varepsilon = m\cos(\omega_m t)$. On effectue un développement limité à l'ordre 1 en ε.

$$\begin{aligned} v_p &\simeq U_0\cos(\omega_p t)\cos\varepsilon - U_0\sin(\omega_p t)\sin\varepsilon \\ &\simeq U_0\cos(\omega_p t)\times 1 - U_0\sin(\omega_p t)\times\varepsilon \end{aligned}$$

$$\boxed{v_p \simeq U_0\cos(\omega_p t) - U_0\, m\cos(\omega_m t)\sin(\omega_p t)}$$

Chapitre 6

Fonctions de plusieurs variables

6.1 Mathématiques

Nous étudierons dans ce chapitre les fonctions de plusieurs variables réelles.
On peut retrouver ces notions dans tous les domaines de la physique notamment en éléctromagnétisme, mécanique, mécanique des fluides et physique des ondes.
Dans ce chapitre, on notera $B = \{e_1, e_2\}$ la base canonique de $\mathbb{R}^2$, U un ouvert de $\mathbb{R}^2$ et f une fonction de $\mathbb{F}(U, \mathbb{R})$.
On choisira pour ce chapitre comme norme sur $\mathbb{R}^2$, $||(x, y)||_2 = \sqrt{x^2 + y^2}$.

6.1.1 Représentation

La représentation d'une fonction f de deux variables est la surface constituée de l'ensemble des points M de l'espace de coordonnées (x, y, z) avec $z = f(x, y)$.

Représentation de la fonction f définie par $f(x, y) = \sin y \ln (x^2 + 1)$

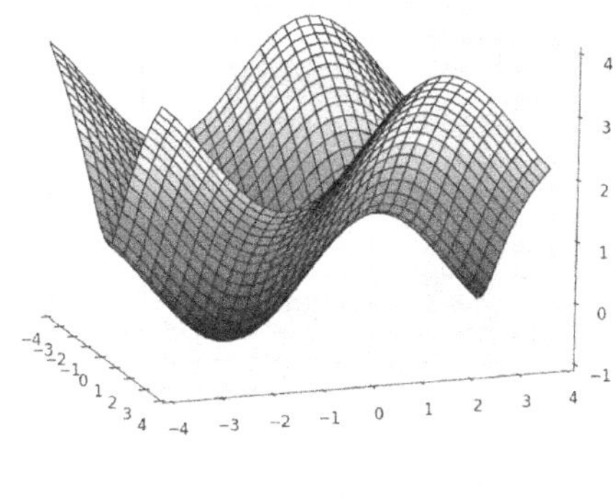

FIGURE 6.1

6.1.2 Limite

Pour f une fonction à valeurs réelles définie sur un ouvert U de $\mathbb{R}^2$, on dit que f est continue en a si et seulement si

$$\forall \varepsilon > 0 \ \exists \alpha > 0, (||x - a||_2 < \alpha \text{ et } x \in U) \Rightarrow |f(x) - f(a)| < \varepsilon$$

La fonction f définie par

$$f(x,y) = \begin{cases} \dfrac{x^2y^4}{x^2+y^2} & \textbf{si} \quad (x,y) \neq (0,0) \\ 0 & \textbf{si} \quad (x,y) = (0,0) \end{cases} ; \forall (x,y) \in \mathbb{R}^2$$

est continue en $(0,0)$.
On peut le prouver en posant :

$$\begin{cases} x = r\cos\theta \\ y = r\sin\theta \end{cases} ; \forall (x,y) \in \mathbb{R}^2.$$

et en faisant tendre r vers 0. Ainsi,

$$\begin{aligned} \lim_{(x,y)\to(0,0)} f(x,y) &= \lim_{r\to 0} \frac{(r\cos\theta)^2(r\sin\theta)^4}{(r\cos\theta)^2 + (r\sin\theta)^2} \\ &= \lim_{r\to 0} \frac{r^2\cos^2\theta\, r^4\sin^4\theta}{r^2(\cos^2\theta + \sin^2\theta)} \\ &= \lim_{r\to 0} \frac{r^6\cos^2\theta\sin^4\theta}{r^2} = 0 \end{aligned}$$

La fonction f définie par

$$f(x,y) = \begin{cases} \dfrac{xy}{x^2+y^2} & \textbf{si} \quad (x,y) \neq (0,0) \\ 0 & \textbf{si} \quad (x,y) = (0,0) \end{cases} ; \forall (x,y) \in \mathbb{R}^2$$

n'est pas continue en (0,0).
On peut le prouver en posant :

$$\begin{cases} x = r\cos\theta \\ y = r\sin\theta \end{cases} ; \forall (x,y) \in \mathbb{R}^2.$$

On obtient en effet

$$\lim_{r\to 0} f(x,y) = \lim_{r\to 0} \frac{r^2\cos\theta\sin\theta}{r^2(\cos^2\theta+\sin^2\theta)} = \lim_{r\to 0}\cos\theta\sin\theta$$

Cette limite dépend de θ.
En prenant $\theta = 0$, la limite cherchée est 0. En prenant $\theta = \frac{\pi}{4}$, la limite cherchée est $\frac{1}{2}$.
$f(x, y)$ n'a donc pas de limite quand r tend vers 0.

6.1.3 Lignes de niveau

Soit f une fonction à valeurs réelles définie sur un ouvert U de $\mathbb{R}^2$, la ligne de niveau k de l'application f est l'ensemble des points M tels que $f(\mathrm{M}) = k$.

Soit la fonction f définie par :

$$f(x,y) = \ln(x^2 - 2x + y^2 + 2y + 1)$$

1. Déterminons le domaine de définition de f, noté $\mathcal{D}_f$.
   La fonction f est définie si et seulement si $x^2 - 2x + y^2 + 2y + 1 > 0$ donc si et seulement si $(x-1)^2 + (y+1)^2 - 1 > 0$ ce qui revient à $(x-1)^2 + (y+1)^2 > 1$.
   La fonction f est donc définie sur $\mathbb{R}^2$ privé du disque de centre $(1, -1)$ et de rayon 1.
2. Déterminons les lignes de niveau de la fonction f.
   Soit k un nombre réel, on cherche les couples (x, y) tels que :
   $$\ln\left((x-1)^2 + (y+1)^2 - 1\right) = k$$
   Cela revient à chercher les couples (x, y) tels que :
   $$(x-1)^2 + (y+1)^2 = \mathrm{e}^k + 1$$
   Finalement l'ensemble cherché est le cercle de centre $(1, -1)$ et de rayon $\sqrt{\mathrm{e}^k + 1}$

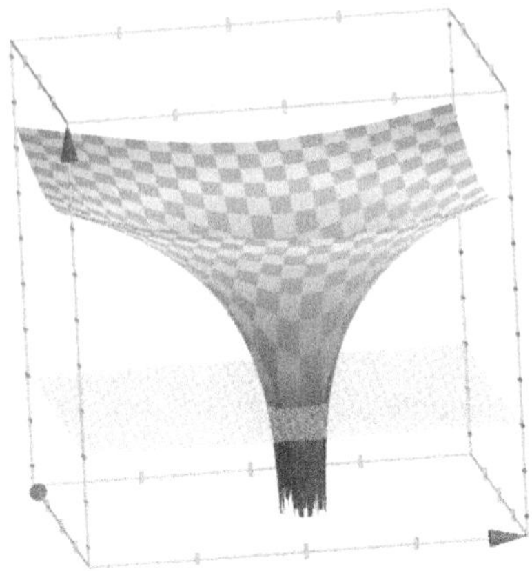

FIGURE 6.2

6.1.4 Dérivée d'une fonction à deux variables

On considère U un ouvert de $\mathbb{R}^2$, f une fonction de $\mathbb{F}(U, \mathbb{R})$ et $a(a_1, a_2) \in U$.

- **Dérivée partielle**

  Soit $h \in \mathbb{R}^2$. La fonction f est dérivable en a dans la direction h si et seulement si

$$\lim_{t \to 0} \frac{f(a+ht) - f(a)}{t}$$

  existe et est finie.
  On notera alors

$$D_h f(a) = \lim_{t \to 0} \frac{f(a+ht) - f(a)}{t}$$

  On note alors $D_{e_1} f(a)$ et $D_{e_2} f(a)$ **les dérivées partielles** de a.

  On a alors $D_{e_1} f(a) = \dfrac{\partial f}{\partial x}(a_1, a_2)$ et $D_{e_2} f(a) = \dfrac{\partial f}{\partial y}(a_1, a_2)$

Soit la fonction f définie sur $\mathbb{R}^2$ par $f(x, y) = x^2 + xy + 2$.

Les dérivées partielles de f sont définies sur $\mathbb{R}^2$. On peut écrire :

$$\frac{\partial f}{\partial x}(x, y) = 2x + y$$

$$\frac{\partial f}{\partial y}(x, y) = x$$

- **Différentiabilité**

  Une fonction f est dite différentiable en a si et seulement si il existe une application linéaire $D_f(a)$ de $\mathbb{R}^2$ dans $\mathbb{R}$ telle que :

$$\lim_{h \to (0,0)} \frac{f(a+h) - f(a) - D_f(a) \cdot h}{||h||_2} = 0$$

  On a alors pour tout $h = (h_1, h_2)$,

$$D_f(a)(h_1, h_2) = \frac{\partial f}{\partial x}(h_1, h_2)\, h_1 + \frac{\partial f}{\partial y}(h_1, h_2)\, h_2$$

  Propriété

  Si les dérivées partielles existent et sont continues sur U alors f est différentiable sur U et sa différentielle est continue sur U.

- **Extremum local et global**

  On considère U un ouvert de $\mathbb{R}^2$, f une fonction de $\mathbb{F}(U, \mathbb{R})$ différentiable sur U de différentielle D_f et $a(a_1, a_2) \in U$.
  Si D_f est différentiable en a alors la fonction f est alors deux fois différentiables en a.
  On a pour tout $h = (h_1, h_2)$ et $k = (k_1, k_2)$,

$$D_f^2(a)(h, k) = \frac{\partial^2 f}{\partial x^2}(a_1, a_2)\, h_1 k_1 + \frac{\partial^2 f}{\partial x\, \partial y}(a_1, a_2)\, h_1 k_2$$

$$+ \frac{\partial^2 f}{\partial y\, \partial x}(a_1, a_2)\, h_2 k_1 + \frac{\partial^2 f}{\partial y^2}(a_1, a_2)\, h_2 k_2$$

  Lemme de Schwartz

  Si une fonction f et deux fois différentiable en a alors les dérivées partielles de f sont différentiables en a et

$$\frac{\partial^2 f}{\partial x\, \partial y}(a_1, a_2) = \frac{\partial^2 f}{\partial y\, \partial x}(a_1, a_2)$$

  Maximum local, minimum local

  Soit une fonction f définie sur U dans $\mathbb{R}^2$ et a appartenant à U.

  On dit que f admet un maximum local en a s'il existe $r > 0$ tel que le disque de centre a et de rayon r soit inclus dans U et que en tout point x du disque, $f(x) \leq f(a)$.

  On dit que f admet un minimum en a s'il existe $r > 0$ tel que le disque de centre a et de rayon r soit inclus dans U et que en tout point x du disque, $f(x) \geq f(a)$.

Matrice Hessienne

Soit une fonction f deux fois différentiable en a alors la matrice hessienne de f en a est

$$Hessf(a_1, a_2) = \begin{pmatrix} r & s \\ s & t \end{pmatrix}$$

avec les notations de Monge suivantes :

$$r = \frac{\partial^2 f}{\partial x^2}(a_1, a_2)$$

$$t = \frac{\partial^2 f}{\partial y^2}(a_1, a_2)$$

$$s = \frac{\partial^2 f}{\partial x \partial y}(a_1, a_2)$$

Points critiques

Soit une fonction f définie sur un ouvert U de $\mathbb{R}$ telle que les dérivées partielles premières existent. On dit que a est un point critique si les dérivées partielles s'annulent en ce point.

Si une fonction admet un maxium local ou un minimum local en un point a de U alors a est nécessairement un point critique.

La réciproque n'est pas vrai : un point critique n'est pas forcément un minimum ou un maximum.

Soit a un point critique

* Si $rt - s^2 > 0$ et $r > 0$ alors f admet un minimum local en a.
* Si $rt - s^2 > 0$ et $r < 0$ alors f admet un maximum local en a.
* Si $rt - s^2 < 0$ alors f admet un point selle en a, ce n'est ni un maximum ni un minimum.
* Si $rt - s^2 = 0$ alors on ne peut pas conclure quant à la nature du point a.

Etude de la fonction f définie sur $\mathbb{R}^2$ par $f(x, y) = x^2 + xy + y^2$

La fonction admet des dérivées partielles premières et secondes.

Pour tout (x, y), on a :

$$\frac{\partial f}{\partial x}(x, y) = 2x + y$$

et

$$\frac{\partial f}{\partial y}(x, y) = 2y + x$$

Ces dérivées s'annulent en $(0, 0)$. C'est le seul point critique de la fonction f.

De plus,

$$Hessf(0,0) = \begin{pmatrix} 2 & 1 \\ 1 & 2 \end{pmatrix}$$

Ainsi $rt - s^2 = 3 > 0$ avec $r > 0$ donc f admet un minimum local en $(0,0)$.

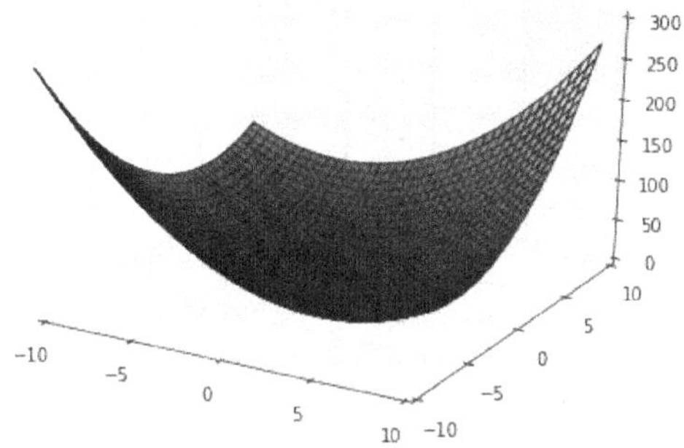

FIGURE 6.3

Etude de la fonction f définie sur $\mathbb{R}^2$ par $f(x,y) = x^3 + y^3$

La fonction admet des dérivées partielles premières et secondes.
Pour tout (x,y), on a :

$$\frac{\partial f}{\partial x}(x,y) = 3x^2$$

et

$$\frac{\partial f}{\partial y}(x,y) = 3y^2$$

Ces dérivées s'annulent en $(0,0)$. C'est le seul point critique de la fonction f.
De plus,

$$Hessf(0,0) = \begin{pmatrix} 0 & 0 \\ 0 & 0 \end{pmatrix}$$

Ainsi $rt - s^2 = 0$.
Etudions la fonction f au point $(0,0)$ puisque le théorème ne permet pas de conclure.
On peut remarquer que $f(0,0) = 0$. Or au point $(h,0)$ par exemple, on a $f(h,0) = h^3$ qui est du signe de h. $(0,0)$ n'est donc pas un extrémum local.

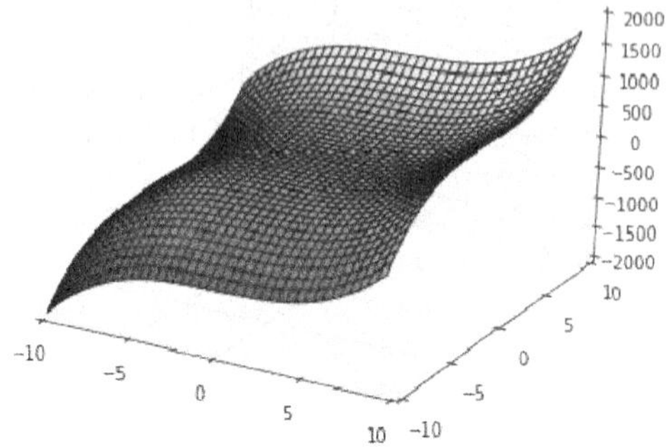

FIGURE 6.4

Etude de la fonction f définie sur $\mathbb{R}^2$ par $f(x, y) = -x^2 + y^2$

La fonction admet des dérivées partielles premières et secondes.
Pour tout (x, y), on a :

$$\frac{\partial f}{\partial x}(x, y) = -2x$$

et

$$\frac{\partial f}{\partial y}(x, y) = 2y$$

Ces dérivées s'annulent en $(0, 0)$. C'est le seul point critique de la fonction f.
De plus,

$$Hessf(0, 0) = \begin{pmatrix} -2 & 0 \\ 0 & 2 \end{pmatrix}$$

Ainsi $rt - s^2 < 0$.
La fonction admet donc un point selle en $(0, 0)$.

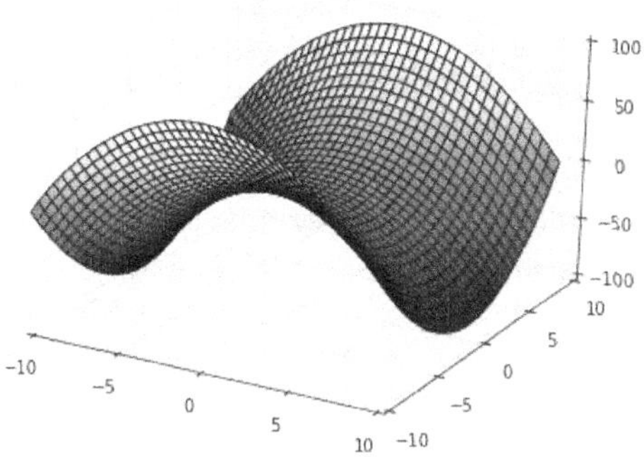

FIGURE 6.5

6.1.5 Formes différentielles

1. **Dual de $\mathbb{R}^2$**
   On appelle dual de $\mathbb{R}^2$ l'ensemble des applications linéaires de $\mathbb{R}^2$ dans $\mathbb{R}$.
2. **1-forme différentielle**
   Soit U un ouvert de $\mathbb{R}^2$. Une 1-forme différentielle ω sur U de $\mathbb{R}^2$ est une application définie sur U à valeur dans le dual de $\mathbb{R}^2$. Elle s'écrit :
   $$\forall (x, y) \in U, \omega(x, y) = P(x, y)\,\mathrm{d}x + Q(x, y)\,\mathrm{d}y$$
   avec P et Q des fonctions de U dans $\mathbb{R}$.
3. **1-forme différentielle exacte**
   Soit U un ouvert de $\mathbb{R}^2$. Une 1-forme différentielle ω sur U de $\mathbb{R}^2$ est exacte si il existe une application f de U dans $\mathbb{R}$ telle que $\omega = \mathrm{d}f$. La fonction f est alors une primitive de ω. On a alors :
   $$\mathrm{d}f = \frac{\partial f}{\partial x}\,\mathrm{d}x + \frac{\partial f}{\partial y}\,\mathrm{d}y$$
4. **1-forme différentielle fermée**
   Soit U un ouvert de $\mathbb{R}^2$. Une 1-forme différentielle ω sur U de $\mathbb{R}^2$ est fermée sur U si $\mathrm{d}\omega = 0$.
   Propriété
   ω de la forme $\omega(x, y) = P(x, y)\,\mathrm{d}x + Q(x, y)\,\mathrm{d}y$ est fermée sur U si et seulement si
   $$\frac{\partial P}{\partial y} = \frac{\partial Q}{\partial x}$$

   Toute 1-forme différentielle exacte est fermée

   Définition
   Un ouvert étoilé est un ouvert tel que tout segment reliant deux points de l'ensemble reste dans l'ouvert.

   Théorème de Poincarré

   Si U est un ouvert étoilé, ω est exacte si et seulement si ω est fermée

Etude de la forme différentielle $\omega = y\,\mathrm{d}x + x\,\mathrm{d}y$ définie sur $\mathbb{R}^2$

On notera $P(x, y) = y$ et $Q(x, y) = x$.

On constate que ω est une forme fermée. En effet,

$$\frac{\partial P}{\partial y} = 1 \text{ et } \frac{\partial Q}{\partial x} = 1$$

On a donc :

$$\frac{\partial P}{\partial y} = \frac{\partial Q}{\partial x}$$

D'apres le théorème de Poincarré, ω étant définie sur $\mathbb{R}^2$ qui est un ouvert étoilé, ω est une forme exacte. Il existe donc une fonction f telle que f soit définie sur $\mathbb{R}^2$ à valeur $\mathbb{R}$ telle que $\omega = \mathrm{d}f$.

On a alors :

$$\mathrm{d}f = \frac{\partial f}{\partial x}\,\mathrm{d}x + \frac{\partial f}{\partial y}\,\mathrm{d}y$$

Par identification avec ω, on a :

$$\begin{cases} \dfrac{\partial f}{\partial x} & = & P(x,y) \\ \dfrac{\partial f}{\partial y} & = & Q(x,y) \end{cases}$$

$\dfrac{\partial f}{\partial x} = y$ donc f est de la forme $f(x,y) = xy + c(y)$ avec $c(y)$ qui ne dépend pas de x.

Pour déterminer $c(y)$, on peut utiliser l'autre égalité : $\dfrac{\partial f}{\partial y} = x$. Ainsi,

$$\frac{\partial f}{\partial y} = \frac{\partial(xy + c(y))}{\partial y} = \frac{\partial xy}{\partial y} + c'(y) = x$$

donc $c'(y) = 0$ et $c(y) = c$ avec c une constante.

Ainsi une primitive de ω est $f(x,y) = xy + c$.

Etude de la forme différentielle $\omega = xy\,\mathrm{d}x + x\,\mathrm{d}y$ définie sur $\mathbb{R}^2$

On notera $P(x,y) = xy$ et $Q(x,y) = x$.

On constate que ω n'est pas une forme ferméee. En effet,

$$\frac{\partial P}{\partial y} = x \quad \text{et} \quad \frac{\partial Q}{\partial x} = 1 \quad \text{donc} \quad \frac{\partial P}{\partial y} \neq \frac{\partial Q}{\partial x}$$

Comme ω n'est pas une forme fermée ce n'est pas une forme exacte.

Il n'existe donc pas de fonction f telle que f soit définie sur $\mathbb{R}^2$ à valeur $\mathbb{R}$ et telle que $\omega = \mathrm{d}f$.

6.1.6 Exercices

❑ **Exercice 1** - **LIMITE ET CONTINUITÉ** ★☆☆

La fonction f définie $\forall (x,y) \in \mathbb{R}^2$ par

$$f(x,y) = \begin{cases} \dfrac{2\cos x \sin y}{y} & \text{si} \quad y \neq 0 \\ 2\cos x & \text{si} \quad y = 0 \end{cases}$$

est-elle continue sur $\mathbb{R}^2$?

Solution

La fonction f est continue si elle admet une limite finie quand y tend vers 0 égale à $2 \cos x$.

Or $\lim\limits_{y \to 0} \dfrac{\sin y}{y} = 1$ donc pour tout x de $\mathbb{R}$,

$$\lim_{(x,y)\to(x,0)} f(x,y) = 2\cos x$$

donc la fonction est continue sur $\mathbb{R}^2$.

❑ **Exercice 2** - **ETUDE DE FONCTION** ★☆☆

1. On considère l'application :

$$g :]0, +\infty[\to \mathbb{R}, \quad x \mapsto g(x) = x^2 + \ln x$$

(a) Montrer que g est continue et strictement croissante sur $]0, +\infty[$ et déterminer les limites de g en 0 et en $+\infty$.

(b) Montrer que l'équation $g(x) = 0$, d'inconnue $x \in]0, +\infty[$, admet une unique solution.
On note α l'unique solution de cette équation.

(c) Montrer que $\dfrac{1}{2} < \alpha < 1$.

2. On considère l'application :

$$F : \mathbb{R}_+^* \times \mathbb{R} \to \mathbb{R}, \quad (x,y) \mapsto F(x,y) = x\,\mathrm{e}^y + y \ln x$$

(a) Montrer que F est de classe C^1 sur $\mathbb{R}_+^* \times \mathbb{R}$ et calculer les dérivées partielles premières de F en tout point (x,y) de $\mathbb{R}_+^* \times \mathbb{R}$.

(b) Montrer que F admet un unique point critique que l'on exprimera à l'aide du nombre réel α.

3. Est-ce que F admet un extrémum local ?

Solution

1. Etude de la fonction g

(a) g est continue et dérivable sur $]0,+\infty[$ (en tant que somme de fonctions continues et dérivables) et $g'(x) = 2x + \dfrac{1}{x} > 0$.

g est donc continue et strictement croissante sur $]0,+\infty[$.

Etude des limites

$$\lim_{x\to 0} g(x) = \lim_{x\to 0} (x^2 + \ln x) = -\infty$$

$$\lim_{x\to +\infty} g(x) = \lim_{x\to +\infty} (x^2 + \ln x) = +\infty$$

x	0	$+\infty$
$g(x)$	$-\infty$	$\nearrow$ $+\infty$

(b) g est donc bijective de $]0,+\infty[$ dans $\left]\lim_{0} g, \lim_{+\infty} g\right[= \mathbb{R}$.

D'après le théorème des valeurs intermédiaires (voir chapitre 10 - Etude de fonctions), étant donné que $0 \in \mathbb{R}$ l'équation $g(x) = 0$ admet une unique solution. On la note α.

(c) On a $g\left(\dfrac{1}{2}\right) = \dfrac{1}{4} + \ln\left(\dfrac{1}{2}\right) = 0,25 - \ln 2 < 0$ et $g(1) = 1 + \ln 1 = 1$

$g\left(\dfrac{1}{2}\right) < g(\alpha) < g(1)$. avec g est strictement croissante sur $]0,+\infty[$

On a donc $\boxed{\dfrac{1}{2} < \alpha < 1}$.

2. Etude de l'application F

(a) F est C^1 sur $\mathbb{R}^2$ (en tant que somme de fonctions C^1) et on a :

$$\begin{aligned}
\frac{\partial F}{\partial x}(x,y) &= \mathrm{e}^y + \frac{y}{x} \\
\frac{\partial F}{\partial y}(x,y) &= x\,\mathrm{e}^y + \ln x
\end{aligned}$$

(b)

$$\begin{aligned}
(x,y) \text{ est un point critique} &\iff \text{ses deux dérivées partielles s'annulent}\\
&\iff \begin{cases} \dfrac{\partial F}{\partial x}(x,y) = 0 \\ \dfrac{\partial F}{\partial y}(x,y) = 0 \end{cases}\\
&\iff \begin{cases} \mathrm{e}^y + \dfrac{y}{x} = 0 \\ x\,\mathrm{e}^y + \ln x = 0 \quad L_2 - xL_1 \end{cases}\\
&\iff \begin{cases} \mathrm{e}^y + \dfrac{y}{x} = 0 \\ \ln x - y = 0 \end{cases}\\
&\iff \begin{cases} x + \dfrac{\ln x}{x} = 0 \\ y = \ln x \end{cases}\\
&\iff \begin{cases} x^2 + \ln x = 0 \\ y = \ln x \end{cases}\\
&\iff \begin{cases} g(x) = 0 \\ y = \ln x \end{cases}
\end{aligned}$$

qui a pour unique solution dans $\mathbb{R}_+^*$, $x = \alpha$ et $y = \ln \alpha$.
Le seul point critique de F est $(\alpha, \ln \alpha)$.

3. F est de classe C^2 sur $\mathbb{R}_+^* \times \mathbb{R}$
Notations de Monge

$$\begin{aligned}
r &= \frac{\partial^2 F}{\partial x^2}(x,y) = -\frac{y}{x^2}\\
s &= \frac{\partial^2 F}{\partial y \partial x}(x,y) = \mathrm{e}^y + \frac{1}{x}\\
t &= \frac{\partial^2 F}{\partial y^2}(x,y) = x\,\mathrm{e}^y
\end{aligned}$$

en particulier au point critique $(\alpha, \ln \alpha)$ on a :

$$r = -\frac{\ln \alpha}{\alpha^2}$$

$$s = \alpha + \frac{1}{\alpha}$$

$$t = \alpha^2$$

et donc,

$$\begin{aligned} rt - s^2 &= -\ln\alpha - \left(\alpha + \frac{1}{\alpha}\right)^2 \\ &= -\frac{1}{\alpha^2} - \alpha^2 - \ln\alpha - 2 \\ &= -\frac{1}{\alpha^2} - 2 < 0 \text{ car } \alpha^2 + \ln\alpha = 0 \end{aligned}$$

Sur $\mathbb{R}_+^* \times \mathbb{R}$, F n'a pas d'extrémum global.

❑ Exercice 3 - Calculs de dérivées partielles ★☆☆

Pour chaque fonction f définie pour tout (x, y) de $\mathbb{R}^2$ ci-dessous, donner ses dérivées partielles par rapport à x et y.

1. $f(x, y) = \ln(x^2 + y^2 + 1)$
2. $f(x, y) = x\,\mathrm{e}^y$
3. $f(x, y) = x^2 + xy + 3$
4. $f(x, y) = \cos(xy^2) + y - 1$

Solution

Rappel
Pour dériver une fonction f définie sur $\mathbb{R}^2$ par rapport à x, on considère les y comme des constantes.
De même, pour dériver une fonction f définie sur $\mathbb{R}^2$ par rapport à y, on considère les x comme des constantes.

1. $\forall (x, y) \in \mathbb{R}^2$,

$$\begin{aligned} \frac{\partial f}{\partial x}(x, y) &= \frac{2x}{x^2 + y^2 + 1} \\ \frac{\partial f}{\partial y}(x, y) &= \frac{2y}{x^2 + y^2 + 1} \end{aligned}$$

2. $\forall (x, y) \in \mathbb{R}^2$,

$$\begin{aligned} \frac{\partial f}{\partial x}(x, y) &= \mathrm{e}^y \\ \frac{\partial f}{\partial y}(x, y) &= x\,\mathrm{e}^y \end{aligned}$$

3. $\forall (x,y) \in \mathbb{R}^2$,

$$\begin{aligned} \frac{\partial f}{\partial x}(x,y) &= 2x+y \\ \frac{\partial f}{\partial y}(x,y) &= x \end{aligned}$$

4. $\forall (x,y) \in \mathbb{R}^2$,

$$\begin{aligned} \frac{\partial f}{\partial x}(x,y) &= -y^2\sin(xy^2) \\ \frac{\partial f}{\partial y}(x,y) &= -2xy\sin(xy^2)+1 \end{aligned}$$

❑ Exercice 4 ★☆☆

On considère la fonction définie $\forall (x,y) \in \mathbb{R}^2$ par

$$f(x,y) = \begin{cases} \dfrac{x^2y^3}{x^2+y^2} & \text{si} \quad (x,y) \neq (0,0) \\ 0 & \text{si} \quad (x,y) = (0,0) \end{cases}$$

1. La fonction est-elle continue sur $\mathbb{R}^2$?
2. f admet-elle des dérivées partielles ?
3. f est-elle différentiable ?

Solution

1. La fonction f est continue sauf peut-être en $(0,0)$.
On pose pour tout (x,y) :

$$\begin{cases} x = r\cos\theta \\ y = r\sin\theta \end{cases}$$

On obtient :

$$\lim_{(x,y)\to(0,0)} f(x,y) = \lim_{r\to 0} f(r\cos\theta, r\sin\theta) = \lim_{r\to 0} \frac{r^5\cos^2\theta\sin^3\theta}{r^2(\cos^2\theta+\sin^2\theta)}$$

Finalement $\boxed{\lim_{(x,y)\to(0,0)} f(x,y) = \lim_{r\to 0} r^3\cos^2\theta\sin^3\theta = 0}$

La fonction est donc continue en (0,0).

2. f admet des dérivées partielles pout tout $(x, y) \neq (0,0)$, on a alors :

$$\frac{\partial f}{\partial x}(x, y) = \frac{2xy^5}{(x^2+y^2)^2}$$

et

$$\frac{\partial f}{\partial y}(x, y) = \frac{x^2y^2(y^2+3x^2)}{(x^2+y^2)^2}$$

Calculs des dérivées partielles en $(0,0)$:

$$\frac{\partial f}{\partial x}(0,0) = \lim_{h\to 0} \frac{f(h,0)-f(0,0)}{h} = 0$$

$$\frac{\partial f}{\partial y}(0,0) = \lim_{h\to 0} \frac{f(0,h)-f(0,0)}{h} = 0$$

3. Les dérivées partielles sont continues, en particuliers en $(0,0)$, f est donc de classe C^1 et donc différentiable.

❑ Exercice 5 ★★☆

Soit la fonction f définie sur un ensemble inclu dans $\mathbb{R}^2$ définie par

$$f(x, y) = \sqrt{x^2+y^2+4y}$$

1. Donner l'ensemble de définition de la fonction f.
2. Donner l'ensemble des points tels que $f(x, y) = k$ pour tout k réel.

Rappel
L'équation d'un cercle de centre (a, b) et de rayon R a pour équation cartésienne

$$(x-a)^2 + (y-b)^2 = R^2$$

Solution

1. La fonction f est définie si et seulement si $x^2+y^2+4y \geq 0$.
On peut écrire $x^2+y^2+4y = x^2+(y+2)^2-4$.
On résout donc $x^2+(y+2)^2-4 \geq 0$ soit $x^2+(y+2)^2 \geq 4$.
La fonction est donc définie à l'extérieur du disque de centre $(0,-2)$ et de rayon 2.

2. * Si k est strictement négatif, l'ensemble cherché est l'ensemble vide.
   * Si k est nul , l'ensemble cherché est le cercle de centre $(0,-2)$ et de rayon 2.

* Si k est strictement positif, on résout :

$$f(x,y)=\sqrt{x^2+y^2+4y}=k$$

ce qui revient à chercher (x,y) tel que $x^2+y^2+4y=k^2$.
On a ainsi $x^2+(y+2)^2=4+k^2$.
L'ensemble cherché est le cercle de centre $(0,-2)$ et de rayon $\sqrt{4+k^2}$.

❑ Exercice 6 - Formes différentielles ★★★

Les 1-formes différentielles suivantes sont-elles fermées ? exactes ? Si oui donner leur primitive.

1. $\omega=3x^2y\,\mathrm{d}x+x^3\,\mathrm{d}y$
2. $\omega=x^2\,\mathrm{d}x+y^2\,\mathrm{d}y$
3. $\omega=x\,(y+1)\,\mathrm{d}x+y\,(x+1)\,\mathrm{d}y$

Solution

Pour chaque forme différentielle, on étudiera si ω est fermée puis le cas échéant on calculera une primitive.
Les fonctions étant définie sur $\mathbb{R}^2$ qui est un ouvert étoilé, ω fermée $\Leftrightarrow$ ω exacte .

1. $\omega=3x^2y\,\mathrm{d}x+x^3\,\mathrm{d}y$
   On notera $P(x,y)=3x^2y$ et $Q(x,y)=x^3$.

$$\frac{\partial P}{\partial y}=3x^2 \quad \text{et} \quad \frac{\partial Q}{\partial x}=3x^2 \quad \text{donc} \quad \frac{\partial P}{\partial y}=\frac{\partial Q}{\partial x}$$

   ω est une forme fermée, ω est une forme exacte.
   Il existe donc une fonction f telle que f soit définie sur $\mathbb{R}^2$ à valeur $\mathbb{R}$ telle que $\omega=\mathrm{d}f$. On a alors :

$$\mathrm{d}f=\frac{\partial f}{\partial x}\,\mathrm{d}x+\frac{\partial f}{\partial y}\,\mathrm{d}y$$

   par identification avec ω,

$$\begin{cases}\dfrac{\partial f}{\partial x} & = & 3x^2y\\ \dfrac{\partial f}{\partial y} & = & x^3\end{cases}$$

   $\dfrac{\partial f}{\partial x}=3x^2y$ donc f est de la forme $f(x,y)=x^3y+c(y)$ avec $c(y)$ qui ne dépend pas de x.

Pour déterminer $c(y)$, on utilise l'autre égalité $\dfrac{\partial f}{\partial y} = x^3$. Ainsi,

$$\frac{\partial f}{\partial y} = \frac{\partial(x^3y + c(y))}{\partial y} = x^3$$

donc $c'(y) = 0$ et $c(y) = c$ avec c une constante.

Ainsi une primitive de ω est $\boxed{f(x,y) = x^3y + c}$.

2. $\omega = x^2\,\mathrm{d}x + y^2\,\mathrm{d}y$

   On notera $P(x,y) = x^2$ et $Q(x,y) = y^2$.

$$\frac{\partial P}{\partial y} = 0 \quad \text{et} \quad \frac{\partial Q}{\partial x} = 0 \quad \text{donc} \quad \frac{\partial P}{\partial y} = \frac{\partial Q}{\partial x}$$

   ω est une forme fermée, ω est donc une forme exacte.

   Il existe donc une fonction f telle que f soit définie sur $\mathbb{R}^2$ à valeur $\mathbb{R}$ telle que $\omega = \mathrm{d}f$. On a alors :

$$\mathrm{d}f = \frac{\partial f}{\partial x}\,\mathrm{d}x + \frac{\partial f}{\partial y}\,\mathrm{d}y$$

   par identification avec ω,

$$\begin{cases} \dfrac{\partial f}{\partial x} & = & x^2 \\ \dfrac{\partial f}{\partial y} & = & y^2 \end{cases}$$

   $\dfrac{\partial f}{\partial x} = x^2$ donc f est de la forme $f(x,y) = \dfrac{1}{3}x^3 + c(y)$ avec $c(y)$ qui ne dépend pas de x.

   Pour déterminer $c(y)$, on utilise l'autre égalité : $\dfrac{\partial f}{\partial y} = y^2$. Ainsi,

$$\frac{\partial f}{\partial y} = \frac{\partial\left(\dfrac{1}{3}x^3 + c(y)\right)}{\partial y} = y^2$$

   donc $c'(y) = y^2$ et $c(y) = \dfrac{1}{3}y^3 + c$ est une constante.

   Ainsi une primitive de ω est $\boxed{f(x,y) = \dfrac{1}{3}\left(x^3 + y^3\right) + c}$.

3. $\omega = x\,(y+1)\,\mathrm{d}x + y\,(x+1)\,\mathrm{d}y$

   On notera $P(x,y) = x(y+1)$ et $Q(x,y) = y(x+1)$.

$$\frac{\partial P}{\partial y} = x \quad \text{et} \quad \frac{\partial Q}{\partial x} = y \quad \text{donc} \quad \frac{\partial P}{\partial y} \neq \frac{\partial Q}{\partial x}$$

   ω n'est pas une forme fermée, ω n'est donc pas une forme exacte.

6.2 Applications en physique

Conseils - Pour aborder cet exercice, il est préférable de revoir la formule de Taylor-Young au chapitre 5 - Cours de Mathématiques et applications en physique.

❑ Exercice 1 ☆☆☆

Effectuer un développement de Taylor, à l'ordre 2 en $\mathrm{d}x$, $\mathrm{d}y$, $\mathrm{d}z$ et $\mathrm{d}t$, des fonctions suivantes.

1. $u(x+\mathrm{d}x,t)$
2. $T(x,t+\mathrm{d}t)$
3. $\mu(x+\mathrm{d}x,t)\,\vec{v}(x+\mathrm{d}x,t)$
4. $\rho(x,t+\mathrm{d}t)\,A(x,t+\mathrm{d}t)\,v(x,t+\mathrm{d}t)$
5. $\dfrac{\partial u(x+\mathrm{d}x,t)}{\partial x}$
6. $\Sigma(r+\mathrm{d}r)\dfrac{\mathrm{d}v(r+\mathrm{d}r)}{\mathrm{d}r}$
7. $X(x+\mathrm{d}x,y+\mathrm{d}y,z+\mathrm{d}z,t+\mathrm{d}t)$

Solution

1. La fonction $u(x+\mathrm{d}x,t)$ dépend de x et de t mais seule la variable x varie de $\mathrm{d}x$. On applique donc la formule de Taylor-Young pour x tout en fixant t. Les dérivées qui apparaissent sont donc des dérivées partielles d'où la notation du « ∂ » rond.

$$u(x+\mathrm{d}x,t)=u(x,t)+\mathrm{d}x\,\frac{\partial u(x,t)}{\partial x}+\frac{(\mathrm{d}x)^2}{2\,!}\frac{\partial^2 u(x,t)}{\partial x^2}$$

2. La fonction $T(x,t+\mathrm{d}t)$ dépend de x et de t mais seule la variable t varie de $\mathrm{d}t$. On applique donc la formule de Taylor-Young pour t tout en fixant x. Les dérivées qui apparaissent sont donc des dérivées partielles.

$$T(x,t+\mathrm{d}t)=T(x,t)+\mathrm{d}t\,\frac{\partial T(x,t)}{\partial t}+\frac{(\mathrm{d}t)^2}{2\,!}\frac{\partial^2 T(x,t)}{\partial t^2}$$

3. La fonction $\mu(x+\mathrm{d}x,t)\,\vec{v}(x+\mathrm{d}x,t)$ dépend de x et de t mais seule la variable x varie de $\mathrm{d}x$. On applique donc la formule de Taylor-Young pour x tout en fixant t sans séparer le produit $\mu(x,t)\,\vec{v}(x,t)$.

$$\mu(x+\mathrm{d}x,t)\,\vec{v}(x+\mathrm{d}x,t) =$$

$$\mu(x,t)\,\vec{v}(x,t) + \mathrm{d}x\,\frac{\partial(\mu(x,t)\,\vec{v}(x,t))}{\partial x} + \frac{(\mathrm{d}x)^2}{2\,!}\frac{\partial^2(\mu(x,t)\,\vec{v}(x,t))}{\partial x^2}$$

4. Mêmes consignes que pour la fonction précédente mais avec la variable t.

$$\rho(x,t+\mathrm{d}t)\,A(x,t+\mathrm{d}t)\,v(x,t+\mathrm{d}t) = \rho(x,t)\,A(x,t)\,v(x,t) +$$

$$\mathrm{d}t\,\frac{\partial}{\partial t}\left[\rho(x,t)\,A(x,t)\,v(x,t)\right] + \frac{(\mathrm{d}t)^2}{2\,!}\frac{\partial^2}{\partial t^2}\left[\rho(x,t)\,A(x,t)\,v(x,t)\right]$$

5. La fonction $\dfrac{\partial u(x+\mathrm{d}x,t)}{\partial x}$ dépend de x et de t mais seule la variable x varie de $\mathrm{d}x$. On applique donc la formule de Taylor-Young pour x tout en fixant t.

$$\frac{\partial u(x+\mathrm{d}x,t)}{\partial x} = \frac{\partial u(x,t)}{\partial x} + \mathrm{d}x\,\frac{\partial}{\partial x}\left(\frac{\partial u(x,t)}{\partial x}\right) + \frac{(\mathrm{d}x)^2}{2\,!}\frac{\partial^2}{\partial x^2}\left(\frac{\partial u(x,t)}{\partial x}\right) =$$
$$\frac{\partial u(x,t)}{\partial x} + \mathrm{d}x\,\frac{\partial^2 u(x,t)}{\partial x^2} + \frac{(\mathrm{d}x)^2}{2\,!}\frac{\partial^3 u(x,t)}{\partial x^3}$$

6. Pour la fonction $\Sigma(r+\mathrm{d}r)\dfrac{\mathrm{d}v(r+\mathrm{d}r)}{\mathrm{d}r}$, on applique les consignes données pour la fonction 3. N'ayant qu'une seule variable, les dérivées ne sont pas des dérivées partielles, d'où la notation du « d » droit.

$$\Sigma(r+\mathrm{d}r)\frac{\mathrm{d}v(r+\mathrm{d}r)}{\mathrm{d}r} =$$

$$\Sigma(r)\frac{\mathrm{d}v(r)}{\mathrm{d}r} + \mathrm{d}r\,\frac{\mathrm{d}}{\mathrm{d}r}\left[\Sigma(r)\frac{\mathrm{d}v(r)}{\mathrm{d}r}\right] + \frac{(\mathrm{d}r)^2}{2\,!}\frac{\mathrm{d}^2}{\mathrm{d}r^2}\left[\Sigma(r)\frac{\mathrm{d}v(r)}{\mathrm{d}r}\right]$$

7. La fonction $X(x+\mathrm{d}x, y+\mathrm{d}y, z+\mathrm{d}z, t+\mathrm{d}t)$ dépend de x, y, z et de t. Ces variables varient repectivement de $\mathrm{d}x$, $\mathrm{d}y$, $\mathrm{d}z$ et de $\mathrm{d}t$. Pour chaque variable, on applique la formule de Taylor-Young en fixant les 3 autres.

$$X(x+\mathrm{d}x, y+\mathrm{d}y, z+\mathrm{d}z, t+\mathrm{d}t) =$$

$$X(x,y,z,t) + \mathrm{d}x\,\frac{\partial X(x,y,z,t)}{\partial x} + \mathrm{d}y\,\frac{\partial X(x,y,z,t)}{\partial y} + \mathrm{d}z\,\frac{\partial X(x,y,z,t)}{\partial z} +$$
$$\mathrm{d}t\,\frac{\partial X(x,y,z,t)}{\partial t} + \frac{(\mathrm{d}x)^2}{2\,!}\frac{\partial^2 X(x,y,z,t)}{\partial x^2} + \frac{(\mathrm{d}y)^2}{2\,!}\frac{\partial^2 X(x,y,z,t)}{\partial y^2} +$$
$$\frac{(\mathrm{d}z)^2}{2\,!}\frac{\partial^2 X(x,y,z,t)}{\partial z^2} + \frac{(\mathrm{d}t)^2}{2\,!}\frac{\partial^2 X(x,y,z,t)}{\partial t^2}$$

6.2.1 Electromagnétisme

❑ **Exercice 2 - EQUATION DE POISSON** (CCINP) ★★☆

Conseils - Pour aborder cet extrait de sujet de concours, il est préférable de revoir les opérateurs différentiels vectoriels au chapitre 2.

A partir de l'équation de Maxwell-Gauss $\left(\mathrm{div}\vec{E} = \frac{\rho}{\varepsilon_0}\right)$ et de la relation entre le champ $\vec{E}$ et le potentiel électrostatique V $\left(\vec{E} = -\overrightarrow{\mathrm{grad}}\, V\right)$, on en déduit l'équation de Poisson :

$$\Delta V + \frac{\rho}{\varepsilon_0} = 0$$

où ρ est la densité volumique de charge électrique et ε_0 est la permittivité diélectrique du vide.

On veut résoudre l'équation de Poisson dans une portion de plan $\mathcal{P}$ carrée de côté L. On pose :

$$X = \frac{x}{L}, \quad Y = \frac{y}{L}.$$

1. Montrer qu'on peut écrire l'équation sous la forme suivante :

$$\frac{\partial^2 V(X,Y)}{\partial X^2} + \frac{\partial^2 V(X,Y)}{\partial Y^2} + \rho'(X,Y) = 0$$

où ρ' sera exprimé en fonction de ρ, L et ε_0.

2. Afin de résoudre numériquement l'équation de Poisson, on va utiliser un maillage de $\mathcal{P}$, de pas $h = \frac{1}{N}$, et on va transformer les dérivées partielles par des différences entre les valeurs de V aux différents points du maillage (on parle aussi des *noeuds* du maillage). La **figure 6.6** page suivante représente le maillage de $\mathcal{P}$ pour $N = 5$.

   a. En faisant un développement limité à l'ordre 2 autour du point de coordonnées (X_i, Y_i), montrer qu'on peut exprimer la valeur de $\left(\frac{\partial^2 V}{\partial X^2} + \frac{\partial^2 V}{\partial Y^2}\right)$ en ce point sous la forme suivante :

$$\frac{V(X_i+h,Y_j)+V(X_i-h,Y_j)+V(X_i,Y_j+h)+V(X_i,Y_j-h)-4V(X_i,Y_j)}{h^2}+O(h)$$

   b. Comme $X_i = ih$ et $Y_j = jh$, on note désormais $V(i,j)$ le potentiel $V(X_i, Y_j)$ en un point (X_i, Y_j) du maillage. Montrer alors qu'on peut écrire l'équation de Poisson sous la forme suivante :

$$V(i+1,j)+V(i-1,j)+V(i,j+1)+V(i,j-1)-4V(i,j)+\rho''(i,j) = 0$$

$\rho''(i,j)$ étant une fonction à définir en fonction de ρ, L, ε_0 et h.

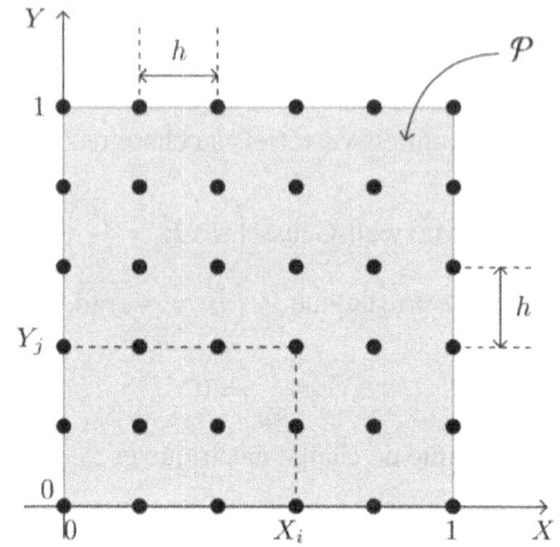

FIGURE 6.6 – Maillage de $\mathcal{P}$ pour $N = 5$

D'après Concours Commun INP

Solution

1. On rappelle l'expression du laplacien en coordonnées cartésiennes vue au chapitre 1 :

Rappel

$$\Delta V(x,y,z) = \frac{\partial^2 V}{\partial x^2} + \frac{\partial^2 V}{\partial y^2} + \frac{\partial^2 V}{\partial z^2}$$

Ici, $V(x,y,z)$ ne dépend pas de z, on a donc $\dfrac{\partial^2 V}{\partial z^2} = 0$. L'expression du laplacien se simplifie :

$$\Delta V(x,y) = \frac{\partial^2 V}{\partial x^2} + \frac{\partial^2 V}{\partial y^2}$$

Par dérivées composées, $\dfrac{\partial V(x,y)}{\partial x} = \dfrac{\partial V(X,Y)}{\partial X}\dfrac{\mathrm{d}X}{\mathrm{d}x}$. Or, comme $X = \dfrac{x}{L}$, on peut écrire $\mathrm{d}X = \dfrac{\mathrm{d}x}{L}$. En dérivant une seconde fois par rapport à x, on a :

$$\frac{\partial^2 V}{\partial x^2} = \frac{\partial}{\partial x}\left(\frac{\partial V}{\partial x}\right) = \frac{\partial}{\partial X}\left(\frac{\partial V}{\partial x}\right)\frac{\mathrm{d}X}{\mathrm{d}x}$$

$$\frac{\partial^2 V}{\partial x^2} = \frac{\partial}{\partial X}\left(\frac{\partial V}{\partial X}\frac{\mathrm{d}X}{\mathrm{d}x}\right)\frac{\mathrm{d}X}{\mathrm{d}x} = \frac{\partial^2 V}{\partial^2 X}\left(\frac{\mathrm{d}X}{\mathrm{d}x}\right)^2$$

$$\boxed{\frac{\partial^2 V}{\partial x^2} = \frac{\partial^2 V}{\partial^2 X}\left(\frac{1}{L}\right)^2}$$

De même selon y :

$$\boxed{\frac{\partial^2 V}{\partial y^2} = \frac{\partial^2 V}{\partial^2 Y}\left(\frac{1}{L}\right)^2}$$

On remplace ces deux expressions obtenues dans l'équation de Poisson :

$$\frac{\partial^2 V}{\partial^2 X}\left(\frac{1}{L}\right)^2 + \frac{\partial^2 V}{\partial^2 Y}\left(\frac{1}{L}\right)^2 + \frac{\rho}{\varepsilon_0} = 0$$

$$\left[\frac{\partial^2 V}{\partial^2 X} + \frac{\partial^2 V}{\partial^2 Y}\right]\left(\frac{1}{L}\right)^2 + \frac{\rho}{\varepsilon_0} = 0$$

$$\Rightarrow \boxed{\frac{\partial^2 V}{\partial^2 X} + \frac{\partial^2 V}{\partial^2 Y} + \rho\,\frac{L^2}{\varepsilon_0} = 0}$$

L'équation de Poisson peut donc bien s'écrire sous la forme

$$\frac{\partial^2 V(X,Y)}{\partial X^2} + \frac{\partial^2 V(X,Y)}{\partial Y^2} + \rho'(X,Y) = 0$$

avec $\boxed{\rho'(X,Y) = \rho\frac{L^2}{\varepsilon_0}}$.

2. a. Pour répondre à la question posée, on effectue un développement limité à l'ordre 2 autour du point de coordonnées (X_i, Y_i) de chaque terme apparaissant dans l'équation proposée.

$$\begin{cases} V(X_i+h,Y_j) = V(X_i,Y_j) + h\,\dfrac{\partial V(X_i,Y_j)}{\partial X} + \dfrac{1}{2}h^2\dfrac{\partial^2 V(X_i,Y_j)}{\partial X^2} + O(h^3) \\[2ex] V(X_i-h,Y_j) = V(X_i,Y_j) - h\,\dfrac{\partial V(X_i,Y_j)}{\partial X} + \dfrac{1}{2}(-h)^2\dfrac{\partial^2 V(X_i,Y_j)}{\partial X^2} + O(h^3) \\[2ex] V(X_i,Y_j+h) = V(X_i,Y_j) + h\,\dfrac{\partial V(X_i,Y_j)}{\partial Y} + \dfrac{1}{2}h^2\dfrac{\partial^2 V(X_i,Y_j)}{\partial Y^2} + O(h^3) \\[2ex] V(X_i,Y_j-h) = V(X_i,Y_j) - h\,\dfrac{\partial V(X_i,Y_j)}{\partial Y} + \dfrac{1}{2}(-h)^2\dfrac{\partial^2 V(X_i,Y_j)}{\partial Y^2} + O(h^3) \end{cases}$$

On fait la somme de ces 4 équations et l'on obtient l'équation suivante :

$$V(X_i+h,Y_j)+V(X_i-h,Y_j)+V(X_i,Y_j+h)+V(X_i,Y_j-h)=$$

$$4V(X_i,Y_j)+h^2\frac{\partial^2 V(X_i,Y_j)}{\partial X^2}+h^2\frac{\partial^2 V(X_i,Y_j)}{\partial Y^2}+O(h^3)$$

On réarrange cette équation et l'on obtient :

$$\boxed{\begin{aligned}&\frac{\partial^2 V(X_i,Y_j)}{\partial X^2}+\frac{\partial^2 V(X_i,Y_j)}{\partial Y^2}=\\&\frac{V(X_i+h,Y_j)+V(X_i-h,Y_j)+V(X_i,Y_j+h)+V(X_i,Y_j-h)-4V(X_i,Y_j)}{h^2}+O(h)\end{aligned}}$$

b. On pose $X_i = ih$ et $Y_j = jh$.
D'après la notation imposée par l'énoncé, on a $V(X_i, Y_j) = V(i, j)$.

$$\begin{cases} V(X_i+h,Y_j)=V((i+1)h,jh)=V(i+1,j)\\ V(X_i-h,Y_j)=V((i-1)h,jh)=V(i-1,j)\\ V(X_i,Y_j+h)=V(ih,(j+1)h)=V(i,j+1)\\ V(X_i,Y_j-h)=V(ih,(j-1)h)=V(i,j-1)\end{cases}$$

En reportant le résultat de la question précédente dans l'équation de Poisson obtenue à la **question 1**, on a :

$$\frac{V(i+1,j)+V(i-1,j)+V(i,j+1)+V(i,j-1)-4V(i,j)}{h^2}+\rho\frac{L^2}{\varepsilon_0}=0$$

$$\boxed{V(i+1,j)+V(i-1,j)+V(i,j+1)+V(i,j-1)-4V(i,j)+\rho\,\frac{L^2h^2}{\varepsilon_0}=0}$$

L'équation de Poisson peut donc bien s'écrire sous la forme

$$V(i+1,j)+V(i-1,j)+V(i,j+1)+V(i,j-1)-4V(i,j)+\rho''(i,j)=0$$

avec $\boxed{\rho''(i,j)=\rho\,\frac{L^2h^2}{\varepsilon_0}}$.

6.2.2 Mécanique

❑ **Exercice 3 - VECTEUR VITESSE - VECTEUR ACCÉLÉRATION** ★☆☆

Conseils - Pour aborder cet exercice d'application, il est préférable de revoir les notions suivantes :

- Systèmes de coordonnées (chapitre 1)
- Trigonométrie (chapitre 3)
- Dérivées (chapitre 4)

Le vecteur vitesse s'obtient par le calcul de la dérivée première par rapport au temps du vecteur position.
Le vecteur accélération s'obtient par le calcul de la dérivée par rapport au temps du vecteur vitesse.

1. Donner les coordonnées des vecteurs vitesse et accélération en coordonnées cartésiennes.
2. Donner les coordonnées du vecteur vitesse et accélération en coordonnées polaires.
3. En déduire les coordonnées du vecteur vitesse et accélération en coordonnées cylindriques.
4. Donner les coordonnées du vecteur vitesse et accélération en coordonnées sphériques.

Solution

1. En coordonnées cartésiennes, le vecteur position s'écrit :

$$\overrightarrow{\mathrm{OM}}(t) = x(t)\,\vec{e}_x + y(t)\,\vec{e}_y + z(t)\,\vec{e}_z$$

Le vecteur vitesse s'obtient par le calcul de la dérivée première par rapport au temps du vecteur position.

$$\vec{v}(t) = \frac{\mathrm{d}\overrightarrow{\mathrm{OM}}}{\mathrm{d}t} = \frac{\mathrm{d}}{\mathrm{d}t}\begin{pmatrix} x(t) \\ y(t) \\ z(t) \end{pmatrix} = \begin{pmatrix} \dot{x} \\ \dot{y} \\ \dot{z} \end{pmatrix}$$

$$\boxed{\vec{v} = \dot{x}\,\vec{e}_x + \dot{y}\,\vec{e}_y + \dot{z}\,\vec{e}_z}$$

Le vecteur accélération s'obtient par le calcul de la dérivée par rapport au temps du vecteur vitesse.

$$\vec{a}(t) = \frac{\mathrm{d}\vec{v}}{\mathrm{d}t} = \frac{\mathrm{d}}{\mathrm{d}t}\begin{pmatrix} \dot{x}(t) \\ \dot{y}(t) \\ \dot{z}(t) \end{pmatrix} = \begin{pmatrix} \ddot{x} \\ \ddot{y} \\ \ddot{z} \end{pmatrix}$$

$$\boxed{\vec{a} = \ddot{x}\,\vec{e}_x + \ddot{y}\,\vec{e}_y + \ddot{z}\,\vec{e}_z}$$

2. En coordonnées polaires, le vecteur position s'écrit :

$$\overrightarrow{\mathrm{OM}}(t) = r(t)\,\vec{e}_r$$

Le vecteur vitesse s'obtient par le calcul de la dérivée première par rapport au temps du vecteur position.
Attention : $\vec{e}_r$ dépend de θ et θ dépend du temps t.

$$\vec{v}(t) = \frac{\mathrm{d}\overrightarrow{\mathrm{OM}}}{\mathrm{d}t} = \frac{\mathrm{d}}{\mathrm{d}t}(r\,\vec{e}_r) = \frac{\mathrm{d}r}{\mathrm{d}t}\,\vec{e}_r + r\,\frac{\mathrm{d}\vec{e}_r}{\mathrm{d}t}$$

$$\begin{cases} \vec{e}_r = \cos\theta\,\vec{e}_x + \sin\theta\,\vec{e}_y \\ \vec{e}_\theta = -\sin\theta\,\vec{e}_x + \cos\theta\,\vec{e}_y \end{cases}$$

$$\frac{\mathrm{d}\vec{e}_r}{\mathrm{d}t} = \frac{\mathrm{d}\vec{e}_r}{\mathrm{d}\theta} \times \frac{\mathrm{d}\theta}{\mathrm{d}t}$$

$$\frac{\mathrm{d}\vec{e}_r}{\mathrm{d}\theta} = \frac{\mathrm{d}\cos\theta}{\mathrm{d}\theta}\,\vec{e}_x + \frac{\mathrm{d}\sin\theta}{\mathrm{d}\theta}\,\vec{e}_y$$

$$\frac{\mathrm{d}\vec{e}_r}{\mathrm{d}\theta} = -\sin\theta\,\vec{e}_x + \cos\theta\,\vec{e}_y = \vec{u}_\theta$$

$$\frac{\mathrm{d}\vec{e}_r}{\mathrm{d}t} = \frac{\mathrm{d}\theta}{\mathrm{d}t}\,\vec{e}_\theta = \dot{\theta}\,\vec{e}_\theta$$

$$\boxed{\vec{v} = \dot{r}\,\vec{e}_r + r\dot{\theta}\,\vec{e}_\theta}$$

De la même manière, on peut montrer que : $\dfrac{\mathrm{d}\vec{e}_\theta}{\mathrm{d}t} = -\dot{\theta}\,\vec{e}_r$

Le vecteur accélération s'obtient par le calcul de la dérivée par rapport au temps du vecteur vitesse.

$$\begin{aligned} \vec{a}(t) &= \frac{\mathrm{d}\vec{v}}{\mathrm{d}t} = \frac{\mathrm{d}}{\mathrm{d}t}(\dot{r}\,\vec{e}_r + r\dot{\theta}\,\vec{e}_\theta) \\ &= \frac{\mathrm{d}\dot{r}}{\mathrm{d}t}\,\vec{e}_r + \dot{r}\,\frac{\mathrm{d}\vec{e}_r}{\mathrm{d}t} + \frac{\mathrm{d}(r\dot{\theta})}{\mathrm{d}t}\,\vec{e}_\theta + r\dot{\theta}\,\frac{\mathrm{d}\vec{e}_\theta}{\mathrm{d}t} \\ &= \ddot{r}\,\vec{e}_r + \dot{r}\dot{\theta}\,\vec{e}_\theta + (\dot{r}\dot{\theta} + r\ddot{\theta})\,\vec{e}_\theta + r\dot{\theta}\left(-\dot{\theta}\,\vec{e}_r\right) \end{aligned}$$

$$\boxed{\vec{a} = (\ddot{r} - r\dot{\theta}^2)\,\vec{e}_r + (2\dot{r}\dot{\theta} + r\ddot{\theta})\,\vec{e}_\theta}$$

3. En coordonnées cylindriques, les coordonnées des vecteurs vitesse et accélération se déduisent des expressions établies en coordonnées polaires en ajoutant la coordonnée selon l'axe z.

$$\boxed{\vec{v} = \dot{r}\,\vec{e}_r + r\dot{\theta}\,\vec{e}_\theta + \dot{z}\,\vec{e}_z}$$

$$\boxed{\vec{a} = (\ddot{r} - r\dot{\theta}^2)\,\vec{e}_r + (2\dot{r}\dot{\theta} + r\ddot{\theta})\,\vec{e}_\theta + \ddot{z}\,\vec{e}_z}$$

4. En coordonnées sphériques, le vecteur position s'écrit :

$$\overrightarrow{\mathrm{OM}}(t) = r(t)\,\vec{e}_r$$

- Le vecteur vitesse s'obtient par le calcul de la dérivée première par rapport au temps du vecteur position.

Attention : $\vec{e}_r$ dépend de θ et de φ, et θ et φ dépendent du temps t.

$$\vec{v}(t) = \frac{\mathrm{d}\overrightarrow{\mathrm{OM}}}{\mathrm{d}t} = \frac{\mathrm{d}(r\,\vec{e}_r)}{\mathrm{d}t} = \frac{\mathrm{d}r}{\mathrm{d}t}\,\vec{e}_r + r\,\frac{\mathrm{d}\vec{e}_r}{\mathrm{d}t}$$

Par projection de la base $(\vec{e}_r, \vec{e}_\theta, \vec{e}_\varphi)$ dans la base $(\vec{e}_x, \vec{e}_y, \vec{e}_z)$ (voir le cours de mathématique du chapitre 1), on obtient :

$$\vec{e}_r = \begin{pmatrix} \sin\theta\cos\varphi \\ \sin\theta\sin\varphi \\ \cos\theta \end{pmatrix} \quad ; \quad \vec{e}_\theta = \begin{pmatrix} \cos\theta\cos\varphi \\ \cos\theta\sin\varphi \\ -\sin\theta \end{pmatrix} \quad ; \quad \vec{e}_\varphi = \begin{pmatrix} -\sin\varphi \\ \cos\varphi \\ 0 \end{pmatrix}$$

Or

$$\frac{\mathrm{d}\vec{e}_r}{\mathrm{d}t} = \left(\frac{\partial\vec{e}_r}{\partial\theta}\right)\frac{\mathrm{d}\theta}{\mathrm{d}t} + \left(\frac{\partial\vec{e}_r}{\partial\varphi}\right)\frac{\mathrm{d}\varphi}{\mathrm{d}t}$$

$$\frac{\mathrm{d}\vec{e}_r}{\mathrm{d}t} = \vec{e}_\theta\,\dot{\theta} + \sin\theta\,\vec{e}_\varphi\,\dot{\varphi} \qquad (1)$$

$$\boxed{\vec{v}(t) = \dot{r}\,\vec{e}_r + r\dot{\theta}\,\vec{e}_\theta + r\sin\theta\,\dot{\varphi}\,\vec{e}_\varphi}$$

Remarque : on peut aussi retrouver l'expression du vecteur vitesse avec les coordonnées du vecteur déplacement élémentaire.

$$\overrightarrow{\mathrm{d}\ell} = \mathrm{d}r\,\vec{e}_r + r\,\mathrm{d}\theta\,\vec{e}_\theta + r\sin\theta\,\mathrm{d}\varphi\,\vec{e}_\varphi$$

$$\vec{v}(t) = \frac{\overrightarrow{\mathrm{d}\ell}}{\mathrm{d}t} = \frac{\mathrm{d}r}{\mathrm{d}t}\,\vec{e}_r + r\,\frac{\mathrm{d}\theta}{\mathrm{d}t}\,\vec{e}_\theta + r\sin\theta\,\frac{\mathrm{d}\varphi}{\mathrm{d}t}\,\vec{e}_\varphi$$

- Le vecteur accélération s'obtient par le calcul de la dérivée par rapport au temps du vecteur vitesse.

$$\vec{a}(t) = \frac{\mathrm{d}\vec{v}}{\mathrm{d}t} = \frac{\mathrm{d}}{\mathrm{d}t}\Big(\dot{r}\,\vec{e}_r + r\dot{\theta}\,\vec{e}_\theta + r\sin\theta\,\dot{\varphi}\,\vec{e}_\varphi\Big)$$

$$\begin{aligned}\vec{a}(t) = &\left(\frac{\mathrm{d}\dot{r}}{\mathrm{d}t}\right)\vec{e}_r + \dot{r}\left(\frac{\mathrm{d}\vec{e}_r}{\mathrm{d}t}\right) + \frac{\mathrm{d}(r\dot{\theta})}{\mathrm{d}t}\,\vec{e}_\theta + r\dot{\theta}\left(\frac{\mathrm{d}\vec{e}_\theta}{\mathrm{d}t}\right)\\ &+ \frac{\mathrm{d}(r\sin\theta\,\dot{\varphi})}{\mathrm{d}t}\,\vec{e}_\varphi + r\sin\theta\,\dot{\varphi}\left(\frac{\mathrm{d}\vec{e}_\varphi}{\mathrm{d}t}\right)\end{aligned}$$

On rappelle que (équation (1)) :

$$\boxed{\frac{\mathrm{d}\vec{e}_r}{\mathrm{d}t} = \dot{\theta}\,\vec{e}_\theta + \sin\theta\,\dot{\varphi}\,\vec{e}_\varphi}$$

On exprime les dérivées des autres vecteurs unitaires :

$$\frac{\mathrm{d}\vec{e}_\theta}{\mathrm{d}t} = \left(\frac{\partial\vec{e}_\theta}{\partial\theta}\right)\frac{\mathrm{d}\theta}{\mathrm{d}t} + \left(\frac{\partial\vec{e}_\theta}{\partial\varphi}\right)\frac{\mathrm{d}\varphi}{\mathrm{d}t}$$

$$\boxed{\frac{\mathrm{d}\vec{e}_\theta}{\mathrm{d}t} = -\,\dot{\theta}\,\vec{e}_r + \cos\theta\,\dot{\varphi}\,\vec{e}_\varphi}$$

$$\frac{\mathrm{d}\vec{e}_\varphi}{\mathrm{d}t} = \left(\frac{\partial\vec{e}_\varphi}{\partial\theta}\right)\frac{\mathrm{d}\theta}{\mathrm{d}t} + \left(\frac{\partial\vec{e}_\varphi}{\partial\varphi}\right)\frac{\mathrm{d}\varphi}{\mathrm{d}t}$$

$$\frac{\mathrm{d}\vec{e}_\varphi}{\mathrm{d}t} = \left(\frac{\partial\vec{e}_\varphi}{\partial\varphi}\right)\frac{\mathrm{d}\varphi}{\mathrm{d}t} = \begin{pmatrix}-\cos\varphi\,\dot{\varphi}\\ -\sin\varphi\,\dot{\varphi}\\ 0\end{pmatrix}$$

$$\boxed{\frac{\mathrm{d}\vec{e}_\varphi}{\mathrm{d}t} = -\,(\sin\theta\,\vec{e}_r + \cos\theta\,\vec{e}_\theta)\,\dot{\varphi}}$$

On vérifie la relation :

$$\begin{aligned}\frac{\mathrm{d}\vec{e}_\varphi}{\mathrm{d}t} &= -\sin\theta\begin{pmatrix}\sin\theta\cos\varphi\\ \sin\theta\sin\varphi\\ \cos\theta\end{pmatrix}\dot{\varphi} - \cos\theta\begin{pmatrix}\cos\theta\cos\varphi\\ \cos\theta\sin\varphi\\ -\sin\theta\end{pmatrix}\dot{\varphi}\\ &= -\begin{pmatrix}\sin^2\theta\cos\varphi\,\dot{\varphi}\\ \sin^2\theta\sin\varphi\,\dot{\varphi}\\ \sin\theta\cos\theta\,\dot{\varphi}\end{pmatrix} - \begin{pmatrix}\cos^2\theta\cos\varphi\,\dot{\varphi}\\ \cos^2\theta\sin\varphi\,\dot{\varphi}\\ -\cos\theta\sin\theta\,\dot{\varphi}\end{pmatrix}\end{aligned}$$

$$= -\begin{pmatrix} (\sin^2\theta + \cos^2\theta)\cos\varphi\,\dot{\varphi} \\ (\sin^2\theta + \cos^2\theta)\sin\varphi\,\dot{\varphi} \\ (\sin\theta\cos\theta - \cos\theta\sin\theta)\,\dot{\varphi} \end{pmatrix} = \begin{pmatrix} -\cos\varphi\,\dot{\varphi} \\ -\sin\varphi\,\dot{\varphi} \\ 0 \end{pmatrix}$$

$$\begin{aligned}\vec{a}(t) &= \ddot{r}\,\vec{e}_r + \dot{r}\dot{\theta}\,\vec{e}_\theta + (\dot{r}\dot{\theta} + r\ddot{\theta})\,\vec{e}_\theta + r\dot{\theta}\,(-\dot{\theta}\,\vec{e}_r) \\ &\quad + (\dot{r}\sin\theta\,\dot{\varphi} + r\cos\theta\,\dot{\theta}\,\dot{\varphi} + r\sin\theta\,\ddot{\varphi})\,\vec{e}_\varphi + r\sin\theta\,\dot{\varphi}\left(\frac{\mathrm{d}\vec{e}_\varphi}{\mathrm{d}t}\right)\end{aligned}$$

$$\boxed{\vec{a}(t) = \begin{pmatrix} \ddot{r} - r\dot{\theta}^2 - r\sin^2\theta\,\dot{\varphi}^2 \\ 2\,\dot{r}\dot{\theta} + r\ddot{\theta} - r\sin\theta\cos\theta\,\dot{\varphi}^2 \\ 2\,r\cos\theta\,\dot{\theta}\,\dot{\varphi} + 2\,\dot{r}\sin\theta\,\dot{\varphi} + r\sin\theta\,\ddot{\varphi} \end{pmatrix}}$$

❑ Exercice 4 - Changements de référentiels ★☆☆

A. **Cas d'un référentiel $\mathcal{R}'$ en rotation uniforme autour d'un axe fixe dans $\mathcal{R}$**

Soit $\mathcal{R}$ un référentiel fixe auquel est associé un repère (O, x, y, z, t) et une base orthonormée $(\vec{e}_x, \vec{e}_y, \vec{e}_z)$. Soit $\mathcal{R}'$ un référentiel auquel est associé un repère $(\mathrm{O}, x', y', z', t)$ et une base orthonormée $(\vec{e}_{x'}, \vec{e}_{y'}, \vec{e}_{z'})$.
Le référentiel $\mathcal{R}'$ est en rotation autour de l'axe fixe $(\mathrm{O}z')$ à la vitesse angulaire :

$$\overrightarrow{\Omega}_{\mathcal{R}'/\mathcal{R}} = \frac{\mathrm{d}\theta}{\mathrm{d}t}\,\vec{e}_{z'} = \dot{\theta}\,\vec{e}_{z'}$$

Le point O′ est confondu avec le point O et l'axe $(\mathrm{O}z')$ est confondu avec l'axe $(\mathrm{O}z)$. Soit un point M de coordonnées (x, y, z) dans $\mathcal{R}$ et de coordonnées (x', y', z') dans $\mathcal{R}'$.

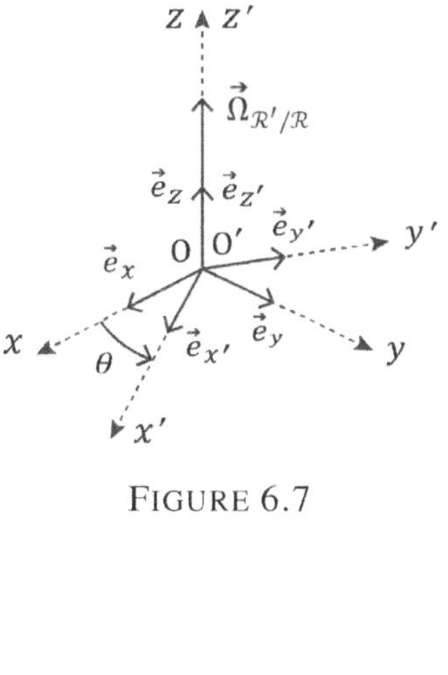

FIGURE 6.7

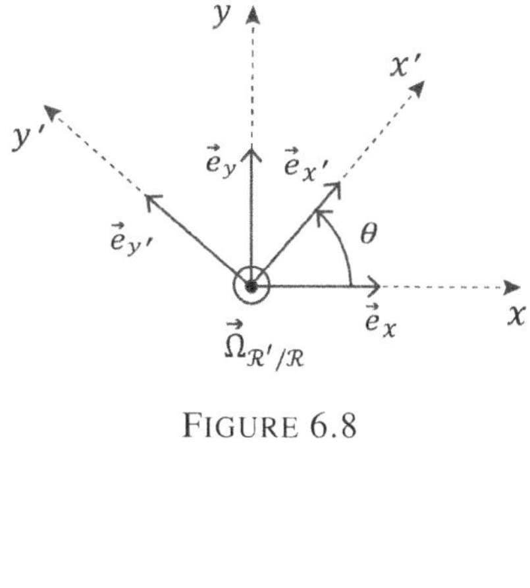

FIGURE 6.8

Par projection de la base orthonormée $(\vec{e}_{x'}, \vec{e}_{y'}, \vec{e}_{z'})$ dans la base $(\vec{e}_x, \vec{e}_y, \vec{e}_z)$, on a :

$$\begin{cases} \vec{e}_{x'} = \cos\theta\,\vec{e}_x + \sin\theta\,\vec{e}_y \\ \vec{e}_{y'} = -\sin\theta\,\vec{e}_x + \cos\theta\,\vec{e}_y \\ \vec{e}_{z'} = \vec{e}_z \end{cases}$$

A.1. Exprimer $\dfrac{\mathrm{d}\vec{e}_{x'}}{\mathrm{d}t}$ en fonction de $\|\overrightarrow{\Omega}_{\mathcal{R}'/\mathcal{R}}\|$ et du vecteur unitaire $\vec{e}_{y'}$.

A.2. Exprimer $\dfrac{\mathrm{d}\vec{e}_{y'}}{\mathrm{d}t}$ en fonction de $\|\overrightarrow{\Omega}_{\mathcal{R}'/\mathcal{R}}\|$ et du vecteur unitaire $\vec{e}_{x'}$.

A.3. Montrer que l'on peut ecrire $\dfrac{\mathrm{d}\vec{e}_{x'}}{\mathrm{d}t}$ et $\dfrac{\mathrm{d}\vec{e}_{y'}}{\mathrm{d}t}$ en fonction d'un produit vectoriel de deux vecteurs (définis dans l'énoncé).

A.4. Montrer que l'on peut généraliser les deux expressions obtenues à la question précédente pour $\dfrac{\mathrm{d}\vec{e}_{z'}}{\mathrm{d}t}$.

B. **Formule de Bour ou formule de dérivation vectorielle**

Soit deux points A et B de coordonnées respectives $(x_{\mathrm{A}'}, y_{\mathrm{A}'}, z_{\mathrm{A}'})$ et $(x_{\mathrm{B}'}, y_{\mathrm{B}'}, z_{\mathrm{B}'})$ fixes dans $\mathcal{R}'$. On note $\overrightarrow{\mathrm{AB}}$ le vecteur entre ces deux points tel que :

$$\begin{aligned} \overrightarrow{\mathrm{AB}} &= (x_{\mathrm{B}'} - x_{\mathrm{A}'})\,\vec{e}_{x'} + (y_{\mathrm{B}'} - y_{\mathrm{A}'})\,\vec{e}_{y'} + (z_{\mathrm{B}'} - z_{\mathrm{A}'})\,\vec{e}_{z'} \\ &= X'\,\vec{e}_{x'} + Y'\,\vec{e}_{y'} + Z'\,\vec{e}_{z'} \end{aligned}$$

Dériver par rapport au temps le vecteur $\overrightarrow{\mathrm{AB}}$ dans le référentiel $\mathcal{R}$ et montrer que l'on peut écrire :

$$\left(\frac{\mathrm{d}\overrightarrow{\mathrm{AB}}}{\mathrm{d}t}\right)_{\mathcal{R}} = \left(\frac{\mathrm{d}\vec{\mathrm{A}}}{\mathrm{d}t}\right)_{\mathcal{R}'} + \overrightarrow{\Omega}_{\mathcal{R}'/\mathcal{R}} \wedge \overrightarrow{\mathrm{AB}}$$

C. **Formule de Varignon**

Soit deux points A et B fixes dans $\mathcal{R}'$.

Dans le référentiel $\mathcal{R}$, dériver par rapport au temps le vecteur $\overrightarrow{\mathrm{AB}}$ et, en faisant appel à la relation de Bour établie à la question B., montrer que l'on peut écrire :

$$\vec{v}(\mathrm{B} \in \mathcal{R}')_{\mathcal{R}} = \vec{v}(\mathrm{A} \in \mathcal{R}')_{\mathcal{R}} + \overrightarrow{\Omega}_{\mathcal{R}'/\mathcal{R}} \wedge \overrightarrow{\mathrm{AB}}$$

D. **Loi de composition des vitesses dans le cas général**

D'après la relation de Chasles, on note : $\overrightarrow{\mathrm{OM}} = \overrightarrow{\mathrm{OO'}} + \overrightarrow{\mathrm{O'M}}$.

D.1. Dans le référentiel $\mathcal{R}$, dériver par rapport au temps le vecteur $\overrightarrow{\mathrm{OM}}$ et, en faisant appel aux relations de Chasles et de Bour, montrer que l'on peut écrire la loi de composition des vitesses sous la forme :

$$\vec{v}(\mathrm{M})_{\mathcal{R}} = \vec{v}(\mathrm{M})_{\mathcal{R}'} + \vec{v}(\mathrm{O}')_{\mathcal{R}} + \overrightarrow{\Omega}_{\mathcal{R}'/\mathcal{R}} \wedge \overrightarrow{\mathrm{O'M}}$$

D.2. A partir des définitions données ci-dessous, établir l'expression de la vitesse d'entrainement.

> **Définitions**
> **Le point coïncident** (ou coïncidant), noté $\mathrm{M_C}$, fixe par rapport à $\mathcal{R}'$, représente le point confondu géométriquement avec le point mobile M à l'instant t.
> On appelle **vitesse d'entrainement** du point M, notée $\vec{v}_e(\mathrm{M})$, la vitesse du point coïncident par rapport à $\mathcal{R}$.

D.3. Cas particuliers

- Si le référentiel $\mathcal{R}'$ est en translation par rapport à $\mathcal{R}$, comment est modifiée l'expression de la vitesse d'entrainement ?
- Si le référentiel $\mathcal{R}'$ est en rotation par rapport à $\mathcal{R}$ autour d'un axe passant par O', comment est modifiée l'expression de la vitesse d'entrainement ?

E. **Loi de composition des accélérations dans le cas général**

E.1. Dans le référentiel $\mathcal{R}$, dériver par rapport au temps la loi de composition des vitesses suivante :

$$\vec{v}(\mathrm{M})_{\mathcal{R}} = \vec{v}(\mathrm{M})_{\mathcal{R}'} + \vec{v}(\mathrm{O}')_{\mathcal{R}} + \overrightarrow{\Omega}_{\mathcal{R}'/\mathcal{R}} \wedge \overrightarrow{\mathrm{O'M}}$$

et en faisant appel à la formule de Bour, montrer que l'on peut écrire la loi de composition des accélérations sous la forme :

$$\begin{aligned}\vec{a}(\mathrm{M})_{\mathcal{R}} =& \vec{a}(\mathrm{M})_{\mathcal{R}'} + \vec{a}(\mathrm{O}')_{\mathcal{R}} + \left(\frac{\mathrm{d}\overrightarrow{\Omega}_{\mathcal{R}'/\mathcal{R}}}{\mathrm{d}t}\right)_{\mathcal{R}} \wedge \overrightarrow{\mathrm{O'M}} \\ &+ \overrightarrow{\Omega}_{\mathcal{R}'/\mathcal{R}} \wedge \left(\overrightarrow{\Omega}_{\mathcal{R}'/\mathcal{R}} \wedge \overrightarrow{\mathrm{O'M}}\right) + 2\overrightarrow{\Omega}_{\mathcal{R}'/\mathcal{R}} \wedge \vec{v}(\mathrm{M})_{\mathcal{R}'}\end{aligned}$$

E.2. A partir de la définition du point coïncident (question D.) et de la définition ci-dessous, établir l'expression de l'accélération d'entrainement.

> **Définition**
> On appelle **accélération d'entrainement** du point M, notée $\vec{a}_e(\mathrm{M})$, la vitesse du point coïncident par rapport à $\mathcal{R}$.

E.3. Cas particuliers

- Si le référentiel $\mathcal{R}'$ est en translation par rapport à $\mathcal{R}$, comment est modifiée l'expression de l'accélération d'entrainement ?
- Si le référentiel $\mathcal{R}'$ est en rotation par rapport à $\mathcal{R}$ autour d'un axe passant par O$'$, comment est modifiée l'expression de l'accélération d'entrainement ?

Solution

A. **Cas d'un référentiel $\mathcal{R}'$ en rotation uniforme autour d'un axe fixe dans $\mathcal{R}$**

A.1. Puisque le vecteur $\vec{e}_{x'}$ dépend de θ et θ dépend du temps t, on applique la règle de dérivation en chaîne. On a alors :

$$\frac{\mathrm{d}\vec{e}_{x'}}{\mathrm{d}t} = \left(\frac{\mathrm{d}\vec{e}_{x'}}{\mathrm{d}\theta}\right) \times \left(\frac{\mathrm{d}\theta}{\mathrm{d}t}\right)$$

$$\frac{\mathrm{d}\vec{e}_{x'}}{\mathrm{d}t} = (-\sin\theta\,\vec{e}_x + \cos\theta\,\vec{e}_y)\,\dot{\theta}$$

$$\boxed{\frac{\mathrm{d}\vec{e}_{x'}}{\mathrm{d}t} = \|\overrightarrow{\Omega}_{\mathcal{R}'/\mathcal{R}}\|\,\vec{e}_{y'}}$$

A.2. Puisque le vecteur $\vec{e}_{y'}$ dépend de θ et θ dépend du temps t, on applique la règle de dérivation en chaîne. On a alors :

$$\frac{\mathrm{d}\vec{e}_{y'}}{\mathrm{d}t} = \left(\frac{\mathrm{d}\vec{e}_{y'}}{\mathrm{d}\theta}\right) \times \left(\frac{\mathrm{d}\theta}{\mathrm{d}t}\right)$$

$$\frac{\mathrm{d}\vec{e}_{y'=}}{\mathrm{d}t} = (-\cos\theta\,\vec{e}_x - \sin\theta\,\vec{e}_y)\,\dot{\theta}$$

$$\boxed{\frac{\mathrm{d}\vec{e}_{y'}}{\mathrm{d}t} = -\|\overrightarrow{\Omega}_{\mathcal{R}'/\mathcal{R}}\|\,\vec{e}_{x'}}$$

A.3. Sachant que $\vec{e}_{y'} = \vec{e}_{z'} \wedge \vec{e}_{x'}$ et que $\overrightarrow{\Omega}_{\mathcal{R}'/\mathcal{R}} = \frac{\mathrm{d}\theta}{\mathrm{d}t}\,\vec{e}_{z'}$ on peut écrire :

$$\frac{\mathrm{d}\vec{e}_{x'}}{\mathrm{d}t} = \frac{\mathrm{d}\theta}{\mathrm{d}t}\,(\vec{e}_{z'} \wedge \vec{e}_{x'})$$

$$\boxed{\frac{\mathrm{d}\vec{e}_{x'}}{\mathrm{d}t} = \overrightarrow{\Omega}_{\mathcal{R}'/\mathcal{R}} \wedge \vec{e}_{x'}}$$

De même,

$$\frac{\mathrm{d}\vec{e}_{y'}}{\mathrm{d}t} = \frac{\mathrm{d}\theta}{\mathrm{d}t}\,(\vec{e}_{z'} \wedge \vec{e}_{y'})$$

$$\boxed{\frac{\mathrm{d}\vec{e}_{y'}}{\mathrm{d}t} = \overrightarrow{\Omega}_{\mathcal{R}'/\mathcal{R}} \wedge \vec{e}_{y'}}$$

A.4. D'après ce qui précède, on peut écrire :

$$\boxed{\frac{\mathrm{d}\vec{e}_{z'}}{\mathrm{d}t} = \overrightarrow{\Omega}_{\mathcal{R}'/\mathcal{R}} \wedge \vec{e}_{z'}}$$

Or $\overrightarrow{\Omega}_{\mathcal{R}'/\mathcal{R}} = \dfrac{\mathrm{d}\theta}{\mathrm{d}t}\,\vec{e}_{z'}$. Ici le produit vectoriel de deux vecteurs colinéaires est nul.

B. **Formule de Bour ou formule de dérivation vectorielle**

$$\left(\frac{\mathrm{d}\overrightarrow{\mathrm{AB}}}{\mathrm{d}t}\right)_{\mathcal{R}} = \left(\frac{\mathrm{d}X'}{\mathrm{d}t}\,\vec{e}_{x'} + \frac{\mathrm{d}Y'}{\mathrm{d}t}\,\vec{e}_{y'} + \frac{\mathrm{d}Z'}{\mathrm{d}t}\,\vec{e}_{z'}\right) + X'\left(\frac{\mathrm{d}\vec{e}_{x'}}{\mathrm{d}t}\right) + Y'\left(\frac{\mathrm{d}\vec{e}_{y'}}{\mathrm{d}t}\right) + Z'\left(\frac{\mathrm{d}\vec{e}_{z'}}{\mathrm{d}t}\right)$$

En utilisant les expressions obtenues aux questions précédentes A.3 et A.4, on peut écrire :

$$\left(\frac{\mathrm{d}\overrightarrow{\mathrm{AB}}}{\mathrm{d}t}\right)_{\mathcal{R}} = \left(\frac{\mathrm{d}\overrightarrow{\mathrm{AB}}}{\mathrm{d}t}\right)_{\mathcal{R}'} + X'\left(\overrightarrow{\Omega}_{\mathcal{R}'/\mathcal{R}} \wedge \vec{e}_{x'}\right) + Y'\left(\overrightarrow{\Omega}_{\mathcal{R}'/\mathcal{R}} \wedge \vec{e}_{y'}\right) + Z'\left(\overrightarrow{\Omega}_{\mathcal{R}'/\mathcal{R}} \wedge \vec{e}_{z'}\right)$$

$$\left(\frac{\mathrm{d}\overrightarrow{\mathrm{AB}}}{\mathrm{d}t}\right)_{\mathcal{R}} = \left(\frac{\mathrm{d}\overrightarrow{\mathrm{AB}}}{\mathrm{d}t}\right)_{\mathcal{R}'} + \overrightarrow{\Omega}_{\mathcal{R}'/\mathcal{R}} \wedge \left(X'\,\vec{e}_{x'} + Y'\,\vec{e}_{y'} + Z'\,\vec{e}_{z'}\right)$$

$$\boxed{\left(\frac{\mathrm{d}\overrightarrow{\mathrm{AB}}}{\mathrm{d}t}\right)_{\mathcal{R}} = \left(\frac{\mathrm{d}\overrightarrow{\mathrm{AB}}}{\mathrm{d}t}\right)_{\mathcal{R}'} + \overrightarrow{\Omega}_{\mathcal{R}'/\mathcal{R}} \wedge \overrightarrow{\mathrm{AB}}}$$

Cette relation constitue la **formule de Bour** ou la **formule de dérivation vectorielle**.

C. **Formule de Varignon**

$$\left(\frac{\mathrm{d}\overrightarrow{\mathrm{AB}}}{\mathrm{d}t}\right)_{\mathcal{R}} = \left(\frac{\mathrm{d}(\overrightarrow{\mathrm{AO}} + \overrightarrow{\mathrm{OB}})}{\mathrm{d}t}\right)_{\mathcal{R}}$$

En utilisant la formule de Bour établie à la question B. on peut écrire :

$$\left(\frac{\mathrm{d}\overrightarrow{\mathrm{AB}}}{\mathrm{d}t}\right)_{\mathcal{R}} = \left(\frac{\mathrm{d}\overrightarrow{\mathrm{AB}}}{\mathrm{d}t}\right)_{\mathcal{R}'} + \overrightarrow{\Omega}_{\mathcal{R}'/\mathcal{R}} \wedge \overrightarrow{\mathrm{AB}}$$

Or, les points A et B sont fixes dans $\mathcal{R}'$ donc $\left(\dfrac{\mathrm{d}\overrightarrow{\mathrm{AB}}}{\mathrm{d}t}\right)_{\mathcal{R}'} = \vec{0}$ et

$$\left(\frac{\mathrm{d}(\overrightarrow{\mathrm{AO}} + \overrightarrow{\mathrm{OB}})}{\mathrm{d}t}\right)_{\mathcal{R}} = \vec{\Omega}_{\mathcal{R}'/\mathcal{R}} \wedge \overrightarrow{\mathrm{AB}}$$

$$\left(\frac{\mathrm{d}\overrightarrow{\mathrm{AO}}}{\mathrm{d}t}\right)_{\mathcal{R}} + \left(\frac{\mathrm{d}\overrightarrow{\mathrm{OB}}}{\mathrm{d}t}\right)_{\mathcal{R}} = \vec{\Omega}_{\mathcal{R}'/\mathcal{R}} \wedge \overrightarrow{\mathrm{AB}}$$

$$-\left(\frac{\mathrm{d}\overrightarrow{\mathrm{OA}}}{\mathrm{d}t}\right)_{\mathcal{R}} + \left(\frac{\mathrm{d}\overrightarrow{\mathrm{OB}}}{\mathrm{d}t}\right)_{\mathcal{R}} = \vec{\Omega}_{\mathcal{R}'/\mathcal{R}} \wedge \overrightarrow{\mathrm{AB}}$$

$$-\vec{v}(\mathrm{A} \in \mathcal{R}')_{\mathcal{R}} + \vec{v}(\mathrm{B} \in \mathcal{R}')_{\mathcal{R}} = \vec{\Omega}_{\mathcal{R}'/\mathcal{R}} \wedge \overrightarrow{\mathrm{AB}}$$

$$\boxed{\vec{v}(\mathrm{B} \in \mathcal{R}')_{\mathcal{R}} = \vec{v}(\mathrm{A} \in \mathcal{R}')_{\mathcal{R}} + \vec{\Omega}_{\mathcal{R}'/\mathcal{R}} \wedge \overrightarrow{\mathrm{AB}}}$$

Cette relation constitue la **formule de Varignon**.

D. **Loi de composition des vitesses dans le cas général**

D.1. Dans le référentiel $\mathcal{R}$, on dérive par rapport au temps le vecteur $\overrightarrow{\mathrm{OM}}$:

$$\left(\frac{\mathrm{d}\overrightarrow{\mathrm{OM}}}{\mathrm{d}t}\right)_{\mathcal{R}} = \left(\frac{\mathrm{d}(\overrightarrow{\mathrm{OO'}} + \overrightarrow{\mathrm{O'M}})}{\mathrm{d}t}\right)_{\mathcal{R}} = \left(\frac{\mathrm{d}\overrightarrow{\mathrm{OO'}}}{\mathrm{d}t}\right)_{\mathcal{R}} + \left(\frac{\mathrm{d}\overrightarrow{\mathrm{O'M}}}{\mathrm{d}t}\right)_{\mathcal{R}}$$

Le point O est l'origine du référentiel $\mathcal{R}$ donc $\left(\dfrac{\mathrm{d}\overrightarrow{\mathrm{OM}}}{\mathrm{d}t}\right)_{\mathcal{R}} = \vec{v}(\mathrm{M})_{\mathcal{R}}$, on parle de **vitesse absolue**.

Le point O est l'origine du référentiel $\mathcal{R}$ donc $\left(\dfrac{\mathrm{d}\overrightarrow{\mathrm{OO'}}}{\mathrm{d}t}\right)_{\mathcal{R}} = \vec{v}(\mathrm{O'})_{\mathcal{R}}$.

Le point O′ n'est pas l'origine du référentiel $\mathcal{R}$, on fait donc appel à la formule de Bour pour transformer le dernier terme :

$$\left(\frac{\mathrm{d}\overrightarrow{\mathrm{O'M}}}{\mathrm{d}t}\right)_{\mathcal{R}} = \left(\frac{\mathrm{d}\overrightarrow{\mathrm{O'M}}}{\mathrm{d}t}\right)_{\mathcal{R}'} + \vec{\Omega}_{\mathcal{R}'/\mathcal{R}} \wedge \overrightarrow{\mathrm{O'M}}$$

Le point O′ est l'origine du référentiel $\mathcal{R}'$ donc $\left(\dfrac{\mathrm{d}\overrightarrow{\mathrm{O'M}}}{\mathrm{d}t}\right)_{\mathcal{R}'} = \vec{v}(\mathrm{M})_{\mathcal{R}'}$, on parle de **vitesse relative**.

Il en vient :

$$\boxed{\vec{v}(\mathrm{M})_{\mathcal{R}} = \vec{v}(\mathrm{O'})_{\mathcal{R}} + \vec{v}(\mathrm{M})_{\mathcal{R}'} + \vec{\Omega}_{\mathcal{R}'/\mathcal{R}} \wedge \overrightarrow{\mathrm{O'M}}}$$

D.2. D'après la définition de la vitesse d'entrainement :

$$\vec{v}_e(\mathrm{M}) = \vec{v}(\mathrm{M_C})_{\mathcal{R}} = \vec{v}(\mathrm{O}')_{\mathcal{R}} + \vec{v}(\mathrm{M_C})_{\mathcal{R}'} + \vec{\Omega}_{\mathcal{R}'/\mathcal{R}} \wedge \overrightarrow{\mathrm{O'M_C}}$$

Or $\mathrm{M_C}$ est fixe dans $\mathcal{R}'$ donc $\vec{v}(\mathrm{M_C})_{\mathcal{R}'} = \vec{0}$. Il en vient :

$$\vec{v}_e(\mathrm{M}) = \vec{v}(\mathrm{O}')_{\mathcal{R}} + \vec{\Omega}_{\mathcal{R}'/\mathcal{R}} \wedge \overrightarrow{\mathrm{O'M_C}}$$

$$\boxed{\vec{v}_e(\mathrm{M}) = \vec{v}(\mathrm{O}')_{\mathcal{R}} + \vec{\Omega}_{\mathcal{R}'/\mathcal{R}} \wedge \overrightarrow{\mathrm{O'M}}}$$

D.3. Cas particuliers

- Si $\mathcal{R}'$ est en translation par rapport à $\mathcal{R}$ alors $\vec{\Omega}_{\mathcal{R}'/\mathcal{R}} = \vec{0}$ et

$$\boxed{\vec{v}_e(\mathrm{M}) = \vec{v}(\mathrm{O}')_{\mathcal{R}}}$$

- Si $\mathcal{R}'$ est en rotation par rapport à $\mathcal{R}$ autour d'un axe passant par O' alors $\vec{v}(\mathrm{O}')_{\mathcal{R}} = \vec{0}$ et

$$\boxed{\vec{v}_e(\mathrm{M}) = \vec{\Omega}_{\mathcal{R}'/\mathcal{R}} \wedge \overrightarrow{\mathrm{O'M}}}$$

E. **Loi de composition des accélérations dans le cas général**

E.1. Dans le référentiel $\mathcal{R}$, on dérive par rapport au temps la loi de composition des vitesses.

$$\left(\frac{\mathrm{d}\vec{v}(\mathrm{M})_{\mathcal{R}}}{\mathrm{d}t}\right)_{\mathcal{R}} = \left(\frac{\mathrm{d}\vec{v}(\mathrm{M})_{\mathcal{R}'}}{\mathrm{d}t}\right)_{\mathcal{R}} + \left(\frac{\mathrm{d}\left(\vec{v}(\mathrm{O}')_{\mathcal{R}} + \vec{\Omega}_{\mathcal{R}'/\mathcal{R}} \wedge \overrightarrow{\mathrm{O'M}}\right)}{\mathrm{d}t}\right)_{\mathcal{R}}$$

Par définition, $\left(\frac{\mathrm{d}\vec{v}(\mathrm{M})_{\mathcal{R}}}{\mathrm{d}t}\right)_{\mathcal{R}} = \left(\frac{\mathrm{d}^2\overrightarrow{\mathrm{OM}}}{\mathrm{d}t^2}\right)_{\mathcal{R}}$. Le point O est l'origine du référentiel $\mathcal{R}$ donc $\left(\frac{\mathrm{d}\vec{v}(\mathrm{M})_{\mathcal{R}}}{\mathrm{d}t}\right)_{\mathcal{R}} = \vec{a}(\mathrm{M})_{\mathcal{R}}$, on parle d'**accélération absolue**.

Par définition, $\left(\frac{\mathrm{d}\vec{v}(\mathrm{M})_{\mathcal{R}'}}{\mathrm{d}t}\right)_{\mathcal{R}} = \left(\frac{\mathrm{d}^2\overrightarrow{\mathrm{O'M}}}{\mathrm{d}t^2}\right)_{\mathcal{R}}$. Or le point O' n'est pas l'origine du référentiel $\mathcal{R}$, on fait donc appel à la formule de Bour :

$$\left(\frac{\mathrm{d}\vec{v}(\mathrm{M})_{\mathcal{R}'}}{\mathrm{d}t}\right)_{\mathcal{R}} = \left(\frac{\mathrm{d}\vec{v}(\mathrm{M})_{\mathcal{R}'}}{\mathrm{d}t}\right)_{\mathcal{R}'} + \vec{\Omega}_{\mathcal{R}'/\mathcal{R}} \wedge \vec{v}(\mathrm{M})_{\mathcal{R}'}$$

Par définition, $\left(\dfrac{\mathrm{d}\vec{v}(\mathrm{M})_{\mathcal{R}'}}{\mathrm{d}t}\right)_{\mathcal{R}'} = \left(\dfrac{\mathrm{d}^2\overrightarrow{\mathrm{O'M}}}{\mathrm{d}t^2}\right)_{\mathcal{R}'}$. Le point O′ est l'origine du référentiel $\mathcal{R}'$ donc $\left(\dfrac{\mathrm{d}\vec{v}(\mathrm{M})_{\mathcal{R}'}}{\mathrm{d}t}\right)_{\mathcal{R}'} = \vec{a}(\mathrm{M})_{\mathcal{R}'}$, on parle d'**accélération relative**.

Par définition, $\left(\dfrac{\mathrm{d}\vec{v}(\mathrm{O}')_{\mathcal{R}}}{\mathrm{d}t}\right)_{\mathcal{R}} = \left(\dfrac{\mathrm{d}^2\overrightarrow{\mathrm{OO'}}}{\mathrm{d}t^2}\right)_{\mathcal{R}}$. Le point O est l'origine du référentiel $\mathcal{R}$ donc $\left(\dfrac{\mathrm{d}\vec{v}(\mathrm{O}')_{\mathcal{R}}}{\mathrm{d}t}\right)_{\mathcal{R}} = \vec{a}(\mathrm{O}')_{\mathcal{R}}$.

Reste à dériver un dernier terme :

$$\left(\frac{\mathrm{d}\left(\vec{\Omega}_{\mathcal{R}'/\mathcal{R}} \wedge \overrightarrow{\mathrm{O'M}}\right)}{\mathrm{d}t}\right)_{\mathcal{R}} = \left(\frac{\mathrm{d}\vec{\Omega}_{\mathcal{R}'/\mathcal{R}}}{\mathrm{d}t}\right)_{\mathcal{R}} \wedge \overrightarrow{\mathrm{O'M}} + \vec{\Omega}_{\mathcal{R}'/\mathcal{R}} \wedge \left(\frac{\mathrm{d}\overrightarrow{\mathrm{O'M}}}{\mathrm{d}t}\right)_{\mathcal{R}}$$

Le point O′ n'est pas l'origine du référentiel $\mathcal{R}$, on fait donc appel à la formule de Bour pour transformer le dernier terme :

$$\left(\frac{\mathrm{d}\overrightarrow{\mathrm{O'M}}}{\mathrm{d}t}\right)_{\mathcal{R}} = \left(\frac{\mathrm{d}\overrightarrow{\mathrm{O'M}}}{\mathrm{d}t}\right)_{\mathcal{R}'} + \vec{\Omega}_{\mathcal{R}'/\mathcal{R}} \wedge \overrightarrow{\mathrm{O'M}}$$

Il en vient :

$$\left(\frac{\mathrm{d}\left(\vec{\Omega}_{\mathcal{R}'/\mathcal{R}} \wedge \overrightarrow{\mathrm{O'M}}\right)}{\mathrm{d}t}\right)_{\mathcal{R}} = \left(\frac{\mathrm{d}\vec{\Omega}_{\mathcal{R}'/\mathcal{R}}}{\mathrm{d}t}\right)_{\mathcal{R}} \wedge \overrightarrow{\mathrm{O'M}} + \vec{\Omega}_{\mathcal{R}'/\mathcal{R}} \wedge \left(\left(\frac{\mathrm{d}\overrightarrow{\mathrm{O'M}}}{\mathrm{d}t}\right)_{\mathcal{R}'} + \vec{\Omega}_{\mathcal{R}'/\mathcal{R}} \wedge \overrightarrow{\mathrm{O'M}}\right)$$

Le point O′ est l'origine du référentiel $\mathcal{R}'$ donc $\left(\dfrac{\mathrm{d}\overrightarrow{\mathrm{O'M}}}{\mathrm{d}t}\right)_{\mathcal{R}'} = \vec{v}(\mathrm{M})_{\mathcal{R}'}$.

$$\left(\frac{\mathrm{d}\left(\vec{\Omega}_{\mathcal{R}'/\mathcal{R}} \wedge \overrightarrow{\mathrm{O'M}}\right)}{\mathrm{d}t}\right)_{\mathcal{R}} = \left(\frac{\mathrm{d}\vec{\Omega}_{\mathcal{R}'/\mathcal{R}}}{\mathrm{d}t}\right)_{\mathcal{R}} \wedge \overrightarrow{\mathrm{O'M}} + \vec{\Omega}_{\mathcal{R}'/\mathcal{R}} \wedge \vec{v}(\mathrm{M})_{\mathcal{R}'} + \vec{\Omega}_{\mathcal{R}'/\mathcal{R}} \wedge \left(\vec{\Omega}_{\mathcal{R}'/\mathcal{R}} \wedge \overrightarrow{\mathrm{O'M}}\right)$$

En reprenant les expressions obtenues à chaque étape, on obtient la loi de composition des accélérations qui s'écrit :

$$\boxed{\begin{aligned}\vec{a}(\mathrm{M})_{\mathcal{R}} = \vec{a}(\mathrm{M})_{\mathcal{R}'} + \vec{a}(\mathrm{O}')_{\mathcal{R}} + \left(\frac{\mathrm{d}\overrightarrow{\Omega}_{\mathcal{R}'/\mathcal{R}}}{\mathrm{d}t}\right)_{\mathcal{R}} \wedge \overrightarrow{\mathrm{O'M}} \\ + \overrightarrow{\Omega}_{\mathcal{R}'/\mathcal{R}} \wedge \left(\overrightarrow{\Omega}_{\mathcal{R}'/\mathcal{R}} \wedge \overrightarrow{\mathrm{O'M}}\right) + 2\overrightarrow{\Omega}_{\mathcal{R}'/\mathcal{R}} \wedge \vec{v}(\mathrm{M})_{\mathcal{R}'}\end{aligned}}$$

E.2. D'après la définition de l'accélération d'entrainement :

$$\begin{aligned}\vec{a}_e(\mathrm{M}) = \vec{a}(\mathrm{M_C})_{\mathcal{R}'} + \vec{a}(\mathrm{O}')_{\mathcal{R}} + \left(\frac{\mathrm{d}\overrightarrow{\Omega}_{\mathcal{R}'/\mathcal{R}}}{\mathrm{d}t}\right)_{\mathcal{R}} \wedge \overrightarrow{\mathrm{O'M_C}} \\ + \overrightarrow{\Omega}_{\mathcal{R}'/\mathcal{R}} \wedge \left(\overrightarrow{\Omega}_{\mathcal{R}'/\mathcal{R}} \wedge \overrightarrow{\mathrm{O'M_C}}\right) + 2\overrightarrow{\Omega}_{\mathcal{R}'/\mathcal{R}} \wedge \vec{v}(\mathrm{M_C})_{\mathcal{R}'}\end{aligned}$$

Or $\mathrm{M_C}$ est fixe dans $\mathcal{R}'$ donc $\vec{a}(\mathrm{M_C})_{\mathcal{R}'} = \vec{0}$ et $\vec{v}(\mathrm{M_C})_{\mathcal{R}'} = \vec{0}$. Il en vient :

$$\vec{a}_e(\mathrm{M}) = \vec{a}(\mathrm{O}')_{\mathcal{R}} + \left(\frac{\mathrm{d}\overrightarrow{\Omega}_{\mathcal{R}'/\mathcal{R}}}{\mathrm{d}t}\right)_{\mathcal{R}} \wedge \overrightarrow{\mathrm{O'M_C}} + \overrightarrow{\Omega}_{\mathcal{R}'/\mathcal{R}} \wedge \left(\overrightarrow{\Omega}_{\mathcal{R}'/\mathcal{R}} \wedge \overrightarrow{\mathrm{O'M_C}}\right)$$

$$\boxed{\vec{a}_e(\mathrm{M}) = \vec{a}(\mathrm{O}')_{\mathcal{R}} + \left(\frac{\mathrm{d}\overrightarrow{\Omega}_{\mathcal{R}'/\mathcal{R}}}{\mathrm{d}t}\right)_{\mathcal{R}} \wedge \overrightarrow{\mathrm{O'M}} + \overrightarrow{\Omega}_{\mathcal{R}'/\mathcal{R}} \wedge \left(\overrightarrow{\Omega}_{\mathcal{R}'/\mathcal{R}} \wedge \overrightarrow{\mathrm{O'M}}\right)}$$

E.3. Cas particuliers

- Si $\mathcal{R}'$ est en translation par rapport à $\mathcal{R}$ alors $\overrightarrow{\Omega}_{\mathcal{R}'/\mathcal{R}} = \vec{0}$ et

$$\boxed{\vec{a}_e(\mathrm{M}) = \vec{a}(\mathrm{O}')_{\mathcal{R}}}$$

- Si $\mathcal{R}'$ est en rotation par rapport à $\mathcal{R}$ autour d'un axe passant par O' alors $\vec{v}(\mathrm{O}')_{\mathcal{R}} = \vec{0}$ donc $\vec{a}(\mathrm{O}')_{\mathcal{R}}$ et

$$\boxed{\vec{a}_e(\mathrm{M}) = \left(\frac{\mathrm{d}\overrightarrow{\Omega}_{\mathcal{R}'/\mathcal{R}}}{\mathrm{d}t}\right)_{\mathcal{R}} \wedge \overrightarrow{\mathrm{O'M}} + \overrightarrow{\Omega}_{\mathcal{R}'/\mathcal{R}} \wedge \left(\overrightarrow{\Omega}_{\mathcal{R}'/\mathcal{R}} \wedge \overrightarrow{\mathrm{O'M}}\right)}$$

Remarque : $\vec{a}_e(\mathrm{M}) \neq \dfrac{\mathrm{d}\vec{v}_e(\mathrm{M})}{\mathrm{d}t}$

6.2.3 Mécanique des fluides

❑ **Exercice 5 - FORMULE DE LAPLACE** ★☆☆

La compressibilité est une caractéristique d'un corps quantifiant sa variation relative de volume sous l'effet d'une pression appliquée : $\chi = -\dfrac{1}{V}\left(\dfrac{\partial V}{\partial P}\right)$ où V est le volume du corps et P la pression appliquée.
La compressibilité χ est une grandeur intensive homogène avec l'inverse d'une pression, elle s'exprime en Pa^{-1} (Pa étant le pascal).
Pour un corps restant à entropie constante, on définit le coefficient de compressibilité isentropique noté : $\chi_s = -\dfrac{1}{V}\left(\dfrac{\partial V}{\partial P}\right)_S$.

1. Pour un système fermé dont la masse est constante, montrer que la différentielle de l'expression $m = \rho V$ permet d'obtenir $\left(\dfrac{\partial V}{\partial \rho}\right) = -\dfrac{V}{\rho}$ où ρ est la masse volumique du corps.
   En déduire que le coefficient de compressibilité isentropique peut s'écrire $\chi_s = \dfrac{1}{\rho}\left(\dfrac{\partial \rho}{\partial P}\right)_S$.
2. Montrer que la différentielle de la loi de Laplace $(PV^\gamma) =$ constante permet d'obtenir $\chi_s = \dfrac{1}{\gamma P}$.
   Montrer que la différentielle du logarithme népérien de la loi de Laplace $\left(\dfrac{P}{\rho^\gamma}\right) =$ constante permet d'obtenir $\chi_s = \dfrac{1}{\gamma P}$.
   En déduire que pour un gaz parfait, la célérité du son dans un fluide d'expression $c = \dfrac{1}{\sqrt{\rho \chi_s}}$ peut s'écrire $c = \sqrt{\dfrac{\gamma R T}{M}}$ appelée formule de Laplace.

Solution

1. Pour un système fermé, $m = \rho V =$ constante.
   La différentielle de cette expression est telle que :

$$\mathrm{d}m = \mathrm{d}(\rho V) = \mathrm{d}(\text{constante}) = 0$$

$$\mathrm{d}(\rho V) = \mathrm{d}\rho\, V + \rho\, \mathrm{d}V = 0$$

$$\mathrm{d}V = -\frac{V}{\rho}\,\mathrm{d}\rho$$

   Par définition, $\mathrm{d}V = \left(\dfrac{\partial V}{\partial \rho}\right)\mathrm{d}\rho$ car le volume V ne dépend que de la masse volumique ρ.

Par identification : $\left(\dfrac{\partial V}{\partial \rho}\right) = -\dfrac{V}{\rho}$. On a alors :

$$\chi_s = -\frac{1}{V}\left(\frac{\partial V}{\partial \rho}\right)\left(\frac{\partial \rho}{\partial P}\right)_S = -\frac{1}{V}\left(-\frac{V}{\rho}\right)\left(\frac{\partial \rho}{\partial P}\right)_S = \boxed{\frac{1}{\rho}\left(\frac{\partial \rho}{\partial P}\right)_S = \chi_S}$$

2. ***Méthode 1*** : il faut partir de la formule de Laplace $(PV^{\gamma}) =$ constante.
   Puis exprimer V en fonction de P : $V = (\text{constante})^{\frac{1}{\gamma}} P^{-\frac{1}{\gamma}}$
   La différentielle de cette expression s'écrit :

$$\mathrm{d}V = (\text{constante})^{\frac{1}{\gamma}}\, \mathrm{d}\left(P^{-\frac{1}{\gamma}}\right) = (\text{constante})^{\frac{1}{\gamma}} \left(-\frac{1}{\gamma}\right) P^{-\frac{1}{\gamma}-1}\, \mathrm{d}P$$

Par définition, $\mathrm{d}V = \left(\dfrac{\partial V}{\partial P}\right) \mathrm{d}P$ car le volume V ne dépend que de la pression P.
Par identification : $\left(\dfrac{\partial V}{\partial P}\right) = (\text{constante})^{\frac{1}{\gamma}} \left(-\dfrac{1}{\gamma}\right) P^{-\frac{1}{\gamma}-1}$. On a alors :

$$\left(\frac{\partial V}{\partial P}\right) = (PV^{\gamma})^{\frac{1}{\gamma}} \left(-\frac{1}{\gamma}\right) P^{-\frac{1}{\gamma}-1} = -\frac{1}{\gamma}\frac{V}{P}$$

$$\chi_s = -\frac{1}{V}\left(\frac{\partial V}{\partial P}\right)_S = -\frac{1}{V}\left(-\frac{1}{\gamma}\frac{V}{P}\right) = \boxed{\frac{1}{\gamma P} = \chi_s}$$

Méthode 2 : le logarithme népérien de la loi de Laplace $\left(\dfrac{P}{\rho^{\gamma}}\right) =$ constante s'écrit :

$$\ln\left(\frac{P}{\rho^{\gamma}}\right) = \ln(\text{constante})$$

$$\ln P - \ln \rho^{\gamma} = \ln(\text{constante})$$

La différentielle de cette expression d'écrit :

$$\mathrm{d}(\ln P) - \mathrm{d}\left(\ln \rho^{\gamma}\right) = \mathrm{d}(\ln P) - \gamma\, \mathrm{d}(\ln \rho) = 0$$

$$\frac{\mathrm{d}P}{P} - \gamma \frac{\mathrm{d}\rho}{\rho} = 0$$

$$\mathrm{d}\rho = \frac{\rho}{\gamma P}\, \mathrm{d}P$$

Par définition, $\mathrm{d}\rho = \left(\dfrac{\partial \rho}{\partial P}\right)\mathrm{d}P$ car la masse volumique ρ ne dépend que de la pression P.

Par identification : $\left(\dfrac{\partial \rho}{\partial P}\right) = \dfrac{\rho}{\gamma P}$. On a alors :

$$\chi_s = \frac{1}{\rho}\left(\frac{\partial \rho}{\partial P}\right)_S = \frac{1}{\rho}\frac{\rho}{\gamma P} = \boxed{\frac{1}{\gamma P} = \chi_s}$$

La célérité du son dans un fluide $c = \dfrac{1}{\sqrt{\rho \chi_s}}$ peut s'écrire :

$$c = \frac{1}{\sqrt{\rho \frac{1}{\gamma P}}} = \sqrt{\frac{\gamma P}{\rho}}$$

Pour un gaz parfait, on a $PV = nRT = \dfrac{m}{M}RT = \dfrac{\rho V}{M}RT$

$$c = \sqrt{\frac{\gamma P}{\rho}} = \sqrt{\frac{\gamma \rho RT}{\rho M}} = \boxed{\sqrt{\frac{\gamma RT}{M}} = c}$$

6.2.4 Physique des ondes

❑ **Exercice 6 - EQUATION DE D'ALEMBERT** ☆☆☆

A une dimension selon x, l'équation de d'Alembert d'une fonction f s'écrit :

$$\frac{\partial^2 f(x,t)}{\partial x^2} - \frac{1}{c^2}\frac{\partial^2 f(x,t)}{\partial t^2} = 0$$

Les solutions de cette équation aux dérivées partielles sont des ondes progressives dans le sens des x croissants de la forme $f(x - ct)$ ou dans le sens des x décroissants de la forme $g(x + ct)$.

Vérifier que les fonctions suivantes sont solutions de l'équation de d'Alembert unidimensionnelle.

1. $f(x,t) = (x - ct)^2$
2. $f(x,t) = \ln(x - ct)$
3. $f(x,t) = \cos(x - ct)$

Solution

1.

$$\frac{\partial f(x,t)}{\partial x} = \frac{\partial}{\partial x}(x-ct)^2 = 2\times 1\times (x-ct)$$

$$\frac{\partial^2 f(x,t)}{\partial x^2} = \frac{\partial}{\partial x}\left(\frac{\partial f(x,t)}{\partial x}\right) = \frac{\partial}{\partial x}(2\,(x-ct)) = \boxed{2}$$

$$\frac{\partial f(x,t)}{\partial t} = \frac{\partial}{\partial t}(x-ct)^2 = 2\,(-c)\,(x-ct)$$

$$\frac{\partial^2 f(x,t)}{\partial t^2} = \frac{\partial}{\partial t}\left(\frac{\partial f(x,t)}{\partial t}\right) = \frac{\partial}{\partial t}(-2c\,(x-ct)) = -2c\,(-c) = \boxed{+2c^2}$$

$$\Rightarrow \boxed{\frac{\partial^2 f(x,t)}{\partial x^2} - \frac{1}{c^2}\frac{\partial^2 f(x,t)}{\partial t^2} = 0} = 2 - \frac{1}{c^2}(2c^2)$$

2.

$$\frac{\partial f(x,t)}{\partial x} = \frac{\partial}{\partial x}(\ln(x-ct)) = \frac{1}{x-ct}$$

$$\frac{\partial^2 f(x,t)}{\partial x^2} = \frac{\partial}{\partial x}\left(\frac{\partial f(x,t)}{\partial x}\right) = \frac{\partial}{\partial x}\left((x-ct)^{-1}\right) = \boxed{\frac{-1}{(x-ct)^2}}$$

$$\frac{\partial f(x,t)}{\partial t} = \frac{\partial}{\partial t}(\ln(x-ct)) = \frac{-c}{x-ct}$$

$$\frac{\partial^2 f(x,t)}{\partial t^2} = \frac{\partial}{\partial t}\left(\frac{\partial f(x,t)}{\partial t}\right) = \frac{\partial}{\partial t}\left(\frac{-c}{x-ct}\right) = -c\,(-1)\frac{-c}{(x-ct)^2} = \boxed{\frac{-c^2}{(x-ct)^2}}$$

$$\Rightarrow \boxed{\frac{\partial^2 f(x,t)}{\partial x^2} - \frac{1}{c^2}\frac{\partial^2 f(x,t)}{\partial t^2} = 0} = \frac{-1}{(x-ct)^2} - \frac{1}{c^2}\frac{-c^2}{(x-ct)^2}$$

3.

$$\frac{\partial f(x,t)}{\partial x} = \frac{\partial}{\partial x}(\cos(x-ct)) = -\sin(x-ct)$$

$$\frac{\partial^2 f(x,t)}{\partial x^2} = \frac{\partial}{\partial x}\left(\frac{\partial f(x,t)}{\partial x}\right) = \frac{\partial}{\partial x}(-\sin(x-ct)) = \boxed{-\cos(x-ct)}$$

$$\frac{\partial f(x,t)}{\partial t} = \frac{\partial}{\partial t}(\cos(x-ct)) = -c\,(-\sin(x-ct)) = c\,\sin(x-ct)$$

$$\frac{\partial^2 f(x,t)}{\partial t^2} = \frac{\partial}{\partial t}\left(\frac{\partial f(x,t)}{\partial t}\right) = \frac{\partial}{\partial t}(c\,\sin(x-ct))$$

$$= c\,(-c)\cos(x-ct) = \boxed{-c^2\cos(x-ct)}$$

$$\Rightarrow \boxed{\frac{\partial^2 f(x,t)}{\partial x^2} - \frac{1}{c^2}\frac{\partial^2 f(x,t)}{\partial t^2} = 0} = -\cos(x-ct) - \frac{1}{c^2}(-c^2)\cos(x-ct)$$

❑ Exercice 7 - Vitesse de groupe d'un paquet d'ondes ★☆☆

Dans un milieu plasma **peu** dispersif, la propagation d'un paquet d'ondes se met sous la forme d'une onde moyenne se propageant à la vitesse de phase v_φ et d'une onde enveloppe se propageant à la vitesse de groupe v_g définie par :

$$v_g = \frac{\mathrm{d}\omega}{\mathrm{d}k'} = \frac{1}{\left(\frac{\mathrm{d}k'}{\mathrm{d}\omega}\right)}$$

On note k' la partie réelle du vecteur d'onde $\underline{k}$ complexe telle que :

$$\underline{k} = k' = \sqrt{\frac{\omega^2 - \omega_p^2}{c^2}}$$

où ω_p est appelée pulsation plasma.

On souhaite établir, par trois méthodes différentes, l'expression de la vitesse de groupe :

$$v_g = c\sqrt{1 - \left(\frac{\omega_p}{\omega}\right)^2}$$

1. A partir de l'expression de k' calculer $\dfrac{\mathrm{d}k'}{\mathrm{d}\omega}$. En déduire l'expression de la vitesse de groupe.
2. A partir de l'expression de k', exprimer ω en fonction de k'. Calculer $\dfrac{\mathrm{d}\omega}{\mathrm{d}k'}$. En déduire l'expression de la vitesse de groupe.
3. A partir de l'expression de k', exprimer ω^2 en fonction de k'^2. Ecrire la différentielle de $\omega^2 = f\left(k'^2\right)$ et en déduire l'expression de la vitesse de groupe.

Solution

1.

$$\frac{\mathrm{d}k'}{\mathrm{d}\omega} = \frac{\mathrm{d}}{\mathrm{d}\omega}\left(\frac{\left(\omega^2 - \omega_p^2\right)^{\frac{1}{2}}}{c}\right)$$

$$\frac{\mathrm{d}k'}{\mathrm{d}\omega} = \frac{1}{c}\left(\frac{1}{2}\right)(2\omega)\left(\omega^2 - \omega_p^2\right)^{-\frac{1}{2}}$$

$$\frac{\mathrm{d}k'}{\mathrm{d}\omega} = \frac{\omega}{c\sqrt{\omega^2 - \omega_p^2}} = \frac{1}{c\sqrt{1 - \left(\frac{\omega_p}{\omega}\right)^2}}$$

$$\boxed{v_g = \frac{1}{\left(\frac{\mathrm{d}k'}{\mathrm{d}\omega}\right)} = c\sqrt{1 - \left(\frac{\omega_p}{\omega}\right)^2}}$$

2.

$$k' = \sqrt{\frac{\omega^2 - \omega_p^2}{c^2}} \Rightarrow \omega = \sqrt{c^2 k'^2 + \omega_p^2}$$

$$\frac{\mathrm{d}\omega}{\mathrm{d}k'} = \frac{\mathrm{d}}{\mathrm{d}k'}\left(c^2 k'^2 + \omega_p^2\right)^{\frac{1}{2}}$$

$$\frac{\mathrm{d}\omega}{\mathrm{d}k'} = \left(\frac{1}{2}\right)\left(2c^2 k'\right)\left(c^2 k'^2 + \omega_p^2\right)^{-\frac{1}{2}} = \frac{c^2 k'}{\omega}$$

$$\frac{\mathrm{d}\omega}{\mathrm{d}k'} = \frac{c^2}{\omega}\sqrt{\frac{\omega^2 - \omega_p^2}{c^2}}$$

$$\boxed{v_g = \frac{\mathrm{d}\omega}{\mathrm{d}k'} = c\sqrt{1 - \left(\frac{\omega_p}{\omega}\right)^2}}$$

3.

$$\omega = \sqrt{c^2 k'^2 + \omega_p^2} \Rightarrow \omega^2 = c^2 k'^2 + \omega_p^2$$

La différentielle de cette expression s'écrit :

$$2\,\omega\,\mathrm{d}\omega = c^2\left(2\,k'\,\mathrm{d}k'\right)$$

$$\frac{\mathrm{d}\omega}{\mathrm{d}k'} = \frac{c^2 k'}{\omega} = \frac{c^2}{\omega}\sqrt{\frac{\omega^2 - \omega_p^2}{c^2}}$$

$$\boxed{v_g = \frac{\mathrm{d}\omega}{\mathrm{d}k'} = c\sqrt{1 - \left(\frac{\omega_p}{\omega}\right)^2}}$$

6.2.5 Diffusion moléculaire

❑ **Exercice 8 - DIFFUSION DE PARTICULES** ★☆☆

Comment évaluer le coefficient de diffusion à partir d'un modèle probabiliste ?

Soit un milieu solide à une dimension $(\mathrm{O}x)$ où les atomes sont équidistants de ℓ (figure 6.9).
Une particule diffusante parcourt une distance ℓ pendant une durée τ soit vers la droite, soit vers la gauche avec la même probabilité.
Pour que la particule se trouve en x à l'instant $(t + \tau)$:
① soit elle était en $(x - \ell)$ à la date t et s'est déplacée vers la droite
② soit elle était en $(x + \ell)$ à la date t et s'est déplacée vers la gauche.

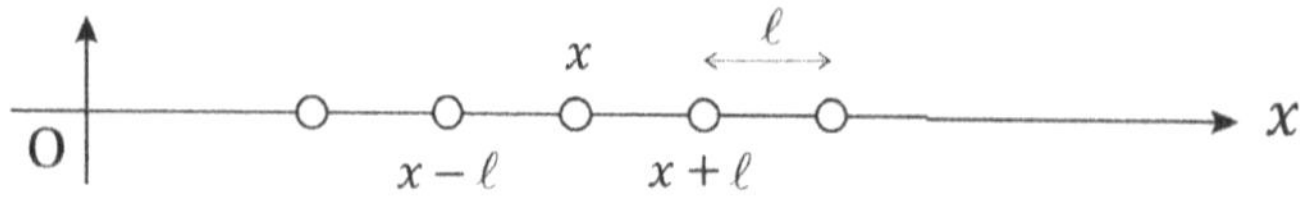

FIGURE 6.9

On note $p(x,t)$ la probabilité pour que la particule soit en x à la date t.
On note $p(x,t+\tau)$ la probabilité pour que la particule soit en x à la date $(t+\tau)$.
La particule pouvant venir de droite ou de gauche avec la même probabilité, on note $p(x,t+\tau) = \frac{1}{2}\left[p(x+\ell,t) + p(x-\ell,t)\right]$.

1. Par un développement de Taylor, calculer $p(x,t+\tau) - p(x,t)$ à l'ordre 1 en τ $(\tau \ll t)$ et à l'ordre 2 en ℓ $(\ell \ll x)$.
2. Montrer que l'on obtient l'équation de diffusion du type :

$$\frac{\partial^2 p(x,t)}{\partial x^2} - \frac{1}{D^2}\frac{\partial p(x,t)}{\partial t} = 0$$

Identifier le coefficient de diffusion D en fonction de τ et ℓ. En déduire que le coefficient de diffusion a pour ordre de grandeur $D \approx \ell^* v^*$ où ℓ^* est la distance du libre parcours moyen et v^* est la vitesse quadratique moyenne.

Solution

1. $p(x,t+\tau) - p(x,t) = \frac{1}{2}\Big[p(x+\ell,t) - p(x,t)\Big] + \frac{1}{2}\Big[p(x-\ell,t) - p(x,t)\Big]$

Or $$p(x,t+\tau) - p(x,t) = \tau\,\frac{\partial p(x,t)}{\partial t}$$

$$p(x+\ell,t) - p(x,t) = \ell\,\frac{\partial p(x,t)}{\partial x} + \frac{1}{2}\ell^2\frac{\partial^2 p(x,t)}{\partial x^2}$$
$$p(x-\ell,t) - p(x,t) = (-\ell)\frac{\partial p(x,t)}{\partial x} + \frac{1}{2}(-\ell)^2\frac{\partial^2 p(x,t)}{\partial x^2}$$

$$\tau\,\frac{\partial p(x,t)}{\partial t} = \frac{1}{2}\left[\ell\,\frac{\partial p(x,t)}{\partial x} + \frac{1}{2}\ell^2\frac{\partial^2 p(x,t)}{\partial x^2}\right] + \frac{1}{2}\left[(-\ell)\frac{\partial p(x,t)}{\partial x} + \frac{1}{2}(-\ell)^2\frac{\partial^2 p(x,t)}{\partial x^2}\right]$$

$$\boxed{\tau\,\frac{\partial p(x,t)}{\partial t} = \frac{\ell^2}{2}\frac{\partial^2 p(x,t)}{\partial x^2}}$$

2. En réarrangeant l'expression ci-dessus, on a :

$$\frac{\partial^2 p(x,t)}{\partial x^2} - \frac{2\tau}{\ell^2}\frac{\partial p(x,t)}{\partial t} = 0$$

On obtient alors une équation de diffusion du type :

$$\frac{\partial^2 p(x,t)}{\partial x^2} - \frac{1}{D^2}\frac{\partial p(x,t)}{\partial t} = 0$$

Par identification :

$$\boxed{D = \frac{\ell^2}{2\tau}}$$

$$D = \frac{\ell^2}{2\tau} = \left(\frac{\ell}{\tau}\right)\left(\frac{\ell}{2}\right) = v^* \frac{\ell^*}{2}$$

En ordre de grandeur $\boxed{D \approx \ell^* v^*}$.

Chapitre 7

Intégrales

7.1 Mathématiques

Le but de ce chapitre est de faire un résumé des différents types d'intégrales (simple, double et triple) ainsi que des différentes techniques utilisées pour les calculer.
Les domaines de la physique qui utilisent ces notions sont l'électromagnétisme, la mécanique, la mécanique des fluides, la thermodynamique et la physique des ondes.

7.1.1 Intégrales simples

7.1.1.1 Intégrales

Soit f une fonction continue et positive sur un intervalle $[a, b]$ avec $a < b$ et $\mathcal{C}$ sa courbe représentative dans un repère orthogonal $(\mathrm{O}, \vec{\imath}, \vec{\jmath})$.

On appelle intégrale de a à b de la fonction f la mesure de l'aire, en unité d'aire, de la partie $\mathcal{A}$ du plan délimitée par l'axe des abscisses, les droites d'équations $x = a$ et $x = b$ et la courbe $\mathcal{C}$ (voir figure 7.1).

On note $\displaystyle\int_a^b f(t)\,\mathrm{d}t$ cette aire. a et b sont les **bornes** de l'intégrale.

- Si la courbe est au dessus de l'axe des abscisses, l'aire est comptée positivement.
- Si la courbe est en dessous de l'axe des abscisses, l'aire est comptée négativement.

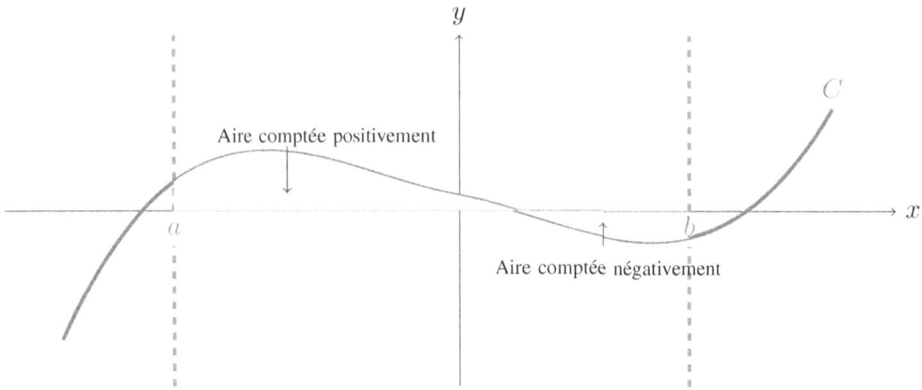

FIGURE 7.1 – Intégrale $\int_a^b f(x)\,\mathrm{d}x$

Propriétés

- Pour toute fonction f continue et positive sur $[a, b]$, on a $\int_a^b f(t)\,\mathrm{d}t \geq 0$
- $\int_a^a f(t)\,\mathrm{d}t = 0$
- Soit f une fonction continue sur un intervalle $\mathrm{I} = [a, c]$ et b un réel de I.
  Alors,
  $$\int_a^b f(x)\,\mathrm{d}x + \int_b^c f(x)\,\mathrm{d}x = \int_a^c f(x)\,\mathrm{d}x$$
- Soient f et g deux fonctions continues sur un intervalle $\mathrm{I} = [a, b]$.
  Alors,
  $$\int_a^b (f(x) + g(x))\,\mathrm{d}x = \int_a^b f(x)\,\mathrm{d}x + \int_a^b g(x)\,\mathrm{d}x$$
- Soient f et g deux fonctions continues sur un intervalle $\mathrm{I} = [a, b]$ telles que $f \leq g$.
  Alors,
  $$\int_a^b f(x)\,\mathrm{d}x \leq \int_a^b g(x)\,\mathrm{d}x$$

Calcul de $\int_{-2}^{1} (x+2)\,\mathrm{d}x$

$$\begin{aligned}\int_{-2}^{1} (x+2)\,\mathrm{d}x &= \frac{\text{base} \times \text{hauteur}}{2} \\ &= \frac{3 \times 3}{2} = \frac{9}{2}\end{aligned}$$

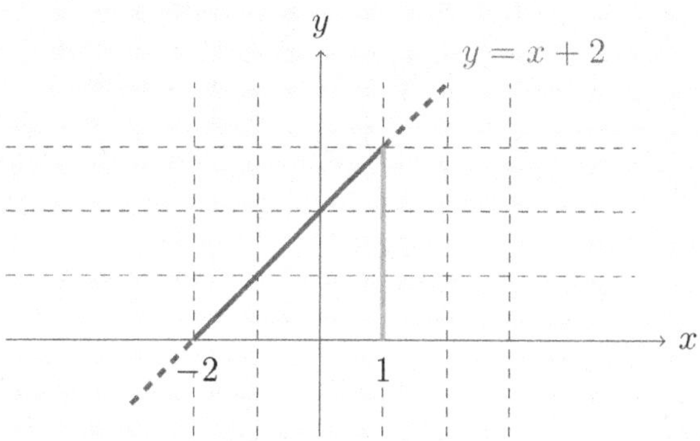

FIGURE 7.2 – Intégrale $\int_{-2}^{1} (x+2)\,\mathrm{d}x$

On appelle **valeur moyenne** de f sur $[a, b]$, le réel :

$$\frac{1}{b-a}\int_{a}^{b} f(x)\ \mathrm{d}x$$

7.1.1.2 Primitive d'une fonction continue sur un intervalle

Soit f une fonction continue sur un intervalle I. Une fonction F dérivable sur un intervalle I et de dérivée $F' = f$ est appelée **primitive** de f sur I.

Primitives des fonctions de référence

f définie sur I par	primitives F de f sur I	intervalle I
k réel	$kx + C$	$\mathbb{R}$
x^n, $n \in \mathbb{N}^*$	$\frac{x^{n+1}}{n+1} + C$	$\mathbb{R}$

$\dfrac{1}{x^n}$, $n \in \mathbb{N}/\{0,1\}$	$-\dfrac{1}{(n-1)\,x^{n-1}} + C$	$]-\infty;0[$ ou $]0;+\infty[$
$\dfrac{1}{x}$	$\ln x + C$	$]0;+\infty[$
$\dfrac{1}{x-a}$, $a \in \mathbb{R}$	$\ln\lvert x-a\rvert + C$	$]-\infty;a[\,,\ ]a;+\infty[$
$\dfrac{1}{\sqrt{x}}$	$2\sqrt{x} + C$	$]0;+\infty[$
$\dfrac{1}{1+x^2}$	$\arctan x + C$	$\mathbb{R}$
$\dfrac{-1}{\sqrt{1-x^2}}$	$\arccos x + C$	$]-1;1[$
$\dfrac{1}{\sqrt{1-x^2}}$	$\arcsin x + C$	$]-1;1[$
e^x	$\mathrm{e}^x + C$	$\mathbb{R}$
$u'u^n, n \in \mathbb{N}^*$	$\dfrac{1}{n+1}\,u^{n+1} + C$	$\mathbb{R}$
$\dfrac{u'}{u^n}$ avec n entier et $n > 1$	$-\dfrac{1}{(n-1)\,u^{n-1}} + C$	u ne s'annulant pas sur I
$u'\mathrm{e}^u$	$\mathrm{e}^u + C$	$\mathbb{R}$
$\dfrac{u'}{\sqrt{u}}$	$2\sqrt{u} + C$	I tel que $u > 0$
$\dfrac{u'}{u}$	$\ln\lvert u\rvert + C$	I tel que $u > 0$
$u'\sin u$	$-\cos u + C$	$\mathbb{R}$
$u'\cos u$	$\sin u + C$	$\mathbb{R}$

avec C une constante réelle.

Exemples

$F : x \mapsto \dfrac{x^3}{3}$ est une primitive de $f : x \mapsto x^2$ car $F'(x) = x^2$ pour tout réel x.

$G : x \mapsto \ln x$ est une primitive de $g : x \mapsto \dfrac{1}{x}$ car $G'(x) = \dfrac{1}{x}$ pour tout réel positif non nul x.

Lien entre primitive et intégrale

Primitive de f s'annulant en a

Soit f une fonction continue sur un intervalle $\mathrm{I} = [a, b]$. La fonction définie sur I par

$$F(x) = \int_a^x f(t)\,\mathrm{d}t$$

est l'unique primitive de f s'annulant en a.

Primitive et calcul d'intégrale

Soit f une fonction continue sur un intervalle I qui contient a et b et F une primitive quelconque de f sur I.

$$\int_a^b f(t)\,\mathrm{d}t = \Big[F(t)\Big]_a^b = F(b) - F(a)$$

Calcul de $\int_{-2}^{1} |x|\,\mathrm{d}x$

$$\begin{aligned}\int_{-2}^{1} |x|\,\mathrm{d}x &= \int_{-2}^{0} |x|\,\mathrm{d}x + \int_{0}^{1} |x|\,\mathrm{d}x\\ &= \int_{-2}^{0} (-x)\,\mathrm{d}x + \int_{0}^{1} x\,\mathrm{d}x\\ &= \left[\frac{-x^2}{2}\right]_{-2}^{0} + \left[\frac{x^2}{2}\right]_{0}^{1}\\ &= \frac{-0^2}{2} - \frac{-(-2)^2}{2} + \frac{1^2}{2} - \frac{0^2}{2} = \frac{5}{2}\end{aligned}$$

7.1.1.3 Méthodes et exemples de calcul d'une intégrale

1. Par la recherche d'une primitive

Calcul de $\int_0^2 \frac{2x}{x^2+1}\,\mathrm{d}x$

$F : x \mapsto \ln(x^2+1)$ est une primitive de $f : x \mapsto \dfrac{2x}{x^2+1}$ pour tout réel $x \in [0, 2]$.

Ainsi,

$$\int_0^2 \frac{2x}{x^2+1}\,\mathrm{d}x = F(2) - F(0) = \ln 5 - \ln 1 = \ln 5$$

Calcul de $\displaystyle\int_0^{\pi} 2x\cos(x^2+\pi)\,\mathrm{d}x$

$F : x \mapsto \sin(x^2+\pi)$ est une primitive de $f : x \mapsto 2x\cos(x^2+\pi)$ pour tout réel $x \in [0,\pi]$. Ainsi,

$$\int_0^{\pi} 2x\cos(x^2+\pi)\,\mathrm{d}x = F(\pi) - F(0) = \sin(\pi^2+\pi)$$

Calcul de $\displaystyle\int_0^{1} (3x^2+2x)\,\mathrm{d}x$

$F : x \mapsto x^3 + x^2$ est une primitive de $f : x \mapsto (3x^2+2x)$ pour tout réel $x \in [0,\pi]$. Ainsi,

$$\int_0^1 3x^2 + 2x\,\mathrm{d}x = F(1) - F(0) = 2$$

2. Par la décomposition en éléments simples

Dans ce paragraphe on fera l'amalgame entre une fonction polynôme et un polynôme donc nous utiliserons des « x » plutôt que des « X ».

Une décomposition en éléments simples d'une fraction rationnelle consiste à décomposer cette fraction en une somme de fractions « plus simples à intégrer ». Ainsi par exemple :

$$\frac{x^3+x^2+1}{x(x+1)} = \underbrace{x}_{\text{partie entière}} + \underbrace{\frac{1}{x}}_{\text{élément simple}} + \underbrace{\frac{-1}{x+1}}_{\text{élément simple}}$$

Liste des éléments simples facile à intégrer

$$\int \frac{a}{(x+b)^n} \quad , \quad \int \underbrace{\frac{a}{(x^2+bx+c)^n}}_{\Delta<0} \quad \text{et} \quad \int \underbrace{\frac{2x+c}{(x^2+cx+d)^n}}_{\Delta<0} \quad \text{avec } n \in \mathbb{N}^*$$

Les fractions rationnelles F sont des fonctions de la forme $F(x) = \dfrac{P(x)}{Q(x)}$ avec P et Q deux fonctions polynômes.

Cette fonction s'écrit de manière unique comme somme :

- d'une partie entière polynomiale E si $\deg(Q) \leq \deg(P)$
- d'éléments simples du type $\mathrm{I}_1 = \dfrac{1}{(x-a)^i}$ dans le cas où a est une racine de Q de multiplicité n avec $1 \leq i \leq n$
- d'éléments simples du type $\mathrm{I}_2 = \dfrac{ax+b}{(x^2+\alpha x+\beta)^n}$ dans le cas ou $x^2+\alpha x+\beta$ est un facteur irréductible de $Q(x)$

Nous étudierons simplement les cas où $n = 1$ et $n = 2$.

Décomposition de $\dfrac{x^4+3x^2+x+2}{x(x^2+1)}$

Recherche de la partie entière

La recherche de la partie entière peut se faire avec une division euclidienne.

$$\begin{array}{rrrr|l} x^4 & +3x^2 & +x & +2 & x^3 \ +x \\ \cline{5-5} -x^4 & -x^2 & & & x \\ \cline{1-2} & 2x^2 & +x & +2 & \end{array}$$

Ainsi $x^4+3x^2+x+2 = x\left(x^3+x\right)+2x^2+x+2$

On a donc $\dfrac{x^4+3x^2+x+2}{x\left(x^2+1\right)} = x + \dfrac{2x^2+x+2}{x\left(x^2+1\right)}$

Décomposition en éléments simples

Le dénominateur $x(x^2+1)$ est le produit d'un polynôme x avec une racine simple (de multiplicité 1) 0 et d'un polynôme irréductible (avec un discriminant négatif).

Ainsi il existe a, b et c réels tels que la fraction $\dfrac{2x^2+x+2}{x\left(x^2+1\right)}$ se décompose :

$$\frac{2x^2+x+2}{x\left(x^2+1\right)} = \frac{a}{x} + \frac{bx+c}{x^2+1}$$

Pour déterminer a, b et c, on peut procéder par identification. Ainsi,

$$\frac{2x^2+x+2}{x\left(x^2+1\right)} = \frac{a}{x} + \frac{bx+c}{x^2+1} = \frac{(a+b)\,x^2+cx+a}{x\left(x^2+1\right)}$$

Par identification, on arrive au système

$$\left\{\begin{array}{rcl}(a+b)\,x^2 & = & 2x^2\\ cx & = & x\\ a & = & 2\end{array}\right.$$

On obtient donc $a=2$ et $b=0$ et $c=1$.
Ainsi,

$$\frac{x^4+3x^2+x+2}{x\left(x^2+1\right)} = \underbrace{x}_{\text{partie entière}} + \underbrace{\frac{2}{x}}_{\text{élément simple}} + \underbrace{\frac{1}{x^2+1}}_{\text{élément simple}}$$

Intégration des éléments simples :

* Les éléments simples du type $\mathrm{I}_1 = \dfrac{1}{(x-a)^i}$ ont pour primitive :

1. si $i=1$, I_1 a pour primitive $\ln|x-a|$

Primitive de $\dfrac{2x-1}{(x-2)\,(x+1)}$

$$\frac{2x-1}{(x-2)\,(x+1)} = \frac{a}{x-2} + \frac{b}{x+1}$$

On trouve facilement que $a=b=1$.
On a alors :

$$\int \frac{2x-1}{(x-2)\,(x+1)}\,\mathrm{d}x = \int \frac{1}{x-2}\,\mathrm{d}x + \int \frac{1}{x+1}\,\mathrm{d}x = \ln|x-2| + \ln|x+1|$$

2. si $i>1$, I_1 a pour primitive $\dfrac{-1}{(i-1)\,(x-a)^{i-1}}$

Primitive de $\dfrac{2x^2-3x+3}{(x-1)^2\,(x+1)}$

$$\frac{2x^2-3x+3}{(x-1)^2\,(x+1)} = \frac{a}{(x-1)} + \frac{b}{(x-1)^2} + \frac{c}{x+1}$$

On trouve facilement que $a=0$, $b=1$ et $c=2$.

On a alors :

$$\int \frac{2x^2-3x+3}{(x-1)^2(x+1)}\,\mathrm{d}x = \int \frac{1}{(x-1)^2}\,\mathrm{d}x + \int \frac{2}{x+1}\,\mathrm{d}x = \frac{-1}{x-1} + 2\ln|x+1|$$

* Les éléments simples du type $I_2 = \dfrac{ax+b}{x^2+\alpha x+\beta}$ se décomposent en deux fractions :

$$\frac{2x+\alpha}{x^2+\alpha x+\beta} + \frac{c}{x^2+\alpha x+\beta} \text{ avec } c \text{ une constante}$$

La première fraction est de la forme $\dfrac{u'}{u}$ et sa primitive est donc $\ln|u|$.

La seconde fraction est de la forme $\dfrac{u'}{1+u^2}$ et sa primitive est donc $\arctan u$.

Primitive de $\dfrac{4x+5}{x^2+2x+2}$

On décompose la fraction comme somme d'une fraction de la forme $\dfrac{2x+2}{x^2+2x+2}$ et de la forme $\dfrac{1}{x^2+2x+2}$.

On trouve $\dfrac{4x+5}{x^2+2x+2} = 2\dfrac{2x+2}{x^2+2x+2} + \dfrac{1}{x^2+2x+2}$

$$\begin{aligned}\int \frac{4x+5}{x^2+2x+2}\,\mathrm{d}x &= 2\int \frac{2x+2}{x^2+2x+2}\,\mathrm{d}x + \int \frac{1}{(x+1)^2+1}\,\mathrm{d}x \\ &= 2\ln|x^2+2x+2| + \arctan(x+1)\end{aligned}$$

Calcul de $\displaystyle\int_2^3 \frac{1}{x(x+1)}\,\mathrm{d}x$

Le dénominateur a deux racines simples 0 et -1.

On peut donc écrire la fraction sous la forme $\dfrac{1}{x(x+1)} = \dfrac{a}{x} + \dfrac{b}{x+1}$ avec a et b deux nombres réels.

Pour trouver a et b, on peut procéder :

- par identification

$$\frac{a}{x} + \frac{b}{x+1} = \frac{(a+b)x+a}{x(x+1)}$$

On compare ce résultat à $\dfrac{1}{x\,(x+1)}$ $\left(\text{soit à } \dfrac{0x+1}{x\,(x+1)}\right)$.
On doit ainsi résoudre le système :

$$\begin{cases} 0 &= a+b \\ 1 &= a \end{cases}$$

On obtient donc $a=1$ et $b=-1$.

- avec les limites en 0 et -1

  On a l'égalité $\dfrac{1}{x(x+1)}=\dfrac{a}{x}+\dfrac{b}{x+1}$. En multipliant toute la ligne par x on obtient :

$$\frac{x}{x\,(x+1)}=\frac{ax}{x}+\frac{bx}{x+1}$$

  soit pour tout x différent de 0 et -1,

$$\frac{1}{(x+1)}=a+\frac{bx}{x+1}$$

$$\lim_{x\to 0}\frac{1}{(x+1)}=\lim_{x\to 0}\left(a+\frac{bx}{x+1}\right)$$

  donc $a=1$.
  De même en multipliant toute la ligne par $x+1$ et en étudiant les limites quand x tend vers -1 on trouve $b=-1$.
  Finalement,

$$\begin{aligned}\int_2^3 \frac{1}{x\,(x+1)}\,\mathrm{d}x &= \int_2^3\left(\frac{1}{x}+\frac{-1}{x+1}\right)\mathrm{d}x\\ &= \int_2^3 \frac{1}{x}\,\mathrm{d}x-\int_2^3\frac{1}{x+1}\,\mathrm{d}x\\ &= \Big[\ln x\Big]_2^3-\Big[\ln(x+1)\Big]_2^3=\ln 3-\ln 2-\ln 2^2+\ln 3\\ &= 2\ln 3-3\ln 2\end{aligned}$$

3. Par le changement de variables

Changement de variable : x devient $u(x)$

$$\int_a^b f(u(x))\,u'(x)\,\mathrm{d}x=\int_{u(a)}^{u(b)} f(u)\,\mathrm{d}u$$

Calcul de $\displaystyle\int_0^{0,5} \frac{x}{\sqrt{1-x^2}}\,\mathrm{d}x$

On pose $u(x) = 1 - x^2$ donc $\dfrac{\mathrm{d}u}{\mathrm{d}x} = u'(x) = -2x$.

On applique la formule du changement de variable avec $f(u(x)) = \dfrac{1}{-2\sqrt{u(x)}}$.

Ainsi, $\displaystyle\int_0^{0,5} \frac{x}{\sqrt{1-x^2}}\,\mathrm{d}x = \frac{1}{-2}\int_1^{0,75} \frac{1}{\sqrt{u}}\,\mathrm{d}u = \frac{2}{-2}\left[\sqrt{u}\right]_1^{0,75} = -\sqrt{0,75}+1$

Calcul de $\displaystyle\int_a^b \frac{\mathrm{d}x}{x\ln x}$ **avec** a **et** b **strictement supérieur à 1**

On pose $u(x) = \ln x$ donc $\dfrac{\mathrm{d}u}{\mathrm{d}x} = u'(x) = \dfrac{1}{x}$.

On applique la formule du changement de variable avec $f(u(x)) = \dfrac{1}{u(x)}$.

Ainsi, $\displaystyle\int_a^b \frac{\mathrm{d}x}{x\ln x} = \int_{\ln a}^{\ln b} \frac{1}{u}\,\mathrm{d}u = \ln(\ln b) - \ln(\ln a)$

Calcul de $\displaystyle\int_0^b \frac{2\,\mathrm{d}x}{\mathrm{e}^x + \mathrm{e}^{-x}}$ **avec** b **strictement positif**

On pose $u(x) = \mathrm{e}^x$ donc $\dfrac{\mathrm{d}u}{\mathrm{d}x} = \mathrm{e}^x$.

On applique la formule du changement de variable avec $f(u(x)) = \dfrac{1}{u^2(x)+1}$

Ainsi, $\displaystyle\int_0^b \frac{2\,\mathrm{d}x}{\mathrm{e}^x + \mathrm{e}^{-x}} = 2\int_1^{\mathrm{e}^b} \frac{1}{u^2+1}\,\mathrm{d}u = 2\arctan\left(\mathrm{e}^b\right) - 2\arctan(1)$

4. Par la linéarisation

La linéarisation consiste à transformer une expression avec des cosinus et des sinus à une certaine puissance ($\cos^n x$ et $\sin^n x$) en somme de $\cos(ax)$ et $\sin(bx)$ avec a et b deux entiers.

Pour linéariser, on peut utiliser les formules d'Euler ou les formule de trigonométrie dans les cas les plus simples.

Formules d'Euler

$$\cos a = \frac{\mathrm{e}^{\mathrm{i}a} + \mathrm{e}^{-\mathrm{i}a}}{2} \quad \text{et} \quad \sin a = \frac{\mathrm{e}^{\mathrm{i}a} - \mathrm{e}^{-\mathrm{i}a}}{2\mathrm{i}}$$

Linéarisation de $\cos^3 a$

$$\begin{aligned}\cos^3 a &= \left(\frac{\mathrm{e}^{\mathrm{i}a}+\mathrm{e}^{-\mathrm{i}a}}{2}\right)^3\\ &= \frac{1}{8}\left(\mathrm{e}^{\mathrm{i}a}+\mathrm{e}^{-\mathrm{i}a}\right)^3\\ &= \frac{1}{8}\left(\mathrm{e}^{3\mathrm{i}a}+3\,\mathrm{e}^{\mathrm{i}a}+3\,\mathrm{e}^{-\mathrm{i}a}+\mathrm{e}^{-3\mathrm{i}a}\right)\\ &= \frac{1}{4}\left(\frac{\mathrm{e}^{3\mathrm{i}a}+\mathrm{e}^{-3\mathrm{i}a}}{2}+3\,\frac{\mathrm{e}^{\mathrm{i}a}+\mathrm{e}^{-\mathrm{i}a}}{2}\right)\\ &= \frac{1}{4}\left(\cos(3a)+3\cos a\right)\end{aligned}$$

Linéarisation de $\cos^2 a \sin^2 a$

$$\begin{aligned}\cos^2 a\sin^2 a &= \left(\frac{\mathrm{e}^{\mathrm{i}a}+\mathrm{e}^{-\mathrm{i}a}}{2}\right)^2\left(\frac{\mathrm{e}^{\mathrm{i}a}-\mathrm{e}^{-\mathrm{i}a}}{2\mathrm{i}}\right)^2\\ &= \frac{-1}{16}\left(\mathrm{e}^{2\mathrm{i}a}+\mathrm{e}^{-2\mathrm{i}a}+2\right)\left(\mathrm{e}^{2\mathrm{i}a}+\mathrm{e}^{-2\mathrm{i}a}-2\right)\\ &= \left(\frac{1-\cos(4a)}{8}\right)\end{aligned}$$

Calcul de $\displaystyle\int \cos^4 x\,\mathrm{d}x$

$$\begin{aligned}\cos^4 x &= \left(\frac{\mathrm{e}^{\mathrm{i}x}+\mathrm{e}^{-\mathrm{i}x}}{2}\right)^4\\ &= \frac{1}{16}\left(\mathrm{e}^{4\mathrm{i}x}+4\,\mathrm{e}^{2\mathrm{i}x}+6+4\,\mathrm{e}^{-2\mathrm{i}x}+\mathrm{e}^{-4\mathrm{i}x}\right)\\ &= \frac{1}{16}\left(\mathrm{e}^{4\mathrm{i}x}+\mathrm{e}^{-4\mathrm{i}x}+4\,\mathrm{e}^{-2\mathrm{i}x}+4\,\mathrm{e}^{2\mathrm{i}x}+6\right)\\ &= \frac{1}{16}\left(2\cos(4x)+8\cos(2x)+6\right)\end{aligned}$$

Ainsi,

$$\begin{aligned}\int\cos^4 x\,\mathrm{d}x &= \frac{1}{16}\int\left(2\cos(4x)+8\cos(2x)+6\right)\mathrm{d}x\\ &= \frac{1}{4}\left(\frac{\sin(4x)}{8}+\sin(2x)+\frac{3x}{2}\right)\end{aligned}$$

5. En utilisant une intégration par partie

On utilise la formule suivante avec u et v deux fonctions dérivables sur un intervalle I, de dérivées continues et a et b deux réels de leur intervalle de définition I.

$$\int_a^b u(x)\,v'(x)\,\mathrm{d}x = \Big[u(x)\,v(x)\Big]_a^b - \int_a^b u'(x)\,v(x)\,\mathrm{d}x$$

Calcul de $\int_2^3 x\ln x\,\mathrm{d}x$

On pose $u(x) = \ln x$ et $v'(x) = x$.

On a donc $u'(x) = \frac{1}{x}$ et $v(x) = \frac{x^2}{2}$.

Ainsi,

$$\begin{aligned}\int_2^3 x\ln x\,\mathrm{d}x &= \left[\ln x\,\frac{x^2}{2}\right]_2^3 - \int_2^3 \frac{1}{x}\frac{x^2}{2}\,\mathrm{d}x\\ &= \frac{9}{2}\ln 3 - \frac{4}{2}\ln 2 - \int_2^3 \frac{x}{2}\,\mathrm{d}x\end{aligned}$$

Donc,

$$\begin{aligned}\int_2^3 x\ln x\,\mathrm{d}x &= \frac{9}{2}\ln 3 - 2\ln 2 - \left[\frac{x^2}{4}\right]_2^3\\ &= \frac{9}{2}\ln 3 - 2\ln 2 - \frac{9}{4} + 1\end{aligned}$$

Calcul de $\int x\mathrm{e}^x\,\mathrm{d}x$

On pose $u(x) = x$ et $v'(x) = \mathrm{e}^x$.

On a donc $u'(x) = 1$ et $v(x) = \mathrm{e}^x$.

Ainsi,

$$\int x\mathrm{e}^x\,\mathrm{d}x = \Big[x\mathrm{e}^x\Big] - \int \mathrm{e}^x\,\mathrm{d}x = x\mathrm{e}^x - \mathrm{e}^x$$

Donc une primitive de $x\mathrm{e}^x$ est $(x\mathrm{e}^x - \mathrm{e}^x)$.

6. Règles de Bioche

On utilise les règles de Bioche pour intégrer des fonctions rationnelles en sin et en cos.

On pose $\omega(x) = f(x)\,\mathrm{d}x$ avec f une fraction rationnelle en sin et cos.
On effectue le changement de variables suivant :

- Si $\omega(-x) = \omega(x)$, on pose $t = \cos\, x$
- Si $\omega(\pi - x) = \omega(x)$, on pose $t = \sin\, x$
- Si $\omega(\pi + x) = \omega(x)$, on pose $t = \tan\, x$
- Sinon, on pose $t = \tan\left(\frac{x}{2}\right)$. On a alors dans ce cas :

$$\cos x = \frac{1-t^2}{1+t^2} \quad , \quad \sin x = \frac{2t}{1+t^2} \quad , \quad \tan x = \frac{2t}{1-t^2} \quad \text{et} \quad \mathrm{d}x = \frac{2\,\mathrm{d}t}{1+t^2}$$

Calcul de $\displaystyle\int_0^{\frac{\pi}{2}} \frac{\cos\, x}{\cos^2\, x - 4\sin\, x - 6}\,\mathrm{d}x$

On constate que $\omega(\pi - x) = \omega(x)$. On pose donc $t = \sin\, x$.
On a alors : $\mathrm{d}t = \cos x\,\mathrm{d}x$.

$$\begin{aligned}
\int_0^{\frac{\pi}{2}} \frac{\cos x}{\cos^2 x - 4\sin x - 6}\,\mathrm{d}x &= \int_0^1 \frac{\mathrm{d}t}{(1-t^2) - 4t - 6} \\
&= \int_0^1 \frac{-\,\mathrm{d}t}{t^2 + 4t + 5} \\
&= \int_0^1 \frac{-\,\mathrm{d}t}{(t+2)^2 + 1} \\
&= \Big[-\arctan(t+2)\Big]_0^1 \\
&= \arctan 2 - \arctan 3
\end{aligned}$$

Calcul de $\displaystyle\int_{\frac{\pi}{4}}^{\frac{\pi}{2}} \frac{\mathrm{d}x}{\sin x}$. On pose $t = \tan\left(\frac{x}{2}\right)$.

$$\int_{\frac{\pi}{4}}^{\frac{\pi}{2}} \frac{\mathrm{d}x}{\sin x} = \int_{\tan\left(\frac{\pi}{8}\right)}^{1} \frac{\left(\frac{2\,\mathrm{d}t}{1+t^2}\right)}{\left(\frac{2t}{1+t^2}\right)} = \int_{\tan\left(\frac{\pi}{8}\right)}^{1} \frac{\mathrm{d}t}{t}$$

$$\int_{\frac{\pi}{4}}^{\frac{\pi}{2}} \frac{\mathrm{d}x}{\sin x} = \Big[\ln|t|\Big]_{\tan\left(\frac{\pi}{8}\right)}^{1} = -\ln\left(\left|\tan\left(\frac{\pi}{8}\right)\right|\right)$$

7.1.2 Intégrales curvilignes

Définitions

- **Chemins de $\mathbb{R}^2$**
  Un chemin γ de $\mathbb{R}^2$ est une application continue de $[0,1]$ dans $\mathbb{R}^2$.
  Si de plus $\gamma(0)=\gamma(1)$, le chemin est un lacet.
  On appelle aussi **courbe paramétrée** dans $\mathbb{R}^2$ une application γ de $[a,b]$ (un intervalle de $\mathbb{R}$) qui à tout t de $[a,b]$ associe $(x(t),y(t))$.
  Remarque : On prend souvent $[a,b]=[0,1]$.

Paramétrisation d'un segment [AB] du plan

On note $\mathrm{A}(a_1,a_2)$ et $\mathrm{B}(b_1,b_2)$. L'image de γ définie sur $[0,1]$ dans $\mathbb{R}^2$ décrit le segment [AB]. On a alors :

$$\gamma(t)=(a_1+t\,(b_1-a_1)\,,a_2+t\,(b_2-a_2))$$

- **Intégrales curvilignes**
  Soient P et Q deux fonctions de $\mathbb{R}^2$ dans $\mathbb{R}$.
  Pour γ un chemin de classe C^1 défini sur $[0,1]$ et ω une forme différentielle de la forme $\omega=P\,\mathrm{d}x+Q\,\mathrm{d}y$ définie sur un ouvert U de $\mathbb{R}^2$ contenant les images de γ. On a alors l'intégrale curviligne de ω le long du chemin γ qui s'écrit :

$$\int_\gamma \omega=\int_0^1 \omega(\gamma(t))[\gamma'(t)]\,\mathrm{d}t$$

  Plus généralement,pour γ un chemin de classe C^1 défini sur $[a,b]$ et $\gamma(t)=(x(t),y(t))$, on a alors :

$$\int_\gamma \omega=\int_a^b (P(\gamma(t))\,x'(t)+Q(\gamma(t))\,y'(t))\,\mathrm{d}t$$

Calcul de $\int_\gamma (x\,\mathrm{d}x+yx\,\mathrm{d}y)$

Avec γ définie sur $[0,1]$ et $\gamma(t)=(3t,1+t)$, on remarque que γ est la représentation d'un segment !

$$\int_\gamma (x\,\mathrm{d}x+yx\,\mathrm{d}y)=\int_0^1 (3t\times 3\,\mathrm{d}t+(1+t)\,3t\,\mathrm{d}t)=\left[\frac{9t^2}{2}+\frac{3t^2}{2}+t^3\right]_0^1=7$$

7.1.3 Intégrales doubles

Définition

Pour les intégrales doubles, on supposera les réels a, b, c et d tels que $a \leq b$ et $c \leq d$. Soit f une fonction continue et positive sur un domaine $[a, b] \times [c, d]$ et $\mathcal{C}$ sa courbe représentative dans un repère $(O, \vec{\imath}, \vec{\jmath}, \vec{k})$ orthonornal.

On appelle **intégrale double** sur le rectangle $[a, b] \times [c, d]$ de la fonction f la mesure du volume, en unité d'aire, de la partie délimitée par la représentation graphique de f au dessus du rectangle $[a, b] \times [c, d]$.

On note $\displaystyle\iint_{[a,b]\times[c,d]} f(x, y) \,\mathrm{d}x \,\mathrm{d}y$ ce volume.

Propriétés

Soient f et g deux fonctions de $\mathbb{R}^2$ dans $\mathbb{R}$ continue sur un fermé borné Δ de $\mathbb{R}^2$. Soient λ et μ deux réels.

1. **Linéarité**

$$\iint_{\Delta} (\lambda f + \mu g)(x, y) \,\mathrm{d}x \,\mathrm{d}y = \lambda \iint_{\Delta} f(x, y) \,\mathrm{d}x \,\mathrm{d}y + \mu \iint_{\Delta} g(x, y) \,\mathrm{d}x \,\mathrm{d}y$$

2. Soient Δ_1 et Δ_2 deux fermés bornés tels que l'aire de $\Delta_1 \cap \Delta_2$ soit nulle,

$$\iint_{\Delta_1 \cup \Delta_2} f(x, y) \,\mathrm{d}x \,\mathrm{d}y = \iint_{\Delta_1} f(x, y) \,\mathrm{d}x \,\mathrm{d}y + \iint_{\Delta_2} f(x, y) \,\mathrm{d}x \,\mathrm{d}y$$

3. **Positivité**

   Si f est positive sur Δ, $\displaystyle\iint_{\Delta} f(x, y) \,\mathrm{d}x \,\mathrm{d}y \geq 0$

4. **Comparaison**

   Si $f \leq g$ sur Δ, $\displaystyle\iint_{\Delta} f(x, y) \,\mathrm{d}x \,\mathrm{d}y \leq \iint_{\Delta} g(x, y) \,\mathrm{d}x \,\mathrm{d}y$

Méthodes de calcul

- **Cas de $\Delta = [a, b] \times [c, d]$**

Théorème de Fubini

$$\iint_{\Delta} f(x, y) \,\mathrm{d}x \,\mathrm{d}y = \int_{x=a}^{b} \left(\int_{y=c}^{d} f(x, y) \,\mathrm{d}y \right) \mathrm{d}x$$

ou

$$\iint_{\Delta} f(x, y) \,\mathrm{d}x \,\mathrm{d}y = \int_{y=c}^{d} \left(\int_{x=a}^{b} f(x, y) \,\mathrm{d}x \right) \mathrm{d}y$$

Calcul de $\iint_\Delta xy\,\mathrm{d}x\,\mathrm{d}y$ **avec** $\Delta = [2,3]\times[0,1]$

$$\begin{aligned}\iint_\Delta xy\,\mathrm{d}x\,\mathrm{d}y &= \int_{x=2}^{3}\left(\int_{y=0}^{1} xy\,\mathrm{d}y\right)\mathrm{d}x\\ &= \int_2^3 \left[x\,\frac{y^2}{2}\right]_0^1 \mathrm{d}x\\ &= \int_2^3 x\,\frac{1}{2}\,\mathrm{d}x\\ &= \frac{1}{2}\left[\frac{x^2}{2}\right]_2^3\\ &= \frac{5}{4}\end{aligned}$$

- **Cas de** $\Delta = \{(x,y)\in\mathbb{R}^2, a\le x\le b$ **et** $u(x)\le y\le v(x)\}$ avec u et v deux fonctions continues sur $[a,b]$

Théorème de Fubini

$$\iint_\Delta f(x,y)\,\mathrm{d}x\,\mathrm{d}y = \int_{x=a}^{b}\left(\int_{y=u(x)}^{v(x)} f(x,y)\,\mathrm{d}y\right)\mathrm{d}x$$

Calcul de $\iint_\Delta x^2+y\,\mathrm{d}x\,\mathrm{d}y$
avec $\Delta = \{(x,y)\in\mathbb{R}^2,\ 0\le x\le 1$ **et** $0\le y\le 1-x\}$

$$\begin{aligned}\iint_\Delta (x^2+y)\,\mathrm{d}x\,\mathrm{d}y &= \int_{x=0}^{1}\left(\int_{y=0}^{1-x}(x^2+y)\,\mathrm{d}y\right)\mathrm{d}x\\ &= \int_0^1 \left[x^2y+\frac{y^2}{2}\right]_0^{1-x}\mathrm{d}x\\ &= \int_0^1\left(x^2(1-x)+\frac{(1-x)^2}{2}\right)\mathrm{d}x\\ &= \int_0^1\left(x^2-x^3+\frac{1-2x+x^2}{2}\right)\mathrm{d}x\\ &= \left[\frac{x^3}{2}-\frac{x^4}{4}+\frac{x}{2}-\frac{x^2}{2}\right]_0^1\\ &= \frac{1}{4}\end{aligned}$$

- **Cas de** $\Delta = \{(x, y) \in \mathbb{R}^2, a \leq y \leq b$ **et** $u(y) \leq x \leq v(y)\}$ avec u et v deux fonctions continues sur $[a, b]$

Théorème de Fubini

$$\iint_\Delta f(x, y)\,\mathrm{d}x\,\mathrm{d}y = \int_{y=a}^{b}\left(\int_{x=u(y)}^{v(y)} f(x, y)\,\mathrm{d}x\right)\mathrm{d}y$$

Calcul de $\displaystyle\iint_\Delta x\,\mathrm{d}x\,\mathrm{d}y$ **avec** $\Delta = \{(x, y) \in \mathbb{R}^2,\ 0 \leq y \leq 1$ **et** $0 \leq x \leq y\}$

$$\begin{aligned}
\iint_\Delta x\,\mathrm{d}x\,\mathrm{d}y &= \int_{y=0}^{1}\left(\int_{x=0}^{y} x\,\mathrm{d}x\right)\mathrm{d}y \\
&= \int_0^1 \left[\frac{x^2}{2}\right]_0^y \mathrm{d}y \\
&= \int_0^1 \frac{y^2}{2}\,\mathrm{d}y \\
&= \left[\frac{x^3}{6}\right]_0^1 = \frac{1}{6}
\end{aligned}$$

Cas du calcul de l'aire d'une surface

Soit Δ un domaine fermé.

Calcul de l'aire de Δ notée A

$$A = \iint_\Delta \mathrm{d}x\,\mathrm{d}y$$

Calcul de $A = \displaystyle\iint_\Delta \mathrm{d}x\,\mathrm{d}y$ **avec** $\Delta = \{(x, y) \in \mathbb{R}^2,\ 0 \leq y \leq 1$ **et** $0 \leq x \leq 2\}$

$$\begin{aligned}
A = \iint_\Delta \mathrm{d}x\,\mathrm{d}y &= \int_{y=0}^{1}\left(\int_{x=0}^{2} \mathrm{d}x\right)\mathrm{d}y \\
&= \int_0^1 \left[x\right]_0^2 \mathrm{d}y \\
&= \int_0^1 2\,\mathrm{d}y = 2
\end{aligned}$$

Changement de variables

Soient U et V deux ouverts de $\mathbb{R}^2$ et D fermé, borné inclus dans U et D' fermé, borné inclus dans V.

Soit f une application de classe C^1 et bijective de D dans D' avec $f(D) = D'$.

Changement de variables

$$(u, v) \text{ devient } (x, y) = f(u, v) = (f_a(u, v), f_b(u, v))$$

$$\iint_{D'} g(x, y)\,\mathrm{d}x\,\mathrm{d}y = \iint_{D} g(f(x, y))\,|det\,(J_f(u, v))\,|\,\mathrm{d}u\,\mathrm{d}v$$

$$\text{avec } det\,(J_f(u, v)) = \begin{vmatrix} \dfrac{\partial f_a}{\partial u}(u, v) & \dfrac{\partial f_a}{\partial v}(u, v) \\ \\ \dfrac{\partial f_b}{\partial u}(u, v) & \dfrac{\partial f_b}{\partial v}(u, v) \end{vmatrix}$$

$$= \frac{\partial f_a}{\partial u}(u, v) \times \frac{\partial f_b}{\partial v}(u, v) - \frac{\partial f_b}{\partial u}(u, v) \times \frac{\partial f_a}{\partial v}(u, v)$$

Passage en coordonnées polaires

On pose

$$\begin{cases} x & = r\cos\theta \\ y & = r\sin\theta \end{cases}$$

Calcul du Jacobien :

$$det\,(J_f(u, v)) = \frac{\partial r\cos\theta}{\partial r}(r, \theta) \times \frac{\partial r\sin\theta}{\partial \theta}(r, \theta) - \frac{\partial r\sin\theta}{\partial r}(r, \theta) \times \frac{\partial r\cos\theta}{\partial \theta}(r, \theta)$$

Donc, $$det\,(J_f(u, v)) = r$$

Calcul de $\iint_{\Delta} x\,\mathrm{d}x\,\mathrm{d}y$ avec $\Delta = \{(x, y) \in \mathbb{R}^2, 0 \leq x, 0 \leq y \text{ et } x^2 + y^2 \leq 1\}$

$$\begin{aligned} \iint_{\Delta} x\,\mathrm{d}x\,\mathrm{d}y &= \int_{r=0}^{1} \int_{\theta=0}^{\frac{\pi}{2}} r\cos\theta\, r\,\mathrm{d}r\,\mathrm{d}\theta \\ &= \int_0^1 r^2 \Big[\sin\theta\Big]_0^{\frac{\pi}{2}} \mathrm{d}r \\ &= \int_0^1 r^2\,\mathrm{d}r \\ &= \left[\frac{r^3}{3}\right]_0^1 = \frac{1}{3} \end{aligned}$$

Théorème de Green-Riemann

Le théorème de Green-Riemann permet de faire correspondre une intégrale curviligne et une intégrale double.

Définitions

Un compact est un espace fermé borné.

L'intérieur d'un compact, noté $\mathring{A}$ est l'ensemble des points de A tel qu'il existe un disque centré en ces points inclus dans A. Autrement dit, c'est le plus grand ouvert inclus dans A.

Soit K un compact de $\mathbb{R}^2$, on appelle le bord de K, noté ∂K, l'ensemble des points de $\mathbb{R}^2$ appartenant à K mais n'appartenant pas à l'intérieur de K. ∂K est un lacet.

∂K^+ est un lacet orienté tel que le compact reste à gauche du lacet, cela correspond au sens trigonométrique.

Théorème de Green-Riemann

On note K un compact de $\mathbb{R}^2$ et ω une 1-forme différentielle de la forme $\omega = P\,\mathrm{d}x + Q\,\mathrm{d}y$ définie sur un ouvert U contenant K.

On a :

$$\int_{\partial K^+} (P\,\mathrm{d}x + Q\,\mathrm{d}y) = \iint_K \left[\frac{\partial Q}{\partial x}(x,y) - \frac{\partial P}{\partial y}(x,y)\right] \mathrm{d}x\,\mathrm{d}y$$

$\int_c (x\,\mathrm{d}x + xy\,\mathrm{d}y)$ **avec c le cercle de centre O et de rayon 1**

Un paramétrage de c peut être pour t appartenant à $[0,1]$, on a :

$$c(t) = (\cos(2\pi t), \sin(2\pi t))$$

D'après le théorème de Green-Riemann

$\int_c (x\,\mathrm{d}x + xy\,\mathrm{d}y) = \iint_C y\,\mathrm{d}x\,\mathrm{d}y$ avec C le disque de centre O et de rayon 1.

$$\begin{aligned}
\int_c (x\,\mathrm{d}x + xy\,\mathrm{d}y) &= \iint_C y\,\mathrm{d}x\,\mathrm{d}y \\
&= \int_{r=0}^{1} \int_{\theta=0}^{2\pi} r \sin\theta\, r\,\mathrm{d}r\,\mathrm{d}\theta \\
&= \int_0^1 r^2 \Big[-\cos\theta\Big]_0^{2\pi} \mathrm{d}r \\
&= 0
\end{aligned}$$

Calcul de $\iint_\Delta x\,\mathrm{d}x\,\mathrm{d}y$ **avec** $\Delta = \{(x,y) \in \mathbb{R}^2,\ 0 \leq x \leq 1, 0 \leq y \leq 1\}$

Première méthode : le théorème de Fubini

$$\begin{aligned}\iint_\Delta x\,\mathrm{d}x\,\mathrm{d}y &= \int_{x=0}^{1}\int_{y=0}^{1} x\,\mathrm{d}x\,\mathrm{d}y \\ &= \int_0^1 \Big[xy\Big]_0^1 \mathrm{d}x \\ &= \left[\frac{x^2}{2}\right]_0^1 = \frac{1}{2}\end{aligned}$$

Deuxième méthode : le théorème de Green-Riemann

Un paramétrage du contour du rectangle peut être donné par la concaténation notée ch, C^1 par morceaux, de :

* $ch1$ de $[0,1]$ dans $(t,0)$
* $ch2$ de $[0,1]$ dans $(1,t)$
* $ch3$ de $[0,1]$ dans $(1-t,1)$
* $ch4$ de $[0,1]$ dans $(0,1-t)$

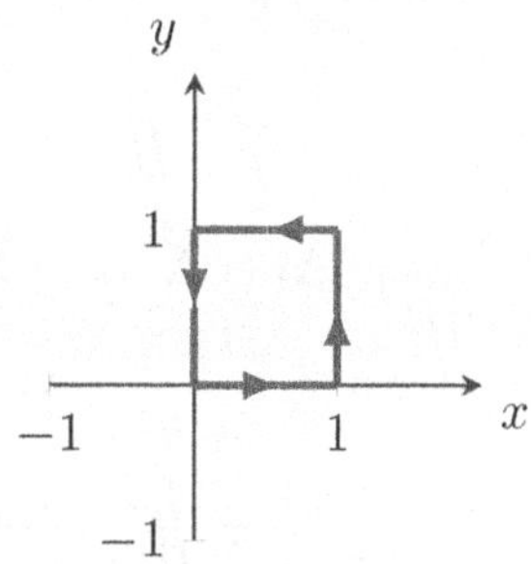

On recherche P et Q telles que $\dfrac{\partial Q}{\partial x}(x,y) - \dfrac{\partial P}{\partial y}(x,y) = x$.
$P = -xy$ et $Q = 0$ conviennent.

D'apres le théorème de Green-Riemann,

$$\begin{aligned}\iint_\Delta x\,\mathrm{d}x\,\mathrm{d}y &= \int_{ch1} -xy\,\mathrm{d}x + \int_{ch2} -xy\,\mathrm{d}x + \int_{ch3} -xy\,\mathrm{d}x + \int_{ch4} -xy\,\mathrm{d}x \\ &= \int_0^1 -t \times 0\,\mathrm{d}t + \int_0^1 (1-t)\,\mathrm{d}t \\ &= \frac{1}{2}\end{aligned}$$

On retrouve le même résultat mais calculé différemment.

7.1.4 Intégrales triples

Définition

Pour les intégrales triples, on supposera les réels a, b, c, d, e et f tels que $a \leq b$, $c \leq d$ et $e \leq f$.
Soit f une fonction continue et positive sur un domaine $[a, b] \times [c, d] \times [e, f]$.

On appelle **intégrale triple** sur le pavé $[a, b] \times [c, d] \times [e, f]$ de la fonction f l'intégrale :

$$\iiint_{[a,b]\times[c,d]\times[e,f]} f(x, y, z) \,\mathrm{d}x \,\mathrm{d}y \,\mathrm{d}z$$

Propriétés

Soient f et g deux fonctions de $\mathbb{R}^3$ dans $\mathbb{R}$ continue sur un fermé borné Δ de $\mathbb{R}^3$.
Soient λ et μ deux réels.

1. **Linéarité**

$$\iiint_{\Delta} (\lambda f + \mu g)(x, y, z) \,\mathrm{d}x \,\mathrm{d}y$$

$$= \lambda \iiint_{\Delta} f(x, y, z) \,\mathrm{d}x \,\mathrm{d}y dz + \mu \iiint_{\Delta} g(x, y, z) \,\mathrm{d}x \,\mathrm{d}y \,\mathrm{d}z$$

2. Soient Δ_1 et Δ_2 deux fermés bornés tels que l'intersection $\Delta_1 \cap \Delta_2$ est nulle,

$$\iiint_{\Delta_1 \cup \Delta_2} f(x, y, z) \,\mathrm{d}x \,\mathrm{d}y \,\mathrm{d}z$$

$$= \iiint_{\Delta_1} f(x, y, z) \,\mathrm{d}x \,\mathrm{d}y \,\mathrm{d}z + \iiint_{\Delta_2} f(x, y, z) \,\mathrm{d}x \,\mathrm{d}y \,\mathrm{d}z$$

3. **Positivité**

   Si f est positive sur Δ, $\iiint_{\Delta} f(x, y, z) \,\mathrm{d}x \,\mathrm{d}y \,\mathrm{d}z \geq 0$

4. **Comparaison**

   Si $f \leq g$ sur Δ, $\iiint_{\Delta} f(x, y, z) \,\mathrm{d}x \,\mathrm{d}y \,\mathrm{d}z \leq \iiint_{\Delta} g(x, y, z) \,\mathrm{d}x \,\mathrm{d}y \,\mathrm{d}z$

Méthodes de calcul

- **Cas de $\Delta = [a, b] \times [c, d] \times [e, f]$**

Théorème de Fubini

$$\iiint_{\Delta} f(x, y, z) \,\mathrm{d}x \,\mathrm{d}y \,\mathrm{d}z = \int_{x=a}^{b} \left(\int_{y=c}^{d} \left(\int_{z=e}^{f} f(x, y, z) \,\mathrm{d}z \right) \mathrm{d}y \right) \mathrm{d}x$$

Calcul de $\iiint_{\Delta} xy \, \mathrm{d}x \, \mathrm{d}y \, \mathrm{d}z$ **avec** $\Delta = [0,2] \times [2,3] \times [0,1]$

$$\begin{aligned}
\iiint_{\Delta} xy \, \mathrm{d}x \, \mathrm{d}y \, \mathrm{d}z &= \int_{x=0}^{2} \left(\int_{y=2}^{3} \left(\int_{z=0}^{1} xy \, \mathrm{d}z \right) \mathrm{d}y \right) \mathrm{d}x \\
&= \int_{0}^{2} \left(\int_{2}^{3} \left[xyz \right]_{0}^{1} \mathrm{d}y \right) \mathrm{d}x \\
&= \int_{2}^{3} \frac{1}{2} x \, \mathrm{d}x = \frac{1}{2} \left[\frac{x^2}{2} \right]_{2}^{3} = \frac{5}{4}
\end{aligned}$$

- **Cas de** $\Delta' = \{(x,y,z) \in \mathbb{R}^3, (x,y) \in \Delta$ **et** $u(x,y) \leq z \leq v(x,y)$
  avec u et v deux fonctions définie sur $\mathbb{R}^2$ continues sur Δ.

Théorème de Fubini

$$\iiint_{\Delta'} f(x,y,z) \, \mathrm{d}x \, \mathrm{d}y \, \mathrm{d}z = \iint_{\Delta} \left(\int_{z=u(x,y)}^{v(x,y)} f(x,y,z) \, \mathrm{d}z \right) \mathrm{d}x \, \mathrm{d}y$$

7.1.5 Exercices

❑ **Exercice 1 - FONCTIONS COSINUS ET SINUS** ★☆☆

Avant de commencer cet exercice, revoir le chapitre 3 - Trigonométrie

Calculer les intégrales suivantes :

1. $\displaystyle\int_{0}^{2\pi} \cos\theta \, \mathrm{d}\theta$
2. $\displaystyle\int_{0}^{2\pi} \cos^2\theta \, \mathrm{d}\theta$
3. $\displaystyle\int_{0}^{2\pi} \cos^3\theta \, \mathrm{d}\theta$
4. $\displaystyle\int_{0}^{2\pi} \sin\theta \, \mathrm{d}\theta$
5. $\displaystyle\int_{0}^{2\pi} \sin^2\theta \, \mathrm{d}\theta$
6. $\displaystyle\int_{0}^{2\pi} \sin^3\theta \, \mathrm{d}\theta$
7. $\displaystyle\int_{0}^{\pi} \sin^3\theta \, \mathrm{d}\theta$

Solution

1. $\displaystyle\int_0^{2\pi} \cos\theta \,\mathrm{d}\theta = \Big[\sin\theta\Big]_0^{2\pi} = \sin(2\pi) - \sin 0 = \boxed{0}$

2. $\displaystyle\int_0^{2\pi} \cos^2\theta \,\mathrm{d}\theta = \int_0^{2\pi} \left(\frac{1+\cos(2\theta)}{2}\right)\mathrm{d}\theta = \frac{1}{2}\Big[\theta\Big]_0^{2\pi} + \frac{1}{2}\int_0^{2\pi} \cos(2\theta)\,\mathrm{d}\theta$

$\displaystyle= \frac{1}{2}(2\pi - 0) + \frac{1}{2}\left[\frac{\sin(2\theta)}{2}\right]_0^{2\pi} = \pi + \frac{1}{4}(\sin(4\pi) - \sin 0) = \boxed{\pi}$

3. $\displaystyle\int_0^{2\pi} \cos^3\theta \,\mathrm{d}\theta = \int_0^{2\pi} \cos\theta\cos^2\theta \,\mathrm{d}\theta = \int_0^{2\pi} \cos\theta\left(1-\sin^2\theta\right)\mathrm{d}\theta$

$\displaystyle= \int_0^{2\pi} \cos\theta \,\mathrm{d}\theta - \int_0^{2\pi} \cos\theta\sin^2\theta \,\mathrm{d}\theta = 0 - \int_0^{2\pi} \cos\theta\sin^2\theta\,\mathrm{d}\theta$

En posant $u = \sin\theta$ on a $\mathrm{d}u = \cos\theta\,\mathrm{d}\theta$. On n'oublie pas de changer les bornes de l'intégrale, si $\theta = 0$ alors $u = \sin 0 = 0$ et si $\theta = 2\pi$ alors $u = \sin(2\pi) = 0$

$$\int_0^{2\pi} \cos^3\theta \,\mathrm{d}\theta = -\int_0^{2\pi} \cos\theta\sin^2\theta\,\mathrm{d}\theta = -\int_0^0 u^2\,\mathrm{d}u = -\left[\frac{u^3}{3}\right]_0^0 = \boxed{0}$$

4. $\displaystyle\int_0^{2\pi} \sin\theta \,\mathrm{d}\theta = \Big[-\cos\theta\Big]_0^{2\pi} = -(\cos(2\pi) - \cos 0) = -(1-1) = \boxed{0}$

5. $\displaystyle\int_0^{2\pi} \sin^2\theta \,\mathrm{d}\theta = \int_0^{2\pi} \left(\frac{1-\cos(2\theta)}{2}\right)\mathrm{d}\theta = \frac{1}{2}\Big[\theta\Big]_0^{2\pi} - \frac{1}{2}\int_0^{2\pi} \cos(2\theta)\,\mathrm{d}\theta$

$\displaystyle= \frac{1}{2}(2\pi - 0) - \frac{1}{2}\left[\frac{\sin(2\theta)}{2}\right]_0^{2\pi} = \pi - \frac{1}{4}(\sin(4\pi) - \sin 0) = \boxed{\pi}$

6. $\displaystyle\int_0^{2\pi} \sin^3\theta \,\mathrm{d}\theta = \int_0^{2\pi} \sin\theta\left(1-\cos^2\theta\right)\mathrm{d}\theta$

$\displaystyle= \int_0^{2\pi} \sin\theta \,\mathrm{d}\theta - \int_0^{2\pi} \sin\theta\cos^2\theta \,\mathrm{d}\theta = 0 - \int_0^{2\pi} \sin\theta\cos^2\theta\,\mathrm{d}\theta$

En posant $v = \cos\theta$ on a $\mathrm{d}v = -\sin\theta\,\mathrm{d}\theta$. On n'oublie pas de changer les bornes de l'intégrales, si $\theta = 0$ alors $v = \cos 0 = 1$ et si $\theta = 2\pi$ alors $v = \cos(2\pi) = 1$

$$\int_0^{2\pi} \sin^3\theta \,\mathrm{d}\theta = -\int_0^{2\pi} \sin\theta\cos^2\theta\,\mathrm{d}\theta = -\int_1^1 v^2\,(-\mathrm{d}v) = \left[\frac{v^3}{3}\right]_1^1 = \boxed{0}$$

7. Pour le calcul de cette intégrale, on reprend l'étude faite à la question précédente et on change les bornes.

$$\int_0^{\pi} \sin^3\theta \,\mathrm{d}\theta = \int_0^{\pi} \sin\theta \,\mathrm{d}\theta - \int_0^{\pi} \sin\theta\cos^2\theta\,\mathrm{d}\theta$$

$$\int_0^{\pi} \sin^3\theta \, d\theta = \Big[-\cos\theta\Big]_0^{\pi} + \int_1^{-1} v^2 \, dv = -\left(\cos\pi - \cos 0\right) + \left[\frac{v^3}{3}\right]_1^{-1}$$

$$= -(-1-1) + \frac{1}{3}\left((-1)^3 - (-1)^3\right) = 2 - \frac{2}{3} = \boxed{\frac{4}{3}}$$

Autre méthode : on peut aussi faire le calcul de cette intégrale en utilisant l'expression de $\sin^3\theta$ obtenue par linéarisation.

$$\int_0^{\pi} \sin^3\theta \, d\theta = \int_0^{\pi} \left(-\frac{\sin(3\theta)}{4} + \frac{3\sin\theta}{4}\right) d\theta$$

$$= \frac{1}{4}\left[\frac{\cos(3\theta)}{3}\right]_0^{\pi} + \frac{3}{4}\Big[-\cos\theta\Big]_0^{\pi} = \frac{1}{12}(-1-1) + \frac{3}{4}(-(-1)+1)$$

$$= -\frac{2}{12} + \frac{3}{4} \times 2 = -\frac{1}{6} + \frac{6}{4} = \frac{-2+18}{12} = \frac{16}{12} = \boxed{\frac{4}{3}}$$

❑ Exercice 2 - PRIMITIVES ★☆☆

Déterminer les primitives des fonctions suivantes.

1. Polynôme

$$f_1(x) = x^3 - 2x^2 + 4x - 1$$
$$f_2(x) = 7x^6 - x^2 + 2x$$

2. Forme $u'u^n$

$$f_1(x) = 2x\left(x^2 - 1\right)^3$$
$$f_2(x) = x^2\left(x^3 + 2\right)^4$$

3. Forme $\dfrac{u'}{u}$

$$f_1(x) = \frac{2}{2x-3}$$
$$f_2(x) = \frac{2x}{x^2-1}$$

4. Forme $\dfrac{u'}{u^n}$

$$f(x) = \frac{2(x+1)}{(x^2+2x-3)^2}$$

5. Forme $\dfrac{u'}{\sqrt{u}}$

$$f(x) = \frac{1}{\sqrt{x+4}}$$

6. Forme $u'e^u$

$$f(x) = xe^{-x^2+3}$$

7. Forme $\cos(ax+b)$ pour $(a,b) \in \mathbb{R}^2$,

$$f(x) = \cos(\pi x - 3)$$

8. Forme $\sin(ax+b)$ pour $(a,b) \in \mathbb{R}^2$,

$$f(x) = \sin\left(-2x + \sqrt{\pi}\right)$$

Solution

1. On utilise la formule $\displaystyle\int x^n = \frac{x^{n+1}}{n+1}$
   Les primitives de $f_1(x) = x^3 - 2x^2 + 4x - 1$ sont les fonctions $\boxed{F_1(x) = \frac{1}{4}x^4 - \frac{2}{3}x^3 + 2x^2 - x + k}$ pour tout k appartenant à $\mathbb{R}$.
   Les primitives de $f_2(x) = 7x^6 - x^2 + 2x$ sont les fonctions $\boxed{F_2(x) = x^7 - \frac{1}{3}x^3 + x^2 + k}$ pour tout k appartenant à $\mathbb{R}$.
2. On utilise la formule $\displaystyle\int u'u^n = \frac{u^{n+1}}{n+1}$
   Les primitives de $f_1(x) = 2x(x^2-1)^3$ sont $\boxed{F_1(x) = \frac{1}{4}\left(x^2-1\right)^4 + k}$ pour tout k appartenant à $\mathbb{R}$.
   Les primitives de $f_2(x) = x^2(x^3+2)^4$ sont $\boxed{F_2(x) = \frac{1}{15}\left(x^3+2\right)^5 + k}$ pour tout k appartenant à $\mathbb{R}$.
3. On utilise la formule $\displaystyle\int \frac{u'}{u} = \ln|u|$
   Les primitives de $f_1(x) = \dfrac{2}{2x-3}$ sont $\boxed{F_1(x) = \ln(|2x-3|) + k}$ pour tout k appartenant à $\mathbb{R}$.
   Les primitives de $f_2(x) = \dfrac{2x}{x^2-1}$ sont $\boxed{F_2(x) = \ln(|x^2-1|) + k}$ pour tout k appartenant à $\mathbb{R}$.
4. On utilise la formule avec $n > 1$ $\displaystyle\int \frac{u'}{u^n} = \frac{-1}{(n-1)\,u^{n-1}}$
   Les primitives de $f(x) = \dfrac{2\,(x+1)}{(x^2+2x-3)^2}$ sont $\boxed{F(x) = \dfrac{-1}{(x^2+2x-3)} + k}$ pour tout k appartenant à $\mathbb{R}$.

5. On utilise la formule $\displaystyle\int \frac{u'}{\sqrt{u}} = 2\sqrt{u}$

   Les primitives de $f(x) = \dfrac{1}{\sqrt{x+4}}$ sont $\boxed{F(x) = 2\sqrt{x+4} + k}$ pour tout k appartenant à $\mathbb{R}$.

6. On utilise la formule $\displaystyle\int u'\mathrm{e}^{u} = \mathrm{e}^{u}$

   Les primitives de $f(x) = x\mathrm{e}^{-x^2+3}$ sont $\boxed{F(x) = \dfrac{1}{-2}\mathrm{e}^{-x^2+3} + k}$ pour tout k appartenant à $\mathbb{R}$.

7. On utilise la formule $\displaystyle\int a\cos(ax+b) = \sin(ax+b)$ pour $(a,b) \in \mathbb{R}^{*2}$

   Les primitives de $f(x) = \cos(\pi x - 3)$ sont $\boxed{F(x) = \dfrac{1}{\pi}\sin(\pi x - 3) + k}$ pour tout k appartenant à $\mathbb{R}$.

8. On utilise la formule $\displaystyle\int a\sin(ax+b) = -\cos(ax+b)$ pour $(a,b) \in \mathbb{R}^{*2}$

   Les primitives de $f(x) = \sin(-2x+\sqrt{\pi})$ sont $\boxed{F(x) = \dfrac{1}{2}\cos\left(-2x+\sqrt{\pi}\right) + k}$ pour tout k appartenant à $\mathbb{R}$.

❑ Exercice 3 - Fonctions usuelles ★☆☆

Déterminer une primitive des fonctions suivantes.

1. $f(x) = x^2 - 5x + 2$
2. $f(x) = x^4 - 1$
3. $f(x) = \dfrac{3x^2 - 1}{x^3 - x}$
4. $f(x) = \dfrac{2x + 2}{x^2 + 2x - 5}$
5. $f(x) = \dfrac{-\sin x}{\cos x - 1}$
6. $f(x) = \dfrac{1}{x\ln x}$
7. $f(x) = x^2\,\mathrm{e}^{x^3}$
8. $f(x) = \mathrm{e}^{x-5} + x^2 - 3x$
9. $f(x) = x\sin x^2$
10. $f(x) = \dfrac{1}{x\left(x^2+1\right)}$

Solution

Une primitive des fonctions suivantes est :

1. $F(x) = \dfrac{x^3}{3} - \dfrac{5x^2}{2} + 2x$
2. $F(x) = \dfrac{x^5}{5} - x$
3. $F(x) = \ln\left(|x^3 - x|\right)$
4. $F(x) = \ln\left(|x^2 + 2x - 5|\right)$
5. $F(x) = \ln\left(|\cos x - 1|\right)$
6. $F(x) = \ln|\ln x|$
7. $F(x) = \mathrm{e}^{x^3}$
8. $F(x) = \mathrm{e}^{x-5} + \dfrac{x^3}{3} - 3\,\dfrac{x^2}{2}$
9. $F(x) = -\dfrac{\cos x^2}{2}$
10. On peut écrire $f(x) = \dfrac{1}{x\left(x^2+1\right)} = \dfrac{1}{x} - \dfrac{x}{x^2+1}$

    Ainsi une primitive de f est $F(x) = \ln x - \dfrac{1}{2}\ln(x^2+1)$

❑ Exercice 4 - CONDITIONS INITIALES ★☆☆

Trouver la primitive F, de la fonction f, qui vérifie la condition initiale donnée.

1. $f(x) = 3x^2 + 2$ avec $F(0) = 4$
2. $f(x) = \dfrac{1}{x+1} + \dfrac{1}{x-1}$ avec $F(2) = 0$
3. $f(x) = x + \dfrac{2}{x^2}$ avec $F(1) = 0$
4. $f(x) = \dfrac{2x}{(x^2-1)^2}$ avec $F(0) = 0$.
5. $f(x) = x\,\mathrm{e}^{-x^2}$ avec $F(0) = -\dfrac{1}{2}$.
6. $f(x) = \cos x \sin^2 x$ avec $F\left(\dfrac{\pi}{2}\right) = 1$

Solution

Les primitives des fonctions sont :

1. $F(x) = x^3 + 2x + 4$
2. $F(x) = \ln(x+1) + \ln(x-1) - \ln 3$
3. $F(x) = \dfrac{x^2}{2} - \dfrac{2}{x} + \dfrac{3}{2}$
4. $F(x) = \dfrac{-1}{(x^2-1)} - 1$
5. $F(x) = \dfrac{-1}{2}\,\mathrm{e}^{-x^2}$
6. $F(x) = \dfrac{1}{3}\sin^3 x + \dfrac{2}{3}$

❑ Exercice 5 ★★☆

Calculer les intégrales suivantes.

1. $\displaystyle\int_{-2}^{2} |2x-1|\,\mathrm{d}x$
2. $\displaystyle\int_{0}^{3} x^2\,\mathrm{d}x$
3. $\displaystyle\int_{-1}^{3} (x^3-3x-1)\,\mathrm{d}x$
4. $\displaystyle\int_{1}^{3} \frac{1}{x}\,\mathrm{d}x$
5. $\displaystyle\int_{3}^{10} \frac{4x}{1+x^2}\,\mathrm{d}x$
6. $\displaystyle\int_{0}^{3} (x^2-x-1)\,\mathrm{d}x$
7. $\displaystyle\int_{1}^{3} (x+1)\,\mathrm{e}^{x^2+2x-1}\,\mathrm{d}x$

Solution

1. $(2x-1)$ est positif si x est supérieur à $\dfrac{1}{2}$.

$$\int_{-2}^{2} |2x-1|\,\mathrm{d}x = \int_{-2}^{\frac{1}{2}} |2x-1|\,\mathrm{d}x + \int_{\frac{1}{2}}^{2} |2x-1|\,\mathrm{d}x$$

$$= \int_{-2}^{\frac{1}{2}} (-2x+1)\,\mathrm{d}x + \int_{\frac{1}{2}}^{2} (2x-1)\,\mathrm{d}x$$

$$= \Big[-x^2+x\Big]_{-2}^{\frac{1}{2}} + \Big[x^2-x\Big]_{\frac{1}{2}}^{2}$$

$$= \frac{17}{2}$$

2.

$$\int_0^3 x^2\,\mathrm{d}x = \left[\frac{x^3}{3}\right]_0^3 = 9$$

3.

$$\int_{-1}^3 (x^3-3x-1)\,\mathrm{d}x = \left[\frac{x^4}{4} - \frac{3x^2}{2} - x\right]_{-1}^3 = 4$$

4.

$$\int_1^3 \frac{1}{x}\,\mathrm{d}x = \Big[\ln x\Big]_1^3 = \ln 3$$

5.

$$\int_3^{10} \frac{4x}{1+x^2}\,\mathrm{d}x = \Big[2\ln(1+x^2)\Big]_3^{10} = 2\ln 101 - 2\ln 10$$

6.

$$\int_0^3 (x^2-x-1)\,\mathrm{d}x = \left[\frac{x^3}{3} - \frac{x^2}{2} - x\right]_0^3 = \frac{3}{2}$$

7.

$$\int_1^3 (x+1)\,\mathrm{e}^{x^2+2x-1}\,\mathrm{d}x = \frac{1}{2}\left(\mathrm{e}^{14} - \mathrm{e}^2\right)$$

❑ Exercice 6 - FRACTIONS RATIONNELLES ★★☆

> Décomposer en éléments simples la fraction rationnelle $\dfrac{x^3+2x^2-1}{x^2+4x+6}$.

Solution

Recherche des racines du dénominateur de la fraction : x^2+4x+6.
x^2+4x+6 a un discrimant négatif donc n'a pas de racine réelle.

Recherche de la partie entière

$$\begin{array}{rrrr|rrr}
x^3 & +2x^2 & & -1 & x^2 & +4x & +6 \\ \cline{5-7}
-x^3 & -4x^2 & -6x & & x & -2 & \\ \cline{1-3}
 & -2x^2 & -6x & -1 & & & \\
 & 2x^2 & +8x & +12 & & & \\ \cline{2-4}
 & & 2x & +11 & & &
\end{array}$$

On a donc :

$$x^3 + 2x^2 - 1 = (x-2)(x^2+4x+6) + 2x + 11$$

Ainsi,

$$\frac{x^3 + 2x^2 - 1}{x^2+4x+6} = x - 2 + \frac{2x+11}{x^2+4x+6}$$

❑ Exercice 7 - Fractions rationnelles ★★☆

> Décomposer en éléments simples la fraction rationnelle $\dfrac{1}{(x+2)^2(x+1)}$.

Solution

Recherche des racines du dénominateur de la fraction : -1 et -2 (racine double).
On cherche a, b et c tels que :

$$\frac{1}{(x+2)^2(x+1)} = \frac{a}{x+2} + \frac{b}{(x+2)^2} + \frac{c}{x+1}$$

On trouve

$$\frac{1}{(x+2)^2(x+1)} = \frac{-1}{x+2} + \frac{-1}{(x+2)^2} + \frac{1}{x+1}$$

❑ Exercice 8 - Fractions rationnelles ★★☆

> Décomposer en éléments simples la fraction rationnelle $\dfrac{2x^3+2x^2+3}{x^2+3x+2}$.

Solution

Recherche des racines du dénominateur de la fraction : $x^2 + 3x + 2$.
$x^2 + 3x + 2$ a un discriminant positif et a deux racines réelles : -1 et -2.
On a donc $x^2 + 3x + 2 = (x+1)(x+2)$

Recherche de la partie entière

$$\begin{array}{rrrr|l}
2x^3 & +2x^2 & & +3 & x^2 \ +3x \ +2 \\ \cline{5-5}
-2x^3 & -6x^2 & -4x & & 2x \quad -4 \\ \cline{1-3}
 & -4x^2 & -4x & +3 & \\
 & 4x^2 & +12x & +8 & \\ \cline{2-4}
 & & 8x & +11 &
\end{array}$$

On a donc,

$$2x^3 + 2x^2 + 3 = (2x-4)(x^2+3x+2) + 8x + 11$$

Décomposition en éléments simples
On cherche a, b tels que :

$$\begin{aligned}\frac{2x^3+2x^2+3}{x^2+3x+2} &= 2x-4+\frac{8x+11}{x^2+3x+2}\\ &= 2x-4+\frac{a}{x+1}+\frac{b}{x+2}\\ &= 2x-4+\frac{(a+b)x+2a+b}{x^2+3x+2}\end{aligned}$$

Par identification on trouve $a=3$ et $b=5$.
Ainsi,

$$\frac{2x^3+2x^2+3}{x^2+3x+2} = 2x-4+\frac{3}{x+1}+\frac{5}{x+2}$$

❑ Exercice 9 - Fractions rationnelles ★★★

Calculer les intégrales suivantes en utilisant une décomposition en éléments simples.

1. $\displaystyle\int_0^1 \frac{x^2+2}{x^2+4x+4}\,\mathrm{d}x$
2. $\displaystyle\int_{-1}^0 \frac{x^3+2x}{x^2-5x+4}\,\mathrm{d}x$
3. $\displaystyle\int_3^4 \frac{x^2+2x+1}{x^2-3x+2}\,\mathrm{d}x$

Solution

1. Recherche des racines du dénominateur de la fraction : x^2+4x+4.
x^2+4x+4 a pour racine -2. On a donc $x^2+4x+4=(x+2)^2$.

$$\begin{aligned}\int_0^1 \frac{x^2+2}{x^2+4x+4}\,\mathrm{d}x &= \int_0^1 \left(1+\frac{-4x-2}{(x+2)^2}\right)\mathrm{d}x\\ &= \int_0^1 \left(1+\frac{-4}{x+2}+\frac{6}{(x+2)^2}\right)\mathrm{d}x\\ &= \left[x-4\ln(|x+2|)+\frac{-6}{x+2}\right]_0^1\\ &= 1-4\ln 3-2-0+4\ln 2+3\\ &= 2+4\ln 2-4\ln 3\end{aligned}$$

2. Recherche des racines du dénominateur de la fraction : $x^2 - 5x + 4$.
$x^2 - 5x + 4$ a pour racine 1 et 4. On a donc $x^2 - 5x + 4 = (x-1)(x-4)$.

$$\begin{aligned}\int_{-1}^{0} \frac{x^3+2x}{x^2-5x+4}\,\mathrm{d}x &= \int_{-1}^{0}\left(x+5+\frac{24}{x-4}+\frac{-1}{x-1}\right)\mathrm{d}x\\ &= \left[\frac{x^2}{2}+5x+24\ln(|x-4|)-\ln(|x-1|)\right]_{-1}^{0}\\ &= 24\ln 4-\frac{1}{2}+5-24\ln 5+\ln 2\\ &= 49\ln 2+\frac{9}{2}-24\ln 5\end{aligned}$$

3. Recherche des racines du dénominateur de la fraction : $x^2 - 3x + 2$.
$x^2 - 3x + 2$ a pour racine 1 et 2. On a donc $x^2 - 3x + 2 = (x-1)(x-2)$.

$$\begin{aligned}\int_{3}^{4} \frac{x^2+2x+1}{x^2-3x+2}\,\mathrm{d}x &= \int_{3}^{4}\left(1+\frac{9}{x-2}+\frac{-4}{x-1}\right)\mathrm{d}x\\ &= \Big[x+9\ln(|x-2|)-4\ln(|x-1|)\Big]_{3}^{4}\\ &= 4+9\ln 2-4\ln 3-3+4\ln 2\\ &= 1+13\ln 2-4\ln 3\end{aligned}$$

❑ Exercice 10 - Intégrations par parties ★☆☆

Calculer les intégrales suivantes à l'aide d'une intégration par parties.

1. $\displaystyle\int_0^{\frac{\pi}{2}} x\cos x\,\mathrm{d}x$
2. $\displaystyle\int_5^{10} \ln x\,\mathrm{d}x$
3. $\displaystyle\int_1^{2} x^2\ln x\,\mathrm{d}x$
4. $\displaystyle\int_0^{1} \arctan x\,\mathrm{d}x.$
5. $\displaystyle\int_0^{1} x^2\,\mathrm{e}^{-x}\,\mathrm{d}x.$

Solution

1. $\displaystyle\int_0^{\frac{\pi}{2}} x\cos x\,\mathrm{d}x$

   On pose $u(x) = x$ et $v'(x) = \cos x$. On a donc $u'(x) = 1$ et $v(x) = \sin x$. Ainsi,

$$\int_0^{\frac{\pi}{2}} x\cos x\,\mathrm{d}x = \Big[x\sin x\Big]_0^{\frac{\pi}{2}} - \int_0^{\frac{\pi}{2}} \sin x\,\mathrm{d}x = \frac{\pi}{2} - \int_0^{\frac{\pi}{2}} \sin x\,\mathrm{d}x$$

   Donc,

$$\int_0^{\frac{\pi}{2}} x\cos x\,\mathrm{d}x = \frac{\pi}{2} - \Big[-\cos x\Big]_0^{\frac{\pi}{2}} = \frac{\pi}{2} + 1$$

2. $\displaystyle\int_5^{10} \ln x\,\mathrm{d}x$

   On pose $u(x) = \ln x$ et $v'(x) = 1$. On a donc $u'(x) = \dfrac{1}{x}$ et $v(x) = x$. Ainsi,

$$\int_5^{10} \ln x\,\mathrm{d}x = \Big[x\ln x\Big]_5^{10} - \int_5^{10} x\,\frac{1}{x}\,\mathrm{d}x = 10\ln 10 - 5\ln 5 - \int_5^{10} 1\,\mathrm{d}x$$

   Donc,

$$\int_5^{10} \ln x\,\mathrm{d}x = 10\ln 10 - 5\ln 5 - \Big[x\Big]_5^{10} = 10\ln 10 - 5\ln 5 - 5$$

3. $\displaystyle\int_1^{2} x^2\ln x\,\mathrm{d}x$

   On pose $u(x) = \ln x$ et $v'(x) = x^2$. On a donc $u'(x) = \dfrac{1}{x}$ et $v(x) = \dfrac{x^3}{3}$. Ainsi,

$$\int_1^{2} x^2\ln x\,\mathrm{d}x = \left[\frac{x^3}{3}\ln x\right]_1^{2} - \int_1^{2} \frac{x^3}{3}\,\frac{1}{x}\,\mathrm{d}x = \frac{8}{3}\ln 2 - \int_1^{2} \frac{x^2}{3}\,\mathrm{d}x$$

   Donc,

$$\int_1^{2} x^2\ln x\,\mathrm{d}x = \frac{8}{3}\ln 2 - \left[\frac{x^3}{9}\right]_1^{2} = \frac{8}{3}\ln 2 - \frac{8}{9} + \frac{1}{9} = \frac{8}{3}\ln 2 - \frac{7}{9}$$

4. $\displaystyle\int_0^{1} \arctan x\,\mathrm{d}x$

   On pose $u(x) = \arctan x$ et $v'(x) = 1$. On a donc $u'(x) = \dfrac{1}{1+x^2}$ et $v(x) = x$. Ainsi,

$$\int_0^{1} \arctan x\,\mathrm{d}x = \Big[x\arctan x\Big]_0^{1} - \int_0^{1} \frac{x}{1+x^2}\,\mathrm{d}x = \frac{\pi}{4} - \int_0^{1} \frac{x}{1+x^2}\,\mathrm{d}x$$

Donc,

$$\int_0^1 \arctan x \,\mathrm{d}x = \frac{\pi}{4} - \frac{1}{2}\left[\ln(x^2+1)\right]_0^1 = \frac{\pi}{4} - \frac{1}{2}\ln 2$$

5. Pour calculer $\int_0^1 x^2\,\mathrm{e}^{-x}\,\mathrm{d}x$, on peut faire une double intégration par parties.

   On pose $u(x) = x^2$ et $v'(x) = \mathrm{e}^{-x}$. On a donc $u'(x) = 2x$ et $v(x) = -\mathrm{e}^{-x}$. Ainsi,

$$\int_0^1 x^2\,\mathrm{e}^{-x}\,\mathrm{d}x = \left[-x^2\,\mathrm{e}^{-x}\right]_0^1 - \int_0^1 -2x\,\mathrm{e}^{-x}\,\mathrm{d}x = -\mathrm{e}^{-1} + \int_0^1 2x\,\mathrm{e}^{-x}\,\mathrm{d}x$$

   Or, à l'aide d'une deuxième intégration par parties, on calcule $\int_0^1 2x\,\mathrm{e}^{-x}\,\mathrm{d}x$.

$$\begin{aligned}\int_0^1 2x\,\mathrm{e}^{-x}\,\mathrm{d}x &= \left[-2x\,\mathrm{e}^{-x}\right]_0^1 + \int_0^1 2\mathrm{e}^{-x}\,\mathrm{d}x \\ &= -2\mathrm{e}^{-1} + \left[-2\mathrm{e}^{-x}\right]_0^1 = -4\mathrm{e}^{-1} + 2\end{aligned}$$

   Donc,

$$\boxed{\int_0^1 x^2\,\mathrm{e}^{-x}\,\mathrm{d}x = -5\mathrm{e}^{-1} + 2}$$

❑ Exercice 11 - Règle de Bioche ★★★

> Calculer $\displaystyle\int_0^{\frac{\pi}{4}} \frac{\tan x}{1+\cos x}\,\mathrm{d}x$.

Solution

On utilise les règles de Bioche.

On constate que $\omega(-x) = \omega(x)$ on pose donc $t = \cos x$.

On utilise $\dfrac{\mathrm{d}t}{\mathrm{d}x} = -\sin x$ ainsi $\mathrm{d}t = -\sin x\,\mathrm{d}x$.

$$\begin{aligned}\int_0^{\frac{\pi}{4}} \frac{\sin x}{\cos x\,(1+\cos x)}\mathrm{d}x &= \int_1^{\frac{\sqrt{2}}{2}} \frac{-\mathrm{d}t}{t\,(1+t)} = \int_{\frac{\sqrt{2}}{2}}^1 \frac{\mathrm{d}t}{t\,(1+t)} \\ &= \int_{\frac{\sqrt{2}}{2}}^1 \frac{1}{t} - \frac{1}{1+t}\,\mathrm{d}t \\ &= \left[\ln t - \ln(t+1)\right]_{\frac{\sqrt{2}}{2}}^1 \\ &= -\ln 2 - \ln\left(\frac{\sqrt{2}}{2}\right) + \ln\left(\frac{\sqrt{2}}{2}+1\right)\end{aligned}$$

❑ Exercice 12 - Règle de Bioche ★★★

Calculer $\int_0^{\frac{\pi}{4}} \frac{\mathrm{d}x}{2-\sin^2 x}$.

Solution

On utilise les règles de Bioche.
On constate que $\omega(\pi + x) = \omega(x)$ on pose donc $t = \tan x$.
On rappelle que $\frac{\mathrm{d}t}{\mathrm{d}x} = 1 + \tan^2 x = \frac{1}{\cos^2 x}$.

$$\begin{aligned}
\int_0^{\frac{\pi}{4}} \frac{\mathrm{d}x}{2-\sin^2 x} &= \int_0^{\frac{\pi}{4}} \frac{\mathrm{d}x}{2-1+\cos^2 x} \\
&= \int_0^{\frac{\pi}{4}} \frac{\mathrm{d}x}{1+\cos^2 x} \\
&= \int_0^1 \frac{1}{1+\frac{1}{1+t^2}} \frac{\mathrm{d}t}{1+t^2} \\
&= \int_0^1 \frac{\mathrm{d}t}{1+t^2+1} \\
&= \int_0^1 \frac{\mathrm{d}t}{2+t^2} \\
&= \int_0^1 \frac{1}{2} \frac{\mathrm{d}t}{1+\frac{t^2}{2}} \\
&= \frac{\sqrt{2}}{2} \int_0^1 \frac{\frac{1}{\sqrt{2}}\mathrm{d}t}{1+\left(\frac{t}{\sqrt{2}}\right)^2} \\
&= \frac{1}{\sqrt{2}} \left[\arctan\left(\frac{t}{\sqrt{2}}\right)\right]_0^1 \\
&= \frac{1}{\sqrt{2}} \arctan\left(\frac{1}{\sqrt{2}}\right)
\end{aligned}$$

❑ Exercice 13 - Linéarisation ★☆☆

Linéariser les expressions suivantes.

1. $\sin^3 x \cos^2 x$
2. $\cos^2 x$
3. $\cos^2 x \sin^2 x$
4. $\sin^3 x$

Solution

1. En utilisant les formules d'Euler, on trouve :

$$\begin{aligned}
\sin^3 x \cos^2 x &= \left(\frac{e^{ix} - e^{-ix}}{2i}\right)^3 \left(\frac{e^{ix} + e^{-ix}}{2}\right)^2 \\
&= \frac{1}{16} \frac{-\left(e^{3ix} - 3\,e^{ix} + 3\,e^{-ix} - e^{-3ix}\right)\left(e^{2ix} + e^{-2ix} + 2\right)}{2i} \\
&= \frac{1}{16} \frac{-e^{5ix} + e^{3ix} + 2\,e^{ix} - 2\,e^{ix} - e^{-3ix} + e^{-5ix}}{2i} \\
&= \frac{-\sin(5x) + \sin(3x) + 2\sin x}{16}
\end{aligned}$$

2. En utilisant les formules d'Euler, on trouve :

$$\begin{aligned}
\cos^2 x &= \left(\frac{e^{ix} + e^{-ix}}{2}\right)^2 \\
&= \frac{e^{2ix} + e^{-2ix} + 2}{2} \\
&= \frac{\cos(2x) + 1}{2}
\end{aligned}$$

3. En utilisant les formules d'Euler, on trouve :

$$\begin{aligned}
\cos^2 x \sin^2 x &= \left(\frac{e^{ix} + e^{-ix}}{2}\right)^2 \left(\frac{e^{ix} - e^{-ix}}{2i}\right)^2 \\
&= \left(\frac{e^{2ix} + e^{-2ix} + 2}{4}\right)\left(\frac{e^{2ix} + e^{-2ix} - 2}{-4}\right) \\
&= \frac{1}{8} - \frac{\cos(4x)}{8}
\end{aligned}$$

4. En utilisant les formules d'Euler, on trouve :

$$\begin{aligned}
\sin^3 x &= \left(\frac{e^{ix} - e^{-ix}}{2i}\right)^3 \\
&= \frac{e^{3ix} - 3\,e^{ix} + 3\,e^{-ix} - e^{-3ix}}{-8i} \\
&= \frac{e^{3ix} - e^{-3ix}}{-8i} + 3\,\frac{-e^{ix} + e^{-ix}}{-8i} \\
&= -\frac{1}{4}\frac{e^{3ix} - e^{-3ix}}{2i} + \frac{3}{4}\frac{e^{ix} - e^{-ix}}{2i} \\
&= -\frac{\sin(3x)}{4} + \frac{3\sin x}{4}
\end{aligned}$$

❑ Exercice 14 - CHANGEMENT DE VARIABLES ★★☆

> Calculer $\int \frac{\mathrm{d}x}{2x+3}$ en utilisant le changement de variable $u(x) = 2x + 3$.

Solution

On pose $u(x) = 2x + 3$ donc $\frac{\mathrm{d}u}{\mathrm{d}x} = 2$.
Ainsi,

$$\begin{aligned}\int \frac{\mathrm{d}x}{2x+3} &= \int \frac{1}{2u}\,\mathrm{d}u \\ &= \frac{1}{2}\ln u = \frac{1}{2}\ln(2x+3)\end{aligned}$$

❑ Exercice 15 - CHANGEMENT DE VARIABLES ★☆☆

> Calculer $\int_0^1 x\,\mathrm{e}^{2x^2}\,\mathrm{d}x$ en utilisant le changement de variable $u(x) = x^2$.

Solution

On pose $u(x) = x^2$ donc $\frac{\mathrm{d}u}{\mathrm{d}x} = 2x$.
Ainsi,

$$\begin{aligned}\int_0^1 x\,\mathrm{e}^{2x^2}\,\mathrm{d}x &= \int_0^1 \frac{1}{2}\,\mathrm{e}^{2u}\,\mathrm{d}u \\ &= \frac{1}{2}\left[\frac{\mathrm{e}^{2u}}{2}\right]_0^1 = \frac{\mathrm{e}^2}{4} - \frac{1}{4}\end{aligned}$$

❑ Exercice 16 - INTÉGRALE CURVILIGNE ★☆☆

> Calculer $\int_\gamma \big(y^2\,\mathrm{d}x + x\,\mathrm{d}y\big)$ avec γ définie sur $[0,1]$ et $\gamma(t) = (t, 1+2t)$.

Solution

$$\begin{aligned}\int_\gamma \big(y^2\,\mathrm{d}x + x\,\mathrm{d}y\big) &= \int_0^1 \big((1+2t)^2 + 2t\big)\,\mathrm{d}t \\ &= \int_0^1 \big(4t^2 + 6t + 1\big)\,\mathrm{d}t \\ &= \left[\frac{4t^3}{3} + \frac{6t^2}{2} + t\right]_0^1 \\ &= \frac{32}{6} = \frac{16}{3}\end{aligned}$$

❑ **Exercice 17 - INTÉGRALE DOUBLE** ☆☆☆

> Calculer $\iint_\Delta xy^2 \,\mathrm{d}x\,\mathrm{d}y$ avec $\Delta = [1,3] \times [0,3]$.

Solution

$$\begin{aligned}\iint_\Delta xy^2 \,\mathrm{d}x\,\mathrm{d}y &= \int_{x=1}^{3}\left(\int_{y=0}^{3} xy^2 \,\mathrm{d}y\right)\mathrm{d}x \\ &= \int_1^3 \left[x\,\frac{y^3}{3}\right]_0^3 \mathrm{d}x \\ &= \int_1^3 9x \,\mathrm{d}x = 9\left[\frac{x^2}{2}\right]_1^3 = 36\end{aligned}$$

❑ **Exercice 18 - INTÉGRALE DOUBLE** ★☆☆

> Calculer $\iint_\Delta (2x+y)^2 \,\mathrm{d}x\,\mathrm{d}y$
> avec $\Delta = \{(x,y) \in \mathbb{R}^2, 0 \leq x \leq 1 \text{ et } 0 \leq y \leq 2-2x\}$.

Solution

$$\begin{aligned}\iint_\Delta (2x+y)^2 \,\mathrm{d}x\,\mathrm{d}y &= \int_{x=0}^{1}\left(\int_{y=0}^{2-2x} (2x+y)^2 \,\mathrm{d}y\right)\mathrm{d}x \\ &= \int_0^1 \left[\frac{(2x+y)^3}{3}\right]_0^{2-2x} \mathrm{d}x \\ &= \int_0^1 \frac{8-8x^3}{3} \,\mathrm{d}x = \frac{8}{3}\left[x - \frac{x^4}{4}\right]_0^1 = 2\end{aligned}$$

❑ **Exercice 19 - INTÉGRALE TRIPLE** ★☆☆

> Calculer $\iiint_\Delta x \,\mathrm{d}x\,\mathrm{d}y\,\mathrm{d}z$
> avec $\Delta = \{(x,y,z) \in \mathbb{R}^3, 0 \leq x \leq 1, 0 \leq y \leq 1 \text{ et } 0 \leq z \leq 1\}$.

Solution

$$\begin{aligned}\iiint_\Delta x \,\mathrm{d}x\,\mathrm{d}y\,\mathrm{d}z &= \int_{x=0}^{1}\left(\int_{y=0}^{1}\left(\int_{z=0}^{1} x \,\mathrm{d}z\right)\mathrm{d}y\right)\mathrm{d}x \\ &= \int_0^1 \left(\int_0^1 x \,\mathrm{d}y\right)\mathrm{d}x \\ &= \int_0^1 x \,\mathrm{d}x = \left[\frac{x^2}{2}\right]_0^1 = \frac{1}{2}\end{aligned}$$

❑ **Exercice 20** - **INTÉGRALE TRIPLE** ★★☆

Calculer $\iiint_\Delta xy\,\mathrm{d}x\,\mathrm{d}y\,\mathrm{d}z$
avec $\Delta = \{(x, y, z) \in \mathbb{R}^3, 0 \le x \le 2, 0 \le y \le 5 \text{ et } 0 \le z \le x + y\}$.

Solution

$$\begin{aligned}
\iiint_\Delta xy\,\mathrm{d}x\,\mathrm{d}y\,\mathrm{d}z &= \int_{x=0}^{2}\left(\int_{y=0}^{5}\left(\int_{z=0}^{x+y} xy\,\mathrm{d}z\right)\mathrm{d}y\right)\mathrm{d}x \\
&= \int_0^2\left(\int_0^5 xy\,(x+y)\,\mathrm{d}y\right)\mathrm{d}x \\
&= \int_0^2\left(\int_0^5 (x^2y + xy^2)\,\mathrm{d}y\right)\mathrm{d}x \\
&= \int_0^2\left[\frac{x^2y^2}{2} + \frac{xy^3}{3}\right]_0^5\mathrm{d}x = \int_0^2\left(\frac{25x^2}{2} + \frac{125x}{3}\right)\mathrm{d}x \\
&= \left[\frac{25x^3}{6} + \frac{125x^2}{6}\right]_0^2 = \frac{200}{6} + \frac{500}{6} = \frac{350}{3}
\end{aligned}$$

7.2 Applications en physique

7.2.1 Electromagnétisme

❑ **Exercice 1** - **RÉSULTANTE DES FORCES ÉLECTRIQUES** (ENAC) ★★☆

Conseil - Pour aborder cet extrait de sujet de concours, il est préférable de revoir les notions suivantes :

- Systèmes de coordonnées (chapitre 1)
- Trigonométrie (chapitre 3)

Un fil très fin et illimité (1) est disposé dans le vide selon l'axe Oz du repère $\mathcal{R}$: $(O, \vec{u}_x, \vec{u}_y, \vec{u}_z)$. Il est chargé uniformément avec la densité linéique $\lambda_1 > 0$.
L'expression du champ électrostatique $\vec{E}(M)$ créé en un point M situé à la distance r du fil s'écrit : $\vec{E}(M) = \dfrac{\lambda_1}{2\pi\varepsilon_0 r}\vec{u}_r$. La base cylindro-polaire de M est $(\vec{u}_r, \vec{u}_\theta, \vec{u}_z)$.
Un fil (2) comme le fil (1) est chargé uniformément avec la densité linéique $\lambda_2 > 0$. Il est disposé dans le plan yOz parallèlement à l'axe Oz et à la distance d de celui-ci (voir figure 7.3).

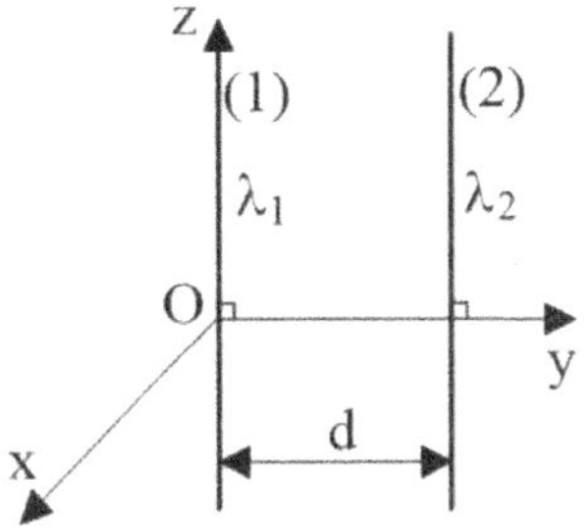

FIGURE 7.3

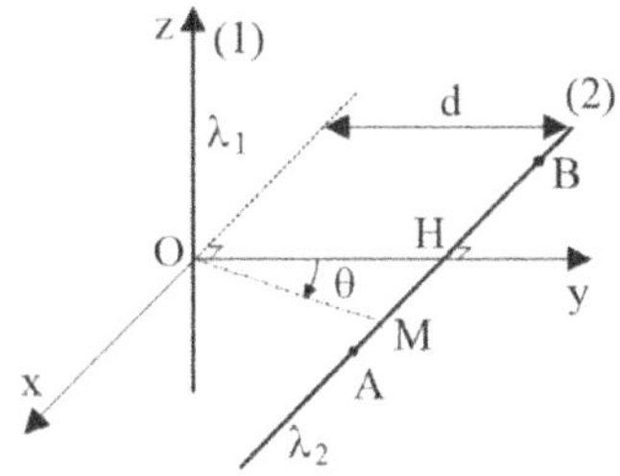

FIGURE 7.4

1. Calculer la résultante $\vec{f_e}$ des forces qu'exercent les charges du fil (1) sur l'unité de longueur du fil (2).
2. Le fil (2) est maintenant disposé perpendiculairement au fil (1), dans le plan $x\mathrm{O}y$, parallèlement à $\mathrm{O}x$, à la distance d de celui-ci (voir figure 7.4).
   a. Calculer la résultante $\vec{F'_e}$ des forces qu'exercent les charges du fil (1) sur le segment AB du fil (2). A et B sont symétriques par rapport à l'axe $\mathrm{O}y$ et situés à la distance $\dfrac{h}{2}$ de celui-ci. Si M est le point courant de AB, il est commode d'utiliser la variable $\theta = (\vec{u}_y, \overrightarrow{\mathrm{OM}})$.
   b. En déduire la résultante $\vec{F''_e}$ des forces qu'exercent les charges du fil (1) sur le fil (2) illimité.
   c. Dans les deux cas envisagés (fils parallèles et fils perpendiculaires), les fils chargés s'attirent-ils ou se repoussent-ils ?

D'après concours ENAC

Solution

1. Soit un élément de fil (2) de longueur $\mathrm{d}z$ portant une charge électrique $\mathrm{d}q$ telle que $\mathrm{d}q = \lambda_2\,\mathrm{d}z$. Cet élément, plongé dans le champ $\vec{E}$ créé par (1) est soumis à une force électrique élémentaire $\mathrm{d}\vec{F_e} = \mathrm{d}q\,\vec{E} = \lambda_2\,\mathrm{d}z\,\vec{E}$.
   La résultante $\vec{f_e}$ des forces qu'exercent les charges du fil (1) sur l'unité de longueur du fil (2) a pour expression :

$$\vec{f_e} = \frac{\mathrm{d}\vec{F_e}}{\mathrm{d}z} = \lambda_2\,\vec{E} = \frac{\lambda_2\lambda_1}{2\pi\varepsilon_0 d}\,\vec{u}_r = \boxed{\frac{\lambda_1\lambda_2}{2\pi\varepsilon_0 d}\,\vec{u}_y = \vec{f_e}}$$

2. a. Soit un élément de fil (2) de longueur $\mathrm{d}\ell$ portant une charge électrique $\mathrm{d}q$ telle que $\mathrm{d}q = \lambda_2\,\mathrm{d}\ell$. Cet élément, plongé dans le champ $\vec{E}$ créé par (1) est

soumis à une force électrique élémentaire $\mathrm{d}\vec{F}'_e = \mathrm{d}q\,\vec{E} = \lambda_2\,\mathrm{d}\ell\,\dfrac{\lambda_1}{2\pi\varepsilon_0 r}\,\vec{u}_r$.

Or $\mathrm{d}\ell = \mathrm{d}x$, $r = \sqrt{d^2 + x^2}$, $\vec{u}_r = \sin\theta\,\vec{u}_x + \cos\theta\,\vec{u}_y$ et $\cos\theta = \dfrac{d}{\sqrt{d^2 + x^2}}$.

$$\mathrm{d}\vec{F}'_e = \frac{\lambda_1\lambda_2}{2\pi\varepsilon_0}\frac{\mathrm{d}x}{\sqrt{d^2 + x^2}}(\sin\theta\,\vec{u}_x + \cos\theta\,\vec{u}_y) = \mathrm{d}F'_x\,\vec{u}_x + \mathrm{d}F'_y\,\vec{u}_y$$

La résultante $\overrightarrow{F'_e}$ des forces qu'exercent les charges du fil (1) sur le segment AB du fil (2) a pour expression : $\overrightarrow{F'_e} = \displaystyle\int \mathrm{d}F'_y\,\vec{u}_y$ car par symétrie du problème la composante selon $\overrightarrow{u_x}$ sera nulle.

$$\vec{F}'_e = \int \frac{\lambda_1\lambda_2 d}{2\pi\varepsilon_0}\frac{\mathrm{d}x}{d^2 + x^2}\,\vec{u}_y = \frac{\lambda_1\lambda_2 d}{2\pi\varepsilon_0}\int_{x_\mathrm{B}}^{x_\mathrm{A}} \frac{\mathrm{d}x}{d^2 + x^2}\,\vec{u}_y$$

On rappelle que $\boxed{\displaystyle\int \frac{1}{a^2 + x^2}\,\mathrm{d}x = \frac{1}{a}\arctan\left(\frac{x}{a}\right)}$

$$\begin{aligned}\vec{F}'_e &= \frac{\lambda_1\lambda_2\,d}{2\pi\varepsilon_0}\left[\frac{1}{d}\arctan\left(\frac{x}{d}\right)\right]_{x_\mathrm{B}}^{x_\mathrm{A}}\vec{u}_y \\ &= \frac{\lambda_1\lambda_2}{2\pi\varepsilon_0}\left[\arctan\left(\frac{x_\mathrm{A}}{d}\right) - \arctan\left(\frac{x_\mathrm{B}}{d}\right)\right]\vec{u}_y\end{aligned}$$

Or $x_\mathrm{A} = -x_\mathrm{B}$ et $x_\mathrm{A} = \dfrac{h}{2}$.

$$\begin{aligned}\vec{F}'_e &= \frac{\lambda_1\lambda_2}{2\pi\varepsilon_0}\left[\arctan\left(\frac{x_\mathrm{A}}{d}\right) - \arctan\left(\frac{-x_\mathrm{A}}{d}\right)\right]\vec{u}_y \\ &= \frac{\lambda_1\lambda_2}{2\pi\varepsilon_0}\times 2\arctan\left(\frac{x_\mathrm{A}}{d}\right)\vec{u}_y\end{aligned}$$

$$\boxed{\vec{F}'_e = \frac{\lambda_1\lambda_2}{\pi\varepsilon_0}\arctan\left(\frac{h}{2d}\right)\vec{u}_y}$$

b. Pour un fil illimité $x_\mathrm{A} \to \infty$ et $\displaystyle\lim_{x\to\infty}\arctan\left(\frac{x_\mathrm{A}}{d}\right) = \frac{\pi}{2}$.

$$\vec{F}''_e = \frac{\lambda_1\lambda_2}{\pi\varepsilon_0}\frac{\pi}{2}\,\vec{u}_y = \boxed{\frac{\lambda_1\lambda_2}{2\varepsilon_0}\,\vec{u}_y = \vec{F}''_e}$$

c. Dans les deux cas envisagés $\lambda_1 > 0$ et $\lambda_2 > 0$ donc les deux fils se repoussent.

❑ Exercice 2 - Conductance électrique (CCINP) ★★☆

Données :

- On appelle Oz l'axe du fil de vecteur unitaire $\vec{e}_z$.
- On note σ_0 la conductivité électrique du fil supposée constante.
- On propose le modèle suivant : la conductivité électrique est une fonction exponentielle de la distance r tel que $\sigma(r) = \sigma_0 \, \mathrm{e}^{\frac{r-R}{\delta}}$.

1. On se propose de calculer la résistance du fil avec le modèle de conductivité variable. On découpe la section circulaire du fil de cuivre en éléments de surfaces annulaires de largeur $\mathrm{d}r$ et de longueur $2\pi r$. On découpe ainsi le fil en éléments de volume (figure 7.5).

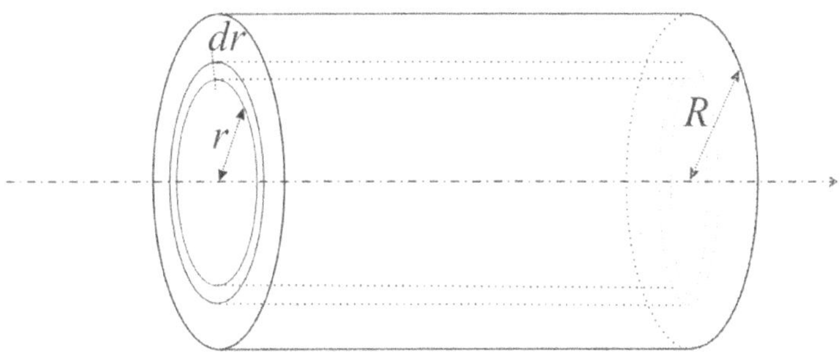

FIGURE 7.5 – Découpage en volumes élémentaires

Quelle est la conductance électrique élémentaire $\mathrm{d}G$ d'un tel élément de volume ? on l'exprimera en fonction de r, $\sigma(r)$, $\mathrm{d}r$ et L.

2. Comment sont branchés entre eux ces éléments de volume ? En déduire la conductance totale G du fil en fonction de δ, R, L et σ_0 (conductivité électrique du fil supposée constante).

D'après Concours Commun INP

Solution

1. *Rappel* : expression de la conductance $G = \dfrac{1}{R} = \dfrac{\sigma S}{L}$.

   La conductance élémentaire a pour expression $\mathrm{d}G = \sigma(r)\,\dfrac{\mathrm{d}S}{L}$ où $\mathrm{d}S = 2\pi r\,\mathrm{d}r$ est l'aire d'un élément de surface annulaire.

$$\Rightarrow \boxed{\mathrm{d}G = \sigma(r)\frac{2\pi r\,\mathrm{d}r}{L}}$$

2. Les éléments de volume sont soumis à la même différence de potentiel et sont parcourus chacun par un courant $\mathrm{d}I = \vec{j}\cdot\overrightarrow{\mathrm{d}S}$ (soit un courant total $I = \iint \vec{j}\cdot\overrightarrow{\mathrm{d}S}$). Les éléments sont donc en dérivation. La conductance totale G du fil est telle que $G = \int \mathrm{d}G$.

$$\begin{aligned} G &= \int_{r=0}^{R} \sigma(r)\frac{2\pi r\,\mathrm{d}r}{L} \\ &= \frac{2\pi}{L}\int_{r=0}^{R} \sigma_0\,\mathrm{e}^{\frac{r-R}{\delta}}\,r\,\mathrm{d}r \\ &= \sigma_0\frac{2\pi}{L}\int_{r=0}^{R} \mathrm{e}^{\frac{r-R}{\delta}}\,r\,\mathrm{d}r \end{aligned}$$

Effectuons une **intégration par partie** (IPP)
On pose :

$$\left.\begin{array}{l} u(r) = r \\ v'(r) = \mathrm{e}^{\frac{r-R}{\delta}} \end{array}\right\} \Leftrightarrow \left\{\begin{array}{l} u'(r) \\ v(r) = \delta\,\mathrm{e}^{\frac{r-R}{\delta}} \end{array}\right.$$

Ainsi, $\displaystyle\int_{r=0}^{R} u(r)\,v'(r)\,\mathrm{d}r = \Big[u(r)\,v(r)\Big]_0^R - \int_{r=0}^{R} v(r)\,u'(r)\,\mathrm{d}r$

$$\begin{aligned} G &= \sigma_0\frac{2\pi}{L}\left(\left[r\,\delta\,\mathrm{e}^{\frac{r-R}{\delta}}\right]_0^R - \int_{r=0}^{R}\delta\,\mathrm{e}^{\frac{r-R}{\delta}}\,\mathrm{d}r\right) \\ &= \sigma_0\frac{2\pi}{L}\left(\left[R\,\delta\,\mathrm{e}^0 - 0\,\delta\,\mathrm{e}^{-\frac{R}{\delta}}\right] - \delta\left[\delta\,\mathrm{e}^{\frac{r-R}{\delta}}\right]_0^R\right) \\ &= \sigma_0\frac{2\pi}{L}\left(R\,\delta - 0 - \delta^2 e^0 + \delta^2 e^{-\frac{R}{\delta}}\right) \end{aligned}$$

$$\boxed{G = \frac{2\pi}{L}\sigma_0\,\delta\left(R - \delta + \delta\,\mathrm{e}^{-\frac{R}{\delta}}\right)}$$

❑ **Exercice 3 - CHAMP PRODUIT PAR UNE CHARGE DE DENSITÉ SURFACIQUE UNIFORME** (ENS) ★☆☆

Conseils - Pour aborder cet extrait de sujet de concours, il est préférable de revoir les notions suivantes :

- Calculs vectoriels et systèmes de coordonnées (chapitre 1)
- Développements limités (chapitre 5)

On étudie le champ électrique produit au point P de coordonnées $(0, 0, z)$ par la surface uniformément chargée, avec une densité surfacique σ, représentée sur la figure 7.6.

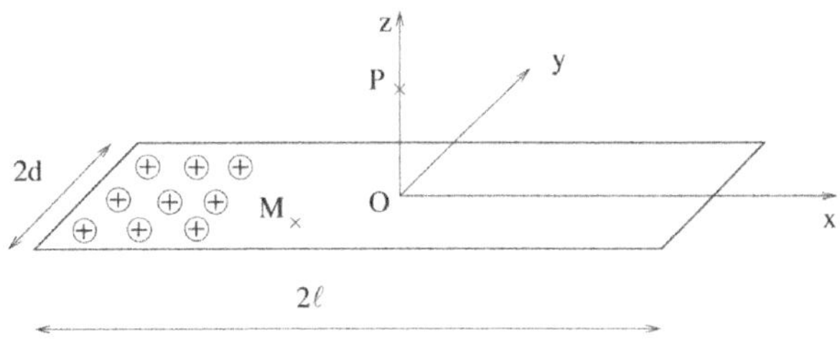

FIGURE 7.6 – Surface rectangulaire uniformément chargée

1. En tenant compte des symétries du problème, montrer que l'expression de la composante du champ élémentaire $\mathrm{d}\vec{E}$ correspondant à la composante non nulle de $\vec{E}$ s'écrit :

$$\mathrm{d}E_z = \frac{\sigma z\,\mathrm{d}x\,\mathrm{d}y}{4\pi\varepsilon_0\,(x^2+y^2+z^2)^{\frac{3}{2}}}$$

2. Dans l'expression de $\mathrm{d}E_z$, effectuer le changement de variable $x' = \dfrac{x}{\sqrt{y^2+z^2}}$ et montrer que l'expression intégrale de E_z s'écrit :

$$E_z = \frac{\sigma z}{4\pi\varepsilon_0}\int\frac{\mathrm{d}y}{y^2+z^2}\int\frac{\mathrm{d}x'}{(x'^2+1)^{\frac{3}{2}}}$$

3. On considère que $\ell \gg d > z$.
4. Montrer que $E_z = \dfrac{\sigma}{\pi\varepsilon_0}\arctan\left(\dfrac{d}{z}\right)$.
5. Simplifier cette expression quand $d \gg z$. Commenter.

Formulaire :

$$\int\frac{\mathrm{d}x}{(x^2+1)^{\frac{3}{2}}} = \frac{x}{(x^2+1)^{\frac{1}{2}}}$$

$$\int\frac{\mathrm{d}x}{x^2+ax+b} = \frac{2}{\sqrt{4b-a^2}}\arctan\left(\frac{a+2x}{\sqrt{4b-a^2}}\right)$$

D'après concours ENS

Solution

1. Les plans $(\mathrm{P},\vec{u}_x,\vec{u}_z)$ et $(\mathrm{P},\vec{u}_y,\vec{u}_z)$ sont des plans de symétrie pour la distribution de charges. Or le champ $\vec{E}$ a les mêmes propriétés de symétrie que la distribution de charges. De plus, il appartient aux plans de symétrie donc le champ $\vec{E}$ est dirigé selon $\vec{u}_z$. La composante non nulle du champ électrique s'écrit :

$$\vec{E} = \frac{\sigma\,\mathrm{d}S}{4\pi\varepsilon_0}\frac{\overrightarrow{\mathrm{MP}}}{\|\overrightarrow{\mathrm{MP}}\|^3}\,\vec{u}_z$$

avec $\overrightarrow{\mathrm{OM}} = \begin{pmatrix} x \\ y \\ 0 \end{pmatrix}$ et $\overrightarrow{\mathrm{OP}} = \begin{pmatrix} 0 \\ 0 \\ z \end{pmatrix}$, on a $\overrightarrow{\mathrm{MP}} = \begin{pmatrix} x_P - x_M \\ y_P - y_M \\ z_P - z_M \end{pmatrix} = \begin{pmatrix} -x \\ -y \\ z \end{pmatrix}$.

La surface élémentaire a pour expression : $\mathrm{d}S = \mathrm{d}x\,\mathrm{d}y$ (voir chapitre 1 - Systèmes de coordonnées). En remplaçant dans l'expression de $\vec{E}$, on obtient :

$$\mathrm{d}E_z = \mathrm{d}\vec{E} \cdot \vec{u}_z = \frac{\sigma\,\mathrm{d}x\,\mathrm{d}y}{4\pi\varepsilon_0 \left(\sqrt{x^2+y^2+z^2}\right)^3} \left[\begin{pmatrix} -x \\ -y \\ z \end{pmatrix} \cdot \begin{pmatrix} 0 \\ 0 \\ 1 \end{pmatrix} \right]$$

$$\boxed{\mathrm{d}E_z = \frac{\sigma z\,\mathrm{d}x\,\mathrm{d}y}{4\pi\varepsilon_0 \left(x^2+y^2+z^2\right)^{\frac{3}{2}}}}$$

2. En faisant le changement de variable $x' = \dfrac{x}{\sqrt{y^2+z^2}}$, le dénominateur se modifie comme suit :

$$\left(x^2+y^2+z^2\right)^{\frac{3}{2}} = \left(y^2+z^2\right)^{\frac{3}{2}} \left(\frac{x^2}{y^2+z^2}+1\right)^{\frac{3}{2}} = \left(y^2+z^2\right)^{\frac{3}{2}} \left(x'^2+1\right)^{\frac{3}{2}}$$

Sachant que $x' = \dfrac{x}{\sqrt{y^2+z^2}}$, en dérivant x' par rapport à x (voir chapitre 5) il vient $\mathrm{d}x' = \dfrac{\mathrm{d}x}{\sqrt{y^2+z^2}}$.

$$\mathrm{d}E_z = \frac{\sigma z \sqrt{y^2+z^2}\,\mathrm{d}y\,\mathrm{d}x'}{4\pi\varepsilon_0 \left(y^2+z^2\right)^{\frac{3}{2}} \left(x'^2+1\right)^{\frac{3}{2}}}$$

$$\boxed{E_z = \frac{\sigma z}{4\pi\varepsilon_0} \int \frac{\mathrm{d}y}{y^2+z^2} \int \frac{\mathrm{d}x'}{\left(x'^2+1\right)^{\frac{3}{2}}}}$$

3. Par changement de variable, les bornes de l'intégrale sont modifiées.
A $x = -\ell$ correspond $x' = \dfrac{-\ell}{\sqrt{y^2+z^2}}$.
A $x = +\ell$ correspond $x' = \dfrac{+\ell}{\sqrt{y^2+z^2}}$.

$$\begin{aligned} \int \frac{\mathrm{d}x'}{\left(x'^2+1\right)^{\frac{3}{2}}} &= \int_{x'=\frac{-\ell}{\sqrt{y^2+z^2}}}^{\frac{+\ell}{\sqrt{y^2+z^2}}} \frac{\mathrm{d}x'}{\left(x'^2+1\right)^{\frac{3}{2}}} \\ &= \left[\frac{x'}{\left(x'^2+1\right)^{\frac{1}{2}}} \right]_{\frac{-\ell}{\sqrt{y^2+z^2}}}^{\frac{+\ell}{\sqrt{y^2+z^2}}} \end{aligned}$$

$$= \frac{\frac{+\ell}{\sqrt{y^2+z^2}}}{\left(\left(\frac{+\ell}{\sqrt{y^2+z^2}}\right)^2+1\right)^{\frac{1}{2}}} - \frac{\frac{-\ell}{\sqrt{y^2+z^2}}}{\left(\left(\frac{-\ell}{\sqrt{y^2+z^2}}\right)^2+1\right)^{\frac{1}{2}}}$$

$$= \frac{\frac{+2\ell}{\sqrt{y^2+z^2}}}{\left(\left(\frac{\ell}{\sqrt{y^2+z^2}}\right)^2+1\right)^{\frac{1}{2}}}$$

$$= \frac{2\ell}{\sqrt{y^2+z^2}} \frac{1}{\left(\frac{\ell^2+y^2+z^2}{y^2+z^2}\right)^{\frac{1}{2}}}$$

$$\boxed{\int \frac{\mathrm{d}x'}{(x'^2+1)^{\frac{3}{2}}} = \frac{2\ell}{(\ell^2+y^2+z^2)^{\frac{1}{2}}}}$$

Si $\ell \gg d > z$ alors $(\ell^2+y^2+z^2)^{\frac{1}{2}} \simeq \ell$ et $\displaystyle\int \frac{\mathrm{d}x'}{(x'^2+1)^{\frac{3}{2}}} \simeq \frac{2\ell}{\ell} = 2$ donc indépendant de $\ell \Rightarrow$ $\boxed{E_z \text{ est indépendant de } \ell}$

4.

$$\int_{y=-d}^{+d} \frac{\mathrm{d}y}{y^2+z^2} = \left[\frac{2}{\sqrt{4z^2}} \arctan\left(\frac{2y}{\sqrt{4z^2}}\right)\right]_{-d}^{+d}$$

$$= \frac{1}{z}\left[\arctan\left(\frac{d}{z}\right) - \arctan\left(\frac{-d}{z}\right)\right]$$

$$= \frac{1}{z}\left[2\arctan\left(\frac{d}{z}\right)\right]$$

L'expression de E_z s'écrit alors :

$$E_z = \frac{\sigma z}{4\pi\varepsilon_0} \frac{1}{z} 2\arctan\left(\frac{d}{z}\right) \times 2$$

$$\boxed{E_z = \frac{\sigma}{\pi\varepsilon_0} \arctan\left(\frac{d}{z}\right)}$$

5. Si $d \gg z$ alors $\arctan\left(\frac{d}{z}\right) \to \frac{\pi}{2}$,

$$E_z = \frac{\sigma}{\pi\varepsilon_0} \frac{\pi}{2}$$

$$\boxed{E_z = \frac{\sigma}{2\varepsilon_0}}$$

On retrouve l'expression du champ électrique créé par un plan infini.

❑ Exercice 4 - ATTRACTION DE VAN DER WAALS (CCS) ★★★

L'énergie potentielle d'interaction, associée aux forces de van der Waals, entre deux molécules A et B est $V_{\mathrm{AB}} = \dfrac{-K}{r_{\mathrm{AB}}^6}$, où K est une constante (que l'on ne cherche pas à connaître) qui dépend de la nature des molécules et du milieu et où r_{AB} est la distance entre les deux molécules.

Calculer, par intégration, l'énergie potentielle d'interaction $E(d)$ entre une molécule A et un demi-espace de molécules B (figure 7.7), en fonction de K, de d la distance de A au demi-espace et de n_{B} le nombre de molécules par unité de volume dans le demi-espace.

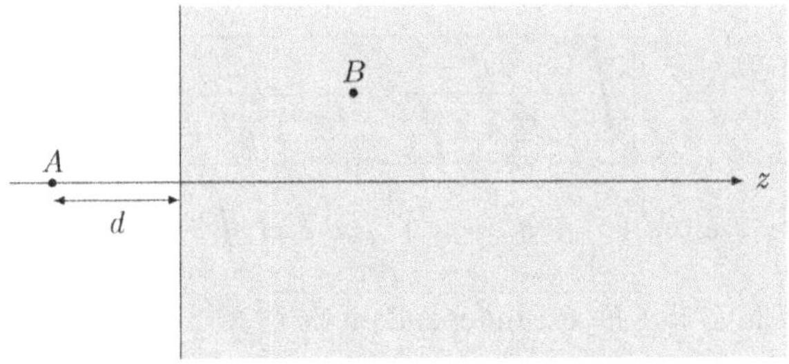

FIGURE 7.7 – Molécule A placée à la distance d d'un demi-espace infini de molécules B

D'après Concours Centrale-Supélec

Solution

Le demi-espace $z > 0$ contient des molécules B de densité volumique n_{B}. Si la densité de molécules est élevée, nous pouvons sommer les énergies potentielles de manière continue tel que :

$$E(d) = \iiint_{z>0} \frac{-K}{r_{\mathrm{AB}}^6}\, n_{\mathrm{B}}\, \mathrm{d}\tau$$

avec $\mathrm{d}\tau$ le volume élémentaire entourant chaque point B.
Effectuons, par symétrie du problème autour de l'axe des z, une intégrale en coordonnées cylindriques où $\mathrm{d}\tau = \mathrm{d}r\, r\mathrm{d}\theta\, \mathrm{d}z$.
En utilisant le théorème de Pythagore dans un triangle rectangle (voir figure 7.8), la distance AB a pour expression $\mathrm{AB} = \left((d+z)^2 + r^2\right)^{1/2}$.

$$E(d) = -K \iiint_{z>0} \frac{n_{\mathrm{B}}}{r_{\mathrm{AB}}^6}\, \mathrm{d}r\, r\mathrm{d}\theta\, \mathrm{d}z$$

$$E(d) = -Kn_{\mathrm{B}} \int_{\theta=0}^{2\pi} \mathrm{d}\theta \int_{z=0}^{\infty} \left(\int_{r=0}^{\infty} \frac{r}{\left((d+z)^2 + r^2\right)^3}\, \mathrm{d}r \right) \mathrm{d}z$$

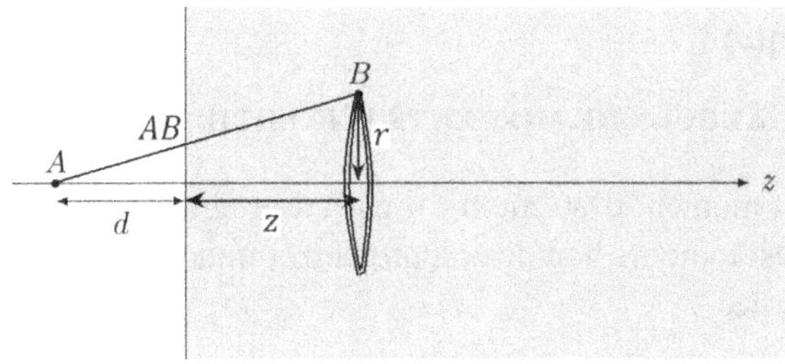

FIGURE 7.8

Pour calculer l'intégrale $\displaystyle\int_{r=0}^{\infty} \frac{r}{\left((d+z)^2+r^2\right)^3}\,\mathrm{d}r$, on procède à un changement de variable.

On pose : $u=(d+z)^2+r^2 \;\Leftrightarrow\; \mathrm{d}u = 2r\,\mathrm{d}r$. On n'oublie pas de changer les bornes de l'intégrale. Quand $r=0$ alors $u=(d+z)^2$ et quand $r\to\infty$ alors $u\to\infty$.

$$\begin{aligned}\int_{r=0}^{\infty} \frac{r}{\left((d+z)^2+r^2\right)^3}\,\mathrm{d}r &= \int_{u=(d+z)^2}^{\infty} \frac{\frac{1}{2}\,\mathrm{d}u}{u^3} = \frac{1}{2}\int_{(d+z)^2}^{\infty} u^{-3}\,\mathrm{d}u \\ &= \frac{1}{2}\left[\frac{u^{-2}}{(-2)}\right]_{(d+z)^2}^{\infty} \\ &= -\frac{1}{4}\left(0-\frac{1}{\left((d+z)^2\right)^2}\right) = \frac{1}{4}\frac{1}{(d+z)^4}\end{aligned}$$

On calcule la seconde intégrale :

$$\int_{z=0}^{\infty}\left(\int_{r=0}^{\infty} \frac{r}{\left((d+z)^2+r^2\right)^3}\,\mathrm{d}r\right)\mathrm{d}z = \int_{z=0}^{\infty} \frac{1}{4}\frac{1}{(d+z)^4}\,\mathrm{d}z$$

en procèdant à un changement de variable.

On pose : $v=d+z \;\Leftrightarrow\; \mathrm{d}v=\mathrm{d}z$. On n'oublie pas de changer les bornes de l'intégrale. Quand $z=0$ alors $v=d$ et quand $z\to\infty$ alors $v\to\infty$.

$$\begin{aligned}\int_{z=0}^{\infty} \frac{1}{4}\frac{1}{(d+z)^4}\,\mathrm{d}z &= \frac{1}{4}\int_{u=d}^{\infty}\frac{\mathrm{d}u}{u^4} = \frac{1}{4}\int_{d}^{\infty} u^{-4}\,\mathrm{d}u \\ &= \frac{1}{4}\left[\frac{u^{-3}}{(-3)}\right]_{d}^{\infty} = -\frac{1}{12}\left(0-\frac{1}{d^3}\right) = \frac{1}{12\,d^3}\end{aligned}$$

$$\begin{aligned}E(d) &= -Kn_{\mathrm{B}}\int_{\theta=0}^{2\pi}\mathrm{d}\theta\int_{z=0}^{\infty}\left(\int_{r=0}^{\infty}\frac{r}{\left((d+z)^2+r^2\right)^3}\,\mathrm{d}r\right)\mathrm{d}z \\ &= -Kn_{\mathrm{B}}\left[\mathrm{d}\theta\right]_0^{2\pi}\frac{1}{12\,d^3} = -Kn_{\mathrm{B}}\,2\pi\frac{1}{12\,d^3}\end{aligned}$$

$$\boxed{E(d) = -\frac{\pi K n_{\mathrm{B}}}{6\,d^3}}$$

7.2.2 Mécanique

❑ **Exercice 5 - Calculs de moments d'inertie** ★☆☆

Le calcul d'un moment d'inertie n'est pas au programme des classes préparatoires mais il est toujours bon de comprendre comment calculer simplement un moment d'inertie.

Le moment d'inertie est une grandeur physique qui caractérise la répartition de la matière dans un solide. Il quantifie la résistance à une mise en rotation de ce solide.

Par définition, le moment d'inertie, noté J_Δ, calculé par rapport à un axe (Δ) d'un point matériel M de masse m situé à une distance $r = \mathrm{HM}$ de (Δ), où H est le projeté de M sur l'axe, a pour expression :

$$J_\Delta = mr^2$$

Le moment d'inertie d'un système discret composé de N points matériels M_i de masse m_i, distants de $r_i = \mathrm{HM}_i$ de l'axe (Δ) a pour expression :

$$J_\Delta = \sum_i m_i r_i^2 = \sum_i m_i (\mathrm{HM}_i)^2$$

Pour un solide composé d'une infinité de points matériels, le moment d'inertie fait appel à une somme intégrale et s'écrit :

$$J_\Delta = \int_{\text{solide}} r^2 \,\mathrm{d}m = \iiint (\mathrm{HM})^2 \,\rho \,\mathrm{d}\tau$$

Le moment d'inertie s'exprime en kg.m^2.

1. Soit une barre pleine homogène de centre O, d'épaisseur a, de largeur b, de longueur h, de masse m et de masse volumique ρ (figure 7.9).

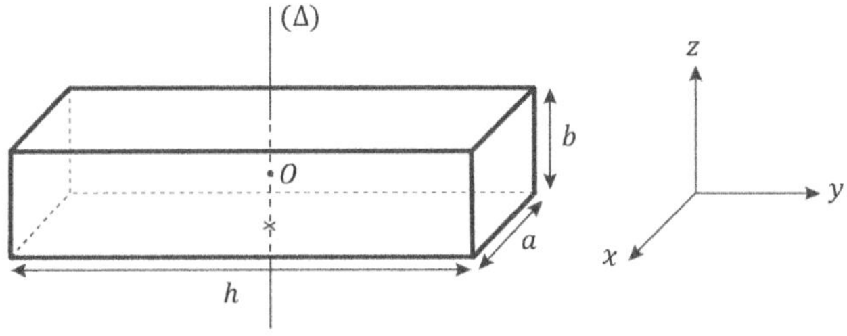

FIGURE 7.9 – Barre homogène

Calculer le moment d'inertie J_Δ par rapport à l'axe (Δ) (on fera l'hypothèse que $a \ll h$ et $b \ll h$ pour pouvoir exprimer la distance d'un point M de la barre à l'axe (Δ) sous la forme $\mathrm{HM} = y$ sans quoi le calcul est beaucoup plus complexe).

2. Soit un disque plein homogène de centre O, de rayon R, d'épaisseur e, de masse m et de masse volumique ρ (figure 7.10).

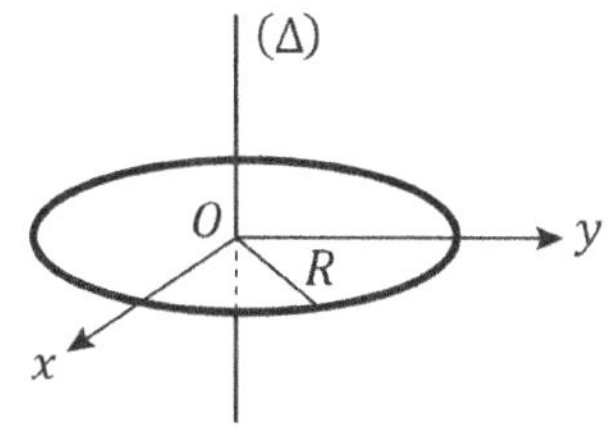

FIGURE 7.10 – Disque homogène

Calculer le moment d'inertie de la sphère par rapport à un axe (Δ) passant par son centre O, perpendiculaire au plan du disque, noté J_Δ.

3. Soit une sphère pleine homogène de centre O, de rayon R, de masse m et de masse volumique ρ (figure 7.11).

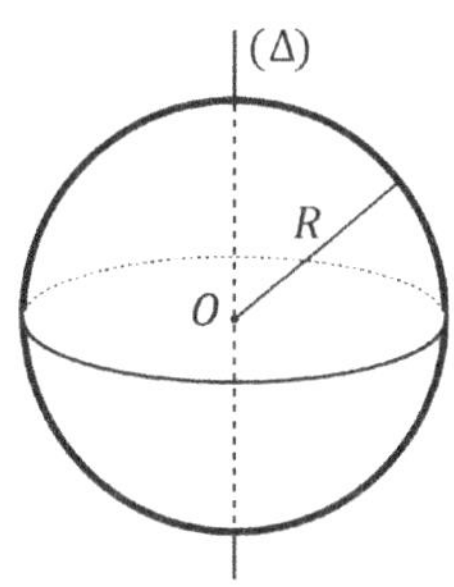

FIGURE 7.11 – Sphère homogène

Calculer le moment d'inertie de la sphère par rapport à un axe (Δ) passant par son centre O, noté J_Δ.

Solution

1. Une barre rectangulaire est un solide composé d'une infinité de points matériels M dont le volume élémentaire s'écrit $\mathrm{d}\tau = \mathrm{d}x\,\mathrm{d}y\,\mathrm{d}z$ en coordonnées cartésiennes (voir chapitre 1 - Systèmes de coordonnées).

$$J_\Delta = \iiint_{\mathrm{M}\in\text{ sphère}} \mathrm{HM}^2\,\mathrm{d}m = \iiint_{\mathrm{M}\in\text{ sphère}} \mathrm{HM}^2\,\rho\,\mathrm{d}\tau$$

Ici, HM est la distance de M à l'axe (Δ) et a pour expression $\mathrm{HM} = y$ car l'énoncé fait l'hypothèse que $a \ll h$ et $b \ll h$.

$$\begin{aligned}
J_\Delta &= \iiint y^2 \rho \,\mathrm{d}x \,\mathrm{d}y \,\mathrm{d}z \\
&= \rho \int_{x=-\frac{a}{2}}^{\frac{a}{2}} \mathrm{d}x \int_{y=-\frac{h}{2}}^{\frac{h}{2}} y^2 \,\mathrm{d}y \int_{z=-\frac{b}{2}}^{\frac{b}{2}} \mathrm{d}z \\
&= \rho \Big[x\Big]_{-\frac{a}{2}}^{\frac{a}{2}} \left[\frac{y^3}{3}\right]_{-\frac{h}{2}}^{\frac{h}{2}} \Big[z\Big]_{-\frac{b}{2}}^{\frac{b}{2}} \\
&= \rho a \left[\frac{\left(\frac{h}{2}\right)^3}{3} - \frac{\left(-\frac{h}{2}\right)^3}{3}\right] b \\
&= \rho ab \left[\frac{1}{3}\left(2\frac{h^3}{8}\right)\right] = \rho ab \,\frac{h^3}{12}
\end{aligned}$$

La barre rectangulaire homogène a une masse volumique : $\rho = \dfrac{m}{abh}$.

$$J_\Delta = \frac{m}{abh}\, ab \,\frac{h^3}{12}$$

$$\boxed{J_\Delta = \frac{1}{12} m h^2}$$

2. Un disque de rayon R et d'épaisseur e est un solide composé d'une infinité de points matériels M dont le volume élémentaire s'écrit $\mathrm{d}\tau = \mathrm{d}r \, r \,\mathrm{d}\theta \,\mathrm{d}z$ en coordonnées cylindriques (voir chapitre 1 - Systèmes de coordonnées).

$$J_\Delta = \iiint_{\mathrm{M} \in \text{disque}} \mathrm{HM}^2 \,\mathrm{d}m = \iiint_{\mathrm{M} \in \text{disque}} \mathrm{HM}^2 \,\rho \,\mathrm{d}\tau$$

Ici, HM est la distance de M à l'axe (Δ) et a pour expression $\mathrm{HM} = r$.

$$\begin{aligned}
J_\Delta &= \iiint r^2 \rho \,\mathrm{d}r \, r \,\mathrm{d}\theta \,\mathrm{d}z \\
&= \rho \int_{r=0}^{R} r^3 \mathrm{d}r \int_{\theta=0}^{\pi} \mathrm{d}\theta \int_{z=0}^{\mathrm{e}} \mathrm{d}z \\
&= \rho \left[\frac{r^4}{4}\right]_0^R \Big[\theta\Big]_0^{2\pi} \Big[z\Big]_0^{\mathrm{e}} \\
&= \rho \frac{R^4}{4} 2\pi \mathrm{e} = \rho \frac{R^4}{2} \pi \mathrm{e}
\end{aligned}$$

Le disque homogène a une masse volumique : $\rho = \dfrac{m}{\pi R^2 \mathrm{e}}$.

$$J_\Delta = \frac{m}{\pi R^2 \mathrm{e}} \frac{R^4}{2} \pi \mathrm{e}$$

$$\boxed{J_\Delta = m\,\frac{R^2}{2}}$$

3. Une sphère pleine est un solide composé d'une infinité de points matériels M dont le volume élémentaire s'écrit $\mathrm{d}\tau = \mathrm{d}r\, r\, \mathrm{d}\theta\, r \sin\theta\, \mathrm{d}\varphi$ en coordonnées sphériques (voir chapitre 1).

$$J_\Delta = \iiint_{\mathrm{M} \in \text{ sphère}} \mathrm{HM}^2\, \mathrm{d}m = \iiint_{\mathrm{M} \in \text{ sphère}} \mathrm{HM}^2\, \rho\, \mathrm{d}\tau$$

Ici, HM est la distance de M à l'axe (Δ) et a pour expression $\mathrm{HM} = r \sin\theta$ (**Ne pas confondre ici le rayon** $r = \mathrm{OM}$ **avec la distance de** M **à l'axe** (Δ) **donnée dans la définition du moment d'inertie**).

$$\begin{aligned} J_\Delta &= \iiint (r \sin\theta)^2\, \rho\, \mathrm{d}r\, r\, \mathrm{d}\theta\, r \sin\theta\, \mathrm{d}\varphi \\ &= \rho \int_{r=0}^{R} r^4\, \mathrm{d}r \int_{\theta=0}^{\pi} \sin^3\theta\, \mathrm{d}\theta \int_{\varphi=0}^{2\pi} \mathrm{d}\varphi \end{aligned}$$

On n'intègre, selon θ, que de 0 à π pour ne pas sommer deux fois le volume total.
D'après les exercices dispensés dans la partie mathématique de ce même chapitre, on a : $\displaystyle\int_0^\pi \sin^3\theta\, \mathrm{d}\theta = \frac{4}{3}$.

$$\begin{aligned} J_\Delta &= \rho \left[\frac{r^5}{5}\right]_0^R \frac{4}{3} \left[\varphi\right]_0^{2\pi} \\ &= \rho\, \frac{R^5}{5} \frac{4}{3}\, 2\pi = \rho\, \frac{8\pi}{15} R^5 \end{aligned}$$

La sphère homogène a une masse volumique : $\rho = \dfrac{m}{\frac{4}{3}\pi R^3} = \dfrac{3m}{4\pi R^3}$.

$$J_\Delta = \frac{3m}{4\pi R^3} \frac{8\pi}{15} R^5$$

$$\boxed{J_\Delta = \frac{2}{5}\, m R^2}$$

7.2.3 Mécanique des fluides

❑ **Exercice 6 - INJECTION DE POLYMÈRE** (e3a) ☆☆☆

On injecte du polypropylène fondu (noté PPc sur la figure 7.12) dans un moule de forme parallélépipédique de longueur L, de largeur w et d'épaisseur e.

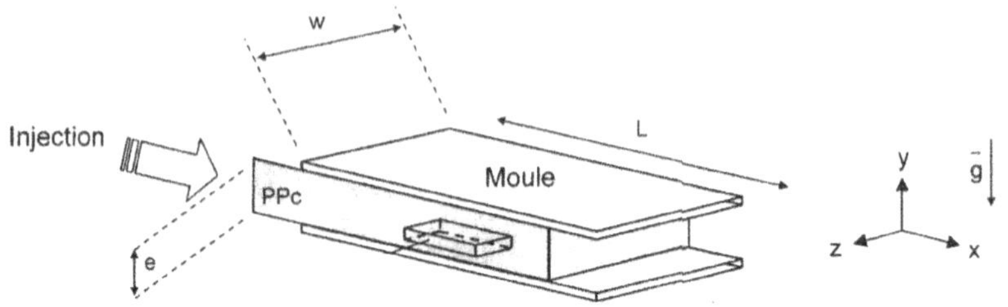

FIGURE 7.12

Le fluide s'écoule selon la direction Ox entre deux plaques parallèles (figure 7.13) ; ces plans constituent les parois inférieure et supérieure d'une canalisation rectangulaire. Les dimensions du système dans les directions x et z étant très grandes, on peut considérer les plans horizontaux comme infinis et négliger les effets de bords (selon les parois verticales $z = \pm\frac{\mathrm{w}}{2}$).

En régime stationnaire, la vitesse $V(y)$ de l'écoulement a pour expression $V_{\max}\left[1-\left(\frac{2y}{\mathrm{e}}\right)^2\right]$.

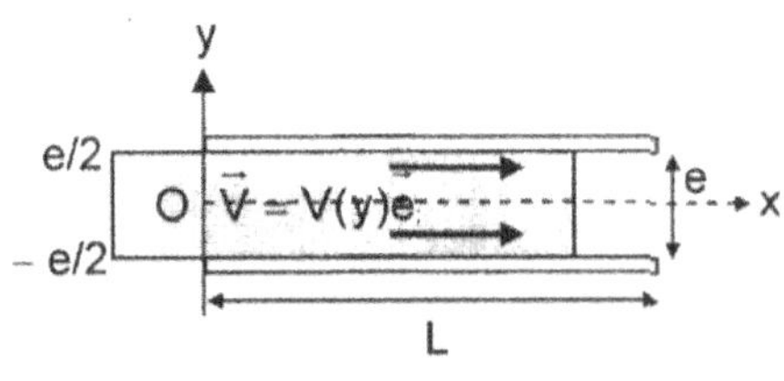

FIGURE 7.13

Exprimer le débit volumique $Q_v = \int_{-\frac{\mathrm{e}}{2}}^{+\frac{\mathrm{e}}{2}} V(y)\,\mathrm{w}\,\mathrm{d}y$ en fonction de $V_{\max}$, e et w.

D'après concours e3a-Polytech

Solution

Par définition, le débit volumique est égal au flux du vecteur vitesse à travers une surface. Ici, en coordonnées cartésiennes, la surface élémentaire a pour expression : $\overrightarrow{\mathrm{d}S} = \mathrm{d}y\,\mathrm{d}z\,\vec{u}_x$.

$$
\begin{aligned}
Q_v &= \iint \vec{v} \cdot \overrightarrow{\mathrm{d}S} = \iint V(y)\,\mathrm{d}y\,\mathrm{d}z \\
&= \int_{y=-\frac{e}{2}}^{+\frac{e}{2}} V(y)\,\mathrm{d}y \int_{z=-\frac{w}{2}}^{+\frac{w}{2}} \mathrm{d}z = \mathrm{w} \int_{-\frac{e}{2}}^{\frac{e}{2}} V_{\max}\left[1-\left(\frac{2y}{\mathrm{e}}\right)^2\right]\mathrm{d}y \\
&= \mathrm{w}V_{\max} \int_{-\frac{e}{2}}^{\frac{e}{2}} \mathrm{d}y - \frac{4\mathrm{w}V_{\max}}{\mathrm{e}^2} \int_{-\frac{e}{2}}^{\frac{e}{2}} y^2\,\mathrm{d}y \\
&= \mathrm{w}V_{\max}\Big[y\Big]_{-\frac{e}{2}}^{\frac{e}{2}} - \frac{4\mathrm{w}V_{\max}}{\mathrm{e}^2}\left[\frac{y^3}{3}\right]_{-\frac{e}{2}}^{\frac{e}{2}} \\
&= \mathrm{w}V_{\max}\left[\frac{\mathrm{e}}{2} - \left(-\frac{\mathrm{e}}{2}\right)\right] - \frac{4\mathrm{w}V_{\max}}{3\mathrm{e}^2}\left[\left(\frac{\mathrm{e}}{2}\right)^3 - \left(-\frac{\mathrm{e}}{2}\right)^3\right] \\
&= \mathrm{w}V_{\max}\,\mathrm{e} - \frac{4\mathrm{w}V_{\max}}{3\mathrm{e}^2}\left(\frac{\mathrm{e}^3}{4}\right) = \mathrm{w}V_{\max}\left(\mathrm{e} - \frac{1}{3}\mathrm{e}\right)
\end{aligned}
$$

$$
\boxed{Q_v = \frac{2}{3}\,\mathrm{w}V_{\max}\,\mathrm{e}}
$$

❑ **Exercice 7 - CIRCULATION SANGUINE** (CCINP) ★☆☆

On considère l'écoulement stationnaire d'un fluide incompressible de masse volumique ρ et de viscosité η dans un tuyau cylindrique immobile dans le référentiel d'étude galiléen, centré sur l'axe horizontal $(\mathrm{A}x)$ de vecteur unitaire $\vec{e}_x$, de section circulaire de rayon a et de longueur L (figure 7.14). Nous sommes alors en présence d'un écoulement de Poiseuille cylindrique. La pression à l'entrée du tube est $P(x=0) = P_\mathrm{A}$ et $P(x=L) = P_\mathrm{B}$ à la sortie. Le champ des vitesses est de la forme $\vec{v}(\mathrm{M}) = v(r)\,\vec{e}_x$ avec $v(r) = \dfrac{P_\mathrm{A} - P_\mathrm{B}}{4\eta L}\,(a^2 - r^2)$.

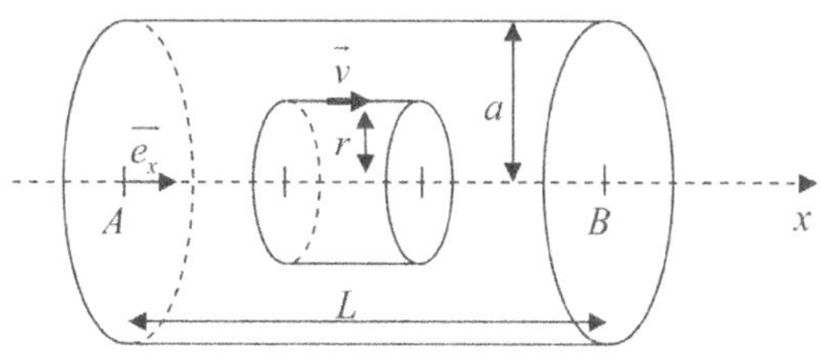

FIGURE 7.14 – Loi de Poiseuille pour un tube de section circulaire

Donner l'expression du débit volumique D_v de cet écoulement.

D'après Concours Commun INP

Solution

Par définition, le débit volumique est égal au flux du vecteur vitesse à travers une surface.

$$Q_v = \iint \vec{v} \cdot \overrightarrow{\mathrm{d}S} = \iint v(r)\,\vec{e}_x \cdot \mathrm{d}S\,\vec{e}_x = \iint v(r)\,\mathrm{d}S$$

Ici, la surface élémentaire a pour expression $\mathrm{d}S = \mathrm{d}r\,r\,\mathrm{d}\theta$, en coordonnées cylindriques.

$$\begin{aligned}
Q_v &= \int_{r=0}^{a} v(r)\,r\,\mathrm{d}r \int_{\theta=0}^{2\pi} \mathrm{d}\theta \\
&= \int_0^a \frac{P_\mathrm{A} - P_\mathrm{B}}{4\eta L}\left(a^2 - r^2\right) r\,\mathrm{d}r \int_0^{2\pi} \mathrm{d}\theta \\
&= \frac{P_\mathrm{A} - P_\mathrm{B}}{4\eta L}\left(a^2 \int_0^a r\mathrm{d}r - \int_0^a r^3\mathrm{d}r\right) \int_0^{2\pi} \mathrm{d}\theta \\
&= \frac{P_\mathrm{A} - P_\mathrm{B}}{4\eta L}\left(a^2 \left[\frac{r^2}{2}\right]_0^a - \left[\frac{r^4}{4}\right]_0^a\right) \left[\theta\right]_0^{2\pi} \\
&= \frac{P_\mathrm{A} - P_\mathrm{B}}{4\eta L}\left(\frac{a^4}{2} - \frac{a^4}{4}\right) 2\pi \\
&= \frac{P_\mathrm{A} - P_\mathrm{B}}{4\eta L}\left(\frac{a^4}{4}\right) 2\pi
\end{aligned}$$

$$\boxed{D_v = \frac{P_\mathrm{A} - P_\mathrm{B}}{8\eta L}\,\pi\,a^4}$$

7.2.4 Mécanique quantique

❑ **Exercice 8** - **NORMALISATION D'UNE FONCTION D'ONDE** (Agrégation)★☆☆

Une particule est confinée dans un puits de profondeur infinie (figure 7.15) entre deux plans d'équations $x = 0$ et $x = L$ de sorte que sa fonction d'onde stationnaire $\phi(x) = A\cos(kx) + B\sin(kx)$ est nulle en dehors de ce domaine (avec le vecteur d'onde $k = \dfrac{2\pi}{\lambda}$).
La condition de normalisation de la fonction d'onde $\phi(x)$ traduit la probabilité de trouver la particule dans le domaine confiné et s'écrit ici $\displaystyle\int_0^L |\phi(x)|^2\,\mathrm{d}x = 1$.

1. Appliquer les conditions aux limites pour déterminer la valeur de la constante A et montrer que le vecteur d'onde quantifié k prend des valeurs discrètes.

2. Appliquer la condition de normalisation afin de déterminer la valeur de la constante B.

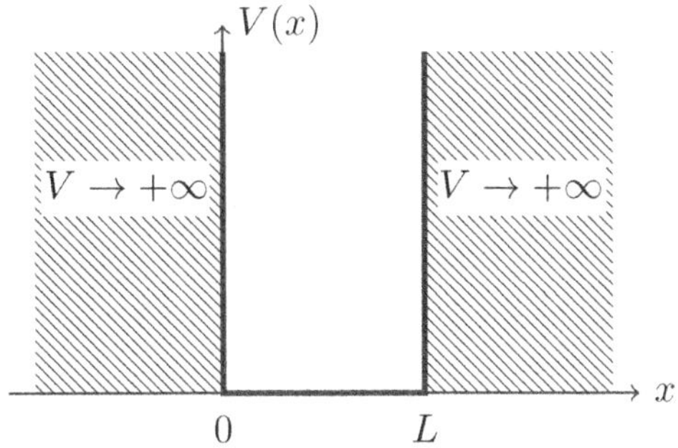

FIGURE 7.15 – Puits de profondeur infinie

D'après concours Agrégation

Solution

1. Conditions aux limites :

$$\phi(x=0) = A\cos 0 + B\sin 0 = 0 \Rightarrow \boxed{A=0}$$

$$\phi(x=L) = B\sin(kL) = 0$$

$$\Rightarrow \text{Pour } B \neq 0,\ kL = n\pi \Leftrightarrow \boxed{k_n = \frac{n\pi}{L}}$$

Le vecteur d'onde k quantifié prend bien des valeurs discrètes.

2. Normalisation de la fonction d'onde :

$$\begin{aligned}\int_{x=0}^{L} |\phi(x)|^2\,\mathrm{d}x &= \int_{x=0}^{L} |B\sin(k_n x)|^2\,\mathrm{d}x \\ &= B^2\int_0^L \sin^2(k_n x)\,\mathrm{d}x \\ &= B^2\int_0^L \left(\frac{1-\cos(2k_n x)}{2}\right)\mathrm{d}x \\ &= \frac{B^2}{2}\left[x - \frac{\sin(2k_n x)}{2k_n}\right]_0^L = \frac{B^2 L}{2} = 1\end{aligned}$$

$$B^2 = \frac{2}{L} \Rightarrow \boxed{B = \sqrt{\frac{2}{L}}}$$

7.2.5 Physique des ondes

❑ **Exercice 9 - ONDE RAYONNÉE PAR UNE ANTENNE** (Agrégation) ★☆☆

Les sonars comportent des antennes (émission ou réception) formées de céramiques piézoélectriques, de formes variées. Une géométrie simple et couramment utilisée pour les sonars latéraux ou multifaisceaux est la géométrie rectangulaire. On considère une antenne rectangulaire $(\mathcal{A})$ de largeur ℓ selon $\vec{e}_x$ et de hauteur L selon $\vec{e}_y$, représentée figure 7.16, alimentée par un signal électrique sinusoïdal de pulsation ω. On note λ la longueur d'onde de l'onde sonore associée.

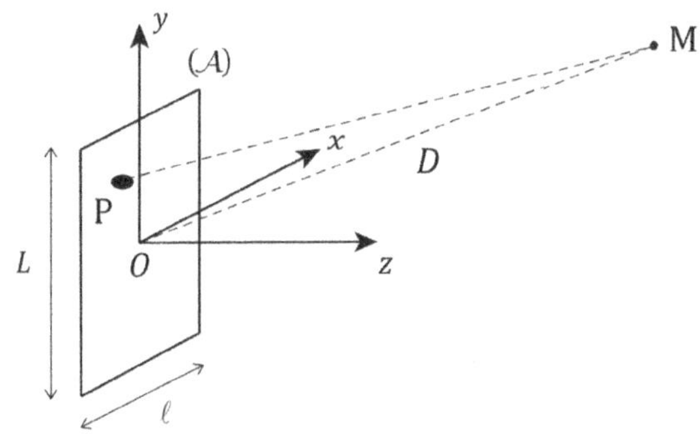

FIGURE 7.16 – Antenne rectangulaire

L'onde sonore émise par l'antenne correspond à un champ de pression $\underline{p}(\mathrm{M}, t)$. On repère le point M par la direction $\vec{u}$ de $\overrightarrow{\mathrm{OM}}$, peu éloignée de l'axe $\mathrm{O}z$, avec $\vec{u} \simeq \sin\alpha\,\vec{e}_x + \sin\theta\,\vec{e}_y + \vec{e}_z$. Le champ de pression en M est en représentation complexe d'expression :

$$\underline{p}(\mathrm{M}, t) = \frac{\underline{K}}{D} \iint_{P\in\mathcal{A}} \mathrm{e}^{-\mathrm{i}k\,\vec{u}\cdot\overrightarrow{\mathrm{OP}}}\,\mathrm{d}S$$

où $\underline{K}$ est une constante.

1. Effectuer le produit scalaire $\vec{u} \cdot \overrightarrow{\mathrm{OP}}$ (se référer au chapitre 1 - Calculs vectoriels).
2. Effectuer l'intégrale double sur les dimensions de l'antenne et en déduire l'expression de $\underline{p}(\mathrm{M}, t)$ en fonction de θ, α, D, ℓ, L, k et d'une constante multiplicative.

D'après concours Agrégation

Solution

1. $\vec{u} \cdot \overrightarrow{\mathrm{OP}} = \begin{pmatrix} \sin\alpha \\ \sin\theta \\ 1 \end{pmatrix} \cdot \begin{pmatrix} x \\ y \\ 0 \end{pmatrix} \Rightarrow \boxed{\vec{u} \cdot \overrightarrow{\mathrm{OP}} = x\sin\alpha + y\sin\theta}$

2.

$$\begin{aligned}
\underline{p}(\mathrm{M}, t) &= \frac{K}{D} \iint \mathrm{e}^{-\mathrm{i}k\,(x\sin\alpha + y\sin\theta)}\,\mathrm{d}x\,\mathrm{d}y \\
&= \frac{K}{D} \int_{x=-\frac{\ell}{2}}^{+\frac{\ell}{2}} \mathrm{e}^{-\mathrm{i}k\,x\sin\alpha}\,\mathrm{d}x \int_{y=-\frac{L}{2}}^{+\frac{L}{2}} \mathrm{e}^{-\mathrm{i}k\,y\sin\theta}\,\mathrm{d}y \\
&= \frac{K}{D} \left[\frac{\mathrm{e}^{-\mathrm{i}k\,x\sin\alpha}}{-\mathrm{i}k\sin\alpha}\right]_{-\frac{\ell}{2}}^{+\frac{\ell}{2}} \left[\frac{\mathrm{e}^{-\mathrm{i}k\,y\sin\theta}}{-\mathrm{i}k\sin\theta}\right]_{-\frac{L}{2}}^{+\frac{L}{2}} \\
&= \frac{K}{D} \left(\frac{\mathrm{e}^{-\mathrm{i}k(-\frac{\ell}{2})\sin\alpha} - \mathrm{e}^{-\mathrm{i}k\frac{\ell}{2}\sin\alpha}}{-\mathrm{i}k\sin\alpha}\right) \left(\frac{\mathrm{e}^{-\mathrm{i}k(-\frac{L}{2})\sin\theta} - e^{-\mathrm{i}k\frac{L}{2}\sin\theta}}{-\mathrm{i}k\sin\theta}\right) \\
&= \frac{K}{D} \left(\frac{2\mathrm{i}\sin\left(k\frac{\ell}{2}\sin\alpha\right)}{-\mathrm{i}k\sin\alpha}\right) \left(\frac{2\mathrm{i}\sin\left(k\frac{L}{2}\sin\theta\right)}{-\mathrm{i}k\sin\theta}\right) \\
&= \frac{K}{D}\,\ell\,L \left(\frac{\sin\left(k\frac{\ell}{2}\sin\alpha\right)}{k\frac{\ell}{2}\sin\alpha}\right) \left(\frac{\sin\left(k\frac{L}{2}\sin\theta\right)}{k\frac{L}{2}\sin\theta}\right)
\end{aligned}$$

$$\boxed{\underline{p}(\mathrm{M}, t) = \frac{K\,\ell\,L}{D}\,\mathrm{sinc}\left(\frac{k\,\ell}{2}\sin\alpha\right)\mathrm{sinc}\left(\frac{kL}{2}\sin\theta\right)}$$

7.2.6 Diffusion thermique

❑ Exercice 10 - ETUDE THERMIQUE D'UNE PIÈCE (CCINP) ☆☆☆

On étudie une pièce parallépipédique de longueur $a = 8\,\mathrm{m}$, de largeur $b = 5\,\mathrm{m}$, de hauteur $h = 2,5\,\mathrm{m}$ et possédant un radiateur électrique de puissance maximale $\mathcal{P} = 2\,\mathrm{kW}$. Dans l'ensemble du problème, la pièce sera supposée parfaitement isolée au niveau du sol et du plafond. La capacité thermique de l'air de la pièce est $C = 125\,\mathrm{kJ.K^{-1}}$. On suppose ici que la pièce est parfaitement calorifugée.
A l'aide d'un bilan d'énergie thermique appliqué à la pièce, on a pu établir l'équation régissant l'évolution de la température $T(t)$ dans la pièce en fonction de C et $\mathcal{P}$:

$$\mathrm{d}T = \frac{\mathcal{P}}{C}\,\mathrm{d}t$$

Résoudre l'équation sachant que la température initiale de la pièce est $T_0 = 10\,°\mathrm{C}$.

D'après Concours Commun INP

Solution

Méthode 1

On intègre l'équation sans fixer les bornes des intégrales. On intègre donc à une constante près.

$$\int \mathrm{d}T = \int \frac{\mathrm{P}}{C}\,\mathrm{d}t = \frac{\mathrm{P}}{C}\int \mathrm{d}t \Rightarrow T(t) = \frac{\mathrm{P}}{C}t + A$$

où A est une constante que l'on détermine à l'aide de la condition initiale.
A $t = 0$, la température de la pièce est $T_0 = 10\,°\mathrm{C}$.

$$T(t=0) = T_0 = \frac{\mathrm{P}}{C} \times 0 + A \Rightarrow A = T_0$$

$$\Rightarrow \boxed{T(t) = \frac{\mathrm{P}}{C}t + T_0}$$

Méthode 2

On intègre l'équation en fixant les bornes des deux intégrales.
A $t = 0$ correspond $T = T_0$ et à t correspond $T(t)$.

$$\int_{T=T_0}^{T(t)} \mathrm{d}T = \frac{\mathrm{P}}{C}\int_{t=0}^{t} \mathrm{d}t$$

$$\Big[T\Big]_{T_0}^{T(t)} = \frac{\mathrm{P}}{C}\Big[t\Big]_0^t$$

$$T(t) - T_0 = \frac{\mathrm{P}}{C}(t-0)$$

$$\Rightarrow \boxed{T(t) = \frac{\mathrm{P}}{C}t + T_0}$$

❑ **Exercice 11 - EQUATION DE LA CHALEUR** (CCINP) ★☆☆

On étudie la conduction thermique dans un mur en béton d'épaisseur L et de masse volumique ρ. On note c sa capacité thermique massique et λ sa conductivité thermique. Le mur est modélisé par une barre de section S, de longueur L en contact avec deux thermostats de températures T_{int} et T_{ext} comme le montre la figure 7.17.

A l'aide d'un bilan d'énergie thermique sur la tranche comprise entre les abscisses x et $(x+\mathrm{d}x)$, on a pu établir l'équation de diffusion thermique c'est-à-dire l'équation différentielle régissant l'évolution de la température $T(x,t)$ à l'intérieur du mur en fonction de ρ, c et λ.

$$\frac{\partial^2 T(x,t)}{\partial x^2} - \frac{\rho c}{\lambda}\frac{\partial T(x,t)}{\partial t} = 0$$

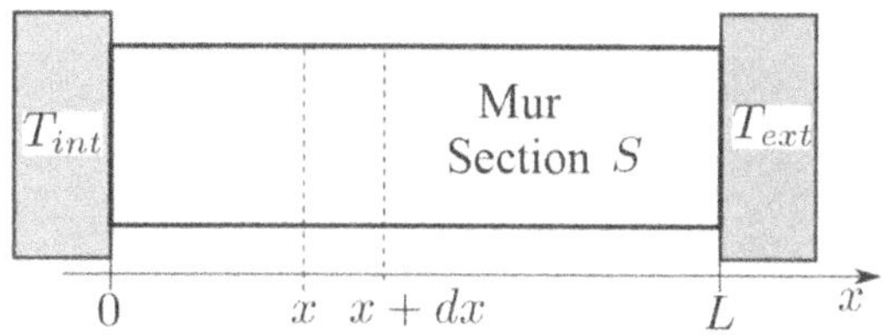

FIGURE 7.17

En régime stationnaire, toutes les grandeurs physiques qui définissent l'état du système sont indépendantes du temps.
Les températures de surface seront prises égales à celles des thermostats.

1. Résoudre, en régime stationnaire, l'équation de diffusion thermique et déterminer $T(x)$ la température à l'intérieur du mur à l'abscisse x.
2. La température moyenne du mur notée T_{moy} est définie par la moyenne spatiale de $T(x)$ calculée sur toute l'épaisseur du mur

$$T_{\text{moy}} = \frac{1}{L}\int_{x=0}^{L} T(x)\,\mathrm{d}x$$

   a. Déterminer l'expression de la température moyenne du mur.
   b. Indiquer la position particulière x_p où la température est égale à la température moyenne.

D'après Concours Commun INP

Solution

1. En régime stationnaire, $\dfrac{\partial T(x,t)}{\partial t} = 0$.
   Pour résoudre l'équation de diffusion thermique, il suffit de résoudre, en coordonnées cartésiennes, l'équation suivante :

$$\frac{\mathrm{d}^2T(x)}{\mathrm{d}x^2} = 0$$

   On intègre successivement deux fois par rapport à x.

$$\frac{\mathrm{d}}{\mathrm{d}x}\left(\frac{\mathrm{d}T(x)}{\mathrm{d}x}\right) = 0$$

$$\int \mathrm{d}\left(\frac{\mathrm{d}T(x)}{\mathrm{d}x}\right) = \int 0 \times \mathrm{d}x$$

$$\frac{\mathrm{d}T(x)}{\mathrm{d}x} = 0 + A$$

$$\frac{\mathrm{d}}{\mathrm{d}x}(T(x)) = A$$

$$\int \mathrm{d}T(x) = \int A\,\mathrm{d}x$$

$$T(x) = Ax + B$$

où A et B sont des constantes que l'on détermine à l'aide des conditions aux limites.
En $x = 0, T(0) = T_{\text{int}} = A \times 0 + B = B$.
En $x = L, T(L) = T_{\text{ext}} = A \times L + B$.
A partir de ces deux conditions aux limites, on en déduit que :

$$A = \frac{T_{\text{ext}} - B}{L} = \frac{T_{\text{ext}} - T_{\text{int}}}{L}$$

$$\boxed{T(x) = \left(\frac{T_{\text{ext}} - T_{\text{int}}}{L}\right)x + T_{\text{int}}}$$

2. a.

$$\begin{aligned}
T_{\text{moy}} &= \frac{1}{L}\int_{x=0}^{L}\left[\left(\frac{T_{\text{ext}} - T_{\text{int}}}{L}\right)x + T_{\text{int}}\right]\mathrm{d}x \\
&= \frac{1}{L}\int_{x=0}^{L}\left(\frac{T_{\text{ext}} - T_{\text{int}}}{L}\right)x\,\mathrm{d}x + \frac{1}{L}\int_{x=0}^{L} T_{\text{int}}\,\mathrm{d}x \\
&= \frac{1}{L}\left(\frac{T_{\text{ext}} - T_{\text{int}}}{L}\right)\int_{x=0}^{L} x\,\mathrm{d}x + \frac{1}{L}T_{\text{int}}\int_{x=0}^{L}\mathrm{d}x \\
&= \frac{1}{L}\left(\frac{T_{\text{ext}} - T_{\text{int}}}{L}\right)\left[\frac{x^2}{2}\right]_0^L + \frac{1}{L}T_{\text{int}}\left[x\right]_0^L \\
&= \frac{1}{L}\left(\frac{T_{\text{ext}} - T_{\text{int}}}{L}\right)\frac{L^2}{2} + \frac{1}{L}T_{\text{int}}L \\
&= \frac{T_{\text{ext}} - T_{\text{int}}}{2} + T_{\text{int}}
\end{aligned}$$

$$\boxed{T_{\text{moy}} = \frac{T_{\text{ext}} + T_{\text{int}}}{2}}$$

b. D'après l'équation obtenue à la question 1.

$$T_{\text{moy}} = T(x_p) = \left(\frac{T_{\text{ext}} - T_{\text{int}}}{L}\right)x_p + T_{\text{int}} = \frac{T_{\text{ext}} + T_{\text{int}}}{2}$$

$$\left(\frac{T_{\text{ext}} - T_{\text{int}}}{L}\right)x_p = \frac{T_{\text{ext}} + T_{\text{int}}}{2} - T_{\text{int}} = \frac{T_{\text{ext}} - T_{\text{int}}}{2}$$

$$\boxed{x_p = \frac{L}{2}}$$

La température est égale à la température moyenne à mi-épaisseur du mur.

❑ Exercice 12 - Résolution de l'équation de Laplace ★☆☆

L'équation de la diffusion thermique s'écrit : $\Delta T(\mathrm{M},t) - \dfrac{1}{D_{th}}\dfrac{\partial T(\mathrm{M},t)}{\partial t} = 0$.

En régime stationnaire $\dfrac{\partial T(\mathrm{M},t)}{\partial t} = 0$, il faut alors résoudre l'équation de Laplace $\Delta T(\mathrm{M},t) = 0$.

1. **En coordonnées cartésiennes**, montrer que, dans le cas unidimensionnel où T ne dépend que de x, la résolution de l'équation de Laplace se résume à l'équation $T(x) = Ax + B$ où A et B sont des constantes qui dépendent des conditions aux limites du problème.
2. **En coordonnées cylindriques**, montrer que, dans le cas unidimensionnel où T ne dépend que de r, la résolution de l'équation de Laplace se résume à l'équation $T(r) = A\ln r + B$ où A et B sont des constantes qui dépendent des conditions aux limites du problème.
3. **En coordonnées sphériques**, montrer que, dans le cas unidimensionnel où T ne dépend que de r, la résolution de l'équation de Laplace se résume à l'équation $T(r) = -\dfrac{A}{r} + B$ où A et B sont des constantes qui dépendent des conditions aux limites du problème.

Données

- En coordonnées cartésiennes

$$\Delta T(\mathrm{M},t) = \frac{\partial^2 T(x,y,z,t)}{\partial x^2} + \frac{\partial^2 T(x,y,z,t)}{\partial y^2} + \frac{\partial^2 T(x,y,z,t)}{\partial z^2}$$

- En coordonnées cylindriques

$$\Delta T(\mathrm{M},t) = \frac{1}{r}\frac{\partial}{\partial r}\left(r\frac{\partial T(r,\theta,z,t)}{\partial r}\right) + \frac{1}{r^2}\frac{\partial^2 T(r,\theta,z,t)}{\partial \theta^2} + \frac{\partial^2 T(r,\theta,z,t)}{\partial z^2}$$

- En coordonnées sphériques

$$\Delta T(\mathrm{M},t) = \frac{1}{r^2}\frac{\partial}{\partial r}\left(r^2\frac{\partial T(r,\theta,\varphi,t)}{\partial r}\right) + \frac{1}{r^2\sin\theta}\frac{\partial}{\partial \theta}\left(\sin\theta\,\frac{\partial T(r,\theta,\varphi,t)}{\partial \theta}\right) + \frac{1}{r^2\sin^2\theta}\frac{\partial^2 T(r,\theta,\varphi,t)}{\partial \varphi^2}$$

Solution

1. Si T ne dépend que de x, l'équation de Laplace à résoudre se résume à :

$$\frac{\mathrm{d}^2T(x)}{\mathrm{d}x^2} = 0$$

On intègre successivement deux fois par rapport à x.

$$\frac{\mathrm{d}}{\mathrm{d}x}\left(\frac{\mathrm{d}T(x)}{\mathrm{d}x}\right) = 0$$

$$\int \mathrm{d}\left(\frac{\mathrm{d}T(x)}{\mathrm{d}x}\right) = \int 0 \times \mathrm{d}x$$

$$\frac{\mathrm{d}T(x)}{\mathrm{d}x} = 0 + A$$

$$\frac{\mathrm{d}}{\mathrm{d}x}(T(x)) = A$$

$$\int \mathrm{d}T(x) = \int A\,\mathrm{d}x$$

$$\boxed{T(x) = A\,x + B}$$

où A et B sont des constantes que l'on détermine à l'aide des conditions aux limites.

2. Si T ne dépend que de r, l'équation de Laplace à résoudre se résume à :

$$\frac{1}{r}\frac{\mathrm{d}}{\mathrm{d}r}\left(r\,\frac{\mathrm{d}T(r)}{\mathrm{d}r}\right) = 0 \quad \text{ou à} \quad \frac{\mathrm{d}}{\mathrm{d}r}\left(r\,\frac{\mathrm{d}T(r)}{\mathrm{d}r}\right) = 0 \quad \text{car} \quad r \neq 0$$

On intègre successivement deux fois par rapport à x.

$$\frac{\mathrm{d}}{\mathrm{d}r}\left(r\,\frac{\mathrm{d}T(r)}{\mathrm{d}r}\right) = 0$$

$$\int \mathrm{d}\left(r\,\frac{\mathrm{d}T(r)}{\mathrm{d}r}\right) = \int 0 \times \mathrm{d}r$$

$$r\,\frac{\mathrm{d}T(r)}{\mathrm{d}r} = 0 + A$$

$$\frac{\mathrm{d}}{\mathrm{d}r}(T(r)) = \frac{A}{r}$$

$$\int \mathrm{d}T(r) = \int \frac{A}{r}\,\mathrm{d}r$$

$$\boxed{T(r) = A \ln r + B}$$

où A et B sont des constantes que l'on détermine à l'aide des conditions aux limites.

3. Si T ne dépend que de r, l'équation de Laplace à résoudre se résume à :

$$\frac{1}{r^2}\frac{\mathrm{d}}{\mathrm{d}r}\left(r^2\frac{\mathrm{d}T(r)}{\mathrm{d}r}\right)=0 \quad \text{ou à} \quad \frac{\mathrm{d}}{\mathrm{d}r}\left(r^2\frac{\mathrm{d}T(r)}{\mathrm{d}r}\right)=0 \quad \text{car} \quad r^2\neq 0$$

On intègre successivement deux fois par rapport à x.

$$\frac{\mathrm{d}}{\mathrm{d}r}\left(r^2\,\frac{\mathrm{d}T(r)}{\mathrm{d}r}\right)=0$$

$$\int \mathrm{d}\left(r^2\,\frac{\mathrm{d}T(r)}{\mathrm{d}r}\right)=\int 0\times \mathrm{d}r$$

$$r^2\,\frac{\mathrm{d}T(r)}{\mathrm{d}r}=0+A$$

$$\frac{\mathrm{d}}{\mathrm{d}r}(T(r))=\frac{A}{r^2}$$

$$\int \mathrm{d}T(r)=\int \frac{A}{r^2}\,\mathrm{d}r$$

$$\boxed{T(r)=-\frac{A}{r}+B}$$

où A et B sont des constantes que l'on détermine à l'aide des conditions aux limites.

Chapitre 8

Nombres complexes

8.1 Mathématiques

Dans ce chapitre, après avoir rappelé les différentes notations et définitions, nous passerons en revue les différentes utilisations des nombres complexes. Il est préférable d'avoir des notions de trigonométrie (chapitre 3).
Les domaines de la physique qui utilisent ces notions sont principalement l'électromagnétisme, l'optique ondulatoire et la physique des ondes.

8.1.1 Définition des nombres complexes

On appelle ensemble des nombres complexes, l'ensemble noté $\mathbb{C}$ des couples de $\mathbb{R}^2$. Les éléments de cet ensemble sont des nombres complexes.

On définit dans cet ensemble une addition et une multiplication interne :

1. Pour deux couples (a_1, b_1) et (a_2, b_2), on a :

$$(a_1, b_1) + (a_2, b_2) = (a_1 + a_2, b_1 + b_2)$$

   La somme appartient bien à $\mathbb{R}^2$.

2. Pour deux couples (a_1, b_1) et (a_2, b_2), on a :

$$(a_1, b_1) \times (a_2, b_2) = (a_1 a_2 - b_1 b_2, a_1 b_2 + b_1 a_2)$$

   Le produit appartient bien à $\mathbb{R}^2$.

8.1.2 Notation

Soit z un nombre complexe tel que $z = (a, b)$ avec a et b des nombres réels.

a. **Forme algébrique**

On peut écrire $z = a + ib$ avec $\mathrm{i}^2 = -1$

C'est la forme algébrique de z.

On a alors :

- a est la **partie réelle** de z notée $\mathcal{R}\mathrm{e}(z)$
- b est la **partie imaginaire** de z notée $\mathcal{I}\mathrm{m}(z)$
- Si $a = 0$, z est un **imaginaire pur**
- Si $b = 0$, z est un **nombre réel**

b. **Forme trigonométrique**

L'ensemble des nombres complexes peut se représenter par un plan.

Dans le repère $(\mathrm{O}, \vec{\imath}, \vec{\jmath})$, on associe le nombre complexe $z = a + ib$ au point M du plan de coordonnées (a, b). On dit que z est l'**affixe** du point M et M est l'**image** de z.

- Le **module** de z est la longueur OM et se note $|z|$.

$$\mathrm{OM} = |z| = \sqrt{a^2 + b^2}$$

Propriétés

Pour tout z, z' de $\mathbb{C}^2$, $|zz'| = |z||z'|$

Pour tout z, z' de $\mathbb{C} \times \mathbb{C}^*$, $\left|\dfrac{z}{z'}\right| = \dfrac{|z|}{|z'|}$

- Pour tout z différent de 0, un **argument** de z est une mesure de l'angle $(\widehat{\vec{\imath}, \overrightarrow{OM}})$. On peut écrire $z = |z|(\cos\theta + \mathrm{i}\sin\theta)$. C'est la forme trigonométrique de z.

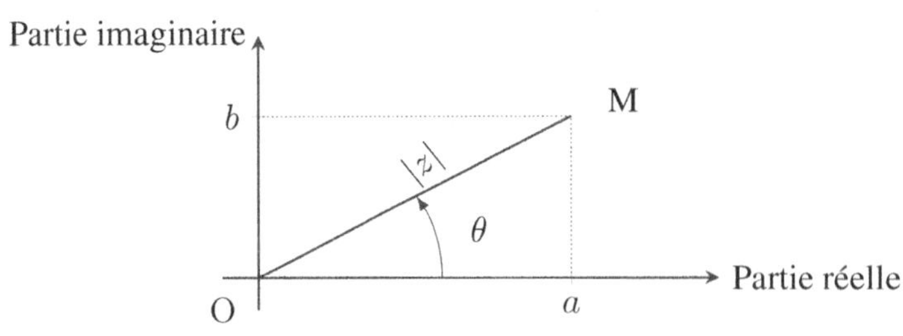

FIGURE 8.1 – Représentation du module et de l'argument

Ecrire l'écriture trigonométrique de $\mathrm{i}+1$ **et de** $5\mathrm{i}$

$$1+\mathrm{i} = \sqrt{2}\left(\cos\left(\frac{\pi}{4}\right) + \mathrm{i}\sin\left(\frac{\pi}{4}\right)\right)$$
$$5\mathrm{i} = 5\left(\cos\left(\frac{\pi}{2}\right) + \mathrm{i}\sin\left(\frac{\pi}{2}\right)\right)$$

c. **Forme exponentielle**

Pour tout x de $\mathbb{R}$, $\mathrm{e}^{\mathrm{i}x} = \cos x + \mathrm{i}\sin x$

On peut écrire $z = |z|\,\mathrm{e}^{\mathrm{i}\theta}$. C'est la forme exponentielle de z.

Ecrire l'écriture exponentielle de $\mathrm{i}+1$ **et de** $5\mathrm{i}$

$$1+\mathrm{i} = \sqrt{2}\,\mathrm{e}^{\mathrm{i}\frac{\pi}{4}}$$
$$5\mathrm{i} = 5\,\mathrm{e}^{\mathrm{i}\frac{\pi}{2}}$$

Cette écriture permet par exemple de calculer le produit de deux nombres complexes facilement en utilisant les formules sur les exponentielles.

Propriétés

Pour tout (x, y) de $\mathbb{R}^2$, $\mathrm{e}^{x+y} = \mathrm{e}^x\,\mathrm{e}^y$

Pour tout (x, y) de $\mathbb{R}^2$, $\mathrm{e}^{x-y} = \dfrac{\mathrm{e}^x}{\mathrm{e}^y}$

Application au produit de $\mathrm{i}+1$ **et de** $5\mathrm{i}$

L'exemple précédent permet d'obtenir la forme exponentielle de $(\mathrm{i}+1)$ et de $5\mathrm{i}$

$$1+\mathrm{i} = \sqrt{2}\,\mathrm{e}^{\mathrm{i}\frac{\pi}{4}} \quad \text{et} \quad 5\mathrm{i} = 5\,\mathrm{e}^{\mathrm{i}\frac{\pi}{2}}$$

Ainsi,

$$\begin{aligned}(1+\mathrm{i}) \times 5\mathrm{i} &= \sqrt{2}\,\mathrm{e}^{\mathrm{i}\frac{\pi}{4}} \times 5\,\mathrm{e}^{\mathrm{i}\frac{\pi}{2}} \\ &= 5\sqrt{2}\,\mathrm{e}^{\mathrm{i}\frac{\pi}{4}+\mathrm{i}\frac{\pi}{2}} \\ &= 5\sqrt{2}\,\mathrm{e}^{\mathrm{i}\frac{3\pi}{4}}\end{aligned}$$

8.1.3 Conjugué d'un nombre complexe

Soit z un nombre complexe et M le point associé dans le plan complexe, le **conjugué** de z noté $\bar{z}$ est l'affixe du point M' symétrique de M par rapport à l'axe des abscisses.

On a alors :

* Avec la forme algébrique, pour $z = a + \text{i}b$, $\bar{z} = a - \text{i}b$
* Avec la forme trigonométrique, pour $z = |z|(\cos\,\theta + \text{i}\sin\,\theta)$, $\bar{z} = |z|(\cos(-\theta) + \text{i}\sin(-\theta))$
* Avec la forme exponentielle, pour $z = |z|\,\text{e}^{\text{i}\theta}$, $\bar{z} = |z|\,\text{e}^{-\text{i}\theta}$

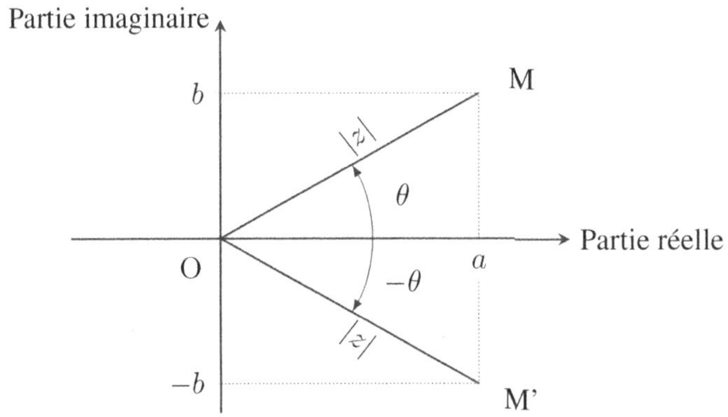

FIGURE 8.2 – Représentation du conjugué d'un nombre complexe

Propriétés

Pour tout z et z' de $\mathbb{C}$, $\overline{z + z'} = \bar{z} + \bar{z}'$

Pour tout z et z' de $\mathbb{C}$, $\overline{z \times z'} = \bar{z} \times \bar{z}'$

Pour tout z et z' (non nul) de $\mathbb{C}$, $\overline{\left(\dfrac{z}{z'}\right)} = \dfrac{\bar{z}}{\bar{z}'}$

Pour tout z de $\mathbb{C}$, $z\bar{z} = |z|^2$

8.1.4 Racines carrés d'un nombre complexe

Soit z un nombre complexe et $a + \text{i}b$ son écriture algébrique.
Rechercher les racines carrées de z revient à chercher les nombres complexes r tels que $r^2 = z$. On a ainsi en posant $r = c + \text{i}d$,

$$r^2 = c^2 - d^2 + 2\text{i}cd = a + \text{i}b$$

On peut donc, en remarquant que $|r|^2 = |z|$, écrire le système suivant :

$$\begin{cases} c^2 - d^2 = a & \text{identification des parties réelles} \\ 2cd = b & \text{identification des parties imaginaires} \\ c^2 + d^2 = \sqrt{a^2 + b^2} & \text{égalité des modules} \end{cases}$$

ce qui implique que :

$$\begin{cases} c = \pm \dfrac{1}{\sqrt{2}} \sqrt{\sqrt{a^2 + b^2} + a} \\ d = \pm \dfrac{1}{\sqrt{2}} \sqrt{\sqrt{a^2 + b^2} - a} \\ 2cd = b \text{ (cette derniere équation sert à déterminer les signes de } c \text{ et } d) \end{cases}$$

Trouver les racines carrés de $z = 5 + 12\mathrm{i}$

On remarque $|z| = 13$. On cherche r un nombre complexe tel que $r = c + \mathrm{i}d$ avec c et d vérifiant :

$$\begin{cases} c = \pm \dfrac{1}{\sqrt{2}} \sqrt{13 + 5} = \pm 3 \\ d = \pm \dfrac{1}{\sqrt{2}} \sqrt{13 - 5} = \pm 2 \\ cd = 12 > 0 \end{cases}$$

cd étant positif on prendra c et d de même signe.
Les racines carrés de $(5 + 12\mathrm{i})$ sont donc $(3 + 2\mathrm{i})$ et $(-3 - 2\mathrm{i})$.

8.1.5 Résolution des équations du second degré à coefficients réels

Soient a, b et c trois nombres réels et $ax^2 + bx + c = 0$ une équation (E).
Pour résoudre cette équation, on calcule le discriminant : $\Delta = b^2 - 4ac$.

- Si $\Delta > 0$, (E) a deux solutions distinctes :

$$x_1 = \frac{-b - \sqrt{\Delta}}{2a} \quad \text{et} \quad x_2 = \frac{-b + \sqrt{\Delta}}{2a}$$

- Si $\Delta = 0$, (E) a une solution : $x = \dfrac{-b}{2a}$
- Si $\Delta < 0$, (E) a deux solutions distinctes :

$$x_1 = \frac{-b - \mathrm{i}\sqrt{|\Delta|}}{2a} \quad \text{et} \quad x_2 = \frac{-b + \mathrm{i}\sqrt{|\Delta|}}{2a}$$

Résoudre dans $\mathbb{C}$ l'équation $x^2 + 3x + 2 = 0$

On trouve $\Delta = 3^2 - 4 \times 2 = 1 > 0$. L'équation a donc deux solutions :

$$x_1 = \frac{-3 - \sqrt{\Delta}}{2} = -2 \quad \text{et} \quad x_2 = \frac{-3 + \sqrt{\Delta}}{2} = -1$$

Résoudre dans $\mathbb{C}$ l'équation $x^2 + 2x + 1 = 0$

On trouve $\Delta = 4 - 4 \times 1 = 0$. L'équation a donc une solution : $x = \dfrac{-2}{2} = -1$

Résoudre dans $\mathbb{C}$ l'équation $x^2 + 1 = 0$

On trouve $\Delta = 0 - 4 \times 1 = -4 < 0$. L'équation a donc deux solutions complexes :

$$x_1 = \frac{-\mathrm{i}\sqrt{-\Delta}}{2} = -\mathrm{i} \quad \text{et} \quad x_2 = \frac{\mathrm{i}\sqrt{-\Delta}}{2} = \mathrm{i}$$

8.1.6 Résolution des équations du second degré à coefficients complexes dans $\mathbb{C}$

Soient a, b et c trois nombres complexes et $az^2 + bz + c = 0$ une équation (E).
Pour résoudre cette équation, on calcule le discriminant $\Delta = b^2 - 4ac$.
On notera par la suite δ une racine carrée de Δ.
Les solutions de l'équation sont alors :

$$z_1 = \frac{-b + \delta}{2a} \quad \text{et} \quad z_2 = \frac{-b - \delta}{2a}$$

Résoudre dans $\mathbb{C}$ l'équation $z^2 - (6 + i)z + 11 + 13\mathrm{i} = 0$

On trouve $\Delta = -9 - 40\mathrm{i}$. On remarque $|\Delta| = 41$.
On cherche r un nombre complexe tel que $r = c + \mathrm{i}d$ vérifiant $r^2 = \Delta$. C'est à dire tel que :

$$\begin{cases} c = \pm\dfrac{1}{\sqrt{2}}\sqrt{41 - 9} = \pm 4 \\ d = \pm\dfrac{1}{\sqrt{2}}\sqrt{41 + 9} = \pm 5 \\ cd = -40 < 0 \end{cases}$$

Les racines carrées de $(-9 - 40\mathrm{i})$ sont donc $(4 - 5\mathrm{i})$ et $(-4 + 5\mathrm{i})$.

On prendra $r = \delta = 4 - 5\mathrm{i}$. L'équation a donc deux solutions :

$$z_1 = \frac{6 + \mathrm{i} - \delta}{2} = 1 + 3\mathrm{i} \quad \text{et} \quad z_2 = \frac{6 + \mathrm{i} + \delta}{2} = 5 - 2\mathrm{i}$$

Remarque : en prenant $\delta = -4 + 5\mathrm{i}$, on obtient les mêmes solutions.

8.1.7 Exercices

❑ Exercice 1 ☆☆☆

Simplifier les expressions suivantes de sorte que le nombre complexe ne comporte plus de « i » au dénominateur.

1. $\frac{2 + 2\mathrm{i}}{1 + 2\mathrm{i}}$
2. $\frac{5\mathrm{i}}{1 - \mathrm{i}}$
3. $\frac{1 - 2\mathrm{i}}{12\mathrm{i}}$
4. $\frac{3\mathrm{i}}{5 - 2\mathrm{i}}$

Solution

Pour cet exercice, on peut multiplier le numérateur et le dénominateur de la fraction par le nombre conjugué du dénominateur.

1.

$$\frac{2 + 2\mathrm{i}}{1 + 2\mathrm{i}} = \frac{(2 + 2\mathrm{i})(1 - 2\mathrm{i})}{(1 + 2\mathrm{i})(1 - 2\mathrm{i})} = \frac{6 - 2\mathrm{i}}{5}$$

2.

$$\frac{5\mathrm{i}}{1 - \mathrm{i}} = \frac{5\mathrm{i}(1 + \mathrm{i})}{(1 - \mathrm{i})(1 + \mathrm{i})} = \frac{-5 + 5\mathrm{i}}{2}$$

3. Il n'est pas nécessaire ici de multiplier par le conjugué de 12i, multiplier par i suffit.

$$\frac{1 - 2\mathrm{i}}{12\mathrm{i}} = \frac{(1 - 2\mathrm{i})\mathrm{i}}{12\mathrm{i} \times \mathrm{i}} = \frac{2 + \mathrm{i}}{-12} = \frac{-2 - \mathrm{i}}{12}$$

4.

$$\frac{3\mathrm{i}}{5 - 2\mathrm{i}} = \frac{3\mathrm{i}(5 + 2\mathrm{i})}{(5 - 2\mathrm{i})(5 + 2\mathrm{i})} = \frac{-6 + 15\mathrm{i}}{29}$$

❑ Exercice 2 ☆☆☆

Simplifier les expressions suivantes.

a) $(1+2\mathrm{i})+(1+\mathrm{i})$ b) $(3+2\mathrm{i})(1+\mathrm{i})$ c) $3\mathrm{i}(3+2\mathrm{i})$ d) $\mathrm{i}(5+3\mathrm{i})$

Solution

a) $2+3\mathrm{i}$ b) $1+5\mathrm{i}$ c) $-6+9\mathrm{i}$ d) $-3+5\mathrm{i}$

❑ Exercice 3 - Forme algébrique ★☆☆

Donner la forme algébrique des expressions suivantes.

1. $\dfrac{(1-\mathrm{i})(3-\mathrm{i})}{2+2\mathrm{i}}$
2. $\dfrac{(2+2\mathrm{i})(1-\mathrm{i})}{3+\mathrm{i}}$

Solution

1.

$$\frac{(1-\mathrm{i})(3-\mathrm{i})}{2+2\mathrm{i}}=\frac{2-4\mathrm{i}}{2+2\mathrm{i}}=\frac{(2-4\mathrm{i})(2-2\mathrm{i})}{(2+2\mathrm{i})(2-2\mathrm{i})}=\frac{-4-12\mathrm{i}}{8}=\frac{-1-3\mathrm{i}}{2}$$

2.

$$\frac{(2+2\mathrm{i})(1-\mathrm{i})}{3+\mathrm{i}}=\frac{4}{3+\mathrm{i}}=\frac{4(3-\mathrm{i})}{(3+\mathrm{i})(3-\mathrm{i})}=\frac{12-4\mathrm{i}}{10}=\frac{6-2\mathrm{i}}{5}$$

❑ Exercice 4 - Conjugués ☆☆☆

1. Donner le conjugué des nombres suivants.

   a) $7+2\mathrm{i}$ b) $1-3\mathrm{i}$ c) $5\mathrm{i}$ d) $-6+\mathrm{i}$

2. Soient $z=a+\mathrm{i}b$ et $z'=a'+\mathrm{i}b'$ deux nombres complexes (a, a', b et b' réels).

   Montrer que $\overline{zz'}=\overline{z}\,\overline{z'}$.

   Montrer que $\overline{\left(\dfrac{z}{z'}\right)}=\dfrac{\overline{z}}{\overline{z'}}$

3. Donner le conjugué des nombres suivants.

   a) $\dfrac{3+2\mathrm{i}}{1+2\mathrm{i}}$ b) $\dfrac{5\mathrm{i}}{3\mathrm{i}}$ c) $\dfrac{1+2\mathrm{i}}{12\mathrm{i}}$ d) $\dfrac{3\mathrm{i}}{5-2\mathrm{i}}$

Solution

1. a) $7-2\mathrm{i}$ b) $1+3\mathrm{i}$ c) $-5\mathrm{i}$ d) $-6-\mathrm{i}$

2. D'une part, on calcule zz' puis $\overline{zz'}$.

On obtient :

$$\overline{zz'}=\overline{(a+\mathrm{i}b)(a'+\mathrm{i}b')}=\overline{aa'-bb'+\mathrm{i}(ab'+ba')}=aa'-bb'-\mathrm{i}\left(ab'+ba'\right)$$

D'autre part, on calcule $\overline{z}$ et $\overline{z'}$ puis $\overline{z}\,\overline{z'}$.

On obtient :

$$\overline{z}\,\overline{z'}=\left(\overline{a+\mathrm{i}b}\right)\left(\overline{a'+\mathrm{i}b'}\right)=(a-\mathrm{i}b)\left(a'-\mathrm{i}b'\right)=aa'-bb'-\mathrm{i}\left(ab'+ba'\right)$$

Finalement, $\boxed{\overline{z\,z'}=\overline{z}\,\overline{z'}}$.

$\overline{\left(\dfrac{z}{z'}\right)}=\dfrac{\overline{z}}{\overline{z'}}$ se démontre de la même façon.

3. Ecrivons les nombres complexes sous la forme algébrique avant de chercher le conjugué.

a)

$$\frac{3+2\mathrm{i}}{1+2\mathrm{i}}=\frac{(3+2\mathrm{i})(1-2\mathrm{i})}{(1+2\mathrm{i})(1-2\mathrm{i})}=\frac{7-4\mathrm{i}}{5}$$

Ainsi,

$$\boxed{\overline{\frac{3+2\mathrm{i}}{1+2\mathrm{i}}}=\frac{7+4\mathrm{i}}{5}}$$

b)

$$\frac{5\mathrm{i}}{3\mathrm{i}}=\frac{5}{3}\quad\text{donc}\quad\boxed{\overline{\frac{5\mathrm{i}}{3\mathrm{i}}}=\frac{5}{3}}$$

c)

$$\frac{1+2\mathrm{i}}{12\mathrm{i}}=\frac{(1+2\mathrm{i})\,\mathrm{i}}{12\mathrm{i}\times\mathrm{i}}=\frac{-2+\mathrm{i}}{-12}=\frac{2-\mathrm{i}}{12}$$

Ainsi,

$$\boxed{\overline{\frac{1+2\mathrm{i}}{12\mathrm{i}}}=\frac{2+\mathrm{i}}{12}}$$

d)

$$\frac{3\mathrm{i}}{5-2\mathrm{i}}=\frac{3\mathrm{i}\,(5+2\mathrm{i})}{(5-2\mathrm{i})(5+2\mathrm{i})}=\frac{-6+15\mathrm{i}}{29}$$

Ainsi,

$$\boxed{\overline{\frac{3\mathrm{i}}{5-2\mathrm{i}}}=\frac{-6-15\mathrm{i}}{29}}$$

❏ Exercice 5 ★☆☆

Donner le module et un argument des nombres complexes suivants.
On donnera l'argument principal, entre $-\pi$ et π.

a) $3+3\mathrm{i}$ b) $2-2\mathrm{i}$ c) $7\mathrm{i}$ d) -2

e) $\sqrt{3}+\mathrm{i}$ f) $-1+\sqrt{3}\mathrm{i}$ g) $-3\mathrm{i}$

Solution

a) Pour $3+3\mathrm{i}$

$$|z| = \sqrt{3^2+3^2} = 3\sqrt{2}$$

De plus,

$$3+3\mathrm{i} = 3\sqrt{2}\,(\cos\theta + \mathrm{i}\sin\theta)$$

On cherche θ entre $-\pi$ et π tel que :

$$\begin{cases} \cos\theta = \dfrac{3}{3\sqrt{2}} = \dfrac{1}{\sqrt{2}} \\ \sin\theta = \dfrac{3}{3\sqrt{2}} = \dfrac{1}{\sqrt{2}} \end{cases}$$

Ainsi, en s'aidant des valeurs remarquables de cos et sin on trouve $\boxed{\theta = \dfrac{\pi}{4}}$.

b) Pour $2-2\mathrm{i}$

$$|z| = \sqrt{2^2+(-2)^2} = 2\sqrt{2}$$

De plus,

$$2-2\mathrm{i} = 2\sqrt{2}\,(\cos\theta + \mathrm{i}\sin\theta)$$

On cherche θ entre $-\pi$ et π tel que :

$$\begin{cases} \cos\theta = \dfrac{2}{2\sqrt{2}} = \dfrac{1}{\sqrt{2}} \\ \sin\theta = \dfrac{-2}{2\sqrt{2}} = -\dfrac{1}{\sqrt{2}} \end{cases}$$

Ainsi, en s'aidant des valeurs remarquables de cos et sin on trouve $\boxed{\theta = -\dfrac{\pi}{4}}$.

c) Pour 7i

$$|z| = \sqrt{7^2} = 7$$

De plus,

$$7\mathrm{i} = 7\left(\cos\theta + \mathrm{i}\sin\theta\right)$$

On cherche θ entre $-\pi$ et π tel que :

$$\begin{cases} \cos\theta = 0 \\ \sin\theta = \dfrac{7}{7} = 1 \end{cases}$$

Ainsi, en s'aidant des valeurs remarquables de cos et sin on trouve $\boxed{\theta = \dfrac{\pi}{2}}$.

d) Pour -2

$$|z| = \sqrt{2^2} = 2$$

De plus,

$$-2 = 2\left(\cos\theta + \mathrm{i}\sin\theta\right)$$

On cherche θ entre $-\pi$ et π tel que :

$$\begin{cases} \cos\theta = -1 \\ \sin\theta = 0 \end{cases}$$

Ainsi, en s'aidant des valeurs remarquables de cos et sin on trouve $\boxed{\theta = \pi}$.

e) Pour $\sqrt{3} + \mathrm{i}$

$$|z| = \sqrt{\sqrt{3}^2 + 1^2} = 2$$

De plus,

$$\sqrt{3} + \mathrm{i} = 2\left(\cos\theta + \mathrm{i}\sin\theta\right)$$

On cherche θ entre $-\pi$ et π tel que :

$$\begin{cases} \cos\theta = \dfrac{\sqrt{3}}{2} \\ \sin\theta = \dfrac{1}{2} \end{cases}$$

Ainsi, en s'aidant des valeurs remarquables de cos et sin on trouve $\boxed{\theta = \dfrac{\pi}{6}}$.

f) Pour $-1+\mathrm{i}\sqrt{3}$

$$|z| = \sqrt{(-1)^2 + \sqrt{3}^2} = 2$$

De plus,

$$-1+\mathrm{i}\sqrt{3} = 2\,(\cos\theta + \mathrm{i}\sin\theta)$$

On cherche θ entre $-\pi$ et π tel que :

$$\begin{cases} \cos\theta = \dfrac{-1}{2} \\ \sin\theta = \dfrac{\sqrt{3}}{2} \end{cases}$$

Ainsi, en s'aidant des valeurs remarquables de cos et sin on trouve $\boxed{\theta = \dfrac{2\pi}{3}}$.

g) Pour $-3\mathrm{i}$

$$|z| = 3$$

De plus,

$$-3\mathrm{i} = 3\,(\cos\theta + \mathrm{i}\sin\theta)$$

On cherche θ entre $-\pi$ et π tel que :

$$\begin{cases} \cos\theta = 0 \\ \sin\theta = \dfrac{-3}{3} = -1 \end{cases}$$

Ainsi, en s'aidant des valeurs remarquables de cos et sin on trouve $\boxed{\theta = \dfrac{-\pi}{2}}$.

❑ Exercice 6 ☆☆☆

Mettre sous la forme algébrique les nombres suivants.

a) $2\,\mathrm{e}^{\mathrm{i}\frac{\pi}{3}}$ b) $3\,\mathrm{e}^{\mathrm{i}\frac{5\pi}{6}}$ c) $\sqrt{2}\,\mathrm{e}^{-\mathrm{i}\frac{\pi}{3}}$ d) $3\,\mathrm{e}^{\mathrm{i}\frac{\pi}{2}}$

Solution

a) $2\,\mathrm{e}^{\mathrm{i}\frac{\pi}{3}} = 2\left(\cos\left(\dfrac{\pi}{3}\right) + \mathrm{i}\sin\left(\dfrac{\pi}{3}\right)\right) = 2\,\dfrac{1}{2} + 2\mathrm{i}\,\dfrac{\sqrt{3}}{2} = \boxed{1+\mathrm{i}\sqrt{3}}$

b) $3\,\mathrm{e}^{\mathrm{i}\frac{5\pi}{6}} = 3\left(\cos\left(\dfrac{5\pi}{6}\right) + \mathrm{i}\sin\left(\dfrac{5\pi}{6}\right)\right) = 3\,\dfrac{-\sqrt{3}}{2} + 3\mathrm{i}\,\dfrac{1}{2} = \boxed{\dfrac{-3\sqrt{3}}{2} + \dfrac{3\mathrm{i}}{2}}$

c) $\sqrt{2}\,e^{-i\frac{\pi}{3}} = \sqrt{2}\left(\cos\left(\frac{-\pi}{3}\right) + i\sin\left(\frac{-\pi}{3}\right)\right) = \sqrt{2}\,\frac{1}{2} + \sqrt{2}\,i\,\frac{-\sqrt{3}}{2}$

$= \boxed{\frac{\sqrt{2}}{2} - i\frac{\sqrt{6}}{2}}$

d) $3\,e^{i\frac{\pi}{2}} = \boxed{3i}$

❑ Exercice 7 ★☆☆

> Mettre sous la forme exponentielle les nombres suivants.
>
> a) $\sqrt{3} - 3i$ b) $\sqrt{3} - i$ c) $\sqrt{2} + i\sqrt{2}$ d) $\sqrt{2} + i\sqrt{6}$

Solution

a) Pour $\sqrt{3} - 3i$

$$|z| = \sqrt{\sqrt{3}^2 + (-3)^2} = 2\sqrt{3}$$

De plus,

$$\sqrt{3} - 3i = 2\sqrt{3}\,(\cos\theta + i\sin\theta)$$

On cherche θ entre $-\pi$ et π tel que :

$$\begin{cases} \cos\theta = \dfrac{\sqrt{3}}{2\sqrt{3}} = \dfrac{1}{2} \\ \sin\theta = \dfrac{-3}{2\sqrt{3}} = \dfrac{-\sqrt{3}}{2} \end{cases}$$

On trouve $\theta = -\frac{\pi}{3}$. Ainsi, $\boxed{\sqrt{3} - 3i = 2\sqrt{3}\,e^{-i\frac{\pi}{3}}}$.

b) Pour $\sqrt{3} - i$

$$|z| = \sqrt{(\sqrt{3})^2 + 1^2} = 2$$

De plus :

$$\sqrt{3} - i = 2\,(\cos\theta + i\sin\theta)$$

On cherche θ entre $-\pi$ et π tel que :

$$\begin{cases} \cos\theta = \dfrac{\sqrt{3}}{2} \\ \sin\theta = \dfrac{-1}{2} \end{cases}$$

On trouve $\theta = -\frac{\pi}{6}$. Ainsi, $\boxed{\sqrt{3} - i = 2\,e^{-i\frac{\pi}{6}}}$.

c) Pour $\sqrt{2}+\mathrm{i}\sqrt{2}$

$$|z| = \sqrt{\sqrt{2}^2+\sqrt{2}^2} = \sqrt{2\sqrt{2}^2} = 2$$

De plus,

$$\sqrt{2}+\mathrm{i}\sqrt{2} = 2\left(\cos\theta+\mathrm{i}\sin\theta\right)$$

On cherche θ entre $-\pi$ et π tel que :

$$\begin{cases} \cos\theta = \dfrac{\sqrt{2}}{2} \\ \sin\theta = \dfrac{\sqrt{2}}{2} \end{cases}$$

On trouve $\theta = \dfrac{\pi}{4}$. Ainsi, $\boxed{\sqrt{2}+\mathrm{i}\sqrt{2} = 2\,\mathrm{e}^{\mathrm{i}\frac{\pi}{4}}}$.

d) Pour $\sqrt{2}+\mathrm{i}\sqrt{6}$

$$|z| = \sqrt{\sqrt{2}^2+\sqrt{6}^2} = 2\sqrt{2}$$

De plus,

$$\sqrt{2}+\mathrm{i}\sqrt{6} = 2\sqrt{2}\left(\cos\theta+\mathrm{i}\sin\theta\right)$$

On cherche θ entre $-\pi$ et π tel que :

$$\begin{cases} \cos\theta = \dfrac{1}{2} \\ \sin\theta = \dfrac{\sqrt{3}}{2} \end{cases}$$

On trouve $\theta = \dfrac{\pi}{3}$. Ainsi, $\boxed{\sqrt{2}+\mathrm{i}\sqrt{6} = 2\sqrt{2}\,\mathrm{e}^{\mathrm{i}\frac{\pi}{3}}}$

❑ Exercice 8 ☆☆☆

Mettre sous la forme exponentielle les nombres suivants.

a) $2\,\mathrm{e}^{\mathrm{i}\frac{\pi}{3}} \times 4\,\mathrm{e}^{-\mathrm{i}\frac{\pi}{4}}$ b) $\mathrm{e}^{\mathrm{i}\frac{\pi}{6}} \times 3\,\mathrm{e}^{\mathrm{i}\frac{2\pi}{7}}$ c) $\dfrac{1-\mathrm{i}}{\sqrt{3}-\mathrm{i}}$ d) $(5-5\mathrm{i})\,(2+2\mathrm{i})$

Solution

a)

$$2\,\mathrm{e}^{\mathrm{i}\frac{\pi}{3}} \times 4\,\mathrm{e}^{-\mathrm{i}\frac{\pi}{4}} = 8\,\mathrm{e}^{\mathrm{i}\frac{\pi}{3}-\mathrm{i}\frac{\pi}{4}} = \boxed{8\,\mathrm{e}^{\mathrm{i}\frac{\pi}{12}}}$$

b)

$$\mathrm{e}^{\mathrm{i}\frac{\pi}{6}} \times 3\,\mathrm{e}^{\mathrm{i}\frac{2\pi}{7}} = 3\,\mathrm{e}^{\mathrm{i}\frac{\pi}{6}+\mathrm{i}\frac{2\pi}{7}} = \boxed{3\,\mathrm{e}^{\mathrm{i}\frac{19\pi}{42}}}$$

c) D'une part, on a : $1 - \mathrm{i} = \sqrt{2}\,\mathrm{e}^{-\mathrm{i}\frac{\pi}{4}}$. D'autre part, on a : $\sqrt{3} - \mathrm{i} = 2\,\mathrm{e}^{-\mathrm{i}\frac{\pi}{6}}$.

$$\frac{1-\mathrm{i}}{\sqrt{3}-\mathrm{i}} = \frac{\sqrt{2}\,\mathrm{e}^{-\mathrm{i}\frac{\pi}{4}}}{2\,\mathrm{e}^{-\mathrm{i}\frac{\pi}{6}}} = \boxed{\frac{\sqrt{2}}{2}\,\mathrm{e}^{-\mathrm{i}\frac{\pi}{12}}}$$

d)

$$(5-5\mathrm{i})\,(2+2\mathrm{i}) = 20 = \boxed{20\,\mathrm{e}^{0\mathrm{i}}}$$

❑ Exercice 9 ★★☆

> Mettre sous la forme exponentielle l'expression $\dfrac{-3+3\mathrm{i}}{1+\mathrm{i}\sqrt{3}}$.
>
> En déduire la valeur exacte de $\cos\left(\dfrac{5\pi}{12}\right)$.

Solution

D'une part, on a : $-3 + 3\mathrm{i} = 3\sqrt{2}\,\mathrm{e}^{\frac{3\mathrm{i}\pi}{4}}$. D'autre part, on a : $1 + \mathrm{i}\sqrt{3} = 2\,\mathrm{e}^{\frac{\mathrm{i}\pi}{3}}$.

$$\frac{-3+3\mathrm{i}}{1+\mathrm{i}\sqrt{3}} = \frac{3\sqrt{2}\,\mathrm{e}^{\frac{3\mathrm{i}\pi}{4}}}{2\,\mathrm{e}^{\frac{\mathrm{i}\pi}{3}}} = \frac{3\sqrt{2}}{2}\,\mathrm{e}^{\frac{3\mathrm{i}\pi}{4}-\frac{\mathrm{i}\pi}{3}}$$

Finalement la forme exponentielle cherchée s'écrit :

$$\boxed{\frac{-3+3\mathrm{i}}{1+\mathrm{i}\sqrt{3}} = \frac{3\sqrt{2}}{2}\,\mathrm{e}^{\frac{5i\pi}{12}}}$$

Pour en déduire la valeur de $\cos\left(\dfrac{5\pi}{12}\right)$ on peut faire correspondre la forme algébrique et la forme trigonométrique de $\dfrac{-3+3\mathrm{i}}{1+\mathrm{i}\sqrt{3}}$.

Forme algébrique de $\dfrac{-3+3i}{1+\mathrm{i}\sqrt{3}}$:

$$\frac{-3+3\mathrm{i}}{1+\mathrm{i}\sqrt{3}} = \frac{(-3+3\mathrm{i})\,(1-\mathrm{i}\sqrt{3})}{(1+\mathrm{i}\sqrt{3})\,(1-\mathrm{i}\sqrt{3})}$$
$$= \frac{(-3+3\mathrm{i})\,(1-\mathrm{i}\sqrt{3})}{4} = \frac{-3+3\sqrt{3}+(3+3\sqrt{3})\,\mathrm{i}}{4}$$

Forme trigonométrique de $\dfrac{-3+3\mathrm{i}}{1+\mathrm{i}\sqrt{3}}$:

$$\frac{-3+3\mathrm{i}}{1+\mathrm{i}\sqrt{3}} = \frac{3\sqrt{2}}{2}\left(\cos\left(\frac{5\pi}{12}\right) + \mathrm{i}\sin\left(\frac{5\pi}{12}\right)\right)$$

Ainsi par identification des parties réelles : $\dfrac{3\sqrt{2}}{2}\cos\left(\dfrac{5\pi}{12}\right) = \dfrac{-3+3\sqrt{3}}{4}$

$$\boxed{\cos\left(\frac{5\pi}{12}\right) = \frac{-1+\sqrt{3}}{2\sqrt{2}}}$$

❑ Exercice 10 ★★☆

> Mettre sous la forme exponentielle l'expression $\dfrac{8+8\mathrm{i}}{\mathrm{i}\sqrt{3}-1}$.

Solution

D'une part, on a : $8+8\mathrm{i} = 8\sqrt{2}\,\mathrm{e}^{\frac{\mathrm{i}\pi}{4}}$. D'autre part, on a : $-1+\mathrm{i}\sqrt{3} = 2\,\mathrm{e}^{\frac{2\mathrm{i}\pi}{3}}$.

$$\frac{8+8\mathrm{i}}{\mathrm{i}\sqrt{3}-1} = \frac{8\sqrt{2}\,\mathrm{e}^{\frac{\mathrm{i}\pi}{4}}}{2\,\mathrm{e}^{\frac{2\mathrm{i}\pi}{3}}} = 4\sqrt{2}\,\mathrm{e}^{\frac{\mathrm{i}\pi}{4}-\frac{2\mathrm{i}\pi}{3}}$$

Finalement,

$$\boxed{\frac{8+8\mathrm{i}}{\mathrm{i}\sqrt{3}-1} = 4\sqrt{2}\,\mathrm{e}^{-\frac{5\mathrm{i}\pi}{12}}}$$

❑ Exercice 11 - Equations du second degré à coefficients réels ★☆☆

> Résoudre les équations suivantes dans $\mathbb{C}$.
>
> 1. $z^2+9=0$
> 2. $z^2-4z+4=0$
> 3. $z^2+4=0$
> 4. $z^2-2z+2=0$
> 5. $z^2-5z+4=0$
> 6. $z^2+4z+5=0$

Solution

1. Pour $z^2+9=0$

   $\Delta = 0^2-4\times1\times9 = -36 = (6\mathrm{i})^2$ et les racines sont $\dfrac{-6\mathrm{i}}{2} = -3\mathrm{i}$ et $\dfrac{6\mathrm{i}}{2} = 3\mathrm{i}$.

   L'équation admet deux solutions $\boxed{-3\mathrm{i} \text{ et } 3\mathrm{i}}$.

2. Pour $z^2-4z+4=0$

   $\Delta = (-4)^2-4\times1\times4 = 0$ et la racine est $\dfrac{4}{2} = 2$

   L'équation admet une unique solution $\boxed{2}$.

3. Pour $z^2 + 4 = 0$

   $\Delta = 0^2 - 4 \times 1 \times 4 = -16 = (4\mathrm{i})^2$ et les racines sont $\dfrac{-4\mathrm{i}}{2} = -2\mathrm{i}$ et $\dfrac{4\mathrm{i}}{2} = 2\mathrm{i}$.

   L'équation admet deux solutions $\boxed{-2\mathrm{i} \text{ et } 2\mathrm{i}}$.

4. Pour $z^2 - 2z + 2 = 0$

   $\Delta = (-2)^2 - 4 \times 2 = -4 = (2\mathrm{i})^2$ et les racines sont $\dfrac{2-2\mathrm{i}}{2} = 1 - \mathrm{i}$ et $\dfrac{2+2\mathrm{i}}{2} = 1 + \mathrm{i}$.

   L'équation admet deux solutions $\boxed{(1-\mathrm{i}) \text{ et } (1+\mathrm{i})}$.

5. Pour $z^2 - 5z + 4 = 0$

   $\Delta = (-5)^2 - 4 \times 4 = 9 = (3)^2$ et les racines sont $\dfrac{5-3}{2} = 1$ et $\dfrac{5+3}{2} = 4$.

   L'équation admet deux solutions $\boxed{1 \text{ et } 4}$.

6. Pour $z^2 + 4z + 5 = 0$

   $\Delta = 4^2 - 4 \times 5 = -4 = (2\mathrm{i})^2$ et les racines sont $\dfrac{-4-2\mathrm{i}}{2} = -2 - \mathrm{i}$ et $\dfrac{-4+2\mathrm{i}}{2} = -2 + \mathrm{i}$.

   L'équation admet deux solutions $\boxed{(-2-\mathrm{i}) \text{ et } (-2+\mathrm{i})}$.

❑ Exercice 12 ☆☆☆

1. Donner la forme algébrique de $(2 + 3\mathrm{i})^2$.
2. En déduire une résolution de $z^2 + 5 - 12\mathrm{i} = 0$.

Solution

1. $(2 + 3\mathrm{i})^2 = 4 - 9 + 12\mathrm{i} = \boxed{-5 + 12\mathrm{i}}$
2. $\Delta = 0^2 - 4\,(5 - 12\mathrm{i}) = 2^2(2 + 3\mathrm{i})^2$

   L'équation a deux solutions $\boxed{(2+3\mathrm{i}) \text{ et } (-2-3\mathrm{i})}$.

❑ Exercice 13 ☆☆☆

On considère (E) dans $\mathbb{C}$: $z^4 - 4z^3 + 14z^2 - 36z + 45 = 0$.

1. Montrer que cette équation admet au moins $3\mathrm{i}$ et $-3\mathrm{i}$ comme solutions.
2. En déduire une résolution de (E).
   On pourra factoriser $z^4 - 4z^3 + 14z^2 - 36z + 45$ par $(z - 3i)\,(z + 3i)$.

Solution

1. On calcule $z^4 - 4z^3 + 14z^2 - 36z + 45$ pour $z = 3\mathrm{i}$ et $z = -3\mathrm{i}$.
   Dans les deux cas, on trouve 0 donc $3\mathrm{i}$ et $-3\mathrm{i}$ sont solutions de (E).
2. $3\mathrm{i}$ et $-3\mathrm{i}$ sont des racines de $z^4 - 4z^3 + 14z^2 - 36z + 45$ donc on peut factoriser $z^4 - 4z^3 + 14z^2 - 36z + 45$ par $(z - 3\mathrm{i})(z + 3\mathrm{i})$
   Ainsi, on cherche a, b et c tels que :
   $$z^4-4z^3+14z^2-36z+45 = (z-3\mathrm{i})(z+3\mathrm{i})(az^2+bz+c) = (z^2+9)(az^2+bz+c)$$
   c'est-à-dire tels que :
   $$z^4 - 4z^3 + 14z^2 - 36z + 45 = az^4 + bz^3 + (c + 9a)z^2 + 9bz + 9c$$
   Par identification, on trouve donc $\begin{cases} a = 1 \\ b = -4 \\ c = 5 \end{cases}$
   On a donc,
   $$z^4 - 4z^3 + 14z^2 - 36z + 45 = (z - 3\mathrm{i})(z + 3\mathrm{i})\left(z^2 - 4z + 5\right)$$
   Résolution de $z^2 - 4z + 5 = 0$
   $\Delta = (-4)^2 - 4 \times 5 = -4$
   Les racines de $z^2 - 4z + 5$ sont donc $2 + \mathrm{i}$ et $2 - \mathrm{i}$.
   Ainsi les solutions de (E) sont $\boxed{(2 + \mathrm{i}), (2 - \mathrm{i}), 3\mathrm{i} \text{ et } -3\mathrm{i}}$.

❑ Exercice 14 ☆☆☆

Calculer $(1 - \mathrm{i})^2$.
Résoudre dans $\mathbb{C}$ l'équation $z^2 + (-1 - 3\mathrm{i})z + 2\mathrm{i} - 2 = 0$.

Solution

$$(1 - \mathrm{i})^2 = 1 - 1 - 2\mathrm{i} = -2\mathrm{i}$$

On trouve $\Delta = (-1 - 3\mathrm{i})^2 - 4(2\mathrm{i} - 2) = (1 - 9 + 6\mathrm{i}) - 8\mathrm{i} + 8 = -2\mathrm{i} = (1 - \mathrm{i})^2$.

L'équation a pour solutions :

$$z_1 = \frac{1 + 3\mathrm{i} + 1 - \mathrm{i}}{2} = 1 + \mathrm{i}$$
$$z_2 = \frac{1 + 3\mathrm{i} - 1 + \mathrm{i}}{2} = 2\mathrm{i}$$

L'équation a donc deux solutions $\boxed{(1 + \mathrm{i}) \text{ et } 2\mathrm{i}}$

8.2 Applications en physique

8.2.1 Electromagnétisme

❑ **Exercice 1 - CONDUCTEUR DE LITZ** (CCS) ☆☆☆

Soit une onde plane progressive harmonique (OPPH) se propageant dans un conducteur de Litz de conductivité électrique γ dans le sens des x croissants. Le champ électrique associé $\vec{\underline{E}}(x,t)$ est du type $\vec{\underline{E}}(x,t) = \vec{E}_0 \exp \mathrm{i}(\underline{k}x - \omega t)$ en notation complexe.
A partir de la loi d'Ohm locale et des équations de Maxwell, on obtient la relation de dispersion de cette OPPH notée :

$$\underline{k}^2(\omega) = \mathrm{i}\mu_0\gamma\omega$$

On pose $\underline{k}(\omega) = k'(\omega) + \mathrm{i}k''(\omega)$ où $k'(\omega)$ est lié au phénomène de propagation et $k''(\omega)$ est lié au phénomène d'absorption.
Trouver les expressions de $k'(\omega)$ et de $k''(\omega)$ par deux méthodes différentes.

1. **Méthode 1** : en prenant la racine carrée de $\underline{k}^2(\omega)$.
2. **Méthode 2** : en développant l'expression $\left(k'(\omega) + \mathrm{i}k''(\omega)\right)^2$ et en procédant par identification avec l'expression de $\underline{k}^2(\omega)$.

D'après oral Concours Centrale-Supélec

Solution

1. **Méthode 1**

$$\underline{k}^2(\omega) = \mathrm{i}\mu_0\gamma\omega = \mathrm{e}^{\mathrm{i}\frac{\pi}{2}}\mu_0\gamma\omega$$

$$\begin{aligned}\underline{k}(\omega) &= \left(\mathrm{e}^{\mathrm{i}\frac{\pi}{2}}\mu_0\gamma\omega\right)^{\frac{1}{2}}\\ &= \mathrm{e}^{\mathrm{i}\frac{\pi}{4}}\sqrt{\mu_0\gamma\omega}\\ &= \left(\frac{1+i}{\sqrt{2}}\right)\sqrt{\mu_0\gamma\omega}\\ &= \frac{1+i}{\delta}\end{aligned}$$

avec $\delta = \sqrt{\dfrac{\mu_0\gamma\omega}{2}}$ appelée épaisseur de peau.

Par identification, on a :

$$\boxed{k'(\omega) = \frac{1}{\delta}} \quad \text{et} \quad \boxed{k''(\omega) = \frac{1}{\delta}}$$

2. **Méthode 2**

$$\begin{aligned}\underline{k}^2(\omega) &= \left(k'(\omega) + \mathrm{i}k''(\omega)\right)^2 \\ &= k'^2(\omega) + \left(\mathrm{i}k''^2(\omega)\right)^2 + 2\mathrm{i}k'(\omega)k''(\omega) \\ &= \left(k'^2(\omega) - k''^2(\omega)\right) + \mathrm{i}\left(2k'(\omega)k''(\omega)\right)\end{aligned}$$

Or $\underline{k}^2(\omega) = \mathrm{i}\mu_0\gamma\omega$.
Par identification, on a :

$$\begin{cases} k'^2(\omega) - k''^2(\omega) = 0 & \Leftrightarrow \quad k'(\omega) = k''(\omega) \\ 2k'(\omega)k''(\omega) = \mu_0\gamma\omega & \Leftrightarrow \quad 2k'^2(\omega) = \mu_0\gamma\omega \end{cases}$$

On a donc,

$$\boxed{k'(\omega) = \frac{1}{\delta}} \quad \text{et} \quad \boxed{k''(\omega) = \frac{1}{\delta}}$$

❑ **Exercice 2 - ETUDE DU FILTRE DE WIEN** (CCS) ★★☆

Dans toute cette partie, on supposera les amplificateurs linéaires intégrés (ALI) idéaux, fonctionnant en régime linéaire.
Etude du filtre de Wien ci-dessous (figure 8.3).

1. Déterminer la fonction de transfert $\underline{G} = \frac{\underline{s'}}{\underline{e'}}$. Préciser les paramètres caractéristiques du filtre (gain maximum, facteur de qualité, pulsation particulière).
2. Tracer le diagramme de Bode (gain et phase) associé à $\underline{G}$. On fera apparaitre sur chacun des graphes le tracé asymptotique et le tracé réel. Quelle est la fonction de ce quadripôle ?

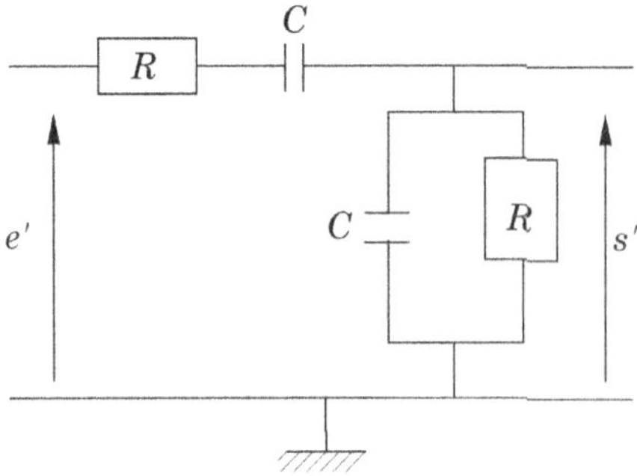

FIGURE 8.3

D'après oral Concours Centrale-Supelec

Solution

1. On note Z_p l'impédance de (R, C) parallèle et Z_s l'impédance de (R, C) série. Le circuit est modifié comme suit (figure 8.4) :

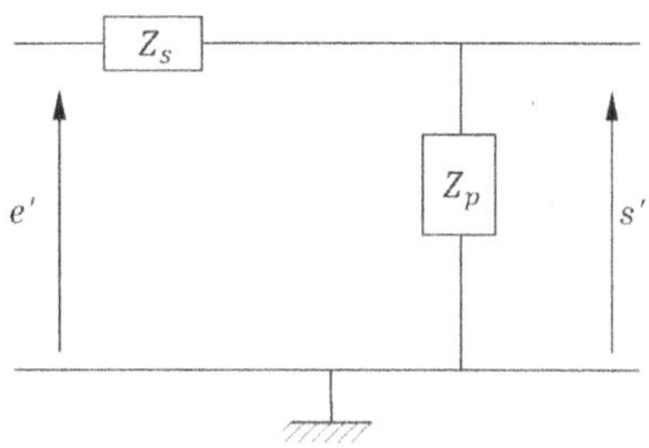

FIGURE 8.4

$$\text{Avec} \begin{cases} Z_s = R + \dfrac{1}{\text{j}C\omega} \\ Z_p = \left(\dfrac{1}{R} + \text{j}C\omega\right)^{-1} \end{cases}$$

On remarque un pont diviseur de tension tel que :

$$\underline{G} = \frac{\underline{s}'}{\underline{e}'} = \frac{Z_p}{Z_p + Z_s}$$

$$\underline{G} = \frac{\left(\frac{1}{\frac{1}{R}+\text{j}C\omega}\right)}{\left(\frac{1}{\frac{1}{R}+\text{j}C\omega}\right) + R + \frac{1}{\text{j}C\omega}} = \frac{1}{1 + \left(\frac{1}{R} + \text{j}C\omega\right)\left(R + \frac{1}{\text{j}C\omega}\right)}$$

$$\underline{G} = \frac{1}{1 + \left(1 + \frac{1}{\text{j}C\omega} + \text{j}RC\omega + 1\right)} = \frac{1}{3 + \text{j}\left(RC\omega - \frac{1}{RC\omega}\right)}$$

$$\boxed{\underline{G} = \frac{\frac{1}{3}}{1 + \text{j}\frac{1}{3}\left(\frac{\omega}{\omega_0} - \frac{\omega_0}{\omega}\right)}}$$

Cette fonction de transfert est de la forme :

$$\underline{G} = \frac{H_0}{1 + \text{j}Q\left(\frac{\omega}{\omega_0} - \frac{\omega_0}{\omega}\right)}$$

Par identification, on a le gain maximum $\boxed{H_0 = \dfrac{1}{3}}$, le facteur de qualité $\boxed{Q = \dfrac{1}{3}}$ et la pulsation particulière $\boxed{\omega_0 = \dfrac{1}{RC}}$

2. Pour tracer le **diagramme de Bode en gain**, il faut exprimer le module G de la fonction de transfert complexe.

$$G = |\underline{G}| = \frac{H_0}{\sqrt{1 + Q^2\left(\frac{\omega}{\omega_0} - \frac{\omega_0}{\omega}\right)^2}}$$

$$\boxed{G = \frac{\frac{1}{3}}{\sqrt{1 + \left(\frac{1}{3}\right)^2\left(RC\omega - \frac{1}{RC\omega}\right)^2}}}$$

- Recherchons la valeur maximale atteinte par G lorsque $\omega = \omega_0$.

$$G_{\text{max}} = \frac{\frac{1}{3}}{\sqrt{1 + \left(\frac{1}{3}\right)^2(1-1)^2}} = \boxed{\frac{1}{3}}$$

Pour un tracé sur du papier semi-logarithmique, on exprime le gain en décibels.

$$G_{\text{max(dB)}} = 20 \log G_{\text{max}} = 20 \log\left(\frac{1}{3}\right) = \boxed{-9,5}$$

- Pour les autres valeurs de ω, on exprime le gain en décibels et on cherche les asymptotes.

$$\begin{aligned}
G_{\text{dB}} &= 20 \log G \\
&= 20 \log\left(\frac{\frac{1}{3}}{\sqrt{1 + \left(\frac{1}{3}\right)^2\left(RC\omega - \frac{1}{RC\omega}\right)^2}}\right) \\
&= 20 \log\left(\frac{1}{3}\right) - 20 \log\left(1 + \left(\frac{1}{3}\right)^2\left(RC\omega - \frac{1}{RC\omega}\right)^2\right)^{\frac{1}{2}}
\end{aligned}$$

On pose $x = \dfrac{\omega}{\omega_0} = RC\omega$.

$$G_{\text{dB}} = -20 \log 3 - 20 \log\left(1 + \left(\frac{1}{3}\right)^2\left(x - \frac{1}{x}\right)^2\right)^{\frac{1}{2}}$$

Quand $x \to 0$ alors $\left(x - \dfrac{1}{x}\right) \to \left(-\dfrac{1}{x}\right)$

et $\left(1 + \left(\dfrac{1}{3}\right)^2\left(x - \dfrac{1}{x}\right)^2\right) \to \left(\dfrac{1}{3}\right)^2\left(-\dfrac{1}{x}\right)^2$

$$G_{\text{dB}} \simeq -20 \log 3 - 10 \log\left(\frac{1}{9x^2}\right)$$

$$\simeq -20\log 3 + 10\log(3^2x^2)$$
$$\simeq -20\log 3 + 20\log 3 + 20\log x$$

$$\boxed{G_{\text{dB}} \simeq +20\log x}$$

On a une pente de $+20$ décibels par décade noté $+20$ dB/décade.

Quand $x \to \infty$ alors $\left(x - \dfrac{1}{x}\right) \to x$

et $\left(1 + \left(\dfrac{1}{3}\right)^2\left(x - \dfrac{1}{x}\right)^2\right) \to \left(\dfrac{1}{3}\right)^2 x^2$

$$G_{\text{dB}} \simeq -20\log 3 - 10\log\left(\frac{x^2}{9}\right)$$
$$\simeq -20\log 3 + 10\log(3^2) - 10\log(x^2)$$
$$\simeq -20\log 3 + 20\log 3 - 20\log x$$

$$\boxed{G_{dB} \simeq -20\log x}$$

On a une pente de -20 décibels par décade noté -20 dB/décade.

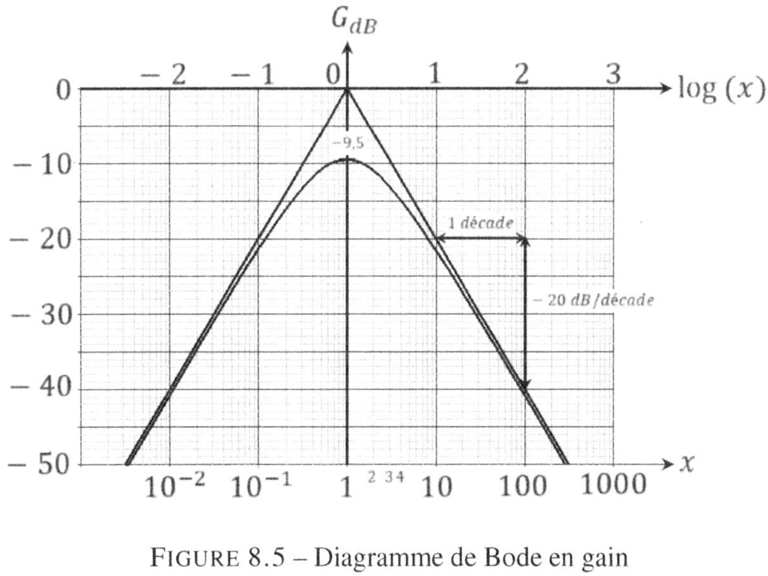

FIGURE 8.5 – Diagramme de Bode en gain

Pour tracer le **diagramme de Bode en phase**, il faut exprimer l'argument de la fonction de transfert complexe.

$$\varphi = \arg(\underline{H}) = \arg(H_0) - \arg\left(1 + \mathrm{j}Q\left(x - \frac{1}{x}\right)\right)$$

$$\varphi = -\arg\left(1 + \mathrm{j}\frac{1}{3}\left(x - \frac{1}{x}\right)\right)$$

- Quand $x = 1$ alors $\varphi = -\arg 1 = 0$
- Quand $x \to 0$ alors $\varphi \to -\arg\left(1 - \mathrm{j}\frac{1}{3x}\right)$

$$\varphi \to -\arctan\left(\frac{(-\frac{1}{3x})}{1}\right) = \arctan\left(\frac{1}{3x}\right)$$

$$\tan\varphi \to +\infty \;\Rightarrow\; \boxed{\varphi \to +\frac{\pi}{2}}$$

- Quand $x \to +\infty$ alors $\varphi \to -\arg\left(1 + \mathrm{j}\frac{1}{3}x\right)$

$$\varphi \to -\arctan\left(\frac{\frac{1}{3}x}{1}\right) = \arctan\left(-\frac{x}{3}\right)$$

$$\tan\varphi \to -\infty \;\Rightarrow\; \boxed{\varphi \to -\frac{\pi}{2}}$$

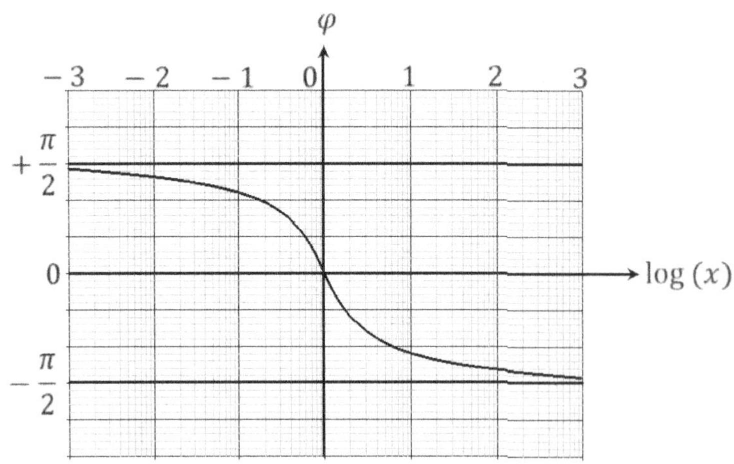

FIGURE 8.6 – Diagramme de Bode en phase

8.2.2 Mécanique quantique

❑ **Exercice 3 - OSCILLATIONS QUANTIQUES** (CCS) ★☆☆

La notion d'inversion de la molécule d'ammoniac par effet tunnel **n'est plus** au programme des classes préparatoires à partir de la rentrée 2022 mais reste au programme des masters de physique.

La molécule d'ammoniac peut se trouver dans deux états de conformation, selon que l'atome se trouve du côté $x > 0$ (conformation D, figure 8.7) ou du côté $x < 0$ (conformation G). Les deux états sont séparés par une barrière de potentiel $V_0 = 0,25$ eV. On appelle inversion le passage d'une conformation à l'autre, lorsque l'atome d'azote traverse la barrière d'énergie due aux trois atomes d'hydrogène. L'inversion de la molécule d'ammoniac est possible du point de vue quantique.

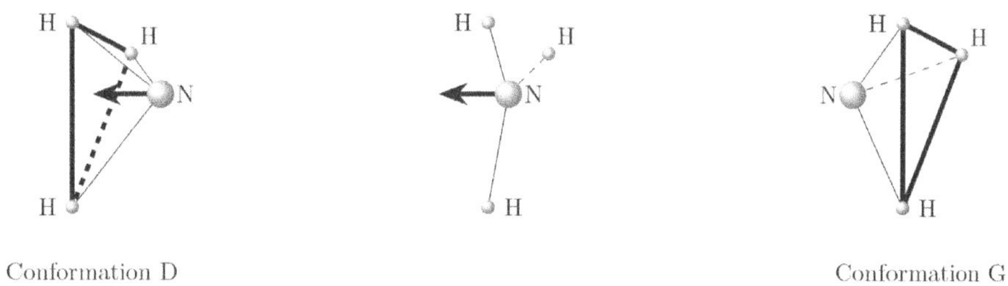

FIGURE 8.7 – Inversion de la molécule d'ammoniac

On s'intéresse aux états stationnaires d'énergie E et on pose :

$$\psi(x,t) = \varphi(x)\exp\left(-\mathrm{i}\frac{E}{\hbar}t\right)$$

Le problème se ramène à l'étude de l'inversion de la molécule d'ammoniac par *effet tunnel*. Dans l'état fondamental, cela se traduit par deux fonctions d'onde, solution de l'équation de Schrödinger stationnaire : l'une symétrique par rapport à l'axe de la molécule notée φ_S, l'autre antisymétrique notée φ_A, d'énergies respectives E_S et E_A.

Pour représenter l'état de la molécule dans l'une ou l'autre de ses configurations, on construit les combinaisons linéaires normalisées de φ_S et de φ_A :

$$\begin{cases} \varphi_G = \dfrac{1}{\sqrt{2}}\left[\varphi_S(x) + \varphi_A(x)\right] \\ \varphi_D = \dfrac{1}{\sqrt{2}}\left[\varphi_S(x) - \varphi_A(x)\right] \end{cases}$$

A l'instant $t = 0$, la molécule d'ammoniac est dans la conformation G telle que $\psi(x, t = 0) = \varphi_G$.

1. Ecrire l'expression de la fonction d'onde $\psi(x,t)$ de la molécule d'ammoniac à un instant t quelconque, en fonction de φ_S, φ_A, des énergies E_S et E_A et de $\hbar$.
2. Pourquoi deux fonctions d'onde ψ_1 et ψ_2 telles que $\psi_1 = \psi_2 \exp(\mathrm{i}\alpha)$, où $\exp(\mathrm{i}\alpha)$ est un nombre complexe de module 1, décrivent-elles le même état physique ?
3. En déduire que la fonction d'onde $\psi(x,t)$ décrit une évolution périodique de l'état de la molécule d'ammoniac, dont on exprimera la période T en fonction de $(E_A - E_S)$ et de $\hbar$.
4. Calculer la fréquence f correspondante si $(E_A - E_S) = 9,85 \times 10^{-5}\,\mathrm{eV}$. Dans quel domaine spectal se situe une onde électromagnétique de fréquence f ?

D'après Concours Centrale-Supelec

Solution

1. En partant de l'expression : $\psi(x,t=0) = \varphi_G = \dfrac{1}{\sqrt{2}}\left[\varphi_S(x) + \varphi_A(x)\right]$, on multiplie chaque fonction d'onde saptiale par le terme temporel $\exp\left(-\mathrm{i}\dfrac{E}{\hbar}t\right)$ avec le terme d'énergie qui lui convient.

$$\boxed{\psi(x,t) = \frac{1}{\sqrt{2}}\left[\varphi_S(x)\exp\left(-\mathrm{i}\frac{E_S}{\hbar}t\right) + \varphi_A(x)\exp\left(-\mathrm{i}\frac{E_A}{\hbar}t\right)\right]}$$

2. En mécanique quantique, seule la densité de probabilité de présence a un sens physique. Elle est notée $\rho(x,t)$ et est définie par $\rho(x,t) = \dfrac{\mathrm{d}P}{\mathrm{d}x} = |\psi(x,t)|^2$ où $\mathrm{d}P$ est la probabilité de trouver la particule entre x et $(x+\mathrm{d}x)$ (ici, la fonction d'onde $\psi(x,t)$ ne dépend que d'une variable d'espace x).
Deux fonctions d'onde qui ont la même densité de probabilité de présence décrivent le même état physique.

$$|\psi_1|^2 = |\psi_2 \exp(\mathrm{i}\alpha)|^2 = |\psi_2|^2\,|\exp(\mathrm{i}\alpha)|^2 \Rightarrow \boxed{|\psi_1|^2 = |\psi_2|^2}$$

3. $$\begin{aligned}\psi(x,t) &= \frac{1}{\sqrt{2}}\left[\varphi_S(x)\exp\left(-\mathrm{i}\frac{E_S}{\hbar}t\right) + \varphi_A(x)\exp\left(-\mathrm{i}\frac{E_A}{\hbar}t\right)\right]\\ &= \frac{1}{\sqrt{2}}\exp\left(-\mathrm{i}\frac{E_S}{\hbar}t\right)\left[\varphi_S(x) + \varphi_A(x)\exp\left(-\mathrm{i}\frac{E_A - E_S}{\hbar}t\right)\right]\\ &= \frac{1}{\sqrt{2}}\left[\varphi_S(x) + \varphi_A(x)\exp\left(-\mathrm{i}\frac{E_A - E_S}{\hbar}t\right)\right]\exp\left(-\mathrm{i}\frac{E_S}{\hbar}t\right)\end{aligned}$$

D'après la question 2, $\left|\exp\left(-\mathrm{i}\frac{E_S}{\hbar}t\right)\right|^2 = 1$ donc la fonction $\psi(x,t)$ décrit le même état physique que la fonction $\frac{1}{\sqrt{2}}\left[\varphi_S(x) + \varphi_A(x)\exp\left(-\mathrm{i}\frac{E_A - E_S}{\hbar}t\right)\right]$.

$$
\begin{aligned}
|\psi|^2 &= \left|\frac{1}{\sqrt{2}}\left[\varphi_S(x) + \varphi_A(x)\exp\left(-\mathrm{i}\frac{E_A - E_S}{\hbar}t\right)\right]\right|^2 \\
&= \frac{1}{2}\left[\varphi_S(x) + \varphi_A(x)\exp\left(-\mathrm{i}\frac{E_A - E_S}{\hbar}t\right)\right] \\
&\quad \times \left[\varphi_S(x) + \varphi_A(x)\exp\left(+i\frac{E_A - E_S}{\hbar}t\right)\right] \\
&= \frac{1}{2}\left[\varphi_S^2(x) + \varphi_A^2(x)\right. \\
&\quad \left. + \varphi_S(x)\varphi_A(x)\left(\exp\left(+i\frac{E_A - E_S}{\hbar}t\right) + \exp\left(-i\frac{E_A - E_S}{\hbar}t\right)\right)\right] \\
&= \frac{1}{2}\left[\varphi_S^2(x) + \varphi_A^2(x) + 2\varphi_S(x)\varphi_A(x)\cos\left(\frac{E_A - E_S}{\hbar}t\right)\right]
\end{aligned}
$$

Cette fonction d'onde $\psi(x,t)$ décrit une évolution périodique telle que :

$$
\cos\left(\frac{E_A - E_S}{\hbar}t\right) = \cos\left(\frac{2\pi}{T}t\right) \Rightarrow \frac{E_A - E_S}{\hbar} = \frac{2\pi}{T}
$$

$$
\boxed{T = \frac{2\pi\hbar}{E_A - E_S}}
$$

4.

$$
\boxed{f = \frac{1}{T} = \frac{E_A - E_S}{2\pi\hbar}} \quad \text{et} \quad \boxed{\lambda = \frac{c}{f}}
$$

Application numérique

$$
f = \frac{9,85 \times 10^{-5} \cdot 1,6 \times 10^{-19}}{2\pi \cdot 1,05 \times 10^{-34}} = \boxed{2,38 \times 10^{10}\,\mathrm{Hz}}
$$

Application numérique

$$
\lambda = \frac{3 \times 10^8}{2,38 \times 10^{10}} = \boxed{1,26\,\mathrm{cm}}
$$

Cette longueur d'onde appartient au domaine des micro-ondes (entre 30 cm et 1 mm).

C'est sur cette transition que fonctionna le premier maser construit par C. Townes, J. Gordon et H. Ziegler en 1954.

❑ Exercice 4 - Courants de probabilité (CCMP) ★★★

Une particule quantique (quanton) est localisée sur un axe $(O, \vec{u}_x)$.
L'état quantique de cette particule est caractérisée par une fonction d'onde : $\underline{\psi}(x,t)$.
La fonction $\underline{\psi}(x,t)$ est solution de l'équation de Schrödinger non relativiste et est de la forme : $\underline{\psi}(x,t) = \underline{\varphi}(x)\underline{f}(t) = \underline{\varphi}(x)\exp\left(-\mathrm{i}\frac{E}{\hbar}t\right)$

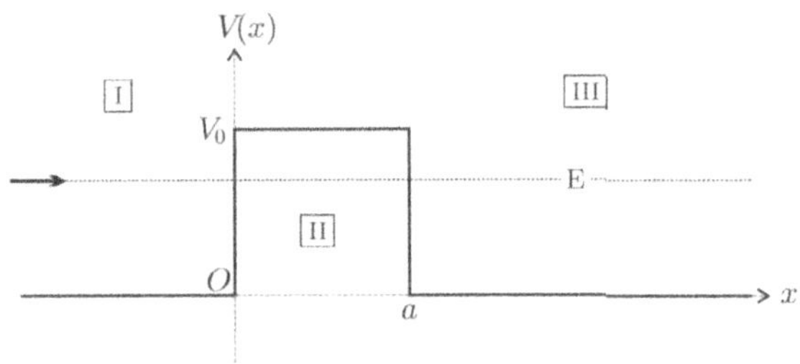

FIGURE 8.8 – Marche d'énergie potentielle

Le quanton de masse m et d'énergie E arrive d'une région I définie par $x < 0$ et dans laquelle son énergie potentielle est $V(x) = 0$ (figure 8.8). Il est susceptible également de se trouver soit dans une région II telle que $0 < x < a$ où règne une énergie potentielle $V(x) = V_0$ ou bien dans une région II définie par $x > a$, dans laquelle $V(x) = 0$. On supposera que $0 < E < V_0$ et l'on cherche des états stationnaires d'énergie E.
Dans les régions I et III, la forme générale de la solution de Shrödinger indépendante du temps s'écrit :

$$\begin{cases} \underline{\varphi}_1(x) = A_1\,\mathrm{e}^{\mathrm{i}kx} + B_1\,\mathrm{e}^{-\mathrm{i}kx} \\ \underline{\varphi}_3(x) = A_3\,\mathrm{e}^{\mathrm{i}kx} \end{cases}$$

où A_1, B_1 et A_3 sont des constantes d'intégration à priori complexes que l'on ne cherchera pas à déterminer et $k = \sqrt{\frac{2mE}{\hbar^2}}$.
On fait apparaitre un vecteur $\vec{j}$ appelé vecteur densité de courant de probabilité. Une analyse non demandée montre que dans la cas mono-dimensionnel :

$$\vec{j} = \frac{\mathrm{i}\hbar}{2m}\left(\underline{\psi}\,\frac{\partial\overline{\underline{\psi}}}{\partial x} - \overline{\underline{\psi}}\,\frac{\partial\underline{\psi}}{\partial x}\right)\vec{u}_x$$

1. En utilisant la définition de $\vec{j}$, déterminer le courant de probabilité dans la région I en fonction des constantes d'intégration A_1 et B_1. Comment peut-on interpréter ce courant ?

2. En utilisant la définition de $\vec{j}$, déterminer le courant de probabilité dans la région III en fonction de la constante d'intégration A_3.
3. On définit les coefficients de réflexion R et de transmission T caractérisant cette barrière d'énergie potentielle par les expressions suivantes :

$$R = \frac{||\vec{j}_r||}{||\vec{j}_i||} \quad \text{et} \quad T = \frac{||\vec{j}_t||}{||\vec{j}_i||}$$

où $\vec{j}_i$, $\vec{j}_r$ et $\vec{j}_t$ sont respectivement les courants de probabilité incident, réfléchi et transmis.
En déduire les coefficients de réflexion R et de transmission T en fonction des constantes A_1, B_1 et A_3.

D'après Concours Commun Mines-Ponts

Solution

1.

$$\vec{j} = \frac{\mathrm{i}\hbar}{2m}\left(\underline{\psi}\,\frac{\partial\overline{\underline{\psi}}}{\partial x} - \overline{\underline{\psi}}\,\frac{\partial\underline{\psi}}{\partial x}\right)\vec{u}_x$$

avec

$$\begin{cases} \underline{\psi} = \underline{\varphi}(x)\underline{f}(t) = \underline{\varphi}\,\exp\left(-\mathrm{i}\dfrac{E}{\hbar}t\right) \\ \overline{\underline{\psi}} = \overline{\underline{\varphi}}(x)\overline{\underline{f}}(t) = \overline{\underline{\varphi}}\,\exp\left(+\mathrm{i}\dfrac{E}{\hbar}t\right) \end{cases}$$

et

$$\begin{cases} \underline{\psi}\,\dfrac{\partial\overline{\underline{\psi}}}{\partial x} = \underline{\varphi}\,\exp\left(-\mathrm{i}\dfrac{E}{\hbar}t\right)\dfrac{\partial}{\partial x}\left(\overline{\underline{\varphi}}\,\exp\left(+\mathrm{i}\dfrac{E}{\hbar}t\right)\right) = \underline{\varphi}\,\dfrac{\partial\overline{\underline{\varphi}}}{\partial x} \\ \overline{\underline{\psi}}\,\dfrac{\partial\underline{\psi}}{\partial x} = \overline{\underline{\varphi}}\,\dfrac{\partial\underline{\varphi}}{\partial x} \end{cases}$$

Le vecteur $\vec{j}$ se simplifie :

$$\vec{j} = \frac{\mathrm{i}\hbar}{2m}\left(\underline{\varphi}\,\frac{\partial\overline{\underline{\varphi}}}{\partial x} - \overline{\underline{\varphi}}\,\frac{\partial\underline{\varphi}}{\partial x}\right)\vec{u}_x$$

Dans la région I :

$$\begin{cases} \underline{\varphi}_1 = A_1\,\mathrm{e}^{\mathrm{i}kx} + B_1\,\mathrm{e}^{-\mathrm{i}kx} \\ \dfrac{\partial\underline{\varphi}_1}{\partial x} = \mathrm{i}kA_1\,\mathrm{e}^{\mathrm{i}kx} - \mathrm{i}kB_1\,\mathrm{e}^{-\mathrm{i}kx} \end{cases}$$

$$\begin{cases} \overline{\underline{\varphi}}_1 = \overline{A}_1\,\mathrm{e}^{-\mathrm{i}kx} + \overline{B}_1\,\mathrm{e}^{\mathrm{i}kx} \\ \dfrac{\partial \overline{\underline{\varphi}}_1}{\partial x} = -\mathrm{i}k\overline{A}_1\,\mathrm{e}^{-\mathrm{i}kx} + \mathrm{i}k\overline{B}_1\,\mathrm{e}^{\mathrm{i}kx} \end{cases}$$

$$\underline{\varphi}_1\,\frac{\partial \overline{\underline{\varphi}}_1}{\partial x} - \overline{\underline{\varphi}}_1\,\frac{\partial \underline{\varphi}_1}{\partial x} = \left(-\mathrm{i}kA_1\overline{A}_1 + \mathrm{i}kA_1\overline{B}_1\,\mathrm{e}^{2\mathrm{i}kx} - \mathrm{i}k\overline{A}_1B_1\,\mathrm{e}^{-2\mathrm{i}kx} + \mathrm{i}kB_1\overline{B}_1\right)$$
$$- \left(\mathrm{i}kA_1\overline{A}_1 - \mathrm{i}k\overline{A}_1B_1\,\mathrm{e}^{-2\mathrm{i}kx} + \mathrm{i}kA_1\overline{B}_1\,\mathrm{e}^{2\mathrm{i}kx} - \mathrm{i}kB_1\overline{B}_1\right)$$

$$\underline{\varphi_1}\,\frac{\partial \overline{\underline{\varphi}}_1}{\partial x} - \overline{\underline{\varphi}}_1\,\frac{\partial \underline{\varphi}_1}{\partial x} = -2\mathrm{i}kA_1\overline{A}_1 + 2\mathrm{i}kB_1\overline{B}_1$$

Or $|A_1|^2 = A_1\overline{A}_1$

$$\Rightarrow \vec{j}_1 = \frac{\mathrm{i}\hbar}{2m}\left(-2\mathrm{i}k|A_1|^2 + 2\mathrm{i}k|B_1|^2\right)\vec{u}_x$$

$$\boxed{\vec{j}_1 = \frac{\hbar k}{m}\left(|A_1|^2 - |B_1|^2\right)\vec{u}_x}$$

On peut remarquer que $\vec{j}_1$ peut s'écrire comme la somme de deux courants de probabilité.

$$\vec{j}_1 = \frac{\hbar k}{m}|A_1|^2\,\vec{u}_x - \frac{\hbar k}{m}|B_1|^2\,\vec{u}_x$$

$$\vec{j}_1 = \vec{j}_i + \vec{j}_r$$

avec $\vec{j}_i$ le courant de probabilité **incident** lié à la probabilité de la particule qui se déplace en région $\boxed{\text{I}}$ dans le sens des x croissants, d'expression :

$$\boxed{\vec{j}_i = \frac{\hbar k}{m}|A_1|^2\,\vec{u}_x}$$

et $\vec{j}_r$ le courant de probabilité **réfléchi** lié à la probabilité de la particule qui se déplace en région $\boxed{\text{I}}$ dans le sens des x décroissants après avoir été réfléchi par la barrière, d'expression :

$$\boxed{\vec{j}_r = -\frac{\hbar k}{m}|B_1|^2\,\vec{u}_x}$$

2.

$$\vec{j} = \frac{\mathrm{i}\hbar}{2m}\left(\underline{\varphi}\,\frac{\partial \overline{\underline{\varphi}}}{\partial x} - \overline{\underline{\varphi}}\,\frac{\partial \underline{\varphi}}{\partial x}\right)\vec{u}_x$$

Dans la région $\boxed{\text{III}}$:

$$\begin{cases} \underline{\varphi}_3 = A_3\,\mathrm{e}^{\mathrm{i}kx} \\ \dfrac{\partial \underline{\varphi}_3}{\partial x} = \mathrm{i}kA_3\,\mathrm{e}^{\mathrm{i}kx} \end{cases}$$

$$\begin{cases} \overline{\underline{\varphi}}_3 = \overline{A}_3\,\mathrm{e}^{-\mathrm{i}kx} \\ \dfrac{\partial \overline{\underline{\varphi}}_3}{\partial x} = -\mathrm{i}k\overline{A}_3\,\mathrm{e}^{-\mathrm{i}kx} \end{cases}$$

$$\underline{\varphi}_3\,\frac{\partial \overline{\underline{\varphi}}_3}{\partial x} - \overline{\underline{\varphi}}_3\,\frac{\partial \underline{\varphi}_3}{\partial x} = -\mathrm{i}kA_3\overline{A}_3 - \mathrm{i}kA_3\overline{A}_3 = -2\mathrm{i}k|A_3|^2$$

$$\Rightarrow \vec{j}_3 = \frac{\mathrm{i}\hbar}{2m}\left(-2\mathrm{i}k|A_3|^2\right)\vec{u}_x$$

$$\boxed{\vec{j}_3 = \frac{\hbar k}{m}|A_3|^2\,\vec{u}_x = \vec{j}_t}$$

avec $\vec{j}_t$ le courant de probabilité **transmis** lié à la probabilité de la particule qui se déplace en région $\boxed{\text{III}}$ dans le sens des x croissants après avoir franchi la barrière de potentiel.

3. Par définition :

$$R = \frac{||\vec{j}_r||}{||\vec{j}_i||} = \frac{||-\frac{\hbar k}{m}|B_1|^2\,\vec{u}_x||}{||\frac{\hbar k}{m}|A_1|^2\,\vec{u}_x||}$$

$$\boxed{R = \frac{|B_1|^2}{|A_1|^2}}$$

De même, par définition :

$$T = \frac{||\vec{j}_t||}{||\vec{j}_i||} = \frac{||\frac{\hbar k}{m}|A_3|^2\,\vec{u}_x||}{||\frac{\hbar k}{m}|A_1|^2\,\vec{u}_x||}$$

$$\boxed{T = \frac{|A_3|^2}{|A_1|^2}}$$

Remarque : montrons que $\vec{j} = \dfrac{\mathrm{i}\hbar}{2m}\left(\underline{\varphi}\,\dfrac{\partial \overline{\underline{\varphi}}}{\partial x} - \overline{\underline{\varphi}}\,\dfrac{\partial \underline{\varphi}}{\partial x}\right)\vec{u}_x$ peut aussi s'écrire $\vec{j} = \dfrac{\hbar}{m}\mathcal{R}\mathrm{e}\left\{\mathrm{i}\underline{\varphi}\,\dfrac{\partial \overline{\underline{\varphi}}}{\partial x}\right\}\vec{u}_x$.

Posons :

$$\begin{cases} \underline{\varphi}(x) = a(x) + \mathrm{i}b(x) \\ \dfrac{\partial \underline{\varphi}}{\partial x} = \dfrac{\mathrm{d}a}{\mathrm{d}x} + \mathrm{i}\dfrac{\mathrm{d}b}{\mathrm{d}x} \end{cases}$$

$$\begin{cases} \overline{\underline{\varphi}} = a(x) - \mathrm{i}b(x) \\ \dfrac{\partial \overline{\underline{\varphi}}}{\partial x} = \dfrac{\mathrm{d}a}{\mathrm{d}x} - \mathrm{i}\dfrac{\mathrm{d}b}{\mathrm{d}x} \end{cases}$$

$$\begin{aligned} \left(\underline{\varphi}\frac{\partial \overline{\underline{\varphi}}}{\partial x} - \overline{\underline{\varphi}}\frac{\partial \underline{\varphi}}{\partial x}\right) &= (a + \mathrm{i}b)\left(\frac{\mathrm{d}a}{\mathrm{d}x} - \mathrm{i}\frac{\mathrm{d}b}{\mathrm{d}x}\right) - (a - \mathrm{i}b)\left(\frac{\mathrm{d}a}{\mathrm{d}x} - \mathrm{i}\frac{\mathrm{d}b}{\mathrm{d}x}\right) \\ &= a\frac{\mathrm{d}a}{\mathrm{d}x} - \mathrm{i}a\frac{\mathrm{d}b}{\mathrm{d}x} + \mathrm{i}b\frac{\mathrm{d}a}{\mathrm{d}x} + b\frac{\mathrm{d}b}{\mathrm{d}x} - a\frac{\mathrm{d}a}{\mathrm{d}x} + \mathrm{i}a\frac{\mathrm{d}b}{\mathrm{d}x} + \mathrm{i}b\frac{\mathrm{d}a}{\mathrm{d}x} - b\frac{\mathrm{d}b}{\mathrm{d}x} \\ &= -2\mathrm{i}a\frac{\mathrm{d}b}{\mathrm{d}x} + 2\mathrm{i}b\frac{\mathrm{d}a}{\mathrm{d}x} \end{aligned}$$

$$\vec{j} = \frac{\mathrm{i}\hbar}{2m}\left(-2\mathrm{i}a\frac{\mathrm{d}b}{\mathrm{d}x} + 2\mathrm{i}b\frac{\mathrm{d}a}{\mathrm{d}x}\right)$$

$$\boxed{\vec{j} = \frac{\hbar}{m}\left(a\frac{\mathrm{d}b}{\mathrm{d}x} - b\frac{\mathrm{d}a}{\mathrm{d}x}\right)}$$

$$\begin{aligned} \mathcal{R}\mathrm{e}\left\{\mathrm{i}\underline{\varphi}\frac{\partial \overline{\underline{\varphi}}}{\partial x}\right\} &= \mathcal{R}\mathrm{e}\left\{\mathrm{i}(a + \mathrm{i}b)\left(\frac{\mathrm{d}a}{\mathrm{d}x} - \mathrm{i}\frac{\mathrm{d}b}{\mathrm{d}x}\right)\right\} \\ &= \mathcal{R}\mathrm{e}\left\{\mathrm{i}a\frac{\mathrm{d}a}{\mathrm{d}x} + a\frac{\mathrm{d}b}{\mathrm{d}x} + \mathrm{i}b\frac{\mathrm{d}a}{\mathrm{d}x} + b\frac{\mathrm{d}b}{\mathrm{d}x}\right\} \\ &= a\frac{\mathrm{d}b}{\mathrm{d}x} - b\frac{\mathrm{d}a}{\mathrm{d}x} \end{aligned}$$

$$\boxed{\vec{j} = \frac{\hbar}{m}\left(a\frac{\mathrm{d}b}{\mathrm{d}x} - b\frac{\mathrm{d}a}{\mathrm{d}x}\right)}$$

8.2.3 Optique ondulatoire

❑ **Exercice 5 - DIAGRAMME DE FRESNEL** (CCS) ★☆☆

1. A l'aide de la construction géométrique ci-dessous (figure 8.9), exprimer en notation complexe $\underline{P_0P_1}$, $\underline{P_1P_2}$, $\underline{P_2P_3}$ et $\underline{P_{N-1}P_N}$.

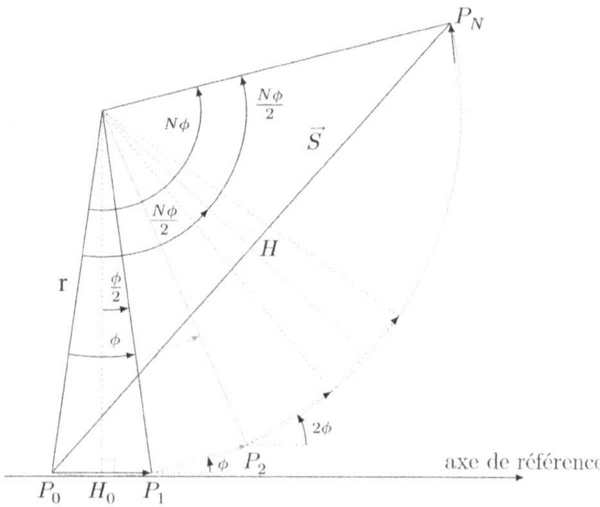

FIGURE 8.9

2. Le vecteur $\vec{S} = \overrightarrow{P_0P_N}$ représente la somme de tous les vecteurs $\overrightarrow{P_iP_{i+1}}$ avec $i \in [0\,; N-1]$

$$\vec{S} = \sum_{i=N-1}^{N} \overrightarrow{P_{i-1}P_i}$$

Exprimer en notation complexe $\underline{S}$. Montrer qu'il s'agit d'une suite géométrique dont on précisera le 1er terme, la raison et le nombre de termes.

3. On montre, dans les applications d'optique ondulatoire du chapitre 11, que la suite

$$\underline{S} = P_0P_1 \times 1^{\text{er}}\text{terme}\left[\frac{1-\text{raison}^{\text{nombre de termes}}}{1-\text{raison}}\right]$$

s'écrit :
$$\underline{S} = P_0P_1\,\mathrm{e}^{\mathrm{i}(N-1)\frac{\phi}{2}}\left(\frac{\sin\left(N\frac{\phi}{2}\right)}{\sin\left(\frac{\phi}{2}\right)}\right)$$

Exprimer le module de $\underline{S}$ en fonction de N et ϕ.

4. On éclaire un réseau de fentes considérées comme infiniment fines et distantes de a, par une onde plane progressive monochromatique, de longueur d'onde λ, perpendiculaire à la pupille et de largeur L. On observe la figure de diffraction à l'infini en un point M dans la direction θ.
Déterminer le déphasage ϕ entre deux rayons lumineux successifs.

5. L'onde diffractée est une onde dont l'amplitude est la somme des amplitudes de chaque onde émise par chaque fente affectées d'un terme de phase qui traduit la différence de marche existant entre ces ondes.
On prendra l'origine des phases sur la fente n°1.
A l'aide de la construction géométrique ci-dessus et des questions qui précèdent, déterminer les amplitudes complexes des champs électriques $\underline{E}_1$, $\underline{E}_2$ et $\underline{E}_3$ émis respectivement par la 1re, 2e et 3e fente. En déduire l'amplitude complexe du champ électrique $\underline{E}_p$ émis par la p-ième fente (avec $p < N$).

6. En notation complexe, le champ électrique résultant $\underline{E} = \sum_{p=1}^{N} \underline{E}_p$ représente la somme de toutes les vibrations lumineuses.
Montrer que le champ résultant a pour amplitude complexe :

$$\underline{E} = \sum_{p=1}^{N} \underline{E}_p = E_0\, \mathrm{e}^{\mathrm{i}\left(\omega t+(N-1)\frac{\phi}{2}\right)} \left[\frac{\sin\left(N\frac{\phi}{2}\right)}{\sin\left(\frac{\phi}{2}\right)}\right]$$

7. Par définition, l'intensité $I(\mathrm{M})$ reçue en un point M est donnée par :

$$I = 2\,\langle \underline{E}^2(\mathrm{M})\rangle = \underline{E}(M) \times \overline{\underline{E}}(\mathrm{M})$$

En déduire que l'intensité diffractée $I(\theta)$ dans la direction de θ est de la forme :

$$I = I_0 \left(\frac{\sin\left(N\frac{\phi}{2}\right)}{\sin\left(\frac{\phi}{2}\right)}\right)^2$$

D'après oral Concours Centrale-Supélec

Solution

1. $\underline{P_0P_1} = P_0P_1\,\mathrm{e}^0 = P_0P_1$
$\underline{P_1P_2} = P_1P_2\,\mathrm{e}^{\mathrm{i}\phi} = P_0P_1\,\mathrm{e}^{\mathrm{i}\phi}$
$\underline{P_2P_3} = P_2P_3\,\mathrm{e}^{2\mathrm{i}\phi} = P_0P_1\,\mathrm{e}^{2\mathrm{i}\phi}$
$\underline{P_{N-1}P_N} = P_{N-1}P_N\,\mathrm{e}^{\mathrm{i}(N-1)\phi} = P_0P_1\,\mathrm{e}^{\mathrm{i}(N-1)\phi}$

2. $\underline{S} = \sum_{i=1}^{N} \underline{P_{i-1}P_i} = P_0P_1 + P_0P_1\,\mathrm{e}^{\mathrm{i}\phi} + P_0P_1\,\mathrm{e}^{2\mathrm{i}\phi} + ... + P_0P_1\,\mathrm{e}^{\mathrm{i}(N-1)\phi}$

$$\boxed{\underline{S} = P_0P_1\left(1 + \mathrm{e}^{\mathrm{i}\phi} + \mathrm{e}^{2\mathrm{i}\phi} + ... + \mathrm{e}^{\mathrm{i}(N-1)\phi}\right)}$$

Il s'agit d'une suite géométrique de 1er terme 1, de raison $e^{i\phi}$ comportant N termes.

$$\underline{S} = P_0P_1 \times 1^{\text{er}}\text{terme}\left[\frac{1 - \text{raison}^{\text{nombre de termes}}}{1 - \text{raison}}\right]$$

3. $$|\underline{S}| = \left|P_0P_1\,\mathrm{e}^{\mathrm{i}(N-1)\frac{\phi}{2}}\left(\frac{\sin\left(N\frac{\phi}{2}\right)}{\sin\left(\frac{\phi}{2}\right)}\right)\right|$$
$$= \left|\mathrm{e}^{\mathrm{i}(N-1)\frac{\phi}{2}}\right| P_0P_1\left(\frac{\sin\left(N\frac{\phi}{2}\right)}{\sin\left(\frac{\phi}{2}\right)}\right)$$

$$\boxed{|\underline{S}| = P_0P_1\left(\frac{\sin\left(N\frac{\phi}{2}\right)}{\sin\left(\frac{\phi}{2}\right)}\right)}$$

4. Pour déterminer le déphasage ϕ entre deux rayons lumineux successifs on pourra s'aider du schéma ci-dessous (figure 8.10).

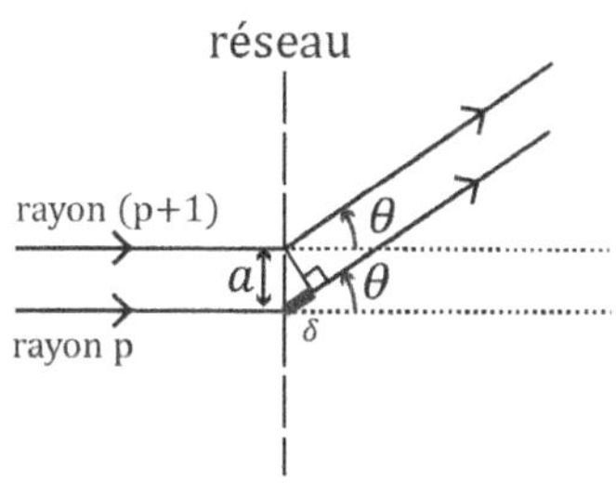

FIGURE 8.10

Entre deux rayons lumineux successifs on peut mesurer une différence de marche δ correspondant à un déphasage ϕ tel que $\delta = a\sin\theta$.

$$\boxed{\phi = \frac{2\pi\delta}{\lambda} = \frac{2\pi a\sin\theta}{\lambda}}$$

5. $\underline{E}_1 = E_0\,\mathrm{e}^{\mathrm{i}\omega t}$; $\underline{E}_2 = E_0\,\mathrm{e}^{\mathrm{i}(\omega t+\phi)}$; $\underline{E}_3 = E_0\,\mathrm{e}^{\mathrm{i}(\omega t+2\phi)}$
Les ondes émises par les fentes d'ordre supérieur sont en avance de phase par rapport à l'onde émise par la fente n°1 et l'amplitude complexe du champ électrique émis par la p-ième fente s'écrit :

$$\boxed{\underline{E}_p = E_0\,\mathrm{e}^{\mathrm{i}(\omega t+(p-1)\phi)}}$$

6. Le champ résultant est obtenu par la somme des champs issus des N fentes éclairées.

$$\underline{E} = \sum_{p=1}^{N} \underline{E}_p = E_0\,\mathrm{e}^{\mathrm{i}\omega t} + E_0\,\mathrm{e}^{\mathrm{i}(\omega t+\phi)} + E_0\,\mathrm{e}^{\mathrm{i}(\omega t+2\phi)} + \ldots + E_0\,\mathrm{e}^{\mathrm{i}(\omega t+(N-1)\phi)}$$

$$\boxed{\underline{E} = E_0\,\mathrm{e}^{\mathrm{i}\omega t}\left[1 + \mathrm{e}^{\mathrm{i}\phi} + \mathrm{e}^{2\mathrm{i}\phi} + \ldots + \mathrm{e}^{\mathrm{i}(N-1)\phi}\right]}$$

Il s'agit d'une suite géométrique de 1er terme 1, de raison $\mathrm{e}^{\mathrm{i}\phi}$ comportant N termes.

$$\underline{E} = E_0\,\mathrm{e}^{\mathrm{i}\omega t} \times 1^{\text{er}}\,\text{terme}\left[\frac{1 - \text{raison}^{\text{nombre de termes}}}{1 - \text{raison}}\right]$$

D'après la question 3, on a $\boxed{\underline{E} = E_0\,\mathrm{e}^{\mathrm{i}\left(\omega t+(N-1)\frac{\phi}{2}\right)}\left(\dfrac{\sin\left(N\frac{\phi}{2}\right)}{\sin\left(\frac{\phi}{2}\right)}\right)}$

7. Par définition, $I = \underline{E} \times \overline{\underline{E}} = |\underline{E}|^2$

$$I = E_0\,\mathrm{e}^{\mathrm{i}\left(\omega t+(N-1)\frac{\phi}{2}\right)}\left(\frac{\sin\left(N\frac{\phi}{2}\right)}{\sin\left(\frac{\phi}{2}\right)}\right) \times E_0\,\mathrm{e}^{-\mathrm{i}\left(\omega t+(N-1)\frac{\phi}{2}\right)}\left(\frac{\sin\left(N\frac{\phi}{2}\right)}{\sin\left(\frac{\phi}{2}\right)}\right)$$

$$\boxed{I = E_0^2\left(\frac{\sin\left(N\frac{\phi}{2}\right)}{\sin\left(\frac{\phi}{2}\right)}\right)^2}$$

C'est bien de la forme $I = I_0\left(\dfrac{\sin\left(N\frac{\phi}{2}\right)}{\sin\left(\frac{\phi}{2}\right)}\right)^2$ avec $I_0 = E_0^2$.

Chapitre 9

Equations différentielles

9.1 Mathématiques

Dans ce chapitre, nous verrons principalement la résolution des équations différentielles linéaires du premier et du second ordre.
Les domaines de la physique qui utilisent ces notions sont nombreux tels que l'électromagnétisme, la mécanique, la mécanique des fluides et les diffusions moléculaire et thermique.

9.1.1 Généralités

Une équation différentielle est une égalité mettant en relation une fonction et sa dérivée (ou ses dérivées successives).

Résoudre une équation différentielle sur un intervalle I, consiste à trouver l'ensemble des fonctions dérivables sur I à valeurs dans $\mathbb{R}$ qui vérifie l'égalité pour tout $x \in \mathrm{I}$.

Si de plus on sait que pour les réels x_0 et y_0 , $g(x_0) = y_0$, le système

$$\begin{cases} \text{équation différentielle} \\ \text{condition initiale : } g(x_0) = y_0 \end{cases}$$

est un système de Cauchy.

Notation :
Dans une équation différentielle d'inconnue f, on peut noter y à la place de $f(x)$.
L'équation différentielle $f'(x) = f(x) + x$ peut aussi s'écrire $y' = y + x$.

Exemple de système de Cauchy

$$\begin{cases} y' + y = x^2 \\ y(0) = 2 \end{cases}$$

est un système de Cauchy

Montrons que la fonction f définie sur $\mathbb{R}$ par $f(x) = x^2 + 2x$ est solution de l'équation (E) : $2y' + y = x^2 + 6x + 4$

On remplace y par l'expression de f dans l'équation de départ pour vérifier que l'égalité est bien vérifiée.
Pour tout x de $\mathbb{R}$,

$$\begin{aligned} 2f'(x) + f(x) &= 2\,(2x+2) + x^2 + 2x \\ &= 4x + 4 + x^2 + 2x \\ &= x^2 + 6x + 4 \end{aligned}$$

Donc f est bien solution de (E).

9.1.2 Equations du premier ordre

Une équation différentielle du premier ordre est une équation mettant en relation une fonction et sa dérivée.

Exemples d'équations différentielles du premier ordre

$$y'\,(y-1) = 0$$

$$3y' + 2y = \mathrm{e}^x$$

Equations différentielles linéaires

Les équations différentielles linéaires sont des équations de la forme :

$$y' + ay = b$$

avec a et b deux fonctions continues sur I.
On note A une primitive de a sur I.

Notation
On appelle équation homogène (H), l'équation sans second membre : $y' + ay = 0$.

Résolution des équations différentielles linéaires

Méthode de résolution de (E) : $y' + ay = b$

1. On recherche les solutions de (H) : $y' + ay = 0$.
   Les solutions de (H) sont les fonctions $x \longrightarrow K\mathrm{e}^{-\int a(x)\mathrm{d}x}$ avec K réel.
2. On cherche une solution particulière de (E).
3. On additionne ces deux solutions.
4. On détermine K en utilisant la condition initiale si elle est donnée.

1. Résolution de (H)

L'ensemble des solutions de (H) sont les fonctions y_H de la forme $y_H(x) = K\mathrm{e}^{-\mathrm{A}(x)}$ avec K une constante réelle et A une primitive de a.

Résolution de $y' + 2xy = 0$

Les solutions sont les fonctions de la forme :

$$\begin{aligned} y_H &= K\mathrm{e}^{\int -2x\,\mathrm{d}x} \\ &= K\mathrm{e}^{-x^2} \text{ pour tout réel } K \end{aligned}$$

Résolution de $xy' + y = 0$ **sur** $\mathbb{R}_+^*$

Les solutions sont les fonctions de la forme :

$$\begin{aligned} y_H &= K\mathrm{e}^{\int -\frac{1}{x}\,\mathrm{d}x} \\ &= K\mathrm{e}^{-\ln(x)} \\ &= K\mathrm{e}^{\ln(x^{-1})} \\ &= \frac{K}{x} \text{ pour tout réel } K \end{aligned}$$

Si de plus, les fonctions a et b sont des constantes, on parle d'équation linéaire du premier ordre à coefficients constants.

Résolution de $y' + 2y = 0$ **sur** $\mathbb{R}$

Les solutions sont les fonctions de la forme :

$$\begin{aligned} y_H &= K\mathrm{e}^{\int -2\,\mathrm{d}x} \\ &= K\mathrm{e}^{-2x} \text{ pour tout réel } K \end{aligned}$$

2. Recherche d'une solution particulière

* Si a est une fonction constante et b de la forme $P(x)\,\mathrm{e}^{kx}$ avec P un polynôme de degré n à coefficients dans $\mathbb{R}$ et k un réel, on recherche une solution de la forme $Q(x)\,\mathrm{e}^{kx}$ avec deg(Q) inférieur à $n+1$.

Recherche d'une solution particulière de $y' + 3y = x^2$

On recherche une solution de la forme $y_p(x) = a_2x^2 + a_1x + a_0$ avec a_2, a_1, a_0 trois réels.
On a : $y_p'(x) = 2a_2x + a_1$.
D'une part, on a :

$$\begin{aligned} y_p'(x) + 3y_p(x) &= 2a_2x + a_1 + 3(a_2x^2 + a_1x + a_0) \\ &= 3a_2x^2 + (2a_2 + 3a_1)x + (a_1 + 3a_0) \end{aligned}$$

D'autre part, on a : $y_p'(x) + 3y_p(x) = x^2$.
On résout le système suivant :

$$\begin{cases} 3a_2 & = 1 \\ 2a_2 + 3a_1 & = 0 \\ a_1 + 3a_0 & = 0 \end{cases}$$

On trouve donc $y_p(x) = \dfrac{1}{3}x^2 - \dfrac{2}{9}x + \dfrac{2}{27}$.

* *Méthode de variation de la constante*

On recherche une solution particulière de la forme $y_p = K(x)\,\mathrm{e}^{-A(x)}$ avec $K(x)$ une fonction à déterminer.
y_p est solution de (E) $\Rightarrow$

$$y_p' + a(x)\,y_p = b(x)$$

$$K'(x)\,\mathrm{e}^{-A(x)} - a(x)\,K(x)\,\mathrm{e}^{-A(x)} + a(x)\,K(x)\,\mathrm{e}^{-A(x)} = b(x)$$

$$K'(x)\,\mathrm{e}^{-A(x)} = b(x)$$

$$K(x) = \int b(x)\,\mathrm{e}^{A(x)}\,\mathrm{d}x$$

On obtient $y_p = \left(\displaystyle\int b(x)\,\mathrm{e}^{-A(x)}\,\mathrm{d}x\right)\mathrm{e}^{-A(x)}$.

Recherche d'une solution particulière de $y' + \dfrac{y}{x} = \dfrac{1}{x^2}$

- **Résolution de (H) d'expression** $y' + \dfrac{y}{x} = 0$

  L'ensemble des solutions de (H) sont les fonctions y_H de la forme $y_H = \dfrac{C}{x}$ avec C réel.

- **Recherche d'une solution particulière de (E)**

  On recherche une solution de la forme $y_p(x) = \dfrac{K(x)}{x}$ avec K une fonction de x.

  On a $y_p' + \dfrac{y_p}{x} = \dfrac{1}{x^2}$ et $y_p'(x) = \dfrac{xK'(x) - K(x)}{x^2}$.

$$\begin{aligned} y_p' + \frac{y_p}{x} &= \frac{1}{x^2} \\ \frac{xK'(x) - K(x)}{x^2} + \frac{K(x)}{x^2} &= \frac{1}{x^2} \\ K'(x) &= \frac{1}{x} \\ K(x) = \ln(x) + c \end{aligned}$$

  avec c une constante.

  On pourra prendre $c = 0$, soit $y_p(x) = \dfrac{\ln(x)}{x}$.

* *Superposition de deux solutions particulières*

Considérons une équation différentielle de la forme $y' + ay = b_1 + b_2$ avec a, b_1 et b_2 des fonctions continues sur un intervalle I.

On recherche une solution particulière de la forme $y_p = y_{p_1} + y_{p_2}$ avec

$$\begin{cases} y_{p_1}' + ay_{p_1} = b_1 \\ y_{p_2}' + ay_{p_2} = b_2 \end{cases}$$

Recherche d'une solution particulière de (E) : $y' + y = x^2 + 2x + 2\mathrm{e}^x$

- **Résolution de** (H) **:** $y' + y = 0$
  L'ensemble des solutions de H sont les fonctions y_H de la forme $y_H = K\,\mathrm{e}^{-x}$ avec K réel.

- **Recherche d'une solution particulière** (E)

  Solution particulière de (E_1) : $y' + y = x^2 + 2x$

  $$\Rightarrow \; y_{p_1} = x^2$$

  Solution particulière de (E_2) : $y' + y = 2\mathrm{e}^x$

  $$\Rightarrow \; y_{p_2} = \mathrm{e}^x$$

  Ainsi une solution particulière de (E) est :

  $$y_p = y_{p_1} + y_{p_2} = x^2 + \mathrm{e}^x$$

3. Expression générale des solutions de (E)

La résolution de l'équation différentielle E de la forme $y' + a\,y = b$ sur un intervalle I, avec a et b deux fonctions continues sur I, est l'ensemble des fonctions de la forme $y_p + y_H$.

Expression de la solution générale $y' + y = x^2 + 2x + 2\mathrm{e}^x$ (exemple précédent)

L'ensemble des solutions de (E) sont les fonctions y de la forme :

$$y(x) = K\,\mathrm{e}^{-x} + x^2 + \mathrm{e}^x$$

avec K réel.

4. Expression générale des solutions de (E) en tenant compte de la condition initiale si elle est donnée

On peut déterminer la valeur de la constante K à l'aide de la condition initiale $y(x_0) = y_0$.

Expression de la solution générale $y' + y = x^2 + 2x + 2\mathrm{e}^x$ **avec** $y(0) = 2$ (exemple précédent)

L'ensemble des solutions de (E) sont les fonctions y de la forme :

$$y(x) = K\,\mathrm{e}^{-x} + x^2 + \mathrm{e}^x$$

avec $y(0) = K\,\mathrm{e}^{-0} + 0^2 + \mathrm{e}^0 = 2$.
Ainsi $K + 0^2 + 1 = 2$ et $K = 1$.
La solution du système de Cauchy est donc la fonction définie par :

$$y(x) = \mathrm{e}^{-x} + x^2 + \mathrm{e}^x$$

9.1.3 Equations du second ordre à coefficients constants

On cherche à résoudre une équation différentielle (E) sur un intervalle I de la forme :

$$ay'' + by' + cy = h$$

avec h une fonction continue sur I et a, b et c trois constantes réelles avec a non nul.

Notation

On appelle équation homogène (H), l'équation sans second membre :

$$ay'' + by' + cy = 0$$

Méthode de résolution de (E) :

1. On recherche les solutions de (H).
2. On cherche une solution particulière de (E).
3. On additionne ces deux solutions.
4. On détermine les constantes en utilisant les conditions initiales.

1. Résolution de (H)

On cherche à résoudre (H) : $ay'' + by' + cy = 0$
On considère **l'équation caractéristique** (R) : $ar^2 + br + c = 0$.
On note Δ le discriminant de cette équation.
Le calcul du discriminant et le calcul des racines sont détaillés au chapitre 8 - Nombres complexes - Cours de mathématiques.

* Si $\Delta > 0$, on note r_1 et r_2 les deux solutions de (R).
Les solutions de (H) sont les fonctions du type : $y_H(x) = A_1\, e^{r_1 x} + A_2\, e^{r_2 x}$ avec A_1 et A_2 appartenant à $\mathbb{R}$.

* Si $\Delta = 0$, on note r la solution de (R).
Les solutions de (H) sont les fonctions du type : $y_H(x) = A_1 x\, e^{rx} + A_2\, e^{rx}$ avec A_1 et A_2 appartenant à $\mathbb{R}$.

* Si $\Delta < 0$, on note r_1 et r_2 les deux solutions complexes conjuguées de (R) avec $r_1 = \mathcal{R}\mathrm{e}(r_1) + \mathrm{i}\,\mathcal{I}\mathrm{m}(r_1)$ et $r_2 = \mathcal{R}\mathrm{e}(r_1) - \mathrm{i}\,\mathcal{I}\mathrm{m}(r_1)$

Remarque

$\mathcal{R}\mathrm{e}(r_1)$ correspond à la partie réelle de r_1 et $\mathcal{I}\mathrm{m}(r_1)$ à sa partie imaginaire.

Les solutions de (H) sont les fonctions du type :

$$y_H(x) = \Big(A_1 \cos(\mathcal{I}\mathrm{m}(r_1)x) + A_2 \sin(\mathcal{I}\mathrm{m}(r_1)x)\Big)\, e^{\mathcal{R}\mathrm{e}(r_1)x}$$

avec A_1 et A_2 appartenant à $\mathbb{R}$.

Résolution de (E_1) d'expression $y'' + 2y' - 3y = 0$

L'équation caractéristique est $r^2 + 2r - 3 = 0$.
Elle a deux racines : 1 et -3.
Les solutions de (E_1) sont les fonctions $y_H = A_1\,\mathrm{e}^{x} + A_2\,\mathrm{e}^{-3x}$ avec A_1 et A_2 appartenant à $\mathbb{R}$.

Résolution de (E_2) d'expression $y'' + 2y' + y = 0$

L'équation caractéristique est $r^2 + 2r + 1 = 0$.
Elle a une racine double : -1.
Les solutions de (E_2) sont les fonctions $y_H(x) = A_1 x\,\mathrm{e}^{-x} + A_2\,\mathrm{e}^{-x}$ avec A_1 et A_2 appartenant à $\mathbb{R}$.

Résolution de (E_3) d'expression $y'' + 9y = 0$

L'équation caractéristique est $r^2 + 9 = 0$.
Elle a deux racines complexes : 3i et -3i.
Les solutions de (E_3) sont les fonctions $y_H(x) = A_1\cos(3x) + A_2\sin(3x)$ avec A_1 et A_2 appartenant à $\mathbb{R}$.

2. **Recherche d'une solution particulière, cas d'un second membre de la forme $e^{mx}P(x)$ avec P un polynôme**

   On cherche à trouver une solution particulière à l'équation différentielle suivante sur un intervalle I de $\mathbb{R}$ de la forme :

$$ay''(x) + by'(x) + cy(x) = \mathrm{e}^{mx}P(x)$$

   avec P une fonction polynôme sur I et a, b et c trois constantes réelles avec a non nul.
   Il existe une solution particulière de la forme $y_{P(x)} = e^{mx}Q(x)$ avec Q un polynôme

* de même degré que P si m n'est pas solution de l'équation caractéristique

Recherche d'une solution particulière de $y'' - 3y' + y = (-x + 1)\,\mathrm{e}^{2x}$

2 n'est pas racine de (R) : $r^2 - 3r + 1 = 0$.
Donc on cherche une solution particulière de la forme $y_p = (ax + b)\,\mathrm{e}^{2x}$.

- $y_p'(x) = (2ax + 2b + a)\,\mathrm{e}^{2x}$
- $y_p''(x) = (4ax + 4b + 4a)\,\mathrm{e}^{2x}$

On a donc

$$y_p''(x) - 3y_p'(x) + y_p(x) = (-ax - b + a)\,\mathrm{e}^{2x} = (-x + 1)\,\mathrm{e}^{2x}$$

ainsi $a = 1$ et $b = 0$.
On pourra prendre comme solution particulière :

$$y_p(x) = x\,\mathrm{e}^{2x}$$

* de degré XP si m est une racine simple de l'équation caractéristique

Recherche d'une solution particulière de $y'' + 2y' - 3y = x\,\mathrm{e}^{x}$

1 est racine de (R) : $r^2 + 2r - 3 = 0$.
Donc on cherche une solution particulière de la forme $y_p = x\,(ax + b)\,\mathrm{e}^{x}$.

- $y_p'(x) = \big(ax^2 + (2a + b)\,x + b\big)\,\mathrm{e}^{x}$
- $y_p''(x) = \big(ax^2 + (4a + b)\,x + 2a + 2b\big)\,\mathrm{e}^{x}$

On a donc

$$y''(x) + 2y'(x) - 3y(x) = (8ax + 2a + 4b)\,\mathrm{e}^{x} = x\,\mathrm{e}^{x}$$

ainsi $a = \frac{1}{8}$ et $b = -\frac{1}{16}$.
On pourra prendre :

$$y_p(x) = x\left(\frac{1}{8}x - \frac{1}{16}\right)\mathrm{e}^{x}$$

* de degré X^2P si m est une racine double de l'équation caractéristique

Recherche d'une solution particulière de $y'' + 2y' + y = 2\,\mathrm{e}^{-x}$

-1 est racine double de (R) : $r^2 + 2r + 1 = 0$.
Donc on cherche une solution particulière de la forme $y_p = ax^2\,\mathrm{e}^{-x}$.

- $y_p'(x) = a\,\big(-x^2 + 2x\big)\,\mathrm{e}^{-x}$
- $y_p''(x) = a\,\big(x^2 - 4x + 2\big)\,\mathrm{e}^{-x}$

On a donc

$$y_p''(x) + 2y_p'(x) + y_p(x) = 2a\,\mathrm{e}^{-x} = 2\,\mathrm{e}^{-x}$$

ainsi $a = 1$.
Une solution particulière est donc :

$$y_p(x) = x^2\,\mathrm{e}^{-x}$$

Principe de superposition

On cherche à trouver une solution particulière à l'équation différentielle (E) suivante sur un intervalle I de $\mathbb{R}$ de la forme :

$$ay''(x) + by'(x) + cy(x) = \mathrm{e}^{mx}P_1(x) + \mathrm{e}^{nx}P_2(x)$$

avec P_1 et P_2 deux fonctions polynômes sur I et a, b et c trois constantes réelles avec a non nul.
On note y_{p_1} une solution particulière de l'équation :

$$ay''(x) + by'(x) + cy(x) = \mathrm{e}^{mx}P_1(x)$$

On note y_{p_2} une solution particulière de l'équation :

$$ay''(x) + by'(x) + cy(x) = \mathrm{e}^{nx}P_2(x)$$

Une solution particulière de (E) est :

$$y_p = y_{p_1} + y_{p_2}$$

3. **Expression de la solution générale**

Les solutions de l'équation différentielle (E) sur un intervalle I de la forme :

$$ay'' + by' + cy = h$$

avec h une fonction continue sur I et a, b et c trois constantes réelles avec a non nul sont les fonctions de la forme $y_p + y_H$ avec :

- y_p une solution particulière de l'équation
- y_H une solution de (H)

4. **Expression de la solution de (E) qui vérifie les conditions initiales**

On peut déterminer les constantes A_1 et A_2 en utilisant les conditions initiales.

Résolution de $y'' + y = x^2 + 3$ **avec** $y(0) = 1$ **et** $y'(0) = 0$

Résolution de (H) d'expression $y'' + y = 0$
Les racines de (R) : $r^2 + 1 = 0$ sont i et $-$i.
Les solutions de (E) sont les fonctions $y_H(x) = A_1 \cos x + A_2 \sin x$ avec A_1 et A_2 appartenant à $\mathbb{R}$.

Recherche d'une solution particulière de $y'' + y = x^2 + 3$
On cherche une solution particulière de la forme $y_p = ax^2 + bx + c$.

- $y_p'(x) = 2ax + b$
- $y_p''(x) = 2a$

On a donc
$$y_p''(x) + y_p(x) = ax^2 + bx + c + 2a$$
ainsi $a = 1$, $b = 0$ et $c = 1$.
Une solution particulière est de la forme : $y_p(x) = x^2 + 1$

Déterminons les constantes A_1 et A_2 de $y'' + y = x^2 + 3$
Les solutions de (E) sont de la forme :
$$y(x) = A_1 \cos x + A_2 \sin x + x^2 + 1$$
avec A_1 et A_2 appartenant à $\mathbb{R}$.
Ainsi,
$$y'(x) = -A_1 \sin x + A_2 \cos x + 2x$$
On utilise les conditions initiales :
$$\begin{cases} y(0) = 1 \\ y'(0) = 0 \end{cases}$$
Ainsi,
$$\begin{cases} A_1 \cos 0 + A_2 \sin 0 + 0^2 + 1 = 1 \\ -A_1 \sin 0 + A_2 \cos 0 = 0 \end{cases}$$
Ce qui revient à :
$$\begin{cases} A_1 + 1 = 1 \\ A_2 = 0 \end{cases}$$
On a donc $A_1 = 0$ et $A_2 = 0$.
La solution qui vérifie les conditions initiales est donc la fonction :
$$y(x) = x^2 + 1$$

9.1.4 Exercices

❑ Exercice 1 ☆☆☆

On veut résoudre l'équation différentielle (E) d'expression $y' + y = 2$.

1. Résoudre l'équation homogène (H) d'expression $y' + y = 0$.
2. Trouver une solution particulière de (E) en utilisant la méthode de variation de la constante.
   Remarque : il est aussi possible de trouver directement une solution évidente.
3. En déduire les solutions de (E).
4. Trouver la solution telle que $y(0) = 1$.

Solution

1. Les solutions de l'équation homogène (H) sont les fonctions de la forme :

$$\begin{aligned} y_H &= C\,\mathrm{e}^{\int -1\,\mathrm{d}x} \\ &= C\,\mathrm{e}^{-x} \end{aligned}$$

avec C une constante.

2. On recherche une solution de la forme $y_p(x) = K(x)\,\mathrm{e}^{-x}$ avec K une fonction de x.
On a :

$$y_p' + y_p = 2$$

et

$$y_p'(x) = K'(x)\,\mathrm{e}^{-x} - K(x)\,\mathrm{e}^{-x}$$

$$\begin{aligned} K'(x)\,\mathrm{e}^{-x} - K(x)\,\mathrm{e}^{-x} + K(x)\,\mathrm{e}^{-x} &= 2 \\ K'(x)\,\mathrm{e}^{-x} &= 2 \\ K'(x) &= 2\,\mathrm{e}^{x} \\ K(x) &= 2\,\mathrm{e}^{x} + c \end{aligned}$$

avec c une constante. On prendra $c = 0$.
Ainsi $y_p(x) = K(x)\,\mathrm{e}^{-x} = 2\,\mathrm{e}^{x}\,\mathrm{e}^{-x} = 2$ est une solution particulière.

3. Les solutions de (E) sont les fonctions $C\mathrm{e}^{-x} + 2$.

4. On cherche à déterminer C telle que $C\mathrm{e}^{-0} + 2 = 1$ car $y(0) = 1$.
On trouve donc $C = -1$.
Ainsi la fonction y définie par $\boxed{y(x) = -\mathrm{e}^{-x} + 2}$ est la solution de (E) telle que $y(0) = 1$.

❑ Exercice 2 - Equation différentielle du premier ordre

Résoudre les équations suivantes dont la variable est t.

1. Résoudre $y' + 4y = 0$
2. Résoudre $y' + 3y = t$
3. Résoudre $2y' - 4y = \sin t$
4. Résoudre $y' + y = -4\,\mathrm{e}^{-3t}$
5. Résoudre $2y' + y = t + 2$

Solution

1. **Résolution de (H)** : $y' + 4y = 0$

   Les solutions de l'équation homogène (H) sont les fonctions de la forme :

$$y_H(t) = K\mathrm{e}^{-4t} \quad \text{avec } K \text{constante.}$$

   Recherche d'une solution particulière et résolution de (E) : $y' + 4y = 0$

   La fonction nulle étant une solution particulière de l'équation, les solutions sont les fonctions de la forme :

$$\boxed{y(t) = K\mathrm{e}^{-4t}} \quad \text{avec } K \text{ une constante réelle.}$$

2. **Résolution de (H)** : $y' + 3y = 0$

   Les solutions de l'équation homogène (H) sont les fonctions de la forme :

$$y_H(t) = K\mathrm{e}^{-3t} \quad \text{avec } K \text{constante.}$$

   Recherche d'une solution particulière et résolution de (E) : $y' + 3y = t$

   On cherche une solution particulière de la forme $at + b$ car le second membre est un polynôme de degré 1.

   On a donc

$$y_p(t) = at + b \quad \text{et} \quad y_p'(t) = a$$

$$y_p' + 3y_p = a + 3\,(at + b) = a + 3b + 3at = t$$

   Par identification, on trouve $a = \dfrac{1}{3}$ et $b = -\dfrac{1}{9}$.

   Les solutions sont les fonctions de la forme :

$$\boxed{y(t) = K\mathrm{e}^{-3t} + \frac{1}{3}t - \frac{1}{9}} \quad \text{avec } K \text{ une constante réelle.}$$

3. **Résolution de (H)** : $2y' - 4y = 0$

   Les solutions de l'équation homogène (H) sont les fonctions de la forme :

$$y_H(t) = K\mathrm{e}^{2t} \quad \text{avec } K \text{constante.}$$

   Recherche d'une solution particulière et résolution de (E) : $2y' - 4y = \sin t$

   On cherche une solution particulière de la forme $y_p(t) = A\sin t + B\cos t$.

   On a donc

$$y_p(t) = A\sin t + B\cos t \quad \text{et} \quad y_p'(t) = A\cos t - B\sin t$$

$$\begin{aligned}2y_p' - 4y_p &= 2\,(A\cos t - B\sin t) - 4\,(A\sin t + B\cos t)\\ &= (2A - 4B)\cos t + (-4A - 2B)\sin t = \sin t\end{aligned}$$

Par identification, on trouve $A = -\dfrac{1}{5}$ et $B = -\dfrac{1}{10}$. Les solutions sont les fonctions de la forme :

$$\boxed{y(t) = K\mathrm{e}^{2t} - \frac{1}{5}\sin t - \frac{1}{10}\cos t} \quad \text{avec } K \text{ une constante réelle.}$$

4. **Résolution de (H)** : $y' + y = 0$

   Les solutions de l'équation homogène (H) sont les fonctions de la forme :

   $$y_H(t) = K\mathrm{e}^{-t} \quad \text{avec } K \text{constante.}$$

   Recherche d'une solution particulière et résolution de (E) : $y' + y = -4\,\mathrm{e}^{-3t}$

   On cherche une solution particulière de la forme $y_p(t) = A\,\mathrm{e}^{-3t}$.

   On a donc

   $$y_p(t) = A\,\mathrm{e}^{-3t} \quad \text{et} \quad y_p'(t) = -3A\,\mathrm{e}^{-3t}$$

   $$y_p' + y_p = -3A\,\mathrm{e}^{-3t} + A\,\mathrm{e}^{-3t} = -2A\,\mathrm{e}^{-3t} = -4\,\mathrm{e}^{-3t}$$

   Par identification, on trouve $A = 2$. Les solutions sont les fonctions de la forme :

   $$\boxed{y(t) = K\mathrm{e}^{-t} + 2\,\mathrm{e}^{-3t}} \quad \text{avec } K \text{ une constante réelle.}$$

5. **Résolution de (H)** : $2y' + y = 0$

   Les solutions de l'équation homogène (H) sont les fonctions de la forme :

   $$y_H(t) = K\mathrm{e}^{-0{,}5t} \quad \text{avec } K \text{constante.}$$

   Recherche d'une solution particulière et résolution de (E) : $2y' + y = t + 2$

   On cherche une solution particulière de la forme $(at + b)$ car le second membre est un polynôme de degré 1.

   On a donc

   $$y_p(t) = at + b \quad \text{et} \quad y_p'(t) = a$$

   $$2y_p' + y_p = 2a + at + b = t + 2$$

   Par identification, on trouve $a = 1$ et $b = 0$. Les solutions sont les fonctions de la forme :

   $$\boxed{y(t) = K\mathrm{e}^{-0{,}5t} + t} \quad \text{avec } K \text{ une constante réelle.}$$

❑ Exercice 3 - Equation différentielle du premier ordre ★☆☆

Résoudre les équations différentielles suivantes.

1. Résoudre $y' + 2y = \cos t + 2\sin t$ et $y(0) = 0$.
2. Résoudre $-y' + 2y = \mathrm{e}^{3t} - 1$ avec $y(0) = 1$.

Solution

1. **Résolution de (H)** : $y' + 2y = 0$
   Les solutions de l'équation homogène (H) sont les fonctions de la forme :

   $$y_H = C\mathrm{e}^{\int -2\,\mathrm{d}t} = C\mathrm{e}^{-2t}$$

   avec C une constante.
   Recherche d'une solution particulière et résolution de (E) : $y' + 2y = \cos t + 2\sin t$
   On recherche une solution particulière de la forme $y_p(t) = A\cos t + B\sin t$ avec A et B deux réels à déterminer.
   On a donc

   $$y_p(t) = A\cos t + B\sin t \quad \text{et} \quad y_p'(t) = -A\sin t + B\cos t$$

   $$\begin{aligned} y_p' + 2y_p &= (2A + B)\cos t + (2\,B - A)\sin t \\ &= \cos t + 2\sin t \end{aligned}$$

   Après identification des coefficients, on résout le système :

   $$\begin{cases} 2A + B &= 1 \\ 2B - A &= 2 \end{cases}$$

   Ainsi, $B = 1$ et $A = 0$ conviennent.
   La solution particulière s'écrit : $y_p(t) = \sin t$.
   Pour respecter la condition $y(0) = y_H(0) + y_p(0) = 0$, on trouve $C = 0$.
   La solution est donc la fonction $\boxed{y(t) = \sin t}$.
2. **Résolution de (H)** : $-y' + 2y = 0$
   Les solutions de l'équation homogène (H) sont les fonctions de la forme :

   $$y_H = C\mathrm{e}^{\int 2\mathrm{d}t} = C\mathrm{e}^{2t}$$

   avec C une constante.

Recherche d'une solution particulière et résolution de (E) : $-y'+2y = \mathrm{e}^{3t}-1$
On recherche une solution de la forme $y_p(t) = K(t)\,\mathrm{e}^{2t}$ avec K une fonction de t.
On a donc

$$y_p(t) = K(t)\,\mathrm{e}^{2t} \quad \text{et} \quad y_p' = K'(t)\,\mathrm{e}^{2t} + 2K(t)\,\mathrm{e}^{2t}$$

$$\begin{aligned} -y_p' + 2y_p &= \mathrm{e}^{3t} - 1 \\ -\left(K'(t)\,\mathrm{e}^{2t} + 2K(t)\,\mathrm{e}^{2t}\right) + 2K(t)\,\mathrm{e}^{2t} &= \mathrm{e}^{3t} - 1 \\ -K'(t)\,\mathrm{e}^{2t} &= \mathrm{e}^{3t} - 1 \\ K'(t) &= -\mathrm{e}^{t} + \mathrm{e}^{-2t} \end{aligned}$$

On en déduit $K(t) = -\mathrm{e}^t - \dfrac{1}{2}\,\mathrm{e}^{-2t} + c$ avec c une constante. On pourra prendre $c = 0$.

$$y_p(t) = K(t)\,\mathrm{e}^{2t} = -\mathrm{e}^{3t} - \frac{1}{2}\,\mathrm{e}^{0} = -\mathrm{e}^{3t} - \frac{1}{2}$$

La solution est la fonction $y(t) = y_H + y_p = C\,\mathrm{e}^{2t} - \mathrm{e}^{3t} - \dfrac{1}{2}$. Pour respecter la condition $y(0) = 1$, on trouve $C = \dfrac{5}{2}$. La solution s'écrit :

$$\boxed{y(t) = \frac{5}{2}\,\mathrm{e}^{2t} - \mathrm{e}^{3t} - \frac{1}{2}}$$

❑ Exercice 4 - Equation différentielle du premier ordre ★★★

Résoudre les équations différentielles suivantes.

1. Résoudre $y' - 2ty = -2t$ avec la condition $y(0) = 2$.
2. Résoudre $2y' + \dfrac{y}{t} = 0$ sur $]0, \infty[$, avec la condition $y(1) = 1$.

Solution

1. Les solutions de l'équation homogène (H) sont les fonctions de la forme $y_H(t) = K\,\mathrm{e}^{t^2}$ avec K constante.
   On cherche une solution particulière de la forme $at + b$ car le second membre est un polynôme de degré 1 mais on peut s'apercevoir que 1 convient.

   Les solutions sont les fonctions de la forme $y(t) = K\,\mathrm{e}^{t^2} + 1$.
   On sait de plus que $y(0) = 2$ donc $K = 1$.

   Ainsi, $\boxed{y(t) = \mathrm{e}^{t^2} + 1}$ est la solution de l'équation.

2. Les solutions de l'équation homogène (H) sont les fonctions de la forme :
$y_H(t) = K\mathrm{e}^{-\frac{\ln t}{2}} = K\mathrm{e}^{\ln t^{-1/2}} = Kt^{-1/2} = K\dfrac{1}{\sqrt{t}}$ avec K constante.

On ne cherche pas de solution particulière car la fonction nulle convient. Il n'y a pas de second membre.

Les solutions sont les fonctions de la forme : $y(t) = K\dfrac{1}{\sqrt{t}}$ avec K constante.

On sait de plus que $y(1) = 1$ donc $K = 1$.

Ainsi $\boxed{y(t) = \dfrac{1}{\sqrt{t}}}$ est la solution de l'équation.

❑ Exercice 5 - Equation différentielle du second ordre ★★☆

Résoudre les équations suivantes.

1. Résoudre $y'' + 2y' + y = 3x^2 + 12x + 7 + 4\mathrm{e}^x$
2. Résoudre $y'' - 3y' + 2y = 5\mathrm{e}^{3x}$

Solution

1. **Résolution de l'équation homogène** : $y'' + 2y' + y = 0$
On a l'équation caratéristique $r^2 + 2r + 1 = 0$. On trouve $r = -1$ une racine double.
Ainsi les solutions de l'équation homogène sont les fonctions de la forme :

$$A_1\,\mathrm{e}^{-x} + A_2 x\,\mathrm{e}^{-x} \quad \text{avec } A_1 \text{ et } A_2 \text{ deux réels.}$$

Recherche d'une solution particulière : $y'' + 2y' + y = 3x^2 + 12x + 7$
On cherche une solution particulière de la forme $ax^2 + bx + c$.
Par identification, on trouve que la fonction $3x^2 + 1$ convient.

Recherche d'une solution particulière : $y'' + 2y' + y = 4\mathrm{e}^x$
On cherche une solution particulière de la forme $a\mathrm{e}^x$, on trouve $a = 1$.
Par identification, on trouve que la fonction e^x convient.
Ainsi les solutions sont les fonctions de la forme :

$$\boxed{A_1\,\mathrm{e}^{-x} + A_2 x\,\mathrm{e}^{-x} + 3x^2 + 1 + \mathrm{e}^x \quad \text{avec } A_1 \text{ et } A_2 \text{ deux réels}}$$

2. **Résolution de l'équation homogène** : $y'' - 3y' + 2y = 0$
On a l'équation caratéristique $r^2 - 3r + 2 = 0$. On trouve comme racines $r_1 = 1$ ou $r_2 = 2$.
Ainsi les solutions de l'équation homogène sont les fonctions de la forme :

$$A_1\,\mathrm{e}^{x} + A_2\,\mathrm{e}^{2x} \quad \text{avec } A_1 \text{ et } A_2 \text{ deux réels.}$$

Recherche d'une solution particulière : $y'' - 3y' + 2y = 5e^{3x}$
On cherche une solution particulière de la forme Ae^{3x}.
Par identification, on trouve que la fonction $\frac{5}{2}e^{3x}$ convient.
Ainsi les solutions sont les fonctions de la forme :

$$\boxed{A_1 e^x + A_2 e^{2x} + \frac{5}{2}e^{3x}} \text{ avec } A_1 \text{ et } A_2 \text{ deux réels.}$$

❑ **Exercice 6 - EQUATION DIFFÉRENTIELLE DU SECOND ORDRE** ★★★

Résoudre les équations différentielles suivantes.

1. Résoudre $y''+2y'+y = x^2+4x+2$ avec les conditions $y(0) = 1$ et $y(1) = 1$.
2. Résoudre $y'' - 3y' + 2y = 2x^3 - 9x^2 + 6x$ avec les conditions $y(0) = 1$ et $y'(0) = 2$.

Solution

1. **Résolution de l'équation homogène** : $y'' + 2y' + y = 0$
On a l'équation caratéristique : $r^2+2r+1 = 0$. On trouve $r = -1$ racine double.
Ainsi les solutions de l'équation homogène sont les fonctions de la forme :

$$A_1e^{-x} + A_2xe^{-x} \text{ avec } A_1 \text{ et } A_2 \text{ deux réels.}$$

Recherche d'une solution particulière : $y'' + 2y' + y = x^2 + 4x + 2$
Le second membre est un polynôme, on recherche donc une solution de la forme d'un polynôme de même degré.
On cherche a, b et c tels que y_p soit une solution particulière de la forme : $y_p(x) = ax^2 + bx + c$.

$$\begin{aligned} y_p''(x) + 2y_p'(x) + y_p(x) &= 2a + 2(2ax + b) + ax^2 + bx + c \\ &= ax^2 + (4a + b)x + 2a + 2b + c \end{aligned}$$

Par identification à la fonction $x^2 + 4x + 2$, on résout :

$$\begin{cases} a & = 1 \\ 4a + b & = 4 \\ 2a + 2b + c & = 2 \end{cases}$$

On trouve $a = 1$, $b = 0$ et $c = 0$, la fonction y_p définie par $y_p(x) = x^2$ est une solution particulière de (E).

Ainsi les solutions de (E) sont les fonctions de la forme y telles que :

$$y(x) = A_1\,\mathrm{e}^{-x} + A_2 x\,\mathrm{e}^{-x} + x^2 \quad \text{avec } A_1 \text{ et } A_2 \text{ deux réels.}$$

Détermination des constantes A_1 et A_2

On sait que $y(x) = A_1\,\mathrm{e}^{-x} + A_2 x\,\mathrm{e}^{-x} + x^2$.

Ainsi $y(0) = 1$ donne $A_1 = 1$ et $y(1) = 1$ donne $A_1\,\mathrm{e}^{-1} - A_2\,\mathrm{e}^{-1} + 1 = 1$ soit $A_2 = -1$.

Finalement, la solution qui vérifie les conditions données est la fonction y définie par $\boxed{y(x) = \mathrm{e}^{-x} - x\,\mathrm{e}^{-x} + x^2}$

2. **Résolution de l'équation homogène** : $y'' - 3y' + 2y = 0$

On a l'équation caratéristique : $r^2 - 3r + 2 = 0$. Les racines sont $r_1 = 1$ et $r_2 = 2$.

Ainsi les solutions de l'équation homogène sont les fonctions de la forme :

$$A_1\,\mathrm{e}^{x} + A_2\,\mathrm{e}^{2x} \text{ avec } A_1 \text{ et } A_2 \text{ deux réels.}$$

Recherche d'une solution particulière : $y'' - 3y' + 2y = 2x^3 - 9x^2 + 6x$

On cherche a, b, c et d tels que y_p soit une solution particulière de la forme $y_p(x) = ax^3 + bx^2 + cx + d$.

On a donc

$$y_p'(x) = 3ax^2 + 2bx + c \quad \text{et} \quad y_p''(x) = 6ax + 2b$$

$$\begin{aligned} &y_p''(x) - 3y_p'(x) + 2y_p(x) \\ &\qquad = 6ax + 2b - 3\left(3ax^2 + 2bx + c\right) + 2\left(ax^3 + bx^2 + cx + d\right) \\ &\qquad = 2ax^3 + (-9a + 2b)\,x^2 + (6a - 6b + 2c)\,x + 2b - 3c + 2d \end{aligned}$$

Par identification à la fonction $2x^3 - 9x^2 + 6x$, on résout :

$$\begin{cases} 2a & = 2 \\ -9a + 2b & = -9 \\ 6a - 6b + 2c & = 6 \\ 2b - 3c + 2d & = 0 \end{cases}$$

On trouve $a = 1$, $b = 0$, $c = 0$ et $d = 0$. La fonction y_p définie par $y_p(x) = x^3$ est une solution particulière de (E).

Ainsi les solutions de (E) sont les fonctions de la forme y telles que :

$$y(x) = A_1\mathrm{e}^{x} + A_2\mathrm{e}^{2x} + x^3 \text{ avec } A_1 \text{ et } A_2 \text{ deux réels.}$$

Détermination des constantes A_1 et A_2

On sait que $y(x) = A_1\,\mathrm{e}^{x} + A_2\,\mathrm{e}^{2x} + x^3$ et donc $y'(x) = A_1\,\mathrm{e}^{x} + 2A_2\,\mathrm{e}^{2x} + 3x^2$.
Ainsi $y(0) = 1$ entraine $A_1 + A_2 = 1$ et $y'(0) = 2$ entraine $A_1 + 2A_2 = 2$ soit $A_1 = 0$ et $A_2 = 1$.
Finalement, la solution qui vérifie les conditions données est la fonction y définie par $\boxed{y(x) = \mathrm{e}^{2x} + x^3}$

❑ **Exercice 7 - EQUATION DIFFÉRENTIELLE AVEC SECOND MEMBRE POLYNOMIAL** ★☆☆

Résoudre les équations différentielles suivantes.

1. Résoudre $y''(t) + y'(t) - 2y(t) = -2t^2 + 2t + 2$
2. Résoudre $y''(x) - y(x) = x + 1$

Solution

1. **Résolution de l'équation homogène** : $y''(t) + y'(t) - 2y(t) = 0$

On a l'équation caratéristique $r^2 + r - 2 = 0$. On trouve $r_1 = 1$ et $r_2 = -2$.
Ainsi les solutions de l'équation homogène sont les fonctions de la forme :

$$A_1\,\mathrm{e}^{t} + A_2\,\mathrm{e}^{-2t} \quad \text{avec } A_1 \text{ et } A_2 \text{ deux réels.}$$

Recherche d'une solution particulière : $y''(t) + y'(t) - 2y(t) = -2t^2 + 2t + 2$
On cherche une solution particulière de la forme $y_p(t) = at^2 + bt + c$.
Ainsi $y_p'(t) = 2at + b$ et $y_p''(t) = 2a$.

$$\begin{aligned} y_p''(t) + y_p'(t) - 2y_p(t) &= -2t^2 + 2t + 2 \\ 2a + 2at + b - 2\left(at^2 + bt + c\right) &= -2t^2 + 2t + 2 \\ -2at^2 + (2a - 2b)\,t + 2a + b - 2c &= -2t^2 + 2t + 2 \end{aligned}$$

Par identification, on trouve $a = 1$, $b = 0$ et $c = 0$ ainsi la fonction $y_p(t) = t^2$ est une solution particulière de (E).
Les solutions sont les fonctions de la forme :

$$\boxed{A_1\,\mathrm{e}^{t} + A_2\,\mathrm{e}^{-2t} + t^2} \quad \text{avec } A_1 \text{ et } A_2 \text{ deux réels}$$

2. **Résolution de l'équation homogène** : $y''(x) - y(x) = 0$

On a l'équation caratéristique $r^2 - 1 = 0$. On trouve $r_1 = 1$ et $r_2 = -1$.
Ainsi les solutions de l'équation homogène sont les fonctions de la forme :

$$A_1\,\mathrm{e}^{x} + A_2\,\mathrm{e}^{-x} \quad \text{avec } A_1 \text{ et } A_2 \text{ deux réels.}$$

Recherche d'une solution particulière : $y''(x) - y(x) = x + 1$
On cherche une solution particulière de la forme $y_p(t) = ax + b$.
Par identification, on trouve que la fonction $-x - 1$ convient. Ainsi les solutions sont les fonctions de la forme :

$$\boxed{A_1\,\mathrm{e}^{x} + A_2\,\mathrm{e}^{-x} - x - 1} \quad \text{avec } A_1 \text{ et } A_2 \text{ deux réels}$$

9.2 Applications en physique

9.2.1 Electromagnétisme

❑ **Exercice 1** - EFFET D'UN CHAMP $\vec{B}$ SUR UN CONDUCTEUR (CCINP) ★☆☆

Résolution d'une équation différentielle linéaire du second ordre à coefficients constants sans second membre.

Une tige CD de cuivre de masse m et de longueur L est suspendue par ses deux extrémités à deux ressorts identiques de constante de raideur k et de longueur à vide ℓ_0 (figure 9.1). Le courant électrique peut circuler à travers les ressorts et le « plafond ». On note R la résistance électrique de tout le circuit et on négligera le phénomène d'induction dans les ressorts et d'auto-induction dans le circuit. On appelle g l'accélération de la pesanteur.
Un champ magnétique uniforme et constant $\vec{B}$ est appliqué orthogonalement au plan de la figure.

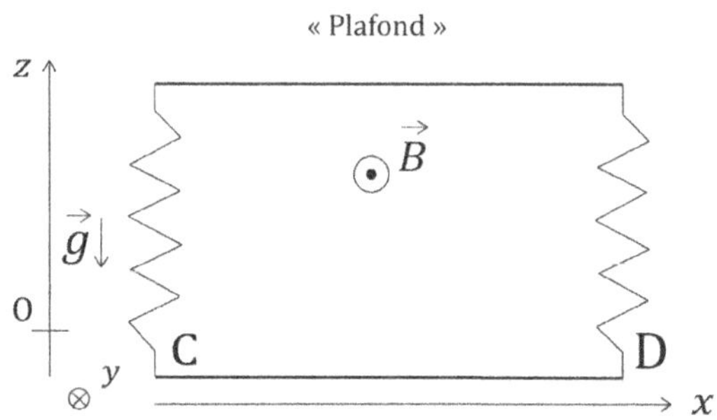

FIGURE 9.1 – Dispositif électro-mécanique

L'origine de l'axe $(\mathrm{O}z)$ est au niveau de la barre quand elle est à l'équilibre.
Un théorème de la quantité de mouvement appliqué à la barre CD pemet d'obtenir l'équation différentielle vérifiée par $z(t)$:

$$\ddot{z} + \frac{B^2L^2}{mR}\dot{z} + \frac{2k}{m}z = 0$$

On posera $\dfrac{B^2L^2}{mR} = 2\alpha$ et $\dfrac{2k}{m} = \omega_0^2$.

1. On supposera que : $\omega_0^2 - \alpha^2 = \gamma^2 > 0$. Quel est le régime obtenu ?
2. Déterminer complètement $z(t)$, en fonction de α et γ, en prenant comme conditions initiales $z(0) = 0$ et $\dfrac{\mathrm{d}z}{\mathrm{d}t}(0) = V_0 > 0$.
3. Tracer l'allure de $z(t)$ en indiquant l'enveloppe exponentielle.

D'après Concours Commun INP

Solution

1. Le régime obtenu dépend du signe du discriminant de l'équation caractéristique :

$$r^2 + 2\alpha r + \omega^2 = 0$$

Si le discriminant est négatif le régime est pseudo-périodique.
Si le discriminant est nul le régime est apériodique critique.
Si le discriminant est positif le régime est apériodique.
Ici le discriminant a pour expression :

$$\Delta = 4\alpha^2 - 4\omega_0^2 = 4\left(\alpha^2 - \omega_0^2\right) = -4\left(\omega_0^2 - \alpha^2\right) = -4\gamma^2 < 0$$

$\Rightarrow$ Le discriminant est négatif, le régime est donc pseudo-périodique de pulsation $\gamma = \sqrt{\omega_0^2 - \alpha^2}$.

2. Avec $\Delta = (2\mathrm{j}\gamma)^2$, les racines r_1 et r_2 s'écrivent :

$$\begin{cases} r_1 = \dfrac{-2\alpha - \sqrt{\Delta}}{2} = \dfrac{-2\alpha - 2\mathrm{j}\gamma}{2} = -\alpha - \mathrm{j}\gamma \\[2ex] r_2 = \dfrac{-2\alpha + \sqrt{\Delta}}{2} = \dfrac{-2\alpha + 2\mathrm{j}\gamma}{2} = -\alpha + \mathrm{j}\gamma \end{cases}$$

Les solutions sont de la forme :

$$z(t) = A\,\mathrm{e}^{r_1 t} + B\,\mathrm{e}^{r_2 t}$$

$$z(t) = A\,\mathrm{e}^{(-\alpha - \mathrm{j}\gamma)t} + B\,\mathrm{e}^{(-\alpha + \mathrm{j}\gamma)t}$$

$$\boxed{z(t) = \mathrm{e}^{-\alpha t}\left(A\,\mathrm{e}^{-\mathrm{j}\gamma t} + B\,\mathrm{e}^{\mathrm{j}\gamma t}\right)}$$

On applique les conditions initiales pour trouver les constantes A et B.

- A $t = 0$, $z(t = 0) = 0$. Il en vient :

$$z(t = 0) = \mathrm{e}^0\left(A\,\mathrm{e}^0 + B\,\mathrm{e}^0\right) = (A + B) = 0 \Leftrightarrow B = -A$$

- A $t = 0$, $\left.\dfrac{\mathrm{d}z}{\mathrm{d}t}\right|_{t=0} = V_0$. Il en vient :

$$\frac{\mathrm{d}z(t)}{\mathrm{d}t} = -\alpha\,\mathrm{e}^{-\alpha t}\left(A\,\mathrm{e}^{-\mathrm{j}\gamma t} + B\,\mathrm{e}^{\mathrm{j}\gamma t}\right) + \mathrm{e}^{-\alpha t}\left(-\mathrm{j}\gamma A\,\mathrm{e}^{-\mathrm{j}\gamma t} + \mathrm{j}\gamma B\,\mathrm{e}^{\mathrm{j}\gamma t}\right)$$

$$\left.\frac{\mathrm{d}z}{\mathrm{d}t}\right|_{t=0} = -\alpha\mathrm{e}^{0}\left(A\,\mathrm{e}^{0} + B\,\mathrm{e}^{0}\right) + \mathrm{j}\gamma\mathrm{e}^{0}\left(-A\,\mathrm{e}^{0} + B\,\mathrm{e}^{0}\right) = \mathrm{j}\gamma(-A + B) = V_0$$

Or $A = -B$, il en vient $\mathrm{j}\gamma\,(-2A) = V_0$ et $\boxed{A = \dfrac{V_0}{-2\mathrm{j}\gamma}}$.

- La solution pour $z(t)$ devient :

$$z(t) = \mathrm{e}^{-\alpha t}\left(\frac{V_0}{-2\mathrm{j}\gamma}\right)\left(\mathrm{e}^{-\mathrm{j}\gamma t} - \mathrm{e}^{\mathrm{j}\gamma t}\right)$$

$$z(t) = \mathrm{e}^{-\alpha t}\left(\frac{V_0}{-2\mathrm{j}\gamma}\right)\left(-2\mathrm{j}\sin(\gamma t)\right)$$

$$\boxed{z(t) = \frac{V_0}{\gamma}\,\mathrm{e}^{-\alpha t}\sin(\gamma t)}$$

3. Allure de $z(t)$ en trait plein et l'enveloppe exponentielle en pointillés (voir figure 9.2) :

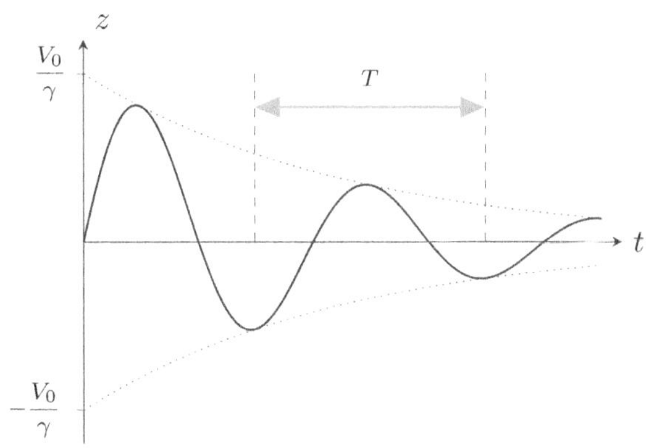

FIGURE 9.2

❑ Exercice 2 - L'EFFET DE PEAU (ENSI) ★★☆

Résolution d'une équation différentielle linéaire du second ordre à coefficients constants, complexe, sans second membre.

On se propose d'étudier la propagation d'un courant alternatif dans un conducteur homogène en tenant compte du phénomène d'induction. Ce conducteur occupe le demi-espace $z > 0$ d'un repère orthonormé $Oxyz$. Le courant de fréquence $f = \dfrac{2\pi}{\omega}$ est caractérisé par un vecteur densité de courant

$$\vec{j}(z,t) = j(z)\cos(\omega t)\,\vec{e}_y$$

où $\vec{e}_y$ est le vecteur unitaire selon l'axe Oy.
On considère que le milieu conducteur est caractérisé par une conductivité σ ainsi que par une permittivité ε_0 et une perméabilité μ_0 égales à celles du vide.
La représentation complexe du vecteur densité de courant pourra être utilisée avantageusement.
A l'aide des équations de Maxwell et de la loi d'Ohm, l'équation différentielle satisfaite par $j(z)$ s'écrit :

$$\frac{\partial^2 \underline{j}(z)}{\partial z^2} - \mathrm{i}\mu_0\omega\sigma\,\underline{j}(z) = 0$$

1. Montrer que le vecteur densité de courant peut s'écrire sous la forme :

$$\vec{j} = j_0\,\mathrm{e}^{-\frac{z}{\delta}}\cos\Big(\frac{z}{\delta} - \omega t\Big)\,\vec{e}_y$$

Exprimer δ en fonction de ω, μ_0 et σ.

2. Applications numériques : dans le cas du cuivre ($\sigma = 6.10^7\ \Omega^{-1}.\mathrm{m}^{-1}$), calculer « l'épaisseur de peau » δ dans laquelle reste confinée la plus grande partie du courant, pour la fréquence de courant industriel $f_1 = 50\,\mathrm{Hz}$ et pour un courant de très haute fréquence $f_2 = 3.10^{10}\,\mathrm{Hz}$.

D'après concours ENSI

Solution

1. Pour trouver les solutions de l'équation différentielle $\dfrac{\partial^2 \underline{j}(z)}{\partial z^2} - \mathrm{i}\mu_0\omega\sigma\,\underline{j}(z) = 0$, on écrit l'équation caractéristique :

$$r^2 - \mathrm{i}\mu_0\omega\sigma = 0$$

$$r^2 = \mathrm{i}\mu_0\omega\sigma = \mathrm{e}^{\mathrm{i}\frac{\pi}{2}}\,\mu_0\omega\sigma$$

$$r = \pm \mathrm{e}^{\mathrm{i}\frac{\pi}{4}} \sqrt{\mu_0 \omega \sigma}$$

$$r_1 = +\left(\frac{1+\mathrm{i}}{\sqrt{2}}\right)\sqrt{\mu_0\omega\sigma} \quad ; \quad r_2 = +\left(\frac{1+\mathrm{i}}{\sqrt{2}}\right)\sqrt{\mu_0\omega\sigma}$$

Les solutions s'écrivent :

$$\underline{j}(z) = A\,\mathrm{e}^{r_1 z} + B\,\mathrm{e}^{r_2 z}$$

où A et B sont des constantes que l'on détermine à l'aide des conditions aux limites.

$$\underline{j}(z) = A\exp\left((1+\mathrm{i})\sqrt{\frac{\mu_0\omega\sigma}{2}}z\right) + B\exp\left(-(1+\mathrm{i})\sqrt{\frac{\mu_0\omega\sigma}{2}}z\right)$$

$$\underline{j}(z) = A\exp\left(\frac{z}{\delta}\right)\exp\left(\mathrm{i}\frac{z}{\delta}\right) + B\exp\left(-\frac{z}{\delta}\right)\exp\left(-\mathrm{i}\frac{z}{\delta}\right)$$

avec $\boxed{\delta = \sqrt{\frac{2}{\mu_0\omega\sigma}}}$

Si $z \to \infty$ alors $\exp\left(\frac{z}{\delta}\right)$ diverge. Or $\underline{j}(z)$ doit rester une grandeur **finie** donc on impose que A soit égale à zéro $\boxed{A = 0}$.

$$\underline{\vec{j}}(z,t) = \underline{j}(z)\,\mathrm{e}^{\mathrm{i}\omega t}\,\vec{e}_y = B\exp\left(-\frac{z}{\delta}\right)\exp\left(-\mathrm{i}\frac{z}{\delta} + \omega t\right)\vec{e}_y$$

En notation réelle :

$$\mathcal{R}e\left\{\underline{\vec{j}}(z,t)\right\} = \vec{j}(z,t) = B\exp\left(-\frac{z}{\delta}\right)\cos\left(\omega t - \frac{z}{\delta}\right)\vec{e}_y$$

Par continuité en $z = 0$, $j(z=0) = j_0 = B$

$$\Rightarrow \boxed{\vec{j}(z,t) = j_0\,\mathrm{e}^{-\frac{z}{\delta}}\cos\left(\frac{z}{\delta} - \omega t\right)\vec{e}_y}$$

2. *Applications numériques*

Calcul de l'épaisseur de peau d'expression : $\delta = \sqrt{\frac{2}{\mu_0 2\pi f\sigma}}$.

- Pour la fréquence de courant industriel $f_1 = 50\,\mathrm{Hz}$

$$\delta = \sqrt{\frac{2}{4\pi.10^{-7} \times 2\pi \times 50 \times 6.10^7}} = 9,2.10^{-3}\,\mathrm{m} = \boxed{9,2\,\mathrm{mm}}$$

- Pour un courant de très haute fréquence $f_2 = 3.10^{10}\,\mathrm{Hz}$

$$\delta = \sqrt{\frac{2}{4\pi.10^{-7} \times 2\pi \times 3.10^{10} \times 6.10^7}} = 3,8.10^{-7}\,\mathrm{m} = \boxed{0,38\,\mu\mathrm{m}}$$

Pour des hautes fréquences le courant est superficiel.

❑ Exercice 3 - Circuits (R,L) couplés (CCINP) ★☆☆

Résolution de deux équations différentielles linéaires couplées du premier ordre à coefficients constants avec second membre constant.

Méthode 1
Dans le cas où deux grandeurs $i_1(t)$ et $i_2(t)$ sont couplées dans deux équations différentielles du même type, on pose $S = i_1(t) + i_2(t)$ et $D = i_1(t) - i_2(t)$. On obtient alors deux équations différentielles découplées pour S et D que l'on résout séparément par les méthodes classiques.
Les expressions des solutions en $i_1(t)$ et $i_2(t)$ s'obtiennent alors aisément car $i_1(t) = \dfrac{S+D}{2}$ et $i_2(t) = \dfrac{S-D}{2}$.

Soit deux circuits couplés :

- le premier circuit comporte un solénoïde d'inductance L, une résistance R, un générateur de tension stabilisée de force électromotrice E et un interrupteur disposé en série. Soit $i_1(t)$ l'intensité du courant qui parcourt ce circuit ;
- le deuxième circuit comporte un solénoïde d'inductance L et une résistance R en série. Soit $i_2(t)$ l'intensité du courant qui parcourt ce circuit.

Les sens choisis pour les intensités $i_1(t)$ et $i_2(t)$ sont mentionnés sur le schéma ci-dessous.
Pour simplifier les calculs, on suppose que le coefficient d'inductance mutuelle M est positif.

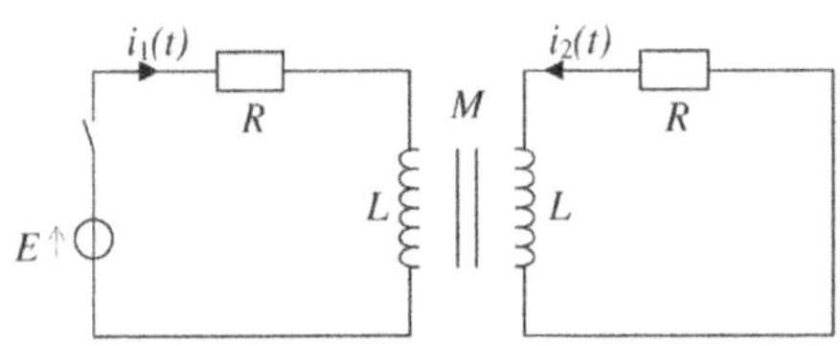

FIGURE 9.3

1. En utilisant la loi des mailles, écrire les deux équations différentielles couplées vérifiées par $i_1(t)$ et $i_2(t)$ lorsque l'interrupteur est fermé.
2. En effectuant le changement de variables $I = i_1 + i_2$ et $J = i_1 - i_2$, en déduire deux équations différentielles découplées en I et J.
3. L'interrupteur est initialement ouvert (pour $t < 0$). A un instant choisi comme origine du temps ($t = 0$), l'interrupteur est fermé.
   En posant $\tau_1 = \dfrac{L+M}{R}$ et $\tau_2 = \dfrac{L-M}{R}$, déterminer les expressions des intensités $i_1(t)$ et $i_2(t)$ pour $t > 0$, dans le cas où M est inférieur à L.

D'après Concours Commun INP

Solution

1. La loi des mailles appliquée au circuit de gauche contenant le générateur de tension s'écrit :

$$\boxed{Ri_1 + L\frac{\mathrm{d}i_1}{\mathrm{d}t} + M\frac{\mathrm{d}i_2}{\mathrm{d}t} = E} \quad (1)$$

La loi des mailles appliquée au circuit de droite s'écrit :

$$\boxed{Ri_2 + L\frac{\mathrm{d}i_2}{\mathrm{d}t} + M\frac{\mathrm{d}i_1}{\mathrm{d}t} = 0} \quad (2)$$

2. On additionne les équations (1) et (2) pour obtenir l'équation différentielle vérifiée par $I = i_1 + i_2$:

$$Ri_1 + L\frac{\mathrm{d}i_1}{\mathrm{d}t} + M\frac{\mathrm{d}i_2}{\mathrm{d}t} + Ri_2 + L\frac{\mathrm{d}i_2}{\mathrm{d}t} + M\frac{\mathrm{d}i_1}{\mathrm{d}t} = E + 0$$

$$R\,(i_1 + i_2) + L\,\frac{\mathrm{d}(i_1 + i_2)}{\mathrm{d}t} + M\,\frac{\mathrm{d}(i_2 + i_1)}{\mathrm{d}t} = E$$

$$RI + (L + M)\frac{\mathrm{d}I}{\mathrm{d}t} = E$$

$$\boxed{\frac{\mathrm{d}I}{\mathrm{d}t} + \left(\frac{R}{L + M}\right) I = \frac{E}{L + M}} \quad (3)$$

On soustrait l'équation (2) à l'équation (1) pour obtenir l'équation différentielle vérifiée par $J = i_1 - i_2$:

$$Ri_1 + L\frac{\mathrm{d}i_1}{\mathrm{d}t} + M\frac{\mathrm{d}i_2}{\mathrm{d}t} - \left(Ri_2 + L\frac{\mathrm{d}i_2}{\mathrm{d}t} + M\frac{\mathrm{d}i_1}{\mathrm{d}t}\right) = E - 0$$

$$R\,(i_1 - i_2) + L\frac{\mathrm{d}(i_1 - i_2)}{\mathrm{d}t} + M\frac{\mathrm{d}(i_2 - i_1)}{\mathrm{d}t} = E$$

$$RJ + (L - M)\frac{\mathrm{d}J}{\mathrm{d}t} = E$$

$$\boxed{\frac{\mathrm{d}J}{\mathrm{d}t} + \left(\frac{R}{L - M}\right) J = \frac{E}{L - M}} \quad (4)$$

3. Pour résoudre l'équation (3), on cherche une solution notée I_H à l'équation homogène sans second membre, une solution particulière notée I_p et on additionne ces deux solutions.

$$I(t) = I_H + I_p = A\,\mathrm{e}^{-t/\tau_1} + \frac{E}{R}$$

où $\tau_1 = \left(\dfrac{L+M}{R}\right)$ et A est une constante que l'on détermine par la condition initiale. A $t = 0$, par continuité de l'intensité du courant dans les deux circuits contenant une bobine, on a $I(t=0) = 0$

$$I(t=0) = A\,\mathrm{e}^0 + \frac{E}{R} = 0 \Rightarrow A = -\frac{E}{R}$$

$$I = \frac{E}{R}\left(1 - \mathrm{e}^{-t/\tau_1}\right)$$

De la même manière, avec $\tau_2 = \left(\dfrac{L-M}{R}\right)$, on a :

$$J = \frac{E}{R}\left(1 - \mathrm{e}^{-t/\tau_2}\right)$$

Les expressions des intensités i_1 et i_2 sont telles que $i_1 = \dfrac{I+J}{2}$ et $i_2 = \dfrac{I-J}{2}$.

$$i_1 = \frac{E}{2R}\left(1 - \mathrm{e}^{-t/\tau_1} + 1 - \mathrm{e}^{-t/\tau_2}\right)$$

$$\boxed{i_1 = \frac{E}{2R}\left(2 - \mathrm{e}^{-t/\tau_1} - \mathrm{e}^{-t/\tau_2}\right)}$$

$$i_2 = \frac{E}{2R}\left(1 - \mathrm{e}^{-t/\tau_1} - \left(1 - \mathrm{e}^{-t/\tau_2}\right)\right)$$

$$\boxed{i_2 = \frac{E}{2R}\left(\mathrm{e}^{-t/\tau_2} - \mathrm{e}^{-t/\tau_1}\right)}$$

Allure des courbes $i_1(t)$ et $i_2(t)$ (figure 9.4) :

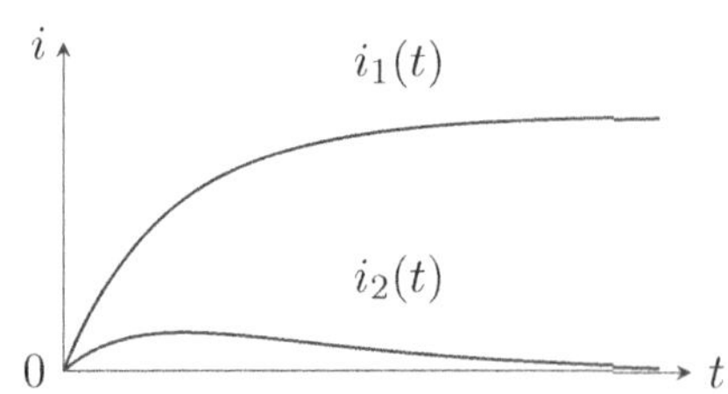

FIGURE 9.4

❑ Exercice 4 - CIRCUITS (L,C) COUPLÉS (CCINP) ★★☆

Résolution de deux équations différentielles linéaires couplées du second ordre à coefficients constants sans second membre puis avec second membre variable (méthode complexe).

On considère le montage de la figure ci-dessous. Les résistances des deux bobines (circuits rigides et immobiles) sont supposées négligeables. On appelle L_1 et L_2 les inductances propres des deux bobines et M l'inducance mutuelle des deux circuits (M dépend de la position relative des deux bobines). On note $i_1(t)$ et $i_2(t)$ les intensités des courants circulant respectivement dans les circuits (1) et (2).

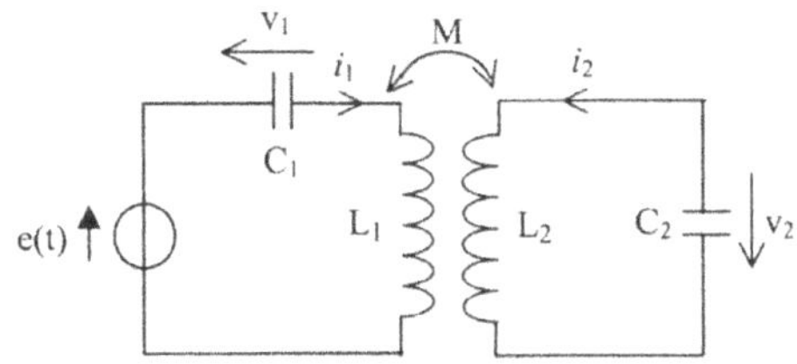

FIGURE 9.5

On rappelle que le flux du champ magnétique $\vec{B}_1$ crée par le circuit (1) à travers le circuit (2) est donné par $\phi_{12} = \mathrm{M}i_1$. De même, le flux du champ magnétique $\vec{B}_2$ crée par le circuit (2) à travers le circuit (1) est donné par $\phi_{21} = \mathrm{M}i_2$.

Dans tout ce qui suit, on supposera que $\mathrm{L}_1 = \mathrm{L}_2 = \mathrm{L}$ et que C_1 et C_2 sont deux condensateurs identiques de capacité C.

1. Ecrire le couple d'équations différentielles auxquelles obéissent les tensions v_1 et v_2.
2. Exprimer les solutions générales $v_1(t)$ et $v_2(t)$ du régime libre $(\mathrm{e}(t) = 0)$.
3. On suppose maintenant que la source de tension $e(t)$ est sinusoïdale. On note : $e(t) = E\cos(\omega t)$. Exprimer $v_1(t)$ et $v_2(t)$ en régime permanent sinusoïdal.

D'après Concours Commun INP

Solution

1. On applique la loi des mailles dans le circuit de gauche contenant le générateur de tension :

$$e(t) - v_1 - u_{\mathrm{L}_1} = 0$$

$$e(t) = u_{\mathrm{C}_1} + u_{\mathrm{L}_1}$$

$$e(t) = \frac{q_1}{\mathrm{C}_1} + \mathrm{L}_1\frac{\mathrm{d}i_1}{\mathrm{d}t} + \mathrm{M}\frac{\mathrm{d}i_2}{\mathrm{d}t}$$

Or $i = \dfrac{\mathrm{d}q}{\mathrm{d}t}$

$$e(t) = \frac{q_1}{\mathrm{C}_1} + \mathrm{L}_1 \frac{\mathrm{d}^2 q_1}{\mathrm{d}t^2} + \mathrm{M} \frac{\mathrm{d}^2 q_2}{\mathrm{d}t^2}$$

$$\boxed{e(t) = v_1 + \mathrm{LC} \frac{\mathrm{d}^2 v_1}{\mathrm{d}t^2} + \mathrm{M} \frac{\mathrm{d}^2 v_2}{\mathrm{d}t^2}}$$

On applique la loi des mailles dans le circuit de droite :

$$v_2 + u_{\mathrm{L}_2} = 0$$

$$u_{\mathrm{C}_2} + u_{\mathrm{L}_2} = 0$$

$$\frac{q_2}{\mathrm{C}_2} + \mathrm{L}_2 \frac{\mathrm{d}i_2}{\mathrm{d}t} + \mathrm{M} \frac{\mathrm{d}i_1}{\mathrm{d}t} = 0$$

$$\frac{q_2}{\mathrm{C}_2} + \mathrm{L}_2 \frac{\mathrm{d}^2 q_2}{\mathrm{d}t^2} + \mathrm{M} \frac{\mathrm{d}^2 q_1}{\mathrm{d}t^2} = 0$$

$$\boxed{v_2 + \mathrm{LC} \frac{\mathrm{d}^2 v_2}{\mathrm{d}t^2} + \mathrm{MC} \frac{\mathrm{d}^2 v_1}{\mathrm{d}t^2} = 0}$$

2. En régime libre ($e(t) = 0$), on a le système d'équations suivant à résoudre :

$$\begin{cases} v_1 + \mathrm{LC} \dfrac{\mathrm{d}^2 v_1}{\mathrm{d}t^2} + \mathrm{MC} \dfrac{\mathrm{d}^2 v_2}{\mathrm{d}t^2} = 0 & (1) \\ v_2 + \mathrm{LC} \dfrac{\mathrm{d}^2 v_2}{\mathrm{d}t^2} + \mathrm{MC} \dfrac{\mathrm{d}^2 v_1}{\mathrm{d}t^2} = 0 & (2) \end{cases}$$

On pose $S = v_1 + v_2$ et $D = v_1 - v_2$.
La somme des équations (1) et (2) nous amène à l'équation :

$$v_1 + \mathrm{LC} \frac{\mathrm{d}^2 v_1}{\mathrm{d}t^2} + \mathrm{MC} \frac{\mathrm{d}^2 v_2}{\mathrm{d}t^2} + v_2 + \mathrm{LC} \frac{\mathrm{d}^2 v_2}{\mathrm{d}t^2} + \mathrm{MC} \frac{\mathrm{d}^2 v_1}{\mathrm{d}t^2} = 0$$

$$(v_1 + v_2) + \mathrm{LC} \frac{\mathrm{d}^2 (v_1 + v_2)}{\mathrm{d}t^2} + \mathrm{MC} \frac{\mathrm{d}^2 (v_2 + v_1)}{\mathrm{d}t^2} = 0$$

$$S + (\mathrm{L} + \mathrm{M})\,\mathrm{C} \frac{\mathrm{d}^2 S}{\mathrm{d}t^2} = 0$$

$$\frac{\mathrm{d}^2 S}{\mathrm{d}t^2} + \frac{1}{(\mathrm{L} + \mathrm{M})\,\mathrm{C}} S = 0$$

On pose $\omega_1 = \dfrac{1}{\sqrt{(\mathrm{L}+\mathrm{M})\,\mathrm{C}}}$, les solutions de l'équation $\dfrac{d^2S}{dt^2} + \omega_1^2 S = 0$ sont du type :

$$\boxed{S = A_1 \cos(\omega_1 t) + B_1 \sin(\omega_1 t)}$$

où A_1 et B_1 sont des constantes que l'on détermine à partir des conditions initiales.
De même, la différence des équations (1) et (2) nous amène à l'équation :

$$v_1 + \mathrm{LC}\,\frac{\mathrm{d}^2 v_1}{\mathrm{d}t^2} + \mathrm{MC}\,\frac{\mathrm{d}^2 v_2}{\mathrm{d}t^2} - \left(v_2 + \mathrm{LC}\,\frac{\mathrm{d}^2 v_2}{\mathrm{d}t^2} + \mathrm{MC}\,\frac{\mathrm{d}^2 v_1}{\mathrm{d}t^2}\right) = 0$$

$$(v_1 - v_2) + \mathrm{LC}\,\frac{\mathrm{d}^2(v_1 - v_2)}{\mathrm{d}t^2} + \mathrm{MC}\,\frac{\mathrm{d}^2(v_2 - v_1)}{\mathrm{d}t^2} = 0$$

$$D + (\mathrm{L} - \mathrm{M})\,\mathrm{C}\,\frac{\mathrm{d}^2 D}{\mathrm{d}t^2} = 0$$

$$\frac{\mathrm{d}^2 D}{\mathrm{d}t^2} + \frac{1}{(\mathrm{L} - \mathrm{M})\,\mathrm{C}}\,D = 0$$

On pose $\omega_2 = \dfrac{1}{\sqrt{(\mathrm{L}-\mathrm{M})\,\mathrm{C}}}$, les solutions de l'équation $\dfrac{\mathrm{d}^2D}{\mathrm{d}t^2} + \omega_2^2 D = 0$ sont du type :

$$\boxed{D = A_2 \cos(\omega_2 t) + B_2 \sin(\omega_2 t)}$$

où A_2 et B_2 sont des constantes que l'on détermine à partir des conditions initiales.
En régime libre, les solutions générales $v_1(t)$ et $v_2(t)$ sont telles que :

$$v_1(t) = \frac{S + D}{2}$$

$$\boxed{v_1(t) = \frac{1}{2}\Big(A_1 \cos(\omega_1 t) + B_1 \sin(\omega_1 t) + A_2 \cos(\omega_2 t) + B_2 \sin(\omega_2 t)\Big)}$$

$$v_2(t) = \frac{S - D}{2}$$

$$\boxed{v_2(t) = \frac{1}{2}\Big(A_1 \cos(\omega_1 t) + B_1 \sin(\omega_1 t) - A_2 \cos(\omega_2 t) - B_2 \sin(\omega_2 t)\Big)}$$

3. En régime sinusoïdal, le système d'équations à résoudre s'écrit :

$$\left\{\begin{aligned} & v_1 + \mathrm{LC}\,\frac{\mathrm{d}^2 v_1}{\mathrm{d}t^2} + \mathrm{MC}\,\frac{\mathrm{d}^2 v_2}{\mathrm{d}t^2} = e \qquad (3) \\ & v_2 + \mathrm{LC}\,\frac{\mathrm{d}^2 v_2}{\mathrm{d}t^2} + \mathrm{MC}\,\frac{\mathrm{d}^2 v_1}{\mathrm{d}t^2} = 0 \qquad (4) \end{aligned}\right.$$

Les solutions sont du type $\boxed{v_1 = v_{1H} + v_{1p}}$ et $\boxed{v_2 = v_{2H} + v_{2p}}$. v_{1H} et v_{2H} sont les solutions des équations homogènes sans second membre (résultats de la question précédente). v_{1p} et v_{2p} sont les solutions particulières des équations avec second membre. En notation complexe, on note $\underline{e}(t) = E\,\mathrm{e}^{\mathrm{i}\omega t}$. Ce générateur de tension va chercher à imposer sa pulsation au circuit, c'est pourquoi on pose $\underline{v_1}_p(t) = \underline{V_1}\,\mathrm{e}^{\mathrm{i}\omega t}$ et $\underline{v_2}_p(t) = \underline{V_2}\,\mathrm{e}^{\mathrm{i}\omega t}$. Les solutions particulières recherchées se déduisent des solutions complexes $v_{1p} = \mathcal{R}e\{\underline{V_1}\,\mathrm{e}^{\mathrm{i}\omega t}\}$ et $v_{2p} = \mathcal{R}e\{\underline{V_2}\,\mathrm{e}^{\mathrm{i}\omega t}\}$.

On réinjecte les formules complexes dans les équations différentielles (3) et (4) pour obtenir :

$$\begin{cases} \underline{V_1}\,\mathrm{e}^{\mathrm{i}\omega t} + \mathrm{LC}\,(\mathrm{i}\omega)^2\,\underline{V_1}\,\mathrm{e}^{\mathrm{i}\omega t} + \mathrm{MC}\,(\mathrm{i}\omega)^2\,\underline{V_2}\,\mathrm{e}^{\mathrm{i}\omega t} = E\,\mathrm{e}^{\mathrm{i}\omega t} \\ \\ \underline{V_2}\,\mathrm{e}^{\mathrm{i}\omega t} + \mathrm{LC}\,(\mathrm{i}\omega)^2\,\underline{V_2}\,\mathrm{e}^{\mathrm{i}\omega t} + \mathrm{MC}\,(i\omega)^2\,\underline{V_1}\,\mathrm{e}^{\mathrm{i}\omega t} = 0 \end{cases}$$

Après simplification par $\mathrm{e}^{\mathrm{i}\omega t}$, on a le système de deux équations à deux inconnues suivant :

$$\begin{cases} \underline{V_1} - \omega^2\mathrm{LC}\,\underline{V_1} - \omega^2\mathrm{MC}\,\underline{V_2} = E & (5) \\ \\ \underline{V_2} - \omega^2\mathrm{LC}\,\underline{V_2} - \omega^2\mathrm{MC}\,\underline{V_1} = 0 & (6) \end{cases}$$

On substitue l'expression de $\underline{V_1}$ de l'équation (6) dans l'équation (5) :

$$(6) \Rightarrow \underline{V_2}\left(1 - \omega^2\mathrm{LC}\right) = \omega^2\mathrm{MC}\,\underline{V_1}$$

$$\underline{V_1} = \left(\frac{1 - \omega^2\mathrm{LC}}{\omega^2\mathrm{MC}}\right)\underline{V_2}$$

$$(5) \Rightarrow \left(\frac{1 - \omega^2\mathrm{LC}}{\omega^2\mathrm{MC}}\right)\underline{V_2} - \omega^2\mathrm{LC}\left(\frac{1 - \omega^2\mathrm{LC}}{\omega^2\mathrm{MC}}\right)\underline{V_2} - \omega^2\mathrm{MC}\,\underline{V_2} = E$$

$$\left[\frac{1 - \omega^2\mathrm{LC}}{\omega^2\mathrm{MC}} - \omega^2\mathrm{LC}\left(\frac{1 - \omega^2\mathrm{LC}}{\omega^2\mathrm{MC}}\right) - \omega^2\mathrm{MC}\right]\underline{V_2} = E$$

$$\left[\frac{1 - \omega^2\mathrm{LC} - \omega^2\mathrm{LC} + \left(\omega^2\mathrm{LC}\right)^2 - \left(\omega^2\mathrm{MC}\right)^2}{\omega^2\mathrm{MC}}\right]\underline{V_2} = E$$

$$\left[\frac{\left(1 - \omega^2\mathrm{LC}\right)^2 - \left(\omega^2\mathrm{MC}\right)^2}{\omega^2\mathrm{MC}}\right]\underline{V_2} = E$$

$$\underline{V_2} = \frac{\omega^2\mathrm{MC}}{\left[\left(1 - \omega^2\mathrm{LC}\right)^2 - \left(\omega^2\mathrm{MC}\right)^2\right]}\,E$$

Or $v_{2p} = \mathcal{R}e\{\underline{V_2}\,\mathrm{e}^{\mathrm{i}\omega t}\}$

$$\boxed{v_{2p} = \frac{\omega^2\mathrm{MC}}{\left[(1-\omega^2\mathrm{LC})^2 - (\omega^2\mathrm{MC})^2\right]}\,E\cos(\omega t)}$$

D'après l'équation (6), $\underline{V_1} = \left(\dfrac{1-\omega^2\mathrm{LC}}{\omega^2\mathrm{MC}}\right)\underline{V_2}$

$$\underline{V_1} = \left(\frac{1-\omega^2\mathrm{LC}}{\omega^2\mathrm{MC}}\right)\frac{\omega^2\mathrm{MC}}{\left[(1-\omega^2\mathrm{LC})^2 - (\omega^2\mathrm{MC})^2\right]}\,E$$

$$\underline{V_1} = \frac{1-\omega^2\mathrm{LC}}{\left[(1-\omega^2\mathrm{LC})^2 - (\omega^2\mathrm{MC})^2\right]}\,E$$

Or $v_{1p} = \mathcal{R}e\{\underline{V_1}\,\mathrm{e}^{\mathrm{i}\omega t}\}$

$$\boxed{v_{1p} = \frac{1-\omega^2\mathrm{LC}}{\left[(1-\omega^2\mathrm{LC})^2 - (\omega^2\mathrm{MC})^2\right]}\,E\cos(\omega t)}$$

❑ Exercice 5 - EFFET D'UN CHAMP MAGNÉTIQUE SUR LE MOUVEMENT D'UNE PARTICULE CHARGÉE (CCINP) ★☆☆

Résolution de deux équations différentielles linéaires couplées du premier ordre à coefficients constants sans second membre par la méthode complexe.

Méthode 2

Dans le cas où deux grandeurs $v_x(t)$ et $v_y(t)$ sont couplées dans deux équations différentielles du même type, on pose $\underline{V} = v_x + jv_y$ où $j^2 = -1$.

On écrit l'équation différentielle vérifiée par $\underline{V}$. On résout cette équation différentielle en tenant compte des conditions initiales.

Par identification, l'expression de v_x est égale à la partie réelle de $\underline{V}$ et l'expression de v_y est égale à la partie imaginaire de $\underline{V}$.

On considère un champ magnétique uniforme de norme B_0 et dirigé selon le vecteur $\vec{e}_z$ d'un système d'axes cartésiens. Une particule de masse m, de charge $q > 0$ est émise à l'origine du repère avec une vitesse initiale $\vec{v}_0 = v_0\,\vec{e}_x$ suivant l'axe $(\mathrm{O}x)$.

En négligeant toutes les forces autres que de Lorentz, le système d'équations différentielles vérifiées par les composantes (v_x, v_y) du vecteur vitesse s'écrit :

$$\begin{cases} \dfrac{\mathrm{d}v_x}{\mathrm{d}t} - \dfrac{qB_0}{m} v_y = 0 & (1) \\ \\ \dfrac{\mathrm{d}v_y}{\mathrm{d}t} + \dfrac{qB_0}{m} v_x = 0 & (2) \end{cases}$$

Pour la suite, on posera $\omega_c = \dfrac{qB_0}{m}$.

1. Pour résoudre le système précédent, on pose $\underline{V} = v_x + \mathrm{j}v_y$ où $\mathrm{j}^2 = -1$. Ecrire l'équation différentielle du 1er ordre vérifiée par $\underline{V}$. La résoudre en tenant compte des conditions initiales.
2. On pose maintenant $\underline{R} = x(t) + \mathrm{j}y(t)$ où $(x(t), y(t))$ sont les coordonnées de la particule dans le plan $z = 0$. Quelle est la relation entre $\underline{V}$ et $\underline{R}$? En déduire l'équation cartésienne de la trajectoire de la particule. On mettra cette équation sous la forme suivante :

$$(x - x_c)^2 + (y - y_c)^2 = \rho_L^2$$

où l'on précisera l'expression des constantes x_c, y_c et ρ_L.

D'après Concours Commun INP

Solution

1.

$$(1) \Rightarrow \frac{\mathrm{d}v_x}{\mathrm{d}t} = \omega_c v_y$$

$$(2) \Rightarrow \frac{\mathrm{d}v_y}{\mathrm{d}t} = -\omega_c v_x$$

$$\underline{V} = v_x + \mathrm{j}v_y \Rightarrow \frac{\mathrm{d}\underline{V}}{\mathrm{d}t} = \frac{\mathrm{d}v_x}{\mathrm{d}t} + \mathrm{j}\frac{\mathrm{d}v_y}{\mathrm{d}t}$$

$$\frac{\mathrm{d}\underline{V}}{\mathrm{d}t} = \omega_c v_y + \mathrm{j}\left(-\omega_c v_x\right) = \left(v_x + \mathrm{j}v_y\right)\left(-\mathrm{j}\omega_c\right) = \underline{V}\left(-\mathrm{j}\omega_c\right)$$

$$\boxed{\frac{\mathrm{d}\underline{V}}{\mathrm{d}t} + \mathrm{j}\omega_c \underline{V} = 0}$$

On obtient une équation différentielle du 1er ordre à coefficients constants sans second membre.
Les solutions sont du type :

$$\underline{V}(t) = A\,\mathrm{e}^{-\mathrm{j}\omega_c t}$$

où A est une constante que l'on détermine à l'aide des conditions initiales.
A $t = 0$, $\underline{V}(t = 0) = v_x(t = 0) + \mathrm{j}v_y(t = 0) = v_0 = A\,\mathrm{e}^0 = A$

$$\boxed{\underline{V} = v_0\,\mathrm{e}^{-\mathrm{j}\omega_c t}}$$

2. On pose $\underline{R} = x(t) + \mathrm{j}y(t)$.

$$\frac{\mathrm{d}\underline{R}}{\mathrm{d}t} = \frac{\mathrm{d}x(t)}{\mathrm{d}t} + \mathrm{j}\frac{\mathrm{d}y(t)}{\mathrm{d}t} = v_x + \mathrm{j}v_y$$

$$\boxed{\underline{V} = \frac{\mathrm{d}\underline{R}}{\mathrm{d}t}}$$

$$\mathrm{d}\underline{R} = \underline{V}\mathrm{d}t = v_0\,\mathrm{e}^{-\mathrm{j}\omega_c t}\mathrm{d}t$$

On intègre la relation par rapport au temps t.

$$\underline{R} = -\frac{1}{\mathrm{j}\omega_c}v_0\,\mathrm{e}^{-\mathrm{j}\omega_c t} + B$$

où B est une constante que l'on détermine à l'aide des conditions initiales.

$$\underline{R}(t=0) = 0 = -\frac{v_0}{\mathrm{j}\omega_c}\,\mathrm{e}^0 + B \;\Rightarrow\; B = \frac{v_0}{\mathrm{j}\omega_c}$$

$$\begin{aligned}
\underline{R} &= -\frac{1}{\mathrm{j}\omega_c}v_0\,\mathrm{e}^{-\mathrm{j}\omega_c t} + \frac{v_0}{\mathrm{j}\omega_c}\\
&= \frac{v_0}{\mathrm{j}\omega_c}\left[1 - \mathrm{e}^{-\mathrm{j}\omega_c t}\right]\\
&= -\mathrm{j}\frac{v_0}{\omega_c}\left[1 - (\cos(\omega_c t) - \mathrm{j}\sin(\omega_c t))\right]\\
&= \frac{v_0}{\omega_c}\left[-\mathrm{j} + \mathrm{j}\cos(\omega_c t) + \sin(\omega_c t)\right]\\
&= \frac{v_0}{\omega_c}\left[\sin(\omega_c t) + \mathrm{j}\,(\cos(\omega_c t) - 1)\right] = x(t) + \mathrm{j}y(t)
\end{aligned}$$

Par identification :

$$\begin{cases}
x(t) = \dfrac{v_0}{\omega_c}\sin(\omega_c t) & (3)\\[2ex]
y(t) = \dfrac{v_0}{\omega_c}\left[\cos(\omega_c t) - 1\right] & (4)
\end{cases}$$

Pour obtenir l'équation de la trajectoire, on calcule :

$$\cos^2(\omega_c t) + \sin^2(\omega_c t) = 1$$

$$(3) \;\Rightarrow\; \sin(\omega_c t) = \frac{\omega_c}{v_0}\,x(t)$$

$$(4) \;\Rightarrow\; \cos(\omega_c t) = \frac{\omega_c}{v_0}\,y(t) + 1$$

$$\left(\frac{\omega_c}{v_0}y(t)+1\right)^2+\left(\frac{\omega_c}{v_0}x(t)\right)^2=1$$

$$\boxed{x^2+\left(y+\frac{v_0}{\omega_c}\right)^2=\left(\frac{v_0}{\omega_c}\right)^2}$$

On obtient l'équation d'un cercle du type :

$$(x-x_c)^2+(y-y_c)^2=\rho_L^2$$

avec

$$\boxed{x_c=0}\quad,\quad\boxed{y_c=-\frac{v_0}{\omega_c}}\quad\text{et}\quad\boxed{\rho_L=\frac{v_0}{\omega_c}}$$

9.2.2 Mécanique

❑ **Exercice 6 - Modèle mécanique du rebond** (CCMP) ★★☆

Résolution d'une équation différentielle linéaire du second ordre à coefficients constants avec amortissement sans second membre.

On modélise la tendance d'une goutte à reprendre une forme sphérique après rebond par un ressort de raideur k. Pour prendre en compte l'inertie de la goutte et d'inévitables frottements internes, on adopte le modèle de la figure 9.6 : on attache sous une masse ponctuelle $m = 6,3$ mg un patin (P) plan de masse nulle via un ressort de raideur $k = 2,6\,\text{N.m}^{-1}$ et de longueur à vide e_0 et un amortisseur qui exerce sur m une force de la forme $\overrightarrow{F} = -f\dot{e}\,\widehat{u}_z$ où e est la distance entre la masse et le patin. Le ressort et l'amortisseur sont montés en parallèle. On néglige la masse du ressort et la masse de l'amortisseur. Dans ce modèle toute la masse de la goutte est concentrée en son sommet.

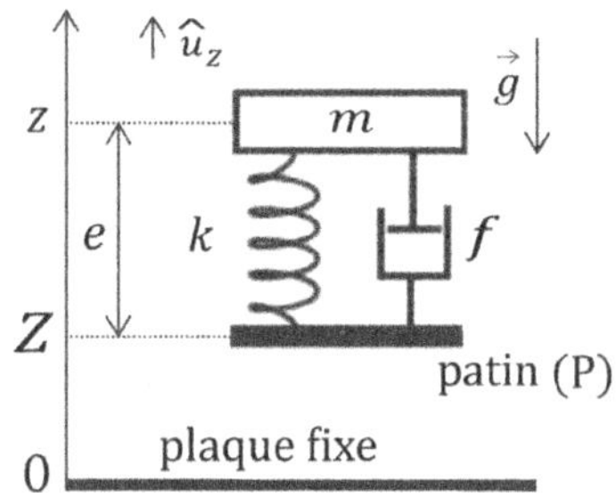

FIGURE 9.6 – Modèle mécanique de la goutte

A chaque instant t, on repère les mouvements du système par la cote $z(t)$ de la masse m et par la cote $Z(t) = z(t) - e(t)$ du patin (P), la cote nulle étant prise

sur la plaque fixe.
Les vecteurs sont surmontés d'un chapeau s'ils sont unitaires $\widehat{u}_z$ ou d'une flèche dans le cas général $\vec{v}$.
Pour faire l'étude du choc sur la plaque, on fixe l'origine des temps $t = 0$ à l'instant où le patin touche la plaque. Du fait de sa masse nulle, sa vitesse devient instantanément nulle. On repère alors l'évolution de l'épaisseur $e(t) = z(t) - Z(t) = z(t)$ (ici, $Z(t) = 0$ tant que le patin est en contact avec la plaque) avec les conditions initiales $e(t = 0) = e_0$ et $\dot{e}(t = 0) = -v_0$.
Dans toute la suite de cette partie on suppose que le poids de la goutte est négligeable devant les autres forces en jeu.
On applique le principe fondamental de la dynamique à la masse m. Celle ci est soumise à la force de rappel du ressort $\vec{T} = -k\,(e - e_0)\,\widehat{u}_z$ et à la force de l'amortisseur $\vec{F} = -f\dot{e}\,\widehat{u}_z$.

$$\sum \vec{F}_{\text{ext}} = m\vec{a}$$

$$-k\,(e - e_0)\,\widehat{u}_z - f\dot{e}\,\widehat{u}_z = m\ddot{e}\,\widehat{u}_z$$

1. On suppose que le patin reste au contact de la plaque fixe en $z = 0$. Montrer que l'équation différentielle décrivant l'évolution de $\varepsilon(t) = e(t) - e_0$ se met sous la forme :

$$\ddot{\varepsilon} + \frac{\omega_0}{Q}\,\dot{\varepsilon} + \omega_0^2\,\varepsilon = 0$$

où l'on explicitera les constantes positives ω_0 et Q en fonction de m, k et f.

2. On suppose que $Q^2 \gg 1$ et l'on néglige tous les termes en $\dfrac{1}{Q^2}$. En déduire que la solution générale est de la forme

$$\varepsilon(t) = \exp\left(-\frac{\omega_0 t}{2Q}\right)\left[B\cos(\omega_0 t) + C\sin(\omega_0 t)\right]$$

et déterminer les constantes d'intégration B et C en fonction de v_0 et ω_0.

D'après Concours Commun Mines-Ponts

Solution

1. On projette le principe fondamental de la dynamique sur l'axe Oz.

$$-k\,(e - e_0) - f\dot{e} = m\ddot{e}$$

$$\ddot{e} + \frac{f}{m}\,\dot{e} + \frac{k}{m}\,(e - e_0) = 0$$

On effectue le changement de variable $\varepsilon(t) = e(t) - e_0$. On a alors $\dot{\varepsilon} = \dot{e}$ et $\ddot{\varepsilon} = \ddot{e}$. L'équation différentielle s'écrit :

$$\ddot{\varepsilon} + \frac{f}{m}\,\dot{\varepsilon} + \frac{k}{m}\,(\varepsilon + e_0 - e_0) = 0$$

$$\boxed{\ddot{\varepsilon} + \frac{f}{m}\,\dot{\varepsilon} + \frac{k}{m}\,\varepsilon = 0}$$

Cette équation est du type $\ddot{\varepsilon} + \dfrac{\omega_0}{Q}\,\dot{\varepsilon} + \omega_0^2\,\varepsilon = 0$.

Par identification, on a : $\omega_0^2 = \dfrac{k}{m}$ et $\dfrac{\omega_0}{Q} = \dfrac{f}{m}$

$$\boxed{\omega_0 = \sqrt{\frac{k}{m}}} \text{ et } \boxed{Q = \frac{\sqrt{km}}{f}}$$

2. L'équation différentielle du second ordre à coefficients constants a pour équation caractéristique :

$$r^2 + \frac{\omega_0}{Q}\,r + \omega_0^2 = 0$$

Le discriminant correspondant a pour expression :

$$\Delta = \left(\frac{\omega_0}{Q}\right)^2 - 4\omega_0^2 = \omega_0^2\left(\frac{1}{Q^2} - 4\right) \simeq -4\omega_0^2 = (2\mathrm{j}\omega_0)^2$$

Les racines r_1 et r_2 s'écrivent :

$$\begin{cases} r_1 = \dfrac{-\left(\frac{\omega_0}{Q}\right) + \sqrt{\Delta}}{2} = \dfrac{-\left(\frac{\omega_0}{Q}\right) + 2\mathrm{j}\omega_0}{2} = -\dfrac{\omega_0}{2Q} + \mathrm{j}\omega_0 \\[2ex] r_2 = \dfrac{-\left(\frac{\omega_0}{Q}\right) - \sqrt{\Delta}}{2} = \dfrac{-\left(\frac{\omega_0}{Q}\right) - 2\mathrm{j}\omega_0}{2} = -\dfrac{\omega_0}{2Q} - \mathrm{j}\omega_0 \end{cases}$$

Les solutions sont de la forme :

$$\varepsilon(t) = A_1\,\mathrm{e}^{r_1 t} + A_2\,\mathrm{e}^{r_2 t}$$

$$\varepsilon(t) = A_1 \exp\left(\left(-\frac{\omega_0}{2Q} + \mathrm{j}\omega_0\right)t\right) + A_2 \exp\left(\left(-\frac{\omega_0}{2Q} - \mathrm{j}\omega_0\right)t\right)$$

$$\varepsilon(t) = \exp\left(-\frac{\omega_0}{2Q}t\right)\left[A_1\,\mathrm{e}^{\mathrm{j}\omega_0 t} + A_2\,\mathrm{e}^{-\mathrm{j}\omega_0 t}\right]$$

$$\boxed{\varepsilon(t) = \exp\left(-\frac{\omega_0}{2Q}t\right)\left[B\cos(\omega_0 t) + C\sin(\omega_0 t)\right]}$$

On applique les conditions initiales pour trouver les constantes B et C.

- A $t = 0$, $\varepsilon(t = 0) = e(t = 0) - e_0 = 0$

$$\varepsilon(t = 0) = \exp 0 \Big[B \cos 0 + C \sin 0\Big] = \boxed{B = 0}$$

- A $t = 0$, $\dot{\varepsilon}(t = 0) = \dot{e}(t = 0) = -v_0$

$$\dot{\varepsilon}(t) = \left(-\frac{\omega_0}{2Q}\right) \exp\left(-\frac{\omega_0}{2Q}t\right) \Big[B \cos(\omega_0 t) + C \sin(\omega_0 t)\Big] + \exp\left(-\frac{\omega_0}{2Q}t\right) \Big[-\omega_0 B \sin(\omega_0 t) + \omega_0 C \cos(\omega_0 t)\Big]$$

$$\dot{\varepsilon}(t = 0) = \left(-\frac{\omega_0}{2Q}\right) \exp 0 \Big[B \cos 0 + C \sin 0\Big] + \exp 0 \Big[-\omega_0 B \sin 0 + \omega_0 C \cos 0\Big]$$

$$\dot{\varepsilon}(t = 0) = \left(-\frac{\omega_0}{2Q}\right) B + \omega_0 C = -v_0 \Rightarrow \boxed{C = -\frac{v_0}{\omega_0}}$$

❑ **Exercice 7 - PENDULE À EXTRÉMITÉ SUPÉRIEURE MOBILE** ★★★

Résolution d'une équation différentielle linéaire du second ordre à coefficients constants avec second membre variable.

Un pendule simple de longueur ℓ est suspendu en un point A (figure 9.7); ce dernier effectue dans le référentiel terrestre supposé galiléen des oscillations sur un axe horizontal, autour d'un point fixe O (non représenté), telles que :

$$\overrightarrow{\mathrm{OA}} = a \sin(pt)\, \vec{u}_x$$

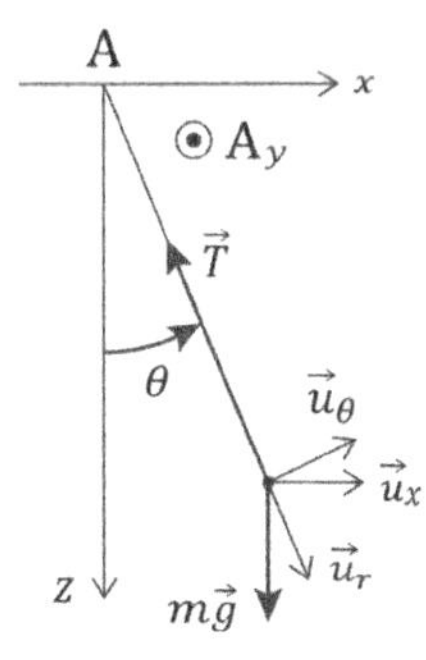

FIGURE 9.7

Le pendule oscille dans un plan vertical et on appelle θ l'angle formé par le fil avec la verticale passant par A.
Le théorème du moment cinétique projeté selon l'axe Ay s'écrit :

$$\ddot{\theta} + \frac{g}{\ell}\sin\theta = \frac{ap^2}{\ell}\sin(pt)\cos\theta$$

Sachant que l'angle θ reste petit, on a $\sin\theta \approx \theta$ et $\cos\theta \approx 1$. L'équation différentielle simplifiée s'écrit :

$$\ddot{\theta} + \frac{g}{\ell}\theta = \frac{ap^2}{\ell}\sin(pt)$$

Déterminer la loi de variation $\theta(t)$ sachant que $\theta(t=0) = 0$ et $\dot{\theta}(t=0) = 0$.

Solution

La solution de l'équation différentielle du second degré avec second membre variable est la somme d'une solution de l'équation homogène sans second membre θ_H et d'une solution particulière θ_p.

- **Recherche de la solution homogène** θ_H

  L'équation homogène sans second membre s'écrit :

$$\ddot{\theta} + \frac{g}{\ell}\theta = 0 \;\Leftrightarrow\; \ddot{\theta} + \omega^2\theta = 0$$

  avec $\omega = \sqrt{\dfrac{g}{\ell}}$. La solution de cette équation est du type :

$$\boxed{\theta_H(t) = A\cos(\omega t) + B\sin(\omega t)}$$

  où A et B sont des constantes que l'on déterminera à partir des conditions initiales.

- **Recherche de la solution particulière** θ_p

  D'après la forme du second membre, on pose $\theta_p = C\cos(pt+\varphi)$ où C est une constante que l'on détermine à partir des conditions initiales.
  En notation complexe :

$$\underline{\theta_p}(t) = C\,\mathrm{e}^{\mathrm{i}(pt+\varphi)}$$

  avec $\varphi = \dfrac{\pi}{2}$, $\mathcal{R}\mathrm{e}\{\underline{\theta_p}(t)\} = \mathcal{R}\mathrm{e}\{C\,\mathrm{e}^{\mathrm{i}\left(pt+\frac{\pi}{2}\right)}\} = C\sin(pt)$.
  En réinjectant ce type de solution dans l'équation différentielle du second degré avec second membre, on a :

$$(\mathrm{i}p)^2\,C\,\mathrm{e}^{\mathrm{i}(pt+\varphi)} + \frac{g}{\ell}\,\mathrm{e}^{\mathrm{i}(pt+\varphi)} = \frac{ap^2}{\ell}\,\mathrm{e}^{\mathrm{i}(pt+\varphi)}$$

$$\mathrm{e}^{\mathrm{i}(pt+\varphi)}\left[-p^2+\frac{g}{\ell}\right]C=\frac{ap^2}{\ell}\,\mathrm{e}^{\mathrm{i}(pt+\varphi)}$$

$$C=\frac{\frac{ap^2}{\ell}}{\left(\frac{g}{\ell}-p^2\right)}$$

$$\boxed{C=\frac{ap^2}{g-\ell p^2}}$$

$$\underline{\theta_p}(t)=C\,\mathrm{e}^{\mathrm{i}(pt+\varphi)}\Rightarrow\theta_p(t)=\mathcal{R}\mathrm{e}\{\underline{\theta_p}(t)\}=\frac{ap^2}{g-\ell p^2}\sin(pt)$$

- **Recherche de la loi de variation $\theta(t)$**

$$\theta(t)=\theta_H(t)+\theta_p(t)$$

$$\theta(t)=[A\cos(\omega t)+B\sin(\omega t)]+\frac{ap^2}{g-\ell p^2}\sin(pt)$$

$$\dot{\theta}(t)=[-\omega A\sin(\omega t)+\omega B\cos(\omega t)]+\frac{ap^2}{g-\ell p^2}\,p\cos(\omega t)$$

D'après les conditions initiales, à $t=0$ on a $\theta(t=0)=0$ et $\dot{\theta}(t=0)=0$.

$$\begin{cases}\theta(0)=A\cos 0+B\sin 0+\dfrac{ap^2}{g-\ell p^2}\sin 0=0\\ \dot{\theta}(0)=-\omega A\sin 0+\omega B\cos 0+\dfrac{ap^2}{g-\ell p^2}\,p\cos 0=0\end{cases}$$

$$\begin{cases}\theta(0)=A=0\\ \dot{\theta}(0)=\omega B+\dfrac{ap^3}{g-\ell p^2}=0\end{cases}$$

$$\boxed{\begin{array}{l}A=0\\ B=\dfrac{-ap^3}{g-\ell p^2}\sqrt{\dfrac{\ell}{g}}=0\end{array}}$$

$$\boxed{\theta(t)=\frac{ap^3}{\ell p^2-g}\sqrt{\frac{\ell}{g}}\sin\left(\sqrt{\frac{g}{\ell}}t\right)+\frac{ap^2}{g-\ell p^2}\sin(pt)}$$

❑ Exercice 8 - Oscillations mécaniques forcées (CCINP) ★★☆

Résolution d'une équation différentielle linéaire du second ordre à coefficients constants, avec second membre variable, par la méthode complexe.

Soit un oscillateur amorti par frottement fluide constitué par une masse m suspendue à un ressort de masse négligeable. La position de la masse m étant repérée par son abscisse x, en *régime libre* l'équation différentielle vérifiée par x est de la forme :

$$\ddot{x} + 2\alpha\dot{x} + \omega_0^2 x = 0 \tag{1}$$

ω_0 désigne la pulsation propre de l'oscillateur harmonique.
L'oscillateur est soumis à une excitation extérieure sinusoïdale de pulsation ω donnée par :

$$\vec{F}(t) = F_0 \cos(\omega t)\, \vec{e}_x \quad \text{avec} \quad F_0 > 0$$

$\vec{e}_x$ est le vecteur unitaire de l'axe des abscisses x.
Dans ce cas l'équation différentielle du mouvement s'écrit :

$$\ddot{x} + 2\alpha\dot{x} + \omega_0^2 x = \frac{F_0 cos(\omega t)}{m} \tag{2}$$

En régime permanent les oscillations forcées sont telles que $x = A\cos(\omega t + \varphi)$ avec A et φ deux constantes.

1. Déterminer l'amplitude A des oscillations forcées en fonction de F_0, m, α, ω et ω_0.
   Remarque : On pourra dans cette question utiliser les notations complexes, si nécessaire. Il faudra pour cela définir clairement les notations utilisées.
2. φ représentant le déphasage entre la source d'excitation extérieure et la réponse de l'oscillateur, déterminer les expressions de $\sin\varphi$ et $\cos\varphi$ en fonction de α, ω et ω_0.

D'après Concours Commun INP

Solution

1. En notation complexe, on pose $\underline{x}(t) = A\,\mathrm{e}^{\mathrm{i}(\omega t+\varphi)}$ et $\underline{F}(t) = F_0\,\mathrm{e}^{\mathrm{i}\omega t}$.
   On réinjecte ces expressions complexes dans l'équation différentielle (2).

$$\frac{\mathrm{d}^2\left(A\,\mathrm{e}^{\mathrm{i}(\omega t+\varphi)}\right)}{\mathrm{d}t^2} + 2\alpha\,\frac{\mathrm{d}\left(A\,\mathrm{e}^{\mathrm{i}(\omega t+\varphi)}\right)}{\mathrm{d}t} + \omega_0^2 A\,\mathrm{e}^{\mathrm{i}(\omega t+\varphi)} = \frac{F_0\,\mathrm{e}^{\mathrm{i}\omega t}}{m}$$

$$(\mathrm{i}\omega)^2 A\,\mathrm{e}^{\mathrm{i}(\omega t+\varphi)} + 2\alpha(\mathrm{i}\omega) A\,\mathrm{e}^{\mathrm{i}(\omega t+\varphi)} + \omega_0^2 A\,\mathrm{e}^{\mathrm{i}(\omega t+\varphi)} = \frac{F_0\,\mathrm{e}^{\mathrm{i}\omega t}}{m}$$

Après simplification par $\mathrm{e}^{\mathrm{i}\omega t}$, on obtient :

$$-\,\omega^2 A\,\mathrm{e}^{i\varphi} + \mathrm{i}\,(2\alpha\omega)\,A\,\mathrm{e}^{\mathrm{i}\varphi} + \omega_0^2 A\,\mathrm{e}^{\mathrm{i}\varphi} = \frac{F_0}{m}$$

$$A\left[\omega_0^2-\omega^2+\mathrm{i}2\alpha\omega\right]\mathrm{e}^{\mathrm{i}\varphi}=\frac{F_0}{m}$$

$$A\,\mathrm{e}^{\mathrm{i}\varphi}=\frac{F_0}{m\left[\omega_0^2-\omega^2+\mathrm{i}2\alpha\omega\right]}$$

$$\left|A\,\mathrm{e}^{\mathrm{i}\varphi}\right|=\boxed{A=\frac{F_0}{m\sqrt{(\omega_0^2-\omega^2)^2+(2\alpha\omega)^2}}}$$

2. En notation complexe :

$$A\,\mathrm{e}^{\mathrm{i}\varphi}=A\,(\cos\varphi+\mathrm{i}\sin\varphi)=A\cos\varphi+\mathrm{i}(A\sin\varphi)$$

Or

$$A\,\mathrm{e}^{\mathrm{i}\varphi}=\frac{F_0}{m\left[\omega_0^2-\omega^2+\mathrm{i}2\alpha\omega\right]}$$

En multipliant par le complexe conjugué au numérateur et au dénominateur, on obtient :

$$\begin{aligned}A\,\mathrm{e}^{\mathrm{i}\varphi}&=\frac{F_0}{m\left[\omega_0^2-\omega^2+\mathrm{i}2\alpha\omega\right]}\frac{\left[\omega_0^2-\omega^2-\mathrm{i}2\alpha\omega\right]}{\left[\omega_0^2-\omega^2-\mathrm{i}2\alpha\omega\right]}\\&=\frac{F_0}{m}\frac{\left[\omega_0^2-\omega^2-\mathrm{i}2\alpha\omega\right]}{\left[(\omega_0^2-\omega^2)^2+4\alpha^2\omega^2\right]}\\&=\frac{F_0}{m}\frac{\left[\omega_0^2-\omega^2\right]}{\left[(\omega_0^2-\omega^2)^2+4\alpha^2\omega^2\right]}-\mathrm{i}\left(\frac{F_0}{m}\frac{2\alpha\omega}{\left[(\omega_0^2-\omega^2)^2+4\alpha^2\omega^2\right]}\right)\end{aligned}$$

Par identification :

$$\begin{cases}\cos\varphi=\dfrac{F_0}{mA}\dfrac{(\omega_0^2-\omega^2)}{\left[(\omega_0^2-\omega^2)^2+4\alpha^2\omega^2\right]}\\[2ex]\sin\varphi=-\dfrac{F_0}{mA}\dfrac{2\alpha\omega}{\left[(\omega_0^2-\omega^2)^2+4\alpha^2\omega^2\right]}\end{cases}$$

Or $A=\dfrac{F_0}{m\sqrt{(\omega_0^2-\omega^2)^2+4\alpha^2\omega^2}}$

$$\boxed{\begin{aligned}\cos\varphi&=\frac{(\omega_0^2-\omega^2)}{\sqrt{(\omega_0^2-\omega^2)^2+4\alpha^2\omega^2}}\\[2ex]\sin\varphi&=\frac{-2\alpha\omega}{\sqrt{(\omega_0^2-\omega^2)^2+4\alpha^2\omega^2}}\end{aligned}}$$

❑ Exercice 9 - Barreaux dans un champ magnétique (ESIM) ★★☆

Résolution de deux équations différentielles linéaires couplées du second ordre à coefficients constants sans second membre.

On étudie le mouvement de deux barreaux parallèlement à Ox. Chaque barreau cylindrique creux mobile de masse m, de rayon r de moment d'inertie J par rapport à son axe, de longueur ℓ et de résistance électrique R peut rouler sur deux rails conducteurs horizontaux de résistance négligeable et distants de a. Dans leur déplacement les barreaux restent perpendiculaire aux rails. Un courant d'intensité I circule dans les rails et le conducteur mobile. On place l'ensemble dans un champ magnétique vertical uniforme.
Le barreau de gauche indicé 1 est relié à l'extrémité d'un ressort de raideur k et de longueur à vide ℓ_0 dans le plan des rails et dont l'autre extrémité est fixée en un point O_1 que l'on prend comme origine de l'axe. On désigne par x_1 la position du milieu M_1 du barreau. A l'équilibre on note $x_1 = \ell_0$ la longueur du ressort et hors équilibre on note $x_1 - \ell_0$ l'allongement du ressort. Pour le barreau de droite on adopte les mêmes notations indicées 2.

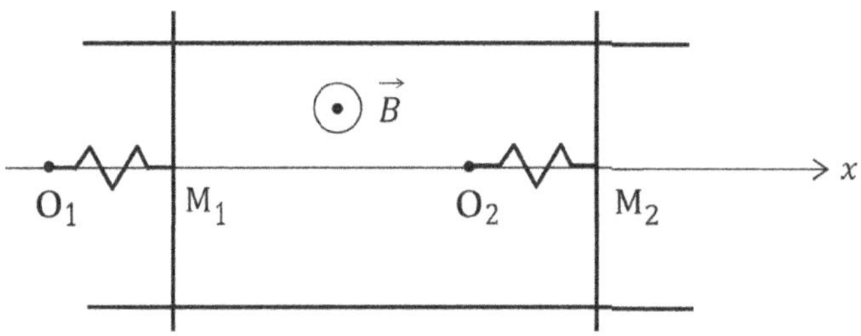

FIGURE 9.8

Le champ magnétique étant constant, les deux barreaux étant immobiles, on impose à partir de $t = 0$ au barreau 1 un mouvement sinusoïdal de période T et d'amplitude D. Après un régime transitoire, le barreau 2 a un mouvement correspondant à un régime sinusoïdal forcé. Dans les conditions de roulement sans glissement, les équations différentielles caractérisant les mouvements de chaque barreau s'écrivent :

$$\begin{cases} \ddot{x}_1 + \dfrac{B^2\ell^2}{2mR}(\dot{x}_1 - \dot{x}_2) + \dfrac{k}{2m}(x_1 - \ell_0) = 0 & (1) \\ \\ \ddot{x}_2 + \dfrac{B^2\ell^2}{2mR}(\dot{x}_2 - \dot{x}_1) + \dfrac{k}{2m}(x_2 - \ell_0) = 0 & (2) \end{cases}$$

1. On pose $\alpha = x_1 + x_2$ et $\beta = x_1 - x_2$. Etablir les équations différentielles que vérifient α et β.

2. Résoudre le système d'équations obtenu dans le cas particulier de l'amortissement critique avec les conditions initiales : à $t = 0$, $x_{1,0} = x_{2,0} = \ell_0$, $v_{1,0} = v_0$ et $v_{2,0} = 0$.
3. Quels sont les mouvements des barreaux au bout d'un temps infini ?

D'après concours ESIM

Solution

1. La somme des équations (1) + (2) nous amène à l'équation différentielle vérifiée par α :

$$\ddot{x}_1 + \frac{B^2\ell^2}{2mR}(\dot{x}_1 - \dot{x}_2) + \frac{k}{2m}(x_1 - \ell_0) + \ddot{x}_2 + \frac{B^2\ell^2}{2mR}(\dot{x}_2 - \dot{x}_1) + \frac{k}{2m}(x_2 - \ell_0) = 0$$

$$(\ddot{x}_1 + \ddot{x}_2) + \frac{B^2\ell^2}{2mR}(\dot{x}_1 - \dot{x}_2 + \dot{x}_2 - \dot{x}_1) + \frac{k}{2m}(x_1 - \ell_0 + x_2 - \ell_0) = 0$$

$$\boxed{\ddot{\alpha} + \frac{k}{2m}(\alpha - 2\ell_0) = 0} \tag{3}$$

La différence des équations (1) − (2) nous amène à l'équation différentielle vérifiée par β :

$$\ddot{x}_1 + \frac{B^2\ell^2}{2mR}(\dot{x}_1 - \dot{x}_2) + \frac{k}{2m}(x_1 - \ell_0) - \left(\ddot{x}_2 + \frac{B^2\ell^2}{2mR}(\dot{x}_2 - \dot{x}_1) + \frac{k}{2m}(x_2 - \ell_0)\right) = 0$$

$$(\ddot{x}_1 - \ddot{x}_2) + \frac{B^2\ell^2}{2mR}(\dot{x}_1 - \dot{x}_2 - \dot{x}_2 + \dot{x}_1) + \frac{k}{2m}(x_1 - \ell_0 - x_2 + \ell_0) = 0$$

$$(\ddot{x}_1 - \ddot{x}_2) + \frac{B^2\ell^2}{2mR}(2\dot{x}_1 - 2\dot{x}_2) + \frac{k}{2m}(x_1 - x_2) = 0$$

$$\boxed{\ddot{\beta} + \frac{B^2\ell^2}{mR}\dot{\beta} + \frac{k}{2m}\beta = 0} \tag{4}$$

2. L'équation (3) peut s'écrire sous la forme $\ddot{\alpha} + \omega^2(\alpha - 2\ell_0) = 0$ où $\omega = \sqrt{\dfrac{k}{2m}}$. Les solutions sont du type :

$$\alpha(t) - 2\ell_0 = A\cos\omega t + B\sin\omega t$$

On utilise la première condition initiale : à $t = 0$ on a $x_{1,0} = x_{2,0} = l_0$.

$$\alpha(t = 0) - 2\ell_0 = A\cos 0 + B\sin 0 \Rightarrow x_{1,0} + x_{2,0} - 2\ell_0 = \boxed{A = 0}$$

Après avoir dérivé l'équation (3) par rapport au temps, on utilise la seconde condition initiale : à $t = 0$ on a $v_{1,0} = \dot{x}_{1,0} = v_0$ et $v_{2,0} = \dot{x}_{2,0} = 0$.

$$\dot{\alpha}(t) = -\omega A \sin(\omega t) + \omega B \cos(\omega t)$$

$$\dot{\alpha}(t = 0) = -\omega A \sin 0 + \omega B \cos 0$$

$$\dot{x}_{1,0} + \dot{x}_{2,0} = v_0 + 0 = \omega B \Rightarrow \boxed{B = \frac{v_0}{\omega}}$$

$$\boxed{\alpha = 2\ell_0 + \frac{v_0}{\omega} \sin(\omega t)}$$

L'équation (4) peut s'écrire sous la forme $\ddot{\beta} + \frac{1}{\tau}\dot{\beta} + \omega^2 \beta = 0$ où $\tau = \frac{mR}{B^2 \ell^2}$ et $\omega = \sqrt{\frac{k}{2m}}$.

Dans le cas de l'amortissement critique, les solutions sont du type :

$$\beta(t) = (Ct + D)\,\mathrm{e}^{-\frac{t}{\tau}}$$

On utilise la première condition initiale : à $t = 0$ on a $x_{1,0} = x_{2,0} = \ell_0$.

$$\beta(t = 0) = (C \times 0 + D)\,\mathrm{e}^0 \Rightarrow x_{1,0} - x_{2,0} = \boxed{D = 0}$$

Après avoir dérivé l'équation (4) par rapport au temps, on utilise la seconde condition initiale : à $t = 0$ on a $v_{1,0} = \dot{x}_{1,0} = v_0$ et $v_{2,0} = \dot{x}_{2,0} = 0$.

$$\dot{\beta}(t) = C\,\mathrm{e}^{-\frac{t}{\tau}} + (Ct + D)\left(-\frac{1}{\tau}\right)\mathrm{e}^{-\frac{t}{\tau}}$$

$$\dot{\beta}(t = 0) = C\,\mathrm{e}^0 + (C \times 0 + D)\left(-\frac{1}{\tau}\right)\mathrm{e}^0$$

$$\dot{x}_{1,0} - \dot{x}_{2,0} = v_0 - 0 = C + D\left(-\frac{1}{\tau}\right) = C \Rightarrow \boxed{C = v_0}$$

$$\boxed{\beta = v_0\, t\,\mathrm{e}^{-\frac{t}{\tau}}}$$

Les solutions x_1 et x_2 sont obtenues par $x_1 = \frac{\alpha + \beta}{2}$ et $x_2 = \frac{\alpha - \beta}{2}$

$$\boxed{\begin{aligned} x_1 &= \ell_0 + \frac{v_0}{2\omega} \sin(\omega t) + \frac{1}{2} v_0\, t\,\mathrm{e}^{-\frac{t}{\tau}} \\ x_2 &= \ell_0 + \frac{v_0}{2\omega} \sin(\omega t) - \frac{1}{2} v_0\, t\,\mathrm{e}^{-\frac{t}{\tau}} \end{aligned}}$$

3. Au bout d'un temps infini, $e^{-\frac{t}{\tau}} \to 0$ et $x_{1,\infty} = \ell_0 + \dfrac{v_0}{2\omega}\sin(\omega t) = x_{2,\infty}$. Les deux barreaux vont donc osciller périodiquement autour de leur position d'équilibre dans un mouvement d'ensemble à la pulsation ω et d'amplitude $\dfrac{v_0}{2\omega}$.

9.2.3 Mécanique des fluides

❑ **Exercice 10 - ECOULEMENT DANS UN TUBE CAPILLAIRE** ☆☆☆

Résolution d'une équation différentielle linéaire du premier ordre à coefficients constants sans second membre.

Un fluide contenu dans un récipient cylindrique de rayon R s'écoule lentement à travers un tube capillaire de longueur L et de rayon a (figure 9.9).
On mesure le temps τ de descente du fluide entre deux niveaux d'altitude h_1 et h_2 ($h_2 < h_1$). Le fluide est supposé incompressible (ρ = cte), son coefficient de viscosité est η. Le diamètre du tube est très faible devant celui du cylindre ($a \ll R$).

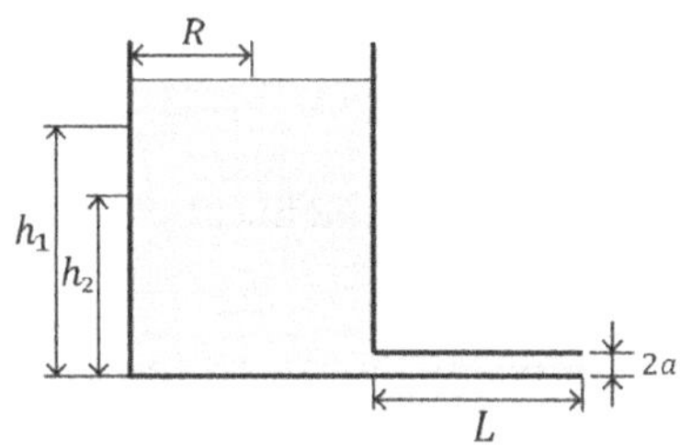

FIGURE 9.9

L'écoulement dans un tube capillaire conduit à l'équation différentielle du premier ordre sans second membre suivante :

$$\frac{\mathrm{d}h(t)}{\mathrm{d}t} + \frac{a^4\rho g}{8\eta L R^2}h(t) = 0$$

En déduire l'expression de η (viscosité dynamique du fluide) en fonction des grandeurs physiques du problème.

Solution

Les solutions de l'équation différentielle $\dfrac{\mathrm{d}h(t)}{\mathrm{d}t} + \alpha h(t) = 0$ avec $\alpha = \dfrac{a^4\rho g}{8\eta L R^2}$ sont du type :

$$h(t) = A\,\mathrm{e}^{-\alpha t}$$

où A est une constante que l'on détermine à l'aide des conditions initiales.

$$\ln h(t) = \ln\left(A\,\mathrm{e}^{-\alpha t}\right)$$

$$= \ln A - \ln(e^{-\alpha t})$$
$$= \ln A - \alpha t$$

Au temps $t = 0$ le niveau de fluide est à l'altitude h_1.

$$\ln h_1 = \ln A$$

Au temps $t = \tau$ le niveau du fluide est à l'altitude h_2.

$$\ln h_2 = \ln A - \alpha\tau = \ln h_1 - \frac{a^4 \rho g \tau}{8\eta L R^2}$$

$$\frac{a^4 \rho g \tau}{8\eta L R^2} = \ln h_1 - \ln h_2 = \ln\left(\frac{h_1}{h_2}\right)$$

$$\boxed{\eta = \frac{a^4 \rho g \tau}{8 L R^2 \ln\left(\frac{h_1}{h_2}\right)}}$$

❑ Exercice 11 - CHUTE D'UNE BILLE ★☆☆

Résolution d'une équation différentielle linéaire du premier ordre à coefficients constants avec second membre.

On étudie la chute d'une bille dans le référentiel du laboratoire $\mathcal{R}$ supposé fixe et galiléen. La bille sphérique de rayon r, de masse m, de masse volumique ρ_b est lâchée sans vitesse initiale dans une colonne, d'axe vertical descendant $\mathrm{O}z$, contenant un fluide de masse volumique ρ_f et de viscosité η. Après un bref régime transitoire, la bille atteint la vitesse limite v_{lim}.

1. Le fluide est du glycérol.
   On modélise les frottements par la force $\vec{F} = -\alpha\vec{v}$ où α est un coefficient de frottement fluide. En appliquant le théorème de la quantité de mouvement dans $\mathcal{R}$ à la bille soumise à son poids, à la poussée d'Archimède et à la force de frottement fluide (ou force de trainée), on obtient l'équation différentielle (E_1) du 1er ordre linéaire avec second membre constant suivante :

$$\frac{\mathrm{d}v}{\mathrm{d}t} + \frac{\alpha}{m}v = \left(1 - \frac{\rho_f}{\rho_b}\right)g \qquad \text{(E1)}$$

   Résoudre l'équation différentielle et en déduire la loi d'évolution $v(t)$ de la norme de la vitesse de la bille.

★★★

Résolution d'une équation différentielle **non linéaire** du premier ordre à coefficients constants avec second membre.

2. Le fluide est de l'eau.
   On modélise les frottements par la force $\vec{F} = -\beta v \vec{v}$ où β est un coefficient de frottement fluide. En appliquant le théorème de la quantité de mouvement dans $\mathcal{R}$ à la bille on obtient l'équation différentielle (E_2) du 1er ordre non linéaire avec second membre constant suivante :

$$\frac{\mathrm{d}v}{\mathrm{d}t} + \frac{\beta}{m} v^2 = \left(1 - \frac{\rho_f}{\rho_b}\right) g \qquad \text{(E2)}$$

   Résoudre l'équation différentielle et en déduire la loi d'évolution $v(t)$ de la norme de la vitesse de la bille.

Solution

1. Le fluide est du glycérol.
   - On cherche les solutions de l'équation homogène H ou équation sans second membre :

$$\frac{\mathrm{d}v_H}{\mathrm{d}t} + \frac{\alpha}{m} v_H = 0$$

$$\frac{\mathrm{d}v_H}{v_H} = -\frac{\alpha}{m}\,\mathrm{d}t$$

$$\int \frac{\mathrm{d}v_H}{v_H} = -\frac{\alpha}{m} \int \mathrm{d}t$$

$$\ln v_H = -\frac{\alpha}{m}\, t + \text{constante}$$

$$v_H = \exp\left(-\frac{\alpha}{m}\, t + \text{constante}\right) = K\,\mathrm{e}^{-\frac{\alpha}{m} t}$$

     où K est une constante qui sera déterminée à l'aide des conditions initiales.
   - On cherche une solution particulière de (E_1). Après un bref régime transitoire, la bille atteint la vitesse limite v_{lim} soit $\frac{\mathrm{d}v}{\mathrm{d}t} = 0$.

$$\frac{\alpha}{m} v_p = \left(1 - \frac{\rho_f}{\rho_b}\right) g$$

$$v_p = \frac{m}{\alpha}\left(1 - \frac{\rho_f}{\rho_b}\right) g = v_{\text{lim}}$$

- On additionne les deux solutions.

$$v(t) = v_H + v_p = K\,\mathrm{e}^{-\frac{\alpha}{m}t} + v_{\lim}$$

Afin de déterminer l'expression de la constante K on applique les conditions initiales. A $t = 0$, la bille est lâchée sans vitesse initiale.

$$v(t = 0) = 0 = K\,\mathrm{e}^0 + v_{\lim}$$

$$K = -v_{\lim}$$

$$\boxed{v(t) = v_{\lim}\left(1 - \mathrm{e}^{-\frac{\alpha}{m}t}\right)}$$

2. Le fluide est de l'eau.

- On cherche une solution particulière de (E_2). Après un bref régime transitoire, la bille atteint la vitesse limite $v_{\lim}$ soit $\dfrac{\mathrm{d}v}{\mathrm{d}t} = 0$.

$$\frac{\beta}{m}v_p^2 = \left(1 - \frac{\rho_f}{\rho_b}\right)g$$

$$v_p^2 = \frac{m}{\beta}\left(1 - \frac{\rho_f}{\rho_b}\right)g$$

$$v_p = \sqrt{\frac{m}{\beta}\left(1 - \frac{\rho_f}{\rho_b}\right)g}$$

L'équation (E_2) s'écrit alors :

$$\frac{\mathrm{d}v}{\mathrm{d}t} + \frac{\beta}{m}v^2 = \frac{\beta}{m}v_p^2$$

$$\frac{\mathrm{d}v}{\mathrm{d}t} + \frac{\beta}{m}\left(v^2 - v_p^2\right) = 0$$

- On effectue un changement de variable. On pose :

$$u = \frac{v}{v_p} \Leftrightarrow \mathrm{d}u = \frac{\mathrm{d}v}{v_p}$$

L'équation (E_2) s'écrit alors :

$$v_p\frac{\mathrm{d}u}{\mathrm{d}t} + \frac{\beta}{m}\left(v_p^2u^2 - v_p^2\right) = 0$$

$$v_p\frac{\mathrm{d}u}{\mathrm{d}t} + \frac{\beta}{m}v_p^2\left(u^2 - 1\right) = 0$$

- On résoud l'équation différentielle obtenue pour la variable u.

$$v_p \frac{\mathrm{d}u}{\mathrm{d}t} = \frac{\beta}{m} v_p^2 \left(1 - u^2\right)$$

$$\frac{\mathrm{d}u}{\mathrm{d}t} = \frac{\beta}{m} v_p \left(1 - u^2\right)$$

$$\frac{\mathrm{d}u}{1 - u^2} = \frac{\beta}{m} v_p \,\mathrm{d}t$$

$$\int_{u=0}^{u} \frac{\mathrm{d}u}{1 - u^2} = \int_{t=0}^{t} \frac{\beta}{m} v_p \,\mathrm{d}t$$

$$\Big[\operatorname{argth} u\Big]_{u=0}^{u} = \frac{\beta}{m} v_p \Big[t\Big]_0^t$$

$$\operatorname{argth} u - \operatorname{argth} 0 = \frac{\beta}{m} v_p \,(t - 0)$$

$$\operatorname{argth} u = \frac{\beta}{m} v_p \, t$$

- On remplace u par son expression afin d'obtenir la loi d'évolution $v(t)$ de la norme de la vitesse de la bille.

$$\operatorname{argth}\left(\frac{v}{v_p}\right) = \frac{\beta}{m} v_p \, t$$

$$\frac{v}{v_p} = \operatorname{th}\left(\frac{\beta}{m} v_p \, t\right)$$

$$\boxed{v(t) = v_p \operatorname{th}\left(\frac{\beta}{m} v_p \, t\right)}$$

Remarque : on peut aussi calculer $\displaystyle\int_{u=0}^{u} \frac{\mathrm{d}u}{1 - u^2}$ en effectuant une décomposition en éléments simples.

$$\begin{aligned}\frac{\mathrm{d}u}{1 - u^2} &= \frac{a}{1 - u} + \frac{b}{1 + u} \\ &= \frac{a + au + b - bu}{(1 - u)(1 + u)} \\ &= \frac{a + b + (a - b)\, u}{1 - u^2}\end{aligned}$$

Avec $(a+b)=1$ et $(a-b)=0$, on a $a=b=\dfrac{1}{2}$. L'intégrale se calcule alors aisément de la façon suivante :

$$\begin{aligned}
\int_{u=0}^{u}\frac{du}{1-u^2} &= \frac{1}{2}\int_{u=0}^{u}\frac{du}{1-u}+\frac{1}{2}\int_{u=0}^{u}\frac{du}{1+u}\\
&= \frac{1}{2}\left(-\ln(1-u)\right)+\frac{1}{2}\ln(1+u)\\
&= \frac{1}{2}\ln\left(\frac{1+u}{1-u}\right)
\end{aligned}$$

Or $\forall x \in\,]-1,1[\,$, $\operatorname{argth} u = \dfrac{1}{2}\ln\left(\dfrac{1+u}{1-u}\right)$.

$$\operatorname{argth} u = \frac{\beta}{m}v_p\,t = \frac{1}{2}\ln\left(\frac{1+u}{1-u}\right)$$

$$\ln\left(\frac{1+u}{1-u}\right) = 2\frac{\beta}{m}v_p\,t$$

$$\frac{1+u}{1-u} = \exp\left(2\frac{\beta}{m}v_p\,t\right)$$

$$1+u = (1-u)\exp\left(2\frac{\beta}{m}v_p\,t\right)$$

$$u\left(1+\exp\left(2\frac{\beta}{m}v_p\,t\right)\right) = \exp\left(2\frac{\beta}{m}v_p\,t\right)-1$$

$$u = \frac{\exp\left(2\frac{\beta}{m}v_p\,t\right)-1}{\exp\left(2\frac{\beta}{m}v_p\,t\right)+1}$$

On remplace u par son expression afin d'obtenir la loi d'évolution $v(t)$ de la norme de la vitesse de la bille.

$$\boxed{v(t) = v_p\left(\frac{\exp\left(2\frac{\beta}{m}v_p\,t\right)-1}{\exp\left(2\frac{\beta}{m}v_p\,t\right)+1}\right)}$$

On retrouve la même expression car :

$$\operatorname{th}\left(\frac{\beta}{m}v_p\,t\right) = \frac{\exp\left(\frac{\beta}{m}v_p\,t\right)-\exp\left(-\frac{\beta}{m}v_p\,t\right)}{\exp\left(\frac{\beta}{m}v_p\,t\right)+\exp\left(-\frac{\beta}{m}v_p\,t\right)} = \frac{\exp\left(2\frac{\beta}{m}v_p\,t\right)-1}{\exp\left(2\frac{\beta}{m}v_p\,t\right)+1}$$

❏ Exercice 12 - VIDANGE D'UN RÉSERVOIR (CCMP) ★★☆

Résolution d'une équation différentielle **non linéaire** du premier ordre à coefficients constants avec second membre.

Pour lutter contre les incendies de forêts, des véhicules appelés véhicules Dangel sont équipés d'une citerne, réservoir d'eau supposé parallélépipédique à base carrée, indéformable et posé sur le plateau arrière horizontal du véhicule.
Lors d'une vidange, on retire le bouchon de remplissage (situé au sommet du réservoir) et l'on branche un tuyau de vidange de section s faible disposé horizontalement, d'axe Ox, de longueur ℓ fermé à son extrémité par un robinet. L'ensemble est représenté sur la figure 9.10.

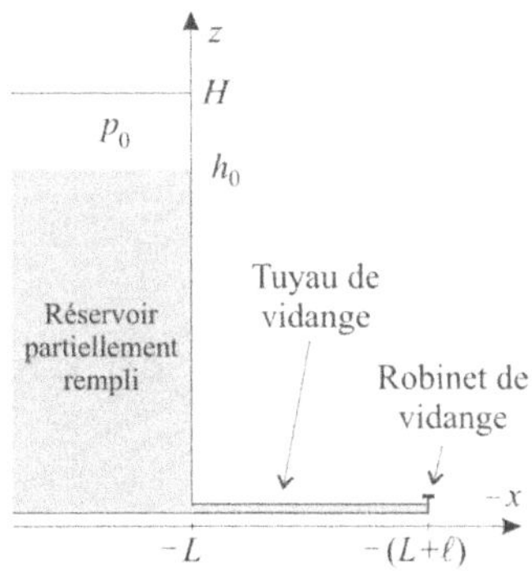

FIGURE 9.10 – Vidange réservoir

On ouvre le robinet de vidange à $t = 0$, la hauteur d'eau dans le réservoir, au-dessus du niveau du tuyau, étant de h_0. En utilisant l'équation d'Euler de la mécanique des fluides, sous certaines hypothèses, le champ de vitesse de l'eau dans le tuyau de vidange, noté $\vec{v}(t)$, est tel que la fonction $v(t)$ est solution de l'équation différentielle :

$$\ell \frac{\mathrm{d}v}{\mathrm{d}t} + \frac{v^2}{2} = gh_0 \qquad (1)$$

1. Montrer que l'équation précédente admet une solution constante v_0.
2. En posant, $u = v + v_0$ puis $w = \dfrac{1}{u}$ résoudre l'équation (1). On exprimera $v(t)$ en fonction des paramètres v_0 et $\tau = \dfrac{\ell}{v_0}$.
3. Sachant que $\operatorname{th}\alpha = \dfrac{1 - \mathrm{e}^{-2\alpha}}{1 + \mathrm{e}^{-2\alpha}}$, retrouver l'expression de $v(t)$ en appliquant la méthode réalisée dans l'exercice précédent (Chute d'une bille dans l'eau).

D'après Concours Commun Mines-Ponts

Solution

1. Après un régime transitoire, la vitesse $v(t)$ va atteindre une vitesse limite v_0 telle que $\frac{\mathrm{d}v}{\mathrm{d}t} = 0$. L'équation (1) s'écrit alors :

$$\frac{v_0^2}{2} = gh_0 \Rightarrow \boxed{v_0 = \sqrt{2gh_0}}$$

2. On pose $u = v + v_0$. L'équation (1) s'écrit :

$$\ell\,\frac{\mathrm{d}(u - v_0)}{\mathrm{d}t} + \frac{(u - v_0)^2}{2} = gh_0$$

$$\ell\,\frac{\mathrm{d}u}{\mathrm{d}t} + \frac{u^2 + v_0^2 - 2uv_0}{2} = \frac{v_0^2}{2}$$

$$\ell\,\frac{\mathrm{d}u}{\mathrm{d}t} + \frac{u^2}{2} - uv_0 = 0 \tag{2}$$

On pose $w = \frac{1}{u} \Rightarrow u = \frac{1}{w}$ et $\mathrm{d}u = -\frac{1}{w^2}\,\mathrm{d}w$. L'équation (2) s'écrit :

$$-\frac{\ell}{w^2}\frac{\mathrm{d}w}{\mathrm{d}t} + \frac{1}{2w^2} - \frac{v_0}{w} = 0$$

$$\frac{\mathrm{d}w}{\mathrm{d}t} + \frac{v_0}{\ell}w = \frac{1}{2\ell} \tag{3}$$

On cherche les solutions w_H de l'équation homogène ou équation sans second membre :

$$\frac{\mathrm{d}w_H}{\mathrm{d}t} + \frac{v_0}{\ell}w_H = 0$$

Les solutions sont de la forme :

$$w_H = A\,\mathrm{e}^{-\frac{v_0}{\ell}t}$$

où A est une constante qui sera déterminée à l'aide des conditions initiales.
On cherche une solution particulière w_p de l'équation (3). Après un régime transitoire $\frac{\mathrm{d}w}{\mathrm{d}t} = 0$. L'équation (3) s'écrit $\frac{v_0}{\ell}w_p = \frac{1}{2\ell} \Rightarrow w_p = \frac{1}{2v_0}$
On additionne les deux solutions.

$$w(t) = w_H + w_p = A\,\mathrm{e}^{-\frac{v_0}{\ell}t} + \frac{1}{2v_0}$$

Afin de déterminer l'expression de la constante A on applique les conditions initiales. A $t = 0$, le champ de vitesse dans le tuyau est nul $v = 0$, $u = v_0$ et $w = \dfrac{1}{v_0}$.

$$w(t=0) = \frac{1}{v_0} = A\,\mathrm{e}^0 + \frac{1}{2v_0} \;\Rightarrow\; A = \frac{1}{2v_0}$$

$$\boxed{w(t) = \frac{1}{2v_0}\left(1 + \mathrm{e}^{-\frac{v_0}{\ell}t}\right)}$$

$$u = \frac{1}{w} = \frac{2v_0}{1 + \mathrm{e}^{-\frac{v_0}{\ell}t}}$$

$$\begin{aligned} v = u - v_0 &= \frac{2v_0}{1 + \mathrm{e}^{-\frac{v_0}{\ell}t}} - v_0 \\ &= v_0 \left(\frac{2 - \left(1 + \mathrm{e}^{-\frac{v_0}{\ell}t}\right)}{1 + \mathrm{e}^{-\frac{v_0}{\ell}t}}\right) \end{aligned}$$

$$\boxed{v(t) = v_0 \left(\frac{1 - \mathrm{e}^{-\frac{v_0}{\ell}t}}{1 + \mathrm{e}^{-\frac{v_0}{\ell}t}}\right)}$$

3. Sachant que $\mathrm{th}\,\alpha = \dfrac{1 - \mathrm{e}^{-2\alpha}}{1 + \mathrm{e}^{-2\alpha}}$, l'expression de $v(t)$ peut aussi s'écrire sous la forme :

$$\boxed{v(t) = v_0\,\mathrm{th}\left(\frac{v_0}{2\ell}t\right)}$$

On se propose de retrouver l'expression de $v(t)$ en appliquant la même méthode que dans l'exercice précédent.
L'équation (1) peut s'écrire, avec $v_0 = \sqrt{2gh_0}$:

$$\frac{\mathrm{d}v}{\mathrm{d}t} + \frac{v^2}{2\ell} = \frac{v_0^2}{2\ell}$$

$$\frac{\mathrm{d}v}{\mathrm{d}t} + \frac{1}{2\ell}\left(v^2 - v_0^2\right) = 0 \tag{4}$$

On effectue un changement de variable. On pose :

$$a = \frac{v}{v_0} \Leftrightarrow \mathrm{d}a = \frac{\mathrm{d}v}{v_0}$$

L'équation (4) s'écrit :

$$v_0 \frac{\mathrm{d}a}{\mathrm{d}t} + \frac{1}{2\ell}\left(v_0^2 a^2 - v_0^2\right) = 0$$

$$v_0 \frac{\mathrm{d}a}{\mathrm{d}t} + \frac{v_0^2}{2\ell}\left(a^2 - 1\right) = 0$$

On résout l'équation différentielle obtenue pour la variable a.

$$v_0 \frac{\mathrm{d}a}{\mathrm{d}t} = \frac{v_0^2}{2\ell}\left(1 - a^2\right)$$

$$\frac{\mathrm{d}a}{1 - a^2} = \frac{v_0}{2\ell}\,\mathrm{d}t$$

$$\int_{a=0}^{a} \frac{\mathrm{d}a}{1 - a^2} = \int_{t=0}^{t} \frac{v_0}{2\ell}\,\mathrm{d}t$$

$$\Big[\operatorname{argth} a\Big]_0^a = \frac{v_0}{2\ell}\Big[t\Big]_0^t$$

$$\operatorname{argth} a - \operatorname{argth} 0 = \frac{v_0}{2\ell}\,(t - 0)$$

$$\operatorname{argth} a = \frac{v_0}{2\ell}\,t$$

On remplace a par son expression afin d'obtenir la loi d'évolution $v(t)$ de la vitesse de vidange.

$$\operatorname{argth}\left(\frac{v}{v_0}\right) = \frac{v_0}{2\ell}\,t$$

$$\frac{v}{v_0} = \operatorname{th}\left(\frac{v_0}{2\ell}\,t\right)$$

$$\boxed{v(t) = v_0 \operatorname{th}\left(\frac{v_0}{2\ell}\,t\right)}$$

❑ Exercice 13 - LA SPIRALE D'EKMAN (CCMP) ★☆☆

Résolution de deux équations différentielles couplées du second ordre à coefficients constants sans second membre par une méthode complexe.

Méthode 2

Dans le cas où deux grandeurs $v_x(t)$ et $v_y(t)$ sont couplées dans deux équations différentielles du même type, on pose $\underline{V} = v_x + \mathrm{j}v_y$ où $\mathrm{j}^2 = -1$.
On écrit l'équation différentielle vérifiée par $\underline{V}$. On résout cette équation différentielle en tenant compte des conditions initiales.
Par identification, l'expression de v_x est égale à la partie réélle de $\underline{V}$ et l'expression de v_y est égale à la partie imaginaire de $\underline{V}$.

Lors de diverses expéditions en direction du pôle nord, on a pu constater que les navires pris dans les glaces du pack arctique dérivent systématiquement *à droite* de la direction du vent. On interprète ces résultats par la différence de direction d'écoulement du vent (qui entraîne la surface de l'eau) et de l'eau profonde (qui entraîne les glaces dérivantes du pack) du fait de la rotation propre de la Terre autour de l'axe polaire (on parle ici d'*effet Coriolis*). L'entraînement des couches de plus en plus profondes de l'océan est dû aux effets de viscosité de l'eau.
Ce changement graduel de direction en fonction de la profondeur possède une forme de spirale. Elle prend le nom de l'océanographe suédois Vagn Walfrid Ekman qui l'expliqua dans sa thèse en 1907.
L'étude qui suit est réalisée dans un référentiel terrestre $(\mathrm{O}xyz)$ dans lequel $(\mathrm{O}z)$ est vertical ascendant, $(\mathrm{O}x)$ dirigé dans la direction du vent. L'océan occupe toute la région $z < 0$; on le modélise comme un écoulement incompressible, visqueux, de pression P. Le champ de vitesse $\vec{v}$ de cet écoulement est stationnaire horizontal $(v_z = 0)$, il ne dépend que de la profondeur $\left(\dfrac{\partial \vec{v}}{\partial x} = \dfrac{\partial \vec{v}}{\partial y} = \vec{0}\right)$, et il est entièrement situé à proximité du pôle nord (latitude $\lambda = \pi/2$). La pression atmosphérique est uniforme et notée P_0.
Une particule de fluide de volume élémentaire $\mathrm{d}\tau$ est soumise à une force de pression qui ne dépend que de z, à son poids, à une force d'inertie de Coriolis, à une force d'inertie d'entrainement négligeable devant la force d'inertie de Coriolis et une force de viscosité.
La projection de l'équation de Navier-Stokes sur les axes $(\mathrm{O}x)$ et $(\mathrm{O}y)$ donne un système d'équations couplées :

$$\begin{cases} \dfrac{\partial^2 v_x}{\partial z^2} + \dfrac{1}{\delta^2} v_y = 0 \quad (1) \\[2ex] \dfrac{\partial^2 v_y}{\partial z^2} - \dfrac{1}{\delta^2} v_x = 0 \quad (2) \end{cases}$$

avec $\delta = \sqrt{\dfrac{\eta_e T_0}{4\pi\rho_e}}$

On note $\vec{v}_0 = v_0\,\vec{e}_x$ la vitesse de surface de l'eau océanique située en $z = 0$. Déterminer $v_x(z)$ et $v_y(z)$ en supposant que le fond de l'océan correspond à la limite $z \to -\infty$.

Données

- Durée du jour solaire moyen : T_0
- Masse volumique de l'eau liquide à 4°C : ρ_e
- Viscosité dynamique de l'eau liquide à 4°C : η_e

D'après Concours Commun Mines-Ponts

Solution

On pose $\underline{V} = v_x + \mathrm{j}v_y$.

$$(1) + \mathrm{j}(2) \;\Rightarrow\; \frac{\partial^2 v_x}{\partial z^2} + \frac{1}{\delta^2}\,v_y + \mathrm{j}\left(\frac{\partial^2 v_y}{\partial z^2} - \frac{1}{\delta^2}\,v_x\right) = 0$$

$$\frac{\partial^2 v_x}{\partial z^2} + \mathrm{j}\,\frac{\partial^2 v_y}{\partial z^2} + \frac{1}{\delta^2}\,(v_y - \mathrm{j}v_x) = 0$$

$$\frac{\partial^2 \underline{V}}{\partial z^2} - \mathrm{j}\frac{1}{\delta^2}\,\underline{V} = 0$$

On résout cette équation différentielle du second degré à coefficients constants sans second membre de manière classique.

Le polynôme caractéristique s'écrit :

$$r^2 - \mathrm{j}\frac{1}{\delta^2} = 0 \;\Rightarrow\; r^2 = \mathrm{j}\frac{1}{\delta^2} = \mathrm{e}^{\frac{\pi}{2}}\,\frac{1}{\delta^2}$$

$$r = \pm\,\mathrm{e}^{\frac{\pi}{4}}\,\frac{1}{\delta} = \pm\left(\frac{1+\mathrm{j}}{\sqrt{2}}\right)\frac{1}{\delta}$$

Les racines s'écrivent respectivement : $r_1 = \left(\dfrac{1+\mathrm{j}}{\sqrt{2}}\right)\dfrac{1}{\delta}$ et $r_2 = -\left(\dfrac{1+\mathrm{j}}{\sqrt{2}}\right)\dfrac{1}{\delta}$.

Les solutions sont de la forme :

$$\underline{V}(z) = A\,\mathrm{e}^{r_1 z} + B\,\mathrm{e}^{r_2 z}$$

$$\underline{V}(z) = A\,\exp\left(\left(\frac{1+\mathrm{j}}{\sqrt{2}}\right)\frac{z}{\delta}\right) + B\,\exp\left(\left(-\frac{1+\mathrm{j}}{\sqrt{2}}\right)\frac{z}{\delta}\right) \quad \text{avec } z < 0$$

Les constantes A et B sont déterminées à l'aide des conditions aux limites.
En $z = 0$, $v_x(z = 0) = v_0$ et $v_y(z = 0) = 0$ donc $\underline{V}(z = 0) = v_0$.

$$\underline{V}(z = 0) = v_0 = A\,\mathrm{e}^0 + B\,\mathrm{e}^{-0} = A + B$$

Pour $z \to -\infty$, les vitesses ne peuvent pas diverger donc $B = 0$.
On en déduit que $A = v_0$.
Il en vient :

$$\underline{V}(z) = v_0 \exp\left(\frac{z}{\sqrt{2}\delta}\right) \exp\left(\mathrm{j}\frac{z}{\sqrt{2}\delta}\right)$$

$$\underline{V}(z) = v_0 \exp\left(\frac{z}{\sqrt{2}\delta}\right) \left(\cos\left(\frac{z}{\sqrt{2}\delta}\right) + \mathrm{j}\sin\left(\frac{z}{\sqrt{2}\delta}\right)\right) = v_x(z) + \mathrm{j}v_y(z)$$

Par identification :

$$\boxed{\begin{array}{l} v_x(z) = v_0 \exp\left(\dfrac{z}{\sqrt{2}\delta}\right) \cos\left(\dfrac{z}{\sqrt{2}\delta}\right) \\ v_y(z) = v_0 \exp\left(\dfrac{z}{\sqrt{2}\delta}\right) \sin\left(\dfrac{z}{\sqrt{2}\delta}\right) \end{array}}$$

9.2.4 Mécanique quantique

❑ Exercice 14 - EQUATION DE SCHRÖDINGER ★☆☆

Résolution d'une équation différentielle linéaire du premier ordre puis du second ordre à coefficients constants sans second membre.

On rappelle l'équation de Schrödinger pour un quanton de masse m possédant l'énergie E, évoluant en milieu unidimensionnel d'axe Ox dans un potentiel $V(x)$ indépendant du temps (en mécanique quantique, on nomme potentiel $V(x)$ une énergie potentielle). Le quanton est représenté par la fonction d'onde $\underline{\psi}(x,t)$.
On a :

$$\mathrm{i}\hbar\frac{\partial\underline{\psi}(x,t)}{\partial t} = -\frac{\hbar^2}{2m}\frac{\partial^2\underline{\psi}(x,t)}{\partial x^2} + V(x)\underline{\psi}(x,t)$$

1. Dans le cas d'un potentiel $V(x)$ indépendant du temps, les états stationnaires du quanton sont décrits par la fonction d'onde $\underline{\psi}(x,t)$ telle que :

$$\underline{\psi}(x,t) = \underline{\varphi}(x)\underline{f}(t)$$

où $\underline{\varphi}(x)$ est la fonction d'onde spatiale et $\underline{f}(t)$ est une fonction temporelle.
Montrer que la résolution de l'équation de Schrödinger revient à résoudre le système d'équations suivant :

$$\left\{\begin{array}{ll} \dfrac{\mathrm{d}\underline{f}(t)}{\mathrm{d}t} = -\mathrm{i}\dfrac{E}{\hbar}\underline{f}(t) & (1) \\ \dfrac{\mathrm{d}^2\underline{\varphi}(x)}{\mathrm{d}x^2} + \dfrac{2m}{\hbar^2}\Big[E - V(x)\Big]\underline{\varphi}(x) = 0 & (2) \end{array}\right.$$

2. Résoudre l'équation différentielle du premier ordre, équation (1).
3. La nature des solutions de l'équation différentielle du second ordre, équation (2), dépend du signe de $\Big[E - V(x)\Big]$.
   a. Dans le cas où $\Big[E - V(x)\Big] > 0$, on pose $k = \sqrt{\dfrac{2m\,[E - V(x)]}{\hbar^2}} > 0$. En déduire la forme des solutions de l'équation (2).
   b. Dans le cas où $\Big[E - V(x)\Big] < 0$, on pose $q = \sqrt{\dfrac{2m\,[V(x) - E]}{\hbar^2}} > 0$. En déduire la forme des solutions de l'équation (2).

Solution

1.

$$\mathrm{i}\hbar\,\frac{\partial \underline{\psi}(x,t)}{\partial t} = -\frac{\hbar^2}{2m}\frac{\partial^2 \underline{\psi}(x,t)}{\partial x^2} + V(x)\underline{\psi}(x,t)$$

On remplace la fonction $\underline{\psi}(x,t)$ par son expression $\underline{\varphi}(x)\underline{f}(t)$.

$$\mathrm{i}\hbar\,\frac{\partial\big(\underline{\varphi}(x)\underline{f}(t)\big)}{\partial t} = -\frac{\hbar^2}{2m}\frac{\partial^2\big(\underline{\varphi}(x)\underline{f}(t)\big)}{\partial x^2} + V(x)\underline{\varphi}(x)\underline{f}(t)$$

$$\mathrm{i}\hbar\,\underline{\varphi}(x)\frac{\mathrm{d}\underline{f}(t)}{\mathrm{d}t} = -\frac{\hbar^2}{2m}\underline{f}(t)\frac{\mathrm{d}^2\underline{\varphi}(x)}{\mathrm{d}x^2} + V(x)\underline{\varphi}(x)\underline{f}(t)$$

On divise chaque membre de l'équation par $\underline{\varphi}(x)\underline{f}(t)$.

$$\mathrm{i}\hbar\,\frac{\underline{\varphi}(x)}{\underline{\varphi}(x)\underline{f}(t)}\frac{d\underline{f}(t)}{dt} = -\frac{\hbar^2}{2m}\frac{\underline{f}(t)}{\underline{\varphi}(x)\underline{f}(t)}\frac{d^2\underline{\varphi}(x)}{dx^2} + V(x)\frac{\underline{\varphi}(x)\underline{f}(t)}{\underline{\varphi}(x)\underline{f}(t)}$$

$$\mathrm{i}\hbar\,\frac{1}{\underline{f}(t)}\frac{\mathrm{d}\underline{f}(t)}{\mathrm{d}t} = -\frac{\hbar^2}{2m}\frac{1}{\underline{\varphi}(x)}\frac{\mathrm{d}^2\underline{\varphi}(x)}{\mathrm{d}x^2} + V(x)$$

Le premier membre de cette égalité est fonction du temps t et le second membre est fonction de la coordonnée spatiale x. Cette égalité n'est possible que si chacun des membres est égale à la même valeur, c'est-à-dire ici à une constante indépendante de t et de x. Pour assurer l'homogénéité de ces expressions, la constante doit être homogène à une énergie que l'on notera E.
On a donc une première équation différentielle dépendant du temps t :

$$\mathrm{i}\hbar\,\frac{1}{\underline{f}(t)}\frac{\mathrm{d}\underline{f}(t)}{\mathrm{d}t} = E$$

$$\frac{\mathrm{d}\underline{f}(t)}{\mathrm{d}t} = \frac{E}{\mathrm{i}\hbar}\underline{f}(t)$$

$$\boxed{\frac{\mathrm{d}\underline{f}(t)}{\mathrm{d}t} = -\mathrm{i}\frac{E}{\hbar}\underline{f}(t)} \tag{1}$$

On a une seconde équation différentielle dépendant de x :

$$-\frac{\hbar^2}{2m}\frac{1}{\underline{\varphi}(x)}\frac{\mathrm{d}^2\underline{\varphi}(x)}{\mathrm{d}x^2} + V(x) = E$$

$$-\frac{\hbar^2}{2m}\frac{\mathrm{d}^2\underline{\varphi}(x)}{\mathrm{d}x^2} + V(x)\underline{\varphi}(x) = E\underline{\varphi}(x)$$

$$\frac{\hbar^2}{2m}\frac{\mathrm{d}^2\underline{\varphi}(x)}{\mathrm{d}x^2} + \Big[E - V(x)\Big]\underline{\varphi}(x) = 0$$

$$\boxed{\frac{\mathrm{d}^2\underline{\varphi}(x)}{\mathrm{d}x^2} + \frac{2m}{\hbar^2}\Big[E - V(x)\Big]\underline{\varphi}(x) = 0} \tag{2}$$

2.

$$\frac{\mathrm{d}\underline{f}(t)}{\mathrm{d}t} = -\mathrm{i}\frac{E}{\hbar}\underline{f}(t)$$

$$\frac{\mathrm{d}\underline{f}(t)}{\underline{f}(t)} = -\mathrm{i}\frac{E}{\hbar}\,\mathrm{d}t$$

On intègre cette équation :

$$\ln \underline{f}(t) = -\mathrm{i}\frac{E}{\hbar}t + \text{constante}$$

$$\underline{f}(t) = \exp\left(-\mathrm{i}\frac{E}{\hbar}t + \text{constante}\right) = \exp\left(-\mathrm{i}\frac{E}{\hbar}t\right) \times A$$

$$\boxed{\underline{f}(t) = A\,\mathrm{e}^{-\mathrm{i}\frac{E}{\hbar}t}}$$

3. a. Dans le cas où $\Big[E - V(x)\Big] > 0$, on pose $k^2 = \dfrac{2m\Big[E - V(x)\Big]}{\hbar^2} > 0$.

$$\frac{\mathrm{d}^2\underline{\varphi}(x)}{\mathrm{d}x^2} + k^2\underline{\varphi}(x) = 0$$

L'équation caractéristique s'écrit : $r^2 + k^2 = 0$. Le discriminant Δ s'écrit : $\Delta = -4k^2 = (2\mathrm{i}k)^2 < 0$. Les deux racines sont :

$$r_1 = \frac{-0 + \sqrt{\Delta}}{2} = \mathrm{i}k \quad \text{et} \quad r_2 = \frac{-0 - \sqrt{\Delta}}{2} = -\mathrm{i}k$$

Les solutions de l'équation sont de la forme :

$$\boxed{\underline{\varphi}(x) = A\,\mathrm{e}^{\mathrm{i}kx} + B\,\mathrm{e}^{-\mathrm{i}kx}}$$

que l'on peut aussi écrire sous la forme :

$$\boxed{\underline{\varphi}(x) = A'\cos(kx) + B'\sin(kx)}$$

car $\cos(kx) = \dfrac{\mathrm{e}^{\mathrm{i}kx} + \mathrm{e}^{-\mathrm{i}kx}}{2}$ et $\sin(kx) = \dfrac{\mathrm{e}^{\mathrm{i}kx} - \mathrm{e}^{-\mathrm{i}kx}}{2\mathrm{i}}$
ou sous la forme :

$$\boxed{\underline{\varphi}(x) = A''\cos(kx + \phi)}$$

avec A, A', A'', B et B' des constantes à priori complexes.

Remarque : Dans le cas d'un puits de potentiel, on privilégiera la solution de la forme $\underline{\varphi}(x) = A'\cos(kx) + B'\sin(kx)$ afin d'exploiter plus facilement les conditions aux limites.

b. Dans le cas où $\Big[E - V(x)\Big] < 0$, on pose $q^2 = \dfrac{2m\Big[V(x) - E\Big]}{\hbar^2} > 0$.

$$\frac{\mathrm{d}^2\underline{\varphi}(x)}{\mathrm{d}x^2} - q^2\underline{\varphi}(x) = 0$$

L'équation caractéristique s'écrit : $r^2 - q^2 = 0$. Le discriminant Δ s'écrit : $\Delta = 4q^2 = (2q)^2 > 0$. Les deux racines sont :

$$r_1 = \frac{-0 + \sqrt{\Delta}}{2} = q \quad \text{et} \quad r_2 = \frac{-0 - \sqrt{\Delta}}{2} = -q$$

Les solutions de l'équation sont de la forme :

$$\boxed{\underline{\varphi}(x) = A\,\mathrm{e}^{qx} + B\,\mathrm{e}^{-qx}}$$

que l'on peut aussi écrire sous la forme :

$$\boxed{\underline{\varphi}(x) = A'\,\mathrm{ch}(qx) + B'\,\mathrm{sh}(qx)}$$

car $\mathrm{ch}(kx) = \dfrac{\mathrm{e}^{kx} + \mathrm{e}^{-kx}}{2}$ et $\mathrm{sh}(kx) = \dfrac{\mathrm{e}^{kx} - \mathrm{e}^{-kx}}{2}$
avec A, A', B et B' des constantes à priori complexes.

Remarque : Dans la plupart des cas, on privilégiera la solution de la forme $\varphi(x) = A\,\mathrm{e}^{qx} + B\,\mathrm{e}^{-qx}$ afin d'exploiter plus facilement les conditions aux limites.

9.2.5 Diffusion moléculaire

❑ **Exercice 15 - DIFFUSION DE CO_2 DANS UN FILM D'EAU** (CCS) ★★☆

Résolution d'une équation différentielle linéaire du second ordre à coefficients constants avec second membre.

Le ruissellement d'eau sur une surface est un phénomène très courant qui joue un rôle essentiel dans la formation de stalactites. Ainsi, sur la voûte d'une grotte où ruisselle une eau chargée en carbonate de calcium, des concrétions de calcaire appelées stalactites peuvent se former et croître à partir de la voûte par précipitation du carbonate de calcium selon la réaction chimique :

$$Ca^{2+} + 2HCO_3^- \leftrightharpoons CaCO_{3(s)} + CO_{2,aq}$$

La croissance de la stalactite est pilotée par la diffusion du dioxyde de carbone rejeté par la solution dans l'atmosphère.
Compte tenu d'une faible épaisseur h de film d'eau, on adopte un modèle de diffusion plane (voir figure 9.11) : le système est contenu dans un cylindre d'axe Oz et de section droite $\mathrm{d}S$ et le nombre $n(z)$ de molécules de CO_2 par unité de volume, indépendant de x et y.

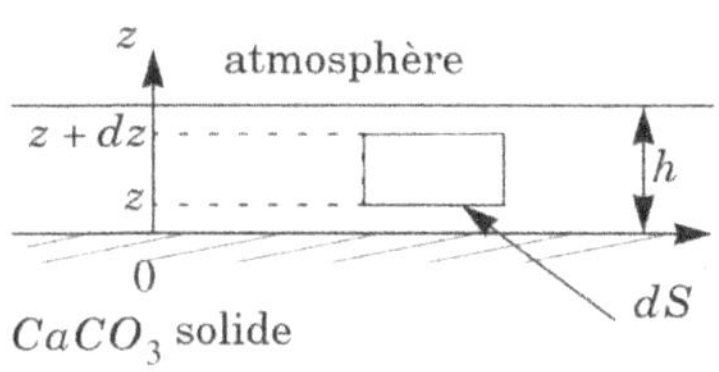

FIGURE 9.11

Le carbonate de calcium solide $CaCO_3$ occupe le domaine $z \leqslant 0$, l'eau le domaine $0 \leqslant z \leqslant h$ et l'air le domaine $z \geqslant h$. Dans la solution aqueuse, la réaction de précipitation de $CaCO_3$ engendre une production de CO_2 telle que le nombre de molécules de CO_2 créé dans une tranche d'épaisseur $\mathrm{d}z$ pendant une durée $\mathrm{d}t$ vaut :

$$\delta^2 N_c = \frac{n_0 - n}{\tau_c}\,\mathrm{d}S\,\mathrm{d}z\,\mathrm{d}t$$

où τ_c est une durée liée à la cinétique de la réaction de précipitation.
Le nombre $n(z)$ de molécules de CO_2 par unité de volume est solution de l'équation différentielle suivante :

$$\frac{\partial^2 n}{\partial z^2} - \frac{1}{\delta^2}n = -\frac{1}{\delta^2}n_0$$

avec $\delta^2 = D\tau_c$, D est le coefficient de diffusion du soluté et n_0 est une concentration liée à $\left[Ca^{2+}\right]$.

1. Exprimer $n(z)$ en fonction de z, δ et de deux constantes d'intégration A et B.
2. Quelle idée simple traduit la condition aux limites $\dfrac{\partial n}{\partial z} = 0$ en $z = 0$? Comment se simplifie alors l'expression de $n(z)$ précédente ?
3. Le coefficient de diffusion de CO_2 dans l'air étant très supérieur à sa valeur dans l'eau, on le suppose infini, ce qui conduit à supposer que le nombre de molécules de CO_2 par unité de volume dans l'air est uniforme, égal à sa valeur n_∞ loin de la stalactite. Par ailleurs, la condition d'équilibre chimique entre le dioxyde de carbone dissous dans l'eau et le dioxyde de carbone présent dans l'air, impose la condition aux limites $n(z = h_-) = \chi\, n(z = h_+)$ avec $\chi \approx 1,3$ à $T = 280\,\mathrm{K}$ (loi de Henry).
   En déduire l'expression de $n(z)$ en fonction de n_∞, n_0, χ, h, z et δ.

D'après Concours Centrale-Supelec

Solution

1. Le nombre $n(z)$ est solution d'une équation différentielle du second ordre à coefficients constants avec second membre constant.
   La solution particulière, lorsque $\dfrac{\partial^2 n}{\partial z^2} = 0$, est telle que $n = n_0$.
   La solution de l'équation sans second membre $\dfrac{\partial^2 n}{\partial z^2} - \dfrac{1}{\delta^2} n = 0$ est du type :

$$n(z) = A \operatorname{ch}\left(\frac{z}{\delta}\right) + B \operatorname{sh}\left(\frac{z}{\delta}\right)$$

   où A et B sont des constantes que l'on détermine à l'aide des conditions aux limites.
   La solution de l'équation différentielle s'écrit :

$$\boxed{n(z) = A \operatorname{ch}\left(\frac{z}{\delta}\right) + B \operatorname{sh}\left(\frac{z}{\delta}\right) + n_0}$$

2. En $z = 0$, $\dfrac{\partial n}{\partial z} = 0$ signifie qu'il n'y a pas de production de molécules de CO_2.
   Pour obtenir l'expression simplifiée de $n(z)$, on dérive par rapport à z l'expression de $n(z)$ obtenue à la question précédente et on l'applique en $z = 0$.

$$\frac{\partial n}{\partial z} = A\,\frac{1}{\delta} \operatorname{sh}\left(\frac{z}{\delta}\right) + B\,\frac{1}{\delta} \operatorname{ch}\left(\frac{z}{\delta}\right)$$

$$\left.\frac{\partial n}{\partial z}\right|_{z=0} = \frac{A}{\delta} \operatorname{sh} 0 + \frac{B}{\delta} \operatorname{ch} 0 = \frac{B}{\delta} = 0$$

$$\boxed{B = 0}$$

et l'équation simplifiée s'écrit :

$$\boxed{n(z) = A\,\mathrm{ch}\left(\frac{z}{\delta}\right) + n_0}$$

3. La condition aux limites impose $n(z = h_-) = \chi\, n(z = h_+)$

$$A\,\mathrm{ch}\left(\frac{h_-}{\delta}\right) + n_0 = \chi\, n_\infty$$

$$A = \left(\frac{\chi\, n_\infty - n_0}{\mathrm{ch}\left(\frac{h_-}{\delta}\right)}\right)\mathrm{ch}\left(\frac{z}{\delta}\right) + n_0$$

$$\boxed{n(z) = \left(\frac{\chi\, n_\infty - n_0}{\mathrm{ch}\left(\frac{h_-}{\delta}\right)}\right)\mathrm{ch}\left(\frac{z}{\delta}\right) + n_0}$$

Chapitre 10

Etudes de fonctions, graphiques

10.1 Mathématiques

Les études de fonctions permettent d'étudier l'allure d'une courbe ainsi que les limites, asymptotes et variations d'une fonction. Nous étudierons plus précisément deux fonctions classiques : la fonction exponentielle et la fonction logarithme.
Les domaines de la physique qui utilisent ces notions sont principalement la mécanique, la mécanique des fluides et la mécanique quantique.

10.1.1 Domaine de définition d'une fonction

Une fonction f associe, à tout nombre réel x d'une partie D de $\mathbb{R}$, un unique nombre réel y (y s'appelle l'image de x par la fonction f et se note $f(x)$).

L'ensemble D est la partie de $\mathbb{R}$ qui possède une image par f. C'est l'ensemble de définition de f.

Domaine de définition de f définie par $f(x) = \dfrac{1}{\sqrt{1-x^2}}$

f est définie pour $1 - x^2 > 0$ c'est à dire pour $x \in]-1, +1[$.
Le domaine de définition de f est $D_f =]-1, +1[$.

10.1.2 Fonctions paires et fonctions impaires

Une fonction f de domaine de définition D est dite **paire** si et seulement si : pour tout élément x de D , $-x$ appartient aussi à D et $f(-x) = f(x)$.
La courbe représentative de la fonction f admet alors un axe de symétrie : l'axe des ordonnées.

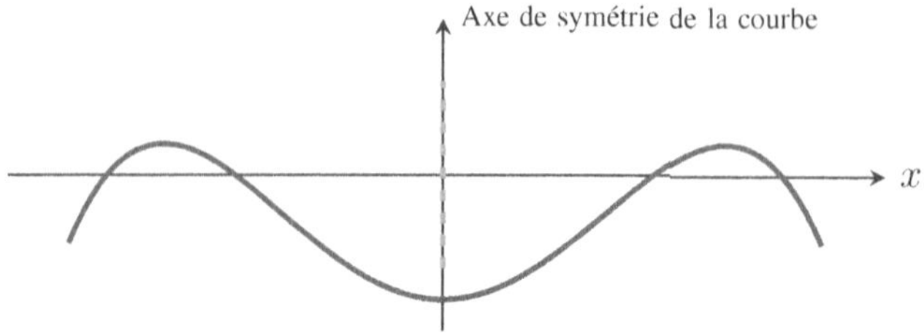

FIGURE 10.1 – Représentation graphique d'une fonction paire

Une fonction f de domaine de définition D est dite **impaire** si et seulement si : pour tout élément x de D , $-x$ appartient aussi à D et $f(-x) = -f(x)$.
La courbe représentative de la fonction f admet alors un centre de symétrie : l'origine du repère.

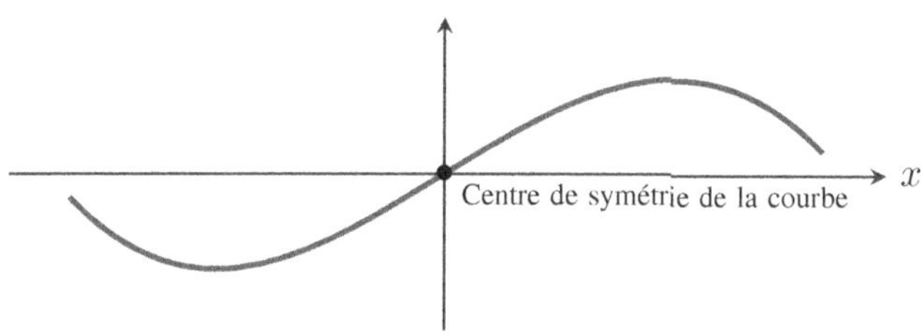

FIGURE 10.2 – Représentation graphique d'une fonction impaire

10.1.3 Variations

On peut étudier le signe de la dérivée d'une fonction pour avoir ses variations.
Si la dérivée est positive alors la fonction est croissante. Si la dérivée est négative alors la fonction est décroissante.
On peut regrouper ces informations dans un tableau de variation. On peut aussi reporter les limites aux bornes de l'ensemble de définition ainsi que les images des abscisses remarquables.

Variation de la fonction f définie sur $\mathbb{R}$ par $f(x) = x^2 + 4$

La fonction f est dérivable sur $\mathbb{R}$ et sa dérivée est $f'(x) = 2x$.
La fonction f' est positive sur $\mathbb{R}^+$ et négative sur $\mathbb{R}^-$.
La fonction f est donc croissante sur $\mathbb{R}^+$ et décroissante sur $\mathbb{R}^-$.
On pourra faire figurer dans le tableau de variation de f son image en $x = 0$ ainsi que ses limites en $+\infty$ et $-\infty$.

x	$-\infty$		0		$+\infty$
$f(x)$	$+\infty$	$\searrow$	4	$\nearrow$	$+\infty$

10.1.4 Limites et étude locale des fonctions

Pour étudier une fonction au voisinage d'un point ou de l'infini, on peut utiliser les équivalents ou les limites.

- **Limites**

Rappel des limites usuelles : pour $n \in \mathbb{N}^*$,

$$\lim_{x\to+\infty} x^n = +\infty \qquad \lim_{x\to-\infty} x^n = (-1)^n\,\infty$$

$$\lim_{x\to+\infty} \ln x = +\infty \qquad \lim_{\substack{x\to0\\x>0}} \ln x = -\infty$$

$$\lim_{x\to+\infty} \mathrm{e}^x = +\infty \qquad \lim_{x\to-\infty} \mathrm{e}^x = 0$$

$$\lim_{x\to+\infty} \sqrt{x} = +\infty \qquad \lim_{x\to0} \sqrt{x} = 0$$

Donner la limite en $+\infty$ de $f(x) = \dfrac{1}{1+x} - \ln(x+1) + \ln x$

$$\lim_{x\to+\infty}\left(\frac{1}{1+x} - \ln(x+1) + \ln x\right) = \lim_{x\to+\infty}\left(\frac{1}{1+x} + \ln\left(\frac{x}{1+x}\right)\right)$$

$$= \lim_{x\to+\infty}\left(\frac{1}{1+x} + \ln\left(1 - \frac{1}{1+x}\right)\right) = \lim_{X\to0}\left(\,X + \ln(1-X)\,\right) = 0$$

Cas particuliers pour un polynôme

La limite d'un polynôme en l'infini est égale à la limite en l'infini de son terme de plus haut degré.

Calculer $\lim\limits_{x\to-\infty} \left(2x^5 - x^2 + x\right)$

$$\lim_{x\to-\infty}\left(2x^5 - x^2 + x\right) = \lim_{x\to-\infty} 2x^5 \underbrace{\left(1 - \frac{1}{2x^3} + \frac{1}{2x^4}\right)}_{\text{tend vers 1}} = -\infty$$

Cas particuliers pour une fraction rationnelle

La limite d'une fraction rationnelle en l'infini est égale à la limite de ses termes de plus haut degré.

Calculer $\lim\limits_{x \to +\infty} \left(\dfrac{x^3+1}{2x^2+x} \right)$

$$\begin{aligned} \lim_{x \to +\infty} \left(\frac{x^3+1}{2x^2+x} \right) &= \lim_{x \to +\infty} \left(\frac{x^3}{2x^2} \right) \\ &= \lim_{x \to +\infty} \left(\frac{x}{2} \right) \\ &= +\infty \end{aligned}$$

- **Equivalents au voisinage d'un point**

  Soit I un intervalle de $\mathbb{R}$ non vide, non réduit à un point et a un élément de I ou une borne de I.

  « Au voisinage de a » signifie que l'on est

  * sur un segment $]a-\varepsilon, a+\varepsilon[$ avec $\varepsilon > 0$ inclus dans I si a est un élément de I
  * sur une demi droite $]a-\varepsilon, a[$ si $a = +\infty$ avec $\varepsilon > 0$
  * sur une demi droite $]a, a+\varepsilon[$ si $a = -\infty$ avec $\varepsilon > 0$

  On dit que deux fonctions f et g sont équivalentes au voisinage de a si et seulement si

$$\lim_{x \to a} \frac{f(x)}{g(x)} = 1$$

  On note $f \underset{a}{\sim} g$.

Equivalent de la fonction sinus au voisinage de 0

On sait que

$$\lim_{x \to 0} \frac{\sin x}{x} = 1$$

en utilisant le développement limité de sinus au voisinage de 0.

En effet $\sin x = x - \dfrac{x^3}{3!} + o(x^3)$.

On a donc :

$$\sin x \underset{0}{\sim} x$$

Equivalents usuels en 0

$$\sin x \underset{0}{\sim} x \quad \text{et} \quad (\cos x - 1) \underset{0}{\sim} -\frac{x^2}{2}$$

$$\ln(x+1) \underset{0}{\sim} x \quad \text{et} \quad (e^x - 1) \underset{0}{\sim} x$$

Montrer que $\dfrac{1}{(1-x)^2} \underset{0}{\sim} 1 + 2x$

$$\lim_{x \to 0} \left(\frac{\frac{1}{(1-x)^2}}{1+2x} \right) = \lim_{x \to 0} \frac{1}{(1+2x)(1-x)^2} = \lim_{x \to 0} \frac{1}{(1+2x)(1-2x+x^2)} = 1$$

On a donc bien $\dfrac{1}{(1-x)^2} \underset{0}{\sim} 1 + 2x$

- **Asymptotes**

  Dans ce paragraphe, on appelle C la courbe représentative d'une fonction f.

  * *Asymptote horizontale*

  La droite d'équation $y = k$ avec k réel est asymptote à la courbe C en $+\infty$ ou $-\infty$ si et seulement si $\lim\limits_{x \to \pm\infty} (f(x) - k) = 0$

  * *Asymptote verticale*

  La droite d'équation $x = k$ avec k réel est asymptote à la courbe C si et seulement si $\lim\limits_{x \to k} f(x) = \pm\infty$

  * *Asymptote oblique*

  La droite d'équation $y = kx + k'$ avec k et k' réels est asymptote à la courbe C en $+\infty$ ou $-\infty$ si et seulement si $\lim\limits_{x \to \pm\infty} \big(f(x) - (kx + k')\big) = 0$

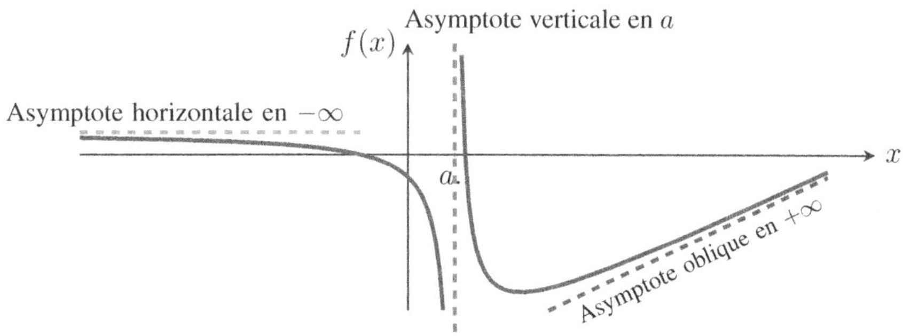

FIGURE 10.3 – Asymptotes à la courbe

10.1.5 Représentation graphique

Soit f une fonction définie sur une partie D de $\mathbb{R}$.
Dans le plan muni d'un repère, on appelle représentation graphique de f l'ensemble des points dont les coordonnées sont $(x, f(x))$ avec $x \in D$. La représentation graphique de f sera noté C.

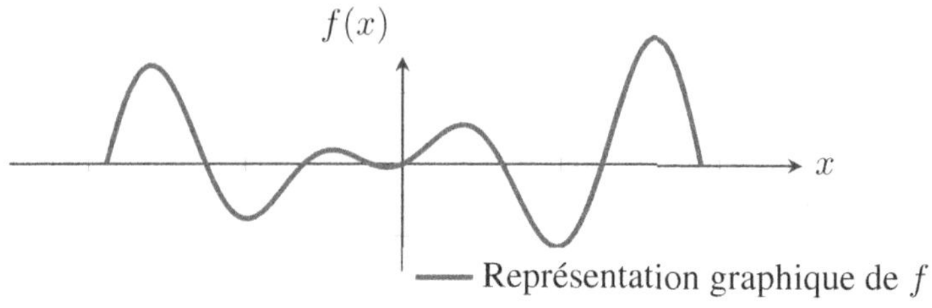

FIGURE 10.4

* Représentation de $f(ax)$
On obtient la représentation graphique de $f(ax)$ par l'homothétie de centre O et de rapport a de C.

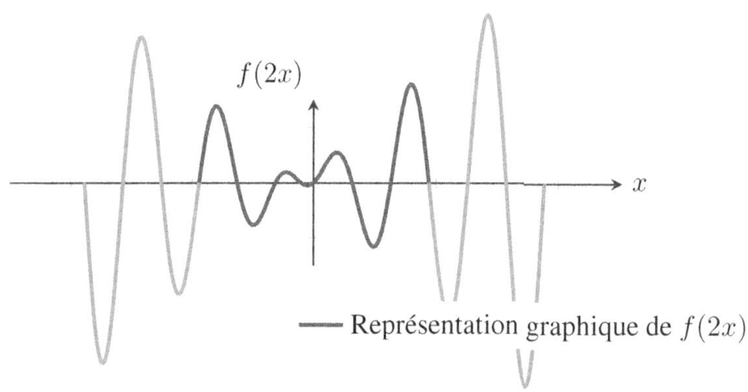

FIGURE 10.5

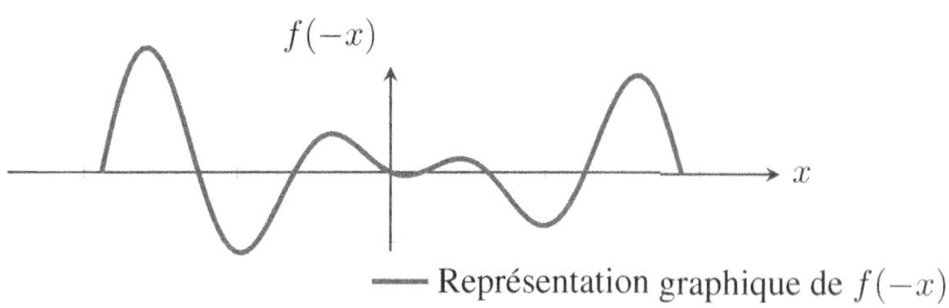

FIGURE 10.6

* Représentation de $f(x+a)$

On obtient la représentation graphique de $f(x+a)$ par translation de C.

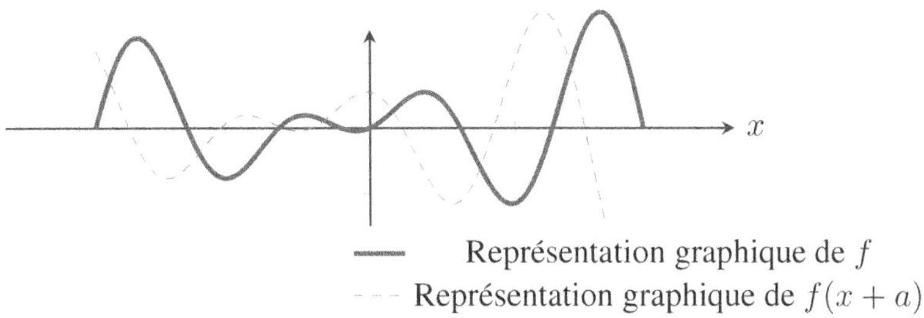

FIGURE 10.7

10.1.6 Fonction exponentielle

La fonction exponentielle, notée $\exp$ ou e^x est définie sur $\mathbb{R}$ comme l'unique solution de l'équation différentielle $y' = y$ avec $y(0) = 1$.
Voici sa représentation graphique :

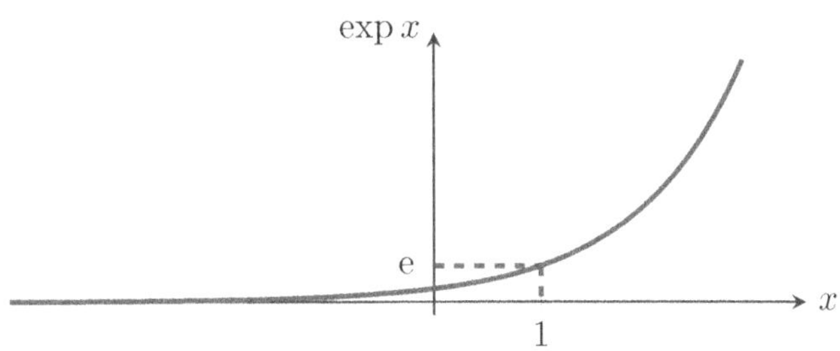

FIGURE 10.8 – La fonction exponentielle

Propriétés

$$\exp 0 = 1$$
$$\exp 1 = \mathrm{e}$$
$$\lim_{x \to +\infty} \exp x = +\infty$$
$$\lim_{x \to -\infty} \exp x = 0$$

Pour tout $x, y \in \mathbb{R}$, $n \in \mathbb{Z}$,

$$\exp x \times \exp y = \exp(x+y)$$
$$(\exp x)^n = \exp(nx)$$
$$\frac{\exp x}{\exp y} = \exp(x-y)$$

Variation et dérivabilité

La fonction exponentielle est continue, dérivable et strictement croissante sur $\mathbb{R}$.
Pour tout $x \in \mathbb{R}$,

$$\exp' x = \exp x$$

Notation

La notation la plus courante de la fonction exponentielle est e^x.

Croissances comparées

Pour $n \in \mathbb{N}$,

$$\lim_{x \to +\infty} \frac{\exp x}{x} = +\infty \qquad \lim_{x \to -\infty} x \exp x = 0$$

$$\lim_{x \to 0} \frac{\exp x - 1}{x} = 1 \qquad \lim_{x \to +\infty} \frac{\exp x}{x^n} = +\infty \qquad \lim_{x \to -\infty} x^n \exp x = 0$$

10.1.7 Fonction logarithme

La fonction logarithme, notée $\ln$, est définie sur $\mathbb{R}_+^*$ comme la fonction réciproque de la fonction exponentielle.
Voici sa représentation graphique :

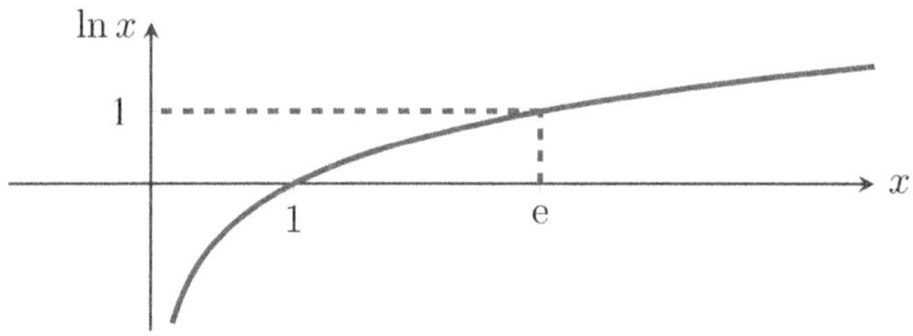

FIGURE 10.9 – La fonction logarithme

Propriétés

$$\ln 1 = 0$$

$$\ln \mathrm{e} = 1$$

$$\lim_{x \to +\infty} \ln x = +\infty$$

$$\lim_{x \to 0^+} \ln x = -\infty$$

Pour tout $x, y \in \mathbb{R}_+^*$, $n \in \mathbb{Z}$

$$\ln x + \ln y = \ln (x \times y)$$

$$\ln x^n = n \ln x$$

$$\ln x - \ln y = \ln \left(\frac{x}{y}\right)$$

Variation et dérivabilité

La fonction logarithme est continue, dérivable et strictement croissante sur $\mathbb{R}_+^*$.
$\forall x \in \mathbb{R}_+^*$,

$$\ln' x = \frac{1}{x}$$

Croissances comparées

Pour $n \in \mathbb{N}^*$,

$$\lim_{x \to +\infty} \frac{\ln x}{x} = 0 \qquad \lim_{x \to 0^+} x \ln x = 0$$

$$\lim_{x \to 1} \frac{\ln x}{x - 1} = 1 \qquad \lim_{x \to +\infty} \frac{\ln x}{x^n} = 0 \qquad \lim_{x \to 0^+} x^n \ln x = 0$$

Remarque : on définie la fonction logarithme décimal, notée $\log$ sur $\mathbb{R}_+^*$, par

$$\log x = \frac{\ln x}{\ln 10}$$

Cette fonction est dérivable sur $\mathbb{R}_+^*$. Pour tout $x \in]0, +\infty[$,

$$\log' x = \frac{1}{x \ln 10}$$

10.1.8 Quelques théorèmes d'analyse

Théorème des valeurs intermédiaires

Soit I un intervalle non vide de $\mathbb{R}$ et f une fonction de I dans $\mathbb{R}$, continue sur I. Alors,

$$\forall y \in [f(a), f(b)] \Rightarrow \exists x \in [a,b], y = f(x)$$

Montrer que la fonction f définie sur $[0,10]$ par $f(x) = x^2+5x-10$ s'annule sur son domaine de définition.

On constate que :

$$\begin{cases} f(0) = -10 < 0 \\ f(10) = 140 > 0 \\ f \text{ est croissante et continue sur } [0,10] \end{cases}$$

D'après le théorème des valeurs intermédiaires, il existe un $c \in [0,10]$ tel que $f(c) = 0$.

Théorème de Rolle

Soit f une fonction continue de $[a,b]$ dans $\mathbb{R}$, dérivable sur $]a,b[$, telle que $f(a) = f(b)$. Alors il existe c de $]a,b[$ tel que $f'(c) = 0$

Montrer que la fonction f définie sur $[0,1]$ par $f(x) = 3x^3 + 2x^2 - 5x + 1$ admet une dérivée qui s'annule au moins une fois sur]0,1[.

On constate que :

$$\begin{cases} f(0) = 1 \\ f(1) = 1 \\ f \text{ est dérivable sur }]0,1[\end{cases}$$

D'après le théorème de Rolle, il existe un $c \in]0,1[$ tel que $f'(c) = 0$.

Théorème des accroissements finis

Soit f une fonction continue de $[a,b]$ dans $\mathbb{R}$, dérivable sur $]a,b[$, alors il existe c de $]a,b[$ tel que :

$$f(a) - f(b) = (b-a)\, f'(c)$$

10.1.9 Exercices

❑ **Exercice 1 - PARITÉ** ★☆☆

Donner la parité éventuelle de chaque fonction.

1. $f_1(x) = x^2 + 2x + 5$
2. $f_2(x) = \dfrac{x^2+2}{-4x}$
3. $f_3(x) = \sin(x^2+5)$
4. $f_4(x) = 2x^3 - 2x$
5. $f_5(x) = -2x^2 + x^4 + \cos x + \ln(x^2)$
6. $f_6(x) = \sqrt{(x-1)(2+x^2)}$

Solution

1. Remarquons que $f(1) = 8$ et que $f(-1) = 4$. On a donc $f(1) \neq f(-1)$ et $f(1) \neq -f(-1)$. Ainsi, $\boxed{f_1 \text{ n'est ni paire ni impaire}}$.
2. Pour tout x de $\mathbb{R}^*$,
$$f_2(-x) = \frac{(-x)^2+2}{4x} = -\frac{x^2+2}{-4x} = -f_2(x)$$
donc $\boxed{f_2 \text{ est impaire}}$.
3. Pour tout x de $\mathbb{R}$,
$$f_3(-x) = \sin((-x)^2+5) = \sin(x^2+5) = f_3(x)$$
donc $\boxed{f_3 \text{ est paire}}$.
4. Pour tout x de $\mathbb{R}$,
$$f_4(-x) = 2(-x)^3 - 2(-x) = -2x^3 + 2x = -f_4(x)$$
donc $\boxed{f_4 \text{ est impaire}}$.
5. Pour tout x de $\mathbb{R}^*$,
$$\begin{aligned} f_5(-x) &= -2(-x)^2 + (-x)^4 + \cos(-x) + \ln((-x)^2) \\ &= -2x^2 + x^4 + \cos x + \ln(x^2) = f_5(x) \end{aligned}$$
donc $\boxed{f_5 \text{ est paire}}$.
6. Le domaine de définition de f_6 n'est pas symétrique par raport à 0 donc $\boxed{f_6 \text{ n'est ni paire ni impaire}}$.

❑ Exercice 2 - Calculs de limites en $+\infty$ ☆☆☆

Donner la limite en $+\infty$ des fonctions suivantes. Préciser le cas échéant si la fonction admet une asymptote horizontale en $+\infty$.

1. $f_1(x) = \ln(x^3 + 1)$
2. $f_2(x) = 3\,\mathrm{e}^{2x^2+1}$
3. $f_3(x) = \dfrac{x^2+5}{x-1}$
4. $f_4(x) = \dfrac{-3x^2+1}{x-55}$
5. $f_5(x) = \dfrac{x^4+3x}{2x^6+3x^2+20}$
6. $f_6(x) = \ln(2x^2+1) \times \dfrac{x^2+1}{x-2}$
7. $f_7(x) = \dfrac{2x^2+11}{x^2+3x+10}$
8. $f_8(x) = \mathrm{e}^{-3x^2+x+1}$

Solution

1. $\lim\limits_{x\to+\infty} \left(x^3+1\right) = +\infty$ et $\lim\limits_{X\to+\infty} \ln X = +\infty$, donc $\lim\limits_{x\to+\infty} \ln\left(x^3+1\right) = +\infty$
2. $\lim\limits_{x\to+\infty} \left(2x^2+1\right) = +\infty$ et $\lim\limits_{X\to+\infty} 3\,\mathrm{e}^X = +\infty$, donc $\lim\limits_{x\to+\infty} 3\mathrm{e}^{2x^2+1} = +\infty$
3. $\lim\limits_{x\to+\infty} \dfrac{x^2+5}{x-1} = \lim\limits_{x\to+\infty} \dfrac{x^2}{x} = +\infty$
4. $\lim\limits_{x\to+\infty} \dfrac{-3x^2+1}{x-55} = \lim\limits_{x\to+\infty} \dfrac{-3x^2}{x} = \lim\limits_{x\to+\infty} -3x = -\infty$
5. $\lim\limits_{x\to+\infty} \dfrac{x^4+3x}{2x^6+3x^2+20} = \lim\limits_{x\to+\infty} \dfrac{x^4}{2x^6} = 0$, donc la courbe C admet une asymptote horizontale d'équation $y = 0$.
6. $\lim\limits_{x\to+\infty} f_6(x) = \lim\limits_{x\to+\infty} \ln\left(2x^2+1\right) \times \dfrac{x^2}{x} = +\infty$
7. $\lim\limits_{x\to+\infty} \dfrac{2x^2+11}{x^2+3x+10} = \lim\limits_{x\to+\infty} \dfrac{2x^2}{x^2} = 2$, donc la courbe C admet une asymptote horizontale d'équation $y = 2$.
8. $\lim\limits_{x\to+\infty} -3x^2+x+1 = -\infty$ et $\lim\limits_{X\to-\infty} \mathrm{e}^X = 0$, donc $\lim\limits_{x\to+\infty} \mathrm{e}^{-3x^2+x+1} = 0$

❑ Exercice 3 - Calcul de limites en $-\infty$ ☆☆☆

Donner la limite en $-\infty$ des fonctions suivantes. Préciser si la courbe C admet une tangente horizontale.

1. $f_1(x) = 5\ln(x^4 - 1)$
2. $f_2(x) = 3\exp(-2x^2 + 1)$
3. $f_3(x) = \dfrac{x^3 + 3}{x - 10}$
4. $f_4(x) = \dfrac{5x^2 + 5}{5x - 10}$
5. $f_5(x) = \dfrac{x^2 + 4}{2x^3 + 2x + 5}$
6. $f_6(x) = \ln\left(\dfrac{x^3 + 1}{x - 5}\right)$
7. $f_7(x) = \dfrac{2x^2 + 7}{x^2 + x + 15}$
8. $f_8(x) = \exp\big(x^2 + 12x + 11\big)$

Solution

1. $\lim\limits_{x \to -\infty} \big(x^4 - 1\big) = +\infty$ et $\lim\limits_{X \to +\infty} 5\ln(X) = +\infty$. Ainsi, $\boxed{\lim\limits_{x \to -\infty} f_1(x) = +\infty}$

2. $\lim\limits_{x \to -\infty} \big(-2x^2 + 1\big) = -\infty$ et $\lim\limits_{X \to -\infty} 3\exp X = 0$

   Ainsi, $\boxed{\lim\limits_{x \to -\infty} f_2(x) = 0}$ et $y = 0$ est asymptote à la courbe en $-\infty$.

3. $\lim\limits_{x \to -\infty} \dfrac{x^3 + 3}{x - 10} = \lim\limits_{x \to -\infty} \dfrac{x^3}{x} = \lim\limits_{x \to -\infty} x^2 = +\infty$. Ainsi, $\boxed{\lim\limits_{x \to -\infty} f_3(x) = +\infty}$

4. $\lim\limits_{x \to -\infty} \dfrac{5x^2 + 5}{5x - 10} = \lim\limits_{x \to -\infty} \dfrac{5x^2}{5x} = \lim\limits_{x \to -\infty} x = -\infty$. Ainsi, $\boxed{\lim\limits_{x \to -\infty} f_4(x) = -\infty}$

5. $\lim\limits_{x \to -\infty} \dfrac{x^2 + 4}{2x^3 + 2x + 5} = \lim\limits_{x \to -\infty} \dfrac{x^2}{2x^3} = \lim\limits_{x \to -\infty} \dfrac{1}{2x} = 0$

   Ainsi, $\boxed{\lim\limits_{x \to -\infty} f_5(x) = 0}$ et $y = 0$ est asymptote à la courbe en $-\infty$.

6. $\lim\limits_{x \to -\infty} \dfrac{x^3 + 1}{x - 5} = \lim\limits_{x \to -\infty} x^2 = +\infty$ et $\lim\limits_{X \to +\infty} \ln(X) = +\infty$

   Ainsi, $\boxed{\lim\limits_{x \to -\infty} f_6(x) = +\infty}$

7. $\lim\limits_{x\to-\infty} \dfrac{2x^2+7}{x^2+x+15} = \lim\limits_{x\to-\infty} \dfrac{2x^2}{x^2} = +2$

Ainsi, $\boxed{\lim\limits_{x\to-\infty} f_7(x) = 2}$ et $y = 2$ est asymptote à la courbe en $-\infty$.

8. $\lim\limits_{x\to-\infty} x^2 + 12x + 11 = \lim\limits_{x\to-\infty} x^2 = +\infty$ et $\lim\limits_{X\to+\infty} \exp(X) = +\infty$

Ainsi, $\boxed{\lim\limits_{x\to-\infty} f_8(x) = +\infty}$

❑ Exercice 4 - Equivalent ★★☆

Donner un équivalent en a des fonctions suivantes.

1. $f_1(x) = x - \dfrac{3\sin x}{2+\cos x}$ en $a = 0$.
2. $f_2(x) = \dfrac{x^3+4x-4}{5x^2+x}$ en $a = 0$.
3. $f_3(x) = \dfrac{x^5+x-1}{2x^2+x}$ en $a = +\infty$.

Solution

1. En utilisant le développement limité (voir chapitre 5) de $3\sin$ et de $(2+\cos)$ au voisinage de 0, on a :

$$\begin{aligned}
f_1(x) &= x - \frac{3\sin x}{2+\cos x} \\
&= x - \frac{3\left(x - \dfrac{x^3}{6} + \dfrac{x^5}{120} + o(x^5)\right)}{2 + 1 - \dfrac{x^2}{2} + \dfrac{x^4}{24} + o(x^4)} \\
&= x - \frac{3\left(x - \dfrac{x^3}{6} + \dfrac{x^5}{120} + o(x^5)\right)}{3\left(1 - \dfrac{x^2}{6} + \dfrac{x^4}{72} + o(x^4)\right)} = x - \frac{x - \dfrac{x^3}{6} + \dfrac{x^5}{120} + o(x^5)}{1 - \underbrace{\dfrac{x^2}{6} + \dfrac{x^4}{72}}_{u} + o(x^4)} \\
&= x - \left(x - \frac{x^3}{6} + \frac{x^5}{120} + o(x^5)\right) \times \left(\overbrace{1 + \underbrace{\frac{x^2}{6} - \frac{x^4}{72}}_{u} + \underbrace{\frac{x^4}{36}}_{u^2} + o(x^4)}^{\text{les termes d'un degré supérieur à 4 sont négligés}}\right) \\
&= \frac{x^5}{180} + o(x^5)
\end{aligned}$$

Ainsi,

$$\boxed{f_1(x) \underset{0}{\sim} \frac{x^5}{180}}$$

2. On trouve facilement que $f_2(x) = \dfrac{x^3 + 4x - 4}{5x^2 + x}$ est équivalent au voisinage de 0 à la fraction rationnelle correspondant aux termes de plus petit degré du numérateur et du dénominateur. Ainsi,

$$\boxed{f_2(x) \underset{0}{\sim} \frac{-4}{x}}$$

3. On trouve que $f_3(x) = \dfrac{x^5 + x - 1}{2x^2 + x}$ est équivalente au voisinage de $+\infty$ à la fraction rationnelle correspondant aux termes de plus grand degré du numérateur et du dénominateur. Ainsi,

$$\boxed{f_3(x) \underset{+\infty}{\sim} \frac{x^3}{2}}$$

❏ Exercice 5 ★☆☆

> Donner le tableau de variation complet de la fonction définie sur $\mathbb{R}$ par $f(x) = \dfrac{x+2}{x^2+1}$ en précisant les tangentes horizontales et les asymptotes éventuelles.

Solution

* Etude des limites

$$\lim_{x \to +\infty} \frac{x+2}{x^2+1} = \lim_{x \to +\infty} \frac{x}{x^2} = 0$$
$$\lim_{x \to -\infty} \frac{x+2}{x^2+1} = \lim_{x \to -\infty} \frac{x}{x^2} = 0$$

La fonction admet donc une asymptote horizontale d'équation $y = 0$ en $+\infty$ et $-\infty$.

* Variation de f

La fonction f est dérivable sur $\mathbb{R}$ et on trouve :

$$f'(x) = \frac{x^2 + 1 - (x+2) \times 2x}{(x^2+1)^2} = \frac{-x^2 + 1 - 4x}{(x^2+1)^2}$$

f' est du signe de $\left(-x^2 - 4x + 1\right)$ car $(x^2+1)^2 > 0$

$(-x^2 - 4x + 1)$ a pour discriminant $\Delta = 16 + 4 = 20 = 2\sqrt{5}$.

On a alors $x_1 = \dfrac{4 - 2\sqrt{5}}{-2} = -2 + \sqrt{5}$ et $x_2 = \dfrac{4 + 2\sqrt{5}}{-2} = -2 - \sqrt{5}$.

x	$-\infty$		x_2		x_1		$+\infty$
$f'(x)$		$-$	0	$+$	0	$-$	
$f(x)$	0	$\searrow$	$f(x_2)$	$\nearrow$	$f(x_1)$	$\searrow$	0

La fonction admet donc deux tangentes horizontales en $(x_1, f(x_1))$ et $(x_2, f(x_2))$.

❑ Exercice 6 - Exponentielle et logarithme ★☆☆

Simplifier les expressions suivantes.

1. $e^{-x}\, e^{3}$
2. $\left(e^{3x}\right)^2 e^{2x+1} + e^{x}$
3. $\dfrac{e^{3x}}{e^{2x}}\, e^{6x}$
4. $\ln(x-1) + \ln(2x) - \ln(3x+5)$
5. $\ln(x-1)^2 + \ln x$

Solution

1. En utilisant les formules du cours, on trouve que $e^{-x}\, e^{3} = \boxed{e^{-x+3}}$

2. $\left(e^{3x}\right)^2 e^{2x+1} + e^{x} = e^{6x}\, e^{2x+1} + e^{x} = e^{8x+1} + e^{x} = \boxed{e^{8x+1} + e^{x}}$

3. $\dfrac{e^{3x}}{e^{2x}}\, e^{6x} = e^{3x-2x}\, e^{6x} = e^{7x} = \boxed{e^{7x}}$

4. $\ln(x-1) + \ln(2x) - \ln(3x+5) = \ln((x-1)(2x)) - \ln(3x+5)$
   $= \ln\left(\dfrac{2x^2 - 2x}{3x+5}\right) = \boxed{\ln\left(\dfrac{(x-1)(2x)}{3x+5}\right)}$

5. $\ln(x-1)^2 + \ln x = 2\ln(x-1) + \ln x$
   ou $\ln(x-1)^2 + \ln x = \boxed{\ln\left(x(x-1)^2\right)}$

10.2 Applications en physique

10.2.1 Mécanique des fluides

❑ **Exercice 1 - TENSION SUPERFICIELLE** (CCMP) ★☆☆

On considère une goutte d'eau cylindrique de rayon a et de hauteur e comme représentée sur la figure 10.10, posée sur une plaque métallique plane parfaitement hydrophobe. On admet que toute la surface du cylindre (y compris sa base) est en contact avec l'air (ceci pour se rapprocher du modèle de la goutte d'eau sphérique qui est posée sur la surface en un seul point) ; cela revient à supposer qu'une mince couche d'air sépare la base du cylindre de la plaque.

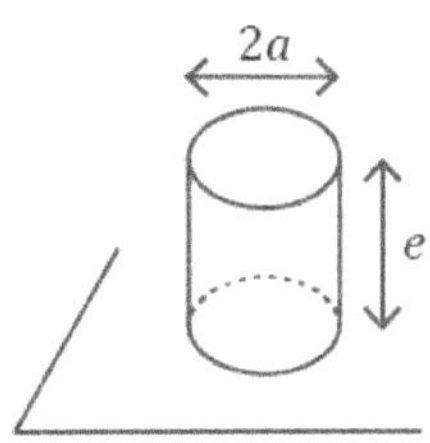

FIGURE 10.10 – Modèle cylindrique

L'expérience montre que les interactions entre l'eau et l'air sont associées à une énergie potentielle de la forme $E_{p,t} = 2\pi A a^2 + \dfrac{2AV}{a}$ où A une constante positive appelée coefficient de tension superficielle et V le volume de la goutte.

1. Déterminer, pour V et A fixés, la valeur de a_0 pour laquelle $E_{p,t}$ passe par un minimum. On exprimera a_0 en fonction de V.
2. Exprimer le volume V de la goutte cylindrique. Vérifier que la valeur correspondante de l'épaisseur de la goutte est $e_0 = 2a_0$, ce qui donne une géométrie « proche » de la sphère. En déduire l'expression du minimum de l'énergie potentielle en fonction de A et a_0.
3. Tracer le graphe de $E_{p,t}$ en fonction de a.

D'après Concours Commun Mines-Ponts

Solution

1. Pour trouver un extrémum de la fonction $E_{p,t}$, on dérive $E_{p,t}$ par rapport à a et on cherche les valeurs de a pour lesquelles la dérivée première s'annule.

$$\frac{\mathrm{d}E_{p,t}}{\mathrm{d}a} = \frac{\mathrm{d}(2\pi A a^2)}{\mathrm{d}a} + \frac{\mathrm{d}(\frac{2AV}{a})}{\mathrm{d}a} = 2\pi \frac{\mathrm{d}(a^2)}{\mathrm{d}a} + 2AV \frac{\mathrm{d}(a^{-1})}{\mathrm{d}a}$$

$$\frac{\mathrm{d}E_{p,t}}{\mathrm{d}a} = 2\pi A \times 2a + 2AV(-1)a^{-2}$$

$$\boxed{\frac{\mathrm{d}E_{p,t}}{\mathrm{d}a} = A\left(4\pi a - \frac{2V}{a^2}\right)}$$

Cette dérivée ne s'annule qu'une fois pour la valeur $a = a_0$ telle que

$$4\pi a_0 - \frac{2V}{a_0^2} = 0$$

$$4\pi a_0^3 = 2V$$

$$V = 2\pi a_0^3$$

$$\boxed{a_0 = \left(\frac{V}{2\pi}\right)^{1/3}}$$

Remarque : si $a \to 0$ alors $E_{p,t} \to +\infty$ et si $a \to +\infty$ alors $E_{p,t} \to +\infty$. L'extrémum de la fonction $E_{p,t}$ ne peut donc être qu'un minimum.

2. Pour un cylindre, le volume V a pour expression :

$$\boxed{V = \pi a^2 e}$$

Le volume de la goutte s'exprime de deux manières.

$$V = \pi a^2 e_0 = 2\pi a_0^3 \Rightarrow \boxed{e_0 = 2a_0}$$

Le minimum de l'énergie potentielle a pour expression :

$$E_{p,t}(a_0) = 2\pi A a_0^2 + \frac{2AV}{a_0}$$

$$E_{p,t}(a_0) = 2\pi A a^2 + 2A\frac{2\pi a_0^3}{a_0}$$

$$\boxed{E_{p,t}(a_0) = 6\pi A a_0^2}$$

3. Pour tracer le graphe de $E_{p,t}$ en fonction de a (figure 10.11), il faut chercher les asymptotes.

Si $a \to 0$ alors la fonction $E_{p,t}$ se comporte comme la fonction $\left(\frac{2AV}{a}\right)$.

Si $a \to +\infty$ alors la fonction $E_{p,t}$ se comporte comme la fonction $(2\pi A a^2)$.

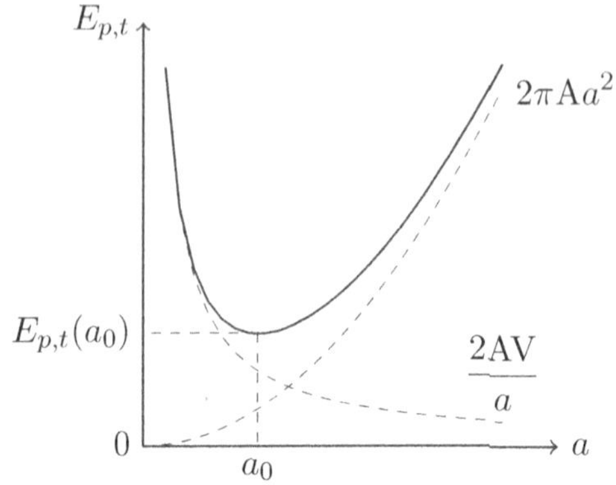

FIGURE 10.11

❑ Exercice 2 - REBOND D'UNE GOUTTE (CCMP) ★☆☆

Conseil - Lire l'énoncé de l'exercice précédent pour s'approprier les notations des grandeurs qui interviennent dans cette application.

On considère une goutte d'eau cylindrique de rayon a et de hauteur e comme représenté sur la figure 10.10 de l'exercice précédent, posée sur une plaque métallique plane parfaitement hydrophobe. Lorsque la goutte rebondit sur la surface plane, elle a tendance à s'étaler puis à reprendre sa forme sphérique lorsqu'elle décolle. On note a_0 la valeur de a lorsque l'énergie potentielle de la tension superficielle passe par un minimum. On note $\tau > 0$ l'instant où le patin décolle.

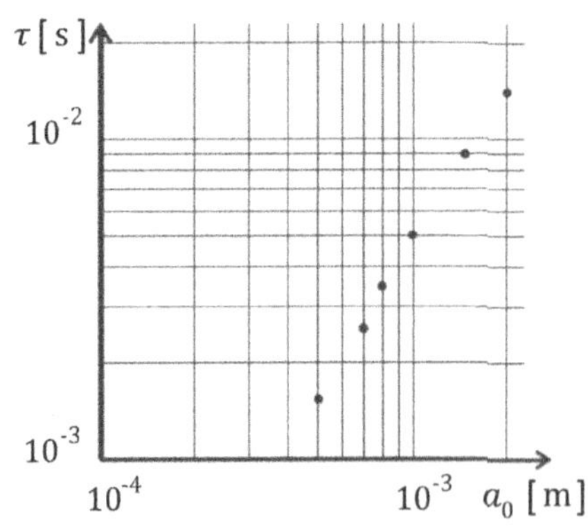

FIGURE 10.12 – τ fonction de a_0

Une étude quantitative du modèle du rebond montre que la durée de contact avec la plaque s'écrit :

$$\tau = \pi\sqrt{\frac{\mu_e a_0^3}{6A}}$$

Une étude expérimentale menée sur des gouttes de rayon variant entre 0,5 mm et 2 mm a permis de tracer le graphe de la figure 10.12 en échelle log-log.
Vérifier la validité du modèle.

D'après concours commun Mines-Ponts

Solution

L'énoncé nous donne la relation $\tau = \pi\sqrt{\frac{\mu_e a_0^3}{6A}}$. En traduisant cette relation en échelle logarithmique, on peut écrire :

$$\log \tau = \log\left(\pi\sqrt{\frac{\mu_e a_0^3}{6A}}\right)$$

$$\log \tau = \log\left(a_0^{3/2}\right) + \log\left(\pi\sqrt{\frac{\mu_e}{6A}}\right)$$

$$\boxed{\log \tau = \frac{3}{2}\log a_0 + cte}$$

L'équation de la droite est du type $y = px + b$ où p est la pente et b est l'ordonnée à l'origine. Ici, la pente de la droite vaut $\frac{3}{2} = 1,5$.
Recherchons la valeur de cette pente graphiquement.

Méthode 1 (figure 10.13) - L'échelle logaritmique forme un carré, on peut donc calculer la pente par la formule :

$$p = \frac{\Delta \log \tau}{\Delta \log a_0}$$

Application numérique

$$p = \frac{\log(9 \times 10^{-3}) - \log(5 \times 10^{-3})}{\log(1,5 \times 10^{-3}) - \log(10^{-3})} = \boxed{1,45}$$

Méthode 2 (figure 10.14) - L'échelle logaritmique forme un carré, on peut aussi calculer la pente par le rapport des distances d_τ et d_{a_0}.

$$p = \frac{d_\tau}{d_{a_0}}$$

Application numérique

$$p = \frac{5 \times 10^{-3}}{3,7 \times 10^{-3}} = \boxed{1,35}$$

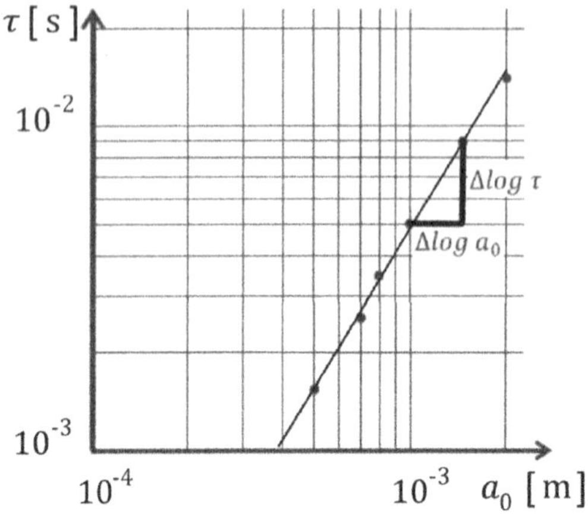

FIGURE 10.13

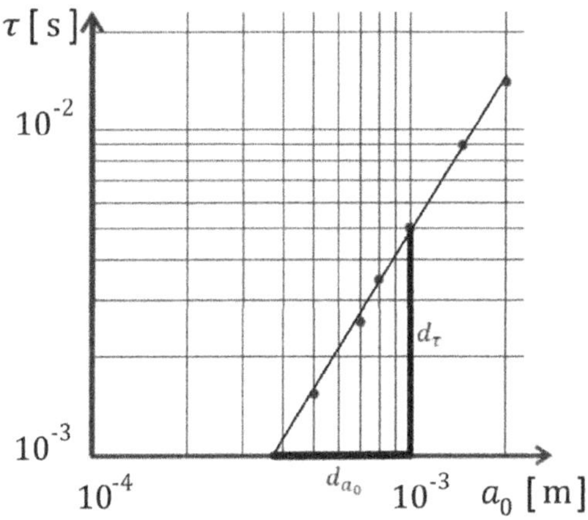

FIGURE 10.14

❑ **Exercice 3 - BULLE DE VAPEUR D'EAU** (CCMP) ★☆☆

On crée au sein de l'eau liquide une bulle de vapeur d'eau sphérique de rayon r. On néglige la quantité d'eau contenue dans la bulle devant le volume V d'eau, ce qui revient à l'assimiler à une bulle de vide.
On considère le système constitué d'une bulle de vide de rayon r et de l'interface qui la sépare de l'eau à la pression $p < 0$. L'énergie potentielle totale du

système comprend une énergie potentielle des forces de pression d'expression $E_{p,p} = \frac{4}{3}\pi r^3 p$ ainsi qu'une energie potentielle de tension superficielle d'expression $E_{p,t} = \gamma_e \Sigma$ où Σ est l'aire de l'interface entre l'eau liquide et l'eau vapeur et où la constante positive γ_e est le coefficient de tension superficielle de l'eau.

1. Montrer que l'énergie potentielle totale du système s'exprime sous la forme d'un pôlynome de degré 3 en r dont on précisera les coefficients.
2. Montrer qu'elle admet un maximum en $r_c = -2\frac{\gamma_e}{p}$.
3. On pose $x = \frac{r}{r_c}$ et $E_a = E_p(r_c)$.

   Tracer la courbe $\varepsilon(x) = \frac{E_p(x)}{E_a}$ pour $x \in [0, 2]$.

D'après Concours Commun Mines-Ponts

Solution

1. Avec $\Sigma = 4\pi r^2$ l'aire de la surface de la bulle, l'énergie potentielle totale a pour expression :

$$E_{p,p} + E_{p,t} = \boxed{E_p = \frac{4}{3}\pi p r^3 + 4\pi\gamma_e r^2}$$

   C'est un pôlynome de degré 3 en r dont le coefficient du monome de degré 3 est $\frac{4}{3}\pi p < 0$ (avec $p < 0$) et le coefficient du monome de degré 2 est $4\pi\gamma_e > 0$.

2. Pour trouver un extrémum de l'énergie potentielle, on dérive l'expression de E_p par rapport à r et on cherche les valeurs de r pour lesquelles la dérivée première s'annule.

$$\frac{\mathrm{d}E_p}{\mathrm{d}r} = 0 = \frac{4}{3}\pi p\left(3r^2\right) + 4\pi\gamma_e\,(2r)$$
$$0 = 4\pi r\,(pr + 2\gamma_e)$$

   Soit $r = 0$ ce qui correspond à une énergie potentielle nulle, soit $r = -\frac{2\gamma_e}{p} = r_c$.

   On établit un tableau de variation :

r	0		r_c		$+\infty$
$\frac{\mathrm{d}E_p}{\mathrm{d}r}$	0	$+$	0	$-$	
$E_p(r)$	0	$\nearrow$	$E_{p\,(\max)}$	$\searrow$	$-\infty$

   En $r = r_c$, l'énergie potentielle est bien maximale.

3. On pose $x = \dfrac{r}{r_c}$ et $E_a = E_p(r_c)$.

$$E_a = \frac{4}{3}\pi p r_c^3 + 4\pi\gamma_e r_c^2$$
$$E_a = \frac{4}{3}\pi p\left(-\frac{2\gamma_e}{p}\right)^3 + 4\pi\gamma_e\left(-\frac{2\gamma_e}{p}\right)^2$$
$$E_a = -\frac{32\pi\gamma_e^3}{3p^2} + \frac{16\pi\gamma_e^3}{p^2}$$
$$E_a = \frac{16\pi\gamma_e^3}{3p^2}$$

On exprime $\varepsilon(x) = \dfrac{E_p(x)}{E_a}$ en fonction de x.

$$\varepsilon(x) = \frac{\frac{4}{3}\pi p r^3}{\left(\frac{16\pi\gamma_e^3}{3p^2}\right)} + \frac{4\pi\gamma_e r^2}{\left(\frac{16\pi\gamma_e^3}{3p^2}\right)}$$
$$\varepsilon(x) = -2\frac{r^3}{\left(-\frac{2\gamma_e}{p}\right)^3} + 3\frac{r^2}{\left(-\frac{2\gamma_e}{p}\right)^2}$$
$$\varepsilon(x) = -2x^3 + 3x^2$$
$$\boxed{\varepsilon(x) = x^2\left(-2x+3\right)}$$

Pour établir un tableau de variation, on dérive l'expression de $\varepsilon(x)$ par rapport à x et on cherche les valeurs de x pour lesquelles la dérivée première s'annule.

$$\frac{\mathrm{d}\varepsilon(x)}{\mathrm{d}x} = 0 = 2x\left(-2x+3\right) + x^2\left(-2\right) = -4x^2 + 6x - 2x^2 = -6x^2 + 6x$$
$$0 = 6x\left(1-x\right)$$

Soit $x = 0$, soit $x = 1$. On établit un tableau de variation :

x	0		1		2
$\dfrac{\mathrm{d}\varepsilon(x)}{\mathrm{d}x}$	0	+	0	−	
$\varepsilon(x)$	0	↗	1	↘	−4

On trace la courbe $\varepsilon(x) = \dfrac{E_p(x)}{E_a}$, pour $x \in [0, 2]$ (figure 10.15).

$\varepsilon(x) = 0$ pour $x = 0$ et $x = \dfrac{3}{2} = 1,5$.

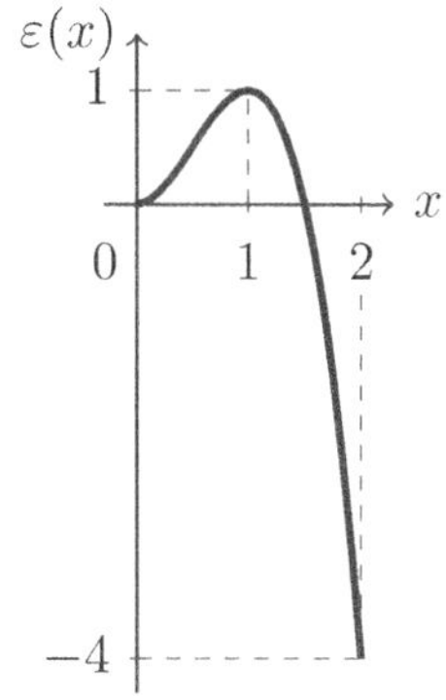

FIGURE 10.15 – ε en fonction de x

10.2.2 Mécanique quantique

❑ **Exercice 4 - PUITS DE PROFONDEUR FINIE** ★★☆

Soit un puits de potentiel carré de largeur L et de profondeur V_0 finie pour $-\frac{L}{2} \leq x \leq \frac{L}{2}$ (figure 10.16).
On prendra $x = 0$ au milieu du puits pour des raisons de symétrie.

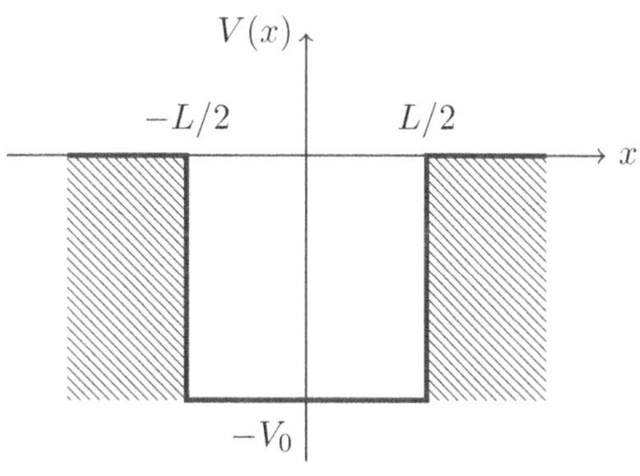

FIGURE 10.16 – Puits de profondeur finie

Une particule de masse m est confinée dans le puits de potentiel. On suppose que l'énergie cinétique de la particule E est telle que $-V_0 < E < 0$.
On note k le vecteur d'onde dans le puits. Afin de résoudre l'équation de Schrödinger dans le domaine $-\frac{L}{2} < x < \frac{L}{2}$, on pose $k^2 = \frac{2m}{\hbar^2}(E + V_0)$.

La résolution de l'équation de Schrödinger (non demandée ici) est étudiée au chapitre 9 - Equations différentielles - Applications en physique - Exercice 14. En raison de la symétrie choisie, on ne s'intéresse uniquement qu'à des états stationnaires de fonctions d'onde spatiales paires (états symétriques) et impaires (états antisymétriques). Mathématiquement ces états respectent les conditions :

$$\left|\cos\left(\frac{kL}{2}\right)\right| = \alpha\frac{kL}{2} \quad \text{et} \quad \tan\left(\frac{kL}{2}\right) > 0 \quad \text{pour des solutions paires}$$

et les conditions :

$$\left|\sin\left(\frac{kL}{2}\right)\right| = \alpha\frac{kL}{2} \quad \text{et} \quad \tan\left(\frac{kL}{2}\right) < 0 \quad \text{pour des solutions impaires.}$$

On se propose de montrer, par un raisonnement graphique, que les énergies correspondantes sont quantifiées et de nombre fini.

1. Exploiter graphiquement les solutions paires et en déduire les valeurs de k correspondantes.
2. Exploiter graphiquement les solutions impaires et en déduire les valeurs de k correspondantes..
3. Rassembler les solutions paires et impaires et en déduire les valeurs quantifiées de l'énergie cinétique E de la particule correspondant aux états d'énergie liés.

Solution

1. *Exploitation graphique des solutions paires* (voir figure 10.17).
   Sur le graphe $\left|\cos\left(\frac{kL}{2}\right)\right| = f\left(\frac{kL}{2}\right)$, les valeurs possibles pour k sont déterminées par l'intersection entre la droite passant par l'origine, de pente $\alpha\frac{kL}{2}$ et la partie **décroissante** des arcs de la fonction $\left|\cos\left(\frac{kL}{2}\right)\right|$.
2. *Exploitation graphique des solutions impaires* (voir figure 10.18).
   Sur le graphe $\left|\sin\left(\frac{kL}{2}\right)\right| = f\left(\frac{kL}{2}\right)$, les valeurs possibles pour k sont déterminées par l'intersection entre la droite passant par l'origine, de pente $\alpha\frac{kL}{2}$ et la partie **décroissante** des arcs de la fonction $\left|\sin\left(\frac{kL}{2}\right)\right|$.

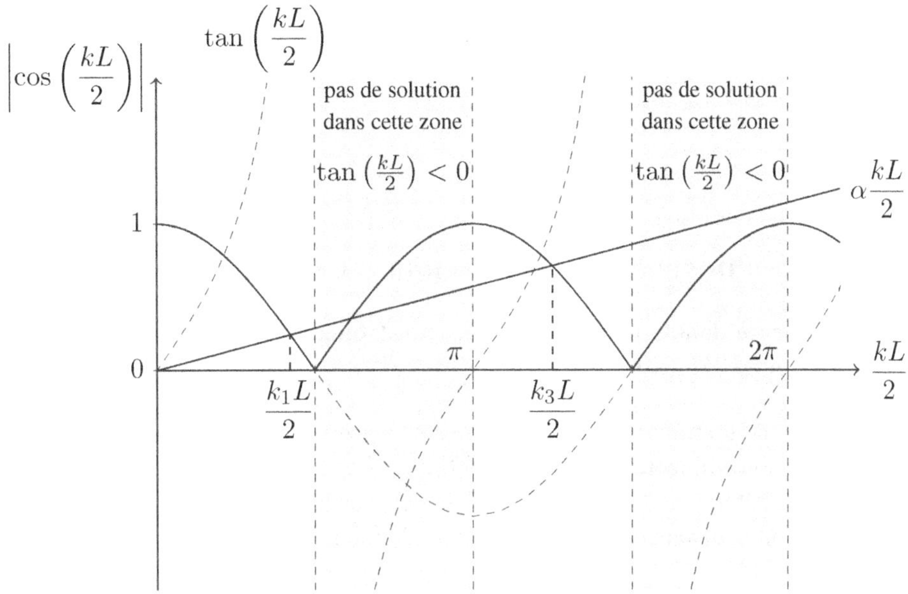

FIGURE 10.17 – Exploitation graphique des solutions paires

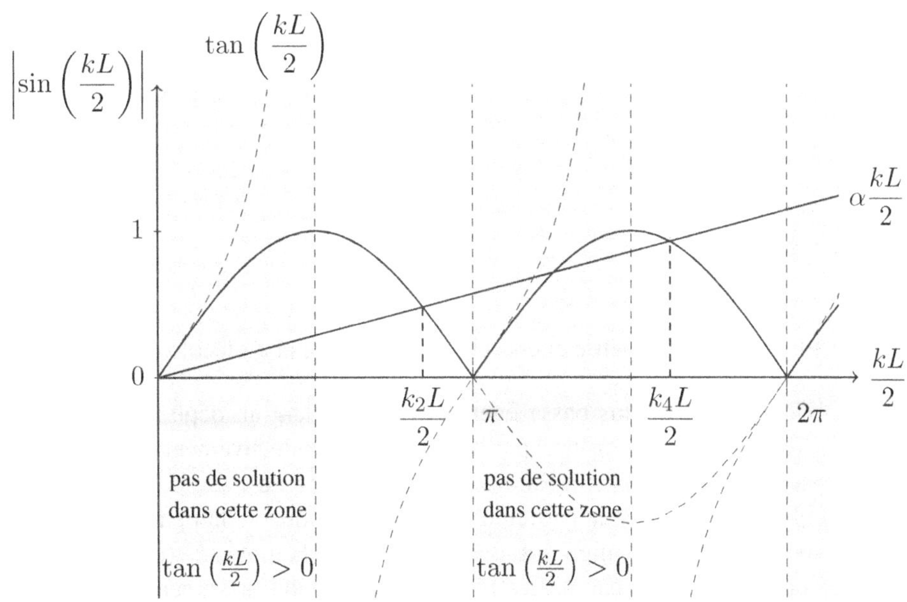

FIGURE 10.18 – Exploitation graphique des solutions impaires

3. Graphiquement, k_1 et k_3 correspondent aux solutions paires, k_2 et k_4 correspondent aux solutions impaires.

On en déduit les valeurs quantifiées de l'énergie cinétique :

$$E_1 = \frac{k_1^2 \hbar^2}{2m} - V_0 \quad ; \quad E_2 = \frac{k_2^2 \hbar^2}{2m} - V_0$$

$$E_3 = \frac{k_3^2 \hbar^2}{2m} - V_0 \quad ; \quad E_4 = \frac{k_4^2 \hbar^2}{2m} - V_0$$

❑ **Exercice 5 - DOUBLE PUITS SYMÉTRIQUE** (CCS) ★☆☆

La notion de double puits de potentiel **n'est plus** au programme des classes préparatoires à la rentrée 2022.

La molécule d'ammoniac NH_3 se présente sous la forme d'une pyramide symétrique, l'atome d'azote étant au sommet. Les trois atomes d'hydrogène définissent le plan de référence. La position de l'atome d'azote repérée par l'abscisse x telle que $|x|$ soit la distance de l'atome au plan de référence Oyz (figure 10.19).

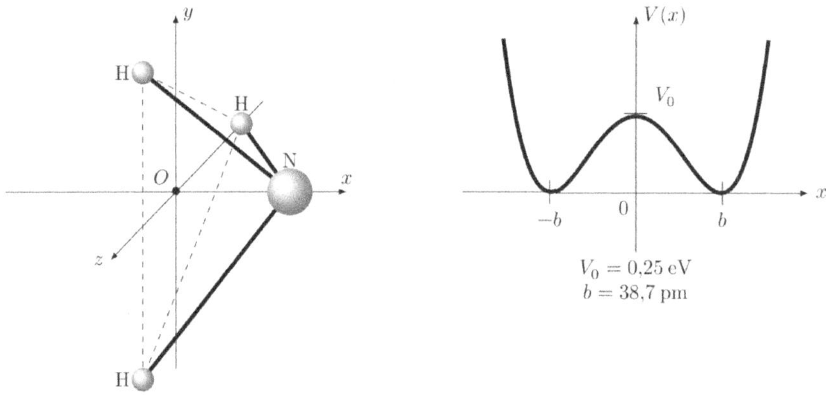

FIGURE 10.19 – Géométrie et énergie potentielle de la molécule d'ammoniac

Les mouvements de plus basse énergie correspondent au déplacement du plan des trois atomes d'hydrogène, que l'on appellera collectivement une « particule de masse m », par rapport à l'atome d'azote le long de l'axe de symétrie de la molécule. Le passage de la particule d'un puits à l'autre se fait par effet tunnel et correspond aux deux configurations symétriques de la molécule (celle-ci pouvant se retourner comme un parapluie). L'énergie potentielle est symétrique.
On peut résoudre ce problème numériquement mais on peut aussi le modéliser par le double puits infini rectangulaire $V_2(x)$ en pointillés sur la figure 10.20. Ce double puits symétrique est constitué de deux puits de largeur a, centrés en $\pm b$, séparés par une barrière de hauteur V_0 et de largeur $L = 2b - a$.

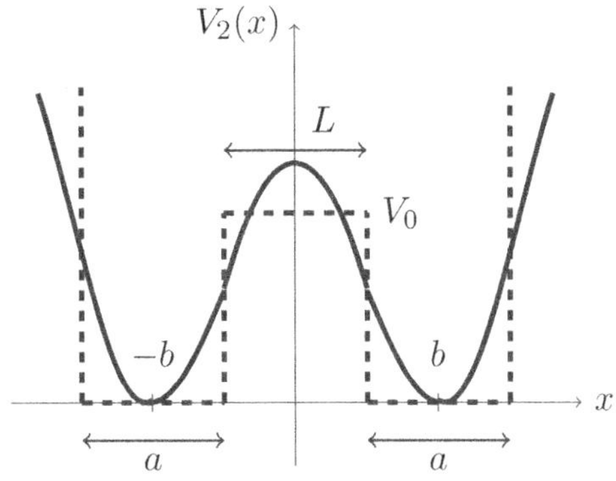

FIGURE 10.20 – Potentiel réel (traits pleins) et potentiel simplifié (traits pointillés)

On considère les états d'énergie de la « particule de masse m » tels que classiquement la particule ne peut pas franchir la barrière avec $E < V_0$.
On pose :

$$k^2 = \frac{2mE}{\hbar^2} \quad \text{et} \quad q^2 = \frac{2m(V_0 - E)}{\hbar^2}$$

En raison de la symétrie du problème, on s'intéresse uniquement à des états stationnaires de fonctions d'onde spatiales paires (états **S**ymétriques) et impaires (états **A**ntisymétriques). Mathématiquement ces états respectent l'équation :

$$\tan(ka) = -\frac{k}{q}\coth\left(q\left(b - \frac{a}{2}\right)\right) \quad \text{pour des solutions Symétriques}$$

$$\tan(ka) = -\frac{k}{q}\tanh\left(q\left(b - \frac{a}{2}\right)\right) \quad \text{pour des solutions Antisymétriques}$$

Dans le cas de l'approximation de la barrière épaisse (cas où $V_0 \gg E$ et $qL \gg 1$), les équations précédentes se simplifient en :

$$\tan(ka) \simeq -\frac{k}{q}\left(1 + \mathrm{e}^{-qL}\right) \quad \text{pour des solutions Symétriques}$$

$$\tan(ka) \simeq -\frac{k}{q}\left(1 - \mathrm{e}^{-qL}\right) \quad \text{pour des solutions Antisymétriques}$$

1. Exploiter graphiquement ces équations et déterminer les premières valeurs quantifiées de k.
2. Rassembler les solutions **S**ymétriques et **A**ntisymétriques et en déduire les valeurs quantifiées de l'énergie E de la particule confinée dans le double puits de potentiel.

D'après concours Centrale-Supélec

Solution

1. Sur la figure 10.21, les valeurs **S**ymétriques possibles pour k_S sont déterminées par l'intersection entre la droite y_S de pente $-\frac{1}{qa}\left(1+\mathrm{e}^{-qL}\right)$, passant par l'origine et la réprésentation graphique de la fonction $\tan(ka)$.

   Sur la figure 10.21, les valeurs **A**ntisymétriques possibles pour k_A sont déterminées par l'intersection entre la droite y_A de pente $-\frac{1}{qa}\left(1-\mathrm{e}^{-qL}\right)$, passant par l'origine et la réprésentation graphique de la fonction $\tan(ka)$.

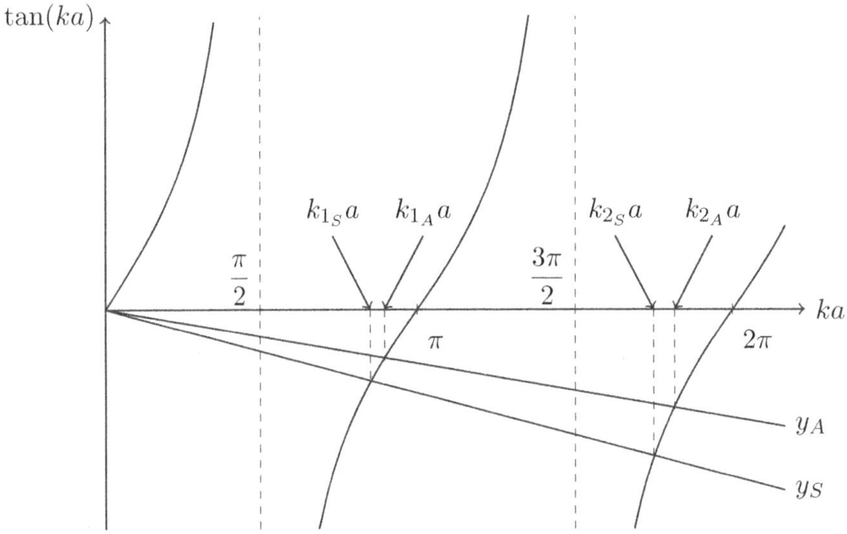

FIGURE 10.21 – Exploitation graphique du double puits de potentiel

2. Graphiquement, k_{1_S} et k_{2_S} correspondent aux deux premières solutions **S**ymétriques, k_{1_A} et k_{2_A} correspondent aux deux premières solutions **A**ntisymétriques. On en déduit les valeurs quantifiées de l'énergie :

$$E_{1_S}=\frac{\hbar^2}{2m}k_{1_S} \quad ; \quad E_{2_S}=\frac{\hbar^2}{2m}k_{2_S}$$

$$E_{1_A}=\frac{\hbar^2}{2m}k_{1_A} \quad ; \quad E_{2_A}=\frac{\hbar^2}{2m}k_{2_A}$$

Chapitre 11

Suites numériques

11.1 Mathématiques

Dans ce chapitre, nous passerons en revue le vocabulaire propre aux suites avant d'étudier quelques suites classiques.
Les domaines de la physique qui utilisent ces notions sont principalement l'optique ondulatoire et la physique des ondes. En physique, les suites géométriques sont majoritairement utilisées.

11.1.1 Vocabulaire

- On appelle suite numérique toute application de $\mathbb{N}$ dans $\mathbb{R}$ ou éventuellement dans $\mathbb{C}$. Une suite U définie sur $\mathbb{N}$ se note $(U_n)_{n\in\mathbb{N}}$. Son premier terme est U_0, son second U_1.
- La suite $(U_n)_{n\in\mathbb{N}}$ converge vers ℓ (avec $\ell \in \mathbb{R}$ ou $\mathbb{C}$) si

  $$\forall\, \varepsilon > 0, \exists\, N \in \mathbb{N} \text{ tel que } \forall\, n \in \mathbb{N}, (n \geq N \Rightarrow |U_n - \ell| \leq \varepsilon)$$

  Si un tel ℓ existe, on dit que la suite converge.
  Si la suite ne converge vers aucun nombre ℓ, on dit qu'elle diverge.
- Si une suite converge vers deux nombres ℓ_1 et ℓ_2 alors $\ell_1 = \ell_2$.
- **Cas des suites réelles**
  On considère une suite à valeur dans $\mathbb{R}$ dans ce paragraphe.
  1. Une suite (U_n) est majorée $\Leftrightarrow \exists\, A \in \mathbb{R}, \forall\, n \in \mathbb{N}, U_n \leq A$
  2. Une suite (U_n) est minorée $\Leftrightarrow \exists\, B \in \mathbb{R}, \forall\, n \in \mathbb{N}, U_n \geq B$
  3. Une suite (U_n) est bornée $\Leftrightarrow \exists\, A \in \mathbb{R}, \forall\, n \in \mathbb{N}, |U_n| \leq A$
     Une suite bornée est une suite majorée et minorée.

4. Une suite (U_n) est croissante $\Leftrightarrow \forall n \in \mathbb{N}, U_n \leq U_{n+1}$
   De plus si pour tout n, $U_n < U_{n+1}$, la suite est dite strictement croissante.
5. Une suite (U_n) est décroissante $\Leftrightarrow \forall n \in \mathbb{N}, U_n \geq U_{n+1}$
   De plus si pour tout n, $U_n > U_{n+1}$, la suite est dite strictement décroissante.
6. Une suite (U_n) est monotone $\Leftrightarrow \forall n \in \mathbb{N}, U_n \leq U_{n+1}$ ou $U_n \geq U_{n+1}$
   Une suite monotone est une suite croissante ou décroissante.

Théorèmes
Toute suite croissante et majorée converge.
Toute suite décroissante et minorée converge.

- **Représentation d'une suite réelle**
  On peut représenter une suite U en placant dans un repère les points de coordonnées (n, U_n).

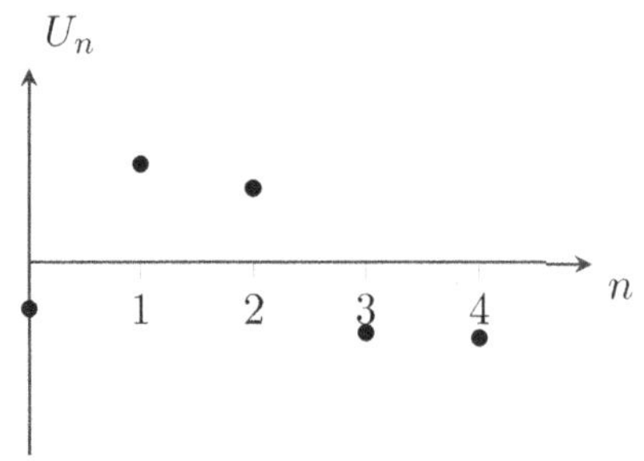

FIGURE 11.1 – Représentation des termes d'une suite

- **Définition d'une suite**
  Une suite numérique réelle peut être définie de 2 façons.

  1. Définition explicite : $U_n = f(n)$
     Pour chaque entier n de l'ensemble de définition de la suite (U_n), le terme U_n est calculé en fonction de n.

Soit $(U_n)_{n\in\mathbb{N}}$ la suite définie par $U_n = n^2 + 2$ pour tout n.
Calculer les 5 premiers termes de la suite.

* Calcul de U_0 : $U_0 = 0^2 + 2 = 2$
* Calcul de U_1 : $U_1 = 1^2 + 2 = 3$
* Calcul de U_2 : $U_2 = 2^2 + 2 = 6$
* Calcul de U_3 : $U_3 = 3^2 + 2 = 11$
* Calcul de U_4 : $U_4 = 4^2 + 2 = 18$

2. Définition par récurrence : $U_{n+1} = f(U_n)$
   La suite est construite de proche en proche. La suite (U_n) est définie par la donnée du terme U_0, pour $n \in \mathbb{N}$, U_{n+1} est calculé en fonction de U_n.

Soit $(U_n)_{n\in\mathbb{N}}$ la suite définie par $U_0 = 1$ et $U_{n+1} = -U_n + 3$.
Calculer les 5 premiers termes de la suite.

* Par définition : $U_0 = 1$
* Calcul de U_1 : $U_1 = -U_0 + 3 = -1 + 3 = 2$
* Calcul de U_2 : $U_2 = -U_1 + 3 = -2 + 3 = 1$
* Calcul de U_3 : $U_3 = -U_2 + 3 = -1 + 3 = 2$
* Calcul de U_4 : $U_4 = -U_3 + 3 = -2 + 3 = 1$

11.1.2 Suites arithmétiques

Une suite arithmétique est une suite de nombres telle que l'on obtient un terme en additionnant toujours le même nombre (ce nombre est appelé raison de la suite arithmétique) au terme précédent.
On a alors la relation de récurrence pour tout n,

$$U_{n+1} = a + U_n$$

avec a réel.

Exemples

1. La suite des entiers naturels est une suite arithmétique de raison 1.
2. La suite des entiers impairs est une suite arithmétique de raison 2.
3. Soient a et b deux réels. La suite $(an + b)_{n\in\mathbb{N}}$ est une suite arithmétique de raison a et de premier terme b.

Propriétés
Soit a un nombre réel et $(U_n)_{n\in\mathbb{N}}$ une suite arithmétique de raison a. Elle peut être définie explicitement par la relation :

$$U_n = an + U_0$$

Somme des termes d'une suite arithmétique
Soit n un entier naturel, la somme des n premiers termes de la suite est égal à :

$$\sum_{k=0}^{n-1} U_k = n\,\frac{U_0 + U_{n-1}}{2}$$

Variations

Soit a un nombre réel et $(U_n)_{n\in\mathbb{N}}$ une suite arithmétique de raison a définie par $U_n = an + U_0$.

* Si $a = 0$, la suite est constante.
* Si $a > 0$, la suite est croissante et diverge vers $+\infty$.
* Si $a < 0$, la suite est décroissante et diverge vers $-\infty$.

Soit $(U_n)_{n\in\mathbb{N}}$ la suite arithmétique de raison 3 et de premier terme $U_0 = 2$. Donner U_n en fonction de n et calculer la somme des 5 premiers termes.

Pour tout n, $U_n = 3n + 2$ et

$$2+5+8+11+14 = \sum_{k=0}^{4} U_k = 5\,\frac{U_0+U_4}{2} = 5\,\frac{2+14}{2} = 40$$

Calculer la somme des entiers impairs entre 1 et 19

Les entiers impairs sont les 10 premiers termes de la suite $(U_n)_{n\in\mathbb{N}}$ définie par $U_n = 2n+1$ qui est la suite arithmétique de premier terme $U_0 = 1$ et de raison 2.

L'indice n du terme 19 est déterminé par $2n + 1 = 19$ c'est à dire $n = 9$.

$$1+3+\ldots+17+19 = \sum_{k=0}^{9} U_k = 10\,\frac{U_0+U_9}{2} = 100$$

11.1.3 Suites géométriques

Une suite géométrique est une suite de nombres telle que l'on obtient un terme en multipliant le précédent par un même nombre (ce nombre est appelé raison de la suite géométrique).

Pour montrer qu'une suite est géométrique, on peut montrer que pour tout n,

$$U_{n+1} = a \times U_n$$

avec a réel.

Exemples

1. Toute suite constante est une suite géométrique de raison 1.
2. Soient a et r deux réels. La suite $(a\,r^n)_{n\in\mathbb{N}}$ est une suite géométrique de raison r et de premier terme a.

Propriétés
Soit a un nombre réel et $(U_n)_{n\in\mathbb{N}}$ une suite géométrique de raison a. On peut écrire :

$$U_n = U_0 \times a^n$$

Soit n un entier naturel, la somme des n premiers termes de la suite est égale à :

$$\sum_{k=0}^{n-1} U_k = U_0 \times \frac{1-a^n}{1-a}$$

Variations
Soit a un nombre réel et $(U_n)_{n\in\mathbb{N}}$ une suite géométrique de raison a définie par $U_n = U_0 \times a^n$. On supposera $U_0 \neq 0$.

* Si $a = 1$, la suite est constante.
* Si $a = -1$, la suite n'a pas de limite et alterne entre $-U_0$ et U_0.
* Si $a > 1$, la suite est monotone et diverge vers $\pm\infty$ selon le signe de U_0.
* Si $|a| < 1$, la suite converge vers 0.
* Si $a < -1$, la suite est divergente.

Soit $(U_n)_{n\in\mathbb{N}}$ la suite géométrique de raison 2 et de premier terme $U_0 = 1$, donner U_n en fonction de n et calculer la somme des 10 premiers termes.

Pour tout n, $U_n = 1 \times 2^n$ et $\sum_{k=0}^{9} U_k = \frac{1-2^{10}}{1-2} = 1023$

Soit $(U_n)_{n\in\mathbb{N}}$ la suite géométrique de raison 5 et de premier terme $U_0 = 2$, donner U_n en fonction de n et calculer la somme des 7 premiers termes.

Pour tout n, $U_n = 2 \times 5^n$ et $\sum_{k=0}^{6} U_k = 2\,\frac{1-5^7}{1-5} = 39062$

11.1.4 Suites récurrentes d'ordre 2

Une suite récurrente linéaire d'ordre 2 s'écrit sous la forme :

$$V_{n+2} = aV_{n+1} + bV_n$$

avec a et b deux réels.
On peut aussi écrire cette équation sous la forme :

$$V_{n+2} - aV_{n+1} - bV_n = 0$$

On utilise l'équation caractéristique (R) : $r^2 - ar - b = 0$ et son discriminant est $\Delta = a^2 + 4b$.

* Si $\Delta > 0$, on note r_1 et r_2 les deux solutions de (R).
Il existe deux constantes A_1 et A_2 appartenant à $\mathbb{R}$ telles que :

$$V_n = A_1 r_1^n + A_2 r_2^n$$

* Si $\Delta = 0$, on note r la solution de (R).
Il existe deux constantes A_1 et A_2 appartenant à $\mathbb{R}$ telles que :

$$V_n = A_1\, n\, r^n + A_2\, r^n$$

* Si $\Delta < 0$, on note r_1 et r_2 les deux solutions complexes conjuguées de (R).
On notera m leur module et θ l'argument de r_1.
On a alors :

$$V_n = m^n \left(A_1 \cos(n\theta) + A_2 \sin(n\theta)\right)$$

avec A_1 et A_2 appartenant à $\mathbb{R}$.

Donner l'expression de V_n définie par

$$\begin{cases} V_{n+2} & = 3V_{n+1} - 2V_n \\ V_0 & = 2 \\ V_1 & = 3 \end{cases}$$

L'équation caractéristique est $r^2 - 3r + 2 = 0$ et a pour racines 1 et 2.
Pour tout n, il existe donc a et b tels que $V_n = a \times 2^n + b \times 1^n = a \times 2^n + b$.

On détermine a et b avec les égalités $V_0 = 2$ et $V_1 = 3$.

$$\begin{cases} V_0 & = 2 = a \times 2^0 + b \times 1^0 = a + b \\ V_1 & = 3 = a \times 2^1 + b \times 1^1 = 2a + b \end{cases}$$

On trouve $V_n = 2^n + 1$ pour tout n de $\mathbb{N}$.

Donner l'expression de V_n définie par

$$\begin{cases} V_{n+2} & = 2V_{n+1} - V_n \\ V_0 & = 2 \\ V_1 & = 3 \end{cases}$$

L'équation caractéristique est $r^2 - 2r + 1 = 0$ et a pour racine double 1.
Pour tout n, il existe donc a et b tels que $V_n = a \times 1^n + b \times n \times 1^n = a + b \times n$.

On détermine a et b avec les égalités $V_0 = 2$ et $V_1 = 3$.

$$\begin{cases} V_0 &= 2 = a + b \times 0 = a \\ V_1 &= 3 = a + b = a + b \end{cases}$$

On trouve $V_n = 2 + n$ pour tout n de $\mathbb{N}$.

Donner l'expression de V_n définie par

$$\begin{cases} V_{n+2} &= -9V_n \\ V_0 &= 5 \\ V_1 &= 1 \end{cases}$$

L'équation caractéristique est $r^2 + 9 = 0$ et a pour racines $3\mathrm{i}$ et $-3\mathrm{i}$.

$3\mathrm{i}$ a pour module 3 et pour argument $\dfrac{\pi}{2}$.

Pour tout n, il existe donc a et b tels que $V_n = 3^n \left(a\cos\dfrac{n\pi}{2} + b\sin\dfrac{n\pi}{2}\right)$.

On détermine a et b avec les égalités $V_0 = 5$ et $V_1 = 1$.

$$\begin{cases} V_0 &= 5 = 3^0 \left(a\cos\dfrac{0\pi}{2} + b\sin\dfrac{0\pi}{2}\right) = a \\ V_1 &= 1 = 3^1 \left(a\cos\dfrac{\pi}{2} + b\sin\dfrac{\pi}{2}\right) = 3b \end{cases}$$

On trouve $V_n = 3^n \left(5\cos\dfrac{n\pi}{2} + \dfrac{1}{3}\sin\dfrac{n\pi}{2}\right)$ pour tout n de $\mathbb{N}$.

11.1.5 Suites définies par récurrence

On considère une suite $(U_n)_{n\in\mathbb{N}}$ définie par

$$\begin{cases} U_0 &\in I \\ U_{n+1} &= f(U_n) \end{cases}$$

avec f une fonction définie et continue de I dans $\mathbb{R}$ telle que $f(I) \subset I$.

Théorème du point fixe

Soit f une fonction continue et dérivable sur un intervalle $[a, b]$ telle que :

* les valeurs de f sont dans $[a, b]$
* $|f'(x)| < 1$

alors l'équation $f(x) = x$ admet une solution unique α et la suite $U_{n+1} = f(U_n)$ converge vers α.

11.1.6 Exercices

❑ Exercice 1 - SUITE GÉOMÉTRIQUE ★☆☆

On considère la suite $(U_n)_{n\in\mathbb{N}}$ définie par

$$\begin{cases} U_0 = & 1 \\ U_{n+1} = & \dfrac{1}{3}U_n + n - 1 \quad \text{pour tout } n \text{ entier naturel} \end{cases}$$

et la suite $(V_n)_{n\in\mathbb{N}}$ pour tout n définie par $V_n = 4U_n - 6n + 15$.

1. Calculer les trois premiers termes de chaque suite.
2. Montrer que $(V_n)_{n\in\mathbb{N}}$ est une suite géométrique.
3. Donner V_n en fonction de n puis U_n en fonction de n.
4. Calculer la somme des 10 premiers termes de la suite $(V_n)_{n\in\mathbb{N}}$.

Solution

1. Calcul de U_0, U_1 et U_2 :
   $U_0 = 1, \quad U_1 = \dfrac{1}{3}U_0 + 0 - 1 = \dfrac{-2}{3}$ et $U_2 = \dfrac{1}{3}U_1 + 1 - 1 = -\dfrac{2}{9}$

   Calcul de V_0, V_1 et V_2 :
   $V_0 = 4U_0 - 6 \times 0 + 15 = 19, \quad V_1 = 4U_1 - 6 \times 1 + 15 = \dfrac{19}{3}$ et
   $V_2 = 4U_2 - 6 \times 2 + 15 = \dfrac{19}{9}$
2. Pour tout n,

$$\begin{aligned} V_{n+1} &= 4U_{n+1} - 6(n+1) + 15 = 4\left(\frac{1}{3}U_n + n - 1\right) - 6(n+1) + 15 \\ &= \frac{4}{3}U_n + 4n - 4 - 6(n+1) + 15 = \frac{4}{3}U_n - 2n + 5 \\ &= \frac{1}{3}(4U_n - 6n + 15) \\ &= \frac{1}{3}V_n \end{aligned}$$

   donc V_n est une suite géométrique de raison $\dfrac{1}{3}$.
3. Pour tout $n \in \mathbb{N}$, $V_n = \dfrac{19}{3^n}$ et $U_n = \dfrac{19}{4 \times 3^n} + \dfrac{6n - 15}{4}$
4. $\displaystyle\sum_{k=0}^{9} V_k = 19\,\frac{1 - \left(\frac{1}{3}\right)^{10}}{1 - \frac{1}{3}} = 19\,\frac{3}{2}\left(1 - \left(\frac{1}{3}\right)^{10}\right) = \frac{57}{2}\left(1 - \left(\frac{1}{3}\right)^{10}\right)$

❑ Exercice 2 ★☆☆

Soit la suite numérique $(u_n)_{n\in\mathbb{N}}$ définie pour tout entier naturel non nul par

$$u_n = \frac{n(n+2)}{(n+1)^2}$$

1. Montrer que pour tout n non nul, $0 < u_n \leq 1$.
2. Etudier le sens de variation de la suite $(u_n)_{n\in\mathbb{N}}$.
3. Donner la limite de u_n si elle existe.

Solution

1. u_n est strictement positif en tant que quotient de nombres strictement positifs.
   On étudie le signe de $u_n - 1$. Pour tout n non nul on a :

$$\begin{aligned} u_n - 1 &= \frac{n(n+2)}{(n+1)^2} - \frac{(n+1)^2}{(n+1)^2} \\ &= \frac{-1}{(n+1)^2} < 0 \end{aligned}$$

   On a donc bien pour tout n non nul, $0 < u_n \leq 1$.
2. On étudie le signe de $u_{n+1} - u_n$. Pour tout n non nul on a :

$$\begin{aligned} u_{n+1} - u_n &= \frac{(n+1)(n+3)}{(n+2)^2} - \frac{n(n+2)}{(n+1)^2} \\ &= \frac{2n+3}{(n+1)^2(n+2)^2} > 0 \end{aligned}$$

   La suite est donc croissante.
3. La suite $(u_n)_{n\in\mathbb{N}}$ est croissante et majorée donc convergente.
   Pour tout n,

$$u_n = \frac{n(n+2)}{n^2+2n+1} = \frac{1+\frac{2}{n}}{1+\frac{2}{n}+\frac{1}{n^2}}$$

   La limite de la suite est 1.

❑ Exercice 3 - Suites géométriques ★★☆

Soient $(U_n)_{n\in\mathbb{N}}$ et $(V_n)_{n\in\mathbb{N}}$ les suites définies par $U_0 = 1$ et $V_0 = 2$ et les relations :

$$U_{n+1} = \frac{U_n + 3V_n}{4} \quad \text{et} \quad V_{n+1} = \frac{3\,U_n + V_n}{4}$$

On définit les suites (a_n) et (b_n) par $a_n = U_n + V_n$ et $b_n = U_n - V_n$.

1. Vérifiez que $(a_n)_{n\in\mathbb{N}}$ et $(b_n)_{n\in\mathbb{N}}$ sont des suites géométriques.
2. En déduire U_n et V_n en fonction de n.

Solution

1. Pour tout n entier naturel,

$$\begin{aligned} a_{n+1} &= U_{n+1} + V_{n+1} \\ &= \frac{U_n + 3V_n}{4} + \frac{3U_n + V_n}{4} \\ &= a_n \end{aligned}$$

Pour tout n entier naturel,

$$\begin{aligned} b_{n+1} &= U_{n+1} - V_{n+1} \\ &= \frac{U_n + 3V_n}{4} - \frac{3U_n + V_n}{4} \\ &= -\frac{1}{2} b_n \end{aligned}$$

Les suites $(a_n)_{n\in\mathbb{N}}$ et $(b_n)_{n\in\mathbb{N}}$ sont géométriques de raison 1 et $-\frac{1}{2}$

2. On a donc pour tout n, $a_n = a_0 = 3$ et $b_n = (-0.5)^n \times -1$.
Donc,

$$\begin{aligned} U_n &= \frac{1}{2}(a_n + b_n) = \frac{1}{2}\left(3 - \left(\frac{-1}{2}\right)^n\right) \\ V_n &= \frac{1}{2}(a_n - b_n) = \frac{1}{2}\left(3 + \left(\frac{-1}{2}\right)^n\right) \end{aligned}$$

❑ Exercice 4 - Somme des termes d'une suite géométrique ★☆☆

Calculer la somme S des 8 premières puissances de 2.

Solution

$$\begin{aligned} S &= \sum_{k=0}^{7} 2^k \\ &= 2^0 + 2 + 2^2 + 2^3 + 2^4 + 2^5 + 2^6 + 2^7 \\ &= \frac{1 - 2^8}{1 - 2} \\ &= 2^8 - 1 \\ &= 255 \end{aligned}$$

❑ Exercice 5 - Somme des termes d'une suite géométrique ★☆☆

Calculer la somme S des 6 premières puissances de 5.

Solution

$$\begin{aligned} S &= \sum_{k=0}^{5} 5^k \\ &= 5^0 + 5 + 5^2 + 5^3 + 5^4 + 5^5 \\ &= \frac{1-5^6}{1-5} \\ &= 3906 \end{aligned}$$

❑ Exercice 6 - Suite récurrente d'ordre 2 ★★★

Donner l'expression de V_n définie par

$$\begin{cases} V_{n+2} & = V_{n+1} + V_n \\ V_0 & = 1 \\ V_1 & = 1 \end{cases}$$

Solution

L'équation caractéristique est $r^2 - r - 1 = 0$ et a pour racines $\dfrac{1-\sqrt{5}}{2}$ et $\dfrac{1+\sqrt{5}}{2}$.

Pour tout n, il existe donc a et b tels que $V_n = a\left(\dfrac{1-\sqrt{5}}{2}\right)^n + b\left(\dfrac{1+\sqrt{5}}{2}\right)^n$

On détermine a et b avec les égalités $V_0 = 1$ et $V_1 = 1$.

$$\begin{cases} V_0 & = 1 = a\left(\dfrac{1-\sqrt{5}}{2}\right)^0 + b\left(\dfrac{1+\sqrt{5}}{2}\right)^0 = a + b \\ V_1 & = 1 = a\left(\dfrac{1-\sqrt{5}}{2}\right)^1 + b\left(\dfrac{1+\sqrt{5}}{2}\right)^1 = a\dfrac{1-\sqrt{5}}{2} + b\dfrac{1+\sqrt{5}}{2} \end{cases}$$

On trouve après calcul :

$$a = \frac{\sqrt{5}-1}{2\sqrt{5}} = \frac{5-\sqrt{5}}{10} \quad \text{et} \quad b = 1 - a = \frac{5+\sqrt{5}}{10}$$

Ainsi, pour tout n de $\mathbb{N}$, $\boxed{V_n = \dfrac{5-\sqrt{5}}{10}\left(\dfrac{1-\sqrt{5}}{2}\right)^n + \dfrac{5+\sqrt{5}}{10}\left(\dfrac{1+\sqrt{5}}{2}\right)^n}$

❑ Exercice 7 - Suite arithmétique ★☆☆

On considère la suite $(U_n)_{n\in\mathbb{N}}$ définie par

$$\begin{cases} U_0 = & 1 \\ U_{n+1} = & \dfrac{2U_n}{2+3U_n} \text{ pour tout } n \text{ entier naturel} \end{cases}$$

et la suite $(V_n)_{n\in\mathbb{N}}$ pour tout n définie par $V_n = \dfrac{1}{U_n}$.

On supposera que $U_n \neq 0$ pour tout n.

1. Calculer les trois premiers termes de la suite $(U_n)_{n\in\mathbb{N}}$. Est-elle arithmétique ? géométrique ?
2. Calculer les trois premiers termes de la suite $(V_n)_{n\in\mathbb{N}}$.
3. Montrer que $(V_n)_{n\in\mathbb{N}}$ est une suite arithmétique.
4. Donner V_n en fonction de n puis U_n en fonction de n.

Solution

1. Calcul de U_0, U_1 et U_2 :

   $$U_0 = 1, \quad U_1 = \frac{2}{5} \quad \text{et} \quad U_2 = \frac{2\times\frac{2}{5}}{2+3\times\frac{2}{5}} = \frac{1}{4}$$

   $U_1 - U_0 \neq U_2 - U_1$ donc la suite n'est pas arithmétique.

   $\dfrac{U_1}{U_0} \neq \dfrac{U_2}{U_1}$ donc la suite n'est pas géométrique.

2. Calcul de V_0, V_1 et V_2 :

   $$V_0 = 1, \quad V_1 = \frac{1}{\frac{2}{5}} = \frac{5}{2} \quad \text{et} \quad V_2 = \frac{1}{\frac{1}{4}} = 4$$

3. Pour tout n,

   $$\begin{aligned} V_{n+1} &= \frac{1}{U_{n+1}} = \frac{1}{\frac{2U_n}{2+3U_n}} \\ &= \frac{2+3U_n}{2U_n} = \frac{2}{2U_n} + \frac{3U_n}{2U_n} \\ &= \frac{1}{U_n} + \frac{3}{2} \\ &= V_n + \frac{3}{2} \end{aligned}$$

   donc V_n est une suite arithmétique de raison $\dfrac{3}{2}$.

4. Pour tout $n \in \mathbb{N}$, $V_n = 1 + \dfrac{3n}{2}$ et $U_n = \dfrac{1}{V_n} = \dfrac{1}{1+\frac{3n}{2}}$.

11.2 Applications en physique

11.2.1 Optique ondulatoire

❑ Exercice 1 - INTENSITÉ DIFFRACTÉE PAR UN RÉSEAU (CCS) ★☆☆

Conseil - Pour aborder cet exercice d'application, il est préférable de revoir les nombres complexes (chapitre 8)

On éclaire un réseau de fentes considérées comme infiniment fines et distantes de a, par une onde plane progressive monochromatique, de longueur d'onde λ, perpendiculaire à la pupille et de largeur L. On observe la figure de diffraction à l'infini dans la direction θ.

1. Exprimer le nombre N de fentes éclairées en fonction de a et de L.

2. Ces N ouvertures diffractent la lumière. En un point M très éloigné du réseau on peut recevoir la superposition de N ondes issues des N fentes éclairées. L'onde diffractée est une onde dont l'amplitude est la somme des amplitudes de chaque onde émise par chaque fente affectées d'un terme de phase qui traduit la différence de marche existant entre ces ondes.
On prend l'origine des phases sur la fente 1. L'amplitude complexe du champ électrique émis par la fente 1 et reçu en M est donnée par :

$$\underline{E}_1 = \underline{E}_0 \, \mathrm{e}^{\mathrm{i}\omega t}$$

Les ondes émises par les fentes d'ordre supérieur sont en avance de phase par rapport à l'onde émise par la fente 1 et l'amplitude complexe du champ électrique émis par la p-ième fente s'écrit :

$$\underline{E}_p = \underline{E}_0 \, \mathrm{e}^{\mathrm{i}(\omega t + (p-1)\phi)}$$

Le champ résultant en M est obtenu par la somme des champs issus des N fentes éclairées.
Montrer que le champ résultant en M a pour amplitude complexe :

$$\underline{E}(M) = \sum_{p=1}^{N} \underline{E}_p = \underline{E}_0 \, \mathrm{e}^{\mathrm{i}\left(\omega t + (N-1)\frac{\phi}{2}\right)} \left[\frac{\sin\left(N\frac{\phi}{2}\right)}{\sin\left(\frac{\phi}{2}\right)} \right]$$

3. Par définition, l'intensité $I(\mathrm{M})$ reçue en un point M est donnée par :

$$I = 2\,\langle \underline{E}^2(\mathrm{M}) \rangle = \underline{E}(\mathrm{M}) \times \overline{\underline{E}}(\mathrm{M})$$

En déduire que l'intensité diffractée $I(\theta)$ dans la direction de θ est de la forme :

$$I = I_0 \left(\frac{\sin\left(N\frac{\phi}{2}\right)}{\sin\left(\frac{\phi}{2}\right)} \right)^2$$

D'après oral Centrale-Supelec

Solution

1. La largeur d'une fente est a. On éclaire le réseau sur une largeur L. Le nombre de fentes éclairées est donc $\boxed{N = \frac{L}{a}}$.

2. $\underline{E}(\mathrm{M}) = \sum_{p=1}^{N} \underline{E}_p = \underline{E}_1 + \underline{E}_2 + \underline{E}_3 + ... + \underline{E}_N$

$$= \underline{E}_0 \left[\mathrm{e}^{\mathrm{i}\omega t} + \mathrm{e}^{\mathrm{i}(\omega t + (2-1)\phi)} + \mathrm{e}^{\mathrm{i}(\omega t + (3-1)\phi)} + ... + \mathrm{e}^{\mathrm{i}(\omega t + (N-1)\phi)} \right]$$
$$= \underline{E}_0 \, \mathrm{e}^{\mathrm{i}\omega t} \left[1 + \mathrm{e}^{\mathrm{i}\phi} + \mathrm{e}^{2\mathrm{i}\phi} + ... + \mathrm{e}^{(N-1)\mathrm{i}\phi} \right]$$

Le terme entre crochets est une suite géométrique de 1er terme 1 et de raison $\mathrm{e}^{\mathrm{i}\phi}$.

$$\underline{E}(\mathrm{M}) = \underline{E}_0 \, \mathrm{e}^{\mathrm{i}\omega t} \times 1 \left[\frac{1 - \left(\mathrm{e}^{\mathrm{i}\phi}\right)^N}{1 - \mathrm{e}^{\mathrm{i}\phi}} \right]$$

En mettant en facteur $\mathrm{e}^{\mathrm{i}\frac{N}{2}\phi}$ au numérateur et $\mathrm{e}^{\mathrm{i}\frac{\phi}{2}}$ au dénominateur, on obtient :

$$\underline{E}(\mathrm{M}) = \underline{E}_0 \, \mathrm{e}^{\mathrm{i}\omega t} \frac{\mathrm{e}^{\mathrm{i}\frac{N}{2}\phi}}{\mathrm{e}^{\mathrm{i}\frac{\phi}{2}}} \left[\frac{\mathrm{e}^{-\mathrm{i}\frac{N}{2}\phi} - \mathrm{e}^{\mathrm{i}\frac{N}{2}\phi}}{\mathrm{e}^{-\mathrm{i}\frac{\phi}{2}} - \mathrm{e}^{\mathrm{i}\frac{\phi}{2}}} \right]$$

D'après les formules d'Euler :

$$\sin\left(\frac{N}{2}\phi\right) = \frac{\mathrm{e}^{\mathrm{i}\frac{N}{2}\phi} - \mathrm{e}^{-\mathrm{i}\frac{N}{2}\phi}}{2\mathrm{i}} \quad \text{et} \quad \sin\left(\frac{\phi}{2}\right) = \frac{\mathrm{e}^{\mathrm{i}\frac{\phi}{2}} - \mathrm{e}^{-\mathrm{i}\frac{\phi}{2}}}{2\mathrm{i}}$$

$$\Rightarrow \boxed{\underline{E}(\mathrm{M}) = \underline{E}_0 \, \mathrm{e}^{\mathrm{i}\left(\omega t + (N-1)\frac{\phi}{2}\right)} \left[\frac{\sin\left(N\frac{\phi}{2}\right)}{\sin\left(\frac{\phi}{2}\right)} \right]}$$

3. Par définition, $I = \underline{E}(\mathrm{M})\,\overline{\underline{E}}(\mathrm{M})$.

$$I = \underline{E}_0\, \mathrm{e}^{\mathrm{i}\left(\omega t+(N-1)\frac{\phi}{2}\right)} \left[\frac{\sin\left(N\frac{\phi}{2}\right)}{\sin\left(\frac{\phi}{2}\right)}\right] \times \overline{\underline{E}}_0\, \mathrm{e}^{-\mathrm{i}\left(\omega t+(N-1)\frac{\phi}{2}\right)} \left[\frac{\sin\left(N\frac{\phi}{2}\right)}{\sin\left(\frac{\phi}{2}\right)}\right]$$

$$\boxed{I = |\underline{E}_0|^2 \left(\frac{\sin\left(N\frac{\phi}{2}\right)}{\sin\left(\frac{\phi}{2}\right)}\right)^2}$$

Cette expression est de la forme $I = I_0 \left(\frac{\sin\left(N\frac{\phi}{2}\right)}{\sin\left(\frac{\phi}{2}\right)}\right)^2$ avec $I_0 = |\underline{E}_0|^2$.

11.2.2 Physique des ondes

❑ **Exercice 2 - SONAR MULTIFAISCEAUX** (Agrégation) ★★☆

Situés sous la coque d'un navire, les sonars sont utilisés pour mesurer la profondeur de l'océan (sondage bathymétrique), pour détecter des bancs de poissons ou pour sonder une couche de sédiments. Les sonars comportent des antennes (émission ou réception) formées de céramiques piézoélectriques, de formes variées.
Un sonar dit multifaisceaux est composé d'un réseau de N antennes identiques rectangulaires de longueur Δy et de largeur d, séparées d'une distance d fixée (les antennes sont contiguës selon Ox) (voir figure 12.21). La largeur totale du réseau est $L = Nd$ selon la direction x.

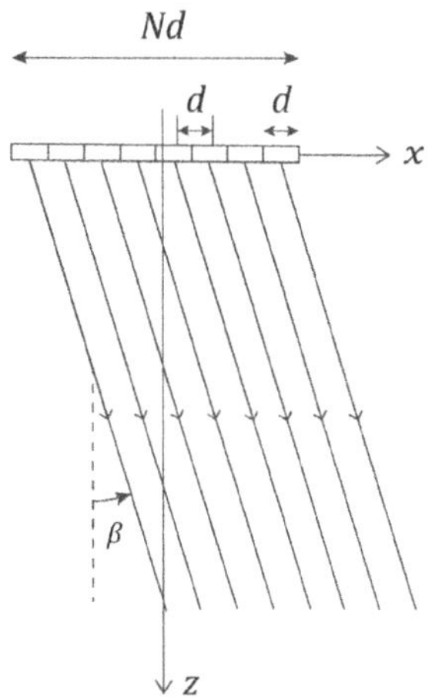

FIGURE 11.2 – Antenne multifaisceaux

Le sonar est positionné sous le navire, $\vec{e}_z$ est vertical, $\vec{e}_y$ est horizontal dans la direction longitudinale au navire (arrière/avant).
L'onde sonore harmonique émise par chaque antenne élémentaire correspond à un champ de pression $\underline{p}$. L'onde $\underline{p}_n$ émise dans la direction β par la n-ième antenne comptée à partir de l'antenne 0 située en $x = -\dfrac{L}{2}$ est déphasée de $\varphi_n = \dfrac{2\pi}{\lambda} nd \sin\beta$ par rapport à l'onde émise par l'antenne 0.

$$\underline{p}_n = \underline{p}_0(\beta)\, \mathrm{e}^{-\mathrm{i}\frac{2\pi}{\lambda} nd \sin\beta}$$

avec
$$\underline{p}_0(\beta) = \frac{\underline{K}_0}{D} \operatorname{sinc}\left(\frac{\pi d}{\lambda} \sin\beta\right)$$
où $\underline{K}_0$ est une constante complexe.

Montrer que l'amplitude complexe du champ de pression résultant en un point M situé dans le plan Oxz dans la direction β avec l'axe Oz a pour expression suivante :

$$\underline{p}(\mathrm{M}) = \frac{\underline{K}}{D} \operatorname{sinc}\left(\frac{\pi d}{\lambda} \sin\beta\right) \frac{\sin\left(N\frac{\psi}{2}\right)}{\sin\left(\frac{\psi}{2}\right)}$$

où ψ est à exprimer en en fonction de λ, d et β et où $\underline{K}$ est une constante complexe.

D'après concours Agrégation

Solution
Le champ de pression résultant en un point M situé dans le plan Oxz dans la direction β avec l'axe Oz est la somme des champs de pression émis par chaque antenne soit :

$$\begin{aligned}
\underline{p}(M) &= \sum_{n=0}^{N-1} \underline{p}_n = \underline{p}_0 + \underline{p}_1 + \underline{p}_2 + \ldots + \underline{p}_{N-1} \\
&= \underline{p}_0(\beta) + \underline{p}_0(\beta)\, \mathrm{e}^{-\mathrm{i}\frac{2\pi}{\lambda} d \sin\beta} + \underline{p}_0(\beta)\, \mathrm{e}^{-\mathrm{i}\frac{2\pi}{\lambda} 2d \sin\beta} + \ldots + \underline{p}_0(\beta)\, \mathrm{e}^{-\mathrm{i}\frac{2\pi}{\lambda}(N-1) d \sin\beta} \\
&= \underline{p}_0(\beta) \left[1 + \mathrm{e}^{-\mathrm{i}\frac{2\pi}{\lambda} d \sin\beta} + \mathrm{e}^{-\mathrm{i}\frac{2\pi}{\lambda} 2d \sin\beta} + \ldots + \mathrm{e}^{-\mathrm{i}\frac{2\pi}{\lambda}(N-1) d \sin\beta}\right]
\end{aligned}$$

Le terme entre crochets est une suite géométrique de 1er terme 1 est de raison $\mathrm{e}^{-\mathrm{i}\frac{2\pi}{\lambda} d \sin\beta}$.

$$\underline{p}(\mathrm{M}) = \underline{p}_0(\beta) \times 1 \left[\frac{1 - \left(\mathrm{e}^{-\mathrm{i}\frac{2\pi}{\lambda} d \sin\beta}\right)^N}{1 - \mathrm{e}^{-\mathrm{i}\frac{2\pi}{\lambda} d \sin\beta}}\right]$$

En mettant en facteur $e^{-i\frac{N}{2}\frac{2\pi}{\lambda}d\sin\beta}$ au numérateur et $e^{-i\frac{1}{2}\frac{2\pi}{\lambda}d\sin\beta}$ au dénominateur, on obtient :

$$\underline{p}(\mathrm{M}) = \underline{p}_0(\beta)\,\frac{e^{-i\frac{N}{2}\frac{2\pi}{\lambda}d\sin\beta}}{e^{-i\frac{1}{2}\frac{2\pi}{\lambda}d\sin\beta}}\left[\frac{e^{i\frac{N}{2}\frac{2\pi}{\lambda}d\sin\beta} - e^{-i\frac{N}{2}\frac{2\pi}{\lambda}d\sin\beta}}{e^{i\frac{1}{2}\frac{2\pi}{\lambda}d\sin\beta} - e^{-i\frac{1}{2}\frac{2\pi}{\lambda}d\sin\beta}}\right]$$

En appliquant la formule d'Euler $\sin\alpha = \dfrac{e^{i\alpha} - e^{-i\alpha}}{2i}$ à l'expression de $\underline{p}(\mathrm{M})$, on a :

$$\begin{aligned}\underline{p}(\mathrm{M}) &= \underline{p}_0(\beta)\,e^{-i(N-1)\frac{\pi}{\lambda}d\sin\beta}\left[\frac{2i\sin\left(N\frac{\pi}{\lambda}d\sin\beta\right)}{2i\sin\left(\frac{\pi}{\lambda}d\sin\beta\right)}\right]\\ &= \frac{\underline{K}_0}{D}\,\mathrm{sinc}\left(\frac{\pi d}{\lambda}\sin\beta\right)e^{-i(N-1)\frac{\pi}{\lambda}d\sin\beta}\left[\frac{\sin\left(N\frac{\pi}{\lambda}d\sin\beta\right)}{\sin\left(\frac{\pi}{\lambda}d\sin\beta\right)}\right]\\ &= \frac{\underline{K}_0}{D}\,e^{-i(N-1)\frac{\pi}{\lambda}d\sin\beta}\,\mathrm{sinc}\left(\frac{\pi d}{\lambda}\sin\beta\right)\left[\frac{\sin\left(N\frac{\pi}{\lambda}d\sin\beta\right)}{\sin\left(\frac{\pi}{\lambda}d\sin\beta\right)}\right]\end{aligned}$$

$$\boxed{\underline{p}(\mathrm{M}) = \frac{\underline{K}_0\,e^{-i(N-1)\frac{\pi}{\lambda}d\sin\beta}}{D}\,\mathrm{sinc}\left(\frac{\pi d}{\lambda}\sin\beta\right)\frac{\sin\left(N\frac{\pi}{\lambda}d\sin\beta\right)}{\sin\left(\frac{\pi}{\lambda}d\sin\beta\right)}}$$

$$\underline{p}(\mathrm{M}) = \frac{\underline{K}}{D}\,\mathrm{sinc}\left(\frac{\pi d}{\lambda}\sin\beta\right)\frac{\sin\left(N\frac{\psi}{2}\right)}{\sin\left(\frac{\psi}{2}\right)}$$

$$\text{avec } \boxed{\psi = \frac{\pi}{\lambda}d\sin\beta} \quad \text{et} \quad \underline{K} = \underline{K}_0\,e^{-i(N-1)\frac{\pi}{\lambda}d\sin\beta}$$

❑ Exercice 3 - Ondes élastiques dans un solide (CCINP) ★★☆

Les solides cristallins sont susceptibles d'être le siège d'ondes mécaniques (élastiques). On modélisera le réseau cristallin unidimensionnel monoatomique par une longue chaîne d'atomes identiques et on envisagera la propagation d'ondes longitudinales dans ce milieu discontinu.

On considère la chaîne linéaire illimitée représentée sur la figure 12.22, composée d'atomes identiques de masse m. A l'équilibre les atomes, disposés suivant un axe Ox, sont équidistants ; l'atome de rang n a pour abscisse $x_n = na$. Ces atomes constituent un réseau unidimensionnel dont la maille (cellule élémentaire), de longueur a, contient un atome par maille placé en son centre. Les déplacements des atomes, petits, sont désignés, en valeur algébrique et pour l'atome de rang n par :

$$\vec{u}_n = u_n\,\vec{e}_x \quad \text{avec } u_n \ll a$$

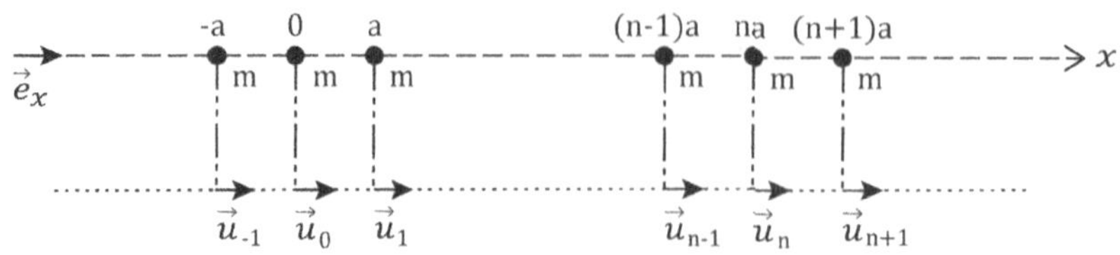

FIGURE 11.3

On admet que chaque atome n'interagit qu'avec ses deux plus proches voisins auxquels il est lié élastiquement : il est soumis de la part de ces atomes à une force de rappel proportionnelle aux variations de longueur des liaisons correspondantes. On désigne par α la constante de proportionnalité ($\alpha > 0$).
L'équation du mouvement de l'atome de rang n, liant u_n aux déplacements u_{n-1} et u_{n+1} de ses voisins, s'écrit :

$$\frac{d^2u_n}{dt^2} = \frac{\alpha}{m}\left(u_{n+1} + u_{n-1} - 2u_n\right)$$

Les solutions de cette équation, quand elles existent, correspondent à des ondes mécaniques longitudinales de pulsation ω, caractérisées par :

$$u_n = U_m \exp \mathrm{i}(kx_n - \omega t) \quad \text{avec } k \text{ réel}$$

avec $\omega = \sqrt{\frac{4\alpha}{m}\sin^2\left(\frac{ka}{2}\right)}$.
Le réseau précédent est maintenant de longueur finie. Il est composé de $N+2$ atomes identiques, les deux atomes extrêmes étant supposés immobiles. Dans ce cas, la longueur totale de la chaine est $(N+1)\,a$ et les déplacements des extrémités sont tels que $(u_0 = 0, u_{N+1} = 0)$. On evisage la propagation sur la file d'atomes d'une onde $u_n = U_m \cos(kx_n - \omega t)$. Le long de la chaîne se supperposent alors une onde réfléchie se propageant vers les x décroissants (dont le coefficient de réflexion vaut -1) et une onde incidente qui occasionne la présence d'ondes stationnaires et donc de modes propres. Le déplacement de l'atome n est alors caractérisé par l'expression :

$$u_n(t) = U_m \cos(kx_n - \omega t) - U_m \cos(-kx_n - \omega t)$$

1. Calculer l'énergie cinétique totale de cette file d'atomes limitée, pour un mode propre de vecteur d'onde k, en fonction de m, U_m, ω, t et $S = \sum_{n=0}^{N+1} \sin^2(kna)$.
2. Montrer que l'énergie potentielle totale de la file peut se mettre sous la forme :

$$Ep = \frac{\alpha}{2}\sum_{n=0}^{N+1}\left[2u_n^2 - u_n\left(u_{n-1} + u_{n+1}\right)\right]$$

(On pourra envisager un réseau composé de quelques atomes et on tiendra compte des 2 atomes fixes).
Donner l'expression de Ep en fonction de α, U_m, ω, t, k, a et S.

3. En déduire l'expression de l'énergie mécanique totale et montrer que l'on retrouve l'expression de l'énergie d'un oscillateur harmonique d'amplitude $2U_m\sqrt{S}$.

D'après Concours Commun INP

Solution

1. L'énergie cinétique de l'atome de rang n de masse m en déplacement rectiligne à la vitesse $v_n = \dfrac{du_n}{dt}$ a pour expression $Ec_n = \dfrac{1}{2}mv_n^2$. L'énergie cinétique totale de la file d'atomes limitée aura donc pour expression :

$$Ec = \sum_{n=0}^{N+1} Ec_n = \sum_{n=0}^{N+1} \frac{1}{2} m \left(\frac{du_n}{dt}\right)^2$$

Or, en utilisant la formule $\cos p - \cos q = -2\sin\left(\dfrac{p+q}{2}\right)\sin\left(\dfrac{p-q}{2}\right)$, on a :

$$\begin{aligned} u_n(t) &= U_m \cos(kx_n - \omega t) - U_m \cos(-kx_n - \omega t) \\ &= -2U_m \sin(-\omega t)\sin(kx_n) \\ &= 2U_m \sin(\omega t)\sin(kna) \end{aligned}$$

L'expression de la vitesse de l'atome n s'écrit : $\dfrac{\mathrm{d}u_n}{\mathrm{d}t} = 2U_m\omega\cos(\omega t)\sin(kna)$.
On en déduit l'expression de l'énergie cinétique totale :

$$\begin{aligned} Ec &= \sum_{n=0}^{N+1} \frac{1}{2} m \left(\frac{du_n}{dt}\right)^2 \\ &= \sum_{n=0}^{N+1} \frac{1}{2} m \left(2U_m\omega\cos(\omega t)\sin(kna)\right)^2 \\ &= 2mU_m^2\omega^2\cos^2(\omega t) \sum_{n=0}^{N+1} \sin^2(kna) \end{aligned}$$

$$\boxed{Ec = 2mU_m^2\omega^2\cos^2(\omega t)\, S}$$

2. L'énergie potentielle calculée entre l'atome de rang n et $(n+1)$ se calcule comme l'énergie potentielle d'un ressort, placé entre les atomes de rang n et $(n+1)$, d'allongement $(u_{n+1} - u_n)$, de constante de proportionnalité α, telle que :

$$Ep_n = \frac{1}{2}\,\alpha\,(u_{n+1} - u_n)^2$$

L'energie potentielle totale de la file d'atomes peut s'écrire :

$$\begin{aligned}
Ep &= \frac{1}{2}\,\alpha \sum_{n=0}^{N} (u_{n+1} - u_n)^2 \\
&= \frac{1}{2}\,\alpha \left[(u_1 - u_0)^2 + (u_2 - u_1)^2 + \dots + (u_N - u_{N-1})^2 + (u_{N+1} - u_N)^2\right] \\
&= \frac{1}{2}\,\alpha \left[u_0^2 + 2u_1^2 + 2u_2^2 + \dots + 2u_{N-1}^2 + 2u_N^2 + u_{N+1}^2\right. \\
&\quad \left. -2u_0u_1 - 2u_1u_2 - \dots - 2u_{N-1}u_N - 2u_Nu_{N+1}\right]
\end{aligned}$$

Avec $u_0 = 0$ et $u_{N+1} = 0$, on a :

$$Ep = \frac{1}{2}\,\alpha \left[\sum_{n=0}^{N+1} 2u_n^2 - \sum_{n=0}^{N+1} u_n\,(u_{n-1} + u_{n+1})\right]$$

$$\boxed{Ep = \frac{\alpha}{2} \sum_{n=0}^{N+1} \left[2u_n^2 - u_n\,(u_{n-1} + u_{n+1})\right]}$$

$$\begin{aligned}
Ep &= \frac{\alpha}{2} \sum_{n=0}^{N+1} \left[8U_m^2 \sin^2(\omega t) \sin^2(kna) - 2U_m \sin(\omega t) \sin(kna)\right. \\
&\quad \left. \times\ (2U_m \sin(\omega t) \sin(k(n-1)a) + 2U_m \sin(\omega t) \sin(k(n+1)a))\right] \\
&= \frac{\alpha}{2} 4U_m^2 \sin^2(\omega t) \sum_{n=0}^{N+1} \left[2\sin^2(kna) - \sin(kna)\,(\sin(k(n-1)a)\right. \\
&\quad \left. + \sin(k(n+1)a))\right]
\end{aligned}$$

Or, en utilisant l'expression trigonométrique

$$\sin p + \sin q = 2\sin\left(\frac{p+q}{2}\right)\sin\left(\frac{p-q}{2}\right)$$

on a :

$$\begin{aligned} Ep &= 2\alpha U_m^2 \sin^2(\omega t) \sum_{n=0}^{N+1} \left[2\sin^2(kna) - \sin(kna)\, 2\sin(kna)\cos(-ka)\right] \\ &= 2\alpha U_m^2 \sin^2(\omega t) \sum_{n=0}^{N+1} 2\sin^2(kna)\left[1-\cos(-ka)\right] \end{aligned}$$

Or, avec $\cos(-ka) = \cos(ka)$ et $[1-\cos(-ka)] = 2\sin^2\left(\dfrac{ka}{2}\right)$, on a :

$$Ep = 8\alpha U_m^2 \sin^2(\omega t) \sin^2\left(\frac{ka}{2}\right) \sum_{n=0}^{N+1} \sin^2(kna)$$

$$\boxed{Ep = 8\alpha U_m^2 \sin^2(\omega t) \sin^2\left(\frac{ka}{2}\right) S}$$

3. Avec $\omega^2 = \dfrac{4\alpha}{m}\sin^2\left(\dfrac{ka}{2}\right)$, on a $Ep = 2mU_m^2\omega^2\sin^2(\omega t)\, S$ et :

$$\begin{aligned} E_{\text{totale}} &= Ec + Ep \\ &= 2mU_m^2\omega^2\cos^2(\omega t)\, S + 2mU_m^2\omega^2\sin^2(\omega t)\, S \\ &= 2mU_m^2\omega^2\left[\cos^2(\omega t) + \sin^2(\omega t)\right] S \end{aligned}$$

Avec $\left[\cos^2(\omega t) + \sin^2(\omega t)\right] = 1$, on a :

$$\boxed{E_{\text{totale}} = 2mU_m^2\omega^2 S}$$

Pour un oscillateur harmonique dont l'équation différentielle s'écrit :

$$\ddot{x}(t) + \omega^2 x = 0$$

les solutions sont du type : $x(t) = X_m\cos(\omega t + \varphi)$.

Les expressions des énergies cinétique et potentielle sont respectivement $Ec = \dfrac{1}{2}m\dot{x}^2$ et $Ep = \dfrac{1}{2}\alpha x^2$. On en déduit l'expression de l'énergie mécanique totale :

$$\begin{aligned} E_{\text{totale}} &= Ec + Ep \\ &= \frac{1}{2}m\left(-X_m\omega\sin(\omega t+\varphi)\right)^2 + \frac{1}{2}\alpha\left(X_m\cos(\omega t+\varphi)\right)^2 \end{aligned}$$

Pour un oscillateur harmonique, on a $\omega = \sqrt{\dfrac{\alpha}{m}}$. On en déduit l'expression de l'énergie mécanique totale :

$$E_{\text{totale}} = \frac{1}{2} m X_m^2 \omega^2 \left[\sin(\omega t + \varphi)^2 + \cos(\omega t + \varphi) \right]$$

$$\boxed{E_{\text{totale}} = \frac{1}{2} m X_m^2 \omega^2}$$

L'expression de l'énergie mécanique totale de la file d'atomes est comparable avec celle d'un oscillateur harmonique d'amplitude X_m telle que :

$$2U_m^2 S = \frac{1}{2} X_m^2$$

$$X_m^2 = 4U_m^2 S$$

$$\boxed{X_m = 2U_m \sqrt{S}}$$

Chapitre 12

Signaux périodiques et séries de Fourier

12.1 Mathématiques

L'étude des séries de Fourier permet, sous certaines conditions de continuité, de déterminer une décomposition d'un signal périodique en superposition de signaux sinusoïdaux.
Nous commencerons dans ce chapitre par rappeler les définitions utiles. Nous définirons ensuite les coefficients de Fourier et la série de Fourier d'une fonction continue par morceaux pour finir par les théorèmes de convergence.
La transformation de Fourier est une extension, pour les fonctions non périodiques, du développement en série de Fourier des fonctions périodiques.
Les principaux domaines de la physique qui utilisent ces notions sont l'électromagnétisme, l'optique et la physique des ondes.

12.1.1 Séries de Fourier

Définition d'une fonction continue par morceaux et C^1 par morceaux
Soit a et b deux nombres réels et $a < b$. On dit que f est **continue par morceaux** s'il existe une subdivision $x_0, x_1, \ldots, x_n$ de $[a, b]$ telle que :

1. $x_0 = a < x_1 < x_2 < \ldots < x_n = b$
2. f est continue sur chaque $]x_i, x_{i+1}[$ et est prolongeable par continuité sur ces intervalles. Cela revient à dire que f admet une limite finie aux extrémités de chaque intervalle.

La définition est la même pour C^1 par morceaux. La restriction de f à chaque intervalle est C^1 par morceaux et sa dérivée admet aussi une limite finie à gauche et à droite.

Définition d'une fonction périodique

Soit f une fonction définie sur $\mathbb{R}$ et T un réel.
On dit que f est T-périodique si et seulement si $\forall x \in \mathbb{R}$, $f(x + \mathrm{T}) = f(x)$.
T est alors une période de la fonction f. Par convention, on prendra pour la période de f la plus petite période positive T.
La fréquence de la fonction est $\dfrac{1}{\mathrm{T}}$. Sa pulsation est $\omega = \dfrac{2\pi}{\mathrm{T}}$.

Exemple

Les fonctions trigonométriques sinus et cosinus sont des fonctions 2π- périodiques.

Représentation d'une fonction périodique

Soit f une fonction T- périodique définie sur $\mathbb{R}$.
Pour obtenir la représentation C de f sur $\mathbb{R}$, il suffit de représenter la fonction f sur un intervalle de longueur T (par exemple $[0, \mathrm{T}]$) puis effectuer une translation de T.
Si la fonction est paire, il suffit de représenter la fonction sur $\left[0, \dfrac{\mathrm{T}}{2}\right]$, puis de tracer le symétrique de cette représentation par rapport à l'axe des ordonnées pour obtenir une représentation sur $\left[\dfrac{-\mathrm{T}}{2}, 0\right]$. On obtient ainsi la représentation sur une période $\left[\dfrac{-\mathrm{T}}{2}, \dfrac{\mathrm{T}}{2}\right]$. Pour obtenir le reste de la courbe, on peut effectuer plusieurs translations de T pour avoir une représentation sur $\mathbb{R}$.

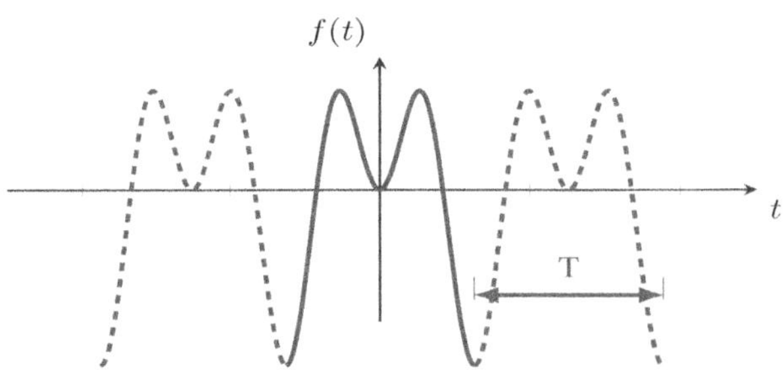

FIGURE 12.1 – Fonction paire T-périodique

Si la fonction est impaire, il suffit de représenter la fonction sur $\left[0, \dfrac{\mathrm{T}}{2}\right]$, puis de tracer le symétrique par rapport à l'origine du repère de cette représentation pour obtenir une représentation sur $\left[\dfrac{-\mathrm{T}}{2}, 0\right]$. On obtient ainsi la représentation sur une période $\left[\dfrac{-\mathrm{T}}{2}, \dfrac{\mathrm{T}}{2}\right]$. Pour obtenir le reste de la courbe, on peut effectuer plusieurs translations de T pour avoir une représentation sur $\mathbb{R}$.

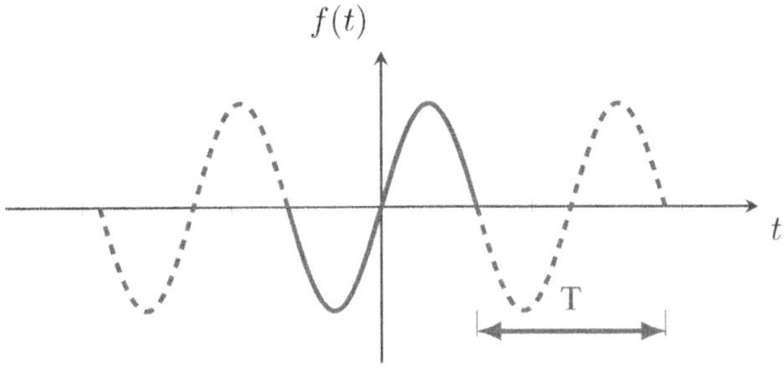

FIGURE 12.2 – Fonction impaire T-périodique

Coefficients et série de Fourier d'une fonction T-périodique

Soit f une fonction T- périodique et continue par morceaux de $\mathbb{R}$ dans $\mathbb{C}$.

Somme partielle de Fourier

Pour tout $n \in \mathbb{N}$, la somme partielle de Fourier à l'ordre n d'une fonction f T-périodique et continue par morceaux de $\mathbb{R}$ dans $\mathbb{R}$ s'écrit :

$$S_n(f)(t) = \frac{a_0(f)}{2} + \sum_{k=1}^{n} \left(a_k(f) \cos\left(\frac{2\pi kt}{T}\right) + b_k(f) \sin\left(\frac{2\pi kt}{T}\right)\right)$$

Série de Fourier

La série de Fourier d'une fonction f T-périodique et continue par morceaux de $\mathbb{R}$ dans $\mathbb{R}$ s'écrit :

$$S(f)(t) = \frac{a_0(f)}{2} + \sum_{k=1}^{\infty} \left(a_k(f) \cos\left(\frac{2\pi kt}{T}\right) + b_k(f) \sin\left(\frac{2\pi kt}{T}\right)\right)$$

Coefficients de Fourier

Pour tout $n > 0$,

$$\left.\begin{aligned} a_0(f) &= \frac{2}{\mathrm{T}} \int_{t_0}^{t_0+\mathrm{T}} f(t)\mathrm{d}t \\ a_n(f) &= \frac{2}{\mathrm{T}} \int_{t_0}^{t_0+\mathrm{T}} f(t) \cos\left(\frac{2\pi nt}{\mathrm{T}}\right) \mathrm{d}t \\ b_n(f) &= \frac{2}{\mathrm{T}} \int_{t_0}^{t_0+\mathrm{T}} f(t) \sin\left(\frac{2\pi nt}{\mathrm{T}}\right) \mathrm{d}t \end{aligned}\right\} \text{coefficients de Fourier}$$

Remarques

Les coefficients ne dépendent pas de la valeur de t_0 choisie.

S'il n'y a pas de confusion possible, on pourra noter a_n et b_n au lieu de $a_n(f)$ et $b_n(f)$.

Vocabulaire

* $\dfrac{a_0(f)}{2}$ est la valeur moyenne de f sur une période
* $a_1(f)\cos\left(\dfrac{2\pi t}{T}\right) + b_1(f)\sin\left(\dfrac{2\pi t}{\mathrm{T}}\right)$ est le fondamental de f
* $a_n(f)\cos\left(\dfrac{2\pi nt}{T}\right) + b_n(f)\sin\left(\dfrac{2\pi nt}{\mathrm{T}}\right)$ est l'harmonique de rang n de f

Propriétés

Si f est paire alors, pour tout $n > 0$, $b_n(f) = 0$.
Si f est impaire alors, pour tout $n > 0$, $a_n(f) = 0$.

Recherche des coefficients de Fourier de la fonction f, 2π-périodique, définie sur $\mathbb{R}$ et pour tout $x \in [-\pi, \pi]$ on a

$$f(x) = \begin{cases} 1 \ \textbf{si} & x \in \left[\dfrac{-\pi}{2}, \dfrac{\pi}{2}\right] \\ 0 \ \textbf{si} & x \in \left[-\pi, \dfrac{-\pi}{2}\right[\cup \left]\dfrac{\pi}{2}, \pi\right] \end{cases}$$

On remarque que f est paire donc les coefficients $b_n(f)$ sont nuls.

$$a_0(f) = \frac{1}{\pi}\int_{-\pi}^{\pi} f(t)\,\mathrm{d}t = 1$$

Pout tout $n > 0$,

$$\begin{aligned} a_n(f) &= \frac{1}{\pi}\int_{-\pi}^{\pi} f(t)\cos(nt)\,\mathrm{d}t = \frac{1}{\pi}\int_{-\frac{\pi}{2}}^{\frac{\pi}{2}} f(t)\cos(nt)\,\mathrm{d}t \\ &= \frac{1}{\pi}\left[\frac{\sin(nt)}{n}\right]_{-\frac{\pi}{2}}^{\frac{\pi}{2}} = \frac{1}{n\pi}\left(\sin\left(\frac{n\pi}{2}\right) - \sin\left(-\frac{n\pi}{2}\right)\right) \\ &= \frac{2}{n\pi}\sin\left(\frac{n\pi}{2}\right) \end{aligned}$$

On pourra remarquer que si l'on change les bornes d'intégration on obtient le même résultat.

En effet,

$$\begin{aligned} a_n(f) &= \frac{1}{\pi}\int_0^{2\pi} f(t)\cos(nt)\,\mathrm{d}t \\ &= \frac{1}{\pi}\left(\left[\frac{\sin(nt)}{n}\right]_0^{\frac{\pi}{2}} + \left[\frac{\sin(nt)}{n}\right]_{\frac{3\pi}{2}}^{2\pi}\right) \\ &= \frac{2}{n\pi}\sin\left(\frac{n\pi}{2}\right) \end{aligned}$$

Théorèmes de convergence pour une fonction T-périodique

1. **Théorème de Parseval**
   Soit f une fonction 2π-périodique et continue par morceaux. On a alors :

$$\frac{1}{2\pi}\int_0^{2\pi} |f(x)|^2\,\mathrm{d}x = \frac{a_0^2(f)}{4} + \frac{1}{2}\sum_{n=1}^{+\infty}(a_n^2 + b_n^2)$$

2. **Théorème de Dirichlet**
   Soit f une fonction 2π-périodique et C^1 par morceaux.
   Pour chaque valeur de x, on a alors la série de Fourier :

$$S(f) = \frac{a_0(f)}{2} + \sum_{n>0}(a_n(f)\cos(nt) + b_n(f)\sin(nt))$$

   qui est une série convergente. De plus, pour chaque valeur pour laquelle la fonction est continue on a :

$$f(x) = \frac{a_0(f)}{2} + \sum_{n>0}(a_n(f)\cos(nx) + b_n(f)\sin(nx))$$

Recherche des coefficients de Fourier de la fonction f 2π-périodique définie sur $\mathbb{R}$ telle que pour tout $x \in [-\pi, \pi]$, $f(x) = |x|$ sur $[-\pi, \pi]$.
En déduire $\displaystyle\sum_{n=0}^{+\infty}\frac{1}{(2n+1)^2}$, $\displaystyle\sum_{n=0}^{+\infty}\frac{1}{(2n+1)^4}$ et $\displaystyle\sum_{n=0}^{+\infty}\frac{1}{n^4}$.

f est paire donc les coefficients $b_n(f)$ sont nuls.

$$a_0(f) = \frac{1}{\pi}\int_0^{2\pi} f(x)\,\mathrm{d}x = \frac{2}{\pi}\int_0^{\pi}|x|\,\mathrm{d}x = \pi$$

Pout tout $n > 0$,

$$a_n(f) = \frac{2}{\pi}\int_0^\pi x\cos(nx)\,\mathrm{d}x = \begin{cases} \dfrac{-4}{\pi n^2} \text{ si n est impaire} \\ 0 \text{ si n est paire} \end{cases}$$

La fonction f étant C^1 par morceaux, on peut appliquer le théorème de Dirichlet. En particulier, la fonction est continue en 0 donc

$$f(0) = \frac{\pi}{2} + \sum_{n>0}(a_n(f)\cos(nt)) = \frac{\pi}{2} + \sum_{n=0}^{\infty}\frac{-4}{\pi(2n+1)^2}$$

et $f(0) = 0$. Donc,

$$\sum_{n=0}^{\infty}\frac{1}{(2n+1)^2} = \frac{\pi^2}{8}$$

La fonction f étant continue par morceaux, on peut appliquer le théorème de Parseval :

$$\frac{1}{2\pi}\int_0^{2\pi} x^2\,\mathrm{d}x = \frac{\pi}{4} + \frac{1}{2}\sum_{n=0}^{+\infty}\left(\frac{-4}{\pi(2n+1)^2}\right)^2$$

on obtient après calcul :

$$\sum_{n=0}^{+\infty}\frac{1}{(2n+1)^4} = \frac{\pi^4}{96}$$

$$\sum_{n=1}^{+\infty}\frac{1}{n^4} = \sum_{n=1}^{+\infty}\frac{1}{(2n)^4} + \sum_{n=0}^{+\infty}\frac{1}{(2n+1)^4}$$

On trouve donc

$$\sum_{n=1}^{+\infty}\frac{1}{n^4} = \frac{1}{16}\sum_{n=1}^{+\infty}\frac{1}{n^4} + \sum_{n=0}^{+\infty}\frac{1}{(2n+1)^4}$$

soit

$$\sum_{n=1}^{+\infty}\frac{1}{n^4} = \frac{\pi^4}{90}$$

- Représentation de f

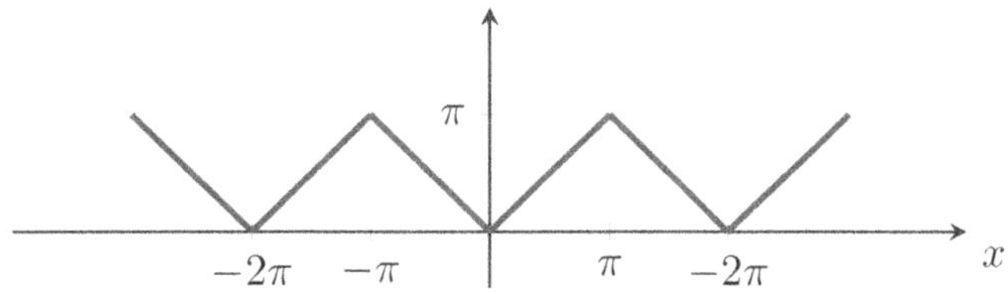

FIGURE 12.3

- Représentation de $\frac{a_0}{2} + a_1 \cos x + b_1 \sin x$

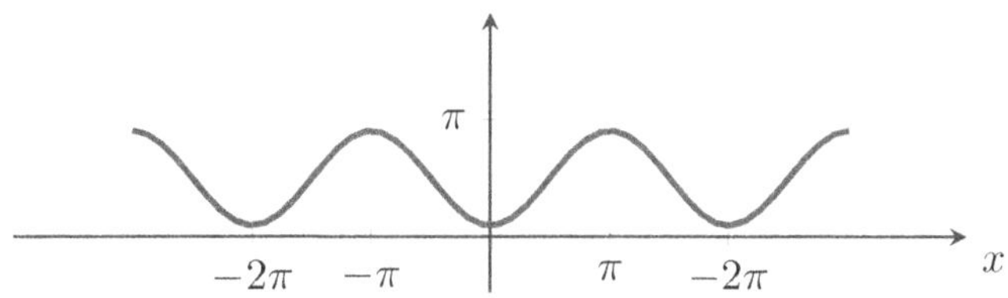

FIGURE 12.4

- Représentation de
$\frac{a_0}{2} + a_1 \cos x + b_1 \sin x + a_2 \cos(2x) + b_1 \sin(2x) + a_3 \cos(3x) + b_3 \sin(3x)$

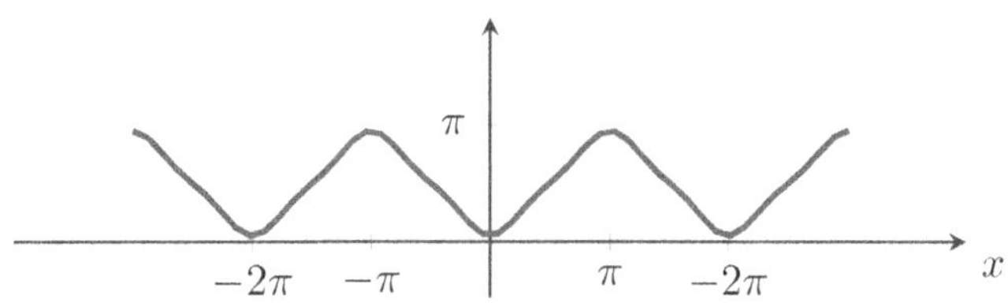

FIGURE 12.5

Coefficients de Fourier complexe
Les coefficients complexes de Fourier sont, pour $n \in \mathbb{N}^*$,

$$c_n(f) = \frac{1}{\mathrm{T}} \int_0^T f(t)\, \mathrm{e}^{-\mathrm{i}n\frac{2\pi}{\mathrm{T}}t}\, \mathrm{d}t$$

On a alors :

$$F(f)(t) = \sum_{n=-\infty}^{+\infty} c_n\, \mathrm{e}^{\mathrm{i}2\pi n\frac{2\pi}{\mathrm{T}}t}$$

avec $c_n = \frac{a_n}{2} - \mathrm{i}\frac{b_n}{2}$.

12.1.2 Transformées de Fourier

Espace $L^1(\mathbb{R})$
L'espace $L^1(\mathbb{R})$ est l'espace des fonctions et intégrables sur $\mathbb{R}$.

La fonction sinus cardinal
La fonction sinus cardinal est couramment utilisé lors des transformés de Fourier. Elle est notée sinc et est définie sur $\mathbb{R}^*$ par

$$\operatorname{sinc} x = \frac{\sin x}{x} \quad \text{et} \quad \operatorname{sinc} 0 = 1$$

Voici sa représentation graphique :

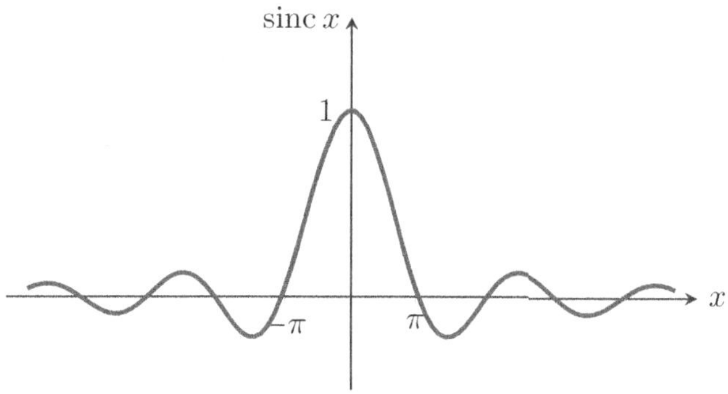

FIGURE 12.6 – La fonction sinus cardinal

Transformée de Fourier d'une fonction

> **Transformée de Fourier**
> Soit f une fonction appartenant à $L^1(\mathbb{R})$, la transformée de Fourier de f s'écrit :
> $$TF(f)(\omega) = \int_{-\infty}^{\infty} f(t)\, \mathrm{e}^{-2\mathrm{i}\pi\omega t}\, \mathrm{d}t$$

Transformée inverse de Fourier d'une fonction

> **Transformée inverse de Fourier**
> Soit $TF(f)$ la transformée de Fourier de f, la transformée inverse de Fourier de $TF(f)$ s'écrit :
> $$f(t) = \int_{-\infty}^{\infty} TF(f)(\omega)\, \mathrm{e}^{2\mathrm{i}\pi\omega t}\, \mathrm{d}\omega$$

Calcul de la tranformée de Fourier de la fonction définie sur $\mathbb{R}$ par $f(t) = 1_{[-T,T]}$ définie par

$$f(x) = \begin{cases} 1 & \textbf{si} \quad x \in [-T,T] \\ 0 & \textbf{sinon} \end{cases}$$

puis de la fonction définie sur $\mathbb{R}$ par $g(t) = \dfrac{\sin t}{t}$.

Pour tout ω,

$$\begin{aligned} TF(f)(\omega) &= \int_{-\infty}^{\infty} 1_{[-T,T]}\, \mathrm{e}^{-2\mathrm{i}\pi\omega t}\, \mathrm{d}t \\ &= \int_{-T}^{T} \mathrm{e}^{-2\mathrm{i}\pi\omega t}\, \mathrm{d}t \\ &= \left[\frac{\mathrm{e}^{-2\mathrm{i}\pi\omega t}}{-2\mathrm{i}\pi\omega}\right]_{-T}^{T} = \frac{\mathrm{e}^{-2\mathrm{i}\pi\omega T} - \mathrm{e}^{-2\mathrm{i}\pi\omega(-T)}}{-2\mathrm{i}\pi\omega} \\ &= \frac{1}{\pi\omega}\,\frac{\mathrm{e}^{2\mathrm{i}\pi\omega T} - \mathrm{e}^{-2\mathrm{i}\pi\omega T}}{2\mathrm{i}} = \frac{\sin(2\pi T\omega)}{\pi\omega} \end{aligned}$$

On utilise le théorème d'inversion de Fourier avec $T = \dfrac{1}{2\pi}$.
Pour tout t,

$$\begin{aligned} 1_{[\frac{-1}{2\pi},\frac{1}{2\pi}]} &= \int_{-\infty}^{\infty} \frac{\sin(\omega)}{\pi\omega}\, \mathrm{e}^{2\mathrm{i}\pi\omega t}\, \mathrm{d}\omega \\ &= \frac{1}{\pi}\int_{-\infty}^{\infty} \frac{\sin(\omega)}{\omega}\, \mathrm{e}^{2\mathrm{i}\pi\omega t}\, \mathrm{d}\omega \\ &= \frac{1}{\pi}\int_{-\infty}^{\infty} g(\omega)\, \mathrm{e}^{2\mathrm{i}\pi\omega t}\, \mathrm{d}\omega \end{aligned}$$

En utilisant le changement de variable $u = -t$, on obtient :

$$1_{[\frac{-1}{2\pi},\frac{1}{2\pi}]} = \frac{1}{\pi}\int_{-\infty}^{\infty} g(\omega)\, \mathrm{e}^{-2\mathrm{i}\pi\omega u}\, \mathrm{d}\omega$$

La transformée de Fourier de $g(t) = \dfrac{\sin t}{t}$ est :

$$\begin{aligned} TF(g)(\omega) &= \int_{-\infty}^{\infty} g(t)\, \mathrm{e}^{-2\mathrm{i}\pi\omega t}\, \mathrm{d}t \\ &= \pi 1_{[\frac{-1}{2\pi},\frac{1}{2\pi}]} \end{aligned}$$

12.1.3 Exercices

❑ Exercice 1 ★☆☆

Soit f la fonction 2π-périodique définie pour tout $x \in [0, 2\pi[$ par

$$f(x) = \begin{cases} 1 & \text{si} \quad x \in [0, \pi[\\ 0 & \text{si} \quad x \in [\pi, 2\pi[\end{cases}$$

Tracer la fonction sur deux périodes.
Donner les coefficients de Fourier de cette fonction ainsi que la série de Fourier associée.

Solution

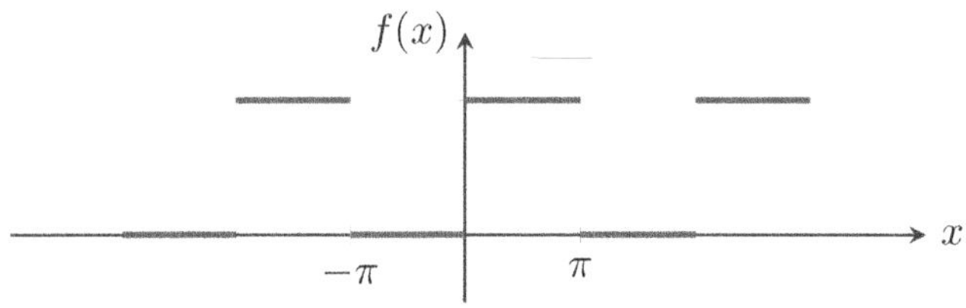

FIGURE 12.7

$$a_0(f) = \frac{1}{\pi}\int_0^{2\pi} f(x)\,\mathrm{d}x = \frac{1}{\pi}\Big[x\Big]_0^{\pi} = 1$$

Pout tout $n > 0$,

$$\begin{aligned} a_n(f) &= \frac{1}{\pi}\int_0^{2\pi} f(x)\cos(nx)\,\mathrm{d}x \\ &= \frac{1}{\pi}\int_0^{\pi} 1\cos(nx)\,\mathrm{d}x + \frac{1}{\pi}\int_{\pi}^{2\pi} 0\cos(nx)\,\mathrm{d}x \\ &= \frac{1}{\pi}\left[\frac{\sin(nx)}{n}\right]_0^{\pi} = 0 \end{aligned}$$

Pout tout $n > 0$,

$$\begin{aligned} b_n(f) &= \frac{1}{\pi}\int_0^{2\pi} f(x)\sin(nx)\,\mathrm{d}x \\ &= \frac{1}{\pi}\int_0^{\pi} 1\sin(nx)\,\mathrm{d}x + \frac{1}{\pi}\int_{\pi}^{2\pi} 0\sin(nx)\,\mathrm{d}x \\ &= \frac{1}{\pi}\left[\frac{-\cos(nx)}{n}\right]_0^{\pi} = \frac{1}{n\pi}\left(1-\cos(n\pi)\right) = \frac{1-(-1)^n}{n\pi} \end{aligned}$$

On a donc $\boxed{f(x) = \frac{1}{2} + \frac{2}{\pi}\sum_{n=0}^{\infty} \frac{1}{2n+1}\sin((2n+1)\,x)}$

❑ Exercice 2 ★☆☆

Soit f la fonction 2π-périodique et impaire définie pour tout $x \in]0, \pi]$ par

$$f(x) = \begin{cases} 1 & \text{si} \quad x \in]0, \pi[\\ 0 & \text{si} \quad x = \pi \end{cases}$$

Donner les coefficients de Fourier de cette fonction.

Solution

Pout tout $n \in \mathbb{N}$, $a_n(f) = 0$ car f est une fonction impaire.
Pout tout $n > 0$,

$$\begin{aligned} b_n(f) &= \frac{1}{\pi} \int_0^{2\pi} f(t) \sin(nt)\,\mathrm{d}t \\ &= \frac{2}{\pi} \left[\frac{-\cos(nt)}{n} \right]_0^{\pi} \\ &= \frac{2}{n\pi} (1 - \cos(n\pi)) \\ &= \frac{2}{n\pi} (1 - (-1)^n) \end{aligned}$$

❑ Exercice 3 ★★☆

Soit f la fonction 2π-périodique définie sur $\mathbb{R}$ et pour tout $x \in] - \pi, \pi]$ on a $f(x) = \pi - |x|$.
Donner les coefficients de Fourier de cette fonction.

Solution

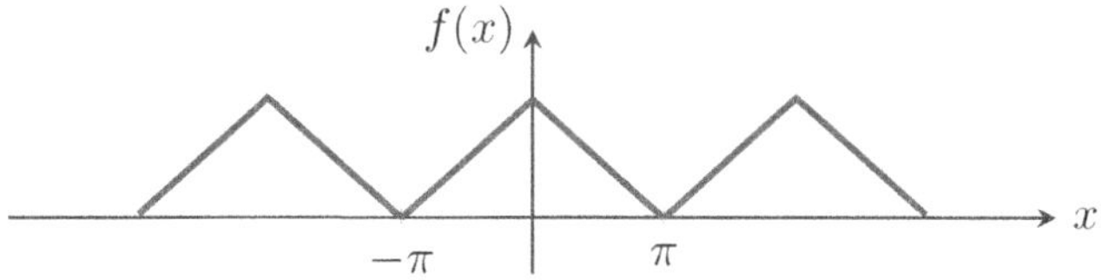

FIGURE 12.8

On constate que f est paire donc les coefficients b_n sont tous nuls.

$a_0(f) = \pi$

Pout tout $n \in \mathbb{N}^*$, $a_n(f) = \frac{1}{\pi} \int_0^{2\pi} f(t) \cos(nt)\,\mathrm{d}t = \frac{2}{n^2\pi} (1 - (-1)^n)$

❑ Exercice 4 - Signaux périodiques usuels ★☆☆

Pour chaque signal usuel suivant, calculer les coefficients a_0, a_n et b_n et en déduire l'expression de la série de Fourier correspondante.

1. Signal en dents de scie n°1

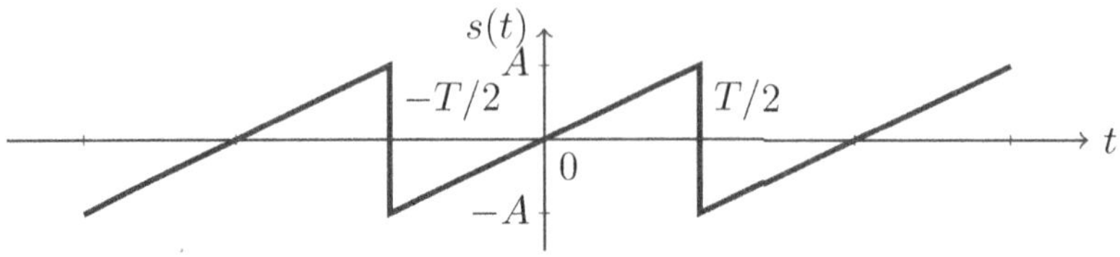

FIGURE 12.9 – Signal en dents de scie n°1

2. Signal en dents de scie n°2

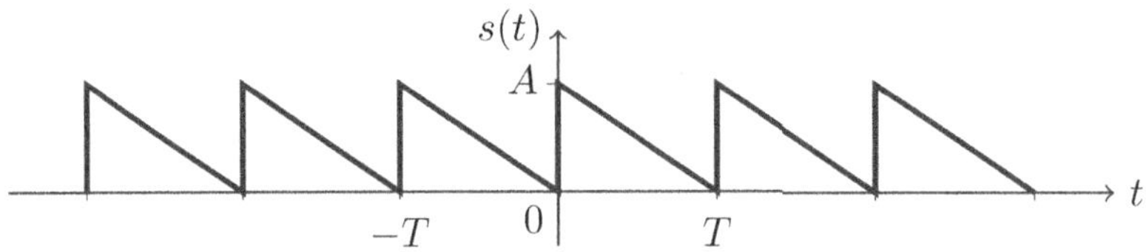

FIGURE 12.10 – Signal en dents de scie n°2

3. Signal créneau n°1

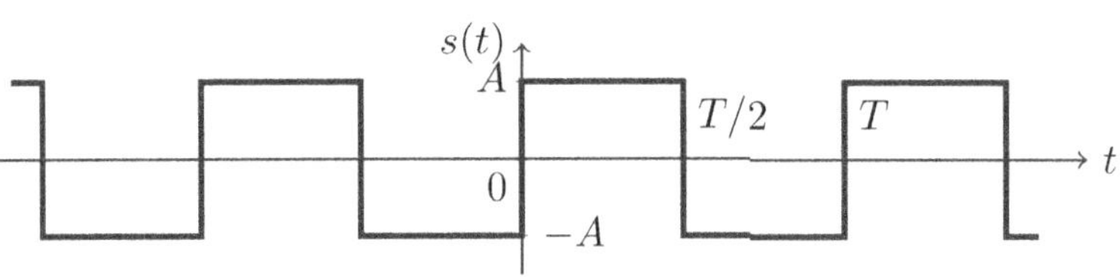

FIGURE 12.11 – Signal créneau n°1

4. Signal créneau n°2

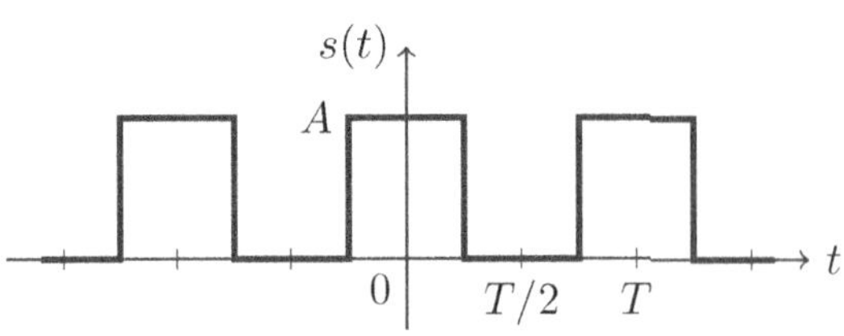

FIGURE 12.12 – Signal créneau n°2

5. Signal triangulaire

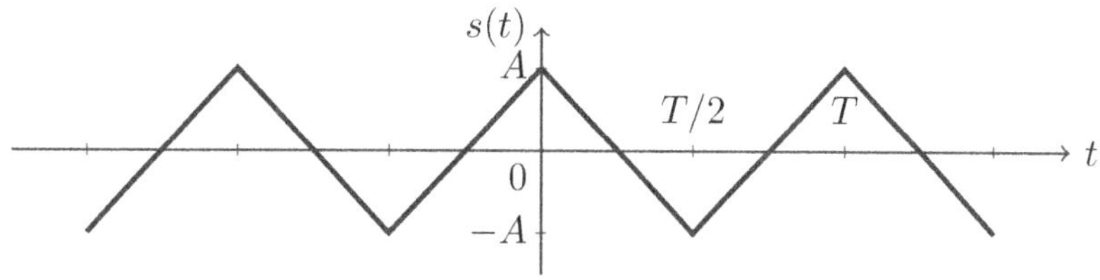

FIGURE 12.13 – Signal triangulaire

Solution

Tout signal périodique $s(t)$ de période $T = \dfrac{2\pi}{\omega}$ se décompose en série de Fourier sous la forme :

$$s(t) = \frac{a_0}{2} + \sum_{n=1}^{\infty} a_n \cos(n\omega t) + \sum_{n=1}^{\infty} b_n \sin(n\omega t)$$

avec a_0, a_n et b_n les coefficients de Fourier donnés par les relations :

$$\begin{cases} a_0 = \dfrac{2}{T}\displaystyle\int_{t_0}^{t_0+T} s(t)\,\mathrm{d}t \\ a_n = \dfrac{2}{T}\displaystyle\int_{t_0}^{t_0+T} s(t)\cos(n\omega t)\,\mathrm{d}t \quad \text{pour } n \in \mathbb{N} \\ b_n = \dfrac{2}{T}\displaystyle\int_{t_0}^{t_0+T} s(t)\sin(n\omega t)\,\mathrm{d}t \quad \text{pour } n \in \mathbb{N}^* \end{cases}$$

Les coefficients ne dépendent pas de l'origine t_0 choisie pour le calcul.

1. **Signal n°**1

* *Calcul du coefficient* a_0

Par définition, $a_0 = \dfrac{2}{T}\displaystyle\int_{t_0}^{t_0+T} s(t)\,\mathrm{d}t$. Choisissons $t_0 = -\dfrac{T}{2}$ pour effectuer le calcul.

$$a_0 = \frac{2}{T}\int_{-\frac{T}{2}}^{\frac{T}{2}} s(t)\,\mathrm{d}t$$

Pour $t \in \left]-\frac{T}{2}, \frac{T}{2}\right[$, $s(t) = \frac{2A}{T}t$. En effet, sur cet intervalle de dates, le signal est une droite affine de pente $\frac{2A}{T}$ et d'ordonnée à l'origine 0.

$$\begin{aligned} a_0 &= \frac{2}{T}\int_{-\frac{T}{2}}^{\frac{T}{2}} \frac{2A}{T}\, t\,\mathrm{d}t = \frac{4A}{T^2}\int_{-\frac{T}{2}}^{\frac{T}{2}} t\,\mathrm{d}t = \frac{4A}{T^2}\left[\frac{t^2}{2}\right]_{-\frac{T}{2}}^{\frac{T}{2}} \\ &= \frac{2A}{T^2}\left(T^2 - (-T)^2\right) = \frac{2A}{T^2}\left(T^2 - T^2\right) \end{aligned}$$

$$\boxed{a_0 = 0}$$

La valeur moyenne du signal est nulle. On pouvait le voir sur le graphe car sur une période T l'aire algébrique sous la courbe est nulle.

* *Calcul des coefficients a_n*

La fonction $s(t)$ est une fonction impaire donc $s(-t) = -s(t)$.

$$\begin{aligned} &\frac{a_0}{2} + \sum_{n=1}^{\infty} a_n \cos(n\omega(-t)) + \sum_{n=1}^{\infty} b_n \sin(n\omega(-t)) \\ &\qquad = \frac{a_0}{2} + \sum_{n=1}^{\infty} a_n \cos(n\omega t) + \sum_{n=1}^{\infty} b_n \sin(n\omega t) \end{aligned}$$

or a_0 est nul, $\cos(n\omega(-t)) = \cos(n\omega t)$ et $\sin(n\omega(-t)) = -\sin(n\omega t)$.
Après simplification, il en vient :

$$-\sum_{n=1}^{\infty} a_n \cos(n\omega t) = \sum_{n=1}^{\infty} a_n \cos(n\omega t)$$

Par unicité des solutions, cette égalité n'est possible que si **tous les a_n sont nuls**.

* *Calcul des coefficients b_n*

Par définition, $b_n = \frac{2}{T}\int_{t_0}^{t_0+T} s(t)\sin(n\omega t)\,\mathrm{d}t$. Choisissons $t_0 = -\frac{T}{2}$ pour effectuer le calcul.

$$b_n = \frac{2}{T}\int_{-\frac{T}{2}}^{\frac{T}{2}} \frac{2A}{T} t\,\sin(n\omega t)\,\mathrm{d}t$$

$$b_n = \frac{4A}{T^2}\int_{-\frac{T}{2}}^{\frac{T}{2}} t\,\sin(\omega t)\,\mathrm{d}t$$

Pour calculer l'intégrale, on réalise une intégration par partie (IPP).
On pose

$$\left.\begin{array}{l} u'(t) = \sin(n\omega t), \\ v(t) = t \end{array}\right\} \Leftrightarrow \left\{\begin{array}{l} u(t) = -\frac{1}{n\omega}\cos(n\omega t) \\ v'(t) = 1 \end{array}\right.$$

$$\int_{-\frac{T}{2}}^{\frac{T}{2}} u'(t)\,v(t)\,\mathrm{d}t = \Big[u(t)\,v(t)\Big]_{-\frac{T}{2}}^{\frac{T}{2}} - \int_{-\frac{T}{2}}^{\frac{T}{2}} u(t)\,v'(t)\,\mathrm{d}t$$

$$\begin{aligned}\int_{-\frac{T}{2}}^{\frac{T}{2}} \sin(n\omega t)\,t\,\mathrm{d}t &= \left[-\frac{1}{n\omega}\cos(n\omega t)\,t\right]_{-\frac{T}{2}}^{\frac{T}{2}} - \int_{-\frac{T}{2}}^{\frac{T}{2}} -\frac{1}{n\omega}\cos(n\omega t)\,\mathrm{d}t\\ &= -\frac{1}{n\omega}\left(\cos\left(n\omega\frac{T}{2}\right)\frac{T}{2} - \cos\left(n\omega\left(-\frac{T}{2}\right)\right)\left(-\frac{T}{2}\right)\right)\\ &\quad + \frac{1}{n\omega}\left[\frac{\sin(n\omega t)}{n\omega}\right]_{-\frac{T}{2}}^{\frac{T}{2}}\end{aligned}$$

Or $\omega = \dfrac{2\pi}{T} \Rightarrow n\omega\dfrac{T}{2} = n\pi.$

$$\begin{aligned}\int_{-\frac{T}{2}}^{\frac{T}{2}} \sin(n\omega t)\,t\,\mathrm{d}t &= -\frac{1}{n\omega}\left(2\cos(n\pi)\frac{T}{2}\right)\\ &\quad + \frac{1}{(n\omega)^2}\left(\sin\left(n\omega\frac{T}{2}\right) - \sin\left(n\omega\left(-\frac{T}{2}\right)\right)\right)\\ &= -\frac{1}{n\omega}T\cos(n\pi) + \frac{1}{(n\omega)^2}2\sin(n\pi)\\ &= (-1)\frac{T^2}{2\pi n}(-1)^n + 0\\ &= \frac{T^2}{2\pi n}(-1)^{n+1}\end{aligned}$$

$$\Rightarrow b_n = \frac{4A}{T^2}\frac{T^2}{2\pi n}(-1)^{n+1}$$

$$\boxed{b_n = \frac{2A}{\pi}\frac{(-1)^{n+1}}{n}}$$

La série de Fourier du signal $s(t)$ s'écrit :

$$\boxed{s(t) = \frac{2A}{\pi}\sum_{n=1}^{\infty}\frac{(-1)^{n+1}}{n}\sin(n\omega t)}$$

2. **Signal n°2**

* *Calcul du coefficient* a_0

Par définition, $a_0 = \dfrac{2}{T}\displaystyle\int_{t_0}^{t_0+T} s(t)\,\mathrm{d}t$. Choisissons $t_0 = -T$ pour effectuer le calcul.

$$a_0 = \frac{2}{T}\int_{-T}^{0} s(t)\,\mathrm{d}t$$

Pour $t \in]-T, 0]$, $s(t) = -\frac{A}{T}t$. En effet, sur cet intervalle de dates, le signal est une droite affine de pente $-\frac{A}{T}$ et d'ordonnée à l'origine 0.

$$\begin{aligned} a_0 &= \frac{2}{T}\int_{-T}^{0} -\frac{A}{T}t\,\mathrm{d}t = -\frac{2A}{T^2}\int_{-T}^{0} t\,\mathrm{d}t = -\frac{2A}{T^2}\left[\frac{t^2}{2}\right]_{-T}^{0} \\ &= -\frac{A}{T^2}\left(0-(-T)^2\right) = \frac{A}{T^2}T^2 \end{aligned}$$

$$\boxed{a_0 = A}$$

La valeur moyenne du signal est non nulle. On pouvait le voir sur le graphe car sur une période T l'aire algébrique sous la courbe est non nulle.

Remarque : On obtient le même résultat si l'intégrale est effectuée pour toute valeur de $t \in]0, T]$ avec $s(t) = -\frac{A}{T}t + A$.

* *Calcul des coefficients* a_n

Par définition, $a_n = \frac{2}{T}\int_{t_0}^{t_0+T} s(t)\cos(n\omega t)\,\mathrm{d}t$

$$\begin{aligned} a_n &= \frac{2}{T}\int_{-T}^{0} -\frac{A}{T}\,t\cos(n\omega t)\,\mathrm{d}t \\ &= -\frac{2A}{T^2}\int_{-T}^{0} t\cos\left(n\omega t\right)\mathrm{d}t \end{aligned}$$

Pour calculer l'intégrale, on réalise une intégration par partie (IPP).
On pose

$$\left.\begin{array}{l} u'(t) = \cos(n\omega t) \\ v(t) = t \end{array}\right\} \Leftrightarrow \left\{\begin{array}{l} u(t) = \dfrac{1}{n\omega}\sin(n\omega t) \\ v'(t) = 1 \end{array}\right.$$

$$\int_{-T}^{0} u'(t)\,v(t)\,\mathrm{d}t = \Big[u(t)\,v(t)\Big]_{-T}^{0} - \int_{-T}^{0} u(t)\,v'(t)\,\mathrm{d}t$$

$$\begin{aligned} \int_{-T}^{0} \cos(n\omega t)\,t\,\mathrm{d}t &= \left[\frac{\sin(n\omega t)}{n\omega}\,t\right]_{-T}^{0} - \int_{-T}^{0}\frac{1}{n\omega}\sin(n\omega t)\,\mathrm{d}t \\ &= \frac{1}{n\omega}\left(\sin(0)\,0 - \sin(n\omega(-T))\,(-T)\right) - \frac{1}{n\omega}\left[-\frac{\cos(n\omega t)}{n\omega}\right]_{-T}^{0} \\ &= 0 + \frac{1}{(n\omega)^2}\left(\cos 0 - \cos(n\omega(-T))\right) \end{aligned}$$

$$= 0 + \frac{1}{(n\omega)^2}(1-1) = 0$$

$$\Rightarrow \ a_n = -\frac{2A}{T^2}\int_{-T}^{0}\cos(n\omega t)\,t\,\mathrm{d}t = -\frac{2A}{T^2}\times 0$$

$$\boxed{a_n = 0}$$

* *Calcul des coefficients* b_n

Par définition, $b_n = \dfrac{2}{T}\displaystyle\int_{t_0}^{t_0+T} s(t)\sin(n\omega t)\,\mathrm{d}t$. Choisissons $t_0 = -T$ pour effectuer le calcul.

$$\begin{aligned} b_n &= \frac{2}{T}\int_{-T}^{0} -\frac{A}{T}\,t\sin(n\omega t)\,\mathrm{d}t \\ &= -\frac{2A}{T^2}\int_{-T}^{0}\sin(n\omega t)\,t\,\mathrm{d}t \end{aligned}$$

Pour calculer l'intégrale, on réalise une intégration par partie (IPP).
On pose

$$\left.\begin{array}{l} u'(t) = \sin(n\omega t) \\ v(t) = t \end{array}\right\} \Leftrightarrow \left\{\begin{array}{l} u(t) = -\dfrac{1}{n\omega}\cos(n\omega t) \\ v'(t) = 1 \end{array}\right.$$

$$\int_{-T}^{0} u'(t)\,v(t)\,\mathrm{d}t = \Big[u(t)\,v(t)\Big]_{-T}^{0} - \int_{-T}^{0} u(t)\,v'(t)\,\mathrm{d}t$$

$$\begin{aligned} \int_{-T}^{0}\sin(n\omega t)\,t\,\mathrm{d}t &= \left[-\frac{1}{n\omega}\cos(n\omega t)\,t\right]_{-T}^{0} - \int_{-T}^{0} -\frac{1}{n\omega}\cos(n\omega t)\,\mathrm{d}t \\ &= -\frac{1}{n\omega}\left(\cos(0)\,0 - \cos\left(n\omega(-T)\right)(-T)\right) + \frac{1}{n\omega}\left[\frac{\sin(n\omega t)}{n\omega}\right]_{-T}^{0} \\ &= -\frac{1}{n\omega}\left(0 + \cos(-2\pi n)\,T\right) + \frac{1}{(n\omega)^2}\left(\sin 0 - \sin(n\omega(-T))\right) \\ &= -\frac{T}{n\omega} + \frac{1}{(n\omega)^2}(0-0) = -\frac{T^2}{2\pi n} \end{aligned}$$

$$\Rightarrow \ b_n = -\frac{2A}{T^2}\int_{-T}^{0}\sin(n\omega t)\,\mathrm{d}t = -\frac{2A}{T^2}\left(-\frac{T^2}{2\pi n}\right) = \frac{A}{n\pi}$$

$$\boxed{b_n = \frac{A}{n\pi}}$$

La série de Fourier du signal $s(t)$ s'écrit :

$$\boxed{s(t) = \frac{A}{2} + \frac{A}{\pi}\sum_{n=1}^{\infty}\frac{1}{n}\sin\left(n\frac{2\pi}{T}t\right)}$$

3. **Signal n°3**

* *Calcul du coefficient* a_0

Par définition, $a_0 = \dfrac{2}{T}\displaystyle\int_{t_0}^{t_0+T} s(t)\,\mathrm{d}t$. Choisissons $t_0 = 0$ pour effectuer ce calcul.

$$a_0 = \frac{2}{T}\int_0^T s(t)\,\mathrm{d}t$$

Pour $t \in \left]0, \dfrac{T}{2}\right[$, $s(t) = A$ et pour $t \in \left]\dfrac{T}{2}, T\right[$, $s(t) = -A$.

$$\begin{aligned} a_0 &= \frac{2}{T}\left[\int_0^{\frac{T}{2}} A\,\mathrm{d}t + \int_{\frac{T}{2}}^{T} -A\,\mathrm{d}t\right] \\ &= \frac{2}{T}\left[A\left(\frac{T}{2}-0\right) - A\left(T-\frac{T}{2}\right)\right] = 0 \end{aligned}$$

$$\boxed{a_0 = 0}$$

La valeur moyenne du signal est nulle. On pouvait le voir sur le graphe car sur une période T l'aire algébrique sous la courbe est nulle.

* *Calcul des coefficients* a_n

La fonction $s(t)$ est une fonction impaire donc $s(-t) = -s(t)$.

$$\begin{aligned} &\frac{a_0}{2} + \sum_{n=1}^{\infty} a_n\cos(n\omega(-t)) + \sum_{n=1}^{\infty} b_n\sin(n\omega(-t)) \\ &\quad = -\frac{a_0}{2} - \sum_{n=1}^{\infty} a_n\cos(n\omega t) - \sum_{n=1}^{\infty} b_n\sin(n\omega t) \end{aligned}$$

or a_0 est nul, $\cos(n\omega(-t)) = \cos(n\omega t)$ et $\sin(n\omega(-t)) = -\sin(n\omega t)$.
Après simplification, il en vient :

$$\sum_{n=1}^{\infty} a_n\cos(n\omega t) = -\sum_{n=1}^{\infty} a_n\cos(n\omega t)$$

Par unicité des solutions, cette égalité n'est possible que si **tous les a_n sont nuls**.

* *Calcul des coefficients* b_n

Par définition, $b_n = \dfrac{2}{T}\displaystyle\int_{t_0}^{t_0+T} s(t)\sin(n\omega t)\,\mathrm{d}t$. Choisissons $t_0 = 0$ pour effectuer le calcul.

$$\begin{aligned}
b_n &= \frac{2}{T}\int_0^T s(t)\sin(n\omega t)\,\mathrm{d}t \\
&= \frac{2}{T}\left(\int_0^{\frac{T}{2}} s(t)\sin(n\omega t)\,\mathrm{d}t + \int_{\frac{T}{2}}^{T} s(t)\sin(n\omega t)\,\mathrm{d}t\right) \\
&= \frac{2}{T}\left(\int_0^{\frac{T}{2}} A\sin(n\omega t)\,\mathrm{d}t + \int_{\frac{T}{2}}^{T} -A\sin(n\omega t)\,\mathrm{d}t\right) \\
&= \frac{2A}{T}\left(\left[-\frac{\cos(n\omega t)}{n\omega}\right]_0^{\frac{T}{2}} + \left[\frac{\cos(n\omega t)}{n\omega}\right]_{\frac{T}{2}}^{T}\right) \\
&= \frac{A}{n\pi}\left(-\cos\left(n\omega\frac{T}{2}\right) + \cos 0 + \cos(n\omega T) - \cos\left(n\omega\frac{T}{2}\right)\right) \\
&= \frac{A}{n\pi}\left(-\cos(n\pi) + \cos 0 + \cos(2\pi n) - \cos(n\pi)\right)
\end{aligned}$$

- Si $n = 2p$ alors

$$b_n = \frac{A}{n\pi}(-1 + 1 + 1 - 1) = \boxed{0 = b_{2p}}$$

- Si $n = 2p + 1$ alors

$$b_n = \frac{A}{n\pi}(-(-1) + 1 + 1 - (-1)) = \boxed{\frac{4A}{n\pi} = b_{2p+1}}$$

La série de Fourier du signal $s(t)$ s'écrit :

$$\boxed{s(t) = \frac{4A}{\pi}\sum_{p=0}^{\infty}\frac{\sin\left((2p+1)\,\omega t\right)}{2p+1}}$$

4. **Signal n°4**

* *Calcul du coefficient* a_0

Par définition, $a_0 = \dfrac{2}{T}\displaystyle\int_{t_0}^{t_0+T} s(t)\,\mathrm{d}t$. Choisissons $t_0 = -\dfrac{T}{4}$ pour effectuer le calcul.

$$a_0 = \frac{2}{T}\left(\int_{-\frac{T}{4}}^{\frac{T}{4}} s(t)\,\mathrm{d}t + \int_{\frac{T}{4}}^{\frac{3T}{4}} s(t)\,\mathrm{d}t\right)$$

Pour $t \in \left]-\frac{T}{4}, \frac{T}{4}\right[$, $s(t) = A$ et pour $t \in \left]\frac{T}{4}, \frac{3T}{4}\right[$, $s(t) = 0$.

$$\begin{aligned} a_0 &= \frac{2}{T}\left(\int_{-\frac{T}{4}}^{\frac{T}{4}} A\,\mathrm{d}t + \int_{\frac{T}{4}}^{\frac{3T}{4}} 0\,\mathrm{d}t\right) = \frac{2}{T}\int_{-\frac{T}{4}}^{\frac{T}{4}} A\,\mathrm{d}t = \frac{2A}{T}\left[t\right]_{-\frac{T}{4}}^{\frac{T}{4}} \\ &= \frac{2A}{T}\left(\frac{T}{4} - \left(-\frac{T}{4}\right)\right) = \frac{2A}{T}\frac{T}{2} = A \end{aligned}$$

$$\boxed{a_0 = A}$$

La valeur moyenne du signal vaut $\frac{a_0}{2} = \frac{A}{2}$. C'est tout à fait cohérent car, graphiquement, le signal a une amplitude égale à A sur une demi-période et 0 sur l'autre demi-période. La moyenne vaut $\frac{A+0}{2} = \frac{A}{2}$

* *Calcul des coefficients a_n*

Par définition, $a_n = \frac{2}{T}\int_t^{t+T} s(t)\cos(n\omega t)\,\mathrm{d}t$. Choisissons $t_0 = -\frac{T}{4}$ pour effectuer le calcul.

$$\begin{aligned} a_n &= \frac{2}{T}\int_{-\frac{T}{4}}^{\frac{3T}{4}} s(t)\sin(n\omega t)\,\mathrm{d}t \\ &= \frac{2}{T}\left(\int_{-\frac{T}{4}}^{\frac{T}{4}} s(t)\cos(n\omega t)\,\mathrm{d}t + \int_{\frac{T}{4}}^{\frac{3T}{4}} s(t)\cos(n\omega t)\,\mathrm{d}t\right) \\ &= \frac{2}{T}\left(\int_{-\frac{T}{4}}^{\frac{T}{4}} A\cos(n\omega t)\,\mathrm{d}t + \int_{\frac{T}{4}}^{\frac{3T}{4}} 0\cos(n\omega t)\,\mathrm{d}t\right) \\ &= \frac{2}{T}\int_{-\frac{T}{4}}^{\frac{T}{4}} A\cos(n\omega t)\,\mathrm{d}t + 0 \\ &= \frac{2A}{T}\left[\frac{\sin(n\omega t)}{n\omega}\right]_{-\frac{T}{4}}^{\frac{T}{4}} \\ &= \frac{A}{n\pi}\left(\sin\left(n\omega\frac{T}{4}\right) - \sin\left(n\omega\left(-\frac{T}{4}\right)\right)\right) \\ &= \frac{A}{n\pi}\left(\sin\left(n\frac{\pi}{2}\right) - \sin\left(-n\frac{\pi}{2}\right)\right) = \frac{2A}{n\pi}\sin\left(n\frac{\pi}{2}\right) \end{aligned}$$

- Si $n = 2p$ alors

$$a_n = \frac{2A}{2p\pi}\sin\left(2p\frac{\pi}{2}\right) = \frac{A}{p\pi}\sin(p\pi) = \boxed{0 = a_{2p}}$$

- Si $n = 2p + 1$ alors

$$a_n = \frac{2A}{(2p+1)\pi} \sin\left((2p+1)\frac{\pi}{2}\right) = \frac{2A}{(2p+1)\pi} \sin\left(p\pi + \frac{\pi}{2}\right)$$

$$a_n = \boxed{\frac{2A}{\pi} \frac{(-1)^p}{(2p+1)} = a_{2p+1}}$$

* *Calcul des coefficients* b_n

La fonction $s(t)$ est une fonction paire donc $s(-t) = s(t)$.

$$\frac{a_0}{2} + \sum_{n=1}^{\infty} a_n \cos(n\omega(-t)) + \sum_{n=1}^{\infty} b_n \sin(n\omega(-t))$$

$$= \frac{a_0}{2} + \sum_{n=1}^{\infty} a_n \cos(n\omega t) + \sum_{n=1}^{\infty} b_n \sin(n\omega t)$$

or a_0 est nul, $\cos(n\omega(-t)) = \cos(n\omega t)$ et $\sin(n\omega(-t)) = -\sin(n\omega t)$.

Après simplification, il en vient :

$$-\sum_{n=1}^{\infty} b_n \sin(n\omega t) = \sum_{n=1}^{\infty} b_n \sin(n\omega t)$$

Par unicité des solutions, cette égalité n'est possible que si **tous les b_n sont nuls**.

La série de Fourier du signal $s(t)$ s'écrit :

$$\boxed{s(t) = \frac{A}{2} + \frac{2A}{\pi} \sum_{p=0}^{\infty} \frac{(-1)^p}{(2p+1)} \cos\left((2p+1)\frac{2\pi}{T}t\right)}$$

5. **Signal n°5**

* *Calcul du coefficient* a_0

Par définition, $a_0 = \frac{2}{T}\int_{t_0}^{t_0+T} s(t)\,\mathrm{d}t$. Choisissons $t = -\frac{T}{2}$ pour effectuer le calcul.

$$a_0 = \frac{2}{T}\int_{-\frac{T}{2}}^{\frac{T}{2}} s(t)\,\mathrm{d}t = \frac{2}{T}\left(\int_{-\frac{T}{2}}^{0} s(t)\,\mathrm{d}t + \int_{0}^{\frac{T}{2}} s(t)\,\mathrm{d}t\right)$$

Pour $t \in \left[-\frac{T}{2}, 0\right]$, $s(t) = A + \frac{4A}{T}t$. En effet, sur cet intervalle de dates, le signal est une droite affine de pente $\frac{4A}{T}$ et d'ordonnée à l'origine A.

Pour $t \in \left[0, \frac{T}{2}\right]$, $s(t) = A - \frac{4A}{T}t$. En effet, sur cet intervalle de dates, le signal est une droite affine de pente $-\frac{4A}{T}$ et d'ordonnée à l'origine A.

$$
\begin{aligned}
a_0 &= \frac{2}{T}\left(\int_{-\frac{T}{2}}^{0}\left(A + \frac{4A}{T}t\right)\mathrm{d}t + \int_{0}^{\frac{T}{2}}\left(A - \frac{4A}{T}t\right)\mathrm{d}t\right) \\
&= \frac{2}{T}\left(A\Big[t\Big]_{-\frac{T}{2}}^{0} + \frac{4A}{T}\left[\frac{t^2}{2}\right]_{-\frac{T}{2}}^{0} + A\Big[t\Big]_{0}^{\frac{T}{2}} - \frac{4A}{T}\left[\frac{t^2}{2}\right]_{0}^{\frac{T}{2}}\right) \\
&= \frac{2}{T}\left(A\left(0-\left(-\frac{T}{2}\right)\right) + \frac{4A}{2T}\left(0-\left(-\frac{T}{2}\right)^2\right) + A\left(\frac{T}{2}-0\right)\right. \\
&\quad \left. -\frac{4A}{2T}\left(\left(\frac{T}{2}\right)^2 - 0\right)\right) \\
&= \frac{2}{T}\left(\frac{AT}{2} - \frac{2A}{T}\frac{T^2}{4} + \frac{AT}{2} - 2A\frac{T^2}{4}\right) = 0
\end{aligned}
$$

$$\boxed{a_0 = 0}$$

La valeur moyenne du signal est nulle. On pouvait le voir sur le graphe car sur une période T l'aire algébrique sous la courbe est nulle.

* *Calcul des coefficients a_n*

Par définition, $a_n = \frac{2}{T}\int_{t_0}^{t_0+T} s(t)\cos(n\omega t)\,\mathrm{d}t$. Choisissons $t_0 = -\frac{T}{2}$ pour effectuer le calcul.

$$a_n = \frac{2}{T}\int_{-\frac{T}{2}}^{\frac{T}{2}} s(t)\cos(n\omega t)\,\mathrm{d}t = \frac{2}{T}\left(2\int_{0}^{\frac{T}{2}} s(t)\cos(n\omega t)\,\mathrm{d}t\right)$$

$$a_n = \frac{4}{T}\int_{0}^{\frac{T}{2}}\left(A - \frac{4A}{T}t\right)\cos(n\omega t)\,\mathrm{d}t$$

$$\boxed{a_n = \frac{4A}{T}\int_{0}^{\frac{T}{2}}\cos(n\omega t)\,\mathrm{d}t - \frac{16A}{T^2}\int_{0}^{\frac{T}{2}}\cos(n\omega t)\,t\,\mathrm{d}t}$$

Calculons la première intégrale.

$$
\begin{aligned}
\int_{0}^{\frac{T}{2}}\cos(n\omega t)\,\mathrm{d}t &= \left[\frac{\sin(n\omega t)}{n\omega}\right]_{0}^{\frac{T}{2}} \\
&= \frac{1}{n\omega}\left(\sin\left(n\omega\frac{T}{2}\right) - \sin 0\right)\boxed{= 0}
\end{aligned}
$$

Pour calculer la seconde intégrale, on réalise une intégration par partie (IPP). On pose

$$\left.\begin{array}{l} u'(t) = \cos(n\omega t) \\ v(t) = t \end{array}\right\} \Leftrightarrow \left\{\begin{array}{l} u(t) = \dfrac{1}{n\omega}\sin(n\omega t) \\ v'(t) = 1 \end{array}\right.$$

$$\int_0^{\frac{T}{2}} u'(t)\, v(t)\, \mathrm{d}t = \Big[u(t)\, v(t)\Big]_0^{\frac{T}{2}} - \int_0^{\frac{T}{2}} u(t)\, v'(t)\, \mathrm{d}t$$

$$\begin{aligned}
\int_0^{\frac{T}{2}} t\cos(n\omega t)\, \mathrm{d}t &= \left[\frac{\sin(n\omega t)}{n\omega t}\right]_0^{\frac{T}{2}} - \int_0^{\frac{T}{2}} \frac{1}{n\omega}\sin(n\omega t)\, \mathrm{d}t \\
&= \frac{1}{n\omega}\left(\sin\left(n\omega\frac{T}{2}\right) - \sin 0\right) - \frac{1}{n\omega}\left[-\frac{\cos(n\omega t)}{n\omega}\right]_0^{\frac{T}{2}} \\
&= \frac{1}{n\omega}(\sin(n\pi) - 0) + \frac{1}{(n\omega)^2}\left(\cos\left(n\omega\frac{T}{2}\right) - \cos 0\right) \\
&= 0 + \frac{1}{(n\omega)^2}(\cos(n\pi) - \cos 0) \\
&\boxed{= \frac{1}{(n\omega)^2}(\cos(n\pi) - 1)}
\end{aligned}$$

Les coefficients a_n ont pour expression :

$$a_n = 0 - \frac{16A}{T^2}\frac{1}{\left(n\frac{2\pi}{T}\right)^2}(\cos(n\pi) - 1)$$

$$a_n = \frac{16A}{T^2}\frac{T^2}{n^2 4\pi^2}(1 - \cos(n\pi))$$

$$a_n = \frac{4A}{n^2\pi^2}(1 - (-1)^n)$$

- Si $n = 2p$ alors

$$a_n = \frac{4A}{(2p)^2\,\pi^2}\left(1 - (-1)^{2p}\right) = \frac{4A}{(2p)^2\,\pi^2}(1 - 1) = \boxed{0 = a_{2p}}$$

- Si $n = 2p + 1$ alors

$$a_n = \frac{4A}{(2p+1)^2\,\pi^2}\left(1 - (-1)^{2p+1}\right) = \frac{4A}{(2p+1)^2\,\pi^2}(1 + 1)$$

$$a_n = \boxed{\frac{8A}{(2p+1)^2\,\pi^2} = a_{2p+1}}$$

* *Calcul des coefficients* b_n
La fonction $s(t)$ est une fonction paire donc $s(-t) = s(t)$. Le calcul se fait comme pour le signal n°4 $\Rightarrow$ **tous les** b_n **sont nuls**.

La série de Fourier du signal $s(t)$ s'écrit :

$$\boxed{s(t) = \frac{8A}{\pi^2} \sum_{p=0}^{\infty} \frac{\cos\left((2p+1)\frac{2\pi}{T}t\right)}{(2p+1)^2}}$$

❏ Exercice 5 ★☆☆

Soit la fonction f 2π-périodique définie pour tout $x \in [0, 2\pi[$ par

$$f(x) = \begin{cases} -1 & \text{si} \quad x \in [0, \pi[\\ 1 & \text{si} \quad x \in [\pi, 2\pi[\end{cases} \quad ; \quad \forall x \in [0, 2\pi[$$

1. Tracer la courbe représentative de la fonction f sur l'intervalle $[-2\pi, 2\pi[$.
2. Déterminer les coefficients de Fourier trigonométriques f.
3. En déduire la série de Fourier de f.

Solution

1. Le tracé de la courbe est élémentaire.
2. Pout tout $n \in \mathbb{N}$, $a_n(f) = 0$ car f est une fonction impaire.

   Pout tout $n > 0$,

$$\begin{aligned} b_n(f) &= \frac{1}{\pi} \int_0^{2\pi} f(t) \sin(nt) \mathrm{d}t \\ &= \frac{2}{\pi} \left[\frac{-\cos(nt)}{n} \right]_0^{\pi} \\ &= \frac{2}{n\pi} (1 - \cos(n\pi)) = \frac{2}{n\pi} (1 - (-1)^n) \end{aligned}$$

3. On a donc la série de Fourier qui est égale à :

$$\boxed{f(x) = \sum_{n=1}^{\infty} \frac{2}{n\pi} (1 - (-1)^n) \sin(nx)}$$

❑ Exercice 6 ☆☆☆

Soit f la fonction 2π-périodique définie sur $\mathbb{R}$ telle que pour tout $x \in \mathbb{R}$ on a $f(x) = \cos^2 x$.
Donner les coefficients de Fourier de cette fonction.

Solution
La fonction f est paire donc les coefficients $b_n(f)$ sont tous nuls.
On peut remarquer que :

$$\cos^2 x = \frac{1+\cos(2x)}{2} = \frac{1}{2} + \frac{\cos(2x)}{2}$$

On en déduit que les coefficients de Fourier sont $\boxed{a_0(f) = 1}$ et $\boxed{a_2(f) = \frac{1}{2}}$.

❑ Exercice 7 ☆☆☆

Soit f la fonction 2π-périodique définie sur $\mathbb{R}$ telle que pour tout $x \in \mathbb{R}$ on a $f(x) = \cos^3 x$.
Donner les coefficients de Fourier de cette fonction.

Solution
La fonction f est paire donc les coefficients $b_n(f)$ sont tous nuls.
On peut remarquer, après linéarisation que :

$$\cos^3 x = \frac{3\cos(x) + \cos(3x)}{4} = \frac{3\cos(x)}{4} + \frac{\cos(3x)}{4}$$

On en déduit que les coefficients de Fourier sont $\boxed{a_1(f) = \frac{3}{4}}$ et $\boxed{a_3(f) = \frac{1}{4}}$.

❑ Exercice 8 ★★★

Soit la fonction f, $2\pi-$périodique, définie sur $[-\pi, \pi]$ par

$$f(x) = x^2 - \pi^2 \ ; \ \forall x \in [-\pi, \pi].$$

1. Dessiner le graphe Cf de la fonction f sur $[-3\pi, 3\pi]$.
2. Déterminer les coefficients de Fourier trigonométriques de la fonction f.
3. En déduire les valeurs des sommes suivantes :

(a) $\displaystyle\sum_{n=1}^{+\infty} \frac{(-1)^n}{n^2}$

(b) $\displaystyle\sum_{n=1}^{+\infty} \frac{1}{n^2}$

(c) $\displaystyle\sum_{n=0}^{+\infty} \frac{1}{(2n+1)^2}$

(d) $\displaystyle\sum_{n=1}^{+\infty} \frac{1}{n^4}$

Solution

1. Graphe de la fonction f sur $[-3\pi, 3\pi]$.

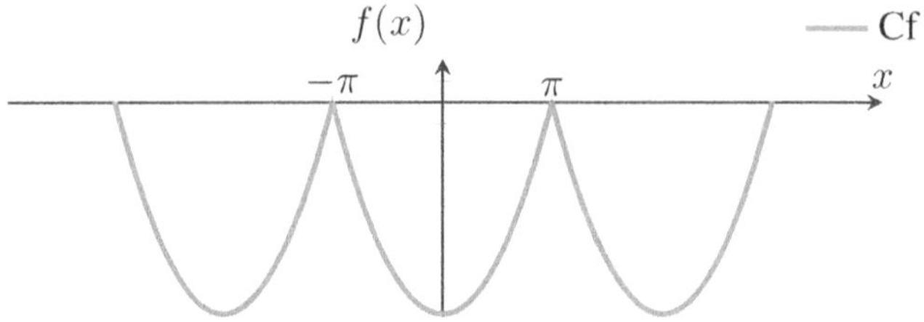

FIGURE 12.14

2. Coefficients de Fourier trigonométriques de la fonction f.
On remarque que f est paire donc les coefficients $b_n(f)$ sont nuls.

$$a_0(f) = \frac{2}{2\pi}\int_{-\pi}^{\pi}(x^2-\pi^2)\,\mathrm{d}x = \frac{1}{\pi}\times 2\int_{0}^{\pi}(x^2-\pi^2)\,\mathrm{d}x$$
$$= \frac{2}{\pi}\left[\frac{x^3}{3}-\pi^2 x\right]_0^{\pi} = -\frac{4\pi^2}{3}$$

Pout tout $n > 0$,

$$a_n(f) = \frac{2}{\pi}\int_0^{\pi}(x^2-\pi^2)\cos(nx)\,\mathrm{d}x = \begin{cases} \dfrac{-4}{n^2} \text{ si n est impaire} \\ \dfrac{4}{n^2} \text{ si n est paire} \end{cases}$$

3. (a) $\displaystyle\sum_{n=1}^{+\infty}\frac{(-1)^n}{n^2}$

La fonction f étant C^1 par morceaux, on peut appliquer le théorème de Dirichlet. En particulier, la fonction est continue en 0 donc

$$f(0) = \frac{-2\pi^2}{3} + \sum_{n>0}(a_n(f)\cos(n\times 0)) = \frac{-2\pi^2}{3} + \sum_{n=0}^{\infty}\frac{4(-1)^n}{n^2}$$

et $f(0) = -\pi^2$.

On trouve :

$$\boxed{\sum_{n=1}^{+\infty}\frac{(-1)^n}{n^2} = -\frac{\pi^2}{12}}$$

(b) $\displaystyle\sum_{n=1}^{+\infty} \frac{1}{n^2}$
De même en $x = \pi$,

$$f(\pi) = \frac{-2\pi^2}{3} + \sum_{n>0}(a_n(f)\cos(n \times \pi)) = \frac{-2\pi^2}{3} + \sum_{n=0}^{\infty} \frac{4}{n^2}$$

et $f(\pi) = 0$.
On trouve donc

$$\boxed{\sum_{n=1}^{+\infty} \frac{1}{n^2} = \frac{\pi^2}{6}}$$

(c) $\displaystyle\sum_{n=0}^{+\infty} \frac{1}{(2n+1)^2}$

$$\sum_{n=1}^{+\infty} \frac{1}{n^2} = \sum_{n=1}^{+\infty} \frac{1}{(2n)^2} + \sum_{n=0}^{+\infty} \frac{1}{(2n+1)^2}$$

On trouve donc :

$$\sum_{n=1}^{+\infty} \frac{1}{n^2} = \frac{1}{4}\sum_{n=1}^{+\infty} \frac{1}{n^2} + \sum_{n=0}^{+\infty} \frac{1}{(2n+1)^2}$$

Ainsi,

$$\boxed{\sum_{n=0}^{+\infty} \frac{1}{(2n+1)^2} = \frac{\pi^2}{8}}$$

(d) $\displaystyle\sum_{n=1}^{+\infty} \frac{1}{n^4}$.
La fonction f étant continue par morceaux, on peut appliquer le théorème de Parseval. La fonction f étant définie sur $[-\pi, \pi]$, on a :

$$\frac{1}{2\pi}\int_{-\pi}^{\pi} \left(x^2 - \pi^2\right)^2 \mathrm{d}x = \frac{4\pi^4}{9} + \frac{16}{2}\sum_{n=1}^{+\infty} \frac{1}{n^4}$$

on obtient après calcul :

$$\boxed{\sum_{n=1}^{+\infty} \frac{1}{n^4} = \frac{\pi^4}{90}}$$

❑ Exercice 9 ★☆☆

Tracer les fonctions définies par morceaux sur $\mathbb{R}$.

1. f est 2π-périodique et $f(x) = \begin{cases} x^2 \text{ si } x \in]-\pi;0] \\ x \text{ si } x \in]0;\pi] \end{cases}$

2. $f(x) = \max(\sin x, \cos x)$ si $x \in \mathbb{R}$.

3. f est 2π-périodique et $f(t) = \begin{cases} -1 \text{ si } t \in]-\pi;0[\\ 2 \text{ si } t \in]0;\pi[\\ 3 \text{ si } t \in \{-\pi, 0\} \end{cases}$

4. f est 2π-périodique et $f(t) = \begin{cases} |x| \text{ si } t \in]-\pi;0[\\ 0 \text{ si } t \in]0;\pi[\\ 1 \text{ si } t \in \{-\pi, 0\} \end{cases}$

Solution

1. Première fonction

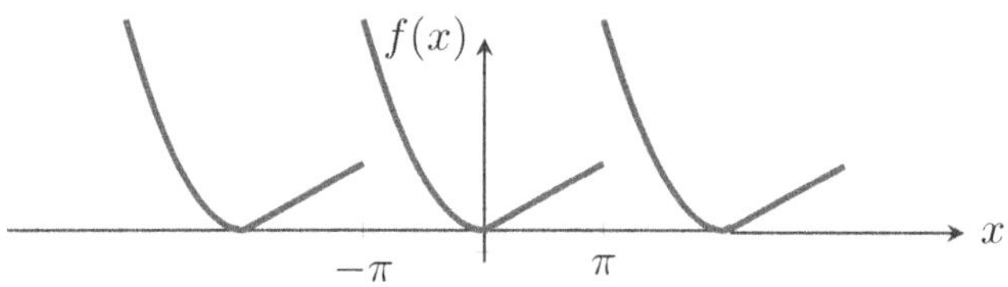

FIGURE 12.15

2. Deuxième fonction

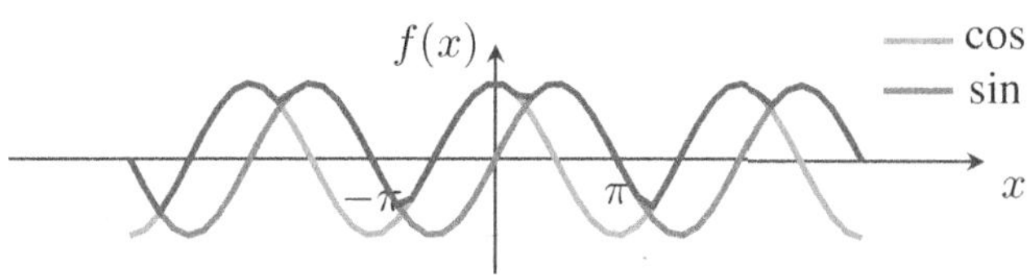

FIGURE 12.16

3. Troisième fonction

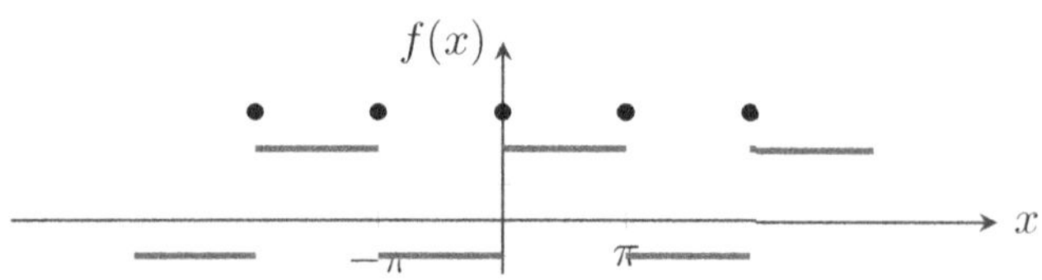

FIGURE 12.17

4. Quatrième fonction

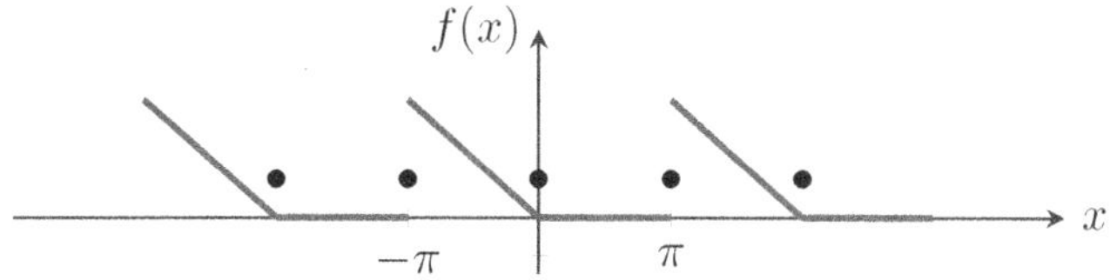

FIGURE 12.18

❑ Exercice 10 ★☆☆

Soit la fonction π-périodique $f : \mathbb{R} \to \mathbb{R}$ telle que

$$\begin{cases} f(x) & = \pi - x \; ; \; \forall x \in]0, \pi] \\ f(0) & = 0 \end{cases}$$

1. Tracer la courbe représentative de la fonction f sur l'intervalle $]-2\pi, 2\pi[$.
2. Déterminer les coefficients de Fourier associés à la fonction f.
3. En déduire la série de Fourier de f.

Solution

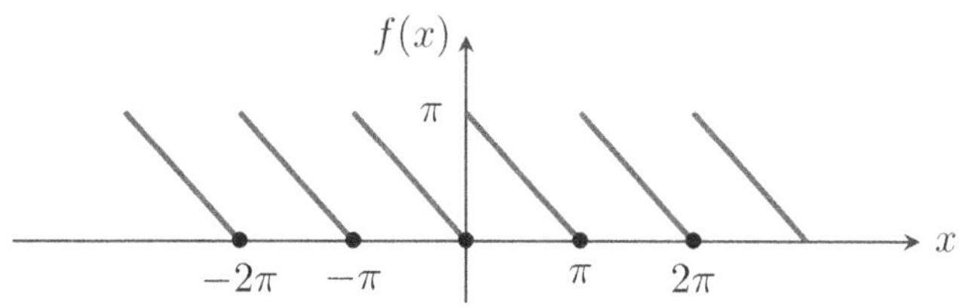

FIGURE 12.19

$$\begin{aligned} a_0(f) &= \frac{2}{\pi} \int_0^{\pi} x \, \mathrm{d}x \\ &= \frac{2}{\pi} \left[\pi x - \frac{x^2}{2} \right]_0^{\pi} = \pi \end{aligned}$$

Pout tout $n > 0$,

$$\begin{aligned} a_n(f) &= \frac{2}{\pi} \int_0^{\pi} (\pi - x) \cos(2nx) \, \mathrm{d}x \\ &= \left[\frac{1}{2n} (\pi - x) \sin(2nx) \right]_0^{\pi} + \int_0^{\pi} \frac{\sin(2nx)}{2n} \, \mathrm{d}x = 0 \end{aligned}$$

Pout tout $n > 0$,

$$b_n(f) = \frac{2}{\pi}\int_0^{\pi} x\sin(2nx)\,\mathrm{d}x$$
$$= \left[\frac{-1}{2n}(\pi - x)\cos(2nx)\right]_0^{\pi} + \int_0^{\pi} \frac{-\cos(2nx)}{2n}\,\mathrm{d}x = \frac{1}{n}$$

On a donc la série de Fourier de f qui est :

$$\boxed{f(x) = \frac{\pi}{2} + \sum_{n=1}^{\infty} \frac{1}{n}\sin(2nx)}$$

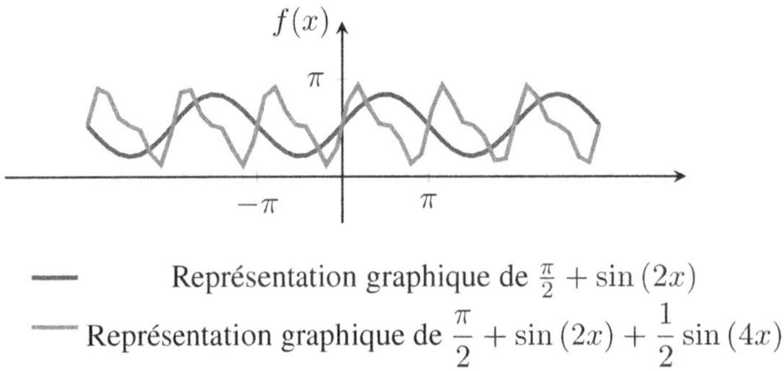

FIGURE 12.20 – Représentation des premières harmoniques

❑ Exercice 1 - COEFFICIENTS COMPLEXES ★★☆

> Montrer que $c_n(f) = \dfrac{a_n(f) - \mathrm{i}b_n(f)}{2}$

Solution

En notation complexe :

$$\cos a + \mathrm{i}\sin a = \mathrm{e}^{\mathrm{i}a}$$
$$(\cos a + \mathrm{i}\sin a)^n = \left(\mathrm{e}^{\mathrm{i}a}\right)^n = \mathrm{e}^{\mathrm{i}na} = \cos(na) + \mathrm{i}\sin(na)$$

or, d'après les formules d'Euler,

$$\cos(na) = \frac{\mathrm{e}^{ina} + \mathrm{e}^{-ina}}{2} \quad \text{et} \quad \sin(na) = \frac{\mathrm{e}^{ina} - \mathrm{e}^{-ina}}{2\mathrm{i}}$$

$$F(f)(t) = \frac{a_0}{2} + \sum_{n=1}^{\infty}\left(a_n\left[\frac{\mathrm{e}^{\mathrm{i}\frac{2\pi}{T}nt} + \mathrm{e}^{-\mathrm{i}\frac{2\pi}{T}nt}}{2}\right]\right) + \sum_{n=1}^{\infty}\left(b_n\left[\frac{\mathrm{e}^{\mathrm{i}\frac{2\pi}{T}nt} - \mathrm{e}^{-\mathrm{i}\frac{2\pi}{T}nt}}{2\mathrm{i}}\right]\right)$$

$$F(f)(t)=\frac{a_0}{2}+\sum_{n=1}^{\infty}\left(a_n\left[\frac{e^{i\frac{2\pi}{T}nt}+e^{-i\frac{2\pi}{T}nt}}{2}\right]+b_n\left[\frac{e^{i\frac{2\pi}{T}nt}-e^{-i\frac{2\pi}{T}nt}}{2i}\right]\right)$$

On pose $\frac{2\pi}{T}nt=\omega_n t$.

$$F(f)(t)=\frac{a_0}{2}+\sum_{n=1}^{\infty}\left(e^{i\omega_n t}\left[\frac{a_n}{2}+\frac{b_n}{2i}\right]+e^{-i\omega_n t}\left[\frac{a_n}{2}-\frac{b_n}{2i}\right]\right)$$

$$F(f)(t)=\frac{a_0}{2}+\sum_{n=1}^{\infty}e^{i\omega_n t}\left[\frac{a_n}{2}+\frac{b_n}{2i}\right]+\sum_{n=1}^{\infty}e^{-i\omega_n t}\left[\frac{a_n}{2}-\frac{b_n}{2i}\right]$$

Pour des raisons de symétrie, la fonction $\cos(\omega_n t)$ étant paire et la fonction $\sin(\omega_n t)$ étant impaire, lorsque l'on remplace n par $-n$, alors $a_{(-n)}=a_n$ et $b_{(-n)}=-b_n$. On peut donc écrire :

$$\sum_{n=1}^{\infty}e^{-i\omega_n t}\left[\frac{a_n}{2}-\frac{b_n}{2i}\right]=\sum_{n=-1}^{-\infty}e^{-i\omega_n t}\left[\frac{a_n}{2}+\frac{b_n}{2i}\right]$$

$$F(f)(t)=\frac{a_0}{2}+\sum_{n=1}^{\infty}e^{i\omega_n t}\left[\frac{a_n}{2}+\frac{b_n}{2i}\right]+\sum_{n=-1}^{-\infty}e^{-i\omega_n t}\left[\frac{a_n}{2}+\frac{b_n}{2i}\right]$$

$$F(f)=\sum_{n=-1}^{-\infty}e^{-i\omega_n t}\left[\frac{a_n}{2}+\frac{b_n}{2i}\right]+\frac{a_0}{2}+\sum_{n=1}^{\infty}e^{i\omega_n t}\left[\frac{a_n}{2}+\frac{b_n}{2i}\right]$$

A $n=0$ correspond le terme $\frac{a_0}{2}$, donc on peut écrire :

$$F(f)=\sum_{n=-\infty}^{+\infty}e^{i\omega_n t}\left[\frac{a_n}{2}+\frac{b_n}{2i}\right]$$

$$\boxed{F(f)=\sum_{n=-\infty}^{+\infty}e^{i\omega_n t}\left[\frac{a_n}{2}-i\frac{b_n}{2}\right]=\sum_{n=-\infty}^{+\infty}c_n e^{i\omega_n t}}$$

où $c_n=\left[\frac{a_n}{2}-i\frac{b_n}{2}\right]$ sont les coefficients de la série de Fourier.

12.2 Applications en physique

12.2.1 Electromagnétisme

Conseil - Pour aborder les applications d'électromagnétisme, il est préférable de revoir la notion d'intégrales (chapitre 7)

❑ **Exercice 1** - Champ magnétique variable (EEI)

Les bobines représentées figure 12.21 sont en série et alimentées par le même courant I_0, les enroulements sont tels que deux bobines consécutives soient parcourues par des courants circulant en sens inverse, la présence du fer, représenté par les zones hachurées, canalise les lignes d'induction de sorte que le champ magnétique $B(x)$ a l'allure d'un créneau alternatif d'amplitude B_0 et de période spatiale λ.

N.B. L'origine O est choisie au centre d'une bobine.

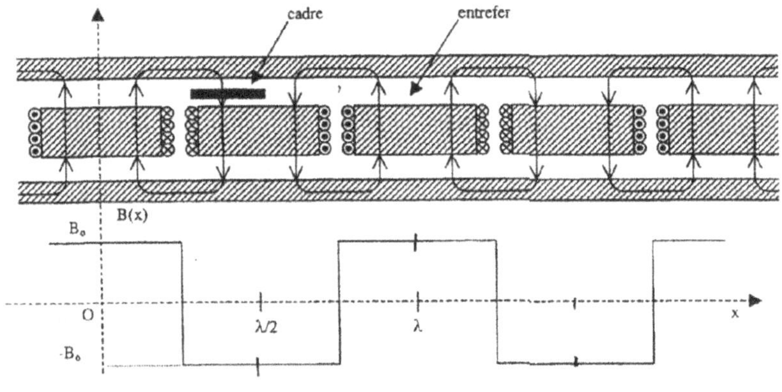

FIGURE 12.21

Sachant qu'une fonction périodique $f(t)$ de période T se décompose en série de Fourier sous la forme :

$$f(t) = \frac{a_0}{2} + \sum_{n=1}^{\infty} a_n \cos\left(n\frac{2\pi}{T}t\right) + \sum_{n=1}^{\infty} b_n \sin\left(n\frac{2\pi}{T}t\right)$$

où

$$a_0 = \frac{2}{T}\int_0^T f(t)\,\mathrm{d}t$$

$$a_n = \frac{2}{T}\int_0^T f(t)\cos\left(n\frac{2\pi}{T}t\right)\mathrm{d}t$$

$$b_n = \frac{2}{T}\int_0^T f(t)\sin\left(n\frac{2\pi}{T}t\right)\mathrm{d}t$$

1. Montrer que tous les b_n sont nuls.
2. Montrer que le terme fondamental a_1 a pour expression $a_1 = \frac{4B_0}{\pi}$.
3. Montrer que le développement en série de Fourier du créneau alternatif peut s'écrire :

$$B(x) = a_1 \cos\left(\frac{2\pi}{\lambda}x\right) + a_3 \cos\left(3\frac{2\pi}{\lambda}x\right) + \ldots + a_{2p+1} \cos\left((2p+1)\frac{2\pi}{\lambda}x\right) + \ldots$$

D'après concours EEI

Solution

Remarque : la fonction $B(x)$ est une fonction de périodicité spatiale λ.
La décompostion en série de Fourier s'écrit :

$$B(x) = \frac{a_0}{2} + \sum_{n=1}^{\infty} a_n \cos\left(n\frac{2\pi}{\lambda}x\right) + \sum_{n=1}^{\infty} b_n \sin\left(n\frac{2\pi}{\lambda}x\right)$$

1. $B(x)$ est une fonction paire : $B(-x) = B(x)$

$$\frac{a_0}{2} + \sum_{n=1}^{\infty} a_n \cos\left(n\frac{2\pi}{\lambda}(-x)\right) + \sum_{n=1}^{\infty} b_n \sin\left(n\frac{2\pi}{\lambda}(-x)\right)$$
$$= \frac{a_0}{2} + \sum_{n=1}^{\infty} a_n \cos\left(n\frac{2\pi}{\lambda}x\right) + \sum_{n=1}^{\infty} b_n \sin\left(n\frac{2\pi}{\lambda}x\right)$$

or $\cos\left(n\frac{2\pi}{\lambda}(-x)\right) = \cos\left(n\frac{2\pi}{\lambda}x\right)$ et $\sin\left(n\frac{2\pi}{\lambda}(-x)\right) = -\sin\left(n\frac{2\pi}{\lambda}x\right)$

Après simplification, il en vient :

$$-\sum_{n=1}^{\infty} b_n \sin\left(n\frac{2\pi}{\lambda}x\right) = \sum_{n=1}^{\infty} b_n \sin\left(n\frac{2\pi}{\lambda}x\right)$$

Par unicité des solutions, cette égalité n'est possible que si tous les b_n sont nuls.
Vérification :

$$b_n = \frac{2}{\lambda}\int_{-\frac{\lambda}{4}}^{\frac{3\lambda}{4}} B(x) \sin\left(n\frac{2\pi}{\lambda}x\right) \mathrm{d}x$$
$$= \frac{2}{\lambda}\int_{-\frac{\lambda}{4}}^{\frac{\lambda}{4}} B(x) \sin\left(n\frac{2\pi}{\lambda}x\right) \mathrm{d}x + \frac{2}{\lambda}\int_{\frac{\lambda}{4}}^{\frac{3\lambda}{4}} B(x) \sin\left(n\frac{2\pi}{\lambda}x\right) \mathrm{d}x$$

$$\begin{aligned}
b_n &= \frac{2}{\lambda}\int_{-\frac{\lambda}{4}}^{\frac{\lambda}{4}} B_0 \sin\left(n\frac{2\pi}{\lambda}x\right)\mathrm{d}x + \frac{2}{\lambda}\int_{\frac{\lambda}{4}}^{\frac{3\lambda}{4}} (-B_0)\sin\left(n\frac{2\pi}{\lambda}x\right)\mathrm{d}x \\
&= \frac{2B_0}{\lambda}\left(\left[-\frac{\cos(n\frac{2\pi}{\lambda}x)}{(n\frac{2\pi}{\lambda})}\right]_{-\frac{\lambda}{4}}^{\frac{\lambda}{4}} - \left[-\frac{\cos(n\frac{2\pi}{\lambda}x)}{(n\frac{2\pi}{\lambda})}\right]_{\frac{\lambda}{4}}^{\frac{3\lambda}{4}}\right) \\
&= \frac{B_0}{n\pi}\left(-\cos\left(n\frac{\pi}{2}\right) + \cos\left(-n\frac{\pi}{2}\right) + \cos\left(n\frac{3\pi}{2}\right) - \cos\left(n\frac{\pi}{2}\right)\right)
\end{aligned}$$

$$\Rightarrow \boxed{b_n = 0}$$

2. Calculons a_1 :

$$\begin{aligned}
a_1 &= \frac{2}{\lambda}\int_0^{\lambda} B(x)\cos\left(\frac{2\pi}{\lambda}x\right)\mathrm{d}x \\
&= 2\left(\frac{2}{\lambda}\int_0^{\frac{\lambda}{2}} B(x)\cos\left(\frac{2\pi}{\lambda}x\right)\mathrm{d}x\right) \\
&= \frac{4}{\lambda}\left(\int_0^{\frac{\lambda}{4}} B_0\cos\left(\frac{2\pi}{\lambda}x\right)\mathrm{d}x + \int_{\frac{\lambda}{4}}^{\frac{\lambda}{2}} (-B_0)\cos\left(\frac{2\pi}{\lambda}x\right)\mathrm{d}x\right) \\
&= \frac{4B_0}{\lambda}\left(\left[\frac{\sin(\frac{2\pi}{\lambda}x)}{(\frac{2\pi}{\lambda})}\right]_0^{\frac{\lambda}{4}} - \left[\frac{\sin(\frac{2\pi}{\lambda}x)}{(\frac{2\pi}{\lambda})}\right]_{\frac{\lambda}{4}}^{\frac{\lambda}{2}}\right) \\
&= \frac{2B_0}{\pi}\left(\sin\left(\frac{\pi}{2}\right) - \sin 0 - \sin\pi + \sin\left(\frac{\pi}{2}\right)\right) \\
&= \frac{2B_0}{\pi}(1-0-0+1) \Rightarrow \boxed{a_1 = \frac{4B_0}{\pi}}
\end{aligned}$$

3. Calculons a_0 :

$$\begin{aligned}
a_0 &= \frac{1}{\lambda}\int_0^{\lambda} B(x)\,\mathrm{d}x \\
&= 2\left(\frac{1}{\lambda}\int_0^{\frac{\lambda}{2}} B(x)\,\mathrm{d}x\right) \\
&= \frac{2}{\lambda}\left(\int_0^{\frac{\lambda}{4}} B_0\,\mathrm{d}x + \int_{\frac{\lambda}{4}}^{\frac{\lambda}{2}} (-B_0)\,\mathrm{d}x\right) \\
&= \frac{2B_0}{\lambda}\left(\left[x\right]_0^{\frac{\lambda}{4}} - \left[x\right]_{\frac{\lambda}{4}}^{\frac{\lambda}{2}}\right)
\end{aligned}$$

$$= \frac{2B_0}{\lambda}\left(\frac{\lambda}{4} - 0 - \frac{\lambda}{2} + \frac{\lambda}{4}\right) \Rightarrow \boxed{a_0 = 0}$$

Calculons les a_n pour $n > 0$:

$$\begin{aligned}
a_n &= \frac{2}{\lambda}\int_0^{\lambda} B(x)\cos\left(n\frac{2\pi}{\lambda}x\right)\mathrm{d}x \\
&= 2\left(\frac{2}{\lambda}\int_0^{\frac{\lambda}{2}} B(x)\cos\left(n\frac{2\pi}{\lambda}x\right)\mathrm{d}x\right) \\
&= \frac{4}{\lambda}\left(\int_0^{\frac{\lambda}{4}} B_0\cos\left(n\frac{2\pi}{\lambda}x\right)\mathrm{d}x + \int_{\frac{\lambda}{4}}^{\frac{\lambda}{2}} (-B_0)\cos\left(n\frac{2\pi}{\lambda}x\right)\mathrm{d}x\right) \\
&= \frac{4B_0}{\lambda}\left(\left[\frac{\sin\left(n\frac{2\pi}{\lambda}x\right)}{\left(n\frac{2\pi}{\lambda}\right)}\right]_0^{\frac{\lambda}{4}} - \left[\frac{\sin\left(n\frac{2\pi}{\lambda}x\right)}{\left(n\frac{2\pi}{\lambda}\right)}\right]_{\frac{\lambda}{4}}^{\frac{\lambda}{2}}\right) \\
&= \frac{2B_0}{n\pi}\left(\sin\left(n\frac{\pi}{2}\right) - \sin 0 - \sin(n\pi) + \sin\left(n\frac{\pi}{2}\right)\right)
\end{aligned}$$

$$\Rightarrow \boxed{a_n = \frac{4B_0}{n\pi}\sin\left(\frac{n\pi}{2}\right)}$$

Si l'entier n est pair alors $a_n = 0$ car $\sin\left(n\frac{\pi}{2}\right) = 0$.

Si l'entier n est impair alors $a_n = \frac{4B_0}{n\pi}(-1)^{\frac{n-1}{2}}$.

Le développement en série de Fourier du créneau alternatif peut donc s'écrire :

$$B(x) = a_1\cos\left(\frac{2\pi}{\lambda}x\right) + a_3\cos\left(3\frac{2\pi}{\lambda}x\right) + ... + a_{2p+1}\cos\left((2p+1)\frac{2\pi}{\lambda}x\right) + ...$$

❑ Exercice 2 - Usage d'inducteurs en métallurgie (ENSTIM) ★☆☆

La production d'un champ magnétique variable à l'aide d'un inducteur est très répandue en métallurgie. L'inducteur est équivalent à un circuit série composé d'une inductance L et d'une résistance R ; afin de diminuer l'impédance du circuit on ajoute en série un condensateur de capacité C. La tension $u(t)$ appliquée est un créneau alternatif « symétrique », d'amplitude E et de fréquence f (figure 12.22). Le développement en série de Fourier de la tension $u(t)$ est :

$$u(t) = \frac{4E}{\pi}\left[\sin(\omega t) + \frac{\sin(3\omega t)}{3} + \frac{\sin(5\omega t)}{5} + ...\right] = u_1(t) + u_2(t) + u_3(t) + ...$$

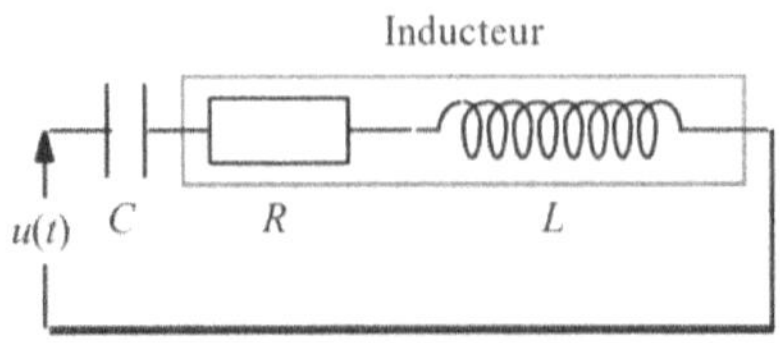

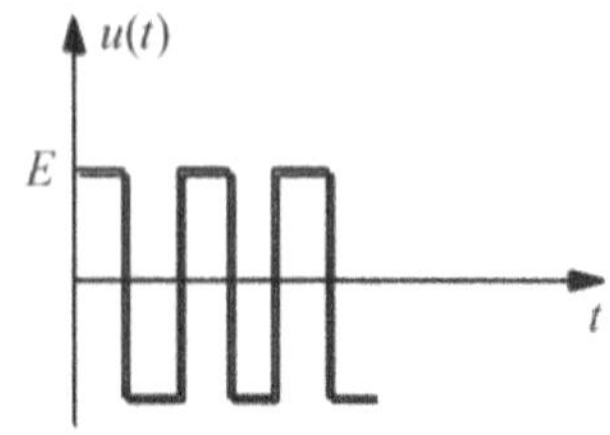

FIGURE 12.22 – Schéma équivalent de l'inducteur

1. Calculer la valeur efficace U_1 de l'harmonique de rang 1 de la tension $u(t)$.
2. Calculer la valeur efficace U_3 de l'harmonique de rang 3 de la tension $u(t)$.
3. En déduire l'expression de la valeur efficace U_{2p+1} de l'harmonique de rang $(2p+1)$ de la tension $u(t)$.

D'après concours ENSTIM

Solution

1. La valeur efficace s'exprime comme la racine carrée de la moyenne du carré de la tension calculée sur une période T.

$$\boxed{U_{\text{eff}} = \sqrt{\langle U^2(t)\rangle} = \sqrt{\frac{1}{T}\int_0^T u^2(t)\,\mathrm{d}t}}$$

Exprimons le carré de la tension calculée sur une période T :

$$U_1^2 = \frac{1}{T}\int_0^T u_1^2(t)\,\mathrm{d}t = \frac{1}{T}\int_0^T \left(\frac{4E}{\pi}\right)^2 \sin^2(\omega t)\,\mathrm{d}t$$

Pour intégrer, il faut utiliser la relation : $\sin^2(\omega t) = \dfrac{1-\cos(2\omega t)}{2}$

$$\begin{aligned}
U_1^2 &= \frac{1}{T}\left(\frac{4E}{\pi}\right)^2 \int_0^T \frac{1-\cos(2\omega t)}{2}\,\mathrm{d}t \\
&= \frac{1}{2T}\left(\frac{4E}{\pi}\right)^2 \left(\int_0^T \mathrm{d}t - \int_0^T \cos(2\omega t)\,\mathrm{d}t\right) \\
&= \frac{1}{2T}\left(\frac{4E}{\pi}\right)^2 \left(\Big[t\Big]_0^T - \left[\frac{\sin(2\omega t)}{2\omega}\right]_0^T\right) = \frac{1}{2T}\left(\frac{4E}{\pi}\right)^2 (T-0)
\end{aligned}$$

Prenons la racine carrée du résultat pour obtenir la valeur efficace U_1.

$$U_1 = \sqrt{\frac{1}{2}\left(\frac{4E}{\pi}\right)^2} \Rightarrow \boxed{U_1 = \frac{4E}{\sqrt{2}\,\pi} = \frac{2\sqrt{2}E}{\pi}}$$

2. On procède de la même manière pour l'harmonique de rang 3.

$$\begin{aligned}
U_3^2 &= \frac{1}{T}\int_0^T u_3^2(t)\,\mathrm{d}t = \frac{1}{T}\int_0^T \left(\frac{4E}{3\pi}\right)^2 \sin^2(3\omega t)\,\mathrm{d}t \\
&= \frac{1}{T}\left(\frac{4E}{3\pi}\right)^2 \int_0^T \frac{1-\cos(6\omega t)}{2}\,\mathrm{d}t \\
&= \frac{1}{2T}\left(\frac{4E}{3\pi}\right)^2 \left(\int_0^T \mathrm{d}t - \int_0^T \cos(6\omega t)\,\mathrm{d}t\right) \\
&= \frac{1}{2T}\left(\frac{4E}{3\pi}\right)^2 \left(\Big[t\Big]_0^T - \left[\frac{\sin(6\omega t)}{6\omega}\right]_0^T\right) \\
&= \frac{1}{2T}\left(\frac{4E}{3\pi}\right)^2 (T-0)
\end{aligned}$$

Prenons la racine carrée du résultat pour obtenir la valeur efficace U_3.

$$U_3 = \sqrt{\frac{1}{2}\left(\frac{4E}{3\pi}\right)^2} \Rightarrow \boxed{U_3 = \frac{4E}{3\pi\sqrt{2}} = \frac{2\sqrt{2}E}{3\pi}}$$

3. On généralise pour l'harmonique de rang $(2p+1)$.

$$U_{2p+1}^2 = \frac{1}{T}\left(\frac{4E}{(2p+1)\pi}\right)^2 \int_0^T \frac{1-\cos(2\,(2p+1)\,\omega t)}{2}\,\mathrm{d}t$$

On en déduit :

$$\boxed{U_{2p+1} = \frac{4E}{(2p+1)\pi\sqrt{2}} = \frac{2\sqrt{2}E}{(2p+1)\,\pi}}$$

12.2.2 Optique ondulatoire

La notion de diffraction **n'est plus** au programme des classes préparatoires à la rentrée 2022 mais reste au programme de la licence 3.

Conseil - Pour aborder les exercices d'optique ondulatoire, il est préférable de revoir les notions suivantes :

- Intégrales (chapitre 7)
- Nombres complexes (chapitre 8)

En optique

Une image est avant tout un signal à deux dimensions qui présente des variations d'intensité lumineuse dans l'espace.

Ici, la transformée de Fourier permet de passer du **domaine spatial** au **domaine fréquentiel**.

L'amplitude de l'onde diffractée, notée $\underline{s}_{\text{diffractée}}$, est **proportionnelle à la transformée de Fourier spatiale de la fonction de transmission** $\underline{t}(P)$ de l'objet diffractant.

Exemple :

$$\underline{s}_{\text{diffractée}} = \underline{K}\underline{s_0} \int_{-\infty}^{+\infty} \underline{t}(\mathrm{P})\, \mathrm{e}^{\mathrm{i}\frac{2\pi\delta(x)}{\lambda}} \mathrm{d}x$$

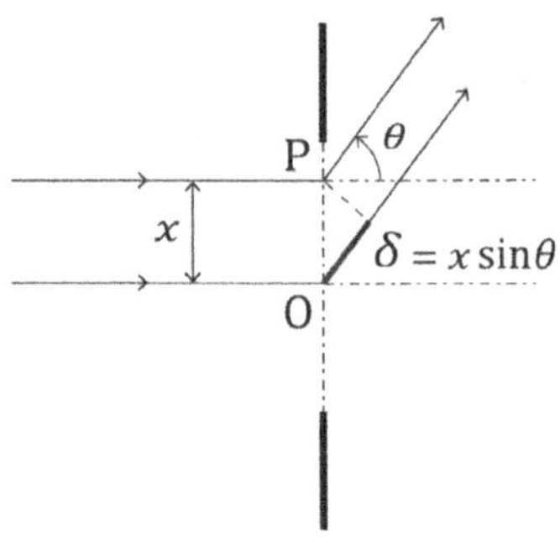

FIGURE 12.23

où $\underline{K}$ est une constante complexe, $\underline{s_0}$ est l'amplitude de l'onde incidente en O,
P est un point de la pupille diffractante et $\delta(\mathrm{P})$ est la différence de marche mesurée entre les rayons issus de la source passant respectivement par P et O (figure 12.23).
$\delta(\mathrm{P}) = -x\sin\theta$ car le chemin passant par P est plus court que le chemin passant par O

$$\mathrm{e}^{\mathrm{i}\frac{2\pi\delta(\mathrm{P})}{\lambda}} = \mathrm{e}^{\mathrm{i}\frac{2\pi(-x\sin\theta)}{\lambda}} \simeq \mathrm{e}^{-\mathrm{i}\frac{2\pi\theta}{\lambda}x} = \mathrm{e}^{-\mathrm{i}2\pi Ux}$$

où $U = \dfrac{\theta}{\lambda}$ est appelée **fréquence spatiale**.

$$\underline{s}_{\text{diffractée}} = \underline{K}\underline{s_0} \int_{-\infty}^{+\infty} \underline{t}(\mathrm{P})\, \mathrm{e}^{-\mathrm{i}2\pi Ux} \mathrm{d}x = \underline{K}\underline{s_0}\, \mathrm{TF}\{\underline{t}(\mathrm{P})\}$$

Après diffraction, l'éclairement obtenu en un point M d'un écran placé à grande distance de la pupille diffractante est **proportionnelle au carré du module de l'amplitude de l'onde diffractée**

$$\varepsilon(M) = K' \left|\underline{s}_{\text{diffractée}}\right|^2$$

où K' est un coefficient de proportionnalité.

❏ Exercice 3 - DIFFRACTION PAR UNE FENTE FINE (Licence 3) ★☆☆

Une fente de largeur b selon l'axe $\mathrm{O}x$ (figure 12.24) éclairée sous incidence normale (figure 12.25) est décrite par une fonction de transparence

$$\begin{cases} t(x) = 1 \text{ pour } -\dfrac{b}{2} \leqslant x \leqslant \dfrac{b}{2} \\ \text{et} \\ t(x) = 0 \text{ sinon} \end{cases}$$

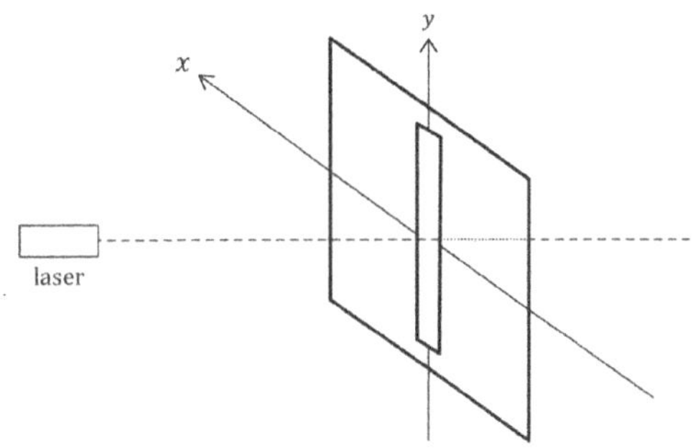

FIGURE 12.24

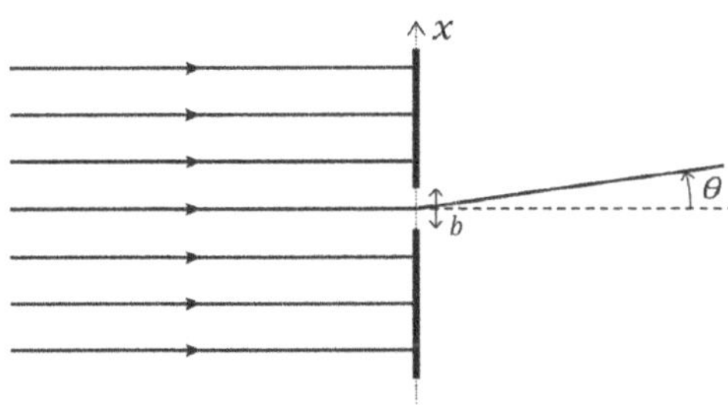

FIGURE 12.25

1. Calculer l'amplitude $\underline{s}_{\text{diffractée}}$ de l'onde diffractée par la fente fine.
2. Calculer l'éclairement $\varepsilon(\mathrm{M})$ obtenu en un point $\mathrm{M}(X,Y)$ d'un écran placé à grande distance de la pupille diffractante.
3. Dessiner l'allure de l'éclairement obtenu sur l'écran.

Solution

1. $\underline{s}_{\text{diffractée}} = \underline{K}\underline{s_0}\,\mathrm{TF}\{\underline{t}(\mathrm{P})\}$

$$\mathrm{TF}\{\underline{t}(x)\} = \int_{-\frac{b}{2}}^{+\frac{b}{2}} \mathrm{e}^{-\mathrm{i}2\pi U x}\,\mathrm{d}x = \left[\frac{\mathrm{e}^{-\mathrm{i}2\pi U x}}{-\mathrm{i}2\pi U}\right]_{-\frac{b}{2}}^{+\frac{b}{2}} = \frac{\mathrm{e}^{-\mathrm{i}2\pi U\left(+\frac{b}{2}\right)} - \mathrm{e}^{-\mathrm{i}2\pi U\left(-\frac{b}{2}\right)}}{-\mathrm{i}2\pi U}$$

$$\text{TF}\{\underline{t}(x)\} = \frac{e^{i\pi Ub} - e^{-i\pi Ub}}{2i}\frac{1}{\pi U} = \frac{\sin(\pi Ub)}{\pi U} = b\,\frac{\sin(\pi Ub)}{\pi Ub} = b\,\text{sinc}(\pi Ub)$$

$$\boxed{\underline{s}_{\text{diffractée}} = \underline{K}\,\underline{s_0}\,b\,\text{sinc}(\pi Ub)}$$

2. $\varepsilon(\text{M}) = K'\,|\underline{s}_{\text{diffractée}}|^2$

$$|\underline{s}_{\text{diffractée}}|^2 = \left|\underline{K}\,\underline{s_0}\,b\,\text{sinc}(\pi Ub)\right|^2$$

$$|\underline{s}_{\text{diffractée}}|^2 = K"\,\text{sinc}^2(\pi Ub)$$

$$\boxed{\varepsilon(\text{M}) = \varepsilon_{\text{max}}\,\text{sinc}^2(\pi Ub)}$$

avec $K" = \left|\underline{K}\,\underline{s_0}\,b\right|^2$ et $\varepsilon_{\text{max}} = K'K"$.

3. Les dimensions de la fente fine sont telles qu'il n'y a pas de diffraction dans la direction de l'axe des Y. Expérimentalement, on visualise une figure de diffraction dans la direction de l'axe de X dont l'allure est donnée figure 12.26.

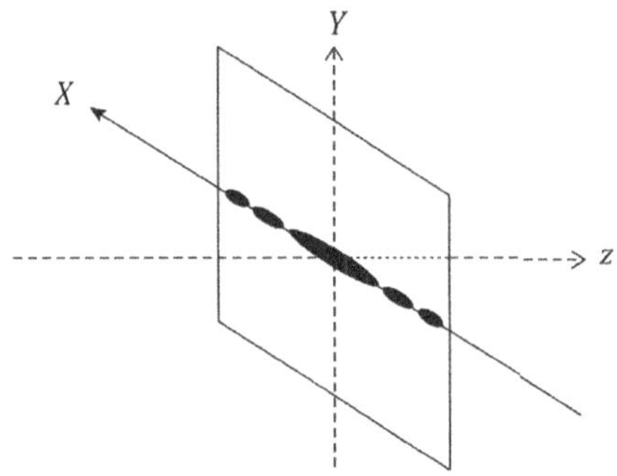

FIGURE 12.26

L'étude faite, ci-dessous, de la fonction *sinus cardinal* nous permet de tracer la courbe représentant l'éclairement en fonction de l'abscisse X (voir figure 12.27).
$\varepsilon(\text{M}) = \varepsilon_{\text{max}}\,\text{sinc}^2(\pi Ub) = 0 \Rightarrow \text{sinc}^2(\pi Ub) = 0$ pour les valeurs de U telles que $\pi Ub = m\pi$ où $m \in \mathbb{Z}^*$.

Or, $U = \dfrac{\theta}{\lambda}$ et $\tan\theta = \dfrac{X}{D} \approx \theta$ pour des petits angles.

$\text{sinc}^2(\pi Ub) = \text{sinc}^2\left(\pi\dfrac{\theta}{\lambda}b\right) = \text{sinc}^2\left(\pi\dfrac{X}{\lambda D}b\right) = 0 \Rightarrow \pi\dfrac{X}{\lambda D}b = m\pi \Leftrightarrow X = m\dfrac{\lambda D}{b}$ où D est la distance mesurée entre l'objet diffractant et l'écran avec $D \gg b$.

$\varepsilon(\text{M}) = \varepsilon_{\text{max}}\,\text{sinc}^2(\pi Ub) = \varepsilon_{\text{max}} \Rightarrow \text{sinc}^2(\pi Ub) = 1$ pour $U = 0$, soit $X = 0$.

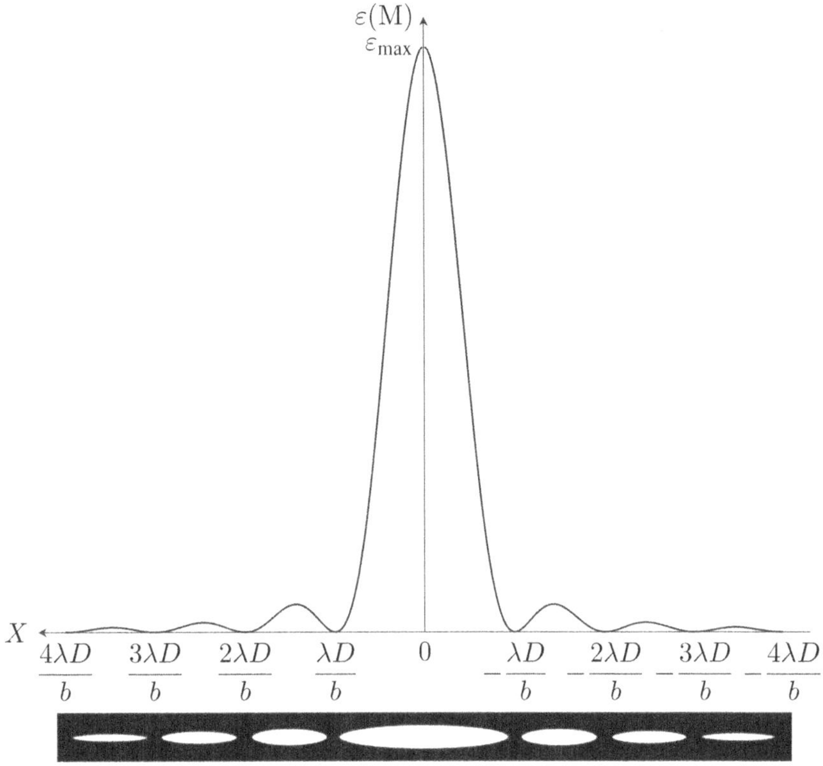

FIGURE 12.27

❑ **Exercice 4 - DIFFRACTION PAR LES FENTES D'YOUNG** (Licence 3) ★★☆

Un dispositif de fentes d'Young distantes de a et de largeur b (figure 12.28) éclairée sous incidence normale (figure 12.29) est décrit par une fonction de transparence $t(x)$ telle que :

$$\begin{cases} t(x) = 1 \text{ pour } x \in \left[-\frac{a}{2} - \frac{b}{2}; -\frac{a}{2} + \frac{b}{2}\right] \text{ et } x \in \left[\frac{a}{2} - \frac{b}{2}; \frac{a}{2} + \frac{b}{2}\right] \\ \text{et} \\ t(x) = 0 \text{ ailleurs} \end{cases}$$

1. Calculer l'amplitude $\underline{s}_{\text{diffractée}}$ de l'onde diffractée par les fentes d'Young.
2. Calculer l'éclairement $\varepsilon(\mathrm{M})$ obtenu en un point $\mathrm{M}(X, Y)$ d'un écran placé à grande distance de la pupille diffractante.
3. Dessiner l'allure de l'éclairement obtenu sur l'écran.

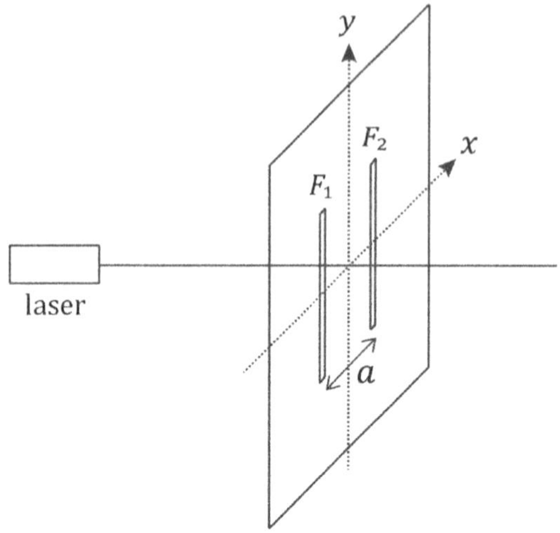

FIGURE 12.28

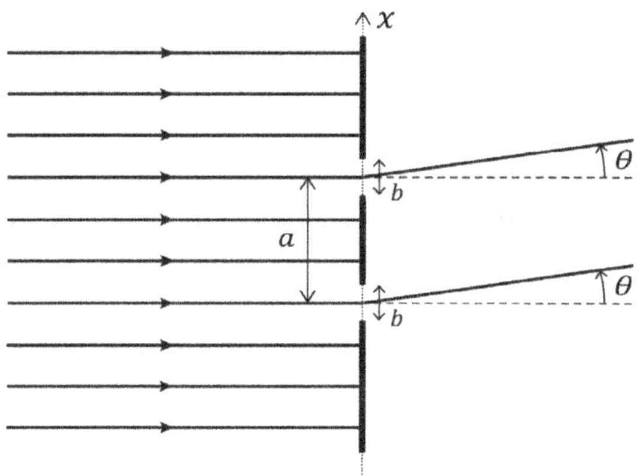

FIGURE 12.29

Solution

1. $\underline{s}_{\text{diffractée}} = \underline{K}\underline{s_0}\,\mathrm{TF}\{\underline{t}(\mathrm{P})\}$

$$\mathrm{TF}\{\underline{t}(x)\} = \int_{-\frac{a}{2}-\frac{b}{2}}^{-\frac{a}{2}+\frac{b}{2}} \mathrm{e}^{-\mathrm{i}2\pi U x}\,\mathrm{d}x + \int_{\frac{a}{2}-\frac{b}{2}}^{\frac{a}{2}+\frac{b}{2}} \mathrm{e}^{-\mathrm{i}2\pi U x}\,\mathrm{d}x$$

Les ondes sont cohérentes donc les amplitudes s'additionnent.

$$\mathrm{TF}\{\underline{t}(x)\} = \left[\frac{\mathrm{e}^{-\mathrm{i}2\pi U x}}{-\mathrm{i}2\pi U}\right]_{-\frac{a}{2}-\frac{b}{2}}^{-\frac{a}{2}+\frac{b}{2}} + \left[\frac{\mathrm{e}^{-\mathrm{i}2\pi U x}}{-\mathrm{i}2\pi U}\right]_{\frac{a}{2}-\frac{b}{2}}^{\frac{a}{2}+\frac{b}{2}}$$

$$= \frac{e^{-i2\pi U\left(-\frac{a}{2}+\frac{b}{2}\right)} - e^{-i2\pi U\left(-\frac{a}{2}-\frac{b}{2}\right)}}{-i2\pi U} + \frac{e^{-i2\pi U\left(\frac{a}{2}+\frac{b}{2}\right)} - e^{-i2\pi U\left(\frac{a}{2}-\frac{b}{2}\right)}}{-i2\pi U}$$

$$= e^{i2\pi U\left(\frac{a}{2}\right)}\left[\frac{e^{i2\pi U\left(\frac{b}{2}\right)} - e^{i2\pi U\left(-\frac{b}{2}\right)}}{i2\pi U}\right] + e^{i2\pi U\left(-\frac{a}{2}\right)}\left[\frac{e^{i2\pi U\left(\frac{b}{2}\right)} - e^{i2\pi U\left(-\frac{b}{2}\right)}}{i2\pi U}\right]$$

$$= \left(e^{i\pi Ua} + e^{-i\pi Ua}\right)\left[\frac{e^{i\pi Ub} - e^{-i\pi Ub}}{i2\pi U}\right]$$

$$= 2\cos(\pi Ua)\frac{\sin(\pi Ub)}{\pi U} = 2\cos(\pi Ua)\, b\, \mathrm{sinc}(\pi Ub)$$

$$\boxed{\underline{s}_{\text{diffractée}} = 2\underline{K}\,\underline{s_0}\, b\cos(\pi Ua)\,\mathrm{sinc}(\pi Ub)}$$

2. $\varepsilon(\mathrm{M}) = K' \left|\underline{s}_{\text{diffractée}}\right|^2$

$$\begin{aligned}\left|\underline{s}_{\text{diffractée}}\right|^2 &= \left|2\underline{K}\,\underline{s_0}\, b\cos(\pi Ua)\,\mathrm{sinc}(\pi Ub)\right|^2\\ &= 4K" \cos^2(\pi Ua)\,\mathrm{sinc}^2(\pi Ub)\end{aligned}$$

Or $\cos^2(\pi Ua) = \dfrac{1+\cos(2\pi Ua)}{2}$

$$\boxed{\varepsilon(\mathrm{M}) = 2\,\varepsilon_{\max}(1+\cos(2\pi Ua))\,\mathrm{sinc}^2(\pi Ub)}$$

avec $K" = \left|\underline{K}\,\underline{s_0}\, b\right|^2$ et $\varepsilon_{\max} = K'K"$ l'éclairement maximal obtenu avec une seule fente (voir l'exercice précédent).

3. On obtient une figure d'interférences à deux ondes (terme en $(1+\cos(2\pi Ua))$) modulée par une figure de diffraction liée à une fente de largeur b (terme en $\mathrm{sinc}^2(\pi Ub)$). Les dimensions des fentes fines sont telles qu'il n'y a pas de diffraction dans la direction de l'axe des Y.

   Afin de tracer l'allure de l'éclairement obtenu sur l'écran (figure 18.11), recherchons les minimums, c'est-à-dire les valeurs de X telles que :

$$\varepsilon(\mathrm{M}) = 2\,\varepsilon_{\max}(1+\cos(2\pi Ua))\,\mathrm{sinc}^2(\pi Ub) = 0$$

- $\mathrm{sinc}^2(\pi Ub) = 0$ pour les valeurs de U telles que $\pi Ub = m\pi$ où $m \in \mathbb{Z}^*$.

  Or, $U = \dfrac{\theta}{\lambda}$ et $\tan\theta = \dfrac{X}{D} \approx \theta$ pour des petits angles.

$$\mathrm{sinc}^2(\pi Ub) = \mathrm{sinc}^2(\pi\frac{\theta}{\lambda}b) = \mathrm{sinc}^2(\pi\frac{X}{\lambda D}b) = 0$$

$$\Rightarrow \pi\frac{X}{\lambda D}b = m\pi \Leftrightarrow \boxed{X = m\frac{\lambda D}{b}}$$

  où D est la distance mesurée entre l'objet diffractant et l'écran avec $D \gg b$.

- $1 + \cos(2\pi U a) = 0$ pour les valeurs de U telles que :

$$\cos(2\pi U a) = -1 \;\Leftrightarrow\; (2\pi U a) = (2p+1)\,\pi \text{ où } p \in \mathbb{Z}$$

Or, $U = \dfrac{\theta}{\lambda}$ et $\tan\theta = \dfrac{X}{D} \approx \theta$ pour des petits angles.

$$2Ua = 2\left(\frac{\theta}{\lambda}\right)a = 2\left(\frac{X}{\lambda D}\right)a = (2p+1) \;\Rightarrow\; \boxed{X = (2p+1)\frac{\lambda D}{2a}}$$

Etudions l'éclairement en $X = 0$.

$$\varepsilon(\mathrm{M}) = 2\,\varepsilon_{\max}\,(1 + \cos(2\pi U a))\,\mathrm{sinc}^2(\pi U b) = 2\,(1 + \cos 0)\,\mathrm{sinc}^2\,0 = 4\,\varepsilon_{\max}$$

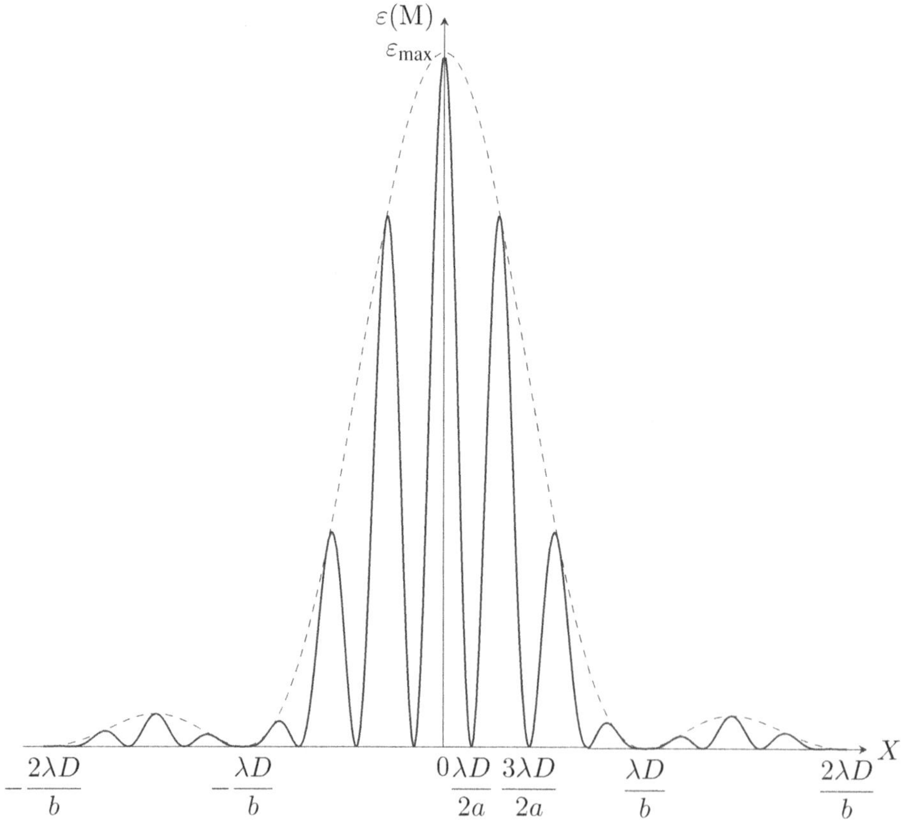

FIGURE 12.30

❑ Exercice 5 - Diffraction par une ouverture rectangulaire (Licence 3) ★☆☆

Une ouverture rectangulaire de hauteur b selon l'axe Ox, de largeur d selon l'axe Oy (figure 12.31), éclairée sous incidence normale (figure 12.32), est décrite par une fonction de transparence $t(x, y)$ telle que :

$$\begin{cases} t(x,y) = 1 \text{ pour } -\dfrac{b}{2} \leqslant x \leqslant \dfrac{b}{2} \text{ et } -\dfrac{d}{2} \leqslant y \leqslant \dfrac{d}{2} \\ \text{et} \\ t(x,y) = 0 \text{ sinon} \end{cases}$$

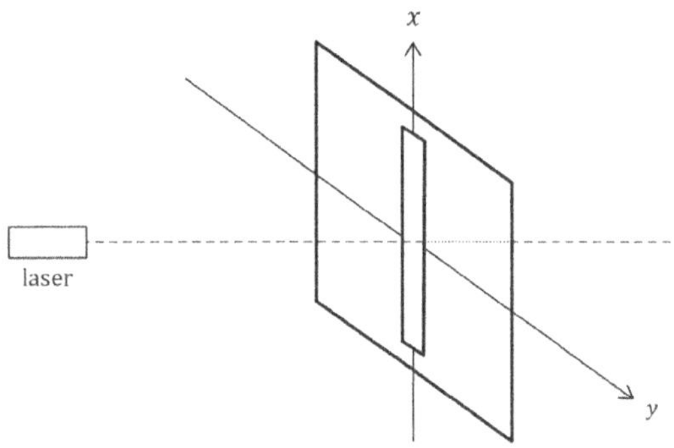

FIGURE 12.31

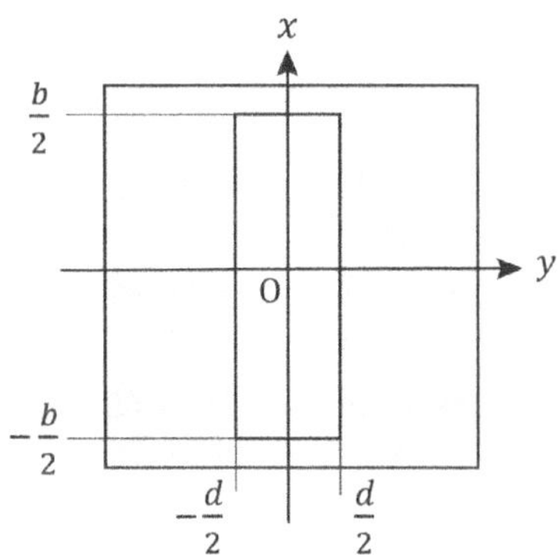

FIGURE 12.32

1. Calculer l'amplitude $\underline{s}_{\text{diffractée}}$ de l'onde diffractée par l'ouverture rectangulaire.
2. Calculer l'éclairement $\varepsilon(\mathrm{M})$ obtenu en un point $\mathrm{M}(X, Y)$ d'un écran placé à grande distance de la pupille diffractante.
3. Dessiner l'allure de l'éclairement obtenu sur l'écran.

Solution

1. $\underline{s}_{\text{diffractée}} = \underline{K}\underline{s_0}\,\mathrm{TF}\{\underline{t}(\mathrm{P})\}$

$$\mathrm{TF}\{\underline{t}(\mathrm{P})\} = \int_{-\frac{b}{2}}^{+\frac{b}{2}} \mathrm{e}^{-\mathrm{i}2\pi Ux}\,\mathrm{d}x \int_{-\frac{d}{2}}^{+\frac{d}{2}} \mathrm{e}^{-\mathrm{i}2\pi Vy}\,\mathrm{d}y$$

où U et V sont respectivement les fréquences spatiales selon l'axe des x et l'axe des y.

$$\begin{aligned}
\mathrm{TF}\{\underline{t}(\mathrm{P})\} &= \left[\frac{\mathrm{e}^{-\mathrm{i}2\pi Ux}}{-\mathrm{i}2\pi U}\right]_{-\frac{b}{2}}^{+\frac{b}{2}} \left[\frac{\mathrm{e}^{-\mathrm{i}2\pi Vy}}{-\mathrm{i}2\pi V}\right]_{-\frac{d}{2}}^{+\frac{d}{2}} \\
&= \left(\frac{\mathrm{e}^{-\mathrm{i}2\pi U(+\frac{b}{2})} - \mathrm{e}^{-\mathrm{i}2\pi U(-\frac{b}{2})}}{-\mathrm{i}2\pi U}\right)\left(\frac{\mathrm{e}^{-\mathrm{i}2\pi V(+\frac{d}{2})} - \mathrm{e}^{-\mathrm{i}2\pi V(-\frac{d}{2})}}{-\mathrm{i}2\pi V}\right) \\
&= \left(\frac{e^{i\pi Ub} - e^{-i\pi Ub}}{2i}\right)\frac{1}{\pi U}\left(\frac{e^{i\pi Vd} - e^{-i\pi Vd}}{2i}\right)\frac{1}{\pi V} \\
&= \frac{\sin(\pi Ub)}{\pi U}\frac{\sin(\pi Vd)}{\pi V} \\
&= b\,\frac{\sin(\pi Ub)}{\pi Ub}\,d\,\frac{\sin(\pi Vd)}{\pi Vd} = b\,d\,\mathrm{sinc}(\pi Ub)\,\mathrm{sinc}(\pi Vd)
\end{aligned}$$

$$\boxed{\underline{s}_{\text{diffractée}} = \underline{K}\underline{s_0}\,b\,d\,\mathrm{sinc}(\pi Ub)\,\mathrm{sinc}(\pi Vd)}$$

2. $\varepsilon(\mathrm{M}) = K'\,|\underline{s}_{\text{diffractée}}|^2$

$$|\underline{s}_{\text{diffractée}}|^2 = \left|\underline{K}\underline{s_0}\,b\,d\,\mathrm{sinc}(\pi Ub)\,\mathrm{sinc}(\pi Vd)\right|^2$$

$$|\underline{s}_{\text{diffractée}}|^2 = K"\,\mathrm{sinc}^2(\pi Ub)\,\mathrm{sinc}^2(\pi Vd)$$

$$\boxed{\varepsilon(\mathrm{M}) = \varepsilon_{max}\,\mathrm{sinc}^2(\pi Ub)\,\mathrm{sinc}^2(\pi Vd)}$$

avec $K" = \left|\underline{K}\underline{s_0}\,b\,d\right|^2$ et $\varepsilon_{max} = K'K"$.

3. L'étude de la fonction *sinus cardinal* nous permet de tracer l'allure de l'éclairement obtenu sur l'écran dans la direction de l'axe des X mais aussi dans la direction de l'axe des Y.

$$\varepsilon(\mathrm{M}) = \varepsilon_{\max}\,\mathrm{sinc}^2(\pi Ub)\,\mathrm{sinc}^2(\pi Vd) = 0$$

$$\Rightarrow \begin{cases} \mathrm{sinc}^2(\pi Ub) = 0 \text{ pour les valeurs de } U \text{ telles que } \pi Ub = m\pi \text{ où } m \in \mathbb{Z}^* \\ \mathrm{sinc}^2(\pi Vd) = 0 \text{ pour les valeurs de } V \text{ telles que } \pi Vd = m'\pi \text{ où } m' \in \mathbb{Z}^* \end{cases}$$

Par un raisonnement similaire de l'exercice 3 de ce chapitre (Diffraction par une fente fine), on a :

$$\begin{cases} \operatorname{sinc}^2(\pi U b) = \operatorname{sinc}^2\left(\pi \dfrac{\theta}{\lambda} b\right) = \operatorname{sinc}^2\left(\pi \dfrac{X}{\lambda D} b\right) = 0 \\ \\ \operatorname{sinc}^2(\pi V d) = \operatorname{sinc}^2\left(\pi \dfrac{\beta}{\lambda} d\right) = \operatorname{sinc}^2\left(\pi \dfrac{Y}{\lambda D} d\right) = 0 \end{cases}$$

où D est la distance mesurée entre l'objet diffractant et l'écran avec $D \gg b$ et $D \gg d$.

$$\begin{cases} \pi \dfrac{X}{\lambda D} b = m\pi \Leftrightarrow X = m\dfrac{\lambda D}{b} \\ \\ \pi \dfrac{Y}{\lambda D} d = m'\pi \Leftrightarrow Y = m'\dfrac{\lambda D}{d} \end{cases}$$

$\varepsilon(\mathrm{M}) = \varepsilon_{\max} \operatorname{sinc}^2(\pi U b) \operatorname{sinc}^2(\pi V d) = \varepsilon_{\max}$

$$\Rightarrow \begin{cases} \operatorname{sinc}^2(\pi U b) = 1 \text{ pour } U = 0 \text{ soit } X = 0 \\ \\ \operatorname{sinc}^2(\pi V d) = 1 \text{ pour } V = 0 \text{ soit } Y = 0 \end{cases}$$

Dans connaitre la valeur de l'éclairement dans chaque « rectangle », il suffit de multiplier le chiffre par l'éclairement maximal.
(Ex : au centre, l'éclairement vaut $1 \times \varepsilon_{\max} = \varepsilon_{\max}$).

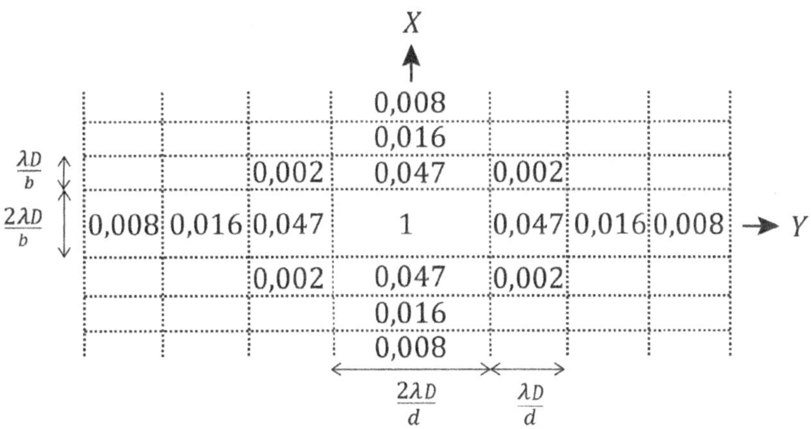

FIGURE 12.33

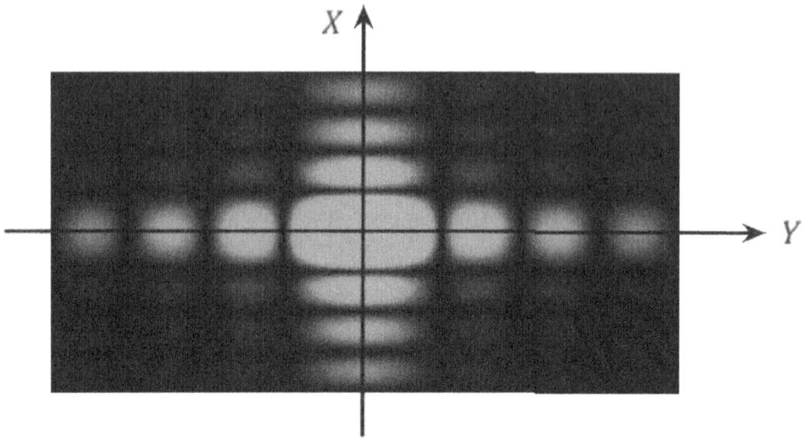

FIGURE 12.34

12.2.3 Physique des ondes

❑ **Exercice 6 - ANALYSE SPECTRALE D'UNE CORDE DE PIANO** (CCS) ★★☆

Les cordes des instruments de musique sont des objets cylindriques homogènes, tendus entre deux points séparés par une longueur L. Le rayon du cylindre est r avec $r \ll L$. La corde, considérée inextensible, sans raideur, de masse linéïque μ est tendue avec la tension T_0. Au repos, la corde est rectiligne et parallèle à l'axe horizontal Ox.

On étudie les mouvements de la corde autour de sa position d'équilibre. On note $y(x,t)$ le déplacement (ou ébranlement) du point de la corde à l'abscisse x à l'instant t. L'axe Oy est l'axe vertical ascendant.

On fait les hypothèses suivantes :

(a) Les déplacements sont petits, de même que l'angle que fait la corde avec l'axe Ox, ce qui entraîne : $\left|\dfrac{\partial y}{\partial x}\right| \ll 1$.

(b) La tension de la corde en mouvement est : $T(x,t) = T_0 + T_1(x,t)$ avec $|T_1(x,t)| \ll T_0$ et $\dfrac{|T_1(x,t)|}{T_0}$ infiniment petit du même ordre ou d'un ordre supérieur à $\left|\dfrac{\partial y}{\partial x}\right|$.

(c) On ne gardera que les termes du premier ordre en $y(x,t)$ et en ses dérivées.

(d) On néglige les frottements ainsi que les effets de la pesanteur.

La projection sur l'axe Oy de la relation fondamentale de la dynamique appliquée à un élément de corde compris entre x et $(x + \mathrm{d}x)$ permet d'établir l'équation aux dérivées partielles vérifiée par l'ébranlement $y(x, t)$:

$$\frac{\partial^2 y}{\partial t^2} = c^2 \frac{\partial^2 y}{\partial x^2} \tag{1}$$

On admet que la solution de l'équation (1) correspondant aux conditions aux limites $y(0, t) = y(L, t) = 0$ est une superposition des modes propres. On l'écrit sous la forme :

$$y(x, t) = \sum_{n=1}^{\infty} \left(a_n \cos\left(\frac{n\pi ct}{L}\right) + b_n \sin\left(\frac{n\pi ct}{L}\right)\right) \sin\left(\frac{n\pi x}{L}\right) \tag{2}$$

Les conditions initiales sont constituées par la donnée de :

- la forme de la corde : $y(x, 0) = f(x)$,
- sa vitesse : $\dfrac{\partial y}{\partial t}(x, 0) = g(x)$,

où $f(x)$ et $g(x)$ sont des fonctions définies sur $[0, L]$.

On rappelle que si $f(t)$ est une fonction à valeurs réelles ou complexes, périodique de période T, les coefficients de Fourier de $f(t)$ sont donnés par les relations :

$$\begin{cases} a_n = \dfrac{2}{T} \displaystyle\int_{t_0}^{t_0+T} f(t) \cos\left(2\pi n \frac{t}{T}\right) \mathrm{d}t & \text{pour } n \in \mathbb{N} \\ b_n = \dfrac{2}{T} \displaystyle\int_{t_0}^{t_0+T} f(t) \sin\left(2\pi n \frac{t}{T}\right) \mathrm{d}t & \text{pour } n \in \mathbb{N}^* \end{cases}$$

les coefficients ne dépendant pas de l'instant t_0 choisi pour le calcul.

A - **Solution générale**

1. Montrer que les coefficients a_n et b_n se déduisent simplement de la décomposition en série de Fourier des fonctions $\tilde{f}(x)$ et $\tilde{g}(x)$ définies sur $\mathbb{R}$ tout entier, impaires, périodiques de période $2L$ et qui coïncident avec $f(x)$ et $g(x)$ sur l'intervalle $[0, L]$.
2. On donne la fonction $f(x)$ (figure 12.38).

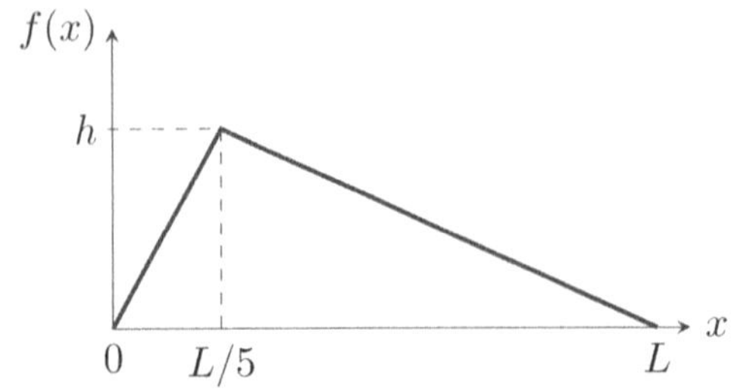

FIGURE 12.35

Illustrer graphiquement la construction de la fonction $\tilde{f}(x)$.

B - **Corde frappée**

La corde est frappée à l'instant initial par un marteau de largeur $2a$ (faible), situé à l'abscisse x_0 (pendant un intervalle de temps supposé infiniment court). Ce marteau communique une vitesse initiale transversale à la corde. On se donne les conditions initiales suivantes (juste après l'attaque de la corde par le marteau) en tout point de la corde :

- la forme initiale de la corde donnée par $y(x,0) = 0$,
- la vitesse initiale de la corde donnée par

$$\frac{\partial y}{\partial t}(x,0) = \begin{cases} u_0 & \text{pour } x \in [x_0 - a, x_0 + a] \\ 0 & \text{en dehors de cet intervalle} \end{cases}$$

1. En utilisant l'une des conditions initiales, déterminer les coefficients a_n.
2. En utilisant l'autre condition initiale, déterminer les coefficients b_n.
En déduire que le résultat du calcul de $y(x,t)$ s'écrit :

$$y(x,t) = \frac{4u_0 a x_0}{cL} \sum_{n=1}^{\infty} \frac{\sin\left(n\frac{\pi a}{L}\right)}{n\frac{\pi a}{L}} \frac{\sin\left(n\frac{\pi x_0}{L}\right)}{n\frac{\pi x_0}{L}} \sin\left(n\frac{\pi x}{L}\right) \sin\left(n\frac{\pi c t}{L}\right)$$

3. Quel est l'effet de la largeur a du marteau ?
4. Comment choisir le point d'attaque si l'on veut supprimer l'harmonique de rang n ?

C - **Corde pincée**

Une corde (de guitare par exemple) de longueur L est pincée de sorte qu'à l'instant initial la forme de la corde est la suivante :

$$y(x,0) = z(x) \begin{cases} z(x) = \dfrac{\beta}{\alpha} x & \text{pour } x \in [0, \alpha L] \\ z(x) = \dfrac{\beta(L-x)}{(1-\alpha)} & \text{pour } x \in [\alpha L, L] \end{cases}$$

La corde est supposée lâchée sans vitesse initiale de sorte que $\dfrac{\partial y}{\partial t}(x,0) = 0$

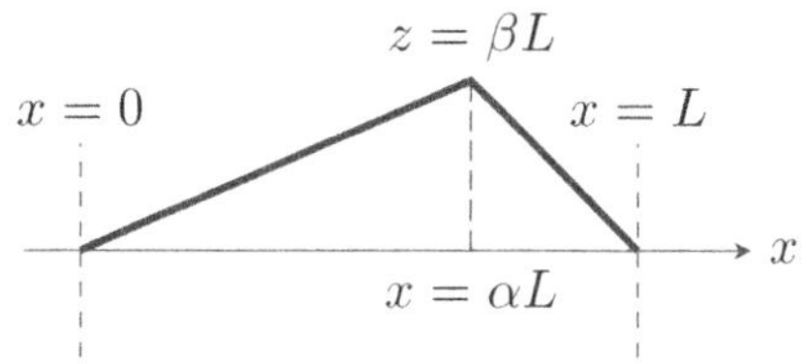

FIGURE 12.36

1. Par la même méthode que précédemment, déterminer les coefficents b_n.
2. Montrer que $a_n = \dfrac{2\beta L}{n^2\pi^2}\dfrac{\sin(n\pi\alpha)}{\alpha\,(1-\alpha)}$.
3. On donne les spectres calculés pour une corde pincée à la moitié de sa longueur puis au cinquième de celle-ci, où $c_n = \sqrt{a_n^2 + b_n^2}$:

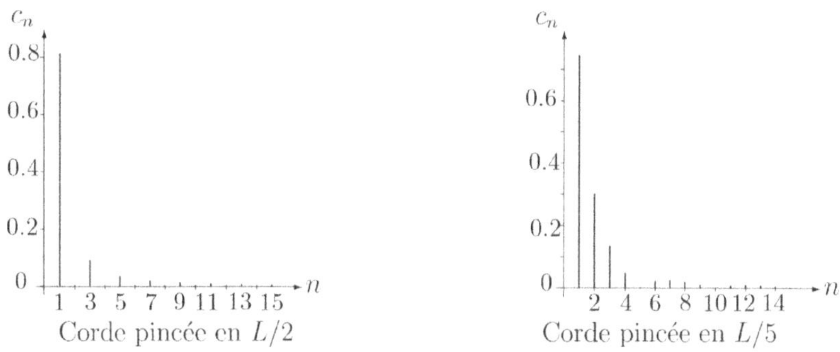

FIGURE 12.37

a. Comment peut-on expliquer, dans le cadre de la modélisation précédente, l'absence de certains harmoniques ?

b. On peut montrer que les coefficients a_n associés à la corde pincée décroissent globalement comme $\dfrac{1}{n^2}$. En revanche les amplitudes des différents harmoniques de la corde frappée étudiée à la question B.2 décroissent plutôt en $\dfrac{1}{n}$ (au moins à partir d'une certaine valeur de n). Comparer alors les sons d'une guitare (instrument à cordes pincées) et d'un piano (instrument à cordes frappées).

D'après Concours Centrale-Supélec et Agrégation

Solution

A - **Solution générale**

1. D'après l'énoncé, $f(x) = y(x, 0)$.
On reprend donc l'équation (2) correspondant à la solution de l'équation (1) en l'on remplace t par la valeur 0 :

$$f(x) = y(x,0) = \sum_{n=1}^{\infty} (a_n \cos 0 + b_n \sin 0) \sin\left(\frac{n\pi x}{L}\right)$$

$$\boxed{f(x) = \sum_{n=1}^{\infty} a_n \sin\left(\frac{n\pi x}{L}\right)}$$

Les cofficients a_n sont appelés coefficients du développement en série de Fourier de la fonction $\tilde{f}(x)$ définie dans l'énoncé qui coïncide avec $f(x)$ sur l'intervalle $[0, L]$.

De même, d'après l'énoncé $g(x) = \dfrac{\partial y}{\partial t}(x, 0)$.
On dérive l'équation (2) par rapport au temps :

$$\frac{\partial y(x,t)}{\partial t} = \sum_{n=1}^{\infty} \left(a_n \left(-\frac{n\pi c}{L}\right) \sin\left(\frac{n\pi ct}{L}\right) + b_n \left(\frac{n\pi c}{L}\right) \cos\left(\frac{n\pi ct}{L}\right)\right) \sin\left(\frac{n\pi x}{L}\right)$$

Puis on remplace t par la valeur 0 :

$$g(x) = \frac{\partial y}{\partial t}(x,0) = \sum_{n=1}^{\infty} \left(a_n \left(-\frac{n\pi c}{L}\right) \sin 0 + b_n \left(\frac{n\pi c}{L}\right) \cos 0\right) \sin\left(\frac{n\pi x}{L}\right)$$

$$\boxed{g(x) = \sum_{n=1}^{\infty} b_n \left(\frac{n\pi c}{L}\right) \sin\left(\frac{n\pi x}{L}\right)} = \sum_{n=1}^{\infty} B_n \sin\left(\frac{n\pi x}{L}\right)$$

Les coefficients B_n sont appelés coefficients du développement en série de Fourier de la fonction $\tilde{g}(x)$ définie dans l'énoncé qui coïncide avec $g(x)$ sur l'intervalle $[0, L]$. Les coefficients b_n sont donc égaux à $\dfrac{L}{n\pi c}$ fois les coefficients de Fourier de la fonction $\tilde{g}(x)$ définie dans l'énoncé qui coïncide avec $g(x)$ sur l'intervalle $[0, L]$.

2. Pour illustrer graphiquement la construction de la fonction $\tilde{f}(x)$ (figure 12.38), on trace pour $x \in [-L, 0]$ le symétrique par rapport à l'origine O d'abscisse $x = 0$ (fonction impaire) de la fonction f qui est tracée pour $x \in [0, L]$. Puis, par continuité, on reproduit périodiquement le motif obtenu.

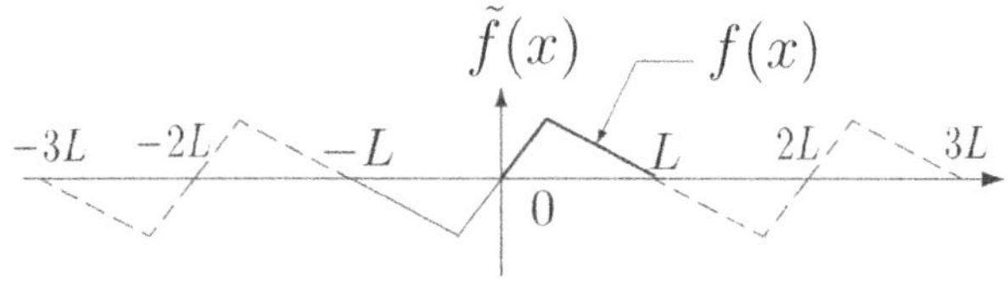

FIGURE 12.38

B - **Corde frappée**

1. $\forall x$, à $t = 0$, d'après l'expression de $y(x,0)$ calculée à la question A.1.

$$y(x,0) = \sum_{n=1}^{\infty} a_n \sin\left(\frac{n\pi x}{L}\right) = 0$$

Pour assurer l'unicité des solutions, tous les coefficients a_n sont nuls.

2. $\forall x$, à $t = 0$, d'après l'expression de $\dfrac{\partial y}{\partial t}(x,0)$ calculée à la question A.1.

$$\frac{\partial y}{\partial t}(x,0) = \sum_{n=1}^{\infty} b_n \left(\frac{n\pi c}{L}\right) \sin\left(\frac{n\pi x}{L}\right) = \sum_{n=1}^{\infty} B_n \sin\left(\frac{n\pi x}{L}\right)$$

On détermine dans un premier temps les coefficients B_n puis on en déduit les coefficients $b_n = B_n \dfrac{L}{n\pi c}$.
La périodicité spatiale étant égale à $2L$, les coefficients B_n sont, par définition, calculés par l'expression suivante :

$$\begin{aligned} B_n &= \frac{2}{2L} \int_{-L}^{+L} \frac{\partial y}{\partial t}(x,0) \sin\left(\frac{n\pi x}{L}\right) \mathrm{d}x \\ &= \frac{1}{L} \left[2 \int_{0}^{L} \frac{\partial y}{\partial t}(x,0) \sin\left(\frac{n\pi x}{L}\right) \mathrm{d}x \right] \end{aligned}$$

D'après l'énoncé,

$$\frac{\partial y}{\partial t}(x,0) = \begin{cases} u_0 & \text{pour } x \in [x_0 - a, x_0 + a] \\ 0 & \text{en dehors de cet intervalle} \end{cases}$$

On a donc

$$\begin{aligned} B_n &= \frac{2}{L} \int_{x_0-a}^{x_0+a} u_0 \sin\left(\frac{n\pi x}{L}\right) \mathrm{d}x = \frac{2}{L} u_0 \left[\frac{-\cos\left(\frac{n\pi x}{L}\right)}{\left(\frac{n\pi}{L}\right)} \right]_{x_0-a}^{x_0+a} \\ &= \frac{2u_0}{n\pi} \left[-\cos\left(\frac{n\pi}{L}(x_0+a)\right) + \cos\left(\frac{n\pi}{L}(x_0-a)\right) \right] \end{aligned}$$

On rappelle la relation mathématique suivante :

$$\cos p - \cos q = -2\sin\left(\frac{p+q}{2}\right)\sin\left(\frac{p-q}{2}\right)$$

$$B_n = \frac{2u_0}{n\pi}\left[-2\sin\left(\frac{\frac{n\pi}{L}(x_0-a)+\frac{n\pi}{L}(x_0+a)}{2}\right)\sin\left(\frac{\frac{n\pi}{L}(x_0-a)-\frac{n\pi}{L}(x_0+a)}{2}\right)\right]$$

$$= -\frac{4u_0}{n\pi}\sin\left(\frac{n\pi x_0}{L}\right)\sin\left(-\frac{n\pi a}{L}\right) = \boxed{\frac{4u_0}{n\pi}\sin\left(\frac{n\pi x_0}{L}\right)\sin\left(\frac{n\pi a}{L}\right) = B_n}$$

On en déduit l'expression des coefficients b_n.

$$\begin{aligned} b_n = B_n\frac{L}{n\pi c} &= \frac{4u_0}{n\pi}\frac{L}{n\pi c}\sin\left(\frac{n\pi x_0}{L}\right)\sin\left(\frac{n\pi a}{L}\right) \\ &= \frac{4u_0}{n^2\pi^2 c}\sin\left(\frac{n\pi x_0}{L}\right)\sin\left(\frac{n\pi a}{L}\right) \\ &= \frac{4u_0}{n^2\pi^2 c}\frac{\left(\frac{n\pi a}{L}\right)}{\left(\frac{n\pi a}{L}\right)}\frac{\left(\frac{n\pi x_0}{L}\right)}{\left(\frac{n\pi x_0}{L}\right)}\sin\left(\frac{n\pi x_0}{L}\right)\sin\left(\frac{n\pi a}{L}\right) \end{aligned}$$

$$\boxed{b_n = \frac{4u_0 a x_0}{cL}\frac{\sin\left(n\frac{\pi a}{L}\right)}{n\frac{\pi a}{L}}\frac{\sin\left(n\frac{\pi x_0}{L}\right)}{n\frac{\pi x_0}{L}}}$$

Le résultat du calcul de $y(x,t)$ s'écrit bien :

$$\boxed{y(x,t) = \frac{4u_0 a x_0}{cL}\sum_{n=1}^{\infty}\frac{\sin\left(n\frac{\pi a}{L}\right)}{n\frac{\pi a}{L}}\frac{\sin\left(n\frac{\pi x_0}{L}\right)}{n\frac{\pi x_0}{L}}\sin\left(n\frac{\pi x}{L}\right)\sin\left(n\frac{\pi c t}{L}\right)}$$

3. Lorsque a tend vers zéro, les amplitudes des harmoniques se comportent comme un sinus cardinal d'expression :

$$\operatorname{sinc}\left(\frac{n\pi a}{L}\right) = \frac{\sin\left(\frac{n\pi a}{L}\right)}{\frac{n\pi a}{L}}$$

La forme est alors identique à la transformée de Fourier d'une fonction « porte » de largeur a.
Si $a \to 0$ alors $\operatorname{sinc}\left(\frac{n\pi a}{L}\right) \to 1$ et le timbre ne dépendra que du point d'impact du marteau.
Si $a \neq 0$ alors le timbre du son sera impacté par la largeur du marteau.

4. L'amplitude de l'harmonique de rang n (ayant pour coefficients de Fourier b_n) est supprimé si $b_n = 0$ ou si $\operatorname{sinc}\left(\frac{n\pi x_0}{L}\right) = 0$, soit :

$$\frac{n\pi x_0}{L} = m\pi \Leftrightarrow \boxed{x_0 = m\,\frac{L}{n}}$$

où m est un entier variant de 1 à $(n-1)$.
Par exemple, si l'on souhaite supprimer l'harmonique de rang $n = 5$, il faut que $b_5 = 0$ donc que $\operatorname{sinc}\left(\frac{5\pi x_0}{L}\right) = 0$, soit $x_0 = m\,\frac{L}{5}$. Il faut donc frapper la corde soit en $x_1 = \frac{1}{5}L$, $x_2 = \frac{2}{5}L$, $x_3 = \frac{3}{5}L$ ou $x_4 = \frac{4}{5}L$.

Conclusion : si l'on frappe la corde sur un noeud de vibration, là où le point de la corde est immobile, on élimine l'harmonique correspondant.

C - **Corde pincée**

1. D'après l'expression de $\frac{\partial y}{\partial t}(x,0)$ calculée à la question A.1.

$$\frac{\partial y}{\partial t}(x,0) = \sum_{n=1}^{\infty} b_n\left(\frac{n\pi c}{L}\right)\sin\left(\frac{n\pi x}{L}\right) = 0$$

Pour assurer l'unicité des solutions, tous les coefficients b_n sont nuls.

2. En utilisant l'autre condition initiale :

$$y(x,0) = \sum_{n=1}^{\infty} a_n \sin\left(\frac{n\pi x}{L}\right) = z(x)$$

Les coefficients a_n sont les coefficients de Fourier de la fonction $\tilde{z}(x)$ impaire, $2L$-périodique, qui coïncide avec $z(x)$ sur $[0, L]$. La périodicité spatiale étant égale à $2L$, les coefficients a_n sont, par définition, calculés par l'expression suivante :

$$\begin{aligned} a_n &= \frac{2}{2L}\int_{-L}^{+L} y(x,0)\sin\left(\frac{n\pi x}{L}\right)\mathrm{d}x \\ &= \frac{1}{L}\left[2\int_0^L z(x)\sin\left(\frac{n\pi x}{L}\right)\mathrm{d}x\right] \\ &= \frac{2}{L}\left[\int_0^{\alpha L}\frac{\beta x}{\alpha}\sin\left(\frac{n\pi x}{L}\right)\mathrm{d}x + \int_{\alpha L}^{L}\frac{\beta(L-x)}{1-\alpha}\sin\left(\frac{n\pi x}{L}\right)\mathrm{d}x\right] \end{aligned}$$

$$\boxed{a_n = \frac{2}{L}\left[\frac{\beta}{\alpha}\int_0^{\alpha L} x\sin\left(\frac{n\pi x}{L}\right)\mathrm{d}x + \frac{\beta}{1-\alpha}\int_{\alpha L}^{L}(L-x)\sin\left(\frac{n\pi x}{L}\right)\mathrm{d}x\right]}$$

Pour calculer $\int_0^{\alpha L} x \sin\left(\frac{n\pi x}{L}\right) dx$, on réalise **une intégration par partie (IPP).**

On pose $u(x) = x$ et $v'(x) = \sin\left(\frac{n\pi x}{L}\right)$

$$\begin{cases} u(x) = x & \Leftrightarrow u'(x) = 1 \\ v'(x) = \sin\left(\frac{n\pi x}{L}\right) & \Leftrightarrow v(x) = -\frac{L}{n\pi}\cos\left(\frac{n\pi x}{L}\right) \end{cases}$$

$$\int_0^{\alpha L} u(x)\,v'(x)\,\mathrm{d}x = \Big[u(x)\,v(x)\Big]_0^{\alpha L} - \int_0^{\alpha L} u'(x)\,v(x)\,\mathrm{d}x$$

$$\int_0^{\alpha L} x \sin\left(\frac{n\pi x}{L}\right)\mathrm{d}x = \left[x\left(-\frac{L}{n\pi}\right)\cos\left(\frac{n\pi x}{L}\right)\right]_0^{\alpha L} - \int_0^{\alpha L} 1\left(-\frac{L}{n\pi}\right)\cos\left(\frac{n\pi x}{L}\right)\mathrm{d}x$$

$$= -\frac{L}{n\pi}\left[\alpha L\cos\left(\frac{n\pi\alpha L}{L}\right) - 0\right] + \frac{L}{n\pi}\left[\frac{\sin\left(\frac{n\pi x}{L}\right)}{\frac{n\pi}{L}}\right]_0^{\alpha L}$$

$$= -\frac{L}{n\pi}\left[\alpha L\cos\left(\frac{n\pi\alpha L}{L}\right)\right] + \frac{L}{n\pi}\frac{L}{n\pi}\left[\sin\left(\frac{n\pi\alpha L}{L}\right) - \sin 0\right]$$

$$\boxed{\int_0^{\alpha L} x \sin\left(\frac{n\pi x}{L}\right)\mathrm{d}x = -\frac{\alpha L^2}{n\pi}\cos(n\pi\alpha) + \frac{L^2}{n^2\pi^2}\sin(n\pi\alpha)}$$

Pour calculer $\int_{\alpha L}^{L} (L-x)\sin\left(\frac{n\pi x}{L}\right) \mathrm{d}x$, on réalise **une intégration par partie (IPP).**

On pose $u(x) = (L-x)$ et $v'(x) = \sin\left(\frac{n\pi x}{L}\right)$

$$\begin{cases} u(x) = (L-x) & \Leftrightarrow u'(x) = -1 \\ v'(x) = \sin\left(\frac{n\pi x}{L}\right) & \Leftrightarrow v(x) = -\frac{L}{n\pi}\cos\left(\frac{n\pi x}{L}\right) \end{cases}$$

$$\int_{\alpha L}^{L} u(x)\,v'(x)\,\mathrm{d}x = \Big[u(x)\,v(x)\Big]_{\alpha L}^{L} - \int_{\alpha L}^{L} u'(x)\,v(x)\,\mathrm{d}x$$

$$\int_{\alpha L}^{L} u(x)v'(x)\mathrm{d}x = \left[(L-x)\left(-\frac{L}{n\pi}\cos\left(\frac{n\pi x}{L}\right)\right)\right]_{\alpha L}^{L} - \int_{\alpha L}^{L}(-1)\left(-\frac{L}{n\pi}\cos\left(\frac{n\pi x}{L}\right)\right)\mathrm{d}x$$

$$= \left[(L-L)\left(-\frac{L}{n\pi}\cos\left(\frac{n\pi L}{L}\right)\right) - (L-\alpha L)\left(-\frac{L}{n\pi}\right)\cos\left(\frac{n\pi\alpha L}{L}\right)\right] - \frac{L}{n\pi}\left[\frac{\sin\left(\frac{n\pi x}{L}\right)}{\frac{n\pi}{L}}\right]_{\alpha L}^{L}$$

$$= \frac{L^2}{n\pi}(1-\alpha)\cos(n\pi\alpha) - \frac{L}{n\pi}\frac{L}{n\pi}\left[\sin\left(\frac{n\pi L}{L}\right) - \sin\left(\frac{n\pi\alpha L}{L}\right)\right]$$

$$\int_{\alpha L}^{L} (L-x)\sin\Big(\frac{n\pi x}{L}\Big)\,\mathrm{d}x = \frac{L^2}{n\pi}\,(1-\alpha)\cos(n\pi\alpha) - \frac{L^2}{n^2\pi^2}\,(0-\sin(n\pi\alpha))$$

$$\boxed{\int_{\alpha L}^{L} (L-x)\sin\Big(\frac{n\pi x}{L}\Big)\,\mathrm{d}x = \frac{L^2}{n\pi}(1-\alpha)\cos(n\pi\alpha) + \frac{L^2}{n^2\pi^2}\sin(n\pi\alpha)}$$

En reportant les résultats de ces deux intégrations par parties dans l'expression de a_n, on obtient :

$$\begin{aligned}
a_n &= \frac{2}{L}\left[\frac{\beta}{\alpha}\left(-\frac{\alpha L^2}{n\pi}\cos(n\pi\alpha) + \frac{L^2}{n^2\pi^2}\sin(n\pi\alpha)\right)\right.\\
&\quad \left. + \frac{\beta}{(1-\alpha)}\left(\frac{L^2}{n\pi}\,(1-\alpha)\cos(n\pi\alpha) + \frac{L^2}{n^2\pi^2}\sin(n\pi\alpha)\right)\right]\\
&= \frac{2}{L}\left[\left(-\frac{\beta L^2}{n\pi} + \frac{\beta L^2}{n\pi}\right)\cos(n\pi\alpha) + \left(\frac{\beta L^2}{\alpha\, n^2\pi^2} + \frac{\beta L^2}{(1-\alpha)n^2\pi^2}\right)\sin(n\pi\alpha)\right]\\
&= \frac{2}{L}\frac{\beta L^2}{n^2\pi^2}\left(\frac{1}{\alpha} + \frac{1}{1-\alpha}\right)\sin(n\pi\alpha)\\
&= \frac{2\beta L}{n^2\pi^2}\left(\frac{1-\alpha+\alpha}{\alpha\,(1-\alpha)}\right)\sin(n\pi\alpha)
\end{aligned}$$

$$\boxed{a_n = \frac{2\beta L}{n^2\pi^2}\frac{\sin(n\pi\alpha)}{\alpha\,(1-\alpha)}}$$

3. a. Pour une corde pincée à la moitié de sa longueur, on a $\alpha = \dfrac{1}{2}$. Les coefficients de Fourier a_n sont proportionnels à $\sin(n\pi\alpha)$. Certains harmoniques seront donc absents si $\sin(n\pi\alpha) = \sin\Big(\dfrac{n\pi}{2}\Big) = 0 \Leftrightarrow \Big(\dfrac{n\pi}{2}\Big)$ est un multiple de π ou n est un multiple de $\dfrac{1}{\alpha} = 2$.
On voit bien sur le spectre qu'il manque les harmoniques pairs.

De même, pour une corde pincée au cinquième de sa longueur, on a $\alpha = \dfrac{1}{5}$. Les harmoniques absents sont tels que $\Big(\dfrac{n\pi}{5}\Big)$ est un multiple de π ou n est un multiple de $\dfrac{1}{\alpha} = 5$.

On voit bien sur le spectre qu'il manque les harmoniques de rang 5 et 10.

Généralisation : les harmoniques absents sont de rangs n multiples de $\dfrac{1}{\alpha}$.

b. L'une des caractéristiques essentielle du timbre d'un instrument est son contenu harmonique : lorsque le son perçu est riche en harmonique de rang élevé le son est qualifié de riche ou brillant, au contraire lorsqu'il est pauvre en harmonique de rang élevé le son est qualifié de rond.

Les coefficients a_n associés à la corde pincée décroissent globalement comme $\frac{1}{n^2}$. En revanche les amplitudes des différents harmoniques de la corde frappée étudiée à la question B.2 décroissent plutôt en $\frac{1}{n}$. Pour une guitare (instrument à cordes pincées), les amplitudes des harmoniques décroissent plus vite que pour un piano (instrument à cordes frappées). Le son émis par une guitare est donc moins riche que le son émis par un piano.

Seconde Partie

Extraits de sujets de concours

Chapitre 13

Electromagnétisme

13.1 Equilibre électrostatique et régime stationnaire (e3a)

Conseils - Pour aborder cet extrait de sujet de concours, il est préférable de revoir les notions suivantes :

- Produits scalaires (chapitre 1)
- Opérateurs différentiels vectoriels (chapitre 2)
- Trigonométrie (chapitre 3)
- Dérivées (chapitre 4)
- Intégrales (chapitre 7)
- Equations différentielles (chapitre 9)
- Etude de fonctions, graphiques (chapitre 10)

A. **Etude de l'équilibre électrostatique**

Soit un fil de longueur et de conductivité infinies, de rayon a *et possédant la charge linéique* λ (figure 13.1).

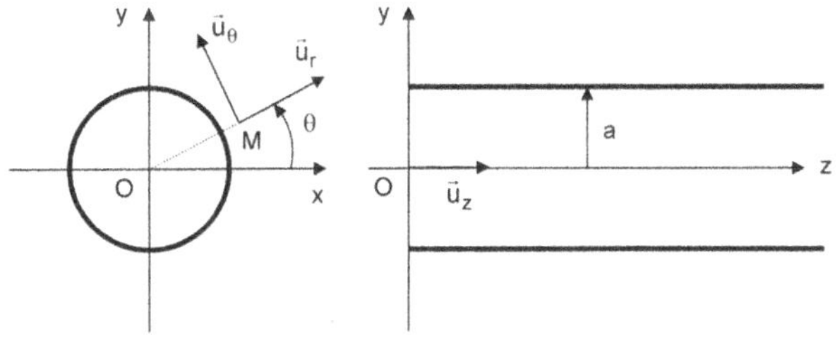

FIGURE 13.1

A.1. Rappeler les équations de Maxwell dans le vide. Que vaut la densité volumique de charges ρ dans le fil ?

A.2. Montrer que le champ électrostatique est radial et qu'il ne dépend que de r, tel que : $\vec{E} = E(r)\,\vec{u}_r$.

A.3. En appliquant le théorème de Gauss sur une surface à préciser, établir l'expression de $E(r)$ en fonction de λ, ε_0, r et de constantes à déterminer en distinguant deux domaines (à définir).
Quelle relation existe-t-il entre $\vec{E} = E(r)\,\vec{u}_r$ et le potentiel électrostatique $V(r)$?

A.4. Le fil conducteur est porté au potentiel V_1. Exprimer la différence de potentiel $V(r) - V_1$ en fonction de λ, ε_0, a et r.

Considérons deux fils (1) *et* (2) *de longueur infinie, infiniment conducteurs, de rayon* a, *parallèles entre eux, espacés de* $h \gg$ a *et possédant les charges linéiques* λ *et* $-\lambda$ *constants et uniformes (figure 13.2). Nous ferons l'hypothèse que les charges restent uniformément réparties à la périphérie des conducteurs cylindriques. Ces deux conducteurs forment une ligne bifilaire.*

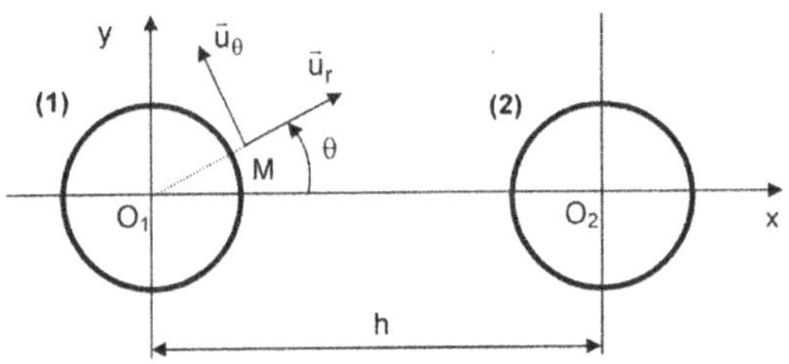

FIGURE 13.2

A.5. En appliquant le théorème de superposition, exprimer $V_1 - V_2$, la différence de potentiel entre le fil (1) et le fil (2).

A.6. Réaliser un tracé qualitatif des lignes de champ et des surfaces équipotentielles relatives aux conducteurs cylindriques.

A.7. Montrer qu'une surface équipotentielle particulière est un plan et donner son équation.

A.8. Déterminer l'expression du champ électrique $\vec{E}$ en tout point de ce plan. Tracer le module de $\vec{E}$ en fonction d'une variable à préciser.

A.9. Montrer que certaines lignes de champ sont portées par une droite. Exprimer le champ électrique $\vec{E}$ en tout point de cette droite. Tracer le module de $\vec{E}$ en fonction d'une variable à préciser.

L'ensemble des deux conducteurs forme un condensateur de capacité linéique C_0. Pour la suite, il sera admis que $C_0 = \dfrac{\pi\varepsilon_0}{\ln\left(\frac{h-\mathrm{a}}{\mathrm{a}}\right)}$.

B. **Etude en régime stationnaire**

La ligne bifilaire est utilisée pour alimenter une charge. Le conducteur (1) constitue le conducteur aller du courant électrique constant d'intensité I_0 (dans le sens de l'axe $\mathrm{O}z$). Le conducteur (2) est le conducteur retour de ce courant. La répartition du courant est uniforme sur chaque conducteur. Les vecteurs densité de courant sont respectivement :

$$\vec{j}_1 = \frac{I_0}{\pi\mathrm{a}^2}\,\vec{u}_z \quad \text{et} \quad \vec{j}_2 = \frac{-I_0}{\pi\mathrm{a}^2}\,\vec{u}_z$$

B.1. Montrer que le champ magnétique créé par le conducteur (1) est orthoradial et qu'il ne dépend que de r, tel que : $\vec{B}_1 = B_1(r)\,\vec{u}_\theta$.

B.2. A partir du théorème d'Ampère sur un contour à préciser, établir l'expression de $B_1(r)$ en distinguant deux domaines (à définir). Tracer le graphe de $B_1(r)$.

B.3. De même, exprimer $\vec{B}$, le champ magnétique résultant créé par les conducteurs (1) et (2), mais uniquement dans le plan défini par les axes des deux conducteurs et entre les conducteurs.

L'ensemble des deux conducteurs forme une bobine d'inductance linéique L_0. Dans la suite du problème, il sera admis que $L_0 = \dfrac{\mu_0}{\pi}\ln\left(\dfrac{h-\mathrm{a}}{\mathrm{a}}\right)$.

B.4. A l'aide d'une figure, montrer ce que représente la grandeur physique $L_0 I_0$.

B.5. Que vaut le produit $L_0 C_0$? Application numérique.

D'après concours e3a-Polytech PSI

Solution

A. **Etude de l'équilibre électrostatique**

A.1. Les équations de Maxwell *dans le vide* s'écrivent :

Maxwell-Gauss :	$\mathrm{div}\vec{E} = 0$
Maxwell-flux :	$\mathrm{div}\vec{B} = 0$
Maxwell-Faraday :	$\overrightarrow{\mathrm{rot}}\,\vec{E} = -\dfrac{\partial\vec{B}}{\partial t}$
Maxwell-Ampère :	$\overrightarrow{\mathrm{rot}}\,\vec{B} = \varepsilon_0\mu_0\,\dfrac{\partial\vec{E}}{\partial t}$

Le fil possède une charge linéique λ, les charges sont donc réparties linéairement à la surface du fil et il n'y a pas de charges en volume donc la densité volumique de charges est nulle $\rho = 0$.

A.2. Le fil est de forme cylindrique, on adoptera donc un système de coordonnées cylindriques (r, θ, z) à partir d'un point M extérieur au fil.
Le plan $(\mathrm{M}, \vec{u}_r, \vec{u}_\theta)$ est un plan de symétrie, noté π_1, pour la distribution de charges. D'après le principe de Curie, le champ électrique appartient à ce plan de symétrie.
Le plan $(\mathrm{M}, \vec{u}_r, \vec{u}_z)$ est un plan de symétrie, noté π_2, pour la distribution de charges. D'après le principe de Curie, le champ électrique appartient à ce plan de symétrie.
$\Rightarrow$ Le champ électrique appartient aux plans π_1 et π_2 donc ce champ est dirigé selon la direction radiale portée par le vecteur unitaire $\vec{u}_r$.

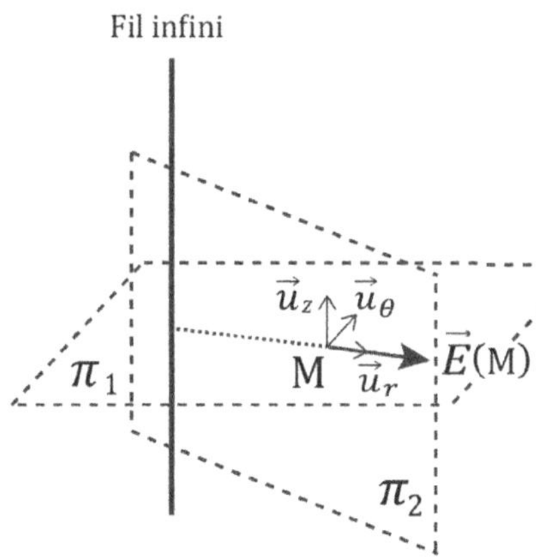

FIGURE 13.3

La distribution de charges est invariante par translation selon z (direction parallèle au fil infini - voir figure 13.3) et par rotation selon θ. D'après le principe de Curie, le champ électrique sera indépendant des variables θ et z.
Le champ électrique s'écrit :

$$\boxed{\vec{E}(\mathrm{M}) = E(r)\,\vec{u}_r}$$

A.3. On applique le théorème de Gauss :

$$\oiint_{(\Sigma)} \vec{E}(\mathrm{M}) \cdot \overrightarrow{\mathrm{d}S} = \frac{Q_{\text{int}}}{\varepsilon_0}$$

où (Σ) est la surface de Gauss à définir.

Distinguons deux domaines.

Domaine n°1 : $r < \text{a}$

La surface de Gauss (Σ), représentée en pointillés sur la figure ci-dessous, est un cylindre fermé d'axe Oz et de rayon $r < \text{a}$ (voir figure 13.4).

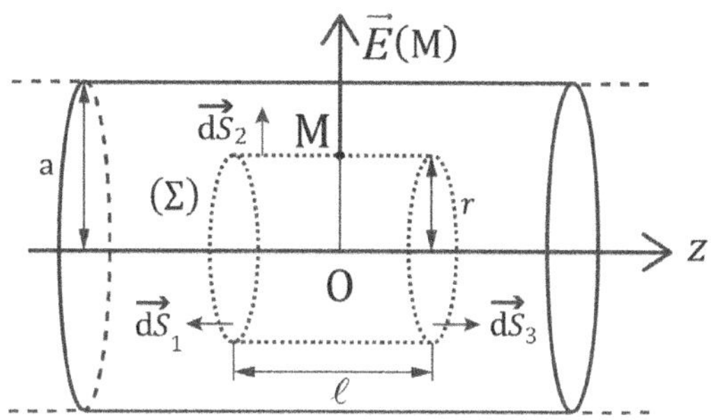

FIGURE 13.4

Les charges sont réparties à la surface du fil conducteur donc il n'y a pas de charges intérieures $Q_{\text{int}} = 0$.

Domaine n°2 : $r > \text{a}$

La surface de Gauss (Σ) est un cylindre fermé d'axe Oz de rayon $r > \text{a}$ (voir figure 13.5).

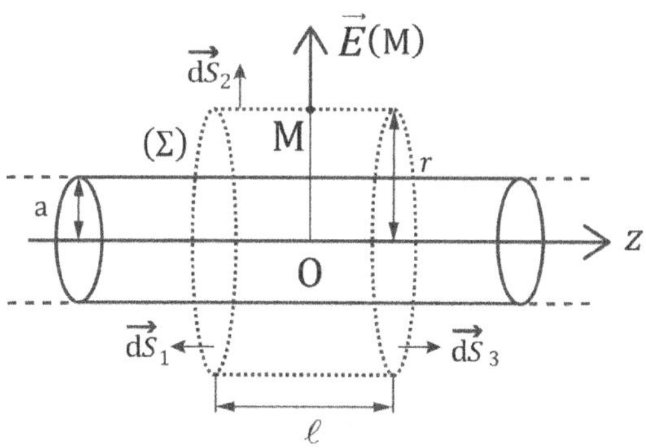

FIGURE 13.5

Les charges sont réparties à la surface du fil conducteur donc $Q_{\text{int}} = \lambda\ell$.

$$\oiint_{(\Sigma)} \vec{E}(\text{M}) \cdot \overrightarrow{\text{d}S} = \iint_{S_1} \vec{E}(\text{M}) \cdot \overrightarrow{\text{d}S_1} + \iint_{S_2} \vec{E}(\text{M}) \cdot \overrightarrow{\text{d}S_2} + \iint_{S_3} \vec{E}(\text{M}) \cdot \overrightarrow{\text{d}S_3}$$

$$= \iint_{S_2} E(\text{M}) \times \text{d}S_2 = E(\text{M}) \times 2\pi r\ell = \frac{\lambda\ell}{\varepsilon_0}$$

car $\vec{E} \perp \overrightarrow{\text{d}S_1}$ et $\vec{E} \perp \overrightarrow{\text{d}S_3}$.

Il en vient : $$\boxed{\vec{E}(\mathrm{M}) = \frac{\lambda}{2\pi\varepsilon_0 r}\,\vec{u}_r}$$

Le champ électrostatique et le potentiel sont reliés par la relation :

$$\boxed{\vec{E}(\mathrm{M}) = -\,\overrightarrow{\mathrm{grad}}\,V(\mathrm{M})}$$

A.4. En coordonnées cylindriques :

$$\overrightarrow{\mathrm{grad}}\,V(\mathrm{M}) = \frac{\partial V}{\partial r}\,\vec{u}_r + \frac{1}{r}\frac{\partial V}{\partial \theta}\,\vec{u}_\theta + \frac{\partial V}{\partial z}\,\vec{u}_z = \overrightarrow{\mathrm{grad}}\,V(r) = \frac{\mathrm{d}V}{\mathrm{d}r}\,\vec{u}_r$$

Par projection sur l'axe radial, on a :

$$E(r) = -\frac{\mathrm{d}V}{\mathrm{d}r}$$

$$\mathrm{d}V = -E(r)\,\mathrm{d}r$$

Pour $r > \mathrm{a}$, on intègre la relation et on obtient :

$$\int_{V_1}^{V(r)} \mathrm{d}V = \int_{\mathrm{a}}^{r} -\frac{\lambda}{2\pi\varepsilon_0 r}\,\mathrm{d}r$$

$$V(r) - V_1 = -\frac{\lambda}{2\pi\varepsilon_0}\,(\ln r - \ln \mathrm{a})$$

$$\boxed{V(r) - V_1 = -\frac{\lambda}{2\pi\varepsilon_0}\ln\left(\frac{r}{\mathrm{a}}\right)}$$

A.5. Le fil (1) possède une charge linéique λ. A une distance h du centre du fil (1) (voir figure 13.2), on a :

$$V(h) - V_1 = -\frac{\lambda}{2\pi\varepsilon_0}\ln\left(\frac{h}{\mathrm{a}}\right) = (V_2 - V_1)_{\mathrm{fil}_1} = -\,(V_1 - V_2)_{\mathrm{fil}_1}$$

Le fil (2) possède une charge linéique $-\lambda$. A une distance h du centre du fil (2) (voir figure 13.2), on a :

$$V(h) - V_2 = -\frac{(-\lambda)}{2\pi\varepsilon_0}\ln\left(\frac{h}{\mathrm{a}}\right) = (V_1 - V_2)_{\mathrm{fil}_2}$$

D'après le théorème de superposition, on obtient :

$$V_1 - V_2 = (V_1 - V_2)_{\mathrm{fil}_1} + (V_1 - V_2)_{\mathrm{fil}_2}$$

$$V_1 - V_2 = \frac{\lambda}{2\pi\varepsilon_0}\ln\left(\frac{h}{\mathrm{a}}\right) + \frac{\lambda}{2\pi\varepsilon_0}\ln\left(\frac{h}{\mathrm{a}}\right)$$

$$\boxed{V_1 - V_2 = \frac{\lambda}{\pi\varepsilon_0}\ln\left(\frac{h}{\mathrm{a}}\right)}$$

A.6. La figure 13.6 représente les lignes de champ ainsi que les surfaces équipotentielles. On rappelle que les lignes de champ sont orientées, elles divergent depuis les charges positives et convergent vers les charges négatives. Les surfaces équipotentielles sont perpendiculaires aux lignes de champ.

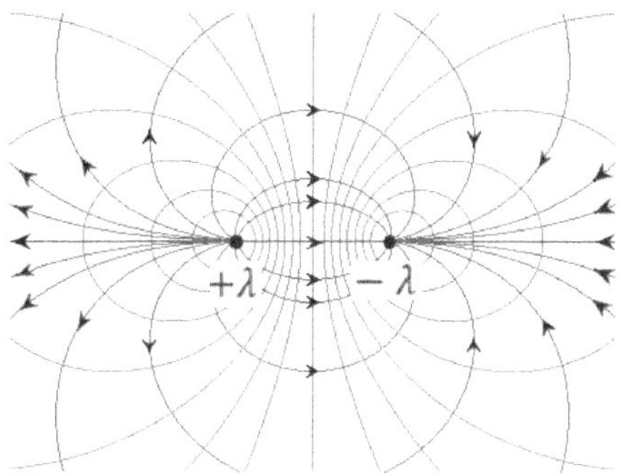

FIGURE 13.6

A.7. Soit un point M situé à la distance r_1 du fil (1) et à la distance r_2 du fil (2). On peut écrire :

$$\begin{cases} V(\mathrm{M})_{\mathrm{fil}_1} - V_1 = -\dfrac{\lambda}{2\pi\varepsilon_0}\ln\left(\dfrac{r_1}{\mathrm{a}}\right) \\ V(\mathrm{M})_{\mathrm{fil}_2} - V_2 = +\dfrac{\lambda}{2\pi\varepsilon_0}\ln\left(\dfrac{r_2}{\mathrm{a}}\right) \end{cases}$$

D'après le théorème de superposition, on obtient :

$$V(\mathrm{M}) = V(\mathrm{M})_{\mathrm{fil}_1} + V(\mathrm{M})_{\mathrm{fil}_2} = V_1 - \frac{\lambda}{2\pi\varepsilon_0}\ln\left(\frac{r_1}{\mathrm{a}}\right) + V_2 + \frac{\lambda}{2\pi\varepsilon_0}\ln\left(\frac{r_2}{\mathrm{a}}\right)$$

$$V(\mathrm{M}) = V_1 + V_2 + \frac{\lambda}{2\pi\varepsilon_0}\left[\ln\left(\frac{r_2}{\mathrm{a}}\right) - \ln\left(\frac{r_1}{\mathrm{a}}\right)\right]$$

$$\boxed{V(M) = V_1 + V_2 + \frac{\lambda}{2\pi\varepsilon_0}\ln\left(\frac{r_2}{r_1}\right)}$$

Tous les points appartenant à une surface équipotentielle ont la même valeur de potentiel. Or V_1 et V_2 sont constants, il faut donc que $\ln\left(\dfrac{r_2}{r_1}\right)$ soit constant ou $\dfrac{r_2}{r_1}$ soit constant.

Si $\dfrac{r_2}{r_1} = 1$, on peut définir une surface équipotentielle particulière plane qui est le **plan médiateur** entre les deux fils. Ce plan a pour équation $\boxed{V(\mathrm{M}) = V_1 + V_2}$.

A.8. En appliquant le prinicipe de superposition en un point M du plan médiateur défini par le plan (O, y, z), on a :

$$\vec{E}(\mathrm{M}) = \vec{E}_1(\mathrm{M}) + \vec{E}_2(\mathrm{M})$$

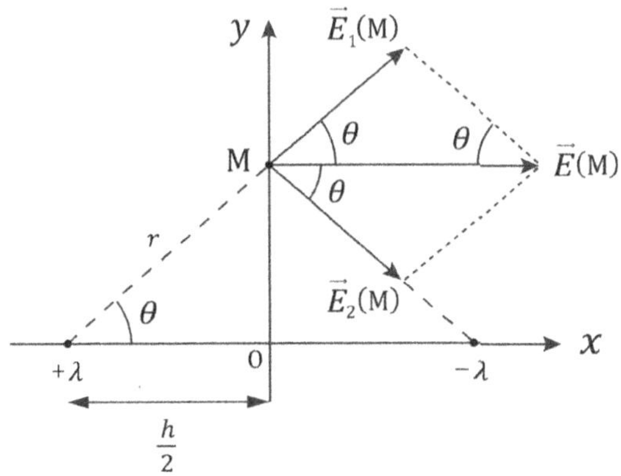

FIGURE 13.7

Par projection sur l'axe Ox, on obtient :

$$\|\vec{E}(\mathrm{M})\| = \|\vec{E}_1(\mathrm{M})\| \times \cos\theta + \|\vec{E}_2(\mathrm{M})\| \times \cos\theta$$

Or $\cos\theta = \dfrac{(h/2)}{r}$,

$$\begin{aligned}\|\vec{E}(\mathrm{M})\| &= 2\,\|\vec{E}_1(\mathrm{M})\|\,\frac{h}{2r}\\ &= 2\,\frac{\lambda}{2\pi\varepsilon_0 r}\,\frac{h}{2r}\\ &= \frac{\lambda h}{2\pi\varepsilon_0 r^2}\end{aligned}$$

Or $r^2 = \left(\dfrac{h}{2}\right)^2 + y^2$,

$$\boxed{\vec{E}(\mathrm{M}) = \frac{\lambda h}{2\pi\varepsilon_0\left(\left(\frac{h}{2}\right)^2 + y^2\right)}\,\vec{u}_x}$$

Traçons le module de $\vec{E}(\mathrm{M})$ en fonction de y (voir figure 13.8).

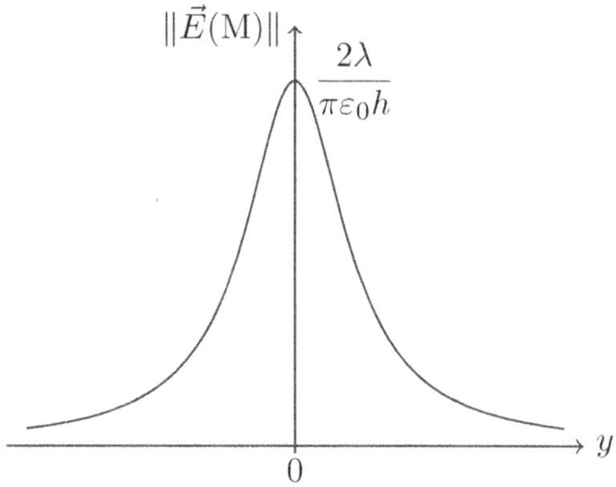

FIGURE 13.8

A.9. Par définition, une ligne de champ est tangente en tout point au champ électrique.
Les lignes de champ électrique reliant les deux fils électriques dans un plan perpendiculaire aux fils d'équation $y = 0$ sont des droites.
Appliquons le théorème de superposition pour exprimer le champ électrique en tout point de cette droite.

Trois cas sont à distinguer :
Cas n°1 : pour $x < -\mathrm{a}$

$$\begin{aligned}\vec{E}(\mathrm{M}) &= \frac{\lambda}{2\pi\varepsilon_0(-x)}(-\vec{u}_x) + \frac{-\lambda}{2\pi\varepsilon_0(h-x)}(-\vec{u}_x)\\ &= \left(\frac{\lambda}{2\pi\varepsilon_0 x} + \frac{\lambda}{2\pi\varepsilon_0(h-x)}\right)\vec{u}_x\\ &= \frac{\lambda\left((h-x)+x\right)}{2\pi\varepsilon_0 x(h-x)}\vec{u}_x\end{aligned}$$

$$\boxed{\vec{E}(\mathrm{M}) = \frac{\lambda h}{2\pi\varepsilon_0 x(h-x)}\vec{u}_x}$$

Cas n°2 : pour $x > h + \mathrm{a}$

$$\begin{aligned}\vec{E}(\mathrm{M}) &= \frac{\lambda}{2\pi\varepsilon_0 x}\vec{u}_x + \frac{-\lambda}{2\pi\varepsilon_0(x-h)}\vec{u}_x\\ &= \left(\frac{\lambda}{2\pi\varepsilon_0 x} + \frac{\lambda}{2\pi\varepsilon_0(h-x)}\right)\vec{u}_x\end{aligned}$$

$$\boxed{\vec{E}(\mathrm{M}) = \frac{\lambda h}{2\pi\varepsilon_0 x(h-x)}\,\vec{u}_x}$$

Cas n°3 : pour a $< x < h -$ a

$$\begin{aligned}\vec{E}(\mathrm{M}) &= \frac{\lambda}{2\pi\varepsilon_0 x}\,\vec{u}_x + \frac{-\lambda}{2\pi\varepsilon_0(h-x)}\,(-\vec{u}_x)\\ &= \frac{\lambda\left((h-x)+x\right)}{2\pi\varepsilon_0 x(h-x)}\,\vec{u}_x\end{aligned}$$

$$\boxed{\vec{E}(\mathrm{M}) = \frac{\lambda h}{2\pi\varepsilon_0 x\,(h-x)}\,\vec{u}_x}$$

Pour tracer le module de $\vec{E}(\mathrm{M})$ en fonction de x, calculons la valeur du champ électrique pour $x = \dfrac{h}{2}$.

$$\|\vec{E}\,(x = h/2)\,\| = \frac{\lambda h}{2\pi\varepsilon_0 \frac{h}{2}\left(h - \frac{h}{2}\right)} = \frac{\lambda h}{2\pi\varepsilon_0 \frac{h^2}{4}} = \frac{2\lambda}{\pi\varepsilon_0 h}$$

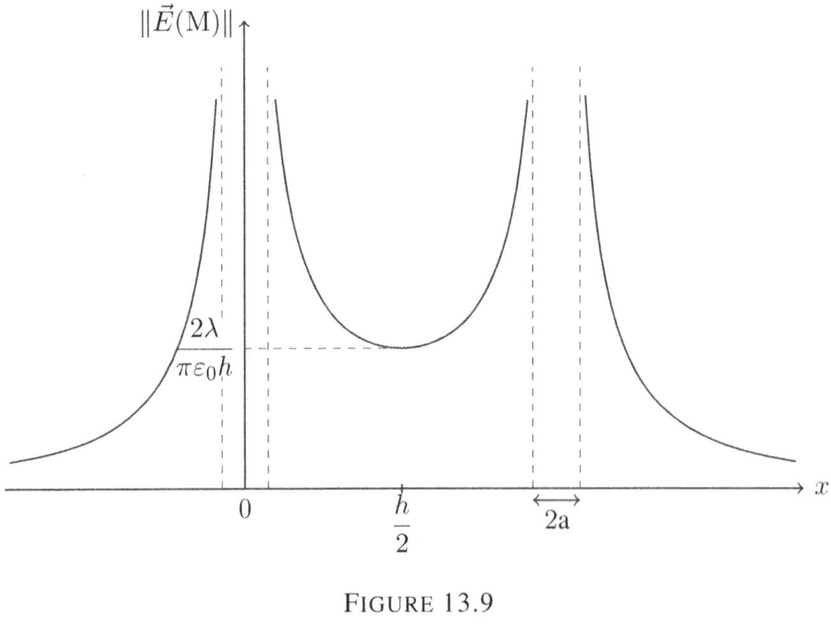

FIGURE 13.9

B. **Etude en régime stationnaire**

B.1. Le fil est de forme cylindrique, on adoptera un système de coordonnées cylindriques (r, θ, z) à partir d'un point M extérieur au fil.
Le plan $(\mathrm{M}, \vec{u}_r, \vec{u}_\theta)$ est un plan d'anti-symétrie, noté π^*, pour la distribution de courant. D'après le principe de Curie, le champ magnétique appartient à ce plan d'anti-symétrie.
Le plan $(\mathrm{M}, \vec{u}_r, \vec{u}_z)$ est un plan de symétrie, noté π, pour la distribution de courant. D'après le principe de Curie, le champ magnétique est perpendiculaire à ce plan de symétrie.
$\Rightarrow$ Le champ magnétique appartient au plan π^* et est perpendiculaire au plan π donc ce champ est dirigé selon la direction portée par le vecteur unitaire $\vec{u}_\theta$.

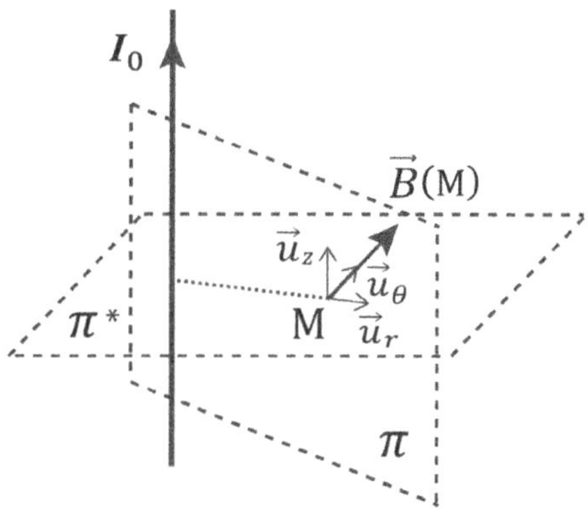

FIGURE 13.10

La distribution de courant est invariante par translation selon z (direction parallèle au fil - voir figure 13.10) et par rotation selon θ. D'après le principe de Curie, le champ magnétique sera indépendant des variables θ et z.
Le champ magnétique s'écrit :

$$\boxed{\vec{B}(\mathrm{M}) = B(r)\,\vec{u}_\theta}$$

B.2. On applique le théorème d'Ampère :

$$\oint_{(C)} \vec{B} \cdot \overrightarrow{\mathrm{d}\ell} = \mu_0 \sum I_{\text{enlacés}}$$

où (C) est le contour d'Ampère à définir et $\sum I_{\text{enlacés}}$ la somme des courants enlacés par le contour d'Ampère.

Distinguons deux domaines.

Domaine n°1 : $r < \mathrm{a}$

Le contour d'Ampère (C), représenté en pointillé sur la figure 13.11, est un cercle centré sur l'axe $\mathrm{O}z$ et de rayon $r < \mathrm{a}$.

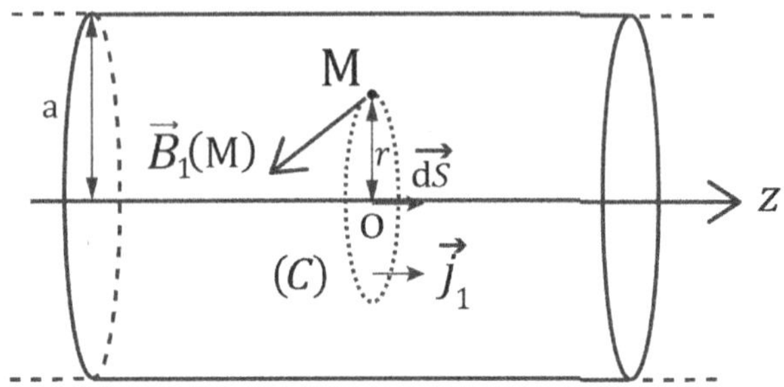

FIGURE 13.11

$$\oint_{(C)} \vec{B}_1(\mathrm{M}) \cdot \overrightarrow{\mathrm{d}\ell} = \oint_{(C)} B_1(r)\, \vec{u}_\theta \cdot \mathrm{d}\ell\, \vec{u}_\theta = B_1(r)\, 2\pi r = \mu_0 \sum I_{\text{enlacés}}$$

Or $\sum I_{\text{enlacés}} = \iint \vec{j}_1 \cdot \overrightarrow{\mathrm{d}S} = j_1 \pi r^2$ et $I_0 = j_1 \pi \mathrm{a}^2$ où $\vec{j}_1$ est le vecteur densité de courant dans le conducteur (1).

$$\vec{B}_1(r) = \frac{\mu_0 j_1 r}{2}\, \vec{u}_\theta \Rightarrow \boxed{\vec{B}_1(r) = \frac{\mu_0 I_0 r}{2\pi \mathrm{a}^2}\, \vec{u}_\theta}$$

Domaine n°2 : $r > \mathrm{a}$

Le contour d'Ampère (C), représenté en pointillé sur la figure 13.12, est un cercle centré sur l'axe $\mathrm{O}z$ et de rayon $r > \mathrm{a}$.

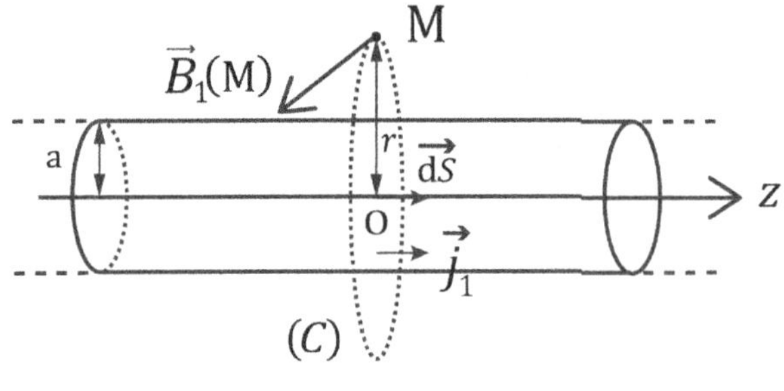

FIGURE 13.12

$$\oint_{(C)} \vec{B}_1(\mathrm{M}) \cdot \overrightarrow{\mathrm{d}\ell} = \oint_{(C)} B_1(r)\, \vec{u}_\theta \cdot \mathrm{d}\ell\, \vec{u}_\theta = B_1(r)\, 2\pi r = \mu_0 \sum I_{\text{enlacés}}$$

Or $\sum I_{\text{enlacés}} = \iint \vec{j}_1 \cdot \overrightarrow{\mathrm{d}S} = j_1 \pi \mathrm{a}^2 = I_0$.

$$\vec{B}_1(r) = \frac{\mu_0 j_1 \mathrm{a}^2}{2r}\,\vec{u}_\theta \Rightarrow \boxed{\vec{B}_1(r) = \frac{\mu_0 I_0}{2\pi r}\,\vec{u}_\theta}$$

Pour tracer le module de $\vec{B}_1(\mathrm{M})$ en fonction de r (figure 13.13), calculons la valeur du champ magnétique pour $r = \mathrm{a}$.

$$\|\vec{B}_1(r = \mathrm{a})\| = \frac{\mu_0 I_0 \mathrm{a}}{2\pi \mathrm{a}^2} = \frac{\mu_0 I_0}{2\pi \mathrm{a}}$$

Il y a continuité du champ magnétique en $r = \mathrm{a}$.

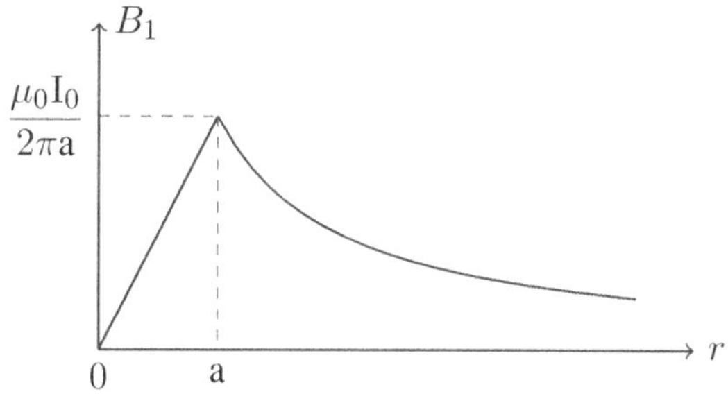

FIGURE 13.13

Pour $0 < r < \mathrm{a}$, le champ magnétique est une fonction linéaire croissante de r.
Pour $r > \mathrm{a}$, le champ magnétique décroît en $\frac{1}{r}$.

B.3. D'après le théorème de superposition, le champ magnétique résultant créé par les deux conducteurs, dans le plan défini par les axes et entre les conducteurs à l'abscisse x telle que $\mathrm{a} < x < (h - \mathrm{a})$, s'écrit :

$$\vec{B}(\mathrm{M}) = \vec{B}_1(\mathrm{M}) + \vec{B}_2(\mathrm{M})$$

$$\begin{aligned}\vec{B}(\mathrm{M}) &= \frac{\mu_0 I_0}{2\pi x}\,\vec{u}_y + \frac{\mu_0 I_0}{2\pi (h - x)}\,\vec{u}_y \\ &= \left(\frac{\mu_0 I_0}{2\pi x} + \frac{\mu_0 I_0}{2\pi (h - x)}\right)\vec{u}_y\end{aligned}$$

$$\boxed{\vec{B}(\mathrm{M}) = \frac{\mu_0 I_0 h}{2\pi x (h - x)}\,\vec{u}_y}$$

B.4. On note ϕ_0 le flux magnétique. Par définition, $\phi_0 = L_0 I_0$, L_0 étant une inductance linéique, ϕ_0 est un flux magnétique par unité de longueur.
Soit $\vec{B}$ le champ magnétique créé par les deux fils parcourus par le même courant I_0 mais de sens contraire. ϕ_0 est le flux de ce champ $\vec{B}$ à travers une surface rectangulaire de longueur unité 1m.

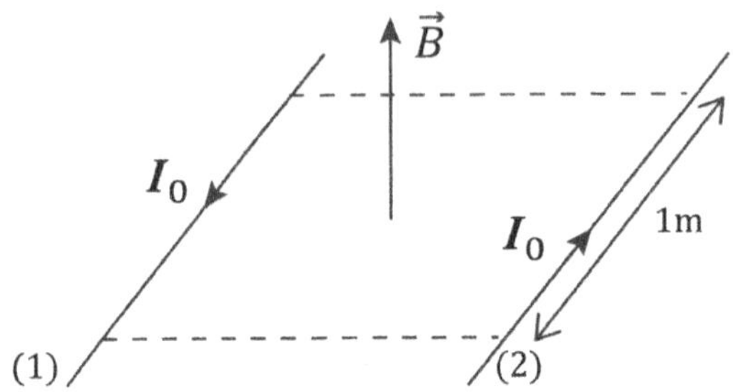

FIGURE 13.14

B.5. Le produit L_0C_0 a pour expression :

$$L_0C_0 = \frac{\mu_0}{\pi} \ln\left(\frac{h-\mathrm{a}}{\mathrm{a}}\right) \frac{\pi\varepsilon_0}{\ln\left(\frac{h-\mathrm{a}}{\mathrm{a}}\right)} = \mu_0\varepsilon_0 = \boxed{\frac{1}{c^2}}$$

Le produit L_0C_0 est homogène à l'inverse d'une vitesse au carré.
Application numérique :

$$L_0C_0 = \frac{1}{(3 \times 10^8)^2} = \boxed{1,1 \times 10^{-17}\ \mathrm{s}^2.\mathrm{m}^{-2}}$$

13.2 Effet d'un champ magnétique sur un matériau supraconducteur : effet Meissner (CCINP)

Conseils - Pour aborder cet extrait de sujet de concours, il est préférable de revoir les notions suivantes :

- Produits vectoriels (chapitre 1)
- Opérateurs différentiels vectoriels (chapitre 2)
- Trigonométrie (chapitre 3)
- Dérivées (chapitre 4)
- Equations différentielles (chapitre 9)
- Etude de fonctions, graphiques (chapitre 10)

Un matériau supraconducteur est un matériau qui présente une résistivité nulle en dessous d'une certaine température critique : il laisse passer le courant sans aucune résistance ! Ce phénomène n'est pas encore très bien compris à l'heure actuelle malgré quelques théories qui ont fait leurs preuves. Une théorie ancienne, la théorie de London fondée sur un modèle à deux « fluides », conduit à formuler l'existence d'une densité volumique de courant électrique $\vec{j}_L$ relié au champ magnétique local $\vec{B}$ selon la relation :

$$\overrightarrow{\text{rot}}\,\vec{j}_L = -\frac{1}{\mu_0 \Lambda^2}\vec{B}$$

où Λ est une constante, appelée constante de London.

1. En se servant de l'équation de Maxwell-Ampère, déterminer l'unité de la constante Λ.

On considère une plaque infinie d'épaisseur 2ℓ délimitée par les plans $z = -\ell$ et $z = \ell$. Cette plaque est constituée d'un matériau supraconducteur de constante de London Λ. On applique un champ magnétique extérieur

$$\vec{B}_0 = B_0\,\vec{e}_x$$

uniforme et constant (figure 13.15). Il apparaît donc un champ magnétique à l'intérieur de la plaque. On se propose de déterminer ce champ. Pour des raisons de symétrie et d'invariance, le champ recherché est de la forme

$$\vec{B}(M,t) = B(z)\,\vec{e}_x$$

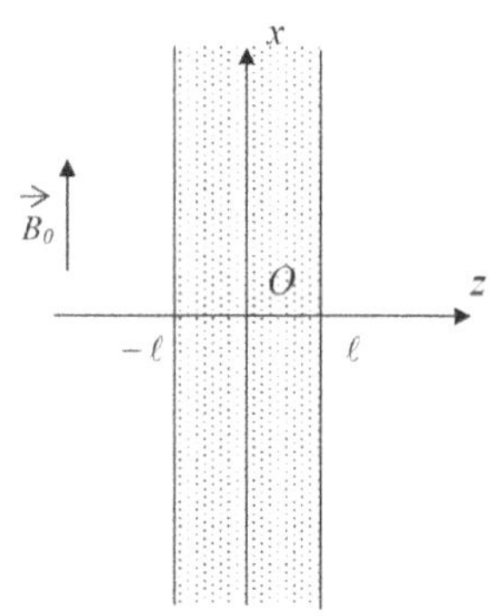

FIGURE 13.15 – Géométrie du problème

2. Dans le cadre d'un régime ne dépendant pas du temps, établir l'équation différentielle vérifiée par la fonction $B(z)$.

3. On rappelle les conditions de passage pour le champ magnétique. Par continuité :
$$B(z=-\ell)=B_0 \qquad \text{et} \qquad B(z=\ell)=B_0$$
Résoudre complètement l'équation différentielle. On écrira $B(z)$ sous la forme :
$$B(z)=D\,\mathrm{ch}\left(\frac{z}{\Lambda}\right)$$
où ch est la fonction cosinus hyperbolique et D est une constante que l'on exprimera en fonction de B_0, Λ et ℓ.
4. Tracer l'allure de $B(z)$ en fonction de z dans le cas où $\Lambda \ll \ell$. Proposer un commentaire.
5. Des courants volumiques sont créés dans la plaque selon la relation de London $\overrightarrow{\mathrm{rot}}\,\vec{j}_L=-\dfrac{1}{\mu_0\Lambda^2}\vec{B}$ vue auparavant. On admettra que le vecteur densité volumique de courant est dirigé selon l'axe Oy : $\vec{j}_L=j_L(z)\,\vec{e}_y$ et que $j_L(z=0)=0$.
Déterminer à partir du résultat de la **question 3** l'expression de la fonction $j_L(z)$. Tracer l'allure de cette fonction dans le cas $\Lambda \ll \ell$. Pourquoi dit-on que la plaque supraconductrice plongée dans un champ magnétique extérieur $\vec{B}_0$ est le siège de courants superficiels dus à la supraconductivité ?

D'après Concours Commun INP PSI

Solution

1. L'équation de Maxwell-Ampère s'écrit :
$$\overrightarrow{\mathrm{rot}}\,\vec{B}=\mu_0\,\vec{j}_L+\varepsilon_0\mu_0\,\frac{\partial\vec{E}}{\partial t}$$
Appliquons l'opérateur rotationnel à cette équation :
$$\overrightarrow{\mathrm{rot}}\left(\overrightarrow{\mathrm{rot}}\,\vec{B}\right)=\overrightarrow{\mathrm{rot}}\left(\mu_0\,\vec{j}_L+\varepsilon_0\mu_0\,\frac{\partial\vec{E}}{\partial t}\right)$$
Or $\overrightarrow{\mathrm{rot}}\left(\overrightarrow{\mathrm{rot}}\,\vec{B}\right)=\overrightarrow{\mathrm{grad}}\left(\mathrm{div}\vec{B}\right)-\Delta\vec{B}=-\Delta\vec{B}$ car d'après l'équation de Maxwell-flux $\mathrm{div}\vec{B}=0$.
$$-\Delta\vec{B}=\overrightarrow{\mathrm{rot}}\left(\mu_0\,\vec{j}_L+\varepsilon_0\mu_0\,\frac{\partial\vec{E}}{\partial t}\right)$$

Par permutation des opérateurs spatial $\overrightarrow{\text{rot}}$ et temporel $\dfrac{\partial}{\partial t}$, on obtient :

$$-\Delta\vec{B} = \mu_0\,\overrightarrow{\text{rot}}\,\vec{j}_L + \varepsilon_0\mu_0\,\frac{\partial}{\partial t}\left(\overrightarrow{\text{rot}}\,\vec{E}\right)$$

En remplaçant $\overrightarrow{\text{rot}}\,\vec{E} = -\dfrac{\partial\vec{B}}{\partial t}$ (Maxwell-Faraday) et $\overrightarrow{\text{rot}}\,\vec{j}_L = -\dfrac{1}{\mu_0\Lambda^2}\vec{B}$, on obtient :

$$\boxed{\Delta\vec{B} - \frac{1}{\Lambda^2}\vec{B} = \varepsilon_0\mu_0\,\frac{\partial^2\vec{B}}{\partial t^2}} \qquad (1)$$

Par analyse dimensionnelle, on peut déterminer l'unité de la constante Λ :

$$\left[\|\Delta\vec{B}\|\right] = \frac{\left[\|\vec{B}\|\right]}{[\Lambda^2]} \;\Leftrightarrow\; [\Lambda^2] = \frac{\left[\|\vec{B}\|\right]}{\left[\|\Delta\vec{B}\|\right]}$$

Or $\Delta\vec{B} = \left(\dfrac{\partial^2 B_x}{\partial x^2} + \dfrac{\partial^2 B_x}{\partial y^2} + \dfrac{\partial^2 B_x}{\partial z^2}\right)\vec{e}_x + \ldots\ldots$ donc $\left[\|\Delta\vec{B}\|\right] = \dfrac{[B]}{[\ell^2]}$

$$[\Lambda^2] = \frac{[B]}{\left(\dfrac{[B]}{[\ell^2]}\right)} = [\ell^2] \;\Rightarrow\; \boxed{[\Lambda] = L}$$

La constant Λ est homogène à une longueur et s'exprime en mètre.

2. Dans le cadre d'un régime indépendant du temps $\dfrac{\partial^2\vec{B}}{\partial t^2} = \vec{0}$ et l'équation (1) s'écrit alors :

$$\Delta(B(z)\,\vec{e}_x) - \frac{1}{\Lambda^2}B(z)\,\vec{e}_x = \vec{0}$$

$$\left(\frac{\partial^2 B(z)}{\partial x^2} + \frac{\partial^2 B(z)}{\partial y^2} + \frac{\partial^2 B(z)}{\partial z^2}\right)\vec{e}_x - \frac{1}{\Lambda^2}B(z)\,\vec{e}_x = \vec{0}$$

L'énoncé précise que B ne dépend que de z donc par projection sur l'axe Ox on a :

$$\boxed{\frac{\partial^2 B(z)}{\partial z^2} - \frac{1}{\Lambda^2}B(z) = 0} \qquad (2)$$

3. Pour trouver les solutions de l'équation (2), on écrit le polynôme caractéristique et l'on cherche le signe du discriminant.

$$r^2 - \frac{1}{\Lambda^2} = 0$$

$$\Delta = \frac{4}{\Lambda^2} > 0$$

Les solutions sont de la forme :

$$B(z) = D\,\mathrm{ch}\left(\frac{z}{\Lambda}\right) + E\,\mathrm{sh}\left(\frac{z}{\Lambda}\right)$$

où D et E sont des constantes que l'on détermine à l'aide des conditions aux limites.

$$\begin{cases} B(z=-\ell) = B_0 = D\,\mathrm{ch}\left(\dfrac{-\ell}{\Lambda}\right) + E\,\mathrm{sh}\left(\dfrac{-\ell}{\Lambda}\right) \\ \\ B(z=+\ell) = B_0 = D\,\mathrm{ch}\left(\dfrac{\ell}{\Lambda}\right) + E\,\mathrm{sh}\left(\dfrac{\ell}{\Lambda}\right) \end{cases}$$

En additionnant les deux équations : $2B_0 = 2D\,\mathrm{ch}\left(\dfrac{\ell}{\Lambda}\right) \;\Rightarrow\; D = \dfrac{B_0}{\mathrm{ch}\left(\frac{\ell}{\Lambda}\right)}$

En soustrayant les deux équations : $0 = 2E\,\mathrm{sh}\left(\dfrac{\ell}{\Lambda}\right) \;\Rightarrow\; E = 0.$

$$\boxed{B(z) = \frac{B_0}{\mathrm{ch}\left(\frac{\ell}{\Lambda}\right)}\,\mathrm{ch}\left(\frac{z}{\Lambda}\right)}$$

La fonction $B(z)$ s'écrit sous la forme $B(z) = D\,\mathrm{ch}\left(\dfrac{z}{\Lambda}\right)$ avec :

$$\boxed{D = \frac{B_0}{\mathrm{ch}\left(\frac{\ell}{\Lambda}\right)}}$$

4. Le tracé de la fonction $B(z)$ se déduit de la fonction $\mathrm{ch}\left(\dfrac{z}{\Lambda}\right)$ qui a la forme d'une chaînette (figure 13.16).

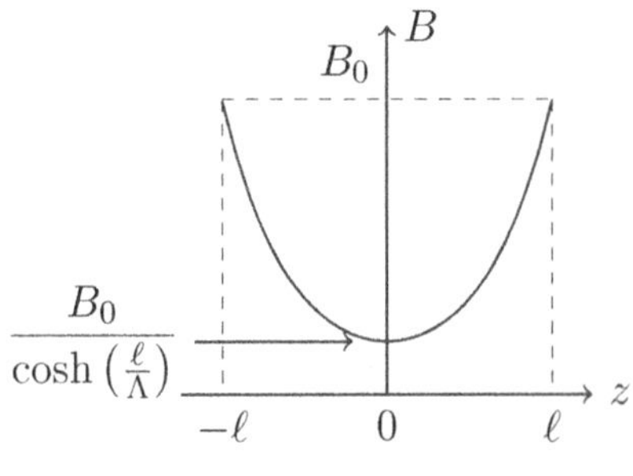

FIGURE 13.16

La fonction cosinus hyperbolique est paire. La courbe est donc symétrique par rapport à l'axe des ordonnées.

Pour $z = 0$, $B(z = 0) = \dfrac{B_0}{\text{ch}(\frac{\ell}{\Lambda})}$.

Si $\Lambda \ll \ell$ alors $\text{ch}\left(\dfrac{\ell}{\Lambda}\right) \to \infty$ et $B(z = 0) \to 0$.

Pour $z = \ell$, $B(z = \ell) = B_0$.

5. Pour obtenir l'expression de la fonction $j_L(z)$ on reporte l'expression du vecteur densité volumique de courant $\vec{j}_L = j_L(z)\,\vec{e}_y$ dans l'équation de London :

$$\overrightarrow{\text{rot}}\,\vec{j}_L = \overrightarrow{\text{rot}}\,(j_L(z)\,\vec{e}_y) = \begin{pmatrix} \dfrac{\partial}{\partial x} \\ \dfrac{\partial}{\partial y} \\ \dfrac{\partial}{\partial z} \end{pmatrix} \wedge \begin{pmatrix} 0 \\ j_L(z) \\ 0 \end{pmatrix}$$
$$= -\frac{\partial j_L(z)}{\partial z}\,\vec{e}_x + \frac{\partial j_L(z)}{\partial x}\,\vec{e}_z$$

Or $j_L(z)$ ne dépend que de z donc $\overrightarrow{\text{rot}}\,\vec{j}_L = -\dfrac{\text{d}j_L(z)}{\text{d}z}\,\vec{e}_x$. Par projection sur l'axe des x, l'équation de London s'écrit :

$$-\frac{\text{d}j_L(z)}{\text{d}z} = -\frac{1}{\mu_0\Lambda^2}\frac{B_0}{\text{ch}(\frac{\ell}{\Lambda})}\,\text{ch}\left(\frac{z}{\Lambda}\right)$$
$$= \frac{D}{\mu_0\Lambda^2}\,\text{ch}\left(\frac{z}{\Lambda}\right)$$

$$\int \text{d}j_L(z) = \frac{D}{\mu_0\Lambda^2}\int \text{ch}\left(\frac{z}{\Lambda}\right)\text{d}z$$

$$j_L(z) = \frac{D}{\mu_0\Lambda^2}\frac{\text{sh}(\frac{z}{\Lambda})}{\frac{1}{\Lambda}} + \text{constante}$$

Or, en $z = 0$, $j_L(z = 0) = 0$ donc la constante vaut 0.

$$j_L(z) = D\frac{1}{\mu_0\Lambda}\,\text{sh}\left(\frac{z}{\Lambda}\right)$$
$$= \frac{B_0}{\text{ch}(\frac{\ell}{\Lambda})}\frac{1}{\mu_0\Lambda}\,\text{sh}\left(\frac{z}{\Lambda}\right)$$

$$\boxed{j_L(z) = \frac{B_0}{\mu_0\Lambda\,\text{ch}\left(\dfrac{\ell}{\Lambda}\right)}\,\text{sh}\left(\frac{z}{\Lambda}\right)}$$

La fonction sinus hyperbolique est impaire. La courbe est donc symétrique par rapport à l'origine.
Pour $z = 0$, $j_L(z = 0) = 0$.

Pour $z = \ell$, $j_L(z = \ell) = \dfrac{B_0}{\mu_0 \Lambda} \operatorname{th}\left(\dfrac{\ell}{\Lambda}\right)$. Si $\Lambda \ll \ell$ alors $\operatorname{th}\left(\dfrac{\ell}{\Lambda}\right) \to 1$ et $j_L(z = \ell) \simeq \dfrac{B_0}{\mu_0 \Lambda}$.

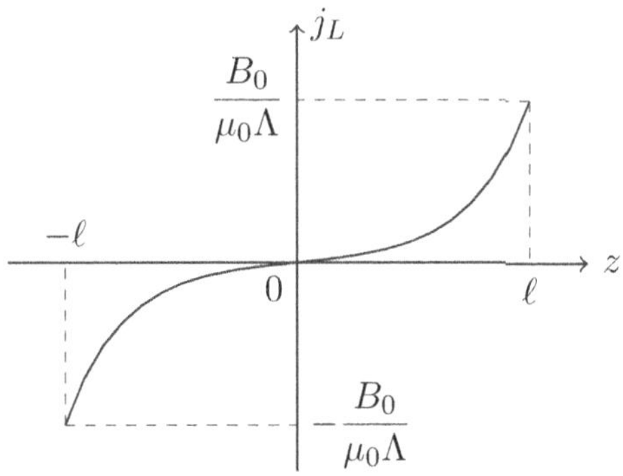

FIGURE 13.17

Les valeurs de j_L sont plus importantes au voisinage de la surface du supraconducteur. On parle de courants superficiels.

13.3 Cavité accélératrice (CCS)

Conseils - Pour aborder cet extrait de sujet de concours, il est préférable de revoir les notions suivantes :

- Intégrales (chapitre 7)
- Equations du second degré (chapitre 9)

On considère une cavité accélératrice linéaire formée de deux plaques fines et conductrices de grandes dimensions transversales en $x = 0$ et en $x = d$, auxquelles on applique une différence de potentiel constante $U = V(d) - V(0) > 0$ de telle sorte que règne dans l'espace entre les plaques un champ électrostatique uniforme :

$$\vec{E}_0 = -E_0\, \vec{e}_x = -\frac{m}{e} \alpha\, \vec{e}_x$$

où m est la masse de l'électron, e la charge élémentaire ($q_{\text{électron}} = -e$) et α une constante caractérisant l'intensité du champ électrique appliqué.

Les plaques sont percées le long de l'axe Ox afin de permettre aux électrons d'entrer (en $x = 0$) et de sortir (en $x = d$) de la cavité accélératrice.

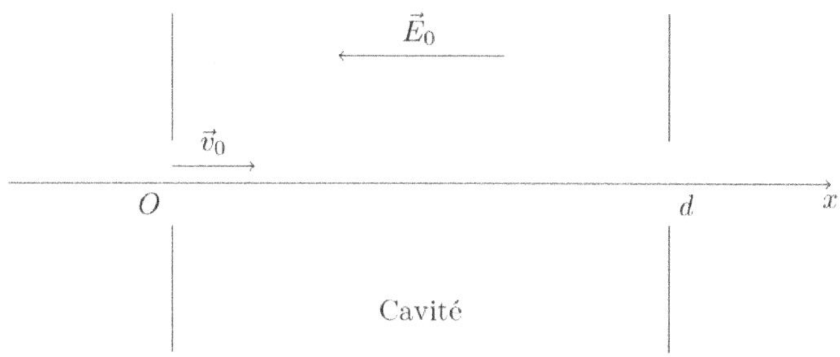

FIGURE 13.18

Soit $\vec{v}_0 = v_0\,\vec{e}_x$ la vitesse initiale de l'électron à l'entrée de la cavité, à $t = 0$.

1. Appliquer le principe fondamental de la dynamique à un électron. On négligera le rayonnement d'énergie électromagnétique dû à l'accélération de l'électron.
2. Par intégrations successives par rapport au temps, déterminer le temps T que met l'électron à traverser la cavité ainsi que sa vitesse de sortie $\vec{v}_1$. On donnera les résultats en fonction de v_0, α et d.

D'après Concours Centrale-Supélec PC

Solution

1. On applique le principe fondamental de la dynamique à un électron en négligeant toute autre force que la force électrique. Dans le référentiel galiléen lié à la cavité le PFD s'écrit :

$$\sum \vec{F} = m\vec{a}$$

$$-e\,\vec{E}_0 = m\,\frac{\mathrm{d}\vec{v}(t)}{\mathrm{d}t}$$

$$\begin{aligned}\frac{\mathrm{d}\vec{v}(t)}{\mathrm{d}t} &= -\frac{e}{m}\left(-E_0\,\vec{e}_x\right)\\ &= -\frac{e}{m}\left(-\frac{m}{e}\alpha\right)\vec{e}_x = \alpha\,\vec{e}_x\end{aligned}$$

$$\boxed{\frac{\mathrm{d}\vec{v}(t)}{\mathrm{d}t} = \begin{pmatrix}\ddot{x}\\ \ddot{y}\\ \ddot{z}\end{pmatrix} = \begin{pmatrix}\alpha\\ 0\\ 0\end{pmatrix}}$$

2. En intégrant une première fois par rapport au temps, on obtient :

$$\vec{v}(t) = \begin{pmatrix} \dot{x} \\ \dot{y} \\ \dot{z} \end{pmatrix} = \begin{pmatrix} \alpha t + \dot{x}_0 \\ \dot{y}_0 \\ \dot{z}_0 \end{pmatrix}$$

Connaissant les conditions initiales :

$$\vec{v}(t = 0) = \vec{v}_0 = \begin{pmatrix} \dot{x}_0 \\ \dot{y}_0 \\ \dot{z}_0 \end{pmatrix} = v_0\,\vec{e}_x = \begin{pmatrix} v_0 \\ 0 \\ 0 \end{pmatrix}$$

On en déduit :

$$\boxed{\vec{v}(t) = \begin{pmatrix} \alpha t + v_0 \\ 0 \\ 0 \end{pmatrix}}$$

En notant M la position de l'électron, en intégrant une seconde fois par rapport au temps, on obtient :

$$\overrightarrow{\mathrm{OM}}(t) = \begin{pmatrix} x \\ y \\ z \end{pmatrix} = \begin{pmatrix} \frac{1}{2}\alpha t^2 + v_0 t + x_0 \\ y_0 \\ z_0 \end{pmatrix}$$

Connaissant les conditions initiales :

$$\overrightarrow{\mathrm{OM}}(t = 0) = \begin{pmatrix} x_0 \\ y_0 \\ z_0 \end{pmatrix} = \begin{pmatrix} 0 \\ 0 \\ 0 \end{pmatrix}$$

On en déduit :

$$\boxed{\overrightarrow{\mathrm{OM}}(t) = \begin{pmatrix} \frac{1}{2}\alpha t^2 + v_0 t \\ 0 \\ 0 \end{pmatrix}}$$

D'après l'énoncé, l'électron parcourt une distance d en une durée T telle que :

$$d = \frac{1}{2}\alpha T^2 + v_0 T \Leftrightarrow \frac{1}{2}\alpha T^2 + v_0 T - d = 0$$

On obtient une équation du second degré pour T de la forme $aT^2 + bT + c = 0$. Pour la résoudre, exprimons le déterminant $\Delta = b^2 - 4ac$:

$$\Delta = v_0^2 - 4\left(\frac{1}{2}\alpha\right)(-d) = v_0^2 + 2\alpha d$$

Les racines sont telles que $T_1 = \dfrac{-b-\sqrt{\Delta}}{2a}$ et $T_2 = \dfrac{-b+\sqrt{\Delta}}{2a}$.

Physiquement, nous ne pourrons retenir que la valeur de T positive soit T_2 :

$$T_2 = \frac{-v_0 + \sqrt{v_0^2 + 2\alpha d}}{2\left(\frac{1}{2}\alpha\right)} = \frac{-v_0 + \sqrt{v_0^2 + 2\alpha d}}{\alpha}$$

$$\boxed{T = \frac{v_0}{\alpha}\left(\sqrt{1 + 2\frac{\alpha d}{v_0^2}} - 1\right)}$$

On obtient alors l'expression de la vitesse de sortie $\vec{v}(T) = \vec{v}_1 = (v_0 + \alpha T)\,\vec{e}_x$:

$$\boxed{\vec{v}_1 = v_0\left(\sqrt{1 + 2\frac{\alpha d}{v_0^2}}\right)\vec{e}_x}$$

13.4 Mouvement d'un électron d'ionisation (CCMP)

Conseils - Pour aborder cet extrait de sujet de concours, il est préférable de revoir les notions suivantes :

- Produits vectoriels (chapitre 1)
- Equations différentielles (chapitre 9)

Dans l'expérience DELPHI du CERN on réalise des collisions à grande vitesse entre des électrons et des positrons (anti-électrons). Ces dernières produisent des particules chargées, appelées particules filles, que l'on cherche à identifier. On tente pour cela de reconstituer leurs trajectoires dans une chambre dite à projection temporelle.

Cette chambre comporte trois parties : la chambre de dérive, la chambre proportionnelle et la chambre à fils. L'ensemble du détecteur comporte un axe z de symétrie de révolution. La trajectoire analysée est décrite dans un système de coordonnées cylindriques (r, θ, z). A l'intérieur de la chambre de dérive, les collisions électrons-positrons ont lieu à proximité de l'axe z. Cette chambre est remplie d'argon sous faible pression. Le mouvement des particules filles dans l'enceinte gazeuse produit des électrons d'ionisation.

Le mouvement d'un électron d'ionisation dans la chambre de dérive et les signaux électriques qu'il produit dans la chambre à fils permettent de déterminer les coordonnées du point où l'ionisation a eu lieu. On peut ainsi obtenir toutes les informations cinématiques sur les particules filles et déterminer leurs natures.

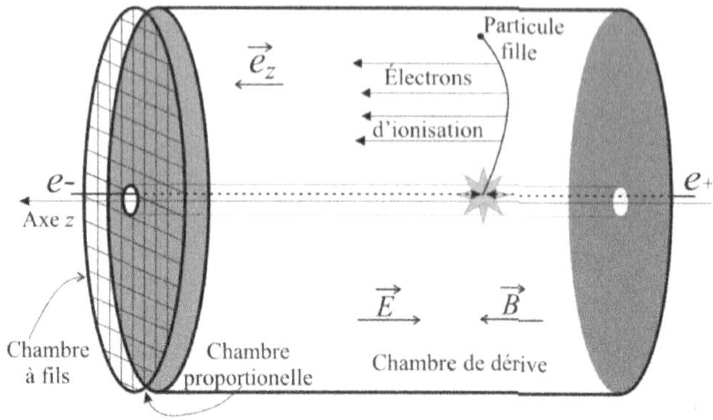

FIGURE 13.19 – Chambre à projection temporelle

Dans toute cette étude on utilisera la mécanique classique non relativiste et le poids des particules sera négligé.
On s'intéresse au mouvement d'un électron d'ionisation, noté $\mathbf{e_i}$, de masse m_e et de charge $-e$, à l'intérieur de la chambre de dérive. Dans cette enceinte, cylindrique de longueur $L = 2,1\,\text{m}$, règne un champ magnétique $\vec{B} = B\,\vec{e}_z$ et un champ électrique $\vec{E} = -E\,\vec{e}_z$ permanents et uniformes (voir **figure 13.19**). Le champ électrique est obtenu en imposant une différence de potentiel $U = 63\,\text{kV}$ entre les deux extrémités de la chambre. En plus de la force électromagnétique, le gaz contenu dans la chambre de dérive impose à l'électron une force de frottement fluide $\vec{F} = -\mu\vec{v}$ où $\vec{v}$ représente sa vitesse et $\mu = 9,6 \times 10^{-20}\,\text{kg.s}^{-1}$. On appelle $\vec{v}_e$ la vitesse de $\mathbf{e_i}$ au moment de son émission par ionisation d'un atome du gaz. On se place en coordonnées cartésiennes (x, y, z) dans la base $(\vec{e}_x, \vec{e}_y, \vec{e}_z)$ de telle manière que $\vec{v}_e \cdot \vec{e}_y = 0$. L'origine O du référentiel est le point d'émission de $\mathbf{e_i}$ à l'instant $t = 0$.

1. En prenant comme paramètres e, B, μ, U et L, établir trois équations différentielles régissant l'évolution des composantes $v_x = \vec{v} \cdot \vec{e}_x$, $v_y = \vec{v} \cdot \vec{e}_y$ et $v_z = \vec{v} \cdot \vec{e}_z$ de la vitesse de $\mathbf{e_i}$ dans la chambre de dérive. Exprimer v_z en fonction du temps t et déterminer $v_{\text{lim}} = \lim\limits_{t\to\infty} v_z(t)$. On posera $\tau = \dfrac{m_e}{\mu}$.
2. Calculer la valeur numérique de v_{lim}. En négligeant $\vec{v}_e \cdot \vec{e}_z$ devant v_{lim}, calculer le temps T qu'il faut attendre pour que

$$\forall t > T,\ \frac{|v_z(t) - v_{\text{lim}}|}{|v_{\text{lim}}|} < 1\%$$

3. Ecrire l'équation différentielle vérifiée par la fonction complexe

$$\underline{u}(t) = v_x(t) + \mathrm{i}v_y(t)$$

Déduire de la résolution de cette équation les expressions de $v_x(t)$ et de $v_y(t)$.
On posera $\omega_e = \dfrac{eB}{m_e}$.

4. Après une phase transitoire très brève, quel type de mouvement adopte $\mathbf{e_i}$? Montrer alors que la durée de ce mouvement permet d'obtenir la coordonnée z du point de la trajectoire de la particule fille où s'est produite l'ionisation à l'origine de $\mathbf{e_i}$.

D'après Concours Mines-Ponts PC

Solution

1. En appliquant le PFD $\left(\sum \vec{F}_{\text{ext}} = m\vec{a}\right)$ à un électron d'ionisation dans le référentiel galiléen lié à la chambre de dérive, on peut écrire :

$$\vec{F}_{\text{Lorentz}} + \vec{F}_{\text{frottement fluide}} = m\vec{a}$$

$$(-e)\left[\vec{E} + \vec{v} \wedge \vec{B}\right] - \mu\vec{v} = m_e \frac{\mathrm{d}\vec{v}}{\mathrm{d}t}$$

$$(-e)\left[\begin{pmatrix} 0 \\ 0 \\ -E \end{pmatrix} + \begin{pmatrix} v_x \\ v_y \\ v_z \end{pmatrix} \wedge \begin{pmatrix} 0 \\ 0 \\ B \end{pmatrix}\right] - \mu \begin{pmatrix} v_x \\ v_y \\ v_z \end{pmatrix} = m_e \begin{pmatrix} \dfrac{\mathrm{d}v_x}{\mathrm{d}t} \\ \dfrac{\mathrm{d}v_y}{\mathrm{d}t} \\ \dfrac{\mathrm{d}v_z}{\mathrm{d}t} \end{pmatrix}$$

$$(-e)\begin{pmatrix} 0 + v_y B \\ 0 - v_x B \\ -E \end{pmatrix} - \mu \begin{pmatrix} v_x \\ v_y \\ v_z \end{pmatrix} = m_e \begin{pmatrix} \dfrac{\mathrm{d}v_x}{\mathrm{d}t} \\ \dfrac{\mathrm{d}v_y}{\mathrm{d}t} \\ \dfrac{\mathrm{d}v_z}{\mathrm{d}t} \end{pmatrix}$$

On obtient alors trois équations différentielles respectivement selon les axes x, y et z :

$$\begin{cases} \dfrac{\mathrm{d}v_x}{\mathrm{d}t} + \dfrac{\mu}{m_e} v_x = -\dfrac{eB}{m_e} v_y & (1) \\[2ex] \dfrac{\mathrm{d}v_y}{\mathrm{d}t} + \dfrac{\mu}{m_e} v_y = +\dfrac{eB}{m_e} v_x & (2) \\[2ex] \dfrac{\mathrm{d}v_z}{\mathrm{d}t} + \dfrac{\mu}{m_e} v_z = +\dfrac{eE}{m_e} & (3) \end{cases}$$

Or $E = \frac{U}{L}$

$$\boxed{\begin{aligned} \frac{\mathrm{d}v_x}{\mathrm{d}t} + \frac{\mu}{m_e}v_x &= -\frac{eB}{m_e}v_y \quad (1) \\ \frac{\mathrm{d}v_y}{\mathrm{d}t} + \frac{\mu}{m_e}v_y &= +\frac{eB}{m_e}v_x \quad (2) \\ \frac{\mathrm{d}v_z}{\mathrm{d}t} + \frac{\mu}{m_e}v_z &= +\frac{eU}{m_e L} \quad (3) \end{aligned}}$$

En posant $\tau = \frac{m_e}{\mu}$, l'équation (3) s'écrit :

$$\frac{\mathrm{d}v_z(t)}{\mathrm{d}t} + \frac{1}{\tau}v_z(t) = +\frac{eU}{m_e L}$$

Il s'agit d'une équation différentielle du premier ordre avec second membre constant.
Les solutions sont de la forme :

$$v_z(t) = v_p(t) + v_H(t)$$

$$v_z(t) = \frac{eU\tau}{m_e L} + A\,\mathrm{e}^{-\frac{t}{\tau}}$$

où A est une constante que l'on détermine à l'aide des conditions initiales.
A $t = 0$, on a $v_z(t = 0) = \vec{v}_e \cdot \vec{e}_z = v_{e_z}$

$$v_z(t=0) = \frac{eU\tau}{m_e L} + A\,\mathrm{e}^0 = \frac{eU\tau}{m_e L} + A = v_{e_z} \Leftrightarrow A = v_{e_z} - \frac{eU\tau}{m_e L} = v_{e_z} - \frac{eU}{\mu L}$$

$$\Rightarrow \boxed{v_z(t) = \frac{eU}{\mu L}\left[1 - \mathrm{e}^{-\frac{t}{\tau}}\right] + v_{e_z}\mathrm{e}^{-\frac{t}{\tau}}}$$

$$\boxed{v_{\text{lim}} = \lim_{t\to\infty} v_z(t) = \frac{eU}{\mu L}}$$

2. *Application numérique*

$$v_{\text{lim}} = \frac{1,60 \times 10^{-19} \cdot 63 \times 10^3}{9,6 \times 10^{-20} \cdot 2,1} = \boxed{5,0 \times 10^4\,\text{m.s}^{-1}}$$

$\forall t > T$,

$$\frac{|v_z(t) - v_{\text{lim}}|}{|v_{\text{lim}}|} = \frac{\left|\frac{eU}{\mu L}\left[1 - \mathrm{e}^{-\frac{t}{\tau}}\right] + v_{e_z}\mathrm{e}^{-\frac{t}{\tau}} - \frac{eU}{\mu L}\right|}{|v_{\text{lim}}|} = \frac{\left|-\frac{eU}{\mu L}\,\mathrm{e}^{-\frac{t}{\tau}} + v_{e_z}\mathrm{e}^{-\frac{t}{\tau}}\right|}{|v_{\text{lim}}|}$$

$$\frac{|v_z(t)-v_{\text{lim}}|}{|v_{\text{lim}}|}=\frac{\left|(-v_{\text{lim}}+v_{e_z})\,\mathrm{e}^{-\frac{t}{\tau}}\right|}{|v_{\text{lim}}|}$$

D'après l'énoncé, $v_{\text{lim}} \gg \vec{v}_e \cdot \vec{e}_z$, on peut donc écrire :

$$\frac{|v_z(t)-v_{\text{lim}}|}{|v_{\text{lim}}|}=\frac{\left|(-v_{\text{lim}}+v_{e_z})\,\mathrm{e}^{-\frac{t}{\tau}}\right|}{|v_{\text{lim}}|}\approx \mathrm{e}^{-\frac{t}{\tau}}<1\%=0,01$$

$$\ln\left(\mathrm{e}^{-\frac{t}{\tau}}\right)<\ln(0,01)$$

$$-\frac{t}{\tau}<\ln\left(10^{-2}\right)$$

$$t>\tau\ln\left(10^{2}\right)=T$$

$$\Rightarrow \boxed{T=\frac{m_e}{\mu}\ln\left(10^{2}\right)}$$

Application numérique

$$T=\frac{9,11\times 10^{-31}}{9,6\times 10^{-20}}\ln(100)=\boxed{4,4\times 10^{-11}\,\text{s}}$$

Il faut donc attendre $4,4\times 10^{-11}$ s pour que $\dfrac{|v_z(t)-v_{\text{lim}}|}{|v_{\text{lim}}|}<1\%$.

3. Il s'agit d'équations différentielles couplées dans lesquelles $v_x(t)$ dépend de $v_y(t)$ et inversement. Il n'est donc pas possible d'intégrer comme nous l'avons fait précédemment avec $v_z(t)$.

$$\begin{cases}(1)\Rightarrow(1'):\quad v_y(t)= & -\dfrac{m_e}{eB}\dfrac{\mathrm{d}v_x(t)}{\mathrm{d}t}-\dfrac{\mu}{eB}v_x(t)\\[2ex](2)\Rightarrow(2'):\quad v_x(t)= & +\dfrac{m_e}{eB}\dfrac{\mathrm{d}v_y(t)}{\mathrm{d}t}+\dfrac{\mu}{eB}v_y(t)\end{cases}$$

En additionnant les équations $(2')+\mathrm{i}\,(1')$, on obtient :

$$\begin{aligned}\underline{u}(t)&=v_x(t)+\mathrm{i}v_y(t)\\&=\frac{m_e}{eB}\left[\frac{\mathrm{d}v_y(t)}{\mathrm{d}t}-\mathrm{i}\frac{\mathrm{d}v_x(t)}{\mathrm{d}t}\right]+\frac{\mu}{eB}\left[v_y(t)-\mathrm{i}v_x(t)\right]\\&=-\mathrm{i}\frac{m_e}{eB}\left[\mathrm{i}\frac{\mathrm{d}v_y(t)}{\mathrm{d}t}+\frac{\mathrm{d}v_x(t)}{\mathrm{d}t}\right]-\mathrm{i}\frac{\mu}{eB}\left[\mathrm{i}v_y(t)+v_x(t)\right]\\&=-\mathrm{i}\frac{m_e}{eB}\frac{\mathrm{d}\underline{u}(t)}{\mathrm{d}t}-\mathrm{i}\frac{\mu}{eB}\underline{u}(t)\end{aligned}$$

$$\frac{\mathrm{d}\underline{u}(t)}{\mathrm{d}t} + \underline{u}(t)\left[1 + \mathrm{i}\frac{\mu}{eB}\right]\left(\frac{eB}{\mathrm{i}m_e}\right) = 0$$

$$\frac{\mathrm{d}\underline{u}(t)}{\mathrm{d}t} + \underline{u}(t)\left[-\mathrm{i}\frac{eB}{m_e} + \frac{\mu}{m_e}\right] = 0$$

$$\Rightarrow \boxed{\frac{\mathrm{d}\underline{u}(t)}{\mathrm{d}t} + \underline{u}(t)\left[\frac{1}{\tau} - \mathrm{i}\omega_e\right] = 0}$$

La solution de cette équation différentielle est du type :

$$\underline{u}(t) = C\,\mathrm{e}^{\left(-\frac{t}{\tau} + \mathrm{i}\omega_e t\right)} = C\,\mathrm{e}^{-\frac{t}{\tau}}\,\mathrm{e}^{\mathrm{i}\omega_e t}$$

où C est une constante que l'on détermine à l'aide des conditions initiales.
A $t = 0$, $\underline{u}(t = 0) = v_{e_x} = v_x(t = 0) + \mathrm{i}v_y(t = 0) \Leftrightarrow v_{e_x} = C\,\mathrm{e}^0\,\mathrm{e}^0 = C$

$$\begin{aligned}\underline{u}(t) &= v_{e_x}\mathrm{e}^{-\frac{t}{\tau}}\left[\cos(\omega_e t) + \mathrm{i}\sin(\omega_e t)\right] \\ &= v_{e_x}\mathrm{e}^{-\frac{t}{\tau}}\cos(\omega_e t) + \mathrm{i}v_{e_x}\mathrm{e}^{-\frac{t}{\tau}}\sin(\omega_e t) \\ &= v_x(t) + \mathrm{i}v_y(t)\end{aligned}$$

Par identification, on obtient :

$$\boxed{\begin{aligned} v_x(t) &= v_{e_x}\mathrm{e}^{-\frac{t}{\tau}}\cos(\omega_e t) \\ v_y(t) &= v_{e_x}\mathrm{e}^{-\frac{t}{\tau}}\sin(\omega_e t)\end{aligned}}$$

4. La phase transitoire a pour durée $T = 4,4 \times 10^{-11}$ s, l'électron atteint sa vitesse limite très rapidement.
Si $t \to \infty$ alors $v_x \to 0$, $v_y \to 0$ et $v_z \to v_{\text{lim}}$, son mouvement est alors **rectiligne uniforme** dans la direction de l'axe des z.

   Pendant cette phase transitoire on peut négliger la distance parcourue par l'électron. Si l'électron est émis à la coordonnée z, il parcourra la distance $(L - z)$ à la vitesse v_{lim} pendant la durée Δt. Si l'on mesure Δt alors on aura accès à $(L - z)$ et donc à z.

$$\boxed{\Delta t = \frac{(L - z)}{v_{\text{lim}}}}$$

13.5 Propagation d'ondes électromagnétiques (CCS)

Conseils - Pour aborder cet extrait de sujet de concours, il est préférable de revoir les notions suivantes :

- Produits scalaires, produits vectoriels (chapitre 1)
- Opérateurs différentiels vectoriels (chapitre 2)
- Dérivées (chapitre 4)
- Intégrales (chapitre 7)
- Nombres complexes (chapitre 8)
- Equations différentielles (chapitre 9)

Cet extrait de concours étudie l'influence de l'ionosphère sur la propagation d'ondes radar.

Notations

Dans le problème, $\langle f(\mathrm{M}, t)\rangle$ désigne la valeur moyenne dans le temps de la grandeur $f(\mathrm{M}, t)$.
La pulsation ω sera toujours réelle, positive, non nulle.
A toute grandeur réelle $f(\mathrm{M}, t) = A(\mathrm{M}) \cos(\omega t - \varphi(\mathrm{M}))$, on pourra associer la grandeur complexe $\underline{f}(\mathrm{M}, t) = A(\mathrm{M}) \exp(\mathrm{i}\,(\omega t - \varphi(\mathrm{M})))$.
Le nombre imaginaire i est tel que $\mathrm{i}^2 = -1$.
La polarisation d'une onde électromagnétique fera référence au champ électrique.

Données utiles

Masse d'un proton	$m_p = 1,67 \times 10^{-27}$ kg
Masse d'un électron	$m_e = 9,11 \times 10^{-31}$ kg
Charge élémentaire	$e = 1,60 \times 10^{-19}$ C
Permittivité diélectrique du vide	$\varepsilon_0 = 8,85 \times 10^{-12}$ F.m^{-1}
Perméabilité magnétique du vide	$\mu_0 = 4\pi \times 10^{-7}$ H.m^{-1}
Célérité de la lumière dans le vide	$c = 3,00 \times 10^{8}$ m.s^{-1}

Formulaire

$$\overrightarrow{\mathrm{rot}}\,(\overrightarrow{\mathrm{rot}}\,\vec{A}\,) = \overrightarrow{\mathrm{grad}}\,(\mathrm{div}\vec{A}\,) - \Delta\vec{A}$$

Les résultats numériques seront donnés avec un nombre de chiffres significatifs compatible avec celui utilisé pour les données de l'énoncé.

A. **Ondes électromagnétiques dans le vide**

A.1. Rappeler les équations de Maxwell en présence de charges et de courants. Quelles sont les traductions globales, dites aussi formes intégrales, de ces lois locales ?

A.2. Etablir l'équation de propagation du champ $\vec{E}(\mathrm{M},t)$ dans le vide (en l'absence de charges et de courants).

A.3. On considère une onde dont le champ électrique en notation complexe s'écrit :

$$\vec{E}(\mathrm{M},t) = E_0 \exp(\mathrm{i}\,(\omega t - kx))\,\vec{e}_y$$

où $E_0 \in \mathbb{R}_+^*$ et $k \in \mathbb{R}_+^*$.
Caractériser cette onde (donner 5 qualificatifs).

A.4. A quelle condition sur k et ω cette onde est-elle une solution de l'équation de propagation ? Comment appelle-t-on cette relation ? Le vide est-il un milieu dispersif (à justifier) ?

A.5. Déterminer l'expression réelle du champ magnétique $\vec{B}(\mathrm{M},t)$.

A.6. Déterminer l'expression du vecteur de Poynting $\overrightarrow{\Pi}(\mathrm{M},t)$. Quelle est la signification physique du flux de $\overrightarrow{\Pi}$ à travers une surface S ouverte, arbitrairement orientée ?

B. **Ondes électromagnétiques dans un milieu conducteur**

B.1. En absence de densité volumique de charges, mais en présence de densité volumique de courants $\vec{j}(\mathrm{M},t)$, établir l'équation de propagation du champ $\underline{\vec{E}}(\mathrm{M},t)$ en fonction de $\underline{\vec{j}}(\mathrm{M},t)$.

B.2. On considère une onde du type $\underline{\vec{E}}(\mathrm{M},t) = E_0 \exp(\mathrm{i}\,(\omega t - \underline{k}x))\,\vec{e}_y$ où $E_0 \in \mathbb{R}_+^*$ et $\underline{k} \in \mathbb{C}$. On pose, en notation complexe, la relation d'Ohm : $\underline{\vec{j}}(\mathrm{M},t) = \underline{\gamma}\,\underline{\vec{E}}(\mathrm{M},t)$ où $\underline{\gamma}$ est la conductivité électrique complexe du milieu, on suppose qu'elle ne dépend ni de l'espace ni du temps.

Réécrire l'équation de propagation du champ $\underline{\vec{E}}(\mathrm{M},t)$ en fonction de $\underline{\gamma}$.
A quelle condition sur $\underline{k}$ et ω cette onde est-elle une solution de l'équation de propagation ? On ne cherchera pas à résoudre cette équation.

B.3. On pose $\underline{k} = k_1 + \mathrm{i}k_2$, avec k_1 et k_2 réels.

a. Ecrire en notation réelle l'expression du champ électrique $\vec{E}(\mathrm{M},t)$.

b. Par analogie avec le vide, dire ce que représente k_1, la partie réelle de $\underline{k}$. Donner une interprétation du signe de k_1. Quel phénomène physique traduit k_2, la partie imaginaire de $\underline{k}$?
Que dire si le produit $k_1 k_2$ est positif ? Que dire si le produit $k_1 k_2$ est négatif ?

c. Définir par une phrase la vitesse de phase v_φ et donner l'expression de la vitesse de phase de cette onde en fonction des grandeurs précédemment définies.

B.4. Démontrer une relation simple entre les vecteurs $\underline{\vec{E}}(\mathrm{M},t)$, $\underline{\vec{k}}$ (vecteur d'onde complexe) et $\underline{\vec{B}}(\mathrm{M},t)$. Déterminer les expressions de la représentation complexe du champ magnétique $\underline{\vec{B}}(\mathrm{M},t)$ et du champ réel $\vec{B}(\mathrm{M},t)$. Que dire des champs $\vec{E}(\mathrm{M},t)$ et $\vec{B}(\mathrm{M},t)$ si k_2 est non nul ?

B.5. Déterminer l'expression du vecteur de Poynting $\overrightarrow{\Pi}(\mathrm{M},t)$ puis l'expression de sa valeur moyenne $\langle\overrightarrow{\Pi}(\mathrm{M},t)\rangle$. Commenter.

B.6. Une onde incidente, $\underline{\vec{E}}_i(\mathrm{M},t) = E_{0i}\exp(\mathrm{i}\,(\omega t - \underline{k}_A x))\,\vec{e}_y$ où $E_{0i} \in \mathbb{R}_+^*$ et $\underline{k}_A = k_{A_1} + \mathrm{i}k_{A_2}$ avec k_{A_1} et k_{A_2} deux réels, se propageant dans le milieu (A) arrive en incidence normale sur une interface située en $x = 0$ et séparant le milieu (A) du milieu (B).

Cette onde incidente donne naissance à deux ondes, l'une réfléchie, $\underline{\vec{E}}_r(\mathrm{M},t) = \underline{E}_{0r}\exp(\mathrm{i}\,(\omega t + \underline{k}_A x))\,\vec{e}_y$, se propageant dans le milieu (A) et l'autre transmise, $\underline{\vec{E}}_t(\mathrm{M},t) = E_{0t}\exp(\mathrm{i}\,(\omega t - \underline{k}_B x))\,\vec{e}_y$ où $\underline{k}_B = k_{B_1} + \mathrm{i}k_{B_2}$ avec k_{B_1} et k_{B_2} deux réels, se propageant dans le milieu (B).

On définit les coefficients de réflexion et de transmission énergétiques au niveau de l'interface située en $x = 0$ par :

$$R = \frac{\langle\|\overrightarrow{\Pi}_r(0,t)\|\rangle}{\langle\|\overrightarrow{\Pi}_i(0,t)\|\rangle} \qquad \text{et} \qquad T = \frac{\langle\|\overrightarrow{\Pi}_t(0,t)\|\rangle}{\langle\|\overrightarrow{\Pi}_i(0,t)\|\rangle}$$

où $\overrightarrow{\Pi}_i(0,t)$, $\overrightarrow{\Pi}_r(0,t)$ et $\overrightarrow{\Pi}_t(0,t)$ représentent respectivement les vecteurs de Poynting, au voisinage d'un point O de l'interface, des ondes incidente, réfléchie et transmise $\left(\|\vec{A}\|\text{ désigne le module du vecteur }\vec{A}\right)$.

a. Justifier l'écriture du champ $\underline{\vec{E}}_r(\mathrm{M},t)$.

b. Donner les expressions de R et de T en fonction des données précédentes.

c. Que vaut la somme $R + T$? Quelle est la signification de cette égalité ?

d. Que dire des coefficients R et T si $k_{B_1} = 0$? Quelle en est la signification ? Ne pouviez-vous pas prévoir ce résultat dès les questions B.4 ou B.5 ?

e. Connaissez-vous un exemple similaire en électrocinétique ?

C. Propagation des ondes électromagnétiques dans l'ionosphère

L'ionosphère, couche de l'atmosphère située à plus de 60 km d'altitude, peut être considérée comme un plasma : c'est un milieu ionisé, caractérisé par une densité volumique d'électrons libres de charge $-e$, de masse m_e, égale à $n_1 = 1,00 \times 10^{11}\ \mathrm{m}^{-3}$ et une densité volumique de cations de charge $+e$, de masse m_C, égale aussi à n_1, l'ensemble est donc globalement neutre. La valeur de n_1 est supposée constante. On se propose d'étudier dans ce milieu la propagation d'ondes du type $\underline{\vec{E}}(\mathrm{M},t) = E_0 \exp(\mathrm{i}\,(\omega t - \underline{k}x))\,\vec{e}_y$ où $E_0 \in \mathbb{R}_+^*$ et $\underline{k} \in \mathbb{C}$. On pose à nouveau $\underline{k} = k_1 + \mathrm{i}k_2$, avec k_1 et k_2 réels ; si $k_1 \neq 0$, alors on choisira $k_1 > 0$.

Dans toute la suite, vous pourrez utiliser les résultats démontrés dans la partie B.

Dans le plasma, les électrons et les ions sont soumis à la force de Lorentz due aux champs électrique et magnétique de l'onde. On négligera l'effet de la pesanteur et les interactions entre particules chargées, et on supposera que les particules sont non relativistes (i.e. leurs vitesses sont très petites devant c).

C.1. En admettant que le rapport $\dfrac{\omega}{|\underline{k}|}$ est de l'ordre de c, montrer que les effets de la partie magnétique de la force de Lorentz sont négligeables devant les effets de la partie électrique de la force de Lorentz.

C.2. En régime établi, et en supposant que l'amplitude des déplacements des charges reste petite devant la longueur d'onde, déterminer l'expression du vecteur vitesse $\underline{\vec{v}}_e$ (dans le référentiel galiléen d'étude) d'un électron, positionné en M à l'instant t, en fonction de m_e, e, ω et $\underline{\vec{E}}(\mathrm{M},t)$. Donner l'expression du vecteur vitesse $\underline{\vec{v}}_i$ d'un cation. En déduire l'expression de la conductivité complexe du plasma γ. A la vue des valeurs numériques, montrer que $\underline{\gamma} = -\mathrm{i}\dfrac{n_1 e^2}{m_e \omega}$.

C.3. Calculer la puissance volumique moyenne fournie par le champ électromagnétique aux électrons libres. Commenter.

C.4. Etablir l'expression de $\underline{k}^2$ dans le plasma. Mettre en évidence une pulsation caractéristique dite pulsation plasma ω_p ; donner son expression et calculer sa valeur numérique pour l'ionosphère. Calculer la longueur d'onde dans le vide λ_p associée. A quel domaine du spectre électromagnétique appartient cette longueur d'onde ?

C.5. On se place dans le cas $\omega < \omega_p$.

a. Donner l'expression de k en fonction de ω_p, ω et c (on prendra k_2 négatif).

b. Donner les expressions des champs réels $\vec{E}(\mathrm{M},t)$ et $\vec{B}(\mathrm{M},t)$. Caractériser l'onde obtenue.

c. Donner l'expression de $\langle \overrightarrow{\Pi}(\mathrm{M},t) \rangle$ dans le plasma.

C.6. On se place dans le cas $\omega > \omega_p$.

a. Donner l'expression de k en fonction de ω_p, ω et c. Commenter.

b. Donner les expressions de $\vec{E}(\mathrm{M},t)$ et $\vec{B}(\mathrm{M},t)$. Caractériser l'onde obtenue (donner 5 qualificatifs).

c. Donner l'expression de $\langle\overrightarrow{\Pi}(\mathrm{M},t)\rangle$.

d. Déterminer l'expression de la vitesse de phase $v_\varphi(\omega)$ de cette onde en fonction de ω_p, ω et c. Le milieu est-il dispersif (justifier la réponse) ?

e. Calculer la vitesse de groupe $v_g(\omega)$ en fonction de ω_p, ω et c. Donner la signification physique de cette vitesse.

f. Comparer $v_\varphi(\omega)$ et $v_g(\omega)$ à c. Que penser du fait que $v_\varphi(\omega)$ puisse être supérieure à c ?

C.7. Le choix de la fréquence des ondes radar émises par un satellite ($f = 13,6\,\mathrm{GHz}$) vous semble-t-il correct ?

D'après Concours Centrale-Supélec MP

Solution

A. **Ondes électromagnétiques dans le vide**

A.1. Les équations de Maxwell, en présence de charges et de courants, s'écrivent :

$$\begin{array}{rl} \text{Maxwell-Gauss :} & \mathrm{div}\vec{E} = \dfrac{\rho}{\varepsilon_0} \\ \text{Maxwell-flux :} & \mathrm{div}\vec{B} = 0 \\ \text{Maxwell-Faraday :} & \overrightarrow{\mathrm{rot}}\,\vec{E} = -\dfrac{\partial \vec{B}}{\partial t} \\ \text{Maxwell-Ampère :} & \overrightarrow{\mathrm{rot}}\,\vec{B} = \mu_0\,\vec{j} + \varepsilon_0\mu_0\,\dfrac{\partial \vec{E}}{\partial t} \end{array}$$

Pour obtenir les formes intégrales des équations de Maxwell-Gauss et Maxwell-flux, on intègre sur un volume $\mathcal{V}$ délimité par une surface $\mathcal{S}$ fermée et l'on applique le théorème de Green-Ostrogradski (voir chapitre 2).

• **Forme intégrale de l'équation de Maxwell-Gauss**

$$\iiint_{\mathcal{V}} \mathrm{div}\vec{E}\,\mathrm{d}\tau = \iiint_{\mathcal{V}} \frac{\rho}{\varepsilon_0}\,\mathrm{d}\tau$$

Or d'après le théorème de Green-Ostrogradski, on a :

$$\iiint_{\mathcal{V}} \mathrm{div}\vec{E}\,\mathrm{d}\tau = \oiint_{\mathcal{S}} \vec{E}\cdot\overrightarrow{\mathrm{d}S}$$

et
$$\iiint_{\mathcal{V}} \frac{\rho}{\varepsilon_0}\,\mathrm{d}\tau = \frac{Q_{\text{int}}}{\varepsilon_0}$$

On obtient alors ***le théorème de Gauss*** :

$$\boxed{\oiint_{\mathcal{S}} \vec{E}\cdot\overrightarrow{\mathrm{d}S} = \frac{Q_{\text{int}}}{\varepsilon_0}}$$

• **Forme intégrale de l'équation de Maxwell-flux**

$$\iiint_{\mathcal{V}} \mathrm{div}\vec{B}\,\mathrm{d}\tau = \iiint_{\mathcal{V}} 0\,\mathrm{d}\tau$$

Or d'après le théorème de Green-Ostrogradski, on a :

$$\iiint_{\mathcal{V}} \mathrm{div}\vec{B}\,\mathrm{d}\tau = \oiint_{\mathcal{S}} \vec{B}\cdot\overrightarrow{\mathrm{d}S}$$

et
$$\iiint_{\mathcal{V}} 0\,\mathrm{d}\tau = 0$$

On obtient alors l'expression de ***la conservation du flux magnétique*** :

$$\boxed{\oiint_{\mathcal{S}} \vec{B}\cdot\overrightarrow{\mathrm{d}S} = 0}$$

Pour obtenir les formes intégrales des équations de Maxwell-Faraday et Maxwell-Ampère, on intègre sur une surface $\mathcal{S}$ délimitée un contour $\mathcal{C}$ fermé et l'on applique le théorème de Stokes (voir chapitre 2).

• **Forme intégrale de l'équation de Maxwell-Faraday**

$$\iint_{\mathcal{S}} \overrightarrow{\mathrm{rot}}\,\vec{E}\cdot\overrightarrow{\mathrm{d}S} = \iint_{\mathcal{S}} -\frac{\partial\vec{B}}{\partial t}\cdot\overrightarrow{\mathrm{d}S}$$

Or d'après le théorème de Stokes, on a :

$$\iint_{\mathcal{S}} \overrightarrow{\mathrm{rot}}\,\vec{E}\cdot\overrightarrow{\mathrm{d}S} = \oint_{\mathcal{C}} \vec{E}\cdot\overrightarrow{\mathrm{d}\ell}$$

et
$$\iint_{\mathcal{S}} -\frac{\partial\vec{B}}{\partial t}\cdot\overrightarrow{\mathrm{d}S} = -\frac{\partial}{\partial t}\iint_{\mathcal{S}} \vec{B}\cdot\overrightarrow{\mathrm{d}S} = -\frac{\mathrm{d}\phi_B}{\mathrm{d}t}$$

On obtient ***la loi de l'induction de Faraday*** :

$$\boxed{\oint_{\mathcal{C}} \vec{E}\cdot\overrightarrow{\mathrm{d}\ell} = -\frac{\mathrm{d}\phi_B}{\mathrm{d}t}}$$

• **Forme intégrale de l'équation de Maxwell-Ampère**

$$\iint_{\mathcal{S}} \overrightarrow{\mathrm{rot}}\,\vec{B}\cdot\overrightarrow{\mathrm{d}S} = \iint_{\mathcal{S}} \mu_0\,\vec{j}\cdot\overrightarrow{\mathrm{d}S} + \iint_{\mathcal{S}} \varepsilon_0\mu_0\,\frac{\partial\vec{E}}{\partial t}\cdot\overrightarrow{\mathrm{d}S}$$

Or d'après le théorème de Stokes, on a :

$$\iint_{\mathcal{S}} \overrightarrow{\text{rot}}\,\vec{B} \cdot \overrightarrow{\text{d}S} = \oint_{\mathcal{C}} \vec{B} \cdot \overrightarrow{\text{d}\ell}$$

et par définition :
$$\iint_{\mathcal{S}} \vec{j} \cdot \overrightarrow{\text{d}S} = I$$

On obtient ***le théorème d'Ampère généralisé*** :

$$\boxed{\oint_{\mathcal{C}} \vec{B} \cdot \overrightarrow{\text{d}\ell} = \mu_0 \left(I + \iint_{\mathcal{S}} \varepsilon_0 \frac{\partial \vec{E}}{\partial t} \cdot \overrightarrow{\text{d}S} \right)}$$

A.2. En l'absence de charges et de courants on a $\rho = 0$ et $\vec{j} = \vec{0}$. Pour obtenir l'équation de propagation du champ $\vec{E}(\text{M}, t)$, on calcule le rotationnel de l'équation de Maxwell-Faraday :

$$\overrightarrow{\text{rot}}\left(\overrightarrow{\text{rot}}\,\vec{E}\right) = \overrightarrow{\text{rot}}\left(-\frac{\partial \vec{B}}{\partial t}\right)$$

or
$$\overrightarrow{\text{rot}}\left(\overrightarrow{\text{rot}}\,\vec{E}\right) = \overrightarrow{\text{grad}}\left(\text{div}\,\vec{E}\right) - \Delta\vec{E} = -\Delta\vec{E}$$

Par permutation des opérateurs, on a :

$$\overrightarrow{\text{rot}}\left(-\frac{\partial \vec{B}}{\partial t}\right) = -\frac{\partial}{\partial t}\left(\overrightarrow{\text{rot}}\,\vec{B}\right)$$

et en reportant l'équation de Maxwell-Ampère dans le vide, on obtient :

$$-\Delta\vec{E} = -\frac{\partial}{\partial t}\left(\varepsilon_0\mu_0 \frac{\partial \vec{E}}{\partial t}\right)$$

$$\boxed{\Delta\vec{E} - \varepsilon_0\mu_0 \frac{\partial^2 \vec{E}}{\partial t^2} = \vec{0}}$$

On obtient une équation de d'Alembert du type $\Delta\vec{E} - \dfrac{1}{c^2}\dfrac{\partial^2\vec{E}}{\partial t^2} = \vec{0}$ avec l'expression de la célérité des ondes dans le vide $c = \dfrac{1}{\sqrt{\varepsilon_0\mu_0}}$.

A.3. L'onde proposée est une onde électromagnétique **plane** (amplitude E_0 constante), **progressive** (terme en $(\omega t - kx)$) dans le sens des x **croissants**, **monochromatique** (pulsation ω unique) et **polarisée rectilignement** selon Oy.

A.4. On reporte l'onde proposée dans l'équation de d'Alembert, on projette la relation obtenue sur l'axe Oy et on obtient :

$$\left(\frac{\partial}{\partial x^2}+\frac{\partial}{\partial y^2}+\frac{\partial}{\partial z^2}\right)(E_0\exp(\mathrm{i}\,(\omega t-kx)))-\frac{1}{c^2}\frac{\partial^2 E_0\exp(\mathrm{i}\,(\omega t-kx))}{\partial t^2}=0$$

$$(-\mathrm{i}k)^2\,E_0\exp(\mathrm{i}\,(\omega t-kx))-\frac{1}{c^2}\,(\mathrm{i}\omega)^2\,E_0\exp(\mathrm{i}\,(\omega t-kx))=0$$

Après simplification par $E_0\exp(\mathrm{i}\,(\omega t-kx))$, on obtient :

$$-k^2+\frac{\omega^2}{c^2}=0\;\Rightarrow\;\boxed{k=\pm\frac{\omega}{c}}$$

Il s'agit de l'équation de dispersion pour laquelle on ne retiendra, ici, que la solution positive car l'onde progresse dans le sens des x croissants.
Les vitesses de phase et de groupe ont pour expressions respectives :

$$v_\varphi=\frac{\omega}{k}=c\qquad\text{et}\qquad v_g=\frac{\mathrm{d}\omega}{\mathrm{d}k}=c$$

Les vitesses de phase et de groupe sont indépendantes de la pulsation ω (ou de la fréquence de l'onde) donc le vide est un milieu **non** dispersif.

A.5. Pour déterminer l'expression réelle du champ magnétique $\vec{B}(M,t)$, on exploite la relation de Maxwell-Faraday en notation complexe puis on garde la partie réelle.

$$\overrightarrow{\mathrm{rot}}\,\underline{\vec{E}}=-\frac{\partial\underline{\vec{B}}}{\partial t}$$

En notation complexe, l'opérateur rotationnel est remplacé par $(-\mathrm{i}\vec{k}\wedge)$ et dériver par rapport au temps revient à multiplier par $(\mathrm{i}\omega)$.

$$-\mathrm{i}\vec{k}\wedge\underline{\vec{E}}=-\mathrm{i}\omega\underline{\vec{B}}$$

$$\underline{\vec{B}}=\frac{k}{\omega}E_0\exp(\mathrm{i}\,(\omega t-kx))\,(\vec{e}_x\wedge\vec{e}_y)$$

$$\underline{\vec{B}}=\frac{E_0}{c}\exp(\mathrm{i}\,(\omega t-kx))\,\vec{e}_z$$

$$\mathcal{R}\mathrm{e}\{\underline{\vec{B}}\}=\boxed{\vec{B}(\mathrm{M},t)=\frac{E_0}{c}\cos(\omega t-kx)\,\vec{e}_z}$$

A.6. L'expression du vecteur de Poynting s'écrit :

$$\vec{\Pi}=\frac{\vec{E}\wedge\vec{B}}{\mu_0}$$

avec $\vec{E}$ et $\vec{B}$ réels.

$$\overrightarrow{\Pi} = \frac{E_0 \cos(\omega t - kx)\,\vec{e}_y \wedge \frac{E_0}{c}\cos(\omega t - kx)\,\vec{e}_z}{\mu_0}$$

$$\boxed{\overrightarrow{\Pi}(\mathrm{M}, t) = \frac{E_0^2}{\mu_0 c}\cos^2(\omega t - kx)\,\vec{e}_x}$$

Physiquement, le flux du vecteur de Poynting à travers une surface $\mathcal{S}$ ouverte représente la ***puissance électromagnétique*** rayonnée à travers cette surface notée :

$$\mathcal{P} = \iint_{\mathcal{S}} \overrightarrow{\Pi} \cdot \overrightarrow{\mathrm{d}S}$$

B. **Ondes électromagnétiques dans un milieu conducteur**

B.1. En reprenant la méthode de la question A.2, on a :

$$-\Delta\vec{E} = -\frac{\partial}{\partial t}\left(\mu_0\,\vec{j} + \varepsilon_0\mu_0\,\frac{\partial \vec{E}}{\partial t}\right)$$

$$\boxed{\Delta\vec{E} - \varepsilon_0\mu_0\,\frac{\partial^2\vec{E}}{\partial t^2} = \mu_0\,\frac{\partial\vec{j}}{\partial t}}$$

B.2. En reportant l'expression de $\underline{\vec{j}}(\mathrm{M}, t) = \underline{\gamma}\,\underline{\vec{E}}(\mathrm{M}, t)$ dans l'équation précédemment établie, on obtient :

$$\Delta\vec{E} - \varepsilon_0\mu_0\,\frac{\partial^2\vec{E}}{\partial t^2} = \mu_0\,\frac{\partial(\,\underline{\gamma}\,\underline{\vec{E}}\,)}{\partial t}$$

$$\boxed{\Delta\vec{E} - \varepsilon_0\mu_0\,\frac{\partial^2\vec{E}}{\partial t^2} - \mu_0\underline{\gamma}\,\frac{\partial\underline{\vec{E}}}{\partial t} = \vec{0}}$$

En reprenant la méthode de la question A.4, on obtient :

$$(-\mathrm{i}k)^2\,E_0\exp(\mathrm{i}\,(\omega t - kx)) - \frac{1}{c^2}\,(\mathrm{i}\omega)^2\,E_0\exp(\mathrm{i}\,(\omega t - kx)) \\ - \mu_0\underline{\gamma}\,(\mathrm{i}\omega)\,E_0\exp(\mathrm{i}\,(\omega t - kx)) = 0$$

Après simplification par $E_0\exp(\mathrm{i}\,(\omega t - kx))$, on obtient :

$$-k^2 + \frac{\omega^2}{c^2} - \mathrm{i}\omega\mu_0\underline{\gamma} = 0 \Rightarrow \boxed{k^2 = \frac{\omega^2}{c^2} - \mathrm{i}\omega\mu_0\underline{\gamma}}$$

B.3. On pose $\underline{k} = k_1 + \mathrm{i}k_2$, avec k_1 et k_2 réels.

a. En remplaçant l'expression de $\underline{k}$ dans celle du champ $\vec{E}(\mathrm{M},t)$, on obtient :

$$\underline{\vec{E}}(\mathrm{M},t) = E_0 \exp(\mathrm{i}\,(\omega t - (k_1 + \mathrm{i}k_2)\,x))\,\vec{e}_y$$

$$\boxed{\underline{\vec{E}}(\mathrm{M},t) = E_0 \exp(k_2\,x)\exp(\mathrm{i}\,(\omega t - k_1 x))\,\vec{e}_y}$$

b. La partie réelle de $\underline{k}$ représente le **vecteur d'onde** qui indique que l'onde se propage et son signe définit le **sens** de propagation. La partie imaginaire de $\underline{k}$ traduit un phénomène d'**absorption** ou d'**amplification**.
Si le produit $k_1 k_2$ est positif, l'amplitude de l'onde augmente lors de la propagation. On dit que le milieu est **amplificateur**.
Si le produit $k_1 k_2$ est négatif, l'amplitude de l'onde diminue lors de la propagation. On dit que le milieu est **absorbant**.

c. Par définition, la vitesse de phase est la vitesse de propagation du terme de phase $(\omega t - k_1 x) = k_1\left(\frac{\omega}{k_1}t - x\right) = k_1(v_\varphi t - x)$. On a donc :

$$\boxed{v_\varphi = \frac{\omega}{k_1}}$$

B.4. L'équation de Maxwell-Faraday $\overrightarrow{\mathrm{rot}}\,\underline{\vec{E}} = -\dfrac{\partial \underline{\vec{B}}}{\partial t}$ s'écrit en notation complexe :

$$(-\mathrm{i}\underline{\vec{k}}\,) \wedge \underline{\vec{E}} = -(\mathrm{i}\omega)\underline{\vec{B}}$$

$$\boxed{\underline{\vec{B}} = \frac{\underline{\vec{k}} \wedge \underline{\vec{E}}}{\omega}}$$

Pour obtenir l'expression du champ réel $\vec{B}$ on calcule le champ complexe et on ne garde que la partie réelle du champ complexe.

$$\begin{aligned}\underline{\vec{B}} &= \frac{(k_1 + \mathrm{i}k_2)\,\vec{e}_x \wedge E_0 \exp(k_2\,x)\exp(\mathrm{i}\,(\omega t - k_1 x))\,\vec{e}_y}{\omega}\\ &= \frac{(k_1 + \mathrm{i}k_2)\,E_0 \exp(k_2\,x)\,(\cos(\omega t - k_1 x) + \mathrm{i}\sin(\omega t - k_1 x))}{\omega}\vec{e}_z\end{aligned}$$

Or $\vec{B} = \mathcal{R}\mathrm{e}\{\underline{\vec{B}}\}$

$$\boxed{\vec{B} = E_0 \exp(k_2\,x)\left(\frac{k_1\cos(\omega t - k_1 x) - k_2 \sin(\omega t - k_1 x)}{\omega}\right)\vec{e}_z}$$

Si $k_2 \neq 0$ alors le champ $\vec{B}$ est déphasé de $\varphi = \arg(\underline{k})$ par rapport au champ $\vec{E}$.

B.5. Comme à la question A.6, l'expression du vecteur de Poynting s'écrit :

$$\overrightarrow{\Pi} = \frac{\vec{E} \wedge \vec{B}}{\mu_0}$$

avec $\vec{E}$ et $\vec{B}$ réels.

$$\begin{aligned}\overrightarrow{\Pi} &= \frac{1}{\mu_0} E_0 \exp(k_2\, x) \cos(\omega t - k_1 x)\, \vec{e}_y \\ &\wedge\ E_0 \exp(k_2\, x) \left(\frac{k_1 \cos(\omega t - k_1 x) - k_2 \sin(\omega t - k_1 x)}{\omega} \right) \vec{e}_z\end{aligned}$$

$$\boxed{\overrightarrow{\Pi} = \frac{E_0^2}{\mu_0 \omega}\, \mathrm{e}^{2k_2\, x} \big(k_1 \cos^2(\omega t - k_1 x) - k_2 \cos(\omega t - k_1 x) \sin(\omega t - k_1 x)\big)\, \vec{e}_x}$$

On rappelle que :

$$\langle \cos^2(\omega t - kx) \rangle = \frac{1}{2} \quad \text{et} \quad \langle \cos(\omega t - kx) \sin(\omega t - kx) \rangle = 0$$

(voir les démonstrations corrigées au chapitre 7 - Applications en physique)
On en déduit que :

$$\boxed{\langle \overrightarrow{\Pi}(\mathrm{M}, t) \rangle = \frac{E_0^2\, k_1}{2\mu_0 \omega}\, \mathrm{e}^{2k_2 x}\, \vec{e}_x}$$

Lors de la propagation, la puissance rayonnée décroît exponentiellement.

B.6.

a. En $x = 0$, la phase de l'onde incidente étant conservée, l'onde réfléchie a même pulsation que l'onde incidente.
L'onde réfléchie se propage dans le sens des x décroissants d'où le terme de phase en $(\omega t + \underline{k}_A x)$.
L'onde incidente est polarisée rectilignement selon $\vec{e}_y$ (direction tangentielle au changement de milieu). En $x = 0$, la composante tangentielle du champ électrique étant conservée, l'onde réfléchie est de même direction que l'onde incidente donc de même état de polarisation.

b. D'après la question B.5, on a :

$$\langle \overrightarrow{\Pi}_i(x = 0, t) \rangle = \left(\frac{E_0^2\, k_{A_1}}{2\mu_0 \omega} \exp 0 \right) \vec{e}_x$$

Avec $E_0 \in \mathbb{R}_+^*$, on a :

$$\langle \| \overrightarrow{\Pi}_i(x = 0, t) \| \rangle = \frac{E_0^2\, k_{A_1}}{2\mu_0 \omega}$$

De la même manière, on a :

$$\langle \| \overrightarrow{\Pi}_r(x=0,t) \| \rangle = \frac{|E_{0r}|^2 \, k_{A_1}}{2\mu_0 \omega}$$

et,

$$\langle \| \overrightarrow{\Pi}_t(x=0,t) \| \rangle = \frac{|E_{0t}|^2 \, k_{B_1}}{2\mu_0 \omega}$$

On en déduit les expressions des coefficients de réflexion et de transmission énergétiques au niveau de l'interface située en $x = 0$:

$$\boxed{R = \frac{|E_{0r}|^2}{E_{0i}^2}} \quad \text{et} \quad \boxed{T = \frac{|E_{0t}|^2}{E_{0i}^2} \frac{k_{B_1}}{k_{A_1}}}$$

c. La somme $\boxed{R + T = 1}$ signifie qu'il y a conservation de l'énergie sur l'interface en $x = 0$ lors de la réflexion-transmission.

d. Si $k_{B_1} = 0$ alors $\underline{k}_B$ est un nombre imaginaire pur et l'onde transmise est évanescente, elle ne se propage pas. La puissance transmise est nulle $\boxed{T = 0}$, toute la puissance est réfléchie $\boxed{R = 1}$.
D'après la question B.4, si $\underline{k}_B$ est imaginaire pur $(k_{B_1} = 0)$ alors les champs électrique et magnétique transmis sont déphasés de $\pi/2$. Leurs expressions respectives sont :

$$\vec{E} = E_0 \exp(k_{B_2} \, x) \cos(\omega t) \, \vec{e}_y$$

$$\vec{B} = -k_{B_2} E_0 \exp(k_{B_2} x) \sin(\omega t) \, \vec{e}_z$$

Remarques
* Si $k_{B_2} < 0$ alors le champ magnétique $\vec{B}$ est en retard de $\frac{\pi}{2}$ par rapport au champ électrique $\vec{E}$.
* Si $k_{B_2} > 0$ alors le champ magnétique $\vec{B}$ est en avance de $\frac{\pi}{2}$ par rapport au champ électrique $\vec{E}$.
D'après la question B.5, la moyenne temporelle du vecteur de Poynting est alors nulle car $\langle \cos(\omega t) \sin(\omega t) \rangle = 0$.

e. En électrocinétique, l'onde se propageant le long d'un câble coaxial se réfléchit au bout du câble si celui-ci est relié à une impédance nulle ou infinie.

C. Propagation des ondes électromagnétiques dans l'ionosphère

C.1. La force de Lorentz a pour expression :

$$\vec{F}_L = \vec{F}_{\text{élec}} + \vec{F}_{\text{mag}} = q\vec{E} + q\vec{v} \wedge \vec{B}$$

Comparons les effets de la force magnétique de Lorentz par rapport aux effets de la force électrique en posant le rapport des deux forces :

$$\frac{||\vec{F}_{\text{mag}}||}{||\vec{F}_{\text{élec}}||} = \frac{||\vec{v} \wedge \vec{B}||}{||\vec{E}||}$$

Or d'après l'équation de Maxwell-Faraday, il en vient :

$$||\vec{B}|| = \frac{||\vec{k}|| \times ||\vec{E}||}{\omega} = \frac{||\vec{E}||}{c}$$

d'où

$$\frac{||\vec{F}_{\text{mag}}||}{||\vec{F}_{\text{élec}}||} = \frac{||\vec{v} \wedge \vec{B}||}{c||\vec{B}||} \leqslant \frac{||\vec{v}|| \times ||\vec{B}||}{c||\vec{B}||} = \frac{||\vec{v}||}{c}$$

Or, on suppose que les particules sont non relativistes donc $||\vec{v}|| \ll c$ et :

$$\frac{||\vec{F}_{\text{mag}}||}{||\vec{F}_{\text{élec}}||} \ll 1$$

On peut donc négliger les effets de la force magnétique de Lorentz devant les effets de la force électrique.

C.2. Pour déterminer l'expression du vecteur vitesse d'un électron $\underline{\vec{v}}_e$ (dans le référentiel galiléen d'étude), on lui applique le principe fondamental de la dynamique $\sum \vec{F}_{\text{ext}} = m\vec{a}$. L'électron n'étant soumis qu'à la force de Lorentz électrique, on obtient, en notation complexe :

$$-e\underline{\vec{E}} = m_e \frac{\partial \underline{\vec{v}}_e}{\partial t}$$

Dériver par rapport au temps revient à multiplier par $(\mathrm{i}\omega)$.

$$-e\underline{\vec{E}} = \mathrm{i}\omega m_e \underline{\vec{v}}_e$$

$$\boxed{\underline{\vec{v}}_e = \frac{-e}{\mathrm{i}\omega m_e}\underline{\vec{E}}}$$

En procédant de la même manière, l'expression du vecteur vitesse $\underline{\vec{v}}_i$ d'un cation s'écrit :

$$\boxed{\underline{\vec{v}}_i = \frac{+e}{\mathrm{i}\omega m_c}\underline{\vec{E}}}$$

L'expression de la conductivité du plasma est telle que :

$$\underline{\vec{j}} = \underline{\gamma}\,\underline{\vec{E}}$$

Par définition, $\underline{\vec{j}} = \sum_p n_p q_p \underline{\vec{v}}_p$. Ici,

$$\underline{\vec{j}} = n_1(-e\,\underline{\vec{v}}_e + e\,\underline{\vec{v}}_i)$$

Il en vient :

$$n_1\left(\frac{e^2}{\mathrm{i}\omega m_e} + \frac{e^2}{\mathrm{i}\omega m_c}\right)\underline{\vec{E}} = \underline{\gamma}\,\underline{\vec{E}}$$

Après simplification par $\underline{\vec{E}}$, on obtient :

$$\boxed{\underline{\gamma} = \frac{n_1 e^2}{\mathrm{i}\omega}\left(\frac{1}{m_e} + \frac{1}{m_c}\right)}$$

Or $m_c \gg m_e$ donc $\dfrac{1}{m_c} \ll \dfrac{1}{m_e}$ et on en déduit l'expression de la conductivité complexe :

$$\boxed{\underline{\gamma} = \frac{n_1 e^2}{\mathrm{i}\omega m_e} = -\mathrm{i}\frac{n_1 e^2}{\omega m_e}}$$

C.3. Par définition, la puissance volumique moyenne fournie par le champ électromagnétique aux électrons libres a pour expression :

$$\langle \mathcal{P} \rangle = \langle \underline{\vec{j}} \cdot \underline{\vec{E}} \rangle = \frac{1}{2}\mathcal{R}_\mathrm{e}\left(\underline{\vec{j}} \cdot \underline{\vec{E}}^*\right)$$

Or $\underline{\vec{j}}$ est purement imaginaire donc déphasé de $\pi/2$ par rapport à $\underline{\vec{E}}$. La puissance volumique moyenne est nulle $\boxed{\langle \mathcal{P} \rangle = 0}$, il n'y a donc pas de perte d'énergie.

C.4. Pour établir l'expression de $\underline{k}^2$ dans le plasma, on exploite les équations de Maxwell en notation complexe.
L'équation de **Maxwell-Gauss** dans le plasma électriquement neutre s'écrit :

$$\mathrm{div}\underline{\vec{E}} = 0 \quad \Rightarrow \quad -\mathrm{i}\underline{\vec{k}} \cdot \underline{\vec{E}} = 0$$

L'équation de **Maxwell-Faraday** dans le plasma électriquement neutre s'écrit :

$$\overrightarrow{\mathrm{rot}}\,\underline{\vec{E}} = -\frac{\partial \underline{\vec{B}}}{\partial t} \quad \Rightarrow \quad -\mathrm{i}\underline{\vec{k}} \wedge \underline{\vec{E}} = -\mathrm{i}\omega\underline{\vec{B}}$$

L'équation de **Maxwell-Ampère** dans le plasma électriquement neutre s'écrit :

$$\overrightarrow{\mathrm{rot}}\,\underline{\vec{B}} = \mu_0\underline{\vec{j}} + \mu_0\varepsilon_0\frac{\partial \underline{\vec{E}}}{\partial t} \quad \Rightarrow \quad -\mathrm{i}\underline{\vec{k}} \wedge \underline{\vec{B}} = \mu_0\underline{\gamma}\,\underline{\vec{E}} + \mu_0\varepsilon_0(\mathrm{i}\omega)\,\underline{\vec{E}}$$

Or $$\underline{\vec{k}} \wedge \underline{\vec{B}} = \underline{\vec{k}} \wedge \left(\frac{\underline{\vec{k}} \wedge \underline{\vec{E}}}{\omega} \right)$$

Dans le cas général, le double produit vectoriel s'écrit :

$$\vec{a} \wedge (\vec{b} \wedge \vec{c}) = (\vec{a} \cdot \vec{c})\,\vec{b} - (\vec{a} \cdot \vec{b})\,\vec{c}$$

Ici, on obtient :

$$\underline{\vec{k}} \wedge \left(\frac{\underline{\vec{k}} \wedge \underline{\vec{E}}}{\omega} \right) = \frac{1}{\omega} \left((\underline{\vec{k}} \cdot \underline{\vec{E}})\,\underline{\vec{k}} - (\underline{\vec{k}} \cdot \underline{\vec{k}})\,\underline{\vec{E}} \right) = -\frac{\underline{k}^2}{\omega}\,\underline{\vec{E}}$$

Après simplification par l'équation de Maxwell-Gauss, l'équation de Maxwell-Ampère devient :

$$-\mathrm{i}\left(-\frac{\underline{k}^2}{\omega}\,\underline{\vec{E}} \right) = \left(\mu_0 \underline{\gamma} + \mathrm{i}\frac{\omega}{c^2} \right) \underline{\vec{E}}$$

car $\mu_0 \varepsilon_0 c^2 = 1$. Après simplification par $\underline{\vec{E}}$, on obtient :

$$\underline{k}^2 = \frac{\omega^2}{c^2} + \frac{\mu_0 \omega}{\mathrm{i}} \left(-\mathrm{i}\frac{n_1 e^2}{\omega m_e} \right) = \frac{\omega^2}{c^2} - \frac{1}{\varepsilon_0 c^2} \frac{n_1 e^2}{m_e}$$

$$\boxed{\underline{k}^2 = \frac{\omega^2 - \frac{n_1 e^2}{\varepsilon_0 m_e}}{c^2}}$$

L'équation est du type $\underline{k}^2 = \dfrac{\omega^2 - \omega_p^2}{c^2}$ avec $\boxed{\omega_p = \sqrt{\dfrac{n_1 e^2}{\varepsilon_0 m_e}}}$ où ω_p est appelée **pulsation plasma**.

Application numérique

$$\omega_p = \sqrt{\frac{1,00.10^{11} \times (1,60.10^{-19})^2}{8,85.10^{-12} \times 9,11.10^{-31}}} = \boxed{1,78 \times 10^7 \text{ rad.s}^{-1}}$$

On associe à la pulsation plasma une longueur d'onde λ_p telle que :

$$\lambda_p = \frac{2\pi}{k_p} = \frac{2\pi c}{\omega_p}$$

Application numérique

$$\lambda_p = \frac{2\pi \times 3,00.10^8}{1,78.10^7} = \boxed{106 \text{ m}}$$

Cette longueur d'onde plasma appartient au domaine des **ondes radio**.

C.5. On se place dans le cas $\omega < \omega_p$.

a. Si $\omega < \omega_p$ alors $\underline{k}^2 < 0$. On note alors $\underline{k}^2$ sous la forme :

$$\underline{k}^2 = -\left(\frac{\omega_p^2 - \omega^2}{c^2}\right) = \mathrm{i}^2\left(\frac{\omega_p^2 - \omega^2}{c^2}\right)$$

En prenant la racine carrée, on obtient $\underline{k} = \pm\mathrm{i}\sqrt{\dfrac{\omega_p^2 - \omega^2}{c^2}} = \mathrm{i}k_2$.

Or $k_2 < 0$, on gardera donc la solution :

$$\boxed{\underline{k} = -\mathrm{i}\sqrt{\frac{\omega_p^2 - \omega^2}{c^2}} = \mathrm{i}k_2}$$

$k_1 = 0$ il n'y a donc pas de propagation de l'onde dans le plasma mais seulement une atténuation du champ électrique.

b. Pour donner les expressions des champs réels $\vec{E}(\mathrm{M}, t)$ et $\vec{B}(\mathrm{M}, t)$, on prend la partie réelle des expressions complexes.

* *Pour le champ électrique* :

$$\begin{aligned}\underline{\vec{E}} &= E_0 \exp(\mathrm{i}\,(\omega t - \mathrm{i}k_2\, x))\,\vec{e}_y \\ &= E_0 \exp(k_2\, x)\exp(\mathrm{i}\omega t)\,\vec{e}_y\end{aligned}$$

En posant $\delta = \sqrt{\dfrac{c^2}{\omega_p^2 - \omega^2}}$ l'épaisseur caractéristique de l'atténuation de l'onde dans le plasma, on obtient :

$$\underline{\vec{E}} = E_0 \exp\left(-\frac{x}{\delta}\right)\exp(\mathrm{i}\omega t)\,\vec{e}_y$$

En prenant la partie réelle, on obtient :

$$\boxed{\vec{E} = E_0 \exp\left(-\frac{x}{\delta}\right)\cos(\omega t)\,\vec{e}_y}$$

* *Pour le champ magnétique* :

D'après l'équation de Maxwell-Faraday $\overrightarrow{\mathrm{rot}}\,\underline{\vec{E}} = -\dfrac{\partial \underline{\vec{B}}}{\partial t}$, on a :

$$-\mathrm{i}\underline{\vec{k}} \wedge \underline{\vec{E}} = -(\mathrm{i}\omega)\underline{\vec{B}}$$

$$\underline{\vec{B}} = \frac{\mathrm{i}k_2\,\vec{e}_x \wedge \underline{E}\,\vec{e}_y}{\omega} = \mathrm{i}\frac{k_2\,\underline{E}}{\omega}\,\vec{e}_z$$

On rappelle que $\mathrm{i}k_2 = -\mathrm{i}\sqrt{\dfrac{\omega_p^2-\omega^2}{\omega^2}}$. Il en vient :

$$\underline{\vec{B}} = \exp\Big(-\mathrm{i}\frac{\pi}{2}\Big)\sqrt{\frac{\omega_p^2-\omega^2}{\omega^2}}\,\frac{E_0}{c}\exp\Big(-\frac{x}{\delta}\Big)\exp(\mathrm{i}\omega t)\,\vec{e}_z$$
$$= \frac{E_0}{c}\sqrt{\frac{\omega_p^2}{\omega^2}-1}\,\exp\Big(-\frac{x}{\delta}\Big)\exp\Big(\mathrm{i}\Big(\omega t-\frac{\pi}{2}\Big)\Big)\,\vec{e}_z$$

En prenant la partie réelle, on obtient :

$$\boxed{\vec{B} = \frac{E_0}{c}\sqrt{\frac{\omega_p^2}{\omega^2}-1}\,\exp\Big(-\frac{x}{\delta}\Big)\sin(\omega t)\,\vec{e}_z}$$

Dans le plasma, l'onde obtenue est une onde évanescente qui s'atténue sur une distance caractéristique δ par la présence du terme $\exp\Big(-\dfrac{x}{\delta}\Big)$.

c. Comme à la question A.6, l'expression du vecteur de Poynting s'écrit :

$$\vec{\Pi} = \frac{\vec{E}\wedge\vec{B}}{\mu_0}$$

avec $\vec{E}$ et $\vec{B}$ réels.

$$\vec{\Pi} = \frac{1}{\mu_0}\left(E_0\exp\Big(-\frac{x}{\delta}\Big)\cos(\omega t)\,\vec{e}_y\wedge\frac{E_0}{c}\sqrt{\frac{\omega_p^2}{\omega^2}-1}\,\exp\Big(-\frac{x}{\delta}\Big)\sin(\omega t)\,\vec{e}_z\right)$$
$$= \frac{E_0^2\exp(-\frac{2x}{\delta})}{\mu_0 c}\sqrt{\frac{\omega_p^2}{\omega^2}-1}\,\cos(\omega t)\sin(\omega t)\,\vec{e}_x$$

En prenant la moyenne temporelle du vecteur de Poynting, on obtient :

$$\langle\,\vec{\Pi}\,\rangle = \Big\langle\frac{E_0^2\exp(-\frac{2x}{\delta})}{\mu_0 c}\sqrt{\frac{\omega_p^2}{\omega^2}-1}\,\cos(\omega t)\sin(\omega t)\,\vec{e}_x\Big\rangle$$

Or $\langle\cos(\omega t)\sin(\omega t)\rangle = 0$ donc,

$$\boxed{\langle\,\vec{\Pi}\,\rangle = \vec{0}}$$

On pouvait s'attendre à ce résultat car l'onde évanescente ne transporte aucune énergie.

C.6. On se place dans le cas $\omega > \omega_p$.

a. Si $\omega > \omega_p$ alors $\underline{k}^2 = \dfrac{\omega^2 - \omega_p^2}{c^2} > 0$. En prenant la racine carrée, on obtient :

$$\underline{k} = \pm\sqrt{\frac{\omega^2 - \omega_p^2}{c^2}}$$

L'énoncé indique que si $k_1 \neq 0$ alors on choisira $k_1 > 0$. On gardera alors la solution :

$$\boxed{\underline{k} = \sqrt{\frac{\omega^2 - \omega_p^2}{c^2}} = k_1}$$

$\underline{k}$ est réel et $k_1 > 0$, l'onde se propage dans le plasma dans le sens des x croissants.

b. Pour donner les expressions des champs réels $\vec{E}(\mathrm{M}, t)$ et $\vec{B}(\mathrm{M}, t)$, on prend la partie réelle des expressions complexes.

* *Pour le champ électrique* :

$$\underline{\vec{E}} = E_0 \exp(\mathrm{i}\,(\omega t - k_1 x))\,\vec{e}_y$$

En prenant la partie réelle, on obtient :

$$\boxed{\vec{E} = E_0 \cos(\omega t - k_1 x)\,\vec{e}_y}$$

* *Pour le champ magnétique* :

D'après l'équation de Maxwell-Faraday $\overrightarrow{\mathrm{rot}}\,\underline{\vec{E}} = -\dfrac{\partial \underline{\vec{B}}}{\partial t}$, on a :

$$-\mathrm{i}\underline{\vec{k}} \wedge \underline{\vec{E}} = -(\mathrm{i}\omega)\underline{\vec{B}}$$

$$\begin{aligned} \underline{\vec{B}} &= \frac{k_1\,\vec{e}_x \wedge \underline{E}\,\vec{e}_y}{\omega} = \frac{k_1 \underline{E}}{\omega}\,\vec{e}_z \\ &= \sqrt{\frac{\omega^2 - \omega_p^2}{c^2}}\,\frac{E_0}{\omega} \exp(\mathrm{i}\,(\omega t - k_1 x))\,\vec{e}_z \end{aligned}$$

En prenant la partie réelle, on obtient :

$$\boxed{\vec{B} = \frac{E_0}{c}\sqrt{1 - \frac{\omega_p^2}{\omega^2}}\,\cos(\omega t - k_1 x)\,\vec{e}_z}$$

L'onde électromagnétique est qualifiée d'onde **plane**, **progressive**, **harmonique**.

Cette onde est telle que $(\,\vec{k}_1, \vec{E}, \vec{B}\,)$ est une base directe, on dit que le champ électrique est **transverse** ainsi que le champ magnétique.

c. Comme à la question A.6, l'expression du vecteur de Poynting s'écrit :

$$\overrightarrow{\Pi} = \frac{\vec{E} \wedge \vec{B}}{\mu_0}$$

avec $\vec{E}$ et $\vec{B}$ réels.

$$\begin{aligned}\overrightarrow{\Pi} &= \frac{1}{\mu_0}\left(E_0\cos(\omega t - k_1 x)\,\vec{e}_y \wedge \frac{E_0}{c}\sqrt{1-\frac{\omega_p^2}{\omega^2}}\cos(\omega t - k_1 x)\,\vec{e}_z\right)\\ &= \frac{E_0^2}{\mu_0 c}\sqrt{1-\frac{\omega_p^2}{\omega^2}}\cos^2(\omega t - k_1 x)\,\vec{e}_x\end{aligned}$$

En prenant la moyenne temporelle du vecteur de Poynting, on obtient :

$$\langle\, \overrightarrow{\Pi}\,\rangle = \left\langle \frac{E_0^2}{\mu_0 c}\sqrt{1-\frac{\omega_p^2}{\omega^2}}\cos^2(\omega t - k_1 x)\,\vec{e}_x\right\rangle$$

Or $\langle\cos^2(\omega t - k_1 x)\rangle = \dfrac{1}{2}$ donc

$$\boxed{\langle\, \overrightarrow{\Pi}\,\rangle = \frac{E_0^2}{2\mu_0 c}\sqrt{1-\frac{\omega_p^2}{\omega^2}}\,\vec{e}_x}$$

d. **Par définition**, la vitesse de phase est telle que $v_\varphi = \dfrac{\omega}{|k_1|}$

$$v_\varphi = \frac{\omega}{\sqrt{\frac{\omega^2-\omega_p^2}{c^2}}}$$

$$\boxed{v_\varphi = \frac{c}{\sqrt{1-\frac{\omega_p^2}{\omega^2}}}}$$

La vitesse de phase dépend de la pulsation donc le milieu est **dispersif**.

e. **Par définition**, la vitesse de groupe est telle que $v_g = \dfrac{\mathrm{d}\omega}{\mathrm{d}k_1} = \dfrac{1}{\frac{\mathrm{d}k_1}{\mathrm{d}\omega}}$

$$k_1^2 = \frac{\omega^2-\omega_p^2}{c^2}$$

En appliquant la différentielle (voir chapitre 6 - Applications en physique - Exercice 6), on obtient :

$$2k_1\,\mathrm{d}k_1 = \frac{2\omega\,\mathrm{d}\omega}{c^2}$$

$$\frac{\mathrm{d}\omega}{\mathrm{d}k_1} = c^2 \frac{k_1}{\omega}$$

$$v_g = c^2 \frac{\sqrt{\frac{\omega^2 - \omega_p^2}{c^2}}}{\omega}$$

$$\boxed{v_g = c\sqrt{1 - \frac{\omega_p^2}{\omega^2}}}$$

On peut retrouver ce résultat en dérivant k_1 en fonction de ω (voir chapitre 6 - Applications en physique - Exercice 6).
Physiquement, la vitesse de groupe représente la vitesse à laquelle le maximum d'un paquet d'onde se déplace. C'est aussi la vitesse à laquelle l'énergie de l'onde se déplace dans le plasma.

f. Par comparaison, on a $\boxed{v_g < c < v_\varphi}$. La vitesse de phase peut être supérieure à c car la phase ne transporte ni information, ni énergie.

C.7. A la fréquence des ondes radar $f = 13,6\,\text{GHz}$ correspond la pulsation :

$$\omega = 2\pi f = 85,5 \times 10^9 \text{ rad.s}^{-1}$$

qui est très supérieure à la pulsation plasma ($\omega_p = 1,78 \times 10^7 \text{ rad.s}^{-1}$).
Les expressions des vitesses de phase et de groupe se simplifient car $\frac{\omega_p^2}{\omega^2} \ll 1$.
On obtient :

$$\boxed{v_\varphi \simeq v_g \simeq c}$$

et le milieu est alors qualifié de **non** dispersif.
Se retrouvant donc dans le cas de la question C.6, où $\omega > \omega_p$, les ondes radar peuvent donc se propager du satellite jusqu'au sol sans absorption ($k_2 = 0$) ni dispersion. Le choix de la fréquence nous semble donc correct.

Chapitre 14

Mécanique

14.1 Vibrations d'un moteur de compresseur (Mines d'Albi)

Conseils - Pour aborder cet extrait de sujet de concours, il est préférable de revoir les notions suivantes :

- Nombres complexes (chapitre 8)
- Equations différentielles (chapitre 9)

Lorsque le moteur fonctionne, un balourd provoque des vibrations du châssis. Il est nécessaire de prévoir un système de suspension.
Le moteur est assimilé à un point matériel de masse m.
La suspension peut être modélisée par un ressort de longueur à vide ℓ_0 et de raideur k, placé en parallèle avec un amortisseur qui exerce sur le moteur une force de freinage $\vec{f} = -\alpha \dfrac{\mathrm{d}z}{\mathrm{d}t}\vec{u}_z$ (figure 14.1).

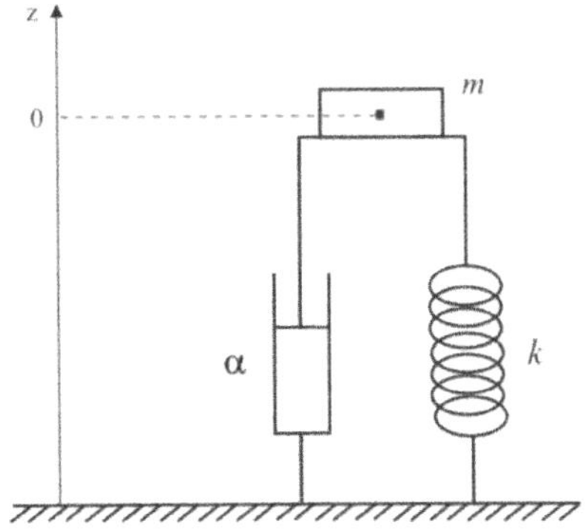

FIGURE 14.1

A. Le moteur ne fonctionne pas et il est immobile. Déterminer la longeur ℓ du ressort. La position du moteur dans ce cas est prise comme origine de l'axe Oz.

B. Le moteur étant toujours arrêté, on écarte le moteur de sa position d'équilibre puis on laisse évoluer librement.

B.1. Etablir avec soin l'équation différentielle vérifiée par $z(t)$.

B.2. On pose $\lambda = \dfrac{\alpha}{2m}$, $\omega_0^2 = \dfrac{k}{m}$, et on suppose $\lambda < \omega_0$.

Donner la forme générale de la solution $z(t)$ en fonction des paramètres λ et ω_0. Comment appelle-t-on ce type de régime ?

B.3. Ecrire l'énergie mécanique E_M du système en fonction de z et $\dfrac{\mathrm{d}z}{\mathrm{d}t}$.

Le système est-il conservatif ?

Que vaut $\dfrac{\mathrm{d}E_M}{\mathrm{d}t}$? Retrouver ainsi l'équation du mouvement obtenue en B.1.

C. Le moteur fonctionne, tout se passe alors comme s'il apparaissait une force supplémentaire de la forme : $\vec{F} = F_0 \cos(\omega t)\, \vec{u}_z$.

C.1. Donner la nouvelle équation différentielle vérifiée par $z(t)$.

C.2. En régime sinusoïdal établi on cherche des solutions de la forme :

$$z(t) = Z_0 \cos(\omega t + \varphi) \quad \text{et} \quad v(t) = \frac{\mathrm{d}z}{\mathrm{d}t} = V_0 \cos(\omega t + \Psi)$$

Donner l'équation vérifiée par la grandeur complexe $\underline{V} = V_0\, \mathrm{e}^{\mathrm{j}\Psi}$.

C.3. Exprimer V_0 en fonction de ω et des paramètres λ, ω_0 et $\dfrac{F_0}{m}$.

Donner l'allure de $V_0(\omega)$.

C.4. La pulsation ω vaut $628\,\mathrm{rad.s^{-1}}$. Le moteur a une masse $m = 10\,\mathrm{kg}$ et on dispose de deux ressorts de raideurs $k_1 = 4 \times 10^6\,\mathrm{N.m^{-1}}$ et $k_2 = 10^6\,\mathrm{N.m^{-1}}$. Lequel faut-il choisir pour réaliser la suspension ?

D'après concours commun des écoles de Mines d'Albi, Alès, Douai et Nantes

Solution

A. Le moteur ne fonctionne pas et il est immobile.
Système étudié : point matériel de masse m
Référentiel d'étude : référentiel terrestre $\mathcal{R}$ supposé galiléen
Bilan des forces extérieures :

$$\begin{cases} \rightarrow \text{le poids du système, noté } \vec{P} = m\vec{g} = -mg\,\vec{u}_z \\ \rightarrow \text{la force de rappel du ressort, notée } \vec{T} = -k\,(\ell - \ell_0)\,\vec{u}_z \end{cases}$$

A l'équilibre, le principe fondamental de la dynamique appliqué au système étudié s'écrit : $\sum \vec{F}_{\text{ext}} = \vec{0}$.

Ici,
$$\vec{P} + \vec{T} = \vec{0}$$
$$-mg\,\vec{u}_z - k\,(\ell - \ell_0)\,\vec{u}_z = \vec{0}$$

Par projection sur l'axe Oz, on obtient :
$$-mg - k\,(\ell - \ell_0) = 0$$
$$\boxed{\ell = \ell_0 - \frac{mg}{k}}$$

B. Le moteur étant toujours arrêté, on écarte le moteur de sa position d'équilibre puis on laisse évoluer librement.

B.1. *Système étudié* : point matériel de masse m
Référentiel d'étude : référentiel terrestre $\mathcal{R}$ supposé galiléen
Bilan des forces extérieures :

- $\rightarrow$ le poids du système, noté $\vec{P} = m\vec{g} = -mg\,\vec{u}_z$
- $\rightarrow$ la force de rappel du ressort, notée $\vec{T} = -k\,((\ell + z) - \ell_0)\,\vec{u_z}$ car l'origine de l'axe Oz est telle que la longueur du ressort vaut ℓ
- $\rightarrow$ la force de freinage, notée $\vec{f} = -\alpha\dfrac{\mathrm{d}z}{\mathrm{d}t}\vec{u}_z$

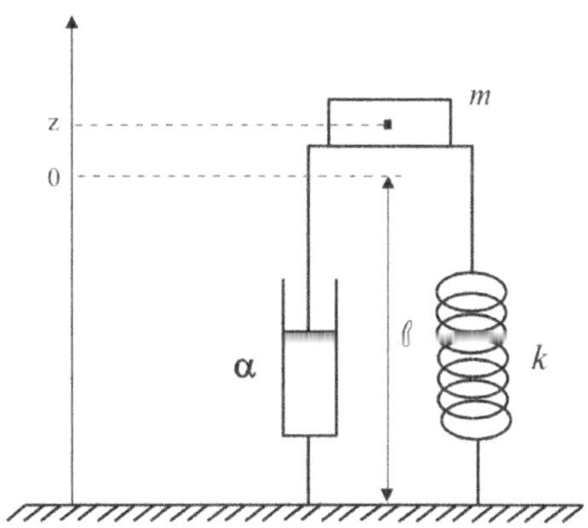

FIGURE 14.2

En appliquant le principe fondamental de la dynamique au système étudié, on obtient :
$$\vec{P} + \vec{T} + \vec{f} = m\vec{a}$$

$$-mg\,\vec{u}_z - k\,(\ell + z - \ell_0)\,\vec{u}_z - \alpha\frac{\mathrm{d}z}{\mathrm{d}t}\vec{u}_z = m\frac{\mathrm{d}^2z}{\mathrm{d}t^2}\vec{u}_z$$

Par projection sur l'axe Oz, on obtient :

$$-mg - k\,(\ell + z - \ell_0) - \alpha\frac{\mathrm{d}z}{\mathrm{d}t} = m\frac{\mathrm{d}^2z}{\mathrm{d}t^2}$$

Or d'après la question A, $\ell = \ell_0 - \dfrac{mg}{k}$.

$$-mg - k\left(\ell_0 - \frac{mg}{k} + z - \ell_0\right) - \alpha\frac{\mathrm{d}z}{\mathrm{d}t} = m\frac{\mathrm{d}^2z}{\mathrm{d}t^2}$$

On obtient finalement l'équation différentielle suivante :

$$\boxed{\frac{\mathrm{d}^2z}{\mathrm{d}t^2} + \frac{\alpha}{m}\frac{\mathrm{d}z}{\mathrm{d}t} + \frac{k}{m}z = 0} \qquad (1)$$

Il s'agit d'une équation différentielle du second ordre à coefficients constants sans second membre.

B.2. En posant $\lambda = \dfrac{\alpha}{2m}$ et $\omega_0^2 = \dfrac{k}{m}$, l'équation différentielle (1) s'écrit :

$$\boxed{\frac{\mathrm{d}^2z}{\mathrm{d}t^2} + 2\lambda\frac{\mathrm{d}z}{\mathrm{d}t} + \omega_0^2\,z = 0} \qquad (2)$$

Pour obtenir la forme générale de l'équation (2), on écrit l'équation caractéristique :

$$r^2 + 2\lambda r + \omega_0^2 = 0$$

On calcule le discriminant.

$$\Delta = (2\lambda)^2 - 4 \times 1 \times \omega_0^2 = 4\left(\lambda^2 - \omega_0^2\right)$$

Or $\lambda < \omega \;\Rightarrow\; \left(\lambda^2 - \omega_0^2\right) < 0$

$$\Delta = -4(\omega_0^2 - \lambda^2) = (2\mathrm{i})^2(\omega_0^2 - \lambda^2)$$

$$\sqrt{\Delta} = 2\mathrm{i}\sqrt{\omega_0^2 - \lambda^2} = 2\mathrm{i}\omega_r$$

Les racines r_1 et r_2 s'écrivent :

$$r_1 = \frac{-2\lambda - \sqrt{\Delta}}{2} \quad r_2 = \frac{-2\lambda + \sqrt{\Delta}}{2}$$

Les solutions de l'équation (2) s'écrivent :

$$z(t) = A\,\mathrm{e}^{r_1 t} + B\,\mathrm{e}^{r_2 t}$$

où A et B sont des constantes que l'on détermine à l'aide des conditions initiales.

$$\begin{aligned} z(t) &= A\exp\left(\frac{-2\lambda-\sqrt{\Delta}}{2}\,t\right)+B\exp\left(\frac{-2\lambda+\sqrt{\Delta}}{2}\,t\right)\\ &= A\exp(-\lambda t-\mathrm{i}\omega_r t)+B\exp(-\lambda t+\mathrm{i}\omega_r t)\\ &= \exp(-\lambda t)\left(A\exp(-\mathrm{i}\omega_r t)+B\exp(+\mathrm{i}\omega_r t)\right)\end{aligned}$$

En utilisant les relations d'Euler, on peut aussi écrire :

$$\boxed{z(t)=\mathrm{e}^{-\lambda t}\left(A'\cos(\omega_r t)+B'\sin(\omega_r t)\right)}$$

où A' et B' sont des constantes que l'on détermine à l'aide des conditions initiales. On parle de **régime pseudo-périodique**.

B.3. L'énergie mécanique E_M est la somme de l'énergie cinétique E_c du système et des énergies potentielles E_p (de pesanteur E_{pp} et élastique du ressort $E_{p\acute{e}\ell}$) telles que :

$$E_c=\frac{1}{2}mv^2=\frac{1}{2}m\left(\frac{\mathrm{d}z}{\mathrm{d}t}\right)^2$$

$$E_{pp}=mgz+\text{constante}$$

$$E_{p\acute{e}\ell}=\frac{1}{2}k\left(\ell+z-\ell_0\right)^2+\text{constante}$$

$$\boxed{E_M=\frac{1}{2}m\left(\frac{\mathrm{d}z}{\mathrm{d}t}\right)^2+mgz+\frac{1}{2}k\left(\ell+z-\ell_0\right)^2+\text{constante}}$$

Le système est conservatif si toutes les forces qui s'appliquent sur le système dérivent d'une énergie potentielle. Or la force de freinage ne dérive pas d'une énergie potentielle donc **le système n'est pas conservatif**.

D'après le théorème de la puissance mécanique, la variation de l'énergie mécanique du système est égale à la somme des puissances des forces **non** conservatives :

$$\frac{\mathrm{d}E_M}{\mathrm{d}t}=\sum\mathcal{P}_{(\text{nc})}$$

$$\frac{\mathrm{d}E_M}{\mathrm{d}t}=\mathcal{P}(\vec{f})=\vec{f}\cdot\vec{v}$$

On rappelle que la dérivée de u^2 s'écrit $2uu'$.

En dérivant l'expression de l'énergie mécanique par rapport au temps, le théorème de la puissance mécanique s'écrit :

$$\frac{1}{2}m\times 2\frac{\mathrm{d}z}{\mathrm{d}t}\frac{\mathrm{d}^2z}{\mathrm{d}t^2}+mg\frac{\mathrm{d}z}{\mathrm{d}t}+\frac{1}{2}k\times 2\frac{\mathrm{d}z}{\mathrm{d}t}(\ell+z-\ell_0)=-\alpha\frac{\mathrm{d}z}{\mathrm{d}t}\vec{u}_z\cdot\frac{\mathrm{d}z}{\mathrm{d}t}\vec{u}_z$$

$$m\frac{\mathrm{d}z}{\mathrm{d}t}\frac{\mathrm{d}^2z}{\mathrm{d}t^2}+mg\frac{\mathrm{d}z}{\mathrm{d}t}+k\frac{\mathrm{d}z}{\mathrm{d}t}(\ell+z-\ell_0)=-\alpha\left(\frac{\mathrm{d}z}{\mathrm{d}t}\right)^2$$

Après simplification par $\frac{\mathrm{d}z}{\mathrm{d}t}$ qui n'est pas identiquement nul et en remplaçant ℓ par son expression $\left(\ell_0-\frac{mg}{k}\right)$, on obtient :

$$m\frac{\mathrm{d}^2z}{\mathrm{d}t^2}+kz=-\alpha\frac{\mathrm{d}z}{\mathrm{d}t}$$

$$\boxed{\frac{\mathrm{d}^2z}{\mathrm{d}t^2}+\frac{\alpha}{m}\frac{\mathrm{d}z}{\mathrm{d}t}+\frac{k}{m}z=0}$$

On retrouve ainsi l'équation (1) obtenue à la question B.1.

C. Lorsque le moteur fonctionne, tout se passe alors comme s'il apparaissait une force supplémentaire de la forme : $\vec{F}=F_0\cos(\omega t)\,\vec{u}_z$.

C.1. En reprenant l'équation obtenue à la question B.1. et en ajoutant la force supplémentaire, on obtient :

$$\boxed{\frac{\mathrm{d}^2z}{\mathrm{d}t^2}+\frac{\alpha}{m}\frac{\mathrm{d}z}{\mathrm{d}t}+\frac{k}{m}z=\frac{F_0}{m}\cos(\omega t)} \tag{3}$$

En introduisant les paramètres α et ω_0, on obtient :

$$\boxed{\frac{\mathrm{d}^2z}{\mathrm{d}t^2}+2\lambda\frac{\mathrm{d}z}{\mathrm{d}t}+\omega_0^2\,z=\frac{F_0}{m}\cos(\omega t)} \tag{4}$$

C.2. En régime sinusoïdal établi, on cherche des solutions de la forme :

$$z(t)=Z_0\cos(\omega t+\varphi)\quad \text{et}\quad v(t)=\frac{\mathrm{d}z}{\mathrm{d}t}=V_0\cos(\omega t+\Psi)$$

En passant en notation complexe, on écrit :

$$\begin{cases}\underline{z}(t) &= Z_0\exp(\mathrm{j}(\omega t+\varphi))=\underline{Z}\exp(\mathrm{j}\omega t)\\ \underline{v}(t) &= V_0\exp(\mathrm{j}(\omega t+\Psi))=\underline{V}\exp(\mathrm{j}\omega t)\end{cases}$$

$$\frac{\mathrm{d}^2\underline{z}}{\mathrm{d}t^2}+2\lambda\frac{\mathrm{d}\underline{z}}{\mathrm{d}t}+\omega_0^2\,\underline{z}=\frac{F_0}{m}\exp(\mathrm{j}\omega t) \tag{5}$$

On cherche l'équation vérifiée par la grandeur complexe $\underline{V}$, on dérive donc l'équation (5) par rapport au temps car $\underline{v}(t)=\frac{\mathrm{d}\underline{z}}{\mathrm{d}t}$:

$$\frac{\mathrm{d}^2\underline{v}}{\mathrm{d}t^2}+2\lambda\frac{\mathrm{d}\underline{v}}{\mathrm{d}t}+\omega_0^2\,\underline{v}=(\mathrm{j}\omega)\frac{F_0}{m}\exp(\mathrm{j}\omega t)$$

Or $\underline{v}(t) = \dfrac{\mathrm{d}\underline{z}}{\mathrm{d}t} = (\mathrm{j}\omega)\underline{z} = \underline{V}\exp(\mathrm{j}\omega t)$.

On a donc :

$$\frac{\mathrm{d}^2(\underline{V}\exp(\mathrm{j}\omega t))}{\mathrm{d}t^2} + 2\lambda\frac{\mathrm{d}(\underline{V}\exp(\mathrm{j}\omega t))}{\mathrm{d}t} + \omega_0^2\,\underline{V}\exp(\mathrm{j}\omega t) = (\mathrm{j}\omega)\frac{F_0}{m}\exp(\mathrm{j}\omega t)$$

$$(\mathrm{j}\omega)^2\,\underline{V}\exp(\mathrm{j}\omega t) + 2\lambda\,(\mathrm{j}\omega)\,\underline{V}\exp(\mathrm{j}\omega t) + \omega_0^2\,\underline{V}\exp(\mathrm{j}\omega t) = \mathrm{j}\omega\frac{F_0}{m}\exp(\mathrm{j}\omega t)$$

Après simplification par $\exp(\mathrm{j}\omega t)$, on a :

$$-\omega^2\,\underline{V} + 2\mathrm{j}\lambda\omega\,\underline{V} + \omega_0^2\,\underline{V} = \mathrm{j}\omega\frac{F_0}{m}$$

$$\underline{V}\left(-\omega^2 + 2\mathrm{j}\lambda\omega + \omega_0^2\right) = \mathrm{j}\omega\frac{F_0}{m}$$

$$\boxed{\underline{V} = \frac{\mathrm{j}\omega F_0}{m\left(\omega_0^2 - \omega^2 + 2\mathrm{j}\lambda\omega\right)}}$$

C.3. L'amplitude V_0 de la vitesse est égale au module de $\underline{V}$.

$$V_0 = \left|\frac{\mathrm{j}\omega F_0}{m\left(\omega_0^2 - \omega^2 + 2\mathrm{j}\lambda\omega\right)}\right| = \frac{\left|\mathrm{j}\omega F_0\right|}{\left|m\left(\omega_0^2 - \omega^2 + 2\mathrm{j}\lambda\omega\right)\right|}$$

$$\boxed{V_0 = \frac{\omega F_0}{m\sqrt{\left(\omega_0^2 - \omega^2\right)^2 + (2\lambda\omega)^2}}}$$

Quand $\omega \to 0$ alors $V_0 \to 0$ car le numérateur tend vers 0 et le dénominateur tend vers $m\omega_0^2$.

Quand $\omega = \omega_0$ alors le dénominateur est minimal, V_0 est donc maximale et vaut $\dfrac{F_0}{2\lambda m}$.

Quand $\omega \to +\infty$ alors $V_0 \to 0$.

Les asymptotes sont telles que :
* à basses fréquences quand $\omega \ll \omega_0$ on a,

$$V_0 \approx \frac{\omega F_0}{m\sqrt{(\omega_0^2)^2}} = \frac{\omega F_0}{m\omega_0^2}$$

* à hautes fréquences quand $\omega \gg \omega_0$ on a,

$$V_0 \approx \frac{\omega F_0}{m\sqrt{(-\omega^2)^2}} = \frac{F_0}{m\omega}$$

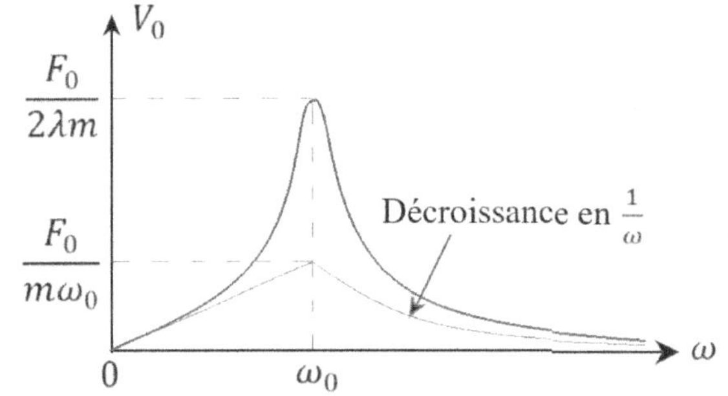

FIGURE 14.3

C.4. Calculons les valeurs de pulsation propre pour chaque ressort.

Application numérique pour le ressort de constante k_1 :

$$\omega_1 = \sqrt{\frac{4 \times 10^6}{10}} = \boxed{632\,\text{rad.s}^{-1}}$$

Application numérique pour le ressort de constante k_2 :

$$\omega_2 = \sqrt{\frac{10^6}{10}} = \boxed{316\,\text{rad.s}^{-1}}$$

La pulsation ω vaut $628\,\text{rad.s}^{-1}$. Il est préférable de choisir le ressort dont la pulsation est **éloignée** de celle de la résonance pour permettre un meilleur amortissement et éviter d'entrer en résonance. Il faut donc choisir le ressort de constante de raideur k_2.

14.2 Chute de deux corps (e3a)

Conseils - Pour aborder cet extrait de sujet de concours, il est préférable de revoir les notions suivantes :

- Développements limités (chapitre 5)
- Intégrales (chapitre 7)
- Equations différentielles (chapitre 9)

A. On montre que le référentiel du laboratoire $\mathcal{R}$ peut être considéré comme un bon référentiel galiléen pourvu que l'on substitue au champ de gravitation $\vec{\mathcal{G}}$ le champ de pesanteur terrestre $\vec{g}$ et que les vitesses acquises soient suffisamment faibles (inférieures à $500\,\mathrm{m.s^{-1}}$).
On laisse tomber (sans vitesse initiale), d'une hauteur $h = 2\,\mathrm{m}$, deux corps différents, par exemple une bille B_1 métallique de masse $m_1 = 0,7\,\mathrm{kg}$ et une bille plus légère B_2 de masse $m_2 = 0,058\,\mathrm{kg}$ (**figure 14.4**). On admet qu'il existe une force supplémentaire de frottement visqueux proportionnelle à la vitesse : $\vec{F}_f = -\alpha\vec{v}$, α étant un coefficient positif.

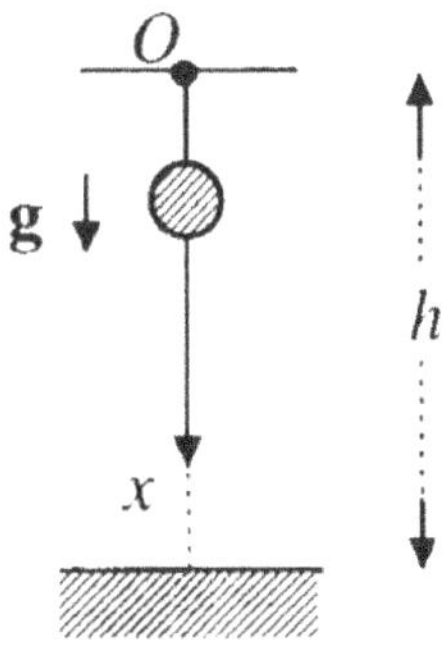

FIGURE 14.4

A.1. A quelle équation différentielle la vitesse v, selon la verticale descendante Ox, satisfait-elle ?

A.2. En déduire $v(t)$ en introduisant $\tau = \dfrac{m}{\alpha}$. Représenter le graphe correspondant. Donner une expression approchée de $v(t)$ pour $t \ll \tau$. Commenter.

A.3. Trouver l'équation horaire $x(t)$. Donner une expression approchée de $x(t)$ pour $t \ll \tau$. Commenter.

A.4. Calculer τ dans le cas des deux billes, sachant que $\alpha = 13.10^{-6}$ SI. Que peut-on dire de l'influence de la force de frottement ?

B. Dans cette question, on reprend l'analyse précédente, mais la force de frottement est proportionnelle au carré de la vitesse : $\vec{F}_f = -\beta v^2\dfrac{\vec{v}}{v}$, β étant un coefficient positif.

B.1. Etablir l'équation différentielle à laquelle satisfait la vitesse d'une bille selon l'axe vertical descendant. Quelle est la dimension physique de $\left(\dfrac{mg}{\beta}\right)^{\frac{1}{2}}$?

B.2. Montrer que $v(t)$ a pour expression : $v(t) = v_1 \operatorname{th}\left(\frac{gt}{v_1}\right)$, v_1 étant une quantité que l'on déterminera. Tracer le graphe correspondant. Quelle est la signification physique de v_1 ? Donner une expression approchée de $v(t)$ pour $t \ll \left(\frac{v_1}{g}\right)$. Commenter.

B.3. En déduire l'équation horaire $x(t)$ sachant que : $\int \operatorname{th}(u)\,\mathrm{d}u = \ln(\operatorname{ch} u)$. Donner une expression approchée de $x(t)$ jusqu'au terme en t^4 inclus. Commenter.

B.4. On reprend l'étude de la chute des deux billes. Dans les deux cas, on admet la même valeur $\beta = 12 \times 10^{-4}$ SI. Calculer v_1 dans les deux cas. Montrer que le mouvement de B_1 est une chute libre dans le vide, avec une excellente précision relative que l'on calculera.

B.5. Quelle est la distance parcourue par la bille B_2 pendant la durée de chute de B_1 ? En déduire l'écart entre les deux billes en fin de chute. Commenter.

D'après concours e3a-Polytech MP

Solution

A. *Système étudié* : une bille de masse m
Référentiel d'étude : référentiel du laboratoire $\mathcal{R}$ considéré galiléen
Bilan des forces extérieures :

$$\begin{cases} \text{- le poids de la bille noté } \vec{P} = m\vec{g} \\ \text{- la force de frottement visqueux, notée } \vec{F}_f = -\alpha\vec{v} \end{cases}$$

A.1. Le principe fondamental de la dynamique appliqué à la bille s'écrit :

$$m\vec{a} = \sum \vec{F}_{\text{ext}} = \vec{P} + \vec{F}_f$$

$$m\vec{a} = m\vec{g} - \alpha\vec{v}$$

Projetons cette relation selon la verticale **descendante** selon Ox :

$$\frac{\mathrm{d}v}{\mathrm{d}t} = g - \frac{\alpha}{m}v$$

$$\boxed{\frac{\mathrm{d}v}{\mathrm{d}t} + \frac{\alpha}{m}v = g} \qquad (1)$$

A.2. On pose $\tau = \dfrac{m}{\alpha}$. L'équation différentielle s'écrit :

$$\frac{\mathrm{d}v}{\mathrm{d}t} + \frac{1}{\tau}v = g$$

La solution $v(t)$ de cette équation différentielle du premier ordre à coefficient constant avec un second membre constant est la somme d'une solution de l'équation homogène sans second membre v_H et d'une solution particulière v_p.

L'équation homogène sans second membre $\dfrac{\mathrm{d}v}{\mathrm{d}t} + \dfrac{1}{\tau}v = 0$ a pour solution $v_H = A\,\mathrm{e}^{-\frac{t}{\tau}}$ où A est une constante que l'on sera amené à déterminer par la suite.

La solution particulière est telle que $\dfrac{\mathrm{d}v}{\mathrm{d}t} = 0$ et $v_p = g\tau$.

$$v(t) = v_H + v_p = A\,\mathrm{e}^{-\frac{t}{\tau}} + g\tau$$

A l'aide des conditions initiales on détermine la constante A.
A $t = 0$, la bille est lâchée sans vitesse initiale.

$$v(t=0) = A\,\mathrm{e}^0 + g\tau = 0 \;\Rightarrow\; A = -g\tau$$

donc finalement :

$$\boxed{v(t) = g\tau\left[1 - \mathrm{e}^{-\frac{t}{\tau}}\right]}$$

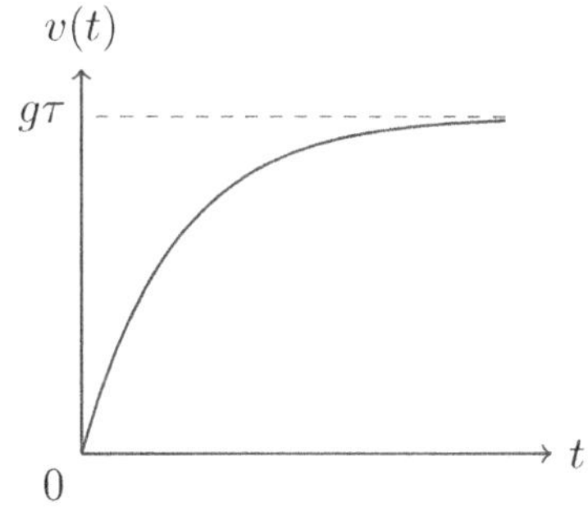

FIGURE 14.5

Pour $t \ll \tau$, on a $\dfrac{t}{\tau} \ll 1$.

On pose $\varepsilon = \dfrac{t}{\tau} \ll 1$ et on effectue un développement limité à l'ordre 2 en ε.

$$\mathrm{e}^{\varepsilon} \simeq 1 + \frac{\varepsilon}{1\,!} + \frac{\varepsilon^2}{2\,!}$$

Ici,

$$e^{-\frac{t}{\tau}} \simeq 1 + \frac{\left(-\frac{t}{\tau}\right)}{1\,!} + \frac{\left(-\frac{t}{\tau}\right)^2}{2\,!} \simeq 1 - \frac{t}{\tau} + \frac{t^2}{2\tau^2}$$

A l'ordre 1 en $\frac{t}{\tau}$ l'expression approchée de $v(t)$ s'écrit :

$$v(t) \simeq g\tau \left[1 - \left(1 - \frac{t}{\tau}\right)\right]$$

$$v(t) \simeq g\tau \left[\frac{t}{\tau}\right]$$

$$\boxed{v(t) \simeq gt}$$

Si $t \ll \tau$ alors, lorsque le mouvement de la descente de la bille débute, la force de frottement est encore négligeable et l'expression de la vitesse est celle obtenue dans le cas d'une chute libre (bille soumise uniquement à son poids).

A.3. Pour trouver l'équation horaire $x(t)$ il suffit d'intégrer $v(t)$ par rapport au temps car $v(t) = \frac{\mathrm{d}x}{\mathrm{d}t} = g\tau \left[1 - e^{-\frac{t}{\tau}}\right]$.

$$x(t) = g\tau \left[t - (-\tau)\,e^{-\frac{t}{\tau}}\right] + K$$

où K est une constante que l'on détermine à l'aide des conditions initiales.

$$x(t) = g\tau \left[t + \tau\,e^{-\frac{t}{\tau}}\right] + K$$

Or, à l'ordre 2 en $\frac{t}{\tau}$, $e^{-\frac{t}{\tau}} \simeq 1 - \frac{t}{\tau} + \frac{t^2}{2\tau^2}$

$$\begin{aligned} x(t) &= g\tau \left[t + \tau \left(1 - \frac{t}{\tau} + \frac{t^2}{2\tau^2}\right)\right] + K \\ &= g\tau \left[t + \tau - t + \frac{t^2}{2\tau}\right] + K \\ &= g\tau^2 + \frac{1}{2} g t^2 + K \end{aligned}$$

A $t = 0$, $x(t = 0) = 0 = g\tau^2 + K \;\Rightarrow\; K = -g\tau^2$

$$\boxed{x(t) = \frac{1}{2} g t^2}$$

Il s'agit de l'équation d'une chute libre.

A.4. *Application numérique* : $\tau = \dfrac{m}{\alpha}$

Bille B_1 : $\tau_1 = \dfrac{0,7}{13 \times 10^{-6}} = 5,4 \times 10^4\ \text{s} = \boxed{14\,\text{h}\ 57\,\text{min}\ 26\,\text{s}}$

Bille B_2 : $\tau_1 = \dfrac{0,058}{13 \times 10^{-6}} = 4,5 \times 10^3\ \text{s} = \boxed{1\,\text{h}\ 14\,\text{min}\ 21\,\text{s}}$

Comme $\tau \gg t$, le temps caractéristique pour ressentir l'influence de la force de frottement est très supérieur à la durée de la chute, nous pouvons conclure que la force de frottement a peu d'influence, c'est pourquoi on retrouve les équations d'une chute libre.

B. *Système étudié* : une bille de masse m
Référentiel d'étude : référentiel du laboratoire $\mathcal{R}$ considéré comme galiléen
Bilan des forces extérieures :

$$\begin{cases} \text{- le poids de la bille noté } \vec{P} = m\vec{g} \\ \text{- la force de frottement, notée } \vec{F_f} = -\beta v^2 \dfrac{\vec{v}}{v} \end{cases}$$

B.1. Le principe fondamental de la dynamique appliqué à la bille s'écrit :

$$\begin{aligned} m\vec{a} &= \sum \vec{F}_{\text{ext}} = \vec{P} + \vec{F_f} \\ &= m\vec{g} - \beta v^2 \frac{\vec{v}}{v} \end{aligned}$$

Projetons cette relation selon la verticale **descendante** selon Ox :

$$m\frac{\mathrm{d}v}{\mathrm{d}t} = mg - \beta v^2$$

$$\boxed{\frac{\mathrm{d}v}{\mathrm{d}t} + \frac{\beta}{m}v^2 = g} \qquad (2)$$

On obtient une équation différentielle du premier ordre à coefficients constants **non** linéaire. La méthode de résolution de ce type d'équation est présentée au chapitre 9 - Applications de physique - Exercice 11.
L'équation est homogène. Par analyse dimensionnelle, on peut donc trouver la dimension de $\left(\dfrac{mg}{\beta}\right)^{\frac{1}{2}}$.

$$\left[\frac{\beta}{m}v^2\right] = \left[g\right]$$

$$\left[\frac{mg}{\beta}\right]^{\frac{1}{2}} = \left[v^2\right]^{\frac{1}{2}} = \left[v\right]$$

$\left(\dfrac{mg}{\beta}\right)^{\frac{1}{2}}$ a la dimension d'une vitesse et s'exprime donc en m.s^{-1}.

B.2. L'équation (2) peut aussi s'écrire :

$$\frac{\mathrm{d}v}{\mathrm{d}t} + \frac{\beta}{m}v^2 = \frac{\beta}{m}\left(\frac{mg}{\beta}\right) = \frac{\beta}{m}v_1^2 \qquad (3)$$

équation dans laquelle on a introduit $v_1^2 = \dfrac{mg}{\beta}$.

$$\frac{\mathrm{d}v}{\mathrm{d}t} + \frac{\beta}{m}(v^2 - v_1^2) = 0$$

On effectue un changement de variable. On pose :

$$u = \frac{v}{v_1} \Leftrightarrow \frac{\mathrm{d}u}{\mathrm{d}t} = \frac{1}{v_1}\frac{\mathrm{d}v}{\mathrm{d}t}$$

L'équation (3) s'écrit alors :

$$v_1\frac{\mathrm{d}u}{\mathrm{d}t} + \frac{\beta}{m}(v_1^2u^2 - v_1^2) = 0$$

$$\frac{\mathrm{d}u}{\mathrm{d}t} + \frac{\beta}{m}\,v_1\big(u^2 - 1\big) = 0$$

On résout l'équation différentielle obtenue pour la variable u.

$$\frac{\mathrm{d}u}{\mathrm{d}t} = \frac{\beta}{m}\,v_1\big(1 - u^2\big)$$

$$\frac{\mathrm{d}u}{1-u^2} = \frac{\beta}{m}\,v_1\,\mathrm{d}t$$

$$\int_0^u \frac{\mathrm{d}u}{1-u^2} = \frac{\beta}{m}\,v_1\int_0^t \mathrm{d}t$$

$$\Big[\operatorname{argth} u\Big]_0^u = \frac{\beta}{m}\,v_1\Big[t\Big]_0^t$$

$$\operatorname{argth} u - \operatorname{argth} 0 = \frac{\beta}{m}\,v_1(t-0)$$

$$\operatorname{argth} u = \frac{\beta}{m}\,v_1 t$$

On remplace u par son expression afin d'obtenir la loi d'évolution $v(t)$ de la norme de la vitesse de la bille.

$$\operatorname{argth}\left(\frac{v}{v_1}\right) = \frac{\beta}{m}\,v_1 t$$

$$\frac{v}{v_1} = \text{th}\left(\frac{\beta}{m} v_1 t\right)$$

Or $v_1^2 = \dfrac{mg}{\beta}$.

$$\boxed{v(t) = v_1 \,\text{th}\left(\frac{gt}{v_1}\right)}$$

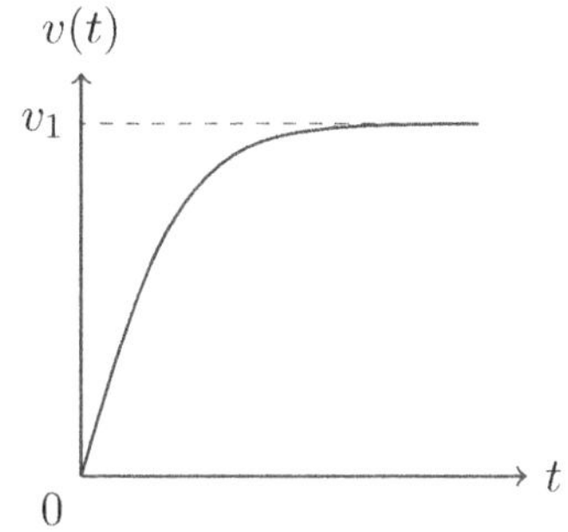

FIGURE 14.6

Physiquement, v_1 représente la vitesse limite atteinte par la bille lors de sa chute. Si $t \ll \left(\dfrac{v_1}{g}\right)$ alors $\left(\dfrac{gt}{v_1}\right) \ll 1$ et $\text{th}\left(\dfrac{gt}{v_1}\right) \simeq \left(\dfrac{gt}{v_1}\right)$

$$v(t) \simeq v_1 \left(\frac{gt}{v_1}\right) = gt$$

On retrouve l'expression de la vitesse de la bille en chute libre, c'est-à-dire sans frottements.

B.3. Pour trouver l'équation horaire $x(t)$ il suffit d'intégrer $v(t)$ par rapport au temps car $v(t) = \dfrac{\mathrm{d}x}{\mathrm{d}t}$.

$$\begin{aligned} x(t) &= \int v(t)\,\mathrm{d}t \\ &= \int v_1 \,\text{th}\left(\frac{gt}{v_1}\right) \mathrm{d}t \end{aligned}$$

Or $\text{th}\left(\dfrac{gt}{v_1}\right) = \dfrac{\text{sh}\left(\frac{gt}{v_1}\right)}{\text{ch}\left(\frac{gt}{v_1}\right)}$

On pose : $$u = \mathrm{ch}\left(\frac{gt}{v_1}\right) \quad \Leftrightarrow \quad \mathrm{d}u = \frac{g}{v_1}\,\mathrm{sh}\left(\frac{gt}{v_1}\right)\mathrm{d}t$$

$$\begin{aligned}\int v_1\,\mathrm{th}\left(\frac{gt}{v_1}\right)\mathrm{d}t &= \int v_1 \frac{v_1}{g}\frac{\mathrm{d}u}{u} \\ &= \frac{v_1^2}{g}\int \frac{\mathrm{d}u}{u} \\ &= \frac{v_1^2}{g}\ln(u) + C\end{aligned}$$

où C est une constante que l'on détermine à l'aide des conditions initiales. On remplace u par son expression afin d'obtenir l'équation horaire $x(t)$.

$$x(t) = \frac{v_1^2}{g}\ln\left(\mathrm{ch}\left(\frac{gt}{v_1}\right)\right) + C$$

A $t = 0$,

$$x(t=0) = 0 = \frac{v_1^2}{g}\ln(\mathrm{ch}\,0) + C = \frac{v_1^2}{g}\ln 1 + C = 0 + C = 0$$

$$\boxed{x(t) = \frac{v_1^2}{g}\ln\left(\mathrm{ch}\left(\frac{gt}{v_1}\right)\right)}$$

Pour donner une équation approchée de $x(t)$ jusqu'au terme en t^4 inclus il faut procéder à un développement limité à l'ordre 4 en t.

On pose $\varepsilon = \left(\frac{gt}{v_1}\right)$ et on effectue un développement limité de $\mathrm{ch}\,\varepsilon$ puis de $\ln(\mathrm{ch}\,\varepsilon)$ à l'ordre 4 en ε.

$$\mathrm{ch}\,\varepsilon \simeq 1 + \frac{\varepsilon^2}{2\,!} + \frac{\varepsilon^4}{4\,!}$$

$$\ln(\mathrm{ch}\,\varepsilon) \simeq \ln\left(1 + \frac{\varepsilon^2}{2\,!} + \frac{\varepsilon^4}{4\,!}\right)$$

On pose $\alpha = \frac{\varepsilon^2}{2\,!} + \frac{\varepsilon^4}{4\,!}$. On effectue un développement limité de $\ln(1+\alpha)$ à l'ordre 4 en α.

$$\ln(1+\alpha) \simeq \alpha - \frac{\alpha^2}{2\,!} + \frac{\alpha^3}{3\,!} - \frac{\alpha^4}{4\,!}$$

En remplaçant l'expression de α en fonction de ε, on obtient :

$$\ln(\mathrm{ch}\,\varepsilon) \simeq \left(\frac{\varepsilon^2}{2\,!} + \frac{\varepsilon^4}{4\,!}\right) - \frac{1}{2}\left(\frac{\varepsilon^2}{2\,!} + \frac{\varepsilon^4}{4\,!}\right)^2 + \ldots$$

Les termes non écrits sont d'ordre supérieur à 4 en ε.

$$\ln(\operatorname{ch}\varepsilon) \simeq \frac{\varepsilon^2}{2} + \frac{\varepsilon^4}{24} - \frac{1}{2}\left(\frac{\varepsilon^4}{4} + ...\right) \simeq \frac{\varepsilon^2}{2} + \frac{\varepsilon^4}{24} - \frac{\varepsilon^4}{8} + ... \simeq \frac{\varepsilon^2}{2} - \frac{\varepsilon^4}{12} + ...$$

En remplaçant l'expression de ε en fonction de t, on obtient :

$$x(t) \simeq \frac{v_1^2}{g}\left(\frac{\varepsilon^2}{2} - \frac{\varepsilon^4}{12}\right)$$

$$x(t) \simeq \frac{v_1^2}{g}\left(\frac{1}{2}\left(\frac{gt}{v_1}\right)^2 - \frac{1}{12}\left(\frac{gt}{v_1}\right)^4\right)$$

$$x(t) \simeq \frac{1}{2}gt^2 - \frac{1}{12}\frac{g^3}{v_1^2}t^4$$

Le premier terme correspond à celui de la chute libre. Le second terme, négatif, correspond au frottement qui ralentit la chute.

B.4. *Application numérique* : $v_1 = v_{\text{lim}} = \sqrt{\dfrac{mg}{\beta}}$

Bille B_1

$$v_{\text{lim}_1} = \sqrt{\frac{0,7 \times 9,81}{12 \times 10^{-4}}} = \boxed{75,6\,\text{m.s}^{-1}}$$

Bille B_2

$$v_{\text{lim}_2} = \sqrt{\frac{0,058 \times 9,81}{12 \times 10^{-4}}} = \boxed{21,8\,\text{m.s}^{-1}}$$

Si B_1 est en chute libre dans le vide alors la durée de chute vaut

$$t_{\text{chute}} = \sqrt{\frac{2h}{g}} = \sqrt{\frac{2 \times 2}{9,81}} = 0,64\,\text{s}$$

et la vitesse limite vaut :

$$v_{\text{lim}}(t_{\text{chute}}) = gt_{\text{chute}} = 9,81 \times 0,64 = 6,3\,\text{m.s}^{-1}$$

On a $v_{\text{lim}}(t_{\text{chute}}) \ll v_{\text{lim}_1}$ et l'écart relatif vaut

$$\frac{v_{\text{lim}}(t_{\text{chute}})}{v_{\text{lim}_1}} = \frac{6,3}{75,6} = 0,08 = 8\%$$

donc la chute de la bille 1 peut être considérée **en chute libre sans frottements**.

B.5. Pendant la durée de chute de B_1, la bille B_1 parcourt la distance

$$x_1 = h = \frac{1}{2} g t_{\text{chute}}^2$$

et la bille B_2 parcourt la distance

$$x_2 = \frac{1}{2} g t_{\text{chute}}^2 - \frac{1}{12} \frac{g^3}{v_{\text{lim}_2}^2} t_{\text{chute}}^4$$

L'écart entre les deux billes en fin de chute est

$$\boxed{x_1 - x_2 = \frac{1}{12} \frac{g^3}{v_{\text{lim}_2}^2} t_{\text{chute}}^4}$$

Application numérique

$$x_2 - x_1 = \frac{1}{12} \times \frac{9,81^3}{21,8^2} \times 0,64^4 = 0,028\,\text{m} = \boxed{2,8\,\text{cm}}$$

L'écart entre les deux billes en fin de chute est de $2,8\,\text{cm}$.
Pendant la durée de chute de B_1, la bille B_2 a donc parcouru la distance

$$x_2 = 2,000 - 0,028 = \boxed{1,972\,\text{m}}$$

14.3 Déviation de projectiles (Concours National)

Conseils - Pour aborder cet extrait de sujet de concours, il est préférable de revoir les notions suivantes :

- Produits scalaires (chapitre 1)
- Trigonométrie (chapitre 3)
- Intégrales (chapitre 7)

Avertissement : Tous les résultats numériques sont demandés dans un format scientifique avec une précision au millième (exemple : $1,623.10^{-3}$) et en unité S.I., unité qui est à préciser.
Dans le référentiel géocentrique $\mathcal{R}_0\,(\text{O}, \vec{x}_0, \vec{y}_0, \vec{z}_0)$, $\text{O}\vec{z}_0$ étant l'axe de rotation de la Terre, on considère un lieu de latitude λ et le référentiel terrestre $\mathcal{R}_T\,(\text{A}, \vec{x}_1, \vec{y}_1, \vec{z}_1)$ où $\vec{z}_1$ est la verticale ascendante (figure 14.7).
En A, un canon tire dans le plan $(\text{A}, \vec{x}_1, \vec{z}_1)$ un obus, assimilable à un point matériel M de masse m, dont la vitesse initiale $\vec{v}_0$ fait avec le plan horizontal un angle α (figure 14.8).

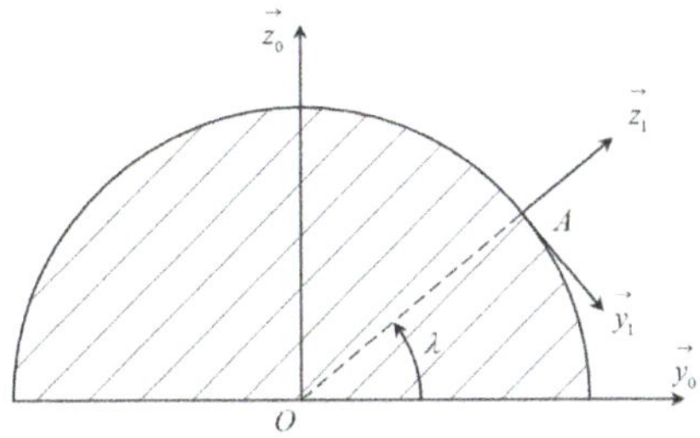

FIGURE 14.7

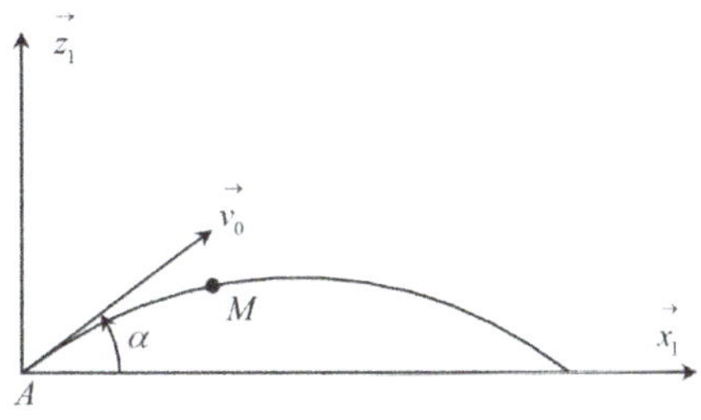

FIGURE 14.8

On néglige la résistance de l'air ainsi que la variation de l'accélération de la pesanteur $\vec{g} = -g\,\vec{z}_1$ avec l'altitude.
On pose $\overrightarrow{\mathrm{OM}} = x\,\vec{x}_1 + y\,\vec{y}_1 + z\,\vec{z}_1$

On considère tout d'abord le référentiel terrestre comme galiléen.

1. Dans le repère $\mathcal{R}_T$, déterminer l'équation de la trajectoire de l'obus.
2. Exprimer la portée P et l'altitude maximale z_{max} atteinte en fonction de v_0, α et g.
3. *Application numérique*
   Calculer P et z_{max} pour $\alpha = 30\,°$, $v_0 = 800\,\text{m.s}^{-1}$ et $g = 9,8\,\text{m.s}^{-2}$.

On tient compte maintenant de la force d'inertie de Coriolis.

4. Exprimer le vecteur rotation $\vec{\Omega} = \omega\,\vec{z}_0$ de la Terre dans le repère $\mathcal{R}_T$.
5. En déduire l'expression de la force d'inertie de Coriolis $\vec{F}_C$ dans le mouvement de $\mathcal{R}_T$ par rapport à $\mathcal{R}_0$ en fonction de m, ω, λ, et des composantes $\dot{x}$, $\dot{y}$ et $\dot{z}$ de la vitesse du point M dans $\mathcal{R}_T$.

On néglige la force d'inertie d'entrainement $\vec{F}_e$ devant la force de Coriolis $\vec{F}_C$.

6. En appliquant le principe fondamental de la dynamique à l'obus dans $\mathcal{R}_T$, déterminer les équations différentielles du mouvement.
7. Intégrer les équations différentielles en $\ddot{y}$ et $\ddot{z}$ afin d'obtenir $\dot{y}$ et $\dot{z}$ en fonction de x, t, g, ω, λ, v_0 et α.
8. En déduire l'équation différentielle régissant le mouvement de l'obus suivant l'axe $\vec{x}$.

La vitesse de rotation de la Terre étant assez faible, on néglige le terme $4\omega^2 x$ devant $\ddot{x}$.

9. En déduire l'équation donnant x en fonction du temps t.
10. En déduire les équations donnant y et z en fonction du temps t.

11. En négligeant les termes en ω^2 devant les autres, déterminer le temps t_2 de retombée de l'obus.

Le point A possède une latitude $\lambda = 45\,°$.

12. *Application numérique*
Calculer le temps t_2 et la portée P_x suivant l'axe $\vec{x}$ de l'obus.
Conclure quant à une éventuelle déviation vers l'est de l'obus.

13. *Application numérique*
Calculer la portée P_y suivant l'axe $\vec{y}$ de l'obus.
Cette déviation est-elle vers le sud ou vers le nord ? Justifier.

D'après concours National d'admission dans les grandes écoles d'ingénieurs

Solution

1. *Système étudié* : l'obus de masse m
Référentiel d'étude : référentiel terrestre $\mathcal{R}_T$ supposé galiléen
Bilan des forces extérieures : le poids de l'obus noté $\vec{P} = m\vec{g}$
Appliquons le principe fondamental à l'obus : $m\vec{a} = \sum \vec{F}_{\text{ext}}$
Ici,
$$m\vec{a} = \vec{P} = m\vec{g}$$
$$\boxed{\vec{a} = \vec{g}}$$
Projetons cette relation dans la base $(\text{A}, \vec{x}_1, \vec{y}_1, \vec{z}_1)$.
$$\vec{a} = \begin{pmatrix} \ddot{x} \\ \ddot{y} \\ \ddot{z} \end{pmatrix} = \begin{pmatrix} 0 \\ 0 \\ -g \end{pmatrix} \Leftrightarrow \begin{cases} \ddot{x}(t) = 0 \\ \ddot{y}(t) = 0 \\ \ddot{z}(t) = -g \end{cases}$$
On intègre par rapport au temps chaque égalité : $\begin{cases} \dot{x}(t) = A \\ \dot{y}(t) = B \\ \dot{z}(t) = -gt + C \end{cases}$

où A, B et C sont des constantes que l'on détermine à l'aide des conditions initiales.
A $t = 0$, on note $\dot{x}(t = 0)$, $\dot{y}(t = 0)$, $\dot{z}(t = 0)$, les composantes de la vitesse initiale projetée respectivement sur les axes $(\text{A}x_1)$, $(\text{A}y_1)$ et $(\text{A}z_1)$.
$$\vec{v}(t = 0) = \begin{pmatrix} \dot{x}(t = 0) \\ \dot{y}(t = 0) \\ \dot{z}(t = 0) \end{pmatrix} = \begin{pmatrix} v_0 \cos\alpha \\ 0 \\ v_0 \sin\alpha \end{pmatrix} = \begin{pmatrix} A \\ B \\ C \end{pmatrix}$$

$$\Rightarrow \left\{ \begin{array}{l} \dot{x}(t) = v_0 \cos\alpha \\ \dot{y}(t) = 0 \\ \dot{z}(t) = -gt + v_0 \sin\alpha \end{array} \right.$$

On intègre une seconde fois par rapport au temps :

$$\left\{ \begin{array}{l} x(t) = v_0 \cos\alpha\, t + D \\ y(t) = E \\ z(t) = -g\dfrac{t^2}{2} + v_0 \sin\alpha\, t + F \end{array} \right.$$

où D, E et F sont des constantes que l'on détermine à l'aide des conditions initiales. A $t = 0$, on note $x(t = 0)$, $y(t = 0)$ et $z(t = 0)$ les coordonnées du point M dans la base $(\mathrm{A}, \vec{x}_1, \vec{y}_1, \vec{z}_1)$ à l'instant initial.

$$\overrightarrow{\mathrm{AM}} = \begin{pmatrix} x(t=0) \\ y(t=0) \\ z(t=0) \end{pmatrix} = \begin{pmatrix} 0 \\ 0 \\ 0 \end{pmatrix} = \begin{pmatrix} D \\ E \\ F \end{pmatrix} \Rightarrow \left\{ \begin{array}{l} x(t) = v_0 \cos\alpha\, t \\ y(t) = 0 \\ z(t) = -g\dfrac{t^2}{2} + v_0 \sin\alpha\, t \end{array} \right.$$

Pour obtenir l'équation de la trajectoire de l'obus, il faut exprimer la coordonnée z en fonction de la coordonnée x. On substitue le temps t de l'équation de $x(t)$ dans l'équation de $z(t)$ pour obtenir $z(x)$.

$$x(t) = v_0 \cos\alpha\, t \;\Leftrightarrow t = \frac{x}{v_0 \cos\alpha}$$

$$z(x) = -\frac{g}{2}\left(\frac{x}{v_0 \cos\alpha}\right)^2 + v_0 \sin\alpha \left(\frac{x}{v_0 \cos\alpha}\right)$$

$$\boxed{z(x) = -\frac{1}{2}\frac{g}{v_0^2 \cos^2\alpha}x^2 + \tan\alpha\, x}$$

On obtient l'équation d'une parabole.

2. Par définition, la portée d'un projectile correspond à la distance maximale parcourue par le projectile sur l'axe horizontal. Ici, la portée P est la distance parcourue par l'obus dans la direction de l'axe $(\mathrm{A}x_1)$ (voir figure 14.9). On note x_I la coordonnée du point d'impact sur l'axe $(\mathrm{A}x_1)$ lorsque $z = 0$. On a : $P = x_I - x(t = 0)$.

$$z(x_I) = -\frac{1}{2}\frac{g}{v_0^2 \cos^2\alpha}x_I^2 + \tan\alpha\, x_I = 0$$

$$\frac{1}{2}\frac{g}{v_0^2 \cos^2\alpha}x_I^2 = \tan\alpha\, x_I$$

$$P = x_I - x(t=0) = 2\frac{v_0^2\cos^2\alpha}{g}\tan\alpha - 0$$

$$P = 2\frac{v_0^2}{g}\cos\alpha\sin\alpha$$

On utilisant la formule de l'angle moitié $\sin(2\alpha) = 2\cos\alpha\sin\alpha$, on a :

$$\boxed{P = \frac{v_0^2}{g}\sin(2\alpha)}$$

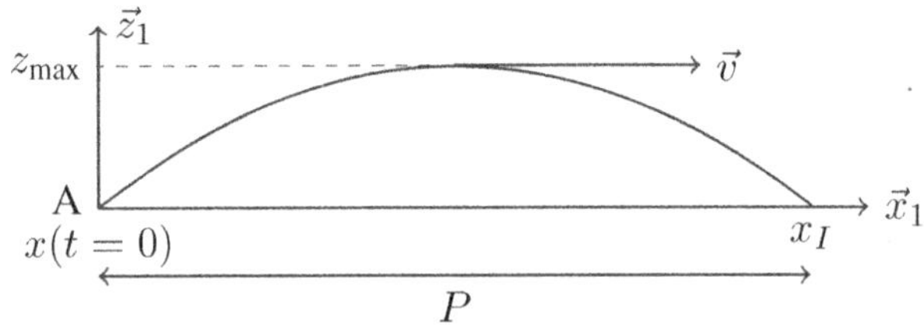

FIGURE 14.9

Par définition, l'altitude maximale $z_{\max}$ est atteinte à la date $t_{\max}$ lorsque le vecteur vitesse (tangent à la parabole) est horizontal, soit $\dot{z}(t) = 0$.

$$\dot{z}(t_{\max}) = -gt_{\max} + v_0\sin\alpha = 0$$

$$t_{\max} = \frac{v_0\sin\alpha}{g}$$

$$\begin{aligned} z_{\max} &= -\frac{g}{2}\left(\frac{v_0\sin\alpha}{g}\right)^2 + v_0\sin\alpha\left(\frac{v_0\sin\alpha}{g}\right) \\ &= -\frac{1}{2g}v_0^2\sin^2\alpha + \frac{1}{g}v_0^2\sin^2\alpha \end{aligned}$$

$$\boxed{z_{\max} = \frac{v_0^2}{2g}\sin^2\alpha}$$

3. *Application numérique* : $P = \dfrac{800^2}{9,8}\sin(2\times 30°) = 56,56\,\text{km} = \boxed{5,656\times 10^4\,\text{m}}$

Application numérique : $z_{\max} = \dfrac{800^2}{2\times 9,8}\sin^2(30°) = \boxed{8,163\times 10^3\,\text{m}}$

4. Dans le repère $\mathcal{R}_T$, on projette le vecteur rotation $\vec{\Omega} = \omega\,\vec{z}_0$.

$$\vec{z}_0 = -\cos\lambda\,\vec{y}_1 + \sin\lambda\,\vec{z}_1$$

$$\boxed{\vec{\Omega} = -\omega\cos\lambda\,\vec{y}_1 + \omega\sin\lambda\,\vec{z}_1}$$

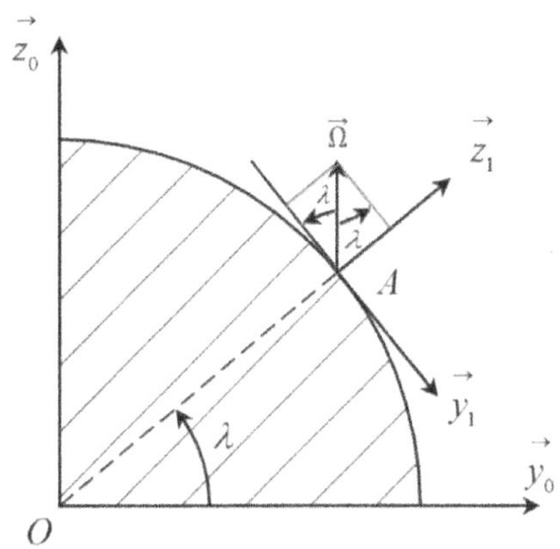

FIGURE 14.10

5. Par définition, $\vec{F}_C = -m\vec{a}_C$

$$\vec{F}_C = -m\left[2\,\vec{\Omega}\wedge\vec{v}(M)_{\mathcal{R}_T}\right]$$

$$\vec{F}_C = -2m\begin{pmatrix}0\\-\omega\cos\lambda\\\omega\sin\lambda\end{pmatrix}\wedge\begin{pmatrix}\dot{x}\\\dot{y}\\\dot{z}\end{pmatrix} = -2m\begin{pmatrix}-\omega\cos\lambda\,\dot{z}-\omega\sin\lambda\,\dot{y}\\\omega\sin\lambda\,\dot{x}-0\\0-(-\omega\cos\lambda\,\dot{x})\end{pmatrix}$$

$$\boxed{\vec{F}_C = -2m\omega\begin{pmatrix}-\cos\lambda\,\dot{z}-\sin\lambda\,\dot{y}\\\sin\lambda\,\dot{x}\\\cos\lambda\,\dot{x}\end{pmatrix}}$$

6. *Système étudié* : l'obus de masse m
Référentiel d'étude : référentiel terrestre $\mathcal{R}_T$ supposé **non** galiléen
Bilan des forces extérieures : le poids de l'obus $\vec{P} = m\vec{g}$ auquel on ajoute les forces d'inertie car le réferentiel est **non** galiléen

$$\left\{\begin{array}{l}\rightarrow \text{la force d'inertie de Coriolis } \vec{F}_C\\ \rightarrow \text{la force d'inertie d'entraînement } \vec{F}_e \text{ négligée devant } \vec{F}_C\end{array}\right.$$

Appliquons le principe fondamental à l'obus dans le référentiel $\mathcal{R}_T$ supposé **non** galiléen.

$$m\vec{a} = \sum \vec{F}_{\text{ext}} + \vec{F}_{\text{inertie}}$$

$$m\vec{a} = \vec{P} + \vec{F}_C$$

$$m\begin{pmatrix}\ddot{x}\\ \ddot{y}\\ \ddot{z}\end{pmatrix} = m\begin{pmatrix}0\\ 0\\ -g\end{pmatrix} - 2m\omega\begin{pmatrix}-\cos\lambda\,\dot{z} - \sin\lambda\,\dot{y}\\ \sin\lambda\,\dot{x}\\ \cos\lambda\,\dot{x}\end{pmatrix}$$

On obtient 3 équations différentielles du mouvement :

$$\boxed{\begin{aligned}\ddot{x}(t) &= 2\omega\left(\cos\lambda\,\dot{z}(t) + \sin\lambda\,\dot{y}(t)\right) &(1)\\ \ddot{y}(t) &= -2\omega\sin\lambda\,\dot{x}(t) &(2)\\ \ddot{z}(t) &= -2\omega\cos\lambda\,\dot{x}(t) - g &(3)\end{aligned}}$$

7. On intègre par rapport au temps les équations différentielles (2) et (3) :

$$\begin{cases}\dot{y}(t) = -2\omega\sin\lambda\,x(t) + C_1\\ \dot{z}(t) = -2\omega\cos\lambda\,x(t) - gt + C_2\end{cases}$$

où C_1 et C_2 sont des constantes que l'on détermine à l'aide des conditions initiales. A $t = 0$, $x(t = 0) = 0$ et $\dot{y}(t = 0) = 0$.

$$\dot{y}(t = 0) = -2\omega\sin\lambda\,x(t = 0) + C_1 = C_1 = 0$$

A $t = 0$, $x(t = 0) = 0$ et $\dot{z}(t = 0) = v_0\sin\alpha$.

$$\dot{z}(t = 0) = -2\omega\cos\lambda\,x(t = 0) - g \times 0 + C_2 = C_2 = v_0\sin\alpha$$

d'où

$$\boxed{\begin{aligned}\dot{y}(t) &= -2\omega\sin\lambda\,x(t) &(4)\\ \dot{z}(t) &= -2\omega\cos\lambda\,x(t) - gt + v_0\sin\alpha &(5)\end{aligned}}$$

8. On remplace les résultats des équations (4) et (5) dans l'équation (1) afin d'obtenir l'équation différentielle régissant le mouvement de l'obus suivant l'axe $(\mathrm{A}x_1)$.

$$\begin{aligned}\ddot{x}(t) &= 2\omega\cos\lambda\left(-2\omega\cos\lambda\,x(t) - gt + v_0\sin\alpha\right) + 2\omega\sin\lambda\left(-2\omega\sin\lambda\,x(t)\right)\\ &= -4\omega^2\cos^2\lambda\,x(t) - 2\omega\cos\lambda\,gt + 2\omega\cos\lambda\,v_0\sin\alpha - 4\omega^2\sin^2\lambda\,x(t)\\ &= -4\omega^2\left(\cos^2\lambda + \sin^2\lambda\right)x(t) - 2\omega\cos\lambda\,gt + 2\omega\cos\lambda\,v_0\sin\alpha\end{aligned}$$

Or $\cos^2\lambda + \sin^2\lambda = 1$,

$$\ddot{x}(t) = -4\omega^2 x(t) - 2\omega\cos\lambda\left(gt - v_0\sin\alpha\right)$$

$$\boxed{\ddot{x}(t) + 4\omega^2 x(t) = 2\omega\cos\lambda\left(v_0\sin\alpha - gt\right)} \qquad (6)$$

9. En négligeant le terme $4\omega^2 x(t)$ devant $\ddot{x}(t)$. L'équation (6) devient :

$$\ddot{x}(t) = -2\omega\cos\lambda\, gt + 2\omega\cos\lambda\, v_0\sin\alpha$$

On intègre la relation par rapport au temps. Il en vient :

$$\dot{x}(t) = -2\omega\cos\lambda\, g\,\frac{t^2}{2} + 2\omega\cos\lambda\, v_0\sin\alpha\, t + C_3$$

où C_3 est une constante que l'on détermine à l'aide des conditions initiales.
A $t = 0$, $\dot{x}(t = 0) = v_0\cos\alpha$.

$$\dot{x}(t = 0) = -2\omega\cos\lambda\, g \times 0 + 2\omega\cos\lambda\, v_0\sin\alpha \times 0 + C_3 = C_3 = v_0\cos\alpha$$

$$\dot{x}(t) = -\omega\cos\lambda\, gt^2 + 2\omega\cos\lambda\, v_0\sin\alpha\, t + v_0\cos\alpha$$

On intègre une seconde fois par rapport au temps. Il en vient :

$$x(t) = -\omega\cos\lambda\, g\,\frac{t^3}{3} + 2\omega\cos\lambda\, v_0\sin\alpha\,\frac{t^2}{2} + v_0\cos\alpha\, t + C_4$$

où C_4 est une constante que l'on détermine à l'aide des conditions initiales.
A $t = 0$, $x(t = 0) = 0$.

$$x(t = 0) = -\omega\cos\lambda\, g \times 0 + 2\omega\cos\lambda\, v_0\sin\alpha \times 0 + v_0\cos\alpha \times 0 + C_4 = C_4 = 0$$

$$\boxed{x(t) = -\frac{1}{3}\omega\cos\lambda\, g\, t^3 + \omega\cos\lambda\, v_0\sin\alpha\, t^2 + v_0\cos\alpha\, t} \qquad (7)$$

10. On rappelle les équations (4) et (5) établies à la question 7 :

$$\begin{cases} \dot{y}(t) = -2\omega\sin\lambda\, x(t) \\ \dot{z}(t) = -2\omega\cos\lambda\, x(t) - gt + v_0\sin\alpha \end{cases}$$

En remplaçant l'expression de $x(t)$ de l'équation (7) dans les équations (4) et (5), on a :

$$\begin{cases} \dot{y}(t) = -\,2\omega\sin\lambda\left(-\frac{1}{3}\omega\cos\lambda\, g\, t^3 + \omega\cos\lambda\, v_0\sin\alpha\, t^2 + v_0\cos\alpha\, t\right) \\ \dot{z}(t) = -\,2\omega\cos\lambda\left(-\frac{1}{3}\omega\cos\lambda\, g\, t^3 + \omega\cos\lambda\, v_0\sin\alpha\, t^2 + v_0\cos\alpha\, t\right) \\ \qquad\quad -\, gt + v_0\sin\alpha \end{cases}$$

On intègre par rapport au temps :

$$\begin{cases} y(t) = -\,2\omega\sin\lambda\left(-\dfrac{1}{3}\,\omega\cos\lambda\,g\,\dfrac{t^4}{4} + \omega\cos\lambda\,v_0\sin\alpha\,\dfrac{t^3}{3} + v_0\cos\alpha\,\dfrac{t^2}{2}\right) \\ \qquad + C_5 \\ z(t) = -\,2\omega\cos\lambda\left(-\dfrac{1}{3}\,\omega\cos\lambda\,g\,\dfrac{t^4}{4} + \omega\cos\lambda\,v_0\sin\alpha\dfrac{t^3}{3} + v_0\cos\alpha\dfrac{t^2}{2}\right) \\ \qquad -\,g\,\dfrac{t^2}{2} + v_0\sin\alpha\,t + C_6 \end{cases}$$

où C_5 et C_6 sont des constantes que l'on détermine à l'aide des conditions initiales.
A $t = 0$, $y(t = 0) = 0$ et $z(t = 0) = 0$.

$$y(t = 0) = 0 + C_5 = 0$$

$$z(t = 0) = 0 + C_6 = 0$$

$$\boxed{\begin{aligned} y(t) =& \frac{1}{6}\,\omega^2\sin\lambda\cos\lambda\,g\,t^4 - \frac{2}{3}\,\omega^2\sin\lambda\cos\lambda\,v_0\sin\alpha\,t^3 \\ &-\,\omega\sin\lambda\,v_0\cos\alpha\,t^2 \qquad (8) \\ z(t) =& \cos\lambda\left(\frac{1}{6}\,\omega^2\cos\lambda\,g\,t^4 - \frac{2}{3}\,\omega^2\cos\lambda\,v_0\sin\alpha\,t^3 - \omega v_0\cos\alpha\,t^2\right) \qquad (9) \\ &-\,\frac{1}{2}g\,t^2 + v_0\sin\alpha\,t \end{aligned}}$$

11. On néglige les termes en ω^2 devant les autres. Les équations (8) et (9) se simplifient :

$$\begin{cases} y(t) = -\omega\sin\lambda\,v_0\cos\alpha\,t^2 \\ z(t) = -\omega\cos\lambda\,v_0\cos\alpha\,t^2 - \dfrac{1}{2}g\,t^2 + v_0\sin\alpha\,t \end{cases}$$

L'obus est retombé sur le sol à la date t_2 lorsque $z(t_2) = 0$.

$$z(t_2) = -\omega\cos\lambda\,v_0\cos\alpha\,t_2^2 - \frac{1}{2}g\,t_2^2 + v_0\sin\alpha\,t_2 = 0$$

$$t_2^2\left(\omega\cos\lambda\,v_0\cos\alpha + \frac{1}{2}g\right) = v_0\sin\alpha\,t_2$$

$$\boxed{t_2 = \frac{v_0\sin\alpha}{\omega\cos\lambda\,v_0\cos\alpha + \frac{g}{2}}}$$

12. Pour calculer le temps t_2 il faut avant tout calculer la valeur de ω telle que :

$$\omega = \frac{2\pi}{T_{\text{sidéral}}}$$

où $T_{\text{sidéral}} = 23\,\text{h}\ 56\,\text{min}\ 04\,\text{s} = 23 \times 3600 + 56 \times 60 + 4 = 86\,164\,\text{s}$

Application numérique

$$\omega = \frac{2\pi}{86\,164} = \boxed{7,292 \times 10^{-5}\,\text{rad.s}^{-1}}$$

Application numérique

$$t_2 = \frac{800 \times \sin(30°)}{7,292 \times 10^{-5} \times \cos(45°) \times 800 \times \cos(30°) + \frac{9,8}{2}} = \boxed{8,104 \times 10^1\ \text{s}}$$

Calculons la portée P_x suivant l'axe $(\text{A}x_1)$:
$P_x = x(t_2) - x(t=0) = \omega \cos\lambda \left(-\dfrac{1}{3} g\, t_2^3 + v_0 \sin\alpha\, t_2^2\right) + v_0 \cos\alpha\, t_2 - 0$

Application numérique

$$P_x = 7,292.10^{-5} \times \cos(45°) \left[-\frac{1}{3} \times 9,8 \times 81,04^3 + 800 \times \sin(30°) \times 81,04^2\right] + 800 \times \cos(30°) \times 81,04 = 56,37\ \text{km}$$

$$\boxed{P_x = 5,637 \times 10^4\ \text{m}}$$

la portée P_x calculée avec la force de Coriolis est inférieure à la portée P calculée sans la force de Coriolis. Cette distance plus courte atteste d'une **déviation vers l'est** ou selon la direction $(-\vec{x}_1)$.

13. Calculons la portée P_y suivant l'axe $(\text{A}y_1)$:

$$P_y = y(t_2) - y(t=0) = -\omega \sin\lambda\, v_0 \cos\alpha\, t_2^2 - 0$$

Application numérique

$$P_y = -7,292 \times 10^{-5} \times \sin(45°) \times 800 \times \cos(30°) \times 81,04^2 = -234,6\,\text{m}$$

$$\boxed{P_y = -2,346 \times 10^2\ \text{m}}$$

la portée P_y calculée avec la force de Coriolis atteste d'une **déviation vers le nord** ou selon la direction $(-\vec{y}_1)$.

14.4 Etude d'un fil sur un arbre cylindrique (CCS)

Conseils - Pour aborder cet extrait de sujet de concours, il est préférable de revoir les notions suivantes :

- Trigonométrie (chapitre 3)
- Développements limités (chapitre 5)
- Intégrales (chapitre 7)
- Equations différentielles (chapitre 9)

Aucune connaissance préalable sur le frottement solide n'est nécessaire ; cet extrait de sujet donne les lois utiles et permet au candidat de les mettre en application sur un exemple simple.

Soit un solide S_1 en contact au point I avec un solide S_0 ; la vitesse de glissement de S_1 par rapport à S_0 en I est définie par

$$\vec{v}_g(\mathrm{I}) = \vec{v}\,(\mathrm{I} \in S_1/\mathcal{R}) - \vec{v}\,(\mathrm{I} \in S_0/\mathcal{R})$$

où $\vec{v}\,(\mathrm{I} \in S_i/\mathcal{R})$ désigne la vitesse du point I lié au solide S_i par rapport au référentiel $\mathcal{R}$.

On attribue à Charles-Augustin Coulomb $(1736 - 1806)$ les lois phénoménologiques du frottement de glissement que l'on peut énoncer sous la forme simplifiée suivante (on ne tiendra pas compte de l'existence éventuelle d'un moment en I des efforts exercés par S_0 sur S_1) :

- On suppose que l'un au moins des deux solides possède un plan Π tangent en I ; la force $\vec{R}$ exercée par S_0 sur S_1 peut s'exprimer sous la forme

$$\vec{R} = R_n\,\vec{n} + R_t\,\vec{t}$$

où les vecteurs unitaires $\vec{n}$ et $\vec{t}$ sont respectivement normal et tangent à Π.

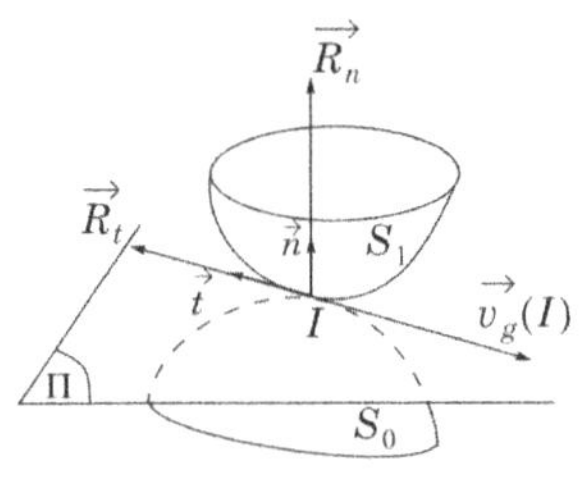

FIGURE 14.11

- En l'absence de glissement, c'est-à-dire si $\vec{v}_g(\text{I}) = \vec{0}$, les composantes normale et tangentielle de la force de contact sont telles que $|R_t| \leqslant f_s\,|R_n|$, où f_s est un coefficient positif appelé *coefficient de frottement de glissement statique*.
- En cas de glissement, les composantes normale et tangentielle de la force de contact sont telles que

$$R_t\,\vec{t} = -f_d\,|R_n|\,\frac{\vec{v}_g(\text{I})}{\|\vec{v}_g(\text{I})\|}$$

où f_d est un coefficient positif tel que $f_d < f_s$, appelé *coefficient de frottement de glissement dynamique*.

A. Equilibre d'un fil sur un arbre cylindrique fixe

Un fil de masse négligeable, sans raideur, est enroulé d'un angle α sur un arbre cylindrique de rayon a. Le contact arbre-fil est caractérisé par un coefficient de frottement f valant f_d s'il y a glissement ou f_s s'il n'y a pas glissement. On exerce une force $\vec{F}_\text{A}$ de norme F_A sur l'extrémité A du fil, et on cherche la valeur minimale de la norme F_B de la force $\vec{F}_\text{B}$ à appliquer sur l'autre extrémité B du fil pour qu'il soit en équilibre.

1. On repère un point courant M du tronçon de fil en contact avec l'arbre par l'angle $\theta \in [0, \alpha]$.
$\vec{t}(\theta)$ désigne le vecteur unitaire tangent au fil dans le sens des θ croissants ; $\vec{n}(\theta)$ désigne le vecteur unitaire normal au fil orienté de l'arbre vers l'extérieur.

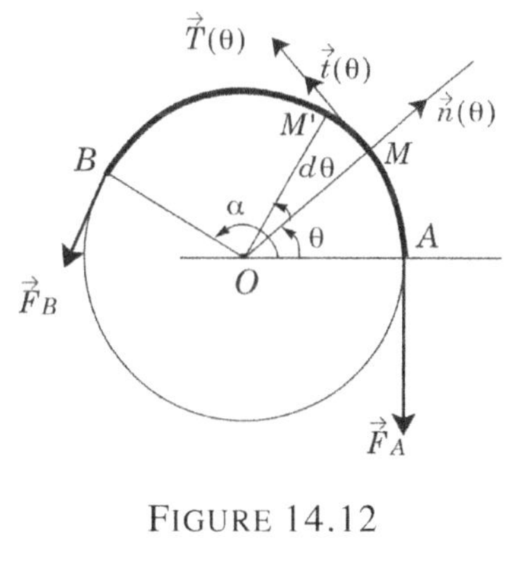

FIGURE 14.12

Exprimer le vecteur $\vec{t}(\theta + \text{d}\theta)$ sur la base $\left(\vec{t}(\theta)\,,\vec{n}(\theta)\right)$, en se limitant au premier ordre de $\text{d}\theta$.

2. On modélise les efforts qu'exerce le tronçon de fil $[\theta, \alpha]$ sur le tronçon de fil $[0, \theta]$ par une force $\vec{T}(\theta) = T(\theta)\,\vec{t}(\theta)$, appelée tension du fil en M. On

raisonne sur un tronçon de fil MM' compris entre θ et $(\theta + \mathrm{d}\theta)$. Ce tronçon est soumis aux forces exercées par les tronçons AM et $\mathrm{M'B}$, ainsi qu'à la force de contact $\mathrm{d}\vec{R}$ que lui exerce l'arbre. Ecrire une condition nécessaire d'équilibre de MM' reliant $\vec{T}(\theta)$, $\vec{T}(\theta + \mathrm{d}\theta)$ et $\mathrm{d}\vec{R}$.

3. Pour $\mathrm{d}\theta$ suffisamment petit, on peut utiliser le modèle du contact ponctuel entre deux solides tel qu'il est donné par les lois de Coulomb et écrire $\mathrm{d}\vec{R} = \mathrm{d}R_t\,\vec{t}(\theta) + \mathrm{d}R_n\,\vec{n}(\theta)$ où $\mathrm{d}R_t$ est la composante tangentielle (force de frottement de glissement) et $\mathrm{d}R_n$ est la composante normale de la force exercée par l'arbre sur MM'. En exprimant également $\vec{T}(\theta)$ et $\vec{T}(\theta + \mathrm{d}\theta)$ sur la base $\left(\vec{t}(\theta)\,, \vec{n}(\theta)\right)$ établir deux équations scalaires reliant $T(\theta)$, $\mathrm{d}T(\theta)$, $\mathrm{d}R_t$ et $\mathrm{d}R_n$.
4. A la limite du glissement, on a une relation de la forme $\mathrm{d}R_t = (\pm) f_s\,\mathrm{d}R_n$. Dans la situation envisagée, quels sont les signes de $\mathrm{d}R_t$ et de $\mathrm{d}R_n$? En déduire le signe correct dans la relation précédente.
5. En déduire que la tension $T(\theta)$ est régie par l'équation différentielle :

$$\frac{\mathrm{d}T(\theta)}{\mathrm{d}\theta} + f_s\,T(\theta) = 0$$

6. Intégrer cette équation différentielle et en déduire la relation entre F_A, F_B, f_s et α.
7. *Application numérique* :
   pour une corde sur un arbre métallique, on a $f_s = 0,6$.
   - Calculer $\dfrac{F_\mathrm{B}}{F_\mathrm{A}}$ pour $\alpha = \pi$.
   - Un matelot peut exercer confortablement une force de 100 N ; peut-il choisir α lui permettant de résister à une force de 10^4 N exercée par le bateau sur le premier brin de la corde ?
   - Dans la disposition précédente, quelle force devrait-il exercer pour tenter de faire glisser la corde afin de tirer le bateau vers lui ?

B. Equilibre d'un fil sur un arbre cylindrique en rotation

Le fil est placé sur un arbre cylindrique comme dans la situation précédente mais l'arbre est cette fois en rotation, dans le référentiel $\mathcal{R}$, à la vitesse angulaire $\vec{\Omega} = \omega\,\vec{u}$ où $\vec{u}$ est un vecteur unitaire normal au plan de figure. La base $\left(\vec{n}, \vec{t}, \vec{u}\right)$ est orthonormée directe, ce qui définit le sens de $\vec{u}$.

1. Lorsque le fil est immobile dans $\mathcal{R}$ sur cet arbre en rotation, indiquer le sens de la vitesse de glissement du fil par rapport à l'arbre :
   - si $\Omega > 0$;
   - si $\Omega < 0$.

2. Que devient, pour $\Omega > 0$, l'équation différentielle régissant la tension $T(\theta)$?
3. *Application numérique* : pour une corde métallique, on a $f_d = 0,5$.
   - Calculer $\dfrac{F_\mathrm{B}}{F_\mathrm{A}}$ pour $\alpha = \pi$.
   - Pour quelle valeur minimale α_0 de α un matelot exerçant une force de 100 N peut-il résister à une force de 10^4 N exercée par le bateau sur le premier brin de la corde ?
   - Pour $\alpha = \alpha_0$, quelle force devrait-il exercer pour que la corde se déplace dans le sens de $\vec{t}$?
   - Conclure.

D'après Concours Centrale-Supélec TSI

Solution

A. 1. **Méthode 1** : on projette $\vec{t}(\theta + \mathrm{d}\theta)$ sur un système d'axes porté par les vecteurs unitaires $\vec{t}(\theta)$ et $\vec{n}(\theta)$ (voir figure 14.13).

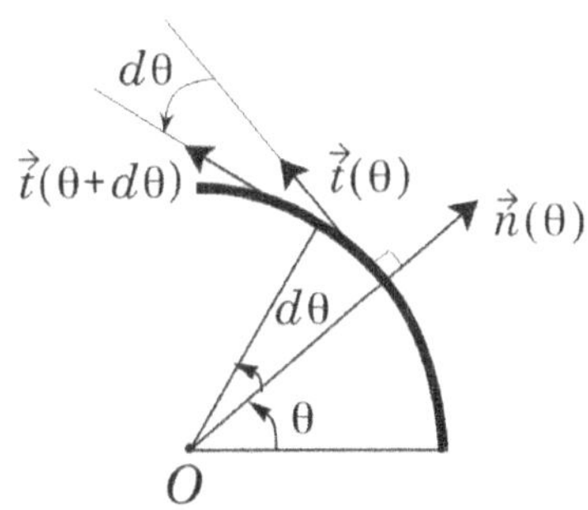

FIGURE 14.13

$$\vec{t}(\theta + \mathrm{d}\theta) = t(\theta + \mathrm{d}\theta)\,(-\sin(\mathrm{d}\theta)\,\vec{n}(\theta)) + t(\theta + \mathrm{d}\theta)\cos(\mathrm{d}\theta)\,\vec{t}(\theta)$$

Or $t(\theta + \mathrm{d}\theta) = \left\|\vec{t}(\theta + \mathrm{d}\theta)\right\| = 1$ car c'est un vecteur unitaire.
Pour des petits angles au premier ordre en $\mathrm{d}\theta$,

$$\sin(\mathrm{d}\theta) \simeq \mathrm{d}\theta$$

$$\cos(\mathrm{d}\theta) \simeq 1$$

Il en vient :

$$\boxed{\vec{t}(\theta + \mathrm{d}\theta) \simeq -\mathrm{d}\theta\,\vec{n}(\theta) + \vec{t}(\theta)}$$

Méthode 2 : on développe l'expression du vecteur $\vec{t}(\theta + \mathrm{d}\theta)$ selon un développement de Taylor au premier ordre en $\mathrm{d}\theta$.
Pour cette méthode, se référer au chapitre 5 - Développements limités.

$$\vec{t}(\theta + \mathrm{d}\theta) \simeq \vec{t}(\theta) + \mathrm{d}\theta \, \frac{\mathrm{d}\vec{t}(\theta)}{\mathrm{d}\theta}$$

Or $\dfrac{\mathrm{d}\vec{t}(\theta)}{\mathrm{d}\theta} = -\vec{n}(\theta)$. Pour en être convaincu, projeter $\vec{t}(\theta)$ et $\vec{n}(\theta)$ sur un système d'axes $(\mathrm{O}x, \mathrm{O}y)$ puis dériver $\vec{t}(\theta)$ en fonction de θ. Vous pouvez aussi vous référer au chapitre 6 - Applications en physique - Exercice 2.

$$\boxed{\vec{t}(\theta + \mathrm{d}\theta) = \vec{t}(\theta) - \mathrm{d}\theta \, \vec{n}(\theta)}$$

2. *Système étudié* : le tronçon de fil $\mathrm{MM'}$
Référentiel d'étude : référentiel terrestre (lié à l'arbre cylindrique) supposé galiléen
Bilan des forces extérieures :

- la force exercée par le tronçon AM, notée $-\vec{T}(\theta)$ (le signe négatif vient de la loi des actions réciproques)
- la force exercée par le tronçon $\mathrm{M'B}$, notée $\vec{T}(\theta + \mathrm{d}\theta)$
- la force de contact, notée $\mathrm{d}\vec{R}$

A l'équilibre, le PFD appliqué au système étudié s'écrit : $\sum \vec{F}_{\text{ext}} = \vec{0}$

$$\boxed{\vec{T}(\theta + \mathrm{d}\theta) - \vec{T}(\theta) + \vec{R} = \vec{0}}$$

3. La relation précédente peut s'écrire :

$$T(\theta + \mathrm{d}\theta) \, \vec{t}(\theta + \mathrm{d}\theta) - T(\theta) \, \vec{t}(\theta) + \mathrm{d}R_t \, \vec{t}(\theta) + \mathrm{d}R_n \, \vec{n}(\theta) = \vec{0}$$

Or, en tenant compte de la relation obtenue à la question A.1, on a :

$$T(\theta + \mathrm{d}\theta) \left(\vec{t}(\theta) - \mathrm{d}\theta \, \vec{n}(\theta)\right) - T(\theta) \, \vec{t}(\theta) + \mathrm{d}R_t \, \vec{t}(\theta) + \mathrm{d}R_n \, \vec{n}(\theta) = \vec{0}$$

Par projection sur l'axe de vecteur unitaire $\vec{t}(\theta)$

$$T(\theta + \mathrm{d}\theta) - T(\theta) + \mathrm{d}R_t = 0 \qquad (1)$$

En effectuant un développement de Taylor de $T(\theta + \mathrm{d}\theta)$ à l'ordre 1 en $\mathrm{d}\theta$, on obtient :

$$T(\theta) + \mathrm{d}\theta \, \frac{\mathrm{d}T(\theta)}{\mathrm{d}\theta} - T(\theta) + \mathrm{d}R_t = 0$$

$$\boxed{\mathrm{d}T(\theta) = -\mathrm{d}R_t}$$

Par projection sur l'axe de vecteur unitaire $\vec{n}(\theta)$

$$T(\theta + \mathrm{d}\theta)\,(-\mathrm{d}\theta) + \mathrm{d}R_n = 0 \tag{2}$$

$$\left[T(\theta) + \mathrm{d}\theta\,\frac{\mathrm{d}T(\theta)}{\mathrm{d}\theta}\right](-\mathrm{d}\theta) + \mathrm{d}R_n = 0$$

Or le terme $\left[\mathrm{d}\theta\,\frac{\mathrm{d}T(\theta)}{\mathrm{d}\theta}\right](-\mathrm{d}\theta) = -\frac{\mathrm{d}T(\theta)}{\mathrm{d}\theta}\,(\mathrm{d}\theta)^2$ est d'ordre 2 en $\mathrm{d}\theta$ donc négligeable devant les autres termes.

$$\boxed{T(\theta)\,\mathrm{d}\theta = \mathrm{d}R_n}$$

4. D'après l'énoncé, on cherche la valeur minimale de la norme F_{B} de la force $\vec{F}_{\mathrm{B}}$ à appliquer pour qu'il y ait équilibre. On suppose donc que

$$\|\vec{F}_{\mathrm{B}}\| < \|\vec{F}_{\mathrm{A}}\|$$

S'il y a glissement, le fil glisse de B vers A et $\mathrm{d}\vec{R}_t$ est dans le sens opposé à la vitesse de glissement $\vec{v}_g \Rightarrow \boxed{\mathrm{d}R_t > 0}$.
Selon $\vec{n}$, le cylindre soutient le fil à sa surface $\Rightarrow \boxed{\mathrm{d}R_n > 0}$.
On écrira alors :

$$\boxed{\mathrm{d}R_t = +f_s\,\mathrm{d}R_n}$$

Autre méthode pour déterminer le signe de $\mathrm{d}R_t$
D'après l'énoncé, on cherche la valeur minimale de la norme F_{B} de la force $\vec{F}_{\mathrm{B}}$ à appliquer pour qu'il y ait équilibre. On suppose donc que

$$\|\vec{F}_{\mathrm{B}}\| < \|\vec{F}_{\mathrm{A}}\|$$

$$T(\theta + \mathrm{d}\theta) < T(\theta)$$

$$T(\theta) - T(\theta + \mathrm{d}\theta) > 0$$

Or d'après l'équation (1), $\mathrm{d}R_t = T(\theta) - T(\theta + \mathrm{d}\theta) \;\Rightarrow\; \boxed{\mathrm{d}R_t > 0}$.

5. D'après les relations obtenues à la question A.3 et la loi de Coulomb du frottement de glissement (dans le cas où le fil **ne glisse pas** mais est à la limite de glisser), on a :

$$\frac{\mathrm{d}T(\theta)}{\mathrm{d}\theta}\,\mathrm{d}\theta = \mathrm{d}T(\theta) = -\mathrm{d}R_t = -f_s\,\mathrm{d}R_n = -f_s\,(T(\theta)\,\mathrm{d}\theta)$$

$$\frac{\mathrm{d}T(\theta)}{\mathrm{d}\theta}\,\mathrm{d}\theta + f_s\,T(\theta)\,\mathrm{d}\theta = 0$$

$$\boxed{\frac{\mathrm{d}T(\theta)}{\mathrm{d}\theta} + f_s\,T(\theta) = 0}$$

6.
$$\frac{\mathrm{d}T(\theta)}{\mathrm{d}\theta} + f_s\,T(\theta) = 0 \Leftrightarrow \boxed{\frac{\mathrm{d}T(\theta)}{T(\theta)} = -f_s\,\mathrm{d}\theta}$$

La résolution de cette équation différentielle peut se faire selon deux méthodes.

Méthode 1 : on cherche une primitive à une constante près puis on utilise les conditions aux limites pour déterminer la constante.

$$\int \frac{\mathrm{d}T(\theta)}{T(\theta)} = -f_s \int \mathrm{d}\theta$$

$$\ln T(\theta) = -f_s\,\theta + \text{constante}$$

$$T(\theta) = A\,\mathrm{e}^{-f_s\theta}$$

On applique les conditions aux limites : $\begin{cases} T(\theta = 0) = F_\mathrm{A} = A \\ T(\theta = \alpha) = F_\mathrm{B} = A\,\mathrm{e}^{-f_s\alpha} \end{cases}$

$$\Rightarrow \boxed{F_\mathrm{B} = F_\mathrm{A}\,\mathrm{e}^{-f_s\alpha}}$$

Méthode 2 : on intègre en précisant les bornes d'intégration.

$$\int_{T_\mathrm{A}=F_\mathrm{A}}^{T_\mathrm{B}=F_\mathrm{B}} \frac{\mathrm{d}T(\theta)}{T(\theta)} = -f_s \int_{\theta=0}^{\alpha} \mathrm{d}\theta$$

$$\ln(T_\mathrm{B}) - \ln(T_\mathrm{A}) = -f_s\,\alpha = \ln\left(\frac{F_\mathrm{B}}{F_\mathrm{A}}\right)$$

$$\Rightarrow \boxed{F_\mathrm{B} = F_\mathrm{A}\,\mathrm{e}^{-f_s\alpha}}$$

7. *Applications numériques*

- $\dfrac{F_\mathrm{B}}{F_\mathrm{A}} = \mathrm{e}^{-0{,}6\pi} = 0{,}15$
- Si $F_\mathrm{B} = 100\,\mathrm{N}$ et $F_\mathrm{A} = 10^4\,\mathrm{N}$:

$$\mathrm{e}^{-f_s\,\alpha} = \frac{100}{10^4} = 0{,}01$$

$$-f_s\alpha = \ln 0{,}01 = -4{,}6$$

$$\alpha = \frac{4{,}6}{0{,}6} = 7{,}67\,\mathrm{rad}$$

Pour résister à la force de 10^4 N il faut $\alpha > 7{,}67$ rad soit environ $1{,}5$ tour de corde autour du cylindre.

- Pour faire glisser la corde, le matelot doit exercer une force $\vec{F}_\mathrm{B}$ telle que $\|\vec{F}_B\| > \|\vec{F}_A\|$. Dans ce cas, $\mathrm{d}R_t < 0$, $\mathrm{d}T(\theta) > 0$, $\alpha = 7,67\,\mathrm{rad}$.
D'après la question A.4, on doit écrire $\mathrm{d}R_t = -f_s\,\mathrm{d}R_n$.
Reprenant les équations de la question A.3. on obtient l'équation différentielle suivante :

$$\frac{\mathrm{d}T(\theta)}{\mathrm{d}\theta} - f_s\,T(\theta) = 0 \Leftrightarrow \boxed{\frac{\mathrm{d}T(\theta)}{T(\theta)} = +f_s\,\mathrm{d}\theta}$$

Les solutions sont du type : $T(\theta) = A'\,\mathrm{e}^{f_s\theta}$
On utilise les conditions aux limites :

$$\begin{cases} T(\theta = 0) = F_A = A' \\ T(\theta = \alpha) = F_B = A'\,\mathrm{e}^{f_s\alpha} \end{cases}$$

$$\Rightarrow \boxed{F_B = F_A\,\mathrm{e}^{f_s\alpha}}$$

Application numérique

$$F_B = 10^4\,\mathrm{e}^{(0,6\times 7,67)} \simeq 10^6\,\mathrm{N}$$

Pour faire glisser la corde sur l'arbre cylindrique fixe, le matelot doit exercer une force de $10^6\,\mathrm{N}$ (force équivalente au poids d'une masse de 100 tonnes) pour tirer le bateau vers lui. C'est une force conséquente !

B. 1. Par définition,

$$\vec{v}_g(\mathrm{I}) = \vec{v}\,(\mathrm{I} \in S_1/\mathcal{R}) - \vec{v}\,(\mathrm{I} \in S_0/\mathcal{R})$$

$$\vec{v}_g(\mathrm{I}) = \vec{v}\,(\mathrm{I} \in \text{fil}/\mathcal{R}) - \vec{v}\,(\mathrm{I} \in \text{arbre}/\mathcal{R})$$

Or le fil est immobile dans $\mathcal{R}$ donc $\vec{v}\,(\mathrm{I} \in \text{fil}/\mathcal{R}) = \vec{0}$ et

$$\vec{v}\,(\mathrm{I} \in \text{arbre}/\mathcal{R}) = \vec{\Omega} \wedge \overrightarrow{\mathrm{OI}} = \Omega\,\vec{u} \wedge a\,\vec{n} = a\Omega\,\vec{t}$$

$$\Rightarrow \boxed{\vec{v}_g(\mathrm{I}) = -a\Omega\,\vec{t}}$$

- Si $\Omega > 0$, $\vec{v}_g(\mathrm{I})$ est dans le sens de $-\vec{t}$
- Si $\Omega < 0$, $\vec{v}_g(\mathrm{I})$ est dans le sens de $+\vec{t}$

2. S'il y a glissement alors $\|\vec{R}_t\| = f_d\|\vec{R}_n\|$

$$\mathrm{d}R_t = +f_d\,\mathrm{d}R_n$$

$$-\mathrm{d}T(\theta) = f_d\,T(\theta)\,\mathrm{d}\theta$$

$$\boxed{\frac{\mathrm{d}T(\theta)}{\mathrm{d}\theta} + f_d\, T(\theta) = 0}$$

On retrouve l'équation différentielle obtenue à la question A.5 en remplaçant le coefficient de frottement statique f_s par le coefficient de frottement dynamique f_d.

3. D'après la question A.6, les solutions de l'équation différentielle sont du type :

$$F_\mathrm{B} = F_\mathrm{A}\, \mathrm{e}^{-f_d \alpha}$$

La valeur minimale α_0 de α est telle que :

$$\mathrm{e}^{-f_d \alpha_0} = \frac{F_\mathrm{B}}{F_\mathrm{A}}$$

$$\mathrm{e}^{+f_d \alpha_0} = \frac{F_\mathrm{A}}{F_\mathrm{B}}$$

$$\alpha_0 = \frac{1}{f_d} \ln\left(\frac{F_\mathrm{A}}{F_\mathrm{B}}\right)$$

Applications numériques

- $\dfrac{F_\mathrm{B}}{F_\mathrm{A}} = \mathrm{e}^{-0,5\pi} = 0,21$
- Si $F_\mathrm{B} = 100\,\mathrm{N}$ et $F_\mathrm{A} = 10^4\,\mathrm{N}$:

$$\alpha_0 = \frac{1}{0,5} \ln\left(\frac{10^4}{100}\right) = 9,21\,\mathrm{rad}$$

- Pour $\alpha = \alpha_0$, $\Omega > 0$, la vitesse de glissement reste dans le sens de $-\vec{t}$ donc R_t reste une composante positive (de sens contraire à la vitesse de glissement) et l'équation reste la même $\dfrac{\mathrm{d}T(\theta)}{\mathrm{d}\theta} + f_d\, T(\theta) = 0$. Le matelot doit donc exercer une force $F_\mathrm{B} = 100\,\mathrm{N}$.
- **Conclusion** : la force de frottement aide à conserver l'équilibre. Si l'arbre est en rotation, la force de frottement de glissement permet de soulever des objets beaucoup plus lourds avec une force équivalente.
  Si le matelot veut garder le bateau au repos alors il vaut mieux que l'arbre soit fixe.
  Si le matelot veut faire avancer le bateau alors il vaut mieux que l'arbre soit en rotation dans le même sens que la corde.

14.5 Automated Transfer Vehicle (CCS)

Conseils - Pour aborder cet extrait de sujet de concours, il est préférable de revoir les notions suivantes :

- Produits vectoriels (chapitre 1)
- Développements limités (chapitre 5)
- Equations différentielles (chapitre 9)

Les véhicules de transfert automatique ou ATV (de l'anglais "Automated Transfer Véhicle") sont des vaisseaux spatiaux desservant la station spatiale internationale ou ISS (de l'anglais "International Space Station") et chargés d'assurer son ravitaillement en énergie, matériaux et combustibles.
L'ISS se trouve sur une orbite quasiment circulaire, à une altitude $d_s = 400,0\,\text{km}$, dont le plan orbital forme un angle de $51,6°$ avec le plan de l'équateur. Après une dizaine de minutes de vol, Ariane V libère l'ATV sur une première orbite circulaire, dite d'injection, d'altitude $d_i = 250,0\,\text{km}$, située dans le même plan orbital que l'orbite de l'ISS. Puis l'ATV, en empruntant une orbite elliptique, rejoint l'orbite de l'ISS.
En pratique, pour des raisons de sécurité, l'ATV suit une orbite de transfert qui l'amène à une distance $L_0 = 300\,\text{km}$ derrière l'ISS sur une orbite circulaire d'altitude inférieure de $h = 10,0\,\text{km}$ (voir figure 14.14).

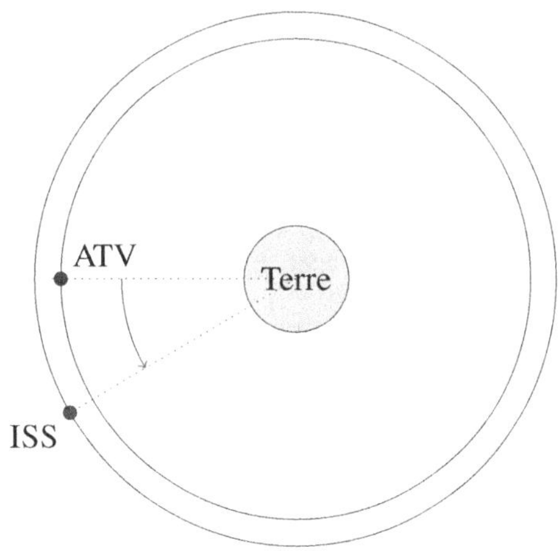

FIGURE 14.14

On laisse ensuite dériver l'ATV jusqu'à atteindre une distance $L_1 = 30\,\text{km}$ de l'ISS. Au-delà de cette position, les mouvements de l'ATV sont déterminés, estimés et mesurés par rapport à la station spatiale internationale. Nous effectuerons donc nos analyses dans le référentiel de repère orthonormé direct (x, y, z) lié à l'ISS dont l'axe z coïncide avec la radiale centre de la Terre-ISS et dont l'axe x est tangent à la trajectoire circulaire de l'ISS (voir figure 14.15). On introduit le vecteur rotation $\vec{\omega}_s = \omega_s\,\vec{e}_y$.

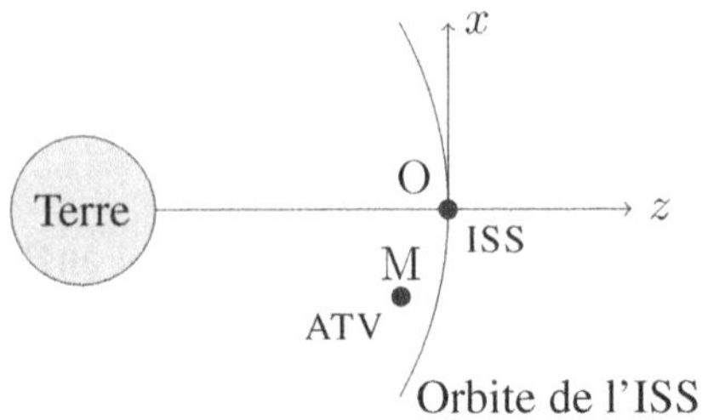

FIGURE 14.15

Notations : on note T le centre de la Terre, R_{T} le rayon de la Terre, $\vec{r} = \overrightarrow{\mathrm{TM}}$ le vecteur position, r_s le rayon de l'orbite de la station et g_0 la norme du champ de gravitation à la surface de la Terre.

Données :

- une étude préliminaire gravitationnelle montrerait que le champ d'attraction gravitationnel créé par la Terre s'exprime à l'extérieur de celle-ci, en un point M de l'espace à la distance r du centre de la Terre, sous la forme :

$$\vec{A}\,(\vec{r}) = -\frac{k}{r^3}\,\vec{r} = -\frac{GM_T}{r^3}\,\vec{r}$$

- l'étude du mouvement de l'ISS sur son orbite circulaire montrerait que sa vitesse $v = \sqrt{\frac{k}{r}}$ et que sa vitesse angulaire $\omega = \sqrt{\frac{k}{r^3}}$.

1. Quelle est la nature de ce référentiel si le référentiel géocentrique est considéré comme galiléen ?
2. L'ATV est considéré comme ponctuel, on néglige les forces d'attraction gravitationnelles entre l'ATV et l'ISS. Dans le référentiel d'étude, quelles sont les forces s'exerçant sur l'ATV ?
3. Démontrer que l'accélération d'entrainement de l'ATV peut se mettre sous la forme :

$$\vec{a}_e = -k\,\frac{\overrightarrow{\mathrm{TO}}}{\mathrm{TO}^3} + \vec{\omega}_s \wedge \left(\vec{\omega}_s \wedge \overrightarrow{\mathrm{OM}}\right)$$

4. En considérant le point M de coordonnées (x, y, z) dans le référentiel lié à l'ISS, déterminer une expression au premier ordre vis-à-vis des coordonnées

de M de la quantité

$$\frac{\overrightarrow{\mathrm{TM}}}{\mathrm{TM}^3} - \frac{\overrightarrow{\mathrm{TO}}}{\mathrm{TO}^3}$$

On pourra chercher à établir une approximation sous forme vectorielle avant d'utiliser les coordonnées cartésiennes.

5. Ecrire le principe fondamental de la dynamique appliqué à l'ATV dans le référentiel de l'ISS, démontrer qu'il s'exprime alors sous la forme du système différentiel suivant :

$$\begin{cases} \ddot{x} + 2\omega_s \dot{z} & = & 0 \\ \ddot{y} + \omega_s^2 y & = & 0 \\ \ddot{z} - 2\omega_s \dot{x} - 3\omega_s^2 z & = & 0 \end{cases}$$

Ce sont les équations de Clohessy-Wiltshire (Clohessy W. H., Wiltshire R. S., Terminal Guidance for Satellite Rendezvous, *Journal of the Aerospace Sciences*, Vol 27, **1960**, p.653).

6. On s'intéresse à la résolution du système précédent pour les conditions initiales à $t = 0$ de position $\mathrm{M} = (x_0, 0, z_0)$ et de vitesse $\vec{v}_\mathrm{M} = (\dot{x}_0, 0, \dot{z}_0)$. Montrer que $z(t)$ peut se mettre sous la forme

$$z(t) = A + B\cos(\omega_s t) + C\sin(\omega_s t)$$

et déterminer les expressions de A, B et C.

7. En déduire l'expression de $x(t)$ en fonction des conditions initiales $(x_0, z_0, \dot{x}_0, \dot{z}_0)$ et de ω_s.

8. Le processus de dérive (non analysé ici) vérifie théoriquement les équations de Clohessy-Wiltshire.
Donnée :
la vitesse de dérive a pour expression $v(t = 0) = \dot{x}_0 = \dfrac{L_0 - L_1}{\Delta t}$ avec $\Delta t = \dfrac{2(L_0 - L_1)}{3h\omega_s}$.
   (a) Si on envisage la dérive (mouvement parallèle à l'axe des x), quelle relation vérifient les grandeurs ω_s, $\dot{x}_0$ et z_0 ? Que peut-on dire de $\dot{z}_0$?
   (b) En remplaçant dans la solution obtenue des équations de Clohessy-Wiltshire, vérifiez que le mouvement prévu est bien rectiligne.

D'après Concours Centrale-Supélec PC

Solution

1. **Rappel** : un référentiel est galiléen s'il est en mouvement rectiligne uniforme par rapport à un autre référentiel galiléen. Le référentiel de Copernic est considéré comme la meilleure approximation de référentiel galiléen.
   L'ISS décrit une trajectoire circulaire autour de la Terre (trajectoire non rectiligne) donc le référentiel lié à l'ISS sera **non** galiléen. Il sera noté $\mathcal{R}_{\text{ng}}$.
2. Le système étudié est l'ATV. Dans le référentiel de l'ISS (non galiléen), l'ATV est soumis à :
   - la force gravitationnelle exercée par la Terre, notée $\vec{F}_g$
   - la force d'inertie d'entrainement, notée $\vec{F}_{ie} = -m\vec{a}_e$
   - la force d'inertie de Coriolis, notée $\vec{F}_{ic} = -m\vec{a}_c$
3. Rappelons la définition du vecteur accélération d'entrainement :

Définition
Le vecteur accélération d'un référentiel non galiléen noté $\mathcal{R}'$ d'origine O$'$ par rapport à un référentiel galiléen noté $\mathcal{R}$ d'origine O s'écrit :

$$\vec{a}_e = \vec{a}(\text{O}')_{/\mathcal{R}} + \frac{\text{d}\vec{\Omega}_{\mathcal{R}'/\mathcal{R}}}{\text{d}t} \wedge \overrightarrow{\text{O}'\text{M}} + \vec{\Omega}_{\mathcal{R}'/\mathcal{R}} \wedge \left[\vec{\Omega}_{\mathcal{R}'/\mathcal{R}} \wedge \overrightarrow{\text{O}'\text{M}}\right]$$

où $\vec{\Omega}_{\mathcal{R}'/\mathcal{R}}$ est le vecteur rotation instantané de $\mathcal{R}'$ par rapport à $\mathcal{R}$.

Ici, O$'$ et O sont confondus, $\vec{\Omega}_{\mathcal{R}'/\mathcal{R}} = \vec{\omega}_s$ et $\dfrac{\text{d}\vec{\Omega}_{\mathcal{R}'/\mathcal{R}}}{\text{d}t} = \dfrac{\text{d}\vec{\omega}_s}{\text{d}t} = \vec{0}$ car ω_s est constant.

Il en vient :

$$\vec{a}_e = \vec{a}(\text{O})_{/\mathcal{R}} + \vec{0} + \vec{\omega}_s \wedge \left[\vec{\omega}_s \wedge \overrightarrow{\text{OM}}\right]$$

$$\vec{a}(\text{O})_{/\mathcal{R}} = \vec{a}_e - \vec{\omega}_s \wedge \left[\vec{\omega}_s \wedge \overrightarrow{\text{OM}}\right]$$

Le référentiel géocentrique $\mathcal{R}$ est galiléen, on applique le PFD à la station ISS.

$$\sum \vec{F}_{\text{ext}} = m\vec{a}$$

$$\vec{F}_{\text{gravitationnelle}} = m\vec{a}(\text{O})_{/\mathcal{R}}$$

$$m_{\text{station}}\vec{A}\left(\vec{r}_s\right) = m_{\text{station}}\,\vec{a}(\text{O})_{/\mathcal{R}}$$

$$m_{\text{station}}\left(-\frac{k}{r_s^3}\,\vec{r}_s\right) = -m_{\text{station}}\,\frac{k}{\text{TO}^3}\,\overrightarrow{\text{TO}} = m_{\text{station}}\,\vec{a}(\text{O})_{/\mathcal{R}}$$

$$\Rightarrow \boxed{\vec{a}_e = -k\,\frac{\overrightarrow{\text{TO}}}{\text{TO}^3} + \vec{\omega}_s \wedge \left(\vec{\omega}_s \wedge \overrightarrow{\text{OM}}\right)}$$

4. Dans un premier temps, il faut établir une approximation sous forme vectorielle. On décompose le vecteur $\overrightarrow{\mathrm{TM}}$ grâce à la relation de Chasles : $\overrightarrow{\mathrm{TM}} = \overrightarrow{\mathrm{TO}} + \overrightarrow{\mathrm{OM}}$
On élève au carré la relation de Chasles.

$$\left(\overrightarrow{\mathrm{TM}}\right)^2 = \left(\overrightarrow{\mathrm{TO}} + \overrightarrow{\mathrm{OM}}\right)^2 = \mathrm{TO}^2 + \mathrm{OM}^2 + 2\,\overrightarrow{\mathrm{OM}} \cdot \overrightarrow{\mathrm{TO}}$$

On met en facteur le terme TO^2 pour faire apparaitre $\left(\dfrac{\mathrm{OM}}{\mathrm{TO}}\right)$ infiniment petit devant 1 car d'après l'énoncé, les coordonnées de $\mathrm{M}(x, y, z)$ sont petites devant les autres dimensions.

$$\left(\overrightarrow{\mathrm{TO}} + \overrightarrow{\mathrm{OM}}\right)^2 = \mathrm{TO}^2 \left[1 + \left(\frac{\mathrm{OM}}{\mathrm{TO}}\right)^2 + 2\,\frac{\overrightarrow{\mathrm{OM}} \cdot \overrightarrow{\mathrm{TO}}}{\mathrm{TO}^2}\right]$$

A l'ordre 1 en $\left(\dfrac{\mathrm{OM}}{\mathrm{TO}}\right)$ on peut négliger le terme $\left(\dfrac{\mathrm{OM}}{\mathrm{TO}}\right)^2$ d'ordre 2.
On élève au cube la relation obtenue puis on effectue un développement limité (se référer au chapitre 6 - Développements limités) à l'ordre 1 en $\dfrac{\mathrm{OM}}{\mathrm{TO}}$.

$$\mathrm{TM}^3 = \left[\mathrm{TO}^2 \left(1 + 2\,\frac{\overrightarrow{\mathrm{OM}} \cdot \overrightarrow{\mathrm{TO}}}{\mathrm{TO}^2}\right)\right]^{\frac{3}{2}} = \mathrm{TO}^3 \left[1 + 2\,\frac{\overrightarrow{\mathrm{OM}} \cdot \overrightarrow{\mathrm{TO}}}{\mathrm{TO}^2}\right]^{\frac{3}{2}}$$

La prochaine étape est délicate mais indispensable. On exprime $\dfrac{1}{\mathrm{TM}^3}$ puis on effectue un développement limité à l'ordre 1 en $\dfrac{\mathrm{OM}}{\mathrm{TO}}$. Il faut donc écrire la relation sous la forme suivante :

$$\frac{1}{\mathrm{TM}^3} = \frac{1}{\mathrm{TO}^3} \left[1 + 2\frac{\overrightarrow{\mathrm{OM}} \cdot \overrightarrow{\mathrm{TO}}}{\mathrm{TO}^2}\right]^{-\frac{3}{2}}$$

Rappel : le développement limité de $(1 + \varepsilon)^n$ à l'ordre 1 en ε s'écrit

$$(1 + \varepsilon)^n \simeq 1 + n\varepsilon$$

Ici,

$$\frac{1}{\mathrm{TM}^3} \simeq \mathrm{TO}^{-3} \left[1 + 2\left(-\frac{3}{2}\right) \frac{\overrightarrow{\mathrm{OM}} \cdot \overrightarrow{\mathrm{TO}}}{\mathrm{TO}^2}\right]$$

$$\frac{1}{\mathrm{TM}^3} \simeq \mathrm{TO}^{-3} \left[1 - 3\,\frac{\overrightarrow{\mathrm{OM}} \cdot \overrightarrow{\mathrm{TO}}}{\mathrm{TO}^2}\right]$$

On répond à la question posée en exprimant la quantité $\frac{\overrightarrow{\mathrm{TM}}}{\mathrm{TM}^3} - \frac{\overrightarrow{\mathrm{TO}}}{\mathrm{TO}^3}$ sous forme vectorielle.

$$\frac{\overrightarrow{\mathrm{TM}}}{\mathrm{TM}^3} - \frac{\overrightarrow{\mathrm{TO}}}{\mathrm{TO}^3} = \overrightarrow{\mathrm{TM}} \times \frac{1}{\mathrm{TM}^3} - \frac{\overrightarrow{\mathrm{TO}}}{\mathrm{TO}^3} = \overrightarrow{\mathrm{TM}}\, \frac{\left(1 - 3\, \frac{\overrightarrow{\mathrm{OM}} \cdot \overrightarrow{\mathrm{TO}}}{\mathrm{TO}^2}\right)}{\mathrm{TO}^3} - \frac{\overrightarrow{\mathrm{TO}}}{\mathrm{TO}^3}$$

$$\frac{\overrightarrow{\mathrm{TM}}}{\mathrm{TM}^3} - \frac{\overrightarrow{\mathrm{TO}}}{\mathrm{TO}^3} = \left(\overrightarrow{\mathrm{TO}} + \overrightarrow{\mathrm{OM}}\right) \frac{\left(1 - 3\, \frac{\overrightarrow{\mathrm{OM}} \cdot \overrightarrow{\mathrm{TO}}}{\mathrm{TO}^2}\right)}{\mathrm{TO}^3} - \frac{\overrightarrow{\mathrm{TO}}}{\mathrm{TO}^3}$$

$$\frac{\overrightarrow{\mathrm{TM}}}{\mathrm{TM}^3} - \frac{\overrightarrow{\mathrm{TO}}}{\mathrm{TO}^3} = \frac{\overrightarrow{\mathrm{TO}}}{\mathrm{TO}^3} + \frac{\overrightarrow{\mathrm{OM}}}{\mathrm{TO}^3} - 3\, \frac{\overrightarrow{\mathrm{TO}}\left(\overrightarrow{\mathrm{OM}} \cdot \overrightarrow{\mathrm{TO}}\right)}{\mathrm{TO}^5} - 3\, \frac{\overrightarrow{\mathrm{OM}}\left(\overrightarrow{\mathrm{OM}} \cdot \overrightarrow{\mathrm{TO}}\right)}{\mathrm{TO}^5} - \frac{\overrightarrow{\mathrm{TO}}}{\mathrm{TO}^3}$$

Le terme $\frac{\overrightarrow{\mathrm{OM}}\left(\overrightarrow{\mathrm{OM}} \cdot \overrightarrow{\mathrm{TO}}\right)}{\mathrm{TO}^5}$ est d'ordre 2 en $\frac{\mathrm{OM}}{\mathrm{TO}}$ donc négligeable devant les termes d'ordre 1.

$$\frac{\overrightarrow{\mathrm{TM}}}{\mathrm{TM}^3} - \frac{\overrightarrow{\mathrm{TO}}}{\mathrm{TO}^3} = \frac{\overrightarrow{\mathrm{OM}}}{\mathrm{TO}^3} - 3\, \frac{\overrightarrow{\mathrm{TO}}}{\mathrm{TO}^5}\left(\overrightarrow{\mathrm{OM}} \cdot \overrightarrow{\mathrm{TO}}\right)$$

Enfin, on détermine une expression au premier ordre vis-à-vis des coordonnées de M.

Avec $\overrightarrow{\mathrm{OM}} = \begin{pmatrix} x \\ y \\ z \end{pmatrix}$ et $\overrightarrow{\mathrm{TO}} = \begin{pmatrix} 0 \\ 0 \\ r_s \end{pmatrix}$, on écrit :

$$\frac{\overrightarrow{\mathrm{TM}}}{\mathrm{TM}^3} - \frac{\overrightarrow{\mathrm{TO}}}{\mathrm{TO}^3} = \frac{1}{r_s^3}\begin{pmatrix} x \\ y \\ z \end{pmatrix} - \frac{3}{r_s^5}\begin{pmatrix} 0 \\ 0 \\ r_s \end{pmatrix}\left[\begin{pmatrix} x \\ y \\ z \end{pmatrix} \cdot \begin{pmatrix} 0 \\ 0 \\ r_s \end{pmatrix}\right]$$

$$\frac{\overrightarrow{\mathrm{TM}}}{\mathrm{TM}^3} - \frac{\overrightarrow{\mathrm{TO}}}{\mathrm{TO}^3} = \frac{1}{r_s^3}\begin{pmatrix} x \\ y \\ z \end{pmatrix} - \frac{3}{r_s^5}\begin{pmatrix} 0 \\ 0 \\ r_s \end{pmatrix} r_s z = \frac{1}{r_s^3}\begin{pmatrix} x \\ y \\ z - 3z \end{pmatrix}$$

$$\Rightarrow \boxed{\frac{\overrightarrow{\mathrm{TM}}}{\mathrm{TM}^3} - \frac{\overrightarrow{\mathrm{TO}}}{\mathrm{TO}^3} = \frac{1}{r_s^3}\begin{pmatrix} x \\ y \\ -2z \end{pmatrix}}$$

5. Dans le référentiel **non** galiléen de l'ISS, le PFD appliqué à l'ATV s'écrit :

$$\sum \vec{F}_{\text{ext}} + \vec{F}_{ie} + \vec{F}_{ic} = m\, \vec{a}(\mathrm{M})_{/R_{\text{ng}}}$$

$$\vec{F}_g + \vec{F}_{ie} + \vec{F}_{ic} = m\, \vec{a}(\mathrm{M})_{/R_{\text{ng}}} = m \begin{pmatrix} \ddot{x} \\ \ddot{y} \\ \ddot{z} \end{pmatrix}$$

• La force gravitationnelle $\vec{F}_g$ s'écrit :

$$\vec{F}_g = -\frac{GmM_T}{\text{TM}^2}\frac{\overrightarrow{\text{TM}}}{\text{TM}} = -mk\,\frac{\overrightarrow{\text{TM}}}{\text{TM}^3}$$

• La force d'inertie d'entrainement $\vec{F}_{ie}$ s'écrit :

$$\vec{F}_{ie} = -m\vec{a}_e = -m\left[-k\,\frac{\overrightarrow{\text{TO}}}{\text{TO}^3} + \vec{\omega}_s \wedge \left(\vec{\omega}_s \wedge \overrightarrow{\text{OM}}\right)\right]$$

$$\vec{F}_{ie} = mk\,\frac{\overrightarrow{\text{TO}}}{\text{TO}^3} - m\vec{\omega}_s \wedge \left(\vec{\omega}_s \wedge \overrightarrow{\text{OM}}\right)$$

• En additionnant ces forces, on obtient :

$$\vec{F}_g + \vec{F}_{ie} = -mk\left[\frac{\overrightarrow{\text{TM}}}{\text{TM}^3} - \frac{\overrightarrow{\text{TO}}}{\text{TO}^3}\right] - m\vec{\omega}_s \wedge \left(\vec{\omega}_s \wedge \overrightarrow{\text{OM}}\right)$$

$$\vec{F}_g + \vec{F}_{ie} = -\frac{mk}{r_s^3}\begin{pmatrix} x \\ y \\ -2z \end{pmatrix} - 2m\begin{pmatrix} 0 \\ \omega_s \\ 0 \end{pmatrix} \wedge \left[\begin{pmatrix} 0 \\ \omega_s \\ 0 \end{pmatrix} \wedge \begin{pmatrix} x \\ y \\ z \end{pmatrix}\right]$$

$$\vec{F}_g + \vec{F}_{ie} = -m\omega_s^2\begin{pmatrix} x \\ y \\ -2z \end{pmatrix} - m\begin{pmatrix} 0 \\ \omega_s \\ 0 \end{pmatrix} \wedge \begin{pmatrix} \omega_s z \\ 0 \\ -\omega_s x \end{pmatrix}$$

$$\vec{F}_g + \vec{F}_{ie} = -m\omega_s^2\begin{pmatrix} x \\ y \\ -2z \end{pmatrix} - m\begin{pmatrix} -\omega_s^2 x \\ 0 \\ -\omega_s^2 z \end{pmatrix} = -m\omega_s^2\begin{pmatrix} 0 \\ y \\ -3z \end{pmatrix}$$

• La force d'inertie de Coriolis $\vec{F}_{ic}$ s'écrit :

$$\vec{F}_{ic} = -m\vec{a}_c = -m\left[2\,\vec{\omega}_s \wedge \vec{v}(\text{M})_{/R_{\text{ng}}}\right] = -2m\begin{pmatrix} 0 \\ \omega_s \\ 0 \end{pmatrix} \wedge \begin{pmatrix} \dot{x} \\ \dot{y} \\ \dot{z} \end{pmatrix}$$

$$\vec{F}_{ic} = -2m\begin{pmatrix} \omega_s \dot{z} \\ 0 \\ -\omega_s \dot{x} \end{pmatrix}$$

• En ajoutant cette force, on a finalement :

$$\vec{F}_g + \vec{F}_{ie} + \vec{F}_{ic} = -m\omega_s^2\begin{pmatrix} 0 \\ y \\ -3z \end{pmatrix} - 2m\omega_s\begin{pmatrix} \dot{z} \\ 0 \\ -\dot{x} \end{pmatrix} = m\begin{pmatrix} \ddot{x} \\ \ddot{y} \\ \ddot{z} \end{pmatrix}$$

Soit le système d'équations suivant : $\left\{\begin{array}{lcl} \ddot{x} & = & -2\omega_s\dot{z} \\ \ddot{y} & = & -\omega_s^2 y \\ \ddot{z} & = & 3\omega_s^2 z + 2\omega_s\dot{x} \end{array}\right.$

$$\boxed{\begin{aligned} \ddot{x} + 2\omega_s\dot{z} = 0 \\ \ddot{y} + \omega_s^2 y = 0 \\ \ddot{z} - 2\omega_s\dot{x} - 3\omega_s^2 z = 0 \end{aligned}} \qquad \begin{aligned} (1) \\ (2) \\ (3) \end{aligned}$$

6. Pour résoudre le système d'équations obtenu à la question précédente, on vous propose deux méthodes.

- **Méthode 1**
  On intègre l'équation (1) et l'on obtient :

$$\dot{x} = -2\omega_s z + K_1$$

  où K_1 est une constante.
  On reporte la solution obtenue pour $\dot{x}$ dans l'équation (3).

$$\ddot{z} - 2\omega_s\left[-2\omega_s z + K_1\right] - 3\omega_s^2 z = 0$$

$$\ddot{z} + 4\omega_s^2 z - 3\omega_s^2 z = 2\omega_s K_1$$

$$\boxed{\ddot{z} + \omega_s^2 z = 2\omega_s K_1}$$

  Il s'agit d'une équation différentielle du second ordre à coefficients constants avec second membre constant. Les solutions de cette équation sont de la forme :

$$z(t) = z_p(t) + z_H(t) = \frac{2K_1}{\omega_s} + \Big[B\cos(\omega_s t) + C\sin(\omega_s t)\Big]$$

$$\boxed{z(t) = A + B\cos(\omega_s t) + C\sin(\omega_s t)}$$

  où A, B et C sont des constantes que l'on détermine à l'aide des conditions initiales.

- **Méthode 2**
  On dérive l'équation (3) par rapport au temps et l'on obtient :

$$\dddot{z} - 2\omega_s\ddot{x} - 3\omega_s^2\dot{z} = 0$$

  En remplaçant $\ddot{x}$ par son expression (équation (1)), on obtient :

$$\dddot{z} - 2\omega_s\left(-2\omega_s\dot{z}\right) - 3\omega_s^2\dot{z} = 0$$

$$\boxed{\dddot{z} + \omega_s^2\dot{z} = 0}$$

Il s'agit d'une équation différentielle du second ordre en $\dot{z}$ à coefficients constants sans second membre. Les solutions de cette équation sont de la forme :

$$\dot{z}(t) = D\sin(\omega_s t) + E\cos(\omega_s t)$$

En intégrant par rapport au temps, on obtient :

$$z(t) = \frac{D}{\omega_s}\left(-\cos(\omega_s t)\right) + \frac{E}{\omega_s}\sin(\omega_s t) + K_2$$

où K_2 est une constante.
On retrouve bien une solution de la forme :

$$\boxed{z(t) = A + B\cos(\omega_s t) + C\sin(\omega_s t)}$$

- Les constantes A, B et C s'obtiennent à l'aide des conditions initiales.

$$z(t=0) = z_0 = A + B \quad (4)$$
$$\dot{z}(t=0) = \dot{z}_0 = \omega_s C \quad (5)$$

L'équation (5) donne $\boxed{C = \dfrac{\dot{z}_0}{\omega_s}}$
En dérivant 2 fois l'expression de $z(t)$ par rapport au temps, on obtient :

$$\begin{cases} z(t) = A + B\cos(\omega_s t) + C\sin(\omega_s t) \\ \dot{z}(t) = -\omega_s B\sin(\omega_s t) + \omega_s C\cos(\omega_s t) \\ \ddot{z}(t) = -\omega_s^2 B\cos(\omega_s t) - \omega_s^2 C\sin(\omega_s t) \end{cases}$$

En rapprochant cette expression de l'équation (3) à la date $t = 0$, on obtient :

$$(3) \Rightarrow \ddot{z}(t=0) - 2\omega_s \dot{x}(t=0) - 3\omega_s^2 z(t=0) = 0$$

$$-\omega_s^2 B - 2\omega_s \dot{x}_0 - 3z_0 = 0$$

$$\Rightarrow \boxed{B = -\frac{2\dot{x}_0}{\omega_s} - 3z_0}$$

L'équation (4) permet alors de déterminer A

$$A = -B + z_0 = \boxed{\frac{2\dot{x}_0}{\omega_s} + 4z_0 = A}$$

7. Pour établir l'équation de $x(t)$, il faut partir de l'équation (3).

$$(3) \Rightarrow \dot{x}(t) = \frac{\ddot{z}(t)}{2\omega_s} - \frac{3}{2}z(t)$$

On remplace les expressions de $z(t)$ et de $\ddot{z}(t)$ obtenues précédemment puis on isole $\dot{x}(t)$.

$$\dot{x}(t) = \frac{1}{2\omega_s}\left[-\omega_s^2 B\cos(\omega_s t) - \omega_s^2 C\sin(\omega_s t)\right] - \frac{3}{2}\omega_s\left[A + B\cos(\omega_s t) + C\sin(\omega_s t)\right]$$

$$\begin{aligned}\dot{x}(t) = &-\frac{1}{2}\omega_s B\cos(\omega_s t) - \frac{1}{2}\omega_s C\sin(\omega_s t) - \frac{3}{2}\omega_s A \\ &-\frac{3}{2}\omega_s B\cos(\omega_s t) - \frac{3}{2}\omega_s C\sin(\omega_s t)\end{aligned}$$

$$\dot{x}(t) = -\frac{3}{2}\omega_s A - 2\omega_s B\cos(\omega_s t) - 2\omega_s C\sin(\omega_s t)$$

On intègre par rapport au temps et l'on obtient :

$$\boxed{x(t) = -\frac{3}{2}\omega_s A t - 2B\sin(\omega_s t) + 2C\cos(\omega_s t) + K_3}$$

où K_3 est une constante.
On remplace A, B et C par leurs expressions obtenues à la question précédente.

$$x(t) = -\frac{3}{2}\omega_s\left(\frac{2\dot{x}_0}{\omega_s} + 4z_0\right)t - 2\left(\frac{-2\dot{x}_0}{\omega_s} - 3z_0\right)\sin(\omega_s t) + 2\left(\frac{\dot{z}_0}{\omega_s}\right)\cos(\omega_s t) + K_3$$

En utilisant les conditions initiales, on obtient finalement :

$$x(t=0) = x_0 = \frac{2\dot{z}_0}{\omega_s} + K_3 \Leftrightarrow K_3 = x_0 - \frac{2\dot{z}_0}{\omega_s}$$

$$\boxed{x(t) = -\left(3\dot{x}_0 + 6\omega_s z_0\right)t + \left(\frac{4\dot{x}_0}{\omega_s} + 6z_0\right)\sin(\omega_s t) + \frac{2\dot{z}_0}{\omega_s}\cos(\omega_s t) + x_0 - \frac{2\dot{z}_0}{\omega_s}}$$

8. (a) La vitesse de dérive est donnée dans l'énoncé. On a :

$$v(t=0) = \dot{x}_0 = \frac{L_0 - L_1}{\Delta t} \text{ avec } \Delta t = \frac{2(L_0 - L_1)}{3h\omega_s}$$

$$\Rightarrow \dot{x}_0 = \frac{L_0 - L_1}{\left(\frac{2(L_0 - L_1)}{3h\omega_s}\right)} = \frac{3h\omega_s}{2} = \boxed{-\frac{3z_0\omega_s}{2} = \dot{x}_0}$$

car à $t = 0$, $h = -z_0$. La dérive se fait selon l'axe des x donc :

$$\dot{z} = \dot{z}(t=0) = \boxed{\dot{z}_0 = 0}$$

(b)

$$\begin{cases} B = -\dfrac{2\dot{x}_0}{\omega_s} - 3z_0 = -\dfrac{2}{\omega_s}\left(-\dfrac{3z_0\omega_s}{2}\right) - 3z_0 = 0 \\ C = \dfrac{\dot{z}_0}{\omega_s} = 0 \\ K_3 = x_0 - \dfrac{2\dot{z}_0}{\omega_s} = x_0 \\ A = \dfrac{2\dot{x}_0}{\omega_s} + 4z_0 = \dfrac{2}{\omega_s}\left(-\dfrac{3z_0\omega_s}{2}\right) + 4z_0 = z_0 \end{cases}$$

On reporte les expressions de A, B, C et K_3 dans l'expression de $x(t)$ obtenue à la question 7.

$$x(t) = -\frac{3z_0\omega_s}{2}t - 0 + 0 + x_0 - \frac{2\dot{z}_0}{\omega_s} = x_0 - \frac{3z_0\omega_s}{2}t$$

$$\Rightarrow \boxed{x(t) = x_0 + \dot{x}_0\, t}$$

$$\Rightarrow \boxed{z(t) = z_0}$$

Le mouvement prévu est donc bien **rectiligne** car $z(t) =$ constante.

Chapitre 15

Mécanique des fluides

15.1 Mouvement de sphères dans les fluides (CCINP)

Conseils - Pour aborder cet extrait de sujet de concours, il est préférable de revoir les notions suivantes :

- Systèmes de coordonnées (chapitre 1)
- Opérateurs différentiels vectoriels (chapitre 2)

On définit le repère en coordonnées sphériques (figure 15.1 ci-dessous) :

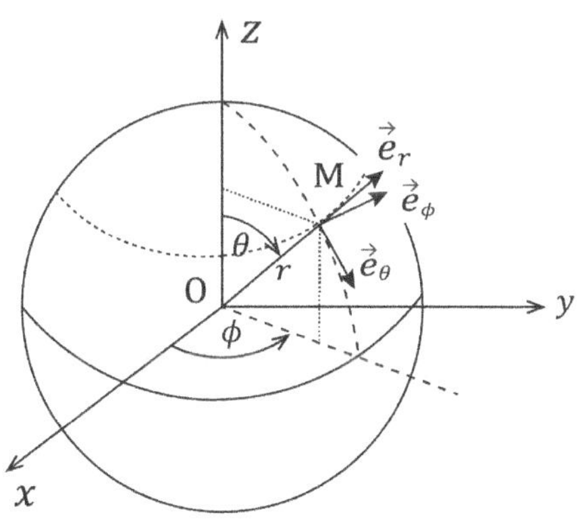

FIGURE 15.1

Les relations entre les coordonnées sphériques et cartésiennes sont :

$$x = r \sin\theta \cos\phi$$
$$y = r \sin\theta \sin\phi$$
$$z = r \cos\theta$$

Les champs de vecteurs au point M(r,θ,ϕ) seront exprimés dans le repère local $(\vec{e}_r, \vec{e}_\theta, \vec{e}_\phi)$. **L'axe (Oz) désigne la verticale ascendante du référentiel d'observation.**

On pourra, tout au long du problème, utiliser le formulaire d'analyse vectorielle suivant, pour les champs scalaires :

$$\overrightarrow{\text{grad}} f = \frac{\partial f}{\partial r}\,\vec{e}_r + \frac{1}{r}\frac{\partial f}{\partial \theta}\,\vec{e}_\theta + \frac{1}{r\sin\theta}\frac{\partial f}{\partial \phi}\,\vec{e}_\phi$$

$$\Delta f = \frac{2}{r}\frac{\partial f}{\partial r} + \frac{\partial^2 f}{\partial r^2} + \frac{1}{r^2}\frac{\partial^2 f}{\partial \theta^2} + \frac{\cos\theta}{r^2\sin\theta}\frac{\partial f}{\partial \theta} + \frac{1}{r^2\sin^2\theta}\frac{\partial^2 f}{\partial \phi^2}$$

Et pour les champs vectoriels $\vec{X} = X_r\,\vec{e}_r + X_\theta\,\vec{e}_\theta + X_\phi\,\vec{e}_\phi$:

$$\text{div}\vec{X} = \frac{2}{r}X_r + \frac{\partial X_r}{\partial r} + \frac{\cos\theta}{r\sin\theta}X_\theta + \frac{1}{r}\frac{\partial X_\theta}{\partial \theta} + \frac{1}{r\sin\theta}\frac{\partial X_\phi}{\partial \phi}$$

$$\begin{aligned}\overrightarrow{\text{rot}}\,\vec{X} = &\left(\frac{1}{r}\frac{\partial X_\phi}{\partial \theta} + \frac{\cos\theta}{r\sin\theta}X_\phi - \frac{1}{r\sin\theta}\frac{\partial X_\theta}{\partial \phi}\right)\vec{e}_r \\ &+ \left(\frac{1}{r\sin\theta}\frac{\partial X_r}{\partial \phi} - \frac{X_\phi}{r} - \frac{\partial X_\phi}{\partial r}\right)\vec{e}_\theta \\ &+ \left(\frac{\partial X_\theta}{\partial r} + \frac{X_\theta}{r} - \frac{1}{r}\frac{\partial X_r}{\partial \theta}\right)\vec{e}_\phi\end{aligned}$$

On utilisera, pour les applications numériques, les données suivantes :
- viscosités dynamiques de l'air et de l'eau dans les conditions usuelles :
$\eta_{\text{air}} = 1,8 \times 10^{-5}$ Pℓ (Poiseuille) ; $\eta_{\text{eau}} = 1,0 \times 10^{-3}$ Pℓ
- masses volumiques de l'air et de l'eau : $\rho_{\text{air}} = 1,3\,\text{kg.m}^{-3}$; $\rho_{\text{eau}} = 10^3\,\text{kg.m}^{-3}$.
- accélération de la pesanteur : $g = 9,8\,\text{m.s}^{-2}$.

I. Fluide parfait dans un champ de pesanteur

On note ρ la masse volumique du fluide, $\vec{g}$ le champ de pesanteur, P_t la pression et $\vec{v}$ le champ de vitesse. Pour un fluide parfait (en supposant le référentiel d'observation galiléen), l'équation d'Euler s'écrit :

$$\frac{\partial \vec{v}}{\partial t} + \left(\vec{v}\cdot\overrightarrow{\text{grad}}\right)\vec{v} = \vec{g} - \frac{1}{\rho}\overrightarrow{\text{grad}}P_t$$

En déduire, à une constante près, la valeur de la pression hydrostatique $P_h(z)$ lorsque le fluide, supposé incompressible, est au repos dans le référentiel galiléen.

II. Ecoulement stationnaire d'un fluide parfait autour d'une sphère immobile

On note ρ la masse volumique du fluide et $\vec{v}$ le champ de vitesse. On définit la surpression P comme la différence entre la pression P_t et la pression hydrostatique P_h définie dans la partie précédente. Dans toute cette partie, on remplacera dans l'équation d'Euler la pression P_t par la surpression P et on **négligera totalement** l'influence du champ de pesanteur.

II.1. On considère un écoulement potentiel $\vec{v}(\vec{r}) = \overrightarrow{\text{grad}}(\Phi(\vec{r}))$, où Φ est une fonction arbitraire de l'espace, et $r = \|\overrightarrow{\text{OM}}\|$ la distance à l'origine du repère de coordonnées sphériques.
Que vaut alors le rotationnel du champ de vitesse $\vec{v}$?

II.2. Soit le potentiel $\Phi_u(\vec{r}) = uz$, avec u une constante. Reconnaître le champ de vitesse $\vec{v}_u$ associé.

II.3. Exprimer Φ_u à l'aide des coordonnées sphériques r, θ, ϕ.
Exprimer dans la base locale $(\vec{e}_r, \vec{e}_\theta, \vec{e}_\phi)$ le champ de vitesse $\vec{v}_u$ associé à Φ_u.

II.4. On donne maintenant le potentiel

$$\Phi_s(r, \theta, \phi) = \left(ur + \frac{b}{r^2}\right)\cos\theta$$

où b est une constante. Calculer le champ de vitesse $\vec{v}_s$ associé.

II.5. Vérifier que le champ de vitesse $\vec{v}_s$ correspond bien à un écoulement incompressible : $\text{div}\vec{v} = 0$.

II.6. Montrer que pour une valeur particulière a de la distance r, la composante radiale de la vitesse (c'est-à-dire la composante orientée suivant $\vec{e}_r$) s'annule. Exprimer b en fonction de u et a. Réécrire le champ de vitesse en fonction de u, a, r et θ.

II.7. On s'intéresse désormais à la région de l'espace $r \geqslant a$, extérieure à la sphère de rayon a, et on souhaite représenter sur un schéma l'allure du champ de vitesse dans le demi-plan défini par $\phi = 0$ et $\theta \in [0, \pi]$.
Reproduire et compléter le tableau de valeurs ci-dessous, pour une constante u égale à 1.

r	θ	v_r	v_θ	r	θ	v_r	v_θ
a	0			$2a$	0		
a	$\pi/4$			$2a$	$\pi/4$		
a	$\pi/2$			$2a$	$\pi/2$		
a	$3\pi/4$			$2a$	$3\pi/4$		
a	π			$2a$	π		

II.8. A l'aide des valeurs du tableau, représenter graphiquement le champ de vitesse pour $r \geqslant a$. Tracer l'allure de quelques lignes de courant.

II.9. Sachant que le terme de dérivée convective $\left(\vec{v}\cdot\overrightarrow{\text{grad}}\right)\vec{v}$ peut aussi s'écrire :

$$\left(\vec{v}\cdot\overrightarrow{\text{grad}}\right)\vec{v} = \overrightarrow{\text{grad}}\left(\frac{v^2}{2}\right) + \overrightarrow{\text{rot}}\,\vec{v}\wedge\vec{v}$$

Simplifier l'écriture dans le cas d'un **écoulement potentiel**.
Déduire de l'équation d'Euler pour un écoulement parfait potentiel stationnaire, en l'absence de pesanteur, l'existence d'une quantité C dépendant de $\vec{v}$, ρ et P, et dont la valeur est uniforme dans l'espace.
Le résultat obtenu est appelé « le théorème de Bernoulli ».
En faisant tendre r vers l'infini, et en faisant l'hypothèse que $\lim\limits_{r\to\infty} P(r) = 0$, déterminer la constante C.

II.10. En déduire la valeur de la surpression $P(r = a, \theta, \phi)$ au voisinage de la sphère $r = a$.
La sphère subit-elle de la part de l'écoulement une force de traînée, c'est-à-dire une force dirigée suivant $\vec{e}_z$? (répondre sans faire de calcul)

D'après Concours Commun INP PC

Solution

I. Fluide parfait dans un champ de pesanteur

Lorsque le fluide est au repos $\vec{v} = \vec{0}$ et l'équation d'Euler se simplifie :

$$\vec{0} = \vec{g} - \frac{1}{\rho}\overrightarrow{\text{grad}}P_h$$

Par projection sur l'axe $(\mathrm{O}z)$: $\dfrac{\mathrm{d}P_h}{\mathrm{d}z} = -\rho g \Rightarrow \boxed{P_h = -\rho g z + \text{constante}}$

II. Ecoulement stationnaire d'un fluide parfait autour d'une sphère immobile

II.1. $\overrightarrow{\text{rot}}\,\vec{v} = \overrightarrow{\text{rot}}\left[\overrightarrow{\text{grad}}\,\Phi(\vec{r})\right] = \vec{0}$. Le rotationnel du champ de vitesse est nul.

II.2. $\vec{v}_u = \overrightarrow{\text{grad}}\,\Phi_u(\vec{r}) = \overrightarrow{\text{grad}}\,(uz) = \begin{pmatrix}\dfrac{\partial}{\partial x}\\[2mm] \dfrac{\partial}{\partial y}\\[2mm] \dfrac{\partial}{\partial z}\end{pmatrix}(uz) = \dfrac{\partial(uz)}{\partial z}\,\vec{e}_z$

$$\boxed{\vec{v}_u = u\,\vec{e}_z}$$

Le champ de vitesse est uniforme et il est parallèle à l'axe $(\mathrm{O}z)$.

II.3. En coordonnées sphériques : $z = r\cos\theta$.

$$\boxed{\Phi_u = uz = ur\cos\theta}$$

$$\vec{v}_u = \overrightarrow{\text{grad}}\,\Phi_u = \frac{\partial \Phi_u}{\partial r}\,\vec{e}_r + \frac{1}{r}\frac{\partial \Phi_u}{\partial \theta}\,\vec{e}_\theta + \frac{1}{r\sin\theta}\frac{\partial \Phi_u}{\partial \phi}\,\vec{e}_\phi$$

On remplace Φ par son expression, on calcule les dérivées partielles et l'on obtient :

$$\boxed{\vec{v}_u = u\cos\theta\,\vec{e}_r - u\sin\theta\,\vec{e}_\theta}$$

II.4. $\vec{v}_s = \overrightarrow{\text{grad}}\,\Phi_s = \dfrac{\partial \Phi_s}{\partial r}\,\vec{e}_r + \dfrac{1}{r}\dfrac{\partial \Phi_s}{\partial \theta}\,\vec{e}_\theta + \dfrac{1}{r\sin\theta}\dfrac{\partial \Phi_s}{\partial \phi}\,\vec{e}_\phi$

$$\vec{v}_s = \left(u\cos\theta - \frac{2b}{r^3}\cos\theta\right)\vec{e}_r + \frac{1}{r}\left(ur + \frac{b}{r^2}\right)\left(-\sin\theta\right)\vec{e}_\theta + \vec{0}$$

$$\boxed{\vec{v}_s = \cos\theta\left(u - \frac{2b}{r^3}\right)\vec{e}_r - \left(u + \frac{b}{r^3}\right)\sin\theta\,\vec{e}_\theta}$$

II.5. En utilisant le formulaire, on obtient :

$$\begin{aligned}
\text{div}\vec{v}_s &= \frac{2}{r}\cos\theta\left(u - \frac{2b}{r^3}\right) + \frac{\partial}{\partial r}\left[\cos\theta\left(u - \frac{2b}{r^3}\right)\right] \\
&\quad + \frac{\cos\theta}{r\sin\theta}\left[-\sin\theta\left(u + \frac{b}{r^3}\right)\right] + \frac{1}{r}\frac{\partial}{\partial\theta}\left[-\sin\theta\left(u + \frac{b}{r^3}\right)\right] + \frac{1}{r\sin\theta}\frac{\partial 0}{\partial\phi} \\
&= \cos\theta\left(\frac{2u}{r} - \frac{4b}{r^4}\right) + \cos\theta\left(0 + 3\times\frac{2b}{r^4}\right) \\
&\quad - \frac{\cos\theta}{r}\left(u + \frac{b}{r^3}\right) + \frac{1}{r}\left(u + \frac{b}{r^3}\right)(-\cos\theta) + 0 \\
&= \cos\theta\left[u\left(\frac{2}{r} - \frac{1}{r} - \frac{1}{r}\right) + \left(-\frac{4b}{r^4} + \frac{6b}{r^4} - \frac{b}{r^4} - \frac{b}{r^4}\right)\right] = 0
\end{aligned}$$

II.6. Pour une valeur particulière $(r = a)$, la composante radiale de la vitesse s'annule : $\cos\theta\left(u - \dfrac{2b}{r^3}\right) = 0$.

$$\boxed{a^3 = r^3 = \frac{2b}{u}} \quad \text{et} \quad \boxed{b = \frac{ua^3}{2}}$$

Le champ de vitesse peut être réécrit sous la forme :

$$\vec{v}_s = \cos\theta\left(u - 2\times\frac{ua^3}{2r^3}\right)\vec{e}_r - \left(u + \frac{ua^3}{2r^3}\right)\sin\theta\,\vec{e}_\theta$$

$$\boxed{\vec{v}_s = u\left(1 - \frac{a^3}{r^3}\right)\cos\theta\,\vec{e}_r - u\left(1 + \frac{a^3}{2r^3}\right)\sin\theta\,\vec{e}_\theta}$$

II.7. Pour $u = 1$

r	θ	v_r	v_θ	r	θ	v_r	v_θ
a	0	0	0	$2a$	0	$7/8$	0
a	$\pi/4$	0	$-3\sqrt{2}/4$	$2a$	$\pi/4$	$7\sqrt{2}/16$	$-17\sqrt{2}/32$
a	$\pi/2$	0	$-3/2$	$2a$	$\pi/2$	0	$-17/16$
a	$3\pi/4$	0	$-3\sqrt{2}/4$	$2a$	$3\pi/4$	$-7\sqrt{2}/16$	$-17\sqrt{2}/32$
a	π	0	0	$2a$	π	$-7/8$	0

II.8. Les lignes en pointillés ci-dessous représentent les lignes de courant (figure 15.2).

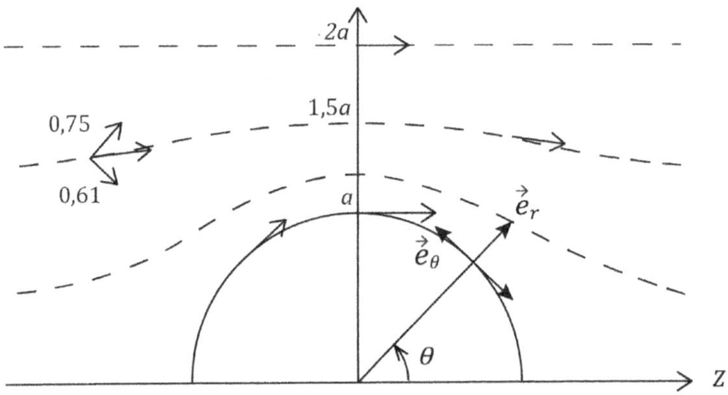

FIGURE 15.2

II.9. Dans le cas d'un écoulement potentiel, $\overrightarrow{\text{rot}}\,\vec{v} = \vec{0}$. On peut donc simplifier le terme de dérivée convective : $\left(\vec{v}\cdot\overrightarrow{\text{grad}}\right)\vec{v} = \overrightarrow{\text{grad}}\left(\dfrac{v^2}{2}\right) + \vec{0}$.

L'écoulement est stationnaire, on a donc $\dfrac{\partial \vec{v}}{\partial t} = \vec{0}$.

En l'absence de pesanteur, l'équation d'Euler s'écrit :

$$\overrightarrow{\text{grad}}\left(\frac{v^2}{2}\right) = -\frac{1}{\rho}\,\overrightarrow{\text{grad}}P$$

$$\overrightarrow{\text{grad}}\left(\frac{v^2}{2} + \frac{P}{\rho}\right) = \vec{0}$$

$$\boxed{\frac{v^2}{2} + \frac{P}{\rho} = C} \text{ où } C \text{ est une constante.}$$

Cette expression est appelée théorème de Bernoulli (en l'absence de pesanteur).

Quand $r \to +\infty$ alors $\dfrac{a^3}{r^3} \to 0$ et $\vec{v}_s(r \to +\infty) = u\cos\theta\,\vec{e}_r - u\sin\theta\,\vec{e}_\theta$.

$$v_s{}^2 = (u\cos\theta)^2 + (-u\sin\theta)^2 = u^2$$

$$P(r \to +\infty) = 0$$

$$\frac{v^2}{2}(r \to +\infty) + \frac{P(r \to +\infty)}{\rho} = \frac{u^2}{2} + 0 = \boxed{C = \frac{u^2}{2}}$$

II.10. D'après le théorème de Bernoulli (en l'absence de pesanteur) :

$$\frac{u^2}{2} = \frac{v^2(r=a)}{2} + \frac{P(r=a)}{\rho} \iff P(r=a) = \left(\frac{u^2}{2} - \frac{v^2(r=a)}{2}\right)\rho$$

or, $\vec{v}\,(r=a) = -\dfrac{3}{2}u\sin\theta\,\vec{e}_\theta \Rightarrow v^2(r=a) = +\dfrac{9}{4}u^2\sin^2\theta$

On a donc, $P(r=a,\theta,\phi) = \left(\dfrac{u^2}{2} - \dfrac{9}{8}u^2\sin^2\theta\right)\rho = \boxed{\rho\,\dfrac{u^2}{2}\left(1 - \dfrac{9}{4}\sin^2\theta\right)}$

$$\begin{cases} P\left(r=a, \theta=\dfrac{\pi}{2}, \phi\right) = \rho\,\dfrac{u^2}{2}\left(1 - \dfrac{9}{4}\right) = -\dfrac{5}{8}\rho u^2 \\ P\left(r=-a, \theta=-\dfrac{\pi}{2}, \phi\right) = \rho\,\dfrac{u^2}{2}\left(1 - \dfrac{9}{4}(-1)^2\right) = -\dfrac{5}{8}\rho u^2 \end{cases}$$

La sphère subit la même pression par symétrie selon l'axe des z donc la sphère **ne subit pas** de force de traînée.

15.2 Circulation sanguine (CCINP)

Conseils - Pour aborder cet extrait de sujet de concours, il est préférable de revoir les notions suivantes :

- Systèmes de coordonnées (chapitre 1)
- Produits scalaires, produits vectoriels (chapitre 1)
- Opérateurs différentiels vectoriels (chapitre 2)
- Dérivées (chapitre 4)
- Calculs différentiels (chapitre 6)
- Intégrales (chapitre 7)
- Etude de fonctions, graphiques (chapitre 10)

Le 18 décembre 2013 à l'hôpital européen Georges Pompidou de Paris, le premier cœur 100% artificiel et autonome était implanté sur un patient. Cette prouesse n'aurait pu être réalisée sans les nombreuses découvertes théoriques et expérimentales qui l'ont précédée. Aussi, nous nous proposons, dans ce problème, d'en étudier un des aspects : la circulation sanguine. Ce domaine de la physiologie est appelé l'hémodynamique.

La figure 15.3 représente le système vasculaire humain.

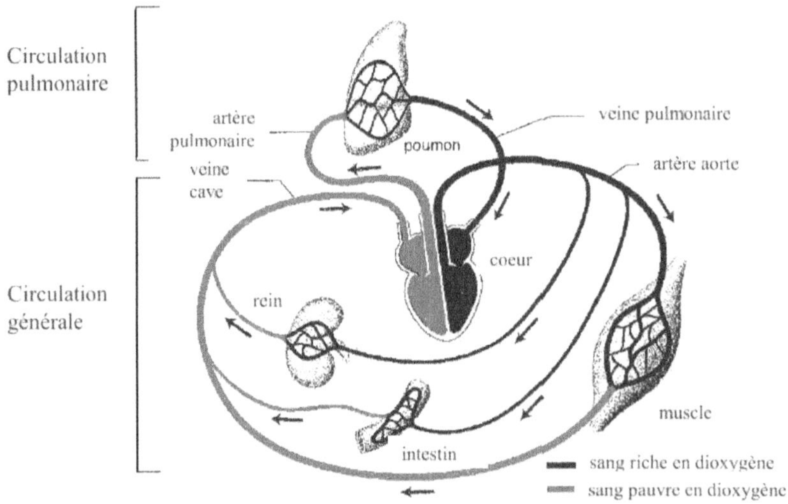

FIGURE 15.3 – Le système vasculaire humain.
Le côté gauche du cœur est représenté à droite et le côté droit à gauche.

La cavité droite du cœur envoie le sang appauvri en dioxygène dans les poumons à travers l'artère pulmonaire. Les poumons enrichissent le sang en dioxygène. Le sang enrichi en dioxygène retourne dans le côté gauche du cœur et irrigue l'ensemble du corps puis revient au côté droit par la veine cave. Le système vasculaire issu de l'aorte se divise en artères, puis artérioles et capillaires. Le **tableau 1** page suivante donne, chez l'homme, le diamètre des différents types de vaisseaux et leur nombre.
Le cœur humain pèse environ 0,3 kilogramme et bat environ une fois toutes les secondes lorsqu'il est au repos. A chaque battement, son côté gauche injecte 80 cm^3 de sang par l'aorte à la pression de 16 kPa. La puissance mécanique massique totale du cœur est de 5 $W.kg^{-1}$. Pour une durée de vie d'environ 80 années, cela en fait une source de travail remarquable.

Vaisseau	Diamètre $2a$ (mm)	Nombre N
Artère aorte	10^1	1
Grandes artères	3	4.10^1
Branches principales	1	6.10^2
Branches secondaires	6.10^{-1}	2.10^3
Branches tertiaires	10^{-1}	8.10^4
Artères terminales	5.10^{-2}	10^6
Branches terminales	3.10^{-2}	10^7
Artérioles	2.10^{-2}	4.10^7
Capillaires	8.10^{-3}	10^9

Tableau 1 - Diamètres et nombres des différents types de vaisseaux chez l'homme

Le biologiste anglais C. Murray a étudié la relation qui existe entre le diamètre d'un vaisseau et le nombre de vaisseaux semblables. La **figure 15.4** où sont portés en échelle logarithmique les nombres de vaisseaux N en fonction de leur rayon a met en évidence cette relation.

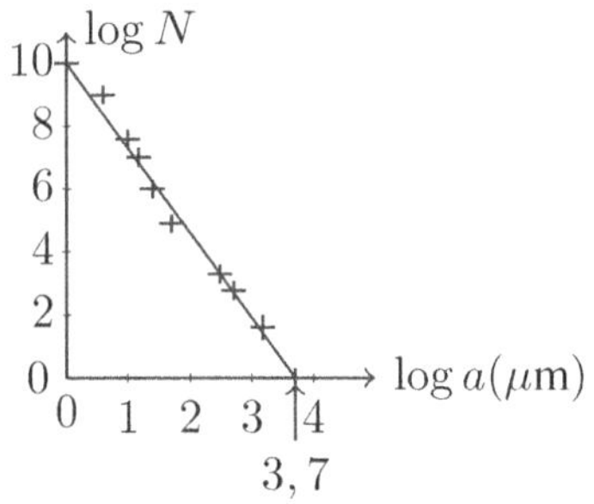

FIGURE 15.4 – Nombre de vaisseaux N en fonction de leur rayon a

Cette relation peut être interprétée par un modèle simple. Le système vasculaire y est alors décrit par deux types de vaisseaux : des artères et des vaisseaux capillaires. Il est supposé être composé de N_a artères de longueur L_a et de rayon r_a et de N_c vaisseaux capillaires de longueur L_c et de rayon r_c (**figure 15.5**).
En considérant alors un écoulement laminaire du sang, de viscosité η, qui se traduit par la loi de Poiseuille, l'expression de la résistance hydraulique de l'ensemble du système, que l'on retrouvera en **partie B**, vaut :

$$R_{\text{tot}} = \frac{8 \cdot \eta}{\pi} \cdot \left(\frac{L_a}{N_a \cdot r_a^4} + \frac{L_c}{N_c \cdot r_c^4} \right)$$

Par ailleurs, si on admet que le corps se construit en limitant la résistance hydraulique totale, on peut alors justifier qualitativement la loi de Murray théorique, qui traduit la loi de dépendance entre N_a, r_a, N_c et r_c. (**partie C**)

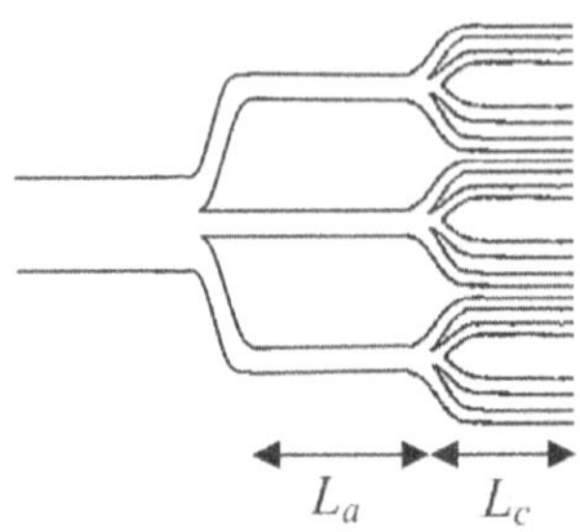

FIGURE 15.5 – Modélisation du système circulatoire artériel

Pour une compréhension et une modélisation plus raffinées de la circulation sanguine dans les vaisseaux, il faut garder à l'esprit plusieurs caractéristiques du système vasculaire, qui le différencient d'un réseau d'adduction d'eau, par exemple :

- il est alimenté par une source pulsée : le cœur n'injecte du sang dans l'aorte que lors de la contraction du ventricule gauche ;
- les vaisseaux sanguins ne sont pas des tuyaux rigides : les tissus qui les constituent possèdent une certaine élasticité ;
- le sang n'est pas un liquide newtonien tel que l'eau. Son caractère non newtonien se traduit par exemple par le fait que sa viscosité dépend du diamètre du vaisseau dans lequel il s'écoule.

En s'appuyant sur les éléments donnés lors de l'introduction du problème, nous établirons dans la **partie A** certains résultats généraux de la circulation sanguine. La **partie B** nous conduira à justifier l'expression de la résistance hydraulique de l'ensemble du système vasculaire et la **partie C** nous permettra de comparer les lois de Murray théorique et expérimentale. Ces trois parties sont indépendantes.

A. **Généralités**

A.1. Calculer le volume de sang qui circule chaque minute dans le système vasculaire. Vérifier qu'il correspond, environ, aux cinq litres de sang contenus dans le corps d'un adulte.

A.2. En considérant que le côté droit du cœur développe une puissance mécanique de 0,2 Watt, vérifier que la puissance mécanique massique totale du coeur est de 5 W.kg^{-1}. On pourra notamment s'appuyer sur une analyse dimensionnelle.

A.3. En physiologie, on estime qu'environ 10% de l'énergie reçue par un muscle est convertie en travail mécanique. A quoi peuvent servir les 90% restants ?

A.4. Préciser la relation reliant le nombre de vaisseaux N à leur rayon a. Cette relation correspond à la loi expérimentale de Murray.

A.5. Estimer la vitesse moyenne du sang dans l'artère aorte.

B. **Loi de Poiseuille**

On considère l'écoulement stationnaire d'un fluide incompressible de masse volumique ρ et de viscosité η dans un tuyau cylindrique immobile dans le référentiel d'étude galiléen, centré sur l'axe horizontal $(\mathrm{A}x)$ de vecteur unitaire $\vec{e}_x$, de section circulaire de rayon a et de longueur L (**figure 15.6**). Nous sommes alors en présence d'un écoulement de Poiseuille cylindrique. La pression à l'entrée du tube est $P(x=0) = P_\mathrm{A}$ et $P(x=L) = P_\mathrm{B}$ à la sortie. Le champ des vitesses est de la forme $\vec{v}\,(M) = v(r)\,\vec{e}_x$. Par ailleurs, un élément de fluide limité par une partie du cylindre d'axe $(\mathrm{A}x)$ et de rayon r, de surface latérale $\Sigma(r)$, est soumis de la part du fluide situé entre les rayons r et a à la force de viscosité $\vec{F} = \eta \dfrac{\mathrm{d}v(r)}{\mathrm{d}r}\Sigma(r)\,\vec{e}_x$. On négligera les effets de la pesanteur.

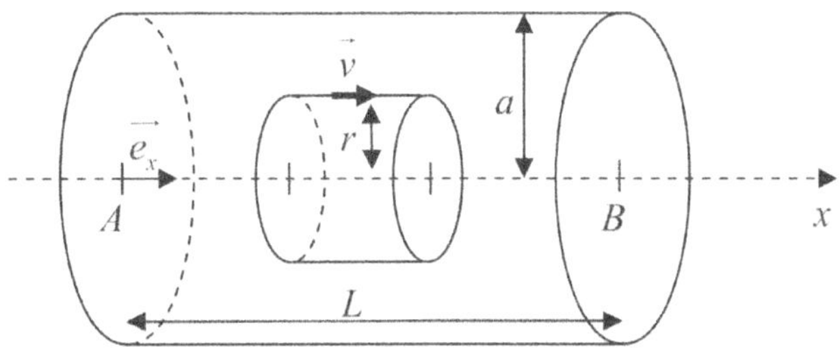

FIGURE 15.6 – Loi de Poiseuille pour un tube de section circulaire

B.1. Pourquoi choisit-on des pressions en entrée et en sortie différentes pour décrire cet écoulement ?

B.2. L'équation locale de la dynamique, ou équation de Navier-Stokes, pour les fluides incompressibles est :

$$\rho\,\frac{\partial \vec{v}}{\partial t} + \rho\left(\vec{v}\cdot\overrightarrow{\mathrm{grad}}\right)\vec{v} = \vec{f}_{\mathrm{vol}} - \overrightarrow{\mathrm{grad}}P + \eta\,\Delta\vec{v}$$

Donner la signification des différents termes de cette équation.

B.3. A quelle condition l'écoulement peut-il être considéré comme laminaire ? Tester cette condition pour l'écoulement dans l'artère aorte en considérant une viscosité dynamique de 10^{-3} Pa.s et une masse volumique du sang de 10^3 kg.m^{-3}. Commenter.

B.4. D'après les premiers éléments descriptifs de l'écoulement de Poiseuille cylindrique, simplifier l'équation de Navier-Stokes.

Pour définir la loi d'évolution $v(r)$, il faut préciser le terme $\eta\,\Delta\vec{v}$. Pour cela, il nous faut retrouver la densité volumique des forces de viscosité en calculant la résultante des forces de viscosité s'exerçant sur une particule de fluide possédant la forme décrite en **figure 15.7**.

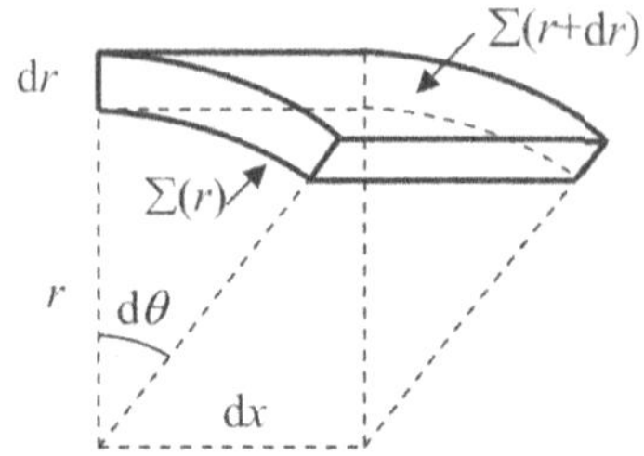

FIGURE 15.7 – Particule de fluide en géométrie cylindrique

B.5. Déterminer les expressions de la force de viscosité $\mathrm{d}\vec{F}_+$ appliquée sur la face supérieure de surface latérale $\Sigma(r+\mathrm{d}r)$ et de la force de viscosité $\mathrm{d}\vec{F}_-$ appliquée sur la face inférieure latérale $\Sigma(r)$. Montrer que la résultante des forces de viscosité qui s'exercent sur la particule de fluide est donc :

$$\mathrm{d}\vec{F}_{\text{visc}} = \eta\left(\frac{\mathrm{d}}{\mathrm{d}r}\left(r\frac{\mathrm{d}v}{\mathrm{d}r}\right)\right)\mathrm{d}\theta\,\mathrm{d}x\,\mathrm{d}r\,\vec{e}_x$$

En déduire la densité volumique des forces de viscosité $\vec{f}_{v,\text{visc}}$.

B.6. La pression dépend-elle de la variable θ ? Projeter l'équation de Navier-Stokes et montrer que le champ des pressions est égal à :
$P(x) = P_{\text{A}} - (P_{\text{A}} - P_{\text{B}})\,\dfrac{x}{L}$ et que $v(r) = \dfrac{(P_{\text{A}} - P_{\text{B}})}{4\eta L}\,(a^2 - r^2)$.

B.7. Donner l'expression du débit volumique $\mathcal{D}_V$ de cet écoulement. En expliquant l'analogie avec la résistance électrique, montrer que la résistance hydraulique du tuyau vaut : $R_H = \dfrac{8\eta L}{\pi a^4}$.

B.8. Justifier l'expression de la résistance hydraulique de l'ensemble du système vasculaire R_{tot}.

C. **Loi de Murray**

On suppose que l'organisme dispose d'un volume V_0 donné de tissus pour réaliser les parois du système vasculaire et que l'épaisseur e d'un vaisseau est proportionnelle à son rayon extérieur r : $e = \alpha r$ avec $\alpha \ll 1$.

C.1. Exprimer V_0 en fonction de N_a, L_a, r_a, N_c, L_c, r_c et α. En exprimant que le système circulatoire se construit en utilisant une quantité minimale et donc un volume V_0 minimal de tissus, déterminer $\frac{\mathrm{d}r_c}{\mathrm{d}r_a}$ en fonction de N_a, L_a, r_a, N_c, L_c, r_c.

C.2. Le corps se construit aussi de façon à minimiser la résistance hydraulique totale R_{tot} du système circulatoire. Montrer que cela entraîne une relation entre N_a, r_a, N_c, r_c que l'on identifiera comme étant la loi de Murray théorique.

C.3. Proposer des interprétations à l'écart entre la loi de Murray théorique et la loi expérimentale obtenue à la question **A.4**. Toute démarche construite, même inachevée, développant une réflexion physique sur les limites de la modélisation, sera prise en considération dans l'évaluation.

D'après Concours Commun INP PC

Solution

A. **Généralités**

A.1. Le cœur bat environ une fois toutes les secondes donc bat 60 fois par minute. Sa fréquence de battement est $f = 1\,\text{s}^{-1} = 60\,\text{min}^{-1}$. A chaque battement, le volume de sang injecté par l'aorte est égal à :

$$V = 80\,\text{cm}^3 = 80.10^{-3}\,\text{dm}^3 = 80.10^{-3}\,\text{L}$$

de sang est injecté par l'aorte.
Le volume de sang qui circule chaque minute dans le système vasculaire est :

$$f \times V = 60 \times 80.10^{-3} = \boxed{4,8\,\text{L.min}^{-1}}$$

Ce volume correspond aux cinq litres de sang contenus dans le corps d'un adulte. Chaque minute, la totalité du sang passe par le cœur.

A.2. La puissance mécanique totale du cœur $\mathcal{P}_{\text{tot}}$ est la somme des puissances mécaniques développées par le côté droit $\mathcal{P}_d = 0,2\,\text{W}$ et par le côté gauche $\mathcal{P}_g$ du coeur divisée par la masse m du cœur.
Par analyse dimensionnelle, on a :

$$\left[\mathcal{P}_g\right] = \frac{\left[\mathcal{E}\right]}{\left[\Delta t\right]} = \frac{\left[p\right]\left[S\right]\left[d\right]}{\left[\Delta t\right]} = \left[p\right]\left[V\right]\left[f\right]$$

où $\mathcal{E}$ est une énergie, Δt une durée, p une pression, S une surface, d une distance, V un volume et f une fréquence.

$$\mathcal{P}_g = 16.10^3 \times 80.10^{-6} \times 1 = 1,28\,\text{W}$$

$$\boxed{\frac{\mathcal{P}_{\text{tot}}}{m} = \frac{\mathcal{P}_d + \mathcal{P}_g}{m}}$$

Application numérique

$$\frac{\mathcal{P}_{\text{tot}}}{m} = \frac{0,2 + 1,28}{0,3} = \boxed{4,9\,\text{W.kg}^{-1}}$$

Cette valeur est en accord avec l'énoncé.

A.3. Durant un effort, le muscle transforme de l'énergie chimique en énergie mécanique (10%) et rejette de la chaleur (90%) car les réactions chimiques sont exothermiques. Le corps possède un système de refroidissement et de transpiration pour évacuer cette chaleur.

A.4. D'après la **figure 15.4**, la droite tracée est du type « $y = ax + b$ » correspondant ici à : $\log N = \alpha \log a + \beta$.
L'ordonnée à l'origine est telle que pour $\log a_1 = 0$ on lit $\log N_1 = 10 = \beta$.
De plus, la lecture graphique pour $\log N_2 = 0$ nous donne $\log a_2 = 3,74$.
La pente α vaut :

$$\alpha = \frac{\log N_2 - \log N_1}{\log a_2 - \log a_1} = \frac{0 - 10}{3,74 - 0} = -2,7$$

$$\log N = \alpha \log a + \beta = -2,7 \log a + 10$$

$$\log N = \log a^{-2,7} + 10 = \log a^{-2,7} + \log 10^{10}$$

$$\log N = \log \left(a^{-2,7} \times 10^{10}\right)$$

$$\boxed{N = a^{-2,7} \times 10^{10}}$$

avec a exprimé en micromètres. Cette relation correspond à la loi de Murray expérimentale.

A.5. Par définition, le débit volumique est égal au flux de la vitesse moyenne du sang à travers la section de l'aorte. Cela se traduit par :

$$\mathcal{D}_V = \iint \vec{v}_{\text{moy}} \cdot \overrightarrow{\text{d}S} = v_{\text{moy}} \times \pi \times a^2$$

D'après la question A.1,

$$\mathcal{D}_V = f \times V = 80.10^{-3} \times 1 = 80\,\text{cm}^3.\text{s}^{-1} = 80.10^{-6}\,\text{m}^3.\text{s}^{-1}$$

$$\boxed{v_{\text{moy}} = \frac{\mathcal{D}_V}{\pi a^2}}$$

Application numérique

$$v_{\text{moy}} = \frac{80.10^{-6}}{\pi \times (5.10^{-3})^2} = \boxed{1\,\text{m.s}^{-1}}$$

B. Loi de Poiseuille

B.1. La différence de pression en entrée et en sortie est à l'origine de la mise en mouvement du fluide. Cette perte de pression est liée à la viscosité de l'écoulement.

B.2. Le terme $\dfrac{\partial \vec{v}}{\partial t}$ représente l'accélération locale.

Le terme $\left(\vec{v} \cdot \overrightarrow{\text{grad}}\right)\vec{v}$ représente l'accélération convective.

Le terme $\vec{f}_{\text{vol}}$ représente les forces (autres que forces de pression et forces de viscosité) par unité de volume.

Le terme $\overrightarrow{\text{grad}}P$ représente les forces de pression par unité de volume.

Le terme $\eta\,\Delta\vec{v}$ représente les forces de viscosité par unité de volume.

B.3. L'écoulement peut être considéré comme laminaire si le nombre de Reynolds est inférieur à 10^3.

Par définition, on a : $\mathcal{R}\text{e} = \dfrac{\rho r_a v_{\text{moy}}}{\eta}$.

$$\mathcal{R}\text{e} = \frac{10^3 \times 5.10^{-3} \times 1}{10^{-3}} = \boxed{5.10^3 > 10^3}$$

L'écoulement ne peut pas être considéré comme laminaire dans l'aorte.

B.4. L'écoulement est stationnaire donc $\dfrac{\partial \vec{v}}{\partial t} = \vec{0}$.

Le champ des vitesses est de la forme $\vec{v}\,(M) = v(r)\,\vec{e}_x$.

$$\left(\vec{v} \cdot \overrightarrow{\text{grad}}\right)\vec{v} = v_x \,\frac{\partial v_x}{\partial x}\,\vec{e}_x = \vec{0}$$

Les effets de la pesanteur sont négligés donc $\vec{f}_{\text{vol}} = \vec{0}$.
L'équation de Navier-Stokes se simplifie :

$$\vec{0} = -\,\overrightarrow{\text{grad}}P + \eta\,\Delta\vec{v}$$

$$\boxed{\overrightarrow{\text{grad}}P = \eta\,\Delta\vec{v}}$$

B.5. D'après l'énoncé, un élément de fluide limité par une partie du cylindre d'axe $(\text{A}x)$ et de rayon r, de surface latérale $\Sigma(r)$, est soumis de la part du fluide situé entre les rayons r et a à la force de viscosité $\vec{F} = \eta \dfrac{\text{d}v(r)}{\text{d}r}\Sigma(r)\,\vec{e}_x$.

L'expression de la force $\mathrm{d}\vec{F}_+$ qui s'applique sur la face supérieure en $(r + \mathrm{d}r)$ se déduit de la définition :

$$\boxed{\mathrm{d}\vec{F}_+ = \eta \frac{\mathrm{d}v(r + \mathrm{d}r)}{\mathrm{d}r} \Sigma(r + \mathrm{d}r)\, \vec{e}_x}$$

L'expression de la force $\mathrm{d}\vec{F}_-$ qui s'applique sur la face inférieure en r s'obtient par la loi des actions réciproques (3e loi de Newton) :

$$\boxed{\mathrm{d}\vec{F}_- = -\eta \frac{\mathrm{d}v(r)}{\mathrm{d}r} \Sigma(r)\, \vec{e}_x}$$

La résultante des forces de viscosité a pour expression :

$$\begin{aligned}
\mathrm{d}\vec{F}_{\text{visc}} &= \mathrm{d}\vec{F}_+ + \mathrm{d}\vec{F}_- \\
&= \eta \frac{\mathrm{d}v(r + \mathrm{d}r)}{\mathrm{d}r} \Sigma(r + \mathrm{d}r)\, \vec{e}_x - \eta \frac{\mathrm{d}v(r)}{\mathrm{d}r} \Sigma(r)\, \vec{e}_x \\
&= \eta \left[\frac{\mathrm{d}v(r + \mathrm{d}r)}{\mathrm{d}r} \Sigma(r + \mathrm{d}r) - \frac{\mathrm{d}v(r)}{\mathrm{d}r} \Sigma(r) \right] \vec{e}_x
\end{aligned}$$

Or d'après le développement de Taylor (se référer au chapitre 5 - Développements limités) à l'ordre 1 en $\mathrm{d}r$, on a :

$$f(r + \mathrm{d}r) = f(r) + \mathrm{d}r\, \frac{\mathrm{d}f(r)}{\mathrm{d}r}$$

$$\mathrm{d}\vec{F}_{\text{visc}} = \eta \left[\mathrm{d}r\, \frac{\mathrm{d}}{\mathrm{d}r} \left(\frac{\mathrm{d}v(r)}{\mathrm{d}r} \Sigma(r) \right) \right] \vec{e}_x$$

$$\mathrm{d}\vec{F}_{\text{visc}} = \eta \left[\frac{\mathrm{d}}{\mathrm{d}r} \left(\frac{\mathrm{d}v(r)}{\mathrm{d}r} r\, \mathrm{d}\theta\, \mathrm{d}x \right) \right] \mathrm{d}r\, \vec{e}_x$$

$$\boxed{\mathrm{d}\vec{F}_{\text{visc}} = \eta \left(\frac{\mathrm{d}}{\mathrm{d}r} \left(r \frac{\mathrm{d}v(r)}{\mathrm{d}r} \right) \right) \mathrm{d}\theta\, \mathrm{d}x\, \mathrm{d}r\, \vec{e}_x}$$

On en déduit l'expression des forces volumiques de viscosité :

$$\vec{f}_{v,\text{visc}} = \frac{\mathrm{d}\vec{F}_{\text{visc}}}{\Sigma(r)\, \mathrm{d}r} = \frac{\mathrm{d}\vec{F}_{\text{visc}}}{r\, \mathrm{d}\theta\, \mathrm{d}x\, \mathrm{d}r}$$

$$\boxed{\vec{f}_{v,\text{visc}} = \frac{\eta}{r} \frac{\mathrm{d}}{\mathrm{d}r} \left(r \frac{\mathrm{d}v(r)}{\mathrm{d}r} \right) \vec{e}_x}$$

B.6. L'équation de Navier-Stokes simplifiée (question B.4) projetée dans la base $(\vec{e}_r, \vec{e}_\theta, \vec{e}_x)$ s'écrit :

$$\begin{pmatrix} \dfrac{\partial P}{\partial r} \\ \\ \dfrac{1}{r}\dfrac{\partial P}{\partial \theta} \\ \\ \dfrac{\partial P}{\partial x} \end{pmatrix} = \begin{pmatrix} 0 \\ \\ 0 \\ \\ \dfrac{\eta}{r}\dfrac{\mathrm{d}}{\mathrm{d}r}\left(r\,\dfrac{\mathrm{d}v(r)}{\mathrm{d}r}\right) \end{pmatrix}$$

L'équation $\dfrac{\partial P}{\partial r} = 0$ nous indique que la pression ne dépend pas de r.

L'équation $\dfrac{1}{r}\dfrac{\partial P}{\partial \theta} = 0$ nous indique que la pression ne dépend pas de θ.

L'équation $\dfrac{\partial P}{\partial x} = \dfrac{\eta}{r}\dfrac{\mathrm{d}}{\mathrm{d}r}\left(r\dfrac{\mathrm{d}v(r)}{\mathrm{d}r}\right)$ nous indique que la dérivée de la pression par rapport à x est une constante qui ne dépend pas de x car v ne dépend que de r.

$$\frac{\mathrm{d}P}{\mathrm{d}x} = A \Leftrightarrow P(x) = Ax + B$$

où A et B sont des constantes que l'on détermine à l'aide des conditions aux limites.

$$P(x=0) = P_\mathrm{A} = B$$

$$P(x=L) = P_\mathrm{B} = AL + B = AL + P_\mathrm{A} \Rightarrow A = \frac{P_\mathrm{B} - P_\mathrm{A}}{L}$$

$$P(x) = \frac{P_\mathrm{B} - P_\mathrm{A}}{L}\,x + P_\mathrm{A}$$

$$\boxed{P(x) = P_\mathrm{A} - (P_\mathrm{A} - P_\mathrm{B})\,\frac{x}{L}}$$

Etudions le second membre de la troisième équation :

$$\frac{\eta}{r}\frac{\mathrm{d}}{\mathrm{d}r}\left(r\frac{\mathrm{d}v(r)}{\mathrm{d}r}\right) = \frac{\mathrm{d}P(x)}{\mathrm{d}x} = \frac{P_B - P_A}{L}$$

$$\frac{\mathrm{d}}{\mathrm{d}r}\left(r\frac{\mathrm{d}v(r)}{\mathrm{d}r}\right) = \frac{P_\mathrm{B} - P_\mathrm{A}}{\eta L}\,r$$

On intègre une première fois par rapport à r.

$$r\,\frac{\mathrm{d}v(r)}{\mathrm{d}r} = \frac{P_\mathrm{B} - P_\mathrm{A}}{\eta L}\frac{r^2}{2} + C$$

Si $r = 0$ alors la constante $C = 0$ et,

$$\frac{\mathrm{d}v(r)}{\mathrm{d}r} = \frac{P_\mathrm{B} - P_\mathrm{A}}{\eta L}\frac{r}{2}$$

On intègre une deuxième fois par rapport à r.

$$v(r) = \left(\frac{P_\mathrm{B} - P_\mathrm{A}}{2\eta L}\right)\frac{r^2}{2} + D$$

où D est une constante que l'on détermine à l'aide des conditions aux limites.

$$v(r = a) = \left(\frac{P_\mathrm{B} - P_\mathrm{A}}{4\eta L}\right) a^2 + D = 0$$

avec $v(r = a) = 0$ car la vitesse d'une particule de fluide le long de la paroi est nulle.

$$D = -\left(\frac{P_\mathrm{B} - P_\mathrm{A}}{4\eta L}\right) a^2 = \left(\frac{P_A - P_B}{4\eta L}\right) a^2$$

$$\boxed{v(r) = \left(\frac{P_\mathrm{A} - P_\mathrm{B}}{4\eta L}\right)(a^2 - r^2)}$$

B.7. Par définition, le débit volumique est égal au flux du vecteur vitesse à travers une section. Cela se traduit par :

$$\begin{aligned}
\mathcal{D}_V &= \iint \vec{v} \cdot \overrightarrow{\mathrm{d}S} = \iint v(r)\,\mathrm{d}r\, r\,\mathrm{d}\theta \\
&= \int_{r=0}^{a} \left(\frac{P_\mathrm{B} - P_\mathrm{A}}{4\eta L}\right)(r^2 - a^2)\, r\,\mathrm{d}r \int_{\theta=0}^{2\pi} \mathrm{d}\theta \\
&= \left(\frac{P_\mathrm{B} - P_\mathrm{A}}{4\eta L}\right)\left[\int_0^a r^3\,\mathrm{d}r - \int_0^a a^2 r\,\mathrm{d}r\right]\left[\int_0^{2\pi} \mathrm{d}\theta\right] \\
&= \left(\frac{P_\mathrm{B} - P_\mathrm{A}}{4\eta L}\right)\left(\left[\frac{r^4}{4}\right]_0^a - a^2\left[\frac{r^2}{2}\right]_0^a\right) 2\pi \\
&= \left(\frac{P_\mathrm{B} - P_\mathrm{A}}{4\eta L}\right)\left(\frac{a^4}{4} - \frac{a^4}{2}\right) 2\pi
\end{aligned}$$

$$\boxed{\mathcal{D}_V = \frac{(P_\mathrm{A} - P_\mathrm{B})\,\pi a^4}{8\eta L}}$$

Un débit volumique est analogue à un débit de charges, une différence de pression est analogue à une différence de potentiel et une résistance hydraulique est analogue à une résistance électrique.

Par analogie avec la loi d'Ohm $V_A - V_B = RI$ on peut écrire $P_A - P_B = R_H \mathcal{D}_V$.

$$R_H = \frac{P_A - P_B}{\mathcal{D}_V}$$

$$\boxed{R_H = \frac{8\eta L}{\pi a^4}}$$

B.8. D'après la **figure 3**, le système vasculaire est composé de N_a artères en parallèle de résistance R_a chacune en série avec N_c vaisseaux en parallèle de résistance R_c chacune.

$$R_{\text{tot}} = \frac{R_a}{N_a} + \frac{R_c}{N_c}$$

$$\boxed{R_{\text{tot}} = \frac{8\eta}{\pi}\left(\frac{L_a}{N_a r_a^4} + \frac{L_c}{N_c r_c^4}\right)}$$

C. Loi de Murray

C.1. Pour un vaisseau cylindrique de rayon r, de longueur L et doté d'une paroi d'épaisseur $e = \alpha r$, le volume de la paroi a pour expression :

$$V = 2\pi r e L$$

Pour N_a artères, le volume de tissu s'écrit :

$$V_a = N_a 2\pi r_a e L_a = N_a 2\pi\alpha L_a r_a^2$$

Pour N_a capillaires, le volume de tissu s'écrit :

$$V_c = N_c 2\pi r_c e L_c = N_c 2\pi\alpha L_c r_c^2$$

Le volume V_0 de tissu dans l'organisme est tel que :

$$V_0 = V_a + V_c$$

$$\boxed{V_0(r_a, r_c) = 2\pi\alpha\left(N_a L_a r_a^2 + N_c L_c r_c^2\right)}$$

Pour un volume minimal de tissu, la différentielle de V_0 doit être nulle (se référer au chapitre 6 - Fonctions de plusieurs variables).

$$\begin{aligned} \mathrm{d}V_0(r_a, r_c) &= \left(\frac{\partial V_0}{\partial r_a}\right)_{r_c} \mathrm{d}r_a + \left(\frac{\partial V_0}{\partial r_c}\right)_{r_a} \mathrm{d}r_c \\ &= 4\pi\alpha N_a L_a r_a \,\mathrm{d}r_a + 4\pi\alpha N_c L_c r_c \,\mathrm{d}r_c = 0 \end{aligned}$$

$$\boxed{\frac{\mathrm{d}r_c}{\mathrm{d}r_a} = -\frac{N_a L_a r_a}{N_c L_c r_c}}$$

C.2. Pour une résistance hydraulique totale minimale, la dérivée de R_H par rapport à r_a et à r_c doit être nulle (se référer au chapitre 6 - Fonctions de plusieurs variables).

$$
\begin{aligned}
\mathrm{d}R_{\text{tot}} &= \left(\frac{\partial R_{\text{tot}}}{\partial r_a}\right)_{r_c} \mathrm{d}r_a + \left(\frac{\partial R_{\text{tot}}}{\partial r_c}\right)_{r_a} \mathrm{d}r_c \\
&= \frac{8\eta}{\pi}\left[\frac{L_a}{N_a}\left(-\frac{4}{r_a^5}\right)\mathrm{d}r_a + \frac{L_c}{N_c}\left(-\frac{4}{r_c^5}\right)\mathrm{d}r_c\right] \\
&= 0
\end{aligned}
$$

Il en vient :

$$\frac{\mathrm{d}r_c}{\mathrm{d}r_a} = \frac{L_a N_c}{N_a L_c}\left(\frac{r_c}{r_a}\right)^5$$

Or d'après la question C.1,

$$\frac{\mathrm{d}r_c}{\mathrm{d}r_a} = -\frac{N_a L_a r_a}{N_c L_c r_c}$$

On a donc :

$$\frac{L_a N_c}{N_a L_c}\left(\frac{r_c}{r_a}\right)^5 = -\frac{N_a L_a r_a}{N_c L_c r_c}$$

$$N_a^2 r_a^6 = N_c^2 r_c^6$$

$$\boxed{N_a r_a^3 = N_c r_c^3}$$

Cette relation constitue la loi de Murray théorique.

C.3. La loi expérimentale (question A.4) de Murray s'écrit $N = a^{-2,7} \times 10^{10}$ ou $N \times a^{2,7} =$ constante. L'exposant $(2,7)$ est du même ordre de grandeur que l'exposant obtenu en théorie. Cette légère différence peut être dûe à quelques simplifications telles que :

- faire l'hypothèse d'un régime stationnaire alors que le cœur envoie du sang par à-coups ;
- faire l'hypothèse d'un régime laminaire alors que le nombre de Reynolds calculé prouve le contraire ;
- faire l'hypothèse de négliger les forces de frottements.

15.3 Mesure de la vitesse d'un liquide conducteur (CCS)

Conseils - Pour aborder cet extrait de sujet de concours, il est préférable d'avoir des notions en ***mécanique des fluides*** et en ***électromagnétisme*** et de revoir les notions suivantes :

- Systèmes de coordonnées (chapitre 1)
- Produits scalaires, produits vectoriels (chapitre 1)
- Opérateurs différentiels vectoriels (Gradient) (chapitre 2)
- Trigonométrie (chapitre 3)
- Dérivées (chapitre 4)
- Fonctions de plusieurs variables (chapitre 6)
- Intégrales (chapitre 7)

On considère l'écoulement d'un liquide légèrement conducteur (par exemple du sang) dans un tuyau cylindrique isolant de rayon a (cf. **figure 15.8**).
On impose un champ magnétique uniforme $\vec{B} = B_0\,\vec{e}_x$.
On se place en régime stationnaire.
Dans un premier temps on se place en coordonnées cartésiennes et on suppose que le champ des vitesses de l'écoulement réel est donné par : $\vec{v} = k\left(a^2 - x^2 - y^2\right)\vec{e}_z$ où k est une constante donnée.

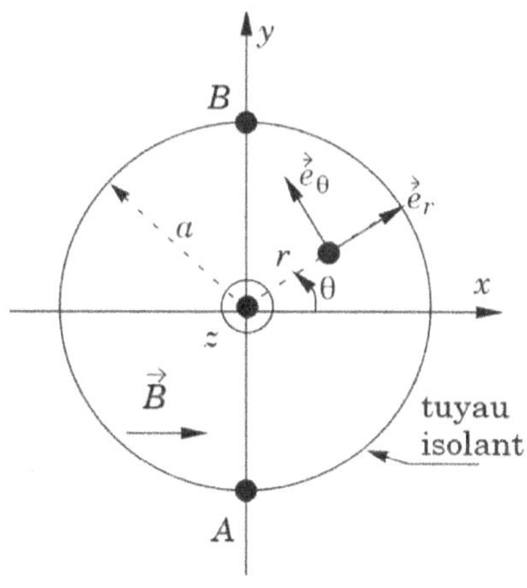

FIGURE 15.8

A. **Expression de $\vec{j}$**

A.1. On définit la vitesse moyenne v_m du liquide comme la vitesse d'un écoulement uniforme fictif qui donnerait le même débit volumique à travers une section du tube que l'écoulement réel. Exprimer v_m en fonction de k et a.

A.2. On rappelle la loi d'Ohm locale donnant le vecteur densité de courant $\vec{j}$ en fonction du potentiel électrique V, de la conductivité γ du liquide, de la vitesse $\vec{v}$ du liquide et du champ magnétique $\vec{B}$:

$$\vec{j} = \gamma\left(-\overrightarrow{\text{grad}}\, V + \vec{v} \wedge \vec{B}\right)$$

Quel phénomène physique décrit le terme $\vec{v} \wedge \vec{B}$?

A.3. Montrer que : $\overrightarrow{\text{rot}}\, \vec{j} = -2\gamma B_0 kx\, \vec{e}_z$.

A.4. Rappeler sans démonstration l'équation locale de conservation de la charge. En déduire qu'on peut chercher la densité de courant sous la forme $\vec{j} = \overrightarrow{\text{rot}}\, \vec{\Psi}$.

A.5. On rappelle que $\overrightarrow{\text{rot}}\left(\overrightarrow{\text{rot}}\, \vec{a}\right) = \overrightarrow{\text{grad}}\,(\text{div}\vec{a}) - \Delta\vec{a}$. Dans la suite on cherche $\vec{\Psi}$ de la forme $\vec{\Psi} = \Psi(\text{M})\, \vec{e}_z$ où $\Psi(\text{M})$ ne dépend pas de la cote z du point M. En déduire que :

$$\boxed{\Delta\Psi = 2\gamma B_0 kx} \qquad (1)$$

A.6. Dans toute la suite, on se place en coordonnées cylindriques (r, θ, z) d'axe $\text{O}z$ on en utilise le trièdre local $(\vec{e}_r, \vec{e}_\theta, \vec{e}_z)$ associé. On admet que la solution de l'équation (1) est de la forme :

$$\Psi = \left(Cr + \frac{\gamma B_0 k r^3}{4}\right)\cos\theta$$

où C est une constante. On rappelle que $\overrightarrow{\text{rot}}\,(\Psi\, \vec{e}_z) = \overrightarrow{\text{grad}}\Psi \wedge \vec{e}_z$. Exprimer les composantes j_r et j_θ en fonction de C, B_0, k, r et θ.

A.7. Quelle est la condition aux limites sur $\vec{j}$ à la surface du tuyau isolant ? En déduire la valeur de la constante C en fonction de k, γ, B_0 et a puis les expressions de j_r et j_θ en fonction de B_0, k, r, a et θ.

A.8. En utilisant les expressions de j_r et j_θ, déterminer l'équation différentielle des lignes de courants. Vérifier que ce sont des courbes $\Psi(r, \theta) =$ constante. Tracer l'allure des lignes de courants.

B. Expression du potentiel

B.1. Montrer que

$$\overrightarrow{\text{grad}}\, V = \frac{kB_0}{4}\left[3\left(a^2 - r^2\right)\sin\theta\, \vec{e}_r + \left(3a^3 - r^2\right)\cos\theta\, \vec{e}_\theta\right]$$

B.2. On place un voltmètre entre les points A $(x = 0, y = -a)$ et B $(x = 0, y = a)$. Exprimer $V_\text{A} - V_\text{B}$ en fonction de k, B_0 et a.

B.3. En déduire l'expression de $V_A - V_B$ en fonction de B_0, a et de v_m définie en A.1. Calculer v_m pour $a = 5\,\text{mm}$ et $B_0 = 0,95\,\text{T}$ sachant que $V_A - V_B = -2,0\,\text{mV}$.

B.4. Citer (sans aucun détail) une autre méthode de mesure de la vitesse d'un fluide.

C. **Champ magnétique induit**

Dans ce qui précède on a supposé que le champ magnétique $\vec{B}$ effectivement perçu au sein du fluide est le champ $B_0\,\vec{e}_x$ créé par les sources extérieures de courant, supposées constantes, ce qui n'est qu'une approximation car les courants $\vec{j}$ induits calculés dans la partie A. créent un champ qu'on notera $\vec{B}^*$.

C.1. Le tube étant supposé infiniment long selon $\vec{e}_z$, justifier que le champ magnétique induit est de la forme $\vec{B}^* = B^*(r,\theta)\,\vec{e}_z$ avec $B^*(r,\theta)$ indépendant de z.

C.2. Quelles sont les deux équations locales dont est solution le champ $\vec{B}^*$? Vérifier que $\vec{B}^* = \mu_0\Psi\,\vec{e}_z$ est solution de ces équations pour $r \leqslant a$. On admettra qu'il s'agit bien de la solution.

C.3. En exploitant l'expression de k en fonction de a et v_m établie en A.1, en déduire un critère pour que $B^* \ll B_0$. Vérifier l'homogénéité de ce critère (on pourra par exemple faire référence à l'expression de l'épaisseur de peau). Dans le cas du sang ($\gamma = 10\,\Omega^{-1}.\text{m}^{-1}$) ce critère est-il vérifié pour les valeurs numériques de la question B.3 ?

D'après Concours Centrale-Supélec PC

Solution

A. **Expression de $\vec{j}$**

A.1. Par définition, le débit volumique a pour expression : $\mathcal{D}_V = \iint \vec{v}\cdot\overrightarrow{\mathrm{d}S}$

L'écoulement se fait dans un tuyau cylindrique. En coordonnées polaires on a $\left(x^2+y^2\right) = r^2$ et $\vec{v} = k\left(a^2 - r^2\right)$. Le vecteur élément de surface a pour expression $\overrightarrow{\mathrm{d}S} = \mathrm{d}r\,r\,\mathrm{d}\theta\,\vec{e}_z$ (voir chapitre 1).

$$\begin{aligned}\mathcal{D}_V &= \iint v\,\mathrm{d}S = \iint v\,\mathrm{d}r\,r\,\mathrm{d}\theta\\ &= \iint k\left(a^2-r^2\right)r\,\mathrm{d}r\,\mathrm{d}\theta\end{aligned}$$

On sépare les variables pour intégrer.

$$\mathcal{D}_V = k\int_{r=0}^{a}\left(a^2-r^2\right)r\,\mathrm{d}r\int_{\theta=0}^{2\pi}\mathrm{d}\theta$$

$$\begin{aligned}\mathcal{D}_V &= k\left[a^2\frac{r^2}{2}-\frac{r^4}{4}\right]_0^a\left[\theta\right]_0^{2\pi}\\ &= k\left[\frac{a^4}{2}-\frac{a^4}{4}\right]2\pi\\ &= k\frac{a^4}{2}\pi\end{aligned}$$

Pour un écoulement uniforme fictif, la vitesse moyenne v_m est constante.

$$\mathcal{D}_V = \iint \vec{v}_m\cdot\overrightarrow{\mathrm{d}S} = \iint v_m\,\mathrm{d}S = v_m\iint \mathrm{d}S = v_m\pi a^2$$

(l'écoulement se faisant au travers de la surface d'un disque qui correspond à la section du tuyau cylindrique).
La vitesse moyenne d'un écoulement uniforme fictif donnerait le même débit volumique que l'écoulement réel.

$$v_m\pi a^2 = k\frac{a^4}{2}\pi \Rightarrow \boxed{v_m = k\frac{a^2}{2}}$$

A.2. Un liquide conducteur qui se déplace à la vitesse $\vec{v}$ dans un champ magnétique stationnaire $\vec{B}$ est soumis à une force de Lorentz. Le terme $\vec{v}\wedge\vec{B}$ décrit donc un phénomène d'induction.

A.3. D'après l'énoncé, $\vec{j} = \gamma\left(-\overrightarrow{\mathrm{grad}}\,V + \vec{v}\wedge\vec{B}\right)$.

$$\begin{aligned}\overrightarrow{\mathrm{rot}}\,\vec{j} &= \overrightarrow{\mathrm{rot}}\left(\gamma\left(-\overrightarrow{\mathrm{grad}}\,V + \vec{v}\wedge\vec{B}\right)\right)\\ &= -\gamma\,\overrightarrow{\mathrm{rot}}\left(\overrightarrow{\mathrm{grad}}\,V\right) + \gamma\,\overrightarrow{\mathrm{rot}}\left(\vec{v}\wedge\vec{B}\right)\end{aligned}$$

Or $\overrightarrow{\mathrm{rot}}\left(\overrightarrow{\mathrm{grad}}\,V\right) = \vec{0}$ (voir chapitre 2).

$$\begin{aligned}\overrightarrow{\mathrm{rot}}\,\vec{j} &= \vec{0} + \gamma\,\overrightarrow{\mathrm{rot}}(v\,\vec{e}_z\wedge B_0\,\vec{e}_x)\\ &= \overrightarrow{\mathrm{rot}}\left(\gamma k\left(a^2-x^2-y^2\right)B_0\,\vec{e}_y\right)\end{aligned}$$

En coordonnées cartésiennes, cela donne :

$$\overrightarrow{\mathrm{rot}}\,\vec{j} = \begin{pmatrix}\dfrac{\partial}{\partial x}\\ \dfrac{\partial}{\partial y}\\ \dfrac{\partial}{\partial z}\end{pmatrix}\wedge\begin{pmatrix}0\\ \gamma k B_0\left(a^2-x^2-y^2\right)\\ 0\end{pmatrix}$$

$$\overrightarrow{\mathrm{rot}}\,\vec{j} = \gamma k B_0 \begin{pmatrix} -\dfrac{\partial}{\partial z}(a^2 - x^2 - y^2) \\ 0 \\ \dfrac{\partial}{\partial x}(a^2 - x^2 - y^2) \end{pmatrix} = \gamma k B_0 \begin{pmatrix} 0 \\ 0 \\ -2x \end{pmatrix}$$

$$\boxed{\overrightarrow{\mathrm{rot}}\,\vec{j} = -2\gamma k B_0 x\,\vec{e}_z}$$

A.4. L'équation locale de la conservation de la charge s'écrit :

$$\boxed{\mathrm{div}\vec{j} + \frac{\partial \rho}{\partial t} = 0}$$

En régime stationnaire : $\dfrac{\partial \rho}{\partial t} = 0 \Rightarrow \mathrm{div}\,\vec{j} = 0$. Or $\mathrm{div}\left(\overrightarrow{\mathrm{rot}}\,\vec{\Psi}\right) = 0$ (voir chapitre 2), on peut donc chercher des solutions sous la forme $\vec{j} = \overrightarrow{\mathrm{rot}}\,\vec{\Psi}$.

A.5.

$$\overrightarrow{\mathrm{rot}}\,\vec{j} = \overrightarrow{\mathrm{rot}}\left(\overrightarrow{\mathrm{rot}}\,\vec{\Psi}\right) = \overrightarrow{\mathrm{grad}}(\mathrm{div}\vec{\Psi}) - \Delta\vec{\Psi} = -2\gamma k B_0 x\,\vec{e}_z$$

Or $\vec{\Psi} = \Psi(\mathrm{M})\,\vec{e}_z$ où $\Psi(\mathrm{M})$ ne dépend pas de la cote z du point M.

$$\mathrm{div}\vec{\Psi} = \frac{\partial \Psi_x}{\partial x} + \frac{\partial \Psi_y}{\partial y} + \frac{\partial \Psi_z}{\partial z} = 0$$

$$\overrightarrow{\mathrm{rot}}\,\vec{j} = \vec{0} - \Delta\vec{\Psi} = -2\gamma B_0 k x\,\vec{e}_z$$

$$\boxed{\Delta\Psi = 2\gamma B_0 k x}$$

A.6. En coordonnées cylindriques :

$$\vec{j} = \begin{pmatrix} j_r \\ j_\theta \\ j_z \end{pmatrix} = \overrightarrow{\mathrm{rot}}(\Psi\,\vec{e}_z) = \overrightarrow{\mathrm{grad}}\,\Psi \wedge \vec{e}_z = \begin{pmatrix} \dfrac{\partial \Psi}{\partial r} \\ \dfrac{1}{r}\dfrac{\partial \Psi}{\partial \theta} \\ \dfrac{\partial \Psi}{\partial z} \end{pmatrix} \wedge \begin{pmatrix} 0 \\ 0 \\ 1 \end{pmatrix}$$

$$\vec{j} = \begin{pmatrix} \dfrac{1}{r}\dfrac{\partial \Psi}{\partial \theta} \\ -\dfrac{\partial \Psi}{\partial r} \\ 0 \end{pmatrix} = \begin{pmatrix} \dfrac{1}{r}\left(Cr + \dfrac{\gamma B_0 k r^3}{4}\right)(-\sin\theta) \\ -\left(C + \dfrac{3\gamma B_0 k r^2}{4}\right)\cos\theta \\ 0 \end{pmatrix}$$

$$\boxed{\begin{aligned} j_r &= -\left(C + \frac{\gamma B_0 k r^2}{4}\right)\sin\theta \\ j_\theta &= -\left(C + \frac{3}{4}\gamma B_0 k r^2\right)\cos\theta \end{aligned}}$$

A.7. La condition aux limites sur $\vec{j}$ à la surface du tuyau est telle que la composante radiale de ce vecteur doit être nulle. Cela se traduit par : $\forall\,\theta,\ j_r(r=a)=0$.

$$j_r(r=a) = -\left(C + \frac{\gamma B_0 k a^2}{4}\right)\sin\theta = 0 \Rightarrow \boxed{C = -\frac{\gamma B_0 k a^2}{4}}$$

$$j_r = -\left(-\frac{\gamma B_0 k a^2}{4} + \frac{\gamma B_0 k r^2}{4}\right)\sin\theta$$

$$\boxed{j_r = \frac{\gamma B_0 k}{4}(a^2 - r^2)\sin\theta}$$

$$j_\theta = -\left(-\frac{\gamma B_0 k a^2}{4} + \frac{3}{4}\gamma B_0 k r^2\right)\cos\theta$$

$$\boxed{j_\theta = \frac{\gamma B_0 k}{4}(a^2 - 3r^2)\cos\theta}$$

A.8. Par définition, une ligne de courant (ou ligne de champ) est telle que $\vec{j}$ est colinéaire à $\overrightarrow{\mathrm{d}\ell}$ vecteur déplacement élémentaire sur la ligne de courant et $\vec{j}\wedge\overrightarrow{\mathrm{d}\ell} = \vec{0}$ (voir chapitre 1 - Applications en physique - Exercice 2).

$$\vec{j}\wedge\overrightarrow{\mathrm{d}\ell} = \overrightarrow{\mathrm{rot}}\,\vec{\Psi}\wedge\overrightarrow{\mathrm{d}\ell} = \vec{0}$$

$$\overrightarrow{\mathrm{rot}}\,\vec{\Psi} = \overrightarrow{\mathrm{grad}}\,\Psi\wedge\vec{e}_z = \begin{pmatrix} \dfrac{\partial\Psi}{\partial r} \\ \dfrac{1}{r}\dfrac{\partial\Psi}{\partial\theta} \\ \dfrac{\partial\Psi}{\partial z} \end{pmatrix} \wedge \begin{pmatrix} 0 \\ 0 \\ 1 \end{pmatrix} = \begin{pmatrix} \dfrac{1}{r}\dfrac{\partial\Psi}{\partial\theta} \\ -\dfrac{\partial\Psi}{\partial r} \\ 0 \end{pmatrix}$$

$$\overrightarrow{\mathrm{rot}}\,\vec{\Psi}\wedge\overrightarrow{\mathrm{d}\ell} = \begin{pmatrix} \dfrac{1}{r}\dfrac{\partial\Psi}{\partial\theta} \\ -\dfrac{\partial\Psi}{\partial r} \\ 0 \end{pmatrix} \wedge \begin{pmatrix} \mathrm{d}r \\ r\,\mathrm{d}\theta \\ 0 \end{pmatrix} = \begin{pmatrix} 0 \\ 0 \\ \dfrac{\partial\Psi}{\partial\theta}\,\mathrm{d}\theta + \dfrac{\partial\Psi}{\partial r}\,\mathrm{d}r \end{pmatrix} = \begin{pmatrix} 0 \\ 0 \\ 0 \end{pmatrix}$$

Remarque : le vecteur $\overrightarrow{\mathrm{d}\ell}$ étant colinéaire au vecteur $\vec{j}$, si $\vec{j}$ n'a pas de composante selon z alors $\overrightarrow{\mathrm{d}\ell}$ n'a pas de composante selon z.

$$\frac{\partial\Psi}{\partial\theta}\,\mathrm{d}\theta + \frac{\partial\Psi}{\partial r}\,\mathrm{d}r = 0 = \mathrm{d}\Psi(r,\theta) \Rightarrow \boxed{\Psi(r,\theta) = \text{constante}}$$

Remarque : l'écriture de $\frac{\partial}{\partial r}$ et de $\frac{\partial}{\partial \theta}$ signifient dérivées partielles selon r et θ respectivement et $\mathrm{d}\Psi$ signifie différentielle de Ψ (voir chapitre 6 - Fonctions de plusieurs variables).

$$\frac{\partial \Psi}{\partial \theta}\,\mathrm{d}\theta + \frac{\partial \Psi}{\partial r}\,\mathrm{d}r = r j_\theta\,\mathrm{d}\theta + j_r\,\mathrm{d}r = 0$$

D'après la question A.6,

$$\Psi(r,\theta) = \left(Cr + \frac{\gamma B_0 k r^3}{4}\right)\cos\theta = \left(\frac{\gamma B_0 k}{4}\right)\left(-a^2 r + r^3\right)\cos\theta$$

$\left(\frac{\gamma B_0 k}{4}\right)$ étant constant, on :

$$\left(-a^2 r + r^3\right)\cos\theta = r\left(r^2 - a^2\right)\cos\theta = \text{constante}$$

- Pour $r \ll a$, on néglige r^2 devant a^2.

  $$r\left(r^2 - a^2\right)\cos\theta \approx -a^2 r\cos\theta = -a^2 x = \text{constante}$$

  Les lignes de courants sont donc des droites parallèles à l'axe (Oy) telles que $x = r\cos\theta = \text{constante}$.
- $r\left(r^2 - a^2\right)\cos\theta = \text{constante} = 0$ si $\forall\,\theta$, $r = a$ ou si $r = 0$ (soit $x = 0$). Cette courbe limite est constituée par l'arc de cercle de rayon $r = a$ et de la droite $x = 0$.

- Pour $r \simeq a$, il faut penser fermer les lignes de courant sachant que pour θ fixé, l'équation $r\left(r^2 - a^2\right)\cos\theta = \text{constante}$ a deux solutions.
- Les lignes de courant sont orientées.
  Pour $\theta \simeq \frac{\pi}{2}$, $j_r \simeq 0$ et $j_\theta < 0$.

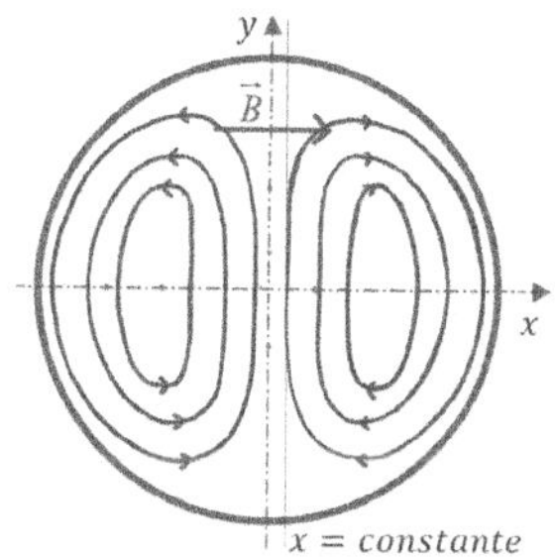

B. Expression du potentiel

B.1. D'après la question A.2, $\vec{j} = \gamma\left(-\overrightarrow{\mathrm{grad}}\,V + \vec{v}\wedge\vec{B}\right)$.

$$\overrightarrow{\mathrm{grad}}\,V = \left(\vec{v}\wedge\vec{B}\right) - \frac{1}{\gamma}\vec{j}$$

$$\left(\vec{v}\wedge\vec{B}\right) = \begin{pmatrix} 0 \\ 0 \\ k\left(a^2 - r^2\right)\end{pmatrix} \wedge \begin{pmatrix} B_0 \\ 0 \\ 0\end{pmatrix} = \begin{pmatrix} 0 \\ kB_0\left(a^2 - r^2\right) \\ 0\end{pmatrix}$$

$$\left(\vec{v} \wedge \vec{B}\right) = kB_0\left(a^2 - r^2\right)\vec{e}_y$$

Le vecteur $\vec{j}$ étant exprimé en coordonnées cylindriques, il faut exprimer le vecteur unitaire $\vec{e}_y$ dans le même système de coordonnées. On a :

$$\vec{e}_y = \sin\theta\,\vec{e}_r + \cos\theta\,\vec{e}_\theta$$

$$\left(\vec{v} \wedge \vec{B}\right) = kB_0\left(a^2 - r^2\right)\left(\sin\theta\,\vec{e}_r + \cos\theta\,\vec{e}_\theta\right)$$

$$\overrightarrow{\text{grad}}\,V = \begin{pmatrix} kB_0\left(a^2 - r^2\right)\sin\theta \\ kB_0\left(a^2 - r^2\right)\cos\theta \\ 0 \end{pmatrix} - \begin{pmatrix} \frac{1}{4}kB_0\left(a^2 - r^2\right)\sin\theta \\ \frac{1}{4}kB_0\left(a^2 - 3r^2\right)\cos\theta \\ 0 \end{pmatrix}$$

$$\overrightarrow{\text{grad}}\,V = \left(1 - \frac{1}{4}\right)kB_0\left(a^2 - r^2\right)\sin\theta\,\vec{e}_r + kB_0\left(a^2 - r^2 - \frac{1}{4}a^2 + \frac{3}{4}r^2\right)\vec{e}_\theta$$

$$\boxed{\overrightarrow{\text{grad}}\,V = \frac{kB_0}{4}\left[3\left(a^2 - r^2\right)\sin\theta\,\vec{e}_r + \left(3a^2 - r^2\right)\cos\theta\,\vec{e}_\theta\right]}$$

B.2. En coordonnées cylindriques :

$$\overrightarrow{\text{grad}}\,V = \begin{pmatrix} \dfrac{\partial V}{\partial r} \\ \dfrac{1}{r}\dfrac{\partial V}{\partial \theta} \\ \dfrac{\partial V}{\partial z} \end{pmatrix} = \begin{pmatrix} \frac{3}{4}kB_0\left(a^2 - r^2\right)\sin\theta \\ \frac{1}{4}kB_0\left(3a^2 - r^2\right)\cos\theta \\ 0 \end{pmatrix}$$

Exploitons les 3 composantes du vecteur $\overrightarrow{\text{grad}}\,V$.

* La troisième composante est telle que :

$$\frac{\partial V(r,\theta,z)}{\partial z} = 0 \Rightarrow \boxed{V \text{ est indépendant de } z}$$

* La première composante est telle que :

$$\frac{\partial V(r,\theta)}{\partial r} = \frac{3}{4}kB_0\left(a^2 - r^2\right)\sin\theta$$

Intégrons selon la variable r.

$$V(r,\theta) = \frac{3}{4}kB_0\left(a^2 r - \frac{r^3}{3}\right)\sin\theta + F_1(\theta) \qquad (1)$$

où $F_1(\theta)$ est une constante qui ne dépend pas de la variable r mais est une fonction qui peut dépendre de la variable θ.

* La deuxième composante est telle que :

$$\frac{\partial V(r,\theta)}{\partial \theta} = \frac{1}{4} k B_0 \left(3a^2 r - r^3\right) \cos\theta$$

Intégrons selon la variable θ.

$$V(r,\theta) = \frac{kB_0}{4} \left(3a^2 r - r^3\right) \sin\theta + F_2(r) \qquad (2)$$

où $F_2(r)$ est une constante qui ne dépend pas de la variable θ mais est une fonction qui peut dépendre de la variable r.
La fonction $V(r,\theta)$ doit être unique c'est-à-dire que l'équation (1) doit être identique à l'équation (2).
On obtient donc :

$$\Rightarrow \boxed{V(r,\theta) = \frac{kB_0}{4} \left(3a^2 r - r^3\right) \sin\theta + F_3}$$

où F_3 est une constante qui ne dépend ni de r, ni de θ.

$$\begin{aligned} V_A - V_B &= V\left(r = a, \theta = -\frac{\pi}{2}\right) - V\left(r = a, \theta = +\frac{\pi}{2}\right) \\ &= \frac{kB_0}{4} \left(3a^3 - a^3\right) \sin\left(-\frac{\pi}{2}\right) - \frac{kB_0}{4} \left(3a^3 - a^3\right) \sin\left(\frac{\pi}{2}\right) \\ &= \frac{kB_0}{4} 2a^3(-1-1) \end{aligned}$$

$$\boxed{V_A - V_B = -kB_0 a^3}$$

B.3. D'après la question A.1, $v_m = k\dfrac{a^2}{2} \Leftrightarrow k = \dfrac{2v_m}{a^2}$. On a donc :

$$\boxed{V_A - V_B = -2B_0 v_m a}$$

On en déduit :

$$v_m = \frac{V_A - V_B}{-2B_0 a}$$

Application numérique :

$$v_m = \frac{-2,0.10^{-3}}{-2 \times 0,95 \times 5.10^{-3}} = \boxed{0,21\,\text{m.s}^{-1}}$$

B.4. On peut aussi mesurer la vitesse d'un fluide à partir de ***mesures de pression*** et de la ***relation de Bernoulli***.

C. Champ magnétique induit

C.1. La forme du champ magnétique induit $\vec{B}^* = B^*(r,\theta)\,\vec{e}_z$ se justifie en exploitant les symétries et invariances de la distribution des courants.

Le tube étant supposé infiniment long selon $\vec{e}_z$, la distribution des courants est donc invariante par translation selon $\vec{e}_z$. D'après le principe de Curie, le champ magnétique induit $\vec{B}^*$ est invariant selon $\vec{e}_z$ donc indépendant de z.

Tout plan $z =$ constant est un plan de symétrie pour la distribution de courant et donc, d'après le principe de Curie, plan de symétrie pour le champ $\vec{B}^*$. Or le champ magnétique est perpendiculaire aux plans de symétrie, donc le champ $\vec{B}^*$ est selon $\vec{e}_z$.

Le champ magnétique induit est donc de la forme : $\boxed{\vec{B}^* = B^*(r,\theta)\,\vec{e}_z}$

C.2. Le champ $\vec{B}^*$ doit vérifier l'équation locale de Maxwell-Flux : $\text{div}\vec{B}^* = 0$ et l'équation locale de Maxwell-Ampère : $\overrightarrow{\text{rot}}\,\vec{B}^* = \mu_0\,\vec{j}$ (régime stationnaire).

Vérifions que $\vec{B}^* = \mu_0\Psi\,\vec{e}_z$ est bien solution de ces deux équations.

$$\text{div}\vec{B} = \text{div}\left(B_0\,\vec{e}_x + \vec{B}^*\right) = \text{div}(B_0\,\vec{e}_x) + \text{div}\left(\vec{B}^*\right) = \frac{\partial B_0}{\partial x} + \frac{\partial B^*}{\partial z} = 0$$

$$\overrightarrow{\text{rot}}\,\vec{B} = \overrightarrow{\text{rot}}\,(B_0\,\vec{e}_x) + \overrightarrow{\text{rot}}\,\vec{B}^* = \vec{0} + \overrightarrow{\text{rot}}\,(\mu_0\Psi\,\vec{e}_z) = \mu_0\,\overrightarrow{\text{rot}}\,(\Psi\,\vec{e}_z) = \mu_0\,\vec{j}$$

C.3. D'après A.1, $k = \dfrac{2v_m}{a^2}$.

$$\begin{aligned}
B^* = \mu_0\Psi &= \mu_0\left(-\frac{\gamma k B_0 a^2}{4}r + \frac{\gamma k B_0}{4}r^3\right)\cos\theta \\
&= \mu_0\,\frac{\gamma k B_0}{4}\left(r^3 - a^2 r\right)\cos\theta \\
&= \mu_0\,\frac{\gamma B_0}{4}\,\frac{2v_m}{a^2}\left(r^3 - a^2 r\right)\cos\theta \\
&= \mu_0\,\frac{\gamma B_0}{2}\,\frac{v_m a^2}{a^2}r\left(\frac{r^2}{a^2} - 1\right)\cos\theta \\
&= \mu_0\,\frac{\gamma B_0}{2}v_m r\left(\frac{r^2}{a^2} - 1\right)\cos\theta \ll B_0
\end{aligned}$$

$$B^* \ll B_0 \quad \text{si} \quad \frac{\mu_0\gamma v_m}{2}r\left(\frac{r^2}{a^2} - 1\right)\cos\theta \ll 1.$$

On majore chaque terme de l'expression $\left(r = a,\ \dfrac{r^2}{a^2} = 0 \text{ et } \cos\theta = -1\right)$.

$$B^* \ll B_0 \quad \text{si} \quad \frac{\mu_0\gamma v_m}{2}a(-1)(-1) \ll 1.$$

$$\boxed{B^* \ll B_0 \quad \text{si} \quad \frac{\mu_0\gamma v_m}{2}a \ll 1}$$

En référence à l'épaisseur de peau d'expression $\delta = \sqrt{\frac{2}{\mu_0 \gamma \omega}}$, on en déduit :

$$\mu_0 \gamma = \frac{2}{\delta^2 \omega}$$

Par analyse dimensionnelle, $\left[\delta\right] = L$ et $\left[\omega\right] = T^{-1}$ donc :

$$\left[\mu_0 \gamma\right] = \left[\delta^{-2}\right]\left[\omega^{-1}\right] = T.L^{-2}$$

Par analyse dimensionnelle, $\left[v_m\right] = L.T^{-1}$ et $\left[a\right] = L$ donc :

$$\left[v_m a\right] = L^2.T^{-1}$$

Le chiffre 2 n'ayant pas de dimension, le terme $\left(\frac{\mu_0 \gamma v_m a}{2}\right)$ est donc sans dimension.

Application numérique

$$\frac{\mu_0 \gamma v_m a}{2} = \frac{4\pi.10^{-7} \times 10 \times 0,21 \times 5.10^{-3}}{2}$$

$$\boxed{\frac{\mu_0 \gamma v_m a}{2} = 6,6 \times 10^{-9} \ll 1}$$

Le critère est donc bien vérifié.

15.4 Une étude dynamique de la couche limite (CCS)

Conseils - Pour aborder cet extrait de sujet de concours, il est préférable de revoir les notions suivantes :

- Dérivées (chapitre 4)
- Développements limités (chapitre 5)
- Fonctions de plusieurs variables (chapitre 6)

Ce problème met en jeu la notion de couche limite qui intervient lorsqu'on étudie les écoulements laminaires, à nombres de Reynolds néanmoins importants, autour d'un solide. Cette couche assure le raccordement entre la solution d'écoulement parfait qui prévaut loin du corps et la condition de vitesse nulle sur les parois. L'étude simplifiée proposée repose sur les travaux de deux physiciens allemands

spécialistes en mécanique des fluides.
- Ludwig Prandtl (1875-1953) qui introduisit en 1904 la notion de couche limite dans l'écoulement d'un fluide autour d'un obstacle. Ses travaux le conduisirent également à établir la théorie hydrodynamique de l'aile portante d'envergure infinie dans un fluide parfait.
- Heinrich Blasius (1883-1970) qui publia de nombreux mémoires sur les écoulements de fluides visqueux autour d'obstacles et dans les tuyaux cylindriques.

Formulaire : équation de Navier-Stokes d'un fluide newtonien visqueux incompressible

$$\mu\left[\frac{\partial\vec{v}}{\partial t}+\left(\vec{v}\cdot\overrightarrow{\mathrm{grad}}\right)\vec{v}\right]=\mu\vec{g}-\overrightarrow{\mathrm{grad}}\,p+\eta\,\Delta\vec{v}$$

I. **Préliminaire**

On s'intéresse à un régime variable d'écoulement au sein d'un fluide visqueux et incompressible dont le champ des vitesses s'écrit $\vec{v}=v_x(y,t)\,\vec{u}_x$. L'axe O$x$ est horizontal et la pression ne dépend pas de x. Cela peut, par exemple, concerner le régime transitoire d'accès à un écoulement stationnaire de cisaillement simple.

I.A. Projeter l'équation de Navier-Stokes sur $\vec{u}_x$ afin d'obtenir l'équation aux dérivées partielles vérifiée par $v_x(y,t)$ appelée équation de diffusion. Lui donner une forme remarquable commune à toutes les équations de diffusion en introduisant la diffusivité de quantité de mouvement ou viscosité cinématique ν que l'on exprimera à l'aide de η et de la masse volumique μ.

I.B. Grâce à l'équation de diffusion, établir un lien très simple entre la viscosité cinématique ν, la distance caractéristique selon Oy : Ly, et la durée caractéristique τ du phénomène de diffusion. (On pourra exploiter un raisonnement en ordre de grandeur.)

II. **Ordre de grandeur de l'épaisseur d'une couche limite**

On se propose d'évaluer l'ordre de grandeur de l'épaisseur de la couche limite (affectée par la viscosité) au voisinage d'une plaque plane sur laquelle arrive un écoulement laminaire uniforme de vitesse $\vec{U}=U\vec{u}_x$ parallèle à la plaque.

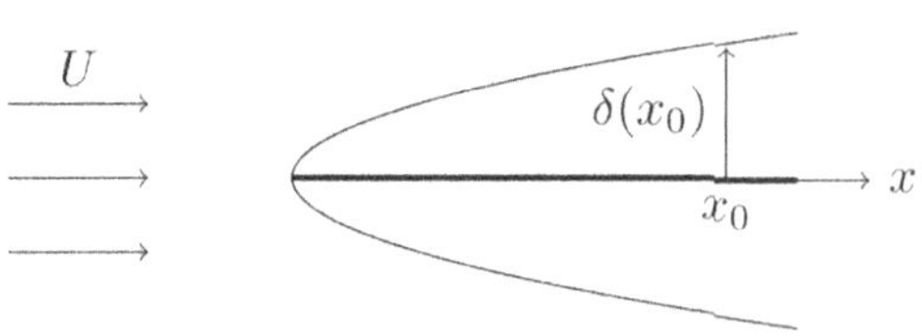

FIGURE 15.9

Cette zone qui assure le raccordement entre la condition de vitesse nulle contre la plaque et l'écoulement uniforme, s'établit par diffusion perpendiculairement à la plaque à partir du moment où le fluide aborde l'extrémité de celle-ci.

Estimer l'ordre de grandeur $\delta(x_0)$ de l'épaisseur de la couche limite en exploitant le résultat de la question I.B et en tenant compte du fait que lorsque le fluide atteint l'abscisse x_0 (à partir de l'extrémité de la plaque), le phénomène diffusif perpendiculairement à la plaque, s'est déjà produit pendant la durée x_0/U.

Rappeler l'expression du nombre de Reynolds si l'on prend x_0 comme dimension caractéristique d'écoulement : $\mathcal{R}\mathrm{e}_{x_0}$.

Exprimer $\delta(x_0)/x_0$ à l'aide de $\mathcal{R}\mathrm{e}_{x_0}$.

Proposer alors un critère de pertinence pour l'utilisation de la notion de couche limite.

III. Ecoulement du mouvement dans la couche limite

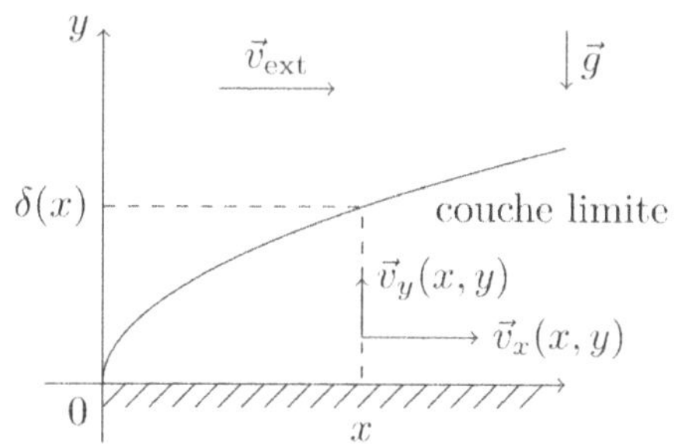

FIGURE 15.10

On considère un écoulement laminaire stationnaire et incompressible, près d'une plaque plane horizontale $y = 0$, à nombre de Reynolds grand devant 1, de façon que la notion de couche limite ait un sens. On se limite au cas d'un écoulement uniforme hors de la couche limite : $\vec{v}_{\text{ext}} = U\vec{u}_x$. Le fluide a la masse volumique μ et la viscosité dynamique η. On adopte le modèle d'un écoulement bidimensionnel dans la couche limite, caractérisé par le champ des vitesses $\vec{v} = v_x(x,y)\,\vec{u}_x + v_y(x,y)\,\vec{u}_y$ et le champ de pression $p(x,y)$.

On admettra que, dans ce cas, la résultante des forces de viscosité agissant sur un élément de volume $\mathrm{d}\tau$ s'écrit : $\mathrm{d}\vec{F}_{\text{visc}} = \eta\,(\Delta v_x\,\vec{u}_x + \Delta v_y\,\vec{u}_y)\,\mathrm{d}\tau$

III.A. Ecrire l'équation traduisant l'incompressibilité.

III.B. Ecrire les projections sur $\vec{u}_x$ et $\vec{u}_y$ de l'équation fondamentale de la dynamique en utilisant les constantes μ, ν et g.

III.C. *Raisonnement sur les ordres de grandeur*

Pour évaluer (dans la couche limite) l'ordre de grandeur de la dérivée d'une grandeur par rapport à x, on considère le quotient de cette grandeur par x_0 (valeur « typique » de x) et pour la dérivée d'une grandeur par rapport à y, on considère le quotient de cette grandeur par $\delta(x_0)$ (épaisseur de couche limite en x_0).

Exemples : $\partial v_x/\partial x$ de l'ordre de v_x/x_0, $\partial v_x/\partial x$ de l'ordre de $v_x/\delta(x_0)$.

III.C.1 En utilisant l'équation obtenue au III.A, relier les ordres de grandeur de v_x et v_y au nombre de Reynolds $\mathcal{R}e_{x_0}$. En déduire que $v_y \ll v_x$.

III.C.2 Montrer également que

$$\frac{\partial^2 v_x}{\partial y^2} \gg \frac{\partial^2 v_x}{\partial x^2} \quad \text{et} \quad \frac{\partial^2 v_y}{\partial y^2} \gg \frac{\partial^2 v_y}{\partial x^2}$$

III.C.3 Montrer que

$$v_y \frac{\partial v_x}{\partial y} \quad \text{et} \quad v_x \frac{\partial v_x}{\partial x}$$

sont du même ordre de grandeur.

Montrer, en se plaçant au bord extérieur de la couche limite, où v_x est de l'ordre de U que

$$\nu \frac{\partial^2 v_x}{\partial y^2}$$

est du même ordre que les deux termes précédents.

III.C.4 Réécrire les équations du III.B en les simplifiant grâce à III.C.2. On admettra que la faiblesse de v_y (en comparaison à v_x) conduit à ignorer toutes les dérivées partielles de v_y lors de la projection sur $\vec{u}_y$. En déduire que

$$\frac{\partial p}{\partial y} \approx -\mu g$$

III.D. Puisque la couche limite est très étroite en altitude, et compte tenu de la relation précédente, la pression p, à x donné, a quasiment la même valeur qu'à l'extérieur immédiat de cette couche. Hors de la couche limite (on rappelle que l'écoulement y est parfait) la pression dépend-t-elle de x ?

Que dire alors de $\dfrac{\partial p}{\partial x}$ dans la couche limite ?

En déduire l'équation :

$$v_x \frac{\partial v_x}{\partial x} + v_y \frac{\partial v_x}{\partial y} = \nu \frac{\partial^2 v_x}{\partial y^2}$$

IV. Autosimilitude des profils de vitesse dans la couche limite dans le cas d'une vitesse extérieure uniforme

On se sert

- des 2 échelles de longueur :
  - — x_0 parallèlement à la plaque (direction des x)
  - — $\delta(x_0) = x_0/\sqrt{\mathcal{R}\mathrm{e}_{x_0}}$ dans la direction des y
- des 2 échelles de vitesse :
  - — U dans la direction des x
  - — $U/\sqrt{\mathcal{R}\mathrm{e}_{x_0}}$ dans la direction des y

On définit ainsi des variables sans dimension :

$$x' = \frac{x}{x_0} \quad , \quad y' = \frac{y}{\delta(x_0)} = \sqrt{\mathcal{R}\mathrm{e}_{x_0}}\,\frac{y}{x_0} \quad , \quad v'_x = \frac{v_x}{U} \quad , \quad v'_y = \sqrt{\mathcal{R}\mathrm{e}_{x_0}}\,\frac{v_y}{U}$$

Ecrire alors les équations III.A et III.D à l'aide de v'_x, v'_y et de dérivées par rapport à x' et y'. Ces nouvelles équations seront numérotées IV1 et IV2. Leurs solutions sont de la forme $v'_x = f_1(x', y')$, $v'_y = g_1(x', y')$ donc $v_x = U f_1(x', y')$ et

$$\begin{aligned} v_y &= \frac{U}{\sqrt{\mathcal{R}\mathrm{e}_{x_0}}}\, g_1(x', y') = \sqrt{\frac{\nu U}{x_0}}\, g_1(x', y') \\ &= \sqrt{\frac{\nu U}{x}}\sqrt{x'}\, g_1(x', y') = \sqrt{\frac{\nu U}{x}}\, h_1(x', y') \end{aligned}$$

Or v_x et v_y ne sauraient dépendre de l'échelle arbitraire x_0, par conséquent les expressions $f_1(x', y')$ et $h_1(x', y')$ ne peuvent faire intervenir séparément x' et y' mais seulement une combinaison de ces variables indépendante de x_0, soit $\theta = y'/\sqrt{x'}$. Ainsi

$$\theta = \frac{y}{\sqrt{\frac{\nu x}{U}}}, \quad v_x = U f(\theta) \quad \text{et} \quad v_y = \sqrt{\frac{\nu U}{x}}\, h(\theta)$$

Ainsi la variation de la composante v_x de la vitesse avec la distance y à la plaque est toujours la même à un facteur d'échelle

$$\sqrt{\nu x}\, U$$

près, lorsque la distance x à l'arête change. De ce point de vue le profil de vitesse dans la couche limite est dit autosimilaire.

Avertissement : on peut poursuivre le problème en exploitant les résultats ci-dessus même si l'on n'a pas traité le IV. De même l'équation de la question III.D a été donnée. Il suffira d'avoir obtenu l'équation très simple de la question III.A pour aborder la suite du problème.

V. Equation de Blasius pour un écoulement uniforme le long d'une plaque plane

V.A. Grâce à l'équation III.A, relier $h'(\theta)$ à θ et $f'(\theta)$.

V.B. En déduire que

$$h(\theta) - h(0) = \frac{1}{2}\left(\theta f(\theta) - \int_0^\theta f(\xi)\,\mathrm{d}\xi\right)$$

V.C. Compte tenu des conditions aux limites montrer que $h(0) = 0$.

V.D. A partir de la formule de la question III.D, montrer que

$$f''(\theta) = -\frac{1}{2}f'(\theta)\int_0^\theta f(\xi)\,\mathrm{d}\xi \qquad \text{(équation de Blasius)}$$

VI. Résolution approchée de l'équation de Blasius

Avertissement : dans cette partie, les dérivées successives de la fonction f seront notées, à partir de la dérivée seconde, avec des exposants : $f^{(2)}(\theta)$, $f^{(3)}(\theta)$, $f^{(4)}(\theta)$.

Question préliminaire : les parties VI.A et VI.B proposent d'envisager les comportements à faible θ ou à grand θ. Que signifient physiquement $\theta \ll 1$ et $\theta \gg 1$?

VI.A. **Comportement de $f(\theta)$ à « faible » θ**

VI.A.1 Compte tenu des conditions aux limites montrer que $f(0) = 0$.

VI.A.2 En examinant l'équation de Blasius, préciser $f^{(2)}(0)$.

VI.A.3 En dérivant l'équation de Blasius et en exploitant les résultats des questions VI.A.1 et VI.A.2, préciser $f^{(3)}(0)$.

VI.A.4 En déduire que pour les « faibles » valeurs de θ : $f(\theta) \approx \theta f'(0) + b\,\theta^4$ (à des termes en θ^5 près).

VI.A.5 En dérivant une nouvelle fois l'équation de Blasius, relier $f^{(4)}(0)$ à $f^{(0)}(0)$ et exprimer b en fonction de $f'(0)$.

VI.B. **Comportement de $f(\theta)$ à « grand » θ**

VI.B.1 Sachant que, hors de la couche limite, $\vec{v} = U\vec{u}_x$, calculer $\lim_{\theta\to\infty} f(\theta)$ et montrer que $\int_0^\theta f(\xi)\,\mathrm{d}\xi$ se comporte comme θ, aux grandes valeurs de θ.

VI.B.2 En déduire une forme approchée de l'équation de Blasius pour les « grandes » valeurs de θ.

VI.B.3 Déduire la forme de $f'(\theta)$ à « grand » θ.

VI.B.4 Sans chercher de primitive de $f'(\theta)$, conclure sur la façon dont $f(\theta)$ « rejoint » sa valeur asymptotique quand $\theta \to \infty$.

VI.C. **Graphe de $f(\theta)$**

Le comportement quasi linéaire prolongé de $f(\theta)$ suivi d'un comportement asymptotique atteint de façon abrupte nous conduit à modéliser le graphe de $f(\theta)$ par sa tangente à l'origine jusqu'à l'intersection avec l'asymptote. Calculer θ_i à cette intersection sachant qu'une intégration numérique de l'équation de Blasius conduit à $f'(0) = 1/3$. Tracer alors sommairement la courbe avec un coude réduit au voisinage de l'intersection. On rappellera, sur l'axe des abscisses, la signification de θ et, sur l'axe des ordonnées, la signification de $f(\theta)$.

D'après Concours Centrale-Supélec PC

Solution

I. **Préliminaire**

I.A. L'équation de Navier-Stokes s'écrit :

$$\mu \begin{pmatrix} \dfrac{\partial v_x}{\partial t} \\ \dfrac{\partial v_y}{\partial t} \\ \dfrac{\partial v_z}{\partial t} \end{pmatrix} + \mu \left[\begin{pmatrix} v_x \\ v_y \\ v_z \end{pmatrix} \cdot \begin{pmatrix} \dfrac{\partial}{\partial x} \\ \dfrac{\partial}{\partial y} \\ \dfrac{\partial}{\partial z} \end{pmatrix} \right] \begin{pmatrix} v_x \\ v_y \\ v_z \end{pmatrix} = \mu \begin{pmatrix} 0 \\ 0 \\ -g \end{pmatrix} - \begin{pmatrix} \dfrac{\partial p}{\partial x} \\ \dfrac{\partial p}{\partial y} \\ \dfrac{\partial p}{\partial z} \end{pmatrix} + \eta \begin{pmatrix} \Delta v_x \\ \Delta v_y \\ \Delta v_z \end{pmatrix}$$

Par projection sur l'axe Ox, l'équation de Navier -Stokes s'écrit :

$$\mu \left[\frac{\partial v_x}{\partial t} + \left(v_x \frac{\partial}{\partial x} \right) v_x \right] = 0 - \frac{\partial p}{\partial x} + \eta \left[\frac{\partial^2 v_x}{\partial x^2} + \frac{\partial^2 v_x}{\partial y^2} + \frac{\partial^2 v_x}{\partial z^2} \right]$$

Or la pression ne dépend pas de x et la vitesse ne dépend que de y et de t. Il en vient :

$$\mu \frac{\partial v_x}{\partial t} = \eta \frac{\partial^2 v_x}{\partial y^2}$$

Equation de diffusion que l'on peut noter sous la forme :

$$\frac{\partial^2 v_x}{\partial y^2} - \frac{\mu}{\eta} \frac{\partial v_x}{\partial t} = 0$$

En introduisant la viscosité cinématique $\nu = \dfrac{\eta}{\mu}$, on obtient :

$$\boxed{\frac{\partial^2 v_x}{\partial y^2} - \frac{1}{\nu} \frac{\partial v_x}{\partial t} = 0}$$

I.B. En ordre de grandeur :

$$\left.\begin{array}{ccc}\dfrac{\partial^2 v_x}{\partial y^2} & \approx & \dfrac{v_x}{L_y^2} \\ \dfrac{\partial v_x}{\partial t} & \approx & \dfrac{v_x}{\tau}\end{array}\right\} \Rightarrow \frac{v_x}{L_y^2} - \frac{1}{\nu}\frac{v_x}{\tau} = 0 \Leftrightarrow \boxed{L_y^2 \approx \nu\,\tau}$$

II. **Ordre de grandeur de l'épaisseur d'une couche limite**

Pour $L_y = \delta(x_0)$, la relation obtenue à la question I.B. s'écrit :

$$\boxed{\delta(x_0) \approx \sqrt{\nu\,\frac{x_0}{U}}}$$

Par définition, le nombre de Reynolds a pour expression :

$$\boxed{\mathcal{R}\mathrm{e}_{x_0} = \frac{U x_0}{\nu}}$$

Il en vient :

$$\frac{\delta(x_0)}{x_0} \approx \frac{\sqrt{\nu\,\dfrac{x_0}{U}}}{x_0} = \sqrt{\frac{\nu}{U x_0}}$$

$$\boxed{\frac{\delta(x_0)}{x_0} \approx \frac{1}{\sqrt{\mathcal{R}\mathrm{e}_{x_0}}}}$$

Pour que la notion de couche limite ait un sens, il faut que le nombre de Reynolds soit grand devant 1.

$$\mathcal{R}\mathrm{e}_{x_0} \gg 1 \Leftrightarrow \boxed{\frac{\delta(x_0)}{x_0} \ll 1}$$

Cela se traduit par une croissance très lente de l'épaisseur de la couche limite.

III. **Ecoulement du mouvement dans la couche limite**

III.A. L'incompressibilité est traduit par $\operatorname{div} \vec{v} = 0$.

$$\frac{\partial v_x}{\partial x} + \frac{\partial v_y}{\partial y} + \frac{\partial v_z}{\partial z} = 0$$

Or $v_z = 0$, il en vient :

$$\boxed{\frac{\partial v_x}{\partial x} + \frac{\partial v_y}{\partial y} = 0} \qquad \text{(III1)}$$

III.B. En régime stationnaire $\dfrac{\partial \vec{v}}{\partial t} = \vec{0}$, l'équation fondamentale de la dynamique (ou l'équation de Navier-Stokes) s'écrit :

$$\mu \left[\begin{pmatrix} v_x \\ v_y \\ v_z \end{pmatrix} \cdot \begin{pmatrix} \dfrac{\partial}{\partial x} \\ \dfrac{\partial}{\partial y} \\ \dfrac{\partial}{\partial z} \end{pmatrix} \right] \begin{pmatrix} v_x \\ v_y \\ v_z \end{pmatrix} = \mu \begin{pmatrix} 0 \\ 0 \\ -g \end{pmatrix} - \begin{pmatrix} \dfrac{\partial p}{\partial x} \\ \dfrac{\partial p}{\partial y} \\ \dfrac{\partial p}{\partial z} \end{pmatrix} + \eta \begin{pmatrix} \Delta v_x \\ \Delta v_y \\ \Delta v_z \end{pmatrix}$$

Par projection sur l'axe Ox, l'équation fondamentale de la dynamique s'écrit :

$$\mu \left(v_x \frac{\partial v_x}{\partial x} + v_y \frac{\partial v_x}{\partial y} \right) = 0 - \frac{\partial p}{\partial x} + \eta \left(\frac{\partial^2 v_x}{\partial x^2} + \frac{\partial^2 v_x}{\partial y^2} \right)$$

car v_x ne dépend uniquement que des variables x et y.

$$\boxed{v_x \frac{\partial v_x}{\partial x} + v_y \frac{\partial v_x}{\partial y} = -\frac{1}{\mu} \frac{\partial p}{\partial x} + \nu \left(\frac{\partial^2 v_x}{\partial x^2} + \frac{\partial^2 v_x}{\partial y^2} \right)} \qquad \text{(III2)}$$

Par projection sur l'axe Oy, l'équation fondamentale de la dynamique s'écrit :

$$\mu \left(v_x \frac{\partial v_y}{\partial x} + v_y \frac{\partial v_y}{\partial y} \right) = -\mu g - \frac{\partial p}{\partial y} + \eta \left(\frac{\partial^2 v_y}{\partial x^2} + \frac{\partial^2 v_y}{\partial y^2} \right)$$

car v_y ne dépend uniquement que des variables x et y.

$$\boxed{v_x \frac{\partial v_y}{\partial x} + v_y \frac{\partial v_y}{\partial y} = -g - \frac{1}{\mu} \frac{\partial p}{\partial y} + \nu \left(\frac{\partial^2 v_y}{\partial x^2} + \frac{\partial^2 v_y}{\partial y^2} \right)} \qquad \text{(III3)}$$

III.C. *Raisonnement sur les ordres de grandeur*

III.C.1 En ordre de grandeur $\begin{cases} \dfrac{\partial v_x}{\partial x} \approx \dfrac{v_x}{x_0} \\ \dfrac{\partial v_y}{\partial y} \approx \dfrac{v_y}{\delta(x_0)} \end{cases}$

D'après l'équation (III.1), $\dfrac{\partial v_x}{\partial x} + \dfrac{\partial v_y}{\partial y} = 0 \Rightarrow \dfrac{v_x}{x_0} + \dfrac{v_y}{\delta(x_0)} \approx 0$

$$\left| \frac{v_x}{v_y} \right| \approx \left| -\frac{x_0}{\delta(x_0)} \right| = \sqrt{\mathcal{R}\mathrm{e}_{x_0}}$$

Or $\mathcal{R}\mathrm{e}_{x_0} \gg 1 \Rightarrow \boxed{v_x \gg v_y}$

III.C.2 En ordre de grandeur

$$\begin{cases} \dfrac{\partial^2 v_x}{\partial x^2} = \dfrac{\partial}{\partial x}\left(\dfrac{\partial v_x}{\partial x}\right) \approx \dfrac{\partial}{\partial x}\left(\dfrac{v_x}{x_0}\right) \approx \dfrac{v_x}{x_0^2} \\ \dfrac{\partial^2 v_x}{\partial y^2} = \dfrac{\partial}{\partial y}\left(\dfrac{\partial v_x}{\partial y}\right) \approx \dfrac{\partial}{\partial y}\left(\dfrac{v_x}{\delta(x_0)}\right) \approx \dfrac{v_x}{\delta^2(x_0)} \end{cases}$$

Faisons le rapport de ces deux grandeurs :

$$\frac{\left|\frac{\partial^2 v_x}{\partial y^2}\right|}{\left|\frac{\partial^2 v_x}{\partial x^2}\right|} \approx \frac{\frac{v_x}{\delta^2(x_0)}}{\frac{v_x}{x_0^2}} \approx \left(\frac{x_0}{\delta(x_0)}\right)^2 \approx \mathcal{R}\mathrm{e}(x_0)$$

Or $\mathcal{R}\mathrm{e}_{x_0} \gg 1 \Rightarrow \boxed{\dfrac{\partial^2 v_x}{\partial y^2} \gg \dfrac{\partial^2 v_x}{\partial x^2}}$

En ordre de grandeur

$$\begin{cases} \dfrac{\partial^2 v_y}{\partial x^2} = \dfrac{\partial}{\partial x}\left(\dfrac{\partial v_y}{\partial x}\right) \approx \dfrac{\partial}{\partial x}\left(\dfrac{v_y}{x_0}\right) \approx \dfrac{v_y}{x_0^2} \\ \dfrac{\partial^2 v_y}{\partial y^2} = \dfrac{\partial}{\partial y}\left(\dfrac{\partial v_y}{\partial y}\right) \approx \dfrac{\partial}{\partial y}\left(\dfrac{v_y}{\delta(x_0)}\right) \approx \dfrac{v_y}{\delta^2(x_0)} \end{cases}$$

Faisons le rapport de ces deux grandeurs :

$$\frac{\left|\frac{\partial^2 v_y}{\partial y^2}\right|}{\left|\frac{\partial^2 v_y}{\partial x^2}\right|} \approx \frac{\frac{v_y}{\delta^2(x_0)}}{\frac{v_y}{x_0^2}} \approx \left(\frac{x_0}{\delta(x_0)}\right)^2 \approx \mathcal{R}\mathrm{e}_{x_0}$$

Or $\mathcal{R}\mathrm{e}_{x_0} \gg 1 \Rightarrow \boxed{\dfrac{\partial^2 v_y}{\partial y^2} \gg \dfrac{\partial^2 v_y}{\partial x^2}}$

III.C.3 En ordre de grandeur

$$\begin{cases} v_x\dfrac{\partial v_x}{\partial x} \approx v_x\dfrac{v_x}{x_0} \approx \dfrac{v_x^2}{x_0} \\ v_y\dfrac{\partial v_x}{\partial y} \approx v_y\dfrac{v_x}{\delta(x_0)} \end{cases}$$

D'après III.C.1 $\left|\dfrac{v_x}{v_y}\right| \approx \left|-\dfrac{x_0}{\delta(x_0)}\right| \Rightarrow \left|v_y\right| \approx \left|v_x\dfrac{\delta(x_0)}{x_0}\right|$

$$v_y\frac{\partial v_x}{\partial y} \approx \left|v_x\frac{\delta(x_0)}{x_0}\right|\frac{v_x}{\delta(x_0)} \approx \frac{v_x^2}{x_0} \approx v_x\frac{\partial v_x}{\partial x}$$

$v_y \dfrac{\partial v_x}{\partial y}$ et $v_x \dfrac{\partial v_x}{\partial x}$ **sont du même ordre de grandeur**.

On se place au niveau du bord extérieur de la couche limite :

$$\left| \nu \frac{\partial^2 v_x}{\partial y^2} \right| \approx \nu \frac{U}{\delta^2(x_0)}$$

Or d'après II, $\mathcal{R}\mathrm{e}_{x_0} = \dfrac{U x_0}{\nu}$

$$\nu = \frac{U x_0}{\mathcal{R}\mathrm{e}_{x_0}} = \frac{U x_0}{\left(\frac{x_0^2}{\delta^2(x_0)} \right)} = \frac{U \delta^2(x_0)}{x_0}$$

$$\left| \nu \frac{\partial^2 v_x}{\partial y^2} \right| \approx \left| \frac{U \delta^2(x_0)}{x_0} \frac{U}{\delta^2(x_0)} \right| \approx \frac{U^2}{x_0} \approx \frac{v_x^2}{x_0}$$

$\nu \dfrac{\partial^2 v_x}{\partial y^2}$ **est du même ordre que les deux termes précédents**.

III.C.4 L'équation (III2) se simplifie et s'écrit :

$$\boxed{v_x \frac{\partial v_x}{\partial x} + v_y \frac{\partial v_x}{\partial y} \approx -\frac{1}{\mu} \frac{\partial p}{\partial x} + \nu \frac{\partial^2 v_x}{\partial y^2}}$$

L'équation (III3) se simplifie et s'écrit :

$$0 \approx -g - \frac{1}{\mu} \frac{\partial p}{\partial y} \quad \Rightarrow \quad \boxed{\frac{\partial p}{\partial y} \approx -\mu g}$$

III.D. Hors de la couche limite $\vec{v}_{\text{ext}} = U \vec{u}_x$, l'écoulement est stationnaire $\dfrac{\partial \vec{v}}{\partial t} = \vec{0}$ et parfait $\nu \Delta \vec{v} = \vec{0}$. L'équation de Navier-Stokes s'écrit alors :

$$\vec{0} = \mu \vec{g} - \overrightarrow{\text{grad}}\, p$$

Par projection sur l'axe Ox : $\boxed{0 = -\dfrac{\partial p}{\partial x}}$

Hors de la couche limite, **la pression** p **ne dépend pas de** x.
Dans la couche limite, par continuité, la pression $p(x, y)$ est la même, c'est-à-dire que p **ne dépend pas de** x.

On en déduit : $$\boxed{v_x \frac{\partial v_x}{\partial x} + v_y \frac{\partial v_x}{\partial y} = \nu \frac{\partial^2 v_x}{\partial y^2}} \quad \text{(III4)}$$

IV. Autosimilitude des profils de vitesse dans la couche limite dans le cas d'une vitesse extérieure uniforme

D'après III.A, l'équation (III1) $\dfrac{\partial v_x}{\partial x}+\dfrac{\partial v_y}{\partial y}=0$ s'écrit :

$$\frac{\partial v_x}{\partial x'}\frac{\partial x'}{\partial x}+\frac{\partial v_y}{\partial y'}\frac{\partial y'}{\partial y}=0$$

$$\frac{\partial}{\partial x'}(Uv'_x)\frac{\partial x'}{\partial x}+\frac{\partial}{\partial y'}\left(\frac{Uv'_y}{\sqrt{\mathcal{R}\mathrm{e}_{x_0}}}\right)\frac{\partial y'}{\partial y}=0$$

$$U\frac{\partial v'_x}{\partial x'}\frac{1}{x_0}+\frac{U}{\sqrt{Re_{x_0}}}\frac{\partial v'_y}{\partial y'}\frac{1}{\delta(x_0)}=0$$

$$\frac{U}{x_0}\left(\frac{\partial v'_x}{\partial x'}+\frac{\partial v'_y}{\partial y'}\right)=0$$

$$\boxed{\frac{\partial v'_x}{\partial x'}+\frac{\partial v'_y}{\partial y'}=0} \qquad \text{(IV1)}$$

D'après III.D, l'équation (4) $v_x\dfrac{\partial v_x}{\partial x}+v_y\dfrac{\partial v_x}{\partial y}=\nu\dfrac{\partial^2 v_x}{\partial y^2}$ s'écrit :

$$Uv'_x\frac{\partial(Uv'_x)}{\partial x'}\frac{\partial x'}{\partial x}+\frac{U}{\sqrt{\mathcal{R}\mathrm{e}_{x_0}}}v'_y\frac{\partial(Uv'_x)}{\partial y'}\frac{\partial y'}{\partial y}=\nu\frac{\partial}{\partial y'}\left(\frac{\partial(Uv'_x)}{\partial y'}\frac{\partial y'}{\partial y}\right)\frac{\partial y'}{\partial y}$$

$$U^2v'_x\frac{\partial v'_x}{\partial x'}\frac{1}{x_0}+\frac{U^2}{\sqrt{\mathcal{R}\mathrm{e}_{x_0}}}v'_y\frac{\partial v'_x}{\partial y'}\frac{1}{\delta(x_0)}=\nu U\frac{\partial^2 v'_x}{\partial y'^2}\frac{1}{\delta^2(x_0)}$$

$$\frac{U^2}{x_0}\left(v'_x\frac{\partial v'_x}{\partial x'}+v'_y\frac{\partial v'_x}{\partial y'}\right)=\frac{\nu U}{\delta^2(x_0)}\frac{\partial^2 v'_x}{\partial y'^2}$$

Or $\nu\mathcal{R}\mathrm{e}_{x_0}=Ux_0$.

$$\nu\frac{x_0^2}{\delta^2(x_0)}=Ux_0 \;\Leftrightarrow\; \frac{\nu}{\delta^2(x_0)}=\frac{U}{x_0}$$

$$\boxed{v'_x\frac{\partial v'_x}{\partial x'}+v'_y\frac{\partial v'_x}{\partial y'}=\frac{\partial^2 v'_x}{\partial y'^2}} \qquad \text{(IV2)}$$

V. Equation de Blasius pour un écoulement uniforme le long d'une plaque plane

V.A. Rappel : équation III.A (ou III1) $\dfrac{\partial v_x}{\partial x} + \dfrac{\partial v_y}{\partial y} = 0.$

D'après l'énoncé, on a $\theta = \dfrac{y}{\sqrt{\frac{\nu x}{U}}}$, $v_x = U f(\theta)$ et $v_y = \sqrt{\dfrac{\nu U}{x}}\, h(\theta).$

On calcule $\dfrac{\partial v_x}{\partial x}$:

$$\frac{\partial v_x}{\partial x} = \frac{\partial v_x}{\partial \theta}\frac{\partial \theta}{\partial x} = U f'(\theta)\frac{y}{\sqrt{\frac{\nu}{U}}}\left(-\frac{1}{2}\right) x^{-3/2} = \boxed{-\frac{U^{3/2}}{2\,\nu^{1/2}} f'(\theta)\, y\, x^{-3/2}}$$

On calcule $\dfrac{\partial v_y}{\partial y}$:

$$\frac{\partial v_y}{\partial y} = \frac{\partial v_y}{\partial \theta}\frac{\partial \theta}{\partial y} = \sqrt{\frac{\nu U}{x}} h'(\theta)\sqrt{\frac{U}{\nu x}} = \boxed{\frac{U}{x} h'(\theta)}$$

L'équation III.A s'écrit :

$$-\frac{U^{3/2}}{2\,\nu^{1/2}} f'(\theta)\, y\, x^{-3/2} + \frac{U}{x} h'(\theta) = 0$$

$$\frac{U}{x} h'(\theta) = \frac{U^{3/2}}{2\,\nu^{1/2}} f'(\theta)\, y\, x^{-3/2}$$

$$h'(\theta) = \frac{y}{2}\sqrt{\frac{U}{\nu x}} f'(\theta)$$

$$\boxed{h'(\theta) = \frac{1}{2}\,\theta f'(\theta)}$$

V.B. On procède à une intégration par parties (IPP).
On pose $u(\theta) = \theta$ et $v'(\theta) = f'(\theta)$.

$$\begin{cases} u(\theta) = \theta & \Leftrightarrow u'(\theta) = 1 \\ v'(\theta) = f'(\theta) & \Leftrightarrow v(\theta) = f(\theta) \end{cases}$$

$$\int_0^\theta u(\theta) v'(\theta)\,\mathrm{d}\theta = \Big[u(\theta)v(\theta)\Big]_0^\theta - \int_0^\theta u'(\theta)v(\theta)\,\mathrm{d}\theta$$

$$\int_0^\theta \theta f'(\theta)\,\mathrm{d}\theta = \Big[\theta f(\theta)\Big]_0^\theta - \int_0^\theta 1 f(\theta)\,\mathrm{d}\theta$$

$$2\int_0^\theta h'(\theta)\,\mathrm{d}\theta = \theta f(\theta) - \int_0^\theta f(\theta)\,\mathrm{d}\theta$$

$$\boxed{h(\theta) - h(0) = \frac{1}{2}\left(\theta f(\theta) - \int_{\xi=0}^{\theta} f(\xi)\,\mathrm{d}\xi\right)}$$

V.C. Sur la plaque horizontale, en $y = 0$, la vitesse des particules fluides est nulle par condition d'adhérence à la paroi. Or la paroi est immobile donc par continuité, en $\theta = 0$, la composante tangentielle de la vitesse $v_y(0)$ est nulle. Or la valeur de θ est proportionnelle à y donc $\theta = 0$.

$$v_y(\theta = 0) = 0 = \sqrt{\frac{\nu U}{x}}\,h(\theta = 0) \Rightarrow \boxed{h(0) = 0}$$

V.D. D'après l'énoncé, on a $\theta = \dfrac{y}{\sqrt{\frac{\nu x}{U}}}$, $v_x = U f(\theta)$ et $v_y = \sqrt{\dfrac{\nu U}{x}}\,h(\theta)$.

On calcule chaque terme de l'équation III.D : $v_x \dfrac{\partial v_x}{\partial x} + v_y \dfrac{\partial v_x}{\partial y} = \nu \dfrac{\partial^2 v_x}{\partial y^2}$

On calcule $\dfrac{\partial v_x}{\partial x}$ (déjà calculé à la question V.A) :

$$\frac{\partial v_x}{\partial x} = \boxed{-\frac{U^{3/2}}{2\,\nu^{1/2}} f'(\theta)\,y\,x^{-3/2}}$$

On calcule $\dfrac{\partial v_x}{\partial y}$:

$$\frac{\partial v_x}{\partial y} = \frac{\partial v_x}{\partial \theta}\frac{\partial \theta}{\partial y} = \boxed{U f'(\theta)\sqrt{\frac{U}{\nu\,x}}}$$

On calcule $\dfrac{\partial^2 v_x}{\partial y^2}$:

$$\begin{aligned}\frac{\partial^2 v_x}{\partial y^2} &= \frac{\partial}{\partial y}\left(\frac{\partial v_x}{\partial y}\right) = \frac{\partial}{\partial y}\left(U f'(\theta)\sqrt{\frac{U}{\nu\,x}}\right)\\ &= \frac{\partial}{\partial \theta}\left(U f'(\theta)\sqrt{\frac{U}{\nu\,x}}\right)\frac{\partial \theta}{\partial y} = U f''(\theta)\sqrt{\frac{U}{\nu\,x}}\sqrt{\frac{U}{\nu\,x}} = \boxed{\frac{U^2}{\nu x} f''(\theta)}\end{aligned}$$

On reporte ces expressions dans l'équation III.D.

$$U f(\theta)\left(-\frac{U^{3/2}}{2\,\nu^{1/2}} f'(\theta)\, y\, x^{-3/2}\right)+\sqrt{\frac{\nu U}{x}}\, h(\theta)\left(U f'(\theta)\sqrt{\frac{U}{\nu\, x}}\right)=\nu\left(\frac{U^2}{\nu x} f''(\theta)\right)$$

$$-\frac{U^{5/2}}{2\,\nu^{1/2}\, x^{3/2}}\, y\, f(\theta) f'(\theta)+\frac{U^2}{x} h(\theta) f'(\theta)=\frac{U^2}{x} f''(\theta)$$

$$\frac{U^2}{x}\left(-\frac{1}{2}\sqrt{\frac{U}{\nu x}}\, y\, f(\theta) f'(\theta)+h(\theta) f'(\theta)\right)=\frac{U^2}{x} f''(\theta)$$

En reportant l'expression de $h(\theta)=\dfrac{1}{2}\left(\theta f(\theta)-\displaystyle\int_0^\theta f(\xi)\,\mathrm{d}\xi\right)$ de la question V.B. et en simplifiant par $\dfrac{U^2}{2}$, on obtient :

$$-\frac{1}{2}\theta f(\theta) f'(\theta)+\frac{1}{2}\left(\theta f(\theta)-\int_0^\theta f(\xi)\,\mathrm{d}\xi\right) f'(\theta)=f''(\theta)$$

$$\boxed{f''(\theta)=-\frac{1}{2} f'(\theta)\int_0^\theta f(\xi)\,\mathrm{d}\xi}$$

On retrouve l'équation de Blasius.

VI. Résolution approchée de l'équation de Blasius
Question préliminaire

$$\theta=y\sqrt{\frac{U}{\nu x}}=y'\delta(x_0)\sqrt{\frac{U}{\nu x' x_0}}=\frac{y'}{\sqrt{x'}}\frac{\delta(x_0)}{\sqrt{x_0}}\frac{U}{\nu}=\frac{y'}{\sqrt{x'}}$$

Si $\theta \ll 1$ alors $\dfrac{y'}{\sqrt{x'}} \ll 1$ et l'on se situe dans la couche limite.

Si $\theta \gg 1$ alors $\dfrac{y'}{\sqrt{x'}} \gg 1$ et l'on se situe à l'extérieur de la couche limite.

VI.A. Comportement de $f(\theta)$ à « faible » θ

VI.A.1 Sur la plaque horizontale, en $y=0$, la vitesse des particules fluides est nulle par condition d'adhérence à la paroi. Or la paroi est immobile donc par continuité, en $\theta=0$, la composante tangentielle de la vitesse $v_x(0)$ est nulle. Or $v_x(0)=U f(0) \Rightarrow \boxed{f(0)=0}$.

VI.A.2 $\displaystyle\lim_{\theta\to 0}\int_0^\theta f(\xi)\,\mathrm{d}\xi=0$ si la fonction $f(\theta)$ est continument dérivable.

En examinant l'équation de Blasius :

$$f''(0) = -\frac{1}{2}f'(0)\lim_{\theta\to 0}\int_0^\theta f(\xi)\,\mathrm{d}\xi$$

$$\boxed{f^{(2)}(0) = 0}$$

VI.A.3 La dérivée de l'équation de Blasius s'écrit :

$$f^{(3)}(\theta) = -\frac{1}{2}f'(\theta)f(\theta) - \frac{1}{2}f''(\theta)\int_0^\theta f(\xi)\,\mathrm{d}\xi$$

A la limite de la surface de la plaque horizontale, lorsque θ tend vers 0, on a :

$$f^{(3)}(0) = -\frac{1}{2}f'(0)f(0) - \frac{1}{2}f''(0)\lim_{\theta\to 0}\int_0^\theta f(\xi)\,\mathrm{d}\xi$$

Or $f(0) = 0$ d'après la question VI.A.1 et $f^{(2)}(0) = 0$ d'après la question VI.A.2. On a alors :

$$\boxed{f^{(3)}(0) = 0}$$

VI.A.4 On effectue un développement limité à l'ordre 4 en θ lorsque $\theta \to 0$:

$$f(\theta) = f(0) + \theta f'(0) + \frac{\theta^2}{2\,!}f^{(2)}(0) + \frac{\theta^3}{3\,!}f^{(3)}(0) + \frac{\theta^4}{4\,!}f^{(4)}(0) + o(\theta^4)$$

Or les termes d'ordre 0, 2 et 3 sont nuls. On a donc :

$$\boxed{f(\theta) \simeq \theta f'(0) + \frac{\theta^4}{24}f^{(4)}(0)}$$

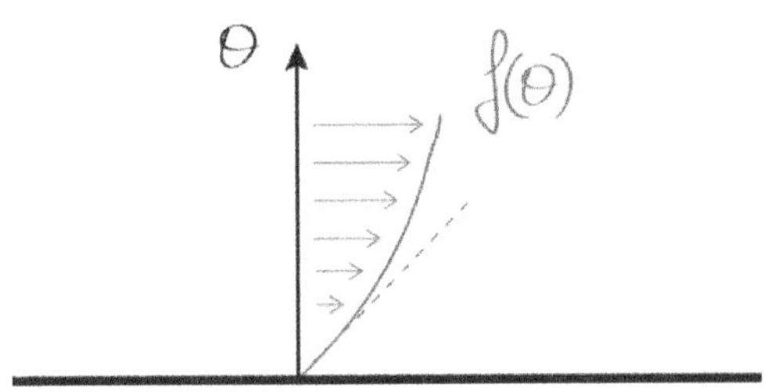

FIGURE 15.11 – Profil des vitesses proche de la paroi

VI.A.5 En dérivant une nouvelle fois l'équation de Blasius, on obtient :

$$f^{(4)}(\theta) = -\frac{1}{2}f^{(3)}(\theta)f(\theta) - \frac{1}{2}f'(\theta)f'(\theta) - \frac{1}{2}f^{(3)}(\theta)\int_0^\theta f(\xi)\,\mathrm{d}\xi - \frac{1}{2}f^{(2)}(\theta)f(\theta)$$

$$f^{(4)}(0) = -\frac{1}{2}f^{(3)}(0)f(0) - \frac{1}{2}f'(0)f'(0) - \frac{1}{2}f^{(3)}(0)\lim_{\theta\to 0}\int_0^\theta f(\xi)\,\mathrm{d}\xi - \frac{1}{2}f^{(2)}(0)f(0)$$

Or $f(0) = 0$ d'après la question VI.A.1, $f^{(2)}(0) = 0$ d'après la question VI.A.2 et $f^{(3)}(0) = 0$ d'après la question VI.A.3. On a alors :

$$\boxed{f^{(4)}(0) = -\frac{1}{2}f'^2(\theta)}$$

D'après l'expression du développement limité de la question VI.A.4, on peut identifier b.

$$b\,\theta^4 = \frac{\theta^4}{24}f^{(4)}(0) = \frac{\theta^4}{24}\left(-\frac{1}{2}f'^2(0)\right) = -\frac{\theta^4}{48}f'^2(0)$$

$$\boxed{b = -\frac{1}{48}f'^2(0)}$$

VI.B. **Comportement de $f(\theta)$ à « grand » θ**

VI.B.1 En dehors de la couche limite lorsque l'on s'éloigne de plus en plus de la paroi, $v_x \to U$. Or $v_x = U\,f(\theta)$ donc $\boxed{\lim_{\theta\to\infty} f(\theta) \to 1}$.

La fonction $\int_0^\theta f(\xi)\,\mathrm{d}\xi$ a sa dérivée qui est égale à 1 lorsque $\theta \to \infty$. On en déduit que pour des grandes valeurs de θ

$$\boxed{\int_0^\theta f(\xi)\,\mathrm{d}\xi \simeq \theta}$$

Cette fonction se comporte comme θ aux grandes valeurs de θ.

VI.B.2 Pour des grandes valeurs de θ, l'équation de Blasius s'écrit :

$$\boxed{f''(\theta) \simeq -\frac{1}{2}f'(\theta)\,\theta}$$

VI.B.3

$$\frac{f''(\theta)}{f'(\theta)} = -\frac{1}{2}\theta$$

On intégre cette équation.

$$\int \frac{f''(\theta)}{f'(\theta)} = \int -\frac{1}{2}\,\theta\,\mathrm{d}\theta$$

$$\ln f'(\theta) = -\frac{1}{2}\frac{\theta^2}{2} = -\frac{\theta^2}{4}$$

$$f'(\theta) = A\exp\left(-\frac{\theta^2}{4}\right)$$

où A est une constante que l'on détermine à l'aide des conditions aux limites. En $\theta = 0$, on a :

$$f'(\theta = 0) = 0 = A\,\mathrm{e}^0 = A$$

$$\Rightarrow \boxed{f'(\theta) = f'(0)\exp\left(-\frac{\theta^2}{4}\right)}$$

VI.B.4 L'expression montre que $f'(\theta)$ converge exponentiellement vers 0 impliquant que f atteint de la même manière sa valeur asymptotique 1. De plus, l'exponentielle atteint 98% de sa valeur finale lorsque

$$\exp\left(-\frac{\theta^2}{4}\right) = 0,02 \simeq 2\%$$

$$-\frac{\theta^2}{4} = \ln 0,02 = -3,9$$

$$\boxed{\theta = \sqrt{-4 \times \ln 0,02} \simeq 4}$$

On en déduit que l'on sort de la couche limite pour $\theta \simeq 4$.

VI.C. La courbe tracée sommairement est quasi-linéaire à partir de l'origine puis présente un coude avant de suivre un comportement asymptotique (voir figure 15.12) :

$$\lim_{\theta\to\infty} f(\theta) \to 1$$

Graphiquement, la droite passant par l'origine de pente $f'(0) = 1/3$ coupe l'asymptote horizontale en $\boxed{\theta_i = 3}$ (voir figure 15.13).

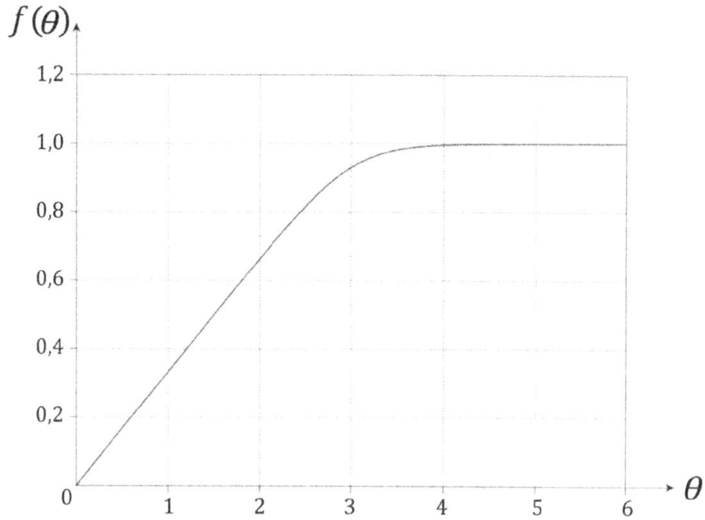

FIGURE 15.12

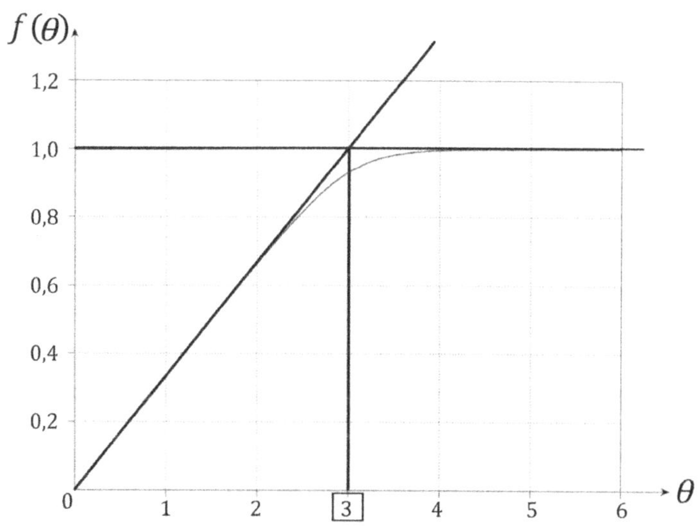

FIGURE 15.13

15.5 Déformations dans les écoulements (Agrégation)

Conseils - Pour aborder cet extrait de sujet de concours, il est préférable de revoir les notions suivantes :

- Produits vectoriels (chapitre 1)
- Opérateurs différentiels vectoriels (chapitre 2)
- Développements limités (chapitre 5)
- Calculs différentiels (chapitre 6)
- Intégrales (chapitre 7)

Les variations locales du champ des vitesses provoquent en général une déformation, une variation de volume et une rotation des particules de fluide au cours de leur mouvement. L'étude de ces modifications permet de donner un sens concret aux opérateurs divergence et rotationnel, couramment utilisés en physique.

On considère pour simplifier un écoulement bidimensionnel plan $(x\mathrm{O}y)$, et on observe la déformation pendant une durée $\mathrm{d}t$ d'une particule de fluide plane initialement rectangulaire, de sommet $\mathrm{A}(x,y)$, $\mathrm{B}(x+\mathrm{d}x,y)$, $\mathrm{C}(x+\mathrm{d}x,y+\mathrm{d}y)$, $\mathrm{D}(x,y+\mathrm{d}y)$, de surface élémentaire $\mathrm{d}x\,\mathrm{d}y$. Après $\mathrm{d}t$, les sommets du rectangle sont respectivement déplacés en A′, B′, C′, D′.

1. Exprimer, au premier ordre en $\mathrm{d}t$, l'aire de la particule fluide A′B′C′D′ en fonction de $\mathrm{d}x$, $\mathrm{d}y$, $\mathrm{d}t$, des dérivées $\dfrac{\partial v_x}{\partial x}$ et $\dfrac{\partial v_y}{\partial y}$. En déduire la signification physique de la quantité $\left(\dfrac{\partial v_x}{\partial x}+\dfrac{\partial v_y}{\partial y}\right)$. Généraliser ce résultat sans démonstration pour un écoulement tridimensionnel.

2. Que valent, au premier ordre en $\mathrm{d}t$, les angles $\mathrm{d}\theta = \left(\overrightarrow{\mathrm{AB}},\overrightarrow{\mathrm{A'B'}}\right)$ et $\mathrm{d}\phi = \left(\overrightarrow{\mathrm{AD}},\overrightarrow{\mathrm{A'D'}}\right)$? La rotation globale de la particule est repérée par la rotation de la diagonale du rectangle, qui tourne de $(\Omega\,\mathrm{d}t)$ pendant $\mathrm{d}t$. Exprimer Ω en fonction de $\dfrac{\partial v_y}{\partial x}$ et $\dfrac{\partial v_x}{\partial y}$.
Généraliser ce résultat sans démonstration pour un écoulement tridimensionnel en reliant le vecteur tourbillon $\vec{\Omega}$, qui représente les rotations du fluide, au vecteur vorticité $\vec{\omega} = \overrightarrow{\mathrm{rot}}\,\vec{v}$.

3. On donne quatre descriptions eulériennes (a), (b), (c), (d) de champs de vitesse d'un écoulement plan bidimensionnel. Caractériser chacun des écoulements (incompressible, rotationnel, ...) et donner l'équation des lignes de courant et le champ de tourbillon $\vec{\Omega}$.
Associer à chaque écoulement une figure (i), (ii), (iii), (iv) données ci-après.

Donner des exemples concrets qui peuvent être modélisés par de tels écoulements.

$$(a) \quad \vec{v} = -ay\,\vec{e}_x + ax\,\vec{e}_y = ar\,\vec{e}_\theta \qquad (b) \quad \vec{v} = ax\,\vec{e}_x + ay\,\vec{e}_y = ar\,\vec{e}_r$$

$$(c) \quad \vec{v} = -ay\,\vec{e}_x \qquad (d) \quad \vec{v} = -ax\,\vec{e}_x + ay\,\vec{e}_y$$

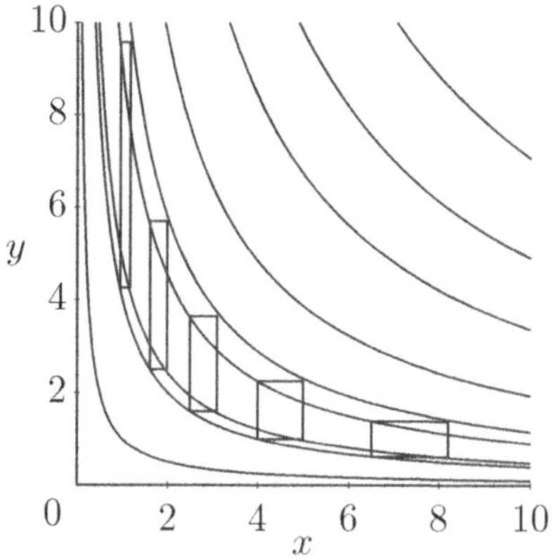

Figure i

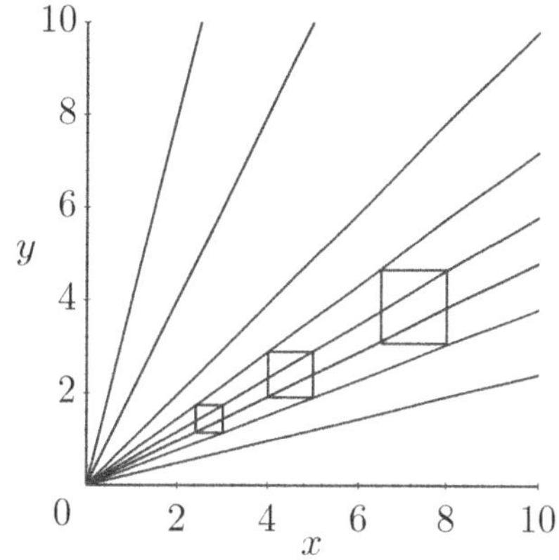

Figure ii

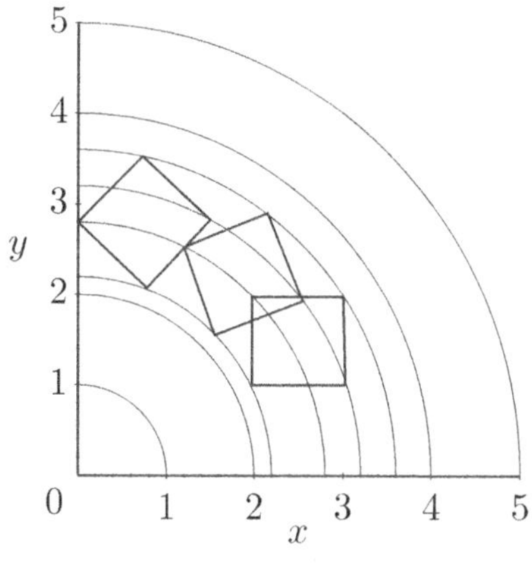

Figure iii

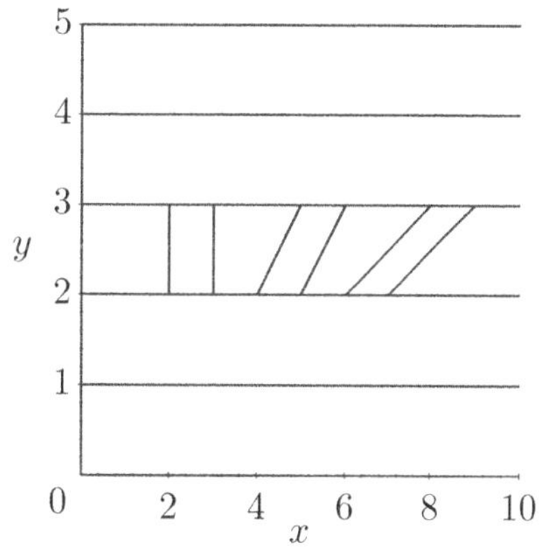

Figure iv

Ecoulements stationnaires bidimensionnels dans le plan $x\mathrm{O}y$; représentation des lignes de courant, ainsi que les positions d'une particule élémentaire initialement rectangulaire de surface $\mathrm{d}x\,\mathrm{d}y$.

D'après concours Agrégation externe de physique

Solution

1. • **A la date t** :
A a pour coordonnées $(x_\mathrm{A}, y_\mathrm{A}) = (x, y)$
B a pour coordonnées $(x_\mathrm{B}, y_\mathrm{B}) = (x + \mathrm{d}x, y)$
C a pour coordonnées $(x_\mathrm{C}, y_\mathrm{C}) = (x + \mathrm{d}x, y + \mathrm{d}y)$
D a pour coordonnées $(x_\mathrm{D}, y_\mathrm{D}) = (x, y + \mathrm{d}y)$

A la date t, l'aire (ou la surface) de la particule fluide est $\boxed{\mathrm{d}S(t) = \mathrm{d}x\,\mathrm{d}y}$.

Démonstration

$$\overrightarrow{\mathrm{d}S}(t) = \overrightarrow{\mathrm{AB}} \wedge \overrightarrow{\mathrm{AD}}$$

$$\overrightarrow{\mathrm{d}S}(t) = \begin{pmatrix} x_\mathrm{B} - x_\mathrm{A} \\ y_\mathrm{B} - y_\mathrm{A} \\ 0 \end{pmatrix} \wedge \begin{pmatrix} x_\mathrm{D} - x_\mathrm{A} \\ y_\mathrm{D} - y_\mathrm{A} \\ 0 \end{pmatrix}$$

$$\overrightarrow{\mathrm{d}S}(t) = \begin{pmatrix} 0 \\ 0 \\ (x_\mathrm{B} - x_\mathrm{A})(y_\mathrm{D} - y_\mathrm{A}) - (y_\mathrm{B} - y_\mathrm{A})(x_\mathrm{D} - x_\mathrm{A}) \end{pmatrix} = \mathrm{d}x\,\mathrm{d}y\,\vec{e}_z$$

• On considère le champ des vitesses défini en coordonnées cartésiennes :

$$\vec{v} = v_x\,\vec{u}_x + v_y\,\vec{u}_y = v_x(x, y, t)\,\vec{u}_x + v_y(x, y, t)\,\vec{u}_y$$

A la date $(t + \mathrm{d}t)$:
A$'$ a pour coordonnées :

$$\begin{pmatrix} x'_\mathrm{A} \\ y'_\mathrm{A} \\ 0 \end{pmatrix} = \begin{pmatrix} x_\mathrm{A} + v_x(\mathrm{A})\,\mathrm{d}t \\ y_\mathrm{A} + v_y(\mathrm{A})\,\mathrm{d}t \\ 0 \end{pmatrix} = \begin{pmatrix} x + v_x(x, y, t)\,\mathrm{d}t \\ y + v_y(x, y, t)\,\mathrm{d}t \\ 0 \end{pmatrix}$$

B$'$ a pour coordonnées

$$\begin{pmatrix} x'_\mathrm{B} \\ y'_\mathrm{B} \\ 0 \end{pmatrix} = \begin{pmatrix} x_\mathrm{B} + v_x(\mathrm{B})\,\mathrm{d}t \\ y_\mathrm{B} + v_y(\mathrm{B})\,\mathrm{d}t \\ 0 \end{pmatrix} = \begin{pmatrix} x + \mathrm{d}x + v_x(x + \mathrm{d}x, y, t)\,\mathrm{d}t \\ y + v_y(x + \mathrm{d}x, y, t)\,\mathrm{d}t \\ 0 \end{pmatrix}$$

C$'$ a pour coordonnées

$$\begin{pmatrix} x'_\mathrm{C} \\ y'_\mathrm{C} \\ 0 \end{pmatrix} = \begin{pmatrix} x_\mathrm{C} + v_x(\mathrm{C})\,\mathrm{d}t \\ y_\mathrm{C} + v_y(\mathrm{C})\,\mathrm{d}t \\ 0 \end{pmatrix} = \begin{pmatrix} x + \mathrm{d}x + v_x(x + \mathrm{d}x, y + \mathrm{d}y, t)\,\mathrm{d}t \\ y + \mathrm{d}y + v_y(x + \mathrm{d}x, y + \mathrm{d}y, t)\,\mathrm{d}t \\ 0 \end{pmatrix}$$

D' a pour coordonnées

$$\begin{pmatrix} x'_{\mathrm{D}} \\ y'_{\mathrm{D}} \\ 0 \end{pmatrix} = \begin{pmatrix} x_{\mathrm{D}} + v_x(\mathrm{D})\,\mathrm{d}t \\ y_{\mathrm{D}} + v_y(\mathrm{D})\,\mathrm{d}t \\ 0 \end{pmatrix} = \begin{pmatrix} x + v_x(x, y + \mathrm{d}y, t)\,\mathrm{d}t \\ y + \mathrm{d}y + v_y(x, y + \mathrm{d}y, t)\,\mathrm{d}t \\ 0 \end{pmatrix}$$

A la date $(t + \mathrm{d}t)$, l'aire de la particule fluide a pour expression :

$$\boxed{\mathrm{d}S(t + \mathrm{d}t) = \mathrm{d}x\,\mathrm{d}y + \left[\frac{\partial v_x}{\partial x} + \frac{\partial v_y}{\partial y}\right] \mathrm{d}x\,\mathrm{d}y\,\mathrm{d}t}$$

Démonstration

$$\overrightarrow{\mathrm{d}S}(t + \mathrm{d}t) = \overrightarrow{\mathrm{A'B'}} \wedge \overrightarrow{\mathrm{A'D'}} = \begin{pmatrix} x_{\mathrm{B'}} - x_{\mathrm{A'}} \\ y_{\mathrm{B'}} - y_{\mathrm{A'}} \\ 0 \end{pmatrix} \wedge \begin{pmatrix} x_{\mathrm{D'}} - x_{\mathrm{A'}} \\ y_{\mathrm{D'}} - y_{\mathrm{A'}} \\ 0 \end{pmatrix}$$

$$\begin{aligned}
\overrightarrow{\mathrm{d}S}(t + \mathrm{d}t) &= \begin{pmatrix} \mathrm{d}x + \Big[v_x(x + \mathrm{d}x, y, t) - v_x(x, y, t)\Big]\mathrm{d}t \\ \Big[v_y(x + \mathrm{d}x, y, t) - v_y(x, y, t)\Big]\mathrm{d}t \\ 0 \end{pmatrix} \\
&\quad \wedge \begin{pmatrix} \Big[v_x(x, y + \mathrm{d}y, t) - v_x(x, y, t)\Big]\mathrm{d}t \\ \mathrm{d}y + \Big[v_y(x, y + \mathrm{d}y, t) - v_y(x, y, t)\Big]\mathrm{d}t \\ 0 \end{pmatrix} \\
&= \begin{pmatrix} \mathrm{d}x + \dfrac{\partial v_x}{\partial x}\,\mathrm{d}x\,\mathrm{d}t \\ \dfrac{\partial v_y}{\partial x}\,\mathrm{d}x\,\mathrm{d}t \\ 0 \end{pmatrix} \wedge \begin{pmatrix} \dfrac{\partial v_x}{\partial y}\,\mathrm{d}y\,\mathrm{d}t \\ \mathrm{d}y + \dfrac{\partial v_y}{\partial y}\,\mathrm{d}y\,\mathrm{d}t \\ 0 \end{pmatrix} \\
&= \left[\left(\mathrm{d}x + \frac{\partial v_x}{\partial x}\,\mathrm{d}x\,\mathrm{d}t\right)\left(\mathrm{d}y + \frac{\partial v_y}{\partial y}\,\mathrm{d}y\,\mathrm{d}t\right)\right. \\
&\quad \left. - \left(\frac{\partial v_y}{\partial x}\,\mathrm{d}x\,\mathrm{d}t\right)\left(\frac{\partial v_x}{\partial y}\,\mathrm{d}y\,\mathrm{d}t\right)\right]\vec{u}_z \\
&= \left[\mathrm{d}x\,\mathrm{d}y + \frac{\partial v_x}{\partial x}\frac{\partial v_y}{\partial y}\,\mathrm{d}x\,\mathrm{d}y\,\mathrm{d}t^2 + \frac{\partial v_x}{\partial x}\,\mathrm{d}x\,\mathrm{d}y\,\mathrm{d}t\right. \\
&\quad \left. + \mathrm{d}x\,\frac{\partial v_y}{\partial y}\,\mathrm{d}y\,\mathrm{d}t - \frac{\partial v_y}{\partial x}\,\mathrm{d}x\,\frac{\partial v_x}{\partial y}\,\mathrm{d}y\,\mathrm{d}t^2\right]
\end{aligned}$$

L'énoncé demande d'exprimer l'aire au premier ordre en $\mathrm{d}t$. Les deux termes qui sont en $\mathrm{d}t^2$ sont négligés donc supprimés.

$$\boxed{\mathrm{d}S(t+\mathrm{d}t) = \mathrm{d}x\,\mathrm{d}y + \left[\frac{\partial v_x}{\partial x} + \frac{\partial v_y}{\partial y}\right]\mathrm{d}x\,\mathrm{d}y\,\mathrm{d}t}$$

Connaissant l'expression de $\mathrm{d}S(t) = \mathrm{d}x\,\mathrm{d}y$, on peut réécrire l'expression de $\mathrm{d}S(t+\mathrm{d}t)$ sous la forme :

$$\mathrm{d}S(t+\mathrm{d}t) = \mathrm{d}S(t) + \left[\frac{\partial v_x}{\partial x} + \frac{\partial v_y}{\partial y}\right]\mathrm{d}S(t)\,\mathrm{d}t$$

$$\frac{\mathrm{d}S(t+\mathrm{d}t) - \mathrm{d}S(t)}{\mathrm{d}S(t)} = \left[\frac{\partial v_x}{\partial x} + \frac{\partial v_y}{\partial y}\right]\mathrm{d}t$$

$$\left[\frac{\partial v_x}{\partial x} + \frac{\partial v_y}{\partial y}\right] = \frac{1}{\mathrm{d}t}\left[\frac{\mathrm{d}S(t+\mathrm{d}t) - \mathrm{d}S(t)}{\mathrm{d}S(t)}\right]$$

où $\left[\frac{\mathrm{d}S(t+\mathrm{d}t) - \mathrm{d}S(t)}{\mathrm{d}S(t)}\right]$ représente la variation relative d'une surface élémentaire ou taux de dilatation bidimensionnel de la particule fluide

et $\left[\frac{\partial v_x}{\partial x} + \frac{\partial v_y}{\partial y}\right]$ représente le taux de dilatation bidimensionnel de la particule fluide par unité de temps.

Généralisation pour un écoulement tridimensionnel :

$$\boxed{\frac{\mathrm{d}\tau(t+\mathrm{d}t) - \mathrm{d}\tau(t)}{\mathrm{d}\tau(t)} = \mathrm{div}\vec{v}\,\mathrm{d}t}$$

où $\left[\frac{\mathrm{d}\tau(t+\mathrm{d}t) - \mathrm{d}\tau(t)}{\mathrm{d}\tau(t)}\right]$ représente la variation relative de volume ou

taux de dilatation de la particule fluide.

2. • **On note** $\mathrm{d}\theta = \left(\overrightarrow{\mathrm{AB}}, \overrightarrow{\mathrm{A'B'}}\right)$

Exprimons, par deux méthodes différentes, le produit vectoriel $\overrightarrow{\mathrm{AB}} \wedge \overrightarrow{\mathrm{A'B'}}$.

Méthode 1

$$\overrightarrow{\mathrm{AB}} \wedge \overrightarrow{\mathrm{A'B'}} = \|\overrightarrow{\mathrm{AB}}\| \times \|\overrightarrow{\mathrm{A'B'}}\| \times \sin(\mathrm{d}\theta)\,\vec{u}_z$$

Pour des petits angles $\sin(\mathrm{d}\theta) \simeq \mathrm{d}\theta$. De plus $\|\overrightarrow{\mathrm{AB}}\| = \mathrm{d}x$ et $\|\overrightarrow{\mathrm{A'B'}}\| \simeq \mathrm{d}x$.
$\Rightarrow \overrightarrow{\mathrm{AB}} \wedge \overrightarrow{\mathrm{A'B'}} \simeq \mathrm{d}x^2\,\mathrm{d}\theta\,\vec{u}_z$

Méthode 2

$$\overrightarrow{\mathrm{AB}} \wedge \overrightarrow{\mathrm{A'B'}} = \begin{pmatrix} \mathrm{d}x \\ 0 \\ 0 \end{pmatrix} \wedge \begin{pmatrix} \mathrm{d}x + \dfrac{\partial v_x}{\partial x}\,\mathrm{d}x\,\mathrm{d}t \\ \dfrac{\partial v_y}{\partial x}\,\mathrm{d}x\,\mathrm{d}t \\ 0 \end{pmatrix} = \left(\mathrm{d}x^2\,\frac{\partial v_y}{\partial x}\,\mathrm{d}t\right)\vec{u}_z$$

En comparant les deux méthodes de calcul, on obtient : $\boxed{\mathrm{d}\theta \simeq \dfrac{\partial v_y}{\partial x}\,\mathrm{d}t}$

- **On note** $\mathrm{d}\phi = \left(\overrightarrow{\mathrm{AD}}, \overrightarrow{\mathrm{A'D'}}\right)$

Exprimons, par deux méthodes différentes, le produit vectoriel $\overrightarrow{\mathrm{AD}} \wedge \overrightarrow{\mathrm{A'D'}}$.

Méthode 1

$$\overrightarrow{\mathrm{AD}} \wedge \overrightarrow{\mathrm{A'D'}} = \|\overrightarrow{\mathrm{AD}}\| \times \|\overrightarrow{\mathrm{A'D'}}\| \times \sin(\mathrm{d}\phi)\,\vec{u}_z$$

Pour des petits angles $\sin(\mathrm{d}\phi) \simeq \mathrm{d}\phi$. De plus $\|\overrightarrow{\mathrm{AD}}\| = \mathrm{d}y$ et $\|\overrightarrow{\mathrm{A'D'}}\| \simeq \mathrm{d}y$.
$\Rightarrow \overrightarrow{\mathrm{AD}} \wedge \overrightarrow{\mathrm{A'D'}} \simeq \mathrm{d}y^2\,\mathrm{d}\phi\,\vec{u}_z$

Méthode 2

$$\overrightarrow{\mathrm{AD}} \wedge \overrightarrow{\mathrm{A'D'}} = \begin{pmatrix} 0 \\ \mathrm{d}y \\ 0 \end{pmatrix} \wedge \begin{pmatrix} \dfrac{\partial v_x}{\partial y}\,\mathrm{d}y\,\mathrm{d}t \\ \mathrm{d}y + \dfrac{\partial v_y}{\partial y}\,\mathrm{d}y\,\mathrm{d}t \\ 0 \end{pmatrix} = \left(-\mathrm{d}y^2\,\frac{\partial v_x}{\partial y}\,\mathrm{d}t\right)\vec{u}_z$$

En comparant les deux méthodes de calcul, on obtient : $\boxed{\mathrm{d}\phi \simeq -\dfrac{\partial v_x}{\partial y}\,\mathrm{d}t}$

La diagonale du rectangle a tourné d'un angle $\mathrm{d}\alpha = \dfrac{1}{2}\left(\mathrm{d}\theta + \mathrm{d}\phi\right)$ d'expression $\mathrm{d}\alpha = \Omega\,\mathrm{d}t$ car la rotation globale de la particule est repérée par la rotation de la diagonale qui tourne de $(\Omega\,\mathrm{d}t)$ pendant la durée $\mathrm{d}t$.

$$\mathrm{d}\alpha = \frac{1}{2}\left(\frac{\partial v_y}{\partial x} - \frac{\partial v_x}{\partial y}\right)\mathrm{d}t = \Omega\,\mathrm{d}t$$

$$\Rightarrow\ \Omega = \frac{1}{2}\left(\frac{\partial v_y}{\partial x} - \frac{\partial v_x}{\partial y}\right)$$

A deux dimensions, $\vec{\Omega} = \frac{1}{2}\left(\frac{\partial v_y}{\partial x} - \frac{\partial v_x}{\partial y}\right)\vec{u}_z$

Généralisation pour un écoulement tridimensionnel :

$$\boxed{\vec{\Omega} = \frac{1}{2}\,\overrightarrow{\mathrm{rot}}\,\vec{v} = \frac{1}{2}\,\vec{\omega}}$$

où $\vec{\Omega}$ représente le vecteur tourbillon de l'écoulement du fluide et $\vec{\omega}$ représente le vecteur vorticité.

Remarques

- Si $\vec{\Omega} \neq \vec{0}$ l'écoulement est dit tourbillonnaire.
- Si $\vec{\Omega} = \vec{0}$ l'écoulement est dit irrotationnel. Il existe alors un champ scalaire Φ tel que $\vec{v} = \overrightarrow{\mathrm{grad}}\,\Phi$ appelé potentiel des vitesses (voir le cours chapitre 2).

3. Pour chaque écoulement, on calcule $\mathrm{div}\vec{v}$ puis $\overrightarrow{\mathrm{rot}}\,\vec{v}$.
Par définition,

$$\mathrm{div}\,\vec{v} = \frac{\partial v_x}{\partial x} + \frac{\partial v_y}{\partial y} + \frac{\partial v_z}{\partial z}$$

$$\overrightarrow{\mathrm{rot}}\,\vec{v} = \begin{pmatrix} \dfrac{\partial}{\partial x} \\ \dfrac{\partial}{\partial y} \\ \dfrac{\partial}{\partial z} \end{pmatrix} \wedge \begin{pmatrix} v_x \\ v_y \\ v_z \end{pmatrix} = \begin{pmatrix} \dfrac{\partial v_z}{\partial y} - \dfrac{\partial v_y}{\partial z} \\ \dfrac{\partial v_x}{\partial z} - \dfrac{\partial v_z}{\partial x} \\ \dfrac{\partial v_y}{\partial x} - \dfrac{\partial v_x}{\partial y} \end{pmatrix}$$

Si $\mathrm{div}\,\vec{v} = 0$ l'écoulement est incompressible.
Si $\overrightarrow{\mathrm{rot}}\,\vec{v} = \vec{0}$ l'écoulement est irrotationnel.

Par définition, une ligne de courant (ou ligne de champ) est une courbe tangente au champ vectoriel (ici c'est un champ de vitesse $\vec{v}$) en chacun de ses points. Elle est orientée dans le sens du champ.
On obtient l'équation d'une ligne de courant en exploitant la formule

$$\boxed{\vec{v} \wedge \overrightarrow{\mathrm{d}\ell} = \vec{0}}$$

car le vecteur déplacement élémentaire $\overrightarrow{\mathrm{d}\ell}$ est lui aussi tangent à la ligne de courant. En coordonnées cartésiennes, on a :

$$\begin{pmatrix} v_x \\ v_y \\ v_z \end{pmatrix} \wedge \begin{pmatrix} \mathrm{d}x \\ \mathrm{d}y \\ \mathrm{d}z \end{pmatrix} = \begin{pmatrix} v_y\,\mathrm{d}z - v_z\,\mathrm{d}y \\ v_z\,\mathrm{d}x - v_x\,\mathrm{d}z \\ v_x\,\mathrm{d}y - v_y\,\mathrm{d}x \end{pmatrix} = \begin{pmatrix} 0 \\ 0 \\ 0 \end{pmatrix}$$

Par définition, le vecteur tourbillon a pour expression $\boxed{\vec{\Omega} = \frac{1}{2}\overrightarrow{\text{rot}}\,\vec{v}}$

Pour chaque écoulement, on applique les définitions ci-dessus.

- ***Ecoulement*** (a) : $\vec{v} = -ay\,\vec{e}_x + ax\,\vec{e}_y = ar\,\vec{e}_\theta$

$$\text{div}\vec{v} = \frac{\partial}{\partial x}(-ay) + \frac{\partial}{\partial y}(ax) + \frac{\partial}{\partial z}(0) = 0$$

L'écoulement (a) est donc **incompressible**.

$$\overrightarrow{\text{rot}}\,\vec{v} = \begin{pmatrix} 0 \\ 0 \\ a-(-a) \end{pmatrix} = 2a\,\vec{e}_z \neq \vec{0}$$

L'écoulement (a) est **rotationnel**. Comme un solide, la particule de fluide est en rotation à la vitesse $\vec{\Omega} = \frac{1}{2}\overrightarrow{\text{rot}}\,\vec{v} = a\,\vec{e}_z$ autour de l'origine du repère.

Pour obtenir l'équation des lignes de courant, on exploite le produit vectoriel $\vec{v} \wedge \text{d}\ell = \vec{0}$.

$$\begin{pmatrix} -ay \\ ax \\ 0 \end{pmatrix} \wedge \begin{pmatrix} \text{d}x \\ \text{d}y \\ 0 \end{pmatrix} = \begin{pmatrix} 0 \\ 0 \\ ax\,\text{d}x + ay\,\text{d}y \end{pmatrix} = \begin{pmatrix} 0 \\ 0 \\ 0 \end{pmatrix}$$

$$ax\,\text{d}x + ay\,\text{d}y = 0$$

$$x\,\text{d}x = -y\,\text{d}y$$

En intégrant respectivement par rapport à x et à y, on obtient :

$$\frac{x^2}{2} = -\frac{y^2}{2} + \text{constante}$$

$$\frac{x^2}{2} + \frac{y^2}{2} = \text{constante}$$

L'équation des lignes de courant peut s'écrire $\boxed{x^2 + y^2 = r^2}$. Dans ce cas, les lignes de courant sont des cercles de rayon r centrés sur l'origine, orienté dans le sens direct si $a > 0$.
Exemple : Ce type d'écoulement en rotation sans déformation se rencontre dans un vortex de vidange ou l'oeil d'une tornade.

$\Rightarrow$ $\boxed{(a)\ \textbf{correspond à la figure (iii)}}$

- ***Ecoulement*** (b) : $\vec{v} = ax\,\vec{e}_x + ay\,\vec{e}_y = ar\,\vec{e}_r$

$$\text{div}\vec{v} = a + a = 2a \neq 0$$

L'écoulement (b) est donc **compressible**.

$$\overrightarrow{\text{rot}}\,\vec{v} = \vec{0}$$

L'écoulement (b) est **irrotationnel**.

Le champ de tourbillon vaut $\vec{\Omega} = \dfrac{1}{2}\overrightarrow{\text{rot}}\,\vec{v} = \vec{0}$. Il s'agit de l'écoulement d'un fluide parfait qualifié d'écoulement potentiel (pas de force de viscosité).

Pour obtenir l'équation des lignes de courant, on exploite le produit vectoriel $\vec{v} \wedge \text{d}\ell = \vec{0}$.

$$\begin{pmatrix} ax \\ ay \\ 0 \end{pmatrix} \wedge \begin{pmatrix} \text{d}x \\ \text{d}y \\ 0 \end{pmatrix} = \begin{pmatrix} 0 \\ 0 \\ ay\,\text{d}x - ax\,\text{d}y \end{pmatrix} = \begin{pmatrix} 0 \\ 0 \\ 0 \end{pmatrix}$$

$$ay\,\text{d}x - ax\,\text{d}y = 0$$

$$\frac{\text{d}y}{y} = \frac{\text{d}x}{x}$$

En intégrant respectivement par rapport à y et à x, on obtient :

$$\ln y = \ln x + \text{constante} = \ln x + \ln A = \ln(Ax)$$

L'équation des lignes de courant peut s'écrire $\boxed{y = Ax}$. Dans ce cas, les lignes de courant sont donc des droites affines orientées vers l'extérieur si $a > 0$.
Exemple : Ce type d'écoulement en translation avec dilatation se rencontre lors d'une explosion isotrope d'un fluide.

$\Rightarrow$ $\boxed{(b)\ \textbf{correspond à la figure (ii)}}$

- ***Ecoulement*** (c) : $\vec{v} = -ay\,\vec{e}_x$

$$\text{div}\vec{v} = 0$$

L'écoulement (c) est donc **incompressible**.

$$\overrightarrow{\text{rot}}\,\vec{v} = a\,\vec{e}_z \neq \vec{0}$$

L'écoulement (c) est **rotationnel**.

Le champ de tourbillon s'écrit $\vec{\Omega} = \dfrac{1}{2}\overrightarrow{\text{rot}}\,\vec{v} = \dfrac{1}{2}a\,\vec{e}_z$. La particule de fluide est dans un écoulement de cisaillement.

Pour obtenir l'équation des lignes de courant, on exploite le produit vectoriel $\vec{v} \wedge \mathrm{d}\vec{\ell} = \vec{0}$.

$$\begin{pmatrix} -ay \\ 0 \\ 0 \end{pmatrix} \wedge \begin{pmatrix} \mathrm{d}x \\ \mathrm{d}y \\ 0 \end{pmatrix} = \begin{pmatrix} 0 \\ 0 \\ ay\,\mathrm{d}y \end{pmatrix} = \begin{pmatrix} 0 \\ 0 \\ 0 \end{pmatrix}$$

$$ay\,\mathrm{d}y = 0$$

$$\mathrm{d}y = 0$$

En intégrant par rapport à y, on obtient : $y = \text{constante} = C$.
L'équation des lignes de courant peut s'écrire $\boxed{y = C}$. Dans ce cas, les lignes de courant sont donc des lignes parallèles à l'axe des x.
Exemple : Cet écoulement de cisaillement correspond à un écoulement de Couette plan.

$\Rightarrow$ $\boxed{(c)\ \textbf{correspond à la figure (iv)}}$

- ***Ecoulement*** (d) : $\vec{v} = -ax\,\vec{e}_x + ay\,\vec{e}_y$

$$\mathrm{div}\vec{v} = 0$$

L'écoulement (d) est donc **incompressible**.

$$\overrightarrow{\mathrm{rot}}\,\vec{v} = \vec{0}$$

L'écoulement (d) est **irrotationnel**.
Le champ de tourbillon vaut $\vec{\Omega} = \dfrac{1}{2}\overrightarrow{\mathrm{rot}}\,\vec{v} = \vec{0}$. Il s'agit de l'écoulement d'un fluide parfait qualifié d'écoulement potentiel (pas de forces de viscosité).

Pour obtenir l'équation des lignes de courant, on exploite le produit vectoriel $\vec{v} \wedge \mathrm{d}\vec{\ell} = \vec{0}$.

$$\begin{pmatrix} -ax \\ ay \\ 0 \end{pmatrix} \wedge \begin{pmatrix} \mathrm{d}x \\ \mathrm{d}y \\ 0 \end{pmatrix} = \begin{pmatrix} 0 \\ 0 \\ ay\,\mathrm{d}x + ax\,\mathrm{d}y \end{pmatrix} = \begin{pmatrix} 0 \\ 0 \\ 0 \end{pmatrix}$$

$$ay\,\mathrm{d}x + ax\,\mathrm{d}y = 0$$

$$\frac{\mathrm{d}y}{y} = -\frac{\mathrm{d}x}{x}$$

En intégrant, on obtient :

$$\ln y = -\ln x + \text{constante} = -\ln x + \ln B = \ln\left(\frac{B}{x}\right)$$

L'équation des lignes de courant peut s'écrire $\boxed{y = \frac{B}{x}}$. Dans ce cas, les lignes de courant sont donc des courbes décroissantes proportionnelles à $\frac{1}{x}$. On parle aussi d'hyperboles équilatères avec $xy =$ constante.
Exemple : Ce type d'écoulement correspond à un écoulement d'un fluide parfait dans un dièdre droit.

$\Rightarrow$ $\boxed{(d)\ \textbf{correspond à la figure (i)}}$

Chapitre 16

Optique

16.1 Etude des ondes sismiques (e3a)

La propagation des ondes sismiques peut être décrite au moyen d'une analogie avec l'optique géométrique.

Conseils - Pour aborder cet extrait de sujet de concours, il est préférable de revoir les notions suivantes :

- Trigonométrie (chapitre 3)
- Etude de fonctions, graphiques (chapitre 10)

Les ondes sismiques sont des ondes de déformation élastique qui se propagent à l'intérieur du globe terrestre (ondes de volume) ou en surface (ondes de Love et de Rayleigh). Ces ondes peuvent être longitudinales (la déformation se fait dans le sens de la propagation de l'onde) ou transversales (déformation perpendiculaire à la direction de propagation). Dans ce dernier cas, il s'agit d'ondes de cisaillement.

Nous allons étudier dans cette partie un type particulier d'ondes de volume longitudinales : les ondes P (primaires). La propagation de ces ondes dans la Terre, peut être décrite au moyen d'une analogie avec l'optique géométrique : l'onde se propage le long de « rayons sismiques » avec une célérité C. Dans un milieu homogène, les rayons sismiques sont des segments de droite. A l'interface entre deux milieux, il y a réflexion et réfraction du rayon incident, selon les lois de Snell-Descartes (figure 16.1), notamment :

- l'angle entre le rayon réfléchi et la normale au dioptre est égal à l'angle d'incidence,

- les angles d'incidence i et de réfraction r vérifient : $\dfrac{\sin i}{C_1} = \dfrac{\sin r}{C_2}$

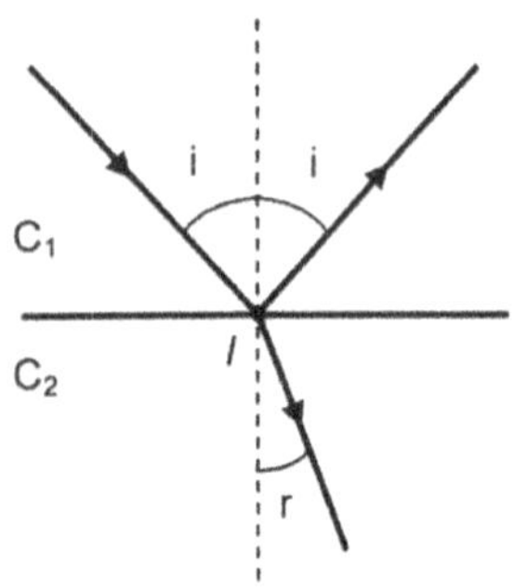

FIGURE 16.1 – Lois de Snell-Descartes

A. Etude locale

La courbure de la Terre est négligée. Le sol est divisé en deux couches homogènes : la croûte terrestre d'épaisseur h dans laquelle la célérité des ondes est C_1 et le manteau à l'intérieur duquel leur célérité vaut $C_2 > C_1$. Une explosion a lieu en un point S proche de la surface et les ondes produites sont détectées par un capteur lui aussi en surface, placé en M, à une distance x de S. Le capteur reçoit trois ondes qui sont représentées sur la figure 16.2.

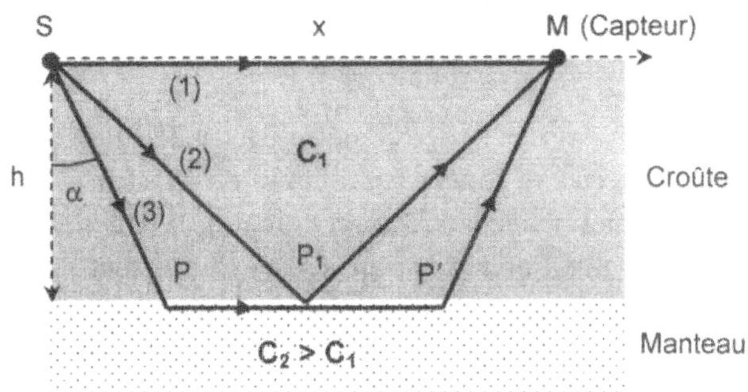

FIGURE 16.2 – Les trois types d'onde arrivant sur le capteur

A.1. L'onde qui se propage parallèlement à la surface est l'onde directe. Déterminer son temps de propagation τ_1 en fonction de C_1 et x.

A.2. Le capteur reçoit une deuxième onde qui s'est réfléchie en P_1 sur la surface de séparation entre la croûte terrestre et le manteau. Exprimer son temps de propagation τ_2 en fonction de C_1, x et h.

A.3.a. Une troisième onde peut se propager jusqu'au capteur après s'être réfractée en P dans le manteau, puis être ressortie en P'. Quel doit être l'angle d'émission α pour que l'onde réfractée se propage le long de l'interface plane (trajet PP') ?
Montrer que cette onde ne peut être détectée que si x est supérieur à une distance minimale x_m que l'on exprimera en fonction de h, C_1 et C_2.

A.3.b. Etablir le temps de propagation τ_3 de cette troisième onde en fonction de C_1, C_2, x et h pour $x > x_m$.

A.4. Tracer sur un même graphe les allures des temps de propagation τ_1, τ_2 et τ_3 en fonction de la distance x.

Les courbes ainsi obtenues sont appelées hodochrones. Les géophysiciens les utilisent pour obtenir des informations sur l'épaisseur de la croûte terrestre et les célérités des ondes sismiques dans la croûte et le manteau. En disposant plusieurs capteurs à différentes distances x du lieu de l'explosion et en mesurant le temps de propagation de l'onde qui arrive la première, on obtient la courbe représentée sur la figure 16.3.

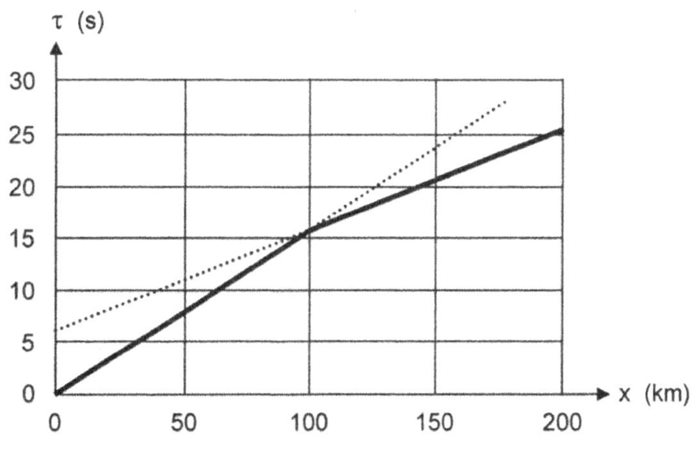

FIGURE 16.3 – Résultats expérimentaux

A.5.a. Déduire de la figure les vitesses de propagation C_1 et C_2 puis, en considérant l'intersection des deux courbes, évaluer l'épaisseur h de la croûte terrestre.

A.5.b. Déterminer une nouvelle valeur numérique de h en exploitant la prolongation de la deuxième courbe jusqu'en $x = 0$.
Que pensez-vous de la précision des mesures ?

B. Etude à grande échelle

A grande échelle, la courbure de la Terre ne peut plus être négligée : celle-ci est donc assimilée à une boule de centre O et de rayon R_T (figure 16.4).

Nous supposerons que la Terre est constituée d'un noyau liquide de rayon R_N inférieur à R_T où la célérité des ondes sismiques P vaut $C_3 = 9\,\text{km.s}^{-1}$, entouré du manteau solide d'épaisseur $R_T - R_N$, à l'intérieur duquel la célérité vaut $C_2 = 11\,\text{km.s}^{-1}$. Dans cette partie, l'épaisseur de la croûte terrestre sera totalement négligée.

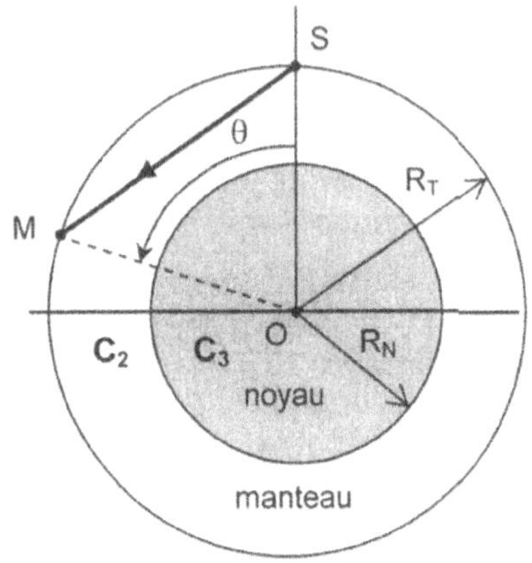

FIGURE 16.4 – Noyau et manteau terrestres

Un tremblement de Terre localisé au point S (à la surface de la Terre) émet des ondes sismiques P dans toutes les directions. Des détecteurs sont placés en différents points M de la surface terrestre, situés dans le même plan méridien et repérés par l'angle $\theta = (\overrightarrow{OS}, \overrightarrow{OM})$.

B.1.a. Considérons les ondes issues de S qui arrivent en M en empruntant le trajet direct SM. Ces ondes ne se propagent que dans le manteau. Exprimer leur temps de propagation τ en fonction de R_T, θ et C_2.

B.1.b. Montrer que ces ondes ne peuvent pas atteindre le point M lorsque θ est supérieur à une valeur θ_{min}. Déterminer l'expression de θ_{min} en fonction de R_T et R_N.

B.1.c. Des mesures ont montré que $\theta_{\text{min}} = 106°$. En déduire la valeur numérique de R_N sachant que $R_T = 6,4 \times 10^3\,\text{km}$.

Considérons maintenant les ondes issues de S qui subissent une réfraction en N et pénètrent à l'intérieur du noyau. Ces rayons subissent une deuxième réfraction en N' et atteignent en point M sur la surface terrestre, repéré par l'angle θ (figure 16.5 page suivante).

Posons $\varphi = (\overrightarrow{OS}, \overrightarrow{ON})$ et appelons Q le projeté orthogonal de S sur ON. L'ange d'incidence du rayon sismique en N est noté α ($\alpha > 0$). Son angle de réfraction est appelé r.

B.2.a. Peut-il y avoir une réflexion totale en N ?

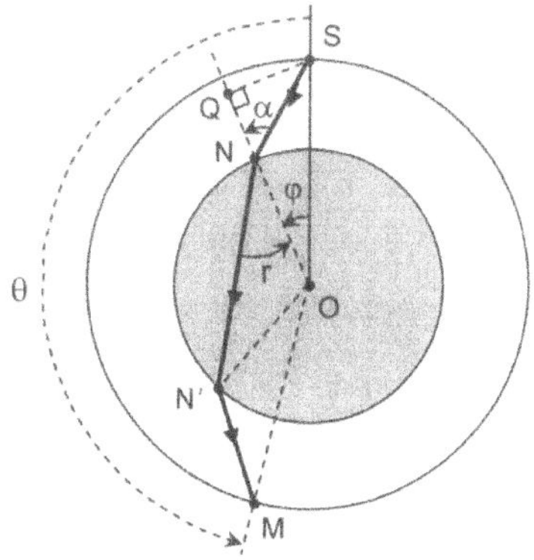

FIGURE 16.5 – Trajet du rayon réfracté

B.2.b. Montrer que ce type de rayon ne peut exister que si φ est inférieur à un angle maximum $\varphi_{\max}$ dont on donnera l'expression en fonction de R_N et R_T.
Calculer $\varphi_{\max}$, connaissant $R_N = 3,9 \times 10^3$ km et $R_T = 6,4 \times 10^3$ km.

B.2.c. En utilisant le point Q comme intermédiaire de calcul, montrer que :

$$\sin \alpha = \frac{R_T \sin \varphi}{\sqrt{R_T^2 + R_N^2 - 2R_T R_N \cos \varphi}}$$

B.2.d. Déterminer l'expression de θ en fonction de r et φ. En déduire que θ peut encore s'écrire :

$$\theta = \pi + 2\varphi - 2\arcsin\left(\frac{C_3}{C_2}\frac{R_T \sin \varphi}{\sqrt{R_T^2 + R_N^2 - 2R_T R_N \cos \varphi}}\right)$$

Le graphique ci-dessous (voir figure 16.6 page suivante) donne l'évolution de θ en fonction de φ, selon l'expression obtenue en **B.2.d** (les angles sont exprimés en degrés) :

B.3. Expliquer l'existence d'une « zone d'ombre » sur la surface terrestre, à l'intérieur de laquelle aucune onde issue de S ne peut être détectée.
Déterminer numériquement les valeurs limites de θ qui caractérisent cette zone d'ombre.

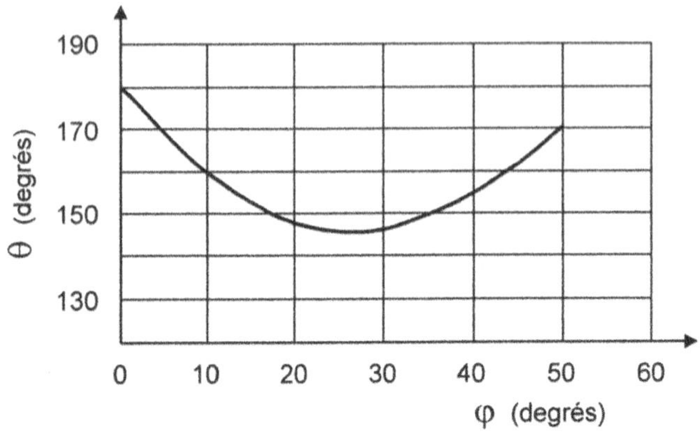

FIGURE 16.6 – Evolution de l'angle θ en fonction de l'angle φ

D'après concours e3a-Polytech PC

Solution

A. Etude locale

A.1. L'onde directe se propage sur une distance x à la célérité $C_1 = \frac{x}{\tau_1}$. Son temps de propagation τ_1 a pour expression :

$$\boxed{\tau_1 = \frac{x}{C_1}}$$

A.2. La deuxième onde se propage sur une distance $d = SP_1 + P_1M$ à la célérité C_1. Or la surface de séparation entre la croûte et le manteau étant parallèle à SM, la normale en P_1 coupe le segment [SM] en deux parties égales. D'après la deuxième loi de Snell-Descartes pour la réflexion, on en déduit : $SP_1 = P_1M$.

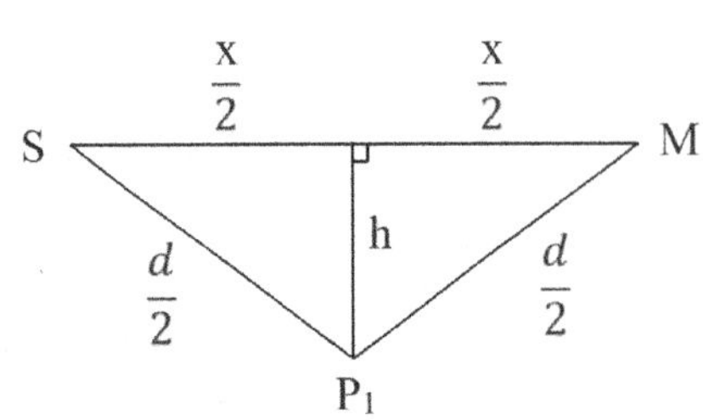

FIGURE 16.7

En utilisant le théorème de Pythagore, on a :

$$\left(\frac{d}{2}\right)^2 = \left(\frac{x}{2}\right)^2 + h^2$$

Son temps de propagation τ_1 a pour expression :

$$\tau_2 = \frac{d}{C_1} = \frac{2\sqrt{\left(\frac{x}{2}\right)^2 + h^2}}{C_1} = \frac{\sqrt{x^2 + 4h^2}}{C_1}$$

$$\boxed{\tau_2 = \frac{\sqrt{x^2 + 4h^2}}{C_1}}$$

A.3.a. La troisième onde, réfractée en P, se propage le long de l'interface plane (trajet PP') si l'angle réfracté est maximal soit $r = \frac{\pi}{2}$.

$$\frac{\sin\alpha}{C_1} = \frac{\sin r}{C_2} = \frac{1}{C_2}$$

$$\boxed{\alpha = \arcsin\left(\frac{C_1}{C_2}\right)}$$

Cette onde ne peut être détectée que si P et P' sont confondus (parcours le plus court avec PP' $= 0$, voir figure 16.8) et donc si l'on est à la limite de la réflexion. Dans ce cas, l'angle α limite est tel que $\alpha = \arcsin\left(\frac{C_1}{C_2}\right)$ et $\tan\alpha = \frac{\frac{x_m}{2}}{h}$.

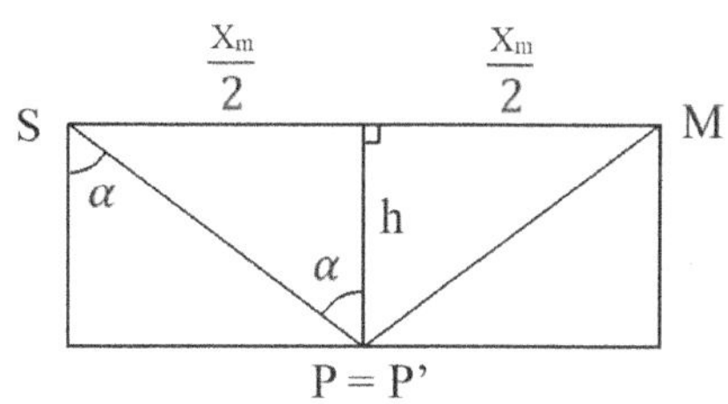

FIGURE 16.8

$$x_m = 2h\tan\alpha = 2h\frac{\sin\alpha}{\cos\alpha} = 2h\frac{\sin\alpha}{\sqrt{1-\sin^2\alpha}}$$

$$x_m = 2h\frac{\frac{C_1}{C_2}}{\sqrt{1-\left(\frac{C_1}{C_2}\right)^2}} = 2h\frac{C_1}{C_2}\frac{C_2}{\sqrt{C_2^2 - C_1^2}}$$

$$\boxed{x_m = 2h\frac{C_1}{\sqrt{C_2^2 - C_1^2}}}$$

A.3.b. Pour $x > x_m$, la troisième onde se propage sur une distance

$$d = SP + PP' + P'M = d_1 + d_2 + d_3$$

à la célérité C_1 dans la croûte et C_2 dans le manteau (voir figure 16.9). Son temps de propagation τ_3 a pour expression :

$$\tau_3 = \frac{d_1}{C_1} + \frac{d_2}{C_2} + \frac{d_3}{C_1}$$

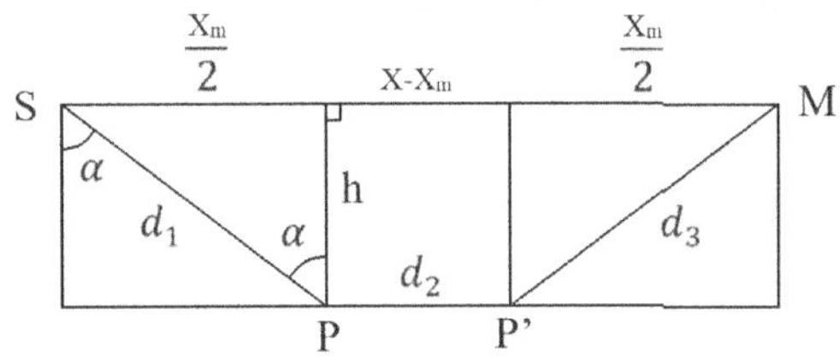

FIGURE 16.9

avec $$d_1 = \frac{h}{\cos\alpha} = d_3 \qquad \text{et} \qquad d_2 = x - x_m$$

on a

$$\tau_3 = \frac{2h}{C_1 \cos\alpha} + \frac{x - x_m}{C_2}$$

Avec $\dfrac{1}{\cos\alpha} = \dfrac{C_2}{\sqrt{C_2^2 - C_1^2}}$ obtenue à la question A.3.a, on a :

$$\begin{aligned}\tau_3 &= \frac{2h}{C_1}\frac{C_2}{\sqrt{C_2^2 - C_1^2}} + \frac{x}{C_2} - \frac{1}{C_2}2h\frac{C_1}{\sqrt{C_2^2 - C_1^2}} \\ &= \frac{2h}{\sqrt{C_2^2 - C_1^2}}\left(\frac{C_2}{C_1} - \frac{C_1}{C_2}\right) + \frac{x}{C_2} \\ &= \frac{2h}{\sqrt{C_2^2 - C_1^2}}\left(\frac{C_2^2 - C_1^2}{C_1C_2}\right) + \frac{x}{C_2}\end{aligned}$$

$$\boxed{\tau_3 = 2h\frac{\sqrt{C_2^2 - C_1^2}}{C_1C_2} + \frac{x}{C_2}}$$

A.4. $\tau_1 = \dfrac{\mathrm{x}}{\mathrm{C_1}}$ a l'allure d'une droite affine passant par l'origine et de pente $\dfrac{1}{\mathrm{C_1}}$.

$\tau_2 = \dfrac{\sqrt{\mathrm{x}^2 + 4\mathrm{h}^2}}{\mathrm{C_1}}$ a l'allure d'une courbe croissante qui a pour ordonnée à l'origine $\dfrac{2\mathrm{h}}{\mathrm{C_1}}$ et qui tend vers l'asymptote de pente $\dfrac{1}{\mathrm{C_1}}$ lorsque $x \to \infty$.

$\tau_3 = 2\mathrm{h}\dfrac{\sqrt{\mathrm{C_2^2 - C_1^2}}}{\mathrm{C_1C_2}} + \dfrac{\mathrm{x}}{\mathrm{C_2}}$ a l'allure d'une droite affine d'ordonnée à l'origine $2\mathrm{h}\dfrac{\sqrt{\mathrm{C_2^2 - C_1^2}}}{\mathrm{C_1C_2}}$ et de pente $\dfrac{1}{\mathrm{C_2}} < \dfrac{1}{\mathrm{C_1}}$ car $\mathrm{C_2 > C_1}$ qui commence à la valeur $\mathrm{x = x_m}$.

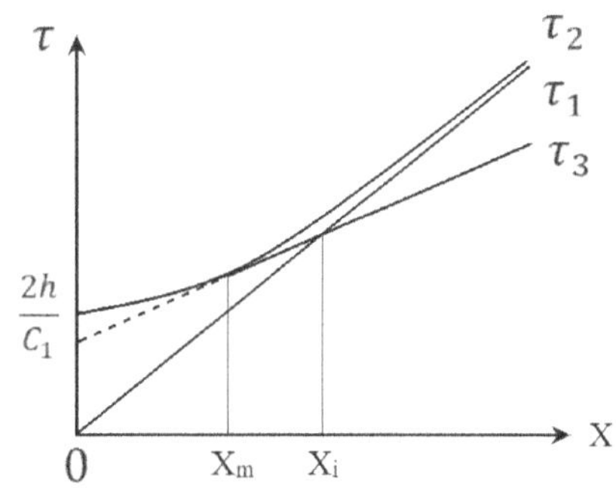

FIGURE 16.10

A.5.a. Graphiquement, la pente de la courbe $\tau_1 = \dfrac{\mathrm{x}}{\mathrm{C_1}}$ vaut :

$$\frac{1}{\mathrm{C_1}} = \frac{20-0}{125-0} = 0,16 \Rightarrow \boxed{\mathrm{C_1} = 6,25\,\mathrm{km.s^{-1}}}$$

Graphiquement, la pente de la courbe τ_3 vaut :

$$\frac{1}{\mathrm{C_2}} = \frac{20-10}{140-40} = 0,1 \Rightarrow \boxed{\mathrm{C_1} = 10\,\mathrm{km.s^{-1}}}$$

Pour évaluer l'épaisseur h de la croûte terrestre, on consière l'intersection des deux courbes où $\tau_1 = \tau_3$ en $\mathrm{x = x_i}$.

$$\frac{\mathrm{x_i}}{\mathrm{C_1}} = 2\mathrm{h}\frac{\sqrt{\mathrm{C_2^2 - C_1^2}}}{\mathrm{C_1C_2}} + \frac{\mathrm{x_i}}{\mathrm{C_2}}$$

$$2\mathrm{h}\frac{\sqrt{\mathrm{C_2^2 - C_1^2}}}{\mathrm{C_1C_2}} = \mathrm{x_i}\left(\frac{1}{\mathrm{C_1}} - \frac{1}{\mathrm{C_2}}\right) = \mathrm{x_i}\left(\frac{\mathrm{C_2 - C_1}}{\mathrm{C_1C_2}}\right)$$

$$h = \frac{x_i}{2}\left(\frac{C_2 - C_1}{\sqrt{(C_2 - C_1)(C_2 + C_1)}}\right) \Rightarrow \boxed{h = \frac{x_i}{2}\sqrt{\frac{C_2 - C_1}{C_2 + C_1}}}$$

Graphiquement, on lit $x_i = 100\,\text{km}$.

Application numérique

$$h = \frac{100}{2}\sqrt{\frac{6,25 - 10}{6,25 + 10}} \Rightarrow \boxed{h = 24\,\text{km}}$$

A.5.b. On peut aussi évaluer la valeur de l'épaisseur de la croûte en se reportant à l'ordonnée à l'origine de courbe correspondant à τ_3 en $x = 0$.
Soit b l'ordonnée à l'origine.

$$2h\frac{\sqrt{C_2^2 - C_1^2}}{C_1C_2} = b \Rightarrow \boxed{h = \frac{b}{2}\frac{C_1C_2}{\sqrt{C_2^2 - C_1^2}}}$$

Graphiquement, on lit $b = 6\,\text{s}$.

$$h = \frac{6}{2}\frac{6,25 \times 100}{\sqrt{100^2 - 6,25^2}} \Rightarrow \boxed{h = 19\,\text{km.s}^{-1}}$$

Ce résultat est d'environ 20% inférieur à la valeur obtenue à la question A.5.a, ce qui n'est pas négligeable. Cet écart vient de la difficulté à lire précisément les valeurs graphiquement.

B. Etude à grande échelle

B.1.a. En empruntant le trajet direct SM à la célérité C_2, le temps de propagation de l'onde a pour expression $\tau = \dfrac{SM}{C_2}$.

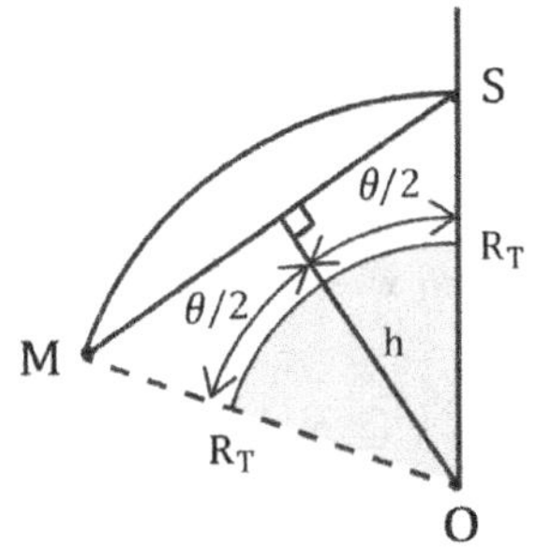

FIGURE 16.11

Dans le triangle isocèle SOM (voir figure 16.11), on trace la hauteur h telle que :

$$\sin\left(\frac{\theta}{2}\right) = \frac{\mathrm{SM}/2}{\mathrm{R_T}}$$

$$\mathrm{SM} = 2\mathrm{R_T}\sin\left(\frac{\theta}{2}\right)$$

$$\boxed{\tau = \frac{2\mathrm{R_T}}{\mathrm{C_2}}\sin\left(\frac{\theta}{2}\right)}$$

On peut aussi utiliser le théorème d'Al-Kashi ou loi des cosinus.

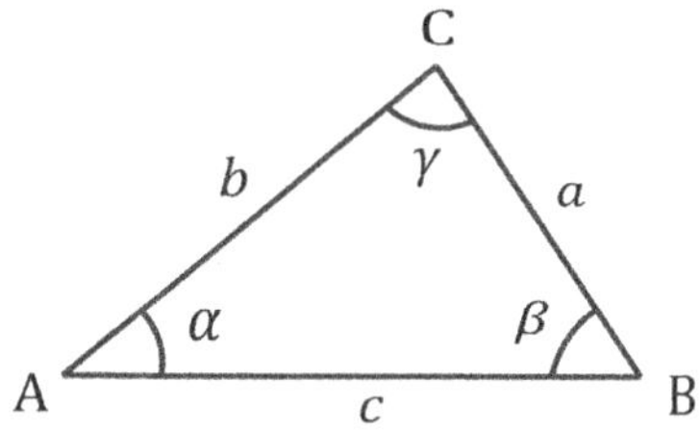

FIGURE 16.12

D'après la figure 16.12, on a :

$$a^2 = b^2 + c^2 - 2bc\cos\alpha$$

Ici, dans le triangle isocèle SOM, on peut écrire :

$$\mathrm{SM}^2 = \mathrm{R_T^2} + \mathrm{R_T^2} - 2\mathrm{R_T}\mathrm{R_T}\cos\theta$$

$$\mathrm{SM}^2 = 2\mathrm{R_T^2}(1-\cos\theta)$$

Or $\sin^2\left(\frac{\theta}{2}\right) = \frac{1-\cos\theta}{2}$. On obtient $\mathrm{SM} = 4\mathrm{R_T^2}\sin^2\left(\frac{\theta}{2}\right)$ et :

$$\boxed{\tau = \frac{2\mathrm{R_T}}{\mathrm{C_2}}\sin\left(\frac{\theta}{2}\right)}$$

B.1.b. Si θ est supérieur à une valeur minimale θ_{min} alors le rayon SM traverse le noyau. La limite est donc atteinte lorsque, sur la figure 16.11, la hauteur h correspond au rayon du noyau $\mathrm{R_N}$. On a alors :

$$\boxed{\cos\left(\frac{\theta_{\mathrm{min}}}{2}\right) = \frac{\mathrm{R_N}}{\mathrm{R_T}}}$$

B.1.c. D'après l'expression précédente, on a :

$$\boxed{R_N = R_T \cos\left(\frac{\theta_{min}}{2}\right)}$$

Application numérique

$$R_N = 6,4 \times 10^3 \cos\left(\frac{106°}{2}\right) \Rightarrow \boxed{R_N = 3,9 \times 10^3\,\text{km}}$$

B.2.a. D'après l'énoncé, la seconde loi de Snell-Descartes pour la réfraction s'écrit, ici :

$$\frac{\sin\alpha}{C_2} = \frac{\sin r}{C_3}$$

Or $C_2 > C_3 \Rightarrow \dfrac{1}{C_2} < \dfrac{1}{C_3}$ donc $\sin\alpha > \sin r$. Pour $0 < \alpha \leqslant \dfrac{\pi}{2}$, l'angle réfracté r sera défini quelle que soit la valeur de α. Il n'y aura donc pas de réflexion totale.

B.2.b. Pour que le rayon pénètre à l'intérieur du noyau, il faut que l'angle φ soit inférieur à l'angle maximum φ_{max} correspondant à la tangente au noyau.

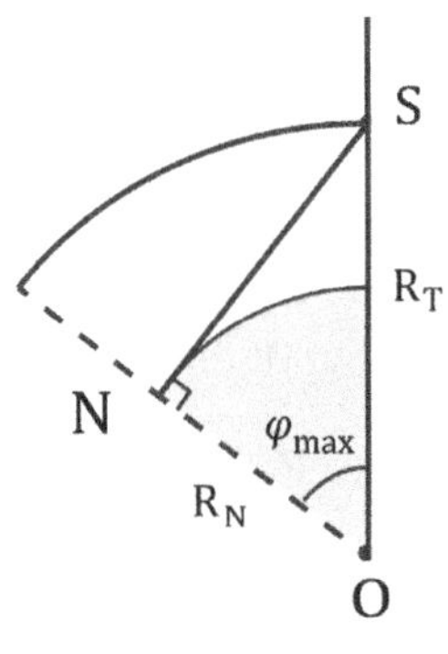

FIGURE 16.13

Dans le triangle rectangle SON (voir figure 16.13), on peut écrire :

$$\cos\varphi_{max} = \frac{R_N}{R_T}$$

$$\boxed{\varphi_{max} = \arccos\left(\frac{R_N}{R_T}\right)}$$

Application numérique

$$\varphi_{max} = \arccos\left(\frac{3,9 \times 10^3}{6,4 \times 10^3}\right) \Rightarrow \boxed{\varphi_{max} = 52°}$$

B.2.c. Dans le triangle rectangle SQN (voir figure 16.14), on a :

$$\sin\alpha = \frac{\mathrm{QS}}{\mathrm{SN}}$$

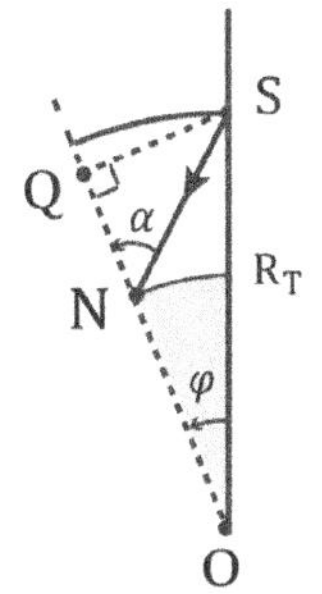

FIGURE 16.14

Dans le triangle rectangle SQO (voir figure 16.13), on a :

$$\sin\varphi = \frac{\mathrm{QS}}{\mathrm{OS}} = \frac{\mathrm{QS}}{\mathrm{R_T}} \Rightarrow \mathrm{QS} = \mathrm{R_T}\sin\varphi$$

Dans le triangle SNO (voir figure 16.14), on applique le théorème d'Al-Kashi. On a :

$$\begin{aligned}\mathrm{SN}^2 &= \mathrm{NO}^2 + \mathrm{SO}^2 - 2\mathrm{NO}\,\mathrm{SO}\cos\varphi\\ &= \mathrm{R_N^2} + \mathrm{R_T^2} - 2\mathrm{R_N R_T}\cos\varphi\end{aligned}$$

$$\Rightarrow \mathrm{SN} = \sqrt{\mathrm{R_N^2} + \mathrm{R_T^2} - 2\mathrm{R_N R_T}\cos\varphi}$$

On a donc :

$$\boxed{\sin\alpha = \frac{\mathrm{R_T}\sin\varphi}{\sqrt{\mathrm{R_N^2} + \mathrm{R_T^2} - 2\mathrm{R_N R_T}\cos\varphi}}}$$

B.2.d. D'après la figure 16.15, le triangle NON' est un triangle isocèle dans lequel on a l'égalité des angles $\left(\widehat{\mathrm{ONN'}}\right) = \left(\widehat{\mathrm{NN'O}}\right)$ et la somme des angles vaut 180° ou π rad. On obtient :

$$\mathrm{r} + \mathrm{r} + \left(\widehat{\mathrm{NON'}}\right) = \pi$$

$$\left(\widehat{\mathrm{NON'}}\right) = \pi - 2\mathrm{r}$$

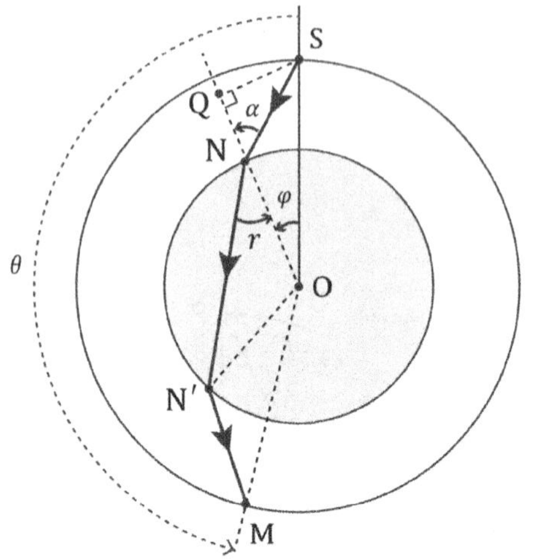

FIGURE 16.15

De plus, par symétrie, on a l'égalité des angles $\left(\widehat{\text{SON}}\right) = \left(\widehat{\text{N'OM}}\right) = \varphi$.
L'expression de l'angle θ s'écrit :

$$\theta = 2\varphi + \left(\widehat{\text{NON'}}\right)$$

On obtient alors :

$$\boxed{\theta = 2\varphi + \pi - 2\mathrm{r}}$$

D'après la seconde loi de la réfraction, on a :

$$\frac{\sin\alpha}{\mathrm{C_2}} = \frac{\sin \mathrm{r}}{\mathrm{C_3}} \Rightarrow \sin\mathrm{r} = \frac{\mathrm{C_3}}{\mathrm{C_2}}\sin\alpha$$

et

$$\mathrm{r} = \arcsin\left(\frac{\mathrm{C_3}}{\mathrm{C_2}}\sin\alpha\right)$$

On obtient donc :

$$\boxed{\theta = 2\varphi + \pi - 2\arcsin\left(\frac{\mathrm{C_3}}{\mathrm{C_2}}\frac{\mathrm{R_T}\sin\varphi}{\sqrt{\mathrm{R_T^2} + \mathrm{R_N^2} - 2\mathrm{R_T R_N}\cos\varphi}}\right)}$$

B.2.e. D'après les questions B.1.b et B.1.c, des mesures ont montré que si $\theta < \theta_{\text{min}}$, avec $\theta_{\text{min}} = 106\,°$, alors la détection des ondes est directe.
D'après la figure 16.6, on lit graphiquement que les ondes réfractées ressortent avec un angle compris entre 145° et 180°.
Dans l'intervalle $106° < \theta < 145°$ il n'y a donc pas d'ondes détectées d'où l'existence d'une « zone d'ombre » dans cet intervalle.

16.2 Modèle du faisceau gaussien (e3a)

Conseils - Pour aborder cet extrait de sujet de concours, il est préférable de revoir les notions suivantes :

- Opérateurs différentiels vectoriels (chapitre 2)
- Trigonométrie (chapitre 3)
- Dérivées (chapitre 4)
- Intégrales (chapitre 7)
- Nombres complexes (chapitre 8)
- Etude de fonctions, graphiques (chapitre 10)

Les faisceaux laser de puissance sont actuellement très utilisés dans l'industrie tant dans les domaines du traitement thermique des aciers que du perçage, de la découpe ou de la soudure de matériaux divers. Pour ces applications, les lasers les plus souvent rencontrés sont le laser YAG-Nd^{3+} (laser solide constitué d'un cristal de grenat d'yttrium et d'aluminium dopé par 1,5% en poids d'oxyde de néodyme Nd_2O_3) dont la transition la plus intense se situe à $1,06\,\mu$m et le laser à gaz (CO_2) émettant dans le domaine infrarouge à $10,6\,\mu$m. Ces deux types de laser peuvent fonctionner aussi bien en mode continu qu'en mode impulsionnel.

Une onde plane étant d'extension infinie, elle ne peut représenter de manière réaliste le faisceau du laser dont la section S est en pratique inférieure à $1\,\text{mm}^2$. Dans un modèle plus réaliste, l'onde électromagnétique du laser (se propageant dans le vide et dans le sens des z croissants) peut être représentée comme une onde de profil gaussien, dont le champ électrique en un point M de coordonnées cylindriques (r, θ, z) peut être mis sous la forme :

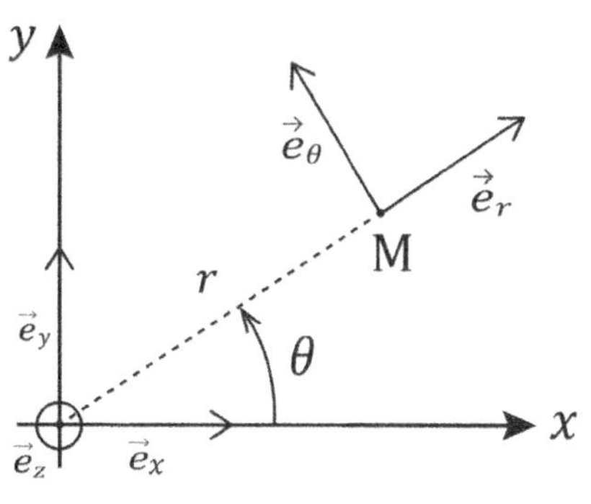

FIGURE 16.16

$$\vec{\underline{E}}(\mathrm{M}, t) = \underline{E}(r, z) \exp[\mathrm{i}(kz - \omega t)]\, \vec{e}_x$$

avec $k = \dfrac{2\pi}{\lambda}$, où λ est la longueur d'onde. Dans cette expression, l'amplitude complexe $\underline{E}(r, z)$ du champ électrique dépend de r et de z et s'écrit :

$$\underline{E}(r, z) = E_0 \frac{\mathrm{i}z_0}{z + \mathrm{i}z_0} \exp\left(-\mathrm{i}k \frac{r^2}{2(z + \mathrm{i}z_0)}\right)$$

où z_0 est une constante positive appelée distance de Rayleigh et E_0 un réel positif.

1. Montrer que le carré du module de $\underline{E}(r, z)$ peut s'exprimer sous la forme :

$$|\underline{E}(r, z)|^2 = A^2(z) \exp\left(-\frac{2r^2}{w^2(z)}\right) \quad \text{(E1)}$$

avec $w(z) = w_0\sqrt{1 + \dfrac{z^2}{z_0^2}}$. Déterminer la constante w_0 ($w_0 > 0$) en fonction de z_0 et λ, puis montrer que : $A(z)w(z) = E_0 w_0$.

2. Représenter les graphes des fonctions $A(z)$ et $w(z)$ pour $z \in \mathbb{R}$.
3. Représenter les graphes du module $|\underline{E}(r, z)|$ du champ électrique en fonction de r lorsque $z = 0$, puis pour une valeur fixée $z > 0$. Quelle signification physique peut-on donner à $w(z)$?

En pratique, l'amplitude complexe du champ électrique est une fonction lentement variable de r et z, ce qui signifie qu'à l'échelle de la longueur d'onde λ, les variations de $\underline{E}(r, z)$ sont négligeables.

4. Justifier que cela revient à écrire :

$$\left|\frac{\partial \underline{E}}{\partial r}\right| \ll k\,|\underline{E}| \quad \text{et} \quad \left|\frac{\partial \underline{E}}{\partial z}\right| \ll k\,|\underline{E}|$$

5. Compte tenu de l'approximation précédente, montrer à l'aide des équations de Maxwell que la champ magnétique de l'onde peut se mettre sous la forme approchée :

$$\vec{\underline{B}}(M, t) \approx \frac{\underline{E}(r, z)}{c} \exp[\mathrm{i}(kz - \omega t)]\, \vec{e}_y \quad \text{(E2)}$$

On pourra utiliser les formules d'analyse vectorielle rassemblées en fin d'énoncé.

6. Calculer la valeur moyenne du vecteur de Poynting $\langle \overrightarrow{\Pi} \rangle$ et déterminer la densité de puissance de cette onde $J(r, z) = \|\langle \overrightarrow{\Pi} \rangle\|$.

Etudions la répartition de $J(r, z)$ dans un plan perpendiculaire à Oz et situé à la cote z et notons $J_{max}(z)$ la valeur maximale de J dans ce plan. Le rayon $R(z)$ du faisceau laser à la cote z est défini comme la valeur de r pour laquelle $J = \dfrac{J_{max}(z)}{\mathrm{e}^2}$, où e est la base du logarithme népérien.

7. Déterminer l'expression de ce rayon en fonction de $w(z)$.
8. Montrer que lorsque $z \gg z_0$ le faisceau a la forme d'un cône de sommet O et de demi-angle au sommet β, qui sera exprimé en fonction de w_0 et z_0, puis en fonction de w_0 et λ.
L'angle β est appelé divergence du faisceau laser.
9. Application numérique : dans le cas d'un laser YAG-Nd^{3+}, possédant pour caractéristiques : $w_0 = 0{,}50\,\text{mm}$ et $\lambda = 1{,}06\,\mu\text{m}$, déterminer z_0 et β en degrés.
Reproduire le même calcul pour un laser CO_2 possédant le même w_0 mais de longueur d'onde $\lambda = 10{,}6\,\mu\text{m}$. Conclure.

Formulaire

Gradient (en coordonnées cylindriques) pour un champ scalaire f :

$$\overrightarrow{\text{grad}} f = \frac{\partial f}{\partial r}\vec{u}_r + \frac{1}{r}\frac{\partial f}{\partial \theta}\vec{u}_\theta + \frac{\partial f}{\partial z}\vec{u}_z$$

Relations entre opérateurs :

$$\overrightarrow{\text{rot}}\left(\overrightarrow{\text{rot}}\vec{A}\right) = \overrightarrow{\text{grad}}\left(\text{div}\,\vec{A}\right) - \Delta\vec{A}$$

$$\overrightarrow{\text{rot}}\left(f \times \vec{A}\right) = f \times \overrightarrow{\text{rot}}\vec{A} + \overrightarrow{\text{grad}} f \wedge \vec{A}$$

Laplacien (en coordonnées cylindriques) pour un champ scalaire f :

$$\Delta f = \frac{1}{r}\frac{\partial}{\partial r}\left(r\frac{\partial f}{\partial r}\right) + \frac{1}{r^2}\frac{\partial^2 f}{\partial \theta^2} + \frac{\partial^2 f}{\partial z^2}$$

Laplacien vectoriel (en coordonnées cartésiennes) :

$$\Delta\vec{A} = \Delta A_x\,\vec{u}_x + \Delta A_y\,\vec{u}_y + \Delta A_z\,\vec{u}_z$$

Valeur moyenne du produit vectoriel de deux fonctions vectorielles sinusoidales de même pulsation (notation complexe) :

$$\langle \vec{a} \wedge \vec{b} \rangle = \frac{1}{2}\mathcal{R}\text{e}\left(\underline{\vec{a}} \wedge \underline{\vec{b}}^*\right),\ \underline{\vec{b}}^* \text{ représentant le complexe conjugué de } \underline{\vec{b}}$$

D'après concours e3a-Polytech PC

Solution

1. Le module d'un complexe au carré est obtenu en multipliant le complexe par son conjugué.

$$|\underline{E}(r,z)|^2 = \underline{E}(r,z) \times \underline{E}^*(r,z)$$

$$= \left(E_0 \frac{\mathrm{i}z_0}{z+\mathrm{i}z_0} \exp\left(-\mathrm{i}k \frac{r^2}{2(z+\mathrm{i}z_0)}\right)\right) \times \left(E_0 \frac{-\mathrm{i}z_0}{z-\mathrm{i}z_0} \exp\left(\mathrm{i}k \frac{r^2}{2(z-\mathrm{i}z_0)}\right)\right)$$

$$= E_0^2 \left(\frac{\mathrm{i}z_0}{z+\mathrm{i}z_0}\right) \times \left(\frac{-\mathrm{i}z_0}{z-\mathrm{i}z_0}\right) \times \exp\left(-\mathrm{i}kr^2\left(\frac{1}{2(z+\mathrm{i}z_0)} - \frac{1}{2(z-\mathrm{i}z_0)}\right)\right)$$

$$= E_0^2 \left(\frac{z_0^2}{z^2+z_0^2}\right) \exp\left(-\mathrm{i}kr^2\left(\frac{z-\mathrm{i}z_0-(z+\mathrm{i}z_0)}{2(z+\mathrm{i}z_0)(z-\mathrm{i}z_0)}\right)\right)$$

$$= E_0^2 \left(\frac{z_0^2}{z^2+z_0^2}\right) \exp\left(-\mathrm{i}kr^2\left(\frac{-2\mathrm{i}z_0}{2(z^2+z_0^2)}\right)\right)$$

$$\boxed{|\underline{E}(r,z)|^2 = E_0^2 \left(\frac{z_0^2}{z^2+z_0^2}\right) \exp\left(-k \frac{r^2 z_0}{(z^2+z_0^2)}\right)}$$

Ce module au carré peut s'exprimer sous la forme :

$$|\underline{E}(r,z)|^2 = A^2(z) \exp\left(-\frac{2r^2}{w^2(z)}\right)$$

avec $A^2(z) = E_0^2 \left(\dfrac{z_0^2}{z^2+z_0^2}\right)$ et $k \dfrac{r^2 z_0}{(z^2+z_0^2)} = \dfrac{2r^2}{w^2(z)}$

$$\Rightarrow w^2(z) = \frac{2(z^2+z_0^2)}{kz_0} = \frac{2z_0}{k}\left(\frac{z^2+z_0^2}{z_0^2}\right) = \frac{2z_0}{k}\left(1+\frac{z^2}{z_0^2}\right)$$

Or $k = \dfrac{2\pi}{\lambda}$,

$$w^2(z) = \frac{2z_0\lambda}{2\pi}\left(1+\frac{z^2}{z_0^2}\right)$$

$$w(z) = \sqrt{\frac{\lambda z_0}{\pi}}\sqrt{1+\frac{z^2}{z_0^2}} = w_0\sqrt{1+\frac{z^2}{z_0^2}}$$

avec $\boxed{w_0 = \sqrt{\dfrac{\lambda z_0}{\pi}}}$.

$$A(z)w(z) = \frac{E_0 z_0}{\sqrt{z^2+z_0^2}} \times w_0\sqrt{1+\frac{z^2}{z_0^2}} = \frac{E_0}{\sqrt{\frac{z^2}{z_0^2}+1}} w_0\sqrt{1+\frac{z^2}{z_0^2}}$$

$$\boxed{A(z)w(z) = E_0 w_0}$$

2. **Tracé des graphes des fonctions $A(z)$ et $w(z)$:**

Pour $z = 0 \Rightarrow A(z) = E_0$

Pour $z = z_0 \Rightarrow A(z) = \dfrac{E_0}{\sqrt{2}}$

Pour $z = 2z_0 \Rightarrow A(z) = \dfrac{E_0}{\sqrt{5}}$

Pour $z = 3z_0 \Rightarrow A(z) = \dfrac{E_0}{\sqrt{10}}$

Pour $z = 4z_0 \Rightarrow A(z) = \dfrac{E_0}{\sqrt{17}}$

Pour $z = 0 \Rightarrow w(z) = w_0$

Pour $z = z_0 \Rightarrow w(z) = w_0\sqrt{2}$

Pour $z = 2z_0 \Rightarrow w(z) = w_0\sqrt{5}$

Pour $z = 3z_0 \Rightarrow w(z) = w_0\sqrt{10}$

Pour $z = 4z_0 \Rightarrow w(z) = w_0\sqrt{17}$

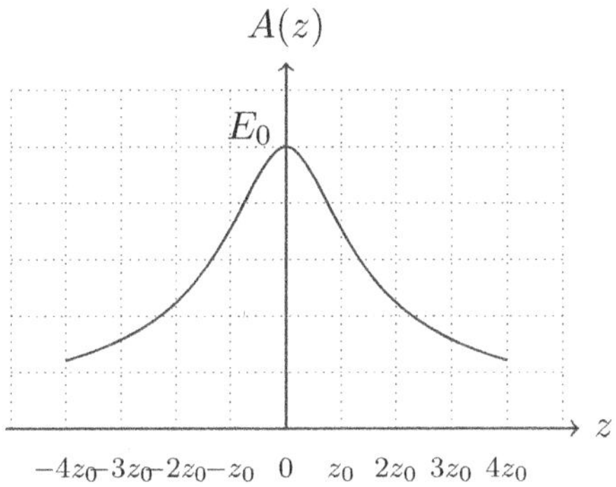

FIGURE 16.17

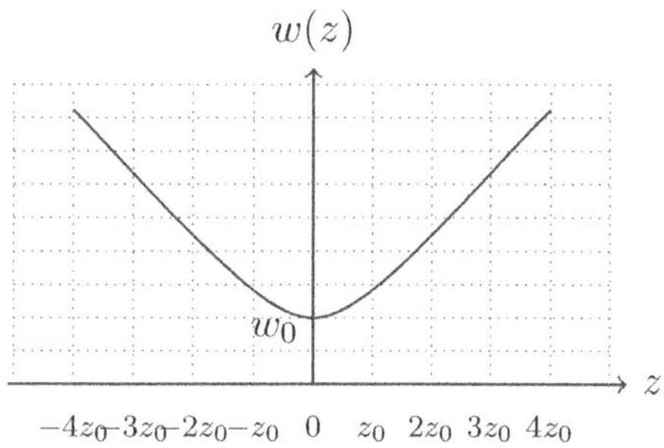

FIGURE 16.18

3. **Tracé des graphes du module $|\underline{E}(r,z)|$ pour $z = 0$ et pour $z > 0$ (ici $z = z_0$ par exemple) :**

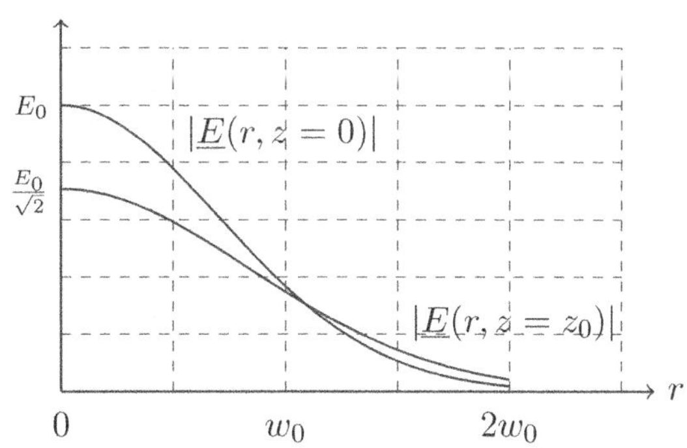

FIGURE 16.19

$$|\underline{E}(r, z=0)| = A(z=0)\exp\left(-\frac{r^2}{w^2_{(z=0)}}\right)$$

$$\boxed{|\underline{E}(r, z=0)| = E_0 \exp\left(-\frac{r^2}{w_0^2}\right)}$$

Pour $r = 0 \Rightarrow |\underline{E}(r, z=0)| = E_0$

Pour $r = w_0 \Rightarrow |\underline{E}(r, z=0)| = E_0 \exp(-1) = 0,37E_0$

Pour $r = 2w_0 \Rightarrow |\underline{E}(r, z=0)| = E_0 \exp(-4) = 0,018E_0$

$$|\underline{E}(r, z=z_0)| = A(z=z_0)\exp\left(-\frac{r^2}{w^2_{(z=z_0)}}\right)$$

$$\boxed{|\underline{E}(r, z=z_0)| = \frac{E_0}{\sqrt{2}} \exp\left(-\frac{r^2}{2w_0^2}\right)}$$

Pour $r = 0 \Rightarrow |\underline{E}(r, z=z_0)| = \dfrac{E_0}{\sqrt{2}} = 0,71E_0$

Pour $r = w_0 \Rightarrow |\underline{E}(r, z=z_0)| = \dfrac{E_0}{\sqrt{2}} \exp\left(-\dfrac{1}{2}\right) = 0,43E_0$

Pour $r = 2w_0 \Rightarrow |\underline{E}(r, z=z_0)| = \dfrac{E_0}{\sqrt{2}} \exp(-2) = 0,096E_0$

4. A l'échelle de la longueur d'onde λ, les variations de $\underline{E}(r, z)$ sont négligeables, cela signifie que $\lambda \ll r$. On peut donc effectuer un développement limité à l'ordre 1 en λ.

$$\underline{E}(r+\lambda, z) \simeq \underline{E}(r, z) + \lambda \frac{\partial \underline{E}(r, z)}{\partial r}$$

On a donc :

$$\lambda \left|\frac{\partial \underline{E}(r, z)}{\partial r}\right| \ll |\underline{E}(r, z)|$$

$$\left|\frac{\partial \underline{E}(r, z)}{\partial r}\right| \ll \frac{1}{\lambda}|\underline{E}(r, z)| < \frac{2\pi}{\lambda}|\underline{E}(r, z)| = k\,|\underline{E}(r, z)|$$

On a bien montré que $\boxed{\left|\dfrac{\partial \underline{E}}{\partial r}\right| \ll k\,|\underline{E}|}$.

De même à l'échelle de la longueur d'onde λ, les variations de $\underline{E}(r,z)$ sont négligeables, cela signifie que $\lambda \ll z$. On peut donc effectuer un développement limité à l'ordre 1 en λ.

$$\underline{E}(r, z+\lambda) \simeq \underline{E}(r,z) + \lambda \frac{\partial \underline{E}(r,z)}{\partial z}$$

On a donc :

$$\lambda \left| \frac{\partial \underline{E}(r,z)}{\partial z} \right| \ll |\underline{E}(r,z)|$$

$$\left| \frac{\partial \underline{E}(r,z)}{\partial z} \right| \ll \frac{1}{\lambda} |\underline{E}(r,z)| < \frac{2\pi}{\lambda} |\underline{E}(r,z)| = k\, |\underline{E}(r,z)|$$

On a bien montré que $\boxed{\left| \frac{\partial \underline{E}}{\partial z} \right| \ll k\, |\underline{E}|}$.

5. L'équation de Maxwell-Faraday s'écrit $\overrightarrow{\text{rot}}\vec{\underline{E}}(\text{M},t) = -\dfrac{\partial \vec{\underline{B}}(\text{M},t)}{\partial t}$.
En coordonnées cylindriques, $\overrightarrow{\text{rot}}\vec{\underline{E}}(\text{M},t)$ s'écrit :

$$\overrightarrow{\text{rot}}\vec{\underline{E}}(\text{M},t) = \begin{pmatrix} \dfrac{\partial}{\partial r} \\ \dfrac{1}{r}\dfrac{\partial}{\partial \theta} \\ \dfrac{\partial}{\partial z} \end{pmatrix} \wedge \begin{pmatrix} \underline{E}(\text{M},t) \\ 0 \\ 0 \end{pmatrix} = \begin{pmatrix} 0 \\ \dfrac{\partial \underline{E}(\text{M},t)}{\partial z} \\ -\dfrac{1}{r}\dfrac{\partial \underline{E}(\text{M},t)}{\partial \theta} \end{pmatrix}$$

Or $\underline{E}(\text{M},t) = \underline{E}(r,z,t)$, ce champ ne dépend pas de la variable θ. On a donc :

$$\overrightarrow{\text{rot}}\vec{\underline{E}}(\text{M},t) = \frac{\partial \underline{E}(\text{M},t)}{\partial z}\, \vec{e}_\theta = -\frac{\partial \vec{\underline{B}}(\text{M},t)}{\partial t}$$

On en déduit que le champ magnétique n'a de composante que selon $\vec{e}_\theta$.

$$\frac{\partial \underline{E}(\text{M},t)}{\partial z} = \frac{\partial}{\partial z}\left[\underline{E}(r,z)\exp(\text{i}(kz-\omega t))\right] = -\frac{\partial \underline{B}(\text{M},t)}{\partial t}$$

$$\frac{\partial \underline{E}(r,z)}{\partial z}\exp(\text{i}(kz-\omega t)) + \underline{E}(r,z)(\text{i}k)\exp(\text{i}(kz-\omega t)) = -(-\text{i}\omega)\underline{B}(\text{M},t)$$

Compte tenu de l'approximation vérifiée à la question 4, on a :

$$\frac{\partial \underline{E}(\text{M},t)}{\partial z} \simeq \text{i}k\underline{E}(r,z)\exp(\text{i}(kz-\omega t)) = +\text{i}\omega \underline{B}(\text{M},t)$$

$$\vec{\underline{B}}(\text{M},t) \simeq \frac{k}{\omega}\underline{E}(r,z)\exp(\text{i}(kz-\omega t))\,\vec{e}_\theta$$

Or $k = \dfrac{\omega}{c}$,

$$\boxed{\underline{\vec{B}}(\mathrm{M}, t) \simeq \frac{\underline{E}(r, z)}{c} \exp(\mathrm{i}(kz - \omega t))\, \vec{e}_\theta}$$

6. Par définition, $\vec{\Pi} = \dfrac{\vec{E}(\mathrm{M}, t) \wedge \vec{B}(\mathrm{M}, t)}{\mu_0}$ avec $\vec{E}(\mathrm{M}, t)$ et $\vec{B}(\mathrm{M}, t)$ réels.

$$\vec{E}(\mathrm{M}, t) = \mathcal{R}\mathrm{e}\left\{\underline{\vec{E}}(\mathrm{M}, t)\right\} = \mathcal{R}\mathrm{e}\left\{\underline{E}(r, z) \exp(\mathrm{i}(kz - \omega t))\, \vec{e_x}\right\}$$

$$\Rightarrow\ \vec{E}(\mathrm{M}, t) = |\underline{E}(r, z)| \cos(kz - \omega t)\, \vec{e}_x$$

$$\vec{B}(\mathrm{M}, t) = \mathcal{R}\mathrm{e}\left\{\underline{\vec{B}}(\mathrm{M}, t)\right\} = \mathcal{R}\mathrm{e}\left\{\frac{\underline{E}(r, z)}{c} \exp(\mathrm{i}(kz - \omega t))\, \vec{e_y}\right\}$$

$$\Rightarrow\ \vec{B}(\mathrm{M}, t) = \frac{1}{c}\, |\underline{E}(r, z)| \cos(kz - \omega t)\, \vec{e}_y$$

$$\vec{\Pi} = \frac{|\underline{E}(r, z)| \cos(kz - \omega t)\, \vec{e}_x \wedge \frac{1}{c}\, |\underline{E}(r, z)| \cos(kz - \omega t)\, \vec{e}_y}{\mu_0}$$

$$\vec{\Pi} = \frac{|\underline{E}(r, z)|^2}{\mu_0 c} \cos^2(kz - \omega t)\, \vec{e}_z$$

$$\langle\, \vec{\Pi}\, \rangle = \left\langle \frac{|\underline{E}(r, z)|^2}{\mu_0 c} \cos^2(kz - \omega t)\, \vec{e}_z \right\rangle$$

$$\langle\, \vec{\Pi}\, \rangle = \frac{|\underline{E}(r, z)|^2}{\mu_0 c} \langle \cos^2(kz - \omega t) \rangle\, \vec{e}_z$$

Or la moyenne temporelle est $\langle \cos^2(kz - \omega t) \rangle = \dfrac{1}{2}$ (voir la définition de la moyenne temporelle au chapitre 12 - Mathématiques - coefficients de Fourier ainsi que le calcul de l'intégrale sur une période au chapitre 7 - Intégrales - Exercice 1).

$$\langle\, \vec{\Pi}\, \rangle = \frac{|\underline{E}(r, z)|^2}{2\mu_0 c}\, \vec{e}_z$$

$$\boxed{\langle\, \vec{\Pi}\, \rangle = \frac{A^2(z)}{2\mu_0 c} \exp\left(-\frac{2r^2}{w^2(z)}\right) \vec{e}_z}$$

$$J(r, z) = \|\langle\, \vec{\Pi}\, \rangle\|$$

$$\boxed{J(r, z) = \frac{A^2(z)}{2\mu_0 c} \exp\left(-\frac{2r^2}{w^2(z)}\right)}$$

7. Le rayon $R(z)$ est tel que $J(R(z), z) = \dfrac{J_{max}(z)}{\mathrm{e}^2}$.

$$\frac{A^2(z)}{2\mu_0 c} \exp\left(-\frac{2R^2}{w^2(z)}\right) = \frac{A^2(z)}{2\mu_0 c} \frac{\exp 0}{\mathrm{e}^2}$$

$$\boxed{R(z) = w(z)}$$

8. D'après la question 1, $A(z)w(z) = E_0 w_0$

$$w(z) = R(z) = \frac{E_0 w_0}{A(z)}$$

Lorsque $z \gg z_0$, $R(z) \approx w_0 \dfrac{z}{z_0}$ et le faisceau prend la forme d'un cône de sommet O et de demi-angle au sommet β tel que :

$$\tan\beta = \frac{R(z)}{z} = w_0 \frac{z}{z_0} \frac{1}{z} = \frac{w_0}{z_0} = \frac{w_0}{z_0} \frac{w_0}{w_0} = \frac{w_0^2}{z_0} \frac{1}{w_0} = \frac{\lambda}{\pi w_0}$$

$$\boxed{\tan\beta = \frac{w_0}{z_0} = \frac{\lambda}{\pi w_0}}$$

9. Dans le cas des petits angles, $\tan\beta \approx \beta$

$$\boxed{z_0 = w_0^2 \frac{\pi}{\lambda}} \text{ et } \boxed{\beta \approx \frac{\lambda}{\pi w_0}}$$

Applications numériques

* Dans la cas d'un laser YAG-Nd^{3+}

$$z_0 = \left(0,50 \times 10^{-3}\right)^2 \frac{\pi}{1,06 \times 10^{-6}} = 0,74 \text{ m} = \boxed{74 \text{ cm}}$$

$$\beta \approx \frac{1,06 \times 10^{-6}}{\pi \cdot 0,50 \times 10^{-3}} = 6,7 \times 10^{-4} \text{ rad} = \boxed{0,039°}$$

* Dans le cas d'un laser CO_2

$$z_0 = \left(0,50 \times 10^{-3}\right)^2 \frac{\pi}{10,6 \times 10^{-6}} = 0,074 \text{ m} = \boxed{7,4 \text{ cm}}$$

$$\beta \approx \frac{10,6 \times 10^{-6}}{\pi \cdot 0,50 \times 10^{-3}} = 6,7 \times 10^{-3} \text{ rad} = \boxed{0,39°}$$

16.3 Dispositif interférentiel de Mach Zender (CCINP)

Conseils - Pour aborder cet extrait de sujet de concours, il est préférable de revoir les notions suivantes :

- Trigonométrie (chapitre 3)
- Calcul d'une différence de marche (chapitre 3 - Applications en physique)

On s'intéresse au dispositif interférentiel de Mach-Zehnder schématisé sur la **figure 16.20**, que l'on peut considérer comme un « Michelson déplié » et dans lequel on trouve deux miroirs plans (M_1) et (M_2) ainsi que deux lames séparatrices (SP_1) et (SP_2) d'épaisseur supposée nulle, tous ces instruments étant inclinés à $45°$ par rapport aux faisceaux optiques. Une source ponctuelle S est placée au foyer objet d'une lentille convergente (L). Le faisceau réfracté par la lentille est séparé en deux parties de même intensité par la lame (SP_1) pour être recomposé partiellement au niveau de la séparatrice (SP_2) identique à la première, après réflexion sur l'un ou l'autre des miroirs. Le faisceau émergent est ensuite reçu sur un écran (EC). Ce dispositif est entièrement plongé dans l'air dont on admettra que l'indice a pour valeur $n_0 = 1$.

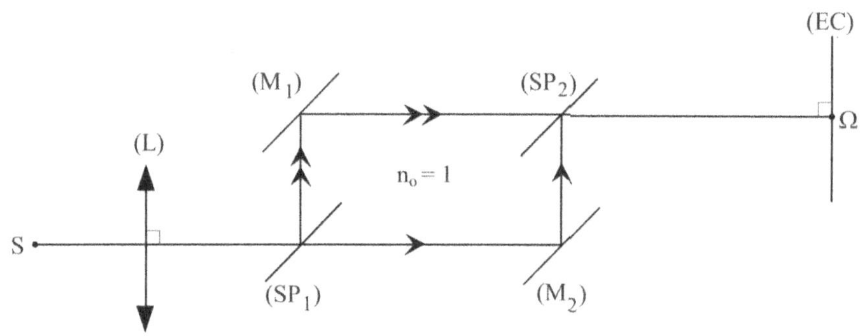

FIGURE 16.20

Sur le trajet issu de (M_1) et dirigé vers (SP_2) on introduit (**figure 16.21**) une lame à faces parallèles (L_1) d'épaisseur e et d'indice n, perpendiculaire au faisceau. Sur l'autre trajet, de (SP_1) vers (M_2) on introduit une lame à faces parallèles (L_2) identique à la première (**figure 16.22**), mais faiblement inclinée, de manière à se présenter sous une faible incidence θ par rapport au faisceau.

1. Exprimer, pour le parcours de (M_1) à (SP_2), la différence de marche supplémentaire δ_1 introduite par la présence de lame à faces parallèles (L_1).
2. Exprimer, pour le parcours de (SP_1) à (M_2), le chemin optique $\mathcal{L}(A'B')$ puis la distance $(A'H')$ (projection de $(A'B')$ sur l'axe optique) en fonction de

l'angle θ supposé très petit et des données n et e. En déduire la différence de marche supplémentaire δ_2 introduite par la présence de la lame à faces parallèles (L_2).
Les calculs seront développés en les limitant au second ordre (inclus) en θ.

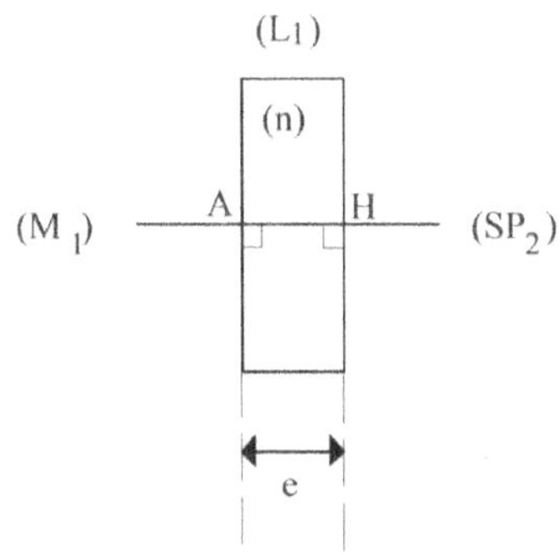

FIGURE 16.21

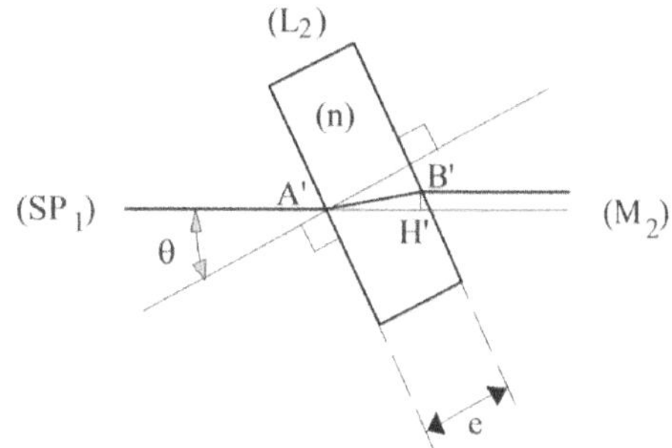

FIGURE 16.22

D'après Concours Commun INP PC

Solution

1. Un rayon lumineux qui traverse une lame de verre d'épaisseur e sous incidence normale parcourt un chemin optique égale à $n_{\text{verre}} \times e$.
   Sur le parcours de (M_1) à (SP_2), la lame à faces parallèles introduit une **différence** de marche supplémentaire d'expression :

$$\delta_1 = n_{\text{verre}} \times e - n_{\text{air}} \times e = (n-1)\,e$$

2. D'après les lois de la réfraction de Snell-Descartes, on a :

$$n_{\text{air}} \sin\theta = n_{\text{verre}} \sin\varphi$$

   Pour des petits angles, on peut écrire : $\theta = n\varphi$.

$$\mathcal{L}(\mathrm{A'B'}) = n_{\text{verre}}\,\mathrm{A'B'} = n\,\mathrm{A'B'}$$

   Dans le triangle $(\mathrm{A'B'C'})$ (voir figure 16.23), on a :

$$\cos\varphi = \frac{\mathrm{A'C'}}{\mathrm{A'B'}} = \frac{e}{\mathrm{A'B'}}$$

$$\mathrm{A'B'} = \frac{e}{\cos\varphi}$$

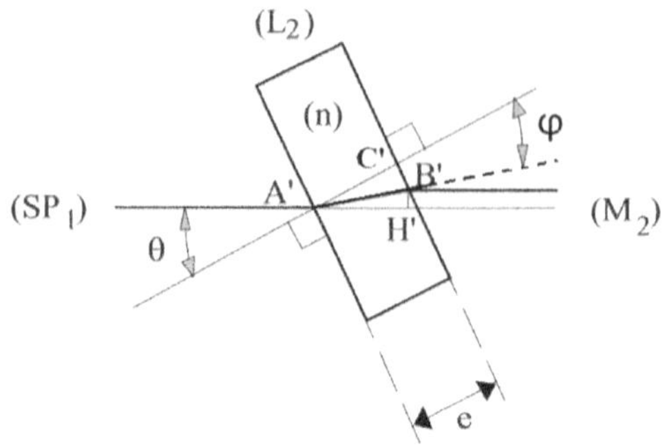

FIGURE 16.23

$$\mathcal{L}(\mathrm{A'B'}) = \frac{n\,e}{\cos\varphi} = \frac{n\,e}{\cos\left(\frac{\theta}{n}\right)}$$

On effectue un développement limité à l'ordre 2 en θ.

$$\cos\left(\frac{\theta}{n}\right) \simeq 1 - \frac{\left(\frac{\theta}{n}\right)^2}{2\,!} = 1 - \frac{\theta^2}{2n^2}$$

$$\frac{1}{\cos\left(\frac{\theta}{n}\right)} = \left(\cos\left(\frac{\theta}{n}\right)\right)^{-1} \simeq \left(1 - \frac{\theta^2}{2n^2}\right)^{-1} \simeq \left(1 - (-1)\frac{\theta^2}{2n^2}\right) = \left(1 + \frac{\theta^2}{2n^2}\right)$$

$$\boxed{\mathcal{L}(\mathrm{A'B'}) \simeq n\,e\left(1 + \frac{\theta^2}{2n^2}\right)}$$

Dans le triangle $(\mathrm{A'B'H'})$ (voir figure 16.23), on a :

$$\cos(\theta - \varphi) = \frac{\mathrm{A'H'}}{\mathrm{A'B'}}$$

$$\mathrm{A'H'} = \mathrm{A'B'}\cos(\theta - \varphi) = e\left(1 + \frac{\theta^2}{2n^2}\right)\cos(\theta - \varphi)$$

On effectue un développement limité de $\cos(\theta - \varphi)$ à l'ordre 2 en θ :

$$\cos(\theta - \varphi) = \cos\left(\theta - \frac{\theta}{n}\right) \simeq 1 - \frac{\left(\theta - \frac{\theta}{n}\right)^2}{2\,!} \simeq 1 - \frac{1}{2}\left(\theta^2 + \frac{\theta^2}{n^2} - 2\frac{\theta^2}{n}\right)$$

$$\mathrm{A'H'} \simeq e\left(1 + \frac{\theta^2}{2n^2}\right)\left[1 - \frac{1}{2}\left(\theta^2 + \frac{\theta^2}{n^2} - 2\frac{\theta^2}{n}\right)\right]$$

On développe cette expression et l'on néglige tous les termes d'ordre 3 ou supérieurs en θ. On a alors :

$$\mathrm{A'H'} \simeq e\left[1 - \frac{\theta^2}{2} - \frac{\theta^2}{2n^2} + \frac{\theta^2}{n} + \frac{\theta^2}{2n^2}\right]$$

$$\boxed{\mathrm{A'H'} \simeq e\left[1 - \frac{\theta^2}{2} + \frac{\theta^2}{n}\right]}$$

On en déduit la différence de marche supplémentaire δ_2 introduite par la présence de la lame à faces parallèles (L_2).

$$\delta_2 = \mathcal{L}(\mathrm{A'B'}) - \mathcal{L}(\mathrm{A'H'}) = n_{\text{verre}}\,\mathrm{A'B'} - n_{\text{air}}\,\mathrm{A'H'}$$

$$\begin{aligned}\delta_2 &\simeq n\,e\left(1 + \frac{\theta^2}{2n^2}\right) - e\left[1 - \frac{\theta^2}{2} + \frac{\theta^2}{n}\right] \\ &\simeq e\left[n - 1 + \frac{\theta^2}{2} - \frac{1}{2}\frac{\theta^2}{n}\right] = e\left[(n-1) + (n-1)\left(\frac{\theta^2}{2n}\right)\right]\end{aligned}$$

$$\boxed{\delta_2 \simeq e\,(n-1)\left[1 + \frac{\theta^2}{2n}\right]}$$

Si l'angle θ est nul, on retrouve la différence de marche d'une lame d'air sous incidence normale de la question 1 avec $\delta_1 = (n-1)\,e$.

16.4 Diffraction par une fente, par deux fentes (CCINP)

La notion de diffraction n'est plus au programme des classes préparatoires à la rentée 2022 mais reste au programme des licences 3.

Conseils - Pour aborder cet extrait de sujet de concours, il est préférable de revoir les notions suivantes :

- Produits scalaires (chapitre 1)
- Trigonométrie (chapitre 3)
- Intégrales (chapitre 7)
- Nombres complexes (chapitre 8)
- Tranformées de Fourier (chapitre 12)

Quelques rappels sur les notations adoptées en optique ondulatoire

Une onde plane incidente monochromatique, de longueur d'onde λ_0 dans le vide, arrive sur un écran opaque percé d'un diaphragme Σ rectangulaire, centré en O, de côtés a et b, selon la direction du vecteur unitaire incident $\vec{e}_0 = \alpha_0\,\vec{e}_x + \beta_0\,\vec{e}_y + \gamma_0\,\vec{e}_z$ (**figure 16.24**). On rappelle que l'amplitude scalaire de l'onde diffractée à l'infini dans la direction du vecteur unitaire $\vec{e} = \alpha\,\vec{e}_x + \beta\,\vec{e}_y + \gamma\,\vec{e}_z$ est proportionnelle à la transformée de Fourier spatiale de la fonction de transmission $\underline{t}(\mathrm{P})$ de l'objet diffractant et s'exprime en notation complexe :

$$\underline{s}_{\text{diffractée}}(\vec{e},\vec{e}_0) = \underline{K}\,\underline{s}_0 \iint_{\Sigma} \underline{t}(\mathrm{P})\,\mathrm{e}^{-\mathrm{i}\frac{2\pi n}{\lambda_0}(\vec{e}-\vec{e}_0)\cdot\overrightarrow{\mathrm{OP}}}\,\mathrm{d}\Sigma$$

où $\underline{K}$ est une constante et $\underline{s}_0$ est l'amplitude de l'onde incidente en O. Dans les hypothèses de G. Kirchhoff, le facteur de transmission $\underline{t}(\mathrm{P})$, défini pour un écran opaque percé d'un diaphragme transparent, vaut +1 si le point P appartient au diaphragme et 0 si P appartient à l'écran opaque.

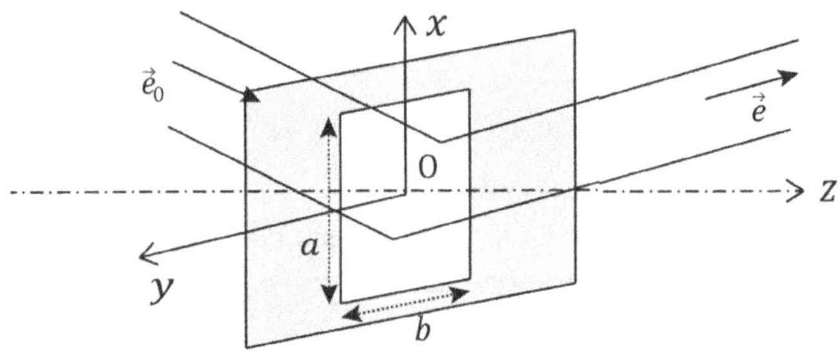

FIGURE 16.24 – Diffraction à l'infini par une ouverture rectangulaire

A. **Diffraction par une fente**

Le système optique, représenté sur la **figure 16.25**, comprend un écran opaque (E), percé d'un diaphragme rectangulaire (**figure 16.26**), placé entre deux lentilles minces convergentes identiques (L_1) et (L_2) (focales images f).

Une source ponctuelle (S) émettant une radiation monochromatique (longueur d'onde λ) est placée au foyer objet de (L_1). La lumière diffractée est observée sur un écran (E') placé dans le plan focal image de (L_2).

On repère un point P du diaphragme par ses coordonnées x et y dans (E) et un point M de (E') par ses coordonnées X et Y dans (E'). Les axes $(\mathrm{O}x)$ et $(\mathrm{O}'X)$ d'une part, $(\mathrm{O}y)$ et $(\mathrm{O}'Y)$ d'autre part, sont parallèles. Les deux lentilles sont diposées suivant le même axe optique $(\mathrm{O}z)$ perpendiculaire à (E) et (E').

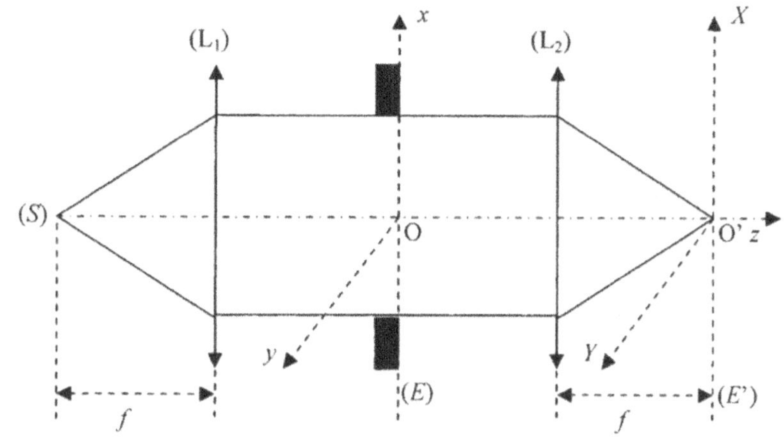

FIGURE 16.25

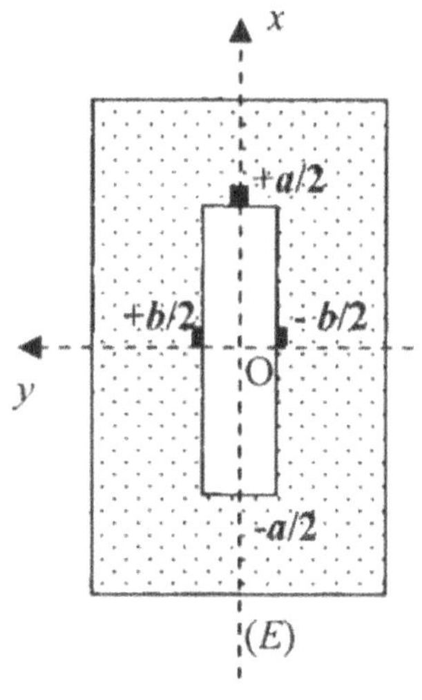

FIGURE 16.26

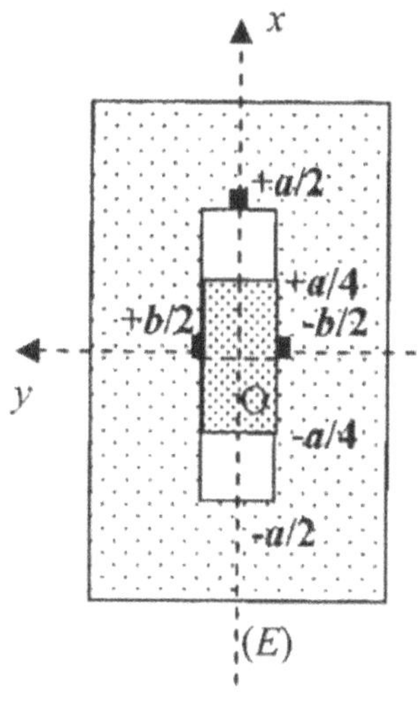

FIGURE 16.27

A.1. Montrer que l'amplitude de l'onde lumineuse diffractée par la fente, représentée sur la **figure 16.26**, dans la direction du vecteur unitaire $\vec{e}(\alpha, \beta, \gamma)$ est de la forme :

$$\underline{s}_{(u,v)} = \underline{\xi}_0 \frac{\sin U}{U} \frac{\sin V}{V}$$

Les paramètres $\underline{\xi}_0$, U et V seront exprimés en fonction de a, b dimensions de la fente, de $\underline{s}_0$, de $\underline{K}$ et des fréquences spatiales $u = \dfrac{\alpha}{\lambda}$ et $v = \dfrac{\beta}{\lambda}$ pour la longeur d'onde λ.

A.2. En déduire l'intensité $I(u, v)$ en un point $\mathrm{M}(u, v)$ de l'écran (E').

A.3. On recouvre la fente rectangulaire transparente de dimensions a et b d'une pupille rectangulaire transparente de même centre O, de mêmes axes de symétries $(\mathrm{O}x)$ et $(\mathrm{O}y)$, de dimensions $a/2$ et b et qui introduit un déphasage de π pour les ondes qui la traversent (**figure 16.27**). Déterminer, à nouveau, l'amplitude diffractée $\underline{s}'(u, v)$ et l'intensité $I'(u, v)$ au point $\mathrm{M}(u, v)$ de (E').

B. **Diffraction par deux fentes**

B.1. On fait subir à la fente une translation dans le plan $(\mathrm{O}xy)$ pour la centrer au point de coordonnées (x_0, y_0). Exprimer l'amplitude complexe $\underline{s}_0(u, v)$; en quoi diffère-t-elle de $\underline{s}(u, v)$?

B.2. Comparer la nouvelle intensité $I_0(u, v)$ à $I(u, v)$.

B.3. En tenant compte des résultats précédents, indiquer quelles sont les amplitudes complexes $\underline{s}_1(u, v)$ et $\underline{s}_2(u, v)$ de deux fentes centrées respectivement en $(x_1 = 0 \,; y_1 = +d)$ et en $(x_2 = 0 \,; y_2 = -d)$ (**figure 16.28**) ?

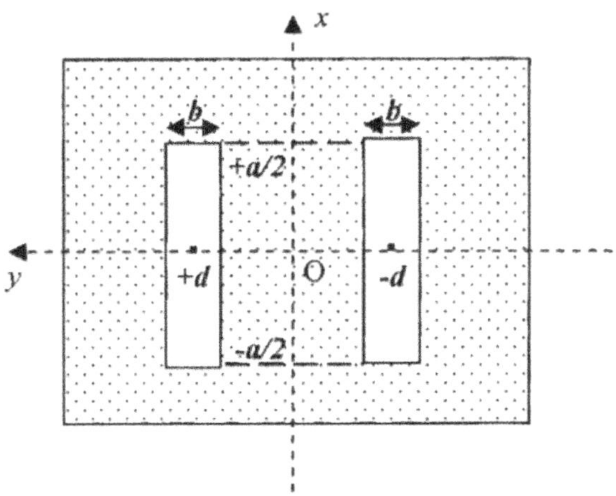

FIGURE 16.28

B.4. En déduire l'amplitude complexe $\underline{s}''(u, v)$ et l'intensité $I''(u, v)$, que l'on mettra sous la forme $I_0'' \cdot f(u) \cdot g(v)$, de la lumière diffractée par ces deux fentes sur l'écran (E'). On exprimera les I_0'', $f(u)$ et $g(v)$.

B.5. Comment peut-on, à partir de la représentation graphique de la fonction $g(v)$, déterminer la distance entre les fentes et une des deux dimensions des fentes ?

D'après Concours Commun INP MP

Solution

A. Diffraction par une fente

A.1. D'après le rappel sur les notations utilisées en optique ondulatoire, on a :

$$\underline{s}_{\text{diffractée}} = \underline{K}\,\underline{s}_0 \iint_\Sigma \underline{t}(\mathrm{P})\,\mathrm{e}^{-\mathrm{i}\frac{2\pi n}{\lambda_0}(\vec{e}-\vec{e}_0)\cdot\overrightarrow{\mathrm{OP}}}\,\mathrm{d}\Sigma$$

Or $\lambda = \dfrac{\lambda_0}{n}$,

$$\underline{s}_{\text{diffractée}} = \underline{K}\,\underline{s}_0 \iint_\Sigma \underline{t}(\mathrm{P})\,\mathrm{e}^{-\mathrm{i}\frac{2\pi}{\lambda}(\vec{e}-\vec{e}_0)\cdot\overrightarrow{\mathrm{OP}}}\,\mathrm{d}\Sigma$$

Ici, on éclaire la pupille diffractante sous incidence normale. On a donc :
$\vec{e}_0 = \gamma_0\,\vec{e}_z$, $\vec{e} = \alpha\,\vec{e}_x + \beta\,\vec{e}_y + \gamma\,\vec{e}_z$ et $\overrightarrow{\mathrm{OP}} = x\,\vec{e}_x + y\,\vec{e}_y$

$$\Rightarrow\ (\vec{e}-\vec{e}_0)\cdot\overrightarrow{\mathrm{OP}} = \alpha x + \beta y$$

$$\begin{aligned}
\underline{s}_{\text{diffractée}} &= \underline{K}\,\underline{s}_0 \iint_\Sigma \underline{t}(P)\,\mathrm{e}^{-\mathrm{i}\frac{2\pi}{\lambda}(\alpha x+\beta y)}\,\mathrm{d}x\,\mathrm{d}y \\
&= \underline{K}\,\underline{s}_0 \int_{-\frac{a}{2}}^{+\frac{a}{2}} 1\times\mathrm{e}^{-i\frac{2\pi}{\lambda}\alpha x}\,\mathrm{d}x \int_{-\frac{b}{2}}^{+\frac{b}{2}} 1\times\mathrm{e}^{-\mathrm{i}\frac{2\pi}{\lambda}\beta y}\,\mathrm{d}y \\
&= \underline{K}\,\underline{s}_0 \left[\frac{\mathrm{e}^{-\mathrm{i}\frac{2\pi}{\lambda}\alpha x}}{-\mathrm{i}\frac{2\pi}{\lambda}\alpha}\right]_{-\frac{a}{2}}^{+\frac{a}{2}} \left[\frac{\mathrm{e}^{-\mathrm{i}\frac{2\pi}{\lambda}\beta y}}{-\mathrm{i}\frac{2\pi}{\lambda}\beta}\right]_{-\frac{b}{2}}^{+\frac{b}{2}} \\
&= \underline{K}\,\underline{s}_0 \left[\frac{\mathrm{e}^{-\mathrm{i}\frac{2\pi}{\lambda}\alpha(+\frac{a}{2})} - \mathrm{e}^{-\mathrm{i}\frac{2\pi}{\lambda}\alpha(-\frac{a}{2})}}{-\mathrm{i}\frac{2\pi}{\lambda}\alpha}\right] \left[\frac{\mathrm{e}^{-\mathrm{i}\frac{2\pi}{\lambda}\beta(+\frac{b}{2})} - \mathrm{e}^{-\mathrm{i}\frac{2\pi}{\lambda}\beta(-\frac{b}{2})}}{-\mathrm{i}\frac{2\pi}{\lambda}\beta}\right] \\
&= \underline{K}\,\underline{s}_0 \left[\frac{\mathrm{e}^{\mathrm{i}\pi\frac{\alpha}{\lambda}a} - \mathrm{e}^{-\mathrm{i}\pi\frac{\alpha}{\lambda}a}}{\mathrm{i}\frac{2\pi}{\lambda}\alpha}\right] \left[\frac{\mathrm{e}^{\mathrm{i}\pi\frac{\beta}{\lambda}b} - \mathrm{e}^{-\mathrm{i}\pi\frac{\beta}{\lambda}b}}{\mathrm{i}\frac{2\pi}{\lambda}\beta}\right]
\end{aligned}$$

On rappelle la formule d'Euler : $\sin\varphi = \dfrac{\mathrm{e}^{\mathrm{i}\varphi} - \mathrm{e}^{-\mathrm{i}\varphi}}{2\mathrm{i}}$.

$$\underline{s}_{\text{diffractée}} = \underline{K}\,\underline{s}_0 \frac{\sin\left(\pi\frac{\alpha}{\lambda}a\right)}{\pi\frac{\alpha}{\lambda}} \frac{\sin\left(\pi\frac{\beta}{\lambda}b\right)}{\pi\frac{\beta}{\lambda}}$$

Or $u = \dfrac{\alpha}{\lambda}$ et $v = \dfrac{\beta}{\lambda}$.

$$\underline{s}(u,v) = \underline{K}\,\underline{s}_0 \frac{\sin(\pi u a)}{\pi u}\frac{a}{a}\frac{\sin(\pi v b)}{\pi v}\frac{b}{b}$$

Avec la fonction sinus cardinale définie par $\mathrm{sinc}(\delta) = \dfrac{\sin\delta}{\delta}$, on a :

$$\boxed{\underline{s}(u,v) = ab\underline{K}\,\underline{s}_0\,\mathrm{sinc}(\pi ua)\,\mathrm{sinc}(\pi vb)}$$

La relation obtenue peut s'écrire sous la forme :

$$\underline{s}(u,v) = \underline{\xi}_0 \frac{\sin U}{U}\frac{\sin V}{V} = \underline{\xi}_0\,\mathrm{sinc}\,U\,\mathrm{sinc}\,V$$

avec $\boxed{\underline{\xi}_0 = ab\underline{K}\quad \underline{s}_0}$, $\boxed{U = \pi ua}$ et $\boxed{V = \pi vb}$

A.2. On définit l'intensité $I(u,v)$ comme étant proportionnelle au carré du module de l'amplitude de l'onde diffractée.

$$I(u,v) = K\left|\underline{s}(u,v)\right|^2$$

où K est un coefficient de proportionnalité.

$$\boxed{I(u,v) = K\left|\underline{\xi}_0\right|^2 \mathrm{sinc}^2(U)\,\mathrm{sinc}^2(V)}$$

A.3. Pour $x \in \left[-\frac{a}{2}, -\frac{a}{4}\right]$ et $x \in \left[+\frac{a}{4}, +\frac{a}{2}\right]$ la fonction de transmission $\underline{t}(\mathrm{P})$ vaut $+1$.

Pour $x \in \left[-\frac{a}{4}, +\frac{a}{4}\right]$ la fonction de transmission s'écrit $\underline{t}(\mathrm{P}) = \mathrm{e}^{\mathrm{i}\pi}$ car l'objet transparent ajouté introduit un déphasage de π radian.

$$\begin{aligned}
\underline{s}'(u,v) =& \underline{K}\,\underline{s}_0 \left(\int_{-\frac{a}{2}}^{-\frac{a}{4}} 1 \times \mathrm{e}^{-\mathrm{i}\frac{2\pi}{\lambda}\alpha x}\,\mathrm{d}x + \int_{-\frac{a}{4}}^{+\frac{a}{4}} 1 \times \mathrm{e}^{-\mathrm{i}\left(\frac{2\pi}{\lambda}\alpha x - \pi\right)}\,\mathrm{d}x \right.\\
&\left. + \int_{+\frac{a}{4}}^{+\frac{a}{2}} 1 \times \mathrm{e}^{-\mathrm{i}\frac{2\pi}{\lambda}\alpha x}\,\mathrm{d}x \right) \int_{-\frac{b}{2}}^{+\frac{b}{2}} 1 \times \mathrm{e}^{-\mathrm{i}\frac{2\pi}{\lambda}\beta y}\,\mathrm{d}y\\
=& \underline{K}\,\underline{s}_0 \left(\left[\frac{\mathrm{e}^{-\mathrm{i}\frac{2\pi}{\lambda}\alpha x}}{-\mathrm{i}\frac{2\pi}{\lambda}\alpha} \right]_{-\frac{a}{2}}^{-\frac{a}{4}} + \left[\frac{\mathrm{e}^{-\mathrm{i}\left(\frac{2\pi}{\lambda}\alpha x - \pi\right)}}{-\mathrm{i}\frac{2\pi}{\lambda}\alpha} \right]_{-\frac{a}{4}}^{+\frac{a}{4}} \right.\\
&\left. + \left[\frac{\mathrm{e}^{-\mathrm{i}\frac{2\pi}{\lambda}\alpha x}}{-\mathrm{i}\frac{2\pi}{\lambda}\alpha} \right]_{+\frac{a}{4}}^{+\frac{a}{2}} \right) \left[\frac{\mathrm{e}^{-\mathrm{i}\frac{2\pi}{\lambda}\beta y}}{-\mathrm{i}\frac{2\pi}{\lambda}\beta} \right]_{-\frac{b}{2}}^{+\frac{b}{2}}
\end{aligned}$$

$$\underline{s}'(u,v) =$$

$$\underline{K}\,\underline{s}_0\left(\frac{e^{-i\frac{2\pi}{\lambda}\alpha\left(-\frac{a}{4}\right)}-e^{-i\frac{2\pi}{\lambda}\alpha\left(-\frac{a}{2}\right)}}{-i\frac{2\pi}{\lambda}\alpha}+\frac{e^{-i\left(\frac{2\pi}{\lambda}\alpha\left(+\frac{a}{4}\right)-\pi\right)}-e^{-i\left(\frac{2\pi}{\lambda}\alpha\left(-\frac{a}{4}\right)-\pi\right)}}{-i\frac{2\pi}{\lambda}\alpha}\right.$$
$$\left.+\frac{e^{-i\frac{2\pi}{\lambda}\alpha\left(+\frac{a}{2}\right)}-e^{-i\frac{2\pi}{\lambda}\alpha\left(+\frac{a}{4}\right)}}{-i\frac{2\pi}{\lambda}\alpha}\right)\left(\frac{e^{-i\frac{2\pi}{\lambda}\beta\left(+\frac{b}{2}\right)}-e^{-i\frac{2\pi}{\lambda}\beta\left(-\frac{b}{2}\right)}}{-i\frac{2\pi}{\lambda}\beta}\right)$$

En regroupant les termes deux par deux judicieusement, on remarque 3 formules d'Euler et l'on peut écrire :

$$\underline{s}'(u,v) = \underline{K}\,\underline{s}_0\left(-\frac{\sin\left(\pi\frac{\alpha}{\lambda}\frac{a}{2}\right)}{\pi\frac{\alpha}{\lambda}}+\frac{\sin\left(\pi\frac{\alpha}{\lambda}a\right)}{\pi\frac{\alpha}{\lambda}}-\frac{\sin\left(\pi\frac{\alpha}{\lambda}\frac{a}{2}\right)}{\pi\frac{\alpha}{\lambda}}\right)\frac{\sin\left(\pi\frac{\beta}{\lambda}b\right)}{\pi\frac{\beta}{\lambda}}$$

Or $\sin\left(\pi u\frac{a}{2}-\pi\right) = -\sin\left(\pi u\frac{a}{2}\right)$.

$$\begin{aligned}\underline{s}'(u,v) &= \underline{K}\,\underline{s}_0\left(-\frac{\sin\left(\pi u\frac{a}{2}\right)}{\pi u}\frac{\frac{a}{2}}{\frac{a}{2}}+\frac{\sin(\pi ua)}{\pi u}\frac{a}{a}+\frac{\sin\left(\pi u\frac{a}{2}-\pi\right)}{\pi u}\frac{\frac{a}{2}}{\frac{a}{2}}\right)\frac{\sin(\pi vb)}{\pi v}\frac{b}{b}\\ &= \underline{K}\,\underline{s}_0\left(-2\frac{a}{2}\operatorname{sinc}\left(\pi u\frac{a}{2}\right)+a\operatorname{sinc}(\pi ua)\right)b\operatorname{sinc}(\pi vb)\\ &= \underline{K}\,\underline{s}_0 ab\left(\operatorname{sinc}(\pi ua)-\operatorname{sinc}\left(\pi u\frac{a}{2}\right)\right)\operatorname{sinc}(\pi vb)\end{aligned}$$

$$\boxed{\underline{s}'(u,v) = \underline{\xi}_0\left(\operatorname{sinc}(U)-\operatorname{sinc}\left(\frac{U}{2}\right)\right)\operatorname{sinc}(V)}$$

On en déduit l'expression de l'intensité :

$$\boxed{I(u,v) = K\left|\underline{\xi}_0\right|^2\left(\operatorname{sinc}(U)-\operatorname{sinc}\left(\frac{U}{2}\right)\right)^2\operatorname{sinc}^2(V)}$$

B. **Diffraction par deux fentes**

B.1.

$$\begin{aligned}\underline{s}_0(u,v) &= \underline{K}\,\underline{s}_0\int_{x_0-\frac{a}{2}}^{x_0+\frac{a}{2}}1\times e^{-i\frac{2\pi}{\lambda}\alpha x}\,dx\int_{y_0-\frac{b}{2}}^{y_0+\frac{b}{2}}1\times e^{-i\frac{2\pi}{\lambda}\beta y}\,dy\\ &= \underline{K}\,\underline{s}_0\left[\frac{e^{-i\frac{2\pi}{\lambda}\alpha x}}{-i\frac{2\pi}{\lambda}\alpha}\right]_{x_0-\frac{a}{2}}^{x_0+\frac{a}{2}}\left[\frac{e^{-i\frac{2\pi}{\lambda}\beta y}}{-i\frac{2\pi}{\lambda}\beta}\right]_{y_0-\frac{b}{2}}^{y_0+\frac{b}{2}}\end{aligned}$$

$$\underline{s}_0(u,v) =$$
$$\underline{K}\,\underline{s}_0 \left[\frac{\mathrm{e}^{-\mathrm{i}\frac{2\pi}{\lambda}\alpha\left(x_0+\frac{a}{2}\right)} - \mathrm{e}^{-\mathrm{i}\frac{2\pi}{\lambda}\alpha\left(x_0-\frac{a}{2}\right)}}{-\mathrm{i}\frac{2\pi}{\lambda}\alpha}\right]\left[\frac{\mathrm{e}^{-\mathrm{i}\frac{2\pi}{\lambda}\beta\left(y_0+\frac{b}{2}\right)} - \mathrm{e}^{-\mathrm{i}\frac{2\pi}{\lambda}\beta\left(y_0-\frac{b}{2}\right)}}{-\mathrm{i}\frac{2\pi}{\lambda}\beta}\right]$$

$$\begin{aligned}
\underline{s}_0(u,v) &= \underline{K}\,\underline{s}_0\,\mathrm{e}^{-\mathrm{i}\frac{2\pi}{\lambda}\alpha x_0}\left[\frac{\mathrm{e}^{\mathrm{i}\pi\frac{\alpha}{\lambda}a} - \mathrm{e}^{-\mathrm{i}\pi\frac{\alpha}{\lambda}a}}{\mathrm{i}\frac{2\pi}{\lambda}\alpha}\right]\mathrm{e}^{-\mathrm{i}\frac{2\pi}{\lambda}\beta y_0}\left[\frac{\mathrm{e}^{\mathrm{i}\pi\frac{\beta}{\lambda}b} - \mathrm{e}^{-\mathrm{i}\pi\frac{\beta}{\lambda}b}}{\mathrm{i}\frac{2\pi}{\lambda}\beta}\right]\\
&= \underline{K}\,\underline{s}_0\,\mathrm{e}^{-\mathrm{i}\frac{2\pi}{\lambda}(\alpha x_0+\beta y_0)}\frac{\sin\left(\pi\frac{\alpha}{\lambda}a\right)}{\pi\frac{\alpha}{\lambda}}\frac{a}{a}\frac{\sin\left(\pi\frac{\beta}{\lambda}b\right)}{\pi\frac{\beta}{\lambda}}\frac{b}{b}\\
&= ab\underline{K}\,\underline{s}_0\,\mathrm{e}^{-\mathrm{i}2\pi(ux_0+vy_0)}\,\mathrm{sinc}(\pi ua)\,\mathrm{sinc}(\pi vb)
\end{aligned}$$

$$\boxed{\underline{s}_0(u,v) = \underline{s}(u,v)\times\mathrm{e}^{-\mathrm{i}2\pi(ux_0+vy_0)}}$$

L'amplitude $\underline{s}_0(u,v)$ diffère de $\underline{s}(u,v)$ par un terme de phase qui correspond au déphasage du rayon qui passe par le point milieu de la fente translatée par rapport au rayon qui passait par O avant d'arriver en M.

B.2.
$$I_0(u,v) = K\left|\underline{s}_0(u,v)\right|^2 = K\left|\underline{s}(u,v)\times\mathrm{e}^{-\mathrm{i}2\pi(ux_0+vy_0)}\right|^2$$
$$I_0(u,v) = K\left|\underline{s}(u,v)\right|^2$$

avec $\left|\mathrm{e}^{-\mathrm{i}2\pi(ux_0+vy_0)}\right| = 1 \Rightarrow \boxed{I_0(u,v) = I(u,v)}$

B.3. En $(x_1 = 0; y_1 = +d)$, $\boxed{\underline{s}_1(u,v) = \underline{s}(u,v)\times\mathrm{e}^{-\mathrm{i}2\pi vd}}$

En $(x_2 = 0; y_2 = -d)$, $\boxed{\underline{s}_2(u,v) = \underline{s}(u,v)\times\mathrm{e}^{+\mathrm{i}2\pi vd}}$

B.4. Les ondes lumineuses qui passent par les deux fentes sont cohérentes, on peut donc additionner leurs amplitudes.

$$\begin{aligned}
\underline{s}''(u,v) &= \underline{s}_1(u,v) + \underline{s}_2(u,v)\\
&= \underline{s}(u,v)\left(\mathrm{e}^{-\mathrm{i}2\pi vd} + \mathrm{e}^{+\mathrm{i}2\pi vd}\right)\\
&= \underline{s}(u,v)\,2\cos(2\pi vd)\\
&= 2\underline{\xi}_0\,\mathrm{sinc}(U)\,\mathrm{sinc}(V)\cos(2\pi vd)\\
&= 2\underline{\xi}_0\,\mathrm{sinc}(\pi ua)\,\mathrm{sinc}(\pi vb)\cos(2\pi vd)
\end{aligned}$$

$$I''(u,v) = K\left|\underline{s}''(u,v)\right|^2$$

$$\boxed{I''(u,v) = 4K\left|\underline{\xi}_0\right|^2 \operatorname{sinc}^2(\pi ua)\operatorname{sinc}^2(\pi vb)\cos^2(2\pi vd)}$$

Expression que l'on peut écrire sous la forme :

$$I''(u,v) = I_0'' \cdot f(u) \cdot g(v)$$

avec $\boxed{I_0'' = 4K\left|\underline{\xi}_0\right|^2}$, $\boxed{f(u) = \operatorname{sinc}^2(\pi ua)}$ et $\boxed{g(v) = \operatorname{sinc}^2(\pi vb)\cos^2(2\pi vd)}$

B.5. Pour déterminer la distance entre deux fentes, on étudie la périodicité du terme d'interférences en $\cos^2(2\pi vd)$.

$$\cos^2(2\pi vd) = 1 \Leftrightarrow 2\pi vd = m\pi \ (m \in \mathbb{Z}) \Leftrightarrow v = \frac{m}{2d}$$

Entre deux franges consécutives de même nature $\Delta v = \dfrac{1}{2d}$ où $2d$ est la distance entre les deux fentes.

A partir de la représentation de la fonction $g(v)$ (figure 16.29), on mesure l'interfrange puis on en déduit la distance $2d$ entre les deux fentes.

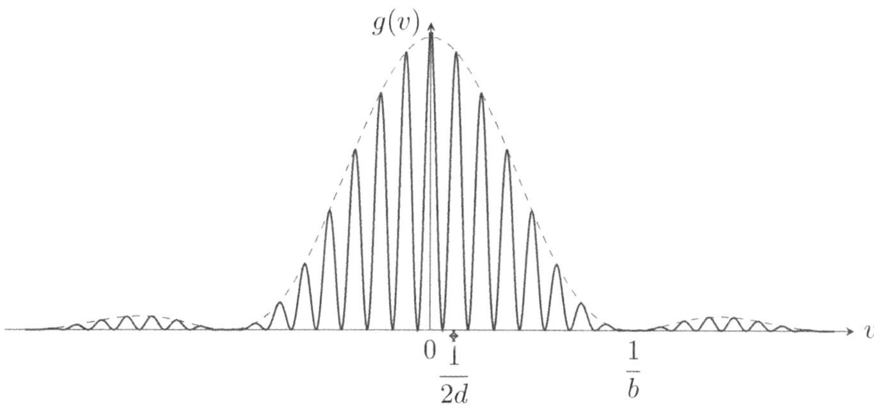

FIGURE 16.29

Pour déterminer une des deux dimensions des fentes, on étudie la fonction $\operatorname{sinc}^2(\pi vb)$ dessinée en pointillée sur la figure 16.29. Cette fonction s'annule pour la première fois pour $\pi vb = \pi$ c'est-à-dire pour $v = \dfrac{1}{b}$.

A partir de la représentation de la fonction $g(v)$, on mesure la demi-largeur de la tache centrale de diffraction, soit v, et on en déduit la largeur d'une fente b.

16.5 Contraste interférentiel (CCINP)

Conseils - Pour aborder cet extrait de sujet de concours, il est préférable de revoir les notions suivantes :

- Trigonométrie (chapitre 3)
- Dérivées (chapitre 4)
- Nombres complexes (chapitre 8)
- Etude de fonctions, graphiques (chapitre 10)
- Suites géométriques (chapitre 11)

Les calculatrices sont interdites

Formulaire : pour tout nombre réel x

$$\cos x = 1 - 2\sin^2\frac{x}{2} \; ; \; \cos^2 x = \frac{1+\cos 2x}{2} \; ; \; \cos^3 x = \frac{3\cos x + \cos 3x}{4}$$

Sur la platine d'un microscope est posée une préparation très mince transparente, immergée dans un liquide d'indice n et comprise entre deux lamelles de verre identiques dont les faces en regard, semi-argentées, sont parallèles. Les détails de la préparation peuvent être assimilés à de petites lames à faces parallèles d'indice n' d'épaisseur ε très faible, parallèles aux faces semi-argentées (figure 16.30).

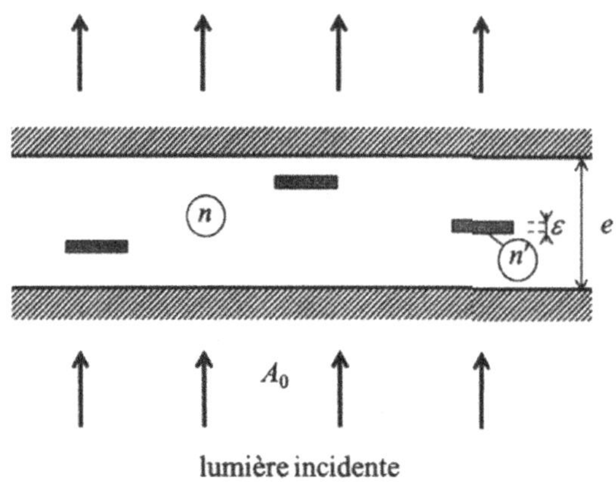

FIGURE 16.30 – Vue de profil de la préparation liquide sous microscope

L'ensemble est éclairé par transmission en incidence normale par un faisceau parallèle de lumière monochromatique (raie verte d'une lampe spectrale à mercure : $\lambda = 546\,\text{m}$) à l'aide d'un trou source disposé au foyer objet du condenseur non représenté dans la figure 16.30. Un objectif placé au-dessus de la préparation permet d'observer celle-ci.

A. Observation en l'absence de détails

Les deux lamelles de verre semi-argentées peuvent être considérées comme deux miroirs semi-réfléchissants de coefficients de réflexion et de transmission en amplitude r et t (nombres réels positifs inférieurs à 1) et introduisant un déphasage Ψ à leur traversée. Une onde se propageant dans la cavité ainsi formée émet à chaque aller-retour un rayon émergent. Les rayons émergents transmis sont parallèles entre eux et interfèrent à l'infini. En négligeant tout phénomène de réfraction (les rayons incidents sont considérés comme ayant une incidence normale aux lames) et tout phénomène d'absorption des miroirs et de la préparation liquide, l'amplitude complexe en un point à l'infini du k^{e} rayon émergent s'écrit $A_k \exp(-\mathrm{i}\Phi_k)$ où A_k est l'amplitude du rayon k et Φ_k sa phase.

A.1. Exprimer le déphasage $\phi = \Phi_{k+1} - \phi_k$ entre deux rayons émergents successifs en fonction de l'épaisseur de la cavité e, de l'indice de réfraction n du milieu et de la longueur d'onde λ de la lumière incidente dans le vide.

A.2. Calculer le rapport des amplitudes de deux rayons successifs $\dfrac{A_{k+1}}{A_k}$ en fonction du coefficient de réflexion en amplitude r des deux lames semi-réfléchissantes.

A.3. En déduire l'amplitude complexe du k^{e} rayon émergent, en prenant comme référence des phases celle du rayon incident entrant à travers la lame inférieure dont l'amplitude complexe s'écrit A_0.

A.4. Calculer l'amplitude complexe en un point à l'infini résultant de la superposition de l'ensemble des rayons émergents de $k = 1$ à l'infini, le coefficient de réflexion r étant inférieur à 1.

A.5. Montrer que l'intensité recueillie à l'infini $I = I(\varphi)$ peut se mettre sous la forme : $\dfrac{I_0}{1 + m \sin^2 \frac{\varphi}{2}}$ où m sera exprimé en fonction de r et I_0 en fonction de A_0, r et t.

A.6. Pour $r \approx 0,9$, calculer m.

A.6.1. Déterminer les valeurs de φ qui correspondent à un maximum de $I(\varphi)$. Que vaut I_{max}, la valeur de ces maxima ?

A.6.2. Evaluer la valeur et la position des minima de $I(\varphi)$.

A.6.3. Calculer les valeurs de φ autour d'un maximum, tel que $I = \dfrac{I_{\text{max}}}{2}$. En déduire la largeur à mi-hauteur du pic correspondant $\Delta_{1/2}(\varphi)$ que l'on exprimera en fonction de m.

A.6.4. Tracer l'allure de $I(\varphi)$.

A.6.5. En déduire que l'intensité recueillie à l'infini ne peut être considérée comme non nulle que pour certaines valeurs de φ très réduites. En l'absence de détails, pour une préparation constituée uniquement d'un liquide homogène, quel serait l'aspect du champ observé ?

B. Observation en présence de détails

Les réflexions sur les faces d'un détail sont négligeables si bien qu'un rayon lumineux traversant un détail peut être considéré comme transmis intégralement en amplitude (pas d'absorption par le détail).

B.1. Comme à la question A.1, exprimer le déphasage entre deux rayons émergents successifs $\varphi' = \Phi'_{k+1} - \Phi'_k$, mais dans une zone comportant un détail, en fonction des épaisseurs de la cavité e et du détail ε, des indices de réfraction n du milieu et du détail n' et de la longueur d'onde λ de la lumière incidente.
Montrer que φ' peut s'exprimer comme $\varphi' = \varphi + \Delta\varphi$ avec $\Delta\varphi$ dépendant uniquement de n, n', ε et λ.
Calculer $\Delta\varphi$ pour une préparation d'indice 1,515 contenant un détail d'épaisseur $\varepsilon = 0,6\ \mu$m et d'indice de réfraction $1,520$. Remarquer que la valeur de $\Delta\varphi$ est petite par rapport à celle donnant φ.

B.2. Que devient l'intensité transmise $I' = I'\left(\varphi'\right)$ dans une zone comportant un détail ?

B.3. Calculer le contraste de l'image du détail par rapport au « fond », le contraste C étant défini par $C = \dfrac{I - I'}{I}$.
Montrer que le contraste est de la forme $C = K\Delta\varphi$ où la constante K dépend de m et de φ.

B.4. L'épaisseur de la préparation e est choisie de manière à ce que $\varphi = \dfrac{\pi}{2} + 2k\pi$ (avec k nombre entier). Pour les mêmes valeurs de $r \approx 0,9$ et de m trouvée à la question A.6 et sachant que l'œil humain décèle un contraste minimal de $0,1$, le détail est-il visible ?

B.5. Pour quelle valeur de φ, donc de l'épaisseur e de la préparation, le contraste est-il maximal ?
Quelle est alors l'épaisseur minimale d'un détail décelable (donner un ordre de grandeur) ?
Proposer une méthode expérimentale pour rendre un détail suffisamment contrasté pour être observé.

D'après Concours Commun INP PC

Solution

A. Observation en l'absence de détails

A.1. Entre deux rayons émergents successifs, la lumière effectue par réflexion un aller-retour dans la cavité d'épaisseur e et d'indice n. La différence de marche vaut $\delta = 2ne$. La différence de phase vaut :

$$\varphi = \Phi_{k+1} - \Phi_k = \frac{2\pi}{\lambda}\delta \Rightarrow \boxed{\varphi = \frac{4\pi}{\lambda}ne}$$

A.2. Puisque le rayon subit, à l'intérieur de la cavité, deux réflexions sur les lames semi-réfléchissantes. Le rapport des amplitudes de deux rayons successifs s'écrit :

$$\boxed{\frac{A_{k+1}}{A_k} = r^2}$$

A.3. Soit A_1 l'amplitude du premier rayon émergent et Φ_1 son déphasage. Le rayon a été transmis deux fois à travers les lames semi-réfléchissantes, l'amplitude a donc pour expression $A_1 = t^2 A_0$. Quand au déphasage Φ_1, il est égal à la somme du déphasage lié à la traversée des deux lames et du déphasage lié à la traversée de la cavité, soit $\Phi_1 = 2\Psi + \dfrac{2\pi}{\lambda}ne = 2\Psi + \dfrac{\varphi}{2}$.

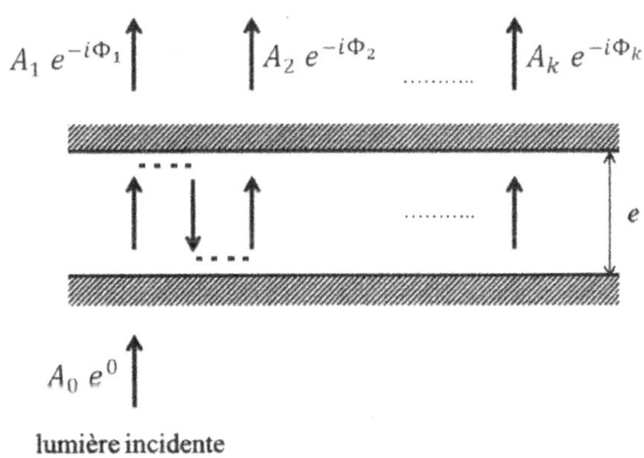

FIGURE 16.31

L'amplitude complexe du premier rayon émergent s'écrit :

$$\underline{A_1} = A_1\, \mathrm{e}^{-\mathrm{i}\Phi_1} = t^2 A_0\, \mathrm{e}^{-\mathrm{i}\left(2\Psi + \frac{2\pi}{\lambda}ne\right)}$$

avec $\Phi_1 = 2\Psi + \dfrac{2\pi}{\lambda}ne = 2\Psi + \dfrac{\varphi}{2}$.

Le k^{e} rayon émergent est déphasé par rapport au premier rayon émergent de la quantité :

$$\Phi_k - \Phi_1 = (k-1)\frac{4\pi}{\lambda}ne$$

$$\Phi_k = (k-1)\varphi + \Phi_1 = (k-1)\varphi + 2\Psi + \frac{\varphi}{2} = 2\Psi + \left(k - \frac{1}{2}\right)\varphi$$

Le k^{e} rayon émergent a subi par réflexion $(k-1)$ aller-retours dans la cavité par rapport au premier rayon émergent. Son amplitude s'écrit :

$$A_k = A_1\left(r^2\right)^{k-1}$$

Le k^{e} rayon émergent a pour amplitude complexe :

$$\underline{A_k} = A_k\,\mathrm{e}^{-\mathrm{i}\Phi_k} = A_1\left(r^2\right)^{k-1}\mathrm{e}^{-\mathrm{i}\left(2\Psi+\left(k-\frac{1}{2}\right)\varphi\right)}$$

En remplaçant l'expression de A_1 dans celle de $\underline{A_k}$, on obtient :

$$\boxed{\underline{A_k} = t^2 A_0\left(r^2\right)^{k-1}\mathrm{e}^{-\mathrm{i}\left(2\Psi+\left(k-\frac{1}{2}\right)\varphi\right)}}$$

A.4. L'amplitude complexe résultant de la superposition de l'ensemble des rayons émergents s'écrit :

$$\begin{aligned}
\sum_{k=1}^{\infty}\underline{A_k} &= \sum_{k=1}^{\infty} A_k\,\mathrm{e}^{-\mathrm{i}\Phi_k} \\
&= t^2 A_0\,\mathrm{e}^{-\mathrm{i}2\Psi}\sum_{k=1}^{\infty}\left(r^2\right)^{k-1}\mathrm{e}^{-\mathrm{i}\left(k-\frac{1}{2}\right)\varphi} \\
&= t^2 A_0\,\mathrm{e}^{-\mathrm{i}2\Psi}\sum_{k=1}^{\infty}\left(r^2\right)^{k-1}\mathrm{e}^{-\mathrm{i}\left(k-\frac{1}{2}\right)\varphi}\,\mathrm{e}^{+\mathrm{i}\frac{\varphi}{2}}\,\mathrm{e}^{-\mathrm{i}\frac{\varphi}{2}} \\
&= t^2 A_0\,\mathrm{e}^{-\mathrm{i}\left(2\Psi+\frac{\varphi}{2}\right)}\sum_{k=1}^{\infty}\left(r^2\right)^{k-1}\mathrm{e}^{-\mathrm{i}(k-1)\varphi} \\
&= t^2 A_0\,\mathrm{e}^{-\mathrm{i}\left(2\Psi+\frac{\varphi}{2}\right)}\sum_{k=1}^{\infty}\left(r^2\,\mathrm{e}^{-\mathrm{i}\varphi}\right)^{k-1}
\end{aligned}$$

$\sum_{k=1}^{\infty}\left(r^2\,\mathrm{e}^{-\mathrm{i}\varphi}\right)^{k-1}$ est une suite géométrique dont le premier terme $(k=1)$ vaut :

$$\left(r^2\,\mathrm{e}^{-\mathrm{i}\varphi}\right)^{1-1} = \left(r^2\,\mathrm{e}^{-\mathrm{i}\varphi}\right)^{0} = 1$$

et la raison a pour expression : $\left(r^2\,\mathrm{e}^{-\mathrm{i}\varphi}\right)$.

$$\sum_{k=1}^{\infty}\left(r^2\,\mathrm{e}^{-\mathrm{i}\varphi}\right)^{k-1} = 1^{\text{er}}\text{terme} \times \frac{1-\text{raison}^{\text{nombre de termes}}}{1-\text{raison}}$$
$$= 1 \times \frac{1-\left(r^2\,\mathrm{e}^{-\mathrm{i}\varphi}\right)^{\infty}}{1-\left(r^2\,\mathrm{e}^{-\mathrm{i}\varphi}\right)}$$

Or $\lim\limits_{n\to\infty}\left(r^2\,\mathrm{e}^{-\mathrm{i}\varphi}\right)^n \to 0$ car $r<1$.

$$\sum_{k=1}^{\infty}\left(r^2\,\mathrm{e}^{-\mathrm{i}\varphi}\right)^{k-1} = \frac{1}{1-\left(r^2\,\mathrm{e}^{-\mathrm{i}\varphi}\right)}$$

On en déduit :

$$\boxed{\sum_{k=1}^{\infty}\underline{A_k} = \frac{t^2 A_0\,\mathrm{e}^{-\mathrm{i}\left(2\Psi+\frac{\varphi}{2}\right)}}{1-\left(r^2\,\mathrm{e}^{-\mathrm{i}\varphi}\right)}}$$

A.5. Par définition, l'intensité I est proportionelle au carré du module de l'amplitude complexe $\underline{A}$ de l'onde lumineuse. On note $I = K\left|\underline{A}\right|^2$ avec K le coefficient de proportionnalité.

Ici, $I = K\left|\sum\limits_{k=1}^{\infty}\underline{A_k}\right|^2 = I(\varphi)$

$$I(\varphi) = \frac{K\left(t^2A_0\right)^2\left|\mathrm{e}^{-\mathrm{i}\left(2\Psi+\frac{\varphi}{2}\right)}\right|^2}{\left|(1-r^2\cos\varphi)+\mathrm{i}r^2\sin\varphi\right|^2}$$
$$= \frac{Kt^4A_0^2}{(1-r^2\cos\varphi)^2+(r^2\sin\varphi)^2}$$
$$= \frac{Kt^4A_0^2}{1+r^4\left(\cos^2\varphi+\sin^2\varphi\right)-2r^2\cos\varphi}$$
$$= \frac{Kt^4A_0^2}{1+r^4-2r^2\cos\varphi}$$

Autre méthode

On multiplie les complexes par leurs conjugués respectifs et l'on obtient :

$$I(\varphi) = \frac{K\left(t^2A_0\right)^2\left|\mathrm{e}^{-\mathrm{i}\left(2\Psi+\frac{\varphi}{2}\right)}\right|^2}{\left|1-r^2\,\mathrm{e}^{-\mathrm{i}\varphi}\right|^2}$$

$$\begin{aligned}
I(\varphi) &= \frac{Kt^4 A_0^2 \left(\mathrm{e}^{-\mathrm{i}\left(2\Psi+\frac{\varphi}{2}\right)}\right)\left(\mathrm{e}^{+\mathrm{i}\left(2\Psi+\frac{\varphi}{2}\right)}\right)}{\left(1-r^2\,\mathrm{e}^{-\mathrm{i}\varphi}\right)\left(1-r^2\,\mathrm{e}^{+\mathrm{i}\varphi}\right)}\\
&= \frac{Kt^4 A_0^2}{1+r^4-r^2\left(\mathrm{e}^{-\mathrm{i}\varphi}-\mathrm{e}^{+\mathrm{i}\varphi}\right)}
\end{aligned}$$

En utilisant la formule d'Euler $\cos\varphi = \dfrac{\mathrm{e}^{\mathrm{i}\varphi}-\mathrm{e}^{-\mathrm{i}\varphi}}{2}$, on obtient la même expression pour $I(\varphi)$.

D'après le formulaire, on a $\cos\varphi = 1-2\sin^2\dfrac{\varphi}{2}$.

Le dénominateur de $I(\varphi)$ peut s'écrire :

$$\begin{aligned}
1+r^4-2r^2\cos\varphi &= 1+r^4-2r^2\left(1-2\sin^2\frac{\varphi}{2}\right)\\
&= 1+r^4-2r^2+4r^2\sin^2\frac{\varphi}{2}\\
&= \left(1-r^2\right)^2+4r^2\sin^2\frac{\varphi}{2}\\
&= \left(1-r^2\right)^2\left[1+\left(\frac{4r^2}{\left(1-r^2\right)^2}\right)\sin^2\frac{\varphi}{2}\right]
\end{aligned}$$

$$\boxed{I(\varphi) = \frac{Kt^4 A_0^2}{\left(1-r^2\right)^2\left[1+\left(\frac{4r^2}{\left(1-r^2\right)^2}\right)\sin^2\frac{\varphi}{2}\right]}}$$

Cette expression peut se mettre sous la forme :

$$I(\varphi) = \frac{I_0}{1+m\sin^2\frac{\varphi}{2}}$$

où $\boxed{m = \dfrac{4r^2}{\left(1-r^2\right)^2}}$ et $\boxed{I_0 = \dfrac{Kt^4 A_0^2}{\left(1-r^2\right)^2}}$

A.6. Pour $m \approx 0,9$, on calcule m.

$$m = \frac{4\times 0,9^2}{\left(1-0,9^2\right)^2} = \frac{4\times 0,81}{\left(1-0,81\right)^2} \simeq \frac{4\times 0,81}{0,2^2} = \frac{4\times 0,81}{0,04}$$

$$\boxed{m \simeq 81}$$

A.6.1. $I(\varphi)$ est maximum si le dénominateur est minimum.

$\left(1+m\sin^2\dfrac{\varphi}{2}\right)$ est minimum si $\sin^2\dfrac{\varphi}{2} = 0 \Leftrightarrow \sin\dfrac{\varphi}{2} = 0$

$$\frac{\varphi}{2} = p\pi \Rightarrow \boxed{\varphi = 2p\pi}$$

où $p \in \mathbb{Z}$. Dans ce cas, $\boxed{I_{\text{max}} = I_0}$.

A.6.2. $I(\varphi)$ est minimum si le dénominateur est maximum.

$\left(1 + m\sin^2\dfrac{\varphi}{2}\right)$ est maximum si $\sin^2\dfrac{\varphi}{2} = 1 \Leftrightarrow \sin\dfrac{\varphi}{2} = \pm 1$

$$\frac{\varphi}{2} = \frac{\pi}{2} + p'\pi \Rightarrow \boxed{\varphi = (1 + 2p')\,\pi}$$

où $p' \in \mathbb{Z}$. Dans ce cas, $\boxed{I_{\min} = \dfrac{I_0}{1+m}}$.

A.6.3. Autour d'un maximum (par exemple autour de $\varphi = 0$) déterminons les valeurs de φ tel que $I = \dfrac{I_{\max}}{2}$.

$I = \dfrac{I_{\max}}{2} = \dfrac{I_0}{2}$ si le dénominateur vaut 2.

$$\left(1 + m\sin^2\frac{\varphi}{2}\right) = 2 \Leftrightarrow m\sin^2\frac{\varphi}{2} = 1$$

$$\sin^2\frac{\varphi}{2} = \frac{1}{m} \Leftrightarrow \sin\frac{\varphi}{2} = \pm\sqrt{\frac{1}{m}}$$

$$\frac{\varphi}{2} = \pm\arcsin\left(\frac{1}{\sqrt{m}}\right)$$

$$\boxed{\varphi_{\pm} = \pm 2\arcsin\left(\frac{1}{\sqrt{m}}\right)}$$

A mi-hauteur, $\Delta_{1/2}(\varphi) = \varphi_+ - \varphi_-$

$$\boxed{\Delta_{1/2}(\varphi) = 4\arcsin\left(\frac{1}{\sqrt{m}}\right)}$$

En tenant compte de la valeur approchée de $m \approx 81$ calculée à la question A.6 on peut écrire :

$$\Delta_{1/2}(\varphi) = 4\arcsin\left(\frac{1}{9}\right) \simeq 4\arcsin(0,1)$$

Pour des petits angles, $\arcsin\left(\dfrac{1}{\sqrt{m}}\right) \simeq \dfrac{1}{\sqrt{m}}$

$$\boxed{\Delta_{1/2}(\varphi) \simeq \frac{4}{\sqrt{m}}}$$

A.6.4. Pour tracer l'allure de $I(\varphi)$ (figure 16.32), donnons un ordre de grandeur de la valeur de $\Delta_{1/2}(\varphi)$. Avec $\frac{\pi}{3} \simeq 1$, on a :

$$\Delta_{1/2}(\varphi) \simeq \frac{4}{9}\frac{\pi}{3} = \frac{4}{27}\pi \simeq \frac{4}{25}\pi = \frac{16}{100}\pi = 0,16\pi \text{ rad}$$

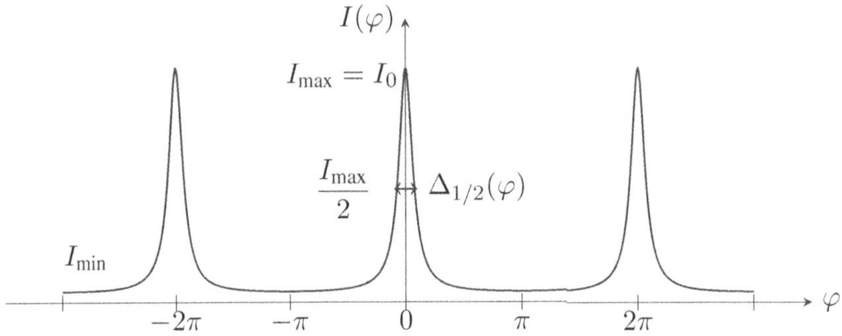

FIGURE 16.32

A.6.5. D'après la question A.1.6, on a $I = I_{max}$ pour $\varphi = 2p\pi$.

D'après A.1.1, on a $\varphi = \frac{4\pi}{\lambda} ne$.

On a donc : $\frac{4\pi}{\lambda} ne = 2p\pi$.

Or $\frac{e}{\lambda}$ est de l'ordre de $\frac{10^{-4}}{10^{-7}} = 10^3$ et $p \approx 2 \times 10^3 n$.

A l'infini, on observe une intensité non nulle pour des valeurs de φ réduites. En l'absence de détails, pour une préparation constituée uniquement de liquide homogène, on observe une frange brillante pour $\varphi = 2p\pi$ sinon l'intensité est uniformément sombre d'intensité $I_{min} \neq 0$.

B. Observation en présence de détails

B.1. A partir de l'expression du déphasage obtenue à la question A.1.1, on remplace le chemin optique $2ne$ par $\left[2n(e-\varepsilon) + 2n'\varepsilon\right]$ car le rayon lumineux traverse deux fois l'épaisseur $(e - \varepsilon)$ dans le liquide d'indice n et deux fois l'épaisseur ε dans le défaut d'indice n'.

$$\varphi' = \frac{2\pi}{\lambda}\left[2n(e-\varepsilon) + 2n'\varepsilon\right]$$

$$\boxed{\varphi' = \frac{4\pi}{\lambda} ne + \frac{4\pi}{\lambda}(n' - n)\varepsilon}$$

Cette expression peut s'écrire sous la forme :

$$\varphi' = \varphi + \Delta\varphi$$

avec $$\boxed{\Delta\varphi = \frac{4\pi}{\lambda}(n' - n)\varepsilon}.$$

Application numérique

$$\Delta\varphi = \frac{4\pi}{546 \times 10^{-9}} (1,520 - 1,515)\, 0,6 \times 10^{-6}$$

$$\Delta\varphi \simeq \frac{4\pi}{0,6 \times 10^{-6}} \cdot 0,005 \cdot 0,6 \times 10^{-6} \simeq 20 \times 10^{-3} \cdot 3,14$$

$$\boxed{\Delta\varphi \simeq 6 \times 10^{-2}\,\text{rad}}$$

Effectuons le rapport de $\Delta\varphi$ à φ pour montrer que la valeur de $\Delta\varphi$ est plus petite par rapport à celle de φ.

$$\frac{\Delta\varphi}{\varphi} = \frac{\frac{4\pi}{\lambda}(n' - n)\varepsilon}{\frac{4\pi}{\lambda}ne} = \frac{\varepsilon}{e}\left(\frac{n'}{n} - 1\right)$$

Or $\varepsilon \ll e$ et $n' \simeq n$. On a donc :

$$\frac{\Delta\varphi}{\varphi} \ll 1 \Rightarrow \boxed{\Delta\varphi \ll \varphi}$$

B.2. A partir de l'expression obtenue à la question A.1.5, on remplace le déphasage φ par φ' et on obtient :

$$\boxed{I' = I'(\varphi) = \frac{I_0}{1 + m\sin^2\frac{\varphi'}{2}}}$$

B.3. D'après l'énoncé, le contraste est défini par :

$$C = \frac{I - I'}{I} = 1 - \frac{I'}{I}$$

avec

$$\begin{aligned} I' &= \frac{I_0}{1 + m\sin^2\frac{\varphi'}{2}} \\ &= \frac{I_0}{1 + m\sin^2\left(\frac{\varphi}{2} + \frac{\Delta\varphi}{2}\right)} \end{aligned}$$

Avec $\sin(a+b) = \sin a \cos b + \sin b \cos a$, on a :

$$\sin\left(\frac{\varphi}{2} + \frac{\Delta\varphi}{2}\right) = \sin\frac{\varphi}{2}\cos\frac{\Delta\varphi}{2} + \sin\frac{\Delta\varphi}{2}\cos\frac{\varphi}{2}$$

Or $\Delta\varphi \ll 1$. Un développement limité à l'ordre 1 en $\frac{\Delta\varphi}{2}$ donne $\cos\frac{\Delta\varphi}{2} \simeq 1$ et $\sin\frac{\Delta\varphi}{2} \simeq \frac{\Delta\varphi}{2}$. On obtient :

$$\sin\left(\frac{\varphi}{2} + \frac{\Delta\varphi}{2}\right) \simeq \sin\frac{\varphi}{2} + \frac{\Delta\varphi}{2}\cos\frac{\varphi}{2}$$

$$\sin^2\left(\frac{\varphi}{2} + \frac{\Delta\varphi}{2}\right) \simeq \sin^2\frac{\varphi}{2} + \left(\frac{\Delta\varphi}{2}\right)^2\cos^2\frac{\varphi}{2} + 2\,\frac{\Delta\varphi}{2}\sin\frac{\varphi}{2}\cos\frac{\varphi}{2}$$

Or $\left(\frac{\Delta\varphi}{2}\right)^2$ est d'ordre 2 en $\frac{\Delta\varphi}{2}$ donc négligeable devant les autres termes.

$$\sin^2\left(\frac{\varphi}{2} + \frac{\Delta\varphi}{2}\right) \simeq \sin^2\frac{\varphi}{2} + 2\,\frac{\Delta\varphi}{2}\sin\frac{\varphi}{2}\cos\frac{\varphi}{2}$$

$$\begin{aligned} C = 1 - \frac{I'}{I} &= 1 - \frac{\left(\frac{I_0}{1+m\left(\sin^2\frac{\varphi}{2}+2\frac{\Delta\varphi}{2}\sin\frac{\varphi}{2}\cos\frac{\varphi}{2}\right)}\right)}{\left(\frac{I_0}{1+m\sin^2\frac{\varphi}{2}}\right)} \\ &= 1 - \frac{\left(1+m\sin^2\frac{\varphi}{2}\right)}{\left(1+m\sin^2\frac{\varphi}{2}\right)\left(1+\frac{m\,\Delta\varphi\sin\frac{\varphi}{2}\cos\frac{\varphi}{2}}{1+m\sin^2\frac{\varphi}{2}}\right)} \end{aligned}$$

Avec $\sin(2a) = 2\sin a\cos a$, on a :

$$\sin\varphi = 2\sin\frac{\varphi}{2}\cos\frac{\varphi}{2}$$

D'où
$$C = 1 - \frac{1}{\left(1+\frac{\frac{m\,\Delta\varphi}{2}\sin\varphi}{1+m\sin^2\frac{\varphi}{2}}\right)}$$

Pour montrer que le contraste est proportionnel à $\Delta\varphi$, on procède à un développement limité à l'ordre 1 en $\Delta\varphi$.

$$C = 1 - \left(1 + \frac{m\sin\varphi}{2\left(1+m\sin^2\frac{\varphi}{2}\right)}\,\Delta\varphi\right)^{-1}$$

$$C \simeq 1 - \left(1 + (-1)\frac{m \sin\varphi}{2\left(1 + m\sin^2\frac{\varphi}{2}\right)}\,\Delta\varphi\right)$$

$$\boxed{C \simeq \frac{m \sin\varphi}{2\left(1 + m\sin^2\frac{\varphi}{2}\right)}\,\Delta\varphi}$$

Cette expression est du type $C = K\,\Delta\varphi$ avec $\boxed{K = \dfrac{m \sin\varphi}{2\left(1 + m\sin^2\frac{\varphi}{2}\right)}}$

B.4. L'épaisseur e est choisie de sorte que $\varphi = \dfrac{\pi}{2} + 2k\pi$ ce qui implique $\sin\varphi = 1$ et $\sin^2\dfrac{\varphi}{2} = \left(\dfrac{\sqrt{2}}{2}\right)^2 = \dfrac{1}{2}$. Il en vient :

$$C = \frac{m}{2\left(1 + \frac{m}{2}\right)}\,\Delta\varphi = \boxed{\frac{m}{2+m}\,\Delta\varphi}$$

Application numérique

$$C = \frac{81}{2+81}\cdot 6\times 10^{-2} = \frac{81}{83}\cdot 6\times 10^{-2} \simeq 6\times 10^{-2} < 0,1$$

Le détail est visible pour un contraste minimal de 0,1. Or ici, on a un contraste $C = 0,06 < 1$ donc le détail n'est pas visible à l'œil nu.

B.5. Pour trouver les valeurs de φ pour avoir un contraste maximal, on calcule la dérivée de C par rapport à φ et on cherche les valeurs de φ qui annulent cette dérivée.

$$C = m\,\frac{\Delta\varphi}{2}\left(\frac{\sin\varphi}{1 + m\sin^2\frac{\varphi}{2}}\right)$$

On pose $u = \sin\varphi$ et $v = 1 + m\sin^2\dfrac{\varphi}{2}$. On rappelle la dérivée du rapport $\dfrac{u}{v}$:

$$\left(\frac{u}{v}\right)' = \frac{u'v - uv'}{v^2}$$

$$\begin{aligned}
\frac{\mathrm{d}C}{\mathrm{d}\varphi} &= m\,\frac{\Delta\varphi}{2}\,\frac{\mathrm{d}}{\mathrm{d}\varphi}\left(\frac{\sin\varphi}{1 + m\sin^2\frac{\varphi}{2}}\right)\\
&= m\,\frac{\Delta\varphi}{2}\left(\frac{\cos\varphi\left(1 + m\sin^2\frac{\varphi}{2}\right) - \sin\varphi\left(m\,\frac{1}{2}\,2\sin\frac{\varphi}{2}\cos\frac{\varphi}{2}\right)}{\left(1 + m\sin^2\frac{\varphi}{2}\right)^2}\right)
\end{aligned}$$

Or $\sin^2\frac{\varphi}{2} = \frac{1-\cos\varphi}{2}$ et $2\sin\frac{\varphi}{2}\cos\frac{\varphi}{2} = \sin\varphi$

$$\begin{aligned}\frac{\mathrm{d}C}{\mathrm{d}\varphi} &= m\,\frac{\Delta\varphi}{2}\left(\frac{\cos\varphi\left(1+m\left(\frac{1-\cos\varphi}{2}\right)\right)-\sin\varphi\left(m\sin\frac{\varphi}{2}\right)}{\left(1+m\sin^2\frac{\varphi}{2}\right)^2}\right)\\ &= m\,\frac{\Delta\varphi}{2}\left(\frac{\cos\varphi+\frac{1}{2}m\cos\varphi-\frac{1}{2}m\cos^2\varphi-\frac{1}{2}m\sin^2\varphi}{\left(1+m\sin^2\frac{\varphi}{2}\right)^2}\right)\\ &= m\,\frac{\Delta\varphi}{2}\left(\frac{(2+m)\cos\varphi-m}{2\left(1+m\sin^2\frac{\varphi}{2}\right)^2}\right)\end{aligned}$$

La dérivée s'annule pour $(2+m)\cos\varphi - m = 0$

$$\cos\varphi = \frac{m}{2+m} \Leftrightarrow \boxed{\varphi = \pm\arccos\left(\frac{m}{2+m}\right)+2k\pi}$$

D'après la question A.1.6, $m \simeq 81$.

$$\cos\varphi = \frac{1}{\frac{2}{m}+1} = \left(1+\frac{2}{m}\right)^{-1}$$

En effectuant un développement limité à l'ordre 1 en $\frac{2}{m}$, on obtient :

$$\cos\varphi \simeq 1-\frac{2}{m}$$

Pour des valeurs faibles de φ, un développement limité à l'ordre 2 en φ donne $\cos\varphi \simeq 1-\frac{\varphi^2}{2}$. On a alors :

$$1-\frac{\varphi^2}{2} \simeq 1-\frac{2}{m}$$

$$\frac{\varphi^2}{2} \simeq \frac{2}{m} \Rightarrow \boxed{\varphi = \frac{2}{\sqrt{m}} \simeq 0,2\,\mathrm{rad}}$$

Pour déceler un détail, il faut que le contraste soit supérieur à $0,1$.

$$C = m\,\frac{\Delta\varphi}{2}\left(\frac{\sin\varphi}{1+m\sin^2\frac{\varphi}{2}}\right)$$

Pour des petits angles $\sin\varphi \simeq \varphi \simeq \dfrac{2}{\sqrt{m}}$ et $\sin^2\dfrac{\varphi}{2} \simeq \left(\dfrac{\varphi}{2}\right)^2 \simeq \dfrac{1}{m}$.

$$C = m\,\frac{\Delta\varphi}{2}\left(\frac{\frac{2}{\sqrt{m}}}{1+m\frac{1}{m}}\right) \simeq \frac{\sqrt{m}}{2}\,\Delta\varphi$$

D'après la question A.2.1, $\Delta\varphi = \dfrac{4\pi}{\lambda}\,(n'-n)\,\varepsilon$.

$$C \simeq \frac{\sqrt{m}}{2}\,\frac{4\pi}{\lambda}\,(n'-n)\varepsilon$$

$$\boxed{C \simeq \frac{2\pi}{\lambda}\sqrt{m}\,(n'-n)\,\varepsilon}$$

Pour déceler un détail, il faut que $C \geqslant 0,1$.

$$\frac{2\pi}{\lambda}\sqrt{m}\,(n'-n)\,\varepsilon \geqslant 0,1$$

$$\boxed{\varepsilon_{\text{min}} = \frac{0,1\lambda}{2\pi\sqrt{m}\,(n'-n)}}$$

Application numérique

$$\varepsilon_{\text{min}} = \frac{0,1\cdot 546\times 10^{-9}}{2\pi\sqrt{81}\,(1,520-1,515)} = \boxed{2\times 10^{-7}\ \text{m}}$$

Pour rendre un détail suffisamment contrasté, il faut augmenter C. On peut donc soit augmenter ε en augmentant l'épaisseur de l'échantillon, soit augmenter $(n'-n)$ en choisissant un liquide d'indice n tel que $(n'-n)$ soit le plus grand possible, soit diminuer λ en changeant de source.

Chapitre 17

Physique des ondes

17.1 Onde élastique dans un barreau solide (e3a)

Conseils - Pour aborder cet extrait de sujet de concours, il est préférable de revoir les notions suivantes :

- Trigonométrie (chapitre 3)
- Dérivées (chapitre 4)
- Développements limités (chapitre 5)
- Nombres complexes (chapitre 8)
- Equations différentielles (chapitre 9)

A. **Modèle microscopique et approximation des milieux continus**

A l'échelle microscopique, un matériau solide homogène peut être modélisé par une chaîne infinie d'atomes assimilés à des points matériels de même masse m et reliés entre eux par des ressorts identiques, de longueur à vide a et de raideur K. Ces ressorts modélisent, dans l'approxmation linéaire, les interactions électromagnétiques entre les atomes lorsqu'ils se déplacent au voisinage de leur position d'équilibre.

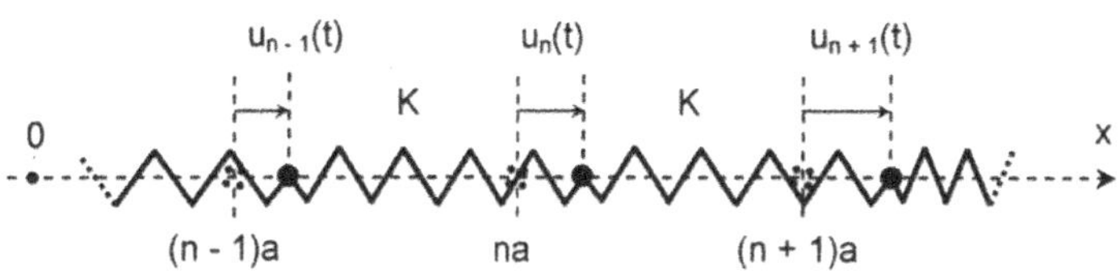

FIGURE 17.1 – Chaîne infinie d'atomes

Considérons un modèle unidimensionnel dans lequel tous les atomes se déplacent sans frottements sur un axe Ox. La ***figure 17.1*** *représente cette disposition où chaque atome est numéroté par un entier n. Lorsqu'il est en équilibre mécanique, l'atome référencé (n) est situé à l'abscisse $x_n(éq) = na$; en dehors de l'équilibre, sa position devient $x_n(t) = x_n(éq) + u_n(t)$.*

A.1.a. Etablir l'expression de la résultante des forces exercées par les atomes $(n-1)$ et $(n+1)$ sur l'atome (n).

A.1.b. En déduire l'équation différentielle du mouvement de l'atome (n) et montrer qu'elle peut s'écrire :

$$\frac{\mathrm{d}^2 u_n}{\mathrm{d}t^2} = \omega_0^2\,(u_{n+1} + u_{n-1} - 2u_n)$$

en explicitant ω_0 en fonction de K et m.

L'équation précédente admet des solutions sinusoïdales de pulsation ω. Afin de les étudier, introduisons la représentation complexe $\underline{u}_n(t)$ et cherchons ces solutions sous la forme $\underline{u}_n(t) = \underline{U}_n \exp(\mathrm{j}\omega t)$ où $\underline{U}_n$ désigne l'amplitude complexe du déplacement de l'atome (n).

A.2.a. Etablir la relation entre ω, ω_0, $\underline{U}_{n-1}$, $\underline{U}_n$ et $\underline{U}_{n+1}$.

A.2.b. Quelle est la valeur particulière de ω associée à une solution telle que $\underline{U}_{n-1} = \underline{U}_n$ pour toute valeur de n ? Quelle interprétation physique peut-on en donner ?

A.2.c. Déterminer de même la pulsation correspondant à $\underline{U}_n = -\underline{U}_{n-1}$ pour toute valeur de n.

Dans toute la suite de cette partie, nous étudierons une solution particulière de la forme $\underline{u}_n(t) = \underline{A}\exp[\mathrm{j}(\omega t - kna)]$ où $\underline{A}$ est un nombre complexe indépendant de n et k un nombre réel.

A.3.a. Quelle signification physique peut-on attacher à ce type de déplacement ? Quelle hypothèse fait-on en supposant que $\underline{A}$ est indépendant de n ?

A.3.b. Vérifier que l'expression proposée est bien solution de l'équation établie en A.2, à condition que k, ω, ω_0 et a soient reliés par une équation à expliciter. Réaliser un schéma représentant l'évolution de ω en fonction de k. Quel est le domaine de pulsations admissibles ?

A.3.c. Pourquoi est-il possible de restreindre les valeurs de k à l'intervalle $\left[-\frac{\pi}{a}, \frac{\pi}{a}\right]$?

A.3.d. Montrer que le déplacement $\underline{u}_n(t)$ reproduit exactement le déplacement $\underline{u}_{n-1}(t)$, mais avec un retard temporel τ dont on donnera l'expression en fonction de ω_0, k et a.

En déduire qu'il est possible de définir une vitesse de phase $V_\varphi = \dfrac{\omega}{k}$. La propagation est-elle ou non dispersive ?

Considérons désormais le cas particulier où k est positif.

A.4.a. Déterminer la vitesse de phase V_φ et la vitesse de groupe V_g en fonction de ω_0, k et a.

A.4.b. Quelles sont les valeurs limites de ces deux vitesses lorsque $k \to 0$. Commenter.

A.4.c. Etudier de même les limites lorsque $k \to \dfrac{\pi}{a}$. Quelle signification physique peut-on attribuer aux résultats obtenus ?

*L'approximation des milieux continus permet de faire passer une fonction $u(x,t)$ par tous les points représentatifs des atomes de la chaîne à chaque instant (**figure 17.2**). Cela est possible lorsque u_n est peu différent de u_{n+1}. Définissons la fonction continue et dérivable $u(x,t)$ des variables d'espace x et de temps t telle que $u(x,t) = u_n(t)$ lorsque $x = na$. Supposons que $u(x,t)$ varie peu dans l'espace, à l'échelle de a. En considérant que l'atome (n) occupe l'abscisse x, remarquons que :*

$$u(x+a,t) = u(na+a,t) = u_{n+1}(t)$$

et

$$u(x-a,t) = u(na-a,t) = u_{n-1}(t)$$

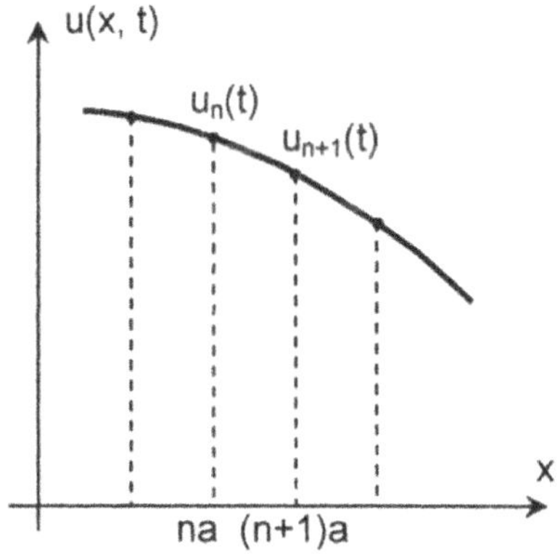

FIGURE 17.2 – Représentation de $u(x,t)$ à t fixé

A.5. En utilisant un développement limité à l'ordre 2, montrer que la fonction $u(x,t)$ vérifie une équation de d'Alembert de la forme $\dfrac{\partial^2 u}{\partial x^2} - \dfrac{1}{C^2}\dfrac{\partial^2 u}{\partial t^2} = 0$ et exprimer la célérité C en fonction de K, m et a. Comparer C à une expression obtenue en A.4 et interpréter ce résultat.

B. **Modèle macroscopique et module d'Young**

Un barreau solide est initialement immobile dans un référentiel galiléen d'axe $\mathrm{O}x$. *Lorsqu'il est au repos, ce barreau est un cylindre homogène d'axe* $\mathrm{O}x$, *taillé dans un matériau de masse volumique* ρ, *dont l'aire de chaque section sera notée* S.

Une onde de déformation élastique longitudinale (onde de compression-dilatation) se propage à l'intérieur du barreau dans la direction de $\mathrm{O}x$ *; cette onde est caractérisée par le champ scalaire des déplacements* $u(x,t)$ *tel qu'une section située à l'abscisse* x *en l'absence d'onde se déplace à l'abscisse* $x + u(x,t)$ *lors du passage ce celle-ci (**figure 17.3**).*

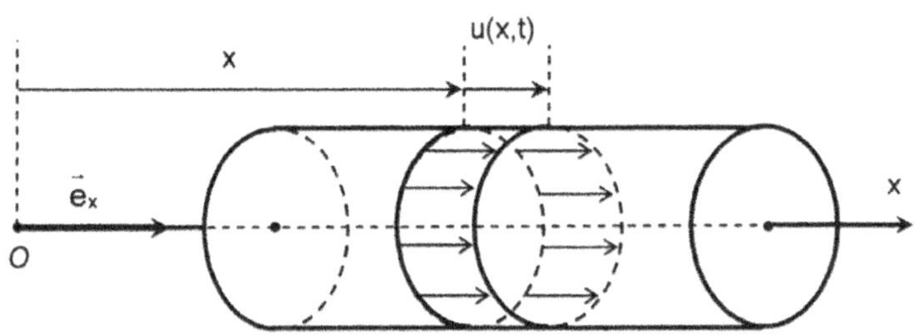

FIGURE 17.3 – Onde élastique longitudinale dans un barreau

Dans la limite des petites déformations, la matière située à gauche de la section déplacée en $x + u(x,t)$ *exerce sur celle-ci une force de rappel* $\vec{F}_g$ *dont l'expression générale est :*

$$\vec{F}_g = -E\,\frac{\partial u(x,t)}{\partial x}\,S\,\vec{e}_x$$

où E *désigne le module d'élasticité d'Young. De même, la matière située à droite de la section exerce sur celle-ci une force* $\vec{F}_d$.

B.1. Etablir la dimension de E et justifier que $\vec{F}_d = -\vec{F}_g$.

En l'absence d'onde, une tranche élémentaire de barreau située entre les abscisses x *et* $(x + \mathrm{d}x)$ *possède un volume* $\mathrm{d}V = S\,\mathrm{d}x$. *Lors du passage de l'onde, son volume devient* $\mathrm{d}V'$. *La dilatation volumique* δ *de cette tranche est définie comme le quotient* $\delta = \dfrac{\mathrm{d}V' - \mathrm{d}V}{\mathrm{d}V}$.

B.2. Expliciter la relation entre δ et $\dfrac{\partial u(x,t)}{\partial x}$.

B.3. En appliquant le principe fondamental de la dynamique à cette tranche, montrer que dans la limite des petits déplacements $u(x,t)$ satisfait à une équation de d'Alembert de la forme : $\dfrac{\partial^2 u}{\partial x^2} - \dfrac{1}{C^2}\dfrac{\partial^2 u}{\partial t^2} = 0$.

Exprimer la célérité C en fonction de E et ρ.

D'après concours e3a-Polytech PC

Solution

A. Modèle microscopique et approximation des milieux continus

A.1.a. La résultante des forces exercées par les atomes $(n-1)$ et $(n+1)$ sur l'atome (n) s'écrit :

$$\vec{F}_n = \vec{F}_{(n-1)\to n} + \vec{F}_{(n+1)\to n}$$

Par définition, la force de rappel d'un ressort s'écrit :

$$\vec{F} = -k\,\Delta\ell\,\vec{e}_x = -k\,(\ell - \ell_0)\,\vec{e}_x$$

où k est la constante de raideur du ressort,
$\Delta\ell$ est l'allongement du ressort compté algébriquement,
ℓ est la longueur du ressort
et ℓ_0 est la longueur à vide du ressort.

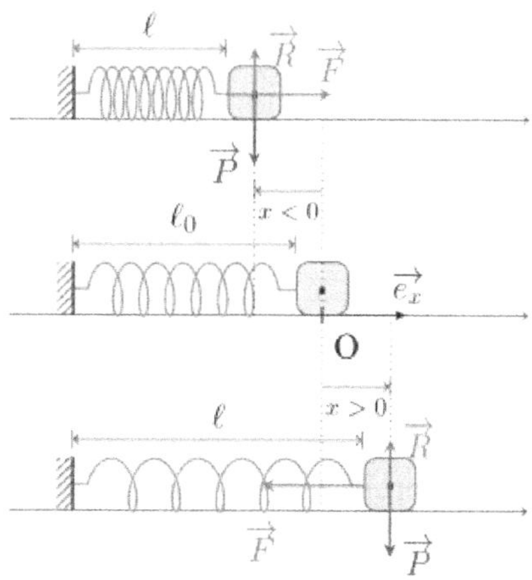

D'après Physagreg

Ici : $k = K$, et $\ell_0 = a$.

Détaillons l'expression de la force exercée par l'atome $(n-1)$ sur l'atome (n)

$$\begin{aligned}
\vec{F}_{(n-1)\to n} &= -K\,(x_n(t) - x_{n-1}(t) - a)\,\vec{e}_x \\
&= -K\,(x_n(éq) + u_n(t) - x_{n-1}(éq) - u_{n-1}(t) - a)\,\vec{e}_x \\
&= -K\,(na + u_n(t) - (n-1)\,a - u_{n-1}(t) - a)\,\vec{e}_x \\
&= -K\,(u_n(t) - u_{n-1}(t))\,\vec{e}_x
\end{aligned}$$

Détaillons l'expression de la force exercée par l'atome $(n+1)$ sur l'atome (n) en utilisant la loi des actions réciproques (ou 3e loi de Newton)

$$\begin{aligned}\vec{F}_{(n+1)\to n} &= -\vec{F}_{n\to(n+1)}\\ &= -\left(-K(x_{n+1}(t)-x_n(t)-a)\right)\vec{e}_x\\ &= K\left(x_{n+1}(éq)+u_{n+1}(t)-x_n(éq)-u_n(t)-a\right)\vec{e}_x\\ &= K\left((n+1)\,a+u_{n+1}(t)-na-u_n(t)-a\right)\vec{e}_x\\ &= K\left(u_{n+1}(t)-u_n(t)\right)\vec{e}_x\end{aligned}$$

La résultante a donc pour expression :

$$\sum\vec{F} = -K\left(u_n(t)-u_{n-1}(t)\right)\vec{e}_x + K\left(u_{n+1}(t)-u_n(t)\right)\vec{e}_x$$

$$\boxed{\sum\vec{F} = K\left(u_{n+1}(t)+u_{n-1}(t)-2u_n(t)\right)\vec{e}_x}$$

A.1.b. Appliquons le principe fondamental de la dynamique à l'atome (n) :

$$m\vec{a} = \sum\vec{F}$$

$$m\,\frac{\mathrm{d}^2x_n(t)}{\mathrm{d}t^2}\,\vec{e}_x = K\left(u_{n+1}(t)+u_{n-1}(t)-2u_n(t)\right)\vec{e}_x$$

Or $x_n(t) = x_n(éq)+u_n(t) \;\Rightarrow\; \dfrac{\mathrm{d}^2x_n(t)}{\mathrm{d}t^2} = \dfrac{\mathrm{d}^2u_n(t)}{\mathrm{d}t^2}$ car $\dfrac{\mathrm{d}^2x_n(éq)}{\mathrm{d}t^2} = 0$

$$m\,\frac{\mathrm{d}^2u_n(t)}{\mathrm{d}t^2}\,\vec{e}_x = K\left(u_{n+1}(t)+u_{n-1}(t)-2u_n(t)\right)\vec{e}_x$$

Par projection sur l'axe Ox, on obtient :

$$m\,\frac{\mathrm{d}^2u_n(t)}{\mathrm{d}t^2} = K\left(u_{n+1}(t)+u_{n-1}(t)-2u_n(t)\right)$$

$$\boxed{\frac{\mathrm{d}^2u_n}{\mathrm{d}t^2} = \frac{K}{m}\left(u_{n+1}+u_{n-1}-2u_n\right)}$$

avec $\boxed{\omega_0 = \sqrt{\dfrac{K}{m}}}$

A.2.a. En notation complexe, on a :

$$\frac{\mathrm{d}^2\underline{u}_n}{\mathrm{d}t^2} = \frac{K}{m}\left(\underline{u}_{n+1}+\underline{u}_{n-1}-2\underline{u}_n\right)$$

Avec cette notation complexe $\underline{u}_n(t) = \underline{U}_n \exp(\mathrm{j}\omega t)$, dériver par rapport au temps revient à multiplier par $(\mathrm{j}\omega)$.

$$\begin{aligned}\frac{\mathrm{d}^2\underline{u}_n}{\mathrm{d}t^2} &= (\mathrm{j}\omega)^2\,\underline{U}_n \exp(\mathrm{j}\omega t)\\ &= \omega_0^2\left(\underline{U}_{n+1}\exp(\mathrm{j}\omega t) + \underline{U}_{n-1}\exp(\mathrm{j}\omega t) - 2\underline{U}_n\exp(\mathrm{j}\omega t)\right)\end{aligned}$$

$$\Rightarrow\ -\omega^2\,\underline{U}_n\exp(\mathrm{j}\omega t) = \omega_0^2\left(\underline{U}_{n+1} + \underline{U}_{n-1} - 2\underline{U}_n\right)\exp(\mathrm{j}\omega t)$$

$$\boxed{-\omega^2\,\underline{U}_n = \omega_0^2\left(\underline{U}_{n+1} + \underline{U}_{n-1} - 2\underline{U}_n\right)}$$

A.2.b. Pour toute valeur de n, si $\underline{U}_{n+1} = \underline{U}_n$ alors $\underline{U}_n = \underline{U}_{n-1}$ et l'équation précédente s'écrit :

$$-\omega^2\,\underline{U}_n = \omega_0^2\left(\underline{U}_n + \underline{U}_n - 2\underline{U}_n\right) = 0$$

$$\omega^2\,\underline{U}_n = 0 \text{ quel que soit } \underline{U}_n \Rightarrow \boxed{\omega = 0}$$

Cette valeur particulière de ω est la valeur limite en basse fréquence.

A.2.c. Pour toute valeur de n, si $\underline{U}_n = -\underline{U}_{n-1}$ alors $\underline{U}_{n+1} = -\underline{U}_n =$ et l'équation précédente s'écrit :

$$\begin{aligned}-\omega^2\,\underline{U}_n &= \omega_0^2\left(-\underline{U}_n - \underline{U}_n - 2\underline{U}_n\right)\\ -\omega^2\,\underline{U}_n &= -4\omega_0^2\,\underline{U}_n\\ \omega^2 &= 4\omega_0^2\end{aligned}$$

En prenant la racine carrée de l'égalité on obtient :

$$\boxed{\omega = 2\omega_0}$$

Physiquement, on ne retiendra que les valeurs positives des pulsations ω et ω_0.

A.3.a. L'énoncé propose une solution particulière de la forme

$$\underline{U}_n(t) = \underline{A}\exp[\mathrm{j}\,(\omega t - kna)]$$

que l'on peut aussi écrire :

$$\underline{U}_n(t) = \underline{A}\exp[\mathrm{j}\,(\omega t - kx_n(éq))]$$

Physiquement, la fonction $(\omega t - kx_n(éq))$ signifie que le « déplacement » est une onde progressive se propageant vers les x croissants.
L'amplitude complexe $\underline{A}$ ne dépend ni de n ni de k cela signifie que l'amplitude de l'onde ne sera ni amplifiée ni amortie au cours de la propagation.

A.3.b.
$$\begin{cases} \underline{U}_n(t) &= \underline{A}\exp[\mathrm{j}\,(\omega t - kna)] \\ \underline{U}_{n+1}(t) &= \underline{A}\exp[\mathrm{j}\,(\omega t - k(n+1)a)] = \underline{U}_n(t)\exp(-\mathrm{j}ka) \\ \underline{U}_{n-1}(t) &= \underline{A}\exp[\mathrm{j}\,(\omega t - k(n-1)a)] = \underline{U}_n(t)\exp(\mathrm{j}ka) \end{cases}$$

Il en vient :

$$-\omega^2\,\underline{U}_n = \omega_0^2\left(\underline{U}_{n+1} + \underline{U}_{n-1} - 2\underline{U}_n\right)$$
$$-\omega^2\,\underline{U}_n = \omega_0^2\left(\exp(-\mathrm{j}ka) + \exp(\mathrm{j}ka) - 2\right)\underline{U}_n$$
$$\omega^2 = \omega_0^2\left(2 - \exp(-\mathrm{j}ka) - \exp(\mathrm{j}ka)\right)$$

Or d'après la formule d'Euler $\dfrac{\exp(\mathrm{j}ka) + \exp(-\mathrm{j}ka)}{2} = \cos(ka)$, on a :

$$\omega^2 = \omega_0^2\left(2 - 2\cos(ka)\right)$$

D'après la formule de l'angle moitié $1 - \cos(ka) = 2\sin^2\left(\dfrac{ka}{2}\right)$ (voir chapitre 3 - Trigonométrie), on a :

$$\omega^2 = 4\omega_0^2\sin^2\left(\frac{ka}{2}\right)$$

Or ω est positif donc,

$$\boxed{\omega = 2\omega_0\left|\sin\left(\frac{ka}{2}\right)\right|}$$

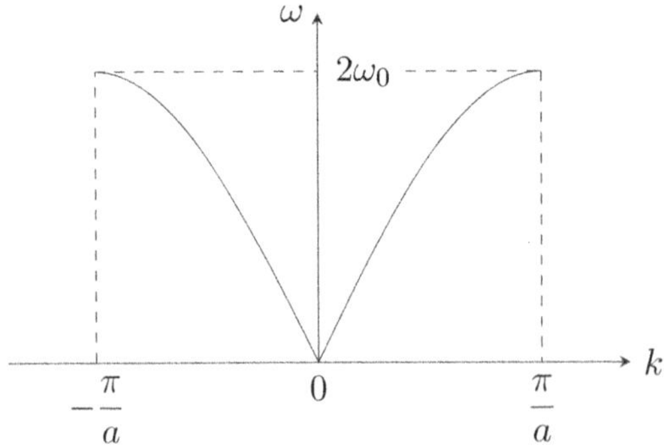

FIGURE 17.4

A.3.c. La fonction $\omega(k)$ est une fonction paire. Elle est entièrement décrite pour $k \in \left[-\dfrac{\pi}{a}, \dfrac{\pi}{a}\right]$ ce qui correspond à une période.

A.3.d. D'après l'énoncé $\underline{u}_n(t) = \underline{A}\exp[\mathrm{j}(\omega t - kna)]$.

$$\underline{u}_n(t) = \underline{A}\exp[\mathrm{j}(\omega t - kna)] = \underline{A}\exp[\mathrm{j}(\omega t - kna + ka - ka)]$$

$$\underline{u}_n(t) = \underline{A}\exp[\mathrm{j}(\omega t - k(n+1)a - ka)] = \underline{u}_{n-1}(t)\exp(-\mathrm{j}ka)$$

Or,

$$\underline{A}\exp[\mathrm{j}(\omega t - k(n+1)a - ka)] = \underline{A}\exp[\mathrm{j}(\omega t - \omega\tau - k(n+1)a)]$$

avec $\omega\tau = ka \Rightarrow \boxed{\tau = \dfrac{ka}{\omega}}$.

Le déplacement $\underline{u}_n(t)$ reproduit exactement le déplacement $\underline{u}_{n-1}(t)$ avec un retard temporel τ tel que :

$$\boxed{\tau = \frac{ka}{2\omega_0\left|\sin\left(\frac{ka}{2}\right)\right|}}$$

A.4.a. Par définition, la vitesse de phase est telle que : $v_\varphi = \dfrac{\omega}{k}$.

Ici,

$$v_\varphi = \frac{\omega}{k} = \frac{a}{\tau}$$

$$\boxed{v_\varphi = \frac{2\omega_0\left|\sin\left(\frac{ka}{2}\right)\right|}{k}}$$

La vitesse de phase dépend de k donc la propagation est **dispersive**.

Par définition, la vitesse de groupe est telle que : $v_g = \dfrac{\mathrm{d}\omega}{\mathrm{d}k}$.

$$v_g = \frac{\mathrm{d}\left(2\omega_0\sin\left(\frac{ka}{2}\right)\right)}{\mathrm{d}k} = 2\omega_0\,\frac{\mathrm{d}\left(\sin\left(\frac{ka}{2}\right)\right)}{\mathrm{d}k}$$

$$v_g = 2\omega_0\left(\frac{a}{2}\right)\cos\left(\frac{ka}{2}\right)$$

$$\boxed{v_g = \omega_0 a\cos\left(\frac{ka}{2}\right)}$$

A.4.b. Modifions l'expression de la vitesse de phase.

$$v_\varphi = \frac{2\omega_0\sin\left(\frac{ka}{2}\right)}{k\frac{a}{2}\frac{2}{a}} = 2\omega_0\frac{a}{2}\frac{\sin\left(\frac{ka}{2}\right)}{\frac{ka}{2}} = \omega_0 a\,\mathrm{sinc}\left(\frac{ka}{2}\right)$$

Quand $k \to 0$ alors $\mathrm{sinc}\left(\dfrac{ka}{2}\right) \to 1$ et $\boxed{v_\varphi \to \omega_0 a}$

Quand $k \to 0$ alors $\cos\left(\dfrac{ka}{2}\right) \to 1$ et $\boxed{v_g \to \omega_0 a}$

Quand $k \to 0$ alors $v_\varphi = v_g = \omega_0 a$, le milieu **n'est plus dispersif**.

A.4.c. Quand $k \to \frac{\pi}{a}$ alors $\sin\left(\frac{\pi}{a}\frac{a}{2}\right) \to 1$ et $\boxed{v_\varphi \to \frac{2\omega_0 a}{\pi}}$

Quand $k \to \frac{\pi}{a}$ alors $\cos\left(\frac{\pi}{a}\frac{a}{2}\right) \to 0$ et $\boxed{v_g \to 0}$

$v_g \to 0$ **l'énergie ne se propage plus.**

A.5. Effectuons un développement limité à l'ordre 2 en a des expressions de : $u_{n+1}(t) = u(x+a,t)$ et de $u_{n-1}(t) = u(x-a,t)$

$$u_{n+1}(t) = u(x+a,t) \simeq u(x,t) + a\frac{\partial u}{\partial x} + \frac{a^2}{2!}\frac{\partial^2 u}{\partial x^2}$$

$$u_{n-1}(t) = u(x-a,t) \simeq u(x,t) + (-a)\frac{\partial u}{\partial x} + \frac{(-a)^2}{2!}\frac{\partial^2 u}{\partial x^2}$$

En reprenant l'équation différentielle du mouvement de l'atome (n) de la question A.2, on a :

$$\frac{\partial^2 u}{\partial t^2} =$$

$$\omega_0^2\left(u(x,t) + a\frac{\partial u}{\partial x} + \frac{a^2}{2!}\frac{\partial^2 u}{\partial x^2} + u(x,t) + (-a)\frac{\partial u}{\partial x} + \frac{(-a)^2}{2!}\frac{\partial^2 u}{\partial x^2} - 2u(x,t)\right)$$

$$\frac{d^2 u}{dt^2} = \frac{K}{m}a^2\frac{\partial^2 u}{\partial x^2}$$

$$\boxed{\frac{\partial^2 u}{\partial x^2} - \frac{m}{ka^2}\frac{d^2 u}{dt^2} = 0}$$

Cette équation est une équation de d'Alembert unidimensionnelle du type :

$$\frac{\partial^2 u(x,t)}{\partial x^2} - \frac{1}{C^2}\frac{\partial^2 u(x,t)}{\partial t^2} = 0$$

où $C^2 = \frac{ka^2}{m} \Rightarrow \boxed{C = a\sqrt{\frac{K}{m}} = a\omega_0}$

On obtient l'expression de la vitesse de phase (et de groupe) lorsque $k \to 0$ (voir question A.4.b).

On peut écrire que $k \ll \frac{\pi}{a}$. Or $k = \frac{\omega}{v_\varphi} = \frac{\omega}{C}$.

$$k \ll \frac{\pi}{a} \Leftrightarrow \frac{\omega}{C} \ll \frac{\pi}{a}$$

$$\frac{2\pi}{T}\frac{1}{C} \ll \frac{\pi}{a} \Leftrightarrow \frac{2\pi}{\lambda} \ll \frac{\pi}{a}$$

$$\boxed{a \ll \lambda}$$

La distance entre deux atomes consécutifs est beaucoup plus petite que la longueur d'onde de l'onde qui se propage (c'est l'équivalent de l'Approximation des Régimes Quasi Stationnaires en électromagnétisme).

B. **Modèle macroscopique et module d'Young**

B.1. Par analyse dimensionnelle, $\left[\dfrac{\partial u}{\partial x}\right] = \dfrac{L}{L} = 1$ est sans dimension.

$$\left[E\right] = \frac{\left[F\right]}{\left[\frac{\partial u}{\partial x}\right]\left[S\right]} = \frac{\left[\text{Force}\right]}{\left[\text{Surface}\right]} = \left[\text{pression}\right]$$

Le module d'Young a donc la dimension d'une pression et s'exprime en **Pascal** (Pa).

Système étudié : une section S sans épaisseur, de masse nulle.
Bilan des forces (dans un référentiel galiléen) : $\vec{F_d}$ et $\vec{F_g}$.
Principe fondamental de la dynamique appliqué au système étudié :

$$\sum \vec{F}_{\text{ext}} = m\vec{a}$$

Ici,

$$\vec{F_d} + \vec{F_g} = \vec{0}$$

$$\boxed{\vec{F_d} = -\vec{F_g}}$$

B.2. A partir du schéma ci-dessous (figure 17.5), explicitons la relation entre δ et $\dfrac{\partial u(x,t)}{\partial x}$.

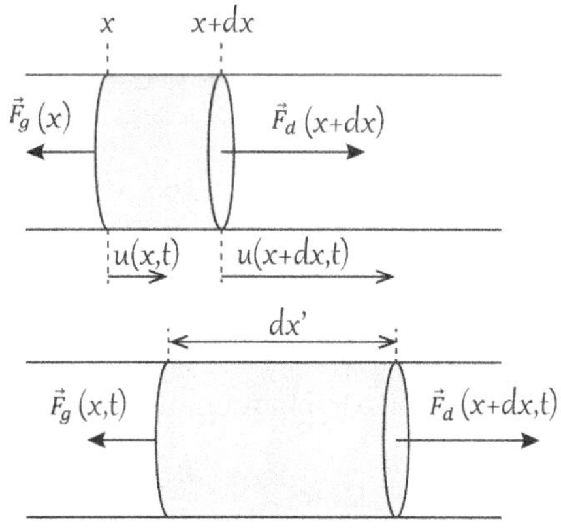

FIGURE 17.5

$$\begin{aligned}
\mathrm{d}V &= S\,\mathrm{d}x \\
\mathrm{d}V' &= S\left(\mathrm{d}x + u(x+\mathrm{d}x,t) - u(x,t)\right) \\
&= S\left(\mathrm{d}x + u(x,t) + \mathrm{d}x\,\frac{\partial u(x,t)}{\partial x} - u(x,t)\right) \\
&= S\,\mathrm{d}x\left(1 + \frac{\partial u(x,t)}{\partial x}\right)
\end{aligned}$$

$$\delta = \frac{\mathrm{d}V' - \mathrm{d}V}{\mathrm{d}V} = \frac{S\,\mathrm{d}x\left(1+\frac{\partial u(x,t)}{\partial x}\right) - S\,\mathrm{d}x}{S\,\mathrm{d}x}$$

$$\boxed{\delta = \frac{\partial u(x,t)}{\partial x}}$$

B.3. *Système étudié* : une tranche d'épaisseur $\mathrm{d}x$, de masse $\mathrm{d}m = \rho S\,\mathrm{d}x$.
Bilan des forces (dans un référentiel galiléen) : $\vec{F}_d(x+\mathrm{d}x,t)$ et $\vec{F}_g(x,t)$.
Principe fondamental de la dynamique appliqué au système étudié :

$$\sum \vec{F}_{\text{ext}} = m\vec{a}$$

$$\vec{F}_d(x+\mathrm{d}x,t) + \vec{F}_g(x,t) = \rho S\,\mathrm{d}x\,\frac{\partial^2 u}{\partial t^2}\,\vec{e}_x$$

$$-\overrightarrow{F_g}(x+\mathrm{d}x,t) + \overrightarrow{F_g}(x,t) = \rho S\,\mathrm{d}x\,\frac{\partial^2 u}{\partial t^2}\,\vec{e}_x$$

$$-\left(-E\,\frac{\partial u(x+\mathrm{d}x,t)}{\partial x}\,S\,\overrightarrow{e_x}\right) - E\,\frac{\partial u(x,t)}{\partial x}\,S\,\vec{e}_x = \rho S\,\mathrm{d}x\,\frac{\partial^2 u}{\partial t^2}\,\vec{e}_x$$

Par projection sur l'axe des x on a :

$$E\left(\frac{\partial u(x+\mathrm{d}x,t)}{\partial x} - \frac{\partial u(x,t)}{\partial x}\right) S = \rho S\,\mathrm{d}x\,\frac{\partial^2 u}{\partial t^2}$$

En utilisant un développement de Taylor (voir chapitre 5 - Développements limités), on peut écrire :

$$E\left(\mathrm{d}x\,\frac{\partial^2 u(x,t)}{\partial x^2}\right) S = \rho S\,\mathrm{d}x\,\frac{\partial^2 u}{\partial t^2}$$

$$\boxed{\frac{\partial^2 u(x,t)}{\partial x^2} - \frac{\rho}{E}\frac{\partial^2 u}{\partial t^2} = 0}$$

On obtient une équation de d'Alembert unidimensionnelle de la forme :

$$\frac{\partial^2 u(x,t)}{\partial x^2} - \frac{1}{C^2}\frac{\partial^2 u(x,t)}{\partial t^2} = 0, \text{ où } C^2 = \frac{E}{\rho} \Rightarrow \boxed{C = \sqrt{\frac{E}{\rho}}}.$$

17.2 Propagation de la tension le long d'une ligne électrique (e3a)

Conseils - Pour aborder cet extrait de sujet de concours, il est préférable de revoir les notions suivantes :

- Dérivées (chapitre 4)
- Développements limités (chapitre 5)
- Fonction de plusieurs variables (chapitre 6)
- Nombres complexes (chapitre 8)
- Equations différentielles (chapitre 9)

On se propose ici d'étudier la propagation des signaux électriques dans une ligne monophasée, assimilée à deux câbles (en réalité il y en a plus) de longueur L_c. Dans un premier temps, un tronçon de longueur $\mathrm{d}x$ de cette ligne monophasée, que l'on considère très petite devant toutes les longueurs caractéristiques du phénomène, peut être modélisé par une inductance $\ell \mathrm{d}x$ et une capacité $\alpha \mathrm{d}x$ (ℓ et α étant constantes) selon le schéma de la **figure 17.6**.

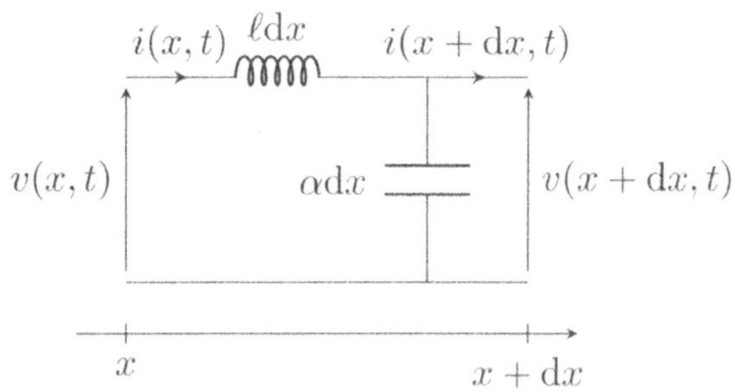

FIGURE 17.6 – Schématisation de la ligne électrique monophasée entre x et $x + \mathrm{d}x$ à l'instant t

1. L'ordre de grandeur de L_c est de 50 km. L'Approximation des Régimes Quasi-Stationnaires (ARQS) est-elle valable en tout point du câble ? Justifier. On rappelle que la fréquence du signal est $f_r = 50\,\mathrm{Hz}$.
2. Montrer que l'application des lois de l'électrocinétique dans l'ARQS permet d'établir les deux équations suivantes :

$$\begin{cases} v(x,t) = \ell \mathrm{d}x \dfrac{\partial i}{\partial t}(x,t) + v(x+\mathrm{d}x,t) \\ \\ i(x,t) = \alpha \mathrm{d}x \dfrac{\partial v}{\partial t}(x+\mathrm{d}x,t) + i(x+\mathrm{d}x,t) \end{cases} \qquad (11)$$

3. En déduire que $v(x,t)$ vérifie une équation de D'Alembert et exprimer la célérité c des ondes associées en fonction de ℓ et α.

On cherche des solutions sous la forme d'ondes planes progressives harmoniques (OPPH) de pulsation ω.

4. Déterminer la relation de dispersion des ondes dans ce milieu entre la pulsation et le nombre d'onde noté k. Donner la définition d'un milieu dispersif et d'un milieu absorbant. Le milieu est-il dispersif ? Est-il absorbant ? Les réponses devront être succintement justifiées.

On cherche une solution sous la forme de la somme d'une OPPH incidente notée $\underline{v_+}(x,t)$ se propageant vers les x positifs et d'une onde réfléchie $\underline{v_-}(x,t)$ se propageant vers les x négatifs. On note respectivement $\underline{V_+}$ et $\underline{V_-}$ les amplitudes complexes de ces ondes. Chaque onde de tension est de plus associée à un courant $\underline{i_+}(x,t)$ et $\underline{i_-}(x,t)$, d'amplitudes $\underline{I_+}$ et $\underline{I_-}$. On définit enfin l'impédance $\underline{Z} = \dfrac{\underline{V}}{\underline{I}}$ du milieu, qui dépend du type d'onde qui s'y propage.

5. Donner la forme des OPPH incidente et réfléchie en tension. En utilisant les relations de l'équation (11), exprimer l'impédance complexe du milieu pour les ondes incidentes, notée $\underline{Z_+}$, et pour les ondes réfléchies $\underline{Z_-}$, en fonction de ℓ et α. Quelle est l'unité des impédances $\underline{Z_+}$ et $\underline{Z_-}$?

La tension d'entrée du réseau basse tension, en $x = 0$, est $v(0,t) = \sqrt{2}U_r\cos(\omega t)$ où $U_r = 230$ V. Le circuit est fermé en $x = L_c$ sur une habitation modélisée par une simple résistance R'.

6. Ecrire, sans les résoudre, les deux équations correspondantes aux conditions de bord et permettant d'obtenir $\underline{V_+}$ et $\underline{V_-}$.

7. Déterminer l'expression de R' en fonction de ℓ et α afin d'annuler l'onde réfléchie. Qualitativement, quel est l'avantage de cette situation d'un point de vue énergétique ?

En réalité, il y a des pertes d'énergie dues à la nature résistive des câbles. On ajoute une résistance en série avec l'inductance $r\mathrm{d}x$ et une autre résistance linéique de valeur $\dfrac{1}{g\mathrm{d}x}$, en parralèle avec la capacité (c'est-à-dire que $g\mathrm{d}x$ est l'admittance de cette résistance) (voir **figure 17.7**).

8. Quelles sont les deux nouvelles équations différentielles couplées et du premier ordre en x et en t vérifiées par $v(x,t)$ et $i(x,t)$?

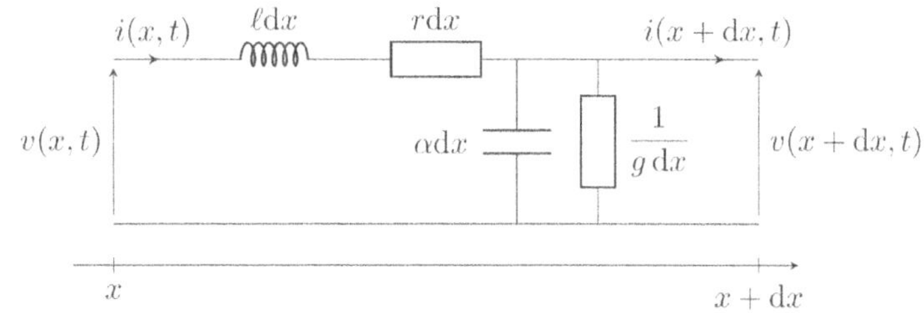

FIGURE 17.7 – Schématisation de la ligne électrique monophasée avec pertes entre x et $x+\mathrm{d}x$ à l'instant t

9. On considère des solutions de la forme $\underline{v}(x,t) = \underline{V}(x)\exp(\mathrm{j}\omega t)$ et $\underline{i}(x,t) = \underline{I}(x)\exp(\mathrm{j}\omega t)$. Montrer que $\underline{V}(x)$ est solution de l'équation différentielle :

$$\frac{\mathrm{d}^2\underline{V}}{\mathrm{d}x^2} = \underline{Z_s}\underline{Y_p}\underline{V}$$

avec $\underline{Z_s} = \mathrm{j}\ell\omega + r$ et $\underline{Y_p} = \mathrm{j}\alpha\omega + g$.

On note $\underline{k}(\omega) = k'(\omega)+\mathrm{j}k''(\omega)$ tel que $\underline{k^2} = \underline{Z_s}\underline{Y_p}$, $k'(\omega) > 0$ et $k''(\omega) > 0$. Les solutions de l'équation précédente conduisent à :

$$\begin{aligned}\underline{v}(x,t) =& \underline{V_1}\exp\left[-k''(\omega)\,x + \mathrm{j}\big(\omega t - k'(\omega)\,x\big)\right]\\ &+ \underline{V_2}\exp\left[k''(\omega)\,(x-L_c) + \mathrm{j}\big(\omega t + k'(\omega)\,x\big)\right]\end{aligned}$$

10. Sans chercher à déterminer les expressions de $k'(\omega)$ et de $k''(\omega)$, préciser si ce milieu est dispersif et/ou absorbant.

En choisissant judicieusement les composants et la géométrie de la ligne, il est possible de respecter la condition $\ell g = r\alpha$. Dans ca cas, on trouve $k'(\omega) = \omega\sqrt{\ell\alpha}$ et $k''(\omega) = g\sqrt{\dfrac{\ell}{\alpha}}$. On montre aussi que $k''(\omega)$ est minimal lorsque cette condition est respectée.

11. Quels sont les avantages à choisir les paramètres des câbles tels que $\ell g = r\alpha$?

On admet que sous la condition $\ell g = r\alpha$, la résistance R' permettant d'annuler l'onde réfléchie est la même que celle obtenue dans la ***question 7****. Les ordres de grandeurs sont $g \simeq 2,1\times 10^{-9}$ S.m^{-1}, $\alpha \simeq 6,3\times 10^{-12}$ F.m^{-1} et $\ell \simeq 1,0\times 10^{-7}$ H.m^{-1}.*

12. Calculer numériquement k'' lorsque $\ell g = r\alpha$. En l'absence d'onde réfléchie, calculer la variation relative de l'amplitude de la tension aux bornes de R' lorsque l'on prend en compte les pertes dans la ligne par rapport au cas sans perte. Commenter.

D'après concours e3a-Polytech PC

Solution

1. Dans l'ARQS, il faut comparer la période du signal T avec la durée de propagation t du signal se propageant le long du câble de longueur L_c à la célérité c.
   Si $t \ll T$ ou si $\dfrac{t}{T} \ll 1$ alors l'ARQS est vérifiée.

$$T = \frac{1}{f_r} = \frac{1}{50} = 0,02\,\mathrm{s} = 2 \times 10^{-2}\,\mathrm{s}$$

$$t = \frac{L_C}{c} = \frac{50 \times 10^3}{3 \times 10^8} = 0,17\,\mathrm{ms} = 1,7 \times 10^{-4}\,\mathrm{s}$$

$$\frac{t}{T} = \frac{1,7 \times 10^{-4}}{2 \times 10^{-2}} = \boxed{8,5 \times 10^{-3} \ll 1}$$

   L'ARQS est donc valable en tout point du câble.

2. **D'après la loi des mailles**

$$v(x,t) = v(x + \mathrm{d}x, t) + u_L$$

   avec $u_L = \ell \mathrm{d}x \,\dfrac{\partial i(x,t)}{\partial t}$ la tension mesurée aux bornes de la bobine d'inductance $\ell \mathrm{d}x$.

$$\Rightarrow \boxed{v(x,t) = v(x + \mathrm{d}x, t) + \ell \mathrm{d}x \,\frac{\partial i(x,t)}{\partial t}} \qquad (1)$$

   D'après la loi des noeuds

$$i(x,t) = i(x + \mathrm{d}x, t) + i_C$$

   Soit u_C la tension mesurée aux bornes du condensateur. L'intensité du courant électrique i_C mesuré dans la branche contenant le condensateur est telle que :

$$i_C = \frac{\mathrm{d}q_C}{\mathrm{d}t} = \alpha \mathrm{d}x \,\frac{\partial u_C}{\partial t} = \alpha \mathrm{d}x \,\frac{\partial v(x + \mathrm{d}x, t)}{\partial t}$$

$$\Rightarrow \boxed{i(x,t) = i(x + \mathrm{d}x, t) + \alpha \mathrm{d}x \,\frac{\partial v(x + \mathrm{d}x, t)}{\partial t}} \qquad (2)$$

3. Un développement de Taylor à l'ordre 1 en $\mathrm{d}x$ donne :

$$v(x + \mathrm{d}x, t) = v(x,t) + \mathrm{d}x \,\frac{\partial v(x,t)}{\partial x}$$

   L'équation (1) obtenue par la loi des mailles s'écrit alors :

$$v(x,t) = v(x,t) + \mathrm{d}x \,\frac{\partial v(x,t)}{\partial x} + \ell \mathrm{d}x \,\frac{\partial i(x,t)}{\partial t}$$

Après simplification, on a :

$$\boxed{\frac{\partial v(x,t)}{\partial x} = -\ell\,\frac{\partial i(x,t)}{\partial t}} \tag{3}$$

Par un développement de Taylor à l'ordre 1 en $\mathrm{d}x$, on a également :

$$i(x+\mathrm{d}x,t) = i(x,t) + \mathrm{d}x\,\frac{\partial i(x,t)}{\partial x}$$

L'équation (2) obtenue par la loi des noeuds s'écrit :

$$i(x,t) = i(x,t) + \mathrm{d}x\,\frac{\partial i(x,t)}{\partial x} + \alpha \mathrm{d}x\,\frac{\partial}{\partial t}\left(v(x,t) + \frac{\partial v(x,t)}{\partial x}\mathrm{d}x\right)$$

$$0 = \mathrm{d}x\,\frac{\partial i(x,t)}{\partial x} + \alpha \mathrm{d}x\,\frac{\partial v(x,t)}{\partial t} + \alpha\,(\mathrm{d}x)^2\,\frac{\partial}{\partial t}\left(\frac{\partial v(x,t)}{\partial x}\right)$$

$$0 = \mathrm{d}x\,\frac{\partial i(x,t)}{\partial x} + \alpha \mathrm{d}x\,\frac{\partial v(x,t)}{\partial t} + \alpha\,(\mathrm{d}x)^2\,\frac{\partial^2 v(x,t)}{\partial t \partial x}$$

Or $(\mathrm{d}x)^2$ est un infiniment petit du second ordre en $\mathrm{d}x$, le terme $\frac{\partial^2 v(x,t)}{\partial t \partial x}$ est un terme infiniment petit du premier ordre en $\mathrm{d}x$ et du premier ordre en $\mathrm{d}t$, c'est donc un infiniment petit du second ordre.

Le terme $\alpha\,(\mathrm{d}x)^2\,\frac{\partial^2 v(x,t)}{\partial t \partial x}$ étant d'ordre 4, il sera négligé devant les autres termes de l'expression de $i(x,t)$. On obtient finalement :

$$0 = \mathrm{d}x\,\frac{\partial i(x,t)}{\partial x} + \alpha \mathrm{d}x\,\frac{\partial v(x,t)}{\partial t}$$

$$\boxed{\frac{\partial i(x,t)}{\partial x} = -\alpha\,\frac{\partial v(x,t)}{\partial t}} \tag{4}$$

Pour en déduire que $v(x,t)$ vérifie une équation de d'Alembert, on dérive partiellement l'équation (3) par rapport à x :

$$\frac{\partial}{\partial x}\left(\frac{\partial v(x,t)}{\partial x}\right) = \frac{\partial}{\partial x}\left(-\ell\,\frac{\partial i(x,t)}{\partial t}\right)$$

En utilisant le théorème de Schwartz et en permuttant les dérivées temporelle et spatiale, car elles sont indépendantes l'une de l'autre, on obtient :

$$\frac{\partial}{\partial x}\left(\frac{\partial v(x,t)}{\partial x}\right) = -\ell\,\frac{\partial}{\partial t}\left(\frac{\partial i(x,t)}{\partial x}\right)$$

En remplaçant $\dfrac{\partial i(x,t)}{\partial x}$ par son expression donnée à l'équation (4) on peut écrire :

$$\frac{\partial^2 v(x,t)}{\partial x^2} = -\ell\,\frac{\partial}{\partial t}\left(-\alpha\,\frac{\partial v(x,t)}{\partial t}\right)$$

$$\frac{\partial^2 v(x,t)}{\partial x^2} = \ell\alpha\,\frac{\partial^2 v(x,t)}{\partial t^2}$$

$$\boxed{\frac{\partial^2 v(x,t)}{\partial x^2} - \ell\alpha\,\frac{\partial^2 v(x,t)}{\partial t^2} = 0} \qquad (5)$$

L'équation obtenue est une équation de d'Alembert du type :

$$\frac{\partial^2 v(x,t)}{\partial x^2} - \frac{1}{c^2}\frac{\partial^2 v(x,t)}{\partial t^2} = 0$$

où $\boxed{c = \dfrac{1}{\sqrt{\ell\alpha}}}$ est la célérité des ondes.

4. Les solutions sont sous la forme d'OPPH et s'écrivent :

$$\underline{v}(x,t) = \underline{v_m}\,e^{j(\omega t - kx)}$$

En notation complexe, dériver par rapport au temps revient à multiplier par $(j\omega)$ et dériver par rapport à x revient à multiplier par $(-jk)$.
En reportant cette solution dans l'équation de d'Alembert, on obtient :

$$(-jk)^2\,\underline{v}\,\ell\alpha\,(j\omega)^2\,\underline{v} = 0$$

$$-k^2 + \ell\alpha\omega^2 = 0$$

$$k^2 = \frac{\omega^2}{c^2} \Leftrightarrow \boxed{k = \pm\frac{\omega}{c}}$$

On retiendra la solution positive car les ondes se propagent dans le sens des x croissants.

Par définition, un milieu est dispersif si la vitesse de phase dépend de ω (ou si les vitesses de phase et de groupe sont différentes).
Or $v_\varphi = \dfrac{\omega}{k} = c$ et $v_g = \dfrac{d\omega}{dk} = c$ dans notre cas.
Le milieu est **non** dispersif car v_φ ne dépend pas de ω (ou $v_\varphi = v_g$).

Par définition, un milieu est absorbant si le vecteur d'onde, en notation complexe $\underline{k}$, a une partie imaginaire.
Or, ici k est réel, le milieu est donc **non** absorbant.

5. D'après la forme des solutions recherchées, on peut écrire les OPPH en tension de la manière suivante :

$$\underline{v_+}(x,t) = \underline{V_+}\,\mathrm{e}^{\mathrm{j}(\omega t - kx)}$$

pour l'onde incidente se propageant vers les x positifs et

$$\underline{v_-}(x,t) = \underline{V_-}\,\mathrm{e}^{\mathrm{j}(\omega t + kx)}$$

pour l'onde réfléchie se propageant vers les x négatifs.

De même, on peut écrire les OPPH en intensité de la manière suivante :

$$\underline{i_+}(x,t) = \underline{I_+}\,\mathrm{e}^{\mathrm{j}(\omega t - kx)}$$

pour l'onde incidente se propageant vers les x positifs et

$$\underline{i_-}(x,t) = \underline{I_-}\,\mathrm{e}^{\mathrm{j}(\omega t + kx)}$$

pour l'onde réfléchie se propageant vers les x négatifs.

Par définition, l'impédance $Z = \dfrac{\text{cause}}{\text{conséquence}} = \dfrac{\text{tension électrique}}{\text{courant électrique}}$.

Pour les ondes incidentes, on utilise la première relation de l'équation (11) donnée dans l'énoncé :

$$\frac{\partial \underline{v_+}}{\partial x} = -\ell\,\frac{\partial \underline{i_+}}{\partial t}$$

$$(-\mathrm{j}k)\,\underline{V_+}\,\mathrm{e}^{\mathrm{j}(\omega t - kx)} = -\ell\,\mathrm{j}\omega\,\underline{I_+}\,\mathrm{e}^{\mathrm{j}(\omega t - kx)}$$

$$\underline{Z_+} = \frac{\underline{V_+}}{\underline{I_+}} = \frac{\ell\omega}{k}$$

Or $k = \dfrac{\omega}{c}$.

$$\boxed{\underline{Z_+} = \sqrt{\frac{\ell}{\alpha}}}$$

Pour les ondes réfléchies, on procède de la même manière en utilisant la deuxième relation de l'équation (11) donnée dans l'énoncé :

$$\frac{\partial \underline{v_-}}{\partial x} = -\ell\,\frac{\partial \underline{i_-}}{\partial t}$$

$$\mathrm{j}k\,\underline{V_-}\,\mathrm{e}^{\mathrm{j}(\omega t + kx)} = -\ell\,\mathrm{j}\omega\,\underline{I_-}\,\mathrm{e}^{\mathrm{j}(\omega t + kx)}$$

$$\underline{Z_-} = \frac{\underline{V_-}}{\underline{I_-}} = -\frac{\ell\omega}{k}$$

$$\boxed{\underline{Z_-} = -\sqrt{\frac{\ell}{\alpha}}}$$

L'impédance est un rapport de tension électrique par un courant électrique donc $\underline{Z_+}$ et $\underline{Z_-}$ s'exprime en **Ohm** (symbole : Ω).

6. En $x = 0$, il y a présence de l'onde incidente et de l'onde réfléchie. On peut donc écrire :

$$\underline{v}(x = 0, t) = \underline{v_+}(x = 0, t) + \underline{v_-}(x = 0, t)$$

$$\sqrt{2}\,U_r\,\mathrm{e}^{\mathrm{j}\omega t} = \underline{V_+}\,\mathrm{e}^{\mathrm{j}\omega t} + \underline{V_-}\,e^{\mathrm{j}\omega t}$$

$$\boxed{\underline{V_+} + \underline{V_-} = \sqrt{2}\,U_r} \qquad (6)$$

En $x = L_c$, le circuit est fermé sur une simple résistance R'. On peut donc écrire :

$$\underline{v}(x = L_c, t) = R'\,\underline{i}(x = L_c, t)$$

$$\underline{v_+}(x = L_c, t) + \underline{v_-}(x = L_c, t) = R'\Big(\underline{i_+}(x = L_c, t) + \underline{i_-}(x = L_c, t)\Big)$$

$$\underline{V_+}\,\mathrm{e}^{\mathrm{j}(\omega t - kL_c)} + \underline{V_-}\,\mathrm{e}^{\mathrm{j}(\omega t + kL_c)} = R'\left(\frac{\underline{V_+}}{\underline{Z_+}}\,\mathrm{e}^{\mathrm{j}(\omega t - kL_c)} + \frac{\underline{V_-}}{\underline{Z_-}}\,\mathrm{e}^{\mathrm{j}(\omega t + kL_c)}\right)$$

$$\boxed{\underline{V_+}\,\mathrm{e}^{-\mathrm{j}kL_c} + \underline{V_-}\,\mathrm{e}^{\mathrm{j}kL_c} = R'\left(\frac{\underline{V_+}}{\underline{Z_+}}\,\mathrm{e}^{-\mathrm{j}kL_c} + \frac{\underline{V_-}}{\underline{Z_-}}\,\mathrm{e}^{\mathrm{j}kL_c}\right)} \qquad (7)$$

7. Si l'onde réfléchie en $x = L_c$ est annulée alors $\underline{V_-} = 0$ et l'équation (7) obtenue à la question précédente se simplifie :

$$\underline{V_+}\,\mathrm{e}^{-\mathrm{j}kL_c} = R'\frac{\underline{V_+}}{\underline{Z_+}}\,\mathrm{e}^{-\mathrm{j}kL_c}$$

$$\boxed{R' = \underline{Z_+} = \sqrt{\frac{\ell}{\alpha}}}$$

Qualitativement, du point de vue énergétique, tout est transmis à la résistance R'.

8. **D'après la loi des mailles**

$$v(x,t) = v(x + \mathrm{d}x, t) + u_L + u_r$$

avec $u_L = \ell \mathrm{d}x \dfrac{\partial i(x,t)}{\partial t}$ la tension mesurée aux bornes de la bobine d'inductance $\ell \mathrm{d}x$ et $u_r = r\mathrm{d}x\, i(x,t)$ la tension aux bornes de la résistance $r\mathrm{d}x$.

$$v(x,t) = v(x,t) + \mathrm{d}x \frac{\partial v(x,t)}{\partial x} + \ell \mathrm{d}x \frac{\partial i(x,t)}{\partial t} + r\mathrm{d}x\, i(x,t)$$

$$\boxed{\frac{\partial v(x,t)}{\partial x} = -\ell \frac{\partial i(x,t)}{\partial t} - r\, i(x,t)} \tag{8}$$

D'après la loi des noeuds

$$i(x,t) = i(x+\mathrm{d}x,t) + i_C + i_r$$

avec i_C l'intensité du courant électrique mesurée dans la branche contenant le condensateur et u_C la tension mesurée aux bornes du condensateur telles que $i_C = \dfrac{\mathrm{d}q_C}{\mathrm{d}t} = \alpha \mathrm{d}x \dfrac{\partial u_C}{\partial t} = \alpha \mathrm{d}x \dfrac{\partial v(x+\mathrm{d}x,t)}{\partial t}$ et $i_r = v(x+\mathrm{d}x,t)\, g\mathrm{d}x$ l'intensité du courant traversant la résistance $\dfrac{1}{g\mathrm{d}x}$ et $v(x+\mathrm{d}x,t)$ la tension aux bornes de cette résistance.

$$i(x,t) = i(x,t) + \mathrm{d}x \frac{\partial i(x,t)}{\partial x} + \alpha \mathrm{d}x \frac{\partial v(x+\mathrm{d}x,t)}{\partial t} + v(x+\mathrm{d}x,t)\, g\mathrm{d}x$$

$$\frac{\partial i(x,t)}{\partial x} = -\alpha \frac{\partial v(x+\mathrm{d}x,t)}{\partial t} - g\, v(x+\mathrm{d}x,t)$$

Un développement de Taylor d'ordre 1 ou inférieur en $\mathrm{d}x$ donne :

$$v(x+\mathrm{d}x,t) = v(x,t) + \mathrm{d}x \frac{\partial v(x,t)}{\partial x}$$

$$\frac{\partial v(x+\mathrm{d}x,t)}{\partial t} = \frac{\partial \left(v(x,t) + \mathrm{d}x \frac{\partial v(x,t)}{\partial x} \right)}{\partial t} = \frac{\partial v(x,t)}{\partial t} + \frac{\partial \left(\mathrm{d}x \frac{\partial v(x,t)}{\partial x} \right)}{\partial t}$$

On ne conservant que les termes d'ordre 1 ou inférieur en $\mathrm{d}x$ et en $\mathrm{d}t$, on a :

$$\frac{\partial v(x+\mathrm{d}x,t)}{\partial t} \simeq \frac{\partial v(x,t)}{\partial t}$$

$$\frac{\partial i(x,t)}{\partial x} = -\alpha \frac{\partial v(x+\mathrm{d}x,t)}{\partial t} - g\left(v(x,t) + \mathrm{d}x \frac{\partial v(x,t)}{\partial x} \right)$$

Or $\mathrm{d}x$ et $\dfrac{\partial v(x,t)}{\partial x}$ sont des infiniment petits du premier ordre, leur produit est un infiniment petit du second ordre donc négligeable.

$$\boxed{\frac{\partial i(x,t)}{\partial x} = -\alpha \frac{\partial v(x,t)}{\partial t} - g\, v(x,t)} \tag{9}$$

9. D'après la notation complexe imposée, dériver par rapport au temps t revient à multiplier par $(\mathrm{j}\omega)$.
En notation complexe, on dérive l'équation (8) par rapport à x :

$$\begin{aligned}\frac{\partial}{\partial x}\left(\frac{\partial \underline{v}(x,t)}{\partial x}\right) &= \frac{\partial}{\partial x}\left(-\ell\,\frac{\partial \underline{i}(x,t)}{\partial t} - r\,\underline{i}(x,t)\right)\\ &= -\ell\,(\mathrm{j}\omega)\,\frac{\partial \underline{i}(x,t)}{\partial x} - r\,\frac{\partial \underline{i}(x,t)}{\partial x}\\ &= (-\mathrm{j}\omega\ell - r)\,\frac{\partial \underline{i}(x,t)}{\partial x}\end{aligned}$$

On remplace le terme $\frac{\partial \underline{i}(x,t)}{\partial x}$ par son expression donnée à l'équation (9). On a :

$$\begin{aligned}\frac{\partial^2 \underline{v}(x,t)}{\partial x^2} &= (-\mathrm{j}\omega\ell - r)\left(-\alpha\,\frac{\partial \underline{v}(x,t)}{\partial t} - g\,\underline{v}(x,t)\right)\\ &= (-\mathrm{j}\omega\ell - r)\,(-\alpha\,(\mathrm{j}\omega)\,\underline{v}(x,t) - g\,\underline{v}(x,t))\\ &= (-\mathrm{j}\omega\ell - r)\,(-\mathrm{j}\omega\alpha - g)\,\underline{v}(x,t)\end{aligned}$$

Or $\underline{v}(x,t) = \underline{V}(x)\exp(\mathrm{j}\omega t)$.

$$\frac{\partial^2 \underline{V}(x)\exp(\mathrm{j}\omega t)}{\partial x^2} = (-\mathrm{j}\omega\ell - r)\,(-\mathrm{j}\omega\alpha - g)\,\underline{V}(x)\exp(\mathrm{j}\omega t)$$

Après simplification :

$$\boxed{\frac{\partial^2 \underline{V}(x)}{\partial x^2} = (-\mathrm{j}\omega\ell - r)\,(-\mathrm{j}\omega\alpha - g)\,\underline{V}(x)}$$

On obtient une équation différentielle de la forme $\frac{\mathrm{d}^2\underline{V}}{\mathrm{d}x^2} = \underline{Z_s}\underline{Y_p}\underline{V}$ avec

$$\boxed{\underline{Z_s} = -\mathrm{j}\omega\ell - r} \text{ et } \boxed{\underline{Y_p} = -\mathrm{j}\omega\alpha - g}$$

10. On note $\underline{k}(\omega) = k'(\omega) + \mathrm{j}k''(\omega)$.
Par définition, la vitesse de phase a pour expression :

$$\boxed{v_\varphi = \frac{\omega}{\mathcal{R}\mathrm{e}\{\underline{k}(\omega)\}} = \frac{\omega}{k'(\omega)}}$$

Par définition, la vitesse de groupe a pour expression :

$$\boxed{v_g = \frac{\mathrm{d}\omega}{\mathrm{d}(\mathcal{R}\mathrm{e}\{\underline{k}(\omega)\})} = \frac{\mathrm{d}\omega}{\mathrm{d}k'} = \frac{1}{\left(\frac{\mathrm{d}k'(\omega)}{\mathrm{d}\omega}\right)}}$$

Les solutions de l'équation différentielle conduisent à :

$$\begin{aligned}\underline{v}(x,t) =&\underline{V_1}\exp\big(-k''(\omega)\,x\big)\exp\big(\mathrm{j}(\omega t - k'(\omega)\,x)\big)\\ &+\underline{V_2}\exp\big(k''(\omega)\,(x-L_c)\big)\exp\big(\mathrm{j}(\omega t + k'(\omega)\,x)\big)\end{aligned}$$

L'amplitude diminue en $\exp\big(-k''(\omega)\,x\big)$ et en $\exp\big(k''(\omega)\,(x-L_c)\big)$ si $k''>0$.
On dit alors que le milieu est **absorbant**.

Si $v_\varphi = v_g$ alors le milieu est **non** dispersif.
Si $v_\varphi \neq v_g$ alors le milieu est **dispersif**.

Ici, nous ne connaissons pas les expressions des vitesses de phase et de groupe donc nous ne pouvons pas conclure.

11. Si $\ell g = r\alpha$ alors $k' = \omega\sqrt{\ell\alpha} = \dfrac{\omega}{c}$ = constante car $c = \dfrac{1}{\sqrt{\ell\alpha}}$ (voir question 3).
Le milieu est alors **non** dispersif, mais reste absorbant car $k'' \neq 0$.
Dans le cas où $\ell g = r\alpha$, $k''(\omega)$ est minimal donc l'absorption est minimale.

12. *Application numérique*

$$k'' = 2,1\times 10^{-9}\sqrt{\frac{1,0\times 10^{-7}}{6,3\times 10^{-12}}}$$

$$k'' = \boxed{2,6\times 10^{-7}\,\mathrm{m}^{-1}}$$

En $x = L_c$, l'amplitude de l'onde est donc multipliée par $\exp(-k''L_c)$.

Application numérique

$$\exp(-k''L_c) = \exp(-2,6\times 10^{-7}\cdot 50\times 10^{3})$$

$$\exp(-k''Lc) = 0,987$$

Soit une variation relative de $\left(\dfrac{1-0,987}{1}\right) = 0,013 = \boxed{1,3\%}$.

La perte est faible.

17.3 Modèle de la poutre élancée (CCMP)

Conseils : pour aborder cet extrait de sujet de concours, il est préférable de revoir les notions suivantes :

- Trigonométrie (chapitre 3)
- Dérivées (chapitre 4)
- Equations différentielles (chapitre 9)

Pour marquer le millénaire, une nouvelle passerelle a été construite au dessus de la Tamise à Londres pour un coût total de plus de 20 millions de livres-sterling. Quand elle fut ouverte au piétons on remarqua très vite qu'elle se balançait latéralement et verticalement en cas de forte affluence. Avec un grand nombre de piétons, son mouvement oblique était tel que la plupart d'entre eux s'arrêtaient et s'accrochaient aux rampes. Des images et des vidéos ont montré que ces mouvements latéraux pouvaient avoir une amplitude moyenne de 75 mm et qu'ils se produisaient avec des fréquences de l'ordre du hertz. Le pont fut donc fermé deux jours après son ouverture au public. Dix-huit mois de recherches furent nécessaire pour résoudre le problème et faire les modifications préconisées par les ingénieurs qui furent donc finalement consultés.

L'objectif de ce problème est la modélisation de plus en plus fine d'une passerelle piétonne et la compréhension de certains problèmes posés par le Millenium Bridge de Londres (figure 17.8).

Les vecteurs sont surmontés d'un chapeau s'ils sont unitaires $\widehat{u}_x$ ou d'une flèche dans le cas général $\vec{v}$.

A l'exception de i tel que $\mathrm{i}^2 = -1$, les grandeurs complexes sont soulignées : $\underline{z} \in \mathbb{C}$. Un point sur une grandeur indique la dérivée par rapport au temps de cette grandeur : $\dot{x} = \dfrac{\mathrm{d}x}{\mathrm{d}t}$.

Donnée : pulsation propre du Millenium Bridge $\omega_0 = 12\,\mathrm{rad.s^{-1}}$

Dans un modèle couramment utilisé, on peut assimiler une passerelle à une poutre homogène de section rectangulaire de largeur b selon $(\mathrm{O}, \widehat{u}_z)$ et de hauteur h selon $(\mathrm{O}, \widehat{u}_y)$. Pour des contraintes modérées, induisant un déplacement vertical petit devant les dimensions transversales de la poutre, c'est-à-dire $y(x)$ très petit devant h ou b, on peut alors se placer dans une extension du modèle de la corde.

On considère une passerelle de section S, de masse volumique ρ, de module d'Young E et dont le moment quadratique de la section droite par rapport à l'axe $(\mathrm{O}, \widehat{u}_z)$ est $I = \dfrac{1}{12} bh^3$. L'écriture des contraintes conduit alors à une équation aux dérivées partielles de la forme :

$$\rho S \frac{\partial^2 y}{\partial t^2} + IE \frac{\partial^4 y}{\partial x^4} = 0$$

FIGURE 17.8 – Millenium Bridge de Londres

1. On cherche des solutions sous la forme $y(x,t) = f(x)\,g(t)$. De quel type d'onde s'agit-il ? Sous quelles hypothèses de telles ondes apparaissent-elles dans ce genre de structure ?
2. Déterminer les équations différentielles vérifiées par $f(x)$ et $g(t)$. En déduire que $g(t)$ est une fonction périodique de pulsation ω constante. Combien de constantes d'intégration sont nécessaires à la détermination complète de la solution $y(x,t)$ correspondant à la situation étudiée ?
3. Justifier précisément que l'on puisse écrire

$$f(x) = A\cos(\beta x) + B\sin(\beta x) + C\,\mathrm{ch}(\beta x) + D\,\mathrm{sh}(\beta x)$$

où A, B, C et D sont des constantes d'intégration, on précisera l'expression de β en fonction des données du problème.

On se place dans l'hypothèse d'une passerelle de longueur L en appui simple à ses extrémités, les conditions aux limites s'écrivent

$$y\Big|_{x=0,t} = y\Big|_{x=L,t} = 0 \quad \text{et} \quad \frac{\partial^2 y}{\partial x^2}\Big|_{x=0,t} = \frac{\partial^2 y}{\partial x^2}\Big|_{x=L,t} = 0$$

4. Déterminer les pulsations propres ω_n de vibration transversale d'une poutre en appui simple en fonction de L, E, I, ρ, S et d'un entier n caractérisant le mode.
5. Différents modes de vibration d'une passerelle ont été représentés sur la figure 17.9, quels sont ceux correspondant à l'étude proposée dans cette section ? Identifier de façon argumentée pour chacun de ces modes, l'entier n le caractérisant.

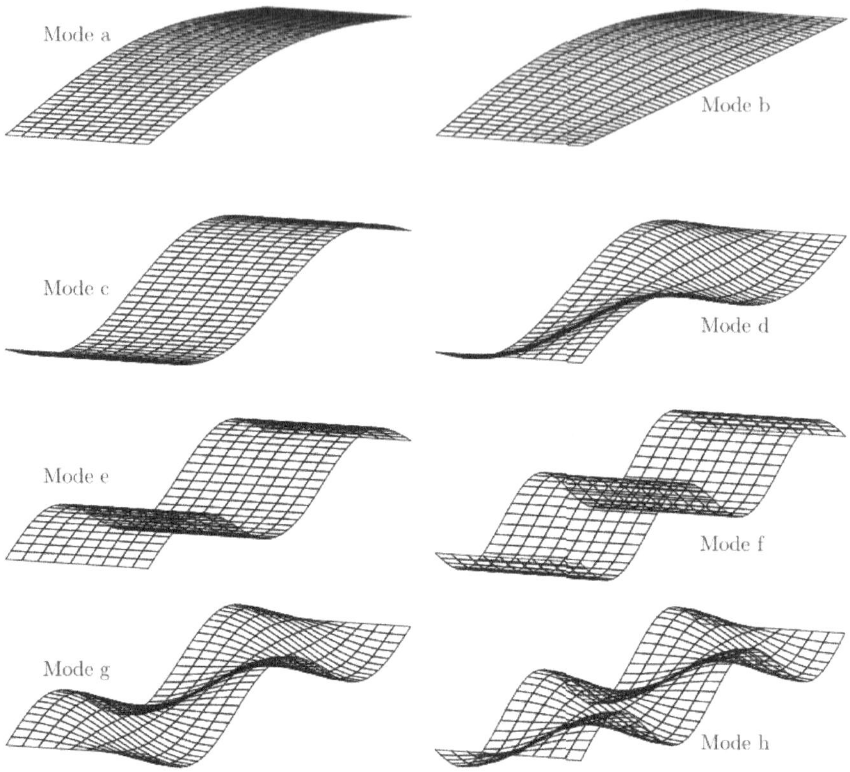

FIGURE 17.9 – Différents modes de vibration d'une passerelle en appui libre aux deux extrémités

La passerelle du Millenium Bridge est globalement une poutre en aluminium de 322 m de longueur, d'épaisseur $h = 1,07$ m (42 pouces) et de largeur $b = 4$ m (158 pouces). Elle repose sur 4 appuis en créant 3 travées solidaires de $L_1 = 70$ m, $L_2 = 144$ m et $L_3 = 108$ m. On donne la masse volumique de l'aluminium $\rho = 2700\,\mathrm{kg.m^{-3}}$ et son module d'Young $E = 69\,.\,10^9$ S.I.

6. Dans le cadre du modèle de la poutre sur appui simple, existe-t-il des modes de vibration transversale du Millenium Bridge susceptibles d'entrer en résonance avec un forçage par des piétons ? Discuter également de la possibilité d'une excitation résonante de certains modes de vibration latérale, c'est-à-dire dans le sens de la largeur b. On motivera ses réponses par une argumentation précise.

D'après Concours Commun Mines-Ponts PC

Solution

1. On cherche des solutions sont la forme $y(x,t) = f(x)\,g(t)$. Les variables x et t sont séparées. On parle d'ondes *stationnaires*. Dans ce genre de structure, ces ondes ne peuvent apparaitre que si l'onde incidente donne naissance à une *onde réfléchie* à l'extrémité de la poutre. Les ondes incidente et réfléchie créent, en s'additionnant, des ondes stationnaires.

2. Pour déterminer les équations différentielles vérifiées par $f(x)$ et $g(t)$, on reporte la solution $y(x,t) = f(x)\,g(t)$ dans l'équation aux dérivées partielles de l'énoncé.

$$\rho S\,\frac{\partial^2}{\partial t^2}[f(x)\,g(t)] + IE\,\frac{\partial^4}{\partial x^4}[f(x)\,g(t)] = 0$$

$$\rho S f(x)\,g''(t) + IEf^{(4)}(x)\,g(t) = 0$$

$$\rho S f(x)\,g''(t) = -IEf^{(4)}(x)\,g(t)$$

$$\boxed{\frac{g''(t)}{g(t)} = -\frac{IE}{\rho S}\frac{f^{(4)}}{f(x)}}$$

Le premier membre ne dépend que de la variable t, le second membre ne dépend que de la variable x. Les deux membres ne peuvent être égaux, $(\forall t, \forall x)$, que si chacun d'eux est égal à une constante K.

Equation 1 : résoudre $\dfrac{g''(t)}{g(t)} = K$

$$g''(t) - Kg(t) = 0$$

- Si $K > 0$, posons $K = \omega^2$, l'équation s'écrit :

$$g''(t) - \omega^2 g(t) = 0$$

  Les solutions de cette équation différentielle du second ordre sont du type :

$$g(t) = A\,\mathrm{ch}(\omega t) + B\,\mathrm{sh}(\omega t)$$

  ou $$g(t) = A'\,\mathrm{e}^{\omega t} + B'\,\mathrm{e}^{\omega t}$$

  où A, B, A' et B' sont des constantes.
  Si $t \to \infty$ alors $\mathrm{ch}(\omega t) \to \infty$, $\mathrm{sh}(\omega t) \to \infty$ et $e^{\omega t} \to \infty$ et la fonction $g(t)$ diverge $\Rightarrow$ impossible de retenir cette solution physiquement.

- Si $K < 0$, posons $K = -\omega^2$, l'équation s'écrit :

$$g''(t) + \omega^2 g(t) = 0$$

On retrouve l'équation différentielle d'un oscillateur harmonique. Les solutions sont du type :

$$g(t) = A\cos(\omega t) + B\sin(\omega t)$$

ou
$$g(t) = A'\,\mathrm{e}^{\mathrm{i}\omega t} + B'\,\mathrm{e}^{\mathrm{i}\omega t}$$

ou encore
$$g(t) = A''\cos(\omega t + \phi)$$

où (A, B), (A', B') et (A'', ϕ) sont des couples de constantes à déterminer à l'aide des conditions initiales selon la solution choisie.

Equation 2 : résoudre $-\dfrac{IE}{\rho S}\dfrac{f^{(4)}}{f(x)} = K = -\omega^2$

$$f^{(4)}(x) - \frac{\omega^2\rho S}{IE}f(x) = 0$$

Cette équation du degré 4 amène 4 constantes d'intégration.

On pose $r^4 - \dfrac{\omega^2\rho S}{IE} = 0$ l'équation caractéristique.

$$r^4 = \frac{\omega^2\rho S}{IE} \;\Rightarrow\; r^2 = \pm\sqrt{\frac{\omega^2\rho S}{IE}}$$

- Si $r^2 = -\sqrt{\dfrac{\omega^2\rho S}{IE}} = \mathrm{i}^2\sqrt{\dfrac{\omega^2\rho S}{IE}}$ alors $r = \pm\mathrm{i}r_1 = \pm\mathrm{i}\left(\dfrac{\omega^2\rho S}{IE}\right)^{1/4}$
- Si $r^2 = +\sqrt{\dfrac{\omega^2\rho S}{IE}}$ alors $r = \pm r_2 = \pm\left(\dfrac{\omega^2\rho S}{IE}\right)^{1/4}$

$\Rightarrow$ Pour déterminer la fonction $f(x)$ il faut déterminer quatre constantes.

$\Rightarrow$ Pour la détermination de la solution $y(x,t)$ correspondant à la situation étudiée, **6 constantes d'intégrations sont nécessaires**.

3. La réponse à la question peut se faire de deux manières.
   - ***Méthode 1***

     D'après l'étude faite à la question précédente les solutions sont du type :

$$f(x) = A'\,\mathrm{e}^{\mathrm{i}r_1x} + B'\,\mathrm{e}^{-\mathrm{i}r_1x} + C'\,\mathrm{e}^{r_2x} + D'\,\mathrm{e}^{-r_2x}$$

ou

$$f(x) = A\cos(r_1x) + B\sin(r_1x) + C\,\mathrm{ch}(r_2x) + D\,\mathrm{sh}(r_2x)$$

On peut donc écrire :

$$f(x) = A\cos(\beta x) + B\sin(\beta x) + C\,\mathrm{ch}(\beta x) + D\,\mathrm{sh}(\beta x)$$

avec

$$\boxed{\beta = \left(\frac{\omega^2\rho S}{IE}\right)^{1/4}} = \sqrt[4]{\frac{\omega^2\rho S}{IE}}$$

- ***Méthode 2***
  Si $f(x) = A\cos(\beta x) + B\sin(\beta x) + C\,\mathrm{ch}(\beta x) + D\,\mathrm{sh}(\beta x)$ alors
$$f^{(4)}(x) = \beta^4 f(x)$$
  Or $f^{(4)}(x) - \dfrac{\omega^2\rho S}{IE} f(x) = 0$.
  Par identification :
$$\beta^4 = \frac{\omega^2\rho S}{IE} \Rightarrow \boxed{\beta = \left(\frac{\omega^2\rho S}{IE}\right)^{1/4}}$$

4. On exploite les conditions aux limites.
$$\begin{aligned} y(x=0,t) &= [A\cos 0 + B\sin 0 + C\,\mathrm{ch}\,0 + D\,\mathrm{sh}\,0]\,g(t) = 0 \\ &= [A + C]\,g(t) = 0 \quad \forall t, \quad g(t) \neq 0 \Rightarrow \boxed{A = -C} \end{aligned}$$
$$\frac{\partial^2 y(x,t)}{\partial x^2} = \beta^2\left[-A\cos(\beta x) - B\sin(\beta x) + C\,\mathrm{ch}(\beta x) + D\,\mathrm{sh}(\beta x)\right] g(t)$$
$$\begin{aligned} \frac{\partial^2 y(x=0,t)}{\partial x^2} &= \beta^2\left[-A\cos 0 - B\sin 0 + C\,\mathrm{ch}\,0 + D\,\mathrm{sh}\,0\right] g(t) = 0 \\ &= \beta^2\left[-A + C\right] g(t) = 0 \quad \forall t, \quad g(t) \neq 0 \Rightarrow \boxed{A = C} \\ &\Rightarrow \boxed{A = C = -C = 0} \end{aligned}$$
$$\begin{aligned} y(x=L,t) &= [B\sin(\beta L) + D\,\mathrm{sh}(\beta L)]\,g(t) = 0 \\ \frac{\partial^2 y(x=L,t)}{\partial x^2} &= \beta^2\left[-B\sin(\beta L) + D\,\mathrm{sh}(\beta L)\right] g(t) = 0 \end{aligned}$$
   Si l'on additionne ces deux dernières solutions, on a $2D\,\mathrm{sh}(\beta L) = 0$.
   Or $\mathrm{sh}(\beta L) \neq 0$ donc $\boxed{D = 0}$. Les solutions sont telles que $B\sin(\beta L) = 0$.
   Si $B = 0$ alors les 4 constantes sont nulles et $f(x) = 0 \Rightarrow$ pas envisageable.
   Si $B \neq 0$ alors $\sin(\beta L) = 0 \Leftrightarrow \beta L = n\pi$
$$\sqrt[4]{\frac{\omega^2\rho S}{IE}} L = n\pi$$
$$\sqrt[4]{\frac{\rho S}{IE}}\sqrt{\omega} L = n\pi$$
$$\boxed{\omega_n = \left(\frac{n\pi}{L}\right)^2\sqrt{\frac{IE}{\rho S}}}$$
   La pulsation ω_n est proportionnelle à n^2 (c'est différent le long d'une corde où ω_n est proportionnelle à n).

5. L'étude menée montre que les modes a, c, e et f sont des vibrations transversales se propageant selon x de modes respectifs 1, 2, 3 et 4 (nombre de ventres ou nombre de demi-longueur d'onde).
   Les modes b, d, g et h montrent une combinaison de vibrations se propageant selon x et selon z.

6. Dans le cadre du modèle de la poutre sur appui, calculons pour chaque travée la pulsation correspondante. Si la pulsation propre du Millenium Bridge (pulsation imposée par la marche des piétons $\omega_0 = 12\,\text{rad.s}^{-1}$) est un multiple de n^2 de la pulsation de la travée, alors la travée entre en résonance.

   Applications numériques

$$I = \frac{1}{12} \times 4 \times 1,07^3 = 0,408\,\text{m}^4 \simeq 0,41\,\text{m}^4$$

   En prenant la valeur exacte de I, on a :

$$\sqrt{\frac{IE}{\rho S}} = \sqrt{\frac{0,408 \times 69\,.\,10^9}{2700 \times 4 \times 1,07}} \simeq 1561\,\text{S.I.}$$

   Pour la travée $L_1 = 70\,\text{m}$

$$\omega_1 = \left(\frac{\pi}{70}\right)^2 \times 1561 = \boxed{3,1\,\text{rad.s}^{-1}}$$

$$\frac{\omega_0}{\omega_1} = \frac{12}{3,1} = 3,9 \simeq 2^2$$

   Le mode 2 de la travée L_1 peut donc apparaitre avec un forçage par les piétons.

   Pour la travée $L_2 = 140\,\text{m}$

$$\omega_2 = \left(\frac{\pi}{144}\right)^2 \times 1561 = \boxed{0,74\,\text{rad.s}^{-1}}$$

$$\frac{\omega_0}{\omega_2} = \frac{12}{0,74} = 16,2 \simeq 4^2$$

   Le mode 4 de la travée L_2 peut donc également apparaitre.

   Pour la travée $L_3 = 108\,\text{m}$

$$\omega_3 = \left(\frac{\pi}{108}\right)^2 \times 1561 = \boxed{1,3\,\text{rad.s}^{-1}}$$

$$\frac{\omega_0}{\omega_3} = \frac{12}{1,3} = 9,2 \simeq 3^2$$

Le mode 3 de la travée L_3 peut donc apparaitre avec un forçage par les piétons. On peut aussi discuter de la possibilité d'une excitation résonante de certains modes de vibration dans le sens de la largeur b se propageant selon x (lié au moment quadratique de la section droite par rapport à l'axe $(\mathrm{O}, \widehat{u}_z)$ noté I' tel que $I' = \dfrac{1}{12} hb^3$).

Applications numériques

$$I' = \frac{1}{12} \times 1,07 \times 4^3 = 5,71\,\mathrm{m}^4 \simeq 5,7\,\mathrm{m}^4$$

En prenant la valeur exacte de I', on a :

$$\sqrt{\frac{I'E}{\rho S}} = \sqrt{\frac{5,71 \times 69\,.\,10^9}{2700 \times 4 \times 1,07}} = 5839\,\mathrm{S.I.}$$

Pour la travée $L_1 = 70\,\mathrm{m}$

$$\omega_1 = \left(\frac{\pi}{70}\right)^2 \times 5839 = \boxed{11,8\,\mathrm{rad.s^{-1}}}$$

$$\frac{\omega_0}{\omega_1} = \frac{12}{11,8} = 1,02 \simeq 1^2$$

Le mode 1 de la travée L_1 peut donc apparaitre (dans le sens de la largeur b) avec un forçage par les piétons.

Pour la travée $L_2 = 140\,\mathrm{m}$

$$\omega_2 = \left(\frac{\pi}{144}\right)^2 \times 5839 = \boxed{2,8\,\mathrm{rad.s^{-1}}}$$

$$\frac{\omega_0}{\omega_2} = \frac{12}{2,8} = 4,3 \simeq 2^2$$

Le mode 2 de la travée L_2 peut donc également apparaitre.

Pour la travée $L_3 = 108\,\mathrm{m}$

$$\omega_3 = \left(\frac{\pi}{108}\right)^2 \times 5839 = \boxed{4,9\,\mathrm{rad.s^{-1}}}$$

$$\frac{\omega_0}{\omega_3} = \frac{12}{4,9} = 2,4 \simeq 1,6^2$$

La valeur 1,6 n'étant pas approximativment un entier, il n'y a pas de mode possible dans ce cas.

17.4 Oscillateur harmonique en physique quantique (CCMP)

Conseils - Pour aborder cet extrait de sujet de concours, il est préférable de revoir les notions suivantes :

- Dérivées (chapitre 4)
- Fonctions de plusieurs variables (chapitre 6)
- Nombres complexes (chapitre 8)
- Equations différentielles (chapitre 9)
- Suites numériques (chapitre 11)

On étudie l'oscillateur harmonique du point de vue quantique. L'objectif est d'obtenir l'expression quantifiée des valeurs possibles de l'énergie d'un oscillateur harmonique dans cette théorie.
On note $\underline{\psi}(x,t)$ la fonction d'onde du système décrivant l'oscillateur harmonique associé à la molécule diatomique considérée. Ce système est un point matériel M dont la masse est la masse réduite notée μ. Ce point évolue le long d'un axe $(\mathrm{O}, \vec{u}_x)$, la distance $x = \mathrm{OM}$ représente l'élongation du ressort de raideur k modélisant la liaison chimique entre les deux atomes à travers le potentiel $V(x) = \dfrac{1}{2}kx^2$.
Il s'agit donc d'un problème unidimensionnel. Le système est de plus stationnaire, on peut donc séparer la fonction d'onde en deux parties sous la forme $\underline{\psi}(x,t) = f(x)\,\mathrm{e}^{-\frac{\mathrm{i}E}{\hbar}t}$ où E représente les valeurs de l'énergie accessibles à ce système. Pour l'oscillateur harmonique, on montre que ces valeurs de E doivent être positives. La fonction $\underline{\psi}(x,t)$ est une solution de norme unité de l'équation de Schrödinger :

$$-\frac{\hbar^2}{2\mu}\frac{\partial^2\underline{\psi}(x,t)}{\partial x^2} + V(x)\underline{\psi}(x,t) = \mathrm{i}\hbar\,\frac{\partial\underline{\psi}(x,t)}{\partial t}$$

1. Ecrire l'équation différentielle vérifiée par la fonction $f(x)$ en fonction des paramètres k, μ, $\hbar$ et E.
2. On effectue le changement de variable $\alpha = x\left(\dfrac{\mu k}{\hbar^2}\right)^{1/4}$ et l'on pose
$$\gamma = \left(\frac{4\mu E^2}{\hbar^2 k}\right)^{1/2}$$
Quelles sont les dimensions de α et de γ ?
3. Ecrire l'équation différentielle vérifiée par la fonction $f(\alpha)$ en fonction du seul paramètre γ.
4. Vérifier que dans le régime $\alpha \to \pm\infty$, on peut écrire $f(\alpha) \sim \mathrm{e}^{\pm\frac{1}{2}\alpha^2}$.

5. Justifier succinctement que seule la solution $\alpha \mapsto \mathrm{e}^{-\frac{1}{2}\alpha^2}$ est physiquement acceptable.
6. Dès lors que nous connaissons le comportement asymptotique de la solution recherchée, nous pouvons l'extraire de celle-ci en effectuant le changement de fonction $f(\alpha) = g(\alpha)\,\mathrm{e}^{-\frac{1}{2}\alpha^2}$.
Déterminer l'équation différentielle vérifiée par la fonction $\alpha \mapsto g(\alpha)$?
7. Pour résoudre cette équation, on effectue un développement en série entière de la fonction g :
$$g(\alpha) = \sum_{p=0}^{+\infty} b_p\,\alpha^p$$
Exprimer le coefficient b_{p+2} en fonction du coefficient b_p, de l'entier p et de γ.
8. Si l'on conserve tous les termes de la série, on montre que le comportement asymptotique de la fonction $\alpha \mapsto g(\alpha)$ l'emporte sur $\exp(-\alpha^2/2)$ en $\pm\infty$ ce qui ne permet pas de contruire de solution physiquement acceptable. La seule possibilité est de tronquer la série en imposant l'existence d'un entier n tel que si $p \geqslant n$ alors $b_{p+2} = 0$.
En déduire que les énergies accessibles à un oscillateur harmonique en régime quantique sont de la forme :
$$E_n = \left(n + \frac{1}{2}\right)\hbar\omega \quad \text{avec} \quad n \in \mathbb{N}$$
où ω est une grandeur que l'on exprimera en fonction de μ et k.

D'après Concours Commun Mines-Ponts MP

Solution

1. On reporte la forme de $\psi(x,t) = f(x)\,\mathrm{e}^{-\frac{\mathrm{i}E}{\hbar}t}$ dans l'équation de Schrödinger :
$$-\frac{\hbar^2}{2\mu}\frac{\partial^2\left(f(x)\,\mathrm{e}^{-\frac{\mathrm{i}E}{\hbar}t}\right)}{\partial x^2} + V(x)f(x)\,\mathrm{e}^{-\frac{\mathrm{i}E}{\hbar}t} = \mathrm{i}\hbar\,\frac{\partial\left(f(x)\,\mathrm{e}^{-\frac{\mathrm{i}E}{\hbar}t}\right)}{\partial t}$$
$$\left[-\frac{\hbar^2}{2\mu}\frac{\mathrm{d}^2 f(x)}{\mathrm{d}x^2} + V(x)f(x)\right]\mathrm{e}^{-\frac{\mathrm{i}E}{\hbar}t} = \mathrm{i}\hbar f(x)\left(-\frac{\mathrm{i}E}{\hbar}\right)\mathrm{e}^{-\frac{\mathrm{i}E}{\hbar}t}$$
Après simplification par $\mathrm{e}^{-\frac{\mathrm{i}E}{\hbar}t}$, on obtient :
$$\boxed{-\frac{\hbar^2}{2\mu}\frac{\mathrm{d}^2 f(x)}{\mathrm{d}x^2} + \frac{1}{2}kx^2 f(x) = Ef(x)}$$

2. Par analyse dimensionnelle, on a :

$$\begin{cases} \left[x\right] &= L \\ \left[\mu\right] &= M \\ \left[k\right] &= \dfrac{\left[F\right]}{\left[x\right]} = \dfrac{MLT^{-2}}{L} = MT^{-2} \\ \left[E\right] &= \left[F\right]\left[x\right] = MLT^{-2}L = ML^2T^{-2} \\ \left[\hbar\right] &= \dfrac{\left[E\right]}{\left[\omega\right]} = \dfrac{ML^2T^{-2}}{T^{-1}} = ML^2T^{-1} \end{cases}$$

$$\left[\frac{\mu k}{\hbar^2}\right]^{1/4} = \left(\frac{MMT^{-2}}{M^2L^4T^{-2}}\right)^{1/4} = \left(L^{-4}\right)^{1/4} = L^{-1}$$

$$\left[\alpha\right] = \left[x\right]\left[\frac{\mu k}{\hbar^2}\right]^{1/4} = LL^{-1} = 1 \Rightarrow \boxed{\alpha \text{ est une grandeur sans dimension}}$$

$$\left[\gamma\right] = \left[\frac{\mu E^2}{\hbar^2 k}\right]^{1/2} = \left(\frac{MM^2L^4T^{-4}}{M^2L^4T^{-2}MT^{-2}}\right)^{1/2} = 1 \Rightarrow \boxed{\gamma \text{ est sans dimension}}$$

3.

$$\begin{aligned} \frac{\mathrm{d}f(\alpha)}{\mathrm{d}x} &= \frac{\mathrm{d}f(\alpha)}{\mathrm{d}\alpha}\frac{\mathrm{d}\alpha}{\mathrm{d}x} = \frac{\mathrm{d}f(\alpha)}{\mathrm{d}\alpha}\left(\frac{\mu k}{\hbar^2}\right)^{1/4} \\ \frac{\mathrm{d}^2 f(\alpha)}{\mathrm{d}x^2} &= \frac{\mathrm{d}}{\mathrm{d}x}\left(\frac{\mathrm{d}f(\alpha)}{\mathrm{d}x}\right) \\ &= \frac{\mathrm{d}}{\mathrm{d}\alpha}\left(\frac{\mathrm{d}f(\alpha)}{\mathrm{d}x}\right)\frac{\mathrm{d}\alpha}{\mathrm{d}x} \\ &= \frac{\mathrm{d}}{\mathrm{d}\alpha}\left(\frac{\mathrm{d}f(\alpha)}{\mathrm{d}\alpha}\left(\frac{\mu k}{\hbar^2}\right)^{1/4}\right)\left(\frac{\mu k}{\hbar^2}\right)^{1/4} \\ &= \frac{\mathrm{d}^2 f(\alpha)}{\mathrm{d}\alpha^2}\left(\frac{\mu k}{\hbar^2}\right)^{1/2} \end{aligned}$$

La fonction $f(\alpha)$ est solution de l'équation obtenue à la question 1.

$$-\frac{\hbar^2}{2\mu}\frac{\mathrm{d}^2 f(\alpha)}{\mathrm{d}x^2} + \frac{1}{2}kx^2 f(\alpha) = Ef(\alpha)$$

$$-\frac{\hbar^2}{2\mu}\frac{\mathrm{d}^2 f(\alpha)}{\mathrm{d}\alpha^2}\left(\frac{\mu k}{\hbar^2}\right)^{1/2}+\frac{1}{2}k\alpha^2\left(\frac{\hbar^2}{\mu k}\right)^{1/2} f(\alpha)=Ef(\alpha)$$

$$-\left(\frac{\hbar^2 k}{4\mu}\right)^{1/2}\frac{\mathrm{d}^2 f(\alpha)}{\mathrm{d}\alpha^2}+\alpha^2\left(\frac{\hbar^2 k}{4\mu}\right)^{1/2} f(\alpha)=Ef(\alpha)$$

$$-\frac{\mathrm{d}^2 f(\alpha)}{\mathrm{d}\alpha^2}+\alpha^2 f(\alpha)=\left(\frac{4\mu E^2}{\hbar^2 k}\right)^{1/2} f(\alpha)=\gamma f(\alpha)$$

$$\boxed{\frac{\mathrm{d}^2 f(\alpha)}{\mathrm{d}\alpha^2}+\left(\gamma-\alpha^2\right) f(\alpha)=0}$$

4. Si $\alpha \to \pm\infty$ alors on peut négliger γ devant α^2 et l'équation différentielle devient :

$$\frac{\mathrm{d}^2 f(\alpha)}{\mathrm{d}\alpha^2}-\alpha^2 f(\alpha)\simeq 0 \Leftrightarrow \frac{\mathrm{d}^2 f(\alpha)}{\mathrm{d}\alpha^2}\simeq \alpha^2 f(\alpha)$$

Vérifions que la solution proposée de $f(\alpha)\sim \mathrm{e}^{\pm\frac{1}{2}\alpha^2}$ convient.

$$\frac{\mathrm{d}f(\alpha)}{\mathrm{d}\alpha}=\frac{\mathrm{d}\left(\mathrm{e}^{\pm\frac{1}{2}\alpha^2}\right)}{\mathrm{d}\alpha}=\pm\frac{1}{2}(2\alpha)\,\mathrm{e}^{\pm\frac{1}{2}\alpha^2}=\pm\alpha\,\mathrm{e}^{\pm\frac{1}{2}\alpha^2}$$

$$\begin{aligned}\frac{\mathrm{d}^2 f(\alpha)}{\mathrm{d}\alpha^2}&=\frac{\mathrm{d}\left(\pm\alpha\,\mathrm{e}^{\pm\frac{1}{2}\alpha^2}\right)}{\mathrm{d}\alpha}\\&=\pm 1\,\mathrm{e}^{\pm\frac{1}{2}\alpha^2}\pm\alpha\left(\pm\frac{1}{2}\right)(2\alpha)\,\mathrm{e}^{\pm\frac{1}{2}\alpha^2}=(\alpha^2\pm 1)\,\mathrm{e}^{\pm\frac{1}{2}\alpha^2}\end{aligned}$$

Si $\alpha\to\pm\infty$ alors on peut négliger la valeur ± 1 devant α^2 et

$$\boxed{\frac{\mathrm{d}^2 f(\alpha)}{\mathrm{d}\alpha^2}\simeq \alpha^2 f(\alpha)}$$

5. La fonction $f(\alpha)$ est une fonction d'onde qui doit être normalisable

$$\int \left|\psi\right|^2 d\alpha=\int\left|f(\alpha)\,\mathrm{e}^{-\frac{\mathrm{i}E}{\hbar}t}\right|^2\mathrm{d}\alpha=\int\left|f(\alpha)\right|^2\mathrm{d}\alpha=1$$

Ici, la solution $\mathrm{e}^{+\frac{1}{2}\alpha^2}$ diverge quand $\alpha\to\pm\infty$. Seule la solution $\alpha\mapsto \mathrm{e}^{-\frac{1}{2}\alpha^2}$ est donc physiquement acceptable.

6. On effectue un changement de fonction $f(\alpha)=g(\alpha)\,\mathrm{e}^{-\frac{1}{2}\alpha^2}$.

$$\frac{\mathrm{d}f(\alpha)}{\mathrm{d}\alpha}=\frac{\mathrm{d}g(\alpha)}{\mathrm{d}\alpha}\,\mathrm{e}^{-\frac{1}{2}\alpha^2}+g(\alpha)\left(-\frac{1}{2}\right)(2\alpha)\,\mathrm{e}^{-\frac{1}{2}\alpha^2}=\left[\frac{\mathrm{d}g(\alpha)}{\mathrm{d}\alpha}-\alpha\,g(\alpha)\right]\mathrm{e}^{-\frac{1}{2}\alpha^2}$$

$$\begin{aligned}\frac{\mathrm{d}^2 f(\alpha)}{\mathrm{d}\alpha^2} &= \left[\frac{\mathrm{d}^2 g(\alpha)}{\mathrm{d}\alpha^2} - g(\alpha) - \alpha\,\frac{\mathrm{d}g(\alpha)}{\mathrm{d}\alpha}\right] \mathrm{e}^{-\frac{1}{2}\alpha^2} \\ &\quad + \left[\frac{\mathrm{d}g(\alpha)}{\mathrm{d}\alpha} - \alpha\, g(\alpha)\right] \left(-\frac{1}{2}\right) (2\alpha)\, \mathrm{e}^{-\frac{1}{2}\alpha^2} \\ &= \left[\frac{\mathrm{d}^2 g(\alpha)}{\mathrm{d}\alpha^2} - g(\alpha) - \alpha\,\frac{\mathrm{d}g(\alpha)}{\mathrm{d}\alpha} - \alpha\,\frac{\mathrm{d}g(\alpha)}{\mathrm{d}\alpha} + \alpha^2 g(\alpha)\right] \mathrm{e}^{-\frac{1}{2}\alpha^2} \\ &= \left[\frac{\mathrm{d}^2 g(\alpha)}{\mathrm{d}\alpha^2} - 2\alpha\,\frac{\mathrm{d}g(\alpha)}{\mathrm{d}\alpha} + \left(\alpha^2 - 1\right) g(\alpha)\right] \mathrm{e}^{-\frac{1}{2}\alpha^2}\end{aligned}$$

On remplace dans l'équation obtenue à la question 3.

$$\frac{\mathrm{d}^2 f(\alpha)}{\mathrm{d}\alpha^2} + \left(\gamma - \alpha^2\right) f(\alpha) = 0$$

$$\left[\frac{\mathrm{d}^2 g(\alpha)}{\mathrm{d}\alpha^2} - 2\alpha\,\frac{\mathrm{d}g(\alpha)}{\mathrm{d}\alpha} + \left(\alpha^2 - 1\right) g(\alpha)\right] \mathrm{e}^{-\frac{1}{2}\alpha^2} + \left(\gamma - \alpha^2\right) g(\alpha)\, \mathrm{e}^{-\frac{1}{2}\alpha^2} = 0$$

On simplifie le terme en $\mathrm{e}^{-\frac{1}{2}\alpha^2}$ et l'on obtient :

$$\boxed{\frac{\mathrm{d}^2 g(\alpha)}{\mathrm{d}\alpha^2} - 2\alpha\,\frac{\mathrm{d}g(\alpha)}{\mathrm{d}\alpha} + (\gamma - 1)\, g(\alpha) = 0}$$

7. On pose $g(\alpha) = \displaystyle\sum_{p=0}^{+\infty} b_p\, \alpha^p$.

$$\frac{\mathrm{d}g(\alpha)}{\mathrm{d}\alpha} = \sum_{p=0}^{+\infty} b_p\, p\, \alpha^{p-1}$$

$$\frac{\mathrm{d}^2 g(\alpha)}{\mathrm{d}\alpha^2} = \sum_{p=0}^{+\infty} b_p\, p\,(p-1)\, \alpha^{p-2}$$

On remplace la fonction et ses dérivées par leurs expressions en séries entières dans l'équation obtenue à la question 6.

$$\sum_{p=0}^{+\infty} b_p\, p\,(p-1)\, \alpha^{p-2} - 2\alpha \sum_{p=0}^{+\infty} b_p\, p\, \alpha^{p-1} + (\gamma - 1) \sum_{p=0}^{+\infty} b_p\, \alpha^p = 0$$

$$\sum_{p=0}^{+\infty} b_p\, p\,(p-1)\, \alpha^{p-2} - 2 \sum_{p=0}^{+\infty} b_p\, p\, \alpha^p + (\gamma - 1) \sum_{p=0}^{+\infty} b_p\, \alpha^p = 0$$

On décale les termes de la première série en remplaçant p par $p + 2$ et l'on obtient :

$$\sum_{p=0}^{+\infty}\left[b_{p+2}\,(p+2)\,(p+1) - 2b_p\,p + (\gamma - 1)\,b_p\right]\alpha^p = 0$$

$$b_{p+2}\,(p+2)\,(p+1) - 2b_p\,p + (\gamma - 1)\,b_p = 0$$

$$b_{p+2}\,(p+2)\,(p+1) = 2b_p\,p - (\gamma - 1)\,b_p$$

$$\boxed{b_{p+2} = \frac{2p+1-\gamma}{(p+2)\,(p+1)}\,b_p}$$

8. On impose l'existence d'un entier n tel que si $p \geqslant n$ alors $b_{p+2} = 0$.
Prenons la valeur la plus grande de n telle que $b_n \neq 0$ et $b_{n+2} = 0$.
On a alors $2n + 1 - \gamma = 0 \Rightarrow \gamma = 2n + 1$.
D'après l'énoncé, $\gamma = \left(\dfrac{4\mu E^2}{\hbar^2 k}\right)^{1/2}$, on peut alors retrouver l'expression de l'énergie E en fonction de n, $\hbar$, μ et k.

$$\gamma^2 = \frac{4\mu E^2}{\hbar^2 k} \Leftrightarrow E^2 = \frac{\gamma^2\hbar^2 k}{4\mu}$$

$$\begin{aligned} E &= \gamma\hbar\sqrt{\frac{k}{4\mu}} \\ &= (2n+1)\,\hbar\sqrt{\frac{k}{4\mu}} \\ &= 2\left(n + \frac{1}{2}\right)\hbar\sqrt{\frac{k}{4\mu}} \end{aligned}$$

$$\boxed{E = \left(n + \frac{1}{2}\right)\hbar\sqrt{\frac{k}{\mu}}} = \left(n + \frac{1}{2}\right)\hbar\omega$$

où $\omega = \sqrt{\dfrac{k}{\mu}}$ est la pulsation propre d'un oscillateur harmonique.

17.5 L'effet tunnel (CCMP)

Conseils - Pour aborder cet extrait de sujet de concours, il est préférable de revoir les notions suivantes :

- Dérivées (chapitre 4)
- Développements limités (chapitre 5)
- Nombres complexes (chapitre 8)
- Equations différentielles (chapitre 9)

1. Une particule quantique (quanton) est localisée sur un axe $(\mathrm{O}, \vec{u}_x)$. L'état quantique de cette particule est caractérisé par une fonction d'onde : $\underline{\psi}(x,t)$. Rappeler le postulat de Born donnant la probabilité $\mathrm{d}P$ que la particule se trouve dans l'intervalle $[x, x+\mathrm{d}x]$ à l'instant t. En déduire la dimension de $\underline{\psi}(x,t)$.

2. Interpréter la propriété $\displaystyle\int_{-\infty}^{+\infty} \left|\underline{\psi}(x,t)\right|^2 \mathrm{d}x = 1$.

   Lorsque la particule possède une énergie potentielle $V(x)$, la fonction $\underline{\psi}(x,t)$ est solution de l'équation de Schrödinger non relativiste :

$$-\frac{\hbar^2}{2\mu}\frac{\partial^2\underline{\psi}(x,t)}{\partial x^2} + V(x)\,\underline{\psi}(x,t) = \mathrm{i}\hbar\,\frac{\partial\underline{\psi}(x,t)}{\partial t}$$

   avec $\hbar = \dfrac{h}{2\pi} = 1{,}05 \times 10^{-34}$ J.s.

3. Rappeler ce qu'on entend par particule non relativiste. On cherche des états d'énergie stationnaire E de la forme $\underline{\psi}(x,t) = \underline{\varphi}(x)\underline{f}(t)$. Déterminer l'équation de Schrödinger indépendante du temps vérifiée par $\underline{\varphi}(x)$ et la forme générale de $\underline{\psi}(x,t)$ en fonction notamment de $\underline{\varphi}(x)$ et E. Que peut-on dire de la probabilité de présence $\mathrm{d}P$?
   On définit une particule libre comme une particule de masse m, d'impulsion $\vec{p}$ et d'énergie $E = \dfrac{\vec{p}^{\,2}}{2m} > 0$ évoluant dans une région d'énergie potentielle $V(x)$ nulle.

4. Déterminer la solution générale de l'équation de Schrödinger indépendante du temps pour une particule libre. Montrer que sa fonction d'onde $\underline{\psi}(x,t)$ est la somme de deux ondes planes se propageant en sens inverse.

5. Définir le vecteur d'onde $\vec{k}$ que l'on peut associer à cette particule. Déterminer la relation entre $\vec{p}$ et $\vec{k}$. Comment s'appelle cette relation ?

Le quanton de masse m et d'énergie E arrive d'une région $\boxed{\text{I}}$ définie par $x < 0$ et dans laquelle son énergie potentielle est $V(x) = 0$ (**figure 17.10**). Il est susceptible également de se trouver soit dans une région $\boxed{\text{II}}$ telle que $0 < x < a$ où règne une énergie potentielle $V(x) = V_0$ ou bien dans une région $\boxed{\text{II}}$ définie par $x > a$, dans laquelle $V(x) = 0$. On supposera que $0 < E < V_0$ et l'on cherche des états stationnaires d'énergie E.

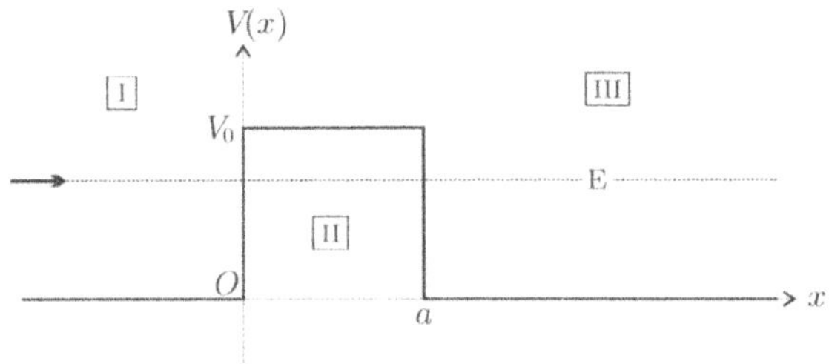

FIGURE 17.10 – Marche d'énergie potentielle

6. Rappeler brièvement ce que serait le comportement de ce quanton s'il était régi par la mécanique classique.
7. Déterminer la forme générale de la solution de Schrödinger indépendante du temps dans la région $\boxed{\text{I}}$ et $\boxed{\text{III}}$. On ne cherchera pas à déterminer les 2 constantes d'intégration qui apparaissent dans la région $\boxed{\text{I}}$ ni celle qui apparaît dans la région $\boxed{\text{III}}$.
8. Déterminer la forme générale de la solution de Schrödinger indépendante du temps dans la région $\boxed{\text{II}}$. On posera $q = \sqrt{\dfrac{2m(V_0 - E)}{\hbar^2}}$. Cette solution fera apparaître 2 constantes d'intégration que l'on ne cherchera pas à déterminer.
9. Enoncer les propriétés générales de la fonction d'onde en $x = 0$ et $x = a$ permettant d'écrire un système de 4 équations dont les 5 inconnues sont les constantes d'intégration des questions 7 et 8. Quelle dernière hypothèse permet de définir complètement la fonction d'onde en tout point x ?
10. On définit des courants de probabilité notés respectivement $\vec{j}_1$ dans la région $\boxed{\text{I}}$ et $\vec{j}_3$ dans la région $\boxed{\text{III}}$ tels que :

$$\begin{cases} \vec{j}_1 = \vec{j}_i + \vec{j}_r = \dfrac{\hbar k}{m} |A_1|^2 \vec{u}_x - \dfrac{\hbar k}{m} |B_1|^2 \vec{u}_x \\ \vec{j}_3 = \vec{j}_t = -\dfrac{\hbar k}{m} |A_3|^2 \vec{u}_x \end{cases}$$

On remarque que $\vec{j}_1$ peut s'écrire comme la somme de deux courants de probabilité. On appelle $\vec{j}_i$ le courant de probabilité incident lié à la probabilité de la particule qui se déplace en région $\boxed{\text{I}}$ dans le sens des x croissants et $\vec{j}_r$ le courant de probabilité réfléchi lié à la probabilité de la particule qui se déplace en région $\boxed{\text{I}}$ dans le sens des x décroissants après avoir été réfléchi par la barrière.

Par définition, la probabilité pour qu'une particule franchisse la marche de potentiel se traduit par le coefficient de transmission en énergie T de cette barrière :

$$T = \frac{||\vec{j}_t||}{||\vec{j}_i||} = \frac{|A_3|^2}{|A_1|^2}$$

A partir des 4 équations établies à la question 9, montrer que l'on peut écrire :

$$T = \frac{1}{1 + \frac{1}{4}\left(\frac{q}{k} + \frac{k}{q}\right)^2 \mathrm{sh}^2(qa)}$$

Avec les expressions de k et de q, en déduire que :

$$T = \frac{1}{1 + \frac{V_0^2}{4E(V_0 - E)} \mathrm{sh}^2(qa)}$$

11. On considère que le quanton est un électron de masse $m_e = 9,11 \times 10^{-31}$ kg et d'énergie $E = 1,00$ eV évoluant dans le potentiel décrit sur la figure 4 avec $V_0 = 2,00$ eV. Dresser un tableau des valeurs de qa et T pour $a = 0,50$ nm ; $1,00$ nm et $2,00$ nm.
12. Par définition,une barrière d'énergie potentielle épaisse est telle que $(qa) \gg 1$. Montrer que dans cette approximation $\mathrm{sh}(qa) \approx \frac{\mathrm{e}^{qa}}{2}$. En déduire que le coefficient de transmission T s'écrit :

$$T \approx T_0(E, V_0)\, \mathrm{e}^{-2a\sqrt{\frac{2m(V_0 - E)}{\hbar^2}}}$$

où l'on précisera l'expression de $T_0(E, V_0)$.
13. En étudiant les variations de $T_0(E, V_0)$ pour $0 < E < V_0$, déduire que pour une barrière épaisse, l'on peut écrire $\ln(T) \approx -2qa$.

D'après Concours Commun Mines-Ponts PC

Solution

1. **Postulat de Born** : la probabilité $\mathrm{d}P$ que la particule se trouve dans l'intervalle $[x, x + \mathrm{d}x]$ à l'instant t a pour expression :

$$\boxed{\mathrm{d}P = \left|\underline{\psi}(x, t)\right|^2 \mathrm{d}x}$$

Par analyse dimensionnelle, la probabilité $\mathrm{d}P$ n'ayant pas de dimension, la dimension de $\underline{\psi}(x,t)$ est telle que :

$$\left[\underline{\psi}(x,t)\right] = \frac{1}{\left[\mathrm{d}x\right]^{1/2}} = L^{-1/2}$$

$\underline{\psi}(x,t)$ s'exprime en $\mathrm{m}^{-1/2}$.

2. $\displaystyle\int_{-\infty}^{+\infty} \left|\underline{\psi}(x,t)\right|^2 \mathrm{d}x = 1$ signifie que la probabilité de trouver la particule sur l'axe des x est égale à 1 soit 100%. On est donc sûr de trouver la particule quelque part sur cet axe.

3. Une particule non relativiste est une particule dont la vitesse est petite devant la vitesse de la lumière.
L'équation de Schrödinger s'écrit :

$$\mathrm{i}\hbar\,\frac{\partial\underline{\psi}(x,t)}{\partial t} = -\frac{\hbar^2}{2m}\frac{\partial^2\underline{\psi}(x,t)}{\partial x^2} + V(x)\underline{\psi}(x,t)$$

Pour déterminer l'équation de Schrödinger indépendante du temps vérifiée par $\underline{\varphi}(x)$, on remplace la fonction $\underline{\psi}(x,t)$ par son expression $\underline{\varphi}(x)\underline{f}(t)$.

$$\mathrm{i}\hbar\,\frac{\partial\big(\underline{\varphi}(x)\underline{f}(t)\big)}{\partial t} = -\frac{\hbar^2}{2m}\frac{\partial^2(\underline{\varphi}(x)\underline{f}(t))}{\partial x^2} + V(x)\underline{\varphi}(x)\underline{f}(t)$$

$$\mathrm{i}\hbar\,\underline{\varphi}(x)\frac{\mathrm{d}\underline{f}(t)}{\mathrm{d}t} = -\frac{\hbar^2}{2m}\underline{f}(t)\frac{\mathrm{d}^2\underline{\varphi}(x)}{\mathrm{d}x^2} + V(x)\underline{\varphi}(x)\underline{f}(t)$$

On divise chaque membre de l'équation par $\underline{\varphi}(x)\underline{f}(t)$.

$$\mathrm{i}\hbar\,\frac{\underline{\varphi}(x)}{\underline{\varphi}(x)\underline{f}(t)}\frac{\mathrm{d}\underline{f}(t)}{\mathrm{d}t} = -\frac{\hbar^2}{2m}\frac{\underline{f}(t)}{\underline{\varphi}(x)\underline{f}(t)}\frac{\mathrm{d}^2\underline{\varphi}(x)}{\mathrm{d}x^2} + V(x)\frac{\underline{\varphi}(x)\underline{f}(t)}{\underline{\varphi}(x)\underline{f}(t)}$$

$$\mathrm{i}\hbar\,\frac{1}{\underline{f}(t)}\frac{\mathrm{d}\underline{f}(t)}{\mathrm{d}t} = -\frac{\hbar^2}{2m}\frac{1}{\underline{\varphi}(x)}\frac{\mathrm{d}^2\underline{\varphi}(x)}{\mathrm{d}x^2} + V(x)$$

Le premier membre de cette égalité dépend uniquement du temps t et le second membre dépend uniquement de la coordonnée spatiale x. Cette égalité n'est possible que si chaque membre est égale à une constante. Pour assurer l'homogénéité de ces expressions, la constante doit être homogène à une énergie que l'on notera E.
On a alors une équation différentielle qui dépend de x mais qui ne dépend pas du temps t :

$$-\frac{\hbar^2}{2m}\frac{1}{\underline{\varphi}(x)}\frac{\mathrm{d}^2\underline{\varphi}(x)}{\mathrm{d}x^2} + V(x) = E$$

$$-\frac{\hbar^2}{2m}\frac{\mathrm{d}^2\underline{\varphi}(x)}{\mathrm{d}x^2}+V(x)\underline{\varphi}(x)=E\underline{\varphi}(x)$$

$$\frac{\hbar^2}{2m}\frac{\mathrm{d}^2\underline{\varphi}(x)}{\mathrm{d}x^2}+[E-V(x)]\,\underline{\varphi}(x)=0$$

$$\boxed{\frac{\mathrm{d}^2\underline{\varphi}(x)}{\mathrm{d}x^2}+\frac{2m}{\hbar^2}[E-V(x)]\,\underline{\varphi}(x)=0}$$

La forme générale de $\underline{\psi}(x,t)=\underline{\varphi}(x)\underline{f}(t)$ est telle que la fonction $\underline{f}(t)$ est solution de l'équation différentielle :

$$\mathrm{i}\hbar\frac{1}{\underline{f}(t)}\frac{\mathrm{d}\underline{f}(t)}{\mathrm{d}t}=E$$

$$\frac{\mathrm{d}\underline{f}(t)}{\mathrm{d}t}=\frac{E}{\mathrm{i}\hbar}\underline{f}(t)=-\mathrm{i}\frac{E}{\hbar}\underline{f}(t)$$

$$\frac{\mathrm{d}\underline{f}(t)}{\underline{f}(t)}=-\mathrm{i}\frac{E}{\hbar}\,\mathrm{d}t$$

Les solutions de cette équation différentielle du premier ordre sont du type :

$$\underline{f}(t)=A\,\mathrm{e}^{-\mathrm{i}\frac{E}{\hbar}t}$$

On peut faire le choix de fixer $A=1$ ou d'inclure la constante A dans l'expression de $\underline{\varphi}(x)$. On a alors :

$$\boxed{\underline{\psi}(x,t)=\underline{\varphi}(x)\,\mathrm{e}^{-\mathrm{i}\frac{E}{\hbar}t}}$$

La probabilité de présence est définie par

$$\mathrm{d}P=\left|\underline{\psi}(x,t)\right|^2\,\mathrm{d}x=\left|\underline{\varphi}(x)\,\mathrm{e}^{-\mathrm{i}\frac{E}{\hbar}t}\right|^2\,\mathrm{d}x$$

$$\boxed{\mathrm{d}P=\left|\underline{\varphi}(x)\right|^2\,\mathrm{d}x}$$

Cette probabilité de présence ne dépend que de x.

4. Dans la région de l'espace où $V(x)=0$, l'équation de Schrödinger indépendante du temps s'écrit :

$$\frac{\mathrm{d}^2\underline{\varphi}(x)}{\mathrm{d}x^2}+\frac{2mE}{\hbar^2}\underline{\varphi}(x)=0$$

Pour résoudre cette équation, on pose $k^2=\dfrac{2mE}{\hbar^2}$.

$$\frac{\mathrm{d}^2\underline{\varphi}(x)}{\mathrm{d}x^2}+k^2\underline{\varphi}(x)=0$$

Les solutions de cette équation différentielle du second ordre sont du type :

$$\underline{\varphi}(x) = A\,\mathrm{e}^{\mathrm{i}kx} + B\,\mathrm{e}^{-\mathrm{i}kx}$$

$$\underline{\psi}(x,t) = \underline{\varphi}(x)\underline{f}(t) = A\,\mathrm{e}^{\mathrm{i}\left(kx-\frac{E}{\hbar}t\right)} + B\,\mathrm{e}^{-\mathrm{i}\left(kx+\frac{E}{\hbar}t\right)}$$

que l'on peut écrire sous la forme

$$\boxed{\underline{\psi}(x,t) = A\,\mathrm{e}^{\mathrm{i}(kx-\omega t)} + B\,\mathrm{e}^{-\mathrm{i}(kx+\omega t)}}$$

avec $E = \hbar\omega$.
La fonction d'onde $\underline{\psi}(x,t)$ est bien la somme d'une onde plane évoluant dans le sens des x croissants (terme en $\mathrm{e}^{\mathrm{i}(kx-\omega t)}$) et d'une onde plane évoluant dans le sens des x décroissants (terme en $\mathrm{e}^{-\mathrm{i}(kx+\omega t)}$).

5. On définit le vecteur d'onde $\vec{k}$ par la relation :

$$\boxed{\vec{k} = \pm\sqrt{\frac{2mE}{\hbar^2}}\,\vec{u}_x}$$

La solution positive correspond à l'onde plane se propageant dans le sens des x croissants et la solution négative à l'onde plane se propageant sans le sens des x décroissants.
Par définition, $E = E_c + E_p$ qui correspond à la somme de l'énergie cinétique et de l'énergie potentielle de la particule.
Ici $E_p = V(x) = 0$ donc $E = \dfrac{\vec{p}^{\,2}}{2m} > 0 \Rightarrow p = \sqrt{2mE} > 0$.

$$\boxed{\vec{p} = \hbar\vec{k}}$$

C'est la **relation de De Broglie**.

6. En mécanique classique, la particule d'énergie E ne peut pas franchir une barrière d'énergie $V_0 > E$. La particule sera alors réfléchie sur la barrière de potentiel (ici en $x = 0$).

7. Dans les régions $\boxed{\text{I}}$ et $\boxed{\text{III}}$, $V(x) = 0$. L'équation de Schrödinger stationnaire s'écrit :

$$\frac{\mathrm{d}^2\underline{\varphi}(x)}{\mathrm{d}x^2} + \frac{2m}{\hbar^2}\left[E - 0\right]\underline{\varphi}(x) = 0$$

$$\frac{\mathrm{d}^2\underline{\varphi}(x)}{\mathrm{d}x^2} + \frac{2mE}{\hbar^2}\underline{\varphi}(x) = 0$$

D'après la question 5, on a $k^2 = \dfrac{2mE}{\hbar^2}$.
Les solutions de cette équation différentielle du second ordre sont du type :

$$\begin{cases} \underline{\varphi_1}(x) = A_1\,\mathrm{e}^{\mathrm{i}kx} + B_1\,\mathrm{e}^{-\mathrm{i}kx} \\ \underline{\varphi_3}(x) = A_3\,\mathrm{e}^{\mathrm{i}kx} + B_3\,\mathrm{e}^{-\mathrm{i}kx} \end{cases}$$

Avec A_1, B_1, A_3 et B_3 à priori complexes.
Ici, dans la région $\boxed{\text{III}}$, l'onde se propage à l'infini, il n'y a pas d'onde réfléchie donc $B_3 = 0$.

$$\boxed{\underline{\varphi_1}(x) = A_1\,\mathrm{e}^{\mathrm{i}kx} + B_1\,\mathrm{e}^{-\mathrm{i}kx}}$$

$$\boxed{\underline{\varphi_3}(x) = A_3\,\mathrm{e}^{\mathrm{i}kx}}$$

8. Dans la région $\boxed{\text{II}}$, $V(x) = V_0$. L'équation de Schrödinger stationnaire s'écrit :

$$\frac{\mathrm{d}^2\underline{\varphi}(x)}{\mathrm{d}x^2} + \frac{2m}{\hbar^2}\left[E - V_0\right]\underline{\varphi}(x) = 0$$

Or $V(x) = V_0 > E \Rightarrow 0 > (E - V_0)$, on pose donc $q^2 = \dfrac{2m(V_0 - E)}{\hbar^2} > 0$:

$$\frac{\mathrm{d}^2\underline{\varphi}(x)}{\mathrm{d}x^2} - q^2\underline{\varphi}(x) = 0$$

Les solutions sont du type :

$$\boxed{\underline{\varphi_2}(x) = A_2\,\mathrm{e}^{kx} + B_2\,\mathrm{e}^{-kx}}$$

Avec A_2 et B_2 à priori complexes.

9. En $x = 0$ et $x = a$, on écrit les conditions de raccordement :

① continuité de la fonction d'onde
② continuité de la dérivée première de la fonction d'onde par rapport à x

En $x = 0$:

$$\underline{\varphi_1}(x=0) = \underline{\varphi_2}(x=0) \;\Rightarrow\; \boxed{A_1 + B_1 = A_2 + B_2} \qquad (1)$$

$$\left.\frac{\mathrm{d}\underline{\varphi_1}}{\mathrm{d}x}\right|_{(x=0)} = \left.\frac{\mathrm{d}\underline{\varphi_2}}{\mathrm{d}x}\right|_{(x=0)} \;\Rightarrow\; \boxed{\mathrm{i}k\,(A_1 - B_1) = q\,(A_2 - B_2)} \qquad (2)$$

En $x = a$:

$$\underline{\varphi_2}(x=a) = \underline{\varphi_3}(x=a) \Rightarrow \boxed{A_2\,\mathrm{e}^{qa} + B_2\,\mathrm{e}^{-qa} = A_3\,\mathrm{e}^{\mathrm{i}ka}} \qquad (3)$$

$$\left.\frac{\mathrm{d}\underline{\varphi_2}}{\mathrm{d}x}\right|_{(x=a)} = \left.\frac{\mathrm{d}\underline{\varphi_3}}{\mathrm{d}x}\right|_{(x=a)} \Rightarrow \boxed{qA_2\,\mathrm{e}^{qa} - qB_2\,\mathrm{e}^{-qa} = \mathrm{i}kA_3\,\mathrm{e}^{\mathrm{i}ka}} \qquad (4)$$

Pour définir complètement la fonction d'onde en tout point x, il faut écrire la condition de normalisation :

$$\boxed{\int_{-\infty}^{+\infty} \left|\underline{\psi}(x)\right|^2 \mathrm{d}x = 1}$$

10. On élimine B_1 en calculant $\mathrm{i}k(1) + (2)$:

$$\mathrm{i}k\,(A_1 + B_1) + \mathrm{i}k\,(A_1 - B_1) = \mathrm{i}k\,(A_2 + B_2) + q\,(A_2 - B_2)$$

$$\boxed{2\mathrm{i}kA_1 = (\mathrm{i}k + q)A_2 + (\mathrm{i}k - q)B_2} \qquad (5)$$

On élimine B_2 et on exprime A_2 en fonction de A_3 en calculant $q(3) + (4)$:

$$q\left(A_2\,\mathrm{e}^{qa} + B_2\,\mathrm{e}^{-qa}\right) + qA_2\,\mathrm{e}^{qa} - qB_2\,\mathrm{e}^{-qa} = qA_3\,\mathrm{e}^{\mathrm{i}ka} + \mathrm{i}kA_3\,\mathrm{e}^{\mathrm{i}ka}$$

$$\boxed{2qA_2\,\mathrm{e}^{qa} = (\mathrm{i}k + q)A_3\,\mathrm{e}^{\mathrm{i}ka}} \qquad (6)$$

On élimine A_2 et on exprime B_2 en fonction de A_3 en calculant $(-q)(3) + (4)$:

$$-q\left(A_2\,\mathrm{e}^{qa} + B_2\,\mathrm{e}^{-qa}\right) + qA_2\,\mathrm{e}^{qa} - qB_2\,\mathrm{e}^{-qa} = -qA_3\,\mathrm{e}^{\mathrm{i}ka} + \mathrm{i}kA_3\,\mathrm{e}^{\mathrm{i}ka}$$

$$\boxed{-2qB_2\,\mathrm{e}^{-qa} = (\mathrm{i}k - q)A_3\,\mathrm{e}^{\mathrm{i}ka}} \qquad (7)$$

On reporte les équations (6) et (7) dans l'équation (5) et on exprime A_1 en fonction de A_3 :

$$2\mathrm{i}kA_1 = (\mathrm{i}k + q)\left(\frac{\mathrm{i}k + q}{q}\right)\frac{A_3}{2}\,\mathrm{e}^{\mathrm{i}ka - qa} + (\mathrm{i}k - q)\left(\frac{\mathrm{i}k - q}{-q}\right)\frac{A_3}{2}\,\mathrm{e}^{\mathrm{i}ka + qa}$$

$$\begin{aligned}
4A_1 &= \left[\left(1 + \frac{q}{\mathrm{i}k}\right)\left(\frac{\mathrm{i}k}{q} + 1\right)\mathrm{e}^{-qa} + \left(1 - \frac{q}{\mathrm{i}k}\right)\left(1 - \frac{\mathrm{i}k}{q}\right)\mathrm{e}^{qa}\right] A_3\,\mathrm{e}^{\mathrm{i}ka} \\
&= \left[\left(\frac{\mathrm{i}k}{q} + 1 + 1 + \frac{q}{\mathrm{i}k}\right)\mathrm{e}^{-qa} + \left(1 - \frac{\mathrm{i}k}{q} - \frac{q}{\mathrm{i}k} + 1\right)\mathrm{e}^{qa}\right] A_3\,\mathrm{e}^{\mathrm{i}ka} \\
&= \left[2\left(\mathrm{e}^{-qa} + \mathrm{e}^{qa}\right) + \mathrm{i}\left(\frac{k}{q} - \frac{q}{k}\right)\left(\mathrm{e}^{-qa} - \mathrm{e}^{qa}\right)\right] A_3\,\mathrm{e}^{\mathrm{i}ka}
\end{aligned}$$

Or $\operatorname{ch}(qa) = \dfrac{e^{qa} + e^{-qa}}{2}$ et $\operatorname{sh}(qa) = \dfrac{e^{qa} - e^{-qa}}{2}$,

$$4A_1 = \left[4\operatorname{ch}(qa) + i\left(\frac{k}{q} - \frac{q}{k}\right)(-2\operatorname{sh}(qa))\right] A_3\, e^{ika}$$

$$A_1 = \left[\operatorname{ch}(qa) + \frac{i}{2}\left(\frac{q}{k} - \frac{k}{q}\right)\operatorname{sh}(qa)\right] A_3\, e^{ika}$$

$$\begin{aligned}\frac{1}{T} &= \left|\frac{A_1}{A_3}\right|^2 \\ &= \left|\left(\operatorname{ch}(qa) + \frac{i}{2}\left(\frac{q}{k} - \frac{k}{q}\right)\operatorname{sh}(qa)\right) e^{ika}\right|^2 \\ &= \operatorname{ch}^2(qa) + \frac{1}{4}\left(\frac{q}{k} - \frac{k}{q}\right)^2 \operatorname{sh}^2(qa)\end{aligned}$$

Or $\operatorname{ch}^2(qa) - \operatorname{sh}^2(qa) = 1$

$$\begin{aligned}\frac{1}{T} &= \left(1 + \operatorname{sh}^2(qa)\right) + \frac{1}{4}\left(\frac{q}{k} - \frac{k}{q}\right)^2 \operatorname{sh}^2(qa) \\ &= 1 + \operatorname{sh}^2(qa)\left[1 + \frac{1}{4}\left(\frac{q}{k} - \frac{k}{q}\right)^2\right] \\ &= 1 + \operatorname{sh}^2(qa)\left[1 + \frac{1}{4}\left(\frac{q^2}{k^2} + \frac{k^2}{q^2} - 2\frac{q}{k}\frac{k}{q}\right)\right] \\ &= 1 + \operatorname{sh}^2(qa)\left[\frac{4 + \left(\frac{q^2}{k^2} + \frac{k^2}{q^2}\right) - 2}{4}\right] \\ &= 1 + \operatorname{sh}^2(qa)\left[\frac{1}{4}\left(\frac{q}{k} + \frac{k}{q}\right)^2\right]\end{aligned}$$

$$\boxed{T = \frac{1}{1 + \frac{1}{4}\left(\frac{q}{k} + \frac{k}{q}\right)^2 \operatorname{sh}^2(qa)}}$$

$$T = \frac{1}{1 + \frac{1}{4}\left(\frac{q^2+k^2}{qk}\right)^2 \operatorname{sh}^2(qa)}$$

Avec les expressions de k et de q, on a :

$$(qk)^2 = \frac{2m}{\hbar^2}(V_0 - E)\frac{2m}{\hbar^2}E = \left(\frac{2m}{\hbar^2}\right)^2 (V_0 - E)\, E$$

$$\left(q^2 + k^2\right)^2 = \left(\frac{2m}{\hbar^2}(V_0 - E) + \frac{2m}{\hbar^2}E\right)^2 = \left(\frac{2m}{\hbar^2}\right)^2 V_0^2$$

$$\boxed{T = \frac{1}{1 + \frac{V_0^2}{4E(V_0 - E)}\operatorname{sh}^2(qa)}}$$

11. $q = \dfrac{\sqrt{2m(V_0 - E)}}{\hbar}$

Application numérique

$$q = \frac{\sqrt{2 \cdot 9,11 \times 10^{-31}\,(2,00 - 1,00)\,1,6 \times 10{-}19}}{1,05 \times 10^{-34}} = 5,14 \times 10^9\ \mathrm{m}^{-1}$$

a (nm)	0,50	1,00	2,00
qa	2,57	5,14	10,28
T (s)	$2,32 \times 10^{-2}$	$1,37 \times 10^{-4}$	$4,71 \times 10^{-9}$

12. D'après la formule d'Euler, $\operatorname{sh}(qa) = \dfrac{e^{qa} - e^{-qa}}{2}$.

Si $(qa) \gg 1$ alors $e^{-qa} \to 0$ et $\operatorname{sh}(qa) \approx \dfrac{e^{qa}}{2}$.

$$T \approx \frac{1}{1 + \frac{V_0^2}{4E(V_0 - E)}\frac{e^{qa}}{2}} = \left(1 + \frac{V_0^2}{4E(V_0 - E)}\left(\frac{e^{qa}}{2}\right)^2\right)^{-1}$$

Si $(qa) \gg 1$ alors $e^{qa} \to +\infty$ et 1 devient négligeable devant $\dfrac{V_0^2}{4E(V_0 - E)}\left(\dfrac{e^{qa}}{2}\right)^2$.

$$T \approx \left(\frac{V_0^2}{4E(V_0 - E)}\left(\frac{e^{qa}}{2}\right)^2\right)^{-1} = \frac{16E(V_0 - E)}{V_0^2}\, e^{-2qa}$$

$$\boxed{T \approx \frac{16E(V_0 - E)}{V_0^2}\, e^{-2a\sqrt{\frac{2m(V_0 - E)}{\hbar^2}}}}$$

avec $T_0(E, V_0) = \dfrac{16E(V_0 - E)}{V_0^2}$.

13. Dérivons l'expression de $T_0(E, V_0) = \frac{16}{V_0}E - \frac{16}{V_0^2}E^2$ en fonction de E afin d'étudier ses variations.

$$\frac{\partial T_0(E, V_0)}{\partial E} = \frac{16}{V_0} - \frac{16}{V_0^2}(2E)$$

Cette dérivée s'annule pour $E = \frac{V_0}{2}$.

E	0	$V_0/2$	V_0
signe de $\frac{\partial T_0(E, V_0)}{\partial E}$	$+$	0	$-$
variations de T_0	0 $\nearrow$	4	$\searrow$ 0

D'après le tableau de variation $T_{0(max)} = 4$ quand $E = \frac{V_0}{2}$

$$\Rightarrow \forall\, E,\ \ln T_0 \leqslant \ln 4 = 1{,}38$$

$$\ln T = \ln\left(T_0\, \mathrm{e}^{-2qa}\right) = \ln T_0 + \ln\left(\mathrm{e}^{-2qa}\right) = \ln T_0 - 2qa$$

Or, dans l'approximation de la barrière épaisse $qa \gg 1$ donc $|-2qa| \gg \ln T_0$

$$\Rightarrow \boxed{\ln T \approx -2qa}$$

Chapitre 18

Thermodynamique et diffusion

18.1 Limitation de l'effet de serre grâce à un vitrage teinté (e3a)

Conseils - Pour aborder cet extrait de sujet de concours, il est préférable de revoir la méthode de résolution d'équations à plusieurs inconnues.

Le toit de certaines automobiles est ajouré et comporte une vitre. L'été, celle-ci peut être masquée par un rideau amovible situé au ras du vitrage. Ce rideau, noir, bloque le rayonnement solaire direct, mais, en conséquence, s'échauffe. Le but de cette section est de déterminer si un vitrage teinté (par exemple par effet photochromatique) permet de réduire cet échauffement. La vitre (figure 18.1) reçoit de l'extérieur un flux d'énergie par unité de surface noté ϕ_S ; ce flux correspond principalement au rayonnement solaire direct, dont le spectre est supposé uniquement constitué de longueurs d'onde du domaine visible. La vitre teintée est partiellement transparente pour les longueurs d'onde du domaine visible : une fraction $(1 - A)$ de ϕ_S est transmise par la vitre, et une fraction A y est absorbée (le coefficient de réflexion de la vitre est supposé nul)
Elle est en revanche entièrement opaque et assimilable à un corps noir dans le domaine infrarouge. Le flux d'énergie émis par unité de surface **par chaque face** de la vitre est noté ϕ_V.
Le rideau est assimilé à un corps noir idéal pour toutes les longueurs d'ondes. Sa température est notée T_R. Le flux d'énergie par unité de surface **par chaque face** du rideau est noté ϕ_R. Il reçoit de l'habitacle de la voiture un flux d'énergie par unité de surface ϕ_a.
Les échanges thermiques par convection et conduction sont négligeables devant les échanges radiatifs. Le régime est stationnaire.

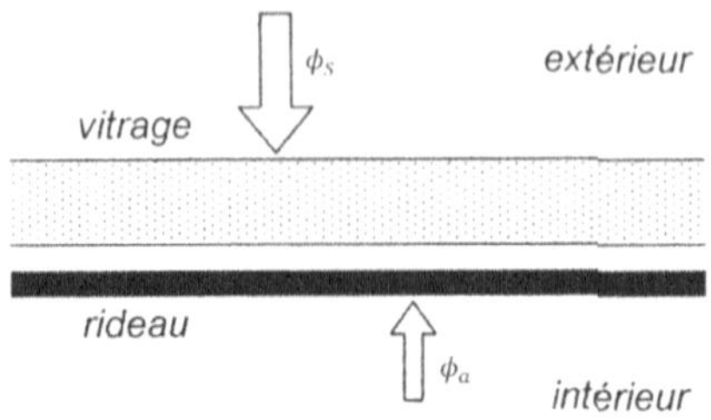

FIGURE 18.1

1. Préciser le domaine de longueurs d'ondes (infrarouge ou visible) correspondant au rayonnement émis par le rideau. Reproduire sommairement la figure 18.1, et y représenter les différents flux rayonnés.
   En exploitant la stationnarité du régime pour la vitre, puis pour le rideau, établir deux équations reliant ϕ_R, ϕ_V, A, ϕ_S et ϕ_a.
2. En déduire les expressions de ϕ_R et de ϕ_V en fonction de A, ϕ_S et ϕ_a.
   Vérifier que $\phi_R + \phi_V = \phi_S + \phi_a$ et l'interpréter simplement.
   Déterminer si la puissance rayonnée par le rideau vers l'intérieur de la voiture est augmentée ou diminuée par l'utilisation d'un vitrage teinté.
3. Déterminer l'expression de T_R et calculer sa valeur pour $A = 0,00$ et $A = 0,60$.
   Données : $\phi_S = 900\,\text{W.m}^{-2}$, $\phi_a = 400\,\text{W.m}^{-2}$, $\sigma = 5,67.10^{-8}\,\text{W.m}^{-2}.\text{K}^{-4}$.
4. En s'inspirant des questions précédentes, déterminer l'expression du flux ϕ_0 qui pénètre à l'intérieur de la voiture en *l'absence de rideau*, en fonction de ϕ_S, ϕ_a et A.
   Vérifier, littéralement ou numériquement, que $\phi_0 > \phi_R$.
   Conclure sur les avantages et inconvénients du rideau.

D'après concours e3a-Polytech MP

Solution

1. Le rideau est de couleur noire, il ne peut pas émettre dans le domaine du visible (noir = absence de lumière visible), il ne peut qu'émettre dans le domaine **infrarouge**.
   Bilan radiatif pour la vitre : $\phi_{\text{reçu}} = \phi_{\text{cédé}}$
   D'après la figure 18.2, on a :

$$\phi_S + \phi_R = (1 - A)\,\phi_S + \phi_V$$

$$\boxed{A\phi_S + \phi_R = 2\phi_V} \qquad (1)$$

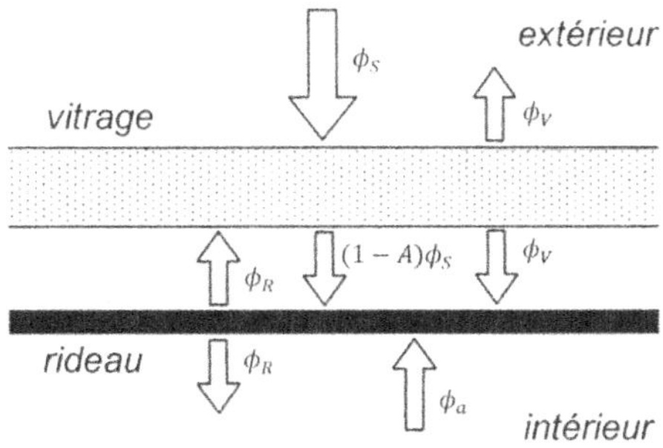

FIGURE 18.2

Bilan radiatif pour le rideau : $\phi_{\text{reçu}} = \phi_{\text{cédé}}$
D'après la figure 18.2, on a :

$$\boxed{(1-A)\,\phi_S + \phi_V + \phi_a = 2\phi_R} \qquad (2)$$

De l'équation (1), on isole l'expression de $\phi_R \Rightarrow \phi_R = 2\phi_V - A\phi_S$ qu'on l'on reporte dans l'équation (2).

$$(1-A)\,\phi_S + \phi_V + \phi_a = 2\,(2\phi_V - A\phi_S)$$

$$(1-A)\,\phi_S + 2\text{A}\,\phi_S + \phi_a = 4\phi_V - \phi_V = 3\phi_V$$

En isolant ϕ_V, on a :

$$\boxed{\phi_V = \frac{(1+A)\,\phi_S + \phi_a}{3}} \qquad (3)$$

On remplace l'expression de ϕ_V (équation (3)) dans l'équation (1). On obtient :

$$A\phi_S + \phi_R = 2\left(\frac{(1+A)\,\phi_S + \phi_a}{3}\right)$$

$$\phi_R = 2\left(\frac{(1+A)\,\phi_S + \phi_a}{3}\right) - A\phi_S = \frac{(2\,(1+A) - 3A)\,\phi_S + 2\phi_a}{3}$$

$$\boxed{\phi_R = \frac{(2-A)\,\phi_S + 2\phi_a}{3}} \qquad (4)$$

En additionnant les équations (3) et (4), on obtient :

$$\phi_R + \phi_V = \frac{(2-A)\,\phi_S + 2\phi_a}{3} + \frac{(1+A)\,\phi_S + \phi_a}{3} = \frac{3\phi_S + 3\phi_a}{3}$$

$$\boxed{\phi_R + \phi_V = \phi_S + \phi_a}$$

Interprétation

Le flux reçu par l'ensemble {vitre + rideau} est égal au flux émis par ce même ensemble : pas de perte d'énergie.

Si le vitrage n'est pas teinté alors $A = 0$. D'après l'équation (4), la puissance rayonnée par le rideau vers l'intérieur de la voiture sera **plus élevée**.

2. Le rideau est un coprs noir donc il obéit à la loi de Stefan : $\phi_R = \sigma T^4$.

Pour $A = 0$, on a $T_R = \left(\dfrac{2\phi_S + 2\phi_a}{3\sigma}\right)^{1/4}$.

Application numérique

$$T_R = \left(\frac{2 \cdot 900 + 2 \cdot 400}{3 \cdot 5,67 \times 10^{-8}}\right)^{1/4} = 352\,\text{K} = \boxed{79\,°\text{C}}$$

Pour $A = 0,60$, on a $T_R = \left(\dfrac{(2 - 0,60)\,\phi_S + 2\phi_a}{3\sigma}\right)^{1/4}$.

Application numérique

$$T_R = \left(\frac{(2 - 0,60)900 + 2 \cdot 400}{3 \cdot 5,67 \times 10^{-8}}\right)^{1/4} = 332\,\text{K} = \boxed{59\,°\text{C}}$$

3. En l'absence de rideau

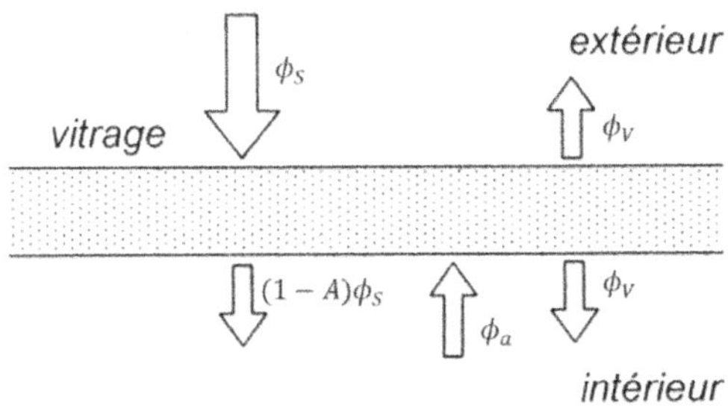

FIGURE 18.3

Méthode 1

Bilan radiatif pour la vitre : $\phi_{\text{reçu}} = \phi_{\text{cédé}}$

D'après la figure 18.3, on a :

$$\phi_S + \phi_a = (1 - A)\,\phi_S + 2\phi_V$$

$$\boxed{A\phi_S + \phi_a = 2\phi_V} \quad (5)$$

Le flux ϕ_0 qui pénètre à l'intérieur de la voiture a pour expression :

$$\phi_0 = (1 - A)\,\phi_S + \phi_V \quad (6)$$

De l'équation (5) on a $\phi_V = \dfrac{A\phi_S + \phi_a}{2}$ que l'on reporte dans l'équation (6).

$$\phi_0 = (1 - A)\,\phi_S + \frac{A\phi_S + \phi_a}{2}$$

$$\boxed{\phi_0 = \frac{(2 - A)\,\phi_S + \phi_a}{2}}$$

Pour $A = 0,60$
Application numérique

$$\phi_0 = \frac{(2 - 0,60)900 + 400}{2} = \boxed{830\,\text{W.m}^{-2}}$$

Application numérique

$$\phi_R = \frac{(2 - 0,60)900 + 2 \cdot 400}{3} = \boxed{687\,\text{W.m}^{-2}}$$

donc $\boxed{\phi_0 > \phi_R}$.

Méthode 2
On cherche le signe de $\phi_0 - \phi_R$.

$$\begin{aligned}\phi_0 - \phi_R &= \frac{(2 - A)\,\phi_S + \phi_a}{2} - \frac{(2 - A)\,\phi_S + 2\phi_a}{3}\\ &= \frac{(6 - 3A)\,\phi_S + 3\phi_a - (4 - 2A)\,\phi_S - 4\phi_a}{6}\\ &= \frac{(2 - A)\,\phi_S - \phi_a}{6}\end{aligned}$$

Application numérique

$$\phi_0 - \phi_R = \frac{(2 - 0,60)900 - 400}{6} = 143 > 0$$

donc $\boxed{\phi_0 > \phi_R}$.

Avantage du rideau : le flux entrant dans la voiture est plus faible donc il fera moins chaud à l'intérieur du véhicule.
Inconvénient du rideau : le rideau noir limite la luminosité à l'intérieur du véhicule, il fera donc plus sombre.

18.2 Diffusion - Loi de Fick (e3a)

Conseils - Pour aborder cet extrait de sujet de concours, il est préférable de revoir les notions suivantes :

- Opérateurs différentiels vectoriels (chapitre 2)
- Intégrales (chapitre 7)
- Equations différentielles (chapitre 9)
- Etude de fonctions, graphiques (chapitre 10)

Première partie : Diffusion - Loi de Fick

Au sein d'un milieu homogène, considérons un ensemble de particules dont la concentration n'est pas uniforme. Ces particules peuvent être des molécules, des atomes ou des ions, des défauts ponctuels, des électrons libres, etc. Dans l'hypothèse d'une *diffusion unidirectionnelle*, leur densité (ou concentration) particulaire $n(x,t)$ dépend de leur position le long de la direction Ox.
En 1885, dans le cadre de ses travaux sur les mélanges de gaz et de liquides, Adolf Fick proposa la loi phénoménologique de diffusion. Cette loi introduit le coefficient de diffusion (ou diffusivité) D et relie le vecteur densité volumique de particules $\vec{j}_D$ au gradient de concentration particulaire n.

1. Citer la loi physique sur laquelle Fick s'est appuyé pour élaborer sa théorie.
2. Rappeler la loi de Fick ; expliquer le caractère « phénoménologique » de cette loi. Justifier l'existence d'un flux de particules et son orientation relative vis à vis du gradient de concentration.

La loi de Fick ne faisant apparaître que les variations spatiales de la concentration particulaire à un instant t, il convient de la compléter par une équation de bilan lorsque le flux de particules varie au cours du temps. Considérons un cylindre infiniment long, de section S constante, parallèle à la direction Ox de la diffusion.

3. Effectuer un bilan de matière sur un volume élémentaire de section S et d'épaisseur $\mathrm{d}x$ pour établir une relation traduisant la conservation du nombre de particules. En déduire l'équation de la diffusion :
$$\frac{\partial n}{\partial t} = D\,\frac{\partial^2 n}{\partial x^2}$$
4. Par une analyse dimensionnelle, établir une relation qualitative exprimant la longueur caractéristique L du phénomène de diffusion en fonction de l'ordre de grandeur τ de sa durée et du coefficient de diffusion D.

5. Réécrire l'équation de la diffusion dans le cas où le coefficent de diffusion varie avec la concentration de l'espèce diffusante. Proposer un mode de résolution de cette équation.

En réalité, l'écoulement des particules dans une direction donnée peut avoir deux origines : l'une est la conduction induite par le gradient de concentration, l'autre est la convection provoquée par l'action d'une force extérieure (dite force de transport) qui déplace les particules avec une vitesse moyenne v constante.

6. En vous inspirant de la loi d'Ohm locale, exprimer simplement le vecteur densité volumique de particules $\vec{j}_T$ pour la seule convection en fonction de v et $n(x,t)$. Compléter la loi de Fick pour obtenir une nouvelle équation de la diffusion dans le cas particulier où D et v sont indépendants de la densité de particules.

Pour illustrer la diffusion, considérons la situation expérimentale du dopage d'un semi-conducteur d'arséniure de gallium (AsGa) avec du silicium.
A l'instant $t = 0$, N_0 atomes de silicium par unité de volume sont brusquement introduits en $x = 0$, à la surface d'une plaquette d'AsGa considérée comme un milieu semi-infini. L'analyse du régime instationnaire montre que le nombre d'atomes de silicium $N(x,t)$ par unité de volume à l'abscisse x et à l'instant t s'écrit :

$$N(x,t) = \frac{K}{\sqrt{t}}\exp\left(-\frac{ax^2}{t}\right)$$

7. Etablir la relation entre a et D, pour que la répartition d'atomes $N(x,t)$ soit solution de l'équation de diffusion établie à la question 3. Traduire la conservation du nombre d'atomes introduits et, par le changement de variable $u = \dfrac{x}{2\sqrt{Dt}}$ se référant aux compléments mathématiques en fin d'énoncé, déterminer la valeur de K en fonction de N_0 et D.

Le schéma situé page suivante (figure 18.4) traduit le résultat du dopage de la plaquette d'AsGa : l'évolution de la distribution des atomes de silicium est tracée en fonction de l'abscisse x, à différents instants.

8. Analyser la forme des courbes obtenues. Que vaut l'aire sous chacune de ces courbes ? Déterminer, à un instant t donné (en adoptant par exemple $t = 1$ h), la profondeur d'implantation L des atomes de silicium correspondant à une concentration moitié de la concentration injectée en $x = 0$ (il s'agit de la demi-largeur à mi-hauteur).

9. Proposer un mode de détermination du coefficient de diffusion D du silicium dans AsGa. Estimer l'ordre de grandeur du coefficient de diffusion D.

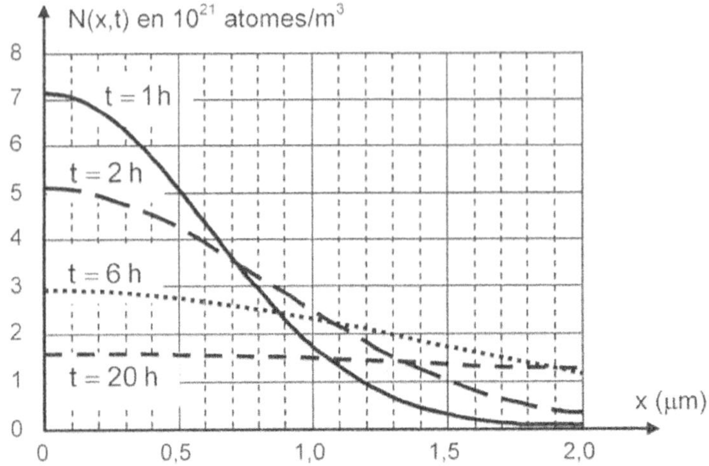

FIGURE 18.4

Deuxième partie :
Diffusion des molécules d'un colorant entre deux solutions

Etudions la diffusion de molécules de colorant entre deux solutions aqueuses qui, à l'instant initial, ne possèdent pas la même concentration volumique. Une cuve d'épaisseur d et de grandes dimensions dans les deux autres orientations, est constituée de deux bacs de même volume remplis d'une solution contenant des molécules d'un même colorant et séparés par une mince cloison située en $z = 0$. De part et d'autre de ce plan de séparation, les concentrations sont uniformes et valent respectivement C_1 pour $z < 0$ et $C_2 < C_1$ pour $z > 0$ (figure 18.5).

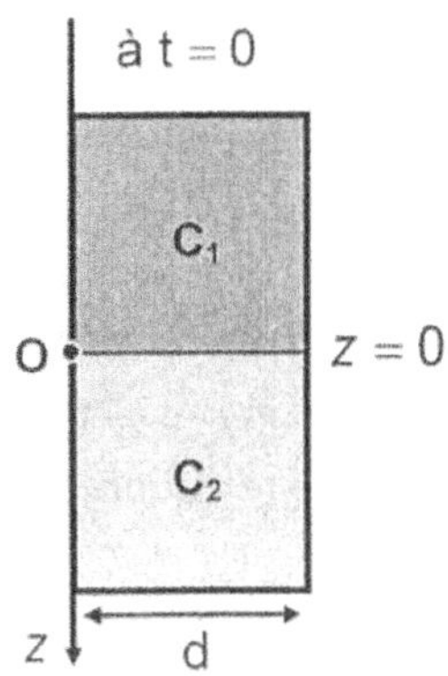

FIGURE 18.5

A l'instant $t = 0$, la cloison est brusquement retirée et les molécules diffusent, conduisant à une concentration $C(z,t)$ en un point de cote z et à l'instant t. Très loin du plan $z = 0$, et pour des temps élevés, les concentrations conservent leurs valeurs initiales :

$$\mathrm{C}(-\infty, t) = \mathrm{C}_1 \quad \text{et} \quad \mathrm{C}(+\infty, t) = \mathrm{C}_2$$

L'équation de la diffusion, étudiée dans la partie précédente, admet ici pour solution la **fonction d'erreur** (détaillée en fin de problème) :

$$\operatorname{erf}(u) = \frac{2}{\sqrt{\pi}} \int_0^u \exp(-s^2)\, \mathrm{d}s \quad \text{avec} \quad u = \frac{z}{2\sqrt{Dt}}$$

D est le coefficient de diffusion des molécules de colorant dans la solution ; il est supposé indépendant de la concentration.
Dans la suite du problème, on négligera la pesanteur.

10. Présumer, sans effectuer de calcul, de la concentration attendue à l'interface des deux bacs, lorsque le phénomène de diffusion est achevé.

Par continuité en $z = 0$, la concentration dans chaque domaine peut être décrite par une expression du type $\mathrm{C}(z,t) = A \operatorname{erf}(u) + B$, A et B étant des constantes.

11. Déterminer les constantes A et B à partir des conditions aux limites, puis écrire la loi de répartition de concentration $\mathrm{C}(z,t)$.
12. Tracer l'allure du profil de concentration $\mathrm{C}(z,t)$ à trois instants successifs : $t = 0$, t_1 puis $t_2 > t_1$. Commenter ces tracés.

Détermination expérimentale du coefficient de diffusion

L'indice de réfraction n d'une solution est, en première approximation, une fonction affine de la concentration du colorant en solution et peut s'écrire : $n(z,t) = n_0 + K\mathrm{C}(z,t)$, n_0 et K étant des constantes positives.

13. Exprimer la constante K en fonction des indices n_1, n_2 et des concentrations C_1, C_2 des deux solutions, sachant qu'à la limite

$$n(\mathrm{C} = \mathrm{C}_1) = n_1 \qquad \text{et} \qquad n(\mathrm{C} = \mathrm{C}_2) = n_2$$

14. Déterminer le gradient d'indice $\overrightarrow{\mathrm{grad}}\, n$ associé aux variations de l'indice n dans la cuve, puis sa composante sur l'axe Oz en fonction de n_1, n_2, D, z et t. En quelle position cette composante est-elle maximale ? Donner sa valeur correspondante.
15. Représenter l'allure de cette fonction à trois instants successifs : $t = 0$, t_1 puis $t_2 > t_1$. Commenter ces tracés.

COMPLEMENTS MATHEMATIQUES

➜ *Définition de la **fonction erreur** :* $\mathrm{erf}(x) = \frac{2}{\sqrt{\pi}} \int_0^x \exp(-s^2)\,\mathrm{d}s$

➜ *Propriétés de* $\mathrm{erf}(x)$:

$$\mathrm{erf}(x) = -\mathrm{erf}(-x) \qquad \mathrm{erf}(0) = 0 \qquad \mathrm{erf}(\pm\infty) = \pm 1$$

$$\mathrm{erfc}(x) = 1 - \mathrm{erf}(x) = \frac{2}{\sqrt{\pi}} \int_x^{\infty} \exp(-s^2)\,\mathrm{d}s$$

$$\frac{\mathrm{d}}{\mathrm{d}x}\left[\mathrm{erf}(x)\right] = \frac{2}{\sqrt{\pi}} \exp(-x^2)$$

➜ *Représentation de la fonction erreur :*

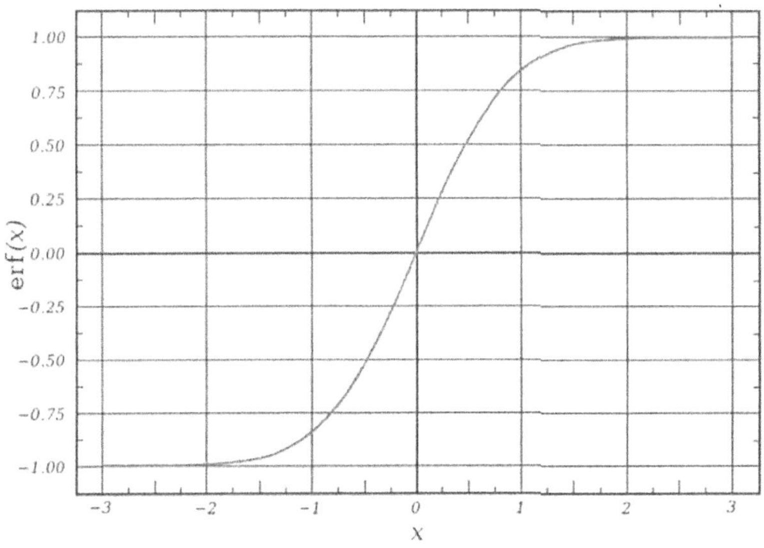

FIGURE 18.6

➜ *Intégrale d'Euler :* $\int_0^{\infty} \exp(-s^2)\,\mathrm{d}s = \frac{\sqrt{\pi}}{2}$

D'après concours e3a-Polytech PSI

Solution

Première partie : Diffusion - Loi de Fick

1. Fick s'est appuyé sur la **loi de Fourier** (diffusion thermique) pour élaborer sa théorie.
2. **loi de Fick** : $\boxed{\vec{j}_D = -D\,\overrightarrow{\text{grad}}\,n}$
   Cette loi a un caractère phénoménologique car elle ne se démontre pas mais est établie à partir d'observations expérimentales.
   L'existence d'un flux de particules est lié à l'inhomogénéité de la concentration de particules. Quand cette dernière n'est pas uniforme, les particules diffusent des zones les plus concentrées vers les moins concentrées.
3. Effectuons un bilan de matière sur un volume élémentaire $\mathrm{d}\tau = S\,\mathrm{d}x$ de section S et d'épaisseur $\mathrm{d}x$.
   Cas n°1 : la variation du nombre de particules entre les dates t et $(t + \mathrm{d}t)$ du point de vue eulérien s'écrit :

$$\mathrm{d}N = (n(x, t + \mathrm{d}t) - n(x,t))\,\mathrm{d}\tau$$

   En appliquant un développement de Taylor au premier ordre en $\mathrm{d}t$, on obtient :

$$\mathrm{d}N = \left(n(x,t) + \mathrm{d}t\,\frac{\partial n(x,t)}{\partial t} - n(x,t)\right)\mathrm{d}\tau$$

$$\mathrm{d}N = \frac{\partial n(x,t)}{\partial t}\,\mathrm{d}t\,\mathrm{d}\tau$$

   Cas n°2 : la variation du nombre de particules entre les dates t et $(t + \mathrm{d}t)$ peut s'écrire en fonction des flux de particules entrant et sortant du volume $\mathrm{d}\tau$. En utilisant la convention thermodynamique, c'est-à-dire en comptant positivement toute particule qui entre dans le volume $\mathrm{d}\tau$ et négativement toute particule qui sort du volume $\mathrm{d}\tau$, on a :

$$\delta N = \left(\iint \vec{j}_D(x,t)\cdot\overrightarrow{\mathrm{d}S}_{\text{entrant}} - \iint \vec{j}_D(x+\mathrm{d}x,t)\cdot\overrightarrow{\mathrm{d}S}_{\text{sortant}}\right)\mathrm{d}t$$

   Les vecteurs $\vec{j}_D(x,t)$ et $\overrightarrow{\mathrm{d}S}_{\text{entrant}}$ sont colinéaires et de même sens ainsi que les vecteurs $\vec{j}_D(x+\mathrm{d}x,t)$ et $\overrightarrow{\mathrm{d}S}_{\text{sortant}}$. On a donc :

$$\begin{aligned}\delta N &= \left(\iint j_D(x,t)\,\mathrm{d}S_{\text{entrant}} - \iint j_D(x+\mathrm{d}x,t)\,\mathrm{d}S_{\text{sortant}}\right)\mathrm{d}t\\ &= \Big(j_D(x,t)\,S - j_D(x+\mathrm{d}x,t)\,S\Big)\,\mathrm{d}t\end{aligned}$$

En appliquant un développement de Taylor au premier ordre en $\mathrm{d}x$, on obtient :

$$\delta N = \left(j_D(x,t) - j_D(x,t) - \mathrm{d}x\,\frac{\partial j_D(x,t)}{\partial x} \right) S\,\mathrm{d}t$$

$$\delta N = -\frac{\partial j_D(x,t)}{\partial x}\,\mathrm{d}t\,\mathrm{d}\tau$$

Or $\mathrm{d}N = \delta N$, il en vient :

$$\frac{\partial n(x,t)}{\partial t}\,\mathrm{d}t\,\mathrm{d}\tau = -\frac{\partial j_D(x,t)}{\partial x}\,\mathrm{d}t\,\mathrm{d}\tau$$

Or $\vec{j}_D(x,t) = -D\,\overrightarrow{\mathrm{grad}}\,n(x,t) = -D\,\frac{\partial n(x,t)}{\partial x}\,\vec{u}_x$

$$\frac{\partial n(x,t)}{\partial t} = -\frac{\partial}{\partial x}\left(-D\,\frac{\partial n(x,t)}{\partial x}\right)$$

$$\boxed{D\,\frac{\partial^2 n(x,t)}{\partial x^2} = \frac{\partial n(x,t)}{\partial t}} \qquad (1)$$

4. Par analyse dimensionnelle, on a :

$$\left[D\right]\frac{\left[n\right]}{\left[x^2\right]} = \frac{\left[n\right]}{\left[t\right]} \quad \Rightarrow \quad \frac{\left[D\right]}{\left[x^2\right]} = \frac{1}{\left[t\right]}$$

$$\frac{D}{L^2} \approx \frac{1}{\tau} \quad \Rightarrow \quad \boxed{L \approx \sqrt{D\tau}}$$

5. Si D varie avec la concentration de l'espèce diffusante, l'équation de diffusion s'écrit :

$$\boxed{\frac{\partial n}{\partial t} = \frac{\partial}{\partial x}\left(D\,\frac{\partial n}{\partial x}\right)} \qquad (2)$$

Cette équation est telle que le membre de droite dépend de la variable x et le membre de gauche dépend de la variable t.
Pour résoudre l'équation (2), séparons les variables en posant $n(x,t) = f(x)g(t)$.
L'équation (2) devient :

$$f(x)g'(t) = \frac{\partial}{\partial x}\left(Df'(x)g(t)\right)$$

$$f(x)g'(t) = g(t)\,\frac{\partial}{\partial x}\left(Df'(x)\right) = g(t)\left(D'f(x) + Df''(x)\right)$$

$$\frac{g'(t)}{g(t)} = \frac{D'f'(x) + Df''(x)}{f(x)}$$

Le membre de droite dépend de la variable x et le membre de gauche dépend de la variable t. L'égalité n'est possible que si chacun des membres est égal à une constante A.

Il suffit alors de résoudre les équations différentielles suivantes :

$$\boxed{g'(t) - A\,g(t) = 0} \quad \text{et} \quad \boxed{Df''(x) + D'f'(x) - Af(x) = 0}$$

6. En s'inspirant de la loi d'Ohm locale $\vec{j} = n^* q\,\vec{v}$, on peut exprimer le vecteur densité volumique de particules pour la seule convection sous la forme :

$$\boxed{\vec{j}_T = n(x,t)\,\vec{v}}$$

D'après A.3, $\dfrac{\partial n}{\partial t} = -\dfrac{\partial}{\partial x}\Big(j_D + j_T\Big)$

$$\frac{\partial n}{\partial t} = -\frac{\partial}{\partial x}\left(-D\,\frac{\partial n(x,t)}{\partial x} + n(x,t)\,v\right)$$

$$\boxed{\frac{\partial n}{\partial t} = D\,\frac{\partial^2 n}{\partial x^2} - v\frac{\partial n}{\partial x}} \qquad (3)$$

7. On note $N(x,t)$ le nombre d'atomes de silicium par unité de volume à l'abscisse x et à l'instant t. D'après l'équation (1), on a : $\dfrac{\partial N(x,t)}{\partial t} = D\,\dfrac{\partial^2 N(x,t)}{\partial x^2}$.

A partir de $N(x,t) = \dfrac{K}{\sqrt{t}}\exp\left(-\dfrac{ax^2}{t}\right)$, on exprime chaque terme de l'équation (1).

La dérivée première par rapport à t s'écrit :

$$\frac{\partial N(x,t)}{\partial t} = K\left(-\frac{1}{2}\,t^{-3/2}\right)\exp\left(-\frac{ax^2}{t}\right) + \frac{K}{\sqrt{t}}\left(-\frac{ax^2(-1)}{t^2}\exp\left(-\frac{ax^2}{t}\right)\right)$$

$$\frac{\partial N(x,t)}{\partial t} = K\exp\left(-\frac{ax^2}{t}\right)\left[-\frac{1}{2\,t\sqrt{t}} + \frac{ax^2}{t^2\sqrt{t}}\right]$$

La dérivée première par rapport à x s'écrit :

$$\frac{\partial N(x,t)}{\partial x} = \frac{K}{\sqrt{t}}\left(-\frac{a}{t}\,2x\right)\exp\left(-\frac{ax^2}{t}\right)$$

La dérivée seconde par rapport à x s'écrit :

$$\frac{\partial^2 N(x,t)}{\partial x^2} = -\frac{K}{\sqrt{t}}\frac{2a}{t}\exp\left(-\frac{ax^2}{t}\right) - \frac{K}{\sqrt{t}}\frac{a2x}{t}\left(-\frac{a}{t}\,2x\right)\exp\left(-\frac{ax^2}{t}\right)$$

$$\frac{\partial^2 N(x,t)}{\partial x^2} = K \exp\left(-\frac{ax^2}{t}\right)\left[-\frac{2a}{t\sqrt{t}} + \frac{4x^2a^2}{t^2\sqrt{t}}\right]$$

Or $\dfrac{\partial N(x,t)}{\partial t} = D\,\dfrac{\partial^2 N(x,t)}{\partial x^2}$

$$K \exp\left(-\frac{ax^2}{t}\right)\left[-\frac{1}{2\,t\sqrt{t}} + \frac{ax^2}{t^2\sqrt{t}}\right] = DK \exp\left(-\frac{ax^2}{t}\right)\left[-\frac{2a}{t\sqrt{t}} + \frac{4x^2a^2}{t^2\sqrt{t}}\right]$$

Après simplification par $K \exp\left(-\dfrac{ax^2}{t}\right)$, on obtient :

$$-\frac{1}{2\,t\sqrt{t}} + \frac{ax^2}{t^2\sqrt{t}} = D\left[-\frac{2a}{t\sqrt{t}} + \frac{4x^2a^2}{t^2\sqrt{t}}\right]$$

Après simplification par $\dfrac{1}{t\sqrt{t}}$, on obtient :

$$-\frac{1}{2} + \frac{ax^2}{t} = 4aD\left[-\frac{1}{2} + \frac{ax^2}{t}\right]$$

$$\boxed{4aD = 1}$$

Pour traduire la conservation du nombre d'atomes N_0 introduit, on écrit :

$$N_0 = \int_0^{\infty} N(x,t)\,\mathrm{d}x = \int_0^{\infty} \frac{K}{\sqrt{t}} \exp\left(-\frac{ax^2}{t}\right)\mathrm{d}x$$

L'énoncé nous suggère de poser le changement de variable :

$$u = \frac{x}{2\sqrt{Dt}} \;\Leftrightarrow\; x = 2\sqrt{Dt}\,u$$

On a alors $\mathrm{d}x = 2\sqrt{Dt}\,\mathrm{d}u$ et $x^2 = 4Dt\,u^2$.
On n'oublie pas de vérifier les bornes de l'intégrale. Si $x = 0$ alors $u = 0$ et si $x \to \infty$ alors $u \to \infty$. On obtient alors :

$$\begin{aligned} N_0 &= \int_0^{\infty} \frac{K}{\sqrt{t}} \exp\left(-\frac{a}{t}4Dt\,u^2\right) 2\sqrt{Dt}\,\mathrm{d}u \\ &= \int_0^{\infty} 2K\sqrt{D} \exp\left(-4aD\,u^2\right)\mathrm{d}u \end{aligned}$$

Or $4aD = 1$,

$$N_0 = \int_0^{\infty} 2K\sqrt{D} \exp\left(-u^2\right)\mathrm{d}u$$

D'après le formulaire mathématique donné en fin d'énoncé, on a :

$$\int_0^x \exp(-u^2)\,\mathrm{d}u = \frac{\sqrt{\pi}}{2}\left[\mathrm{erf}(\infty) - \mathrm{erf}(0)\right] = \frac{\sqrt{\pi}}{2}$$

car $\mathrm{erf}(\infty) = 1$ et $\mathrm{erf}(0) = 0$.

$$N_0 = 2K\sqrt{D}\frac{\sqrt{\pi}}{2} \Rightarrow \boxed{K = \frac{N_0}{\sqrt{D\pi}}}$$

8. L'analyse graphique nous permet d'affirmer que lorsque t augmente alors la courbe $N(x,t) = f(x)$ tend à devenir horizontale, c'est-à-dire que la concentration tend à s'homogénéiser.
L'aire sous chacune des courbes vaut N_0.
Pour $t = 1\,\mathrm{h}$, la profondeur d'implantation (demi-largeur à mi-hauteur) se lit graphiquement, soit $\boxed{L = 0,7\,\mu\mathrm{m}}$ correspondant à $\dfrac{N(x=0, t=1\,\mathrm{h})}{2}$.
9. Pour déterminer le coefficient de diffusion D expérimentalement, on part de l'expression donnée par l'énoncé $N(x,t)\dfrac{\sqrt{t}}{K} = \exp\left(-\dfrac{ax^2}{t}\right)$ et on exprime son logarithme népérien. On obtient alors :

$$\ln\left(\sqrt{t}\,N(x,t)\right) = \ln K - \frac{ax^2}{t}$$

Si l'on trace la fonction $\ln\left(\sqrt{t}\,N(x,t)\right)$ en fonction de $\dfrac{x^2}{t}$ alors on obtient une droite de pente $-a = -\dfrac{1}{4D}$ car d'après la question 7, on a $4Da = 1$.
D'après la question 4, $D \approx \dfrac{L^2}{\tau}$.

Si l'on prend les valeurs obtenues à la question 8, on obtient :

$$D \approx \frac{\left(0,7 \times 10^{-6}\right)^2}{3600} = \boxed{1,4 \times 10^{-16}\,\mathrm{m^2.s^{-1}}}$$

Deuxième partie :
Diffusion des molécules d'un colorant entre deux solutions

10. Lorsque le phénomène de diffusion sera terminé, on peut s'attendre à avoir une valeur de concentration, à l'interface des deux bacs, égale à une concentration moyenne telle que :

$$\boxed{\mathrm{C} = \frac{\mathrm{C_1} + \mathrm{C_2}}{2}}$$

11. D'après les conditions aux limites :

$$\begin{cases} C(z=+\infty,t) = C_1 & = A\,\text{erf}(+\infty) + B = A + B \\ C(z=-\infty,t) = C_2 & = A\,\text{erf}(-\infty) + B = -A + B \end{cases}$$

$$C_1 + C_2 = (A+B) + (-A+B) = 2B \Leftrightarrow \boxed{B = \frac{C_1 + C_2}{2}}$$

$$C_1 - C_2 = (A+B) - (-A+B) = 2A \Leftrightarrow \boxed{A = \frac{C_1 - C_2}{2}}$$

La loi de répartition de concentration du type $C(z,t) = A\,\text{erf}(u) + B$ s'écrit :

$$\boxed{C(z,t) = \left(\frac{C_1 - C_2}{2}\right) \frac{2}{\sqrt{\pi}} \int_0^u \exp(-s^2)\,\mathrm{d}s + \frac{C_1 + C_2}{2}}$$

avec $u = \dfrac{z}{2\sqrt{Dt}}$.

12. On trace l'allure du profil de concentration $C(z,t)$ à trois instants successifs : $t = 0$, t_1 puis $t_2 > t_1$.

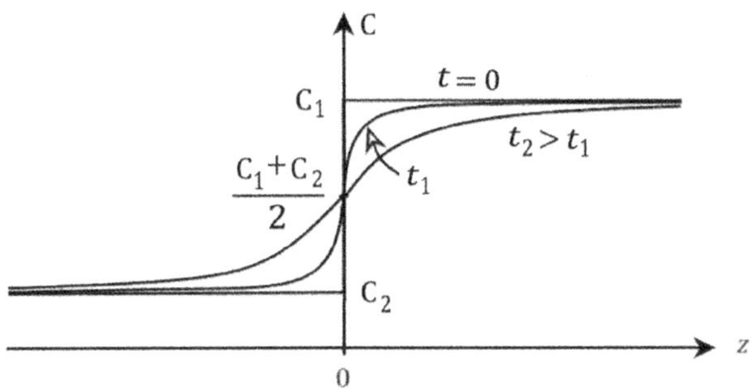

FIGURE 18.7

Si $t_2 > t_1$ alors $u_2 < u_1$ pour z fixé.
Si $t \to \infty$, le graphe de la fonction $\text{erf}(x)$ semble « s'étirer » et la concentration va devenir uniforme et égale à $\dfrac{C_1 + C_2}{2}$.

Détermination expérimentale du coefficient de diffusion

13. On note $n(z,t) = n_0 + KC(z,t)$.
D'après les conditions aux limites,

$$\begin{cases} n(C = C_1) & = n_1 = n_0 + KC_1 \\ n(C = C_2) & = n_2 = n_0 + KC_2 \end{cases}$$

$$n_1 - n_2 = (n_1 = n_0 + K\mathrm{C}_1) - (n_2 = n_0 + K\mathrm{C}_2) = k(\mathrm{C}_1 - \mathrm{C}_2)$$

$$\boxed{K = \frac{n_1 - n_2}{\mathrm{C}_1 - \mathrm{C}_2}}$$

14. Déterminons le gradient d'indice $\overrightarrow{\mathrm{grad}}\, n$ associé aux variations de l'indice n dans la cuve.

    En coordonnées cartésiennes, on a :

$$\overrightarrow{\mathrm{grad}}\, n = \frac{\partial n}{\partial x}\,\vec{u}_x + \frac{\partial n}{\partial y}\,\vec{u}_y + \frac{\partial n}{\partial z}\,\vec{u}_z$$

Or $n(z, t)$ ne dépend que de z et de t.

$$\overrightarrow{\mathrm{grad}}\, n = \frac{\partial n}{\partial z}\,\vec{u}_z = K\frac{\partial \mathrm{C}}{\partial z}\,\vec{u}_z$$

A partir de l'équation obtenue à question 11 que l'on peut écrire sous la forme

$$\mathrm{C}(z,t) = A\frac{2}{\sqrt{\pi}}\int_0^u \exp(-s^2)\,\mathrm{d}s + B = A\,\mathrm{erf}(u) + B$$

on réalise une dérivée composée.

$$\frac{\partial \mathrm{C}}{\partial z} = \frac{\partial \mathrm{C}}{\partial u}\frac{\partial u}{\partial z} = A\,\frac{\partial}{\partial u}(\mathrm{erf}(u))\,\frac{\partial u}{\partial z}$$

Avec $u = \dfrac{z}{2\sqrt{Dt}}$, on a :

$$\begin{aligned}\frac{\partial \mathrm{C}}{\partial z} &= A\left(\frac{2}{\sqrt{\pi}}\exp(-u^2)\right)\frac{\partial}{\partial z}\left(\frac{z}{2\sqrt{Dt}}\right)\\ &= A\frac{2}{\sqrt{\pi}}\exp\left(-\left(\frac{z}{2\sqrt{Dt}}\right)^2\right)\frac{1}{2\sqrt{Dt}}\end{aligned}$$

$$\begin{aligned}\overrightarrow{\mathrm{grad}}\, n &= KA\frac{2}{\sqrt{\pi}}\exp\left(-\left(\frac{z}{2\sqrt{Dt}}\right)^2\right)\frac{1}{2\sqrt{Dt}}\,\vec{u}_z\\ &= \frac{KA}{\sqrt{\pi Dt}}\exp\left(-\left(\frac{z}{2\sqrt{Dt}}\right)^2\right)\vec{u}_z\end{aligned}$$

Par projection selon l'axe $\mathrm{O}z$, on obtient la composante du gradient d'indice.

$$\frac{\partial n}{\partial z} = \left(\frac{n_1 - n_2}{\mathrm{C}_1 - \mathrm{C}_2}\right)\left(\frac{\mathrm{C}_1 - \mathrm{C}_2}{2}\right)\frac{1}{\sqrt{\pi Dt}}\exp\left(-\left(\frac{z}{2\sqrt{Dt}}\right)^2\right)$$

$$\boxed{\frac{\partial n}{\partial z} = \frac{n_1 - n_2}{2\sqrt{\pi D t}} \exp\left(-\left(\frac{z}{2\sqrt{Dt}}\right)^2\right)}$$

Cette composante est maximale pour $z = 0$ et vaut :

$$\boxed{\left.\frac{\partial n}{\partial z}\right|_{z=0} = \frac{n_1 - n_2}{2\sqrt{\pi D t}}}$$

15. On représente l'allure de cette fonction à trois instants successifs : $t = 0$, t_1 puis $t_2 > t_1$.

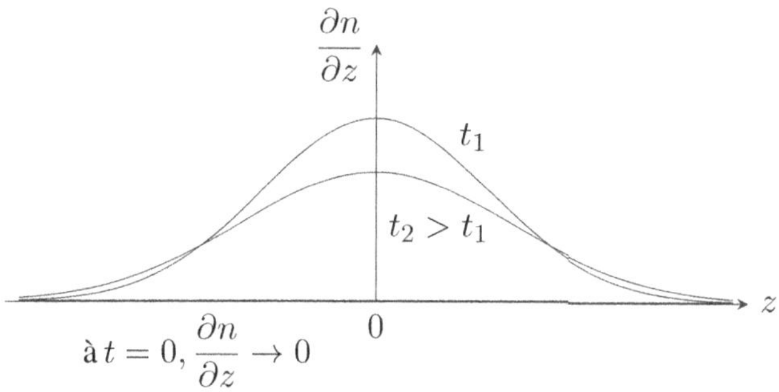

FIGURE 18.8

Lorsque t augmente, la concentration devient uniforme et le gradient d'indice $\frac{\partial n}{\partial z}$ diminue pour tendre vers 0.

18.3 Diffusion en présence de convection (CCINP)

Conseils - Pour aborder cet extrait de sujet de concours, il est préférable de revoir les notions suivantes :

- Trigonométrie (chapitre 3)
- Développements limités (chapitre 5)
- Equations différentielles (chapitre 9)

Une sphère pleine métallique homogène de rayon R_s est placée au contact d'un milieu à température T_e. La présence de convection assure le maintien au voisinage de la surface de la boule d'une température constante T_e. La diffusion thermique à l'intérieur de la boule se fait par conduction uniquement. La température à la surface extérieure de la boule est notée $T_s(t) = T(R_s, t)$. On admet que les pertes thermiques à la surface de la sphère vers le milieu extérieur vérifient la loi :

$$\Psi_s(t) = h\,(T_s(t) - T_e)$$

où h est un coefficient de transfert thermique qui dépend de l'état de convection du fluide environnant, Ψ_s la puissance quittant la sphère par unité de surface et $T_s(t) > T_e$.

L'équation de la chaleur en un point r quelconque de l'intérieur de la boule s'écrit :

$$\Delta T(r,t) - \frac{1}{D_{th}}\frac{\partial T(r,t)}{\partial t} = 0$$

où $\Delta T(r,t)$ est le laplacien de la fonction scalaire T qui, en coordonnées sphériques, s'écrit :

$$\Delta T(r,t) = \frac{2}{r}\frac{\partial T(r,t)}{\partial r} + \frac{\partial^2 T(r,t)}{\partial r^2}$$

et $D_{th} = \dfrac{\lambda}{\mu c_p}$.

Par continuité du vecteur densité de courant thermique au voisinage de la surface, on admet la relation suivante :

$$-\lambda \left.\frac{\partial T}{\partial r}\right|_{r=R_s} = h \times (T_s - T_e)$$

1. Réécrire l'équation de diffusion et la condition de continuité en R_s pour la différence $\theta(r,t) = T(r,t) - T_e$.
   On pourra introduire la quantité $\theta_s = T_s - T_e$.

2. On cherche une solution $\theta(r,t)$ sous la forme d'un produit de variables séparées $f(r)g(t)$, où f et g sont supposées partout non nulles. Montrer que :

   $$\frac{D_{th}}{f(r)}\left[\frac{2}{r}f'(r) + f''(r)\right] = \frac{g'(t)}{g(t)}$$

   Justifier que la fonction temporelle $g(t)$ ainsi obtenue décroît exponentiellement avec le temps, comme $g(t) = g(0)\exp(-t/\tau)$.

3. Rechercher une solution de l'équation précédente sous la forme :

   $$f(r) = \frac{\sin(\alpha r)}{r}$$

   Montrer que l'on obtient bien une solution de l'équation obtenue à la question 2, à condition de poser $\alpha^2 D_{th}\tau = 1$
   Quelle est la limite de $f(r)$ lorsque r tend vers 0 ?

4. Exploiter la condition en R_s obtenue à la question 1, et montrer que le produit $x = \alpha R_s$ vérifie l'équation transcendante :

$$1 - x\,\frac{\cos(x)}{\sin(x)} = \frac{hR_s}{\lambda} = \text{Nu}$$

où le produit sans dimension Nu est appelé nombre de Nusselt.

5. Donner le premier terme du développement limité en $x = 0$ de la fonction $1 - x\,\text{cotan}(x)$, puis tracer l'allure de celle-ci. En déduire que, quelle que soit la valeur de Nu, il existe une racine positive de l'équation obtenue à la question précédente.

6. La plus petite racine positive de l'équation ci-dessus contrôle le comportement asymptotique aux temps longs de la température de la sphère. Montrer que le temps de décroissance exponentielle de la température de la sphère se comporte alors comme :

$$\begin{cases} \tau = \dfrac{R_s^2}{3D_{th}\text{Nu}} & si \quad \text{Nu} \ll 1 \\[2ex] \tau = \dfrac{R_s^2}{\pi^2 D_{th}} & si \quad \text{Nu} \gg 1 \end{cases}$$

7. Calculer numériquement le temps caractéristique τ pour une sphère de plomb, cacatérisée par les grandeurs suivantes : $h = 5,8$ W.K^{-1}.m^{-2}, $R_s = 0,1$ m, $c_p = 130$ J.K^{-1}.kg^{-1}, $\mu = 1,13.10^4$ kg.m^{-3}, $\lambda = 35$ SI.

D'après Concours Commun INP PC

Solution

1. En reportant $T(r,t) = \theta(r,t) + T_e$ dans l'équation de diffusion, on a :

$$\Delta(\theta(r,t) + T_e) - \frac{1}{D_{th}}\frac{\partial(\theta(r,t) + T_e)}{\partial t} = 0$$

$$\boxed{\Delta\theta(r,t) - \frac{1}{D_{th}}\frac{\partial\theta(r,t)}{\partial t} = 0}$$

La condition de continuité en R_s s'écrit :

$$-\lambda\,\frac{\partial(\theta(r,t) + T_e)}{\partial r}\bigg|_{r=R_s} = h \times (T_s - T_e)$$

$$\boxed{-\lambda\,\frac{\partial\theta(r,t)}{\partial r}\bigg|_{r=R_s} = h \times \theta_s}$$

2. On note $\theta(r,t) = f(r)g(t)$. En utilisant l'expression donnée du laplacien, l'équation de diffusion obtenue à la question 1. devient :

$$\left[\frac{2}{r}\frac{\partial\theta(r,t)}{\partial r} + \frac{\partial^2\theta(r,t)}{\partial r^2}\right] - \frac{1}{D_{th}}\frac{\partial\theta(r,t)}{\partial t} = 0$$

$$\left[\frac{2}{r}f'(r)g(t) + f''(r)g(t)\right] - \frac{1}{D_{th}}f(r)g'(t) = 0$$

$$g(t)\left[\frac{2}{r}f'(r) + f''(r)\right] = \frac{1}{D_{th}}f(r)g'(t)$$

$$\boxed{\frac{D_{th}}{f(r)}\left[\frac{2}{r}f'(r) + f''(r)\right] = \frac{g'(t)}{g(t)}}$$

Le terme de gauche dépend de la variable r et le terme de droite dépend de la variable t. L'égalité de ces deux termes n'est possible que si chacun d'entre eux est égal à une valeur indépendante de r et de t, donc à une constante notée A.

$$\frac{g'(t)}{g(t)} = A$$

Par intégration par rapport au temps, on a :

$$\ln g(t) = At + \text{constante}$$

$$\boxed{g(t) = B\,\mathrm{e}^{At}}$$

avec

- At un nombre sans dimension $\Rightarrow$ $[A] = \dfrac{1}{[t]} = T^{-1}$
- $A < 0$ car si t augmente, $g(t)$ ne peut pas diverger.

Cette fonction temporelle $g(t)$ peut s'écrire sous la forme $g(t) = g(0)\exp(-t/\tau)$ si $B = g(0)$ et $A = -\dfrac{1}{\tau}$.

3. On pose $f(r) = \dfrac{\sin(\alpha r)}{r}$. On dérive une fois puis deux fois la fonction $f(r)$ par rapport à la variable r. On obtient :

$$f'(r) = \frac{r\alpha\cos(\alpha r) - \sin(\alpha r)}{r^2} = \frac{\alpha\cos(\alpha r)}{r} - \frac{\sin(\alpha r)}{r^2}$$

$$f''(r) = \frac{r\alpha^2\left(-\sin(\alpha r)\right) - \alpha\cos(\alpha r)}{r^2} - \left(\frac{r^2\alpha\cos(\alpha r) - 2r\sin(\alpha r)}{r^4}\right)$$

$$= -\frac{\alpha^2\sin(\alpha r)}{r} - \frac{2\alpha\cos(\alpha r)}{r^2} + \frac{2\sin(\alpha r)}{r^3}$$

Or $A = \dfrac{D_{th}}{f(r)}\left[\dfrac{2}{r}f'(r) + f''(r)\right]$

$$A = -\frac{1}{\tau} = \frac{D_{th}}{\left(\frac{\sin(\alpha r)}{r}\right)}\left[\frac{2}{r}\left(\frac{\alpha\cos(\alpha r)}{r} - \frac{\sin(\alpha r)}{r^2}\right)\right.$$
$$\left. + \left(-\frac{\alpha^2\sin(\alpha r)}{r} - \frac{2\alpha\cos(\alpha r)}{r^2} + \frac{2\sin(\alpha r)}{r^3}\right)\right]$$

Après simplification, on a :

$$\left(\frac{\sin(\alpha r)}{r}\right)\left(-\frac{1}{D_{th}\tau}\right) = -\frac{\alpha^2\sin(\alpha r)}{r}$$

$$\left(-\frac{1}{D_{th}\tau}\right) = -\alpha^2$$

$$\boxed{\alpha^2 D_{th}\tau = 1}$$

Lorsque r tend vers 0, on peut écrire :

$$\lim_{r\to 0}\sin(\alpha r) = \alpha r$$

$$\boxed{\lim_{r\to 0} f(r) = \frac{\alpha r}{r} = \alpha}$$

4. D'après la condition de continuité en R_s, $-\lambda \left.\dfrac{\partial\theta(r,t)}{\partial r}\right|_{r=R_s} = h\times\theta(r = R_s, t)$.
Remplaçons l'expression de $\theta(r,t)$ par le produit de variables séparées $f(r)g(t)$ appliqué en $r = R_s$.

$$-\lambda \left.\frac{\partial f(r)g(t)}{\partial r}\right|_{r=R_s} = h\times f(r = R_s)\,g(t)$$

$$-\lambda \left.\frac{\partial f(r)}{\partial r}\right|_{r=R_s} g(t) = h\times f(r = R_s)\,g(t)$$

$$-\lambda f'(r = R_s) = h\times f(r = R_s)$$

$$-\lambda\left(\frac{\alpha\cos(\alpha R_s)}{R_s} - \frac{\sin(\alpha R_s)}{R_s^2}\right) = h\,\frac{\sin(\alpha R_s)}{R_s}$$

$$-\lambda\,\frac{\left(\frac{\alpha\cos(\alpha R_s)}{R_s}\right)}{\left(\frac{\sin(\alpha R_s)}{R_s}\right)} + \lambda\frac{\left(\frac{\sin(\alpha R_s)}{R_s^2}\right)}{\left(\frac{\sin(\alpha R_s)}{R_s}\right)} = h$$

$$-\lambda\,\frac{\alpha\cos(\alpha R_s)R_s}{\sin(\alpha R_s)}+\lambda\,\frac{\sin(\alpha R_s)}{\sin(\alpha R_s)}=hR_s$$

$$\boxed{1-\alpha R_s\,\frac{\cos(\alpha R_s)}{\sin(\alpha R_s)}=\frac{hR_s}{\lambda}=\text{Nu}}$$

avec $\alpha R_s = x$ on retrouve l'expression demandée.

5. Pour trouver le premier terme du développement limité en $x = 0$ de la fonction $1 - x\cot\text{an}(x)$, il faut pousser le calcul à l'ordre 3 en x pour le terme $\text{cotan}(x)$.

$$\begin{cases}\cos(x)\simeq 1-\dfrac{x^2}{2\,!}\\[2ex]\sin(x)\simeq x-\dfrac{x^3}{3\,!}\end{cases}$$

$$1-x\,\text{cotan}(x)=1-x\,\frac{\cos(x)}{\sin(x)}\simeq 1-x\,\frac{\left(1-\frac{x^2}{2}\right)}{\left(x-\frac{x^3}{6}\right)}$$

$$\begin{aligned}1-x\,\text{cotan}(x)&\simeq 1-\left(\frac{x\left(1-\frac{x^2}{2}\right)}{x\left(1-\frac{x^2}{6}\right)}\right)=1-\left(1-\frac{x^2}{2}\right)\left(1-\frac{x^2}{6}\right)^{-1}\\&\simeq 1-\left(1-\frac{x^2}{2}\right)\left(1-(-1)\frac{x^2}{6}\right)=1-\left(1+\frac{x^2}{6}-\frac{x^2}{2}-\frac{x^4}{12}\right)\\&\simeq -\frac{x^2}{6}+\frac{x^2}{2}+\frac{x^4}{12}=\frac{-x^2+3x^2}{6}+\frac{x^4}{12}=\frac{x^2}{3}+\frac{x^4}{12}\end{aligned}$$

Limité au premier terme, le développement limité de $1 - x\,\text{cotan}(x)$ s'écrit :

$$\boxed{1-x\,\text{cotan}(x)\simeq\frac{x^2}{3}}$$

Graphiquement, les racines positives de l'équation obtenue à la question précédente sont obtenues par intersection de la fonction $1 - x\,\text{cotan}(x)$ et de la droite correspondant à la valeur de Nu (positive). Ces solutions ont été entourées par un petit cercle sur la figure 18.9.
Dans l'intervalle $[0, \pi]$, la fonction $1 - x\,\text{cotan}(x)$ est croissante de 0 à l'infini. Quelque soit la valeur de Nu (positive), il existe une solution positive à l'équation obtenue à la question précédente.

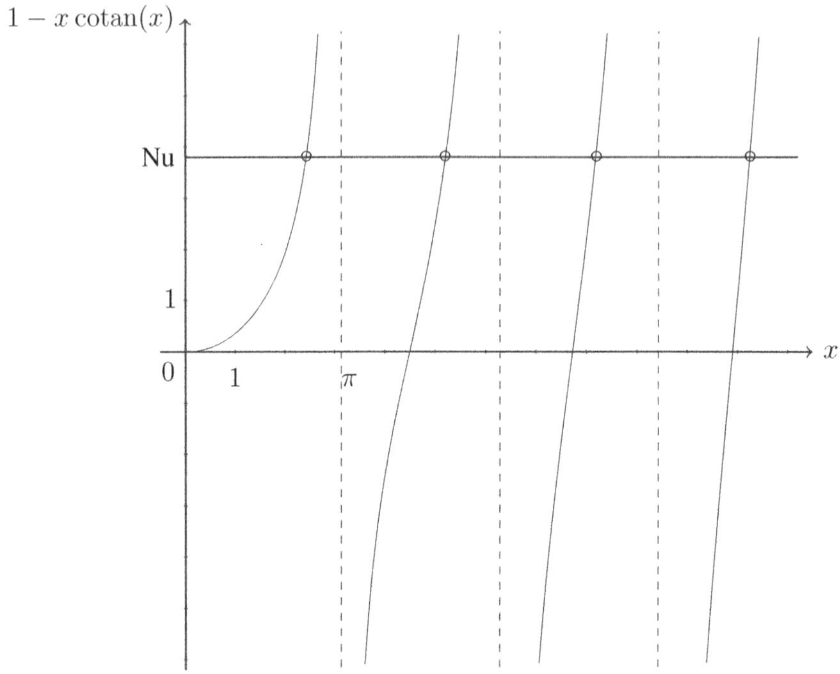

FIGURE 18.9

6. • Si $\mathrm{Nu} \ll 1$, alors on peut réutiliser le développement limité calculé à la question 5 $\left(1 - x\,\mathrm{cotan}(x) \simeq \dfrac{x^2}{3}\right)$ et l'expression obtenue à la question 4 s'écrit :

$$\frac{x^2}{3} \simeq \mathrm{Nu} \simeq \frac{(\alpha R_s)^2}{3} = \alpha^2 \frac{R_s^2}{3} = \frac{1}{D_{th}\tau}\frac{R_s^2}{3}$$

$$\boxed{\tau \simeq \frac{R_s^2}{3D_{th}\mathrm{Nu}}}$$

• Si $\mathrm{Nu} \gg 1$, alors $1 - x\,\mathrm{cotan}(x) \to \infty$ et $x \to \pi$

$$x \simeq \pi \simeq \alpha R_s = \frac{1}{\sqrt{D_{th}\tau}} R_s$$

$$\boxed{\tau \simeq \frac{R_s^2}{D_{th}\pi^2}}$$

7. Calculons la valeur de Nu pour savoir quelle formule de τ il va falloir utiliser. D'après la question 4, $\mathrm{Nu} = \dfrac{hR_s}{\lambda}$

Application numérique

$$\text{Nu} = \frac{5,8 \cdot 0,1}{35} = 0,017 \simeq 2 \times 10^{-2} \ll 1$$

Si Nu $\ll 1$, alors $\tau \simeq \dfrac{R_s^2}{3D_{th}\text{Nu}}$ et $D_{th} = \dfrac{\lambda}{\mu c_p}$.

Application numérique

$$D_{th} = \frac{35}{1,13 \times 10^4 \cdot 130} = 2,4 \times 10^{-5}\,\text{m}^2.\text{s}^{-1}$$

Application numérique

$$\tau \simeq \frac{(0,1)^2}{3 \cdot 2,4 \times 10^{-5} \cdot 1,7 \times 10^{-2}} = 8170\,\text{s} \simeq \boxed{8,2 \times 10^3\,\text{s}}$$

Autre méthode : $\tau \simeq \dfrac{R_s^2}{3\left(\frac{\lambda}{\mu c_p}\right)\frac{hR_s}{\lambda}} = \dfrac{\mu c_p R_s}{3h}$

Application numérique

$$\tau \simeq \frac{1,13 \times 10^4 \cdot 130 \cdot 0,1}{3 \cdot 5,8} = \boxed{8443\,\text{s} = 2\,\text{h}\,20\,\text{min}\,43\,\text{s}}$$

18.4 Ondes thermiques (CCINP)

Conseils - Pour aborder cet extrait de sujet de concours, il est préférable de revoir les notions suivantes :

- Opérateurs différentiels vectoriels (chapitre 2)
- Trigonométrie (chapitre 3)
- Dérivées (chapitre 4)
- Nombres complexes (chapitre 8)
- Equations différentielles (chapitre 9)

La raréfaction des ressources d'énergie majoritairement utilisées de nos jours (énergies fossiles) pose la question de la recherche de nouvelles sources d'énergie, parmi lesquelles figure la géothermie. La géothermie est la science qui étudie les transferts thermiques au sein du globe terrestre et, par extension, désigne les procédés mis en œuvre pour les exploiter.

L'objet de cet exercice est d'étudier l'amortissement dans le sol des variations quotidiennes et annuelles de température, en vue de l'enfouissement d'une canalisation d'une installation géothermique.

On se place en repère cartésien. La surface du sol, supposée plane et d'extension inifinie, coïncide avec le plan $(\mathrm{O}xy)$ (voir **figure 18.10**). La température au niveau de cette surface, notée $T(0,t)$, varie sinusoïdalement en fonction du temps t avec la pulsation ω autour d'une moyenne T_0 définie par $T(0,t) = T_0 + \alpha\cos(\omega t)$, où α est une constante. Soit un point M dans le sol repéré par ses coordonnées (x, y, z), avec $z \geqslant 0$. On cherche à déterminer le champ de température en M, noté $T(\mathrm{M},t)$. Pour des raisons d'extension infinie selon x et y, le champ de température ne dépend que de z et l'on note $T(\mathrm{M},t) = T(z,t)$.

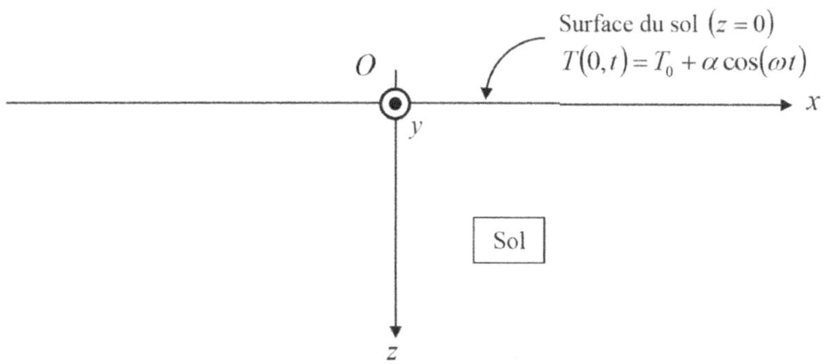

FIGURE 18.10 – Repérage adopté pour l'étude de l'onde thermique

On rappelle l'expression de la loi de Fourier relative à la conduction thermique :

$$\vec{j}_{th}(\mathrm{M},t) = -\lambda\,\overrightarrow{\mathrm{grad}}\,T(\mathrm{M},t)$$

où $\begin{cases} \vec{j}_{th}(\mathrm{M},t) \text{ est le vecteur densité de courant thermique local} \\ \lambda \text{ est la conductivité thermique du milieu} \\ T(\mathrm{M},t) \text{ est la température locale en un point M, à la date } t \end{cases}$

On travaille avec l'écart de température par rapport à T_0 en posant $\theta(z,t) = T(z,t) - T_0$.

Tout autre phénomène que la conduction thermique est négligé. On donne, dans le cadre de notre modèle, l'équation de la chaleur :

$$\rho c\,\frac{\partial\theta(z,t)}{\partial t} = \lambda\,\frac{\partial^2\theta(z,t)}{\partial z^2}$$

où ρ et c désignent respectivement la masse volumique et la capacité thermique massique du sol. Ces deux paramètres sont supposés constants.

On cherche la solution de l'équation de la chaleur en régime sinusoïdal permanent. A cet effet, on introduit la variable complexe : $\underline{\theta}(z,t) = f(z)\,\mathrm{e}^{\mathrm{j}\omega t}$, avec $\mathrm{j}^2 = -1$ et $f(z)$ une fonction de z. L'inconnue $\theta(z,t)$ est alors donnée par : $\theta(z,t) = \mathcal{R}\mathrm{e}\left(\underline{\theta}(z,t)\right)$ où $\mathcal{R}e$ désigne la partie réelle.

1. Déterminer l'équation différentielle vérifiée par $f(z)$. On fera intervenir la diffusivité thermique du sol donnée par : $D = \dfrac{\lambda}{\rho c}$.
2. Exprimer la solution générale de cette équation, en faisant intervenir deux constantes d'intégration notées A et B. Par un argument physique à préciser, montrer que l'une de ces constantes est nulle.
3. Montrer que $\underline{\theta}(z,t)$ se met sous la forme : $\underline{\theta}(z,t) = \alpha\,\mathrm{e}^{-\frac{z}{\delta}} \times \mathrm{e}^{\mathrm{j}\left(\omega t - \frac{z}{\delta}\right)}$ où δ est une grandeur à exprimer en fonction de ω et de D.
4. Exprimer $T(z,t)$ à l'aide des paramètres : T_0, δ, α, ω et des variables z et t. Interpréter physiquement l'expression obtenue. Interpréter physiquement le paramètre δ.
5. Exprimer la profondeur L_{10} pour laquelle l'amplitude des variations de température dans le sol est atténuée d'un facteur 10 par rapport à celle de la surface du sol.
6. On donne pour un sol humide : $D = 0,257 \times 10^{-6}\ \mathrm{m}^2.\mathrm{s}^{-1}$. Calculer numériquement L_{10} dans les deux cas suivants :
   - Cas n°1 : variation quotidienne de température ;
   - Cas n°2 : variation annuelle de température.

   A quelle profondeur préconiseriez-vous d'enfouir la canalisation de l'installation géothermique ?
7. Calculer littéralement puis numériquement le décalage temporel Δt entre $T(z = L_{10}, t)$ et $T(0,t)$ dans les deux cas de la question 6.

D'après Concours Commun INP MP

Solution

1. Pour déterminer l'équation différentielle vérifiée par $f(z)$, on remplace $\theta(z,t)$ par son expression complexe $\underline{\theta}(z,t) = f(z)\,\mathrm{e}^{\mathrm{j}\omega t}$ dans l'équation de la chaleur :

$$\rho c\,\frac{\partial \underline{\theta}(z,t)}{\partial t} = \lambda\,\frac{\partial^2 \underline{\theta}(z,t)}{\partial z^2}$$

$$\rho c\,\frac{\partial\left(f(z)\,\mathrm{e}^{\mathrm{j}\omega t}\right)}{\partial t} = \lambda\,\frac{\partial^2\left(f(z)\,\mathrm{e}^{\mathrm{j}\omega t}\right)}{\partial z^2}$$

La fonction $f(z)$ ne dépend pas du temps et $\mathrm{e}^{\mathrm{j}\omega t}$ ne dépend pas de x. On obtient :

$$\rho c f(z)(\mathrm{j}\omega)\,\mathrm{e}^{\mathrm{j}\omega t} = \lambda\,\frac{\partial^2 f(z)}{\partial z^2}\,\mathrm{e}^{\mathrm{j}\omega t}$$

En simplifiant par $\mathrm{e}^{\mathrm{j}\omega t}$ de part et d'autre et en réarrangeant l'expression, on obtient :

$$\frac{\partial^2 f(z)}{\partial z^2} - \mathrm{j}\frac{\omega\rho c}{\lambda} f(z) = 0$$

$$\boxed{\frac{\partial^2 f(z)}{\partial z^2} - \mathrm{j}\frac{\omega}{D} f(z) = 0}$$

avec $D = \dfrac{\lambda}{\rho c}$ le coefficient de diffusion ou diffusivité thermique.
On obtient une équation différentielle du second ordre à coefficients constants sans second membre.

2. **Cette astuce est à retenir** : on note $-\mathrm{j} = \mathrm{e}^{-\mathrm{j}\frac{\pi}{2}}$

$$-\mathrm{j} = \left(\sqrt{-\mathrm{j}}\right)^2 = \left(\sqrt{\mathrm{e}^{-\mathrm{j}\frac{\pi}{2}}}\right)^2 = \left(\mathrm{e}^{-\mathrm{j}\frac{\pi}{4}}\right)^2 = \left(\cos\left(\frac{\pi}{4}\right) - \sin\left(\frac{\pi}{4}\right)\right)^2$$

$$\boxed{-\mathrm{j} = \left(\frac{1-\mathrm{j}}{\sqrt{2}}\right)^2}$$

L'équation différentielle s'écrit alors :

$$\frac{\partial^2 f(z)}{\partial z^2} + \left(\frac{1-\mathrm{j}}{\sqrt{2}}\right)^2 \frac{\omega}{D} f(z) = 0$$

Equation du type :

$$\frac{\partial^2 f(z)}{\partial z^2} + \omega_0^2 f(z) = 0$$

avec $\omega_0^2 = \left(\dfrac{1-\mathrm{j}}{\sqrt{2}}\right)^2 \dfrac{\omega}{D}$.
Les solutions sont de la forme :

$$f(z) = A\,\mathrm{e}^{\mathrm{j}\omega_0 z} + B\,\mathrm{e}^{-\mathrm{j}\omega_0 z}$$

où A et B sont des constantes que l'on détermine à l'aide des conditions aux limites.

$$f(z) = A\exp\left(\mathrm{j}\left(\frac{1-\mathrm{j}}{\sqrt{2}}\right)\sqrt{\frac{\omega}{D}}\,z\right) + B\exp\left(-\mathrm{j}\left(\frac{1-\mathrm{j}}{\sqrt{2}}\right)\sqrt{\frac{\omega}{D}}\,z\right)$$

$$\begin{aligned}f(z) =&A\exp\left(\mathrm{j}\sqrt{\frac{\omega}{2D}}\,z\right)\exp\left(\sqrt{\frac{\omega}{2D}}\,z\right)\\&+B\exp\left(-\mathrm{j}\sqrt{\frac{\omega}{2D}}\,z\right)\exp\left(-\sqrt{\frac{\omega}{2D}}\,z\right)\end{aligned}$$

Si $z \to +\infty$, le premier terme diverge ce qui n'est pas physiquement acceptable car la température ne peut pas tendre vers l'infini, ce qui impose $A = 0$. On a donc :

$$\boxed{f(z) = B\exp\left(-\mathrm{j}\sqrt{\frac{\omega}{2D}}\,z\right)\exp\left(-\sqrt{\frac{\omega}{2D}}\,z\right)}$$

3.

$$\underline{\theta}(z,t) = f(z)\,\mathrm{e}^{\mathrm{j}\omega t} = B\exp\left(-\mathrm{j}\sqrt{\frac{\omega}{2D}}\,z\right)\exp\left(-\sqrt{\frac{\omega}{2D}}\,z\right)\mathrm{e}^{\mathrm{j}\omega t}$$

$$\underline{\theta}(z,t) = B\exp\left(\mathrm{j}\left(\omega t - \sqrt{\frac{\omega}{2D}}\,z\right)\right)\exp\left(-\sqrt{\frac{\omega}{2D}}\,z\right)$$

$$\boxed{\underline{\theta}(z,t) = B\exp\left(-\sqrt{\frac{\omega}{2D}}\,z\right)\exp\left(\mathrm{j}\left(\omega t - \sqrt{\frac{\omega}{2D}}\,z\right)\right)}$$

On peut mettre $\underline{\theta}(z,t)$ sous la forme :

$$\underline{\theta}(z,t) = \alpha\,\mathrm{e}^{-\frac{z}{\delta}} \times \mathrm{e}^{\mathrm{j}\left(\omega t - \frac{z}{\delta}\right)}$$

avec

$$\boxed{\alpha = B} \quad \text{et} \quad \boxed{\delta = \sqrt{\frac{2D}{\omega}}}$$

4. On exploite la condition aux limites en $z = 0$:

$$\underline{\theta}(z=0,t) = \alpha\,\mathrm{e}^{\mathrm{j}\omega t}$$

On revient à la notation réelle :

$$\theta(z=0,t) = \mathcal{R}\mathrm{e}\left(\underline{\theta}(z=0,t)\right) = \alpha\cos(\omega t) = T(z=0,t) - T_0$$

A la date t, on peut écrire :

$$\theta(z,t) = \mathcal{R}\mathrm{e}\left(\underline{\theta}(z,t)\right) = \alpha\,\mathrm{e}^{-\frac{z}{\delta}}\cos\left(\omega t - \frac{z}{\delta}\right) = T(z,t) - T_0$$

$$\boxed{T(z,t) = T_0 + \alpha\,\mathrm{e}^{-\frac{z}{\delta}}\cos\left(\omega t - \frac{z}{\delta}\right)}$$

- Si z augmente alors $\mathrm{e}^{-\frac{z}{\delta}}$ diminue donc la température s'atténue.
  Le terme en $\cos\left(\omega t - \dfrac{z}{\delta}\right)$ est un terme d'ondes progressives qui évoluent dans le sens des z croissants, ondes planes parallèles au plan $(\mathrm{O}xy)$.
  $\Rightarrow T(z,t)$ **décrit une onde plane progressive atténuée**.
- δ représente une distance caractéristique d'atténuation analogue à l'épaisseur de peau. Après quelques δ, les variations de température ne sont plus ressenties.

5. On cherche L_{10} telle que : $\alpha\,\mathrm{e}^{-\frac{L_{10}}{\delta}} = \dfrac{\alpha}{10} \Rightarrow \ln\left(\mathrm{e}^{-\frac{L_{10}}{\delta}}\right) = \ln\left(\dfrac{1}{10}\right)$

$$-\frac{L_{10}}{\delta} = \ln 1 - \ln 10 \Rightarrow \boxed{L_{10} = \delta \ln 10}$$

6. - **Cas n°1** : variation quotidienne de température
     La période des fluctuations de la température est la durée d'un jour de période $T = 1 \text{ jour} = \dfrac{2\pi}{\omega} \Leftrightarrow \dfrac{1}{\omega} = \dfrac{T}{2\pi}$

$$L_{10} = \sqrt{\frac{2D}{\omega}} \ln 10 \Rightarrow \boxed{L_{10} = \sqrt{\frac{T}{\pi} D} \ln 10}$$

Application numérique

$$L_{10} = \sqrt{\frac{24 \times 3600}{\pi} \times 0,257.10^{-6}} \times \ln 10 = 0,19\,\mathrm{m}$$

- **Cas n°2** : variation annuelle de température.
  La période des fluctuations de la température est la durée d'une année de période $T = 1$ an.

$$L_{10} = \sqrt{\frac{2D}{\omega}} \ln 10 \Rightarrow \boxed{L_{10} = \sqrt{\frac{T}{\pi} D} \ln 10}$$

Application numérique

$$L_{10} = \sqrt{\frac{1 \times 365,25 \times 24 \times 3600}{\pi} \times 0,257.10^{-6}} \times \ln 10 = \boxed{3,68\,\mathrm{m}}$$

La canalisation de l'installation géothermique sert de source froide pour la pompe à chaleur. L'idéal est que cette source reste à température constante ou varie peu sur la période d'un jour. Il faut donc placer la canalisation en-dessous de 20 cm du sol. En pratique les canalisations sont placées entre 0,6 et 1,20 m de profondeur.

7. Exprimons littéralement le décalage temporel Δt entre $T(z = L_{10}, t)$ et $T(0, t)$:

$$T(z = L_{10}, t) = T_0 + \frac{\alpha}{10}\cos\left(\omega t - \frac{L_{10}}{\delta}\right)$$

or

$$\cos\left(\omega t - \frac{L_{10}}{\delta}\right) = \cos\left(\omega\left(t - \frac{L_{10}}{\delta\omega}\right)\right) = \cos(\omega(t - \Delta t))$$

L'onde reçue à la date t en $z = L_{10}$ est la même que celle ressentie en $z = 0$ à la date $(t - \Delta t)$

$$\Delta t = \frac{L_{10}}{\delta\omega} = \frac{\delta \ln 10}{\delta\omega} = \frac{\ln 10}{\omega}$$

$$\boxed{\Delta t = \frac{T \ln 10}{2\pi}}$$

- **Cas n°1** : variation quotidienne de température
  Application numérique

  $$\Delta t = \frac{24 \times 3600 \times \ln 10}{2\pi} = 3,17.10^4 \text{ s} \simeq \boxed{8\,\text{h}\,48\,\text{mn}}$$

  L'évolution de la température reflète celle de l'extérieur avec un retard d'environ 9 h.

- **Cas n°2** : variation annuelle de température
  Application numérique

  $$\Delta t = \frac{1 \times 365,25 \times 24 \times 3600 \times \ln 10}{2\pi} = 1,16.10^7 \text{ s} \simeq \boxed{133\,\text{j}\,20\,\text{h}}$$

  L'évolution de la température reflète celle de l'extérieur avec un retard de 133 jours. La température d'une cave enterrée paraît fraîche en été et douce en hiver.

18.5 Longueur de Debye dans un électrolyte (CCS)

Conseils - Pour aborder cet extrait de sujet de concours, il est préférable d'avoir des connaissances en électromagnétisme et de revoir les notions suivantes :

- Opérateurs différentiels vectoriels (chapitre 2)
- Fonctions de plusieurs variables (chapitre 6)
- Intégrales (chapitre 7)
- Equations différentielles (chapitre 9)

On souhaite appliquer les lois de la physique à la bactérie *Escherichia coli*, que l'on nommera par la suite *E.coli*. Aucune connaissance de biologie n'est nécessaire.
On considère une bactérie E.coli en suspension dans une solution aqueuse (milieu extérieur) contenant des ions Na^+, Cl^- etc... La bactérie est limitée à sa périphérie par une couche continue de lipides et de protéines, appelée *membrane*, d'épaisseur $d = 10\,\text{nm}$. La membrane sépare le milieu interne de la bactérie, appelé *cytoplasme*, du milieu extérieur. Le cytoplasme est également une solution aqueuse contenant des ions, des molécules, des protéines, etc... Le cytoplasme et le milieu extérieur sont donc des *électrolytes*, c'est-à-dire des solutions conductrices contenant des cations et des anions. L'ensemble formé par le cytoplasme et le milieu extérieur est globalement neutre.
Soit un électrolyte à la température T, globalement neutre, constitué d'une solution aqueuse contenant majoritairement des ions Na^+ et Cl^- et avec un nombre de cations Na^+ par unité de volume uniforme n (densité volumique des cations). La permittivité de l'électrolyte est notée ε. On introduit dans cet électrolyte une plaque isolante chargée négativement ; les charges liées à la plaque sont réparties de manière uniforme sur sa surface. La plaque est confondue avec le plan $x = 0$ et l'électrolyte occupe le demi-espace $x > 0$. Les effets de bord sont négligés.

1. Après introduction de la plaque chargée, les densités volumiques des ions ne sont plus uniformes, pourquoi ? Représenter qualitativement sur un schéma la répartition des ions dans l'électrolyte. Que peut-on dire de la densité volumique de charge électrique dans une région proche de la plaque ? Dans une région très éloignée de la plaque ?

A présent, les densités volumiques des ions Na^+ et Cl^- en un point M sont notées respectivement $n_+(\text{M})$ et $n_-(\text{M})$. Ces ions obéissent à la loi de Fick avec des coefficients de diffusion D_+ pour Na^+ et D_- pour Cl^-.

2. Exprimer les vecteurs densités de courant volumique électrique $\vec{j}_{D_+}$ et $\vec{j}_{D_-}$ associés respectivement à la diffusion des ions Na^+ et Cl^-.
3. Soumis à un champ électrostatique $\vec{E}$, un ion acquiert une vitesse limite $\mu_{\text{ion}}\vec{E}$ où le coefficient μ_{ion} est sa mobilité. Les mobilités de Na^+ et Cl^- sont notées μ_+ et μ_-. Donner les expressions des vecteurs densités de courant volumique électrique $\vec{j}_{e+}$ et $\vec{j}_{e-}$ associés à l'action du champ électrostatique $\vec{E}$ respectivement sur les ions Na^+ et Cl^-.
4. Ecrire les équations de Maxwell de l'électrostatique dans l'électrolyte, en présence d'une densité volumique de charge ρ due à un déséquilibre local entre le nombre de cations et le nombre d'anions ; on admettra que la prise en compte de la permittivité de l'électrolyte consiste à remplacer par ε la permittivité ε_0 du vide. Montrer que tout champ électrostatique $\vec{E}$ dérive d'un potentiel scalaire ψ.

Par la suite, on se place dans le cadre unidimensionnel, c'est-à-dire que tous les champs eulériens ne dépendent plus que de l'abscisse x (coordonnée cartésienne normale à la plaque chargée) :

$$\vec{E} = E(x)\,\vec{e}_x \quad ; \quad \psi = \psi(x) \quad ; \quad n_+ = n_+(x) \quad ; \quad n_- = n_-(x)$$

5. On suppose que l'équilibre est réalisé.

5.a. Ecrire pour chaque ion, une relation simple valable à l'équilibre, entre son vecteur densité de courant volumique électrique de diffusion et son vecteur densité de courant volumique électrique dû à l'action du champ électrostatique. En déduire, pour chaque ion, l'équation différentielle liant sa densité volumique au potentiel électrostatique $\psi(x)$.

5.b. Déterminer la loi de variation de la densité volumique de chaque ion en fonction de $\psi(x)$. Le potentiel électrostatique sera supposé nul loin de la plaque :

$$\psi(\infty) = \lim_{x \to +\infty} \psi(x) = 0$$

5.c. En utilisant la relation d'Einstein qui relie la mobilité d'un ion à son coefficient de diffusion $\dfrac{\mu_\pm}{D_\pm} = \pm\dfrac{e}{k_B T}$, où e est la charge élémentaire, k_B est la constante de Boltzmann et T la température de l'électrolyte, montrer que les densités volumiques des ions peuvent finalement s'écrire :

$$n_+(x) = n \exp\left(-\frac{e\,\psi(x)}{k_B T}\right) \quad \text{et} \quad n_-(x) = n \exp\left(+\frac{e\,\psi(x)}{k_B T}\right)$$

Quel nom donneriez-vous à ces lois de variation ?

6. On désire déterminer la densité volumique de charge électrique à l'équilibre.

6.a. Exprimer $\rho(x)$ en fonction de $\psi(x)$, n, e, k_B et T. Simplifier cette expression dans l'hypothèse où $|e\,\psi(x)| \ll k_B T$. Dans la suite de cette partie, on utilisera l'expression simplifiée de $\rho(x)$.

6.b. Déduire de l'une des équations de Maxwell, une équation différentielle liant $\rho(x)$ à $\psi(x)$.

6.c. En déduire l'équation différentielle vérifiée par $\psi(x)$. On fera apparaître une longueur caractéristique λ, appelée *longueur de Debye*, que l'on exprimera en fonction de e, n, ε (permittivité de l'électrolyte), k_B et T.

6.d. Résoudre l'équation différentielle précédente sachant que $E\left(x = 0^+\right) = \dfrac{\sigma_{\text{eff}}}{\varepsilon}$ où σ_{eff} représente la densité surfacique de charge associée aux ions de l'électrolyte appartenant à l'interface solide/liquide en $x = 0$. On exprimera la solution $\psi(x)$ en fonction de x, λ, ε et σ_{eff} (que l'on ne cherchera pas à déterminer). Quel est le signe de σ_{eff} ?

6.e. En déduire la loi de variation de la densité volumique de charge $\rho(x)$. Vérifier la conservation de la charge dans l'électrolyte. A quelle distance caractéristique de la plaque peut-on considérer que le potentiel électrostatique et la densité volumique de charge électrique sont négligeables ?

D'après Concours Centrale-Supélec PC

Solution

1. On introduit une plaque isolante chargée négativement dans un électrolyte globalement neutre. Par attraction électrostatique, la plaque attire les cations et repousse les anions. Dans une région proche de la plaque , la densité volumique de charges devient positive. Dans une région éloignée de la plaque, la densité volumique de charges reste nulle car les effets d'attraction et de répulsion électrostatiques sont négligeables à grande distance au-delà d'une grandeur caractéristique λ.

   Sur la figure 18.11 ci-dessous, sont représentées les densités volumiques des cations $n_+(x)$, des anions $n_-(x)$ et la densité de charge globale $\rho(x)$ définie par :

$$\rho(x) = e\,(n_+(x) - n_+(x))$$

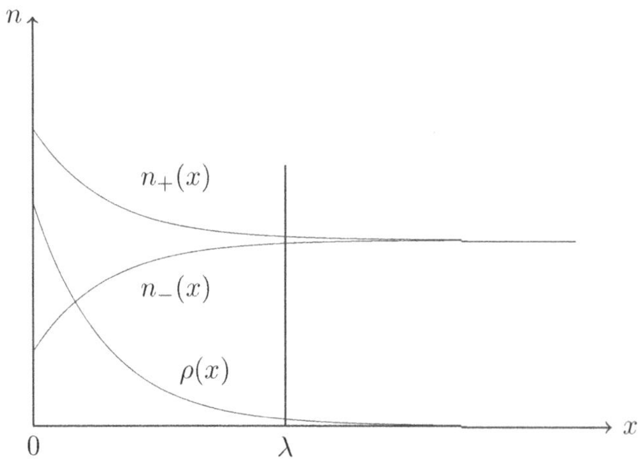

FIGURE 18.11

2. Associés à la diffusion des ions Na^+ et Cl^-, les vecteurs densité de courant volumique électrique s'écrivent :

$$\boxed{\begin{array}{l} \vec{j}_{D_+} = -(+e)D_+\,\overrightarrow{\text{grad}}\,n_+(\text{M}) \\ \vec{j}_{D_-} = -(-e)D_-\,\overrightarrow{\text{grad}}\,n_-(\text{M}) \end{array}}$$

3. Associés à l'action du champ électrostatique sur les ions Na^+ et Cl^-, les vecteurs densité de courant volumique sont du type $\vec{j} = nq\,\vec{v}$.
Or $\vec{v} = \mu_{\text{ion}}\,\vec{E}$. Ces vecteurs densité de courant s'écrivent donc :

$$\boxed{\begin{aligned}\vec{j}_{e^+} &= n_+(\mathrm{M})(+e)\mu_+\vec{E}\\ \vec{j}_{e^-} &= n_-(\mathrm{M})(-e)\mu_-\vec{E}\end{aligned}}$$

Avec $\mu_- < 0$, $\vec{j}_{e^+}$ et $\vec{j}_{e^-}$ sont de même sens.

4. Les équations de Maxwell de l'électrostatique dans l'électrolyte s'écrivent :

$$\boxed{\begin{aligned}\text{Maxwell-Gauss :}\quad & \mathrm{div}\vec{E} = \frac{\rho}{\varepsilon}\\ \text{Maxwell-Flux :}\quad & \overrightarrow{\mathrm{rot}}\,\vec{E} = -\frac{\partial\vec{B}}{\partial t} = \vec{0}\end{aligned}}$$

En électrostatique, les dérivées temporelles sont nulles.
D'après l'équation de Maxwell-Flux $\overrightarrow{\mathrm{rot}}\,\vec{E} = \vec{0}$. Or le rotationnel du gradient d'un champ scalaire est nul. Il existe donc un potentiel scalaire ψ tel que :

$$\overrightarrow{\mathrm{rot}}\,(\overrightarrow{\mathrm{grad}}\,(-\psi)) = \vec{0} = \overrightarrow{\mathrm{rot}}\,\vec{E} \quad\Leftrightarrow\quad \boxed{\vec{E} = -\overrightarrow{\mathrm{grad}}\,\psi}$$

5. On suppose que l'équilibre est réalisé.

5.a. A l'équilibre, les vecteurs densité de courant volumique se compensent. Pour chacun des ions on a :

$$\boxed{\begin{aligned}\vec{j}_{e^+} + \vec{j}_{D_+} &= \vec{0}\\ \vec{j}_{e^-} + \vec{j}_{D_-} &= \vec{0}\end{aligned}}$$

En remplaçant les expressions des densités volumiques de courant obtenues aux questions 2. et 3. on obtient, pour les ions Na^+ :

$$n_+(+e)\mu_+\vec{E} - eD_+\,\overrightarrow{\mathrm{grad}}\,n_+ = \vec{0}$$

$$e\,n_+\mu_+(-\overrightarrow{\mathrm{grad}}\,\psi) - eD_+\,\overrightarrow{\mathrm{grad}}\,n_+ = \vec{0}$$

Or, en coordonnées cartésiennes, le gradient d'un champ scalaire s'écrit :

$$\overrightarrow{\mathrm{grad}}\,\psi(x) = \frac{\partial\psi(x)}{\partial x}\,\vec{e}_x + \frac{\partial\psi(x)}{\partial y}\,\vec{e}_y + \frac{\partial\psi(x)}{\partial z}\,\vec{e}_z = \frac{\mathrm{d}\psi(x)}{\mathrm{d}x}\,\vec{e}_x$$

car $\psi(x)$ ne dépend que de x.
De même pour $n_+(x)$ qui ne dépend que de x, on a :

$$\overrightarrow{\mathrm{grad}}\,n_+(x) = \frac{\partial n_+(x)}{\partial x}\,\vec{e}_x + \frac{\partial n_+(x)}{\partial y}\,\vec{e}_y + \frac{\partial n_+(x)}{\partial z}\,\vec{e}_z = \frac{\mathrm{d}n_+(x)}{\mathrm{d}x}\,\vec{e}_x$$

Pour des raisons de symétrie, le champ $\vec{E}$ est dirigé selon l'axe Ox. Par projection sur cet axe, on obtient :

$$e\, n_+ \mu_+ \left(-\frac{d\psi(x)}{dx}\right) - eD_+ \frac{dn_+(x)}{dx} = 0$$

$$\boxed{\frac{dn_+(x)}{dx} + \frac{n_+\mu_+}{D_+}\frac{d\psi(x)}{dx} = 0}$$

En procédant de la même manière pour les ions Cl^-, on obtient :

$$\boxed{\frac{dn_-(x)}{dx} + \frac{n_-\mu_-}{D_-}\frac{d\psi(x)}{dx} = 0}$$

5.b. On sépare les variables de cette équation différentielle et on intègre. Pour les ions Na^+, on obtient :

$$\frac{dn_+}{dx} = -\frac{n_+\mu_+}{D_+}\frac{d\psi}{dx}$$

$$\int_{n_+(x)}^{n_+(\infty)} \frac{dn_+}{n_+} = -\frac{\mu_+}{D_+}\int_{\psi(x)}^{\psi(\infty)} d\psi$$

$$\ln n_+(\infty) - \ln n_+(x) = -\frac{\mu_+}{D_+}\left[\psi(\infty) - \psi(x)\right]$$

$$\ln\left(\frac{n_+(x)}{n_+(\infty)}\right) = -\frac{\mu_+}{D_+}\left[\psi(x) - \psi(\infty)\right]$$

Or $\psi(\infty) = \lim_{x\to+\infty} \psi(x) = 0$.

$$\frac{n_+(x)}{n_+(\infty)} = \frac{n_+(x)}{n} = \exp\left(-\frac{\mu_+}{D_+}\psi(x)\right)$$

$$\boxed{n_+(x) = n\exp\left(-\frac{\mu_+}{D_+}\psi(x)\right)}$$

En procédant de la même manière pour les ions Cl^-, on obtient :

$$\boxed{n_-(x) = n\exp\left(-\frac{\mu_-}{D_-}\psi(x)\right)}$$

5.c. En utilisant la relation d'Einstein $\dfrac{\mu_\pm}{D_\pm} = \pm\dfrac{e}{k_B T}$, on a pour les ions Na^+ :

$$n_+(x) = n\exp\left(-\frac{e}{k_B T}\,\psi(x)\right)$$

Cette expression est du même type que la **distribution de Boltzmann**

$$\frac{n_+(x)}{n} = \exp\left(-\frac{\mathcal{E}}{k_B T}\right)$$

où $\mathcal{E} = e\,\psi(x)$ est l'énergie électrostatique des cations.
En procédant de la même manière pour les ions Cl^-, on obtient :

$$n_-(x) = n\exp\left(+\frac{e}{k_B T}\,\psi(x)\right)$$

Cette expression est également du type de la **distribution de Boltzmann**

$$\frac{n_-(x)}{n} = \exp\left(-\frac{\mathcal{E}}{k_B T}\right)$$

où $\mathcal{E} = -e\,\psi(x)$ est l'énergie électrostatique des anions.

6.a. A l'équilibre, la densité de charges électrique $\rho(x)$ est telle que :

$$\begin{aligned}\rho(x) &= +e\,n_+ + (-e)\,n_- \\ &= e\,n\exp\left(-\frac{e}{k_B T}\,\psi(x)\right) - e\,n\exp\left(+\frac{e}{k_B T}\,\psi(x)\right) \\ &= e\,n\left[\exp\left(-\frac{e}{k_B T}\,\psi(x)\right) - \exp\left(+\frac{e}{k_B T}\,\psi(x)\right)\right]\end{aligned}$$

Or, $\operatorname{sh}(a) = \dfrac{\exp(a) - \exp(-a)}{2}$.

$$\boxed{\rho(x) = -2e\,n\operatorname{sh}\left(\frac{e}{k_B T}\,\psi(x)\right)}$$

Dans l'hypothèse où $|e\,\psi(x)| \ll k_B T \;\Leftrightarrow\; \dfrac{|e\,\psi(x)|}{k_B T} \ll 1$ on effectue un développement limité du sinus hyperbolique à l'ordre 1 en $\dfrac{|e\,\psi(x)|}{k_B T}$.

$$\operatorname{sh}\left(\frac{e}{k_B T}\,\psi(x)\right) \simeq \frac{e}{k_B T}\,\psi(x)$$

et l'expression de la densité volumique de charges devient :

$$\boxed{\rho(x) \simeq -\frac{2e^2 n}{k_B T}\,\psi(x)}$$

6.b. A l'aide de l'équation de Maxwell-Gauss $\text{div}\vec{E} = \frac{\rho}{\varepsilon}$ et de la relation obtenue à la question 4, on obtient une équation différentielle liant $\rho(x)$ à $\psi(x)$.

$$\text{div}\left(-\overrightarrow{\text{grad}}\,\psi(x)\right) = -\Delta\psi(x) = \frac{\rho}{\varepsilon}$$

$$\Delta\psi(x) + \frac{\rho(x)}{\varepsilon} = 0$$

Or, en coordonnées cartésiennes, le laplacien de $\psi(x)$ s'écrit :

$$\Delta\psi(x) = \frac{\partial^2\psi(x)}{\partial x^2} + \frac{\partial^2\psi(x)}{\partial y^2} + \frac{\partial^2\psi(x)}{\partial z^2} = \frac{\partial^2\psi(x)}{\partial x^2}$$

$$\boxed{\frac{\partial^2\psi(x)}{\partial x^2} + \frac{\rho(x)}{\varepsilon} = 0}$$

6.c. En reportant l'expression de $\rho(x)$ obtenue à la question 6.a, on obtient :

$$\frac{\partial^2\psi(x)}{\partial x^2} + \frac{1}{\varepsilon}\left(-\frac{2e^2n}{k_BT}\,\psi(x)\right) = 0$$

$$\boxed{\frac{\partial^2\psi(x)}{\partial x^2} - \frac{2e^2n}{\varepsilon k_BT}\,\psi(x) = 0}$$

Equation du type :

$$\frac{\partial^2\psi(x)}{\partial x^2} - \frac{1}{\lambda^2}\,\psi(x) = 0$$

où $\boxed{\lambda = \sqrt{\frac{\varepsilon k_BT}{2e^2n}}}$ est une longueur caractéristique appelée **longueur de Debye**.

6.d. Les solutions de l'équation différentielle, vérifiée par $\psi(x)$, du second ordre à coefficients constants sont du type :

$$\psi(x) = A\exp\left(-\frac{x}{\lambda}\right) + B\exp\left(+\frac{x}{\lambda}\right)$$

Si $x \to +\infty$ alors $\exp\left(+\frac{x}{\lambda}\right) \to +\infty$. Or la fonction $\psi(x)$ ne peut pas diverger, il faut donc fixer $B = 0$.
Si $x = 0$ alors $\psi(x = 0) = A\exp 0 = A$.

D'après la question 4, $\vec{E} = -\overrightarrow{\text{grad}}\,\psi$. Par projection sur l'axe Ox, on obtient :

$$E(x) = -\frac{\mathrm{d}\psi(x)}{\mathrm{d}x} = -\left(A\left(-\frac{1}{\lambda}\right)\right)\exp\left(-\frac{x}{\lambda}\right) = \frac{1}{\lambda}\,\psi(x)$$

En $x = 0^+$, $E(x = 0^+) = \dfrac{\sigma_{\text{eff}}}{\varepsilon}$.

$$E(x = 0^+) = \frac{1}{\lambda}\,\psi(x = 0^+) = \frac{A}{\lambda} \;\Rightarrow\; A = \frac{\lambda\sigma_{\text{eff}}}{\varepsilon}$$

$$\boxed{\psi(x) = \frac{\lambda\sigma_{\text{eff}}}{\varepsilon}\exp\Big(-\frac{x}{\lambda}\Big)}$$

Il y a accumulation d'ions Na^+ à la surface $x = 0$ donc le potentiel électrostatique $\psi(x = 0^+)$ est positif ce qui implique $\sigma_{\text{eff}} > 0$.

6.e. D'après l'expression obtenue à la question 6.a. et en remplaçant $\psi(x)$ par son expression, on obtient :

$$\rho(x) \simeq -\frac{2e^2 n}{k_B T}\frac{\lambda\sigma_{\text{eff}}}{\varepsilon}\exp\Big(-\frac{x}{\lambda}\Big)$$

Or $\dfrac{1}{\lambda^2} = \dfrac{2e^2 n}{\varepsilon k_B T}$, il en vient $\boxed{\rho(x) \simeq -\dfrac{\sigma_{\text{eff}}}{\lambda}\exp\Big(-\dfrac{x}{\lambda}\Big)}$

La conservation de la charge dans l'électrolyte implique :

$$Q_{\text{interface}} + Q_{\text{solution}} = 0$$

avec $Q_{\text{interface}}$ la charge portée par l'interface et Q_{solution} la charge contenue dans l'électrolyte.

En $x = 0$, $\boxed{Q_{\text{interface}} = S\sigma_{\text{eff}} > 0}$

Dans la solution, pour une même surface S, on a :

$$\begin{aligned}
Q_{\text{solution}} &= \int_{x=0}^{+\infty} \rho(x)\,S\,\mathrm{d}x \\
&= S\int_{x=0}^{+\infty}\Big(-\frac{\sigma_{\text{eff}}}{\lambda}\exp\Big(-\frac{x}{\lambda}\Big)\Big)\,\mathrm{d}x \\
&= -S\,\frac{\sigma_{\text{eff}}}{\lambda}\left[\frac{\exp(-\frac{x}{\lambda})}{-\frac{1}{\lambda}}\right]_0^{+\infty} \\
&= S\,\sigma_{\text{eff}}\left[\exp(-\infty) - \exp 0\right] \\
&= S\,\sigma_{\text{eff}}\left[0 - 1\right]
\end{aligned}$$

$$\boxed{Q_{\text{solution}} = -S\sigma_{\text{eff}}}$$

$Q_{\text{interface}} + Q_{\text{solution}} = 0 \;\Rightarrow$ la conservation de la charge est bien vérifiée.
Une longueur caractéristique ou longueur de Debye a été introduite à la question 6.c.
Au delà d'une distance égale à $L = 5\lambda$, on a :

$$\exp\left(-\frac{L}{\lambda}\right) = \exp\left(-\frac{5\lambda}{\lambda}\right) \ll 1$$

On peut alors considérer que le potentiel électrostatique et la densité volumique de charge électrique sont négligeables.

Index

Made in the USA
Monee, IL
18 October 2026

66039188R10450